上海高校服务国家重大战略出版工程

半导体光源（LED,OLED）及照明设计丛书

光源原理与设计（第三版）

复旦大学电光源研究所（光源与照明工程系）
国家半导体照明工程研发及产业联盟 编著

郭睿倩 主编 阮军 副主编

复旦大學出版社

内 容 提 要

《光源原理与设计（第三版）》（第一版全部内容为传统光源，荣获“中国轻工业科技进步一等奖”；第二版专门增加了一章，介绍半导体光源，但只占书内容的1/12，其余还是传统光源）在前两版的基础上，保留了部分传统光源的内容，如热辐射光源和气体放电光源；大幅度增加了半导体光源（LED和OLED）的内容，使其约占全书的2/3，以全面反映最近10多年来国内外光源科技发展的最新成果。

本书共7章，论述了从传统光源到半导体光源（LED和OLED）的原理、特性与设计。为便于读者掌握以上内容，还介绍了光辐射、气体放电，以及光度学、色度学基础等知识。

本书可作为高等院校相关专业本科生、研究生的教材，也可供从事照明行业生产、开发和研究的工程技术人员、高等院校教师及科研人员参考。

编 委 会

顾　问： 周太明

主　编： 郭睿倩

副主编： 阮　军

编著人员（以姓氏笔画为序）：

牛萍娟　田朋飞　区琼荣　阮　军
陈育明　邹念育　张树宇　沈海平
余彬海　周　详　林燕丹　郭睿倩
崔旭高

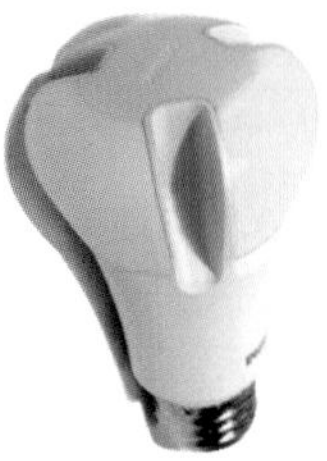

序 *Foreword*

很高兴看到《光源原理与设计》(第三版)和读者见面。应新版主编、复旦大学信息学院光源与照明工程系主任郭睿倩教授之邀为本书做序,提笔之时,感慨万千。

中国的经济和科技都在迅速发展。这种发展的直接体现或许是一些统计数据,而每一项统计数据的背后,都有中国在相应经济和产业领域中实实在在的进步。就光源(尤其是照明光源)而言,中国不仅是世界第一大消费(应用)国家,也早就成为第一大生产(制造)国,还在大步向强国迈进。最令国际同行们惊奇的是,中国在 20 世纪 90 年代成为传统光源的第一大生产国之后,又用 10 年左右的时间完成了一次漂亮的“与时俱进”,快速成为本世纪初才刚刚兴起的半导体照明光源第一大生产国,在应用推广普及方面还走在世界前列。今天,半导体照明光源和高铁一样,已是中国在高技术产业领域中的一张亮丽名片。因此,本书在保留传统(热辐射和气体放电)光源相关内容的基础上,大幅度增加了半导体光源(LED 和 OLED)的内容,以全面反映进入新世纪以来国内外光源科技和产业发展的最新成果,也展示了中国业界的能力和水平。

在前两版的基础上,新版由复旦大学电光源研究所(光源与照明工程系)和国家半导体照明工程研发及产业联盟联合编著。复旦大学是新中国传统光源的研发代表和“黄埔军校”,近年来又在半导体光源的研发和应用方面做了大量工作；在中央政府多部门和全国众多地方政府的大力支持下，国家半导体照明工程研发及产业联盟在协助制定产业政策、组织重大攻关项目、开拓应用市场、促进国际技术交流和推动中国产品走向世界等诸多方面都发挥了不可替代的重要作用，得到了国内业界和国际同行的高度认可，被公认为中国最有影响力、做得最好的产业联盟。由这两家来联合编著，不仅更具权威性和代表性，这种合作本身也是我国科技进步和产学研结合不断深入的一个具体体现。

我是“文革”结束恢复高考后的第一批进大学的学生，当年就读的就是复旦大学光学系电光源专业——今天光源与照明工程系的前身。我当年的不少同学至今还活跃在照明行业，以蔡祖泉先生为代表的一大批复旦老师给我的教诲、指导和帮助永远鲜活地留在我的记忆中。离开母校之后，不论是在中国科学院还是在国家科技部，不论是做研究还是做管理，我都和母校保持着相当密切的联系。在科技部工作的10多年里，作为分管领导，我参加了国家半导体照明工程研发及产业联盟几乎所有的重要活动和国际交流，了解联盟的艰难成长历程，也感受了联盟不断成功的喜悦和自豪。近年来，我还一直在推进复旦大学和联盟加强合作，本书的新版也是众多合作成果中的一个代表。

衷心希望本书的内容对每一位读者的工作、学习和生活能有所帮助。我和本书的编著者将和你们一起继续努力，使中国的光源行业之教育、研发、产业和应用不断前进，尽快全面走到世界前列。

曹健林

2017年9月

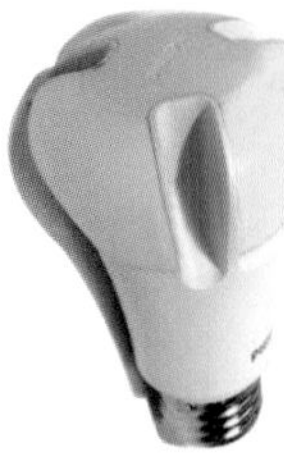

前言 *Preface*

《光源原理与设计》自 1993 年出版以来，迄今第三版即将问世。第一版由周太明教授编著。该书作为复旦大学光源与照明工程系本科生的教材和行业内工程技术人员的参考书，一直深受广大学生和科技人员的喜爱。鉴于该书的学术影响力以及其在培养我国光源科技人才方面所起的积极作用，1997 年荣获中国轻工业科技进步一等奖。2006 年，由周详、蔡伟新参与编著的第二版出版，增加了很多内容，尤其是新增了一章“电致发光光源”。该版继续得到学界和业界广大同仁的认可。

在本书第二版问世后的 10 多年里，国内外光源科技又有了迅猛的发展。周太明教授建议应将原书修订再版，以反映由半导体光源引发的照明革命，满足新、老读者的需求。经与梁荣庆教授研究，他赴京与吴玲秘书长和阮军副秘书长商讨，决定强强联合，由复旦大学电光源研究所(光源与照明工程系)和国家半导体照明工程研发及产业联盟联合编著本书。

随着科学技术的日新月异，大学教材内容的同步更新显得特别重要。半导体光源作为第四代光源(包括 LED 和 OLED 等)具有光效高、寿命长、功耗低、启动时间短、结构牢固等特点，更重要的是它可控，能实现亮度和颜色等的变化，是实现智能化照明最理想的光源。《光源原理与设计》(第三版)的编著，是在前两版的基础上保留了部分传统光源的内容，如热辐射光源和气体放电光源；大幅度增加了半导体光源（LED和OLED）的内容，以全面反映最近10多年来国内外光源科技发展的最新成果。

本书是集体劳动的成果。周太明教授是本书的顾问，一直关心本书的编著工作，并给予指导。阮军作为本书的副主编，对本书的大纲设计和编撰人员组成给予了很多指导意见，并且审阅了书稿的有关章节，提出了宝贵的修改建议。周详撰写了第一章；陈育明撰写了第二、第三章；崔旭高负责第四章，并与田朋飞、郭睿倩、余彬海、邹念育、牛萍娟和林燕丹合作完成了第四章；张树宇撰写了第五章，区琼荣积极参与；第六、第七章由沈海平完成。

在本书即将付梓之际，我特别要感谢所有积极参与编写工作的各位老师，正是大家的共同努力，才使这部合作撰写的《光源原理与设计》（第三版）得以问世。

吴玲秘书长和梁荣庆教授十分支持本书的编著工作，给予了很多指导；在书稿的修订过程中，潘冬梅、朱嘉弢、张潇临、周莉、尹晓鸿、邱婧婧等也给予了帮助。范仁梅老师为审稿和编辑付出了大量辛勤劳动。本书出版，南京前锦排版服务有限公司做了大量工作。在此，表示诚挚的感谢。

衷心感谢国际半导体照明联盟（ISA）主席曹健林教授在百忙中为本书作序。

我们要特别感谢上海市教育委员会、上海市新闻出版局将本书列入“2016年度上海高校服务国家重大战略出版工程”，感谢学校和出版社的倾情推荐。

所有编写人员都认识到这是一项光荣而富有意义的任务。希望我们的努力，能为我国光源照明人才培养事业做出积极的贡献。再次衷心感谢所有对本书给予帮助的同仁，也感谢读者对本书的关注。由于我们水平和时间所限，书中如有不当之处，请不吝指正。

郭睿倩

2017年5月

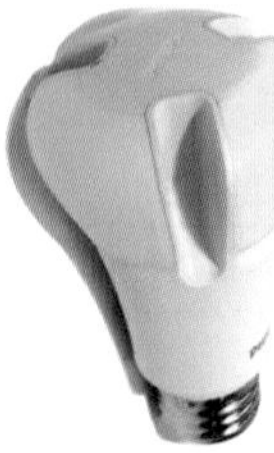

目录 Contents

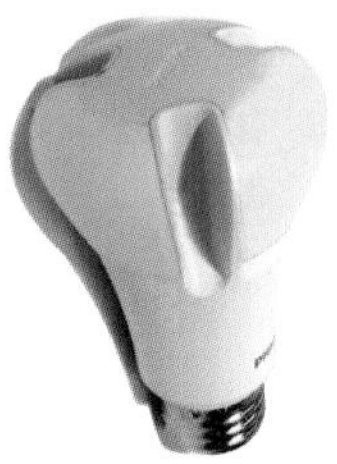

第一章　光源的特性参量

1.1　光源的辐射特性

光是一种电磁波，它的波长区间从几个纳米（$1\ nm = 10^{-9}\ m$）到 1 mm 左右。这些光并不是都能看得见的，人眼所能看见的只是其中的一部分，我们把这一部分光称为可见光。在可见光中，波长最短的是紫光，稍长的是蓝光，以后的顺序是青光、绿光、黄光、橙光和红光，其中红光的波长最长。在不可见光中，波长比紫光短的光称为紫外线，比红光长的光叫做红外线。表 1.1.1列出了紫外线、可见光和红外线区域的大致的波长范围。波长小于 200 nm 的光称为真空紫外，这部分光在空气中很快被吸收，只能在真空中传播。

表 1.1.1　光的各个波长区域

波长区域/nm	区域名称	
10～200	VUV(真空紫外)	紫外线
200～280	UV－C(远紫外)	
280～315	UV－B(中紫外)	
315～380	UV－A(近紫外)	
380～435	紫光	可见光
435～500	蓝、青光	
500～566	绿光	
566～600	黄光	
600～630	橙光	
630～780	红光	
780～1 400	IR－A(近红外)	红外线
1 400～3 000	IR－B(中红外)	
3 000～1 000 000	IR－C(远红外)	

现在常用的光波波长的单位是 μm、nm 和 Å（埃），它们之间的关系是

$$1\ \mu m = 10^3\ nm = 10^4\ Å。$$

光除具有波动性之外，还具有粒子性。量子论认为，光是由许多光量子组成的，这些光量子具有的能量为 $h\nu$。其中，$h = 6.626 \times 10^{-34}$ J·s 是普朗克常数，$\nu = c/\lambda$ 是光的频率，单位是 s^{-1}，$c = 2.997\,924\,58 \times 10^8$ m·s^{-1} 是真空中的光速。量子电动力学较好地反映了光的波粒二象性。

为了研究光源辐射现象的规律，测定供给光源的能量（比如说电能）转换成辐射能效率的高低，通常用下面的一些基本参量来描写光源的辐射特性。

1. 辐射能量 Q_e

光源辐射出来的光（包括红外线、可见光和紫外线）的能量，称为光源的辐射能量。当这些能量被物质吸收时，可以转换成其他形式的能量，如热能、电能等。

辐射能的单位是 cal（卡）、erg（尔格）和 J（焦耳），它们之间的关系是

$$1\ \text{cal} = 4.18\ \text{J},\ 1\ \text{J} = 10^7\ \text{erg}。$$

2. 辐射通量 P_e

在单位时间内通过某一面积的辐射能量，称为经过该面积的辐射通量；而光源在单位时间内辐射出去的总能量，就叫做光源的辐射通量。辐射通量也可称为辐射功率，单位是 W（= J·s^{-1}），erg·s^{-1} 和 cal·s^{-1} 等。

3. 辐射强度 I_e

光源在某一方向上的辐射强度 I_e，是指光源在包含该方向的立体角 Ω 内发射的辐射通量 P_e 与该立体角 Ω 之比，即

$$I_e = P_e/\Omega。 \tag{1.1.1}$$

由于光源在各个方向上的辐射强度一般是不均匀的，因此（1.1.1）式表示的辐射强度是在立体角 Ω 内的平均辐射强度。要表明在某一方向的辐射强度，必须将立体角取得很微小（见图 1.1.1）。在包含该方向的微小立体角 $d\Omega$ 内发射的辐射通量 dP_e 与该微小的立体角 $d\Omega$ 之比，定义为光源在该方向的辐射强度 I_e，即

$$I_e = dP_e/d\Omega。 \tag{1.1.2}$$

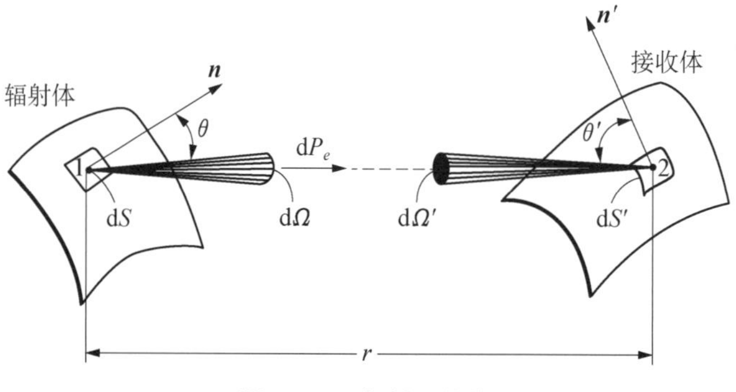

图 1.1.1　辐射和接收

如果光源近似为点光源，可以它为球心、以单位长度为半径，作一球面（见图 1.1.2）。在球面上取一微小面积，它对球心所张的微小立体角为 $d\Omega$，通过它的辐射通量为 $dP_e(\phi,\theta)$，在这个方向的辐射强度为

$$I_e(\phi,\theta)=dP_e(\phi,\theta)/d\Omega。\tag{1.1.2'}$$

可以算出 $d\Omega=\sin\theta d\theta d\varphi$，因而

$$dP_e(\phi,\theta)=I_e(\phi,\theta)\sin\theta d\theta d\varphi。\tag{1.1.3}$$

而光源的辐射通量为

$$P_e=\int dP_e(\phi,\theta)=\int_0^{2\pi}d\varphi\int_0^{\pi}I_e(\phi,\theta)\sin\theta d\theta。\tag{1.1.4}$$

如果光源在各个方向的辐射是均匀的，即辐射强度 $I_e(\phi,\theta)$ 是一个常数（$=I_e$），则（1.1.4）式就变成为

$$P_e=I_e\int_0^{2\pi}d\varphi\int_0^{\pi}\sin\theta d\theta=4\pi I_e。\tag{1.1.5}$$

这就是说，当光源在空间各个方向发出的辐射通量均匀分布时，$I_e=P_e/4\pi$ 是沿任何方向的真正的辐射强度。而在辐射通量分布不均匀时，辐射强度随方向而变，$P_e/4\pi$ 只代表平均的球面辐射强度。对于辐射强度 $I_e(\phi,\theta)$ 随方向而变的各向异性光源，常可用图示的方法来描述。从某一原点起，向各个方向引矢径，取矢径长度之比与相应方向上的辐射强度之比相同。将各矢径的端点连接起来，就得到光源辐射强度的分布曲面。辐射强度的单位是 $W\cdot sr^{-1}$。

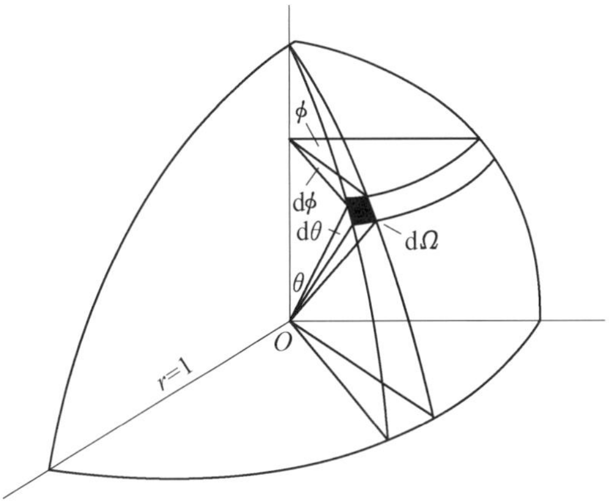

图 1.1.2 微小立体角的表示

4. 辐射出（射）度 M_e 和辐照度 E_e

一个有一定面积的光源，如果它表面上的一个发光面积 S 在各个方向（在半个空间内）的总辐射通量为 P_e，则该发光面 S 的辐射出（射）度为

$$M_e=P_e/S。\tag{1.1.6}$$

式中，M_e 相当于单位面积的辐射通量，常以 $W\cdot m^{-2}$ 表示。

和讨论辐射强度的情况相似，一般光源发光面上各处的辐射出度是不均匀的，所以严格地讲，在发光面某一微小的面积 dS 上的辐射出度应该是该发光面向所有方向（在半个空间内）发出的辐射通量 dP_e 与该面积 dS 之比，即

$$M_e=dP_e/dS。\tag{1.1.7}$$

表示物体被辐射程度的量称为辐照度 E_e，它是每单位面积上所接收到的辐射通量数，即

$$E_e = \mathrm{d}P_e/\mathrm{d}S'。\tag{1.1.8}$$

注意，在(1.1.8)式中的 $\mathrm{d}S'$ 与前面式子中的不同，它表示接收器的面积元(见图 1.1.1)。

5. 辐射亮度 L_e

光源在给定方向上的辐射亮度 $L_e(\phi, \theta)$ 是光源发光面在该方向上的单位投影面积在单位立体角中的辐射通量，即

$$L_e(\phi, \theta) = P_e(\phi, \theta)/(S\cos\theta\Omega)。\tag{1.1.9}$$

式中，L_e 的单位是 $\mathrm{W \cdot m^{-2} \cdot sr^{-1}}$；$S$ 代表发光面的面积；θ 是在给定方向和发光面法线之间的夹角；Ω 是给定方向的立体角；$P_e(\phi, \theta)$ 是在该立体角内的辐射通量，如图 1.1.3 所示。

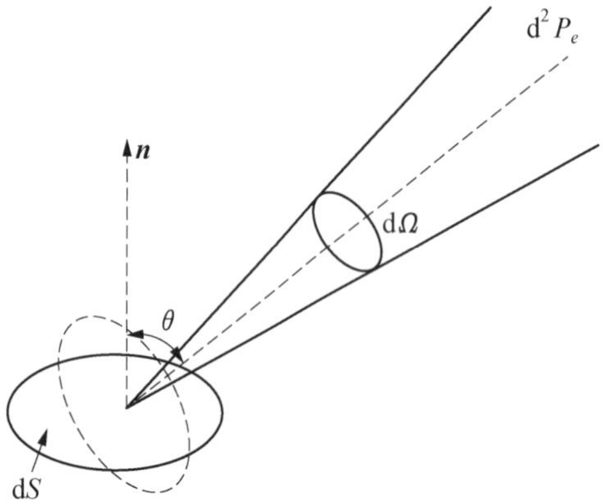

图 1.1.3　亮度定义

和讨论辐射强度的情况相似，一般光源发光面上各处的辐射亮度，以及同一发光面向各方向的辐射亮度都是不均匀的。因此，必须规定辐射亮度 L_e 为某一微小的发光面积 $\mathrm{d}S$ 向某一特定方向(ϕ, θ)在一微小的立体角 $\mathrm{d}\Omega$ 内辐射的通量 d^2P_e 和在该方向上的投影面积 $\mathrm{d}S\cos\theta$ 及立体角 $\mathrm{d}\Omega$ 之比，即

$$L_e(\phi, \theta) = \mathrm{d}^2P_e(\phi, \theta)/(\mathrm{d}S\cos\theta\mathrm{d}\Omega)。\tag{1.1.10}$$

比较(1.1.2′)式和(1.1.10)式，可得

$$L_e(\phi, \theta) = \mathrm{d}I_e(\phi, \theta)/(\mathrm{d}S\cos\theta)。\tag{1.1.11}$$

此式说明，给定方向上的辐射亮度也就是某一微小的发光面积 $\mathrm{d}S$ 在该方向上的单位投影面积内的辐射强度。

$L_e(\phi, \theta)$通常与方向有关，若 $L_e(\phi, \theta)$不随方向而变，则 $I_e(\phi, \theta)$正比于 $\cos\theta$，即

$$I_e(\phi, \theta) = I_0\cos\theta。\tag{1.1.12}$$

式中，I_0 是垂直于发光面方向的辐射亮度。(1.1.12)式可用图 1.1.4 表示。满足(1.1.12)式的特殊辐射体称为余弦辐射体，黑体就是这样的辐射体。

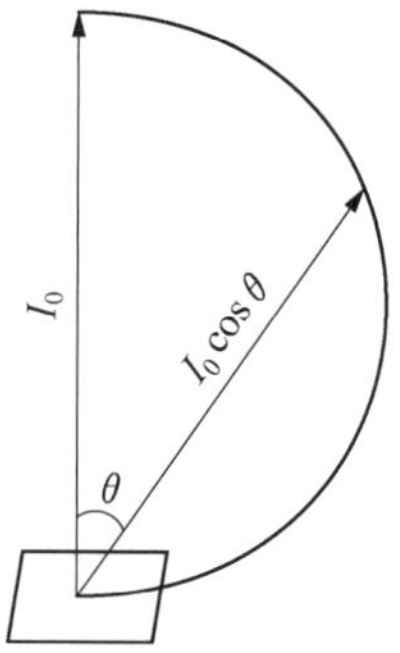

图 1.1.4　余弦辐射体

将(1.1.10)式改写成 $\mathrm{d}^2P_e(\phi, \theta) = L_e(\phi, \theta)\mathrm{d}S\cos\theta\mathrm{d}\Omega$，并在 2π 立体角内积分，就得出微小发光面积 $\mathrm{d}S$ 在半个空间内的辐射通量 $\mathrm{d}P_e$ 为

$$\mathrm{d}P_e = \int \mathrm{d}^2P_e(\phi, \theta) = \int_0^{2\pi}\mathrm{d}\phi\int_0^{\frac{\pi}{2}} L_e(\phi, \theta)\mathrm{d}S\cos\theta\sin\theta\mathrm{d}\theta。\tag{1.1.13}$$

对余弦辐射体，$L_e(\phi, \theta)$是常数 L_e，故

$$\mathrm{d}P_e = \int_0^{2\pi}\mathrm{d}\phi\int_0^{\pi/2} L_e\mathrm{d}S\cos\theta\sin\theta\mathrm{d}\theta$$

$$= 2\pi L_e \mathrm{d}S\int_0^{\pi/2}\cos\theta\sin\theta\mathrm{d}\theta = \pi L_e \mathrm{d}S。\quad (1.1.14)$$

从(1.1.7)式和(1.1.14)式,可得

$$M_e = \pi L_e (\text{或 } L_e = M_e/\pi),\quad (1.1.15)$$

即余弦辐射体的辐射出度在数值上为其辐射亮度的 π 倍。

6. 光谱辐射量(辐射量的光谱密度)

光源发出的光往往由许多波长的光组成,为了研究各种波长的光分别辐射的能量,还需对单一波长的光辐射做相应规定。

光源发出的光在每单位波长间隔内的辐射通量,称为光谱辐射通量(简称谱辐通量,也可称为辐射通量的光谱密度)P_λ,即

$$P_\lambda = \Delta P_e/\Delta\lambda。\quad (1.1.16)$$

由于光源发出的各种波长的光谱辐射通量 P_λ 一般是不同的,因此应取微小的波长间隔 $\mathrm{d}\lambda$。在 λ 到 $\lambda+\mathrm{d}\lambda$ 间隔内的辐射通量是 $\mathrm{d}P_e(\lambda)$,则该波长(λ) 处的光谱辐射通量为

$$P_\lambda = \mathrm{d}P_e(\lambda)/\mathrm{d}\lambda。\quad (1.1.17)$$

式中,P_λ 的单位是 $\mathrm{W}\cdot\mathrm{m}^{-1}$。

同样,可将光源发出的光在每单位波长间隔内的辐射出度,称为光谱辐射出(射)度 M_λ,即

$$M_\lambda = \mathrm{d}M_e(\lambda)/\mathrm{d}\lambda。\quad (1.1.18)$$

式中,光谱辐射出度 M_λ 的单位是 $\mathrm{W}\cdot\mathrm{m}^{-3}$。

而光源发出的光在每单位波长间隔内的辐射亮度,称为光谱辐射亮度 L_λ,即

$$L_\lambda = \mathrm{d}L_e(\lambda)/\mathrm{d}\lambda。\quad (1.1.19)$$

式中,光谱辐射亮度 L_λ 的单位为 $\mathrm{W}\cdot\mathrm{m}^{-3}\cdot\mathrm{sr}^{-1}$。

1.2 人眼的视觉

人通过眼、耳、鼻等感官从外界获取信息,了解世界。据报道,有 80%的信息是从视觉的渠道获得。为弄清人眼的视觉过程,有必要对人眼的构造做一番剖析。人眼的结构示意如图 1.2.1所示。眼睛的构造和功能与照相机十分相似。虹膜好似相机的光圈,能根据光线的强弱,调节瞳孔的大小;瞳孔犹如快门,控制进入眼睛的光量;晶状体就像镜头,用于聚焦成像。在照相机中,像

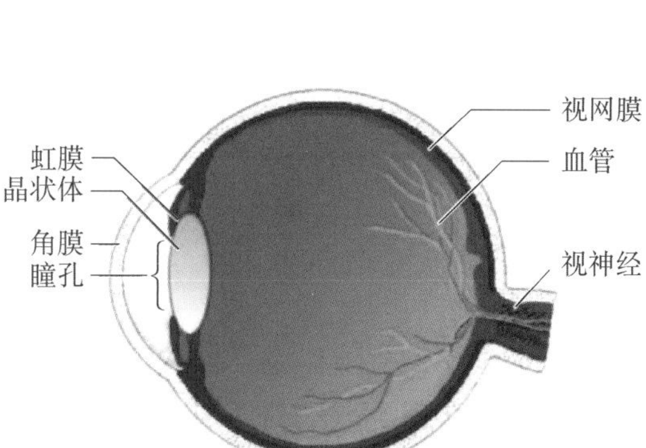

图 1.2.1 人眼的结构示意图

形成在感光片上；在眼睛里，起感光作用的是视网膜。

视网膜是由大量的感光细胞构成的。这些细胞根据形状可以分为杆状细胞和锥状细胞。锥状细胞又有3种，分别对光谱中的红、绿、蓝三主色产生响应。杆状细胞和锥状细胞的功能不一样。前者的灵敏度高，能感受极微弱的光；后者的灵敏度虽低，但能分辨细节，能很好地区别颜色。在明亮的条件下，感光主要依靠锥状细胞的作用；而在昏暗的情况下，杆状细胞起主要作用。杆状细胞对红光和绿光相对不灵敏，对蓝光比较灵敏。图1.2.2显示了红、绿、蓝3种锥状细胞和杆状细胞对不同波长的光线的感光曲线。杆状细胞和锥状细胞在视网膜上的分布情况也很不同（见图1.2.3）。人眼的锥状细胞大约为800万个，分布非常集中，差不多有一半集中在视网膜中央称之为中央凹的地方，向中央凹的两边，锥状细胞急剧减少。杆状细胞有1.2万亿之多，但在中央凹区域几乎没有杆状细胞。在逐渐远离中央凹时，杆状细胞密度先迅速增加至最大值，后又逐渐减少。由于两种感光细胞在视网膜上分布的明显差异，使得人眼的中心视觉与周边视觉有很大的不同。

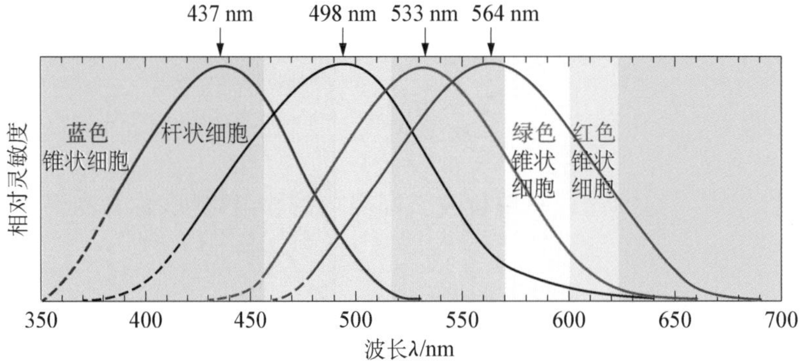

图1.2.2　红、绿、蓝3种锥状细胞的感光曲线和杆状细胞的感光曲线

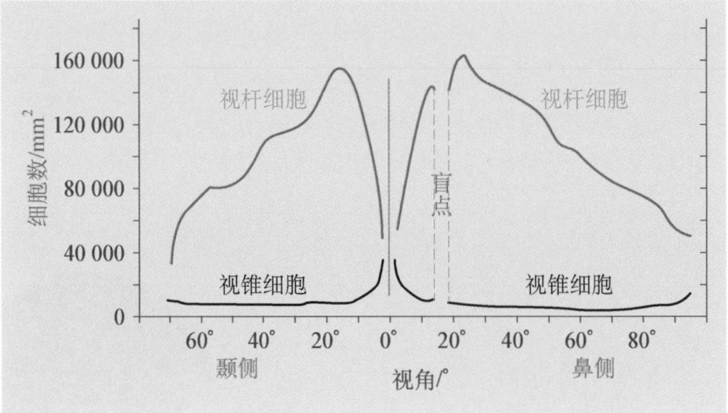

图1.2.3　在视网膜上锥状细胞和杆状细胞的分布情况

在周围环境明暗变化时，人眼的视觉状态也随之变化。在亮度大于3 cd・m^{-2}的明亮环境下，人眼的瞳孔较小，是中心视觉，能分辨物体的细节，也有色彩的感觉，这时是明视觉（photopic）的情况；当亮度小于0.001 cd・m^{-2}时是暗视觉（scotopic）的情况，这时为看清目标，瞳孔必须放大，因而是周边视觉。在暗视觉下，虽然能看到物体的大致形状，但不能分辨细节，也不能辨别颜色，所有物体都呈蓝灰色。介于明视觉和暗视觉之间的状态称为中介视觉（或中间视觉（mesopic）），汽车驾驶员夜晚在郊外行驶时就是处于这一视觉状态。图 1. 2. 4所示比较形象地说明了在各种光环境下人眼的视觉状态。

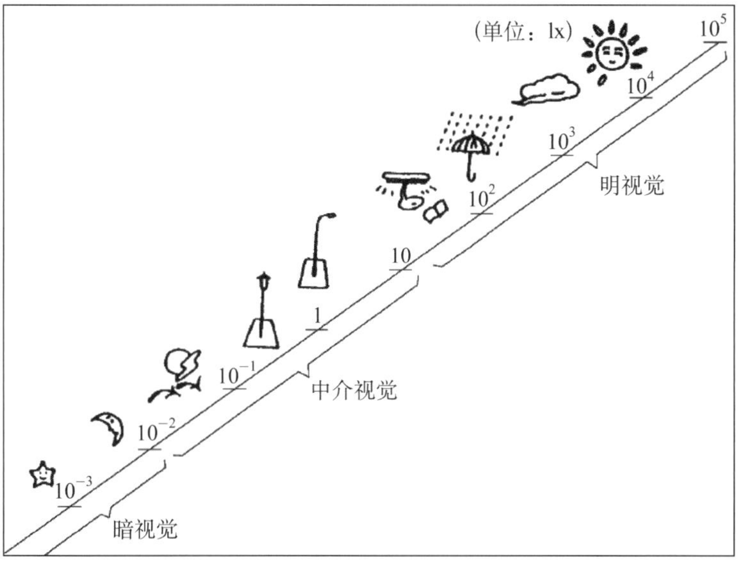

图 1. 2. 4　各种光环境下人眼的视觉状态

如同照相机用的感光片对各种颜色的光的感光灵敏度不同一样，人眼对各种颜色的光的灵敏度也不一样。它对绿光的灵敏度最高，而对红光和紫光的灵敏度则低得多。也就是说，对相同能量的绿光和红光（或紫光），前者在人眼中引起的视觉强度要比后者大得多。研究结果表明，不同观察者的眼睛对各种波长的光的灵敏度稍有不同，而且还随着时间、观察者的年龄和健康状况而改变。因此，只能根据许多人的大量观察结果取平均。现在大家公认的是，于 1924 年由国际照明委员会（Commission Internationale de L'Eclairage，CIE）承认的平均人眼对各种波长 λ 的光的相对灵敏度，此即光谱光效率，俗称视见函数。表 1. 2. 1中的数值和图 1. 2. 5中相应的实线曲线是明视觉时人眼（锥状细胞）的相对灵敏度，称为明视觉的光谱光效率（spectral luminous efficiency）$V(\lambda)$，其最大值在 555 nm 处，称为 CIE 1931 视觉函数。表 1. 2. 2 中的数值和图 1. 2. 5中的虚线曲线是暗视觉时人眼（杆状细胞）的相对灵敏度，称为暗视觉的光谱光效率 $V'(\lambda)$，其最大值在 507 nm。通常所说的光谱光效率（或视见函数），是指明视觉的光谱光效率 $V(\lambda)$。

表 1.2.1　明视觉的光谱光效率 $V(\lambda)$

λ/nm	$V(\lambda)$	λ/nm	$V(\lambda)$	λ/nm	$V(\lambda)$
380	0. 000 0	390	0. 000 1	400	0. 000 4
385	0. 000 1	395	0. 000 2	405	0. 000 6

续表

λ/nm	V(λ)	λ/nm	V(λ)	λ/nm	V(λ)
410	0.001 2	535	0.914 9	660	0.061 0
415	0.002 2	540	0.954 0	665	0.044 6
420	0.004 0	545	0.980 3	670	0.032 0
425	0.007 3	550	0.995 0	675	0.023 2
430	0.011 6	555	1.000 0	680	0.017 0
435	0.016 8	560	0.995 0	685	0.0119
440	0.023 0	565	0.978 6	690	0.008 2
445	0.029 8	570	0.952 0	695	0.005 7
450	0.038 0	575	0.915 4	700	0.004 1
455	0.048 0	580	0.870 0	705	0.002 9
460	0.060 0	585	0.816 3	710	0.002 1
465	0.073 9	590	0.757 0	715	0.001 5
470	0.091 0	595	0.694 9	720	0.001 0
475	0.112 6	600	0.631 0	725	0.000 7
480	0.139 0	605	0.566 8	730	0.000 5
485	0.169 3	610	0.503 0	735	0.000 4
490	0.208 0	615	0.441 2	740	0.000 3
495	0.258 6	620	0.381 0	745	0.000 2
500	0.323 0	625	0.321 0	750	0.000 1
505	0.407 3	630	0.265 0	755	0.000 1
510	0.503 0	635	0.217 0	760	0.000 1
515	0.608 2	640	0.175 0	765	0.000 0
520	0.710 0	645	0.138 2	770	0.000 0
525	0.793 2	650	0.107 0	780	0.000 0
530	0.862 0	655	0.081 6		

表 1.2.2　暗视觉的光谱光效率 $V'(\lambda)$

λ/nm	V′(λ)	λ/nm	V′(λ)	λ/nm	V′(λ)
380	0.000 6	400	0.009 3	420	0.096 6
390	0.002 2	410	0.034 8	430	0.199 8

续表

λ/nm	V′(λ)	λ/nm	V′(λ)	λ/nm	V′(λ)
440	0.328 1	560	0.328 8	680	0.000 07
450	0.455	570	0.207 6	690	0.000 04
460	0.567	580	0.121 2	700	0.000 02
470	0.676	590	0.065 5	710	0.000 009
480	0.793	600	0.033 2	720	0.000 005
490	0.904	610	0.015 9	730	0.000 003
500	0.982	620	0.007 4	740	0.000 001
510	0.997	630	0.003 3	750	0.000 000 8
520	0.935	640	0.001 5	760	0.000 000 4
530	0.811	650	0.000 7	770	0.000 000 2
540	0.65	660	0.000 3	780	0.000 000 1
550	0.481	670	0.000 1		

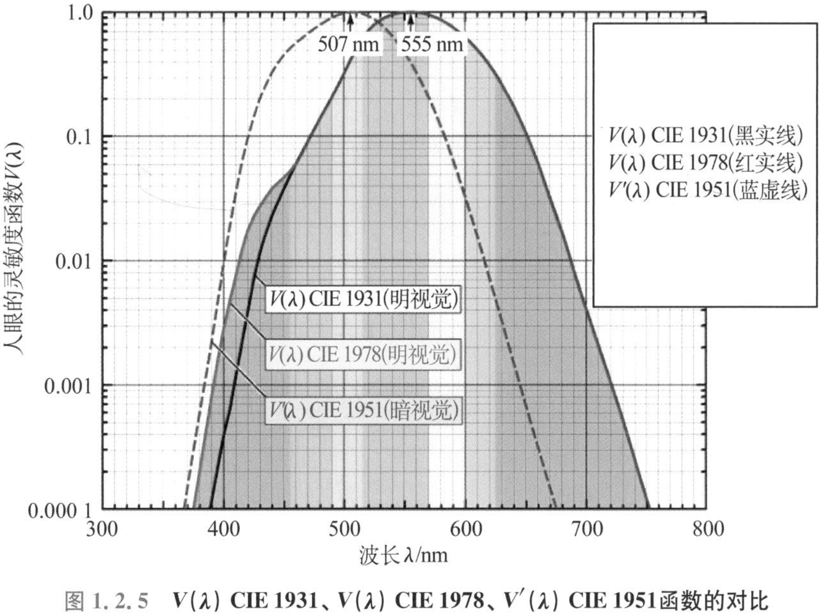

图 1.2.5 **V(λ) CIE 1931、V(λ) CIE 1978、V′(λ) CIE 1951函数的对比**

由于 CIE 1931视觉函数低估了人类眼睛在蓝色和紫光光谱区域的敏感度，因此 1978 年，贾德(Judd)和沃斯(Vos)提出对 $V(\lambda)$进行修正，修正后的 $V(\lambda)$称为 $V(\lambda)$ CIE 1978。修正主要是针对 CIE1931 $V(\lambda)$函数中关于人眼对蓝光和紫光的灵敏度部分。在 460 nm 以下，$V(\lambda)$ CIE 1978函数值相对较高。

在中间视觉状态下，CIE 191:2010 建立了一个在所有照明亮度水平下的综合的计算方

程：MES2。综合光谱光效率函数用$V_{\mathrm{mes;\,m}}(\lambda)$来表示，即

$$M(m)V_{\mathrm{mes;\,m}}(\lambda)=mV(\lambda)+(1-m)V'(\lambda),\ 0\leqslant m\leqslant 1。\tag{1.2.1}$$

式中，m表示对明视觉的适应因子；$M(m)$表示归一化因子。如果视觉场亮度低于或等于 $0.005\ \mathrm{cd\cdot m^{-2}}$，$m=0$；如果视觉场亮度高于或等于 $5\ \mathrm{cd\cdot m^{-2}}$，$m=1$。综合光谱光效率函数用$V_{\mathrm{mes;\,m}}(\lambda)$与明视觉的适应因子$m$的关系，如图 1.2.6所示。

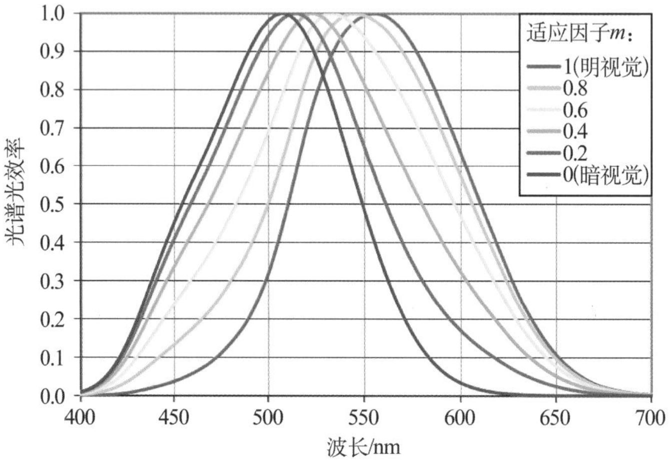

图 1.2.6 明视觉的适应因子 m 与综合光谱光效率函数$V_{\mathrm{mes;\,m}}(\lambda)$的关系

为了描述不同光源的相对光谱能量分布，需要引入一个比值S/P的概念。比值S/P是光谱的暗视觉光通量（基于$V'(\lambda)$）和明视觉光通量（基于$V(\lambda)$）之比，即

$$P=\Phi_P=683\int_{380}^{780}P_\lambda V(\lambda)\mathrm{d}\lambda,\tag{1.2.2}$$

$$S=\Phi_S=1\,700\int_{380}^{780}P_\lambda V'(\lambda)\mathrm{d}\lambda。\tag{1.2.3}$$

其中，(1.2.2)式表示明视觉场的光通量值，(1.2.3)式表示暗视觉场的光通量值。根据(1.2.2)式和(1.2.3)式，可得

$$\frac{S}{P}=\frac{\Phi_S}{\Phi_P}。\tag{1.2.4}$$

S/P值越大，杆状细胞灵敏度越高。常见光源S/P值的典型值见表 1.2.3。因此，在相同光通量（此处光通量为明视觉光通量）的情况下，冷白色光源（高色温）比暖白色光源（低色温）看起来更明亮。因为根据图 1.2.6，暗视觉对短波长更灵敏。在实际的工程中，需要考虑明视觉、暗视觉和中间视觉之间的平衡关系。

根据(1.2.4)式，伯曼(Berman)和杰威特(Jewett)提出了一个经验公式来表达中间视觉场的综合光谱光效函数所对应的综合光通，用VE_Φ来表示，即

$$VE_{\Phi} = \Phi_P (S/P)^k。 \quad (1.2.5)$$

例如，在夜间建筑工地，暗视觉占相对重要部分，指数 k 的经验值为0.78；当暗视觉占主导作用时，指数 k 的经验值为1.0。现在，可根据 $k=0.78$ 和 $k=1.0$ 两种中间视觉场的情况计算不同色温的 T8－32 W 荧光灯（$R_a=85$，光通量为 2 950 lm）的综合光通 VE_{Φ}，其中：

① 3 500K，85CRI，2 950lm，$S/P=1.40$；

② 5 000K，85CRI，2 950lm，$S/P=1.96$。

（1）当 $k=0.78$ 时

① $VE_{\Phi}=2\,950\times(1.40)^{0.78}=3\,835$ lm；

② $VE_{\Phi}=2\,950\times(1.96)^{0.78}=4\,985$ lm。

我们可以看出，在明视觉场，①和②的光通量相等，但是在 $k=0.78$ 的中间视觉场，②比①的光通量高出 30%。

（2）当 $k=1.0$ 时

① $VE_{\Phi}=2\,950\times1.40=4\,130$ lm；

② $VE_{\Phi}=2\,950\times1.96=5\,780$ lm。

可以看出，在 $k=1.0$ 的中间视觉场，②比①的光通量高出 40%。

表 1.2.3 常见光源 S/P 值的典型值

光源	S/P	光源	S/P
低压钠灯	0.23	暖白色荧光灯	1
高压钠灯	0.62	冷白色荧光灯	1.46
白光高压钠灯	1.14	日光色荧光灯	2.22
高压汞灯	0.8	4 100K 三基色荧光灯	1.54～1.62
金属卤化物灯	1.49～2.10	5 000K 三基色荧光灯	1.96
白炽灯	1.41	6 500K 三基色荧光灯	2.14
卤钨灯	1.5		

注：参见文献[4]。

长期以来，人们认为，在我们的视网膜上只有锥状和杆状两种感光细胞。直到 2002 年，美国布朗大学的戴维·玻森发现哺乳类动物视网膜的第三类感光细胞——视网膜特化感光神经节细胞（intrinsically photosensitive retinal ganglion cells，ipRGC，见图 1.2.7），人们才改变了这种认识。这种新的感光细胞是视网膜上的神经结细胞，与前两种感光细胞相似，它对不同波长光的灵敏度也是不同的。图 1.2.8中所示的曲线 A_e 是它的光谱灵敏度曲线，其峰值波长位于 460 nm 蓝光附近。但是，与前两种感光细胞不同的是：神经节细胞与视觉并无关系。它不是连接到视觉脑皮层，而是直接连接到下丘脑的松果体，亦即人体的生物钟，从而影响人体的生理功能，使我们的生理活动适应昼夜和四季的节奏变化。虽然这第三种感光细胞对视觉并无贡献，但是它的发现对照明技术的发展却有重大影响。

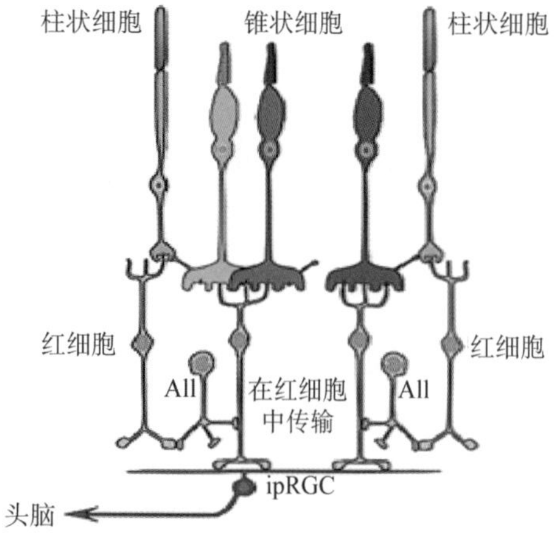

图 1.2.7　第三感光细胞 ipRGC

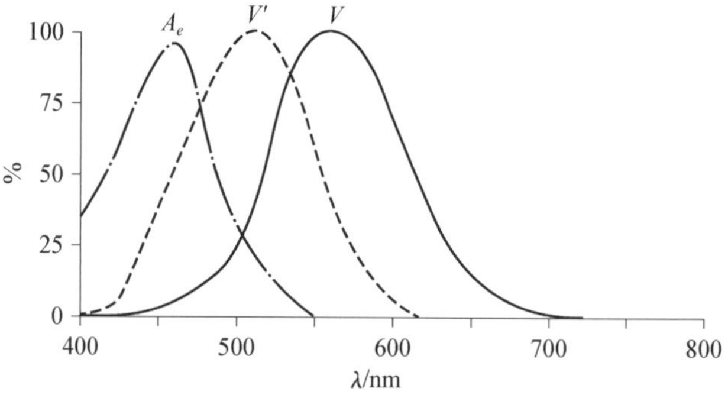

图 1.2.8　3 种感光细胞的相对光谱灵敏度曲线

1.3　照明光源的光学特性

除了特殊用处的光源（如红外光源和紫外光源）外，大量的光源是作为照明用的。这些光源的特性仅用第一节中所说的一些能量参数来描写是不够的，因为这些能量参数并没有考虑到人眼的作用。既然照明的效果最终是以人眼来评定的，因此照明光源的光学特性必须用基于人眼视觉的光量参数来描述。本节首先叙述光强度、光通量、光亮度等的定义，给出光强度的标准，导出光量单位和能量单位之间的关系；接着，说明光源的光效；最后，介绍光源的色温和显色性。

1.3.1　光通量、光强度、光照度、光亮度和光量

光强度的概念与第一节中所说的辐射强度的定义方法是一样的。光通量、光亮度等也是如此，它们分别与辐射通量和辐射亮度等相对应，下面分别予以叙述。

1. 光通量 Φ_v

光源在单位时间内所发出的光量称为光源的光通量，以 Φ_v 表示，单位为 lm（流明）。

2. 光强度 I_v

光源在给定方向的单位立体角中发射的光通量，定义为光源在该方向的光强度（简称光强）I_v，即

$$I_v = \Phi_v/\Omega。\tag{1.3.1}$$

式中，I_v 的单位是 cd（坎德拉），$1\ \text{cd} = 1\ \text{lm}\cdot\text{sr}^{-1}$。

由于在各个方向上的光强度一般是不同的，因此在严格定义某一方向的光强度 $I_v(\phi, \theta)$ 时，必须取微小的立体角 $d\Omega$。若在此微小立体角内发出的微小光通量为 $d\Phi_v(\phi, \theta)$，则在该方向的光强度为

$$I_v(\phi, \theta) = d\Phi_v(\phi, \theta)/d\Omega。\tag{1.3.2}$$

根据第一节中相似的计算(参看(1.1.3)式),有

$$d\Phi_v(\phi, \theta) = I_v(\phi, \theta)\sin\theta d\theta d\phi。 \quad (1.3.3)$$

因此,光源的光通量为

$$\Phi_v = \int_0^{2\pi} d\phi \int_0^{\pi} I_v(\phi, \theta)\sin\theta d\theta。 \quad (1.3.4)$$

如果光源是各向同性的,$I_v(\phi, \theta)$是一个常数($=I_v$),则将(1.3.4)式积分后可得

$$\Phi_v = 4\pi I_e。 \quad (1.3.5)$$

如果光源是各向异性的(各个方向的发光强度不同),则 $\Phi_v/4\pi$ 代表平均的球面光强度。在通过光源的某一平面内,光强度的极坐标分布曲线常称为光源在该平面内的配光曲线。

光源的光强度一般是对点光源(或光源的大小与使用的照明距离相比很小)的情况而言。如果考虑到有一定表面的面光源,就要考虑到光源的光出(射)度和光亮度。

3. 光出(射)度 M_v 和光照度 E_v

光源的光出(射)度就是光源上每单位面积向半个空间内发出的光通量,即

$$M_v = \Phi_v/S。 \quad (1.3.6)$$

由于光源表面上各处的光出度不相同,因此严格地讲,应该取微小的面积 dS,而由它向半个空间内发出的光通量为$d\Phi_v$(见图 1.3.1(a)),则此发光表面的光出度为

$$M_v = d\Phi_v/dS。 \quad (1.3.7)$$

光出度在数值上等于通过单位面积所传送的光通量。需要指出,这里研究的面光源不仅包括自身发光的光源(如白炽灯的灯丝),也可以是光源的像或自身并不发光而在受到光照后成为光源的表面。对于后一种情况,其光出度与该表面被照明的程度有关。

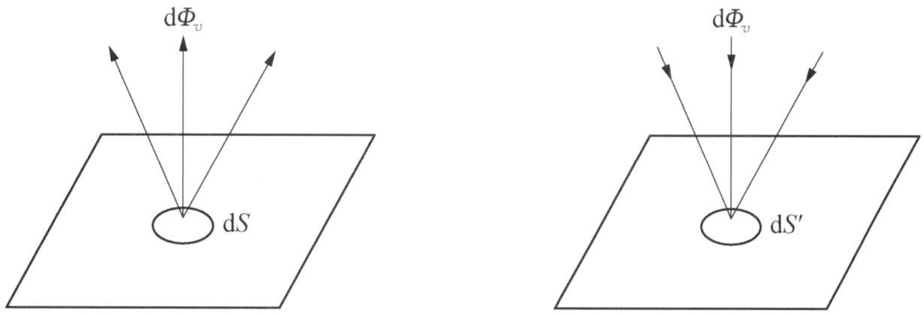

(a) 光出度　　(b) 光照度

图 1.3.1　光出度与光照度

表示表面被照明程度的量称为光照度(简称照度)E_v,它是每单位面积上受到的光通量数,即

$$E_v = \Phi_v/S'。 \quad (1.3.8)$$

和上述光出度的情况相似,严格地讲,应该取微小的面积 dS′,而在此面积上受到的光通量为$d\Phi_v$(见图 1.3.1(b)),则此被照表面的光照度为

$$E_v = \mathrm{d}\Phi_v / \mathrm{d}S'。\qquad (1.3.9)$$

对于受照后成为面光源的表面来说，其光出度与光照度成正比，即

$$M_v = \rho_r E_v。\qquad (1.3.10)$$

式中，ρ_r 是小于 1 的系数，称为漫反射率，它与表面的性质有关。光出度和光照度的基本单位都是 $\mathrm{lm} \cdot \mathrm{m}^{-2}$。

4. 光亮度 L_v

光源在某一方向的光亮度（简称亮度）$L_v(\phi, \theta)$是光源在该方向上的单位投影面在单位立体角中发射的光通量，即

$$L_v(\phi, \theta) = \Phi_v(\phi, \theta)/(S\cos\theta\Omega)。\qquad (1.3.11)$$

由于表面上各处的光亮度不相等，而且在各个方向的光亮度也不相等，因此严格地讲，应取微小的面积 $\mathrm{d}S$ 和微小的立体角 $\mathrm{d}\Omega$，而与此相应的光通量为 $\mathrm{d}^2\Phi_v(\phi, \theta)$，则光亮度为

$$L_v(\phi, \theta) = \mathrm{d}^2\Phi_v(\phi, \theta)/(\mathrm{d}S\cos\theta\mathrm{d}\Omega)。\qquad (1.3.12)$$

将(1.3.12)式与(1.3.2)式比较，可得

$$L_v(\phi, \theta) = \mathrm{d}I_v(\phi, \theta)/(\mathrm{d}S\cos\theta)。\qquad (1.3.13)$$

这说明，光源在给定方向上的光亮度也就是它在该方向的单位投影面上的光强度。光亮度的基本单位是 $\mathrm{cd} \cdot \mathrm{m}^{-2}$，$1\ \mathrm{cd} \cdot \mathrm{m}^{-2} = 1\ \mathrm{lm} \cdot \mathrm{m}^{-2} \cdot \mathrm{sr}^{-1}$。

对于余弦辐射体[参看(1.1.12)式和图 1.1.4]，光亮度 L_v 不随方向而变，它和光出度 M_v 之间存在着和(1.1.15)式相似的关系，即

$$M_v = \pi L_v。\qquad (1.3.14)$$

5. 光量 Q_v

光源在某时间段内所发出的光的总和称为（该时段内的）光量，记为 Q_v，单位为 $\mathrm{lm} \cdot \mathrm{s}$ 或为 $\mathrm{lm} \cdot \mathrm{h}$。

比较(1.3.13)式和(1.1.11)式、(1.3.14)式和(1.1.15)式可知，它们形式上是一样的，但应注意它们代表的量不同。(1.1.11)式和(1.1.15)式描述的是能量，(1.3.13)式和(1.3.14)式描述的是光度量。

注意，为书写方便，光度量的脚标“v”常被省略，I，Φ，…就表示光强度，光通量，…

在光度学中，采用光强的单位作为基本单位，由此可导出其他光度量的单位。1979 年，国际计量大会对光强的单位坎德拉(cd)做了如下的规定：坎德拉是发出 540×10^{12} Hz 频率的单色辐射源在给定方向上的发光强度，该方向上的辐射强度为$\dfrac{1}{683}\ \mathrm{W} \cdot \mathrm{sr}^{-1}$。

光强度的单位确定之后，就可以导出其他的光度量单位。光强度为 1 cd 的一个点光源，在单位立体角内发射的光通量就定义为 1 lm。若这个点光源是各向同性的，则其发出的总光通量由(1.3.5)式可知为 4π lm。

在 $1\ \mathrm{m}^2$ 表面向各个方向（半个空间内）发出的总光通量为 1 lm 的面光源，其光出度为

1 lm·m^{-2}。光照度的单位和光出度的单位的量纲相同，但常称为 lx(勒克司)，它是 1 lm 的光通量均匀分布在 1 m^2 表面上所产生的光照度；它也等于光强度为 1 cd 的光源在半径为 1 m的球面上所产生的照度(见图 1.3.2)。有时，还采用 1 lm·cm^{-2} 和 1 lm·ft^{-2} 等单位。在表 1.3.1中，给出了各种照度单位之间的换算关系。

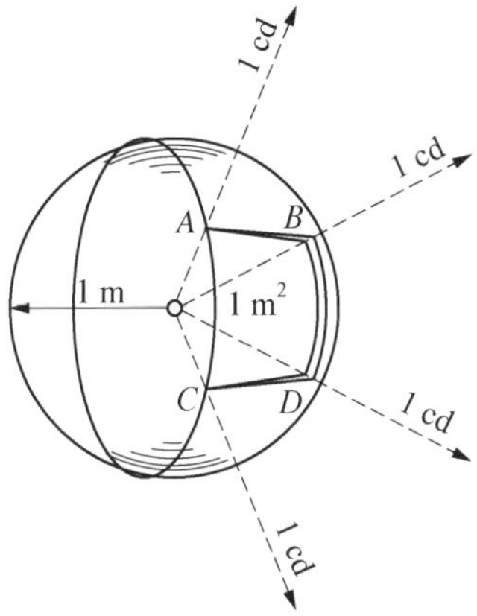

图 1.3.2 均匀点光源的照度

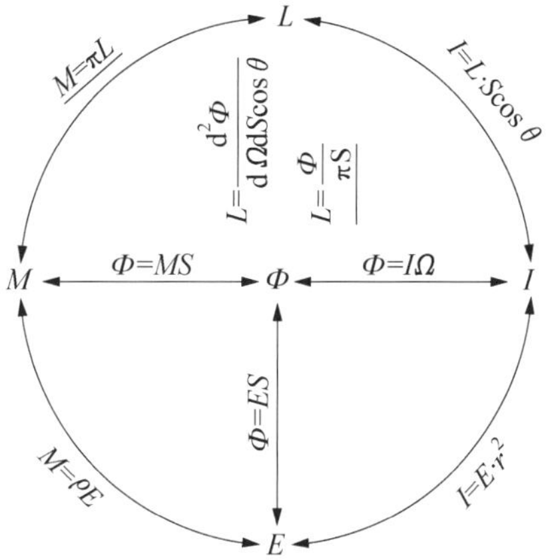

图 1.3.3 各光度量之间的关系(下面标有横线的关系式只适用于余弦辐射体)

表 1.3.1 各种光照度单位的换算表

各种光照度单位	lx	lm·cm^{-2}	lm·ft^{-2}
lx = lm·m^{-2}	1	0.000 1	0.092 9
ph = lm·cm^{-2}	10 000	1	929
lm·ft^{-2}	10.76	0.001 076	1

在 1 m^2 表面上，在其法线方向的光强度为 1 cd 的面光源，它在该方向的光亮度为 1 cd·m^{-2}。有时还采用 sb、cd·in^{-2}、cd·ft^{-2}、mL、ft·L 和 asb 等光亮度单位，表 1.3.2列出了各种光亮度单位之间的换算关系。

表 1.3.2 各种光亮度单位的换算表

各种光亮度单位	cd·m^{-2}	sb	cd·in^{-2}	cd·ft^{-2}	mL	ft·L	asb
cd·m^{-2}	1	0.000 1	0.000 645 2	0.092 9	0.314 2	0.291 9	3.142
sb = cd·m^{-2}	10 000	1	6.452	929	3 142	2 919	31 416
cd·in^{-2}	1 550	0.155	1	144	486.9	452.4	4 869
cd·ft^{-2}	10.76	0.001 076	0.006 944	1	3.382	3.142	33.82
mL	3.183	0.000 318 3	0.002 054	0.295 7	1	0.929	10
ft·L	3.426	0.000 342 6	0.002 21	0.318 3	1.076	1	10.76
asb	0.318 3	0.000 031 83	0.000 205 4	0.029 57	0.1	0.092 9	1

为方便记忆起见，可将上述各光度量之间的关系用图 1.3.3表示出来。但应注意，图中照度 E 与光强 I 之间的距离平方反比关系只对点光源的情况才成立。

光度量的各种基本单位归结在表 1.3.3中，为对照起见，表中还列入了相应的辐射量及其单位。

表 1.3.3　光度量与辐射量

光度量	单位	辐射量	单位
光通量 Φ_v	lm	辐射通量 P_e	W
光强度 I_v	cd	辐射强度 I_e	$W \cdot sr^{-1}$
光出(射)度 M_v	$lm \cdot m^{-2}$	辐射出(射)度 M_e	$W \cdot m^{-2}$
光照度 E_v	lx	辐射照度 E_e	$W \cdot m^{-2}$
光亮度 L_v	$cd \cdot m^{-2}$	辐射亮度 L_e	$W \cdot sr^{-1} \cdot m^{-2}$
光量 Q_v	$lm \cdot s$	辐射能量 Q_e	$J(W \cdot s)$

光度量单位是在人眼视觉基础上建立起来的。下面介绍光度量单位和能量单位在数值上的关系。

前面说过人眼对各种不同波长的光的相对灵敏度 $V(\lambda)$是不一样的。波长为 555 nm 的 $V(\lambda)$值最大，等于 1，其他波长的 $V(\lambda)$都小于 1。如果在很小的波长间隔（λ 到 $\lambda+d\lambda$）内，光源的辐射通量是 $P_\lambda \mathrm{d}\lambda$，那么在人眼中引起的光通量为

$$\mathrm{d}\Phi_v(\lambda) = \Phi_v(\lambda)\mathrm{d}\lambda = K(\lambda)P_\lambda \mathrm{d}\lambda = K_m V(\lambda)P_\lambda \mathrm{d}\lambda, \tag{1.3.15}$$

即

$$\Phi_v(\lambda) = K_m V(\lambda) P_\lambda。 \tag{1.3.16}$$

式中，P_λ 和 $\Phi_v(\lambda)$分别是光谱辐射通量和光谱光通量；$K(\lambda)$称为光谱光效能（spectral luminous efficacy），即人眼对不同波长的光辐射产生视觉的效能；K_m 是其最大值（maximum luminous efficacy）。与（1.3.16）式的关系类似，有

$$I_v(\lambda) = K_m V(\lambda) I_e(\lambda) \tag{1.3.17}$$

和

$$L_v(\lambda) = K_m V(\lambda) L_e(\lambda)。 \tag{1.3.18}$$

根据光强的定义，由（1.3.17）式并考虑到 $V(555\ \mathrm{nm}) = 1$，得到如下关系，即

$$I_v(555\ \mathrm{nm}) = K_m I_e(555\ \mathrm{nm}),$$

$$1\ \mathrm{lm} \cdot \mathrm{sr}^{-1} = K_m \frac{1}{683} \mathrm{W} \cdot \mathrm{sr}^{-1}。$$

由此解得

$$K_m = 683\ \mathrm{lm} \cdot \mathrm{W}^{-1}。 \tag{1.3.19}$$

从(1.3.16)式可知,对 $\lambda = 555$ nm 的绿光,$V(\lambda) = 1$,这时 1 W 的功率产生的光通量最大,为 683 lm。换言之,这时 1 lm 相当于 1/683 W,这是产生 1 lm 的光通量所需要的最小功率。对于其他波长的光,产生 1 lm 光通量的瓦数都比该值大。应该说明的是,这里的 K_m 值是对明视觉的情况而言的。对暗视觉的情况,有 $K'_m = 1\,700\ \text{lm} \cdot \text{W}^{-1}$。

1.3.2 光效

所谓光效是指一个光源(一般指照明用电光源)所发出的光通量 Φ_v 和该光源所消耗的电功率 P_l 之比,即

$$\eta = \Phi_v / P_l。 \tag{1.3.20}$$

式中,η 的单位是 $\text{lm} \cdot \text{W}^{-1}$。

但是,加在光源上的电功率并不能全部变成可见光,其中有相当一部分变成了其他形式的能量(比如热)。考虑到这一点,可将(1.3.20)式改写成

$$\eta = \frac{\Phi_v}{P_l} = \frac{K_m \int_{380}^{780} P_\lambda V(\lambda)\mathrm{d}\lambda}{P_l} = \frac{\int_{380}^{780} P_\lambda \mathrm{d}\lambda}{P_l} \cdot \frac{K_m \int_{380}^{780} P_\lambda V(\lambda)\mathrm{d}\lambda}{\int_{380}^{780} P_\lambda \mathrm{d}\lambda} = PEC \times LER。 \tag{1.3.21}$$

式中,PEC(power conversion efficiency)表示可见辐射通量在输入功率 P_l 中所占的比例为

$$PEC = \frac{\int_{380}^{780} P_\lambda \mathrm{d}\lambda}{P_l};$$

而

$$LER = \frac{K_m \int_{380}^{780} P_\lambda V(\lambda)\mathrm{d}\lambda}{\int_{380}^{780} P_\lambda \mathrm{d}\lambda},$$

即 LER(luminous efficiency of radiation)是当 $PEC = 1$(即输入功率全部转换成可见光)时灯的光效,称为辐射光效。显然,LER 是由灯在可见光区的光谱能量分布情况决定的。既然各种灯在可见光区都有自己独特的光谱能量分布形式,因此就有各自的辐射光效。

对照明光源来说,总希望 η 要高。在叙述黑体辐射时将会看到:总辐射按 4 次方的关系极快地随温度升高而增加;峰值辐射的波长随温度的升高逐渐向短波移动,有更多的辐射落在可见光部分。因此,升高黑体温度对提高它的光效是有利的。当黑体温度为6 500 K时,可见光区域的辐射在辐射能中所占的比例为最大(约为 43%),光效差不多是 $90\ \text{lm} \cdot \text{W}^{-1}$。但是,当黑体温度进一步升高时,由于峰值波长移向短波,有更多的辐射落在紫外区域,因此总的辐射尽管仍然增加,但可见光所占的比例却开始减少,光效反而下降。对实际光源来说,提高光效的途径常常是:选择适当的发光物质,创造适宜的条件,使它有更多的辐射落在可见光区,特别是 $V(\lambda)$ 大的地方,也就是波长接近于 555 nm 处。

对于白光发光二极管(light emitting diode, LED)灯的光效来说,根据白光 LED 的实现

形式，可以分为3类：

① 混色 LED(cm－LED)，如 RGB、RGBA 等形式的白光 LED；

② 荧光粉转换 LED(pc－LED)；

③ 混合型 LED，是由一种或多种单色 LED 和 pc－LED 组合而成。

目前，在白光 LED 中，荧光粉转换 LED 的(理想)辐射光效要大于混色 LED(cm－LED)的。

1.3.3 光源的色温和显色性

作为照明光源，除了要求光效高之外，还要求它发出的光具有良好的颜色。光源的颜色有两方面的意思：色表和显色性。人眼直接观察光源时所看到的颜色，称为光源的色表。显色性是指光源的光照射到物体上所产生的客观效果。如果各色物体受照的效果和标准光源(黑体或重组日光)照射时一样，则认为该光源的显色性好(显色指数高)；反之，如果物体在受照后颜色失真，则该光源的显色性就差(显色指数低)。显色性也称演色性或传色性。下面举例说明色表和显色性的意义。

过去街道上的路灯采用高压汞灯，后来采用高压钠灯等气体放电光源，目前，已越来越多地用 LED 光源取代。如果从远处看高压汞灯，一定觉得它发出的光既亮且白。但是，当看到被它照射的人的面孔时一定不满意，看起来好像在脸上抹了一层青灰。这说明高压汞灯的色表并不差，但显色性不好。钨丝灯恰恰与之相反，它的光看上去虽然偏红、偏黄，但是受照物体的颜色却很少失真。也就是说，钨丝灯的色表不很好，但显色性很好。再看看低压钠灯的情况：低压钠灯的光色非常黄，如果将一块蓝布放到低压钠灯下面，布就变成黑色，这说明低压钠灯的色表和显色性都不好。而氙灯的色表和显色性都很好。

从上面这4个例子可以看出，有些光源的色表和显色性都不好(低压钠灯)，有些都很好(氙灯)，有些色表好但显色性不好(高压汞灯)，有些色表不好但显色性好(钨丝灯)。光源的色表和显色性既有区别，又有联系。

蓝色的布为什么到了低压钠灯下面就变黑了呢？要弄清这个问题，首先要对日光做一番分析。原来日光是由红、橙、黄、绿、青、蓝、紫等多种颜色的光按照一定的比例混合而成的。日光照到某一种颜色的物体(指非透明体)上，物体将其他颜色的光吸收，而将这种颜色的光反射出来。比如，蓝布受日光照射后，将蓝光反射出来，而将另外的光吸收，因此在人眼里看到的这块布就是蓝色的。正是由于日光本身包含了各种色光，再加上各种物体对不同色光的反射(在有些情况下是散射或透射)性能不一样，大自然才在日光的照射下显得五彩缤纷。低压钠灯则不然，它发出的光主要是黄光。当黄光照到蓝布上时，蓝布将黄光全部吸收。蓝布虽然能反射蓝光，但是因为低压钠灯发出的光中基本上没有蓝光，也就不能反射出蓝光来。因此在低压钠灯照射之下，蓝布就变成黑色的了。钨丝灯的光谱能量分布是连续的，各种色光都有，因此一般的彩色都能反映出来，有较好的显色性。但是，因它的辐射能量分布偏重于长波方向，因此整体上看来光色偏红、偏黄，色表不很理想。

显色性一般用显色指数来衡量，显色指数 R_a(CRI)也是目前仅有的被国际接受的评价光源显色性能的计量参数，它是通过测量被测光源与其色温相匹配的参照光源对试验色(一般是8个)照射下的色差的平均值计算得到的。用此方法衡量 LED 光源时会出现 R_a 数值的大小与人们的感受不一致的问题，这是因为计算 R_a 只选取了8个试验色，且这8个试验色的饱和度都不高。LED 光源，尤其是用多色芯片混光得到的白光 LED 光源，其光谱宽度很窄，且饱和度很高，使得试验色在此光源照射下饱和度提高，显色指数反而下降。

为此，CIE 和北美照明工程协会成立了专门的小组，提出了对显色性评价的新方法，其中比较有代表性的有 CQS 和 IES TM－30 显色评价方法。区别于 CRI 选取 8 个试验色，CQS 采用了饱和度高的 15 个试验色，且这些试验色具有很高的饱和度，不同于 CRI 计算色差时取算术平均，CQS 是取均方根。IES TM－30 使用了 R_f 和 R_g 两个指标，R_f 用于表征各标准色在测试光源照射下与参考照明体照射下的相似程度，而 R_g 是衡量标准色在测试光源照射下和参考光源照射下饱和度的变换情况。

由以上讨论可知，光源的颜色从根本上来说是由它的光谱能量分布决定的。光源的光谱能量分布确定之后，它的色表和显色性也就确定了。但是，不能倒过来认为，由光源的色表可以确定光源的光谱能量分布。光谱能量分布截然不同的光源可以产生相同的色表，这就是所谓的“同色异谱”(metamerism)现象。高压汞灯发出的光尽管色表和日光接近，但它的光谱能量分布和日光相差很大，它的光谱中多青光、蓝光而缺少红光，这就是它使被照的人脸发青灰的缘故。

从光源的光谱能量分布和颜色，可以引入色温这个表示光源颜色的量。当光源发出的光的颜色与黑体在某一温度下辐射的颜色相同时，黑体的这个温度就称为该光源的颜色温度 T_C，简称色温(color temperature, CT)，用绝对温标表示。

对白炽灯一类的热辐射光源来说，由于其光谱能量分布与黑体比较接近，因此可用分布温度 T_d 来表示它的光谱能量分布，同时也表示了它的颜色。在可见光区，当光源的相对光谱能量分布与黑体在某一温度下辐射的相对光谱能量分布相似时，则黑体的这个温度就称为该光源的分布温度。由于光谱能量分布相同的光，其颜色必定相同，因此其分布温度也就是其色温。对于气体放电光源，其光谱能量分布很少与黑体的相似，所以对这些光源来讲，分布温度没有意义。

对于某些光源(主要是线光谱较强的气体放电光源)，它发射的光的颜色和各种温度下的黑体辐射的光的颜色都不完全相同(色坐标有差别)，这时就不能用一般的色温概念来描述它的颜色，但是为了便于比较，还是用了相关色温的概念。光源发射的光与黑体在某一温度下辐射的光的颜色最接近，即在均匀色度图(将在第七章中介绍)上的色距离最小，则黑体的温度就称为该光源发射的光的相关色温(correlated color temperature, CCT)。显然，相关色温所表示的颜色是粗糙的，但它在一定程度上表达了颜色，如果和显色指数结合起来，就可在一定程度上表达光源的颜色特性。

如何测定光源的光谱能量分布，怎样利用光源的光谱能量分布数据计算其色坐标、色温和显色指数，将在第六章和第七章中叙述。

1.4 光源的电气特性和寿命

1.4.1 光源的电气特性

在测量光源的光学特性的同时常常要求测定光源的电气特性。例如，要测定灯的光效时，除要测出灯的光通量之外，还要测出输入到灯中的功率。

对白炽灯来说，其电参数为流经灯管的电流、灯管上的电压降以及灯消耗的功率。白炽灯的电功率实际上就是它的电流和电压的乘积。

对气体放电灯，情况比白炽灯复杂。气体放电灯有负阻特性，因此必须与合适的镇流器一道工作。灯和镇流器是不可分的，必须将两者结合在一起加以考虑。普通的镇流器由于其正常的制造误差，使得灯的电流、电压特性有某些变化，从而影响灯的电输入和光输出。因此，在测量时必须采用推荐的标准镇流器。对工作于直流的气体放电灯，其消耗的电功率等于灯两端的电压和流过灯的电流的乘积。但对于工作于交流的气体放电灯来说，它两端的电压为 V_l，流过的电流为 I_l，电功率等于 $V_l I_l \cos\theta$（或 $V_l I_l \alpha$），$\cos\theta$（或 α）称为灯的功率因数（或畸变因子）。

对于 LED 灯，有 AC 交流供电的 LED 灯，其电气参数为输入电压的有效值（均方根误差值）、输入电流的有效值、输入功率、输入电压频率和功率因数；也有 DC 直流供电的 LED 灯，其电气参数为输入电压的有效值（均方根误差值）、输入电流的有效值、输入功率。

在进行测量之前，灯必须至少经过 100 h 的老练，以使其特性稳定。在测量过程中，因为灯的参数受到众多因素的影响，所以有必要对诸如环境温度、通风条件、点燃位置、电源频率以及灯的接线方式等实验条件加以控制。例如，对荧光灯，测量时的环境温度必须维持在（25±1）℃；高强度放电（high intensity discharge，HID）灯对环境温度不太灵敏，故维持在（25±5）℃即可；对两端各有两只脚的热阴极荧光灯，试验时在任何条件下应将同样的两只脚连接到工作电路中；对 HID 灯，电源的高压端应连接到灯头的中心触点上；对于 LED 灯，测量的环境温度应维持在（25±1）℃，该温度应在距离 LED 灯最远 1 m 的位置测量，且测量高度与 LED 灯的高度一致。在测试中，应防止被测 LED 灯或者其他辐射光源对温度传感器探头的直接光辐射。被测 LED 灯表面空气的异常流动可能极大地改变样品的电气参数，因此，要保证被测 LED 灯样品周围空气正常流动。在测试前，被测 LED 灯需要经过足够的通电预热直到产品达到电气参数稳定和热平衡，达到热平衡所需的时间取决于被测 LED 灯样品的类型。热平衡所需时间一般为 30 min（小型集成 LED 灯）至 2 h（大型 LED 灯具）。热平衡判定方法：先预热 15 min，然后在至少 30 min 内，对光输出和电功率进行至少 3 次测量，以 15 min 时间间隔读数计算，光输出和电功率的偏差应低于 0.5%。

图 1.4.1 所示是典型的测量灯的电特性的线路，所测量的光源包括白炽灯、荧光灯和高

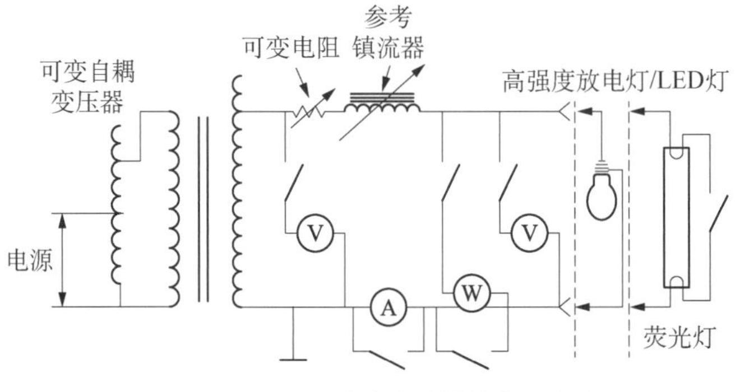

图 1.4.1　测量灯的电气特性的典型电路

强度气体放电灯。对交流电源的要求是：其谐波分量的均方根误差值之和不超过基波的3%；从灯和镇流器看，电源的输入阻抗不应超过镇流器阻抗的10%；电压值的波动在0.1%以内，否则要不断进行校验和重新调节。所用的测量电表，若是模拟型的，应选择合适的电流、电压量程，以使指示值在满度值的一半或一半以上。当指示值太低时，测量精度会有问题。对白炽灯，因其光输出是电流和电压的高阶指数函数，因此仪器应选择有0.25%满度精度或者更好，以给出高精度的结果。为避免电流表上压降的影响，通常将电压表直接接到灯管的两端，但这时电流表指示的电流除灯的电流之外，还包括流过电压表的电流。若同时接有功率表，则电压测量所支取的功率也包含在功率表的指示之中。在这种情况下，灯的电流和功率读数均需进行修正。在选择测量仪器时，应保证在测量线路中，与灯并联的所有仪器的合成阻抗不应支取灯的额定电流的3%以上，跨过与灯串联的所有仪器上的电压降应小于灯的额定电压降的2%。在高精度测量直流电流和电压时，可采用电位差计。具有读数的0.01%精度或更高精度的数字电压表，也可用于电流和电压的精确测量。与指针式仪表相比，它们从被测量的电路中支取非常小的功率，因此对被测的对象影响极小。

1.4.2 灯的寿命

灯的寿命是评价灯的性能的一个重要指标。灯的寿命有全寿命、平均额定寿命和有效寿命之分。有效寿命是根据灯的发光性能来定义的。当灯所发出的光下降到其初始值的80%(或70%)时，它已经点燃的时间被定义为它的有效寿命或经济寿命。灯从点燃到不能工作的时间称为灯的全寿命；而当有一半的灯已不能工作时的燃点时间，则称为灯的平均额定寿命(见图1.4.2)。

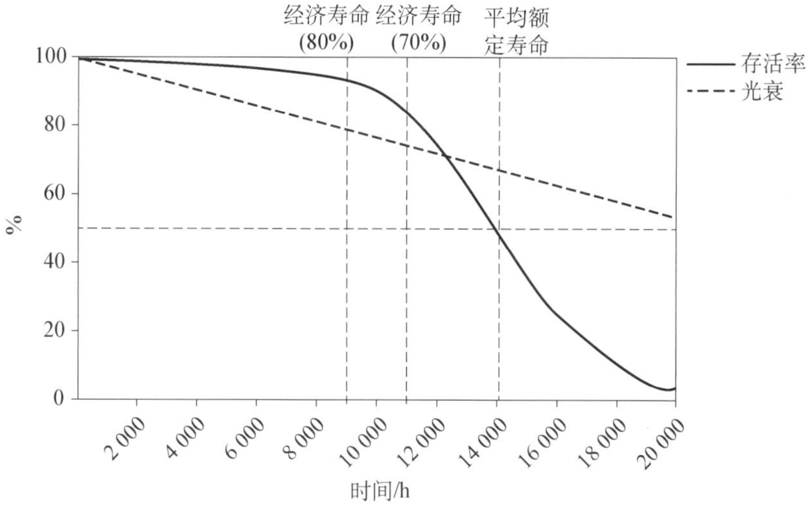

图1.4.2 灯的寿命的定义

白炽灯的寿命试验有额定电压试验和超电压试验两种方法。在进行额定电压试验时，电压、电流值与额定值的偏差应小于0.25%。超电压试验是基于电压和灯的寿命之间的关系。采用这一方法可以大大加速白炽灯的寿命试验过程。但应说明的是，这种指数关系是经验的，这种形式的加速寿命试验可能产生相当的误差。因此，加速寿命试验的结果只是近似的。

气体放电灯的寿命试验与白炽灯有所不同。实验发现，当线电压偏离额定的镇流器输入电压的5％时，对气体放电灯的寿命并无显著影响。由于这一理由以及其他原因，故对气体放电灯通常不采用加速寿命试验的方法。一般气体放电灯的寿命很长，通常要求经过18～60个月才能确定其寿命。气体放电灯的寿命在很大程度上依赖于电极的寿命，而后者与灯的开关次数密切相关。所以，在进行气体放电灯寿命试验时，灯不是一直点燃，而必须模拟真实的工作条件，开一段时间，关一段时间，反复循环。通常采用的循环，对荧光灯是工作3 h，休息20 min；对HID灯是工作11 h，休息1 h。

LED灯通常具备很长的使用寿命特性，依靠驱动电流和使用条件可以使用50 000 h或者更久。与所有光源一样，LED的光输出随输出时间会慢慢减弱。与传统光源不同的是，LED不会彻底失效。因此，随着时间的变化，流明维护率会导致更慢的光输出，而不是规格中预期的或者规范、标准规范或规则中要求的情况。

LED灯流明维持率是指在任一燃点时间上，输出光通量与初始光通量的比值，通常用百分比表示（见图1.4.3）。流明维持率与光衰之间是相反对应关系。

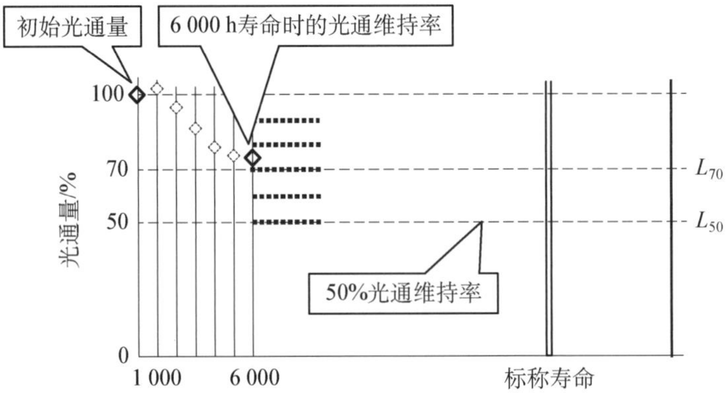

图1.4.3　LED灯流明维持率定义

LED灯额定光通维持率寿命是指LED灯在老化试验中，光通维持率达到特定光通维持率的老化时间。

L_{70}(h)：70％光通维持率的寿命时间；

L_{50}(h)：50％光通维持率的寿命时间。

LED灯在进行寿命试验时，灯不是一直燃点，而是模拟真实的工作条件，开一段时间，关一段时间，反复循环。通常采用的循环，对LED灯是工作2 h，休息15 min。寿命试验的电源电压稳定在±2％内，谐波失真小于3％，基波频率偏差应不大于0.1％。

对LED灯寿命测量是一件很有意义的事情，目前常见的测量方法有：按照*IES LM-80-08 Approved Method：Measuring Lumen Maintenance of LED Light Sources*进行LED颗粒和模组的寿命评估；按照*IES LM-84-14 Approved Method：Measuring Luminous Flux and Color Maintenance of LED Lamps，Light Engines，and Luminaires*进行LED

灯和灯具的寿命评估；按照《CSA020－2013 LED 照明产品加速衰减试验方法》用加速试验方法进行 LED 灯和灯具的寿命评估。

无论是白炽灯、气体放电灯还是 LED 灯，在寿命试验时均需对震动、冲击、室温、通风等条件进行控制，否则会有大的结果偏差。

参考文献

[1] 复旦大学电光源实验室. *电光源原理* [M]. 上海：上海人民出版社，1977.
[2] 周太明. *光源原理与设计* [M]. 上海：复旦大学出版社，1993.
[3] 周太明. *半导体照明的曙光* [M]//中国科学技术协会. 学科发展蓝皮书 2003 卷. 北京：中国科学出版社，2003.
[4] Joseph B. Murdoch. *Illuminating Engineering from Edison's Lamp to LED* (*second edition*). 2003, Visions Communications.
[5] 周太明，周详，蔡伟新. *光源原理与设计*（第二版）[M]. 上海：复旦大学出版社，2006.
[6] Schubert F E. *Lighting-emiting Diodes* (*second edition*) [M], Cambridge University Press, 2006.

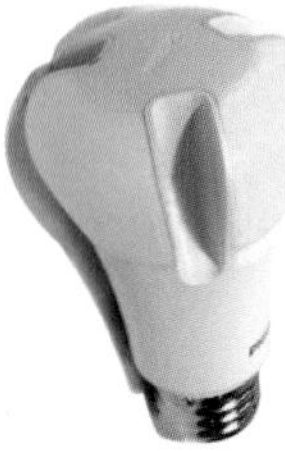

第二章 热辐射光源

2.1 热辐射

2.1.1 热辐射的基本特性

热辐射作为热量传输的重要过程，是借助于电磁波的能量传播过程来实现能量的输运。研究由物质的热运动而产生的电磁辐射，即热辐射。热辐射处于整个电磁波谱的中段，即辐射光谱从0.1 μm到1 000 μm之间的波长部分。只要物体的温度高于绝对零度，内部的微观粒子就处于受激状态，从而物体不断地向外发射辐射能。

对于热辐射的传递能量的科学理解有两种理论，即经典的电磁波理论和量子理论。在大多数情况下，由这两种理论得出的结果十分一致。本质上，辐射能的真实本质(波或光子)对热辐射光源来说十分重要，研究热辐射的特性可以设计更好性能的热辐射光源，因此最感兴趣的是波长约从 380～780 nm 的可见光和波长从可见光谱的红端之外延伸到1 000 μm的红外线。

一个物体如果与另一个物体相互之间能够看得见，那么它们之间就会发生辐射热交换。而交换的辐射热量不仅与两个物体的温度有关，而且与物体的形状大小和相互位置有关，同时还与物体所处的环境密切相关。

热辐射的本质决定了热辐射过程有如下 3 个特点：

① 辐射换热与导热、对流换热不同，它不依赖物体的接触就可进行热量的传递。而导热和对流换热，则都必须由冷、热物体直接接触或通过中间介质相接触才能进行。

② 辐射换热过程伴随着能量形式的两次转化，即物体的部分内能转

化为电磁波能发射出去，当磁波能射及另一物体表面而被吸收时，电磁波能又转化为内能。

③ 一切物体只要其温度 $T>0\,\mathrm{K}$，都会不断地发射热射线。当物体间有温差时，高温物体辐射给低温物体的能量大于低温物体辐射给高温物体的能量，因此总的结果是高温物体把能量传给低温物体。即使各个物体的温度相同，辐射换热仍在不断进行，只是每一物体辐射出去的能量等于吸收的能量，从而处于动平衡的状态。

在光源研究领域，通常可以将玻璃材料近似为透射率为 1 的透明体，尽管热辐射中完全透明体是不存在的，但在处理可见光时玻璃还是可以近似为透明体。但对于红外线来说，玻璃就不是透明体了，甚至在透明红外反射膜条件下可以实现超过 80% 的红外反射。通常在光源设计中，可以认为工作气体对红外线是完全透明的。

在物体的热辐射过程中，为了维持物体的温度，必须使外部给予物体的能量与物体向外辐射出去的能量相等，而且此时物体的辐射特性可以用温度 T 的函数来表征，所以热辐射也被称为温度辐射。在稳定条件下，当物体的温度确定后，其辐射的能量分布和大小仅与物体的特性有关。

单色辐射出度是指在某一温度下物体表面单位面积上能够在某一波长区间辐射出单位波长的功率，通常用 $M(\lambda, T)$ 表示。例如，当物体温度为 T 时，从物体表面单位面积上辐射出的波长介于 λ 到 $\lambda+\mathrm{d}\lambda$ 之间的功率为 $\mathrm{d}M(\lambda, T)$，那么单色辐射出度可以表示为

$$M(\lambda, T)=\frac{\mathrm{d}M(\lambda, T)}{\mathrm{d}\lambda}。\tag{2.1.1}$$

式中，$M(\lambda, T)$ 的单位为 $\mathrm{W\cdot m^{-3}}$。单色辐射出度与波长和温度相关。

辐射出度是指在某一温度下物体单位表面积上能够辐射出所有波长的总功率，通常用 M 表示。当物体表面的温度为 T 时，物体表面单位面积发射的包含各种波长在内的辐射功率为

$$M(T)=\int_0^{\infty}M(\lambda, T)\mathrm{d}\lambda。\tag{2.1.2}$$

式中，$M(T)$ 的单位为 $\mathrm{W\cdot m^{-2}}$。

需要指出的是，物体在向外发射辐射能的同时，也在吸收外来的辐射能，否则会产生能量不平衡。如前所述，当辐射能入射到不透明物体的表面时，一部分能量被吸收，一部分能量被反射。不同的物体，其吸收电磁辐射的能力不同，通常深色物体吸收率较大、反射率较小，而浅色物体则相反。

2.1.2 黑体辐射

任何高于绝对零度(−273.15℃)的物体都具有不断吸收和辐射电磁波的本领。辐射出来的电磁波谱具有不同的分布，取决于物体本身的特性和温度，因此这样的辐射被称为热辐射。为了研究热辐射的规律，避免物体本身特性的影响，科学家们定义了一种理想物体——黑体(black body)，这样可以更好地揭示热辐射的基本特性。黑体是一种可以完全吸收入射的电磁波的物体，这样黑体辐射的特性就只与温度有关，不会有反射和透射。事实上，在自然界中的物体是没有真正的黑体的，但黑体近似可以更好地了解热辐射特性。

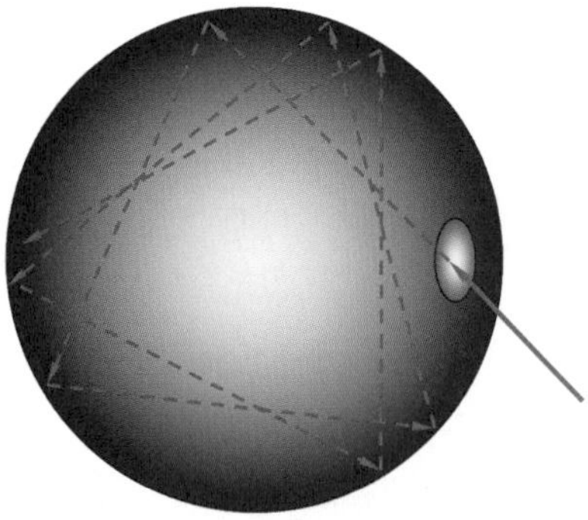

图 2.1.1　理想黑体示意图

如果某一物体能够完全吸收入射的辐射能量而没有反射，即 $\alpha(\lambda, T)=1$，则这样的物体被称为黑体。黑体在任何温度下都能完全吸收任何频率的辐射能，事实上，黑体只是一个理想的物体模型，这样我们可以更好地理解热辐射特性。黑体是一种理想物体，在自然界是不存在的，只有少数表面，如炭黑、金刚砂、金黑等吸收辐射能的能力可近似于黑体。当然，黑体不是指黑色物体，因为黑色物体表面也会有少量反射。为了获得较理想的黑体，通常采用不透明材料制作成一个空腔，在其内部用黑煤烟涂黑（其吸收率高达 95%），在其表面开一个非常小的入射孔，这样就可以做成十分接近黑体的辐射体，如图 2.1.1所示。入射的辐射一旦从小孔进入空腔后，几乎可以通过多次反射和吸收，内表面可以完全吸收没有逃逸的能量。这在日常生活中也可以得到验证，在白天看到房间的窗户总是黑暗的，就是因为进入室内的光经多次反射和吸收，从窗户反射出来的光已经非常微弱的缘故，这样的辐射体已经被作为理想的黑体在实际的研究中得到了大量的应用。通常，加热此类理想黑体到某一温度，测量由小孔发射的光谱，发现此光谱分布与同一温度黑体吸收和辐射的光谱完全相同。这一特性已经在实际的研究和生产中得到了广泛的应用。

1. 基尔霍夫定律

1859 年，德国物理学家基尔霍夫（Gustav Robert Kirchhoff）通过研究放在封闭容器内的物体，发现处于热平衡时，各物体在单位时间内辐射出的能量等于所吸收的能量。根据这一实验事实，基尔霍夫得出如下结论：在相同温度下，$M(\lambda, T)$ 与 $\alpha(\lambda, T)$ 的比值对于所有物体都相同，并且这一比值仅取决于温度 T 和波长 λ 的函数，记作中 $f(\lambda, T)$，即

$$f(\lambda, T)=\frac{M_1(\lambda, T)}{\alpha_1(\lambda, T)}=\frac{M_2(\lambda, T)}{\alpha_2(\lambda, T)}=M_B(\lambda, T)\text{ 。} \tag{2.1.3}$$

式中，$M_1(\lambda, T)$ 和 $M_2(\lambda, T)$ 分别为物体 1 和物体 2 的单色辐射出度；$M_B(\lambda, T)$ 为黑体的单色辐射出度；$\alpha_1(\lambda, T)$ 和 $\alpha_2(\lambda, T)$ 分别为物体 1 和物体 2 的光谱吸收率。由此可见，对黑体单色辐射出度的研究是研究热辐射的重要课题，只要了解了黑体的辐射情况就可以十分方便地了解实际物体的辐射特性。基尔霍夫定律告诉我们，物体对外界辐射的吸收本领越强，其辐射的本领也越强。因此要想物体热辐射性能好，那么它对外界辐射的吸收本领要越强越好，最好能把射在它上的辐射能量全部吸收。

所谓黑体，就是指这样一种物体，它能够在任何温度下将辐射到它表面上的任何波长的能量全部吸收。按照前面的定义，黑体的光谱吸收率 $\alpha_B(\lambda, T)=1$。根据基尔霍夫定律，任何辐射体的光谱辐射出度都比黑体的小，因此，在相同温度、相同表面的情况下，黑体辐射的功率最大。

2. 普朗克公式

在非常理想化的假设基础上，黑体辐射是可以知晓的光谱由著名的普朗克公式决定。1900 年，普朗克（Max Karl Ludwig Plank）在公式中首先引进了能量量子化和分立的能级密

切联系的概念，成功得到了黑体光谱辐射出度的公式，这就是著名的普朗克公式。普朗克公式可以用光谱辐出度来表示，单位面积在所有方向上发射的每单位波长间隔的功率为

$$M_B(\lambda, T) = \frac{c_1}{\lambda^5} \frac{1}{[\exp(c_2/\lambda T) - 1]} \times 10^{-9} (\mathrm{W \cdot m^{-2} \cdot nm^{-1}})。 \quad (2.1.4)$$

式中，c_1 和 c_2 为常数，分别为 $c_1 = 3.741\,5 \times 10^{-16}\ \mathrm{W \cdot m^2}$ 和 $c_2 = 1.438\,8 \times 10^{-2}\ \mathrm{m \cdot K}$。

在温度不是很高的条件下，当温度小于3 500 K时，$\lambda T \ll c_2$ 成立，(2.1.4)式可以近似为

$$M_B(\lambda, T) = \frac{c_1}{\lambda^5} \exp\left(-\frac{c_2}{\lambda T}\right)。 \quad (2.1.5)$$

通常，热辐射光源的灯丝温度都在3 000 K左右，因此可以用(2.1.5)式来近似。

根据普朗克公式，可以得到不同温度下黑体单色辐射出度按波长分布的规律：在温度低时，辐射能量集中在长波区域，随着温度升高，辐射的能量迅速增大，并且向短波方向移动。

3. 黑体辐射的总辐射出度

普朗克公式给出了黑体辐射能量同波长的关系，但很多情况下我们往往关心的是黑体辐射的总辐射出度。斯特藩(Stefan)定律揭示了黑体总辐射出度与温度的关系，即

$$M_\lambda(\lambda, T) = \int_0^\infty M_B(\lambda, T)\mathrm{d}\lambda = \sigma T^4。 \quad (2.1.6)$$

式中，$\sigma = 5.67 \times 10^{-8} (\mathrm{W \cdot m^{-2} \cdot K^{-4}})$。这表示每一种材料都有辐射功率，除非它处于绝对零度。一个物体的净辐射取决于发射出的辐射和吸收到的辐射之间的差额。

4. 维恩位移定律

维恩(Wein)位移定律揭示了黑体辐射出度的峰值与温度的关系，即

$$\lambda_{\max} T = 2.897\,8 \times 10^{-3} (\mathrm{m \cdot K})。 \quad (2.1.7)$$

式中，$\lambda_{\max}$是黑体辐射出度的峰值波长；T 是黑体温度。随着温度的不断升高，黑体的辐射出度的峰值逐渐向短波方向移动。

2.1.3 实际辐射体

对于任何物体，一旦有辐射落在上面，吸收、反射和透射(分别是辐射的吸收、反射，透射的部分)的总和对每一波长都必须等于 1。金属对外界辐射有很大反射(大的 ρ)，而辐射很容易透过玻璃(大的 τ)，这样的材料在可见光区的吸收不是很好，因此它们不可能是好的辐射体，它们的可见光谱发射比黑体要低得多。

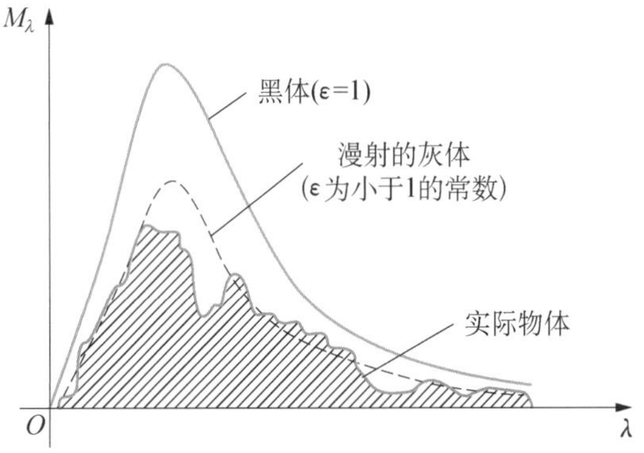

图 2.1.2 相同温度下不同物理的辐射特性

所有实际的辐射体都不是黑体(见图 2.1.2)，实际辐射体的光谱辐射出度与黑体的光谱辐射出度的比值用光谱发射率

$\varepsilon(\lambda, T)$来表示，即

$$\varepsilon(\lambda, T)=\frac{M(\lambda, T)}{M_B(\lambda, T)}。\tag{2.1.8}$$

式中，$\varepsilon(\lambda, T)$是个小于1的小数，这表明实际辐射体的光谱辐射出度小于黑体的光谱辐射出度。

如果辐射体的光谱发射率是不随波长变化的常数，即$\varepsilon(\lambda, T)$是常数，这样的辐射体称为灰体。灰体的单色辐射出度与波长关系的曲线形状与黑体的曲线完全相同，仅绝对值有一个比例。实际的辐射体在整个波长区域，光谱发射率为同一常数的情况是没有的，即没有完全灰体存在。但在某一区域内，具有相同光谱发射率的辐射体还是存在的。例如，碳在可见光范围的光谱发射率的变化是十分小的，通常都可以用灰体来近似。一般来说，金属的反射率随着波长的增加而变大，因此金属的光谱发射率随着波长的增加而减小。对于氧化物，如氧化硅和氧化铝，其光谱发射率通常是在可见光区低，而在红外光区高。

人们经过长期的研究发现，目前可以商业化生产的白炽灯主要采用钨作为热辐射材料进行光谱发射。由于钨在红外光区的发射度低于在可见光区的发射度（见图 2.1.3），因此被称为选择发射体，光谱发射度的选择特性确保了来自钨丝的光的效率比如果表面是黑体时所预期的值大。举个例子来说，在2 800 K处，钨丝表面的效率是 22 lm・W^{-1}，而黑体表面的效率大约是 15 lm・W^{-1}。

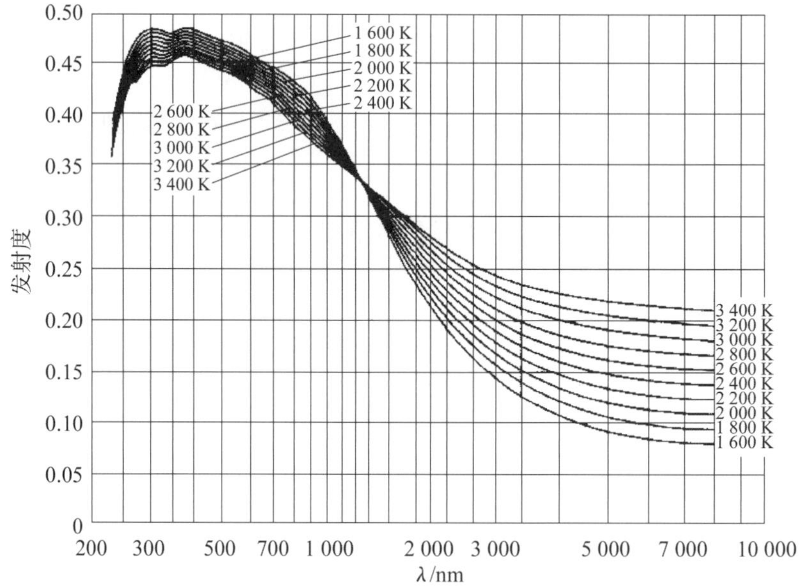

图 2.1.3　钨材料表面的光谱发射度

2.2　白炽灯

在人类历史上，白炽灯是第一代被普遍使用的光源。尽管爱迪生（见图 2.2.1）并不

是第一个发明白炽灯的，但他是第一个把白炽灯从实验转变为实用形式并成功推向市场的人。在他之前很多人都做了很多相关的研究工作，如 SWAN、Cruto、Gobel、Farmer、Maxim、Lane-Fox、Sawyer、Mann 等。第一个白炽灯的专利是加拿大的 Henry Woodward 和 Matthew Evans，在 1874 年 7 月 24 日登记，这比爱迪生的发明早了 5 年。可能早在 1865 年，德国化学家 Herman Sprengel 就开始真空灯泡的研究。1879 年，爱迪生成功抽掉了白炽灯中的空气并在其中放入一段碳化的棉线做灯丝，灯泡连续发光 13 h 后灯丝才被烧断，如图 2.2.1所示。后来，采用碳化的竹纤维为灯丝加工做成产品，当时的功率为 60 W，光效仅为1.4 lm • W^{-1}，寿命约为 100 h。

图 2.2.1　爱迪生和他发明的白炽灯泡

2.2.1　白炽灯的基本原理

白炽灯是一种热辐射光源，其基本原理就是热辐射，通过电能加热灯丝，使其达到白炽状态产生可见光的辐射而发光。由前述可知，热辐射是连续辐射，灯丝在产生可见光辐射时还产生大量的红外辐射和少量的紫外辐射，最终的结果是仅一小部分的电能转换为可见光，其余部分的电能以热量的形式消耗掉了。

为了提高白炽灯的光效，必须要减少灯的热损失，将尽可能多的电能转换成可见光。根据辐射的原理可以知道，要尽可能使辐射的峰值波长在可见光区域。如果是理想的黑体，根据维恩位移定律我们就可以得到辐射温度与峰值波长的关系，白炽灯产生可见光的辐射温度大致在2 900～7 250 K之间会有比较高的效率。在辐射温度在5 200 K时，其峰值波长为 550 nm，与视觉灵敏度函数曲线明视觉的峰值相重合，因此有超过 100 lm • W^{-1}的较高的光效。因而，选择合适的灯丝材料成为提高白炽灯光效的主要问题。目前主要使用的灯丝材料是钨，其不仅熔点高、机械强度好，而且可见辐射效率高。

钨在可见光区域的发射率比红外线区域要高，因此钨的光效比黑体辐射要高一些。图 2.2.2给出了理想条件下钨和黑体在不同工作温度下光效的关系，从此图中可以看出，钨丝的光效比理想黑体要高很多，并且在目前的工作温度范围，提高灯丝的工作温度可以提高白炽灯的光效。例如，钨丝在2 900 K时的光效为 25 lm • W^{-1}，在3 200 K时光效可以达到 35 lm • W^{-1}。因此提高灯丝的工作温度，可以有效提高其光效，但工作温度越高，材料的蒸发速率就会上升，在实际光源设计中会有很多的限制。

图 2.2.3所示为一个典型的一般照明用普通白炽灯，它采用双螺旋钨灯丝(A)。灯丝中间由钼丝(B)支撑，两端由作为导丝一部分的镍丝或镀镍铁丝(C)夹住，形成电连接，导丝通常是由 3 种或 3 种以上成分组成。内导丝(C)与一段杜美丝(D)焊接，杜美丝的下端与保险丝(E)相连，它通常采用直径较小的铜镍合金丝。图示的保险丝密封于装满具有灭弧特性的小玻璃珠的真空套中。保险丝与外部接点之间的连接通过导丝(G)接通，导丝穿过灯头的小孔通过锡焊或熔解与接触盘(H)电连接。玻璃泡(L)则与玻璃夹封(J)下的玻璃喇叭口火

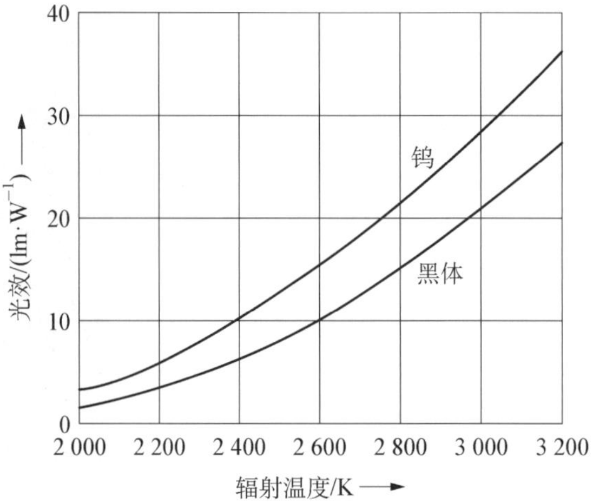

图 2.2.2　**钨和黑体在不同温度下的光效**

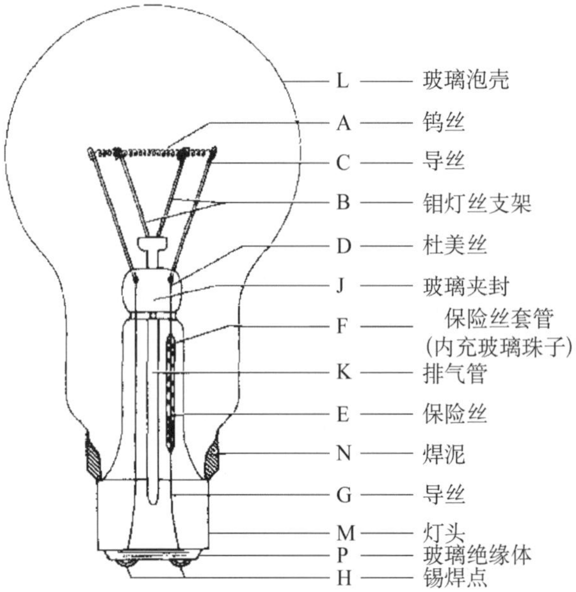

图 2.2.3　**普通白炽灯结构示意图**

焰密封，通过排气管（K）可抽真空或充气。灯头（M）多数采用铝或黄铜，并用热固焊泥（N）与玻璃泡固定。接触焊片嵌入不透明的玻璃绝缘体（P）中，在某些应用中，可把它扩展覆盖在灯头壳的内表面。目前，大部分白炽灯泡壳内都充有氩、氮或氩氮混合气体，只有极小部分的小功率泡壳是真空的。

普通白炽灯的形式十分多样，种类繁多，但基本原理是相同的，主要区别在于白炽灯结构中的 3 部分：灯丝、泡壳和灯头。

1. 灯丝

灯丝是白炽灯最重要的组成部分，当电流流过灯丝，灯丝被加热直至白炽发光。由前述关于黑体辐射的讨论可知，为了达到高光效的目的，灯丝必须工作在尽可能高的温度下，这就要求灯丝必须满足以下几个要求：

① 有高的熔点；

② 在高温下蒸发率小；

③ 对可见光有良好的选择性辐射性能；

④ 机械性能好，加工容易。

钨丝是目前最好的灯丝材料，它的熔点非常高，达到了3 683 K，同时它在高温下的蒸发率比较低，机械性能很好。因此，是目前最适合的白炽灯灯丝的材料。

钨有正的电阻特性，电阻率随温度的升高迅速增大，工作时灯丝的电阻可达到冷却时的20倍以上。所以，灯在刚启动、灯丝温度还不高时，流过灯丝的电流非常大，大的瞬时冲击电流往往是造成灯丝断裂的主要原因。要想使白炽灯有高的光效，又有相当的使用寿命，必须要减少灯丝钨的蒸发。灯丝已经成为白炽灯设计的主要瓶颈，图 2.2.4所示为常见的白炽灯灯丝的形状与结构。

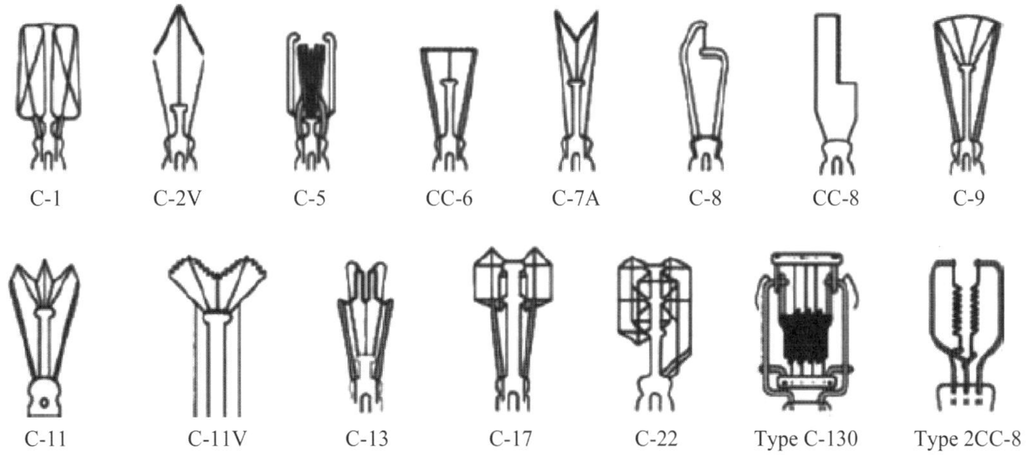

图 2.2.4 常见的白炽灯灯丝的形状与结构

2. 泡壳

白炽灯的泡壳主要是为灯丝提供合适的工作环境，包括气体成分和环境温度。普通白炽灯的泡壳没有十分严格的限制，形状也可以有很大的不同，在设计时主要考虑燃点位置和使用情况。目前，大部分白炽灯采用了充气的设计。由于气体被灯丝加热后在泡壳内进行散热，因此形成了热对流，这样，泡壳上部分的温度会比下部分高一些，因此垂直工作的白炽灯，泡壳采用比较瘦长的结构。而偏离垂直工作的灯，则泡壳就会大很多，以尽可能加大灯丝与泡壳管壁的距离。图 2.2.5所示为常用白炽灯泡壳的各种形状。

对白炽灯泡壳的玻璃材料没有十分严格的限定，设计时主要考虑耐热情况。普通的白炽灯大都常用低熔点的钠钙玻璃；大功率和紧凑的白炽灯泡壳需要承受的温度更高，常用耐热性能好的硼硅玻璃；部分泡壳需要承受的温度非常高，也会采用石英玻璃。有时，为了避免灯丝部分刺眼的光线，可以对泡壳进行磨砂处理，这样灯光会更加柔和，这可以在泡壳的内表面喷涂二氧化硅等材料来实现。为了提高灯的色温，还有一些应用情况，即在泡壳玻璃材料中加入钴和氧化铜，可以使灯的色温上升到3 500～4 000 K，但光效会损失很多。另外，

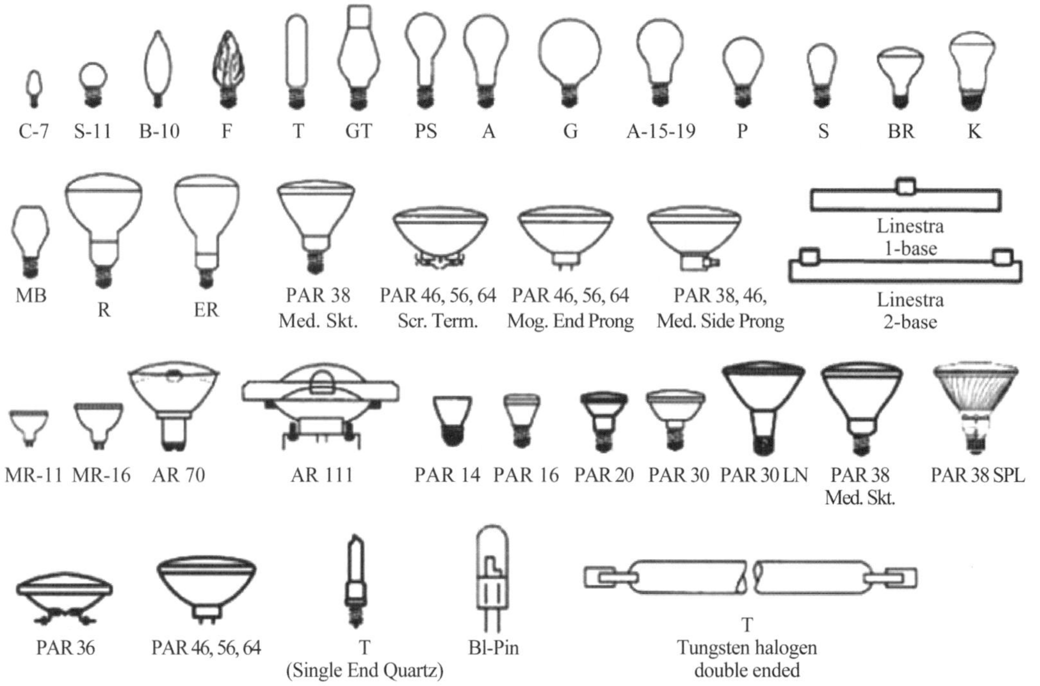

图 2.2.5　白炽灯的各种形状

为了得到不同色彩的白炽灯，可以使用彩色玻璃或在泡壳表面着色的方法来得到彩色的白炽灯，这种白炽灯主要用于装饰和信号显示。

3. 灯头

灯头是白炽灯进行电连接和机械连接的主要部件。按照形式和用途可以分为螺口式灯头、插口式灯头、聚焦式灯头和其他的灯头，通常主要采用螺口式灯头和插口式灯头。插口式灯头的优点是抗震性能好，因此在移动和震动多的场合都使用插口式灯头。如果需要灯丝的位置能够精确对准时，就需要用聚焦式灯头。图 2.2.6 所示为目前主要使用的白炽灯灯头类型。

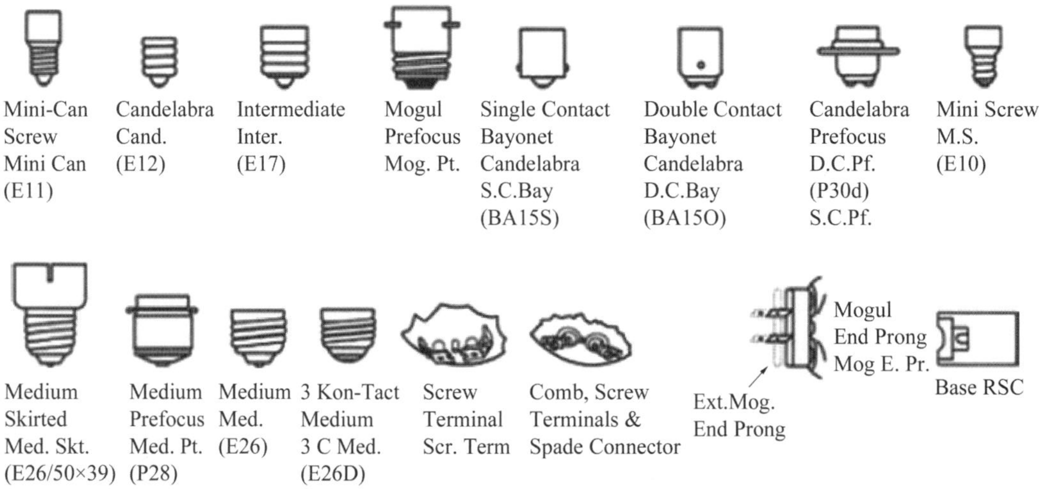

图 2.2.6　常用的白炽灯灯头类型

2.2.2 白炽灯的产品

1. GLS灯

GLS灯是一般照明用白炽灯的简称，它是最大众的白炽灯产品。灯的泡壳既有透明的，又有磨砂的或乳白的。灯的功率范围为15～2 000W，主要集中在25～200 W区域。灯泡除传统梨形灯外，还有其他各种形状，如蘑菇形、蜡烛形等。目前全球大部分地区开始进行白炽灯的淘汰工作，因此光效低、功率大的白炽灯会逐步退出历史舞台。未来GLS白炽灯的功率会在100 W以下，并且为了提高光效，会充入氙气等。

2. 反射型白炽灯

根据泡壳的加工方法，可分为吹制泡壳反射型白炽灯和压制泡壳反射型白炽灯两类。吹制泡壳反射型白炽灯的泡壳是吹制而成的，通常采用抛物面形状的反射镜面。压制泡壳反射型白炽灯是封闭光束灯，其反射镜玻璃和前面的玻璃透镜面都是压制成形的。在玻璃反射镜内表面一般以真空蒸镀铝作为反射材料，灯丝位于反射镜的焦点上，反光镜和透镜面通过封接的方法成为一体。由于灯内充以惰性气体，因此在灯的有效寿命期内，镀铝层能始终保持良好的反射性能。

3. 其他的白炽灯

根据需要还有管状的白炽灯。一种是单端引出的，采用螺口灯头或插口灯头；另一种为两端引出，两端各有一个柱状灯头；还有一种灯是采用侧边安装的灯头，有一个灯头的，也有两个灯头的。发光体都是长的单螺旋灯丝。

装饰灯泡的泡壳颜色、泡壳形状，以及灯丝的形状都可能与普通灯泡有所不同。彩色灯泡泡壳有透明的，也有半透明的，有的带有半透明的银色或金色的涂层。

用于泛光照明的是大功率的明泡白炽灯，且灯丝精确定位，以保证在与适合的反射器配合时能很好地控制光束。影视用灯泡的灯丝也要精确定位，以便换灯时不需要再行调焦。另外，影视灯的色温已标化为3 200 K，因此，这种灯的寿命短，很少超过100 h，灯的功率范围为250～10 000 W。

对于需要耐震的灯泡，灯丝的结构更坚实，而且其支撑性能比普通灯泡要好得多。

2.2.3 白炽灯的工作特性

1. 光效

工作在钨的熔点(3 653 K)的白炽灯，如果没有热导和对流的损失，则理论上的光效可达到53 lm・W^{-1}，但实际白炽灯的光效远比此值低。以现今额定寿命为1 000h的普通照明白炽灯为例，其光效为8～21.5 lm・W^{-1}。

白炽灯的光效之所以这样低，主要是由于它的大部分能量都变成红外辐射，可见辐射所占的比例很小，一般不到10%。

2. 色表和显色性

普通白炽灯色温较低，约为2 800 K。与6 000 K的太阳光相比，白炽灯的光线带黄色，显得温暖。白炽灯的辐射覆盖了整个可见光区，在人造光源中它的显色性是首屈一指的，一般显色指数$R_a = 97$。

3. 灯的开关

在正常情况下，灯的开关并不影响灯的寿命。只有当点燃后灯丝变得相当细时，由于开关造成的快速的温度变化而产生的机械应力，才会使灯丝损坏。开关灯时要注意一点，即在灯启动的瞬间，灯的电流很大，这是由于钨有正的电阻特性，在工作温度时的电阻远大于冷态（20℃）时的电阻。一般，白炽灯灯丝的热电阻是冷电阻的 12～16 倍。因此，当使用大批量白炽灯时，灯要分批启动。

4. 调光

普通白炽灯可以进行调光，没有限制。调光灯的灯丝工作温度降低，从而使灯的色温度降低，灯的光效降低，但寿命延长。因此，长寿命的优点是以牺牲光效为代价的。在灯几乎被连续调光的情况下，一般说来采用功率较小的白炽灯为好。

当白炽灯工作在标称电压的 50%以下时，灯几乎不发光。然而，此时的能量损耗依然是不小的。因此，我们建议当调光到这一程度时不如干脆将灯瞬间关熄。

5. 电源电压变化的影响

当电源电压变化时，白炽灯的工作特性要发生变化。例如，当电源电压升高时，灯的工作电流和功率增大，灯丝工作温度升高，光效和光通量增加，寿命缩短。

2.3 卤钨灯

白炽灯存在着寿命与光效之间的矛盾，因此对其工作性能的提高是非常有限的。在白炽灯中充气是解决这一问题的一个方法，但是考虑到泡壳强度和制造工艺的限制，充气压受到一定的限制。小泡壳虽然可以使充气气压增大，但随着泡壳直径的变小，泡壳发黑的现象会非常明显。那么有没有能大幅提高白炽灯的光效和寿命的其他方法？从长期的探索中人们发现，既然钨丝的蒸发是不可避免的，那么如果能让蒸发出来的钨又重新回到钨丝上，这样钨丝的温度，也就是灯的光效可以大大提高，且泡壳也不会发黑，灯的寿命并不会因为光效的升高而下降。实践证明，卤素正好能实现这个功能。早在 1882 年就有一项专利阐述了利用氯元素来减慢泡壳黑化速度的化学输运循环。第二年斯旺（Sir Joseph Wilson Swan）用卤素进行试验，通过把氯气充入碳丝真空泡中，成功地减慢了泡壳的黑化率。然而，由于适用材料的实用性和活性输运机理的限制，这一原理未能得到广泛的应用，直到 1959 年第一个商业实用型卤钨灯才被开发成功。实际上，它是由一根线状灯丝和少量碘一起充入熔融氧化硅（石英）管构成的。从那时起，数千种型号和规格的灯被开发出来用于商业应用。现在，卤钨灯几乎是所有光源中应用最为广泛的，它被广泛用在诸如泛光照明、投影、商店橱窗展示等，用以替代普通白炽灯。它在医药、运输、娱乐，以及红外加热等领域也有广泛的应用。

2.3.1 卤钨循环

1. 卤钨循环原理

发生在卤钨灯里的化学反应很复杂，至今也未能被完全理解。它们含有一组化学反应物和反应生成物，既包括钨和卤素，也包括气态和固态添加物以及构成和工艺过程中残留的杂质，还包括水蒸气、氧、氢、碳和金属杂质。现在，灯中常用的固态或气态吸气剂通常含有一些杂质，这一点也必须考虑到。

根据动力学和热力学计算已经建立了一些卤钨循环的模型，但不可避免地做了许多假设和简化。到目前为止，尚没有提出经过权威检验的模型，其主要原因是残余杂质间的相互作用，这一事实使问题进一步复杂化。

下面给出了卤钨循环的简单解释，其中 X 代表所用的卤素，W 代表钨，而 n 代表原子的数目，表示式为

$$W + nX \leftrightarrow WX_n。\tag{2.3.1}$$

在泡壳附近，蒸发并扩散到泡壳的钨原子与气体中的卤素原子化合成为卤化钨，因此几乎没有钨聚集在泡壁上。泡壳温度必须足够高以保持卤化物为气态，而最低泡壳温度是由所含的卤化物的分解温度所决定，即泡壳的温度要使卤化物为气态但又不能让气态的卤化物分解。

泡壳处卤化物的浓度最高，它们会向灯泡的中心扩散，直至它们在邻近白炽态灯丝的地方热分裂为止，分裂产生的钨原子沉积在灯丝或支架上，这样一个动态平衡就建立起来了。钨向靠近灯丝的地方的集中增加了，形成了向灯丝的反扩散。钨沿着灯丝首先沉淀在较冷的区域，尽管灯丝的钨的净损失率为零，但通常的热点熔断仍经常发生，卤钨循环的真正作用是起到一个泡壳清洗的作用，如图 2.3.1所示。

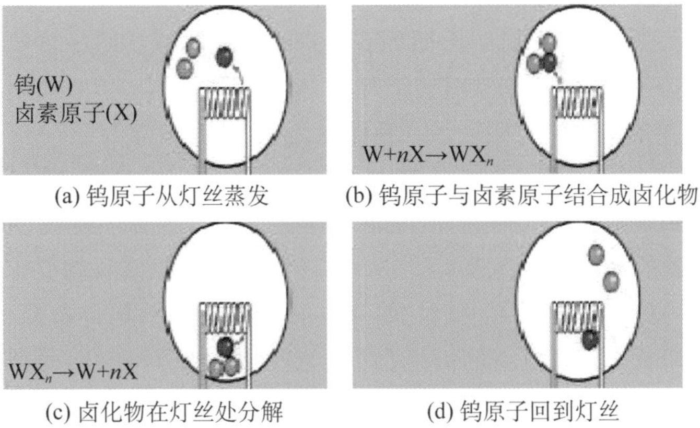

(a) 钨原子从灯丝蒸发　(b) 钨原子与卤素原子结合成卤化物
(c) 卤化物在灯丝处分解　(d) 钨原子回到灯丝

图 2.3.1　卤钨循环过程示意图

卤钨循环的化学反应式是个可逆反应，到底往哪个方向进行取决于温度。对于一定的卤素和钨，反应存在一个反转温度。当温度高于这个反转温度时，反应朝分解的方向进行；当温度低于这个温度时，反应朝化合方向进行。反转温度对不同的卤素是不一样的，如碘的反转温度是 950 K、溴为1 600 K、氯为2 200 K。灯泡中要想卤钨循环顺利发展下去，就必须满足以下 3 个条件：

① 泡壳温度必须低于卤素的反转温度，这样在泡壳附近钨才会和卤素化合而不会沉积在泡壳上。

② 泡壳温度必须高于卤化物的汽化温度，这样才能保证生成的卤化物在泡壳附近以气

态存在，而不会沉积在泡壳上。

③ 灯丝温度必须高于反转温度，这样才能使灯丝附近的卤化物分解成卤素和金属。

第二个条件决定了卤钨灯的泡壳温度要比普通白炽灯高很多，同时，卤钨灯的体积要比白炽灯的小得多，充气压更高。因此，用于白炽灯的普通玻璃就不适用于做泡壳，而必须使用能耐高温的石英玻璃或者硬玻璃。目前，大多数卤钨灯采用的是石英玻璃。

2. 卤钨循环剂的选择

在卤钨灯内添加各种不同的卤素以及卤化物已有百余种，我们可以把这些物质分为以下 6 大类。

（1）卤素单质

可以用在卤钨灯中的卤素单质包括氟、氯、溴和碘，其中最常用的且使用时间最长的是碘。

碘在常温下是固体，其熔点为 386.6 K，沸点是 456 K，在 25℃下碘的蒸气压为 49.3 Pa。因为碘在室温下的蒸气压相当低，所以如以气态充入则量太少，但如以固态充入气压又太高。因此，碘充入量的严格控制比较困难。通常，采用真空升华的方法将碘充入灯中。碘的化学活泼性比较低，对灯丝丝脚、支架等比较冷的部分腐蚀很小。相应地，碘对管壁上沉积的钨的清除速度较慢，所以适用于灯丝工作温度不是很高、管壁负载较低的长寿命灯中。此外，由于碘蒸气对黄绿光区有吸收，这会使光略带紫色。

实践证明，以碘作为循环的泡壳，其灯丝温度最低，工作温度为2 000 K，但泡壳温度不能低于 550 K，否则碘化物会沉积在泡壳上。

研究表明，少量的氧的存在对碘钨循环有促进作用。在碘钨灯中加入适量的氧气有利于卤钨循环，在一定程度上弥补了碘对钨清理能力差的缺陷。

溴也是经常采用的卤钨循环剂。溴在室温时是液体，其熔点为－7.3℃，沸点是58.2℃，在 25℃时的蒸气压是30 800 Pa。溴的主要优点是在室温下能以气态（饱和蒸气）的形式充入灯中，简化了灯的制造过程。在实际用量范围内，溴对光没有吸收，这一点也优于碘。另外，溴钨循环所需的泡壳温度范围为 200～1 100℃，比碘钨循环的要求宽。溴钨灯泡壳温度之所以能比碘钨灯低，是因为溴钨化合物的挥发性比碘钨化合物强。但是，溴的化学性质比碘活跃，如果充入量过多就会造成灯丝较冷部分的腐蚀，这是溴的一个缺点。另外，溴蒸气毒性很大，对人体有伤害，对制灯系统也有腐蚀。一般，溴常用于高管壁负载、寿命较短的灯中。

氯由于毒性太大，在实际生产中应用很少，但在卤钨灯内添加氯化碘取得了良好的效果，增加了光效，延长了寿命，降低了应需的泡壳温度。一般，其光效和寿命比同类型产品可提高 5%～10%。

氟钨循环的反转温度很高，实验表明，氟化钨在3 400 K才能分解。这样，利用氟钨循环不但可以清除泡壳表面的钨沉积，还能使钨原子重新返回到钨丝的热点，理论上讲氟钨灯的寿命可以是无限长的。然而，有 4 个主要的技术困难妨碍了氟化物循环剂在灯中的实际应用：

① 氟的化学活性非常大，灯在工作时，氟以及氟的化合物会很快与石英泡壳发生反应，使能起循环作用的氟不复存在，泡壳发黑严重，灯丝寿命缩短。

② 氟对冷端部件腐蚀严重，钨的导线或灯丝丝脚会逐渐被氟腐蚀。

③ 卤钨循环所需的氟量非常小，很难精确控制。

④ 在制造工艺上，由于有氟的存在而引起很多新的困难。

为了克服以上的问题，人们进行了很多努力，如在泡壳上镀一层抗氟的保护膜等。但只要这些问题都得到了解决，卤钨灯的性能必然会大大提高。

（2）卤化氢

我们知道卤素单质的腐蚀性都比较大，在灯的工作温度下会对金属以及泡壳、支架等发生作用。此外，常温下的碘是固体，而溴是液体，它们的添加工艺都非常困难，量剂精确控制也是个问题。而使用卤化氢可以克服这些问题。

溴化氢是较合适的循环物质。灯丝工作温度一般在3 000 K左右，在这种温度下，溴化氢几乎完全能分解成溴和氢气，溴参与卤钨循环。而在灯丝支架和其他温度较低处，则以溴化氢的形式存在，氢气起到缓冲的作用。由于这个原因溴化氢的填充量不必像加溴量那么严格控制。溴化氢是气体，毒性及刺激性相对较小，腐蚀性没有溴大。溴化氢在常温下处于气态，可以事先在贮气瓶中与待充的惰性气体按比例混合，使用方便。因而，国内外多数厂商都采用溴化氢。

对于大功率、长寿命的灯，添加卤化氢就不太合适了。因为石英泡壳表面负载大、温度高，氢气能自由渗透出来，造成溴量过多，导致对支架腐蚀性增强，而使灯寿命缩短。这一点，可以用充添碘化氢的长寿命灯来验证。刚开始时，由于氢的存在，灯内无游离态碘，因此对光谱中的550 nm谱线几乎无吸收作用。但在灯燃点过程中，随着氢的渗出，游离态碘分子明显增多，再经过几百小时可以达到一个稳定状态，光谱中的550 nm谱线被明显吸收。

（3）卤甲烷

采用溴的碳氢化合物可以克服氢渗透损失造成的困难，如一溴甲烷（CH_3Br）、二溴甲烷（CH_2Br_2）、三溴甲烷（$CHBr_3$）。当采用一溴甲烷作为循环剂时，由于氢与溴的比例大，尽管在灯的寿命期内氢要损失一部分，但是溴并不会过剩，因此灯可以获得更长的寿命。而对灯丝温度较高、寿命较短的灯，则采用溴与氢比例较大的溴的碳氢化合物。

氯的碳氢化合物，如二氯甲烷（CH_2Cl_2）、氯仿（$CHCl_3$）也可以作为卤钨循环剂。氯化物比溴化物防止泡壳发黑的效果更好。但是用氯化物时，灯丝的低温部分受到的侵蚀更严重，寿命变短。

卤甲烷比卤化氢多了碳元素，那么碳在灯内起什么作用呢？加入碳以后，碳能与残余的氧发生反应，生成一氧化碳（CO），由于一氧化碳在高温和中温区域都是很稳定的，并且有很好的还原性能，因此使灯丝温度上各种钨的氧化物的分压强大大降低，这起了缓冲作用，防止钨丝形成氧化钨而蒸发。

卤甲烷的混合可以根据各种灯的实际需要，方便地调节卤素与氢的比例。此外，它还有其他一些优点。比如，它们的化学活泼性低，不像碘和溴化氢那样会与制灯系统的真空材料（如橡皮、油脂等）起反应；它们分解时产生的碳能与灯中残余的杂质气体反应，生成透明的气体，起到消气剂的作用；它们的蒸气压高，充入量易于控制。

（4）卤化磷

泡壳的杂质气体是灯泡的大敌，杂质气体会和钨丝发生复杂的化学反应，加速钨的蒸发。因此，希望能找到一些循环剂，它们既能产生卤钨循环，又能起消气作用。研究发现，溴化磷等就兼有这两重功能。现在用得比较多的磷的溴化物是三溴化磷（PBr_3）、五溴化磷（PBr_5）和溴化腈磷（$(PNBr_2)_n$）。

（5）卤化硼

溴化硼是一种很有用的卤钨循环剂，现在用得比较多的有三溴化硼（BBr_3）和甲基二溴硼（CH_3BBr_2）。它们在常温下都是液体，熔点分别为－46℃和－110.6℃。两者的饱和蒸气压都比较高，故填充比较方便。三溴化硼分解出的溴产生卤钨循环，分解产生的硼在低温区与溴再度生成三溴化硼，从而缓冲了对灯丝低温部分的腐蚀。

（6）金属卤化物

最近，把金属卤化物充入卤钨灯内可提高光效（40 lm・W^{-1}），寿命可达 2 000 h。这种灯使用石英泡壳，灯内填充金属钠、锂、铊和镧系稀有金属的卤化物，这类物质称为金属卤化物类循环剂，其在灯内的反应过程正在研究之中。

从以上讨论可以看到，用作循环剂的各种卤素和卤化物都有其特点和适用范围，因此必须根据具体条件（如管壁负载、灯丝温度等）来选定。比较常用的几种卤钨循环剂的选择，可参见表 2.3.1。

表 2.3.1　卤钨循环剂的选择

管壁负载/（W・cm^{-2}）	寿命/h	卤钨循环剂
15～25	2 000	I_2，HI，BBr_3
15～25	500～2 000	CH_3Br，CH_2Br_2，$CHBr_3$，BBr_3
15～30	25～500	CH_2Br_2，$CHBr_3$，HBr，$(PNBr_2)_n$
30～60	5～500	CH_3Br，CH_2Br_2，$CHBr_3$，CH_2Cl_2，$CHCl_3$，HBr，BBr_3
60～120	1～100	Br_2，Cl_2，$CHBr_3$（加氧气）

2.3.2　卤钨灯的结构与制造

1. 卤钨灯的结构

（1）泡壳材料

卤钨灯内的卤钨循环产生的卤化物要处于气态，否则就会沉积在泡壳上，而使泡壳发黑。为了使泡壁处卤化物处于气态，管壁温度要比普通白炽灯高得多。这时，普通玻璃承受不了，必须使用耐高温的石英玻璃或硬玻璃。目前，大多数卤钨灯的泡壳采用石英玻璃或高硅氧玻璃。使用溴作为循环剂时，由于管壁温度的要求可低一些，故也有少数卤钨灯是用硬玻璃。因此，不同的泡壳材料对应着一定的管壁负载。例如，石英泡壳的管壁负载可比高硅氧玻璃选得高一些；高色温的卤钨灯管壁负载一般取 25～30 W・cm^{-2}；普通照明的卤钨灯选择在 20～25 W・cm^{-2}；而红外灯则更低为 15～20 W・cm^{-2}。高硅氧玻璃的耐高温性能不如石英玻璃，用这种材料做成的卤钨灯的管壁负载为 15 W・cm^{-2}；而硬质玻璃最低，为 10 W・cm^{-2}以下，这种材料适合做那些寿命长、光效相对低的卤钨灯的泡壳。

(2) 灯的形状

卤钨灯的外形取决于灯丝的形状,通常可以分为点状、细管状和圆柱状。前两种形状的泡壳根据需要,可以用在高色温卤钨灯、普通照明卤钨灯和红外灯中。而后一种泡壳形状,通常使用在大功率的高色温卤钨灯中。一个典型的卤钨灯的结构如图 2.3.2所示,图 2.3.3所示为点状、细管状和圆柱状卤钨灯的实物示意。

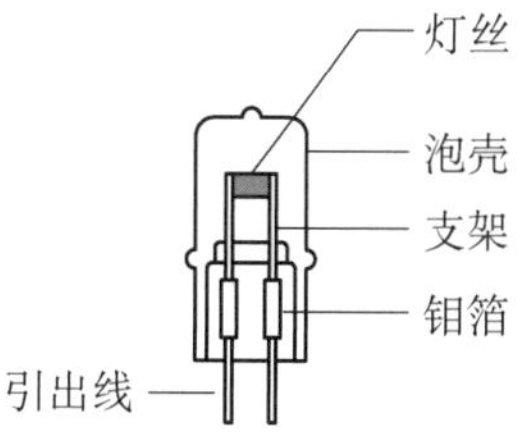

图 2.3.2 卤钨灯的结构示意图

(a) 点状卤钨灯　(b) 细管状卤钨灯　(c) 圆柱状卤钨灯

图 2.3.3 卤钨灯的实物示意图

(3) 卤钨灯气体的填充

在普通白炽灯中,灯丝直径与泡壳直径相比很小,在通常的充气压强下气体稳定层总是在泡壳内。卤钨灯泡壳尺寸很小,气体稳定层可能接近或超出泡壳范围。因此,在卤钨灯中气体热导损失的情况与普通白炽灯不完全一样。实验发现在卤钨灯中,当气压还不太高时,气体稳定层的边缘在泡壳外面,这时随充气气压增加,实际上的气体稳定层直径仍保持不变,即气体的热导损失并不增加,灯的光效也不受影响,所以在这种情况下,充气气压越高越有利,在不影响光效的情况下,寿命会因为气压的增高而增长。但当气体稳定层的边缘已达到管壁,这时候如果再增加充气压,热导的损失会增大,灯的光效就要下降。所以,在卤钨灯中存在一个最佳的充气压强。综合考虑寿命和光效两方面的要求,卤钨灯的充气压强通常应选择得使气体稳定层直径略小于泡壳直径。

卤钨灯允许使用的位置也与灯中所充气体的性质和压强有关。一般,充气压强为1 atm的管状碘钨灯只能水平点燃;当它垂直点燃时,由于热扩散,原子量大的碘(碘和氩气的原子量分别是 127 和 40)会沉积在管子的下部,因此灯的卤钨循环只能发生在灯的下部,这种现象称为卤素的分离。卤素分离的危害是非常大的,以前面垂直点燃的碘钨灯来说,由于卤钨循环只发生在下部,上部钨逐渐蒸发出去,钨丝变细,其电阻相对下部逐渐增大,发热量也随之增大,这实际上是形成了热点,加剧了灯丝的损坏。如果使灯中氦气气压增加至 6～8 atm,则由于灯内产生较强的对流,碘在灯内的分布比较均匀,这时灯可垂直点燃。在灯中使用原子量和碘接近的惰性气体有利于抑制卤素的分离,这样对点燃位置的限制可放宽些。在溴钨灯中,溴的原子量比碘小,更接近一般常用的惰性气体,所以卤素分离的问题没有碘钨灯那么严重,对燃点位置的要求就更松了。

氧气和水汽等对灯丝是有损害的,为了避免这一问题,在制造普通白炽灯泡时,用红磷等作为消气剂。但卤钨灯的情况有所不同,不能使用此类消气剂,因为消气剂会和卤素作用，破坏卤钨循环，所以在制作时应尽量避免氧气和水汽的引进。

2. 卤钨灯的设计与制造工艺

(1) 灯丝和支撑结构

最初，灯丝设计是用一个类似的灯丝作为起点、用比较的方法来设计的。计算是冗长的，它包含众多的近似值，以及在最终灯丝的数据被确定之前所需的反复计算。长期以来就有人认为，基于输入功率和辐射功率以及各种损耗机理间的平衡与螺旋缠绕参数的知识结合，将导致一个更精确的设计程序。这一技术目前已经比较完善，而且由于功能强大的计算机的出现，设计灯丝成为很容易的一件事情。这样大大减少了开发时间，提高了设计的精确度。

卤钨灯紧凑的特性扩展了它们潜在的应用领域，它们经常与分离的或一体化的光学元件一起联合使用。因此灯丝设计者必须仔细考虑，使灯的几何尺寸和系统效率达到最优化。

为了达到必需的物理尺寸，灯丝被设计成单螺旋、双螺旋，有时甚至使用三螺旋结构。对卤钨灯，人们也经常通过设计不同的灯丝造型来减小灯丝尺寸。常见的灯丝形式，包括线状、轴向、横向、单平面、双平面、平面格栅、V 型和 M 型。

灯丝的高性能要求依赖于高质量的钨丝，在近几年中，已经开发出几种专用的卤钨灯丝的等级。这些金属丝被有选择地加工，以达到最适宜的微结构、减小电阻特性，并达到尽可能低的杂质水平，特别是铝。尽管铝是钨丝中的一种基本掺杂物，但在某些灯中过量的铝会引起致命的电弧。其他的金属杂质，也会因为损耗可用的卤素或因局部的相互作用而导致泡壳黑化。过量的碳，会因为灯丝表面形成碳化钨而导致灯丝脆化或变形。

对要求更高类型的灯丝部件，如那些长寿命或工作温度较高的灯丝，需要在真空条件下经过数小时的高温处理，以此来去除其中的易挥发杂质，并提高灯丝的稳定性。

支撑结构要适合灯的额定功率、灯丝结构、工作条件和成本要求。通常，它用钨制造并经过特殊加工来提高延展性。当需要用一个桥来延长支撑结构的机械强度并固定支撑引线时，常常用石英来制作，这种结构通常用于舞台灯和摄影灯。与灯丝不同，钨支撑应在尽可能低的温度下加工，以免因此出现脆化破裂的在制品。比钨更柔软的钼可以被用在额定功率小于 100 W 的灯中，如卤钨汽车前照灯和微型玻璃卤素灯。

支撑结构要设计得使热传导损失最小，并尽量不遮光。灯丝引线部件和引入导线要藏在螺旋管或套管中，以避免腐蚀。

(2) 封接和引线装配

前面已经提到，卤钨灯泡壳通常采用的是石英玻璃，而石英玻璃的热膨胀系数很小，没有金属或合金能与它的热膨胀系数相匹配，因此，卤钨灯的密封封接不能像白炽灯那样采用杜美丝直接封接。通常采用的方法是，将熔化的泡壳的一端压封在蚀刻成的薄椭圆形的钼片上。

现在，通常采用厚度约为0.025mm 的薄边钼箔进行金属与石英的非匹配封接。具体地说，就是将一段钼箔焊接在灯丝和引线之间，将钼箔压封在石英玻璃中。这种钼箔具有良好的延展性，它受到由于膨胀系数不同而产生的应力时会变形以抵消其影响，保证实现密封性能。钼在 350℃以上的空气中会迅速氧化，所以钼引线和它与钼箔的焊接处的工作温度不能超过这一数值，最好在钼引线的外面镀一层很薄的铂保护层。根据一般经验，对高色温灯，每毫米宽的钼箔的工作电流取为 3 A;对寿命较长的,则取为 2 A。钼引出线的电流密度,一般为5～10 A·mm^{-2}。

引入丝通常是被焊接在用作中介物的密封金属钼箔片上,以使得焊接容易些。内导丝的外露部分焊接在镍丝上,以改善后面工艺过程中的电连接或作为最后的连接引脚。类似地,灯丝引线部件或桥式内导丝用同样技术焊接在钼箔片的内边缘。一种典型的装配结构,如图 2.3.4所示。

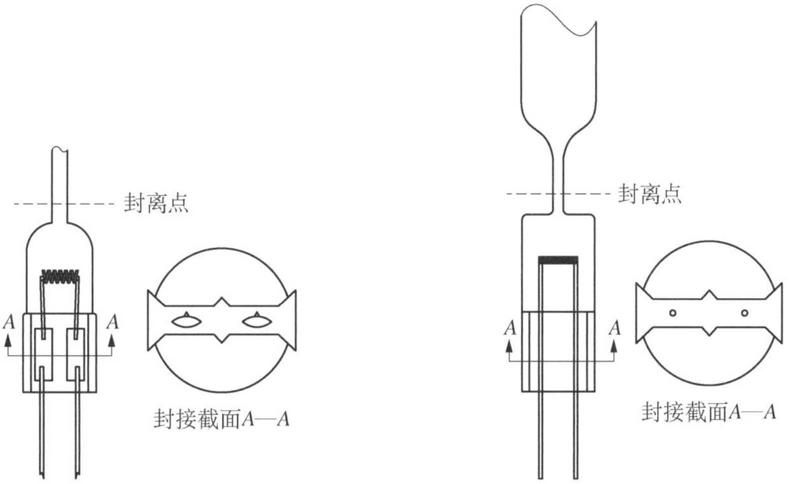

(a) 石英泡壳灯坐架装配　　(b) 硬玻璃泡壳灯坐架装配

图 2.3.4　卤钨灯的装配结构示意图

特殊的硬玻璃因为不含能够析出并中断卤钨循环的碱,已经被开发出来,并适合小于 100 W的低功率卤钨灯的要求。它们具有能适合与钼丝做匹配封接的热膨胀系数,这样就可以不用封接钼箔片。它的优点还有:需要较少的材料耗费,在低温时比石英有更好的工艺特性,低的能量损耗(在封接时有低的电阻特性),较少的紫外辐射和更简单的支架部件。

(3) 泡壳工艺

细管状灯的封套是简单地用一定长度的石英玻璃管制作的,石英玻璃管在两端封接并在中央放置排气管。单端灯,如点状、圆柱状的泡壳是用一端为圆顶的管子制作的,上面连接有一根细的排气管,排气管通常是用与石英玻璃相容的拜可玻璃制作的,但是它更软一些。因此,当灯在排气和充气时更容易被熔化和封离。当灯在高速的自动化的设备上制作时,这一点就显得格外重要了。对小的灯来说,另一个可替换的技术是使一个长管子收缩变细,这样就可以用一个管子直接地制成泡壳和排气管。另外,因为封接操作时在火焰的压力下管子会向内凹陷,所以一些型号的灯在制作中,开口一端被拉长以增加钼箔片和石英玻璃之间的间隙。当熔化了的管子达到合适的温度时,它们被机械地压在钼箔片上,这样就形成了前面提到的密闭“夹封”。硬玻璃管的制作和封接过程与石英玻璃管的制作过程类似,但需要在每一次加热和成形过程之后进行退火,以消除可能引起破裂的残余应力。

(4) 排气、充气和卤素填充

封接好的灯接下来要在合适的排气和充气系统上进行排气及充气。如果充入超过一个大气压的气体，每一个灯都要被连接到利用储气筒储备所需气体的充气系统上；随后，要把它与系统隔离开并把泡壳浸没在液态氮中，使气体浓缩在封接好的灯里。然后，排气管被局部烧熔并封口。卤素通常以气态方式引入。针对不同的灯，卤素与填充气体应按正确的比例混合以提供必须的填充剂量。填充气体和卤素配料的成分和压力是非常严格的。

（5）封口

根据用途给灯安装一定的灯头和电接头。一些灯因有严格的光学要求而安装了聚焦环（如汽车前大灯），而另外的较简单的灯则有悬空的引线。因为钼在高于350℃的温度下会被氧化，所以最高的封接温度一般都低于这个值。但有时用一种低熔点的焊料玻璃作为封接填充剂，它被熔化并被填入，完成了灯的封口并在那里固化。而且在高温下它再次熔化，在箔封的外边缘与环境大气之间形成一层障碍，这使在更高的工作温度下封接成为可能。最后的工艺过程是一个适合的老炼程序。所有的灯在装箱发运之前都要经过严格的质量控制和测试程序，以确保它们符合有关的国内及国际标准。

2.3.3 卤钨灯的应用

1. 卤钨灯在泛光照明中的应用

卤钨灯具有许多特殊的设计和超出传统型白炽灯的性能优点。它们包括：在全寿命期内有几乎百分之百的光输出维持率，提高灯的寿命和光效，以及具有更高的流明输出而灯丝更小。而紧凑的灯的外形和坚固的内部结构显著地减小了灯的尺寸，并降低了高规格的光学系统和灯具的费用。现在，还有可能将反射器和灯泡做成一体化的小卤钨灯，使现有的仪器设备得以翻新改进。

从这一节开始，我们将重点探讨卤钨灯在照明以及其他领域里的应用。首先介绍的是它在泛光照明中的应用。

细管状卤钨灯非常适合泛光照明，它现在已经有了使用标准灯头的一系列功率和尺寸型号。由于能耗问题，现在在这类应用中已经不再大量地使用高功率灯，不过对于临时使用，如业余体育场泛光照明，它的低成本投入提供了一套吸引人的和价格实在的投资预算。泛光照明中，使用的卤钨灯的寿命一般超过2 000h，额定功率为 100～2 000 W，相应的灯管直径为 8～10 mm，灯管长度为 80～330 mm。两端采用称为 RTS 的标准磁接头，需要时在管内还装有保险丝。

一些功率大的细管状卤钨灯，其直线的螺旋灯丝特别长，于是在灯的制造过程中，为了防止灯丝的下垂导致的管壁局部过热而爆裂，通常在灯丝上安装若干个支架。这虽然解决了下垂的问题，但又造成了新的问题。支架的热导率相对于空气来说大得多，于是与支架相接触的灯丝处的温度要比其他地方要低，沿着钨丝的轴向方向上就产生了温度梯度。这种温度梯度对钨丝是不利的，会造成钨丝的腐蚀。为了解决这个问题，人们设计了一种新的结构，在灯管内安装一辅助的石英支撑杆，支架不是直接搭在灯丝与泡壳之间，而是搭在灯丝与石英杆之间，如图 2.3.5所示。这样，钨丝与支架的接触点的热损失大大减少，钨丝的轴向不会产生大的温度差。这种新的结构不仅能延长灯的寿命和提高光效，而且还使我们可以做出比现在功率更小的灯。

一艇照明用的卤钨灯，也有单端引出的，这类灯的功率有 65 W、85 W 和 130 W 等多种

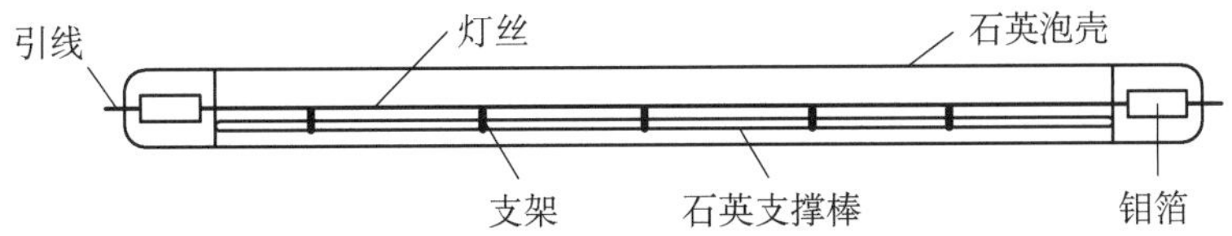

图 2.3.5 带辅助石英支撑棒的管状卤钨灯

规格。单端卤钨灯和双端卤钨灯都可采用红外反射膜来提高光效。

作为一般照明之用，还可将小形卤钨灯安装在灯头为 E26/E27 的外泡壳（T 型或 BT 型）内，做成二重管形的卤钨灯。这种卤钨灯可用在原有的灯具内，可直接替代普通白炽灯。

当石英泡壳有指纹或者表面附着有钠、锂和钾等杂质时，在 800℃左右的温度下，石英玻璃便会结晶，引起失透。经研究发现，在石英表面涂敷三氧化二硼（B_2O_3），经过1 100℃以上的高温焙烧处理，就能在石英玻璃表面形成保护层。经过这样处理的石英泡壳有很好的抗杂质玷污的能力，而其光性能并不下降。这种表面处理技术不仅对泛光照明卤钨灯有用，对其他形式的卤钨灯也同样有用。

在要求灯具和安装费用较低的场合，卤钨灯是十分有用的泛光照明光源。大功率的卤钨灯可以用于车间、厂房、建筑工地、街道等处进行泛光照明，小功率的卤钨灯可以用作商店、展厅等处的室内照明光源。

2. 卤钨灯在视听照明中的应用

视听照明是卤钨灯最早的应用之一。它最初发展起来是为了用于 8 mm 和 16 mm 电影胶片的放映，以及适用于摄影棚照明。但是，随着灵敏而低价的家用和专业的非广播录像带系统的出现，这些灯就变得过时了。使用线电压的“太阳枪”系统也被发展起来，它被设计成手持或固定于照相机上，最高功率可达到 1 250 W。随着照相机和电池技术的进步，它们很快也变得过时了。现在，小型充电系统和一体化反射镜卤钨灯也变得普及了。对玻璃卤钨灯来说，由于这种封口的更低的电阻，系统效率得以显著改善，并因而节省了充电的工作时间，因此它常用在电池的供电系统中。

投影仪内灯的应用保持着迅速的增长。高功率投射灯通常总是采用风冷，这种灯被用在大多数投影系统中。现在，普遍应用于投影的卤钨灯类型有“24 V, 250 W”和“24 V, 275 W”，以及“36 V, 400 W”。笔记本电脑液晶屏的背景光源也可以使用卤钨灯，虽然由于散发热量的缘故，但这种场合下气体放电光源的性能更优异，而卤钨灯提供的就是一种简单、适用、价廉的解决方法。

卤钨灯在其他方面的视听应用，还包括电影制作、微缩胶片信息的修复、工业和商业摄影工作室、光导纤维和医药领域。

3. 投光照明中卤钨灯的应用

传统的反射灯，包括现在使用的改进封接的集束灯，都具有体积大、灯丝温度低、寿命有限、光束缺少“冲劲”等缺点。而投光卤钨灯正好可以克服这些问题。在小型的具有分色性介质涂层的压制玻璃反射器内安装特低功率的卤钨灯，最初被广泛使用在摄影投射中以代替普通的白炽灯。后来，人们通过重新设计泡壳特性，提高了这种灯的寿命，于是找到了一个新的而且令人激动的应用，这就是商店橱窗展示和装饰照明。它的优点包括：进一步延长了灯的寿命，提高了光输出，改进了颜色特性，提高了系统效率，大大减小了尺寸，并进一步降低了灯具花费(除了变压器的费用)。这些优点给卤钨灯的应用创造了很多新的机会，如有选择性地通过涂层反射镜可以产生一个冷光束和高的可见光反射率，而从反射镜后溢出的少量可见光却增加了美学效果。

最广泛使用的型号通常是一个直径为 50 mm 的反射镜，额定电压为 12 V，功率最高能达到 75 W，光束的角度为 8°～60°，根据灯型号和制造商的不同，寿命要求在2 000～5 000 h之间。与这种灯类似，另一种带有 35 mm 直径的反射镜的投光卤钨灯，其使用量也在不断增大。

大多数灯中使用的选择性透过半硬涂层，会在整个寿命期间不断退化。现在，具有更坚固耐用的硬膜涂层品种作为高规格的替代品也出现了，它进一步具有提高灯的使用寿命和体现其他技术优势的特点。

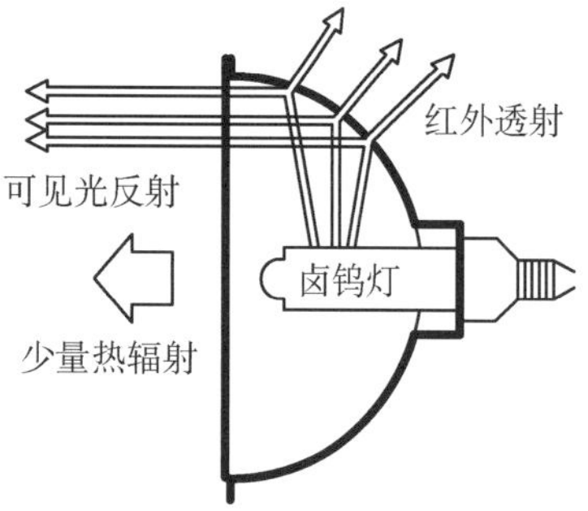

图 2.3.6　MR 型卤钨灯

分色涂层反射镜使投射卤钨灯仅辐射出可见光，形成“冷光束”，红外线则透过反射镜传输到灯具的后面。这种冷光束的透光灯被称为 MR 型卤钨灯，其结构如图 2.3.6 所示。

抛物反光镜是由玻璃压制而成的，玻璃的内表面涂镀了多层介质膜。这里所说的红外介质膜与前面提到的红外反射膜的作用正好相反。以前提到的红外反射膜是把灯丝发射的红外线反射回到灯丝，以节约维持灯丝炽热的能量；而这里的红外膜是把灯丝射出的红外能量透射出去，只是反射回可见光。因此，卤钨灯的可见光被反射到需要照明的物体上，而其红外线绝大部分透过反射镜被滤掉了。MR 型卤钨灯的灯泡是低电压(6 V/12 V/24 V)的单端卤钨灯，灯的功率为 12～75 W，灯丝为螺旋形横丝结构，灯的色温约为3 000 K，寿命为2 000～3 000 h。这种冷反光卤钨灯在室内照明，尤其是在商业照明上有着十分广阔的应用前景。这种灯可广泛应用于橱窗、展厅、宾馆乃至家庭，作为局部定向照明光源，既节电，又突出了照明效果，还能起到装饰和美化环境的作用。但是，这种灯要在市电下工作必须先变压，为使灯具小型轻量化可采用电子变压器。当 MR 型灯的电子变压器与灯具合为一体时，这些透射出的热就可能引起电子仪器产生热故障。最近的创新是推广了使用铝反射器的类似的灯，尽管铝的反射率低一些而使性能上有所损失，但因光和红外辐射都被反射而使热的影响也有所降低。这就降低了一般直接安装在灯后面的电子器件盒的热负载，当然冷光束的优势也没有了，但冷光束在很多应用中并不是必须的。

所有的投光灯都有开放和密封这两种型号。密封的灯的反射镜正面前缘的覆盖玻璃减少了光输出，但它也提供了很多优点。根据国际电工委员会(International Electrotechnical Commissio)的规定(IEC 598，1979)，使用密封的灯具，即使没有额外保护部件，人和周围环境也不会碰到非常热的泡壳，热的危险性被降低了；并且，紫外辐射成分会减到最小，非常少见的泡壳爆裂破碎的危险也被完全排除。现在已经出现使用限制紫外辐射的材料和较低充气压力的灯，但它没有减少热危险性，因此使用一体化的覆盖玻璃的灯仍是首选方式。

另一种应用非常广泛的投光卤钨灯是密封光束卤钨灯(PAR 20，PAR 30，PAR 38 和 PAR 46)，其中有些泡壳上具有红外反射涂层，能有效地将一些无谓耗损的红外辐射反射回灯丝上，并且提高了灯的效率。

作为一体化反射器灯的替代品，用在与反射器成一体的灯具中或用于一体化光学器件中的独立的泡壳也已出现。根据生产和应用的需要不同，这种灯可用石英或硬玻璃制作。灯可以有灯头，也可以无灯头，这取决于电连接的方式。尽管根据 IEC 598 的规定，这种光源必须有罩壳，但最近发展了一种低压充气、有阻紫外辐射壳套的卤钨灯，它符合 IEC 598 的规定但没有罩壳。在天花板装饰中，人们常常需要用到裸露的灯泡，如果使用这种带阻紫外辐射壳套的卤钨灯将非常具有优势。目前，这类卤钨灯得到最多的应用，其照明效果非常好。投光卤钨灯在照明设计中一直占有重要地位，利用其投光卤钨灯杯可以将灯光进行定向集中投射的特点，采用适当类型的投光卤钨灯不但可以提高照明的效率、节约电力能源，还可以创造良好的照明效果。投光卤钨灯被广泛用于酒店、宾馆、商城、家庭和办公室内进行局部照明和重点照明，因为在大多数使用场合不但对照度要求高，还十分重视照明的环境，要求光源显色性好、能够使事物形象生动逼真。另外，还要求灯的体积小，不影响其他的布置装饰。高显色的投光卤钨灯还是舞台表演和时装秀场的主力照明光源，其突出的优势是光源的体积小、表现力强，在设计时可以较少考虑受空间的限制。

4. 汽车照明用卤钨灯

在运输领域卤钨灯有广泛的应用，卤钨灯体积小、光效较高、灯丝紧凑，非常适合汽车照明的前大灯。前照灯由于其照明的特殊性，它的严格的安全性能、可替换性等方面的要求必须根据国际电工委员会的标准规定(IEC809，1985；IEC 810，1993)。最初，作为汽车前照灯的卤钨灯被设计出来是为了能够替代白炽灯，但它引起了使用预聚焦灯分离反射器或密封束光型系统的性能上的重大提高。后来，通过与照明系统设计者的协作，卤钨前照灯被设计得能充分发挥其紧凑、潜在的聚焦精度和灯丝高光亮度的优点，目前的汽车前照灯大多采用的是双灯丝灯。针对驾驶和会车，它具有不同的灯丝。会车灯丝是被遮蔽的，它与设计合适的反射器和透镜一起产生一个不对称的光束，在街边产生高的照度，同时又避免给迎面开来的车辆造成眩光，这依赖于其配光曲线中的尖锐的截止角。而主灯丝则能提供远光束，以满足正常驾驶的需要。近光和远光配光有严格的要求，各国均有严格标准来限定。

在过去的 10 年中，汽车卤钨灯由于其性能稳定、价格便宜，占据了汽车灯的主要市场，但随着 HID 灯和 LED 的飞速进展，以及汽车照明智能化、高效节能和美学设计的要求，汽车卤钨灯的使用领域逐步受到限制，其使用量会呈下降的趋势。

5. 新型卤钨灯

(1) IRC 卤钨灯

采用 IRC 技术的新型高效节能反射灯的主要特点在于采用红外反射涂层将红外部分的能量转变成可见光，其基本结构如图 2.3.7所示。采用合理设计的红外涂层将红外部分的辐射反射回到灯丝上，可以使卤钨灯辐射能量的利用率由原来的 5%提高到 9%左右。因此，可以将传统卤钨灯 15 $lm \cdot W^{-1}$的光效提高到 25 $lm \cdot W^{-1}$以上，如图 2.3.8所示。这样的效率可以使其更节能，而且其显色性能有很大的提高，因此在未来光源技术上也有很大的发展潜力。

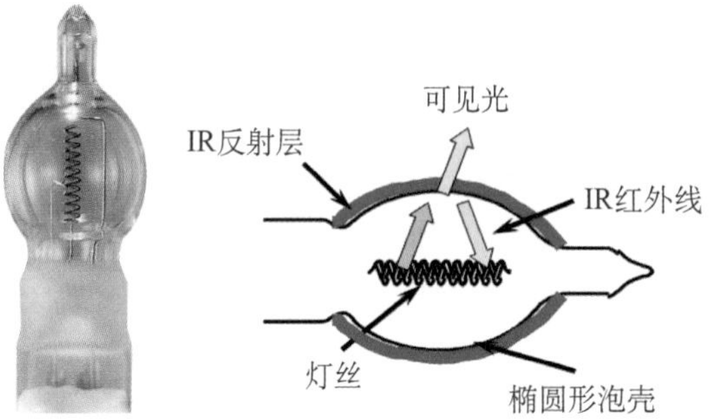

图 2.3.7　IRC 新型节能卤钨灯的结构和工作原理

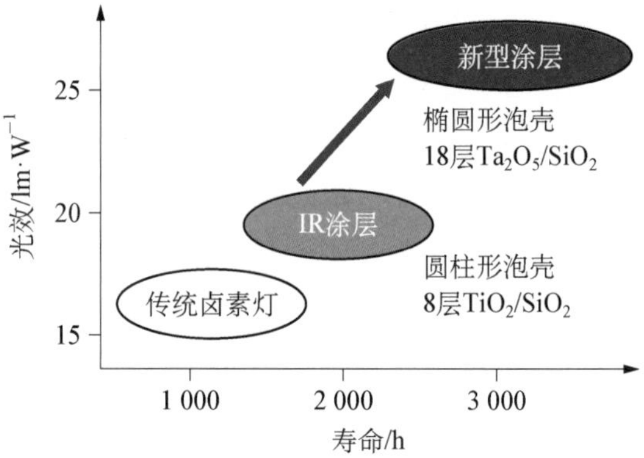

图 2.3.8　IRC 新型节能卤钨灯光效的提高

（2）直接封接卤钨灯

如上所述，卤钨灯采用石英玻璃来制作时，为了封接的匹配需要采用钼箔封接，这给生产控制带来很多难度，因为精确控制灯丝和遮光罩的位置比较困难。这在汽车卤钨灯中表现尤为突出，因为灯丝的位置对照明效果的影响十分大。要严格控制灯丝的位置，必须解决封接问题，采用钼箔封接无法达到预期效果。研究发现，采用铝硅酸盐玻璃替代石英来制作卤钨灯，可以实现钼杆与玻璃直接封接，这样就不需要钼箔封接，并且在实际产品生产中，不但可以使灯丝的位置得到固定，还可以使封接部分缩短，以进一步减小灯的尺寸。

铝硅酸盐玻璃(aluminosilicate glass)是以二氧化硅和氧化铝为主要成分的玻璃，其中氧化铝含量可达 20%以上。铝硅酸盐玻璃具有较好的化学稳定性、电绝缘性、机械强度，较低的热膨胀系数，但高温黏度大，相应地，熔制温度也高。铝硅酸盐玻璃膨胀系数低[$(30\sim60)\times10^{-7}(℃)^{-1}$]、耐水性好、随温度降低玻璃熔体的黏度急剧增大，与其他玻璃相比，其软化点非常高(约为 900℃)。

采用铝硅酸盐玻璃后，其膨胀系数与钼杆接近，可以实现匹配封接(见图 2.3.9)。由于铝酸盐玻璃的热性能和机械性能都比较好，因此泡壳可以有更高的充气压力，使用寿命更长。现在的 H9 和 H11 汽车卤钨灯就是采用这种玻璃来获得更好的性能，不但更适合现在

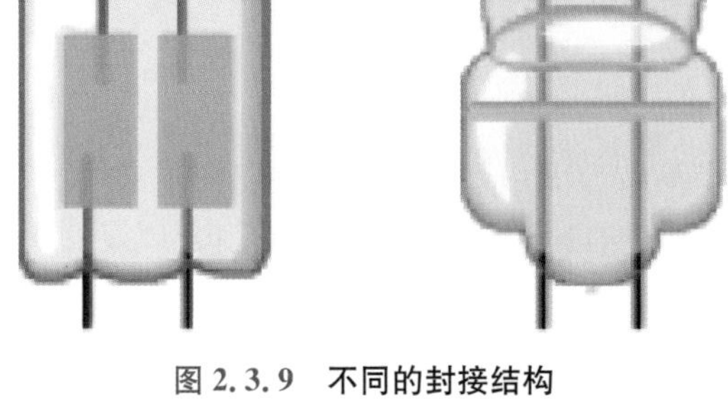

图 2.3.9　不同的封接结构

汽车照明灯具的自由曲面，光效和寿命也有很大的提高。

参考文献

[1] 复旦大学电光源实验室. *电光源原理* [M]. 上海：上海人民出版社，1977.
[2] Elenbaas W. 方道腴，张泽琏译. *光源* [M]. 北京：轻工业出版社，1981.
[3] 张爱堂，冯新三. *电光源* [M]. 北京：轻工业出版社，1986.
[4] 陈大华. *现代光源原理* [M]. 上海：学林出版社，1987.
[5] 方道腴，蔡祖泉. *电光源工艺* [M]. 上海：复旦大学出版社，1988.
[6] 蔡祖泉，陈之范，朱绍龙，周太明. *电光源原理引论* [M]. 上海：复旦大学出版社，1988.
[7] 方道腴. *钠灯原理和应用* [M]. 上海：上海交通大学出版社，1990.
[8] 周太明. *光源原理与设计* [M]. 上海：复旦大学出版社，1993.
[9] 丁有生，郑继雨. *电光源原理概论* [M]. 上海：上海科学技术文献出版社，1994.
[10] 卢进军，刘卫国. *光学薄膜技术* [M]. 陕西：西北工业出版社，2008.
[11] 舒朝濂. *现代光学制造技术* [M]. 北京：国防工业出版社，2008.

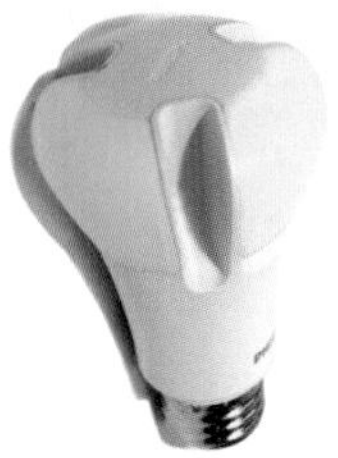

第三章 气体放电灯

3.1 气体放电的基本原理

气体放电灯是由通过气体放电将电能转换为光的一种电光源。气体放电的种类很多,用得较多的是辉光放电和弧光放电。辉光放电一般用于霓虹灯和指示灯。弧光放电可有很强的光输出,照明光源都采用弧光放电。荧光灯、高压汞灯、钠灯和金属卤化物灯是目前应用最多的照明用气体放电灯。气体放电灯在工业、农业、医疗卫生和科学研究领域的用途极为广泛。了解气体放电的基本原理,可以使我们能更好地理解气体放电灯的工作机理和特性。

3.1.1 气体放电现象

将一对平板电极放在密封的容器中,抽去空气并充入一定量的其他气体,如图 3.1.1所示。这时在两电极间加上一个可变电压,并在图上的电流表上测量流过放电管的电流,在放电管两端并联的电压表上测出相应的电压。把这个放电管的电压和电流之间的关系用曲线来表示,用它来解释整个气体放电全过程是很方便的。我们把这条关系曲线称为气体放电的伏-安特性,如图 3.1.2所示。

在放电管两端刚开始加上电压时,电压很低,放电管中只有微弱的电流流过,这个电流只有用非常灵敏的电流计才能测出来。这是由于宇宙线、放射性辐射或光照,使管内气体中产生一些原始电子或正离子,它们的量很少,称为剩余电离。这些带电粒子在正极电压作用下分别从负极向正极运动(电子流)或从正极向负极运动(离子流)而形成电流,随着电压的增加,电流也增大,这就是图 3.1.2 中的 *OA* 段。

当电压继续增加时,因为带电粒子数目不多,当所有因为剩余电离产

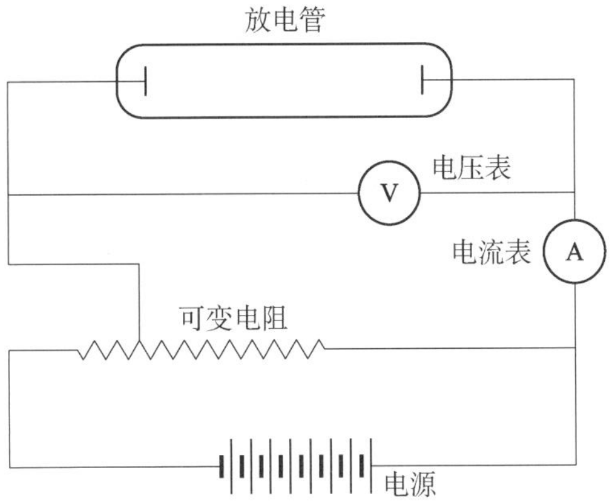

图 3.1.1　气体放电的测量装置

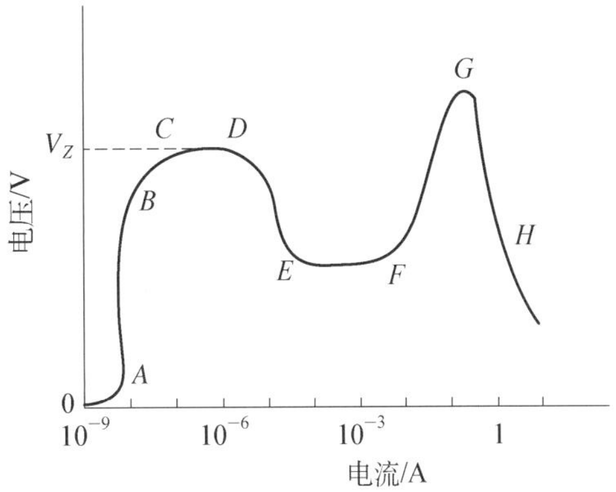

图 3.1.2　气体放电的伏-安特性

生的带电粒子全部到达电极后，电流就饱和了。也就是说，电压升高，电流就不再增加，这就是图 3.1.2 中的 AB 段。

当电压再升高时，放电管中电子受电场力加速，自由电子速度愈来愈大，它们和中性原子、分子碰撞时，就能使分子、原子电离。而电离又产生新的自由电子和离子，这些新的自由电子和离子加速后又使更多的原子、分子电离。这种繁流式的过程使电子数目雪崩式地成倍增加，这就是图 3.1.2 中的 BD 段。这段放电又称为繁流放电或雪崩放电，如图 3.1.3所示。

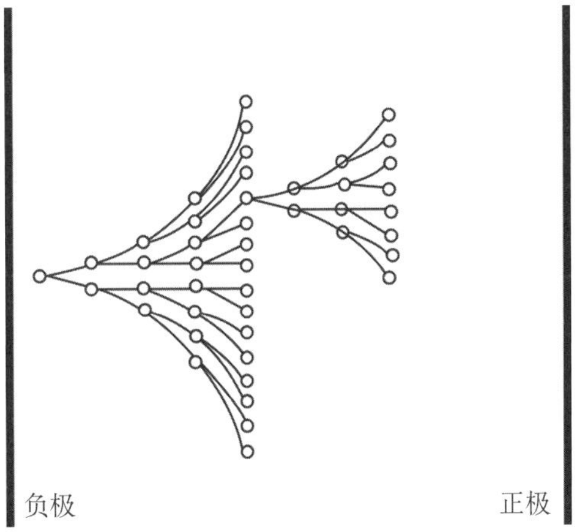

图 3.1.3　电子雪崩示意图

当电压升高到图 3.1.2 所示的 B 点时，由于雪崩放电，电流突然增加，正离子质量大、能量高，猛烈轰击阴极，可以使阴极发射足够的电子，这就是图 3.1.2 中的 D 点。这时我们称为放电着火或击穿，相应于 D 点的电压称为着火电压或击穿电压。灯管击穿时，满足如下的关系式，即

$$\gamma(e^{\int_0^d \alpha dx} - 1) = 1。\qquad (3.1.1)$$

式中，γ 为每个正离子轰击阴极表面从阴极产生的电子数；α 为每个电子在单位路程与气体原子发生碰撞导致电离的次数；d 为两个电极之间的距离。因此，放电击穿的物理图像比较清楚：当一个电子从阴极到阳极的过程中如果能够再发出一个以上的电子，放电就可以维持而不再需要外界提供任何电子。

当放电达到 D 点以后，由于阴极在正离子轰击下发出大量的电子，放电管电流突然增加，放电击穿，电压迅速下降，放电自动地过渡到 EF 段。这时，放电会发出明亮的光辉来，所以称这一段为辉光放电。

在辉光放电 EF 段中，只是一部分阴极受正离子轰击而发射电子，所以电流增加时，阴极发射也随着增加。因此，电压不变或变化很小，我们把这一段称为正常辉光放电。

当整个阴极都用于发射后，必须增加阴极发射电流密度，才能再增加电流，这时电压就

得升高。这就是图上的 FG 段，我们把这段放电称为异常辉光放电。

其后，如果再要增加放电电流，则发射电极的电子密度要极高，亦就是要有大量正离子轰击阴极，使阴极发热而成为热电子发射。当电流迅速增加，由于有热阴极电子发射，电压反而下降，这就是 GH 段。此时，由于放电特性发生了突变，我们称这段放电为弧光放电。

在 OC 段，如果去掉剩余电离，则电流立即停止，所以我们称这段为非自持放电。在 D 点放电着火以后，如去掉剩余电离，放电仍将是稳定的，我们称着火以后的放电为自持放电。

非自持放电由于没有放电光辉，因此又称它为暗放电。暗放电电流大约在 10^{-6}A 以下，辉光放电电流为 10^{-6}～10^{-1}A，而弧光放电的电流在 10^{-1}A 以上。

3.1.2 帕邢定律

由前面讨论可知，当在放电的两个电极之间施加的电压大于一定数值时，放电就会过渡到自持放电，通常该点称为气体放电的击穿点。为了更好地了解放电击穿的特性，可以从均匀电场中气体的击穿电压来分析。帕邢在测量火花放电的击穿电压与电极距离和气体压强时，发现了击穿电压是电极距离和气体压强乘积的函数，且唯一存在一个距离与压强的乘积值，使击穿电压最小，这就是所谓的帕邢（Paschen）定律。帕邢定律在均匀场下，可以直接得到其关系式为

$$V_s = \frac{BPd}{\ln\left(\dfrac{APd}{\ln\dfrac{1}{\gamma}}\right)}。 \tag{3.1.2}$$

式中，V_s 为击穿电压；A、B 和 γ 是和气体有关的常数；P 为气体压强；d 为两电极间的距离。帕邢定律的击穿关系曲线，如图 3.1.4所示。对上式取一阶导数可以得到 V_s 的最小值和相应的 Pd 值，其表达式为

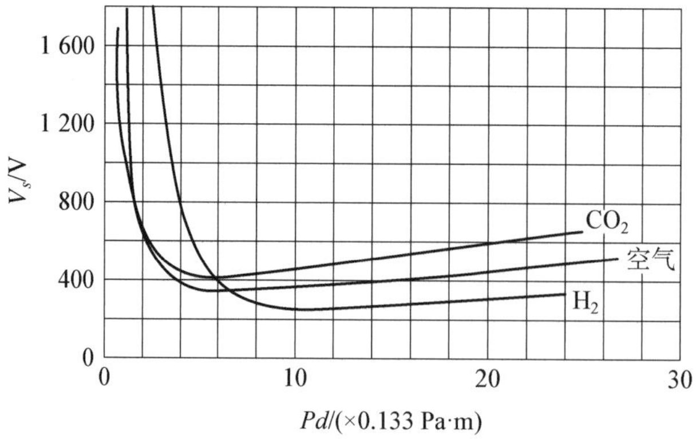

图 3.1.4　20℃条件下平板电极的帕邢曲线

$$V_{sm} = 2.718\,\frac{B}{A}\ln\frac{1}{\gamma}, \tag{3.1.3}$$

$$(Pd)_m=\frac{2.718\ln\frac{1}{\gamma}}{A}。\tag{3.1.4}$$

上述表达式的计算数值与实验符合很好，表3.1.1列出了一些气体的最小击穿电压和相应的 Pd 值。气体的击穿气压与气体的性质有关，气体原子的电离电位对击穿电压有很大影响，通常在其他条件不变的情况下，气体的电离电位越高，最小击穿电压就越高。为了降低气体放电的击穿电压，可以采用混合气体的潘宁效应来实现。

表3.1.1 部分气体的最小击穿电压

气体	V_{sm}/V	$(Pd)_m/(10^{-2}\,Pa\cdot m)$	气体	V_{sm}/V	$(Pd)_m/(10^{-2}\,Pa\cdot m)$
空气	327	75.6	氮气	251	89.3
氩气	137	120.0	氧气	450	93.3
氢气	273	153.3	钠蒸气	335	5.3
氦气	156	533.3	二氧化硫	457	44.0
二氧化碳	420	68.0	硫化氢	414	80.0

3.1.3 光源放电类型

1. 辉光放电

辉光放电是自持放电，阴极发射电子主要是靠正离子轰击，这和弧光放电主要靠热电子发射不同。因此，辉光放电电流密度小、电压高。可以说，辉光放电是小电流、高电压的放电现象。

辉光放电器件，一般充气压力较低，多采用冷阴极，电流中限流器件的阻抗较高。例如，霓虹灯便是利用辉光放电原理制成的。

充入不同气体的辉光放电管，它的负辉区和正柱区的发光颜色是不同的，表3.1.2列出了不同气体辉光放电时的颜色。

表3.1.2 不同气体负辉区、正柱区的发光颜色

气体	负辉区	正柱区	气体	负辉区	正柱区
氦(He)	淡绿	白(带蓝绿色)	空气	蓝白	桃红
氖(Ne)	橙	红紫	水蒸气(H_2O)	蓝	蔷薇色
氩(Ar)	深蓝	深红	氢(H_2)	—	蔷薇色
汞(Hg)	黄白	绿	一氧化碳(CO)	—	白
氮(N_2)	蓝	黄红	二氧化碳(CO_2)	—	灰白
氧(O_2)	淡绿	黄			

2. 弧光放电

弧光放电是基于热电子发射，阴极发射密度可达每平方厘米几到几十安，甚至可达数百安以上。这时，不需要很高的电离几率就能维持放电所必需的电离，并保持阴极有足够的温度。因此，弧光放电的阴极位降很低，这一特征决定了弧光放电是低电压、大电流的放电现象。

大多数气体放电灯是利用弧光放电制成的，如荧光灯、高压汞灯、高压钠灯、金属卤化物灯等。

弧光放电产生后，放电电压随着电流的增加反而降低，这一特性称为负阻特性。

具有负阻特性的放电器件是不能直接接到电源上的。否则，放电一经产生，放电电压立即下降，电压的下降会促使电流很快增加，而电流的增加又使放电电压进一步降低，这一过程会很快使放电管或线路烧毁。

为了防止这种情况的产生，在弧光放电器件中必须串联能限制电流无限制增长的元件——镇流元件。镇流元件可以是电阻、电容、电感，主要是电感镇流器或电子镇流器。

3. 高频无极放电

高频放电的一大好处是在放电中可以没有内置电极，使放电腔可以采用单种材料密闭而成。无极放电最早由希托夫(J. W. Hittorf)发现，随后汤姆逊(J. J. Thomson)做了更完整的研究，特斯拉(W. Tesla)首先采用无极放电原理设计了照明概念灯。无极放电既可以是高气压放电，也可以是低气压放电。根据目前的发展情况，无极放电主要有以下 4 种类型：感应放电、容性放电、微波放电和行波放电。

3.2 低气压放电灯

3.2.1 低气压放电原理

在低气压气体放电中，气体的压强通常在1 000 Pa以下，在这样的放电条件下，由于气体比较稀薄，电子和中性粒子的碰撞频率很低，电子和中性粒子之间的能量交换不是很充分，而外部的能量主要由电子在外电场作用下加速取得，因此中性粒子无法从与电子碰撞中得到足够的能量而导致电子的温度远高于气体的温度。在低气压放电条件下，放电气体远偏离热力学平衡状态，放电的参量与放电气体的浓度和放电腔体，以及外加电场有很大的关系。

1. 低气压放电的主要原子过程

在放电中，带电粒子的产生和损失是对放电至关重要的。在低气压放电条件下，通常电离主要发生在放电气体上。产生电离的过程主要可以分为两种：一种是直接电离；另一种为逐级电离，即电离的过程是原子被电子碰撞激发后立即被另一个电子碰撞电离。直接电离需要更多的能量，而逐级电离会降低对电子能量的要求。在带电粒子浓度很低时主要以直接电离为主，浓度升高后逐级电离的作用就越来越重要。另外，在低电压放电中还有两种电离：潘宁电离和光致电离。这两种电离也很重要，尽管它们不是带电粒子的主要提供过程，但对放电的启动有重要影响。在实际操作中可以发现，如果将放电放在暗黑空间，则启动时会比通常情况下要更困难一些，主要原因就是由于在暗黑条件下没有光致电离的发生而使放电困难。

低压放电气体的带电粒子的主要损失过程为管壁复合，带电粒子在管壁处复合后，粒子多余的能量就会被管壁吸收。在放电气体中间也会发生复合，称为体积复合，其原子过程就是三体复合，复合产生的能量由第三个粒子吸收。在低气压条件下发生三体碰撞复合的几率十分低，通常在分析时可以忽略。因此在低气压、小电流密度条件下，带电粒子逐级电离和激发的作用很小，可以忽略；但随着气压升高和电流的增大，逐级电离的过程对带电粒子的贡献越来越大。低压汞蒸气放电，逐级电离速率系数与直接电离的速率系数随汞蒸气压和电流的变化而变化，随着放电电流和气体压强的升高，逐级电离的贡献迅速增加。在低压气体放电光源中，逐级电离通常会占主导地位。

在低气压放电光源中，最理想的情况是尽可能多的光子能够从放电中辐射出来，这样可以提高放电的辐射效率。在放电中产生的光子可能会被周围的粒子吸收，这一过程在共振辐射中更明显，这一现象我们称为光子禁锢。光子禁锢对气体放电的影响十分大，特别是对辐射的影响。随着放电密度的增大，共振辐射的光子需要经过多次吸收-辐射过程才能离开，这样实际上增加了激发态原子的寿命。也意味着，发生其他原子过程的几率增加，这样辐射光子就损失了，放电的辐射效率就下降了。在低气压放电光源中，需要考虑辐射光子的产生和光子禁锢的妥协，当增加辐射密度时辐射光子就会增加，同时光子禁锢效应也会显著，因此在不同的放电中都会存在一个最佳效率的放电气压。例如，在直管荧光灯中，汞的最佳蒸气压为0.8 Pa。

2. 放电特性

如前所述，如果仅考虑正柱中的直接电离，那么电子的浓度可以随机选取，这明显与实际情况不符合。实际上，在低气压放电中还会发生大量的逐级电离，逐级电离可以简单看作与 n_e^2 成正比。因此，当放电的电流越大，则发生逐级电离越频繁。逐级电离与直接电离相比，电子电离原子的能量可以降低。当电流增大时，逐级电离发生几率增加，使大量低能电子将动能用于逐级电离，这样使电子的温度降低。由前面的推导可知，低的电子温度对应于正柱中低的电场强度，即整个正柱的电压降降低。这样，放电电流的增大导致了灯电压的下降，这种特性被称为负的 $I-V$ 特性。

在低气压放电中，增加放电的电流会使电离也显著增大，离子迁移到管壁的数量也会相应增大。根据正柱中重粒子在稳态条件下的平衡，扩散到管壁损失的离子数量与管壁处中性原子扩散到电流中的数量相等。这样在正柱中，如果原子的浓度很高就无法维持稳定，但放电气体的原子浓度是径向半径的函数。由于空间电场的作用，离子在双极性扩散条件下移动到管壁的速度比正常扩散大很多，因此原子在轴心的浓度会远小于管壁的浓度，通常被称为耗尽放电。放电气体的原子浓度在管壁处要比中心部分强，当电流越大即电离的原子越多，放电中心的原子浓度就越低。因此在低气压放电中，如果放电电流密度很高，则会使放电中心部分的气体原子被抽空。如果放电电流很大，则会使中心部分的放电原子被完全抽空，放电电流的增加就只能由惰性气体原子的电离来提供。由于惰性气体的电离电位要比放电原子高很多，因此电离惰性气体需要更多的电子能量，电子的温度就必须升高，这也意味着灯电压必须升高。

3.2.2 低压钠灯

1. 低压钠灯的工作原理

低气压钠蒸气灯内填充了钠金属和少量氖与氩混合的惰性气体，钠原子在放电时受到激发和电离，当受激钠原子从激发态跃迁回基态时，将在 589.0 nm 和 589.6 nm 波长位置产生共振辐射，这两根谱线被称为钠的双黄线或 D 线。由于该辐射位于人眼光谱光视曲线的峰值附近，因此低压钠灯具有很高的光效，其光效是所有人造光源中最高的。灯管内填充的少量惰性气体，可以对灯的启动有所帮助，并改善其放电性能。低压钠灯在放电时钠的蒸气压约为 1 Pa，惰性气体的气压约为1 070 Pa。钠的双黄线强度受温度影响较大，电弧管工作温度在 260℃时辐射输出达到峰值。

在低压钠蒸气放电中，钠原子主要在管轴处受到电子的碰撞而被激发和电离，在管壁区域内产生的离子则很少。由于双极性扩散的作用，放电轴心处钠原子浓度将会降低，在达到某一电流值时，钠原子耗尽，需要依靠惰性气体原子电离来维持该部分放电，并出现管压上升、光效下降的现象，这种情况被称为钠耗空效应（又称径向抽运效应）。为了防止钠耗空效应的发生，需要对灯的电流进行限制，也就是说，在一定的功率下，低压钠灯的放电管应该设计得比较长。

低压钠蒸气放电中产生的共振辐射也会被处于基态的钠原子所吸收，使处于基态的钠原子受到激发而很快地再辐射，并再一次将能量转移到另一个原子，从而使辐射在从轴心到达管壁之前会被多次重新转移，这种现象就是共振辐射的禁锢现象。辐射禁锢现象延长了处于共振态的原子的有效寿命，增加了激发态原子受到电子和其他原子碰撞并激发到其他能级的几率，这会对光效造成不利影响。

在低压钠蒸气放电中，辐射的禁锢现象和钠耗空效应的共同作用，使低压钠灯的大部分辐射集中在电弧管壁附近区域内。

2. 低压钠灯的结构与设计

(1) 电弧管的设计

低压钠灯的电弧管一般采用双层套管玻璃，外层使用普通的加工性能良好的软玻璃（钠钙玻璃）或硬质玻璃；内层则使用抗钠腐蚀的高硼玻璃，也称为抗钠玻璃。采用这种套料玻璃既可以防止钠的腐蚀，又能克服抗钠玻璃难加工、易吸潮、价格昂贵等缺点。

低压钠灯的电弧管一般做得很长，一方面是为了限制电流，以维持足够高的电弧电压；另一方面，低压钠灯的电弧越长，电极损耗所占的比例越小，效率也就越高。同时，为了尽量减少钠共振辐射的禁锢现象，电弧管还应具有较小的直径，相对低压汞灯而言，低压钠灯最大辐射效率所对应的最佳管径约为低压汞灯的一半，在 14～18 mm 之间。如果管径太细，则管壁损耗太大；管径过粗，则会增加吸收损失。因此，形状细长的电弧管一般被弯成 U 形，以保持灯的长度不会过长。另外，也有其他的方法增加放电管的表面积和缩短钠扩散的距离。例如，将放电管的圆形截面改为月牙形或十字形。这种方法可以增加电压和功率梯度，从而使放电管长度缩短。

很多低压钠灯的放电管壁上会均匀分布一些贮钠窝，来贮存过量的钠，以防止钠在工作时向冷端迁移。同时，我们也采用在 U 形放电管弯头处加金属帽的办法，以达到局部保温的目的,消除钠的温度梯度,从而减少了钠迁移的原因,有效地克服了灯在寿命期间管压上升的问题。

为了降低低压钠灯的启动电压,在电弧管中还需要充入一定量的惰性气体。由于钠原子的电离几率过小,需要填充具有潘宁(Penning)效应的氩-氖混合气体,以降低启动电压。如果充入氖、氩、氙(Xe)的混合气体(如 Ne 99%, Ar 0.8%, Xe 0.2%),也可以相对减少"氩清除效应"。理想的情况是使用不会吸附氩气的抗钠玻璃,既能提高灯的光效,同时又能降低启动电压。

低压钠灯采用涂敷氧化物的钨作为阴极材料,为了贮存更多的电子发射材料并保持电极的紧凑坚固,电极采用双螺旋或三螺旋结构,这样也有利于延长电极的寿命。相对荧光灯而言,低压钠灯的电极较为粗壮,可满足较大电流(600~900 mA)的要求。同时,电极的形状可起到"空心阴极"的作用,可以降低灯的启动电压,有效地改善灯的启动性能。电极与引出导线焊接后,与放电管进行封接。在封接处,阴极引线应涂以高电阻的外套玻璃。灯在工作状态下,电弧管内表面带负电,会吸收钠离子,而衬套玻璃表面处于比阴极引线低几伏的负电位。因此,衬套玻璃应具有较高的电阻率,以防止钠在衬套的玻璃表面与引线之间的电解。在玻璃套管的末端再加上陶瓷套管,可进一步对衬套玻璃进行保护。

(2) 外泡壳的设计

低压钠灯的双层外泡壳主要起到保持电弧管正常工作温度(260℃)的目的,并对钠的 D 线具有较高的透射性。除对外泡壳抽真空以防止气体对流来减少热损失的方法外,一般也可以采用在内泡壳的表面上涂敷红外反射膜的方法,红外反射膜可采用二氧化锡(SnO_2)或三氧化二铟(In_2O_3)的氧化物薄膜,以达到反射红外谱线、维持放电管温度的目的。

为了减少因气体对流和传导而形成的热损耗,放电管与外泡壳之间需要保持一定的真空度。因此,一般在抽真空后,在低压钠灯近灯头处的外泡壳内表面上,蒸散上钡消气剂的涂层,以吸收在燃点过程中释放出来的杂质气体,使外泡壳的真空度长期保持在 1×10^{-3} Pa 以上。

3. 低压钠灯的性能与应用

(1) 启动特性

在低压钠灯启动的最初阶段,灯管两端的管压降仅由稀有气体放电产生,并发出氖的红色特征谱线,随后稀有气体放电所产生的热使放电管内的固态钠融化并部分气化,从而使钠参与放电。由于钠的激发电位和电离电位较稀有气体低,因此钠的辐射占主导地位。当放电管温度达到一定程度时,光源所辐射的光就是黄色的纳的特征谱线。整个启动过程一般为 8~15 min。

(2) 电特性

在光源的启动过程中,随着电弧管温度的上升,灯的电压会先上升,当灯进入正常燃点状态后,灯的电压会有所下降,并有足够多的钠离子输运大部分电流。灯的实际工作点将受到所用线路的控制。如果电源电压下降,则灯的电流会减少,电弧管的温度也会略微下降,并造成管压上升。如果电压上升,则情况正好相反。

与荧光灯类似,处于工作状态下的低压钠灯在电流突然中断后,可以立刻热启动并发出全光通,这也是低压钠灯适用于街道照明的原因之一。

（3）光输出

目前，SOX 型低压钠灯的功率范围为 18～180 W，光输出为1 800～33 000 lm，光效为 100～200 $lm \cdot W^{-1}$（见表 3.2.1）。钠 D 线的最大理论光效是 525 $lm \cdot W^{-1}$，但实际上由于灯存在很多损耗，因此灯的光效无法达到理论光效值。

表 3.2.1　常规低压钠灯的技术参数

规格	18 W	35 W	55 W	90 W	135 W	180 W
灯功率/W	—	37	56	91	135	185
灯电压/V	57	70	109	112	164	240
灯电流/A	0.35	0.60	0.59	0.94	0.95	0.91
网络电流/A	—	1.40	1.40	2.15	3.10	3.10
光通/lm	1 800	4 800	8 000	13 500	22 500	33 000
光效/($lm \cdot W^{-1}$)	100	130	143	148	167	178
最低启动电压/V	190	390	410	420	540	600
外泡壳直径/mm	54	54	54	68	68	68
总长/mm	216	310	425	528	775	1 120
电弧长度/mm	90	196	311	408	695	1 004
光中心长度/mm	56	170	230	280	405	574
灯头	BY22d	BY22d	BY22d	BY22d	BY22d	BY22d
使用自耦漏磁变压器时的系统效率/($lm \cdot W^{-1}$)	—	84	105	108	131	144

4. *寿命*

低压钠灯的阴极结构与其他光源不同，使用的是双螺旋双绞钨丝，它可以贮存较多的发射材料，从而延长阴极的寿命。冷启动对阴极的寿命有很大影响，但若使用预热电极的话，就得用 4 根电极引入线，这将使灯的电极结构变得较为复杂。

阴极的几何尺寸应设计成使它通过放电本身可以获得维持电子发射所需要的温度，并在很短时间内从辉光放电过渡到弧光放电，以减少溅射对寿命的影响。另外，在放电管中充入的稀有气体可以有效地抑制电子发射材料的热蒸发，并减缓正离子对阴极的轰击。充气压越高，阴极保护得越好，灯的寿命也就越长。但是，充气压的增加，会使灯的光效下降。因此，应该综合考虑合理设定充气压值。

在低压钠灯放电管中，所填充的氩-氖潘宁气体可以有效地降低启动电压。然而，当氩离子扩散到管壁时，会被抗钠玻璃所吸附，而减少放电管内的氩气成分，并最终使放电管内的充气变为几乎是纯氖，从而使放电管的启动十分困难。因此在选择放电管玻璃时，还应考虑它对氩气的吸附能力。

低压钠灯的钠迁移现象对“气体寿命”也有很大影响。在温度梯度和电场的影响下，钠会从灯管的一端迁移到另一端，如果钠迁移到温度较低的位置，则钠的蒸气压的下降将使灯管的电压和功率逐渐升高。另外，由于钠蒸气压的下降，会使更多的氩原子被电离，其生成的氩离子会被电弧管壁所吸附，从而提高灯的启动电压和降低灯的光效，使灯的寿命缩短。

5. 应用

低压钠灯适用于对颜色分辨率要求不高但能见度要求较高的场所。目前，低压钠灯的最普遍应用是道路照明。低压钠灯也可用于区域照明和安全警戒照明，如在住宅区、停车场、银行、工厂和医院等场地也能得到很好的应用。图 3.2.1所示为不同功率的低压钠灯在照明应用中的适用范围。

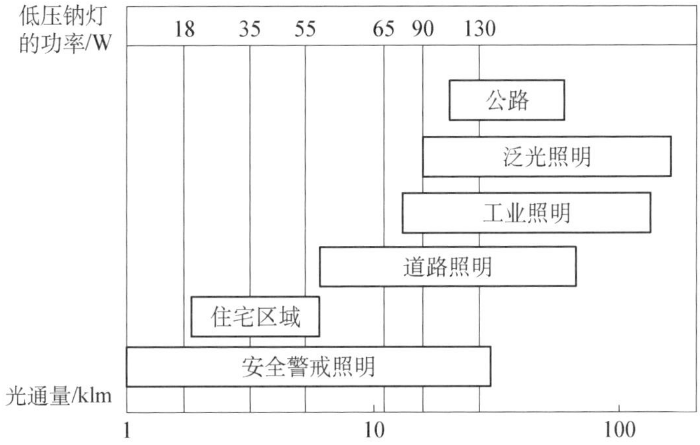

图 3.2.1　不同功率的低压钠灯在照明应用中的适用范围

3.2.3　荧光灯

1. 荧光灯的工作原理

(1) 荧光灯的发光

荧光灯是一种气体放电光源，其放电形式属于低气压汞蒸气放电。它将电能转变为可见光，可分为两个过程：第一步，通过低气压汞蒸气放电，将放电中消耗的电能转变为人眼看不见的紫外线和少量的可见光，其中约占 65%的电能转化为波长分别为 185 nm、254 nm 和 365 nm 等的紫外线，3%的电能直接转化为 405～577 nm 等可见光，其余电能以热形式消耗掉了；第二步，放电管内产生的紫外线辐射到涂在放电管内壁上的荧光粉上，荧光材料再将紫外线转变为可见光。

各种类型荧光灯的结构虽然不同，但基本原理是一致的。直管荧光灯的基本结构如图 3.2.2所示，在玻璃管内壁涂有荧光粉层，其两端封接有螺旋状的钨丝阴极，钨丝表面涂覆有电子发射材料，灯管中充入氩、氪等惰性气体以及少量汞粒。

荧光灯阴极在灯管点燃之前要进行预热，预热温度大约为 850℃左右，使阴极具有热电子发射能力。在外界电场的作用下，电子将高速运动，当与汞原子碰撞时，汞原子失去电子后生成汞正离子。此时，电子向阳极运动，正离子向阴极运动，灯管内就有电流流动了。

如果电子与汞原子碰撞，使汞原子中最外层电子受撞击后吸收一定能量，电子从基态跃迁到外层轨道上运动，该汞原子处于激发态，如图 3.2.3所示。极不稳定的受激汞原子很快

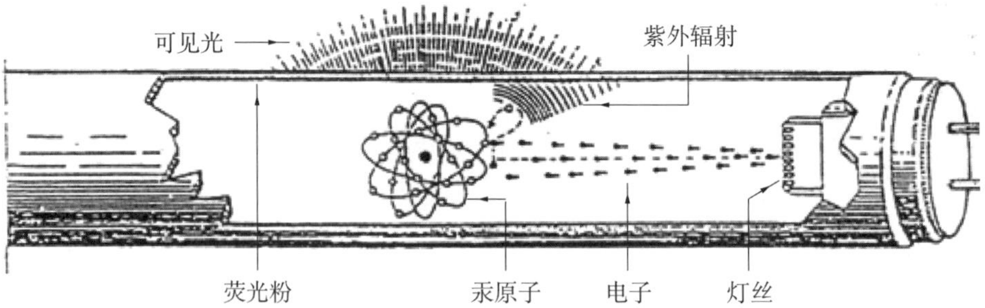

图 3.2.2　荧光灯的结构

回复到原来的基态，把多余的能量以紫外线形式释放出来。为了提高荧光灯的光效，应该使放电辐射中尽量产生较多的 254 nm 的紫外线，而减少 185 nm 的有害真空紫外线。其次，应使紫外线到达管壁荧光粉层的路程中的损失尽可能小，并要求荧光粉将紫外线转换成可见光的效率要高。

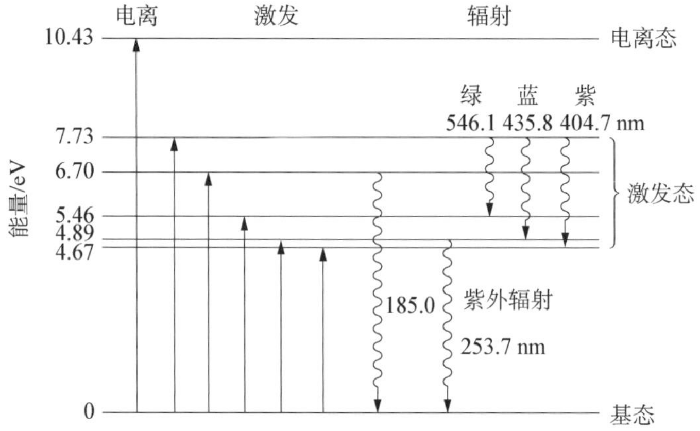

图 3.2.3　汞原子激发跃迁

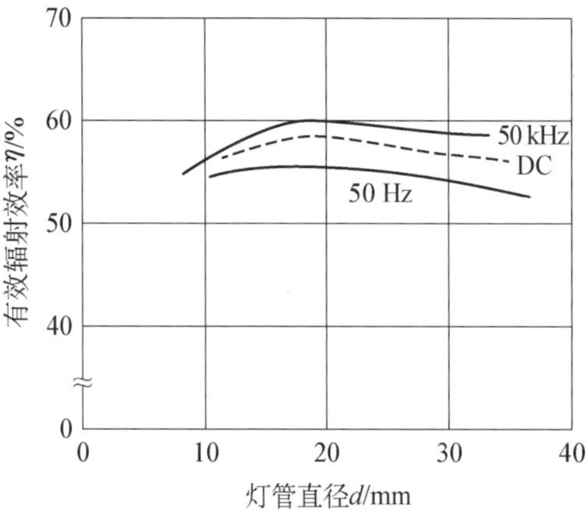

图 3.2.4　不同工作频率下 254 nm 辐射效率（放电功率为 28 W）

荧光灯光效和管径有一定的依存关系，存在着最佳管径值。如果采用优质荧光粉，其具有良好的耐 185 nm 紫外线照射的性能。当缩小管径时，有效辐射率 η 提高，但对荧光粉的损伤不大，光效会增加。因为对于长度一定的放电管而言，减小管径，灯管压降升高，电极位降功耗占灯管总功耗的份额变小，也就是正柱区功率占放电总功率的份额提高，所以提高了放电管输入功率的光效。有人曾对 η 与管径 d 之间的关系进行了理论计算，得到了放电功率为 28 W、工作频率分别为直流、50 Hz、50 kHz 时 η 与 d 的关系曲线，如图 3.2.4所示，其直流和 50 kHz 时的曲线差异不大，而 50 Hz 下 η 的降落较大。因为后者的交变电压在进行周期变化时，存在着零电位而引起再点弧现象，使电离损失增大。曲线表明，光效与灯管直径存在有最佳直径值。

近年来，荧光灯技术的发展异常迅速，灯管的开发动向是细管径化，不仅可以得到高亮度的照明光源，而且体积小型化，还能节省大量玻璃和荧光粉材料，包装和运输费等都相应减少。

在设计荧光灯管时，主要根据荧光粉层允许壁负载大小（三基色粉为0.06～0.13 W·cm^{-2}）和选定的管径值，按灯管的不同功率求得正柱区的长度。实际上，各类灯种长度有着统一的几何尺寸要求，有利于互换性。若用电感镇流器时，管压降一般不能超过电源电压之半，否则起弧点亮较难，放电不太稳定。另外，不能过分增长正柱区，若管径不变，则灯管长度增加，消耗荧光粉、玻管等材料增多，成本提高，在经济上是不允许的。有时，在许多应用场合希望灯管几何尺寸紧凑，使用方便。

（2）填充气体

荧光灯中依靠少量汞蒸气放电辐射出波长为 254 nm 的紫外线特征谱线，以及少量的其他紫外线和可见光。然而汞蒸气压仅0.8Pa 左右，汞原子浓度小，此时电子的平均自由程大，与汞蒸气原子的碰撞机会很少，易撞击到管壁或电极上，无法得到良好的放电状态，必须充入惰性气体。

在荧光灯管中加入一些惰性气体后，可使电子的平均自由程减小，大大增强了电子与汞原子的碰撞机会，减少了对管壁的撞击。通常，在荧光灯中选用氩气作为填充气体，其气压远高于汞蒸气压，电子与氩原子碰撞的几率高，绝大多数是弹性碰撞。这样，使高速运动的电子减少，汞蒸气原子的电离几率减小，有利于汞原子的激发，提高有效紫外辐射强度。

加入填充气体会降低电子温度，各电子、原子、离子间碰撞几率增大，电子和正离子扩散到管壁的复合损失减少。改变填充气体的压力可以调整电子温度，尽量使有效辐射能耗提高，其余能耗减少，因此，灯管的光效与填充气体的压力密切相关。

在较低氩气压力下，光效随气压的升高而增大。因为气压升高使电子碰撞机会增多，汞原子受激发的几率增大，电子和正离子的管壁复合损失减少。当氩气压力超过200 Pa时，光效又开始下降，因为电子和氩原子弹性碰撞中会损失一些能量。另外，随氩气压力的升高，电子温度会降低，产生有效紫外线的辐射强度减小，所以光效随氩气压力的增加而降低。但氩气压力的提高可以抑制电子发射材料的蒸发和溅射，延长灯管的寿命，有利于光通维持率以及减轻灯管两端发黑。如果是细管径的灯管，其正柱区中电子温度升高，电子和离子的管壁复合损失增大，为了提高光效，可以适当增大填充气体的压力，降低电子温度，减少电离损耗。当配用电子镇流器时，灯管处于高频工作状态，灯管的启动容易，电极功率减小，允许适当提高灯管电压降，所以充气压力也可以提高一些。充气压力的最后选择应通过反复试验，了解气压与光效、启动电压、寿命、光衰、早期发黑等关系后，再予以确定。

（3）冷端温度和汞齐

荧光灯的最佳工作状态主要决定于灯管内的汞蒸气压，而汞蒸气压又和环境温度、点燃位置、镇流线路、配套灯具等条件相关。特别是，用于替代白炽灯的紧凑型节能荧光灯显得更为突出，因其管径小、管壁负载大、结构紧凑、灯管工作时的温度涨落大。所以，为了保持最佳汞蒸气压，以产生高效率的 254 nm 的紫外辐射，必须控制住灯管最冷部位的温度——

冷端温度，以尽量获得较高的光效。

当灯管工作温度上升时，汞的蒸气压增加，不同的冷端温度对应着不同的汞饱和蒸气压。当环境温度较低时，灯管中的汞原子浓度小，发生碰撞的受激几率少，有效紫外线辐射弱，光效低；当冷端温度升高时，汞原子的浓度增大，受激几率大，光效增大。如果冷端温度过高，汞原子浓度太大，会发生自吸收的禁固效应，光子逸出放电区的时间延长，发生能量损失的几率增大，受激汞原子与气体原子发生猝灭碰撞，失去能量；或者被电子二次激发到更高能级，产生无效非紫外辐射，从而使有效辐射效率降低，光效下降。

细管径为 26 mm 的 T8 型荧光灯对环境温度的变化较为敏感，在 0℃时相对光输出已下降至 50%，而 T12 型灯仍有 75%的相对光输出。因此，T8 型灯不宜用在环境温度较低的场合。T8 型灯的最佳冷端温度稍高于 40℃，在较高温度下相对光输出高于 T12 型灯管。

为了获得高的光输出，必须建立与最佳汞蒸气压相对应的冷端温度，最佳冷端温度与放电管直径成反比。管径越小，最佳冷端温度越高。管径为 16 mm 的灯管，其最佳冷端温度是 45℃；管径为 12 mm 的灯管，其最佳冷端温度是 47℃；管径为 10 mm 的灯管，其最佳冷端温度是 49℃；管径为 2～3 mm 的灯管，其最佳冷端温度是 65℃。

在紧凑型荧光灯中，管壁的工作温度较高，所以在灯管的结构设计中必须设置冷端部位，使灯管处于良好的工作状态。H 型灯管的冷端位于接桥上端的平头 T 处，该处没有放电电流通过，温度较低，调整桥位的高低可控制冷端温度。Π 型灯管的冷端是在弯折角点 T 处；2U 和 3U 灯的冷端在接桥端的平头处；螺旋灯的冷端在上部设有小泡。冷端温度与环境温度、工作状态、整灯结构等因素相关，所以对灯管或整灯的设计来说，必须知道在灯管正常工作状态下灯管冷端处的实测温度。人们在实验中发现，相同管径的灯管，在高频工作下的最佳冷端温度比工频条件时约提高 2～5℃。

普通荧光灯中的液汞若用汞齐（汞合金）来替代，这样就可避免生产过程中汞液的散失和扩散，又可以在成品灯管破损后明显减轻对空气环境的污染。紧凑型荧光灯在使用中，由于有时被封闭在玻璃或塑料的外罩中，有时置于通风不畅的灯具中，或者镇流器紧靠灯管等原因，导致灯管周围热量难散失，管壁温度远高于灯管工作的最佳汞饱和蒸气压，造成光效降落明显。如果选用适宜的汞齐，可以在较高冷端温度下仍保持在最佳的汞蒸气压，维持良好的光通输出。

2. 荧光灯的种类

（1）细管径直管荧光灯

T8 型荧光灯的标称直径为25.7mm，管径比 T12 型灯缩小 1/3，而灯管长度和灯头两者相同，可以彼此互换。并且，灯管体积减小 40%，节省了原材料、包装、储存、运输等费用。T5 型细管径荧光灯的管径为 16～17 mm，其光效比 T8 型灯管提高 20%，荧光粉节省 60%。T5 型灯在设计时就与电子镇流器相匹配，选用小的管电流、高的管电压降的模式，管电压超过了电源电压之半，21 W 是 123 V、35 W 是 205 V。这样，放电正柱区利用率提高，电极功耗占比减少，因此具有高的光效，通常为 90～104 $lm \cdot W^{-1}$；光通维持率又高，在10 000h 寿命时，维持率是 95%，灯管平均寿命为16 000h。T5 型灯管的管径变小后，电子温度升高，最佳冷端温度相应上升，其最高光输出所对应的最佳环境温度为 35℃，而 T8 型灯管的最佳环境温度为 25℃。在较低的环境温度中，T5 型灯管的光通量急骤下降。在 15℃温度下，T8

型灯管的相对光通为 90%，而 T5 型只有 60%。在较高温度的环境中，T5 型灯管的光通明显优于 T8 型灯管。由于灯管直径小，灯具的尺寸也可缩小变薄，使其外形美观，或者一个灯具中装多支 T5 型灯管，使光学控制有效，有着良好的照明效果。

市场上也出现一些非标准的细管径直管荧光灯，有 T4、T3.5、T3、T2 型等用在特殊场合和灯具中，如商业橱窗照明、仪器仪表照明、车辆船舶照明、装饰照明、液晶显示的背景照明。

(2) 紧凑型节能荧光灯

紧凑型荧光灯由于其光效高、显色性好、寿命长、体积小、使用方便、装饰美观等特点，受到广泛关注，是替代白炽灯的有效新型光源。经过 20 多年的发展，技术不断创新，品质逐年提高，品种繁多，外形结构有 H 型、U 型、Π 型、双 D 型、螺旋型等。为了结构更加紧凑，将灯管多次桥接，出现了 2U 型、3U 型、4U 型等形式。

(3) 环形节能荧光灯

环形荧光灯具有照度均匀、造型美观、光效较高、寿命长等特点，广泛用于住宅、商店、宾馆等场所的照明。传统环形荧光灯的管径为 29～32 mm，功率有 22 W、32 W、40 W 等品种，环形外径为 200～400 mm；选用卤磷酸钙荧光粉时，其光效大约为 50～65 lm·W^{-1}，寿命为6 000h 左右。环形直径受玻管管径所限制，管径细、管壁厚，环形半径可以小些。近年来，已研制成管径为 12 mm、16 mm 和 20 mm 的环形灯，采用三基色荧光粉，配用高频电子镇流器，光效明显提高，接近 100 lm·W^{-1}，寿命约为9 000h。

(4) 细管径冷阴极荧光灯

冷阴极荧光灯的结构十分简单，如图 3.2.5所示，灯管两端配有金属电极，经金属导丝引出于玻璃端头，玻管与金属丝能良好封接。灯管内壁涂覆有三基色荧光粉层，管中充入惰性气体和汞，在 30～70 kHz 的高频高压电的作用下，激发灯管内的工作物质发生辉光放电。在正离子的轰击下，金属阴极会发射二次电子，电子在向阳极运动过程中，又与气体原子碰撞，产生新的正离子，其轰击阴极又产生新的电子，从而形成自持放电。

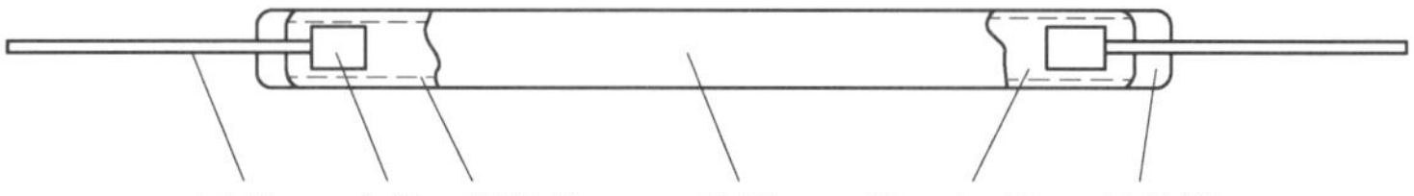

图 3.2.5　细管径冷阴极荧光灯

(5) 外电极荧光灯

外电极荧光灯(external electrode fluorescent lamp, EEFL)的特点是灯的一个或两个电极被制作于放电管的外侧，金属外电极可以用冲压成的紫铜杯，表面镀铬，利用导电胶让电极和玻管黏结，有时也可以用石墨胶涂覆于玻管外侧。玻管内侧涂覆三基色荧光粉，有时玻壁表面先涂一层保护膜，减轻黑化，降低光衰。管内充有 Ne-Ar-Hg 工作物质。高频电源连接到放电管外电极，则管内工作物质着火放电，电源工作频率通常为 40～70 kHz。近来，有人探索试验在 200 kHz，甚至 5 MHz 的频率下工作；也有人将金属陶瓷阴极与灯玻管封接，阴极本身就是外电极。

这种特殊的放电原理，仅在初次着火时需要较高的外电压，在正常工作时，工作气体受到外加电压和壁电压叠加作用而击穿放电，壁电荷在电极上分布比较均匀，整个放电空间发光也比较均匀。外电极荧光灯可以制成特殊新光源之外，也能够用于某些气体放电器件或光源的无损检测等。

（6）无极荧光灯

无极荧光灯是采用无电极的灯管，让高频电磁能将灯管内填充物激发放电，得到可见光。在无极荧光灯中，使汞原子激发而产生的紫外线照射到荧光粉层上，发出可见光。显然，无极荧光灯不是通过电极间的电流来激发灯管内填充物（如汞、氩、氖、氙等）的，它是不同于常规照明光源的新颖设计。E形放电的无极荧光灯的高频电场耦合效率较低，且其光输出几乎不受周围环境温度的影响，在高温或低温状态下都能正常工作。如果选用汞与稀有气体的放电，光效较高，受环境温度的影响很大，而且在外电极高频电场的作用下，荧光粉易被黑化。目前，实用的无极荧光灯大都是H形放电灯。

3. 荧光灯的工作电路

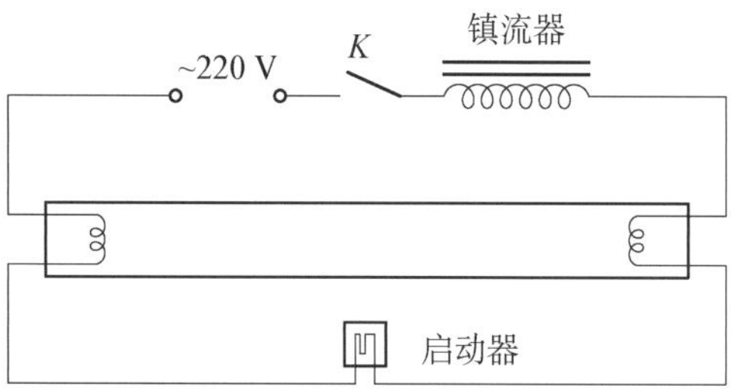

图 3.2.6　预热式荧光灯电路接线示意图

预热式荧光灯启动时必须先对灯丝预热，而灯在正常工作后就不必再对灯丝加热，故电路中还需一个能对灯丝预热的自动开关。它能够在刚接通电源时自动闭合对灯丝通电，当灯丝达到预定加热温度时，它就会自动断开，这个自动开关就是启动器。图3.2.6所示是预热式普通荧光灯的电路接线图，电源、镇流器和启动器构成一个回路。回路电流使阴极预热，预热时间约为0.5～2 s。若预热时间太长，则因阴极蒸发会缩短灯寿命；预热时间太短，则阴极升温不足，发射物质因溅射损耗增大，对灯寿命也不利。当两个电极接触后，辉光放电熄灭，双金属片逐渐冷却，收缩后重新断开，这就好比切断了回路中的电流。但是，流经电感的电流是不会突变的，因而约在1 ms内镇流器两端便产生一个很高的反电势（即脉冲高压），这个电势可达600～1 500 V，加在已被预热的两电极之间，使灯启动，产生稳定的弧光放电。

影响荧光灯启动特性的因素很多，有的属于灯管的设计和制造上的原因，如灯管的直径和长度、充气的压力、气体的成分及杂质、阴极的情况等；有的属于灯管附件，如镇流器和启动器等；有的则属于外界的影响，如环境温度和空气湿度等。

（1）电感镇流器

在50 Hz交流电下，最常用的是电感镇流器。设计正确的电感镇流器能使电路具有接近正弦波形的电流，并使电源电压与灯管电流形成对电弧的重复点燃有利的相位差。但是，电感镇流器的功率因数较低，必要时可以用电容器来较正。

电感镇流器在荧光灯电路中的作用，主要有3个方面。

① 控制预热电流。由于镇流器的作用，在接通电源的几秒钟内，启动器短路，使流过灯丝的预热电流控制在一定的数值，从而使阴极达到一定的温度而具备良好的热电子发射能力。

② 建立放电。在启动器的双金属片与固定电极断开的瞬间，在它的线圈两端产生一个很高的感应电动势与电源电压叠加，从而使灯管内气体击穿建立放电。

③ 限流作用。可以维持放电的稳定，以保证灯管电流、电压在规定的工作范围。

(2) 电子镇流器

电子镇流器实际上是一个电源变换器。它将输入的 50 Hz 正弦波交流电源或直流电源进行频率和波形变换，得到一个 20～80 kHz 的方波，给荧光灯管提供一个能正常工作的电源。电子镇流器给荧光灯带来了一系列高频工作特性，使某些性能得以提高，主要优点有：

① 工作频率增加，其光效亦随之提高，最多可比 50 Hz 的高出 10%～20%。图 3.2.7所示的特性曲线，是某些荧光灯在高频工作时与在 50 Hz 工作时光通量之比。在高频工作时，显色指数 R_a 也比在 50 Hz 工作时高，在 20 kHz 工作时能提高两个数值。

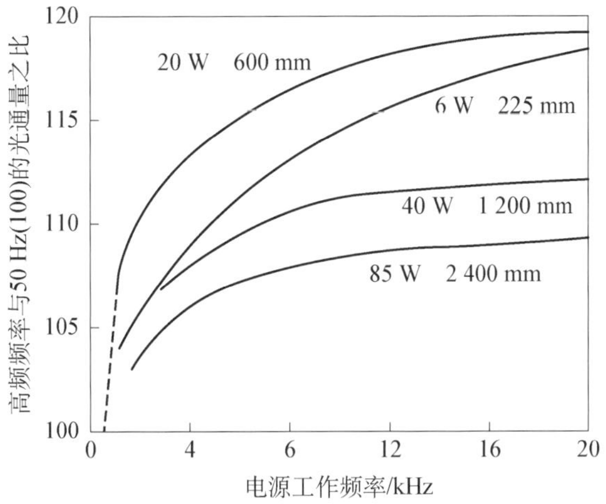

图 3.2.7 荧光灯高频工作特性曲线

② 荧光灯在高频激发下，灯管发光时基本无频闪感。由于气体放电受交流电源驱动，荧光灯的光输出按周期变化，在 50 Hz 或 60 Hz 工作时，使用各类电感式镇流器，荧光灯相应的光输出频率为 100 Hz 或 120 Hz。在正常情况下，如此频率人眼是无法察觉荧光灯输出变化的。但是，如果在正、负半周电流的峰值有大有小或者波形不一样，则均会导致正、负两个半周的光输出不同，从而造成荧光灯的频闪。对于 50 Hz 的电源来说，调制度在 1%～2%之间时，人眼就会有频闪感觉，超过 2%人就会对这种频闪产生厌恶感觉。采用电子镇流器后，荧光灯工作在高频状态，克服了频闪，消除了频闪给人眼带来的不舒适感。

③ 电子镇流器的功率因数高，通常大于0.9，而且其阻抗呈现电容性，故能改善电网功率因子，提高电网供电效率。

④ 电子镇流器自身功耗较小，一般仅为灯输出功率的 10%以下；而电感式镇流器自身功率消耗要占 20%左右。一个荧光灯整灯发出同样的光通量，采用高频电子镇流器所耗系统功率(即向电网获取功率)要比用电感式镇流器所耗系统功率减少 30%左右。节能是电子镇流器最明显的优点。

⑤ 电子镇流器体积小、重量轻，安装方便。

由于电子镇流器的上述优点，因此应用电子镇流器解决了荧光灯的调光，实现了节能照明控制的智能化。

应用电子镇流器对荧光灯调光的控制方法很多，可分为模拟调光和数控调光两大类。传统的模拟调光是采用 1～10 V 的模拟调光系统，电子镇流器和调光控制系统基本上一体化，不利于控制和扩展。数控调光系统是把电子镇流器和控制系统分开，一套控制系统可以控制多个电子镇流器或者多组电子镇流器，并且可以根据需要随时调整控制方案。故而，目前世界各国都在尽力研究数码调光电子镇流器。

3.3 高气压放电灯

3.3.1 高气压放电的基本原理

1. 高气压放电简介

气体放电灯可以分为低气压放电灯和高气压放电灯两大类，两种放电的性质有很大的不同。虽然光源的光效相差不大，但低气压放电灯的放电管相对比较大，这样光源的亮度较低，而高气压放电灯的放电管比较紧凑，因此光源的亮度很高。另外，光源的功率不同，通常低气压放电灯的功率在 100 W 以下，而高气压放电灯的功率在 100 W 以上。这样的区别导致两者的使用场合有很大的不同，低气压放电灯可以使用在普通的照明中，高气压放电灯则应用在对光束亮度要求很高的场合。

2. 高气压放电灯的基本结构

（1）放电管的结构

尽管各种高气压放电灯的结构不太相同，但大体上的结构是十分类似的。图 3.3.1所示为高强度气体放电（high intensity discharge，HID）灯的基本结构。在整个结构中，核心部分是放电管，工作时放电在这里发生，因此它是灯实际发光的部分。放电管中各部件必须满足以下条件：

① 管壁材料：光通过率高，高的熔点和低的饱和蒸气压，耐腐蚀，气密性好，抗温度变化，抗充气压力。目前，比较理想的材料是石英和多晶氧化铝陶瓷（polycrystal alumina，PCA）。

② 电极：导电性能好，高熔点，耐腐蚀，低的逸出功。目前，比较理想的材料是钨，有些情况下，掺杂一些其他的发射材料来降低电极的逸出功。

③ 封接材料：热膨胀系数和放电管材料匹配，耐腐蚀，高熔点。目前，在石英灯管采用钼箔（Mo）封接，在陶瓷灯管中采用铌（Nb）封接。

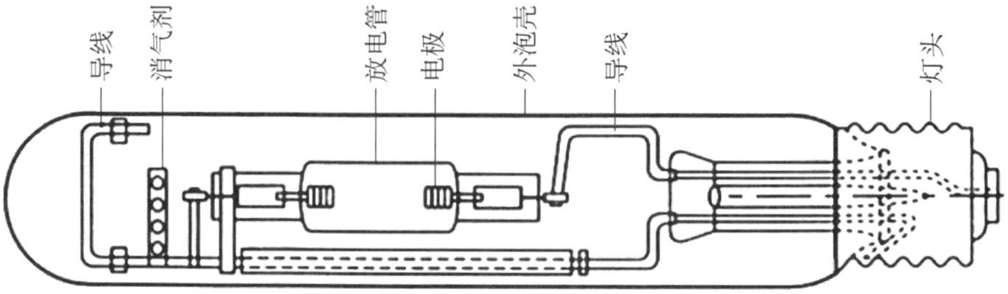

图 3.3.1 高气压放电灯的基本结构

（2）放电管的外泡壳

在大多数高气压放电灯中，放电管外部有外泡壳，通常被镀镍铁丝做成的框架支撑在外泡壳内，同时支撑导线还承担给放电管供电的功能。高气压放电灯采用外泡壳结构主要有以下一些理由：

① 防止接头导线的腐蚀。

② 可以使放电管在真空环境中工作，可以减少热传导的损失。这样，在设计灯时，在一定的功率下可适当增加光源放电管的体积。

③ 可以防止气体在放电管管壁的扩散而导致放电管内气体成分比例的改变，如为了降低放电管中氢气的蒸气压，就可以在外泡壳中安装消除氢气的消气剂。

与其他光源一样，外泡壳的气密封接通常采用芯柱结构，在芯柱里有两个导线接头和灯头相连。灯头的主要作用是和外界电源相连，同时也保证光源的放电管可以处在灯具恰当的位置。

3. 高气压放电灯的填充物质

一般在放电管内的填充剂包含一些物质，原则上可以分为3大类：启动气体、缓冲气体和发光物质。不同种类的物质分别有不同的要求和具有不同的功能。

(1) 启动气体

这是在灯没有工作时就已经存在的气体，它将在启动时决定灯的特性直到灯预热过程的结束。对启动气体的要求有：

① 在一定气压下既有效防止电极溅射，又有比较低的击穿电压；

② 在放电时热量从管壁损失的贡献小，即有小的热导率。

目前，在实际生产中主要使用惰性气体，特别是氩气和氙气，作为启动气体。

(2) 缓冲气体

这是放电灯在稳定工作时放电管中气体的主要成分，它是决定灯的电特性和热特性的主要因素。对缓冲气体的要求有：

① 足够高的电场强度；

② 低的热传导率。

目前，光源中最主要的缓冲气体是汞蒸气。

(3) 发光物质

这是放电灯辐射光谱的元素。在有些高气压放电光源中，前面所讲的缓冲气体同时也是发光物质，如高压汞灯。在其他一些放电灯中，会在放电管中填充少量的放电物质，这些放电物质在放电时呈气态并承担发射谱线的功能。对发光物质的要求有：

① 在工作时，有足够高的气压；

② 在可见光范围内，有比较合适的光谱分布；

③ 和放电管内其他部分没有强烈的化学反应。

目前，经常使用的发光物质有 Hg、Na、Sc、Tl、Dy 和 In 等。

4. 高气压放电灯的电气特性

通常，高气压气体放电灯需要一个相对较高的电压进行点燃，使灯内的启动气体进行放电来预热灯管，直到发光气体有足够的气压。为了降低启动电压可以适当减少启动气体的充填量，但启动气体还有抑制电极在预热阶段的溅射作用，因此在实际情况中，一般采用的启动气体压强在1 330Pa 左右。有时，为了提高灯的其他性能，需要较高气压的启动气体，这时通常会内置一个触发装置来帮助启动。

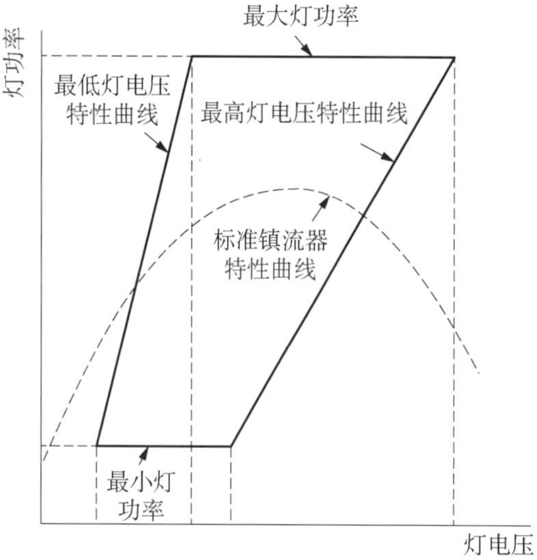

图 3.3.2 高气压放电灯镇流器特性范围的四边形图

由于气体放电灯的负阻抗特性，因此需要镇流器来进行镇流。高气压放电灯多数工作在交流状态下，一般采用电抗器件作为镇流器。根据灯的不同种类、类型及其应用的需求，可配置不同形式的镇流器电路，使镇流器电路和灯最佳匹配。灯在使用时，各种因素的变化（电源电压的变化、灯性能随时间的变化、灯具内反射器效率的变化和使用环境的变化等），都会使高气压放电灯的电气特性发生变化。为了使镇流器的特性曲线适应这些动态的变化，并确保灯在寿命期间的任何动态变化，镇流器的电气性能参数变化应该限制在一定的范围内，如图 3.3.2所示。不同型号和功率的灯的特性范围是不同的，为了得到符合工作要求的匹配，在选择镇流器时，应该使镇流器的特性曲线保证在四边形图的范围内。

3.3.2 高压钠灯

1. 高压钠灯的工作原理

高压钠灯（high pressure sodium lamp，HPS）是利用高气压钠蒸气放电来发光的，其研制成功是因为人们制造出了适合作为高压钠灯电弧管的多晶氧化铝陶瓷材料，这种材料是半透明的并能承受高温下钠的侵蚀。如图 3.3.3所示，低气压的钠蒸气放电，有近 85%的辐

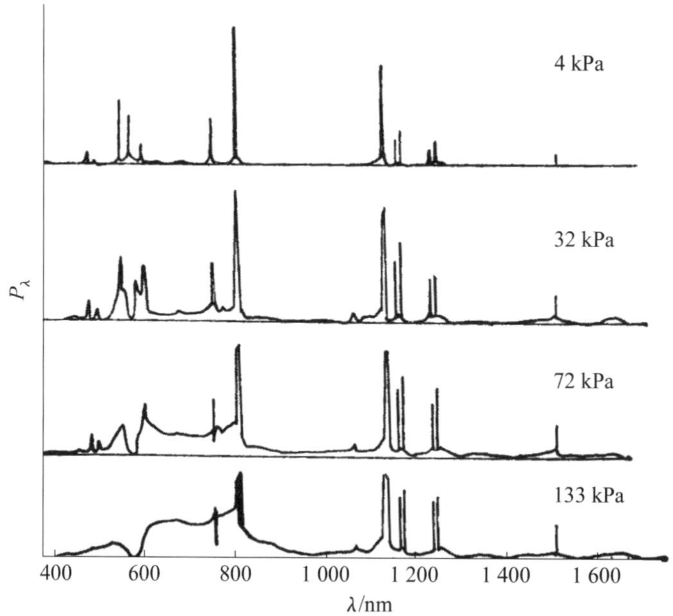

图 3.3.3 不同气压的钠蒸气放电光谱分布

射能量集中于近乎单色光的双D线。但如果提高放电管内的钠蒸气压的话，钠的特征谱线会有强烈的自吸收，并逐步自反转。在高气压的钠蒸气放电中，当放电管内钠蒸气的压力升高到7 000 Pa左右时，谐振谱线D线就大大地增宽了，基本上覆盖了可见光谱的主要部分。D线的中心部位由于自吸收受到了很强的抑制，出现了在原来D线位置处的暗区隔开的两个峰位，称为自反转的现象。此时，辐射效率再次上升到极大值，光谱的增宽使放电的颜色变白，亦即灯的显色性得到了明显的改善。

高压钠灯的放电正柱区是中心温度约4 000 K的等离子体，管壁温度约为1 000 K。灯的大部分辐射产生在炽热的中心区域，而大部分自吸收则发生在外层区域，于是形成了光谱中的两个特征峰值。在高压钠灯中，约有40%的总辐射能量在增宽的D线区域，连同其他谱线的辐射，约有40%的总辐射能量在可见光区域。典型的400 W高压钠灯的能量平衡如下：可见光辐射100 W、红外线谱和红外连续谱100 W、电极损耗20 W、正柱区的非辐射损耗180 W(紫外区域的辐射可忽略)。特别应注意的是，约有60 W处在800～2 500nm波长区域的红外连续谱辐射。在568 nm处有10 W左右的辐射能量，这一点也很重要，因为这个波长紧靠人眼最灵敏的波长处。

在几乎所有高压钠灯中，除了含有钠以外都含有汞和氙。氙气(在室温下气压约3 000Pa)主要起启动气体的作用。虽然氩或氖氩混合气比氙更容易启动，但是氙气的热导小，所以能使灯有更高的光效。在工作稳定的高压钠灯中，电弧管的温度最低处填充物质会凝聚成钠汞齐，一般是在单个或两个电极的后面，称为“冷端”。为了在电弧里能维持所需的蒸气密度，就需较多的汞齐，以便使钠和汞的蒸气压和冷端的汞齐处在平衡状态。由于冷端温度和汞齐的组成成分对灯的电参量、光输出和光效影响很大，因此对灯的这两个设计变量的值，应严格地加以选择，并控制在很小的容差范围内。在灯的寿命期间，汞齐的温度和成分的任何明显的变化，都会引起高压钠灯所有工作特性的变化，如过高的灯管电压会导致灯的工作不稳定。典型的参考数据是高压钠灯在正常工作时，灯内的钠和汞的蒸气压分别是7 000Pa和60 000Pa。当灯关掉后，电弧中的钠和汞蒸气凝结在电弧管较冷的表面上。通常在电极上或在电极的后面，电弧空间只留下氙气。

在高压钠灯稳定电弧中有汞蒸气的存在，起到缓冲气体的作用。缓冲气体能提高灯的光效是由于：

① 减少了由于热传导以及电子和离子单纯向外扩散损失这两个原因造成的功率损耗，这样由于电弧中心温度的提高，就允许辐射功率增大。

② 和相同电弧电压下的纯钠电弧相比，由于电弧电场增宽，于是电弧长度减短，亦即允许增加单位体积中的功率，也就增加了电弧温度和辐射功率。因此，人们能制造出较紧凑的高压钠灯，从而能节约材料和降低制造成本。

虽然汞和氙在高压钠灯中都起着相当重要的作用，但两者在灯辐射的可见光谱中都不贡献任何显著谱线，其原因是这两种元素的激发电位都比钠高；它们在可见光区域的作用只是改变发射D线的形状。如果提高充入灯内氙气的气压，就可以改善高压钠灯的光效，但缺点是启动较困难，并增加制灯成本。

2. 结构和设计

高压钠灯的基本结构如图3.3.4所示，在真空的外泡壳内有一半透明的陶瓷电弧管。

为了得到高光效和长寿命的高压钠灯，必须进行系统化设计，设计时需要在通用的标准下进行参数优化：

① 电气参数：灯功率和灯的工作电压，其数据来自给定的控制装置/灯具的配合情况；

② 几何参数：在机械上和光学上配合情况的数值和偏差，如灯的全长和放电管长度；

③ 材料限制，如陶瓷放电管和电极的最大允许工作温度等。

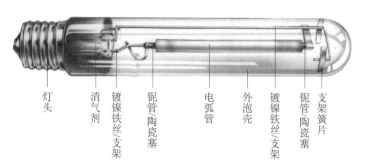

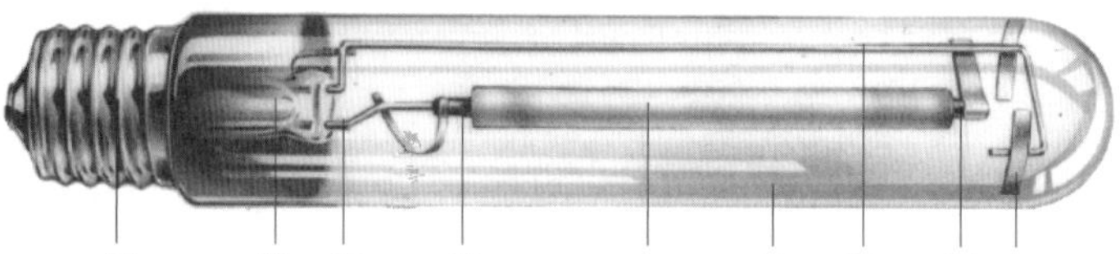

图 3.3.4 高压钠灯的基本结构

国际电工委员会标准（IEC 662，1980）给出了前两项中的许多参数。但这么多的要求无法在同一个灯内同时得到满足，所以最终的设计必然是对各参数进行折衷综合考虑。

实际设计过程中，最重要的步骤是确定电弧管本身的参量。关键的变量是电场和电流、放电管内径尺寸和壁厚，以及钠和汞蒸气的分压强。调整这些参数可以发现，对一个可接受的管壁温度，光效或显色性都有最佳的数值。此时采用计算机模拟或根据以往的经验法，均可得到比较正确的结果，一般单凭经验就可以得到一些大致的倾向。设计时，最重要的界定因素是上限约为1 500K 的管壁温度，相关的管壁负载是 $20\ \mathrm{W \cdot cm^{-2}}$。通常，在光源中光效和显色性两者不能同时兼得，普遍的措施是在降低光效的前提下提高显色性。

高压钠灯的外泡壳使电弧管工作在受保护的环境中，从而避免电极引出端受损。电弧管两端的导电引出端是用金属铌制成的，在高温下，它很容易和氧、氢起作用，所以放置电弧管的外泡壳内部环境必须是真空或者是充填惰性气体的。一般，外泡壳的材料应选择具有良好的透光性和耐高温的硬质玻璃。从对电弧管的保温性能而言，显然真空要比充气的好。外泡壳的形状可以是透明管状的，也可以是内涂粉的椭球形，这可依据具体应用的需要而定。在设计时，应注意严格控制泡壳的温度，以免泡壳材料承受不适当的应力。为了控制这种情况，在国际电工委员会第 662 号（IEC 662）文件中对每种额定功率的灯指定了几何参数。

对有些灯，需要将一个内启动辅助器装在电弧管附近，用来改善灯的启动功能。通常，采用金属线或灯丝的形式沿着放电管外表面安装。对于用双金属元件预热的灯，为了避免因电解效应造成的钠损失，启动辅助器常偏斜安装于放电管表面。

3. 工作特性

（1）电特性

和绝大多数其他放电灯一样，高压钠灯有负伏-安特性，这意味着使用时需串联电感性镇流元件。

① 启动。因为电弧管内实际上不能装辅助启动电极，高压钠灯必须用高压脉冲触发。高压脉冲通常由限流线路中的电子触发器提供，但灯内若装有自动开关，也可以利用扼流圈中的电感反向电势。启动电压的脉冲宽度仅有几个微秒，不过这个脉冲宽度已足以能在气体中产生相应的电离，而使灯击穿点燃。控制电路、灯头、灯座以及灯本身的电绝缘性能，必须能承受脉冲电压（对不同额定功率的灯，启动脉冲电压的峰值范围一般为1.5～5 kV）。

电源的瞬时中断也会使灯熄灭，这时，电子触发器会立即自动产生启动脉冲，但是要等大约30 s的时间后，电弧管内的蒸气压降落到启动脉冲能使钠原子电离的水平，才能使钠灯重新启动。但是，这个时间比起其他高气压放电灯来要短得多。为了使灯能热启动，必须对灯施加更高的脉冲电压（一般为20 kV），这也意味着对整个点灯电路需要更高的绝缘和对灯的特殊设计方法。

② 趋向稳定的过程。电弧产生时的电弧电压很低，其原因是蒸气压较低，所以能量耗散也低。建立正常的工作气压需要几分钟的时间，并且这和灯的功率和光输出密切相关，如图3.3.5所示。国际电工委员会（IEC 662）对高压钠灯的电压趋稳问题有详细规定：即按照上述方法最佳设计的电弧管，既要具备满足快速趋稳要求，又必须达到正确的管壁功率负载条件。

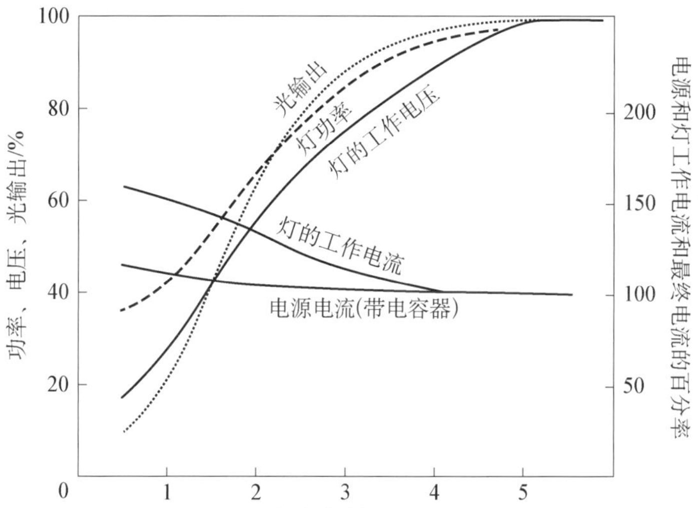

图3.3.5　高压钠灯趋向稳定过程中特性随电流的变化

③ 稳定工作状态。当灯点燃后并用规定的镇流器和电源电压时，高压钠灯的管压应保持在某个范围之内。国际电工委员会（IEC 662）在确定这个灯的管压范围时，考虑到引起灯管电压变化的综合效果。

对不同额定功率的灯，根据以下3个因素来选择灯管的电压值：a. 高压钠灯灯管电压波形前沿的再启动峰值要明显地比高压汞灯高，这意味着在相同的均方根灯电压值下，高压钠灯的工作状态较近于不稳定，并且灯的功率因数较差；b. 在寿命期间，高压钠灯有上升的灯管电压特性；c. 为了得到较高的镇流器效率，希望灯管电流较低。

因素 a 和因素 b 要求有较低的均方根值的灯管电压，而因素 c 却相反。因此，最后的选择还得折衷。当灯管功率减少时，在 a 中谈到的作用会变得明显，因此，选择的灯管电压值必须比较低。

电源电压的变化会造成灯电流和灯功率的变化，由此对灯的参数起很大的影响，灯在功率上的变化影响了灯内汞齐储存的温度，从而改变了灯管内的蒸气压，造成灯管电压（功率）的进一步变化，直到建立另一个新的平衡为止。因为这个理由，灯的功率和光输出都受供电电压的强烈影响，所以镇流器的选择必须确保灯在整个寿命期间能稳定工作（见图 3.3.6）。还应该注意到，同样的原因也发生在灯具，因而会影响灯的工作电压、功率和光输出。为此，国际电工委员会对每一种类型的灯规定了最大“灯具电压升高”的允许数值。

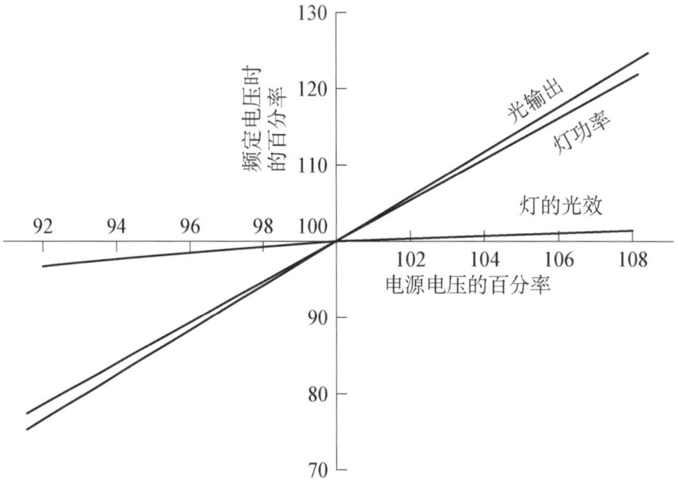

图 3.3.6　高压钠灯的工作特性与电源电压变化的关系

④ 启用电子镇流器。高压钠灯也可与电子镇流器一起工作，这会有下述好处：a. 稳定灯的电气参数（特别是功率），并补偿其他不稳定过程，如整个寿命期内钠汞齐的冷端温度；b. 产生特殊的波形，其重复的脉冲和击穿有利于激发放电过程中的动态特征，而在 50～60 Hz 交流供电下，不会有这些特点；c. 减少频闪。

（2）光输出

高压钠灯光谱最突出的特点是钠 D 线的自反转，这个覆盖有限波长范围的辐射分布，使灯有高的光效和黄白色的色表（相关色温为2 000 K）。图 3.3.7所示的高压钠灯的两个光谱图，给出了汞作为缓冲气体，以及低气压氙作为启动气体时的光谱输出状况，钠蒸气压在光谱中的显著作用也清晰可见。钠和汞的比例，以及钠汞齐的温度决定了钠和汞的蒸气压。汞齐中钠对汞的比例，在恒定的汞齐温度下对光谱的形状有影响，从而说明了汞齐对获得灯的最大光效存在一个最佳比例。通过改变钠汞比增加汞蒸气压力，就会在红光区域产生较多的辐射，如果继续提高汞的比例（譬如说占重量的 90%），会在降低光效的同时，使灯有粉红的色表。相反，在固定的汞齐温度下，当汞齐中钠的比例很高时，会使高压钠灯有黄的色表，同样也使灯的光效降低。

在固定钠、汞比例时，通过提高汞齐温度来提高钠的蒸气压会影响钠光谱。如果钠蒸气

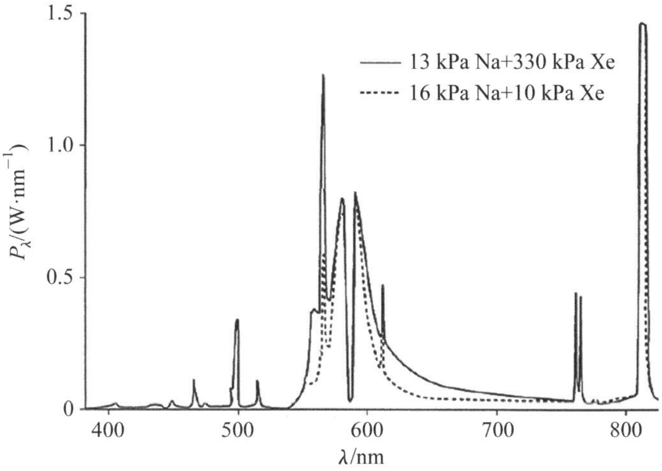

图 3.3.7 不同钠蒸气压下 400 W 高压钠灯的光谱分布

压高于最大光效时的钠蒸气压，则在可见光谱的红光和蓝-绿光区域内有较多的辐射，相应的光呈较白的色表，然而光效却减低了，这是由于增加了红光辐射和自反转宽度的结果。根据应用的具体要求，在光效损失和较白的光色(增加显色性)之间可以折衷地考虑。

放电的颜色也会受到电弧单位长度功率的影响，这个影响随电流的减少而减少。因此在一般情况下，低功率的灯泡和较高功率的灯泡相比，颜色向黄色移动，这是由于电弧温度的降低造成了蓝绿光辐射的损失。

对高压钠灯而言，可以忽略低气压氙气在光谱中的作用。然而，如果气压增加到 10 000 Pa的话，它的确改变了扩展的 D 线的形状，明显影响了 D 线的绿色端，产生了略为偏离原来的色表和增加色温的结果。

脉冲式电子镇流器的脉冲形式可使高压钠灯的光谱和色表产生异乎寻常的变化，造成沿放电轴线上平均温度提高到远比 50 Hz 工作时高的一个水平。利用这个效应，可以使高压钠灯有更高色温的白色色表和良好的显色性。

光效随着高压钠灯功率的减少而减少，这部分是由于电弧功率负载的降低和增加了末端损失引起的，其相应关系如图 3.3.8所示。

在高压钠灯的寿命期间，会产生汞齐温度和比例的变化，这会造成电弧中钠和汞蒸气压渐进的变化。这个作用会使高压钠灯的颜色产生偏移，它可能是由于汞齐温度的增加，使光变得更白；也可能是由于钠的损失，而使光变成粉红。这两个变化都会导致灯的光效的降低。

(3) 寿命

高压钠灯的寿命可用灯的存活率曲线表示，这是指在正常燃点条件下，批量试验的灯泡中仍能点燃的灯数。譬如，灯的寿命为 24 000 h，这是指一批 400 W 高压钠灯在燃点 24 000 h后，仍能有 50%的试验灯能正常点燃。但是，存活率曲线的形状随工作条件变异而有所不同。譬如，由不正常气候或快速开关周期所引起的过分波动，等等。

灯管最终损坏的主要原因是由于灯管电压升高到电源无法维持放电，这是由下列原因

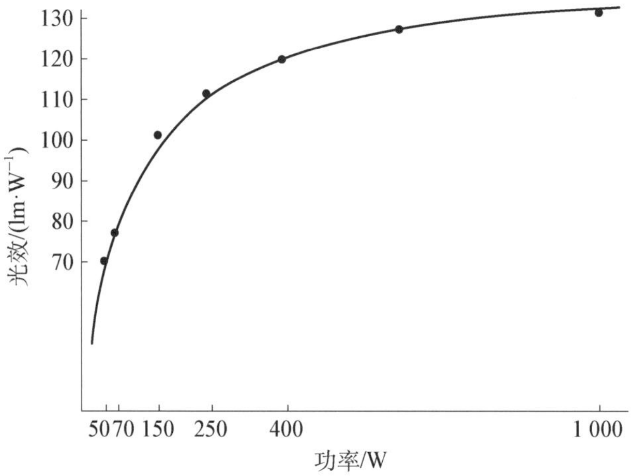

图 3.3.8　灯的光效和功率的关系(标准型高压钠灯的数据)

引起的：

① 与电弧管内组分(电极发射混合物、管壁材料和封接材料)的化学反应造成的钠损失；

② 由于电弧管两端发黑或电极损耗的增加，引起了汞齐温度的提高。

工作电压的逐渐升高，而导致了灯在其寿命终止时的不正常“循环”工作。在这种状况下，灯点燃后，灯电压上升，直到电源的电压不能维持其放电时，随即熄弧；然后灯冷却，直到触发脉冲使其能再点燃灯时，灯又点燃。这时，使灯进入连续的开关状态，每次间隔时间为几分钟。

这些影响的出现是很缓慢的，在整个寿命期间的速度也不同，从而使灯的存活率曲线形状复杂化。至于灯在曲线最初阶段的损坏，则是由偶然因素造成的，譬如说外泡壳泄漏和脱焊。

4. 高压钠灯的不同类型和应用

近 10 年来的不断研究，发展了多种改进型和变体型高压钠灯(见表 3.3.1)，从而将它的应用场所从道路照明扩大到其他场所。

表 3.3.1　不同技术的关键工艺和工作参数

典型性质	设计关键	光效/(lm·W^{-1})	色温/K	显色指数	缺点
普通型		60～130	2 000	20～25	
改进光效	增加氙气压	80～150	2 000	20～25	启动困难
修正颜色	增加钠蒸气压	60～90	2 200	60	光效、寿命下降
改善颜色	增加更多的钠蒸气压	50～60	2 500	85	光效低、寿命短
改善颜色调节色温	脉冲电子镇流器	50～60	2 600～3 000	85	需特殊电路光效低、寿命短
非循环型	使钠蒸气不饱和	60～130	2 000	20～25	工艺过程困难

（1）标准型高压钠灯和它的变异

高压钠灯的使用一直是相当广泛的。由于它的高光效、长寿命和尚可的显色性，现在已习惯地用在道路照明、分界区照明、泛光照明和一些对颜色要求不重要的工业室内照明。使用的灯功率范围是 50～1 000 W，并有不同的外泡壳和灯头形状。一些变化主要是外泡壳和灯头的形状和大小，如双端管型，它将两个电极之间距离放宽，从而实现了热启动；另一种变化是在标准型的产品内装上两个放电管，平时只有一根放电管被触发后工作，一旦电源电压失落，造成放电管熄弧，在电源电压恢复时，处于冷态中的放电管立即触发和工作，这种结构既解决了灯的瞬时热启动问题，同时也延长了灯的使用寿命。

（2）改进光效的高压钠灯

研究工作发现，提高高压钠灯中氙气压可改进灯的效率，其原因是减少了放电等离子体的热传导。不过，几十年来因其启动困难而难以在产品中实施。近年来发展的电子启动器，提高了启动脉冲电压，并结合内部可靠的启动辅助件，已克服了这个困难，并制造出实用和满足需要的替代标准型的产品。

除了改进效率外，在灯的性能上增加氙气压得到了另外的好处。它使电弧管内的化学输运过程变得缓慢，显而易见的好处是有利延长灯的寿命，使放电管的管壁负荷提高，这样还可在有相同的寿命情况下提高系统效率。

充高氙气压改善光效的高压钠灯，按尺寸规格和电气特性，已做成与标准型高压钠灯之间可替换，但仅在触发要求上仍有差异。例如，改进型高功率（250～400 W）高压钠灯需要更高的触发电压以确保启动，而标准脉冲的触发器只适合于小功率的高压钠灯（50～150 W）。根据功率的不同，高氙气压的高压钠灯的光效比标准型高压钠灯高 7%～15%不等。在同功率范围内，这种类型的灯可作为标准灯的替代品，但在实际实施中，它的功率比标称值略高，这是由于它有更好的功率因数所致。

改进光效的高压钠灯在实际应用时与标准型高压钠灯相同，但它的性能更好，因此更受青睐。

（3）具有改善显色和色表的灯

① 色修正的灯。这类灯是利用提高钠蒸气压所产生的效果，通常在放电管末端装上热屏蔽后获得更高的冷端温度，从而改进其显色性。亦即通过损失 10%～15%的光效以改进显色性，达到 $R_a = 60$。但因为它有更高的钠蒸气压，提高了化学活性，会导致缩短灯寿命。实际上，只要将改善显色性（更高的钠蒸气压）与改进光效（更高的氙气压）结合起来，达到部分寿命补偿和光效减少是有可能的。这类灯用于室内的工业和商业照明，以及泛光照明中。

② “白光”高压钠灯。不断提高钠蒸气压后，灯就有更多的白色光，显色指数可达到 $R_a = 85$，但灯的光效（如 100 W 灯的光效为 48 $\mathrm{lm \cdot W^{-1}}$）和寿命进一步下降。这类灯可使用标准型镇流器，并有可调光的特性。亦即只要简单地调节电源电压，就可以控制灯的发光水平。

“白光”高压钠灯的光色与白炽灯十分相近，但发出的光通量明显增多，适用于室内照明场所的需求。

③ 用脉冲电子工作的方式改善显色性的灯。使高压钠灯产生白光的另一种完全不同的方法是用高频脉冲方法激发等离子体，它通过变换脉冲特性以改变灯的色温，而灯的显色

性几乎没有影响。这类灯不同于前述的灯，只能在有限的功率范围内有效，可用在高质量的室内装饰和演示等照明场合。

（4）非循环（不饱和蒸气）型的高压钠灯

大多数高压钠灯在其寿命终止时因其工作电压升高，导致不正常“循环”工作状态的发生。这种终止的模式不利于发现需要替换的灯，如无采取异常状态保护电路，会导致触发器和镇流器因重复开关而造成的过载。采用下述两个方法可以克服这个困难：第一种方法是减少放电管内钠汞齐的总量，从而使电弧电压不超过某一限定值；第二种方法是极大地减少钠汞齐数量，使灯在工作时钠和汞全部是蒸气状态。这就是称为“不饱和蒸气”的高压钠灯。由于钠没有储存而得不到补充，因此在用以上两种方法时都需要注意防止全寿命过程中钠的减少。现在的研究和开发集中在有抗钠腐蚀能力的更好的电极发射混合体，并精心设计，使余下的钠损失减到最小。

现在，利用上述概念的高压钠灯可以直接替换标准型高压钠灯，它的优点是减少汞量、有利于环境保护、改善了电压和功率的稳定性，并缩短了从灯启动到稳定工作的时间，而其应用范围与标准高压钠灯一样。

（5）新的进展

① 无汞高压钠灯。设计一种没有汞、只有钠和氙的高压钠灯是可能的。如果放电管内充入非常高气压的氙气（至少是标准型高压钠灯的10倍），那么它可以像汞一样起缓冲气体的作用——这是一种早期研究高压钠灯时已认识的概念。然而，一些科技新进展的出现，使得这一更富有竞争性的设计成为可能。由于高的氙气压按一般高压钠灯的启动方法难以启动，但若使用更有效的电子触发器后就有可能解决这个问题。氙气不像汞蒸气那样能增加电弧的电场，因此比起标准型高压钠灯来，在相同的工作电压下放电管应该明显地更长和更细。这种放电产生的光色因氙的影响，而使钠光谱变得更绿。

迫于保护环境的呼声，这种设计极具吸引力。无汞灯已宣告出现，其形式可能与现有设计完全一致，也有可能成为全新的一族产品，对此目前尚难以下结论。

② 新的部件。高压钠灯的参数取决于其部件的各种参数，如灯管材料、电极材料和封接玻璃。改进这些材料的性能、拓展新材料品种的多种努力正在积极进行之中，以便可以放宽目前设计高压钠灯的许多限制。

3.3.3 高压汞灯

1. 工作原理

汞蒸气放电的光效随汞蒸气压而改变，如图 3.3.9所示。在 AB 段，光效随汞蒸气气压的升高而增加，这是由于随着气压的升高有更的汞原子处于 6^3P_1 态，并被激发到更高的能级，且在更高的能级之间跃迁而发出可见光。在 BC 段中，汞蒸气气压进一步升高，由于汞原子的浓度增大，电子和汞原子的弹性碰撞几率增加。电子通过频繁的弹性碰撞将能量传递给原子，使汞蒸气的温度升高，造成所谓的“体积损耗”，光效下降。到 C 点以后，气体的温度已经升得足够高，使汞原子产生热电离和热激发。这时，有越来越多的汞原子被激发到较高的能级而发出可见光，所以随气压的升高光效又开始上升。同时，由于管壁附近温度较低，不足以产生热激发和热电离，发光电弧向灯的轴心收缩。汞蒸气气压越高，这一收缩便

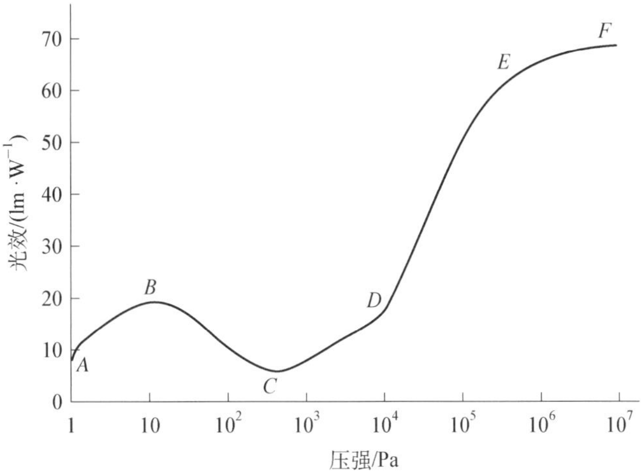

图 3.3.9　汞蒸气放电的光效与气压的关系

越明显，被称为电弧的绳化现象。在 *DE* 段，汞蒸气气压为 1～5 atm，电弧的轴心温度约为 5 500 K，此时汞蒸气放电有较高的光效，也比较容易使灯的电参数与 220 V 市电相配合，因此一般的高压汞灯就是工作在这一区域。在 *EF* 段，则是超高气压放电。

从高压汞灯启动到趋向稳定的过程中，可以看出汞蒸气压对灯特性的影响。刚开启时，灯管两端的电压是很低的，约为 20 V，同时放电充满灯管，并呈现蓝色。在这个阶段，灯管工作在低气压放电，和荧光灯相类似，在 254 nm 的紫外区域有强辐射。随着灯温度的逐渐升高，愈来愈多的汞被蒸发，汞蒸气压强也随之增大，升高了的汞蒸气压使电弧沿着灯管的轴收缩成狭小的带。随着汞蒸气压的进一步升高，辐射能量逐渐向长波方向的光谱线移动，并有少量的连续光谱辐射，所以放电的光逐渐变白。正常工作时的蒸气压是 2～10 atm，具体的值视灯的额定功率而定。

2. 结构和设计

最早的汞灯电弧管是由硼硅酸盐玻璃制造的，工作气压仅限于 1 atm，这种汞灯是现在广泛采用的普通规格高压汞灯的前身。现在，高压汞灯的放电管都是采用熔融石英管制成的，它能允许放电管在高压、高温下工作，从而汞灯的光效得到了提高。放电管可以装在透明的或涂荧光粉的或有反射器的泡壳中，结构如图 3.3.10所示。

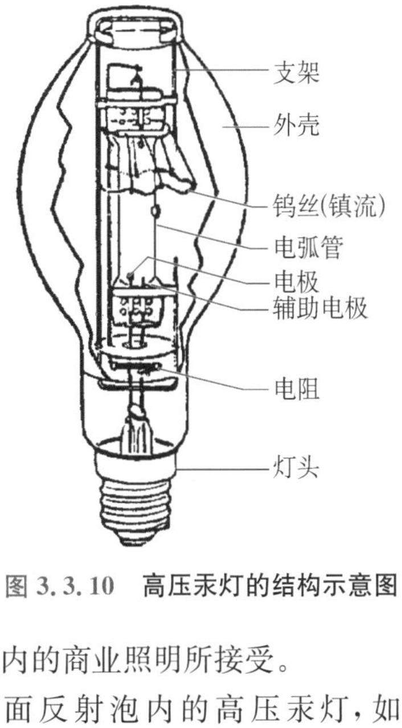

图 3.3.10　高压汞灯的结构示意图

目前，照明使用的高压汞灯（high pressure mercury vapour lamp，HPMV）主要有以下 3 种类型：

① HPMV 灯。250 W 涂荧光粉的高压汞灯的结构，如图 3.3.11(a)所示。电弧管发射汞放电典型的带绿的白光和一些紫外光线，但缺少光谱中的红光成分。荧光粉将紫外光线转换为 600～700 nm 的红色光，通常能提高灯的光效。电弧管和荧光粉发出的综合光，能被街道、公路和某些室内的商业照明所接受。

② HPMV 反射型灯。这是一类将放电管装在抛物面反射泡内的高压汞灯，如

图 3.3.11(b)所示。外泡壳内表面涂有精细氧化钛粉末，它对可见光有 95%左右的反射率，氧化钛上面有荧光粉涂层，而泡壳的前面部分通常是透明的。反射灯泡的光强角分布表明，当灯头在上方点燃时，有 90%以上的可见光射向灯平面以下。

③ HPMV 钨丝镇流型灯。灯的构造如图 3.3.11(c)所示，电弧管上串联了灯丝以限制灯管电流。这种灯丝在设计时就应考虑能维持长的寿命，并在启动时灯丝能承受升高的负载电流。这类灯没有其他附加的限流器，但是它的总光效比用电感镇流器的灯要低得多。

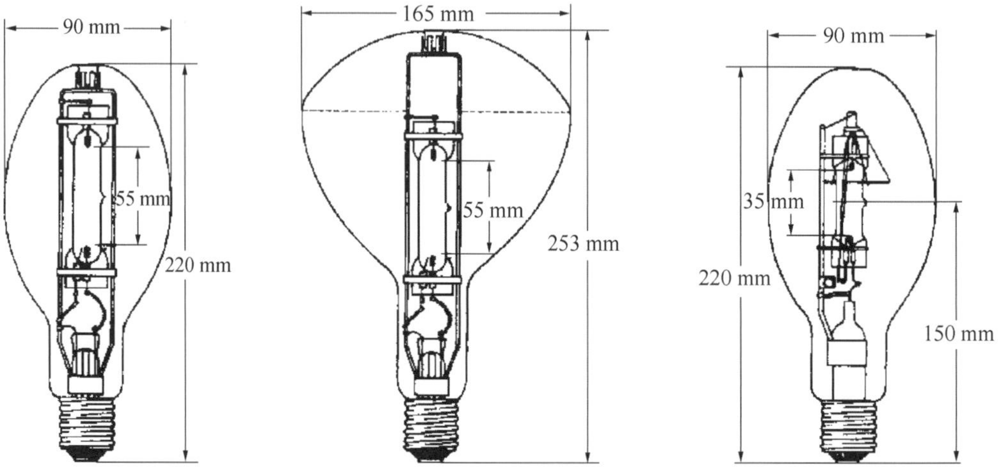

(a) 涂荧光粉型　　(b) 反射型　　(c) 钨丝镇流型

图 3.3.11　不同类型的 250 W 高压汞灯

3. 工作特性

(1) 电特性

高压汞灯镇流器的选择在某种程度上取决于电源电压。英国和欧洲一般采用串接电感的方法，并在电源两端并联电容器，为的是提高功率因数。对低电压供电的地方，如110 V，通常使用高电抗的变压器。

① 启动和稳定过程。当电源开关接通时，辅助电极和邻近的主电极之间产生局部放电，氩气和汞一起能形成潘宁混合气体而有利于启动，其电流值受串联电阻的限制。随着局部辉光放电的逐渐扩大，最后导致主电极之间击穿放电。温度对汞蒸气压的影响比较大，一般出现温度降低启动电压升高的情况。

在灯点燃的初始阶段，是低气压的汞蒸气和氩气放电，这时灯管电压很低，放电电流很大。放电产生的热量使管壁温度上升，汞蒸气压、灯管电压逐渐升高，电弧开始收缩，放电逐步向高气压放电过渡。当汞全部蒸发后，管压开始稳定，成为稳定的高压汞蒸气放电。高压汞灯从启动到正常工作需要 4～10 min 时间，图 3.3.12所示为在稳定过程中灯的特性变化的情况。

② 灯的再启动。高压汞灯工作时，灯内的气压高达几个大气压，如果没有特别的装置，高压汞灯一旦熄灭后，就不可能立即重新触发，灯内的蒸气压要经过几分钟的延迟后才能冷却下来，从而可在原来的击穿电压下重新使灯燃点工作。

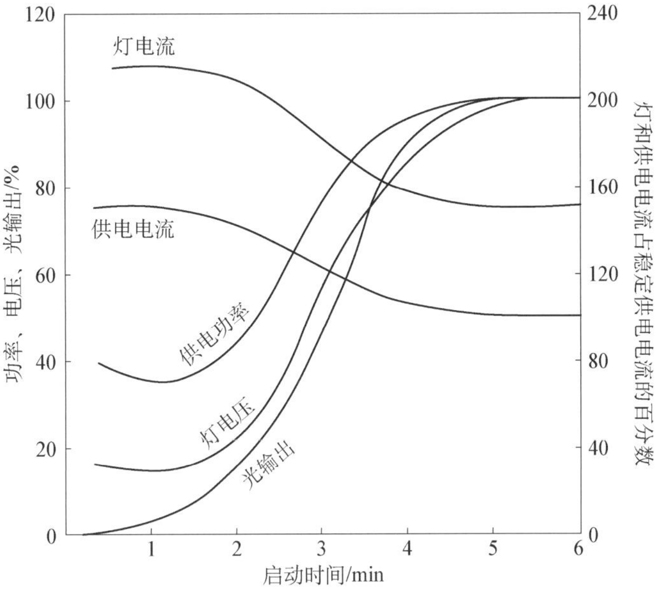

图 3.3.12 **高压汞灯的稳定过程特性**

③ 电源电压的变化。因为高压汞灯工作时，灯内的液态汞都蒸发了，所以气压随温度的变化是很小的，同样的灯管电压在电源电压变化时变化也甚小。灯管电流是由镇流器控制的，如果电源电压急剧下降，则先会使电流下降，相应的灯管电压上升，然后灯管电压会高到不能使电路稳定，造成熄弧。

(2) 光输出

典型的高压汞灯消耗的 250 W 能量中只有 114 W 转换成辐射，余下的在电极上和在电弧的非辐射过程中，以及在加热外泡壳的过程中损耗了。对透明的高压汞灯，辐射中含有 39 W紫外、39 W 红外、36 W 可见光。紫外线中仅有约 13 W 的能量能透过玻璃泡壳，其绝大部分是在紫外波段 365 nm 的区域中。在涂荧光粉的灯中，有 8 W 的紫外光被荧光粉转换成可见光，同时约有 4 W 的直接可见光被损失掉，所以总的可见辐射从 36 W 增加到 40 W。更为重要的是，转换成的可见光是汞灯电弧本身发出的光中所缺少的红光辐射。

透明泡壳灯明显地缺乏红光部分的辐射，显色性能比较差，而涂荧光粉的灯由于涂有目前广泛使用的铕激发的钒酸钇荧光粉，因此可看到它的光谱能量分布有所改善。至于带钨丝自镇流型灯，其光谱能量分布有了进一步的改善，但光效极低。表 3.3.2中对这 3 种类型的高压汞灯做了对比，其中红光比定义为透过红色滤光片的光通量所占的比例。

表 3.3.2 **典型的 250 W 高压汞灯的光输出和颜色特性**

型号	光效(100 h)/($lm \cdot W^{-1}$)	显色指数 R_a	相关色温/K	红光比/%		
				x	y	
透明泡壳	52	16	6 000	0.315	0.380	1～2
涂荧光粉泡壳	54	48	3 800	0.390	0.385	12
钨丝镇流	20	52	3 600	0.400	0.385	15

（3）寿命

高压汞灯的损坏一般是由于电极发射材料耗尽，使电弧不能触发。至于带钨丝自镇流型灯，其寿命由于灯丝烧毁而中止。

个别的高压汞灯，甚至可以点燃几万个小时。但在它点燃 2 000 h 之后，灯的流明维持率对涂荧光粉的高压汞灯来说是 80%，对带钨丝自镇流型高压汞灯来说是 75%。因为光输出逐渐衰退的缘故，大约在高压汞灯点燃 8 000～10 000 h 后，即使灯仍可点燃，也应更换新灯。

4. 超高压汞灯

在一些实际应用场合，对光源的亮度有非常高的要求，如投影系统需要高达10^8 cd·m^{-2}以上的亮度。普通高压汞灯的亮度可达 10^7 cd·m^{-2}，不能满足上述要求，这时可以采取的方法是牺牲光效来提高亮度，超高压汞灯就是这样一种光源。超高压汞灯通过提高汞蒸气压强来增加单位体积中的放电功率，达到提高灯的亮度的目的，其工作气压超过 20 atm。超高气压汞蒸气放电的辐射光谱和汞蒸气压有关，随着汞蒸气压的升高，汞原子辐射线展宽，并部分发生重叠，共振辐射线完全被吸收而消失，因带电粒子复合而产生的连续辐射愈来愈强。

（1）球形超高压汞灯

球形超高压汞灯灯管为圆球或椭球形，电极之间的距离很短，以使放电功率集中，从而得到很高的亮度，可以近似看作"点光源"。同时，球形泡壳可承受很高的张应力，不易爆炸。放电时，电弧处于球形泡壳的中心附近，不致使管壁过热，呈旋转椭球形并紧紧附着于电极尖端的电极斑上，其形状、大小和位置比较稳定。球形超高压汞灯结构有交流和直流两类：交流下工作的灯电极和结构形状是对称的；直流下阳极尺寸较大，是非对称的。球型超高压汞灯中的汞处于非饱和状态，汞需严格定量，多采用钼箔或钼筒封接，其结构如图 3.3.13 所示。

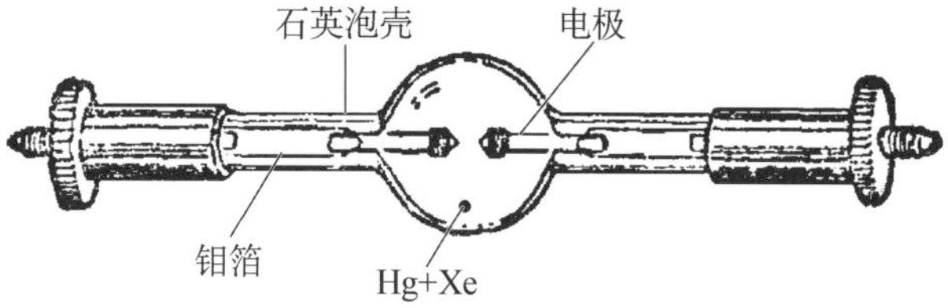

图 3.3.13　球形超高压汞灯的结构

球形超高压汞灯主要用于投光系统中。例如，纺织中穿线所用的照明器、浮法玻璃生产中的探测器，以及其他一些复印、图像投影系统。在我国，将球形汞-氙灯用作机车照明光源，取得了很好的效果。最后需指出，由于这种灯有强烈的紫外辐射，因此必须装在适当的灯具中使用，以确保安全。

（2）毛细管超高压汞灯

毛细管超高压汞灯因灯管呈毛细管形而得名，其结构如图 3.3.14所示。它是在很高的电场强度下工作而获得高亮度的光源，燃点时电弧被毛细管限制，是管壁稳定型电弧。毛细管灯的工作气压为 50～200 atm，电场强度为 300～1 000 V·cm^{-1}，管壁负载为 500～1 000 W·cm^{-2}。

（a） 饱和式

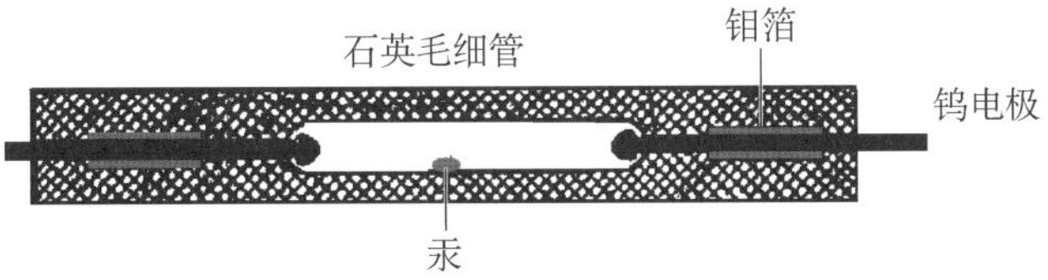

（b） 非饱和式

图 3.3.14 毛细管超高压汞灯的结构

这时，石英灯管必须用水或压缩空气冷却。按工作时汞蒸气所处的状态，毛细管超高气压汞灯可分为饱和式和非饱和式两种。饱和式超高气压毛细管汞灯的电极附近存在着大量未蒸发的汞，汞蒸气处于饱和状态，电极尖刚好从液汞面伸出，使放电时电极尖端能达到电子发射温度，且不会使电极尖过热而蒸发，但充汞量需与电极长度相配合，使汞能填满电极附近的空间，而电极尖又能伸出汞液面。使用时要注意将灯摇动，以免电极过多地暴露在放电空间而造成蒸发，以及电极被汞淹没而造成启动困难。饱和式毛细管超高气压汞灯的供电功率和冷却条件必须相配合，如果冷却过度，灯达不到需要的工作状态；冷却太小则会使灯管烧坏或爆炸。非饱和式毛细管超高气压汞灯在工作时，汞全部蒸发，工作状态比较稳定，但要严格控制汞量。

灯的寿命和工作状态有关，开关次数宜少一些，汞量分布要均匀。由于石英管的工作温度很高(约为1 000℃)，内外温差极大，石英玻璃很容易析晶失透并产生裂纹。由于电极溅射和蒸发，会造成管壁发黑，进一步加剧石英的恶化过程。毛细管汞灯的寿命较短，只有30～100 h，灯的损坏往往是由灯管的炸裂造成的。

(3) UHP 灯

UHP(ultra high performance)灯是一种超高压汞灯。普通高压汞灯的汞蒸气工作压强仅为几个大气压，以辐射线光谱为主，而且需要通过荧光粉将紫外辐射转换成可见光，显色性差，光效低。UHP 灯的汞蒸气工作压强大于 200 atm，由于可见光辐射的增强和谱线的展宽，并增加了汞分子连续谱线的作用，灯的光效和显色性都有极大的提高。在不同的汞蒸气压强下，汞灯的光谱强度分布如图 3.3.15所示。从此图可以看出，随着汞蒸气压力的提高，谱线峰值下降并展宽，连续光谱背景增加。当汞蒸气压力高于 200 atm 时，灯辐射出的大部分光是由分子辐射产生，而不是由原子光谱产生。特别是大于 593 nm 的红光和压强密切相关，经测定其工作压强为 160 atm，比 200 atm 的 UHP 光源在红波能量上少了 20%，为了颜色的平衡，保证灯内超高压气体的工作压强对投影显示系统来说是必要的。

UHP 灯的结构如图 3.3.16所示，工作压力 200 atm，泡壳外直径约为 11 mm，放电极间距为1.5mm 以内。电弧管工作时管压降为 60～90 V，管壁最高工作耐受温度在1 100℃附

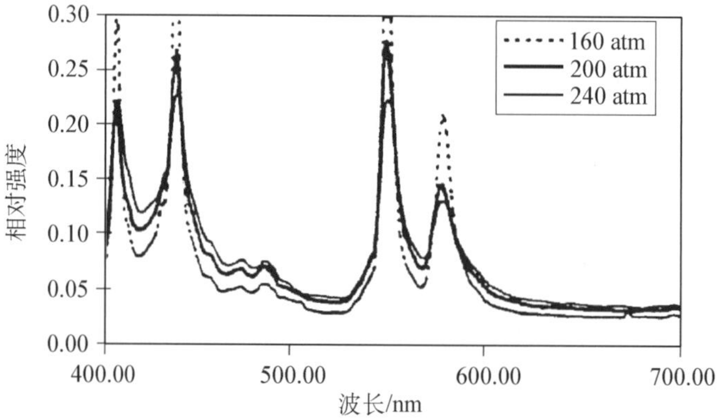

图 3.3.15　100 W1.3 mm UHP 光源在不同充气压时的光谱

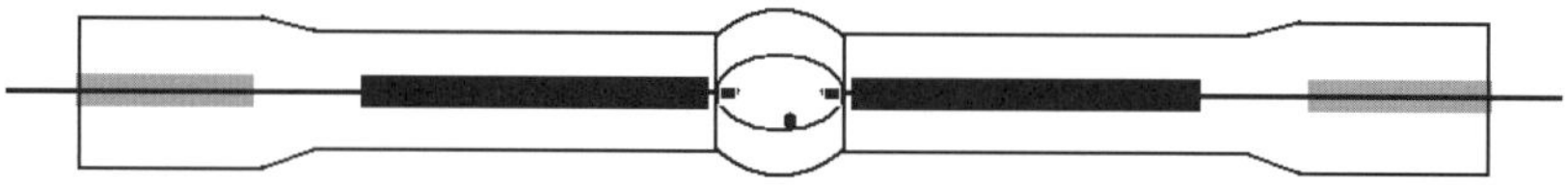

图 3.3.16　UHP 灯的结构示意图

近。为了减少玻壳的热应力、提高玻壳的机械强度，实际的泡壳尺寸都设计成近似椭球形，再加上必要的圆弧过渡，并采用无排气口工艺。椭球形的设计可以降低 UHP 灯工作时管壁上的最高温度，减少石英析晶的可能性，提高灯管燃点寿命。选择的石英材料应该没有气线和气泡等缺陷，并使含氢氧的杂质少，以提高灯的性能和减少爆炸。

提高 UHP 灯的光通维持性能还应注意以下方面：

① 采用耐高温的纯钨电极材料。

② 注意电极的处理工艺，特别是电极头部的处理工艺。

③ 注意灯用所有材料的绝对纯度，保证在灯的工作温度下不再释放杂质，为此需要良好的工艺设备。

④ 注意卤钨循环剂的使用。电极物质的逸出是不可避免的，首先应是尽量抑制电极物质的逸出，然后采用卤钨循环机理清洁泡壁。相应的灯用材料也不应释放会破坏卤钨循环的杂质，如碱土氧化物等。

3.3.4　金属卤化物灯

1. 基本工作原理

(1) 添加金属元素

为了改善高压汞放电灯的颜色特性，研究者们采用了这样一个方法：在放电管中加入其他金属元素，以平衡光谱和提高颜色特性。添加的金属元素应具备以下特性：

① 在电弧管壁工作温度下，该金属有足够高的蒸气压强，使它能对灯的辐射光谱有显著的贡献。

② 在可见光谱区域，能形成具有很大振子强度的共振谱线。

③ 非共振光谱线有接近于基态的低激发态，平均激发态能量尽可能地比汞光谱线的平

均激发态能量低。

(2) 加入金属卤化物

但金属添加物没有足够的蒸气压，研究发现，可以在汞蒸气放电中加入某些金属卤化物以提高灯的显色性，并提高灯的光效。在所有高强度气体放电光源中，金属卤化物(metal halide，MH)灯具有最好的显色特性。通过选择填充剂，就能得到优良显色特性的全光谱(白光)光源，又具有高光效和紧凑的尺寸。由于其输出光谱线可以通过添加元素来控制，不仅推动普通照明的白色光源的发展，还促进了用于电影业的日光色光源、用于印刷以及紫外医疗的紫外光源等的发展。技术的通用性使得光源从几十瓦发展到数千瓦，尺寸从几个毫米的紧凑型发展到数十厘米的长度。根据不同应用场合的需要，这些光源可用各种结构形式封装，可以有或没有外壳，可为单端或双端插头。

当金属卤化物灯最初点燃的时候，随着电弧管壁温度的升高，卤化物开始熔化并蒸发。通过扩散和对流作用，卤化物蒸气被输运到电弧管的高温区域。电弧的高温使卤化物分解成卤素原子和金属原子。在高温电弧核心，金属原子受激产生本征光谱辐射。金属原子继续扩散，经过电弧空间并在较冷的电弧管壁区域与卤素重新复合生成卤化物。这个循环过程是非常重要的，可以避免碱金属对电弧管壁的侵蚀。能促进上述循环作用的金属卤化物的特性归纳如下：

① 通常在 1 000 K 时，它们的蒸气压强大于 133 Pa，这对产生有效辐射来说已经足够高了。

② 在电弧管壁温度下，卤化物是稳定的，除了氟化物以外，都不会与石英玻璃发生明显的化学作用。

③ 在电弧中心的高温区域(4 000～6 000 K)，卤化物分子分解，自由金属原子辐射特性谱线，在弧中心的金属原子压强与壁上卤化物压强一致。

在周期表上的所有金属的碘化物都满足上述这些标准。考虑进一步选择标准后，大约有 50 种金属碘化物被用作添加剂。因为碘相对溴和氯来说，更不容易与电极起反应，所以它是最理想的卤素。从来不使用氟，因为它会和电极及电弧管材料起反应。

尽管添加剂的压强一般为几百帕，汞蒸气的压强为 1～20 atm，但添加金属的平均激发能大约为 4 eV，相对于汞的 7.8 eV 要低得多，所以添加金属光谱的总辐射功率比汞光谱辐射的功率大得多，这都可以用玻尔兹曼定律来论证。相对汞灯而言，添加光谱的作用就是提高显色性和提高金属卤化物灯的光效。

添加物可以分为两种类型：一种可使电弧收缩(如稀土金属)，它们可导致灯工作不稳定；另一种是使电弧扩展(如碱金属元素)。选择添加剂成分不仅要根据光谱的改善要求，还要确保灯在整个使用寿命期内有稳定的工作特性。通常，利用两种类型添加剂的混合，常常能改善灯的工作性能，保持灯的稳定性。

金属卤化物灯一般被划分为两种：一种是主要发射线光谱的；另一种是发射连续光谱的。第一种灯，通常是由灯内最普通的添加剂名来命名的：有钠-铊-铟碘化物灯、钠-钪-钍碘化物灯、钠-稀土金属碘化物灯和铯-稀土金属卤化物灯；第二类型灯包括：锡灯和锡-钠卤化物灯。在这些灯中，除了碘化物外还包含有溴或氯的化合物。溴化锡和氯化锡在高温状态下比碘化物还稳定，不易分解，从而确保锡成分的分子辐射达到最大值，提高灯的光效。

当填充剂与电弧管壁发生反应（尽管很慢）时，电弧形状在寿命期间也随之发生变化。填充剂中金属成分的反应导致自由卤原子增加，引起电弧收缩。在水平点燃灯中，电弧的弯曲最终将变得很明显。电弧的弯曲使电压升高（增加了弧长），更致命的是，当临近弯曲电弧的管壁温度超过管壁材料的承受极限时，电弧管壁将爆裂，从而使灯过早地损坏。在垂直点燃灯中，由于自由卤素原子的堆积，电弧将变得不稳定，呈现出与众不同的明显的“晃动”，电弧失去管壁稳定性特性。

与其他 HID 灯一样，金属卤化物灯的启动分 3 个基本阶段：第一阶段是启动气体（通常是惰性气体，如氩气），从不导电状态转变到导电状态；紧接的阶段是冷阴极辉光放电，并加热电极；最后阶段是热电子电弧放电。一个设计良好的灯就是要使辉光放电阶段尽量短，因为辉光放电会使电极材料发生溅射，电极材料因溅射覆盖到电弧管壁上会导致光输出降低。

与高压汞灯相比较，金属卤化物灯要求灯的启动电压高得多。这可以归因于碘化物，特别是汞和氢碘化物的存在，以及由离解的电子俘获过程形成的带负电的碘离子。这些因素实际上降低了放电空间的电子可用性，使产生所需的电子雪崩非常困难。

作为一种杂质存在于电极中或石英管壁里，或受潮的填充剂中的氢元素，是非常有害的。就带外泡壳的灯而论，通常在外泡壳内放置消气剂以减少电弧管中的氢气压强（在灯工作温度下，氢可以透过二氧化硅电弧管壁迅速扩散出来）。通常采用的消气剂材料，如锆-铝16、锆和铁、钡或过氧化钡等。实际上，选择的消气剂与外泡壳环境有关。

通过点灯电路和灯两者的综合改进，往往可以较好地克服灯的击穿电压过高的缺陷。电路改进包括利用脉冲触发器或变压器，以提供一个比电源网络线电压高得多的峰值电压。为了改善放电空间中的自由电子的利用率，灯中可含有放射性同位素，如^{85}Kr，它作为微量的惰性气体充入灯中。也可以使用其他的固体同位素，如^{147}Pm。此外，石英电弧管承受紫外辐射会产生光电离现象。只要在灯的外玻壳中装置一个很小的电容耦合辉光放电管，就能达到使灯易于启动的目的，这个辉光放电管是由外部触发器启动的。另一种方法是，采用一个与用在高压汞灯中一样的辅助电极装置。

一旦热电子放电确立，填充剂中的汞就开始蒸发，金属卤化物灯以与高压汞灯同样的方式达到正常的工作状态。在获得整个寿命期间的良好特性方面，阴极的设计起到重要的作用。如果电极温度过高，则钨溅射到电弧管壁上，致使电弧管黑化，从而光输出减少。同时，管壁温度升高，加速了填充剂与电弧管的反应。采用功函数较低的电极，在较低的电极温度下能提供所需数量的电子发射，因而改善了灯在整个寿命期间的性能。在某些设计中，通过用钍钨材料制造电极，可达到降低功函数的效果，也有用钍和氧化钍材料来活化灯的电极。在用稀土元素为填充剂的金属卤化物灯中，电极上加稀土氧化物涂层，也能起到同样的作用。电极材料或电极活性材料的选择，应取决于使用的碘化物种类。电极材料的一个重要选择因素，是考虑该材料在灯内化学活性很高的气氛中工作几千小时的承受能力。

金属卤化物灯的主要不足在于：灯与灯之间内在的一致性不同和颜色在寿命期间稳定性的改变。随着电弧管新材料和制灯工艺的发展，这个不足正在逐步克服。

电弧管冷端温度决定了蒸气压大小、卤化物混合物气压和灯的光色。因此，应严格控制冷端温度，尽可能减少灯之间的结构和充填物质的差异，以达到良好的光色一致性。在灯的寿命期间，其冷端温度的变化也会影响光色的稳定性。电弧管中钨与包含的杂质，如氧、氢、水和碳的化合物的反应会造成钨迁移，从而使冷端温度发生变化。另外，卤化物填充剂与电弧管壁、电极之间的反应和钠损失也会造成颜色不稳定。

金属卤化物灯中的闪烁通常与灯的燃点位置有关，垂直燃点的闪烁要高。在水平或垂直燃点灯时，能引起闪烁的是电极行为的不对称所致，这种不对称性在灯燃点开始时就存在，或在灯整个寿命期间电弧形状逐步改变所造成。但是，这类闪烁往往可以由改进电极的设计来降到最小程度。在垂直燃点的灯中，出现的情况更为复杂。通过分离和电泳过程，发射物在轴向上分布不均匀，从而导致闪烁。遗憾的是，为提高灯光效而选择钠元素作为填充剂成分时，其不利影响更显著。

完全消除可见闪烁的最佳方法是灯的工作频率高于 85 Hz。采用电子镇流器可达到这一效果。

2. 制造技术

金属卤化物灯的一般制造工艺与高压汞灯相当一致，但其使用的卤化物的特性在制灯工艺技术上有一定的要求。

许多被使用的卤化物都易吸湿潮解，因此在充填操作过程中，必须在湿度低于 1 ppm 的非常干燥和净化的环境下进行。如果忽略这点，水蒸气或从吸潮填充剂中释放出来的氢气会造成金属卤化物灯的击穿电压升高，同时使电弧管表面发黑而降低性能，尤其表现为不良的流明输出维持率和电弧管吸收更多辐射使其温度上升。充填的卤化物混合物必须防止表面沾污，所使用的电弧管石英材料必须是比用于高压汞灯的纯度更高的熔融二氧化硅，特别是石英材料中羟基含量必须要小于 5 ppm，最好达到 1 ppm。要达到达个纯度，必须要求二氧化硅材料在真空里高温1 000℃烘烤 40 h 以上。此外，由于用于一般灯电极涂敷的氧化物发射层会与卤素起化学反应，因此这类氧化物不能做钠-钪灯类型的金属卤化物灯的电极，取而代之的是使用钍金属或钍钨金属做电极，以降低电极功函数，从而有助于金属卤化物灯的启动。

金属卤化物灯的辐射特性很大程度上依赖于卤化物的蒸气压高低，也就是电弧管的冷端温度，因而控制电弧管确切的几何尺寸和允许公差的范围要比高压汞灯严格得多。在单端金属卤化物灯中，电极燃点的位置是极其重要的，它可以灯头朝上或灯头朝下的方式加以燃点。电弧相对位置的改变会引起冷端位置和温度分布的改变，从而导致灯在两个方位燃点时有明显的光色差异。同样，轴向电极的灯在水平燃点时，电极相对于电弧管轴的位置对灯的工作性能影响也很大，其原因是由于在电弧管内，改变了电弧核心的同心度，并因而改变了温度分布轮廓。如果要获得性能一致的金属卤化物灯，其关键是要有优良的生产环境、高纯度的原材料，以及严格控制电弧管的几何尺寸和正确的使用方法。

3. 金属卤化物灯的灯型和应用

(1) 普通照明用金属卤化物灯

常用金属卤化物灯的功率是 35～400 W，灯头是螺旋型(150 W 以下是 E26/E27，高功率的为 E39/E40)，电弧管装在椭球型或管型硬玻璃外壳内。

普通照明用的金属卤化物灯比特殊用途金属卤化物灯的功率负载要小，因此其寿命较长，可达到 12 000～20 000 h。和高压汞灯一样，经荧光粉转换部分紫外辐射为可见光是可能的，然而荧光粉层对可见光的吸收使得光效并没有增加。通常，荧光粉的使用是为了改善光色而非提高光效。因此，为获得最大光效而设计的灯选用透明的外泡壳。

为了预防金属卤化物灯在燃点时可能发生的爆裂,它需放在设计有热碎片安全防护的灯具中。作为例外的是,目前逐渐流行应用在家庭照明中的金属卤化物灯,其特殊的设计使在电弧管爆裂的情况下,仍能保持外泡壳的完整性。这类金属卤化物灯的结构是在其电弧管周围装有一两层用二氧化硅材料制成的透明的厚护套,并且人们还能根据这护套的结构来识别它们是否适用于开放式灯具中。

金属卤化物灯的其他形状特征,如图 3.3.17所示。特别注意的是,在钠-钪灯中应用了分离式框架装配结构,这种结构有利于减少光电流,否则,贯穿电弧管壁的电蚀将引起钠的损失,最后导致电弧管损坏;触发极电路中的热开关是用来消除启动器和主电极之间的电位差,从而达到类似的目的。

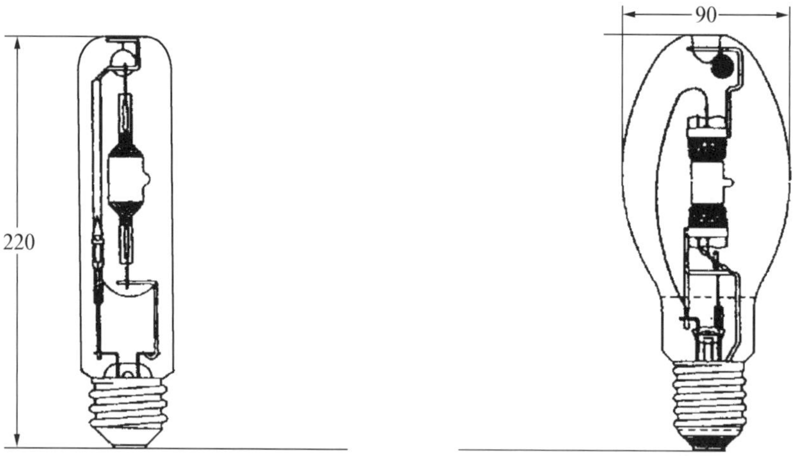

(a) 紫外启动辅助装置的 250 W 管形灯

(b) 250 W 椭球形钠-钪灯,分离框架防止钠损失

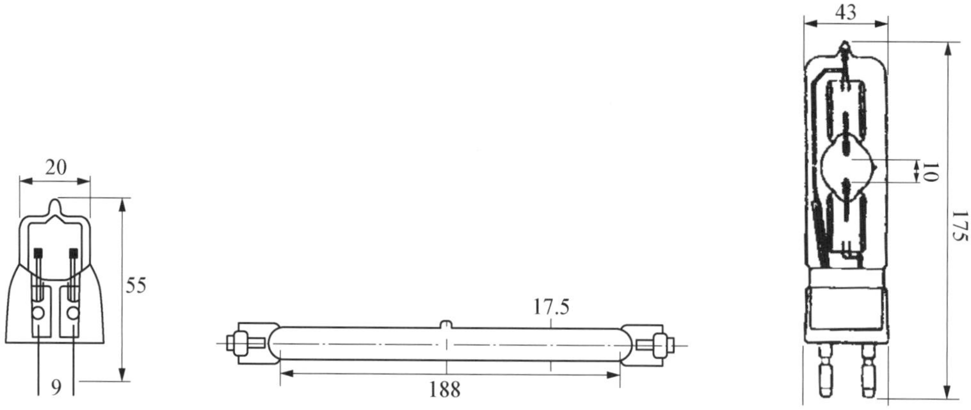

(c) 400 W 紧凑石英泡投射灯

(d) 1 500 W 石英线状泛光灯

(e) 在石英外泡壳中 1 200 W 舞台/演播室灯

图 3.3.17 典型金属卤化物灯的结构(单位: mm)

在商业用灯上有 3 种主要的填充剂系统: 钠-钪、钠-铊-铟和稀土元素(通常以镝为基础再添加如铊、钬、铯、铥等)。这些填充物类型的典型性能比较,见表 3.3.3。

表 3.3.3　各种金属卤化物灯的性能比较

填充物类型	光效/(lm·W^{-1})	显色指数 R_a	相关色温/K
钠-钪			
简单电弧管设计	80～90	70～80	3 600～4 200
改进电弧管设计	100～110	70～75	3 800～4 500
钠-铟-铊	70～80	70～75	3 800～4 200
稀土	75～80	80～95	3 800～5 600

钠-钪系统具有最高光效，但这是以牺牲显色指数(灯中即使用荧光粉涂层，其显色指数 R_a 也不高于 70)和流明维持特性(钠-钪系统比别的系统差)为代价而获得的。

一些制造厂商通过在钠-钪灯中采用异形电弧管来使光效达到极大值。这类灯是为横点或竖点工作而设计的。用在这些灯中的异形电弧管有助于在整个电弧长度内保持电弧与电弧管壁之间的距离，从而提高温度的均匀性，并改善灯的性能。水平工作的金属卤化物灯对旋转定位有进一步的限制并应用特制的灯头或灯座，以提供正确的方位。

(2) 宽广区域的泛光照明

在这方面应用的金属卤化物灯一般分成 3 大类：管形或椭球形灯、管状灯和短弧灯。管形或椭球形灯可以考虑为管用使用型灯的系列扩展，它具有较长的寿命、对灯具和控制装置的要求简便等优点。其配置灯具趋向于大体形以能容纳电弧灯管，但由于缺乏控光装置及高位上的抗风能力，因此往往限制了它可能的应用范围。

管状灯主要适用于泛光照明，它采用精确的光控系统，在这个系统中灯成为灯具的一个整体的部分。填充剂组合成分既可选用钠-钪，它可给出高光效但显色性受到限制；也可以选用稀土元素，这样灯的光效较低但显色性有较大提高。

这种管状灯有 200 mm 的弧隙长度，而且通常没有外泡壳。它们必须保持水平工作状态，以避免灯内填充剂沿着电弧路径形成轴向分离。灯具本身就是灯的外泡壳，从而为电弧管提供了一个适宜的热环境。这种灯较易调节到反射器的焦点位置上，这样就能精确地控制光束。在设计和生产上要控制反射器的紧贴程度，以防止工作时在其表面产生光电流，这种光电流会使填充剂透过电弧管壁扩散，导致灯提前损坏。由于长电弧管内填充剂的分离将引起灯发光颜色的变化，我们可以用磨砂的外表面，使色变效应减至最小。双端电弧管结构有助于热再启动性能，即达到瞬时启动，但必须配用 30～50 kV 的高触发电压才能予以实现。这种设计的缺点是灯在工作时其封接部位将暴露于空气中，因此，我们必须严格控制灯的工作温度，以避免和防止灯封接部位元件的氧化。

短弧型灯在缩小尺寸和光控方面能达到极限，这在利用一个透镜或反射镜的光学系统中是非常有用的。在 20 世纪 60 年代中后期，由于彩色电视转播对照明的要求，从而导致广泛地开始采用这类短弧金属卤化物灯。短弧长仅为 10～15 mm，高电场和高负载功率使得灯有高的电弧亮度，而且提高了灯的光效和显色性。无论是单端还是双端短弧型灯都可应用于抛物面铝反射器(paraboloid aluminium reflector, PAR) PAR64 型中，且具有热再启动性能。

单端灯工作时，填充剂完全处于蒸气状态。对于低色温灯可使用镓-铊-钠填充剂，而对

5 500 K 的高色温灯，填充剂可用锡-铟。这两种类型灯的发射光谱都是密集线的组合，在整个可见光区域连续分布，这使得显色指数 R_a 大于 80。镓-铊-钠灯的紫外辐射比例较大（输入功率的 4%），对等光强度其紫外含量与太阳辐射相同。这种性质与同样比例的红外辐射一起，使得这些灯被广泛地用于太阳模拟器。

将单端灯电弧管封装在 PAR 密封反射器中可延长其使用寿命，同时反射器也能过滤掉有害的紫外辐射。

双端灯是用稀土镝-钍-钬系统作为填充剂，而发出与太阳光类似的光谱。这些填充剂的连续谱辐射有助于获得严格的颜色控制，并提供高显色指数（$R_a > 90$）。在这类灯中，椭球形电弧腔体装配在用两个长的钼箔封接的管脚之间，这种结构有利于减少灯密封处金属元件的氧化，并同时能维持电弧管壁必要的高温。虽然如此的结构设计可使灯在工作时，其密封处温度较低，但对超过灯长度的两端电接触的要求，就意味着对灯具和反射器的设计和尺寸要做某种牺牲。然而，最近在德国已经出现和发展了更紧凑的灯型。

(3) 舞台、演播室及娱乐场照明

满足这些地方使用要求的灯的特性是紧凑性、高亮度、高色温、良好的显色性，以及在灯调暗时能保持相对稳定的色温。这些特性在前面提到的短弧型灯中都可容易地达到，单端型和双端型也都可用。

使用锡或稀土元素的填充剂系统都可获得高色温。在单端锡-铟灯中，锡卤化物填充剂有相对较低的熔点和高的蒸气压，将导致发射光谱对功率消耗不敏感。这意味着，发射光谱并不随电源电压的波动而改变。测量数据显示，直到功率降低到正常值的 50%，这类灯的色温仍能保持相对稳定。

稀土双端灯现在也可以生产成单端灯形式，这类灯也可提供以下特性：偏移小的色温控制范围（(5 600±400)K）、高的光效和高的电弧亮度，以及功率降低到 50%正常值时色温恒定。由于灯内选用稀土元素填充剂系统，能使灯产生高度连续的光谱辐射，从而能保证灯在相当大的范围内维持良好的显色性。在这类灯中，双端电弧管垂直地安装于单灯头的硬玻璃外泡壳之中，在灯底座为 G22 型号的双插头时，工作于冷启动方式，启动电压需要大于 9 kV 的脉冲高压；而在灯底座为 C38 型号的双插头时，往往工作于能热启动方式，这情况下需要 30 kV 的脉冲启动高压。

在娱乐业和社交场所（如迪斯科舞场），对低功率（150～500 W）的金属卤化物裸泡产品已形成一定批量的需求，人们对它的光度特性要求较低，但要其仍能保持紧凑光源的优点。

当短弧型金属卤化物灯与精密光学系统配用时，这种灯内填充的发光材料由于分子量的不同导致的分层问题很突出，它能通过两种方式显现出来：电弧管中发光材料分层导致电弧在不同位置的颜色出现不同；或者发光材料在电弧管壁上凝结，形成阴影效果。借助于光学系统的细致设计，上述问题可以被控制在最小范围。一般来说，为了获得均匀的混合光束，我们可采用抛物面的反光器；而要求获得发散光束，就需要利用一些有刻度加工或表面纹理的反光面。对窄光束反光器，其表面也应当有些刻度或表面纹理。用于各种类型的舞台、演播室及娱乐场所的照明用灯，如表 3.3.4所示。

表 3.3.4 用于舞台、演播室的金属卤化物灯

用途	充填物	外形	功率范围/W	光效/(lm·W^{-1})	色温/K	显色指数	可调光
舞台、演播室	钠 铊 镓	裸电弧管、单端	400～1 000	80～90	4 000	85	
	锡 铟	裸电弧管、单端	200～2 500	70～80	5 500	85	可
	稀土	外泡壳、单端	575～6 000	85～95	5 600	>90	可
	稀土	裸电弧管、双端	200～18 000	70～105	5 600～6 000	>90	可
舞厅	锡 钠 铊	裸电弧管、单端	150	75	5 000～5 600	80/85	
	锡 铟	裸电弧管、单端	400	70	5 400	85	
	稀土	裸电弧管、单端	150	70	6 900	85	

(4) 小功率金属卤化物灯用于展示照明

由于 32～150 W 范围的小功率紧凑型金属卤化物灯的开发成功，使金属卤化物灯的许多新应用成为可能。人们将设计重点放在追求紧凑的和光质特别优良的小功率金属卤化物灯上，甚至不顾及灯仅有 6 000～8 000 h 的相对而言较短的寿命。为了适应用于展示照明市场的小型灯具，已千方百计地将灯的几何尺寸设计成允许的最小值。为了生产超紧凑类型的小功率金属卤化物灯，它的外泡壳材料必须选用石英玻璃，以使产品能承受高的工作温度。商业照明市场已有出售的单端或双端型小功率金属卤化物灯，它们的技术指标符合国际电工委员会文件(IEC 1167，1992)的规定，如图 3.3.18 所示。

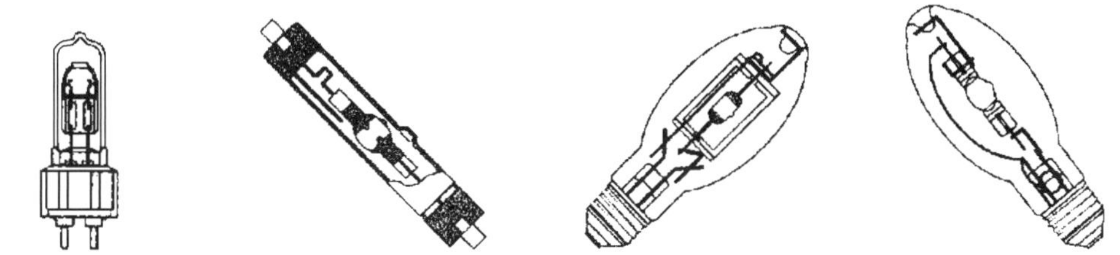

(a) 单端欧洲型　(b) 双端欧洲型　(c) 开放北美型　(d) 闭合北美型

图 3.3.18 紧凑型小功率金属卤化物灯

双端灯的电弧管装在管状石英外泡壳内，每端带有电引线和夹扁密封。电弧管本身是双端结构，圆柱形或椭球形的几何尺寸被严格控制，以提供一致的灯性能。所有设计都采用位于电弧管末端的热反射层，以确保有足够的卤化物蒸气压，并规定灯必须在偏离水平面±45°的方位内燃点。

单端灯设计也采用管状石英外泡壳，但只在单端夹扁密封，灯头为 G12 型双插头。电弧管既可以是双端也可以是单端结构，短弧隙允许灯燃点在任何方位上。单端电弧管可以是球形或椭球形的，通过设计可免去末端的热反射层，还可免去在石英电弧管旁边的一根旁路电导丝，这样能限制灯在寿命期间的钠损失，从而可有效地维持灯特性。

今后几年随着制造技术的发展，在石英外泡壳材料中添加紫外吸收剂，就能抑制灯的紫外辐射。

这些灯的色温有 4 个：3 000 K，3 500 K，4 000 K 和 5 200 K。光效在 70～85 $lm \cdot W^{-1}$ 之间，显色指数通常大于 80。下面列举 3 种类型的灯内填充剂，主要是碘化物，有时也用碘化物与溴化物的混和物。

① 碱金属（钠或铯视色温而定）——稀土金属和碘化铊的混合物；

② 钠-锡与铊、铟混合物，可得到较高色温（4 000 K）；

③ 钠-钪，通常显色指数仅为 70 左右，加上铊混合物可使显色指数达到 80。

这类灯在高压钠灯电感镇流器下工作，启动需要附加触发高压脉冲。外泡壳的高温情况及紧凑尺寸限制了使用辅助启动的可能，实际应用的这类灯往往在充入启动氩气中加入极少量的放射性气体 ^{85}Kr，以保证灯容易启动。

4. 金属卤化物灯的最新发展

（1）陶瓷电弧管的金属卤化物灯

最近，小功率陈列照明灯的石英电弧管，开始被多晶氧化铝（PCA）陶瓷电弧管所替代，陶瓷管的主要优点在于提高了光色的均匀度及稳定性。很早以前就已考虑用多晶氧化铝材料做金属卤化物灯，它不易起化学反应，比石英管（950℃）有更高的允许工作温度（1 150℃），可以提高电弧管几何参数精度。但它的封接技术不成熟，阻碍了金属卤化物灯更早地采用陶瓷电弧管。用于高压钠灯的常规铌引入线与玻璃料的封接，以及 1982 年开发的金属陶瓷封接工艺，都不具备充分的抗化学腐蚀的特性。

陶瓷电弧管的金属卤化物灯颜色一致性的改善，其原因之一是能严格控制电弧管的几何尺寸，另一原因是可提高电弧管管壁的工作温度。在管壁温度很高的情况下，对某些金属卤化物充填剂，在其相关色温与管壁温度曲线上可观察到极小值。然而对熔融石英电弧管，这个区域出现在石英能承受的合理工作温度之上，至于陶瓷电弧管则完全能适应在这一相应色温极小值区域工作。当灯中填充剂为钠与稀土卤化物时，更高的工作温度能使灯具有优良的显色性（$R_a > 80$），并提高了光效（大于 90 $lm \cdot W^{-1}$）。多晶氧化铝结构的另一个主要优点是在寿命期间，灯内钠金属损失大大减少，确保光色比传统的熔融石英电弧管的金属卤化物灯产品更稳定。

到目前为止，仅有色温为 3 000 K 和功率为 35～100 W 的陶瓷金属卤化物灯投入商业用途。这类灯寿命一般限制在小于 10 000 h，其原因主要是因为管壁受到卤化物混合物的侵蚀。

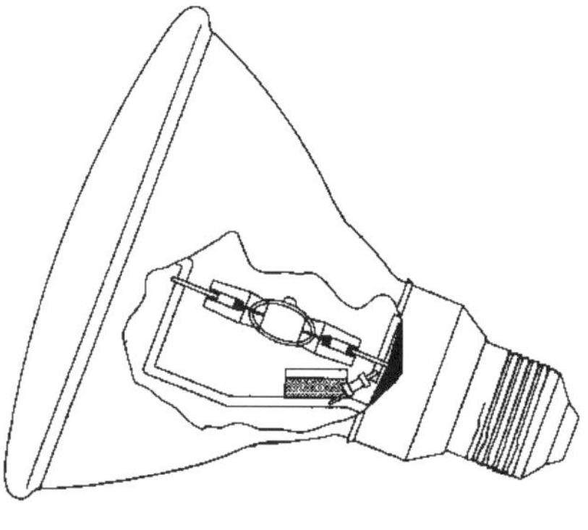

图 3.3.19　PAR 38 型金属卤化物反射灯

（2）PAR 密封束射型金属卤化物灯

金属卤化物灯的电弧管与 PAR 密封束射型反射器的结合是最近的一种趋势。功率范围在 70～150 W 的灯通常用在 PAR 38 型中。这些类型灯中的填充物均以钠-钪填充剂系统为基础。结合陶瓷管的金属卤化物灯一般用于 35 W PAR 20 型和 70 W PAR 20 型，以及 PAR 30 型中。图 3.3.19 显示的是 PAR 38 型密封束射型金属卤化物灯。

（3）金属卤化物灯在光纤和汽车前照灯中的应用

用在光学系统（如光导纤维系统）或汽车前照灯

系统中的灯，最基本的要求就是光源几何尺寸小、亮度高。20 世纪 80 年代，有精确尺寸的低功率小型石英金属卤化物灯在设计和生产两方面都获得了突破。特别是，现已经产生出功率为 20～60 W、弧隙为 2～4 mm、光效为 70～90 $lm \cdot W^{-1}$的灯。

对这些灯的一个特别要求(尤其是汽车前照灯)，则是必须能瞬时发光。这既可用充入几个大气压的高压氙气作为启动气体来达到这一目的，也可通过应用电子镇流器，使得很快加热灯，并让灯进入到稳定工作状态。此时，灯辐射的大部分光来自灯内卤化物填充剂。灯内充入氙气的技术，也有助于这些器件的瞬时热再启动性能。

对于光导纤维光学系统的应用情况，运用一个 60 W 的充氙金属卤化物灯，将灯永久性地封装在一个紧凑的匹配反射器之中，然后将此灯以 35 $lm \cdot W^{-1}$的效率转换得到的光传递到一个 12 mm 的孔径中。只要我们在电弧管前装置紫外光过滤器，就可有效地避免光导纤维受紫外线辐照的损害。

目前，人们已经把这类照明器件商品化，并应用到汽车前照灯系统中。由于产品成本问题，它们目前的使用仍限制在豪华型汽车行业。汽车前照灯应用小功率金属卤化物灯，有如下超过过去袭用的卤钨灯的优点：

① 使利用更小尺寸的汽车前照灯成为可能，从而改善汽车空气动力学性能；

② 通过更多的光输出和增加光源亮度，使照射可见区域增大，道路及障碍的视见度提高；

③ 汽车前照灯的功率损耗降低；

④ 由于延长了灯的使用寿命，以及灯的光输出缓慢衰退，而非突然性损坏，从而改善了交通安全性，同时降低了维护和保险费用。

(4) 无极金属卤化物灯

在金属卤化物灯的寿命期间，引起光衰的主要原因是电极中钨溅射到电弧管壁。如果放电是由无线电波或微波激发的，则溅射因素可完全排除。这一领域的最近研究表明，生产带有高显色特性的高频感应放电光源，其电弧光效超过200 $lm \cdot W^{-1}$，而整个系统光效(灯+镇流器)高于 135 $lm \cdot W^{-1}$是可以实现的。

(5) 未来趋势

显然在低功率金属卤化物灯中，对光色一致性和稳定性要求的提高，将驱使电弧管技术向使用陶瓷管方向发展。假如在花费成本增加十分有限的条件下，我们能使现存陶瓷技术继续取得明显提高，可以预见，不用几年时间，陶瓷电弧管将逐步替代石英电弧管。尤其是低功率的金属卤化物灯目前已呈现势在必行的发展趋势，当然这个趋势还极大地依赖于整个系统的设计结构，包括要求设计特殊的电子镇流器，以配用这类功率非常低的陶瓷金属卤化物灯。

在高功率金属卤化物灯的应用中，陶瓷电弧管的推广还受到一定的制约。例如，在要求高亮度光源照明的场所，由于多晶氧化铝陶瓷材料是半透明的，而非全透明，因此石英电弧管的金属卤化物灯仍将被人们广泛采用。

无极灯的出现，使得原来用现有技术制造的光源难以突破的光源性能，尤其是光源的寿命，能得到极大的改进和提高。但为了使无极灯工艺技术趋向完善，还要克服现存的某些重要障碍。例如，无极灯的电源设计和制造技术，以及灯、镇流器和灯具组成的整个照明系统的配合问题。

3.3.5 氙灯

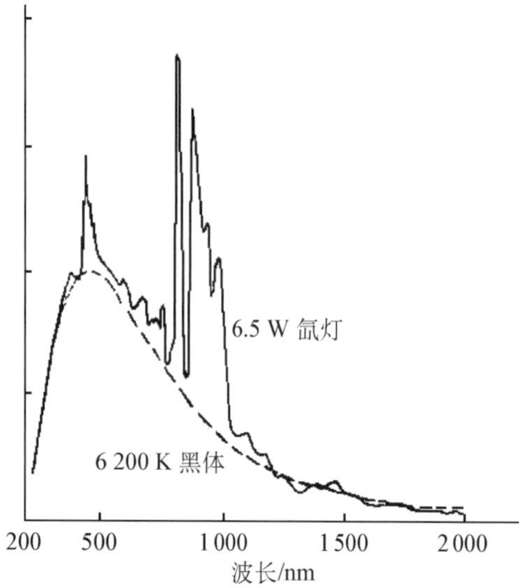

图 3.3.20 典型短弧氙灯的光谱能量分布

1. 基本原理

利用高压惰性气体的放电现象，也可以制成气体放电光源，其中氙灯是最为常见的光源。惰性气体的共振辐射波长很短，共振辐射的效率也不高，在低气压的条件下不可能得到高的光效。但在高气压下，原子被激发到更高的能级，并有大量的电子产生，能在可见光区发射出叠加着少量线光谱的连续光谱。在这些惰性气体中，氙气放电的辐射光谱最接近日光，且光谱能量分布在灯内充入氙气压强很大的范围内变化很小，所以氙灯也是一种理想的照明光源。

（1）氙灯的优点

氙灯的光谱能量分布的特点是连续光谱很强、线光谱较弱，如图 3.3.20 所示。在可见光部分，它与 6 200 K 的黑体辐射接近，由于其在可见光区和黑体的光谱匹配良好，因此氙灯有优异的显色性能，一般显色指数超过 94。在光谱的紫外区，氙灯的辐射也是连续的，强度超过氢弧灯，因此也是很好的连续紫外辐射源。氙灯的强谱线集中在 800～1 000nm 的近红外区，在 800 nm 附近的强谱线光与钕激活的钇铝石榴石的吸收光谱正好吻合，所以氙灯可用作这种激光器的光泵。另外，氙灯还有如下的一些特殊优点：

① 氙灯的工作状态受工作条件的影响比较小，光电参数的一致性较好；

② 氙灯的启动较快，在点燃的瞬间就可有 80%的光输出；

③ 氙灯的光谱能量分布与日光比较接近，而且光谱相当稳定。

（2）氙灯的缺点

与其他高气压放电灯相比，氙灯的光效会低一些。这主要由以下两方面的原因引起：

① 在红外区域和紫外区域都有很强的辐射；

② 氙气放电的电场强度较低，只有相同条件下汞蒸气放电的 1/3～1/5，这是因为惰性气体与电子碰撞的截面较小。

氙气放电的场强应比汞蒸气小 3～5 倍。因此，如果要维持单位弧长的输入功率相同，氙灯的工作电流就要大得多，相应地，电极损耗就要增加很多。

2. 长弧氙灯

长弧氙灯有自然冷却和水冷却两种，后者比前者多了个水冷套。图 3.3.21 所示是水冷长弧氙灯结构示意，灯管用石英玻璃制成，内充适量的氙气，电极可采用钍钨、钡钨等耐离子轰击的材料。电弧受石英管壁的限制，属于管壁稳定型。在电流较小时，因为随放电电流的增加，氙气中有越来越多的中性原子被电离，管压降低，此时放电具有负特性。在放电电流增大到一定数值后，伏-安特性曲线变为上升的，这是因为氙气放电时的电离度很大，在电流

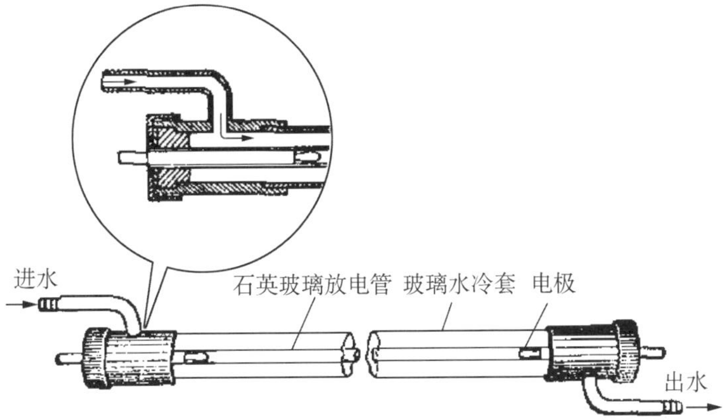

图 3.3.21　水冷长弧氙灯的结构示意图

密度足够大时电离达到饱和,放电具有几乎不变的电阻。因此,大功率氙灯通常工作在电离饱和状态。

长弧氙灯的有效寿命为 1 000 h 左右。影响寿命的主要原因是:

① 电极溅射,造成灯管发黑、光效下降;

② 石英管长期在高温下工作时的失透;

③ 大电流工作时钼箔氧化。

长弧氙灯的光谱与日光接近,俗称小太阳,适合于作为码头、广场、车站、体育场等处的大面积照明。另外,长弧氙灯还可作为布匹颜色检验,织物、药物、塑料、橡胶等的老化试验,人工气候室植物培养以及光化学反应等用的光源。水冷长弧氙灯体积较小、亮度高,很大一部分红外线被水吸收,适合室内使用,可用于人工老化机、复印机和照相制版等。

3. 短弧氙灯

短弧氙灯是一种高亮度的光源,为了提高灯的亮度,工作时氙气气压必须在高压(8～40 atm)范围内,所以短弧氙灯又称为超高压氙灯。在短弧氙灯中,氙原子的浓度高,电离度也更大,所以光谱更趋于连续。短弧氙灯的光谱能量分布与黑体辐射相接近,只要滤去近红外的抗原子线光谱,就可以作为太阳模拟光源。

图 3.3.22 所示是 3 000 W 风冷短弧氙灯的结构示意,其结构与超高压汞灯相似,但某些工艺上的要求不如超高压汞灯那么高。例如,电极封接处,超高压汞灯不允许有空隙,否则会造成使汞凝聚的冷端。而氙灯没有这个问题,因此石英玻璃与金属电极之间的封接可以采用过渡玻璃等材料。

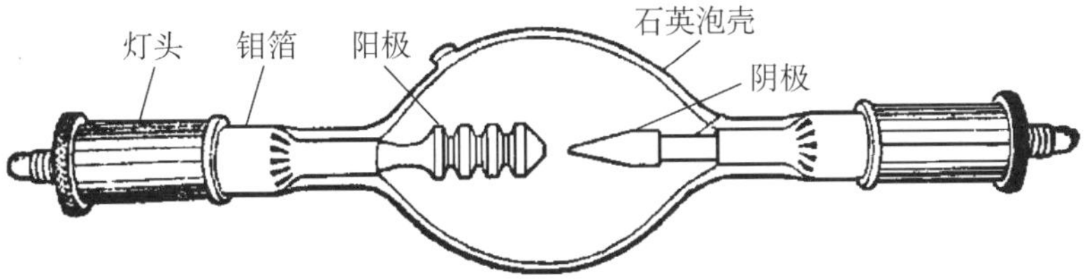

图 3.3.22　3 000W 风冷短弧氙灯

为提高电弧的亮度，必须增大放电功率，而增大放电功率有两个途径：

① 增大电场强度，这可通过提高充气压强来实现。短弧氙灯都是工作在超高气压的范围内，但压强过高容易爆炸，电弧也较不稳定。大功率氙灯的泡壳直径大，机械强度较差，工作气压较低（8～20 atm）；小功率氙灯的泡壳小，机械强度高，工作气压可以高一些（20～40 atm）。

② 增大放电电流，这对电极和石英的封接工艺要求比较高。由于氙灯电弧亮度分布不均匀，在阴极光斑处的亮度是平均亮度的许多倍，该处的亮度可以超过汞弧，因此它是十分理想的点光源，便于满足光学设计的要求。

短弧氙灯是高亮度的点光源，而且其光色好、启动时间短。它的光谱在紫外和可见区，都十分接近于日光，色温约为 6 000 K，一般显色指数为 94。短弧氙灯的光输出稳定时间短，热启动也无需冷却即可用触发器重新启动，使用和控制都比较方便。因此，短弧氙灯在工业生产、国防和科学研究等各方面都有着广泛应用。它可以作为标准白色光源或连续紫外辐射源，也可以作为太阳模拟光源，还可用在红外加热成保炉中熔炼难熔的金属和材料，而更大量的则是用于电影放映光源。

3.4 无极放电灯

在照明工程中，提高照明光源的光效和寿命十分重要，追求高光效、长寿命的光源成为实现照明可持续发展的一个重要内容。但是，电极的寿命成为制约传统光源寿命的瓶颈。目前，延长照明光源寿命的方法包括改进灯丝和电极的结构与材料、蒸镀二向色性反光镜、使用高频电子镇流器点灯线路等。而无极放电光源采用了无电极的结构，使电极不再成为制约光源寿命的瓶颈。因此，无极光源的发展符合照明可持续发展的基本要求，是未来光源发展的一个重要方向。

3.4.1 无极放电光源的类型

无极放电是指放电中没有内置电极，使放电腔可以采用单种材料密闭而成。随着 20 世纪末半导体技术的突飞猛进，制造性能可靠、价格低廉的镇流器成为可能，无极放电光源的研究得到深入开展，多种产品面世并表现出巨大的潜力。无极放电光源既可以是高气压放电，也可以是低气压放电，根据目前的发展情况，无极放电光源有以下 4 种类型。

1. 感应放电

感应放电有时候也称为 H 型放电，驱动场是方位场，这样导致线圈内的磁通量发生变化。在放电管的内部或外部缠绕感应线圈，在高频电流经过线圈时，通过电磁感应原理在放电管中形成放电电流。从电学角度看，等离子体对激励线圈来说是单匝的次级线圈，线圈通过适当的阻抗匹配连接到功率源吸收能量来维持放电。这样的放电被称为“感应耦合”（inductive coupling discharge，ICD）、“感应灯”“螺线管电场”（solenoid electric field，SEF）和“无散度场”等。这样放电的灯管可以设计成很多形状，根据磁芯线圈的物质可分为内置式和外置式两种。在这样的放电中，只要提供足够的功率来维持 H 型放电，就可以在比较低的频率下得到足够的耦合效率，因此可以得到比较理想的光效。目前，感应放电可以实现的功率范围为 10～1 000 W，放电频率在 50 kHz～100 MHz 之间。在实际的研究中还发现，这样的设计相对比较简单，而且电磁干扰比较小。另外，可以采用相对较低的频率，所以可以降低镇流器的电子元件成本。

2. 容性放电

容性放电通常又称为E型放电，这样的等离子体可以看成是将一个密封的玻璃容器放在电容的两个极板之间。E型放电在原理上与普通的电极间放电十分类似，只是把两个电极移到放电管外部罢了，能量耦合时必须通过电极附近的鞘层，这样的放电类似电容的放电，导致这种放电的特性受驱动频率的影响十分大。E型放电同H型放电相比，它的耦合效率要低很多，而且功率密度也要低很多。要得到足够高的功率密度以满足光源设计的需要，就要求镇流器的驱动频率十分高，这就使电子元件的成本急剧上升。更值得注意的是，电磁干扰也变得严重了。有相关专利报道，可采用915 MHz的驱动频率来实现容性放电的照明。容性放电由于其优异的放电稳定性，在飞机的仪表盘等指示照明中得到应用。

3. 微波放电

此时电磁波的波长和耦合器及放电管的尺寸可以比拟，在这样的放电中，由于频率很高的电子如果不与周围粒子碰撞，就很难得到足够的能量来激发原子(分子)发光。因此在微波放电中，电子与周围粒子的弹性碰撞具有决定性作用。电子通过弹性碰撞来不断改变运动方向，逐渐从微波场中得到足够能量来激发和电离原子(分子)。微波放电的特点包含了E型放电和H型放电的特点，但由于微波频率较高，因此有较高的耦合效率，光效也较高。微波放电的一个主要特点是趋肤效应，当驱动频率或功率升高时，趋肤深度就会减少，因此输入功率集中在管壁附近，放电时的温度最高值不在电弧中心，而是在靠近管壁的地方。这样的温度轮廓对辐射有好处，可以有利于共振辐射的产生(气体冷却的自吸收减少)和分子连续辐射的产生(整个电弧的温度不是很热)。由于产生微波的磁控管是比较成熟的产品，因此成本稍低，但由于微波频率高的缘故，需要波导和耦合腔等装置，设计时结构会比较复杂一些。

4. 行波放电

等离子体可以在行波放电中产生，典型的就是表面波放电，电磁波会随着等离子体形成的通道传播。电磁波在传播的过程中不断地加入电子来电离气体，从而确保电磁波在气体形成的等离子体中传播。因此，气体电离形成等离子体本身可以作为一个波导来约束等离子体的传播方向。与前面介绍的微波放电有一个很大的不同，等离子体不需要全部包围在波导或耦合腔内，可以通过电磁波传播方向来控制电磁波的传播结构。微波经过谐振腔以后可以沿石英管进行传播，并形成等离子体放电。从19世纪80年代开始，科学家们就试图将行波放电应用到荧光灯中来，但由于功率密度和高频电子元件成本等问题阻碍了其发展速度。

3.4.2 无极荧光灯

目前，感应放电主要用在荧光灯方面。早在1907年，休伊特(P. C. Hewitt)就申请了感应无极荧光灯原理的专利，但由于当时电子学技术水平的限制，因此这种灯只能在实验室存在，没有可能进入市场。无极荧光灯真正发展和进入实际使用，则是在20世纪90年代以后的事情。

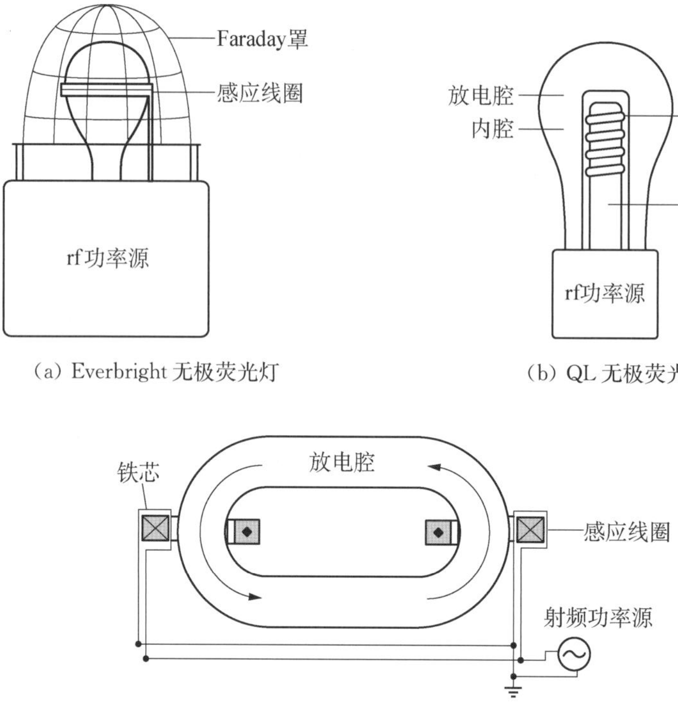

(a) Everbright 无极荧光灯　(b) QL 无极荧光灯

(c) ENDURA 无极荧光灯

图 3.4.1　几种典型的感应放电荧光灯的结构

1991 年，松下公司首先推出了 Everbright 无极荧光灯，并投入日本市场。这种感应灯没有使用磁芯进行能量耦合，而是直接在球形泡壳外绕上线圈，通以 13.65 MHz 的高频电流，使感应泡壳内的等离子体发光，如图 3.4.1(a)所示。当时 27 W 的 Everbright 无极荧光灯的光效是 37 $lm \cdot W^{-1}$，平均寿命是 40 000 h。

同在 1991 年，Philips 公司的 QL 无极荧光灯也投入市场。它在一梨形泡壳内置一中空管道，绕以线圈的铁磁芯柱插入中空管道，如图 3.4.1(b)所示，线圈内交流电频率是2.65M。QL 无极荧光灯的光效达到了 70 $lm \cdot W^{-1}$，平均寿命是 60 000 h。

1994 年，GE 公司推出了 GENURA 无极荧光灯。这是一种镇流器与灯一体化的紧凑型无极荧光灯，其结构与 Philips 的 QL 无极荧光灯相似，外形与反射型白炽灯相仿，工作频率也选用了 2.65 M，光效是 50 $lm \cdot W^{-1}$，寿命是 15 000 h。

随后，Osram 公司推出了 ENDURA 无极荧光灯。它采用闭合放电回路，一个或多个绕有线圈的铁芯磁环环绕在闭合放电管上，套在灯管上的铁芯的作用犹如变压器的初级，而闭合的灯管的作用犹如变压器的次级线圈，如图 3.4.1(c)所示。ENDURA 无极荧光灯的工作频率是 300 KHz，光效达到了 75 $lm \cdot W^{-1}$，平均寿命是 60 000 h。

在 21 世纪初，我国的照明公司经过艰苦和长期的研制，也推出了各种形式的无极荧光灯。通过自行设计和制造创新，不但使无极荧光灯的可靠性提高，成本价格也能为市场接受，成为无极荧光灯产业化推广的主要力量。

3.4.3 微波光源

微波光源采用微波谐振腔结构来实现无电极放电已经得到初步的成果，其光源结构与传统光源有很大的区别，目前比较常用的有球形的石英泡壳，如图 3.4.2所示。与普通气体放电灯相比，微波光源具有发光体体积小、功率密度高等特点。微波光源随着相关技术研究的进展而不断发展，展示了作为未来新型光源的发展潜力。

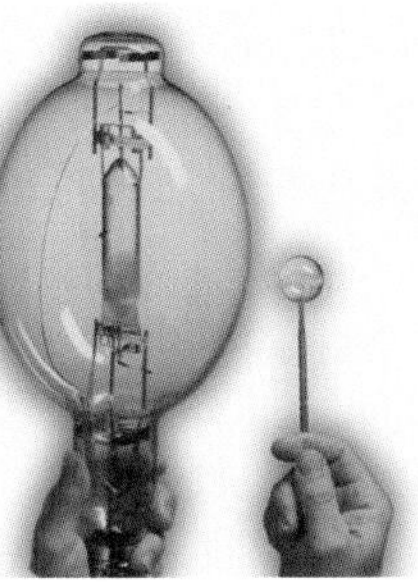

(a) 1 000 W 金属卤化物灯

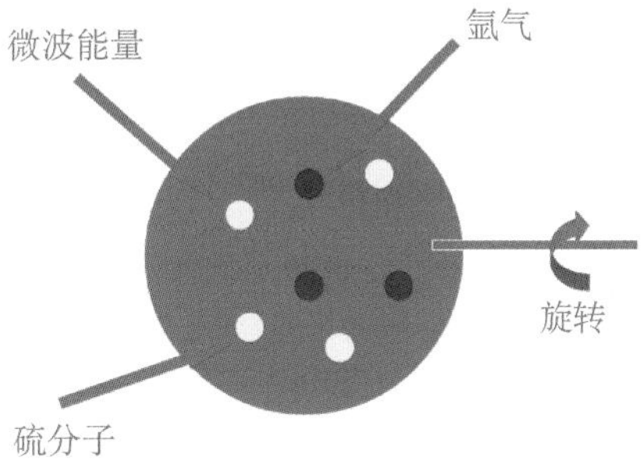

(b) 1 000 W 微波硫灯泡壳

图 3.4.2 微波硫灯与金属卤化物灯的尺寸比较

微波硫灯与传统光源相比，具有以下优点：

① 由于泡壳内没有电极，发光等离子体不会与其他材料发生相互作用，因此光源具有较长的寿命(理论寿命为 60 000 h，磁控管可换)，光通维持率较高(燃点 10 000 h 后光通维持率大于 97%)。

② 具有很高的辐射效率，70%以上耦合到等离子体的能量都被转化为可见光(系统光效可以接近 90 $lm \cdot W^{-1}$)。

③ 具有类似太阳光的色表。硫的双原子分子辐射出连续光谱，与视锐度曲线接近。在整个辐射范围内，几乎没有紫外区域的光，且红外区域的比例也比较少。

④ 由于在谐振腔中微波源可产生强电场，光源可瞬时冷启动，并较快地达到稳定工作状态(<2 min)。

⑤ 泡壳内没有汞等污染环境的元素，有利于环保。

同时，我们看到微波硫灯也存在一定的制约条件，影响它的应用和推广，如电器部件(主要指磁控管)的寿命欠理想、放电结构影响光源的灯具设计、泡壳需要不断旋转等，这些问题将有待改进和提高。

参考文献

[1] 复旦大学电光源实验室. *电光源原理* [M]. 上海：上海人民出版社，1977.
[2] Elenbaas W. 方道腴，张泽琏译. *光源* [M]. 北京：轻工业出版社，1981.
[3] 张爱堂，冯新三. *电光源* [M]. 北京：轻工业出版社，1986.
[4] 陈大华. *现代光源原理* [M]. 上海：学林出版社，1987.
[5] 方道腴，蔡祖泉. *电光源工艺* [M]. 上海：复旦大学出版社，1988.

[6] 蔡祖泉，陈之范，朱绍龙，周太明. *电光源原理引论*［M］. 上海：复旦大学出版社，1988.
[7] 方道腴. *钠灯原理和应用*［M］. 上海：上海交通大学出版社，1990.
[8] 周太明. *光源原理与设计*［M］. 上海：复旦大学出版社，1993.
[9] Wharmby D O. *Electrodeless Lamps for Lighting: A Review*[J]. *IEE Proceedings A : Science Measurement And Technology*, 1993,140 (6): 465 - 473 .
[10] 丁有生，郑继雨. *电光源原理概论*［M］. 上海：上海科学技术文献出版社，1994.
[11] 徐学基，诸定昌. *气体放电物理*［M］. 上海：复旦大学出版社，1996.
[12] El-Fayoumi I M, Jones I R, *The Electromagnetic Basis of the Transformer Model for an Inductively Coupled RF Plasma Source*[J]. *Plasma Sources Science and Technology*, 1998, 7(2): 179 - 185.
[13] Coaton J R, Marsden A M. 陈大华等译. *光源与照明*（第四版）［M］. 上海：复旦大学出版社，2000.
[14] Lester J N. *Ballasting Electrodeless Fluorescent Lamps*[J]. *Journal of the Illuminating Engineering Society*, 2000,29(2): 89 - 99.
[15] Kido H, Makimura S, Masumoto S. *A Study of Electronic Ballast for Electrodeless Fluorescent Lamps with Dimming Capabilities*[A]. Industry Applications Conference, 2001. Thirty-Sixth IAS Annual Meeting[C]. Conference Record of the 2001 IEEE, 2001,2(30): 889 - 894
[16] Long Q, Chen Y, Chen D. *Hysteresis and Mode Transitions in Inductively Coupled Ar-Hg Plasma in the Electrodeless Induction Lamp* [J]. *Journal of Physics D-APPLIED PHYSICS*, 2006,39(15): 3310 - 3316 .
[17] Yeon J E, Cho K M, Kim H J, et al. *A New Dimming Algorithm for the Electrodeless Fluorescent Lamps* [J]. *IEICE Transactions on Fundmentals of Electronics Communications and Computer Science*, 2006,89(6): 1540 - 1546.

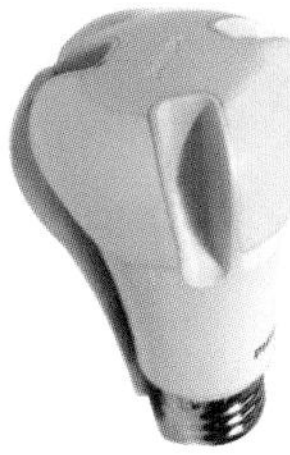

第四章　发光二极管

LED 是一种能把电能转化为光能的薄膜固态半导体器件，有正、负两极。目前，LED 主要指可见光 LED，但实际上也有紫外 LED 及近红外 LED。

早在 1907 年，英国科学家亨利·约瑟夫·朗德（Henry Joseph Round）就已发现在碳化硅（SiC）晶体施加了电流后能够发光的现象。在 1935 年，法国科学家乔治·迪什特里奥（Georges Destriau）提出电致发光的概念。20 世纪 50 年代初，半导体物理学的发展为电致发光现象提供了理论基础。到 1962 年，通用电气公司的尼克·赫伦亚克（Nick Holonyak, Jr）和比瓦卡（J. F. Bevacqua）首次利用磷砷化镓制备红光发光二极管。1965 年，全球第一款商用化发光二极管诞生，是利用锗（Ge）材料制备的红外发光二极管。其后不久，孟山都（Monsanto）和惠普（HP）公司推出了用磷砷化镓（GaAsP）制备的商用发光二极管。到 1968 年，LED 发展取得较大突破，利用氮（N）掺杂工艺，提高了光效，并且能够发出红光、橙光和黄色光。在 1971 年，业界又推出用磷化镓（GaP）材料制备的绿色发光二极管。20 世纪 80 年代，开发出铝镓砷（AlGaAs）材料制备的 LED，亮度大幅提高，可以用于室外信息发布等。1990 年，利用铝镓铟磷（AlGaInP）材料可制备出超高亮度红光发光二极管。但直到 20 世纪 90 年代，蓝色发光二极管才由日本科学家天野浩（Hiroshi Amano）、赤崎勇（Isamu Akasaki）和中村修二（Shuji Nakamura）等人利用氮化镓（GaN）基材料制备得到，开启了半导体照明的时代。图 4.0.1 所示为目前常用的大功率 LED 的实物图和结构示意图，主要包括发光芯片、封装荧光粉、透镜支架、散热部件等。下面，我们将对 LED 各部分工作原理、结构及应用进行详细说明。

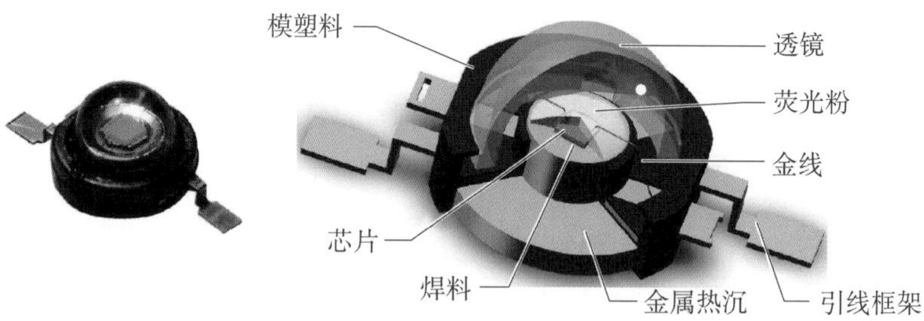

图 4.0.1　支架式 LED

4.1　LED 的发光原理

4.1.1　半导体材料的能带结构

4.1.1.1　能隙和能带

与气体放电不同，固体材料发光往往是由于电子在不同的能带间跃迁释放能量，发出可见光。研究半导体固态发光，首先需要研究半导体材料的能带结构，即研究电子在固体材料中受晶体作用后的能态结构。

首先，我们看看孤立原子中电子的能态。对于孤立原子，电子在原子核及其他电子共同形成的势场中运动，电子的能态为分立的能级，形成所谓电子壳层，不同的壳层的电子分别用 1s；2s，2p；3s，3p，3d；4s，4p；…等符号表示，每一个符号对应确定的能态和能级。最简单的孤立原子是氢原子，其能级由波尔模型给出；较复杂的原子如硅原子，电子能态可以写为 $1s^2 2s^2 2p^6 3s^2 3p^2$，电子分裂成系列能级，如图 4.1.1所示。

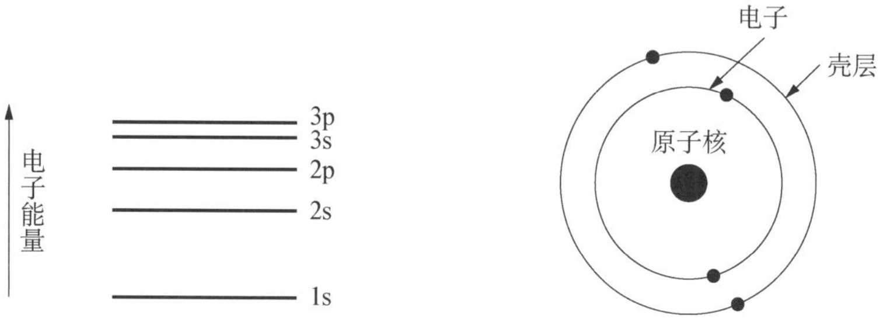

(a) 孤立原子能级　　(b) 孤立原子核壳示意图

图 4.1.1　孤立电子的能态示意图

然而，在实际的世界中，原子往往并不是孤立存在的。我们应用中的半导体材料，往往是单晶材料，是由数量巨大的原子周期性地排列并相互作用形成的。当原子由气态（或液态）结晶形成固体，原子间的距离彼此靠近，不同的原子的内外各电子壳层间就有一定的交叠，不同壳层的原子轨道交叠程度不一样，最外层交叠较多，而最里层最少。由于轨道交叠，电子尤其是最外层电子将不固定在某一原子的轨道上，而有可能进入相邻原子的同一轨道上，成为公有电子。这一电子还进一步有可能继续运动，进入到次相邻的原子轨道上，而次近邻轨道电子也可能进入近邻轨道上，由此，数量巨大的电子处于一种集体扩展态中。但需注意的是，各原子中相似壳层的电子才具有相同的动量，因而，电子只能在相似壳层中扩展，即 3p 电子不能自由进入到 2p 轨道等。

在这种周期性的原子排列环境中，不仅单个原子核形成势场，周期性排列的原子核同样会形成一个周期性的势场，电子受到的势场作用可以看作是紧邻原子核的库伦(Coulomb)势场作用，周围电子势场作用和周期性排列的势场作用时叠加，电子的能态相应于孤立原子中的能态将发生变化。以两个原子为例，当两个原子相距很远时，彼此之间没有相互作用，如同孤立原子，其能态如图 4.1.2(b)部分所示，可允许的能级由一个二重简并态组成，即每个原子有完全相同的能量。当这两个原子彼此靠近，原子之间开始产生相互作用，二重简并的能级分裂成两个能级。当 N 个原子组成晶体，由于原子间的相互作用，N 重简并的能级分裂成为 N 个彼此分离又挨得很近的能级，实际上形成了一个连续的能带。分裂的每一个能带称为允带，允带之间因没有能级成为禁带。电子由于周期性晶体电场散射形成的能带如图 4.1.2所示。

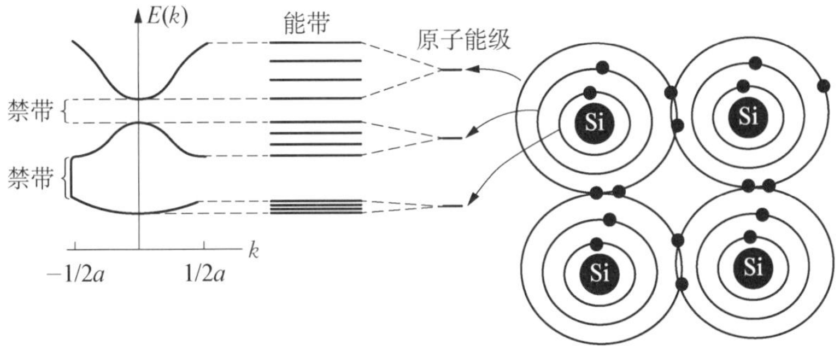

(a) 电子的能态　　(b) 孤子原子的能态

图 4.1.2　电子在周期性排列硅原子中形成的能带示意图

必须指出，实际晶体的能带与孤立原子能级间的对应关系并不像图 4.1.2所示的简单对应关系，不永远都是一个原子能级对应于一个能带。对于大多数研究，通常只需考虑原子最外层电子所对应的能带结构。在最外层电子对应的能带结构中，禁带上方的能带叫导带，禁带下面的能带叫价带。例如，金刚石 $2s^2 2p^2$ 的电子能带如图 4.1.3所示，中间是禁带，通常用 E_g 表示宽度。

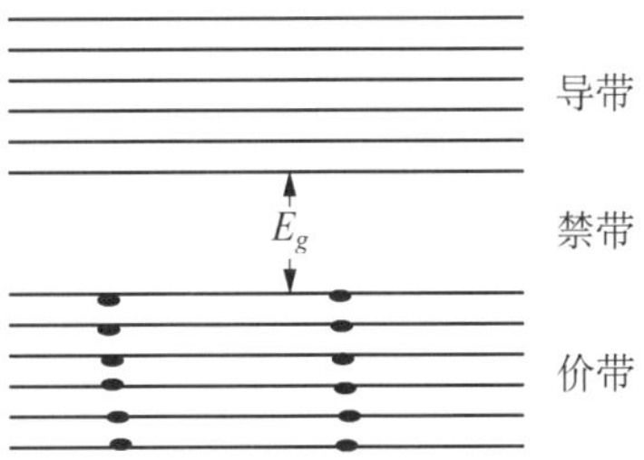

图 4.1.3　金刚石外层的电子能级示意图

用能带的概念可以很好地区分固体材料。按照导电性，固体材料分为绝缘体、半导体和导体。图 4.1.4所示为 3 种固体的能带结构示意。绝缘体如氧化铝，其价电子与邻近的原子形成强的化学键，键很难被打破，因而电子难以挣脱参与导电。这类材料的能带如图 4.1.4(a)所示，具有大的能隙，通常有 10 eV 的量级，价带内的能级被电子填满，而导带内的能级都空着。热外界电场、光线或射线不能把价带顶的电子激发到导带，因而，此类材料表现为电的绝缘性质。半导体材料与绝缘体类似，但原子间形成的键强度适中，热能、电场或光照会使一些键破裂。每打破一个键，就会产生一对自由电子和空穴，可以参与导电，其能带结构如图 4.1.4(b)所示，能隙宽度不大，大多数小于 3 eV，如硅的为1.12 eV。填满价带的电子可以获得能量，越过禁带，激发到导带参与导电。同时，留在价带的空穴也可以参与导电。当能隙进一步减小，接近零或小于零，价带和导带将交叠，或者价带和导带本身就是部分填充，禁带将消失，效果是形成底部填充、顶部空的能带，如图 4.1.4(c)所示，部分填充的能带中的电子可以参与导电。

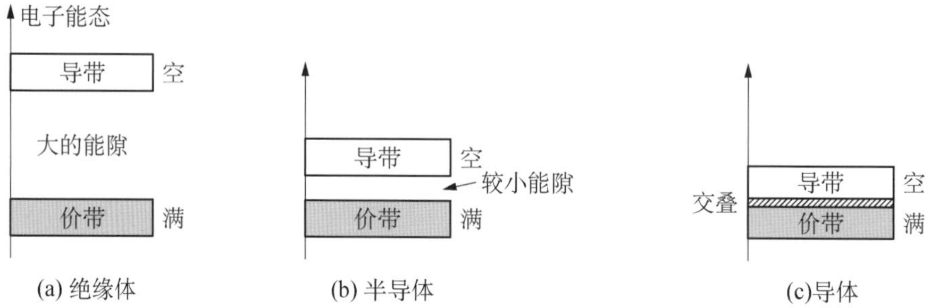

图 4.1.4　绝缘体、半导体和导体的能带结构示意图

4.1.1.2　直接带隙和间接带隙半导体

如前所述，导带底和价带顶的电子能量间隔称为禁带宽度 E_g，是半导体材料的重要参数，也是发光材料的决定性因素之一。导带底部的能量常记为 E_c，表示电子能量在导带的最小值，即动能为零时的值，也即相应于电子的势能。E_c 以上的能级，表示电子具有一定的动能。同样，价带顶部的能量常记为 E_v，相应于空穴的势能。

自由电子的动能 E 和动量的关系如下，即

$$E = \frac{p^2}{2m_0}。 \tag{4.1.1}$$

式中，E 为电子动能；p 为电子的动量；m_0 为电子的静止质量。周期性晶场中的电子运动与自由电子类似，除了受到周期性晶场散射外，可以比较自由地运动，其动能可表示为如下，即

$$E = \frac{\overline{p}^2}{2m_n^*}。 \tag{4.1.2}$$

式中，E 为电子动能；$\overline{p}$ 为电子的晶体动量(即$\hbar\boldsymbol{k}$，$\boldsymbol{k}$ 为波矢)；m_n^* 为电子的有效质量，下标 n 表示为电子，可以表征电子受晶体电场散射的程度。同样，对空穴也有类似的表达式。

图 4.1.3和图 4.1.4是能带结构的简化表示，实际能带图往往更加复杂。图 4.1.5所示是硅(Si)和砷化镓半导体材料的稍复杂的能带图，给出了两个不同晶向的能量和电子晶体动量的关系。图中，空心小原圈"○"表示价带中的空穴，实心圆圈"●"表示导带中的电子。

从图 4.1.5可以看出，无论对于硅还是砷化镓材料，价带顶和导带底之间都存在一个能隙，对于硅是1.12 eV，对于砷化镓是1.42 eV。然而，硅和砷化镓的能隙结构不同。对于硅，从图 4.1.5还可以看出，价带顶在 $\overline{p}=0$，而导带底在[100]晶向的某一个值 $\overline{p}=\overline{p}_c$ 处，即价带顶和导带底在波矢动量空间并不处于同一值。具有这种价带顶和导带底在波矢空间并不处于同一值的能带结构的半导体材料，通常叫做间接带隙半导体材料。典型材料如硅，电子从价带跃迁到导带时，不仅能量有改变，波矢也要改变，即晶体动量会发生变化，往往会涉及

晶格振动，伴随声子参与等，跃迁的几率大大降低，不利于发光。而对于砷化镓材料，从图 4.1.5 可以看出，价带顶和导带底在波矢动量空间处于同一个 $\bar{p}=0$。具有这种价带顶和导带底在波矢空间处于同一值的能带结构的半导体材料，通常叫做直接带隙半导体材料。电子从价带跃迁到导带时，仅能量有改变，波矢不改变，即晶体动量不发生变化，跃迁的几率大大提高，往往用于材料发光。

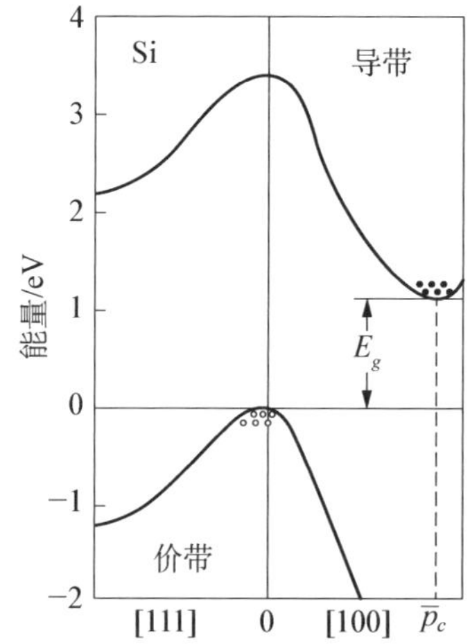

(a) Si

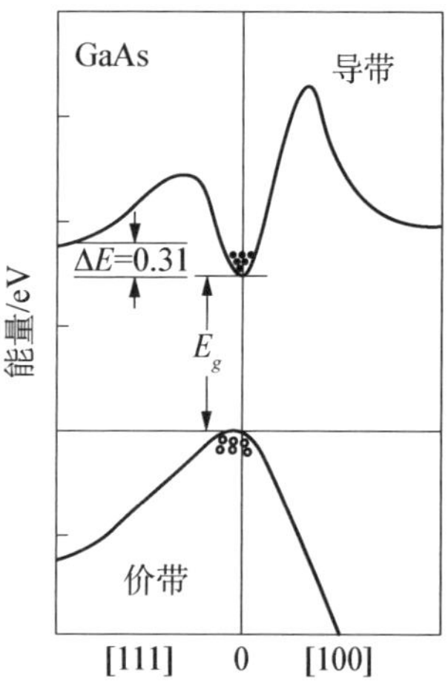

(b) GaAs

图 4.1.5　Si 和 GaAs 的能带结构示意图

对于半导体材料，能隙 E_g 值和直、间接带隙结构是非常重要的，决定半导体的电学、光学等性质。表 4.1.1列出了常见半导体材料的能隙 E_g 值和带隙结构。

表 4.1.1　常见半导体材料的能隙 E_g 值和带隙结构

半导体	带隙结构	室温能隙 E_g 值/eV	0 K能隙 E_g 值/eV
金刚石 C	间接	5.47	
Si	间接	1.12	1.17
Ge	间接	0.663	0.744
6H—SiC	间接	3.2	
BN	间接	6.4	
ZnS	直接	3.7	
ZnO	直接	3.37	
CdTe	直接	1.45	
TiO_2（锐钛矿）	间接	3.2	
AlAs	间接	2.168	

续表

半导体	带隙结构	室温能隙 E_g 值/eV	0 K能隙 E_g 值/eV
GaAs	直接	1.42	1.519
InAs	直接	0.39	0.415
AlP	间接	2.45	
GaP	间接	2.26	2.34
InP	直接	1.35	1.425
AlN	直接	6.2	
GaN	直接	3.39	3.504
InN	直接	0.64	
InSb	直接	0.26	0.28
SnO_2	直接	3.6	

4.1.1.3 杂质能级

上述分析都是针对理想本征半导体材料，但在实际应用中，总是存在偏离理想的情况，存在杂质或缺陷，常见的包括点缺陷、线缺陷和面缺陷等。这些缺陷由于打破半导体晶体的理想周期性结构，往往会在带隙中引入杂质能级，这些杂质能级并不总是有害的；相反，往往有利于半导体材料的应用，对半导体材料的光、电、化学等性质起极其重要的作用。下面以硅为例来说明杂质能级。

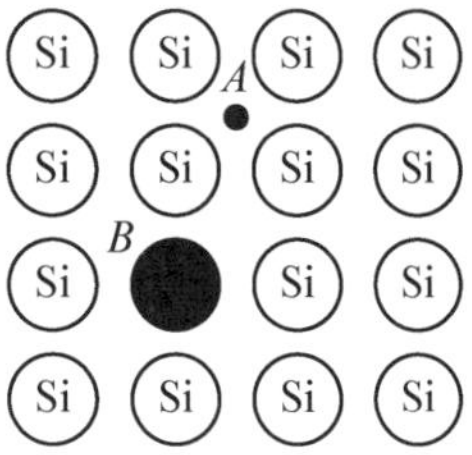

图 4.1.6　杂质原子掺杂 Si 的位置示意图

硅是化学元素周期表中的Ⅳ族第三周期元素，原子序数为 14，最外层有 4 个价电子，原子间以共价键形式结合成晶体，属于金刚石结构。在理想硅单晶晶格中，不存在其他原子。然而，由于天然原因或人工故意掺杂，往往会在晶格中存在其他原子，如磷（P）原子，其在晶格中的位置有两种情况，间隙位和晶格格点位，分别如图 4.1.6中的 A 和 B 所示，其中，B 是其他原子如 P 取代 Si 原子于晶格格点位，形成替位式掺杂；A 是间隙位掺杂，在我们讨论中姑且不提。

P 是 15 号元素，具有 5 个价电子，取代 Si 原子后，其中的 4 个价电子与周围的硅原子形成共价键，很难自由移动，还剩一个价电子，未能成键。这个电子束缚在 P 离子位，但这个束缚相对于共价键很弱，只要有较小的能量就可以使它挣脱束缚，在晶格中较自由地移动，成为导电电子。电子挣脱束缚成为导电电子的过程称为杂质的电离，所需的能量称为杂质的电离能，用 ΔE_D 表示。磷在硅中的杂质电离能很小，约为 0.04 eV，比 Si 的禁带宽度1.12 eV小得多。诸如 P 原子掺杂 Si 能够成键，且多余电子可参与导电，这种 P 原子相对于 Si 就称为施主，形成的以电子导电为主的半导体就称为n 型半导体。

P 原子掺杂入硅，会在硅的带隙引入新的能级，如图 4.1.7所示。其中，图(a)为掺杂示意；图(b)为能级结构示意。可以看出，用 P 掺杂入 Si 后，会在 Si 的带隙引入杂质能级，距离 Si 导带底 ΔE_D，填充满电子。在热的作用下，部分电子可以从杂质能级跃迁到 Si 的导带，成为导电电子。然而，实际情况中的 ΔE_D 值可能较大，是能隙 E_g 的一半左右，电子很难电离，不能成为导电电子，这种情况叫做深能级。很多杂质形成的往往是这种深能级，如空位、刃位错等。深能级除了很难电离外，往往对材料的光学性质有害，以后将会陈述。

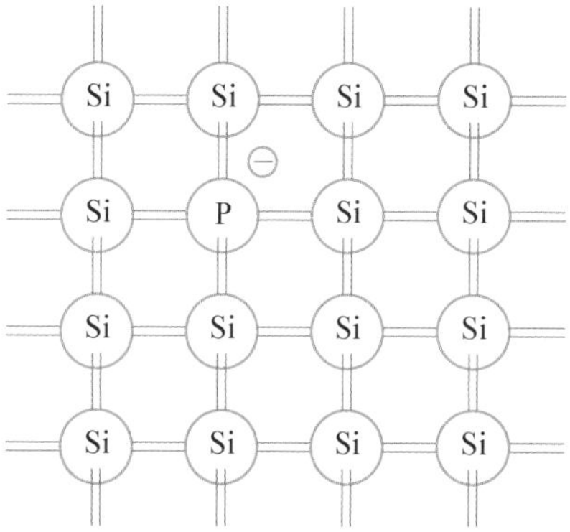

(a) P 掺杂入 Si 示意图

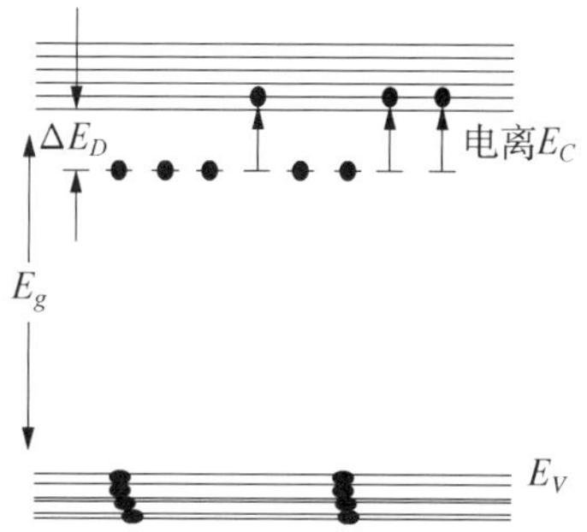

(b) P 替位掺杂入 Si 的能级示意图

图 4.1.7　P 原子掺杂入 Si 示意图

同样，对 Si 也可以掺杂Ⅲ族元素原子，如 B 原子。类似于在 Si 中引入了一个带正基本电荷的空位，称之为空穴。这种诸如 B 的原子，称为受主。材料的导电性质以空穴的跳跃为主，称之为 p 型导电。B 掺杂入 Si 晶体及其能带结构，分别如图 4.1.8(a)和(b)所示。其中，图 4.1.8(b)表示受主电离过程，其实际是价带中的电子跃迁到空穴能级，在价带留下未满能级，形成空穴，可以导电。空穴能级也有深能级，对材料发光往往有害。

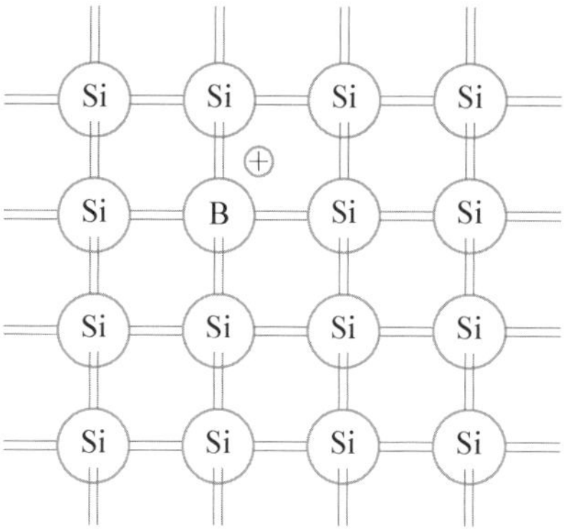

(a) B 掺杂入 Si 示意图

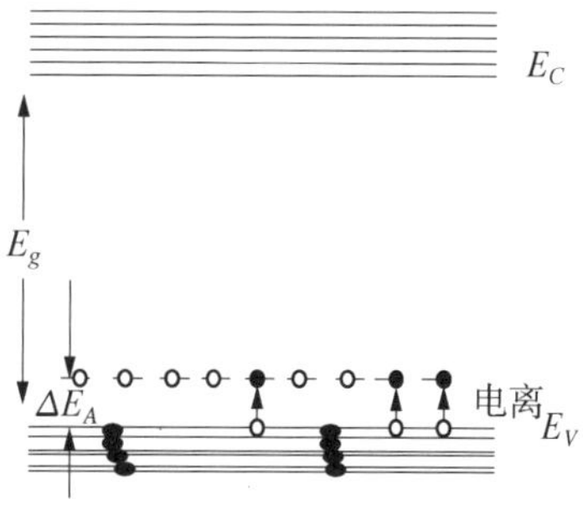

(b) B 替位掺杂入 Si 的能级示意图

图 4.1.8　B 原子掺杂入 Si 示意图

4.1.2　复合与发光

半导体中的电子可以吸收一定的能量，从低能态跃迁到高的能态，产生非平衡载流子。

同样,处于高能态的电子也可以跃迁到低能态,引起非平衡载流子复合。电子从高能态到低能态间的跃迁伴随能量的释放,能量释放的形式包括光、热或传给其他电子等过程。根据能量释放是否以光(包括不可见光)的形式,跃迁分为两大类:释放光的辐射性跃迁和不释放光的非辐射性跃迁。对于发光材料,辐射性跃迁和非辐射性跃迁机制同时存在,应尽量使辐射性占优。

4.1.2.1 辐射性复合

1. 本征跃迁

在半导体材料中,电子跃迁辐射发光如图 4.1.9所示。其中,主要有带间跃迁和与杂质能级相关的跃迁。带间跃迁即本征跃迁主要包括图中所示的 1, 2 和 3,其中 1 是导带底电子到价带顶之间的跃迁,通常对应于半导体材料发光的峰值,称作带边峰;与杂质或缺陷相关的跃迁是非本征跃迁,包括图中 4 所示的中性施主能级上电子跃迁到价带空穴、图中 5 所示的价带电子跃迁到中性受主上的空穴、图中 6 所示的施主电子和受主空穴之间的跃迁,以及其他相关的跃迁,如激子跃迁。

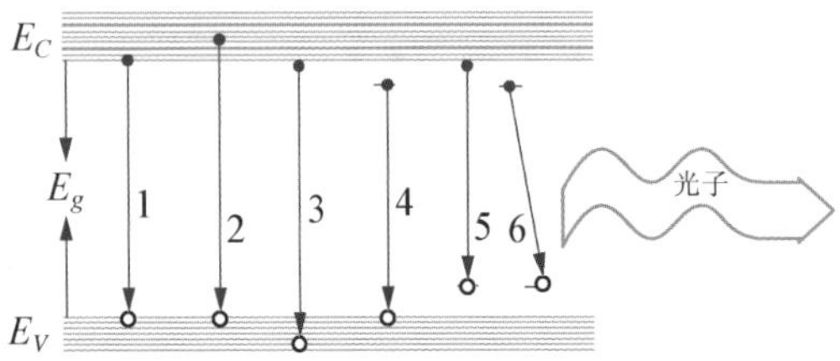

图 4.1.9 电子在带隙间的跃迁示意图

2. 直接跃迁和间接跃迁

图 4.1.5已经提及,对不同的半导体材料,由带间跃迁引起的发光往往不一样。图 4.1.10所示为直接带隙半导体材料和间接带隙半导体材料带间跃迁。对于直接带隙半导体材料,导带底和价带顶在波矢空间 K 的同一值,电子从导带到价带跃迁,波矢值保持不变,电子的晶体动量不变,此时的本征跃迁为直接跃迁,如图 4.1.10(a)所示。由于此过程只涉及电子、空穴并发射光子,因此其跃迁速率快,辐射效率高。典型的直接带隙半导体材料如 GaAs,带间跃迁是直接跃迁,因而可作为常用的发光材料。直接跃迁发射的光子能量与带隙有关,其发射光的峰值能量为

$$\hbar\omega = E_C - E_V\text{。} \tag{4.1.3}$$

对于间接带隙半导体材料,导带底和价带顶不在波矢空间 K 的同一值,电子从导带到价带跃迁,波矢值往往会产生变化,电子的晶体动量改变,此时的本征跃迁为间接跃迁,如图 4.1.10(b)所示。此过程除了发射光子,往往伴随着声子的产生,表现为晶格振动。其跃迁速率慢,辐射效率不高。对于间接发射,光子的能量不仅与带隙有关,还与声子的能量有关,满足下述公式,即

$$\hbar\omega = E_C - E_V - E_p\text{。} \tag{4.1.4}$$

式中,E_p 是声子的能量。典型的间接带隙半导体材料,如 Si, SiC 等。因而,单晶硅和碳化硅发光很弱。GaP 也是一种典型的间接带隙半导体材料。直接的带间跃迁辐射效率很低,为提高辐射效率,需要寻找新的理论机制。

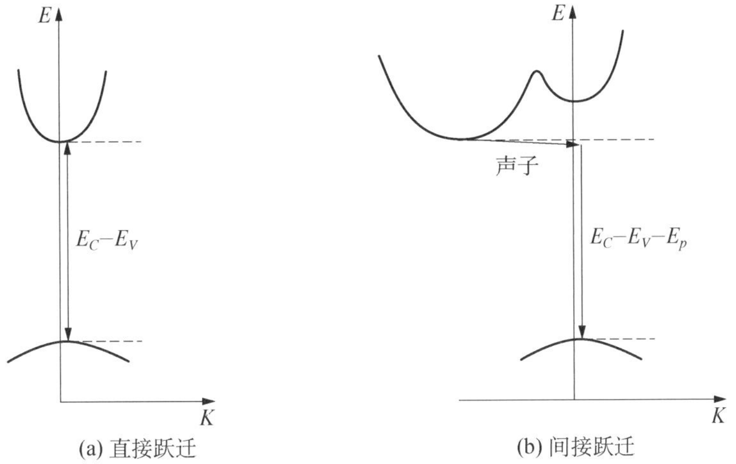

图 4.1.10　直接跃迁和间接跃迁示意图

3. 非本征跃迁

电子从导带跃迁到杂质能级，或杂质能级跃迁到价带及电子在杂质能级之间的跃迁，如图 4.1.9的 4、5 和 6 所示，也能引起发光。这些跃迁都和杂质能级有关，称为非本征跃迁。非本征跃迁往往在间接带隙半导体材料的发光中起主要作用。

施主和受主之间的跃迁是非本征跃迁中的一个重要应用。当在半导体材料中，同时掺入施主和受主材料，由于数量巨大，施主和受主之间存在库仑相互作用，这种库仑相互作用对于施主和受主在带隙间的能级具有修饰作用。即施主到受主的跃迁辐射光谱是一系列非连续性光谱，并且，施主和受主由于带电，往往形成电子或空穴陷阱，束缚电子-空穴对，形成激子。在实际应用中，往往考虑邻近杂质对之间的辐射跃迁。

非本征跃迁发光应用的一个典型是用 GaP 制备的发光二极管。GaP 是一种间接带隙半导体材料，其带隙为2.27 eV，对应的带间跃迁效率很低。然而，用锌(Zn)原子和氧(O)原子掺杂的 p 型 GaP 材料则具有很强的红光发光带。具体的发光机制，将在发光材料体系章节中关于 GaP 发光部分详述。

4. 复合率

复合率是指载流子随时间变化，可以用公式表示，即

$$R=-\frac{\mathrm{d}n}{\mathrm{d}t}=-\frac{\mathrm{d}p}{\mathrm{d}t}。\tag{4.1.5}$$

式中，R 为复合率；n 和 p 分别为电子和空穴的浓度。根据复合过程中是否需要复合中心，可以把复合分为直接复合和间接复合。注意，需把直接复合和间接复合与前文提到直接跃迁和间接跃迁区别开来。到目前为止，我们还未严格给出跃迁与复合的区别。跃迁往往指电子在不同能态之间的转变，而复合往往是指非平衡态向平衡态恢复导致载流子消灭，本书特指电子与空穴对的复合，其逆过程是电子-空穴对的产生。复合过程必定伴随跃迁，跃迁不一定是复合。但在本章节中，我们主要谈论半导体发光，不严格区分跃迁和复合的细微区别。

（1）直接复合

直接复合是指电子在半导体的价带和导带的跃迁，导致电子和空穴复合。直接复合率与电子和空穴的浓度有关。先考虑在半导体中的某个电子，如果空穴越多，则这个电子越容易找到空穴复合，即单个电子的复合率与空穴浓度成正比；同样，半导体中电子越多，发生上述的复合事件也越多，即半导体中的复合也与电子浓度成正比。于是，有

$$R=-\frac{\mathrm{d}n}{\mathrm{d}t}=-\frac{\mathrm{d}p}{\mathrm{d}t}=Bnp。\tag{4.1.6}$$

式中，B 是电子-空穴的复合几率，对于典型的Ⅲ-Ⅴ族半导体材料，其值为 $10^{-11}\sim10^{-9}\ \mathrm{cm^3\cdot s^{-1}}$。

在低浓度载流子注入条件下，可以计算得出过剩载流子浓度随时间的变化，即

$$\Delta n(t)=\Delta n_0\mathrm{e}^{-B(n_0+p_0)t}=\Delta n_0\mathrm{e}^{-t/\tau}。\tag{4.1.7}$$

式中，$\Delta n(t)$是 t 时刻过剩载流子的浓度，Δn_0 是 $t=0$ 时刻过剩载流子浓度；n_0，p_0 是平衡电子和空穴的浓度；而

$$\tau=\frac{1}{B(n_0+p_0)}\tag{4.1.8}$$

是载流子的寿命。对于 n 型半导体材料，$n_0\gg p_0$，上式变为

$$\tau=\frac{1}{Bn_0}。\tag{4.1.9}$$

对于高浓度载流子注入，$\Delta n\gg n_0+p_0$ ，可以求出

$$\tau=\frac{1}{B\Delta n}。\tag{4.1.10}$$

可知寿命不再是常数，而随时间变化。

半导体中过剩载流子的寿命 τ 与复合率和初始载流子浓度有关，往往可以计算得出，尤其是对于本征材料。然而，实际测出的过剩载流子的寿命往往比根据公式(4.1.9)计算的寿命小很多，这说明实际材料中存在其他类型的复合，而不只是直接带间复合。

（2）间接复合

所谓间接复合，即电子和空穴通过复合中心进行的复合。半导体材料不存在理想的单晶结构，都或多或少会有各种缺陷和空位，这些缺陷和空位往往会在禁带引入能级；即使不存在缺陷和空位，也有表面态，同样会在禁带引入能级。这些能级除了会影响半导体材料的电学、光学性质，还会对载流子起复合中心的作用，影响载流子的寿命。间接复合包括两个步骤，如图 4.1.11中的 a 和 b 所示。电子 a 从导带跃迁到达中间能级，电子 b 从中间能级跃迁到达价带与空穴复合，完成一个复合过程，同时，复合中心恢复空穴状态，又可以作为下一个复合的中心，循环下去。

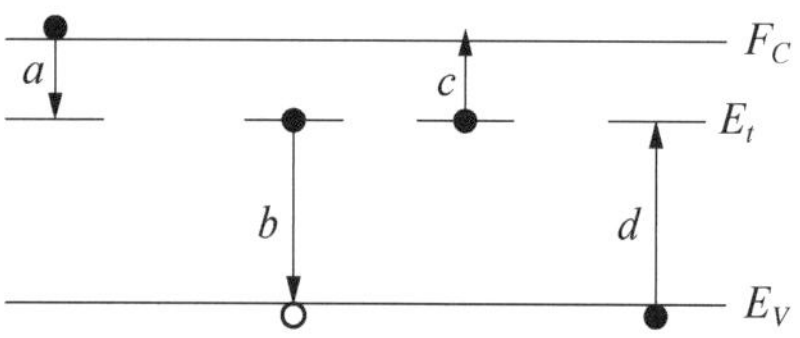

图 4.1.11　间接复合的示意图

这个间接复合是个统计过程，同时必须考虑逆过程，即电子 c 由复合中心激发到导带（a 的逆过程）和电子从导带激发到复合能级（b 的逆过程）。

间接复合的计算最早是由 Shockley、Read 和 Hall（Hall，1952；Shockley 和 Read，1952）给出，即

$$\tau=\frac{r_n(n_0+n_1+\Delta_n)+r_p(p_0+p_1+\Delta p)}{N_t r_p r_n(n_0+p_0)}。\tag{4.1.11}$$

式中，τ 是载流子寿命；r_n 和 r_p 分别是电子和空穴的复合率；n_0 和 p_0 分别是初始电子和空穴的浓度；Δn 和 Δp 分别是过剩电子和空穴浓度；N_t 是复合中心浓度；n_1 和 p_1 分别由下式给出：

$$n_1=n_i\exp\left(\frac{E_t-E_i}{k_BT}\right),\tag{4.1.12}$$

$$p_1=p_i\exp\left(\frac{E_i-E_t}{k_BT}\right)。\tag{4.1.13}$$

式中，n_i 和 p_i 分别是本征电子和空穴的浓度；E_i 是本征费米（Fermi）能级，位于禁带中心。对于小注入，$n_0\gg\Delta n$，$p_0\gg\Delta p$，(4.1.9)式可简化为

$$\tau=\frac{r_n(n_0+n_1)+r_p(p_0+p_1)}{N_t r_p r_n(n_0+p_0)}。\tag{4.1.14}$$

可见间接复合的寿命与复合中心的浓度成反比。同样，肖克莱（Shockley）、瑞德（Read）和豪（Hall）也给出了间接复合的复合率 R_{nr}，即

$$R_{nr}=\frac{np-n_i^2}{\tau_p\left[n+n_i\exp\left(\frac{E_t-E_i}{k_BT}\right)\right]+\tau_n\left[p+p_i\exp\left(\frac{E_i-E_t}{k_BT}\right)\right]}。\tag{4.1.15}$$

式中，τ_n 和 τ_p 分别是电子和空穴的寿命。对(4.1.15)式可以简化，假定 $r_n=r_p=r$，则$\tau_n=\tau_p=1/(N_t r)$，(4.1.13)式可以简化为

$$R_{nr}=\frac{N_t r(np-n_i^2)}{n+p+n_i\exp\left(\frac{E_t-E_i}{k_BT}\right)+p_i\exp\left(\frac{E_i-E_t}{k_BT}\right)}。\tag{4.1.16}$$

式中，$n_i=p_i$。从公式(4.1.16)可以看出，当 $E_t=E_i$ 时，R_{nr} 有极大值，即复合中心能级位于禁带中心位置附近，称作深能级，此时，间接复合率最大。而浅能级，即一般易电离的施主和受主不能作为有效复合中心。深能级在半导体发光材料中往往充当非辐射性复合中心，对材料的发光性质有害。接下来，我们将讨论非辐射性复合。

4.1.2.2 非辐射性复合

非辐射性复合是指电子-空穴对复合跃迁产生的能量不以光的形式辐射出来，主要有深能级复合、俄歇（Auger）复合和表面复合等。

1. 深能级复合

半导体中的深能级缺陷主要有非故意掺杂原子、固有缺陷、位错及络合物等。在化合物半导体材料中，典型的固有缺陷包括间隙位、空位以及对位缺陷等。这些缺陷往往在半导体材料的禁带中形成多个能级。通过这些能级的复合往往属于非辐射性复合。其中，复合产生的能量以多声子过程传递给半导体晶格，产生热效应。这些深能级缺陷对半导体发光往往是非常有害的，被称作发光杀手(luminescence killers)。原因是这些深能级缺陷大多位于半导体禁带中央附近，按照公式(4.1.16)，复合率具有很大的值，形成非常有效复合中心，如图 4.1.12中的 a 所示。

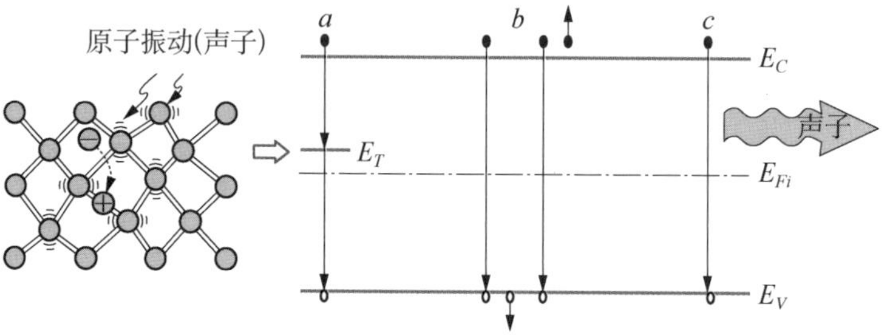

图 4.1.12　复合过程能级示意图

a,深能级非辐射性复合；b,俄歇复合；c,带间辐射性复合

因而，对于通常的半导体发光材料，要求尽量避免引入深能级，即要求材料质量完好，少缺陷、位错和空位等。值得注意的是，深能级并不总是非辐射性复合。如直接带隙半导体材料 GaN 黄带发光峰，通常也是一种深能级发光，对应的跃迁往往被认为是 Ga 空位有关的深能级发光峰。

从公式(4.1.16)中还可以看出，深能级发光还与温度有关。随着温度升高，复合率升高；而随着温度降低，(4.1.16)式中的分母指数升高，深能级发光率在 0 K 附近趋于 0。因而，对于利用直接带隙发光二极管，低温时具有最高效率。而对于非直接带隙半导体材料 GaP，辐射跃迁是通过声子辅助的，越在高温时，声子越多，因而声子辅助发光越强。

2. 俄歇复合

另一种重要的非辐射性复合是俄歇复合。俄歇复合的过程是电子从导带跃迁到价带与空穴复合，放出能量(约为 E_g)，这些能量传给导带电子，使得电子激发到导带更高处，或传给价带空穴，激发空穴到更低处，其过程如图 4.1.12 中的 b 所示。最后，更高能量的电子或空穴通过多声子发射损失能量，再分别回到导带底或价带顶部。

俄歇复合系数与载流子浓度有很大关系，其公式表示为

$$R_{\text{Auger}} = C_p n p^2 \tag{4.1.17}$$

和

$$R_{\text{Auger}} = C_n n^2 p。 \tag{4.1.18}$$

公式分别对应于 p 型半导体和 n 型半导体，C_p 和 C_n 是各自的俄歇复合系数。对于大载流子注入半导体材料，俄歇复合率可以简化为

$$R_{\mathrm{Auger}} = (C_p + C_n)n^3 = Cn^3。 \tag{4.1.19}$$

式中，C 为俄歇系数；n 为电子浓度。从上式可以看出，俄歇复合与注入的载流子的 3 次方成正比，在大电流注入的半导体发光中，将成为一个重要的复合过程，影响光效；在小电流注入条件下，俄歇复合可以忽略。

3. 表面复合

半导体材料由于其周期性的原子排列而形成能隙，然而表面会打断这种周期性排列。这种打断会在半导体材料表面的能隙引入新的能级。此外，由于表面有悬挂键或表面未配对电子，往往带电，导致能带歪曲等。这些带隙间的能级是一种深能级，可以充当复合中心。不同的半导体材料具有不同的半导体表面态，而且，即使是同一种材料，处理和未处理的材料表面态也往往不同。以表面态为复合中心的复合，大多是非辐射性复合，会降低光效，并且使得材料的表面温度升高，对发光有害。表面复合如图 4.1.13所示。

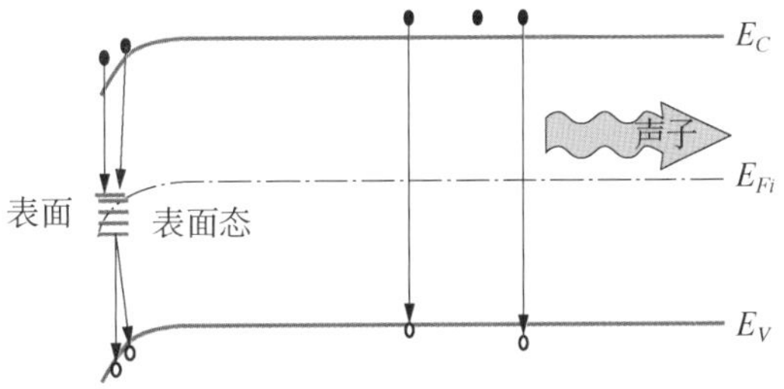

图 4.1.13　表面复合示意图

对于发光材料，需要经过适当处理，降低表面态。

4.1.2.3　辐射性复合和非辐射性复合竞争

在半导体复合发光中，往往同时存在辐射性复合和非辐射性复合。非辐射性复合可以减小，但不可能完全消除。譬如表面复合，可以通过改善发光器件的结构，使得发光尽量远离表面，然而，还是有载流子扩散到表面，引起表面非辐射性复合。其次，俄歇复合和深能级复合也无法完全避免。因为在半导体材料中，固有缺陷是不可避免的，如在 GaN 材料中，Ga 空位是本征的。此外，在材料制备过程中，不可避免会引入各种杂质材料，都有可能在带隙引入深能级，影响发光。

对于 LED 发光器件，为提高效率，需尽量使得辐射性复合占优，即注入的载流子尽快通过带间复合或激子复合快速复合发光。为此，需要减少各种非辐射性复合中心。

4.1.3　电致发光

现在的半导体照明是基于 LED 的电注入发光，即由电致发光而发展起来的。LED 的基本结构是一块具有特殊器件结构的电致发光半导体芯片，通常包括 p 型层、有源层和 n 型层，通过电极引线给器件施加电压，分别通过 p 型层和 n 型层注入空穴和电子到有源层，电子和空穴复合发光，将电能转化为光能。研究 LED，需研究基本的 pn 结结构。

4.1.3.1　pn 结及其能带结构

p 型半导体和 n 型半导体接触，往往具有奇特的性质。p 型半导体和 n 型半导体在接触前后的能带结构变化，如图 4.1.14所示。p 型半导体中空穴为多数载流子，n 型半导体中自由电子为多数载流子。在接触前，费米能级 E_F 分别靠近价带顶和导带底部，并且半导体保

持电中性。当这两种半导体接触时，费米能级将保持统一，p 型半导体中的空穴就会向 n 区扩散，留下多余的负电荷，使得 p 型半导体中的电子数量比空穴多，带负电；同样，n 型半导体里的电子也就会向 p 区扩散，使得 n 型半导体中的正电荷数量比电子多，带正电。也就是说，在 p 型与 n 型半导体的界面两边分别产生了非电中性的耗尽区，耗尽区的两边具有空间电荷，形成了从 n 区到 p 区方向的电场，称为内建电场，此电场使得 p 型层电势提高。在内建电场的作用下，电子会从 p 型半导体漂移向 n 型半导体，产生电子漂移运动，方向与电子从 n 型半导体向 p 型半导体的扩散运动相反。随着扩散进行，空间电荷积累增多，内建电场加大，电子的漂移运动也会加大，最终会导致电子的漂移和扩散形成的电流相互抵消，形成动态平衡。同样，空穴的扩散和漂移也会产生动态平衡。此时，p 型层和 n 型层的耗尽区宽度一定，空间电荷数量不变，这一过渡层称作 pn 结。pn 结和能带结构如图 4.1.14所示。

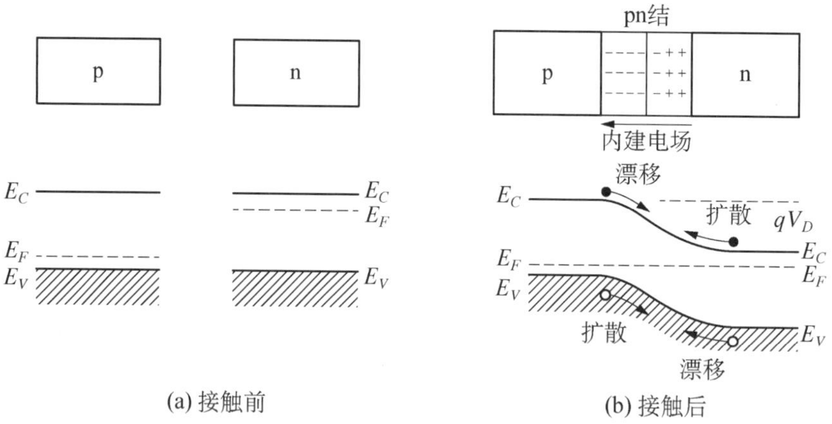

图 4.1.14　p 型半导体和 n 型半导体接触前和接触后的能带结构示意图

在 pn 结达到平衡时，p 型层比 n 型层电势高出一固定值，称为接触电势差 V_D。相应的电势能之差即能带的弯曲 qV_D 称为势垒高度。

势垒高度值是 p 型半导体和 n 型半导体未接触前的费米能级差，可以通过计算得到，其公式是

$$V_D = \frac{1}{q}(E_{F_n} - E_{F_p}) = \frac{k_B T}{q}\left(\ln \frac{N_D N_A}{n_i^2}\right)。\qquad (4.1.20)$$

式中，q 是电子电量；k_B 是玻尔兹曼(Boltzmann)常数；T 是开氏温度；N_D 和 N_A 分别是施主和受主的浓度(假设全部电离)；n_i 是本征载流子浓度。通过公式可以看出，V_D 的大小和材料的掺杂浓度、温度、禁带宽度大小有关。掺杂浓度越高，V_D 越大；禁带宽度越大，n_i 越小，V_D 也越大。对于高浓度掺杂的 pn 结，可以近似认为

$$V_D \approx \frac{E_g}{e}。\qquad (4.1.21)$$

在LED应用中,V_D 通常被认作为开启电压,即电压达到 V_D 值,LED开始发光。对于氮化镓基蓝光发光二极管,氮化镓材料的禁带宽度为3.39 eV,可以估算出 $V_D \approx \frac{E_g}{e} = 3.39\,V$,与实际大多数蓝光*LED*的开启电压2.7 *V* 相近。

4.1.3.2 pn结电流电压特性与发光

1. 零偏置pn结

在pn结处于零偏置,即在pn结两端不施加电压时。多数载流子扩散形成的扩散电流和少数载流子在内建电场作用下漂移形成的漂移电流达到平衡,并且p型层比n型层电势高出势垒 qV_D,如图4.1.14(b)所示。

2. 正向偏置pn结

在pn结两端施加正向偏置电压 V,即p端电位高、n端电位低时。正向偏置电压产生的电场方向是从p端到n端,即与从n端到p端的内建电场方向相反,削弱了内建电场产生的势垒大小。这表明空间电荷减小,势垒区的宽度减小,势垒高度也会减小到 $q(V_D-V)$,如图4.1.15所示。势垒区电场减弱,破坏原有的pn结的扩散电流和漂移电流的平衡,使得由电场导致的漂移电流减小,小于扩散电流。对于电子,即由p区向n区漂移的电流小于由n区向p区扩散的电流,产生净由n区向p区的电子电流,电流方向由p指向n。同理,对于空穴,同样产生由p区指向n区的电流。当增大正向偏压时,势垒降落更大,增大了p区到n区的电流,这种由外加正向偏压产生的载流子注入叫电注入。注入产生的少数载流子是不稳定的,n区的电子注入p区,成为其中的少数载流子,与其中的多数载流子——空穴复合;而p区的空穴注入n区,成为其中的少数载流子,与其中的多数载流子——电子复合。注入的少数载流子与多数载流子复合产生的一部分能量以光的形式释放出来,如图4.1.15中的实箭头线所示。在LED应用中,即表现为LED器件电致发光,图中实箭头线表示辐射性复合,虚箭头线表示非辐射性复合。

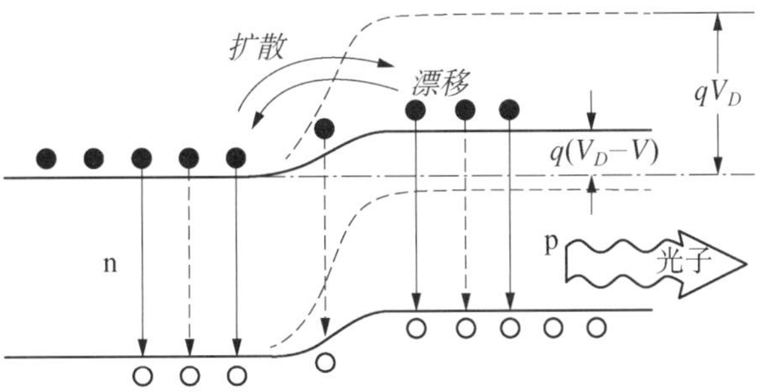

图4.1.15 正向偏置电压作用下的pn结能带及发光示意图

3. 反向偏置pn结

相反,在pn结两端施加反向偏置电压 V,即n端电位高、p端电位低时。反向偏置电压产生的电场方向是从n端到p端,增加了内建电场产生的势垒大小。空间电荷增加,势垒区的宽度会增加,势垒高度也会增加到 $q(V_D+V)$,如图4.1.16所示。势垒区电场增强,使得由电场导致的漂移电流大于扩散电流,产生净由n区指向p区的电流。然而,漂移电流是由

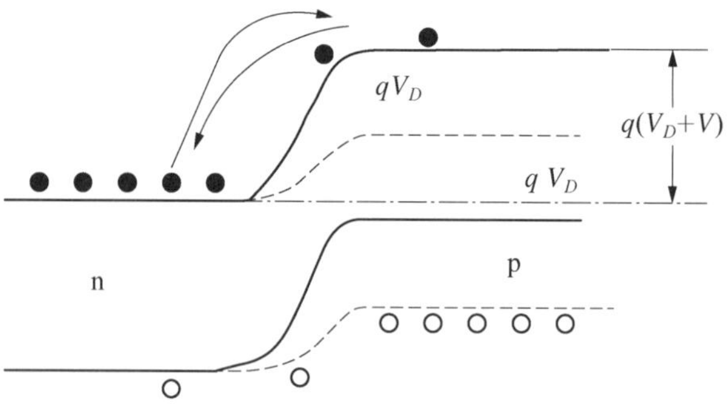

图 4.1.16 反向偏置电压作用下的 pn 结能带

少数载流子产生，载流子浓度低，电流很小，并且大小随反向偏压变化很小。此外，在反向偏压下，漂移电流注入的载流子是多数载流子，复合率低，对于 LED，表现为不发光。

理想 pn 结的电流-电压关系可以通过计算得到，其计算公式为

$$I = I_s\left[\exp\left(\frac{qV}{k_B T}\right) - 1\right]。\tag{4.1.22}$$

式中，I 是电流；I_s 是反向饱和电流；q 是电子电量，V 是施加电压；k_B 是玻尔兹曼常数；T 是开氏温度。此公式又称为肖克莱方程式。从(4.1.22)式可以看出，在正向偏压下，电流密度随电压迅速呈指数上升。在室温下，$\frac{k_B T}{q} = 0.026\ \text{V}$，一般施加电压远大于0.026 V，故在正向偏压下，上述公式可简化为

$$I = I_s \exp\left(\frac{qV}{k_B T}\right)。\tag{4.1.23}$$

在反向偏压下，$I \approx -I_s$，即在反向偏压下，电流趋于饱和。理想 pn 结的电流-电压曲线如图 4.1.17所示。

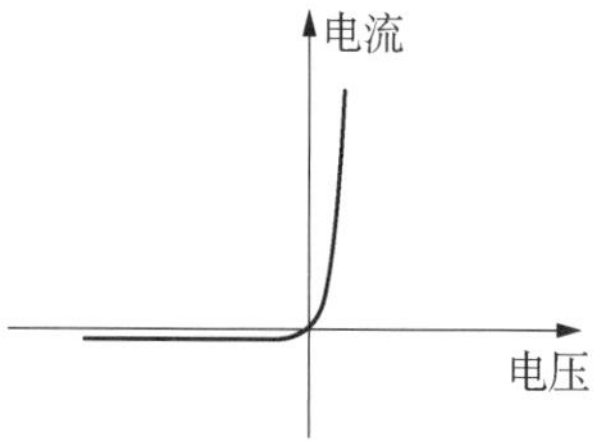

图 4.1.17 理想 pn 结的电流-电压曲线

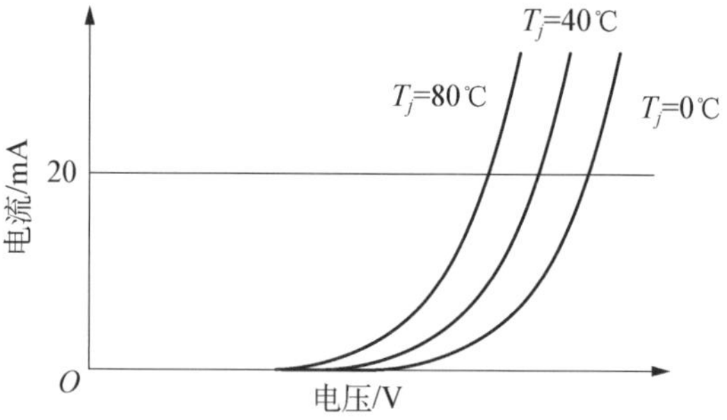

图 4.1.18 不同 pn 结结温的电流-电压关系曲线

实际 pn 结的电流-电压特性往往偏离理想 pn 的电流-电压特性曲线，即偏离(4.1.23)式给出的电流-电压指数关系。另外，从(4.1.23)式中还可以看出，在一定偏压下，电流大小还和 pn 结的温度有关。图 4.1.18所示是一组在不同 pn 结结温下测试的电流-电压关系曲

线，可以看到，在相同的注入电流下，电压随着 pn 结结温的变化有移动。利用此原理间接测定 pn 结结温，也是现今常用的 LED 结温测试的原理。

4.1.3.3 异质结构 pn 结

1. 异质结构

前面所述的 pn 结是由材料相同、导电类型相反的两薄层接触形成，称为同质 pn 结。如果用两种不同的半导体单晶材料接触组成 pn 结，则称为异质 pn 结。从能带理论角度来看，异质 pn 结是指不同禁带宽度的半导体的界面连接。异质结依照两种材料的导电类型，可分为两大类：

① 同型（pp 结或 nn 结）异质结，即导电类型相同，但由不同材料组成的结。例如，p 型 Ge 与 p 型 Si 组成的 pp 结，记为 p－pGe－Si 或（p）Ge－（p）Si；其他的如 n 型 GaAs 和 n 型 AlAs 等。

② 异型（pn）异质结，即由导电类型相反的不同材料组成的 pn 结。例如，p 型 Ge 与n 型 Si 组成的 pn 结，记为 p－nGe－Si 或（p）Ge－（n）Si；其他的如 p 型 GaAsP 和 n 型 GaP，记为 p－nGaAsP－GaP 或（p）GaAsP－（n）GaP 等。

此外，按界面的缓变，异质结构还分为突变异质结构和缓变异质结构。对突变异质结构，界面从一种材料到另一种材料过渡只发生几个原子层厚度；而对缓变异质结构，界面具有几个电子扩散长度。现在应用的通常是突变异质结构。

以同质 pn 结为基础的 LED 存在一定的缺陷：首先，有源层产生的光由于带间跃迁，能量与半导体禁带宽度相似，很大程度上可被导电区再吸收，导致光引出效率低。其次，注入的电子-空穴扩散长度往往远大于 pn 结的势垒宽度，而且 pn 结区材料禁带宽度和结区外禁带宽度相同，注入的电子-空穴容易穿越过结区，发光并不局限在结区，可能产生表面复合等，使得效率变低。

为克服同质结 LED 的缺陷，高亮度 LED 通常采用突变异质结构。例如，单异质结（single heterostructure, SH，也称为 pn 异质结）LED，记作 SHLED，其典型的能带如图 4.1.19 所示。其中，只有一个异质界面连接，在连接处发生能级断裂，分别为 ΔE_C 和 ΔE_V。n 区的电子由于相对同质结能量降低 ΔE_C，容易注入 p 区；而 p 区的空穴由于本身空穴迁移率较低，需克服空穴升高 ΔE_V 的能量（价带越往下，空穴能量越高），不容易注入到 n 区。因而，发光主要在 p 区，光子能量大约等于 p 区的禁带宽度，小于 n 区的禁带宽度，不容易被 n 区半导体吸收，因而容易从 n 区透过，提高 LED 的亮度。例如，(p) $Ga_{1-x}As_xP$－(n)GaP LED，调节 p 型层 $Ga_{1-x}As_xP$ 中的 x 值，可以调节 p 型层的禁带宽度，调节发光的波长和 ΔE_C 与 ΔE_V 的值。这种通过组分变化来自由“裁剪”带隙，达到调节器件的能带结构的方法称为能带工程。能带工程在 LED 中具有极大应用，在Ⅲ族砷化物和Ⅲ族氮化物发光器件中广为可见。

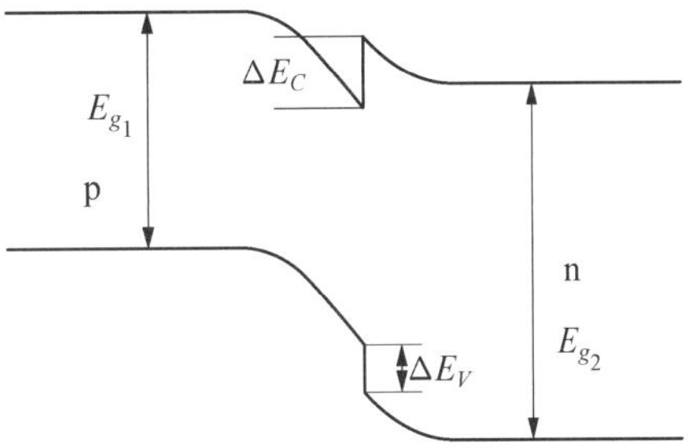

图 4.1.19　单异质结 LED 的能带示意图

在实际应用中，高亮度 LED 还可采用双异质结结构（double heterostructure, DH），这种结构把能带工程带来的好处发挥到更大程度。典型的双异质结 LED 的能带，如图 4.1.20

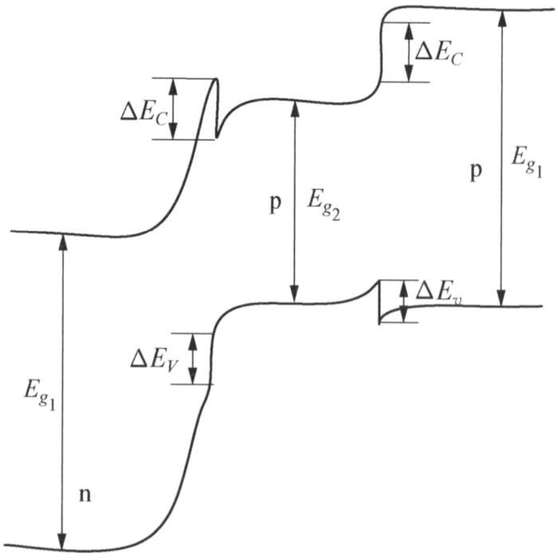

图4.1.20　双异质结结构 LED 的能带示意图

所示。

在图 4.1.20中，中间的 p 层与左边的 n 层及右边的 p 层分别形成两个单异质结结构，即 np 和 pp 双界面突变，并且，通常中间的夹层带隙小于两边的夹层，形成导带低于两夹层导带、价带高于两夹层价带的能带结构。当双异质结工作时，pn 结施加偏压，n 区的电子降低 ΔE_C 注入中间 p 层，右边 p 区的空穴降低 ΔE_V 能量也注入到中间的 p 层，电子和空穴在中间 p 层复合并发光。这种结构的优点是，发出的光子的能量约等于中间层的禁带宽度，小于两夹层禁带宽度，不会被吸收，可以透过辐射出来。此外，由于两个能带界面突变，使得电子和空穴被注入有源层后被限制在有源层，不容易溢出，提高注入载流子的密度，提高带间跃迁复合率和光效。另外，此结构利用能带工程还具有另外一个优点：有源层的带隙宽度可以自由调节，有源层的厚度也可以调节。典型的双异质结结构如 (n)$Al_{1-x}Ga_xAs$/(p)GaAs/(p)$Al_{1-x}Ga_xAs$，也是自 1970 年制备的双异质结激光器采用的结构。

在高亮度 LED 中，应用能带工程形成异质结构 LED，改善注入以提高内量子效率。然而，不管是单异质结还是双异质结，在应用能带工程过程中，都要求不同层材料之间有良好的晶格匹配和热膨胀系数匹配，否则会在异质界面产生高缺陷浓度，从而引起非辐射复合。

2. 量子阱结构

异质结的一种特殊情况是单量子阱。把双异质结结构的中间层继续变薄，并适当改变，就可以形成量子阱结构。例如，把 (n)$Al_{1-x}Ga_xAs$/(p)GaAs/(p)$Al_{1-x}Ga_xAs$ 双异质结的中间层变薄，小于 10 nm 左右，并且 p 型层变为本征半导体层，就形成一个单量子阱结构 LED。典型的单量子阱能带结构，如图 4.1.21所示(图中忽视了能带弯曲)。在图中，两侧 p 型和 n 型宽带隙材料构成量子阱势垒层，中间窄带隙材料构成势阱层，阱层和垒层在界面能带发生断裂，形成电子和空穴的陷阱效应，具有高密度电子和空穴浓度，近似在阱中做自由运动，通常称为二维电子气(2DEG)和二维空穴气(2DHG)。并且，由于陷阱效应，电子和空穴在势阱中的能态发生量子化，形成基态(n=1)，第一激发态(n=2)等(见图 4.1.21)。如果势垒和势阱在界面能带断裂相差很大，可以把量子阱近似看作无限深势阱，势阱能级分布可以用量子力学求解出来，即势阱能级距导带底的能级差为

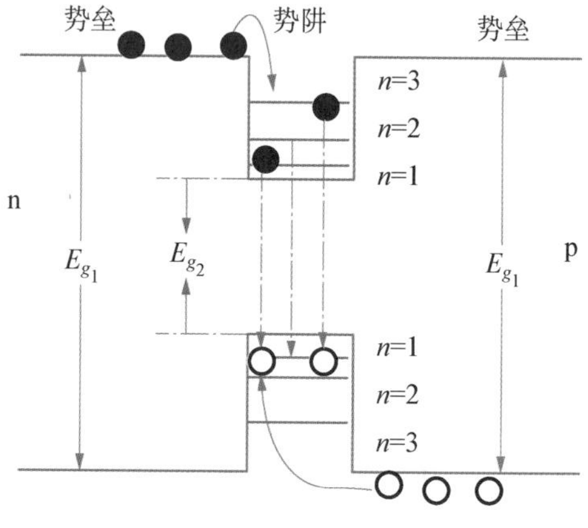

图 4.1.21　单量子阱结构的能带示意图

$$E=\frac{\pi^2\hbar^2n^2}{2m_*l^2}\quad(n=1,2,3,\cdots)。\tag{4.1.24}$$

式中，l 是势阱层的厚度；m_* 是电子有效质量。但在实际中，界面能带断裂不是很大，不能看作无限深势阱，但能级的量子化同样可以利用量子力学和连续性条件求解出来。

量子阱结构 LED 将有源层变薄，将电子和空穴限制在阱中，局域性更强，电子和空穴的态密度增加。当对 LED 的 p 层和 n 层施加电压，电子和空穴可以分别从 n 层和 p 层注入到量子阱中，如图 4.1.21中的箭头所示。注入的电子和空穴不能轻易扩散到非有源层，复合率增强，光效提高。在通常的量子阱中，由于并不是无限深势阱，能级量子化效应不强，电子和空穴复合跃迁产生光子的能量可近似看作为势阱层的带隙宽度，在图 4.1.21中即为 E_{g2}，因而不会被垒层吸收，可以透过辐射出来。

另外，LED 采用量子阱结构还有一个优势是克服某些晶格匹配问题。例如 $GaN/In_{0.2}Ga_{0.8}N/GaN$ 单量子阱，中间阱层是 $In_{0.2}Ga_{0.8}N$，相当于 GaN 中 20%的 In 取代 Ga，其晶格常数由于 In 原子半径比 Ga 大而大于 GaN 晶格常数，在量子阱外延生长过程中，InGaN 阱层顺着 GaN 垒层生长，会产生来源于晶格失配导致的应力，如果 InGaN 层很薄，能顺应厚的垒层而不产生缺陷，应力来不及释放，即所谓的赝晶生长或共度生长（pseudomorphic growth）。如果不采用量子阱结构，中间层 InGaN 够厚，积累的弹性应变会释放，产生位错，大大影响器件质量，使光效降低。

上面谈到的都只有一个阱的结构，称为单量子阱（single quantum well, SQW）。为了进一步限制电子和空穴，提高光效，LED 往往可采用具有多个阱的结构，称为多量子阱（multi quantum well, MQW）。多量子阱往往表现为单量子阱的周期重复结构，阱和阱间的垒层厚度一般超过电子的相干波长。现在，高亮度 LED 往往采用多量子阱结构。

4.1.3.4 载流子逃逸和溢出

1. 载流子逃逸

上述异质结构 LED，都是假定在理想的情况下载流子被限制在有源层注入发光，具有高的效率。尽管垒层相对于有源层的势垒高度普遍具有几百毫电子伏，远大于室温下的 kT（0.026 eV），但还是有电子逃逸出阱层到达垒层复合，而导致效率下降。

载流子在有源层的能量是按照费米-狄拉克（Fermi-Dirac）分布，因此有些载流子具有超过势垒高度的能量，可以轻易逃逸，如图 4.1.22所示，图中间实心曲线显示的是载流子费米-狄拉克分布示意。

从图 4.1.22 中可以看到，载流子在阱中是按照费米-狄拉克分布，大部分能量低于势垒 ΔE_C，因而限制在阱中，但总有一部分载流子的能量超过势垒高度 ΔE_C 而轻易逃逸。载流子逃逸概率依赖于势垒高度。势垒高度越高，越不容易逃逸。对于有些材料，如 InGaN/GaNAlGaN/GaN 或 AlGaAs/GaAs 异质结构和量子阱，由于 InN 和 GaN、AlAs 和 GaAs 的带隙

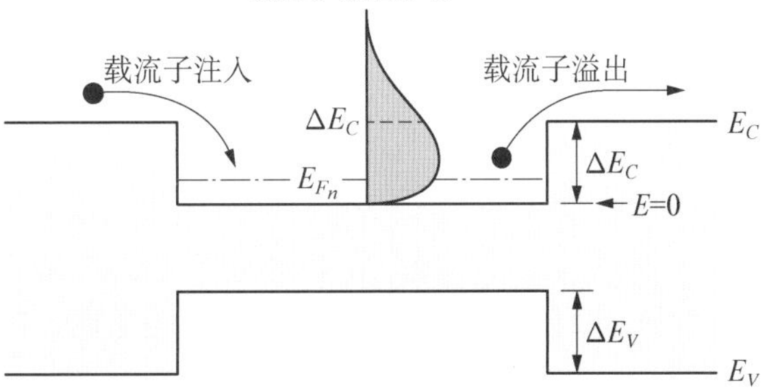

图 4.1.22 双异质结构载流子注入和溢出示意图

相差较大，因而通过能带工程可以获得较大的异质结构势垒高度，漏电流比较小。但对于在600～650 nm 发光的 AlGaInP 体系材料，势垒高度较低，因而漏电流较大。对于任何材料异质结构，ΔE_c 均应大于 kT（室温下为0.026 eV），由此可以保证载流子很难通过热激发获得逃逸出阱层的足够能量。逃逸电流的大小随温度指数变化，因此温度升高，逃逸电流加大，LED 效率下降。此外，深能级非辐射性复合也随温度指数上升，因而，为保证 LED 效率，均需注意 LED 的工作温度。

2. 载流子溢出

无论是大电流还是小电流载流子逃逸均可发生的，而且随着温度上升，幅度加大。而载流子溢出，往往是在大电流注入情况下发生的。图 4.1.23(a)所示为在小电流注入下的能带结构；但随着注入电流加大，有源层的载流子浓度增大，费米能级升高，如果升高到超过势垒的高度，势阱中的能级全部充满，进一步增大注入电流并不会提高阱中的载流子密度，结果注入的载流子直接越过势阱，到达 n 区的势垒层，如图 4.1.23(b)所示。此时，由势阱导致的载流子复合发光呈现饱和的趋势。在 LED 中，可以部分解释 LED 的光效随注入电流加大而下降的现象。

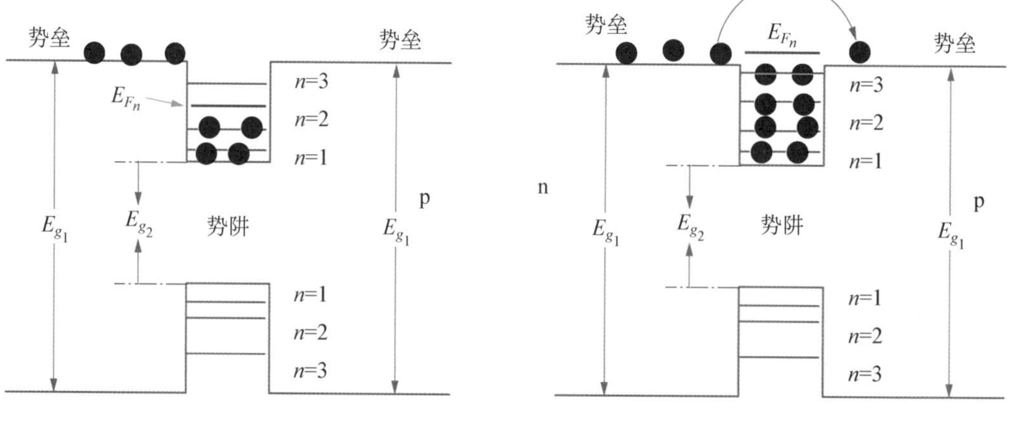

(a) 不溢出　　(b) 溢出

图 4.1.23　载流子溢出示意图

载流子溢出与注入电流的大小及势阱的厚度有关，为克服载流子溢出，LED 往往采用多量子阱结构，加大势阱的容量。

4.1.3.5　InGaN/GaN 多量子阱

高亮度 LED 往往采用多量子阱结构，在大电流注入下工作，同时要求具有很高的光效。超高亮度 LED 的典型代表即为 InGaN/GaN LED，采用多量子阱结构，防止载流子逃逸和溢出，同时采用 p 型宽带隙 AlGaN 作为电子的阻挡层，提高光效。典型的 GaN 基 LED 的能带结构如图 4.1.24所示，采用 5 周期量子阱结构。通常，量子阱材料是未掺杂的 $In_xGa_{1-x}N$ 的材料，x 取值为0.2左右，对应蓝绿光 LED，厚度一般在 3 nm 左右，势垒层是未掺杂的 GaN 材料，覆盖层是 p 型和 n 型 GaN。势阱的能带歪曲方向和势垒能带歪曲方向相反，这是由于 GaN 材料的压电极化产生的压电场所致（后面会提到）。此外，还采用 p 型

$Al_{0.2}Ga_{0.8}N$作为电子阻挡层，置于最后一个量子阱和 p 型 GaN 之间，其作用是提高电子的势垒高度，即提高价带的高度，阻挡逃逸和溢出的电子，减少漏电流。p 型 $Al_{0.2}Ga_{0.8}N$ 作为阻挡层相对于未掺杂的 $Al_{0.2}Ga_{0.8}N$ 具有优势，其原因是由于载流子的屏蔽作用，$Al_{0.2}Ga_{0.8}N$ 价带并未有太多降低，因而空穴容易越过注入到量子阱中，而 p 型 $Al_{0.2}Ga_{0.8}N$ 只阻挡电子，不阻挡空穴。此外，对于 GaN 基 LED，并未设立空穴阻挡层的原因是 p 型 GaN 的空穴浓度往往远小于 n 型 GaN 电子浓度，并且空穴的迁移率往往也远小于电子。因而，离 p 型层较远的量子阱往往空穴浓度更低。

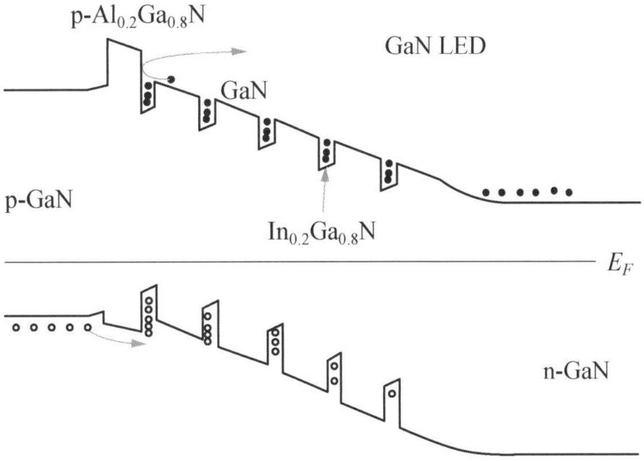

图 4.1.24　GaN LED 能带结构示意图

4.1.4　LED 光效

基于 LED 器件的半导体照明因具有各项优点，如节能、寿命长、光色可控可调、应用灵活等，得到快速发展。由此，需对 LED 的各项性能引入测试表征参量。在 LED 各项性能测试中，光效即节能性是最受关注的。对于 LED 的效率有各种分类，如内量子效率、外量子效率、注入效率、馈给效率、光电效率、驱动器电源效率等，我们在此定义内量子效率、外量子效率、注入效率、馈给效率和光电效率。

4.1.4.1　内量子效率(internal quantum efficiency，IQE)

内量子效率记作 η_{int}，定义为有源层中辐射性复合产生的光子数与注入到有源层中总电子-空穴对数量之比，即

$$\eta_{int}=\frac{\text{有源层产生的光子数}}{\text{注入有源层的电子-空穴对总数}}。\tag{4.1.25}$$

对理想的发光器件，每注入一对电子-空穴对，从有源层就发出一个光子，即内量子效率为 1。然而，实际上这种情况不可能发生，因为对实际的发光器件，有源层具有辐射性和非辐射性复合中心，内量子效率是由辐射性复合和非辐射性复合两者的竞争决定的，可以由辐射性复合与非辐射性复合率计算得出。

在有源层中，总的载流子寿命根据辐射性复合载流子和非辐射性复合载流子寿命确定，其公式为

$$\tau^{-1}=\tau_r^{-1}+\tau_{nr}^{-1}。\tag{4.1.26}$$

式中，τ_r 和 τ_{nr} 分别是辐射性复合寿命和非辐射性复合寿命。载流子复合率为载流子寿命的倒数。内量子效率为载流子的辐射性复合率与总的复合率之比，即为

$$\eta_{int}=\frac{\tau_r^{-1}}{\tau_r^{-1}+\tau_{nr}^{-1}}。\tag{4.1.27}$$

测定非辐射性复合和辐射性复合载流子寿命，即可计算出内量子效率。

影响 LED 内量子效率的因素主要包括材料的半导体性质、量子阱中的缺陷，以及由杂质引起的深能级、俄歇复合、非辐射复合中心等。除了半导体的本征性质不可改变外，存在如间接带隙半导体，提高 LED 内量子效率的方法主要包括器件结构的优化、材料质量的提高；如降低位错、缺陷、杂质等提高材料晶体质量，减少非辐射性复合中心；改善 LED 量子阱结构等情况。目前，蓝光 GaN 基 LED 的内量子效率已经可以达到 80%以上。

4.1.4.2　外量子效率(external quantum efficiency, EQE)

外量子效率记为 η_{ext}，常定义为逃逸出芯片的光子数与注入到有源区的电子-空穴对总数的比例，即

$$\eta_{ext}=\frac{\text{逃逸出芯片的光子数}}{\text{注入到有源区的电子-空穴对总数}}。\tag{4.1.28}$$

半导体有源层材料的折射率往往较大，如氮化物半导体材料的折射率大多是2.4～2.6，砷化镓材料的折射率为3.5左右，空气的折射率为 1。半导体芯片往往比较平滑，从有源层发出的光子到达与空气接触的界面发生反射，如果出射光的入射角大于全反射角，即

$$\theta>\arcsin(n/n_s)\ 。\tag{4.1.29}$$

式中，n_s，n 分别为半导体材料和空气的折射率。那么，就发生全反射，光完全反射回有源层，继续折射反射自吸收。因此，只有部分有源层产生的光子能逃逸出芯片。也就是说，有一个光提取效率 $\eta_{extracion}$，定义为逃逸出芯片的光子数与芯片产生的光子数之比，即

$$\eta_{extracion}=\frac{\text{逃逸出芯片的光子数}}{\text{芯片有源层产生的光子数}}。\tag{4.1.30}$$

因而，外量子效率应为光的提取效率与内量子效率的乘积，即

$$\eta_{ext}=\eta_{int}\eta_{extraction}\ 。\tag{4.1.31}$$

光的提取效率主要与芯片材料的折射系数和表面结构有关。

4.1.4.3　注入效率(injection efficiency)

从前面的 LED 结构我们知道，电子-空穴注入到有源层，并不总是被限制在有源层中，还有可能溢出、逃出或以其他形式漏电，即不是所有电子-空穴对都在有源层中参与复合，因而，电子-空穴具有注入效率，记为 η_{inj}，定义为注入到有源层复合的电子-空穴对数与注入的总电子-空穴对数之比。LED 的注入效率通过各种改进，如采用前面所述的电子阻挡层，可以接近 100%。

4.1.4.4　馈给效率(feeding efficiency)

馈给效率 η_f 定义为发射光子的平均能量 $h\bar{\nu}$ 与电子-空穴对通过 LED 时从电源获得的能量的比值，即

$$\eta_f=\frac{h\bar{\nu}}{qV}。\tag{4.1.32}$$

式中，V 是 LED 两端的正向偏压；q 是基本电荷。通常情况下，电压施加在 pn 结，往往具有

接触电阻，需要一定压降；此外，芯片体材料往往具有一定的厚度，具有一定的电阻，也需要一定的压降，最后是克服费米能级差异的压降等。因此，$h\bar{\nu}$一般小于qV，即存在馈给效率。

4.1.4.5 光电效率(opto-electric efficiency)

光电效率在英文中也被称为 wall plug-in efficiency。前面分析了电子从芯片电极注入到量子阱，最后发光逃逸出芯片的过程，即电子-空穴注入、电子-空穴复合发光、光子逃逸，每一个过程都有能量损失。设计 LED 器件往往关注的是损耗在芯片的电能有多少能转化为可以利用的光能，即光电效率，记为 η_{opt}，其公式为

$$\eta_{\mathrm{opt}} = \frac{p}{IV} = \frac{\int_0^{\infty} p_{\lambda}\,\mathrm{d}\lambda}{IV}。 \tag{4.1.33}$$

式中，p_{λ} 表示功率密度，即光电效率等于辐射出的光功率积分除以消耗的电功率 IV。对 LED，光电效率即为

$$\eta_{\mathrm{opt}} = \eta_f \eta_{\mathrm{int}} \eta_{\mathrm{extraction}} \eta_{\mathrm{inj}}。 \tag{4.1.34}$$

目前，LED 的内量子效率不同，波长不同，市场上用于产生白光的蓝光，其内量子效率约为 60%～70%，最大可以超过 90%；光的提取效率经过处理可以到达 90%，电子注入效率可以到达到 95%～100%；在大电流注入下，施加在 460 nm 蓝光芯片的电压为3.0～3.2 V，其馈给效率接近 90%。可以计算出，LED 芯片的光电效率最大约为 70%，通常商用的为40%～60%。

4.2 LED 材料体系及器件制备

4.2.1 发光条件

从第一节的 LED 发光原理我们知道，用于制造 LED 的半导体材料需要满足一些条件，包括带隙结构、带隙宽度等。

4.2.1.1 带隙结构

在第一节我们就知道，只有直接带隙半导体才有高的辐射复合率，而对于间接带隙半导体材料，只有少数可以借助激子复合非本征跃迁发光才能得到较高效率，典型的如掺 N 的 GaP。

最常见的半导体材料 Si 是间歇带隙半导体材料，电子和空穴的复合效率低，通常不用来作为发光材料，另外的同主族材料 C 和 Ge 也是间接带隙，从复合效率来看，都不适用于发光。Ⅲ-Ⅴ族化合物半导体材料，部分是直接带隙，部分是间接带隙，因而部分适用于发光。例如，GaAs 是直接带隙半导体材料，复合效率高，但纯 GaAs 材料的带隙为1.424 eV，发光波长对应红外波段，只能用于制备红外器件，下面将提到；纯 AlAs 是间接带隙材料，因而也不适用于发光。Ⅱ-Ⅵ族化合物半导体材料，大部分具有直接带隙，如 ZnS 是直接带隙材料，复合效率高，但因其他性能限制了其在器件中的应用。其他的如 SiC 材料，具有优越的导热性和稳定性，但也是间接带隙，不能形成有实用意义的 LED 光源。此外，值得注意的是材料的带隙会随尺度发生改变，如 Si 单晶具有间接带隙，但如果变成零维的 Si 量子点，由于其原

子周期排列发生改变，其带隙会发生变化，可以变成类似直接带隙，因而 Si 量子点可以用于发光。

4.2.1.2 带隙宽度

LED 发光大部分是利用带间跃迁或者激子辅助跃迁原理发光，对应的光子的能量约等于带隙宽度，因此，半导体的禁带宽度应该与可见和紫外光子能量匹配。对于带间辐射跃迁，光子的波长与能量及禁带宽度的关系为

$$\lambda(\text{nm}) = \frac{1\,239.5}{h\nu(\text{eV})} \propto \frac{1\,239.5}{E_g}。\tag{4.2.1}$$

式中，E_g 为半导体带隙；h 为普朗克常数；ν 是光子频率。即对于直接带隙跃迁，根据带隙宽度就可以知道释放出的光子的波长是否落在可见光波段。而对于间接带隙非本征跃迁发光，如 GaP 材料，则要求激子的电子-空穴能级差 ΔE 与 E_g 相似，满足(4.2.1)式。可见光的波段是 380～780 nm，通过计算可以得知，半导体材料的带隙应该在1.59～3.27 eV之间，对于不在此区间的半导体材料体系，要求可以应用能带工程调节，使得带隙落在此区间。因此，GaN 的带隙为3.39 eV，只能用于制备紫外 LED；InN 的带隙为0.65 eV，只能制备红外 LED。但是应用能带工程，可以调节 $In_{1-x}Ga_xN$ 中的 x 值，使得此合金带隙落在适合区间。

上述分析表明，选择高效可见光发光材料，需要满足其直接带隙和带隙对应的波长在可见光附近。图 4.2.1所示为一些常见半导体材料的带隙宽度、带隙结构、带隙宽度对应的波

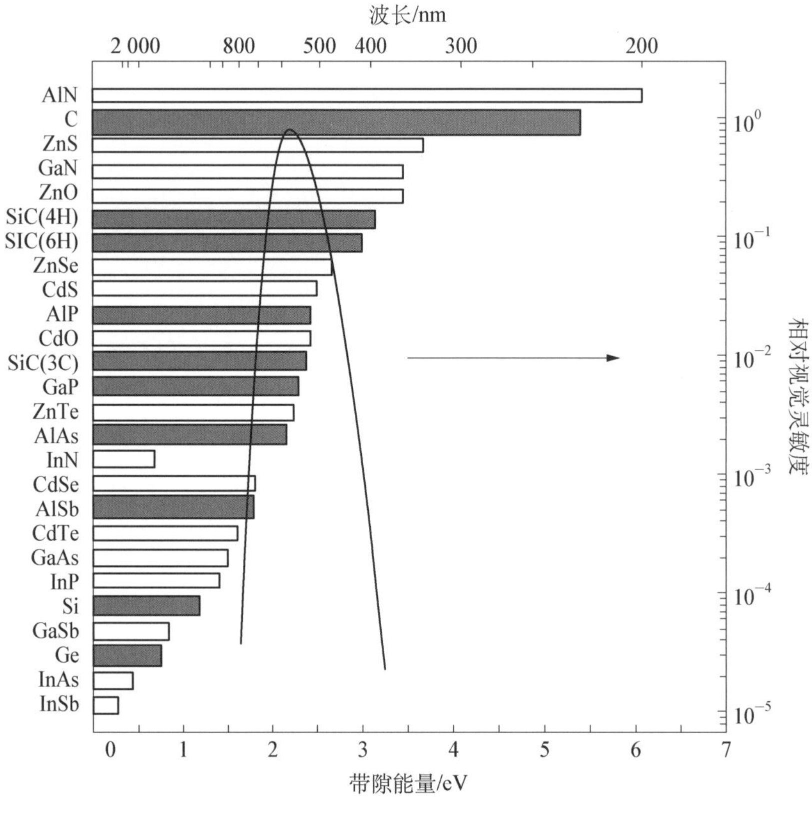

图 4.2.1 各种半导体材料能带结构、带隙宽度、对应发光波段及视觉函数曲线

长及人眼的视觉相对灵敏度的关系。在此图中，黑框表示间接带隙半导体结构，白框表示直接带隙。从发光波段和带隙结构来看，GaN、ZnS 和 ZnO 均是直接带隙半导体材料，带隙对应波长范围在近紫外附近，均有可能通过能带工程调节，制备蓝光发光器件。GaN 基材料已经成功制备 $In_{1-x}Ga_xN$ 合金，发展出蓝光 LED。ZnO 和 ZnS 材料极其便宜，容易制备，具有制备廉价蓝紫光 LED 的潜力，但至今还没有通过能带工程，制备得到合适的化合物材料，并且由于下面将提到的性质，还没有制备出发光器件，一些问题仍然有待克服。

4.2.1.3 化学和物理性

半导体发光的另一个要求是物理和化学性质的稳定性，主要有热稳定性、硬度、高的抗非辐射复合中心形成的能力，以及 p 型和 n 型稳定。这个要求使得整个Ⅱ-Ⅵ族二元化合物半导体在半导体照明中的应用受到限制。在 GaN 基于蓝光 LED 获得进展以前，蓝光 LED 主要集中在硒化锌(ZnSe)基材料，并制备得到蓝光 LED。但是，用此材料制备的 LED 寿命很短，化学性质不稳定，以致后来蓝光 LED 完全转移到 GaN 基材料。另外，容易形成缺陷是Ⅱ-Ⅵ族化合物固有的性质。例如氧化锌(ZnO)材料，极容易形成 O 空位，多余出 Zn 原子，形成本征施主，是天然的 n 型半导体材料，以至于到现在还没有获得稳定的 p 型 ZnO 材料，由此 ZnO 尽管有价格极其便宜和激子发光强度高的优势，迄今，ZnO 基 LED 还没有制备出来。另外，碲化锌(ZnTe)是天然的 p 型材料，也比较难以获得 n 型。由此，Ⅱ-Ⅵ材料的发光器件仍然在探索当中，并不适合当前发光器件应用。对于早期的 GaN，由于空位和杂质，也呈现天然的 n 型导电，直到材料制备手段提高，缺陷减少，背景 n 型载流子浓度降低，同时，获得稳定的 Mg 掺杂 p 型导电性质，才制备得到高亮度 LED。

4.2.1.4 带隙和合金

前面已经谈到过，诸如 GaAs、GaN 等材料，带隙对应的光子波长并不落在可见光波段，但可以应用能带工程，形成同主族材料三元、四元甚至多元合金，调节带隙对应到可见光波段，因而获得应用。例如，制备 A 和 B 半导体材料二元合金，合金的能带 E_g 与合金组分比之间满足一定关系，如果 A、B 两种化合物的成分为表述为 A_xB_{1-x}，则 A 和 B 两种二元化合物组成的三元合金的带隙为

$$E_g^{(AB)} = xE_g^{(A)} + (1-x)E_g^{(B)} - x(1-x)b_{AB}。 \tag{4.2.2}$$

式中，$E_g^{(A)}$ 为化合物 A 的带隙；$E_g^{(B)}$ 为化合物 B 的带隙；b_{AB} 为能带弯曲常数，数值为 1 eV 量级。从此式中可以看出，理论上带隙可以无限调节，可以随组分 x 的线性变化连续从 $E_g^{(A)}$ 到 $E_g^{(B)}$ 变化。此时，A 和 B 两种二元化合物组成的三元合金的晶格常数由维加德(Vegard)定律给出，即

$$l_{AB} = xl_A + (1-x)l_B。 \tag{4.2.3}$$

式中 l_A 和 l_B 分别是化合物 A 和 B 的晶格常数。

然而，实际上在能带工程中，能带并不能连续调节，还需要考虑 A_xB_{1-x} 二元合金在组分变化时应力的作用。虽然 A、B 可能是同主族元素构成的材料，原子的化学性质相近，但往往具有不同的原子半径，因而随着组分的变化，会产生因晶格变化引起的弹性应变，应变增大到一定程度，会有应力释放，导致位错的产生。因此，成分并不是自由连续可调，这在具体

应用中要引起注意。

4.2.2 材料体系

按照上述发光材料的要求，目前常见的LED材料体系有4种：用于小功率黄、黄绿、橙、琥珀色LED的GaP/GaAsP；用于红光及红外高亮度LED的AlGaAs/GaAs材料体系；用于高亮度红、橙、黄、黄绿LED的AlGaInP/GaAs、AlGaInP/GaP材料体系；用于超高亮度蓝、绿光LED的InGaN/GaN材料体系。

各种材料体系对应的LED应用发光波段及视觉函数曲线如图4.2.2所示。图中，虚线为视觉函数曲线，InGaN材料体系用虚线框表示其具有潜在应用，但还尚未开发。

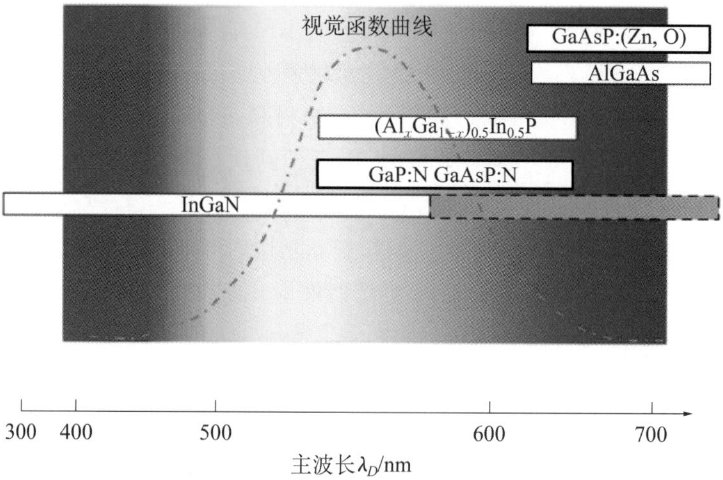

图4.2.2 各常见发光材料在LED应用对应的波段

从图4.2.2可以看到，LED在普通照明领域的广泛应用，各个LED材料体系对应的发光波段对应于人眼的光谱灵敏度曲线不同。图中，AlGaAs材料LED发出的红光对应视觉函数较小值，而GaP：N材料LED发出的光主要在绿光、黄光和橙红光等对应视觉函数较大值。这样，导致用流明效率来衡量LED的性能需加警惕。例如，对于InGaN材料体系，在460 nm发光波段材料制备比较容易，制备成的LED外量子效率最高，可以超过50%，但随着发光波长变短和变长，外量子效率都将下降，如图4.2.3所示。同样，对于AlGaInP体系材料，在600～700 nm波段，LED的外量子效率几乎随波长变长而提高。然而，由于人眼的视觉函数的关系，用光功率计测量同样的材料体系发光，并换算成流明效率，趋势将完全不同。不同材料体系的流明效率如图4.2.4所示。对于InGaN材料体系，LED的流明效率随波长变长而上升，而不像图4.2.3所示，在460 nm波段附近，达到峰值。这是由于人眼在460 nm的相对视觉函数仅为0.06，故流明效率很低，约为12 lm·W^{-1}。在530 nm段，InGaN材料LED的外量子效率急剧降低，不超过30%，但人眼在530 nm绿光的相对视觉函数可到达0.862，故流明效率较高，可超过80 lm·W^{-1}。对于AlGaInP体系材料同样如此，流明效率在610 nm附近达到最大值，然而，外量子效率却不是最大。由此，单利用流明效率来衡量单色LED往往可能会带来误解，如图4.2.4中530 nm的InGaN绿光LED的流明效率为86 lm·W^{-1}，远大

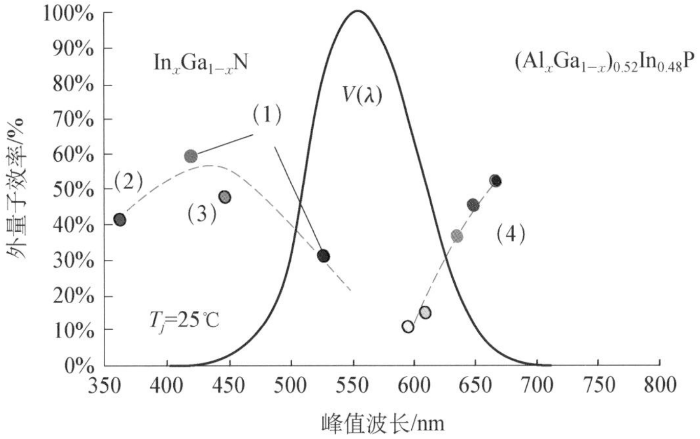

图 4.2.3 **InGaN 和 AlGaInP 材料体系 LED 的在不同波段的外量子效率**

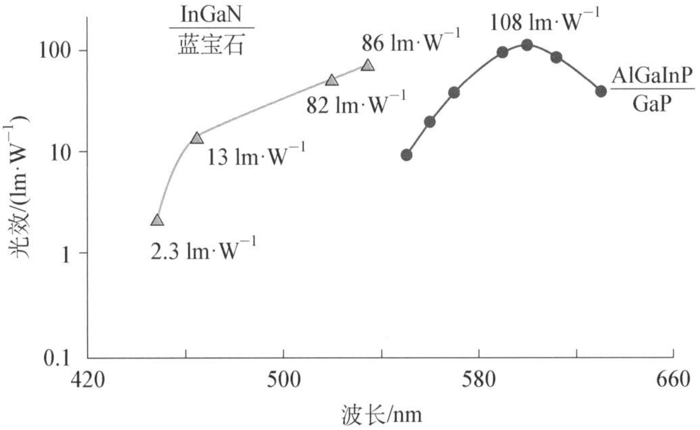

图 4.2.4 **InGaN 和 AlGaInP 材料体系 LED 的在不同波段的流明效率**

于 460 nm 的 InGaN 蓝光 LED 的流明效率 13 lm · W^{-1},但并不能简单认为绿光 LED 的光效比蓝光 LED 的光效高。事实上,绿光 LED 的发光材料质量不佳,往往位错密度高,并且器件结构不够理想,辐射性复合率低,还具有很大的改善空间。故对于单色发光材料,利用量子效率衡量其光效更能表述性能;而流明效率更适合衡量白光 LED。

4.2.2.1 GaP/GaAsP 材料体系

磷化镓和磷砷化镓在早期发光二极管材料中有重要的应用。世界上第一支 LED 就是 GaAsP 红色发光二极管,1962 年由通用电气公司的赫伦亚克研制成功。20 世纪 60 年代后期由 Mousanto 和 HP 公司进行规模生产。随后,LED 研究、开发受到世界各国的高度重视,并先后应用于红光、桔红、黄光和绿光波段。我国在 20 世纪 60 年代末的研究水平与国外相当。

GaP 属于闪锌矿结构晶体,在 0 K 时的带隙为2.34 eV,室温时为2.26 eV,为间接带隙。GaP 的导热性较好(97 W · mk^{-1})、性质稳定,除了位错外,主要的缺陷是 Ga 空位,属于深能级受主,浓度增加,缺陷密度增加,材料质量退化,绿光发光性能变弱。用液相外延(liquid phase epitaxy, LPE)技术制备的 GaP,往往表现为富镓的生长条件,Ga 空位较少;而用气相外延技术制备的GaP，往往更容易导致Ga空位。因此，用气相外延制备的GaP发光器件的效率往往比用液相外延制备的器件效率低。此外，Ga空位还会和其他缺陷形成复合体，进一步影响发光的性能。

GaP材料可实现n型导电，通常用Ⅵ族元素硫、硒、碲作为施主，电离能为0.1 eV，相比室温的kT（约0.026 eV）较大，属于较深的施主，因而，电子浓度不高。Si也可以作为施主，能级深度类似。同样，GaP也可以实现p型导电，通常用Ⅱ族元素锌、镁或镉作为受主，电离能为0.05～0.1 eV，其中锌是较常用的受主掺杂质，其能级位于价带顶0.06 eV。GaP材料往往容易受氧杂质污染，会在导带底0.8 eV处形成深能级施主，影响材料的发光性质。氧还会与Ga空位、杂质硅等形成复合体，作为深能级复合中心，进一步影响发光性质。GaP另外一个常见的杂质是铜(Cu)，会形成典型的深能级，促进载流子非辐射性复合。磷化镓的载流子迁移率受材料质量和载流子的浓度影响，在$10^{18}\ cm^{-3}$的浓度时，杂质和缺陷少的GaP电子和空穴的迁移率可达$100\ cm^2\cdot(s\cdot V)^{-1}$和$50\ cm^2\cdot(s\cdot V)^{-1}$。

前面提到，GaP在20世纪90年代前属于重要的发光材料，但从理论上讲，由于GaP的间接带隙结构，其辐射性复合的概率很小。为了提高光效，人们在20世纪70年代早期发明了GaAsP、GaP等电子掺杂技术，通过掺入不同的等电子陷阱发光中心，使红、黄、橙、绿LED的光效增加了10倍。典型的是在GaP中掺入N原子，N掺杂代替P原子，以等电子陷阱杂质形式出现，杂质能级位于带隙，在导带底0.008 eV处，而不是形成合金材料连续改变GaP的带隙宽度。掺N的GaP材料杂质带发光主要发绿光（约550 nm），是被陷阱N原子俘获的激子发光引起的。这是由于N的电子亲和力大，在材料中作为陷阱俘获电子，形成电负性中心，而这个电负性中心又可以吸引空穴，形成激子，激子束缚能为0.011 eV。即GaP导带中的电子由于N的陷阱作用，容易限制在陷阱周围，电子通过陷阱与空穴复合发光，使得跃迁几率大大增加，辐射性复合增强。

从基础理论来看，等电子掺杂效应是非常有趣的，是海森堡(Heisenberg)不确定性的实际应用的一个例子。按照海森堡不确定性原理，微观粒子的动量与位移的乘积是一确定值。即如果动量变化大，那么位移很小；如果位移小，那么动量变化大。在此例子中，等电子杂质的电子波函数被局域在很小的范围内（很小的Δx），那么，电子的波函数在动量空间扩展到比较大范围（较大的Δp）。因此，电子通过等电子陷阱垂直跃迁虽然动量改变较大，即Δp较大，但仍然具有较大概率，即电子从导带的X能谷跃迁到价带Γ中心导致的动量变化被等电子中心的杂质吸收，如图4.2.5所示。

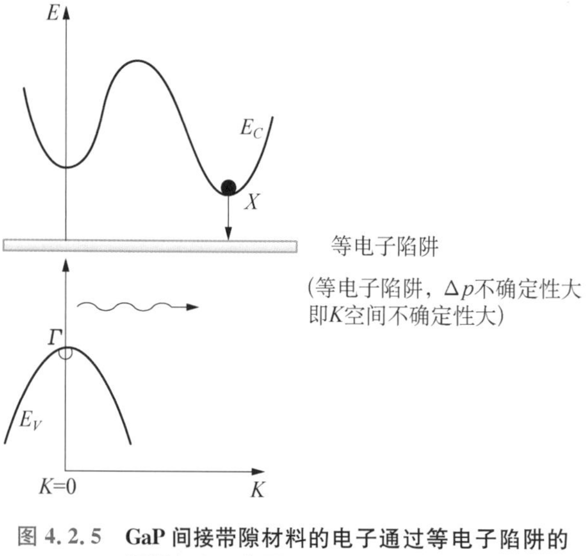

图4.2.5 GaP间接带隙材料的电子通过等电子陷阱的辐射复合示意图

掺N的GaP绿色LED具有较高

的效率，通常用气相外延或液相外延技术制备，且用液相外延制备的 LED 一般具有更高的效率。在液相外延中，通过氢气(H_2)作载气，输送氨气(NH_3)进入反应室，氨气分解掺入 N。可以在衬底上先外延一层 n 型层，其后再外延一层 p 型层。也可以先在衬底上外延一层 p 型层，其后再外延一层 n 型层，形成 pn 结。一般前者的光效更高，而且 pn 结的光效随掺杂 N 的浓度提高而提高，直到 N 的浓度到达 1×10^{19} cm^{-3}，其后利用液相外延技术掺 N 的浓度难以提高。若需继续提高掺 N 的浓度，可以利用气相外延方法，不会像用液相外延那样受到固溶度的限制，N 的浓度可以达到 10^{19} cm^{-3}数量级。此时，由于 N 的浓度提高，N 原子和 N 原子距离比较靠近，形成相互作用，可以形成 NN 对束缚激子发光，并且发出的光向长波长移动，发光光谱的峰值波长为 590 nm，属于黄色发光二极管。这种发光二极管在掺 N 的 GaAsP 黄色 LED 出现之前，曾是市面上主流的黄光 LED。

早期的 GaP 基 LED 通常用 GaAs 单晶作为衬底材料，因为 GaAs 单晶在 20 世纪 50 年代就出现，而此时 GaP 单晶还未曾制备。GaAs 单晶衬底具有一定的劣势，首先，GaAs 的禁带宽度较窄，容易吸收 GaP 发出的绿光或红光；其次，GaAs 和 GaP 的晶格常数相差较大(约 3.6%)，使得在这种衬底上外延 GaP，引入弹性应变，在厚度达到一定时容易释放，形成位错，因而内量子效率不高，早期只能用于低亮度指示牌领域。

后来，随着 GaP 单晶衬底制备工艺成熟，开始以 GaP 单晶作为衬底材料，此材料除了具有晶格匹配的优势，还具有透明衬底的优势。因为掺 N 的 GaP 发光，光子能量小于 GaP 衬底带隙，因而可以透过。由此，在制备掺 N 的 GaP 发光二极管时，同样需要设计掺 N 层的厚度。通常，只在有源层掺 N，或者在电子和空穴的扩散长度范围内掺 N，而在电流扩展层或限制层不掺 N，这样使得自吸收只发生在狭窄的有源层，以提高量子效率。

GaP 除了可以利用掺 N 实现等电子掺杂、发出绿光外，还可以通过掺杂 Zn 原子和 O 原子，实现 Zn－O 等电位掺杂，即 Zn 和 O 分别取代 Ga 位和 P 位。O 在距离导带底 0.896 eV 处形成一个深施主能级，Zn 在距离价带顶 0.064 eV 处形成一个浅受主能级。当这两个原子在 GaP 晶格中处于近邻的格点位时，可形成一个中性的 Zn－O 络合物，对电子起陷阱作用，束缚能为 0.3 eV。Zn－O 络合物俘获一个电子，与邻近的 Zn 受主俘获的空穴形成一对激子。这对激子可以复合发光，波长约为 660 nm，我们记为 1。单独的 O 中心俘获的电子和单独的 Zn 中心俘获的空穴也可以形成激子复合，发出红外光，记为 2。Zn－O 络合物俘获一个电子，形成负电荷中心，还可以再俘获一个空穴，形成另一种束缚激子，此空穴的束缚能级 E_{h1}位于价带顶的 0.037 eV 处；也可以复合发光，波长大约为 640 nm，记为 3。此外，加上 N 等电子掺杂，能级位于导带底 0.008 eV 附近，束缚电子后再俘获空穴，形成在价带顶 11 meV (E_{h_2})处的束缚激子，复合发出绿光，我们记为 4。这几个发光能级如图 4.2.6 所示。

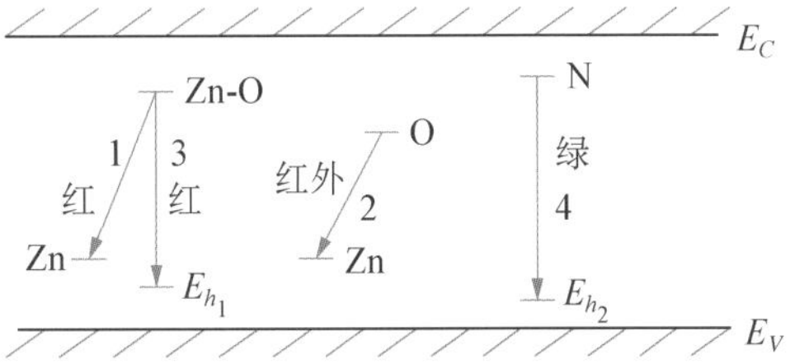

图 4.2.6　GaP 等电子掺杂符合示意图

以 GaP 单晶作为衬底，利用液相外延技术制备的 Zn－O 等电子掺杂的 GaP 红光 LED 的效率较高，其量子效率可达 15%；制备的 N 等电子掺杂的 GaP 绿光 LED，发光波长在 550 nm

附近，外量子效率达0.7%。

GaP 材料体系的另一个改进是 $GaAs_{1-x}P_x$，其中 x 为比例常数，可简写为 GaAsP。即用一部分 As 代替 P，形成 GaAs 和 GaP 的三元合金材料。$GaAs_{1-x}P_x$ 也是闪锌矿结构，其带隙随 x 的值增大而增大，即从以 GaAs 为主变为以 GaP 为主的合金。$GaAs_{1-x}P_x$ 带隙结构也随 x 变化，当 $x < 0.45$ 时，为直接禁带半导体，具有较强的发光性能，并且随着 x 值变小，LED 的外量子效率提高，但发光波长向长波长移动，甚至达到红外，因而，考虑到人眼的视觉函数，亮度反而降低。综合外量子效率和视觉函数，发现在 $x = 0.4$ 时，材料发光的亮度最高，此时发光波长为 650 nm，正是赫伦亚克发明红光发光二极管的材料。根据实验结果，发光波长随 GaP 组分的关系满足

$$\frac{1\,239.5}{\lambda} = 1.424 + 1.23x, \tag{4.2.4}$$

即可以自由根据 x 值调节发光波长。但是，当 $x \geqslant 0.45$ 时，材料趋于 GaP 为主，变为间接禁带半导体，发光波长变短，光效明显降低。如当 $x = 0.75$ 时，非等电子掺杂的 LED 外量子效率为0.002%，其原因首先是间接带隙结构，另外一个原因是位错密度升高。

为提高 GaAsP 材料 LED 的光效，同样可以利用 N 掺杂，形成等电子陷阱效应。掺 N 材料和非掺 N 材料的 LED 的发光量子效率对比如图 4.2.7所示，其中，图(a)和图(b)分别以组分和发光波长为横坐标。

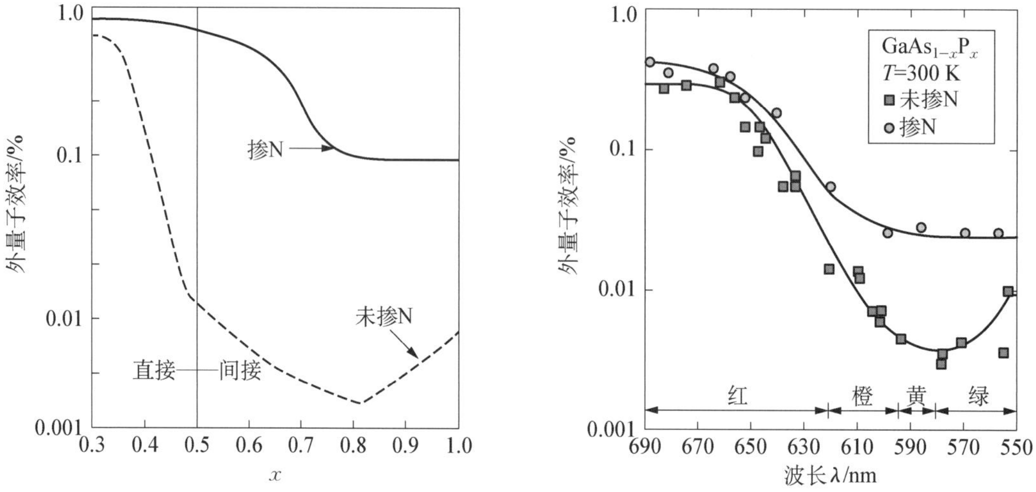

(a) 以 GaP 组分为横坐标　　　　(b) 以波长为横坐标

图 4.2.7　掺 N 对 $GaAs_{1-x}P_x$ 材料 LED 外量子效率的影响

从图 4.2.7 中可以看出，N 等电子掺杂可以提高材料的发光性能。在黄光发光波段，即在 GaP 组分大于等于0.75段，效率提高数十倍。但在 GaAs 组分比较小，即红光波段，等电子掺杂效应并不是很明显，因为此材料本身就是直接带隙材料。同样，N 等电子掺杂入 GaAsP 材料受固溶度的影响，最多达 10^{20} cm^{-3}。另外，通过等电子陷阱复合具有一定的时间，这两个条件限制了 LED 的注入电流不能太大，否则，效率将明显降低。GaAsP 材料的 LED 一般也以 GaP 作为透明衬底。

虽然通过等电子掺杂等方法可极大地提高 GaAsP 和 GaP LED 的光效，但由于此类材料属于间接跃迁，进一步提高转换效率困难很大。现阶段，GaAsP 红光 LED 大部分已经被磷化铝镓铟(AlGaInP)材料体系的 LED 代替，而 GaP：N 绿光 LED 效率较低，不能用于户外，大部分也被 InGaN 材料体系的 LED 代替。

4.2.2.2 AlGaAs/GaAs 材料体系

为了获得更高效的 LED 器件，20 世纪 80 年代初期，研究重点转向具有直接带隙的Ⅲ族砷化物。Ⅲ族砷化物包括砷化镓、砷化铝和砷化铟，这些材料的晶格常数、带隙和能带特点如图 4.2.8所示。其中，InAs 由于带隙太窄，为 0.39 eV，主要应用在红外波段，因而通常不在可见光发光器件应用方面讨论。在此，我们只讨论 GaAs、AlAs 及 AlGaAs。

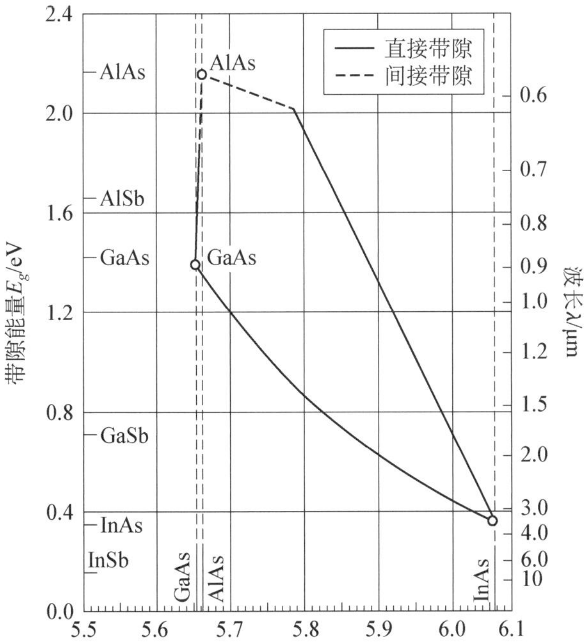

图 4.2.8 Ⅲ族砷化物材料的带隙、晶格常数和带隙结构

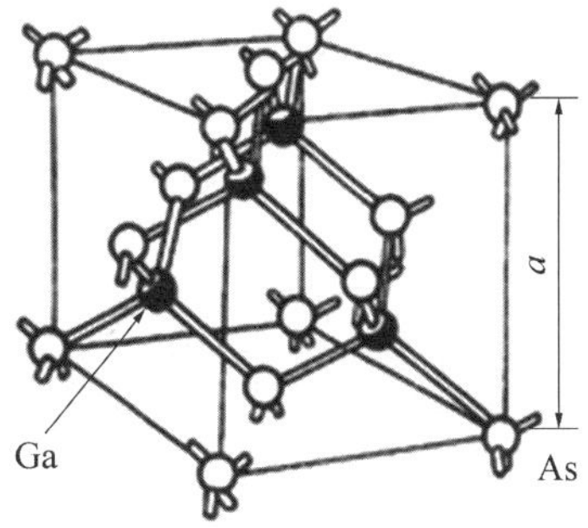

图 4.2.9 GaAs 晶格示意图

AlGaAs/GaAs 材料体系主要包括 AlAs、GaAs 以及 $Al_xGa_{1-x}As$，简写为 AlGaAs，是 AlAs 和 GaAs 的合金材料。AlAs 和 GaAs 以及它们的合金 AlGaAs 都是立方闪锌矿型晶格，其中，GaAs 结构如图 4.2.9所示。

GaAs 的禁带宽度是1.424 eV，为直接带隙半导体材料，热导率为 46 W·mK^{-1}，熔点为 1 238℃，化学性质稳定。GaAs 的施主掺杂包括Ⅳ族元素和Ⅵ族元素，如 Si、Se、S 和 Ge 等。然而，需要注意的是 Si 既可以代替 Ga 位形成施主，也可以代替 As 位形成受主态，具体的作用需要根据掺杂条件。同样，GaAs 受主掺杂主要包括 Zn、Mg 等。GaAs 具有优异的电学性能，如电子和空穴的迁移率分别可达8 500 cm^2·(s·V)$^{-1}$和 400 cm^2·(s·V)$^{-1}$，薄膜电导率低。GaAs 单晶材料制备工艺成熟、晶体质量高、缺陷少，理论上具有很好的量子效率。然而，由于带隙宽度对应的是 870 nm 的红外光，因而必须与更宽带隙材料形成合金，提高带隙宽度，才能发出可见光。

AlAs的禁带宽度是2.168 eV，是间接带隙半导体材料，并且其晶格常数与GaAs的晶格常数相差很小，分别为0.565 3 nm和0.566 2 nm，因而两者很容易制备成合金材料$Al_xGa_{1-x}As$，晶格失配的问题很少需要考虑。在砷化镓单晶衬底上外延AlGaAs材料，可以获得质量很好、位错密度很低的材料，非常有利于制备异质结结构，因而材料的光效会很高。

然而，由于GaAs和AlAs分别是直接带隙和间接带隙半导体材料，合金$Al_xGa_{1-x}As$的带隙结构会随合金的组分变化而变化。当$x < 0.45$时，$Al_xGa_{1-x}As$为直接禁带半导体，具有较强的发光性能，并且外量子效率随GaAs的组分增大而增大。对于纯GaAs发光材料，内量子效率也可以到达99%。然而另一方面，材料发光波长从红外过渡到可见光，并向红光靠近，人眼视觉灵敏度增加。因而，LED的流明光效先增大后随着量子效率减小而减小，有一个最佳范围。最佳流明效率在发光段640～660 nm之间，相应的x值为0.34～0.4，这一区域的内量子效率在50%左右。在合金AlGaAs中，随着AlAs组分的增大，从直接带隙过渡到间接带隙半导体材料，在$x = 0.45$是转折点，这时对应的发光波长为621 nm。当$x > 0.45$时，材料光效急剧降低。当$x < 0.45$时，$Al_xGa_{1-x}As$的带隙可以根据下式计算，即

$$E_g = 1.424 + 1.247x \quad (0 < x < 0.45), \tag{4.2.5}$$

单位为eV。可以根据发光波长需要，确定带隙E_g，然后确定AlAs的组分x值。

制备AlGaAs基红光发光二极管，可以采用量子阱和双异质结有源层技术。量子阱结构用GaAs作为阱层，利用量子限制效应使得发光波长变短，达到红光可见光波段。然而，量子阱结构容易使得载流子在量子阱中分布不均匀。当前，更多采用双异质结结构。

为进一步提高光效，双异质结结构LED又通常采用透明衬底双异质结结构。即在GaAs衬底上先生长一层(厚约125 μm)高Al组分的AlGaAs ($x > 0.6$)，之后生长低Al组分的AlGaAs作为有源层($x = 0.35$)，之后再生长一层(厚约125 μm)高Al组分的AlGaAs ($x > 0.6$)作为上覆盖层，即n - $Al_{0.65}Ga_{0.35}As/Al_{0.35}Ga_{0.65}As$/p - $Al_{0.65}Ga_{0.35}As$结构。之后，可吸收红光的GaAs衬底被打磨或去除腐蚀。通过这种去除衬底的方法，LED的效率可以提高两倍，在20 mA的注入电流下，发光强度为5 000 mcd，成为历史上第一种超过1 cd的发光二极管，比最好的GaP：N LED的亮度提高了2～3倍。因而，可以应用于户外，如汽车刹车灯、交通指示灯等。

早期，AlGaAs红光LED主要是利用液相外延生长，这种方法生产速度快，可以大规模生产厚膜高Al组分AlGaAs外延材料。后来，发展到用金属有机物化学气相沉积技术生长AlGaAs。但是，生长速度较慢，不适合厚膜透明衬底AlGaAs红光LED的大规模制备。

然而，AlGaAs材料存在两个目前尚无法解决的本质问题。一是$Al_xGa_{1-x}As$在$x < 0.45$时为直接带隙，但当$x > 0.45$时，AlGaAs材料从直接带隙变为间接带隙，因而随着AlAs成分的增加，AlGaAs材料间接带隙成分增加，使光效下降。因此，采用AlGaAs制备波长短于650 nm的LED存在困难。二是为了使发光波长到红光波段，有源区AlGaAs必须含有较高含量的Al，高Al值材料容易与水及氧化合生成氧化物，会导致器件寿命变短和衰减速度加快，从而影响此类器件的应用。具有厚AlGaAs(>0.1 μm)层的LED尤其容易

水解、裂痕、穿孔等而导致退化，为减弱退化，必须使覆盖层和有源层的 AlGaAs 变薄（例如 20 nm）。

由于上述的缺点，今天 AlGaAs 红光 LED 已经渐渐退出历史舞台。但是，AlGaInP 红光 LED 因为光效更高和有源层含 Al 更少，寿命更长，因而更具有优势。

4.2.2.3 AlGaInP 材料体系

在Ⅲ族磷化物中，磷化铝（AlP）和磷化镓（GaP）是间接带隙半导体材料，磷化铟（InP）是直接带隙半导体材料，可施行能带裁剪工程，利用 InP 与 AlP 和 GaP 形成三元或四元合金得到直接带隙半导体材料。在这些合金材料中，$(Al_xGa_{1-x})_{0.5}In_{0.5}P$ 是最广为利用的，在 20 世纪 80 年代末、90 年代初获得长足发展，并在与 GaAsP 和 AlGaAS 材料的竞争中胜出，成为现今红光、橙光和黄光 LED 的首选材料。

AlGaInP 可以与 GaAs 的晶格系数匹配，因而适宜外延。其原因是 P 原子比 As 原子小，然而 In 比 Ga 原子大，因而，一定组分的 GaInP 可以匹配 GaAs。实验表明，$Ga_{0.5}In_{0.5}P$ 几乎完美匹配 GaAs 晶格。另外，Al 原子和 Ga 原子半径相差很小，部分 Al 原子取代 $Ga_{0.5}In_{0.5}P$ 中的 Ga，对晶格常数变化不大。由此，$(Al_xGa_{1-x})_{0.5}In_{0.5}P$ 可以与 GaAs 形成很好的晶格匹配，进行异质外延。

对 $(Al_xGa_{1-x})_{0.5}In_{0.5}P$ 的带隙结构研究表明，当 $x<0.5$ 时，材料表现为直接带隙半导体材料；而 $x>0.5$ 时，材料从直接带隙过渡到间接带隙半导体材料；在过渡点（x 约为 0.5），材料的带隙为 2.33 eV，对应于发光波长 532 nm。也有人推算，$(Al_xGa_{1-x})_{0.5}In_{0.5}P$ 材料随 Al 组分 x 从直接带隙过渡到间接带隙，过渡点是 0.53，此时对应的发光波长为 555 nm。然而，无论过渡点是 0.5 还是 0.53，组分靠近过渡点的材料，即使理论上是直接带隙，光效也都会有较大下降，实际应用中都要尽量稍偏离过渡点。当 $x<0.5$ 时，调节 $(Al_xGa_{1-x})_{0.5}In_{0.5}P$ 中的 x 值，就可以改变发光波长，带隙宽度大致遵从

$$E_g = 1.91 + 0.61x \quad (0 < x < 0.45)。 \tag{4.2.6}$$

式中，x 即为 Al 的组分。$(Al_xGa_{1-x})_{0.5}In_{0.5}P$ 材料的带隙结构、晶格常数与组分的比例关系如图 4.2.10 所示。但是，图 4.2.10 与（4.2.6）式稍有不同，这是因为 $(Al_xGa_{1-x})_{0.5}In_{0.5}P$ 四元材料容易引起原子的有序度不同，会引起带隙变化。另外，不同的学者给出的数据也会有所差别。

为进一步明了 AlGaInP 材料体系的合金特点，图 4.2.11 给出了各合金材料的等晶格常数线和等禁带宽度线。从图 4.2.11 中很明显看出，在靠近 InP 附近，材料主要表现为直接带隙，对应长波长特点；在靠近 AlP 附近，材料表现为间接带隙，对应短波长特点；在靠近 GaP 附近区域，材料表现为混合特点。

利用此材料，可以制备 656～540 nm 范围内的发光器件。目前主要有下列 7 个品种：650～660 nm（极红），635～645 nm（亮红），625～630 nm（超红），615～620 nm（红橙），605～610 nm（橙），590～600 nm（黄），565～580 nm（黄绿）。AlGaInP 不能用液相外延生长，一般用金属有机物化学气相沉积（metal oganic chemical vapor deposition，MOCVD）技术制备，以实现对组分的高精度控制。由于此类材料具有光效高、Al 值低等特点，AlGaInP 与 GaInN 材料配合可实现全可见光波段的显示。

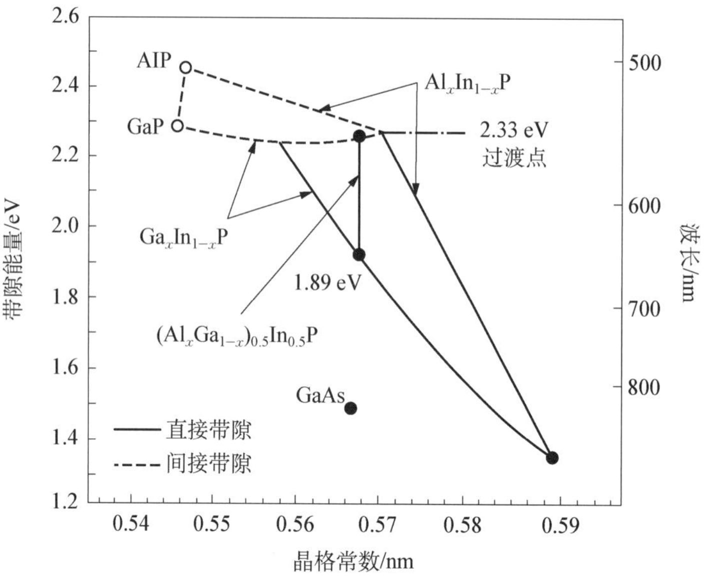

图 4.2.10 AlGaInP 材料体系的带隙结构与晶格常数的关系

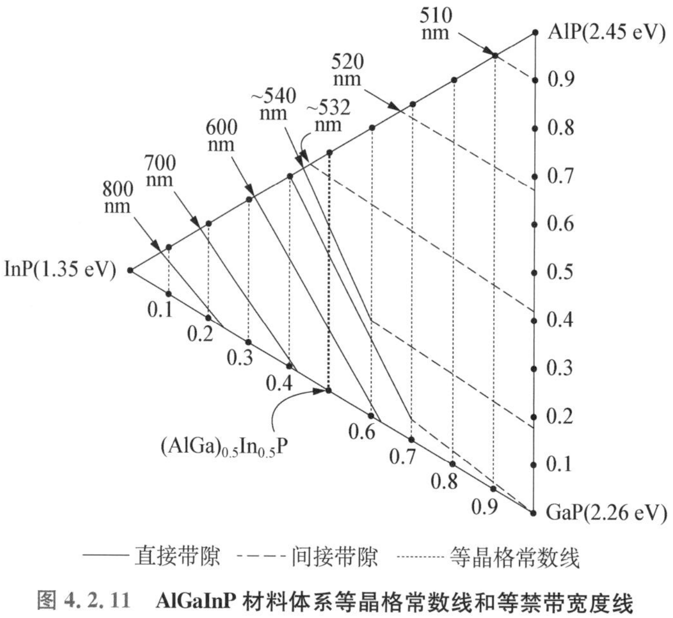

图 4.2.11 AlGaInP 材料体系等晶格常数线和等禁带宽度线

基于 AlGaInP 材料体系的 LED 还存在一些缺陷。首先，由于其高折射率(约为3.4)，材料制备成器件后光引出效率还有待提高。AlGaInP 与 AlGaAs 同样采用 GaAs 衬底，光吸收问题阻碍了效率的进一步提高。为提高光引出效率，人们采取了很多方法，如 DBR 技术、GaP 衬底替换技术、表面粗化技术等，后面我们还将阐述。

其次，AlGaInP 材料体系的 LED 的亮度与波长有很大关系。随着发光波长从红光过渡到绿光，AlGaInP 的发光量子效率会下降。其主要原因是，随着波长变短，合金材料的 Al 组分增大，材料质量会退化，材料的非直接跃迁成分也增大，内量子效率下降。但是，人眼对可见光的灵敏度也随着光从红光到绿光而增加。因而，AlGaInP 材料体系 LED 的亮度会随着波长的变短而增大，在 610 nm 达到最大值，随后下降。下降的原因是虽然人眼对光的敏感程度还在增加，但内量子效率衰减更快，因此亮度减小。在 AlGaInP 长波段区，其内量子效率很高，提高其光效的关键是要提高其光子的逃逸率。而随着波长变短，LED 在提高光的取出效率的同时，必须提高其内量子效率和电子的注入效率，解决载流子限制问题。其原因是$(Al_xGa_{1-x})_{0.5}In_{0.5}P$ 随 x 变化，带隙变化并不明显，导致量子限制效应不明显。另外，在有效提高光效的同时，还需解决材料和器件的可靠性问题。

通常，$(Al_xGa_{1-x})_{0.5}In_{0.5}P$ 材料可以利用 Te 或 Si 作为施主，实现 n 型导电；利用 Zn 或 Mg 作为受主，实现 p 型导电，制备成量子阱结构发光二极管，可以得到非常高的流明光效。在发光 614 nm 波段，红光 LED 可以超过 100 $lm \cdot W^{-1}$，到目前为止，在红光中，是流明效率最高的 LED，量子效率也较高。目前，$(Al_xGa_{1-x})_{0.5}In_{0.5}P$ 体系材料的红光 LED 已经形成主流。

4.2.2.4 Ⅲ族氮化物材料体系

从前面的材料体系可以看出，从红外到红光再到绿光的 LED 都已经可以制备，唯独缺蓝光 LED，因而不能实现基于 LED 的半导体照明，直到 20 世纪 90 年代初，终于获得突破。这一突破仍是基于材料的质量提高，即基于 GaN 基材料的Ⅲ族氮化物材料制备。Ⅲ族氮化物材料及其蓝、绿光 LED 的出现和快速发展，是 MOCVD 技术应用的另一个巨大成果，其发展与 AlGaInP 体系材料及器件几乎同步，使得高亮度蓝、绿光 LED 出现，使全色显示和半导体照明成为可能。

Ⅲ族氮化物材料，又称 GaN 基材料，是由元素周期表中的Ⅲ族元素与Ⅴ族元素中的 N 形成的化合物半导体材料，但通常不包括 BN。GaN 基材料主要有 GaN、InN、AlN、InGaN、AlGaN 和 AlInGaN 等合金材料。现阶段研究和应用比较成熟的主要集中在 GaN 材料和低 In 组分的 InGaN 及低 Al 组分的 AlGaN 材料，即蓝绿光和近紫外光波段。其中，低 In 组分的 InGaN 材料是当前蓝绿光 LED 有源层的主流材料，与 GaN 材料一起，是外延材料的关注热点。

GaN 基材料虽然在蓝光发光材料中成功应用较晚，然而，确是很早被研究的材料。早在 1907 年，费希特(F. Fichter)等人第一次人工合成了 AlN。1971年，潘可夫(Pankove)等人研制出金属-绝缘体-半导体结构的 GaN 蓝光 LED。但由于长期缺乏合适的衬底材料，GaN 基材料质量不佳、位错密度大，研究陷入了低潮。然而，到了 20 世纪 80 年代，GaN 基材料体系取得两个重大突破：缓冲层技术和 p 型材料的激活技术。1983年，吉田(Yoshida)等人利用分子束外延技术在 300 nm 厚的 AlN 缓冲层上生长 GaN 薄膜，材料质量得到很大提高；1986年，天野浩和赤崎勇利用 MOCVD 技术在 AlN 缓冲层上生长得到高质量的 GaN 薄膜。随后他们利用低能电子束照射技术得到了 Mg 掺杂的 p 型 GaN 样品，视为 GaN 研究发展的另一重大突破。在此基础上，他们制备得到 GaN 同质 pn 结发光二极管，然而，效率很低，性能不好。同一时期，中村修二等人利用低温下生长的薄层 GaN 作为缓冲层，在蓝宝石(sapphire)衬底上得到了高质量的 GaN 薄膜，并采用退火激活得到 p 型 GaN。在随后短短 3 年多时间内，中村修二等人在 GaN 基发光器件方面实现了 3 大跨越：1993年第一支 GaN

基高亮度蓝光 LED；1995年，第一支 GaN 基蓝光激光二级管（laser diode，LD）；1998 年，连续工作蓝光 LD 的寿命达到6 000h。此后，关于氮化物的研究掀起了热潮，采用 MOCVD 技术研制成功了 GaN 基蓝、绿光 LED 技术，轰动了世界。

GaN 基材料化学性质稳定，耐强酸强碱（非高温强碱）；材料硬度大，抗辐射，并且，除了 InN，均具有较宽的带隙，可以耐高温。材料优越的物理、化学性质使得材料可以在各种恶劣气候的条件下应用，无论是在地面，还是太空领域等，因而具有极其重要的价值。GaN 基材料最容易制备，也是研究得最多的。往往通过制备 GaN 材料，然后以 GaN 材料拓展制备多元合金材料。因而，首先要了解 GaN 材料的基本性质。

GaN 具有 3 种结构，纤锌矿、闪锌矿和岩盐（即 NaCl）结构。闪锌矿结构处于亚稳态，而岩盐矿在高压下才能得到。GaN 的 3 种结构，如图 4.2.12 所示。在常温常压状态下，纤锌矿结构为基材料 GaN、AlN、InN 的热稳定结构，其各组分的合金也是如此。纤锌矿具有六角对称结构，容易生长在同为六角对称结构的衬底上，如蓝宝石（$\alpha-Al_2O_3$）、碳化硅（SiC）等，具有两个晶格常数，如图 4.2.12（a）所示。而闪锌矿结构的 GaN 能够生长在 GaAs 或 Si（001）衬底上，具有一个晶格常数 a；岩盐结构同样如此。

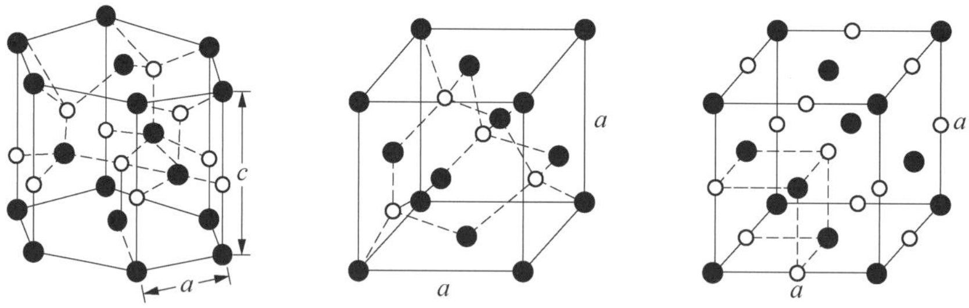

(a) 纤锌矿　　(b) 闪锌矿　　(c) 岩盐结构

图 4.2.12　GaN 的 3 种结构示意图

无论是纤锌矿结构还是闪锌矿结构，每个Ⅲ族原子周围有 4 个 N 原子，而每个 N 原子周围有 4 个Ⅲ族原子。所不同的是，它们的密排原子面的堆垛顺序。对于纤锌矿结构，（0001）晶面在[0001]取向的堆垛顺序为 $Ga_AN_AGa_BN_BGa_AN_AGa_BN_BGa_AN_AGa_BN_B$；而对于闪锌矿结构，（111）晶面在[111]取向的堆垛顺序为 $Ga_AN_AGa_BN_BGa_CN_CGa_AN_AGa_BN_BGa_CN_C$，如图 4.2.13所示。

对于稳定的纤锌矿结构 GaN，（0001）面在低指数平面中具有最低的表面能，所以人们容易获得生长在（0001）衬底上 c 轴取向的Ⅲ族氮化物薄膜。并且，也可以注意到，在纤锌矿 GaN 六角面内，要么是由 Ga 原子组成，要么是由 N 原子组成，并且交替，形成极性面。形成薄膜后，也总是以某一个极性面终止。一般而言，用 MOCVD 生长的六角结构薄膜，往往是以 Ga 面占据表面，而用分子束外延技术生长的 GaN，可以制备出 N 面为表面的薄膜。对于 GaN 单晶块材解理面，往往 Ga 面表现为光滑面，而 N 面表现为粗糙面。正是这种以 Ga 面为终止面，使得 GaN 性质非常稳定，可以抗击强酸的腐蚀。

GaN 的这种六角对称结构不具有中心对称的中心，其晶胞实际晶格常数偏离理想的六角结构晶格常数，往往会引起极化电场。理想的六角结构的晶格常数比 $c/a=\sqrt{8/3}=$

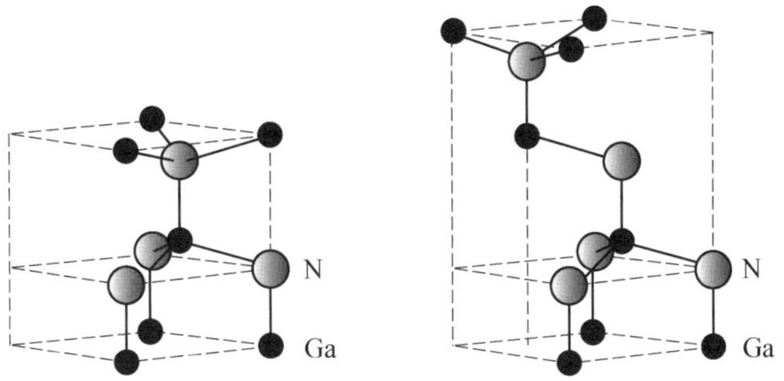

(a) 纤锌矿　　(b) 闪锌矿

图 4.2.13　GaN 的两种结构原子堆垛示意图

1.633(其中,c 和 a 分别是理想纤锌矿结构 GaN 的晶格常数),而实际 GaN、InN 和 AlN 的晶格常数比 c/a 分别为1.626、1.612和1.601,均小于理想的结构比值。这导致晶胞内的正负电荷中心不重合,形成电偶极化矩,产生自发极化电场(spontanous polarization, P_{SP})。由于 GaN、InN 和 AlN 的实际晶格常数偏离理想值依次增大,因而,极化电场强度也依次增大,强度可达 3 MV·cm^{-1},AlN 材料的自发极化强度仅比典型的钙钛矿结构铁电体小 3~5 倍。对于Ⅲ族氮化物合金材料,同样存在自发极化效应,其大小随合金的组分变化而变化。极化具有方向,其正方向定义为沿 c 轴从阳离子(Ga、In、Al)指向最近邻阴离子(N)的方向,即平行于[0001]方向,Ⅲ族氮化物中自发极化方向为负,与[0001]方向相反。因此,对于 Ga 面极化的薄膜,自发极化方向指向衬底,而 N 面极化薄膜的自发极化方向为背离衬底方向。自发极化方向示意图如图 4.2.14(a)所示。另外,在Ⅲ族氮化物中,还常常遇到压电极化(piezoelectronic polarization, P_{PZ}),其形成原因是由于 InGaN、AlGaN 或 AlN、InN 等Ⅲ族氮化物材料往往是生长在 GaN 支撑层上,由于 Al 原子或 In 原子与 Ga 原子的半径不同,导致 InGaN 或 AlGaN 在生长过程中往往受到支撑层压应变或张应变作用,使得Ⅲ族原子和 N 原子在 c 轴方向拉伸或压缩,感应出极化电场,用 P_{PZ} 表示。压电极化也往往非常大,可达 2 MV·cm^{-1},与自发极化数量级相同。不同材料的压电极化方向不同,如图 4.2.14(b)和(c)所示,表示用 MOCVD 方法制备的晶格应变的 AlGaN 和 InGaN 薄膜中的自发极化与压电极化方向示意。

(a) 自极化方向　　(b) 压电极化(Al)　　(c) 压电极化(In)

图 4.2.14　Ⅲ族氮化物自发极化和压电极化示意图

对于Ⅲ族氮化物器件,往往既存在自发极化,又存在压电极化,总的极化强度为自发极化和压电极化强度之和,即

$$P = P_{SP} + P_{PZ}。 \tag{4.2.7}$$

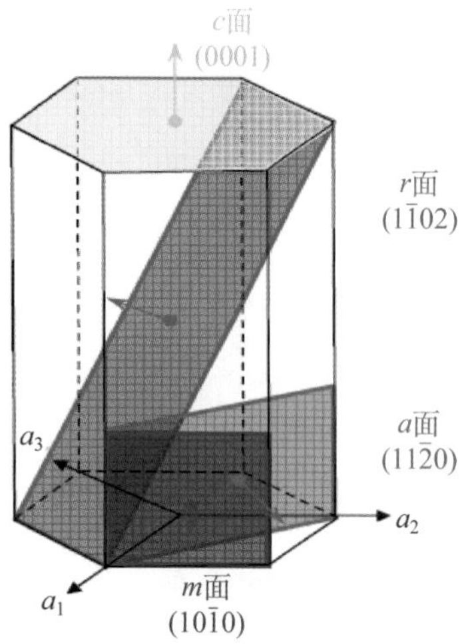

图 4.2.15 GaN 材料的晶格元胞示意图

对于压应变薄膜，如典型的 AlGaN/GaN，总极化增大；而对于张应变薄膜，如 InGaN/GaN 多量子阱中的 InGaN 量子阱层，总极化减小。对于由 Ga 原子组成的(0001)面，往往又称为极性面，与极性面垂直的面，称为非极性面，如典型的 m 面(10$\bar{1}$0)、a 面(11$\bar{2}$0)等。还有与极性面 c 面成一定角度的平面，往往称为半极性面，如 r 面(1$\bar{1}$02)及其他面。GaN 不同的面如图 4.2.15所示，其中 c 面是极性面，m 面和 a 面是非极性面，r 面是半极性面。不同取向的平面，往往具有不同的极化电场强度，c 面方向极化场强最大，非极性面极化场往往为零，而半极性面介于两者之间。Ⅲ族氮化物材料中的自发极化和压电极化效应是非常独特的，可产生许多有趣的现象。例如，利用压电极化效应，可以制备 AlGaN/GaN 层，由于能带断裂和压电极化效应，在界面薄层几纳米的厚度范围的二维面产生的电子浓度很高，称作二维电子气。二维电子气由于不利用施主掺杂，电子不容易受到散射，因而可以用于制备 GaN 基高迁移率场效应管。此外，利用极化效应，还可以提高紫外探测器的性能等。

GaN 基材料体系的二元、三元和四元化合物在整个原子组分范围内都是直接带隙，具有优越的光学性质。其中，GaN、AlN 和 InN 的禁带宽度在室温下分别是 3.39 eV、6.2 eV和 0.64 eV。应用能带工程，Ⅲ族氮化物的带隙可以在0.64～6.2 eV 这样广的范围调节，对应的波长从红外的 1 800 nm 左右到深紫外 200 nm 的波段，因而备受研究和应用界的青睐。Ⅲ族氮化物作为发光材料的另一个优势就是带隙差别大，GaN 和 InN 带隙相差约2.55 eV，而 AlAs 和 GaAs 只相差约 1.74 eV，$Al_{0.5}In_{0.5}P$ 和 $Ga_{0.5}In_{0.5}P$ 仅相差约 0.45 eV，这意味着，GaN 基异质结结构 LED 电子限制效应更加明显，载流子容易在有源层发光。

GaN 基材料的禁带宽度同样受温度的影响，遵从(Varshini)公式：

$$E_g(T) = E_g(0) - \frac{\alpha T^2}{T+\beta} 。 \tag{4.2.8}$$

式中，$E_g(0)$表示 0 K 时的带隙宽度；α 和 β 分别是一常数，称为瓦西尼(Varshni)参数。由此，GaN 基 LED 发光波长会随温度发生漂移，漂移大小取决于各参数。

现阶段 AlGaInN/GaN 体系合金材料利用得最多的是 $In_xGa_{1-x}N$ 和 $Al_xGa_{1-x}N$，四元合金 $Al_xIn_yGa_{1-x-y}N$ 应用得较少，大部分处在研究阶段。$In_xGa_{1-x}N$ 的带隙可以在0.64～3.4 eV 范围内连续可调，对应于近红外到近紫外的波段，覆盖整个可见光。因而在发光领域，尤其是在蓝光 LED 的有源层有极其重要的研究应用价值。同时，由于其带隙对应的波长覆盖太阳能辐射光谱的大部分，可以用来作为太阳能电池材料，吸收绝大部分的太阳辐射。用 InGaN 材料做成多节太阳能电池，理论上其效率可以超过 60%，因而在太阳能光伏电池领域形成研究热点。$Al_xGa_{1-x}N$ 材料的带隙可以在6.2～3.4 eV 范围内连续可调，对应于近紫外到深紫外的波段，一般用于紫外发光二极管，还可以用于高频、高功率电子器件，如高电子迁移率场效应管(high electron mobility transistors, HEMT)。

$In_xGa_{1-x}N$ 由 InN 和 GaN 两种二元化合物组成的三元合金，其带隙为

$$E_g^{(AB)} = xE_g^{(A)} + (1-x)E_g^{(B)} - x(1-x)b_{AB}。\tag{4.2.9}$$

式中，$E_g^{(A)}$ 为 InN 的带隙，为0.64eV；$E_g^{(B)}$ 为 GaN 的带隙，为 3.4 eV；b_{AB}为能带弯曲系数。因而，$In_xGa_{1-x}N$ 的带隙为

$$E_{InGaN} = 3.4 - 2.76x - x(1-x)b_{InGaN}。\tag{4.2.10}$$

对于 InGaN 材料合金的能带弯曲系数 b_{InGaN}值，具有较大争议。2002年，Naranjo 等人报道了 In 组分为0.19～0.37之间的 InGaN 薄膜，拟合得到了能带弯曲系数 b 为 3.6 eV。Wu. J 等人报道了 In 组分在0.5～1.0之间的 InGaN 合金的能带弯曲系数b 为 1.4 eV。随后，Hori 等人实现了全组分 InGaN 合金的生长，也发现当 In 组分大于0.6时，InGaN 的能带弯曲系数偏小，b 为 1.8 eV。综上所述可知，当 In 组分高于0.5时，得到的能带弯曲系数 b 偏小(1.4 eV 和 1.8 eV)，而当 In 组分低于0.5时，b 则偏大(3.6 eV)，可能与合金是 Ga 占主导还是 In 占主导有关。从公式可以看出，带隙并不随组分 x 线性变化。

$In_xGa_{1-x}N$ 三元合金的晶格常数由维加德定律给出：

$$l_{InGaN} = xl_{InN} + (1-x)l_{GaN}。\tag{4.2.11}$$

同样，式中的 l_{InGaN}、l_{InN}和 l_{GaN}分别是 $In_xGa_{1-x}N$、InN 和 GaN 的晶格常数。但维加德定律往往对体材料或完全驰豫的厚膜材料才成立。InGaN 材料往往是生长在 GaN 材料之上，受到 GaN 的晶格双轴应力作用，晶格会发生形变。一般表示为 c 面的 a 轴晶格常数变小，而由于晶格受到压应力，在 c 轴方向往往拉长，因而 c 轴晶格常数变大，不再适用维加德定律。

$Al_xGa_{1-x}N$ 材料的带隙可以在3.4～6.2 eV 范围内连续可调，对应于近紫外到深紫外波段，对消毒杀菌具有重要应用。同样，$Al_xGa_{1-x}N$ 是由 AlN 和 GaN 两种二元化合物组成的三元合金，其带隙可以根据类似(4.2.9)式的公式计算，即

$$E_{AlGaN} = 3.4 + 2.8x - x(1-x)b_{AlGaN}。\tag{4.2.12}$$

AlGaN 合金的能带弯曲系数 b_{AlGaN}，同样具有较大争议，其能带也不随组分 x 线性变化。

同样，AlN 和 InN 也可以组成合金，形成 $Al_xIn_{1-x}N$ 合金，其带隙可以公式计算，即

$$E_{AlInN} = 0.7 + 5.5x - x(1-x)b_{AlInN}。\tag{4.2.13}$$

b_{AlInN}的值同样存在一定的争议。对于 AlGaInN 四元组分的合金，迄今还研究得较少。Ⅲ族氮化物合金材料的带隙即晶格随组分变化的关系如图 4.2.16所示，其中，InGaN、AlGaN 和 AlInN 的能带弯曲系数分别取1.8、1.0和3.0。

另外，$Al_xGa_{1-x}N$ 合金的带隙结构有奇特的性质。纯 GaN 的导带能级可以分裂成重空

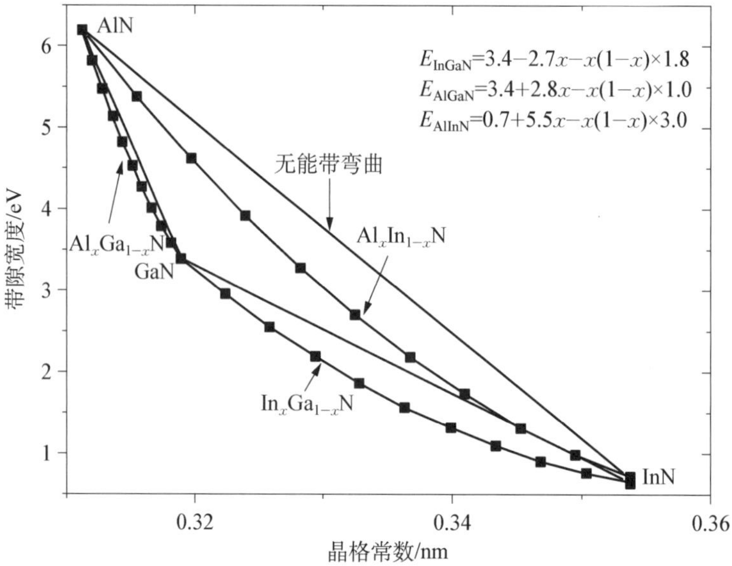

图 4.2.16　Ⅲ族氮化物合金的晶格常数与带隙宽度示意图

穴带、轻空穴带和晶场劈裂带，能级依次从高到低，点群对称性依次为 Γ_9、Γ_7 和 Γ_7，InN 与 GaN 类似，称为 GaN 型价带。AlN 的价带也分裂为重空穴带、轻空穴带和晶场劈裂带，然而，能量从高到低分别是晶场劈裂带、重空穴带和轻空穴带，对应的点群对称性分别为 Γ_7、Γ_9 和 Γ_7，如图 4.2.17(a)和(c)所示。这一价带排列顺序的差异使得在材料发光中占主导地位的导带到价带第一子带之间的激子跃迁具有截然不同的偏振态和出光率。AlN 中的第一激子的发光以 $E /\!/ c$ 偏振为主，而 GaN 和 InN 的第一激子的发光以 $E \perp c$ 为主，如图 4.2.17所示。光子的传播方向与其偏振方向垂直，因而，GaN 和 AlN 的发光光子方向主要沿着平行于 c 轴为主，因而，容易从 c 面取出光；而前者发光光子的传播方向以垂直于 c 轴为主，因而 c 面正出光弱，如图 4.2.18所示。$Al_xGa_{1-x}N$ 的价带结构介于 GaN 和 AlN 之间，具有一个过渡值。经过计算可以得知，过渡值约为0.25，即 $Al_{0.25}Ga_{0.75}N$，此时，重空穴带、轻空穴带和自旋劈裂带在 $\Gamma = 0$ 点重合，如图 4.2.17(b)所示。当 $x < 0.25$ 时，$Al_xGa_{1-x}N$ 是 GaN

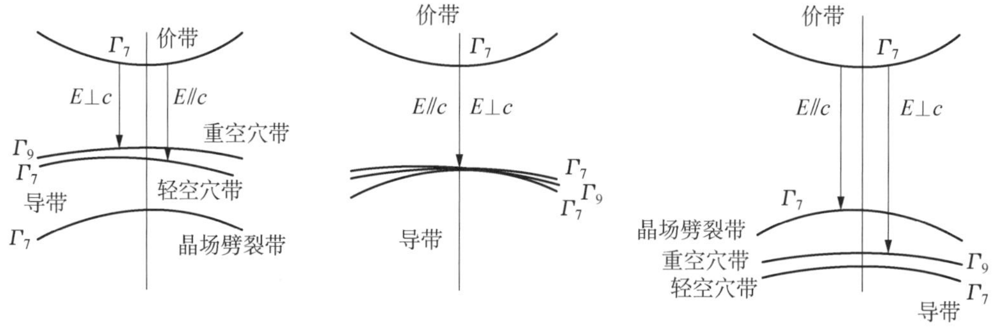

图 4.2.17　GaN、AlN 和 $Al_{0.25}Ga_{0.75}N$ 的能带及第一激子跃迁示意图

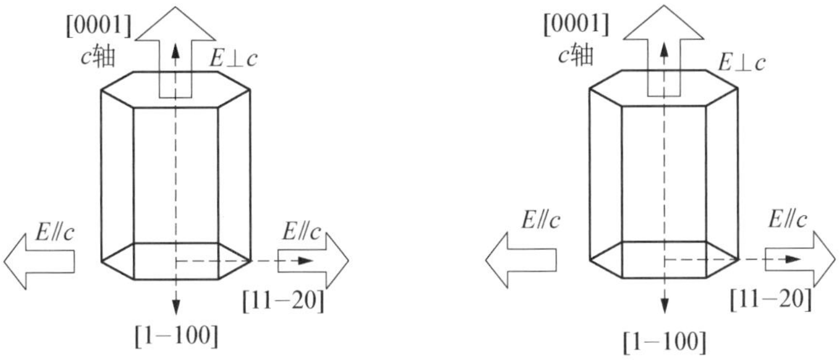

(a) GaN型价带材料　　(b) AlN型价带材料

图 4.2.18　Ⅲ族氮化物材料发光光子传播方向示意图

型价带结构；当 $x>0.25$ 时，$Al_xGa_{1-x}N$ 是 AlN 型价带结构。GaN 型价带结构和 AlN 型价带结构不同，则将导致许多新的有趣的现象，在此不展开。其中，值得一提的是 c 面紫外 LED 发光性质。Ⅲ族氮化物紫外 LED 往往利用 $Al_xGa_{1-x}N$ 作为有源层，并且，发光波长越短，x 的值越大。因而，深紫外 LED 的有源层往往具有 AlN 型价带结构，发出的光传播方向以垂直于生长面 c 面为主，光不容易取出，加上深紫外 LED 内量子效率不高，这更导致普通 c 面深紫外 LED 的外量子效率低下。另外，GaN 型价带结构使光子主要从 c 轴方向传播，将导致非极性面 LED 的出光变得困难。

Ⅲ族氮化物除了 InN 的带隙为 0.64 eV 外，AlN 和 GaN 带隙宽度较宽，又叫宽带隙半导体材料。到目前为止，GaN 的 n 型和 p 型掺杂研究得较多。其中，GaN 的施主通常用 Si，取代 Ga 位，很容易实现 n 型导电，n 型载流子浓度可以达到 $\sim 10^{19}\ cm^{-3}$。GaN 的受主通常是用 Zn 和 Mg，当前主要用 Mg。然而，p 型 GaN 的实现过程却艰难得多，经过长期的探索才得到。早期，由于材料制备手段有限，不能得到 GaN 单晶薄膜，材料缺陷位错密度高，非故意掺杂背景载流子浓度高，因而 p 型掺杂被淹没。后来，随着材料的制备手段改善、材料的质量提高，背景载流子浓度降低。然而，人们依然无法观察到 GaN 的 p 型导电。直到日本科学家天野浩利用低能电子束照射 Mg 掺杂的 GaN，才观察到薄膜样品发出蓝光，经确认，样品实现 p 型激活。后来，日本科学家中村修二发现，利用氮气氛围退火，Mg 掺杂的样品同样可以实现 p 型，并且指出在前期 Mg 掺杂的 GaN 薄膜一直未能实现 p 型的一个原因是因为 GaN 中的 Mg 往往与 H 形成复合物，使样品钝化，电阻率很高。天野浩利用低能电子束照射样品和中村修二利用退火对样品处理，均能打破 Mg - H 复合物，使 Mg 孤立，从而产生 p 型导电，这个过程往往叫做 p 型激活。典型 Mg 掺杂 GaN 薄膜的

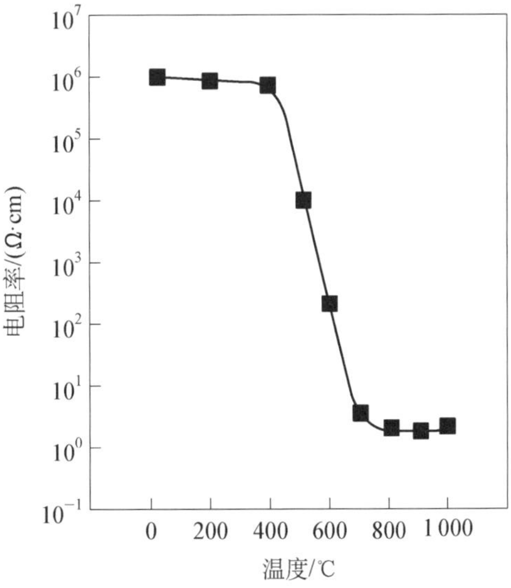

图 4.2.19　典型 Mg 掺杂 GaN 薄膜的电阻率随退火的温度变化

电阻率随退火温度的变化如图 4.2.19 所示。经过退火激活，薄膜的电阻率可以从约 $10^6\ \Omega\cdot$cm降低到约 $2\ \Omega\cdot$cm。如果把激活后的 Mg 掺杂的 GaN 样品，放在氨气氛围中在 400℃以上的温度中退火，氨气产生氢，又能重新钝化 Mg 掺杂的 GaN，使薄膜呈现高电阻态，如图 4.2.20 所示。低能电子束照射和氮气退火激活，均能实现 p 型导电。然而，由于低能电子束照射设备昂贵笨重，因此，现今 p 型激活大多数是在氮气氛围中退火，退火的温度在 500～800℃之间，但过高的退火温度会使薄膜样品的表面变差。

$$\text{Mg—H} \xrightarrow[\text{氮气中退火}]{\text{低能电子束照射}} \text{Mg}+\text{H} \xrightarrow[\text{氨气中退火}]{} \text{Mg—H}$$

图 4.2.20　Mg 掺杂的 GaN 的激活和钝化过程

此外，在 Mg 掺杂的 GaN 薄膜的 p 型激活过程中，伴随样品的蓝光(430～450 nm)和紫光带(约为 390 nm)激活。Mg 掺杂 GaN 样品的发光如图 4.2.21所示，图中插图为跃迁示意。Mg 掺杂的 GaN 在未激活时，Mg 与 H 形成复合体，因而 GaN 带隙间不存在 Mg 受主能级；通过退火或低能电子束照射，Mg 受主激活，在 GaN 价带顶 150～170 meV 产生受主能级。对于 Mg 重掺杂 GaN 中，Mg 容易诱导氮空位(V_N)产生，氮空位与 Mg 受主能级容易形成复合体 Ga_{Mg}-V_N，能级位于导带底 430 meV 处，因而可以形成深施主和浅受主对(donor-acceptor pair，DAP)的电子跃迁，并伴随蓝光带。而对于 Mg 轻度掺杂的 GaN，氮空位(V_N)往往并不是很充足，因而除了蓝光带，往往可以观察到紫外发射，对应的跃迁为导带到 Mg 受主能级。两个能带的跃迁显示在图 4.2.21的插图中。另外，激活后的 Mg 掺杂的 GaN 在 NH_3^2 气中退火，与 Mg 受主能级相关的光致荧光蓝光发光带往往会消失，这也是由于 Mg 与 H 形成复合体的缘故。在实际中，Mg 掺杂的 GaN 激活后往往只观察到蓝光带，这是因为 GaN 的 p 型掺杂往往是重掺杂，Mg 掺杂浓度达到约 10^{19} cm^{-3}。值得注意的是，由于 Mg 的深能级特性，Mg 掺杂的 GaN 空穴载流子浓度往往不高，大概在 $2\times10^{17}\sim5\times10^{17}$ cm^{-3}，继续提高 Mg 的掺杂浓度，往往会导致薄膜的质量退化，表面变得粗糙。

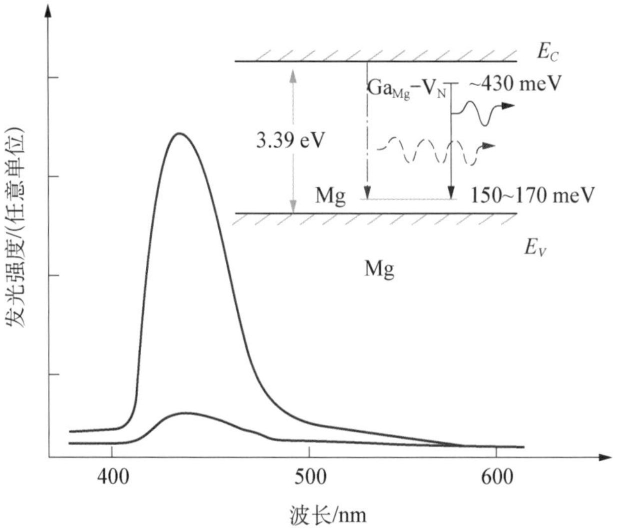

图 4.2.21　Mg 掺杂的 GaN 激活前后的光致荧光图谱示意图

在Ⅲ族氮化物材料中，最主要的缺陷包括位错、Ga 空位、N 空位，C、O、H 等杂质，以及堆垛位错、对位和间隙位。其中，GaN 和 InN 还容易出现表面金属原子聚集，尤其是对于 InN 及富 In 的 InGaN 材料。这些缺陷或杂质往往形成深能级，成为发光中心，最常见的深能级发光即 GaN 黄带，在 560 nm 附近，形成宽的发光带。然而，对于具体黄带所对应的跃迁机制往往存在争议，没有完全统一的见解。GaN 中的缺陷和位错，对于 GaN 材料的发光性质具有损害，应尽量提高材料质量、降低黄带。

质量优良的Ⅲ族氮化物的电子迁移率普遍较高，InN 可达4 400 $cm^2 \cdot (V \cdot s)^{-1}$；对于 GaN，薄膜材料可以达到 900 $cm^2 \cdot (V \cdot s)^{-1}$，块材可以达到1 000 $cm^2 \cdot (V \cdot s)^{-1}$；对于 AlN，电子迁移率较低，为 135 $cm^2 \cdot (V \cdot s)^{-1}$。然而，Ⅲ族氮化物的空穴迁移率普遍较低，GaN 最多可达 30 $cm^2 \cdot (V \cdot s)^{-1}$，普遍为 10～20 $cm^2 \cdot (V \cdot s)^{-1}$，而 AlN 的更低，最高为 14 $cm^2 \cdot (V \cdot s)^{-1}$，因而 p 型材料普遍电阻率较大。对于 p 型 GaN，薄膜电阻率仍然达到约 2 Ω · cm。Ⅲ族氮化物的各物理性质见表 4.2.1。

表 4.2.1　Ⅲ族氮化物的各物理参数

物理参数	单位	GaN	AlN	InN
晶体结构		纤锌矿	纤锌矿	纤锌矿
密度	$g \cdot cm^{-1}$	6.15	3.23	6.81
静态介电常数		8.9	8.5	15.3
高频介电常数		5.35	4.77	8.4
禁带宽度(*G* 能谷)	eV	3.4	6.2	0.7
电子有效质量(*G* 能谷)	M_e	0.20	0.48	0.11
分离能	eV	8.3	9.5	7.1
极化光学声子能量	MeV	91.2	99.2	89.0
晶格常数 *a*	nm	0.318 9	0.311 2	0.353 7
晶格常数 *c*	nm	0.518 5	0.498 2	0.570 3
自发极化强度	$C \cdot m^2$	−0.034	−0.042	−0.090
电子迁移率	$cm^2 \cdot (V \cdot s)^{-1}$	1 000(块材)	135	4 400
		2 000(二维电子气)		
空穴迁移率	$cm^2 \cdot (V \cdot s)^{-1}$	30	14	
空穴寿命	Ns	～7		
空穴扩散长度(300 K)	Nm	～800		
饱和电子漂移速度	$cm \cdot s^{-1}$	2.5×10^7	1.4×10^7	2.5×10^7
峰值电子漂移速度	$cm \cdot s^{-1}$	3.1×10^7	1.7×10^7	4.3×10^7
峰值速率场	$kV \cdot cm^{-1}$	150	450	67

续表

物理参数	单位	GaN	AlN	InN
击穿场强	$kV \cdot cm^{-1}$	$>5\times10^6$		
轻空穴质量	M_e	0.259	0.471	
热导率	$W \cdot (cm \cdot K)^{-1}$	1.5	2	
溶解温度	℃	>1 700	3 000	1 100

Ⅲ族氮化物材料体系主要的生长技术是 MOCVD，利用两步法生长工艺制备而得。即先在低温下，在蓝宝石或其他衬底上制备一薄层 GaN 或 AlN，其后升高温度至1 050℃左右，外延 GaN 材料。利用两步法技术比用直接生长法可大大提高材料质量，从而为 GaN 蓝光 LED 奠定基础。另外，在制备高 In 组分的 InGaN 或 InN 材料时，由于需要低温生长，利用分子束外延生长更有优势。到目前为止，还没有商用化的大块 GaN 单晶。GaN 薄膜材料质量与传统的 AlGaInP、GaAs 和 GaAsP 等相比，具有高得多的位错密度，因而具有很大的改进空间，可以通过各种技术降低材料位错密度，具体方法将在后面提到。

尽管利用各种技术努力提高Ⅲ族氮化物的材料质量，然而，到目前为止，普通工艺制备的 GaN 材料位错密度也超过 $10^8\ cm^{-2}$，即使利用各种办法，也最多降低到 $10^6\ cm^{-2}$，位错密度仍然很高。然而，氮化物发光性能对位错相对来说并不敏感，已经在半导体蓝绿光发光领域及白光半导体照明领域获得巨大应用。以此材料体系制备多量子阱结构 LED，以蓝宝石或 SiC 为衬底，以 InGaN 材料作为有源层，在 460 nm 波段内量子效率超过 80%。美国 Cree 公司利用蓝光芯片加荧光粉技术封装成正白光 LED，在 350 mA 的注入电流下光效达 254 $lm \cdot W^{-1}$，大功率 LED 的产业水平已经达到 160 $lm \cdot W^{-1}$，推进了半导体照明的应用。GaN 基材料在高位错密度仍然具有很高的光效的机理，到目前为止还没有定论。其中一个观点认为，虽然氮化物在生长过程中引入了穿透到薄膜表面的线位错，而线位错往往带电，形成电子或空穴的陷阱中心，对发光有害。但在氮化物中，尤其是在 InGaN/GaN 组成的量子阱中，InGaN 层往往产生 In 组分涨落效应，形成富 In 的 InGaN 团簇或量子点，具有局域化势阱效应，使载流子不会扩散到位错，而是在富 In 的团簇或量子点发光，因而具有较高的光效，其载流子复合如图 4.2.22所示。在此图中，只有少部分载流子被线位错捕获，不发光。这种观点对于 InGaN、InAlN 等多元合金材料具有较好解释，原因是在多元合金中普

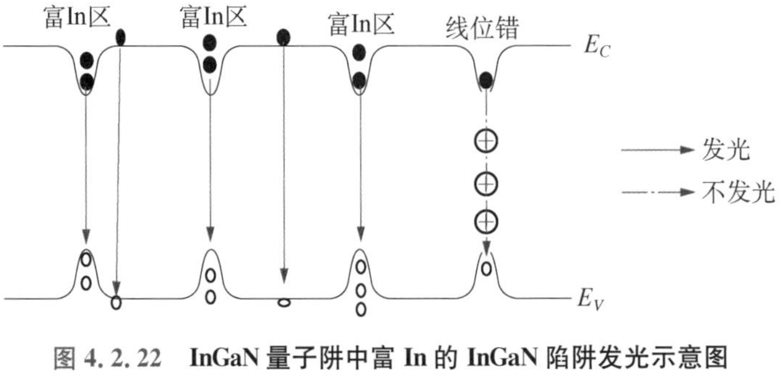

图 4.2.22　InGaN 量子阱中富 In 的 InGaN 陷阱发光示意图

遍存在相分离，即存在实际成分涨落随机分布现象，而不是原子有序均匀排列。另一种观点认为，GaN 是一种典型的宽带隙半导体材料，载流子的扩散长度较短，只有 50 nm 左右，因而，只要位错之间的平均距离小于 50 nm，即位错密度小于 10^{10} cm^{-2}，则在低电流注入下，位错对于材料的发光影响不大。然而，到目前为止，关于Ⅲ族氮化物发光性能对于位错不敏感的解释仍没有统一定论。

值得提及的是，正如图 4.2.22示，Ⅲ族氮化物虽然在较高位错密度下仍然能够保持较高效率，但并不是说位错对于效率完全没有影响。已经有实验表明，在大电流注入下，位错将作为非辐射性复合将大大降低光效，尤其是对于激光发光二极管，位错更加有害。因而，提高材料质量、降低位错密度仍是未来一个重要任务。

虽然Ⅲ族氮化物材料在蓝光波段具有很强的光效，然而，还是存在很多问题。首先，p 型 GaN 材料的空穴浓度仍然很难提高，成为阻碍基于 GaN 材料的器件发展的难题。GaN 中典型的受主杂质为 Mg，属深受主杂质(150～170 meV 左右)，室温下 Mg 的掺杂浓度即使达到 1×10^{20} cm^{-3}，也只有大约不到 1%的 Mg 电离。此外，Mg 还可与材料中的 H 形成络合物 Mg-H(即氢钝化作用)，使 p 型 GaN 的空穴浓度进一步降低。所以，目前 p 型 GaN 的空穴浓度通常都难以达到 1×10^{18} cm^{-3}，大多在 $3\times10^{17}\sim7\times10^{17}$ cm^{-3}范围，使得 p 型 GaN 材料的电阻仍然比较高。若用此材料制备器件，则在薄膜上具有较大的压降，即寄生电阻较大。另一方面，对于高 Al 组分的 AlGaN 和高 In 组分的 InGaN，仍然不能制备出 p 型材料，更不用说 p 型 AlN 和 p 型 InN。其原因是，对于高 Al 组分 AlGaN，随着 Al 组分增加，AlGaN 带隙变宽，Mg 受主在 AlGaN 带隙中的位置更加变深，成为深受主，在室温下无法电离。对于高 In 组分 InGaN，InN 和 GaN 面内晶格常数分别为3.54Å 和3.189Å，失配度高达 11%，在生长状态下 InN 的 N 平衡压强远高于 GaN 的 N 平衡压强，这使得 GaN 和 InN 很难互熔，InGaN 合金生长困难，InN 的相分离现象严重。另外，在Ⅲ-Ⅴ族半导体材料生长过程中，Ⅲ族原子易表面分凝(surface segregation)。在 Al、Ga、In 这 3 种原子中，In 原子的表面分凝作用是最强的。由于以上原因，InGaN 薄膜中 In 的组分振荡难以避免，特别是高 In 组分的 InGaN 材料。在此条件下，非故意掺杂的背景载流子浓度增加，往往补偿 Mg 的掺杂，无法获得 p 型掺杂的 InGaN；而对于 Mg 掺杂 InN，表面分凝更加严重，表面聚集电子，产生费米面的表面钉扎，使得表面无论如何不能出现 p 型等。迄今，能够稳定利用的 p 型Ⅲ族氮化物材料集中在 $Al_{0.2}Ga_{0.8}N$ 到 GaN 到 $In_{0.2}Ga_{0.8}N$ 范围之内。$In_xGa_{1-x}N$ 作为量子阱有源层也最多利用到 $In_{0.3}Ga_{0.7}N$，即氮化物的应用波长暂时只能限制在近紫外、紫光、蓝光和绿光波段，还有广阔的波段空间没有开发利用，有待材料的质量提高，从而扩展应用波段。

另外，GaN 基 LED 的应用在蓝光小电流注入下效率较高，但一旦在大电流注入和波长应用到绿光、黄光、红光等波段，效率会急剧下降。随注入电流加大，效率下降的效应叫(efficiency droop)效应。LED 应用在绿光波段，效率下降，无论是 GaN 基材料还是 AlGaInP 或 GaAsP 等材料，皆难以开发出高效的绿光 LED，这叫绿色光隙(green gap)，即绿光效率低。Droop 效应有多个原因，最主要的其一为俄歇复合，其二是载流子溢出，但没有统一定论，我们后面还会讨论。GaN 绿光 LED 效率降低的很大原因是 InGaN 材料质量退化，以及量子斯塔克(Stark)效应，在后面我们也将会讨论。

为了消除或减小通常 c 轴向生长的 LED 的 Droop 效应和量子斯塔克效应，可以选择 LED 材料外延生长为非极性面，如图 4.2.15 中的 GaN 的 m 面或 a 面为生长方向，材料的自发极化效应和压电极化效应仍然存在，但是只是沿着生长方向，即 LED 电流注入的垂直方向，对电子和空穴的空间波函数影响不大。利用非极性面或半极性面材料制备得到 LED，可以获得性能更好的绿光和黄光 LED。例如，美国加州伯克利大学圣塔芭芭拉分校中村修二教授在半极性面$(11\bar{2}2)$GaN 衬底上生长自支撑 GaN 基 LED，部分消除了量子限制斯塔克效应(quantum-confined-Stark effect, QCSE)，在黄光波段 562.7 nm 处，注入 20 mA 和 200 mA 的电流，输出功率分别到达 5.9 mW 和29.2 mW，外量子效率分别是13.4%和6.4%。在此波段，效率已经超过一般商用 AlGaInP 系黄光发光二极管，在未来的应用中将具有很大的竞争力，为解决困扰 LED 界的黄绿波段光效降低的现象提供了可能的解决方案。关于非极性面或半极性面 LED，我们也会在后面讨论。

4.2.3 红、绿、蓝 LED 性能的比较

4.2.3.1 红、绿、蓝 LED 的波长与效率

通过上述材料体系的分析，近 10 年来，蓝、绿、红光及白光 LED 已得到广泛应用。因此，AlGaInP 和 GaN 材料 LED 的发展，改变和发展了照明和显示领域，丰富了人们的生活。表 4.2.2列出了各材料体系 LED 的特点和用途、制备方法、器件结构及发光主波长等。

表 4.2.2 各个波段光及其对应的发光材料、器件结构、制备方法和发光主波长

光色	衬底	有源层	LED 结构	外延方法	发光波长/nm	外量子效率/%
紫外	Sapphire	GaN	MQW	MOCVD	365	>50
蓝光	Sapphire	InGaN	MQW	MOCVD	460	>80
绿光	sapphire	InGaN	MQW	MOCVD	525	~30
黄绿光	GaP	GaP	HS	LPE	570	>0.7
黄光	GaAs	AlInGaP	MQW	MOCVD	590	>10
黄光	GaP	GaAsP	HS	VPE+扩散	590	
橘红光	GaAs	AlGaInP	MQW	MOCVD	614	≥35
橘红光	GaAs	AlInGaP	MQW	MOCVD	625	>40
橘红光	GaP	GaAsP	HS	VPE+扩散	630	>4
红光	GaP	AlGaInP	MQW	MOCVD	650	>55
红光	GaP	GaP	HS	VPE+扩散	650	
红光	GaP	GaAsP	HS	LPE	660	>15
红光	GaAs	AlGaAs	SH	LPE	660	
红光	GaAs	AlGaAs	DH	LPE	660	>16
红外光	GaAs	InGaAs	DH	LPE	870,930	>80

从表 4.2.2 中可以看出，在当前人们可以制备的各色 LED 中，红光和蓝光 LED 外量子

效率较高，提高的空间有限，而绿光LED的效率还有一定的提升空间。目前，可以提供商用红绿蓝三色LED，并可以合成白光，其对应的材料体系分别是氮化物和AlGaInP。其中，蓝光和绿光LED的结构基本相同，只不过有源层InGaN中的In组分稍有不同，造成带隙变化、发出的光波长变化。

然而，正是因为有源层材料的不同，使得商用红绿蓝LED的性质有所变化，体现为发光半峰宽(full width at half maxium, FWHM)不同、波长随注入电流的偏移、效率随注入电流变化、工作电压与结温变化，效率与环境温度变化等，这些在照明设计上都需要综合考虑。

4.2.3.2 红绿蓝LED峰形

首先，我们看看不同LED的半峰宽不同。图4.2.23所示是某厂家提供的红、绿、蓝各色LED的归一化发光光谱结构。理论上，LED的能谱半峰宽可以根据公式计算得出，即

$$\mathrm{FWHM} = \sim 1.8\,kT。 \tag{4.2.14}$$

式中，k和T分别是玻尔兹曼常数和开氏温度，即在室温下，半峰宽均为0.047 eV。对照图4.2.23，将波长换算成光子能量，可以发现，虽然红、绿、蓝LED的半峰宽均超过理论值，但是绿光超过的更大。即绿光发光峰展宽过宽，其原因是绿光LED的有源层是高In组分的InGaN($\sim In_{0.25}Ga_{0.75}N$)，晶体质量变差，In组分涨落更大，因此造成发光峰展开，如果波长扩展到黄光波段，则展宽将更大。

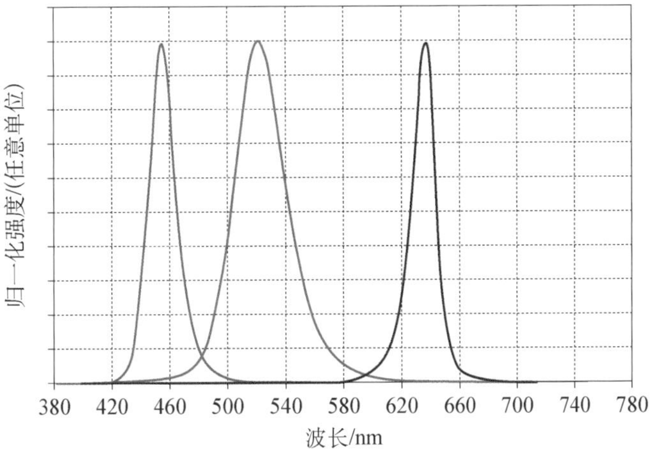

图4.2.23 红、绿、蓝LED发光光谱

4.2.3.3 红、绿、蓝LED波长随注入电流大小的变化

LED的发光峰对应的波长也往往会随着注入电流的大小发生改变，即表现出颜色随注入电流发生偏移，这在调光中需要仔细考虑。红、绿、蓝LED的发光波长随电流大小发生的改变如图4.2.24所示。对于AlGaInP红光LED，发光波长往往随注入电流增大产生红移，其原因是因为注入电流加大，pn结的结温升高，导致有源层的带隙变窄，波长变长。红移的大小主要取决于pn结的散热设计，如果散热设计良好，则红移可以忽略。而对于蓝光和绿光LED，则恰好相反，发光波长是随着注入电流加大，产生蓝移。其原因是GaN基LED量子阱中存在自发极化和压电电场，产生能带弯曲，形成量子限制的斯塔克效应，其示意图如

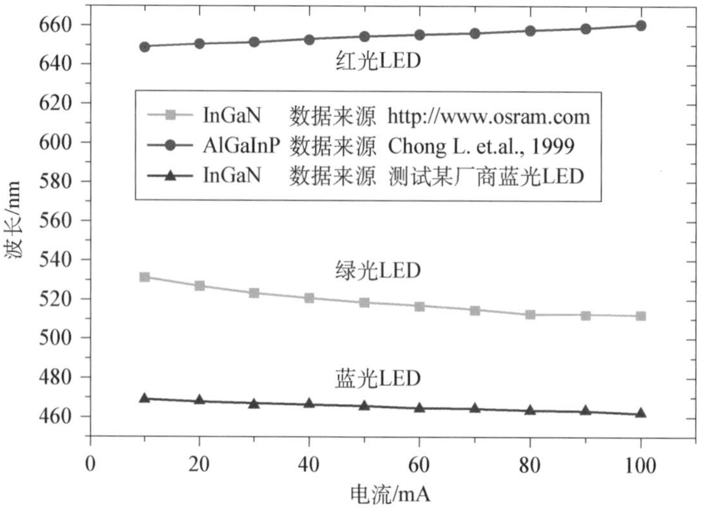

图 4.2.24 红、绿、蓝 3 种 LED 的波长随注入电流大小的变化示意图

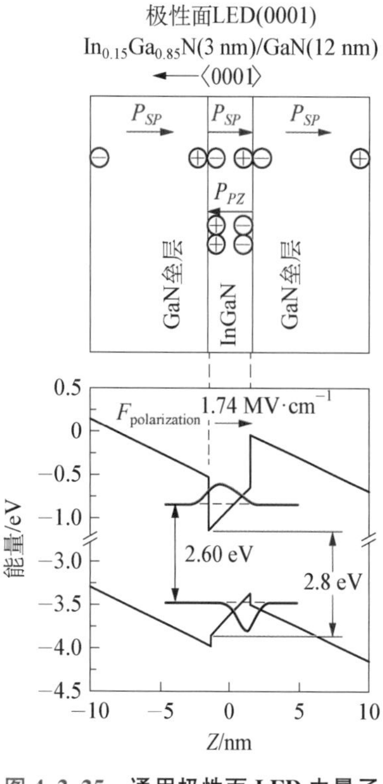

图 4.2.25 通用极性面 LED 中量子斯塔克效应示意图

图 4.2.25所示。在此图中，量子阱导带到价带的间隙约为 2.8 eV，但由于能带受极化场影响，量子阱能带弯曲，使得有效带隙宽度变窄，约为 2.6 eV。随着注入电流的加大，往往会屏蔽极化电场，量子阱能带拉平，有效带隙变宽，因而发光波长变短，即产生蓝移。另一方面，由于极化场存在，在量子阱中，电子和空穴的空间波函数错开，交叠区域变小，即如图 4.2.25所示，使得电子和空穴复合概率变小，LED 的效率变低。这在绿光 LED 中更明显。

其实，蓝光绿光 LED 的量子阱的带隙也会随着注入电流的加大，结温升高，带隙变窄，但这个变窄往往不足以抵消斯塔克效应。这种效应会随 LED 发光波长变长而加大，即发光波长变长，LED 的 InGaN 量子阱 In 组分变大，与支撑层 GaN 的晶格系数相差大，弹性应变加大导致压电极化变大，因而导致量子斯塔克效应增大。蓝光、绿光 LED 的波长漂移较大，电流从 20 mA 加大到 350 mA，漂移往往会有几十纳米，这在照明设计上应多加注意。

4.2.3.4 红、绿、蓝 LED 效率随注入电流大小的变化

红、绿、蓝 LED 的效率往往也会随着注入电流的加大而降低，典型的归一化功率随电流变化的关系如图 4.2.26所示。从此图中可以看出，红、绿、蓝 LED 的归一化功率都随着注入电流加大而增大，但不是线性的增大，都有一个滚降（roll-off）的趋势，即产生前面提到过的 Droop 效应。但 AlGaInP 红光 LED 下降的趋势较慢，这是因为 AlGaInP 量子阱结构有源层往往更厚，材料质量也比红、绿光的好。关于 Droop 效应的具体机理和讨论将在后面展开。

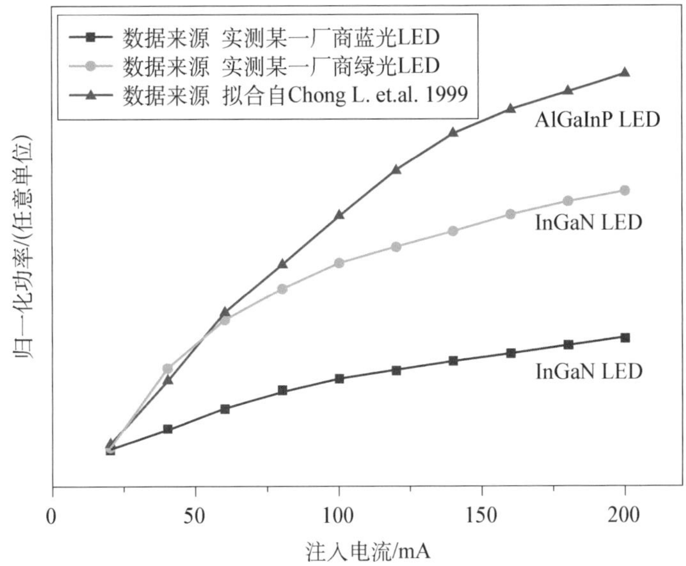

图 4.2.26 **红、绿、蓝 3 种 LED 的归一化功率随注入电流大小的变化示意图**

4.2.3.5 红、绿、蓝 LED 效率随温度的变化

LED 作为一种半导体材料制备的发光器件，对温度特别敏感，其光效往往会随温度上升而急剧降低。典型红、绿、蓝光 LED 的效率随温度变化的关系如图 4.2.27所示。从此图中可以看出，蓝光 LED 的效率对温度依赖较弱，而绿光 LED 对温度依赖较强。这是由于 LED 的量子阱往往质量较差，位错密度提高，因而非辐射性复合中心活跃导致光效降低。而 AlGaInP 红光 LED 的效率随温度上升，效率急剧下降。其原因可以归结为 AlGaInP

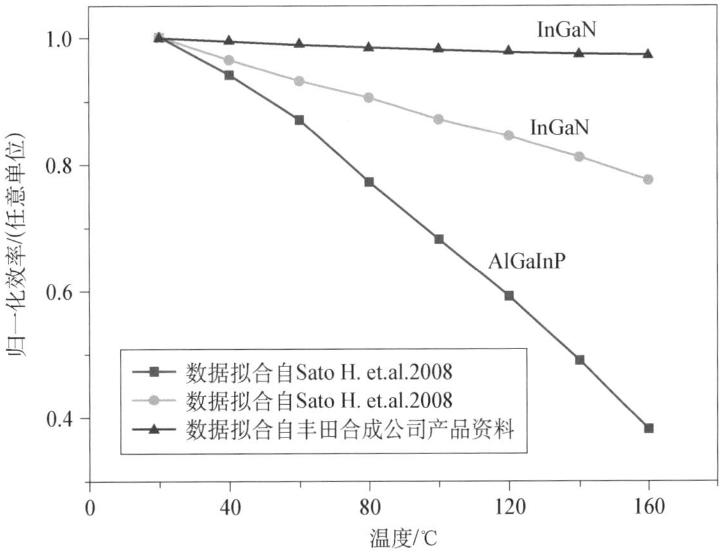

图 4.2.27 **红、绿、蓝 LED 的效率随环境温度变化关系示意图**

红光 LED 的势阱和势垒能级断裂差值小，使得载流子限制效应减弱，随温度提高，载流子很容易逃逸出量子阱，从而降低了注入效率。另一个原因可能是，AlGaInP 材料具有间接带隙成分，随着温度升高，间接带隙变得活跃，使得效率下降。

红、绿、蓝 LED 的电流-电压特性曲线也往往相差较大。由于发光的波段不一样，导致开启电压不同。LED 开启电压与电子电量的乘积往往与光子的能量大致相当，这是由于开启电压往往由 p 型和 n 型半导体费米能级差决定，即开启电压大概等于 pn 结的势垒高度。在此情况下，LED 的馈给效率约为 100％。典型的红、绿、蓝 LED 的开启电压与发光光子能量除以电子电量的值如表 4.2.3所示，据此可以计算出馈给效率。从此表可以看出，红光和蓝光 LED 在刚开启状态下的馈给效率较高，可以到达 95％，而绿光 LED 的馈给效率较低。其原因是绿光 LED 的 p 层和 n 层材料与蓝光的几乎相同，因而费米能级差值与蓝光的相同，即与蓝绿光 LED 的开启电压几乎相同。这表明绿光 LED 浪费能源更多，合理优化绿光 LED 的结构有助于提高绿光 LED 的效率。此外，蓝光和绿光 LED 的馈给效率都低于红光 LED，这是由于蓝光 LED 的 p 层和 n 层电阻值较大，产生寄生电阻，因此造成压降。

表 4.2.3　红、绿、蓝 LED 的馈给效率

LED 光色	发光波长/nm	光子能量/eV	开启电压/V	馈给效率/%
红	630	1.967	～2.0	～98
绿	525	2.36	～2.7	～87
蓝	465	2.67	～2.8	～95

4.2.3.6　红、绿、蓝 LED 正向压降随温度的变化

红、绿、蓝 LED 的结构是 pn 结，因而其电压将会随环境的温度变化而变化。典型的在 20 mA 电流下，红、绿、蓝 LED 的工作电压随温度的变化如图 4.2.28所示。可以看到，红、

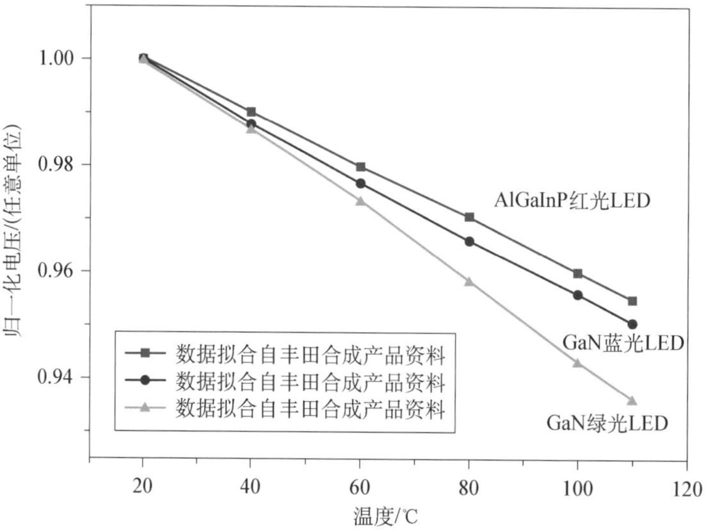

图 4.2.28　红、绿、蓝 LED 在 20 mA 电流工作时电压与环境温度的变化关系示意图

绿、蓝 LED 的电压随环境温度升高而降低，但是降低的幅度不一。蓝、绿光 LED 的电压随温度升高降低得更快，这是由于除了温度升高、带隙变窄之外，p 型 GaN 材料中受主 Mg 是处于深能级，随着环境温度升高，p 型电离增强，空穴载流子浓度升高，p 型层的电阻变小，因而施加在薄膜上的电压降减小，馈给效率升高。

从上述红、绿、蓝 LED 的各项特性对比发现，红、绿、蓝 LED 由于材料不同，各项性能也很不相同，这导致了 LED 的驱动电路往往不一致，由此加大了以红、绿、蓝三色 LED 合成白光的难度。

4.3 LED 材料外延及器件设计

LED 是伴随着半导体晶体材料质量的提高而发展，晶体材料质量的提高又往往取决于制备的手段。LED 的发展从用于信号指示的小功率、低效率、低亮度 GaAsP 红黄光 LED，到用于室外照明的大功率；材料制备手段也从早期的氢化物气相外延(hydride vapor phase epitaxy, HVPE)到液相外延，直到金属有机物气相外延。可以说，是外延技术改善提高了材料质量，提高了 LED 器件的性能，造就了今天的半导体照明技术蓬勃发展。

4.3.1 LED 材料外延

4.3.1.1 GaAsP 材料 LED 外延

1. 氢化物气相外延原理

世界上第一支发光二极管是由美国通用电气公司的 Holonyak 和 Bevacqua 用卤化物气相迁移法外延而成的，亮度很低。后来，Craford 等人利用氢化物气相外延方法制备了以 GaP 为衬底的 $GaAs_{0.35}P_{0.65}$：N/GaP 橙红色 LED 和 $GaAs_{0.15}P_{0.85}$：N/GaP 黄光 LED。其后，GaAsP 系 LED 主要利用 HVPE 来制备。

HVPE 是一种化学方法，它利用Ⅲ族元素的氯化物和Ⅴ族元素的氢化物在高温的衬底表面进行反应来制备薄膜。对于制备 GaAsP，即利用 $GaCl_3$ 和 AsH_3 及 PH_3 反应。一般情况下，HVPE 系统包括两个温区，即源区和生长区。源区的温度一般在 600～850℃，在此温度下，液态的金属 Ga 和氯化氢(HCl)气体可反应生成 GaCl。GaCl 被大流量的载气(N_2、Ar 或者 H_2 等)输运到生长区，生长区的温度一般控制在 600～900℃之间。GaCl 和通入的 AsH_3 及 PH_3 在衬底表面外延，反应生成 GaAsP。如果要制备 pn 结，还需要控制通入的掺杂气源，如 n 型掺杂气源硅烷(SiH_4)、二乙基碲($Te(C_2H_5)_2$)，p 型掺杂气源二乙基锌($Zn(C_2H_5)_2$)等实现掺杂。源区和生长区发生的化学反应分别如下：

$$Ga(l) + HCl(g) \longrightarrow GaCl(g) + H_2(g), \tag{4.3.1}$$

$$GaCl(g) + AsH_3(g) + PH_3(g) \longrightarrow GaAsP(s) + HCl(g) + H_2(g)。 \tag{4.3.2}$$

式中，l, g 和 s 分别表示液、气和固相。上面两式是简化的反应方程式，真实的反应远比式中表达的复杂，会有很多寄生反应，并且(4.3.2)式中的 AsH_3 和 PH_3 往往反应不完全，具有毒性，需利用尾气处理装置处理。此外，如果需要进行 N 等电子掺杂，则(4.3.2)式变为

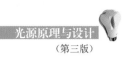

$$GaCl(g) + AsH_3(g) + PH_3(g) + NH_3(g) \longrightarrow GaAsP{:}N(s) + HCl(g) + H_2(g)。 \quad (4.3.3)$$

式中，NH_3 热分解，提供 N 源。值得注意的是，在相同温度下，AsH_3、PH_3 和 NH_3 的分解率不一样，往往是 NH_3 最难分解。因而，实际材料生长时，并不是按照分子式的摩尔比例来决定通入各气体的流量。

GaAsP 材料 LED 的 p 层和 n 层往往较厚，达几十微米以上，要求材料外延的速度较快，HVPE 系统可以做到这点，因而，在早期 LED 制备上获得成功。

HVPE 系统包括水平式和立式，分别如图 4.3.1(a)，(b)所示。水平式较简单，容易制备，操作方便；立式生长腔中衬底的旋转可以提高薄膜的均匀性，因而材料质量较好。无论是水平式还是立式设备，由于反应中同时采用了氯化氢和砷烷、磷烷和氨气，在生长腔的尾气出口处可能会有固态的氯化铵(NH_4Cl)和三氯化镓($GaCl_3$)生成，严重时可以堵塞尾气出口。因此，也有直接采用 $GaCl_3$ 作为Ⅲ族源通入到生长腔内，从而在一定程度上缓解这个问题。

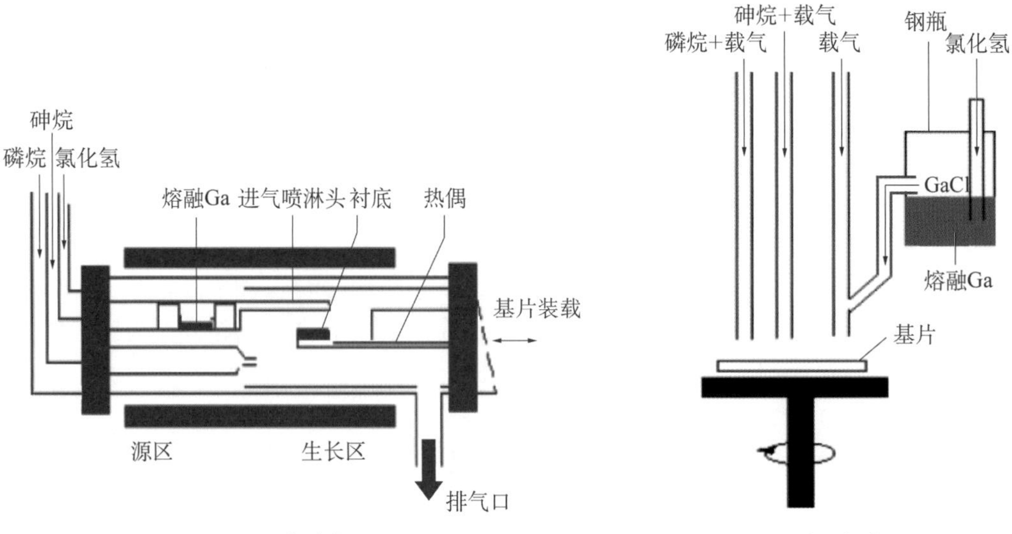

(a) 水平式　　　　(b) 立式

图 4.3.1　HVPE 腔体示意图

2. GaAsP LED 外延工艺

利用 HVPE 制备 $GaAs_{0.6}P_{0.4}$ 材料 LED，早期往往以 GaAs 作为衬底，两者之间存在一定的晶格失配，容易引入位错。为了降低位错密度，往往制备一层过渡层。即在基片清洗升温后，在衬底温度达到 600℃左右，开始通入砷烷，然后将 HCl 气体流过熔融 Ga，生产 GaCl，与砷烷发生反应，生产 GaAs 层，其后开始通入磷烷，并逐渐加大磷烷的浓度，制备过渡层，往往达到 20 μm。制备过渡层以后，保持磷烷的浓度不变，开始生长恒组分层，并通入掺杂剂。先生长 n 型，然后制备 p 型层，即 pn 结 LED；或先生长 p 型，后制备 n 型，得 np 结 LED，器件结构如图 4.3.2所示。制备 p 层或 n 层，可以通过原位掺杂方法获得，也可以通过扩散或离子注入的方法。扩散或离子注入的方法原理是在 p 层或 n 层薄膜用扩散炉或离子注入设备，使得掺杂原子进入薄膜，从而使薄膜表面反型，形成 pn 结或 np 结。例如，在 n 型

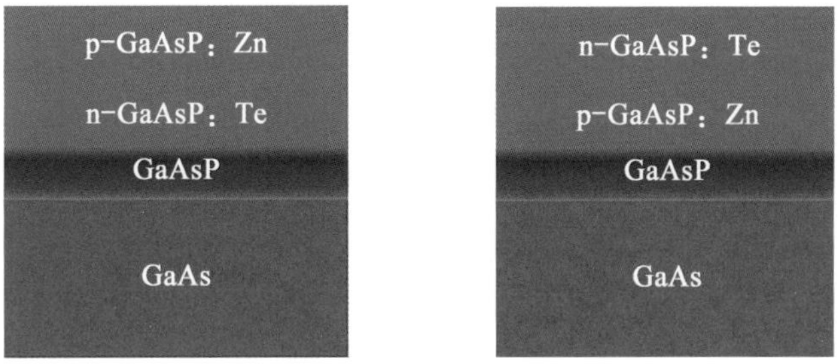

(a) GaAsp pn 结 LED　　(b) GaAsp np 结 LED

图 4.3.2　GaAsP 材料 LED 结构示意图

GaAsP：Te 中扩散 Zn，使得 Zn 补偿 Te；加大 Zn 的浓度，将使得 Zn 补偿 Te 外，n 型 GaAsP 反型，变成 p 型，形成 pn 结。离子注入的原理同样如此。GaAsP 材料 LED 通常是利用 HVPE 外延制备材料，其后利用扩散工艺制备，即 HVPE＋扩散。

GaAs 衬底由于对可见光不透明，容易吸收 pn 结发出的光，使 LED 效率变低。后来，Craford 等人利用 GaP 作为衬底，并以 N 作为等电子掺杂，制备 GaAsP 材料 LED，工艺与以 GaAs 衬底制备 LED 类似。此 LED 的光效随着通入的 NH_3 增大而先提高后降低，其原因是随着 NH_3 浓度增大，掺入的等电子 N 增多，从而形成等电子陷阱效应。但 NH_3 浓度过大，会形成 GaN 团簇，影响材料质量，使得效率下降。

利用 HVPE 制备 GaAsP 材料速度快，厚膜的材料质量高，因而等电子掺杂的同质 pn 结型 LED 效率较高。然而，尽管 HVPE 在制备厚膜 GaAsP 有优势，但高的生长速率限制了 HVPE 技术在其他方面的应用。例如，制备量子阱型 LED。由于生长速率太快，薄膜的厚度很难精确控制，因而无法制备复杂器件。另外，由于 HVPE 是一种热壁外延方法，属于气相外延，制备的 GaP 材料的光效不如液相外延高。这是因为，气相外延容易产生 Ga 空位，而液相外延属于富 Ga 外延，产生的 Ga 空位较少。下面我们将介绍液相外延生长 GaP 红、绿光 LED。

4.3.1.2　AlGaAs 和 GaP 材料 LED 外延

AlGaAs 材料是 AlAs 和 GaAs 的合金材料，由于 AlAs 和 GaAs 的晶格常数非常接近，因此可以通过液相外延的方法在 GaAs 衬底上外延而成，并制备成 LED 器件结构。同样，GaP 材料 LED 也常用液相外延制备。

1. 液相外延原理

液相外延是在 1963 年由尼尔松(Nelson)等人首先推出，其理论依据是：以低熔点的金属，如 Ga、In 等为溶剂；待生长材料，如 Ga、As、P(包括掺杂剂，如 Zn、Te、Cd 等)为溶质。在溶剂中，溶质呈现饱和或过饱和状态，通过降低温度，使得溶质从溶剂中析出，在基片上外延生长。利用这种技术，可以生长 Si、GaAs、GaAlAs、GaP 等半导体材料以及其他材料，通过适当的工艺、控制条件，制备层状器件结构，在本书中即制备成异质结构 LED。

早期，液相外延是化合物半导体单晶薄膜的重要制备方法。液相外延的关键是需要有温度变化，从一种固液相平衡到另一种固液相平衡，使得溶质的溶解度发生变化，条件适宜，即可吸附在基片上。可以用相图来表示，图 4.3.3所示是 GaAs 液相外延生长相平衡示意。

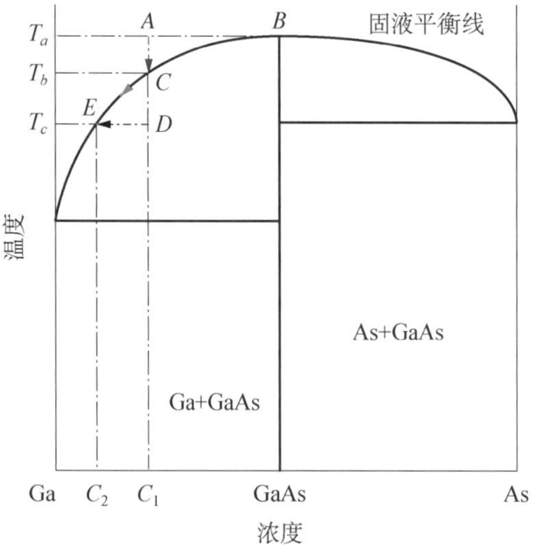

图 4.3.3　GaAs 液相外延相平衡示意图

在此图中，如果状态处于 A 点，熔融 Ga 组分为 C_1，温度处于 T_a，则此时处于固液平衡相线上方，欠饱和；如果熔融液体和 GaAs 衬底接触，那么，GaAs 衬底将溶化，液体中 As 组分增加，相点 A 向 B 移动，直到到达固液相平衡，熔融液体饱和。如果熔融液体在 A 点状态降温，如红色箭头所示，降到 T_b，这时与 GaAs 衬底接触，将不会熔化 GaAs。如果继续快速降温，到达 T_c，则相点移动到 D，出现过饱和状态；保持温度不变，这时相点 D 将向 E 移动，在富 Ga 的溶液中，As 组分减少，有 GaAs 析出，附在单晶 GaAs 衬底上；若 T_b 降温到 T_c 是个缓慢过程，则相点 C 沿着绿色箭头，即固液平衡线向 E 点移动，同样有 GaAs 析出，并伴随材料外延生长。

① 液相外延与其他外延方法相比，具有如下的优点：a. 生长设备比较简单，易操作，成本低；b. 有较高的生长速率；c. 可以添加多种掺杂剂；d. 晶体质量较好，外延层位错密度较低；e. 晶体纯度高等。

② 液相外延也有不足，表现在：a. 对衬底要求较高，外延层与衬底晶格失配度要求小于 1%；b. 由于分凝系数不同，对多元合金材料的成分控制和均匀性具有一定困难；c. 液相外延获得的薄膜界面一般不如气相外延好。

我们前面谈到的 GaAsP 在 GaAs 或 GaP 上外延，晶格失配都大于 1%，因而不能用于液相外延生长，而纯 GaP 可以。对于平面衬底外延生长，可以根据生长动力学理论和假设模型，计算出生长速率，在此就不展开。

液相外延按照温度变化方法可分为稳态生长和瞬态生长，其中稳态生长也称为温度梯度法，水平系统如图 4.3.4所示。源区和生长区具有一定的距离，温度分别为 T_1 和 T_2，并且保持 $T_1 > T_2$，使得源区和生长区具有平稳的温度和浓度梯度。在源区熔融的源材料由于温度较高，呈现出欠饱和或饱和状态，流动到生长区，由于温度降低，溶质 As 呈现出过饱和状态，析出吸附在 GaAs 衬底上，进行外延生长。在稳定的状态下，温度梯度和 As 的浓度梯度恒定，生长速率也保持不变，熔融的液体中的 As 的浓度梯度也驱动 As 从源区向生长区扩散流动，并且源区的熔融速度等于生长速度。

图 4.3.4　稳态法生长 GaAs 示意图

在稳态法生长过程中，薄膜的厚度与生长速度和时间有关，其厚度为两者的乘积，即

$$d = \alpha t。 \tag{4.3.4}$$

式中，d 为厚度，往往与温度梯度和溶解度随温度的变化有关；α 和 t 分别为生长速度和时间。稳态法可以生长组分均匀的厚膜，但往往厚度不均匀，尤其是对于水平式，这在制备很薄的薄膜器件中有一定的困难。

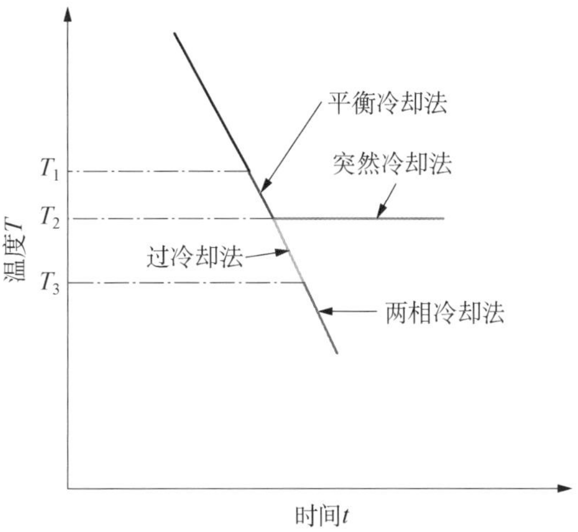

图 4.3.5　4 种不同的液相外延冷却生长示意图

降温法瞬态外延生长可以制备厚度均匀的很薄的膜层，在器件制备中具有一定优势，包括 4 种不同的技术：平衡冷却法、突然冷却法、过冷却法和两相冷却法。对于每种瞬态法生长，在开始生长前都保持衬底与溶液分离，同时将系统加热到液相线温度（T_1）以上，然后冷却。图 4.3.5表示 4 种不同的瞬态法技术的冷却过程，分别如图中的红、绿、橙和蓝线所示。

（1）平衡冷却法

此方法在整个外延过程中均保持恒定的冷却速度。当温度从高点降至 T_1 时，即溶液刚好饱和，使衬底与溶液接触。在这样的接触瞬间，两者处于平衡状态。这种技术对于应用双晶片法会有所变化，在开始启动时，保持温度不变，使溶液与源晶片（或陪片）先接触，等到溶液达到平衡后，再将源片（或陪片）撤除，换成衬底片，并开始冷却，使得外延继续，开始生长。

（2）突然冷却法

该方法又叫分步冷却法。外延生长可采用分步冷却法的前提条件是，溶液与衬底接触之前能够承受相当大的过冷而不出现自发结晶。在分步冷却法中，先使得衬底和溶液降到溶液饱和温度 T_1，其后以恒定的速度冷却到低于 T_1 的某一温度 T_2，即接近于出现自发结晶的温度，保持在该温度下。此刻，使衬底与溶液接触，继续保持在该温度，外延生长开始，直至达到所需厚度结束。该方法有两个步骤，首先使衬底和溶液在 T_1 下达到平衡，其后突然冷却到较低的温度。

（3）过冷却法

该方法与突然冷却法相似，即将衬底和溶液以恒定的速度冷却到低于 T_1 的某一温度 T_2，接近出现自发结晶，再使衬底和溶液相接触，开始进行外延生长。与突然冷却法不同的是，需要持续以均匀速度进行冷却，直至生长到所需的厚度结束。

（4）两相冷却法

将温度下降到较低 T_3，足以使得溶液中出现自发结晶。在此温度下，使衬底与溶液相接触，并继续以相同的速度降温冷却。溶液中自发结晶，使得溶质减少，溶液从过饱和恢复到饱和。该方法与平衡冷却法有点相似，但开始外延生长的温度低于 T_1。该方法实质上也是一种过冷却法，只是冷却到的温度更低，使得足以出现自发结晶。此外，由于持续不断结

晶，溶液中溶质的浓度不断变低，在经过足够长的生长时间后，其生长速度开始变慢。

对于瞬态法，除假设没有对流输送之外，往往还假设：a. 生长溶液是等温的。b. 在生长界面上建立了生长和溶解平衡。c. 除在衬底上具有外延生长外，在其他地方包括溶液和边界不出现自发沉淀。对于平衡冷却法、突然冷却法和过冷却法，为推导出生长厚度与生长时间的关系，还需另外两个假设：d. 溶液的自由表面溶质浓度在生长过程中是不变的，即溶液为半无穷大溶液，对应的生长时间比扩散时间要短得多，其中扩散时间为

$$t = W^2/D。 \tag{4.3.5}$$

式中，W 为溶液厚度；D 为扩散系数。e. 扩散系数与液相线斜率在每次生长过程中均为恒定的。其中，d 和 e 这两个假设实际上均与温度有关。然而，许多液相外延所采用的温度范围是比较有限的，该假设具有合理性。

根据所列的各项假设，生长是溶质从源到生长界面扩散进行的，并且在这一扩散过程中溶质浓度 C_1 是恒定不变的。而在生长界面处，在时间 t 时的溶质浓度 C_t 是由温度决定的，也依赖于所使用的生长方法。对于平衡冷却法，有

$$C_t = C_1 - \frac{at}{m}。 \tag{4.3.6}$$

式中，$a = \mathrm{d}T/\mathrm{d}t$ 是冷却速率；$m = \mathrm{d}T_1/\mathrm{d}C_1$ 为液相线的斜率；衬底与溶液开始接触的时间 $t = 0$。对于分步冷却法，有

$$C_t = C_1 - \frac{\Delta T_0}{m}。 \tag{4.3.7}$$

式中，ΔT_0 是 T_1 和接触时的温度 T_0 之差。对于外延薄膜生长，可应用质量守恒定律，根据边界条件，解出上述扩散方程，可以得到生长在衬底上的溶质的原子数，根据密度，薄膜的厚度 d 可由如下方程给出。

平衡冷却法

$$d = (2C_s m)(D/\pi)^{1/2}(2/3)at^{3/2}； \tag{4.3.8}$$

突然冷却法

$$d = (2C_s m)(D/\pi)^{1/2}(2/3)\Delta T_0 t^{1/2}； \tag{4.3.9}$$

过冷却法

$$d = (2C_s m)(D/\pi)^{1/2}[(2/3)at^{3/2} + \Delta T_0 t^{1/2}]。 \tag{4.3.10}$$

在上述 3 个方程式中，C_s 均表示为单位体积固体中的溶质原子数。应用这些方程进行计算，可以得出外延薄膜的厚度与实际值符合得较好。

2. GaP 红、绿光 LED 液相外延

GaP 既可以用气相外延，也可以用液相外延。液相外延材料质量更好，利用 Zn－O 和 N 等电子掺杂，具有较高效率。对于 N 等电子掺杂究竟是在 p 层还是在 n 层，具有一定的争论。现在一般认为，在 n 层和 p 层均掺 N 具有较好的效果，发光区域也同时出现在 n 层和

p层,但主要还是认为出现在p区。对于Zn-O等电子掺杂,一般设计在p区,这样,发光也主要出现在p区。

① GaP液相外延制作N等电子掺杂绿光LED的过程如下:a. 选用Te掺杂的GaP单晶作为衬底,衬底载流子浓度为$3\times10^{17}\sim2\times10^{18}\ cm^{-3}$,根据P在Ga溶液中的溶解度曲线配制Ga溶液,先把溶液升温至1 030℃左右,衬底与溶液接触。b. 降温生长n型层,此时掺杂剂有作为施主的Te、S、Se、Sn等,以及N等电子掺杂。施主以Te和S为主,用投入法和气相掺杂法进行液相外延。投入法是直接把高纯Te、S等加入到熔融Ga溶液;而气相掺杂法是通入H_2S,以H_2为载气,S溶入到溶液中。等电子掺杂是气相法掺杂,通入NH_3,以H_2为载气。等电子掺杂的顺序可以从一开始生长n型层开始,也可以先生长一层n型层,再通入NH_3,生长一层N等电子掺杂的n型层。最后,温度降至970℃左右,n型层厚度为20～30 μm。c. 在即将生长好n型层时,将锌炉温度升到600℃左右,通H_2携带锌蒸气,使锌溶入到溶液,准备进行p型层生长。p型层生长与n型层生长可以在两个池中进行,也可以在同一个池中进行。在两个池中,涉及到基片转移。而如果在一个池中,则需要用过补偿方式,受主浓度高于现在溶解在溶液中的施主浓度。如果用气相法H_2S掺杂,可以较好克服过补偿,即在H_2S通入溶液生长n型层完毕后,继续向溶液通入H_2,使溶入的S还原生成H_2S,降低溶液中S的浓度,其后通入Zn蒸气。降温生长p型GaP至800℃左右,p型层的厚度为20～30 μm。

其生长温度曲线如图4.3.6所示。制备得到的LED器件结构如图4.3.7所示。

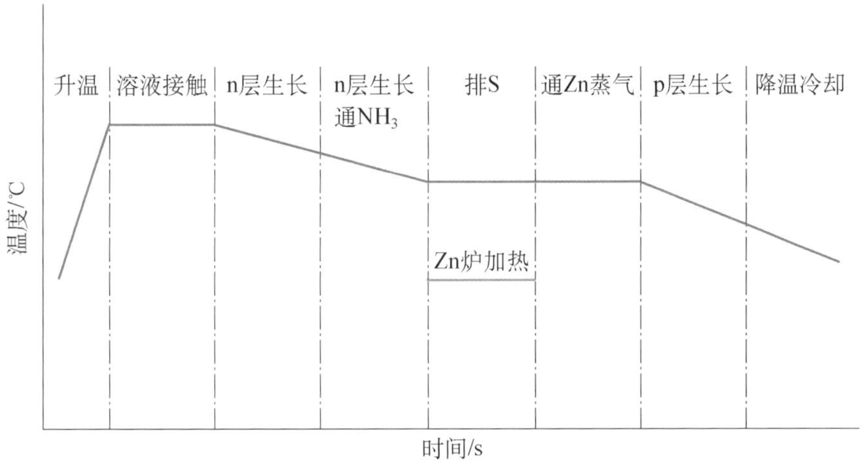

图4.3.6　典型N等电子掺杂绿光GaP LED外延温度变化示意图

② GaP红光LED外延过程与绿光LED类似,其制作过程如下:a. 选取Te掺杂的(111)面GaP作为衬底。b. 在衬底上外延Te掺杂的GaP层,然后再液相外延p型层,或直接在Te掺杂的GaP衬底液相外延p型层。外延p型层时,源配料是多晶Ga、GaP、Ga_2O_3和Zn。Ga_2O_3作为O源,与部分Zn形成等电子掺杂,多余的Zn作为p型掺杂剂。在制备后期,往往还需要退火,以减少缺陷或修复界面等。

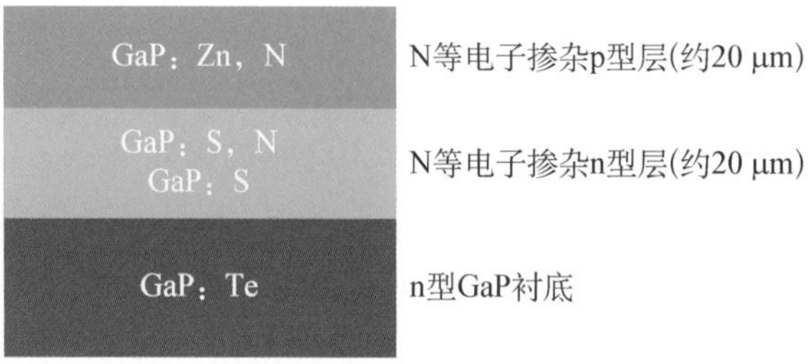

图 4.3.7　典型 GaP 绿光 LED 的结构示意图

典型的 GaP 红光 LED 的结构，如图 4.3.8所示。

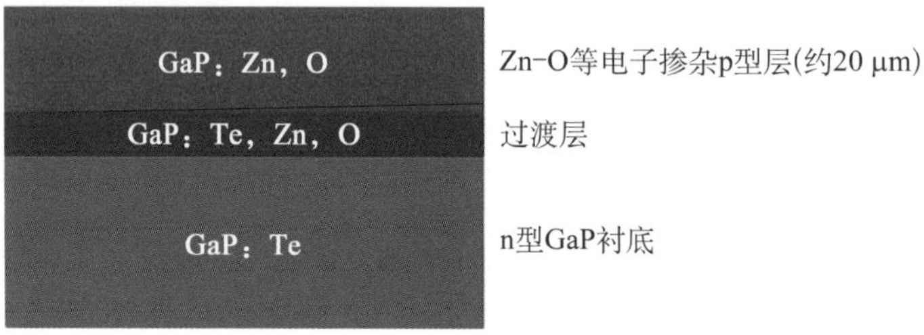

图 4.3.8　典型 GaP 红光 LED 结构示意图

3. AlGaAs 红光 LED 液相外延

由于 AlAs 和 GaAs 的晶格常数相差很小，在 GaAs 衬底上液相外延生长 AlGaAs 层的技术已很成熟，被广泛用于各种结构的 AlGaAs/GaAs 高亮度发光二极管、双异质结激光器及高效太阳能电池等。

在液相外延 AlGaAs 薄膜中，常遇到一个问题就是薄膜在垂直方向上组分往往随着外延进行发生偏移。例如，在生长 $Al_xGa_{1-x}As$ 时，在通常的生长工艺中，Al 的分凝系数大，达到 100，而 Ga 的还不到 1。这导致在液相外延生长期间，溶液中的 Al 浓度越来越低，AlAs 的组分随外延层的厚度增加而下降。即 $Al_xGa_{1-x}As$ 中的 x 值越来越小，其变化率是由生长速率、Al 在溶液内的初始浓度及生长温度共同决定。实验测定，初始组分为 $Al_{0.35}Ga_{0.65}As$的固溶体，在初始温度 $T_0 = 800℃$，降温速度为 1 ℃ · min^{-1}的条件下，每生长 1 μm 厚，AlAs 组分下降约 1%。即生长到 35 μm 左右，几乎变成纯 GaAs。这导致随着外延进行，AlGaAs 的带隙越来越窄，用此材料制备的 LED，在 pn 结处发出的光对应于较宽带隙的能量，会被表面窄带隙低 AlAs 组分的 AlGaAs 吸收，即所谓的“逆窗效应”。

解决“逆窗效应”有多种办法：首先可以改变光的出光方向，如果是先外延 n 层，再外延 p 层的 pn 结，则出光方向可改为从先外延的方向，即 n 层方向出射，把 GaAs 衬底磨掉，由于 n 层先外延，带隙宽度更大；或者改为出光方向为 pn 结的边沿，即边发射。然而，两种办法只是部分减少光的吸收，不能从根本上减少低 AlAs 组分层的吸收。另一种方法是一边外延、一边添加 Al 的办法，使得溶液中的 Al 浓度不会降低，不会生长带隙宽度窄的 AlGaAs 层。其他的方法，包括等温外延法、发光中心法等。由于“逆窗效应”，AlGaAs 同质结 LED 的效率都不会太高。由此，AlGaAs 材料的 LED 往往采用异质结结构。但在异质结生长 AlGaAs，同样也要考虑到“逆窗效应”。

AlGaAs 液相外延可以根据液相线来计算 AlAs 和 GaAs 的组分，然而，实际中往往需要根据经验来确定。对于导电性，则可以通过向溶液中添加合适的施主和受主掺杂剂来实现。常用的施主是 S、Se、Te，代替 As 位，常用的受主主要有 Zn、Cd 等。对于 Zn，由于蒸气压高，其行为也会如 Al 在 AlGaAs 生长中展现的行为类似。即随着生长进行，Zn 的浓度逐渐降低，这点在制备器件时需要注意。Si 在 AlGaAs 是双性杂质，也就是说，它可以占据两种晶格位置，代替Ⅲ族原子时为施主，代替Ⅴ族元素时则成为受主。在开始外延时，温度较高，Si 占据Ⅲ族原子位，表现为施主，这时薄膜为 n 型层，随着生长进行；温度降低，这时 Si 占据Ⅴ族原子位，是受主，外延层为 p 型导电性。

AlGaAs 外延可以用降温法，然而，也有的采用恒温法。即利用温度梯度，源放置在高温端，基片放置在低温端，使得高温端溶液在低温端饱和析出，外延生长，可获得较好的效果。

典型的降温法生长的温度变化曲线如图 4.3.9所示，温度普遍比 GaP 液相外延所采用的温度低。其中，脱氧处理是对 Ga 源通入 H_2，在高温下脱氧，除去表面污染和氧。溶源在 H_2 氛围中将源充分混合并溶融。图中，陪片的生长是为了精确确定生长源的饱和度。

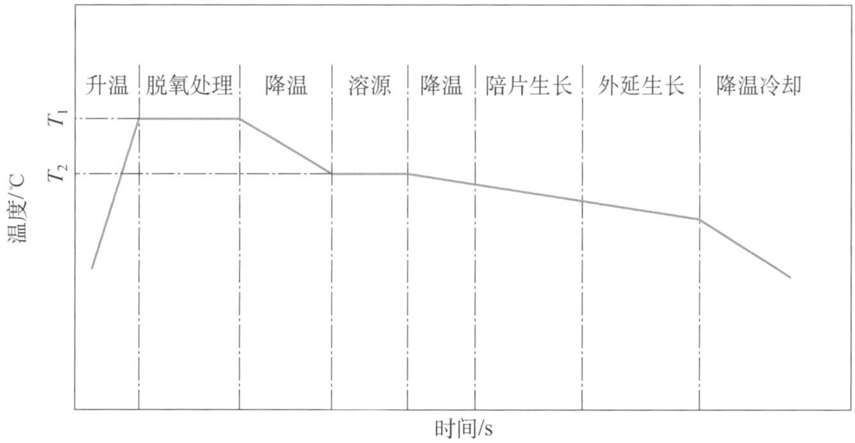

图 4.3.9　降温法液相外延生长 GaAs 的温度变化曲线示意图

对不同组分的 AlGaAs 层液相生长，可通过切换不同的源来达到，形成不同的层和界面。

AlGaAs 液相外延器件结构经过不断改进，从早期的单异质结 AlGaAs LED 发展到双异质结结构，再发展到透明衬底双异质结 LED。透明衬底双异质结 LED 是通过液相外延厚的三明治双异质结覆盖层，然后去除非透明 GaAs 衬底而制备。

典型双异质结 AlGaAs LED 的器件结构如图 4.3.10所示。

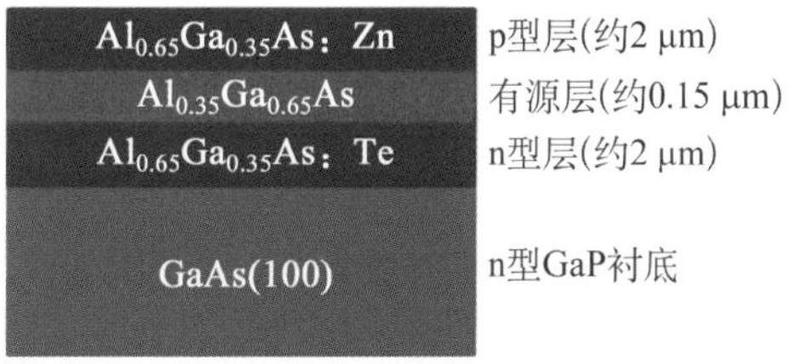

图 4.3.10　典型双异质结 AlGaAs LED 器件的结构示意图

液相外延制备 AlGaAs LED，生长速度快，规模大。然而，由于控制界面和成分精确度不佳，现在已经有利用 MOCVD 法制备 AlGaAs LED，尤其是制备双异质结和量子阱激光器，更多是应用MOCVD技术。

4.3.1.3 AlGaInP和InGaN红、蓝、绿LED的外延

半导体照明是照明界的又一次革命，以超高光效AlGaInP红光LED的出现而掀起篇章，其后出现超高光效蓝光LED和高效率绿光LED，由此可以形成红、绿、蓝三基色白光LED或蓝光荧光粉转化成的白光LED。这些超高效率LED的出现是以材料质量提高为前提，伴随材料制备技术的提高，即MOCVD技术。

1. 金属有机物化学气相沉积原理

金属有机物化学气相沉积，英文简写为MOCVD，是在1968年由美国洛克威尔公司的Manasevit等人为解决制备化合物半导体薄膜单晶的难题而提出的一项新技术。在20世纪70年代，大量的工作集中在研究改进源的纯度和生长机制，并在1977年制备了在室温下连续工作的AlGaAs激光器。在20世纪80年代中期，MOCVD被应用于生长AlGaInP材料，并在90年代初获得成功，制备得到超高亮度的AlGaInP红光LED。几乎在同时代，MOCVD技术被应用于GaN材料生长。在1986年，率先由天野浩报道用MOCVD可制备质量极大提高的GaN薄膜，其后中村修二通过改进MOCVD设备，制备质量更好的GaN基材料，并首次报道了高亮度蓝光LED及白光LED的制备方法，其后又使材料质量进一步提高，获得可连续工作的蓝光激光二极管，从而使得MOCVD技术成为制备高亮度LED的明星。

MOCVD作为气相沉积(chemical vapor deposition, CVD)的一种，是将一种或者几种源材料以反应气体的方式输运到生长腔，并且在加热衬底的表面进行化学反应而外延生长薄膜的技术。对于现在常见的Ⅲ-Ⅴ族半导体材料的生长，其金属元素Al、Ga、In源一般是具有挥发性的金属有机物(metal organic, MO)。MOCVD现在不仅能生长常见的Ⅲ-Ⅴ族化合物半导体材料，还能生长Ⅱ-Ⅵ族化合物材料，现在甚至还用于金属薄膜的生长。利用MOCVD外延生长材料，具有很多优点，包括但不限于：

① 实现非常薄的单晶膜的生长，控制到原子量级，获得优秀的器件界面。利用此技术，可以制备各种超晶格结构、异质结结构及量子阱结构。例如，在高亮度LED器件中，制备3 nm厚的量子阱，实现原子级别控制，获得突变陡峭界面。

② 实现能带裁剪工程，精确控制多元混晶的组分。例如，实现四元合金$Al_{0.2}Ga_{0.3}In_{0.5}P$材料，从而精确控制材料的发光波长。

③ 简单方便的操作控制系统。材料的生长速度任意可控，通过气流的流量和源组分的控制即可控制生长速度。通过开关的切换和开启，即可灵活控制材料的界面和器件的膜层结构。

④ 材料的掺杂方便。对于材料的导电类型的控制，可以通过通入不同的掺杂气源实现施主或受主的原位掺杂。

⑤ 高纯净的材料生长技术。使用独特高纯度的金属有机源，使得MOCVD技术比其他半导体外延技术获得的材料纯度大幅度提高。反应腔体无需使用液体容器，如坩埚或固体源，免于薄膜污染，并且往往在较高的温度下气相反应，使得污染进一步减少。

⑥ 可制备均匀薄膜。在MOCVD技术中，材料生长是由基片的表面形貌和表面气体反应来决定的。控制反应腔体中的气流均匀性和温度均匀性，即可保证薄膜的均匀生长，这使

得 MOCVD 技术同其他各类外延技术相比，更容易制备得到大面积、均匀的薄膜。

⑦ 可以实现化合物半导体外延的量产化。MOCVD 是低压生长设备，要求的真空度不高(但气密性要求高)，相对于其他高真空设备，如分子束外延、磁控溅射等，便于维护和连续运行，能实现大规模量产化；设备的反应腔体可以大型化，同时实现多基片的外延，可实现工业化规模生产。

如今，利用 MOCVD 不仅可以制备超高亮度的 AlGaInP 红光 LED 和 GaN 基蓝、绿光 LED，使得照明跨入半导体照明时代。同时，还能制备各类半导体激光器，如 AlGaAs 红外激光器、AlGaInP 激光器、GaN 蓝光激光器及高效多层化合物半导体太阳能电池，用于航空、航天领域。到今天，MOCVD 是集薄膜生长技术、物理化学、机械、自动化、流体力学和热力学等学科而形成的交叉技术。简易版 MOCVD 系统如图 4.3.11所示，包括源材料系统、气体输运系统、生长腔体系统、排气除污系统和电子控制系统等。

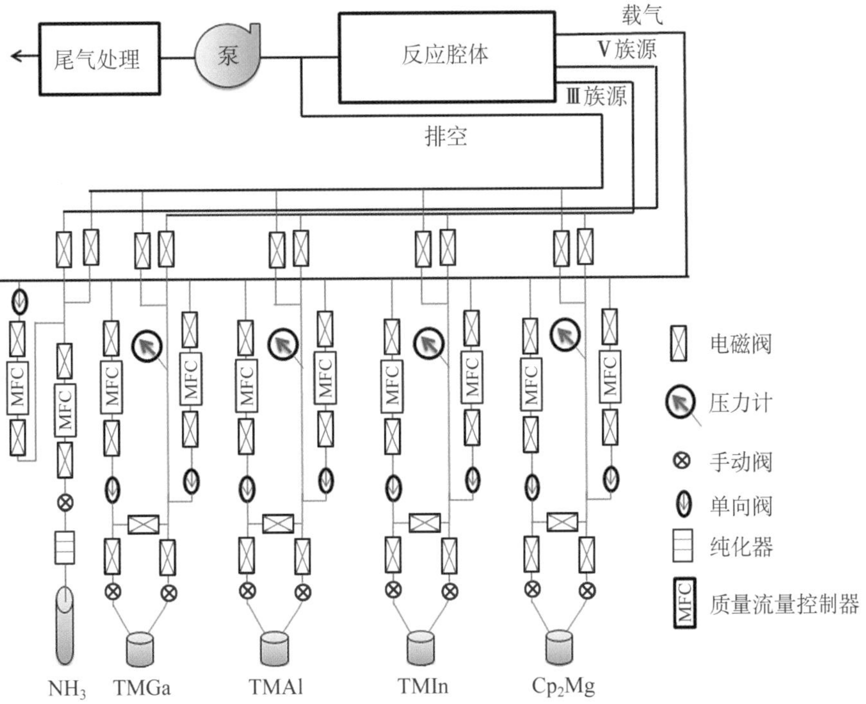

图 4.3.11　简易版 MOCVD 系统示意图

(1) 源材料系统

源材料系统包括半导体薄膜所需的源材料、载气，以及对气体进行纯化的纯化器、加热系统等。源材料主要有Ⅲ族金属有机源，常见的如三甲基镓(TMGa)、三乙基镓(TEGa)、三甲基铝(TMAl)、三甲基铟(TMIn)、二乙基锌(DEZn)及二茂镁(Cp_2Mg)等，分别提供 Ga、Al、In、Zn、Mg 等元素原子；气源包括 NH_3、AsH_3、PH_3 及 SiH_4 等，分别提供 N、As、P 和 Si 等元素原子。此外，各种源材料往往需要用载气输送，常见的载气包括 H_2 和 N_2 及两者的混合气体(forming gas)。随着 MOCVD 技术的发展，金属有机化合物的种类和质量也在快速增多和提高。对于金属有机源，一般有如下要求：a. 易于合成与提纯；b. 有较低的热分解温度；c. 有较大而且稳定的蒸气压，保证进入腔体的源材料浓度的稳定性；d. 较低的毒性和便于保存。现在，国际上提供的商用金属有机物已经有几十种，生产公司包括几十家，产品纯度为电子级，使得 MOCVD 技术可以用于金属镀膜。

对于金属有机物，一个重要的参数是饱和蒸气压，通过饱和蒸气压就可以计算得知金属有机物的浓度，从而控制外延薄膜的组分。饱和蒸气压与温度有关，可以按照下式计算：

$$\mathrm{Log}P = B - A/T。 \tag{4.3.11}$$

式中，P 为饱和蒸气压，单位为 Torr；A 和 B 是常数，对不同材料数值不同；T 是开式温度。

常见的源材料 A、B 或 P 的值如表 4.3.1所示。

表 4.3.1　常见的源材料 A、B 或 P 的值

元素	源	源分子式	A、B 的值或蒸气压
Ga	三甲基镓（TMGa）	$(CH_3)_3Ga$	$B = 8.07$，$A = 1\,703$
	三乙基镓（TEGa）	$(C_2H_5)_3Ga$	$B = 8.08$，$A = 2\,162$
Al	三甲基铝（TMAl）	$(CH_3)_3Al$	$B = 8.224$，$A = 2\,134.8$
	三乙基铝（TEAl）	$(C_2H_5)_3Al$	$B = 8.999$，$A = 2\,361.2$
In	三甲基铟（TMIn）	$(CH_3)_3Al$	$B = 10.52$，$A = 3\,014$
	三乙基铟（TEIn）	$(C_2H_5)_3Al$	$B = 8.93$，$A = 2\,815$
N	氨气	NH_3	$P = 0.885$ MPa（在 293 K）
			$P = 0.443$ MPa（在 273 K）
	联氨	N_2H_4	$P = 1\,920$ Pa（在 298 K）
P	磷烷	PH_3	$P = 1.459$ MPa（在 293 K）
			$P = 0.901$ MPa（在 273 K）
As	砷烷	AsH_3	$P = 3.506$ MPa（在 293 K）
			$P = 2.209$ MPa（在 273 K）
Si	硅烷	SiH_4	$P = 8.618$ MPa（在 293 K）
	乙硅烷	Si_2H_6	$P = 0.227$ MPa（在 273 K）
Mg	二茂镁（Cp_2Mg）	$(C_3H_5)_2Mg$	$B = 21.54$，$A = 4\,198$
	甲基二茂镁（MCp_2Mg）	$(CH_3C_5H_4)_2Mg$	$B = 7.302$，$A = 2\,358$
Zn	二乙基锌（DEZn）	$(C_2H_5)_2Zn$	$B = 8.28$，$A = 2\,109$
	二甲基锌（DMZn）	$(CH_3)_2Zn$	$B = 7.802$，$A = 1\,560$
Sn	四乙基锡（TESn）	$(C_2H_5)_4Sn$	$B = 2.739\,2$，$A = 8.904$
Te	二乙基碲（DETe）	$(C_2H_5)_2Te$	

对于源，一个极重要的条件是要保证纯度，这对于氮化物的 MOCVD 外延尤其重要，因为 Si 和 O 的污染对于材料的性质有很大影响。如今，含 Si(<0.000 002%)和 O 稀少的高纯度金属有机源大部分都能购得，这保证了 p 型氮化物的获取。在使用金属有机物源时，往往需要对源进行加热或冷却。一般，用水浴或其他液态加热或冷却，以保证温度的均匀性。

MOCVD 技术中除了反应气源，还需要使用载气。对Ⅲ-Ⅴ族半导体材料外延，通常使用的载气是氢气和氮气。氢气往往用钯金属进行纯化，获得超高纯度，而氮气往往用液态氮挥发后再用气体纯化器纯化。

此外，MOCVD 所使用的源大部分有剧毒，并且容易爆炸，如砷烷、硅烷和磷烷，在使用中需极其小心，避免安全隐患。

(2) 气体输运系统

气体输运系统的功能是把源材料按程序输送进入反应腔体进行反应，以得到期望的器件结构。主要包括：各种阀门、质量流量控制器、管道、压力探测器等。

阀门的作用是通过打开或闭合阀门，通入或切断源，获得薄膜界面。质量流量控制器是为了控制通入源材料的流量比例，控制生长速度和不同源的比例，以便控制多元化合物的组分。对于管道，往往还配备各种探测器，如压力计、水分探测器等，以便更好地控制材料生长。

对于管道，需要按照流量不同，分配合适的管道直径。此外，往往需要将Ⅲ族源管道和Ⅴ族源管道分开，避免Ⅲ族源材料和Ⅴ族源材料的预反应。一般情况下，金属有机物源为强的路易斯酸(Lewis acid)，而Ⅴ族源如 NH_3 为强的路易斯碱(Lewis base)，因此金属有机物源和 NH_3 之间很容易发生反应，生成稳定的加合物。例如，$(CH_3)_3Ga$ 和 NH_3 可以反应得到稳定的 $(CH_3)_3Ga:NH_3$。因此，金属有机物源需与Ⅴ族源通过不同的管道输送到反应腔体，避免在管道中预先混合发生寄生反应。此外，管道需尽量紧凑、少拐弯，以便气体便捷快速通过管道输送进入反应腔体或排空，减少在管道内的滞留时间。对于镁源，由于镁具有记忆效应，应尽量让镁源靠近腔体，以便缩短镁源气路管道，减少记忆效应。

(3) 生长腔体系统

① 腔体的组成和要求。生长腔体系统是 MOVCD 的各种源材料进行化学气相反应的反应室，是 MOCVD 的核心，对外延薄膜的生长速度、组分的均匀性、材料质量、本底杂质浓度、薄膜的界面以及产量均具有极大影响，是 MOCVD 系统区分彼此的标志，主要包括加热系统、基座、进气口、冷却系统、薄膜监测系统等。对反应腔体的一般要求是：a. 不要形成气体湍流，而是层流状态，因为湍流会导致界面混乱；b. 对于基座加热的温度场要均匀；c. 温度场均匀和气流场均匀，从而使得薄膜在水平方向和垂直方向均匀；d. 排空气流要尽量快，以减少残留效应；e. 加热速度要快，以尽量只加热基座，而不加热腔壁，减少在腔壁的反应；f. 腔体材料纯度高，加热石墨不能释放出杂质气体。

根据 MOCVD 外延生长时采用的压强，分为常压 MOCVD 和低压 MOCVD。常压 MOCVD 生长材料速度快，不容易浪费源材料。氮化物生长的困难就是高的平衡氮气压强，而常压 MOCVD 中氨气的分压高，可以在一定程度上缓解这个问题。然而，由于压强大，反应时温度梯度容易导致气体对流，气体扩散长度短，因而不容易生长得到高质量、均匀性好的外延薄膜。利用低压反应腔体可以克服常压 MOCVD 的缺点，低压 MOCVD 反应的压强通常在 50 mbar 到 0.2 bar 之间，气体流动速度快，源切换速度快。这样，一方面获得良好的异质结界面，另一方面可以减少气体对流，增加气体扩散长度，使得外延材料质量提高，均匀性也提高。现在的 MOCVD 大多采用低压生长。

② 腔体的气流方式。根据 MOCVD 腔体的气流方式不同，现今 MOCVD 主要有水平式和垂直式，水平式如图 4.3.12 所示。气流的流向是水平的，这种设备在早期比较常见。水平式腔体 MOCVD 设备简单，易于操作。然而，由于腔体壁的黏滞性影响，气流往往并不均匀，只有在特定的气流和压强下，可能获得比较均匀的气流场，如图 4.3.13 所示，此图是利用仿真计算得到的水平式 CVD 的气流流程示意，从图中可以看出，只有在(c)所示的情况下能得到均匀的气体流场。然而，实际上这种情况往往很难获得，为提高外延薄膜的均匀性，需要将石墨基座的表面倾斜一定的角度(见图 4.3.12)。

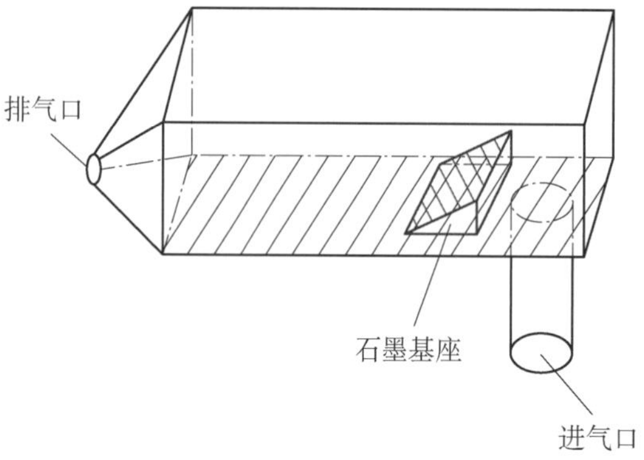

图 4.3.12　水平式 MOCVD 腔体示意图

水平式 MOCVD 操作简单，然而，随着腔体加大，外延片数增多，很难获得均匀生长。现在已经发展出新的腔体设计，按照气流流动方式，主要有涡旋气流式、行星式、垂直喷淋式、三层气流式 4 种。其腔体结构如图 4.3.14所示。

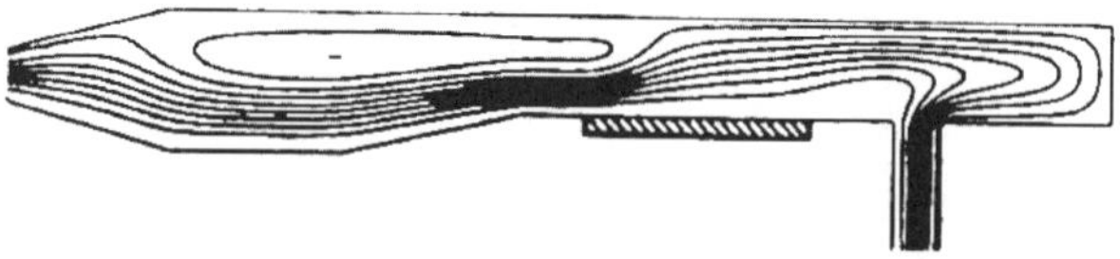

(a) 在 1 个大气压下，气体流量为 2 L · min^{-1}

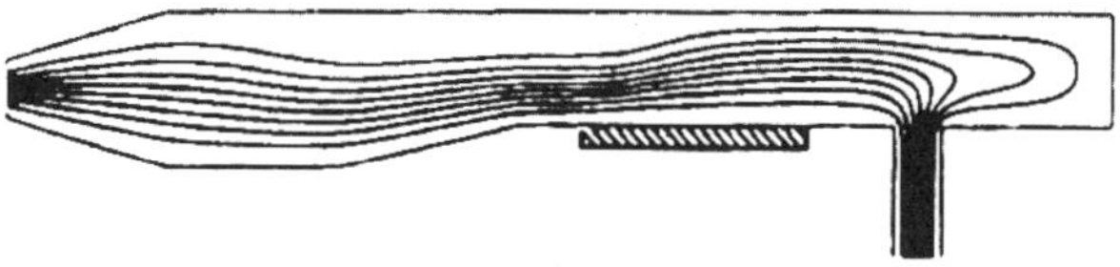

(b) 在 1 个大气压下，气体流量为 4 L · min^{-1}

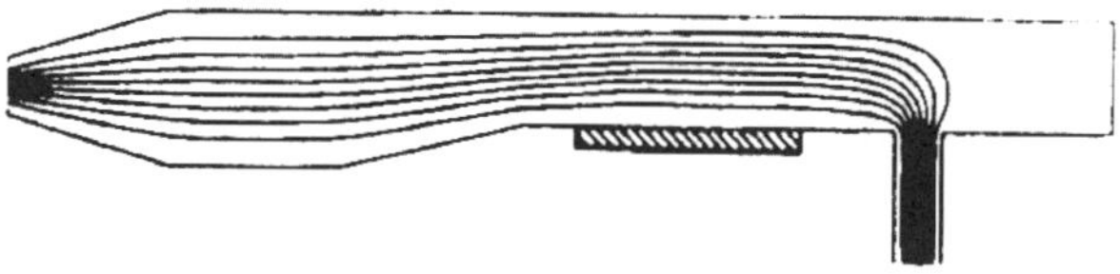

(c) 在0.1大气压下，气体流量为 2 L · min^{-1}

图 4.3.13　不同条件下的水平式 MOCVD 的腔体气流场

图 4.3.14(a)所示的是垂直涡旋气流式设备，该设备的腔体设计是气流垂直基片表面入射，基片放置在衬底托盘，其转速达 1 200 r · min^{-1}或更高。基座旋转不仅可以改变温度的

均匀性，而且还由于固气界面的黏性力，高速旋转的基座带动气流涡旋高速转动，使得喷入的金属有机物源与V族气源混合均匀，浓度在基片表面也均匀，有助于获得均匀的外延生长。该设备有如下特点：a. 腔体内气流高速旋转，气流速度快，记忆效应小，源材料切换速度非常快，在界面层切换生长无需等待长时间，因而容易获得突变界面，特别适用于异质结、超晶格和多量子阱等结构的制备；b. 衬底基座高速旋转，产生抽吸作用，产生的残留物容易被甩掉、抽走，反应腔体容易保持清洁的状态，这样不仅使外延材料质量提高，也有利于减少停机清洗反应室的频率，对大规模生产有利；c. 该设备腔体的压强控制精确，采用平衡气压控制，任何一种气流的切换不影响总压强，气流场没有湍流、涡流等，从而使外延层界面优越。基于该涡旋气流式 MOCVD 已经成为工业化生产的主流设备之一，越来越受到青睐。然而，该设备也有一定的缺点，即消耗气流大。

图 4.3.14(b)所示是一种设计精巧的行星式设备。该设备的设计是气流垂直向下注入，但是在接近基盘表面方向变为水平，并且发展到三层流注入，如图 4.3.15所示，中间是

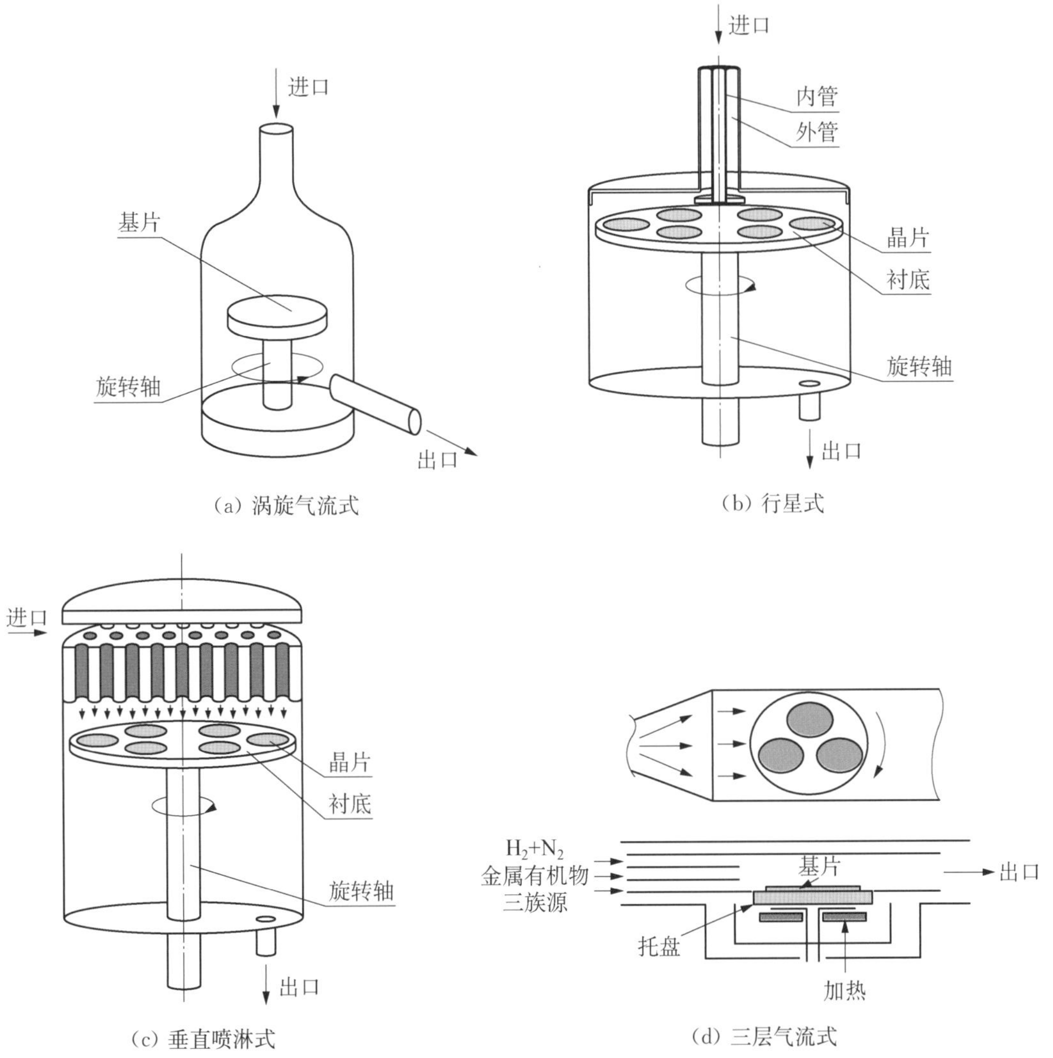

图 4.3.14　4 种常见的 MOCVD 设备生长腔体示意图

Ⅲ族金属有机源，上下层是Ⅴ族气源，通过改进，气流可以更加平稳。该 MOCVD 通常采用低气压生长，设备衬底盘可以做得很大，可提高工业化生产规模；为提高外延薄膜的均匀性，腔体设计利用马达通过旋转轴带动大盘缓慢均匀旋转。另外，衬底放置在小的衬底盘上，衬底盘被通入的气流推动，缓慢旋转，转速约为 60 r · $\min^{-1}$。即大盘绕轴旋转，大盘内的小盘除随大盘旋转外，还一边自转，犹如行星运动，所以腔体叫行星式，保证了衬底上的材料可大面积、均匀地生长。这种设备如今已经发展到一次外延，可以制备 60 片 2 in 外延片，具有很大的生产规模。

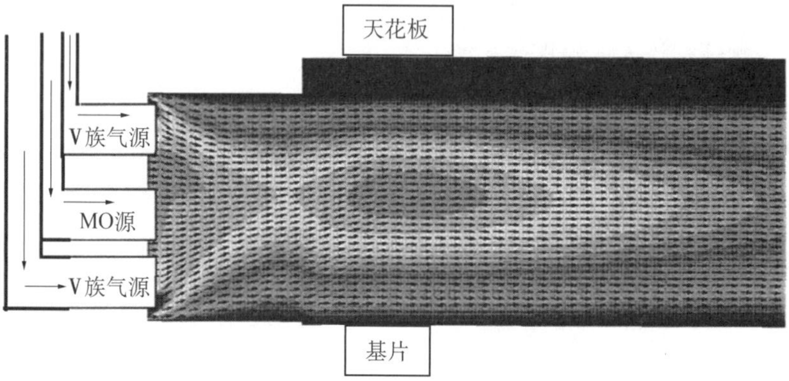

图 4.3.15　行星式 MOCVD 腔体气体注入示意图

图 4.3.14(c)所示是一种近距离紧密耦合垂直喷淋式腔体设备，该设备是一种低气压 MOCVD，气流进入后垂直向下注入。因在注入口设计为蜂窝状多孔入口，像喷淋头一样，由此得名。多孔口分为Ⅲ族金属有机物源与Ⅴ族源两组，分别注入腔体，同时基片托盘通过马达带动绕轴中速旋转，这样通过喷淋头和旋转，保证外延生长的均匀性。另外，托盘离喷淋头距离很近，约为 1 cm，减少了对流效应和在腔体内的寄生反应。然而，托盘温度超过 1 000℃，为保证喷淋头不受到加热产生的预反应堵塞，喷淋头通过水流冷却。近距离紧密耦合喷淋头设备生产的氮化物材料质量高、均匀性好，多用于研发中心，现在也已经发展到大腔体，被用于工业化生产外延片。

图 4.3.14(d)所示是一种 3 层气流式腔体设备，该设备通常是一种常压 MOCVD，也可以用于低压外延。气体流动的方向与基片表面平行，是一种水平式。Ⅲ族金属有机物源与Ⅴ族源两组气体分别分成层流注入腔体，同时，氢气和氮气混合气在最上层水平注入，气流稳定，形成 3 层水平层流。基片放置在托盘上，利用马达带动绕轴旋转，保证生长的均匀性。该设备外延生长速度快，生长的 InGaN 外延膜质量高。然而，由于石英器壁受热，容易在石英器壁反应，反应物黏附在石英壁上，会造成石英腔体清洗困难。

③ 腔体反应原理。当前，商用设备主要是上述 4 种腔体设计。MOCVD 系统经过近 50 年的发展，已经在Ⅲ-Ⅴ族半导体外延得到巨大应用，为适应个性化需求，也设计出各种其他腔体形式。然而，无论是什么形式的腔体设计，其原理都是一致的。即利用Ⅲ族源与Ⅴ族源气相化学反应，在基片上外延生长薄膜。下面以 GaN 外延为例，说明其原理。腔体反应原理如图 4.3.16所示，其化学气相反应方程为

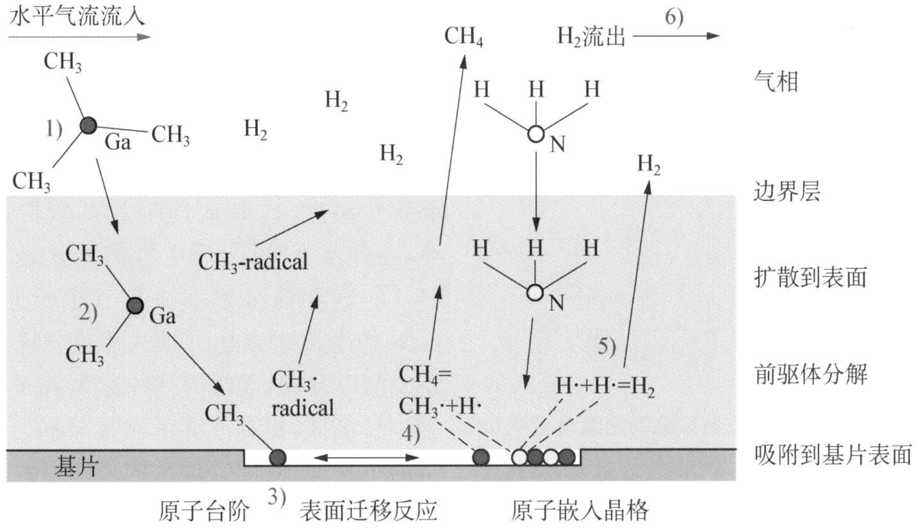

图 4.3.16　MOCVD 生长 GaN 薄膜的气相化学反应示意图

$$Ga(CH_3)_3+NH_3 \longrightarrow GaN+3CH_4。\qquad (4.3.12)$$

(4.3.12)式是一个简化方程，实际反应是一个复杂的过程，并有各类寄生反应和副产物，然而，无论反应如何复杂，腔体中气体输运和化学气相反应都包括如下过程：a. 反应气体分子随载气(H_2 或者 N_2)以一定的流速被输送到生长腔内，并受到温差、流道扩张、气体混合和基片旋转等引起的影响。b. 气流在基片上方形成边界层，气体扩散穿过边界层，在边界层内，气源被加热，发生热解、氧化、还原、置换等气相化学反应，并生成中间物及各类基团。c. 源或反应中间物通过浓度扩散和对流等，穿过边界层撞击到基片表面。d. 源或反应中间物进一步产生裂解、置换等反应，原子在基片表面台阶或缺陷吸附，并在表面通过扩散、迁移、团聚等嵌入到晶格，形成薄膜外延生长。e. 部分晶格原子、源、基团和反应副产物(尾气)在表面解吸(脱附)。f. 基团在边界层反应，与之前的反应副产物再通过对流和扩散，穿过边界层，回到边界层上的气流，被排出反应室外。

对于不同的基片和工艺，外延获得的薄膜表面形貌也不一样。质量优越的薄膜通常表面平整光滑，起伏在原子尺度范围内。

MOCVD 生长室除了获得外延薄膜，还有各种副产品，如前面提到过的三甲基镓和氨气反应得到稳定的$(CH_3)_3Ga:NH_3$。除此之外，还有一种寄生反应，即在边界层中分解得到的镓原子会与氨气发生化学反应，导致气相成核，形成 GaN 团簇，并通过边界层落到生长薄膜表面，会影响 GaN 薄膜的生长，引起颗粒、穿孔等，影响薄膜的均匀性和薄膜的完整性。当然，寄生反应除了和生长温度有关外，还和其他的参数有关，如生长腔的结构、生长条件等，都应该尽量注意。另外，除了薄膜原子嵌入晶格，还存在反应物原子在生长表面的脱吸附。即在高温下，嵌入晶格的原子在热作用下，又会挣脱晶格，变成气相。脱吸附往往会降低材料的生长速率和反应气体的利用率。但对于 GaN 的 MOCVD 生长，在生长温度(1 000℃左右)下，GaN 脱吸附并不是一个严重问题。

MOCVD 外延生长材料的速率与温度有关，也与源浓度有关。以 GaN 的生长为例，

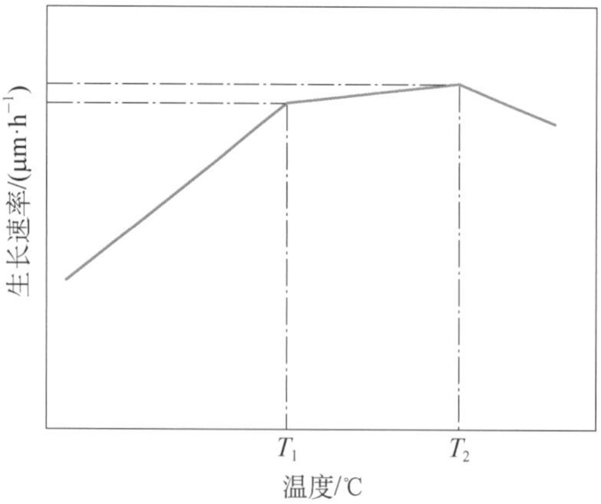

图 4.3.17　MOCVD 外延生长速率随温度变化的示意图

图 4.3.17给出了 GaN 生长速率和生长温度的关系。从此图中可以看出，外延薄膜的生长速率随温度的变化可以分为 3 个特征区域。在较低温度时，即图中 $T < T_1$ 时，生长速率随生长温度的升高而迅速增大。由于除生长温度外，其他的生长参数均保持不变，在此温度阶段，反应气体尤其是氨气在基片的表面热分解率决定着生长速率，即 GaN 的生长速率是由氨气的热分解速率控制。所以，此温度区域往往称为表面反应控制生长区域，提高气体的流量并不会提高材料的生长速率，因为增多的供应量并不会分解，只会被抽走。当温度继续提高，并小于某个温度，即 $T_1 < T < T_2$ 时，生长温度的提高对生长速率的影响变小，如图 4.3.17所示。在此温度段，反应气体热分解已达到饱和，提高温度并不会加快生长速率。在此温度区域，为提高生长速率，往往需要增大氨气和金属有机物源的浓度，以增大在基片表面的气源供给。此区域往往称为质量传输控制区域。当生长温度继续提高，高于 T_2 时，材料的生长速率往往开始下降，这是因为在此温度，吸附的原子获得的能量加大，脱吸附率开始增加，成为控制生长速率的一个主要因素。在此阶段，材料的质量可能会有所提高，但生长速率降低，造成源材料浪费。因此，利用 MOCVD 生长薄膜，温度应该控制在 T_1 到 T_2 之间。对于 GaN 材料，其对应的 T_2 高于1 100℃，而 T_1 随氮源的不同而不同。采用联氨作氮源时，T_1 约在 550℃，而采用氨气作氮源时，T_1 约在 900℃左右。对于砷烷和磷烷，其热分解温度比氨气低，因而生长砷化物和磷化物的 T_1 和 T_2 的数值比生长氮化物的数值低，即砷化物和磷化物的外延生长温度通常比氮化物的低。

在 MOCVD 外延生长过程中，往往配备原位监测系统，监测薄膜的生长进程。一种常见的监测系统是激光实时表面干涉系统，如图 4.3.18所示。利用激光探测薄膜表面产生的反射形成光路，与基片表面反射光产生干涉，形成振荡图谱。根据图谱的形状，就可以推测薄膜的生长进程、厚度等。实例将在氮化物生长章节解说。

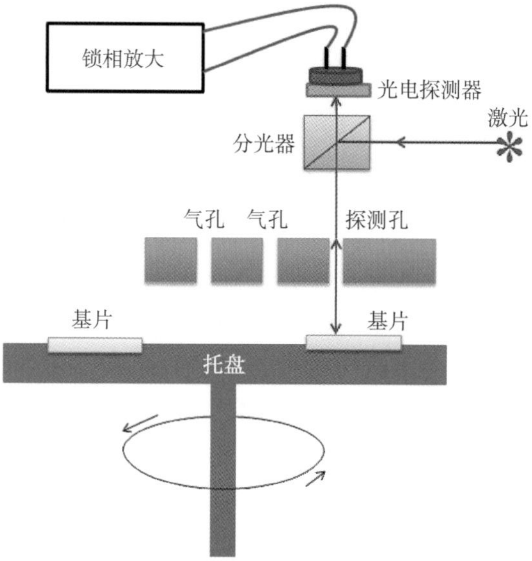

图 4.3.18　MOCVD 外延生长薄膜表面原位激光监测系统示意图

此外，现在大部分采用电阻丝电加热或电感线圈加热的方法加热基片。通常，MOCVD 系统可以加热到1 200℃高温。对于特殊需要，如专用于 AlGaN 或 AlN 生长的 MOCVD 系统，往往需要更高的生长温度，达到1 500℃左右，这时腔体不能再使用石英玻璃，而必须使用陶瓷材料。也有不使用电阻丝或电感加热而改为用光加热的 MOCVD 系统，其优势是光容易聚焦，集中加热石墨基座或基片某一区域，而且快速。然而，光加热时 MOVCVD 往往操作不便，光源寿命短，只在特殊应用中使用。

MOCVD 技术外延薄膜材料对温度非常敏感，故往往利用热电耦进行温度监测，或并用多种手段，并反馈到系统，实行温度控制。然而，在实际应用中，温度测量往往具有一定的误差，需要仔细校正，并且随着生长次数增加，实际温度往往会漂移。在每次生长中，需要在基盘表面形成均匀的温度场，一般要求偏差小于±1℃，这样可以保持生长材料均匀、发光波长的偏差小于几纳米。

(4) 排气和尾气处理系统

MOCVD 使用的金属有机物源大多数是易自燃并且有毒的，而Ⅴ族源如砷烷、磷烷更是剧毒，氨气也有一定的毒性；在腔体中反应的副产物也大多有毒性或易自燃。因此，必须经过处理才能排放到室外。首先，需要考虑对气体进行过滤，滤去较大的粉尘颗粒，以减少对真空泵的危害；然后，考虑对较小颗粒的粉尘和气体进行处理。常用的去掉有毒气体方法有：使用利用物理吸附作用的活性炭过滤器；使用利用化学反应吸收毒气的干式或湿式过滤器；通过热分解或燃烧，使毒气转化为粉尘然后再过滤。这些方法也可以组合起来使用。

对于利用 MOCVD 生长氮化物，由于所涉及的源毒性都不大，过滤较为简单，可用一般的过滤筛过滤粉尘，然后用酸溶液洗尽尾气，但需要定时更换酸溶液。但如果是生长 AlGaInP 材料，则往往涉及有剧毒的砷烷和磷烷，需要较为复杂的处理方法，将氢化物气体氧化反应后形成毒性较小的砷酸盐或磷酸盐。以砷烷处理为例，其处理方式可分为以下3类：

① 湿法方法。其原理是溶液中的强氧化剂与砷化物发生反应形成砷酸盐。强氧化剂主要有：$KMnO_4$ 或 $HBrO_3$，并且都添加有 NaOH，前者 NaOH 提高反应后的pH值，使化学反应朝有利的方向进行；而在后者，先发生氧化反应，然后反应气体被导入 NaOH 溶液中，吸收 Br_2。反应方程式为

$$AsH_3 + KMnO_4 + NaOH \longrightarrow AsO_4^{3-} + MnO_4^{2-} + K^+ + Na^+ + H_2O\text{。} \quad (4.3.13)$$

该反应还可以进一步发生其他化学反应，生成 Mn_2O_3 和 MnO_2，以及无机砷化物。如果利用 $HBrO_3$，发生的化学反应是

$$AsH_3 + HBrO_3 \longrightarrow H_3AsO_3 + Br_2 + H_2O, \quad (4.3.14)$$

$$Br_2 + NaOH \longrightarrow NaBrO_3 + NaBr + H_2O\text{。} \quad (4.3.15)$$

无论采用哪种氧化剂，容器内的液体都需要定期更换。

② 吸附方法。主要是用活性炭或凝胶颗粒吸附砷烷。采用活性炭，首先是砷烷被炭吸附，然后被流动的空气或氧气氧化，将被吸附的砷烷转化成砷的氧化物。发生的化学反应为

$$AsH_3 + O_2 \longrightarrow As_2O_3 + H_2O, \quad (4.3.16)$$

氧化砷留在炭颗粒上。如果用凝胶颗粒吸附砷烷，同样发生类似的反应。无论是用活性炭

还是用凝胶颗粒，也都需要定时更换。

③ 加热方法。采用加热炉或燃烧的方式裂解砷烷或磷烷，然后氧化形成砷或磷的氧化物被浓缩过滤。

裂解反应为

$$AsH_3 \longrightarrow As + H_2; \tag{4.3.17}$$

氧化反应为

$$AsH_3 + O_2 \longrightarrow As_2O_3 + H_2O。\tag{4.3.18}$$

同样，加热系统中的过滤器内需要定时更换，并且由于有氧化生成的水，需要干燥。

(5) 控制系统

在 MOCVD 系统中，具有各种质量流量控制器、电磁阀、压力计、温度控制器、湿度计、气动阀、浓度计等，均采用数字电路进行控制，连接到微机接口，实现数字化操作。另外，控制系统中还包括安全速锁装置，可以防止误操作可能产生的严重后果，并且可以使系统自动进入保护状态，以减轻危害，保护人员的安全。目前，MOCVD 大都配有计算机控制系统，通过精确计算，使得阀门在开启、关闭瞬间保持压力平衡，防止气流紊乱。并且，还可以通过精确计算，控制浓度，使得在生长超晶格、量子阱或其他复杂结构时，重复性好。现今，先进的系统还可提供数据分析功能，分析源的消耗、腔体的湿度等，并具有自动化装置，利用机械手自动装、卸基片。利用事先编制好的程序，完全可实现"傻瓜式"全自动操作，减少对操作人员的依赖。

2. AlGaInP 系 LED 外延

AlGaInP 红光 LED 一般以 GaAs 单晶作为基片，取向为(100)，向(111)晶面方向偏离一定角度，通过 MOCVD 技术进行异质外延。其中，In 的组分控制在0.5，而 Al 和 Ga 的组分变化，形成具有不同带隙的材料，即$(Al_xGa_{1-x})_{0.5}In_{0.5}P$ 作为各种功能层，形成 LED 器件。常见的 Al、Ga、In 和 P，源分别是三甲基铝、三甲基镓、三甲基铟和磷烷；施主掺杂一般是 Te 或 Si，源分别是二乙基碲、硅烷或乙硅烷；受主掺杂原子是锌或镁，源分别是二乙基锌和二茂镁。

由于$(Al_xGa_{1-x})_{0.5}In_{0.5}P$ 是四元合金，故制备具有较大难度。其中的 Al 源，很容易与氧发生化学反应，生成沉积颗粒，因而需要抑制氧化，保证腔体水蒸气和氧的含量浓度低。在生长过程中，Al 原子惰性较强，迁移率低，因而，为保证 Al 原子在薄膜表面迁移，往往需要较高温度。但是，为保证 In 原子的嵌入，又往往排斥高温，因为高温会导致 In 在薄膜表面分凝，使 In 原子不容易嵌入，达不到组分为 0.5 的要求。因此，需要综合考虑 Al 原子和 In 原子的嵌入条件，选择合适的生长温度窗口。通常，$(Al_xGa_{1-x})_{0.5}In_{0.5}P$ 外延选择在 650～750℃，GaP 选择在 800℃ 左右。

另一个需要注意的问题是组分的控制问题。三甲基铝、三甲基镓和三甲基铟的分解率各不相同，并且分解后各Ⅲ族原子的有效嵌入晶格并不相同，因而实际组分中各原子比并不是各Ⅲ族源的浓度之比，需要根据不同工艺摸索。另外，Ⅴ族源的分解率往往比Ⅲ族源更低，在生长时，需要很高的平衡蒸气压，因而Ⅴ族源的浓度普遍远高于Ⅲ族源的浓度。对于

$(Al_xGa_{1-x})_{0.5}In_{0.5}P$ 外延，V/Ⅲ的浓度比通常约为 500，在实际制备过程中需要仔细优化、摸索。过高的V/Ⅲ比会导致 P 的积累，而过低的V/Ⅲ比会导致Ⅲ族元素空位，都会使得光效降低、背景载流子浓度提高。

下面以实例来说明 AlGaInP 系 LED 外延。

早期的 AlGaInP 系 LED 通常都是异质结构，典型的 LED 结构如图 4.3.19 所示。基片是 GaAs(100)取向，偏(110)面 2°。先在衬底上生长一层 n 型覆盖层，即 n 型Te 掺杂的 $Al_{0.5}In_{0.5}P$，厚度为 1 μm；其后生长一层 $(Al_xGa_{1-x})_{0.5}In_{0.5}P$ 有源层，其中的 x 数值可以变动，LED 的波长也随着变动，产生不同颜色的 LED；其后再生长一层 p 型 Mg 掺杂的覆盖层，形成双异质结结构；最后在 p 型覆盖层上生长一层电流传导层，即 p 型低阻 Mg 掺杂的 GaP 层，这一层也充当光发射窗口，由于带隙较有源层的带隙宽，不会吸收有源层发出的光子。制备好外延层后，往往要制造欧姆(Ohm)接触层，即在半导体层蒸镀金属电极，以便施加电流。

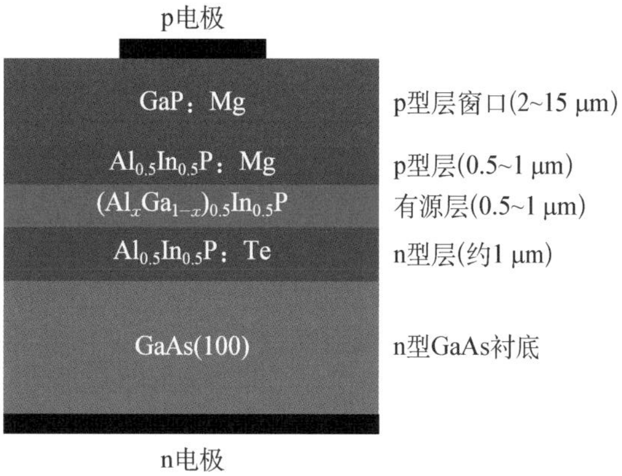

图 4.3.19 **早期典型的 AlGaInP 系双异质结 LED 结构示意图**

在 MOCVD 外延过程中，n 型掺杂剂浓度约为 10^{18} cm^{-3}，p 型掺杂剂浓度约为 5×10^{17} cm^{-3}，过低的掺杂剂浓度会使得材料的载流子浓度不高、电阻率偏大、在薄膜上的电压降增大、效率不高；但也不能过高，过高的掺杂剂浓度会使得材料的质量下降、缺陷增多、非辐射性复合增强。

利用器件工艺，制备出 LED 器件，测试 LED 效率，在不同波段的 LED 外量子效率及流明效率如图 4.3.20所示。作为对比，此图中还列出了其他材料体系 LED 的效率。可以看

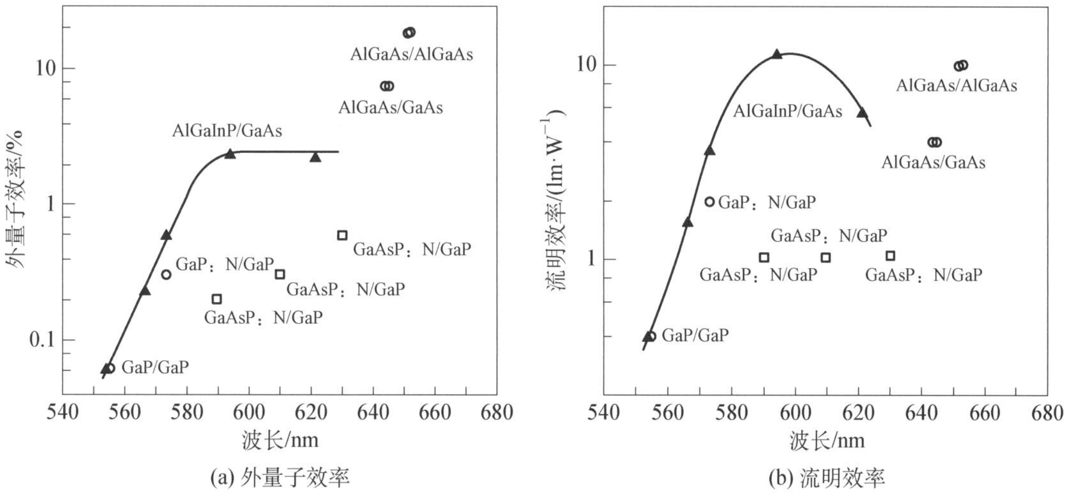

图 4.3.20 **不同波段的 AlGaInP 双异质结 LED 外量子效率和流明效率**

出，双异质结 AlGaInP 系 LED 具有较高效率，然而，还远远不能满足半导体照明的需求。如今，AlGaInP 系 LED 普遍抛弃双异质结结构，而采用量子阱结构。

典型的 AlGaInP 系量子阱 LED 的结构如图 4.3.21所示。同样，一般以(100)面 GaAs 为衬底，先利用氢气加热清洗表面，其后：

① 生长一层 n 型 GaAs 作为缓冲层。其厚度为 0.3～0.5 mm，为生长分布式布拉格(Bragg)反射层作准备。

② 生长一层分布式布拉格反射器(distributed bragg reflector，DBR)。布拉格反射器是由高折射率和低折射率相间的层构成，作用是把往下出射的光一层层反射到顶层，通过顶层的光由窗口取出，提高光的取出效率。材料构成通常为 Si 掺杂的 n 型 AlGaInP/AlInP 或 AlGaAs/GaAs，一般在 20 周期左右，每层的厚度通常为 1/4 波长。对于 650 nm 的红光 LED，考虑到砷化镓的折射率，20 层布拉格反射器的厚度约为 1.9 μm。对于顶出光 LED，大多采用此反射器；而如果用透明衬底 GaP，可以不用布拉格反射器。关于布拉格反射器后面还将谈到。

③ n 型覆盖层。其成分为 Si 掺杂的 $Al_{0.5}In_{0.5}P$，厚度为 0.5～1 μm，其作用是与 p 型覆盖层一起，形成 pn 结，限制电子在量子阱中发光。其次，还充当窗口的作用，其带隙比有源层光子对应的能量大，因而，吸收光子的几率小，充当光扩展的窗口作用，提高效率。覆盖层的关键是掺杂浓度、厚度、导电率和 Al 组分。要求掺杂浓度较高，提供注入载流子，但又不能太高，太高会导致材料质量退化，电子迁移率由于杂质散射而变低，因而，掺杂剂浓度约为 1×10^{18} cm^{-3} 较合适；Al 组分较高，禁带宽度大。然而，生长高 Al 组分层并不容易，Al 容易与氧反应，并有记忆效应，因而不宜太厚，太厚容易导致材料的浪费和新的位错出现。通常，Al 组分层的厚度选择为0.5～1 μm 较合适。

④ n 型过渡层。Si 或 Te 掺杂剂渐变或控制的 n 型 $Al_{0.5}In_{0.5}P$，厚度根据工艺的不同而不同。其作用是防止 n 覆盖层的掺杂剂 Si 或 Te 扩散到量子阱中。

⑤ 量子阱。量子阱是 LED 的关键，决定内量子效率、发光波长、半峰宽等，是由非故意掺杂的势垒层和势阱层构成。势垒层带隙宽，势阱层带隙窄，电子和空穴被限制在势阱层复合发光。通常，量子阱由多个势垒和势阱构成。AlGaInP 系 LED 多量子阱设计要考虑的是由尽量低 Al 组分的 $(Al_xGa_{1-x})_{0.5}In_{0.5}P$ 量子阱发出特定的波长，并且保持材料的带隙 Γ 谷和 X 谷尽量远，减少间接带隙成分，提高光效。而势垒要考虑到一定的限制作用，要求 Al 组分多，但不能太高，一般小于0.35；否则，容易引入氧污染。因而，可以用 GaInP 做势阱，用低 Al 组分的 AlGaInP 做势垒，组成量子阱，或用 Al 组分不同的 $(Al_xGa_{1-x})_{0.5}In_{0.5}P$ 分别做势阱和势垒，但应根据发光波长的需要而定，如图 4.3.21 中的 $Al_{0.15}Ga_{0.35}In_{0.5}P/Al_{0.35}Ga_{0.15}In_{0.5}P$ 多量子阱。阱层和垒层的厚度需要综合考虑，为电子相干波长范围。势阱厚度一般为 4～7 μm，垒层厚度为 5～8 nm，周期数不超过 20 周期。

⑥ p 型过渡层。与 n 型过渡层功能类似。

⑦ p 型覆盖层。p 型覆盖层的导电性与 n 型覆盖层相反，是 Zn 掺杂的 p 型 $Al_{0.5}In_{0.5}P$，其他性质类似，不多赘述。

⑧ GaP 出光窗口。可以由 Zn 掺杂的 p 型 GaP，也可以用 p 型 AlGaAs 代替，但需要考虑到 AlGaAs 的带隙宽度及高 Al 导致的材料退化。所以，通常是 p 型 GaP。其作用是提供

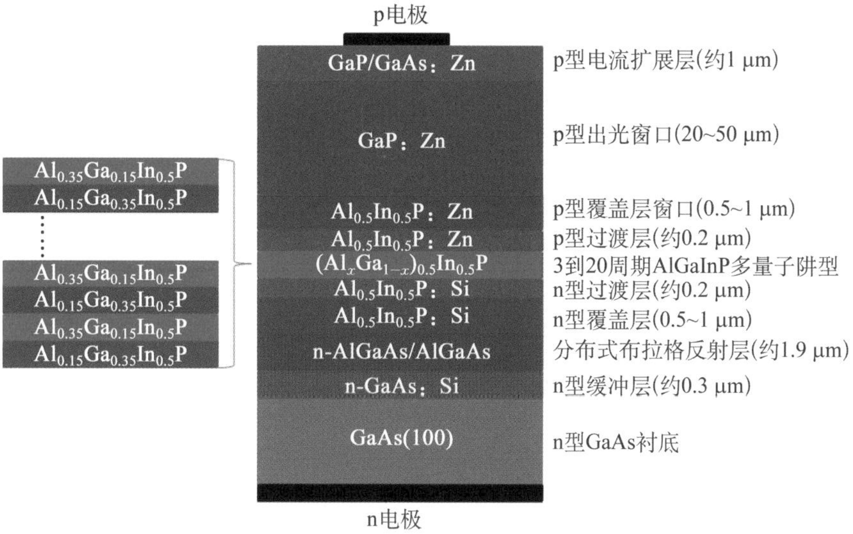

图 4.3.21　典型的 AlGaInP 系多量子阱 LED 器件结构示意图

光出射窗口，从量子阱及布拉格反射器反射的光不仅可以从顶层出射，也可以通过 GaP 窗口的侧面出射，而且侧面光出射率往往随着 GaP 厚度的增大而提高，但在厚度大于 50 μm 左右，边发射率不再提高。因而，GaP 出光窗口厚度一般较厚，为 20～50 μm。此外，GaP 与 p 型覆盖层往往晶格失配较大，容易引入位错，为降低位错，往往生长一层成分渐变层，以降低位错密度。

⑨ GaP 欧姆接触层。为提供与金属电极的欧姆接触，通常还需生长一层高电导率的欧姆接触层，通常为重掺杂的 GaP 薄层，小于 1 μm。

利用 MOCVD 技术制备量子阱结构 AlGaInP 系 LED，可以自由调节发光波长，并且发光的效率大大提高。早在 1999 年报道的多量子阱 AlGaInP 系 LED，利用透明衬底和修剪倒金字塔结构提高提取效率，外量子效率随发光波长增大而增大，在 650 nm 段，在 100 mA 注入电流下，面积为 0.25 mm^2 的 LED 的外量子效率超过 55%，如果是利用脉冲电流，外量子效率超过 60%。换算成流明效率，在 610 nm 段，效率最高，达到 102 $lm \cdot W^{-1}$，如图 4.3.22所示。假设光的抽取效率不超过 90%，可推算 650 nm 波段 LED 的内量子效率超过 60%，脉冲电流下内量子效率超过66.7%，具有很高效率。

3. GaN 系 LED 外延

(1) GaN 单层薄膜外延

早在 20 世纪的 1907 年，人们就开始有制备研究 GaN 系材料，然而，由于缺乏有效的制备手段，材料质量难以提高。直到 1969 年，美国无线电公司(RCA)的 Maruska 和 Tietjen 利用氢化物气相外延在蓝宝石衬底上制备得到 GaN 单晶外延膜，材料透明，但这些 GaN 薄膜的质量较差，背景载流子浓度高达 10^{19} cm^{-3}。1971 年，同为美国无线电公司的 Pankove 等人研制出金属-绝缘体-半导体(metal-insulator-semiconductor, MIS)结构的 GaN 蓝光 LED，在 430 nm 发光，但重复性很差。

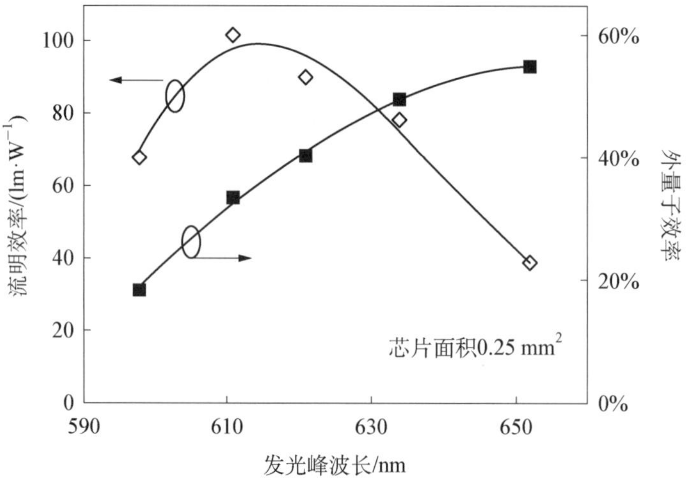

图 4.3.22 不同波长的 AlGaInP 系 LED 流明效率与外量子效率

对于利用氢化物气相外延的 GaN 来说，源区的温度一般控制在 850℃左右，利用熔化的金属镓和氯化氢气体反应生成 GaCl。其后，GaCl 被载气（N_2 或者 Ar）输送到生长区，与通入的 NH_3 反应生成 GaN，从而完成在蓝宝石衬底上的外延生长。在生长区，温度一般控制在 900～1 100℃之间。源区和生长区分别发生如下化学反应，即

$$Ga(l) + HCl(g) \longrightarrow GaCl(g) + H_2(g), \quad (4.3.19)$$

$$GaCl(g) + NH_3(g) \longrightarrow GaN(s) + HCl(g) + H_2(g)。 \quad (4.3.20)$$

HVPE 是最早用于 GaN 薄膜外延的方法。但由于早期 HVPE 制备的 GaN 薄膜背景载流子浓度过高，同时 p 型掺杂很难实现，利用 HVPE 生长 GaN 薄膜的研究陷入停滞阶段。GaN 材料获得突破是随着 MOCVD 技术提高而出现的，并直到现在，MOCVD 技术成了 GaN 基 LED 制备的主流。然而，随着 MOCVD 技术在 GaN 基材料生长上的成熟，近年来 HVPE 技术重新获得了一定的关注。其中，一个最重要的原因是 HVPE 技术能够以非常高的生长速率生长 GaN 薄膜，可以达到每小时几百微米。利用 MOCVD 和分子束外延，生长速度慢，生长速度一般在每小时几微米左右。较薄的 GaN，一般位错密度较高，随 GaN 薄膜厚度的增加，GaN 薄膜中的缺陷和位错密度呈现减少的趋势。例如，GaN 薄膜厚度从 5.5 μm增加到 55 μm，而位错密度从 10^9 cm^{-2}减小到 10^8 cm^{-2}。由此，可以首先利用 HVPE 技术生长比较厚的 GaN 薄膜，然后以此厚膜为衬底，利用 MOCVD 技术制备器件，可以提高器件的性能。另外，现在也常利用 HVPE 技术生长厚的 GaN 薄膜，然后剥离衬底可以实现自支撑的 GaN 衬底。在 1999 年，就有利用 HVPE 技术制备出 230 μm 厚、10 mm^2 大小的 GaN 自支撑衬底。目前，日本的住友电气工业宣布已经开发出 2 in 单晶 GaN 衬底，就是采用此技术。

虽然在控制界面和厚度精度方面 HVPE 不如 MOCVD 技术，但 HVPE 经过长足发展，也已经可以制备 LED 器件。例如，在可见光波段通常采用 p 型层在下、n 型层在上的倒结构 pn 型 LED，甚至可以生长出量子阱结构的 LED，如图 4.3.23所示。其归一化电致发光图谱

如图 4.3.24所示，其不同的发光波长对应图中 InGaN 量子阱不同的 InN 组分。

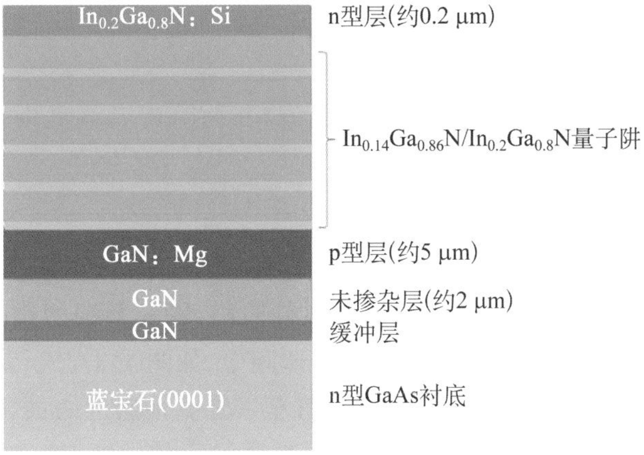

图 4.3.23　典型的利用 HVPE 制备的倒结构蓝光量子阱 LED 示意图

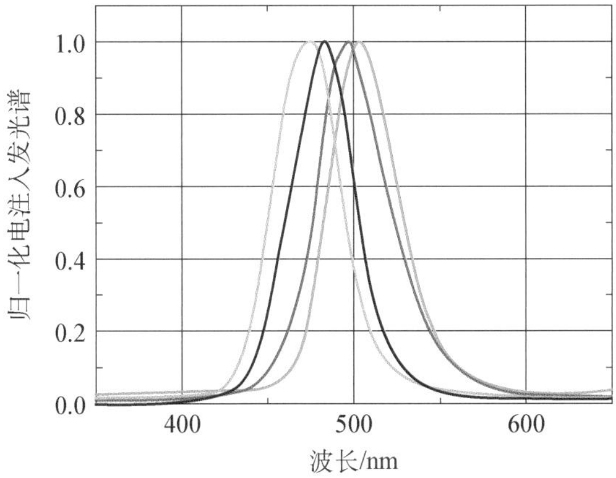

图 4.3.24　利用 HVPE 制备的不同量子阱 LED 归一化电致发光谱

利用 HVPE 还可以制备较好的 pn 结构 GaN 基紫外 LED，已经取得较高的效率。最新报道的 HVPE 制备的紫外 LED，在 365 nm 波段，光电转换效率可以达到 1.12%。然而，总体来说，HVPE 技术在控制精细结构方面还有不足，到现在还不是 GaN 基 LED 制备的主流手段。现在，制备 GaN 基 LED 主要靠 MOCVD 技术。

目前，利用 MOCVD 技术制备氮化镓，标准方法是两步法。即先在较低温度下在蓝宝石上沉积一层缓冲层，为氮化铝或氮化镓，然后升高温度，外延生长氮化镓材料，如果是利用碳化硅或硅作为衬底，则往往利用高温下生长的氮化铝作为缓冲层，如图 4.3.25 所示。

缓冲层的作用是提供成核作用，并缓解基片和外延层的晶格失配(蓝宝石与氮化镓失配度达13.9%)。缓冲层是由一系列拼接的小单晶薄膜组成，并具有一定的扭转和偏斜，颗粒间形成边界，缓冲了与基片的失配作用。缓冲层的厚度大概在 20～30 nm 间，在 550℃左右

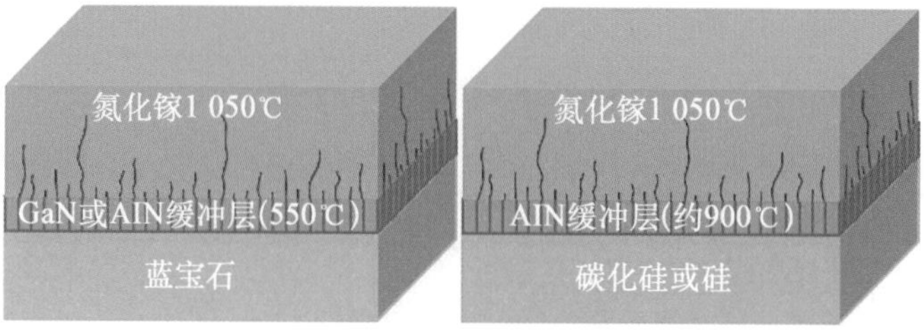

图 4.3.25　两步法生长的氮化镓示意图

的温度下淀积。在其后的高温度氮化镓外延生长阶段，颗粒薄膜的边界部分可以拼接、消失，也有部分是作为线位错的起始，扩展到外延薄膜中，如图 4.3.25所示。随着生长的厚度的增加，部分位错消失，但仍有部分继续伸展，甚至贯穿到薄膜的表面，形成位错。因而，在缓冲层和高温外延薄膜边界，位错密度很高，材料质量不佳，且随着生长进行，位错密度降低。一般薄膜要求生长到 4 μm 厚以上，这个厚度起始于缓冲层的很多位错消失。

缓冲层技术大大解决了在大晶格失配的蓝宝石衬底上外延氮化镓单晶薄膜质量不佳的难题，使得制备器件成为可能。这一技术是在 1983 年，由吉田（Yoshida）等人首次提出的。他们利用分子束外延技术先在蓝宝石上生长 300 nm 厚的 AlN 缓冲层，其后再生长 GaN 薄膜，使得薄膜的发光性能大大提高。在1986年，天野浩和赤崎勇改为利用 MOCVD 技术在 AlN 缓冲层上生长得到高质量的 GaN 薄膜。而在 1983 年前，都是直接在蓝宝石上高温生长氮化镓薄膜，因为晶格失配大，使得生长出来的薄膜位错密度高，往往有裂痕，形成六角形块状薄膜，如图 4.3.26所示，这是由于氮化镓是六角结构。

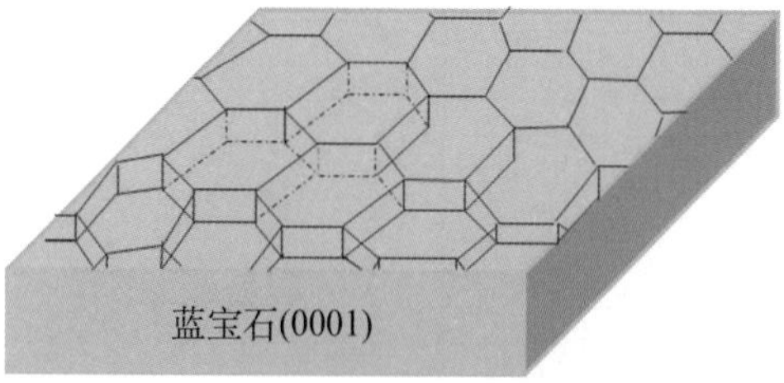

图 4.3.26　直接在蓝宝石衬底上高温生长氮化镓所获得的薄膜示意图

按照晶体生长理论，晶体的生长主要包括 5 种生长模式：层状（layer by layer）、台阶流、层状-岛状（Stranski-Krastanou, S-K Mode）、岛状和柱状生长模式，分别如图 4.3.27(a)～(e)所示。

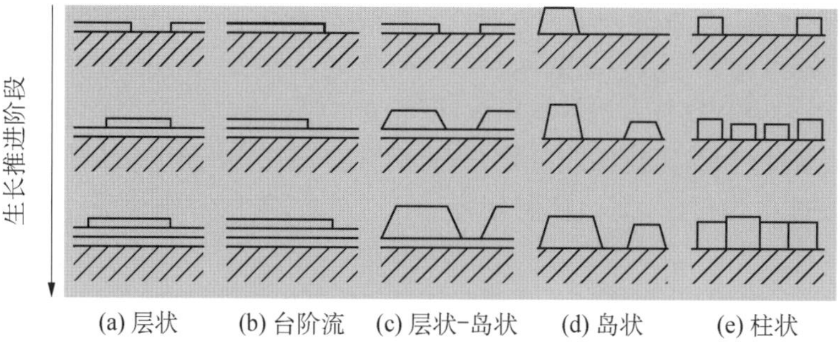

图 4.3.27　不同的薄膜生长模式示意图

不同的生长模式得到的薄膜表面形貌不一样。对于半导体外延材料，尽量要求保证薄膜完整性，往往需要层状或准二维的台阶流生长，以获得二维单晶薄膜。生长模式主要有两个因素决定：晶格失配度和薄膜与基片间的浸润性。薄膜与基片间的浸润性，即薄膜原子是优先与基片原子结合还是优先彼此间结合，表现在基片表面能与薄膜材料表面能的差异。当基片表面能大于薄膜表面能时，形成新相表面可以降低系统界面能，表现为浸润性好；反之，浸润性差。浸润性差的典型如金属在半导体或绝缘体表面，原子淀积，容易卷曲成团，形成颗粒膜，即岛状生长（见图 4.3.27(d)）。而在浸润性好的情况下，薄膜材料原子优先与基片原子结合，完全覆盖基片后再吸附新的薄膜原子，形成层状生长，随着生长，薄膜厚度加厚，形成单晶薄膜（见图 4.3.27(a)），半导体材料在半导体基片上外延或金属在金属单晶基片上外延往往是如此。然而，这是以薄膜与基片的晶格失配很小为前提。即后续生长薄膜未受到弹性应变，没有应变能为前提，如砷化铝在砷化镓上外延。而砷化铟在砷化镓上外延就由于晶格失配大，其薄膜形成介于岛状生长和层状生长之间，即层状-岛状生长模式（见图 4.3.27(c)）。即刚开始几层薄膜原子与基片层层结合生长，形成层状，但随着生长进行，弹性应变能加大，即形成岛状。能保持多少层的层状生长模式，往往取决于晶格失配大小即弹性应变大小。失配越大，保持层状生长厚度越薄。图 4.3.27(e)中的第五种生长模式与层状和层状-岛状相似，但不同在于柱状生长模式的薄膜原子惰性强，原子不容易迁移，因而生长起始阶段岛状不拼接，直到形成柱状，并保持到生长最后，可以形成质量好的纳米结构。铝原子往往表现为惰性强、不容易迁移，因而氮化铝容易形成柱状生长。

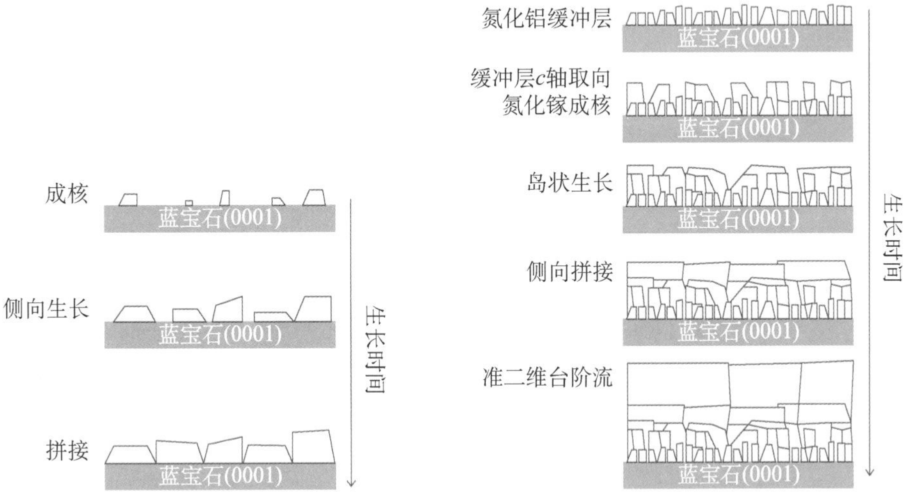

(a) 未采用缓冲层　　(b) 采用缓冲层

图 4.3.28　氮化镓薄膜材料的生长示意图

氮化镓薄膜在蓝宝石上生长需要高温，典型温度为1 050℃。尽管其浸润性较好，但由于晶格失配很大，属于典型的层状-岛状生长模式，层状很薄，甚至完全不能实现层状，而直接变为岛状生长，其生长如图 4.3.28(a)所示。最终获得的薄膜，具有大量的位错，薄膜往往断裂为六角马赛克片状，这也是长期以来未能获得高质量氮化镓薄膜的原因。而图 4.3.28(b)所示为采用缓冲层技术，则往往改变氮化镓薄膜的生长模式。现以早期采用的氮化铝缓冲层为例，说明采用缓冲层技术生长阶段。

① 低温下在蓝宝石(0001)面(往往有 1～2°的偏角)上淀积一层氮化铝薄膜。由于温度较低，在 550℃左右，淀积的薄膜往往具有各种取向的多晶颗粒，很少具有侧向生长、颗粒熔合现象，此时生长模式介于岛状和柱状生长，薄膜和基片间并不构成很强的外延关系，薄膜表面是较平整的颗粒，厚度为 30 nm 左右。

② 随后温度升高，为生长氮化镓外延薄膜准备。在此阶段，随着温度升高，预先淀积的氮化铝薄膜由于高温退火作用，多晶薄膜部分相互开始熔合，部分取向重新排列，形成与基片同向的 c 轴取向，表面开始变得粗糙。在1 050℃温度附近，开始生长氮化镓薄膜。此时，氮原子和镓原子开始吸附在氮化铝上，并形成成核点。

③ 氮化镓成核点开始扩大，形成岛状生长。此阶段，薄膜生长是以氮化铝为基板，是准自由生长，而不是受制于蓝宝石基板的弹性应变。因而，缓冲层的一个重要作用就是提供相对准自由生长，释放蓝宝石基板的弹性应变。此时，薄膜表面粗糙。

④ 在准自由情况下，氮化镓往往侧向生长速度更快。因而孤岛侧向生长，彼此之间开始拼接、熔合，在拼接处往往会形成新的位错。拼接完毕即开始轴向生长。生长模式开始转变为准二维生长，表面开始变得平滑。

⑤ 生长继续进行。此时，氮化镓生长方向沿 c 轴进行，生长速度加快，生长模式变为准二维层状生长，形成台阶流，表面变得光滑，大部分位错消失。然而，仍然有部分位错会贯穿到薄膜表面，形成表面 V 形缺陷坑。但由于仍然有一定应力作用，不能完全形成二维层状生长模式，因而生长一直保持为准二维台阶流生长模式。

此时，获得的薄膜表面光滑。利用原子力显微镜对样品表面进行表征，可以清晰地观察到表面台阶。典型的的氮化镓薄膜表面原子力显微镜成像如图 4.3.29所示。

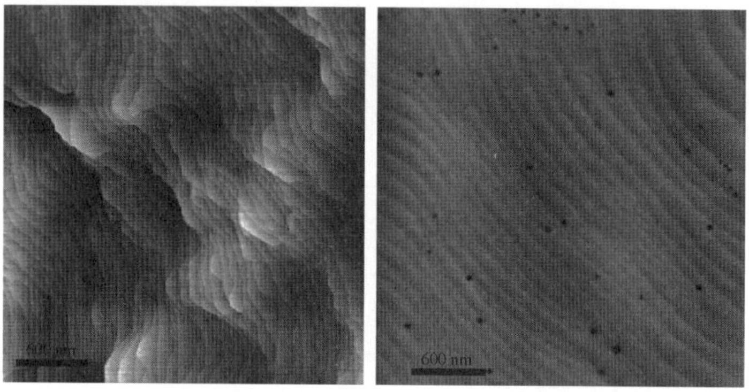

(a) 较紊乱的台阶　　(b) 清晰的台阶

图 4.3.29　典型的氮化镓薄膜表面原子力显微镜成像图

图 4.3.29(a)对应于工艺优化不是最佳的氮化镓薄膜原子力显微镜形貌，可以看到台阶流清晰，但比较紊乱，往往是由于掺杂(如受主镁掺杂)或生长气流不稳定引起的。并且每个台阶的终止端往往对应于一个螺位错或混合位错，但由于样品表面没有经过刻蚀，不容易看出 V 形缺陷坑。而由图 4.3.29(b)可以看到非常清晰的台阶，像梯田，表明有二维台阶流生长模式。此外，图 4.3.29(b)所示的样品已经过表面处理，可以看到很清晰的或大或小的

V 形缺陷坑，这些缺陷坑不仅有对应于台阶的终止，属于螺位错或混合位错，也有部分不对应于台阶终止，属于刃位错。从此图中也可以估算出位错密度约为 $3 \times 10^8\ cm^{-2}$。

制备得到的氮化镓薄膜，通常也用高分辨 X 射线摇摆曲线来表征薄膜的质量，可以对对称面(0002)面进行表征，也可以对非对称面进行表征。利用摇摆峰宽，也可以估算出薄膜的位错密度。

图 4.3.30所示是典型的氮化镓单层薄膜的(0002)面 X 射线摇摆曲线，可以根据峰位计算出氮化镓 c 轴晶格常数，根据半峰宽评估氮化镓薄膜样品的质量。可制备器件级别的氮化镓薄膜，通常要求(0002)面对应的摇摆曲线的半峰宽在 200 角秒左右，即0.056°左右。然而，无论氮化镓薄膜的质量如何，总会有固有缺陷和位错，往往对光学性质具有一定的影响。典型氮化镓样品的光致荧光发光谱如图 4.3.31所示。其中，362 nm 的尖锐紫外发射峰对应带间跃迁，能量为 3.4 eV，而主峰位于 550 nm 处的黄光发光带对于氮化镓是普遍存在的，其

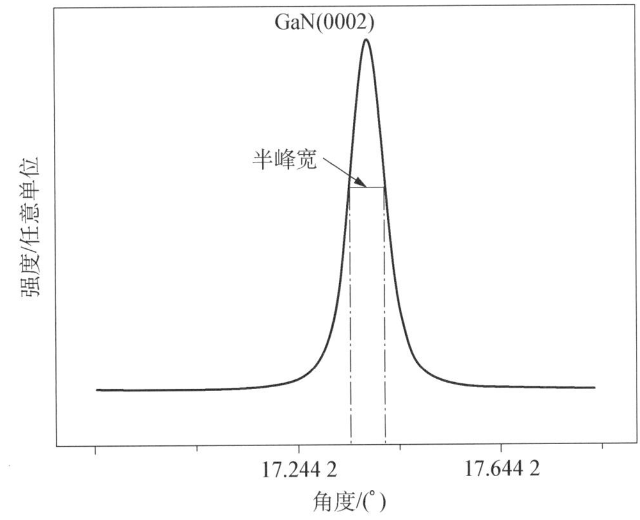

图 4.3.30　典型氮化镓(0002)面 X 射线摇摆曲线

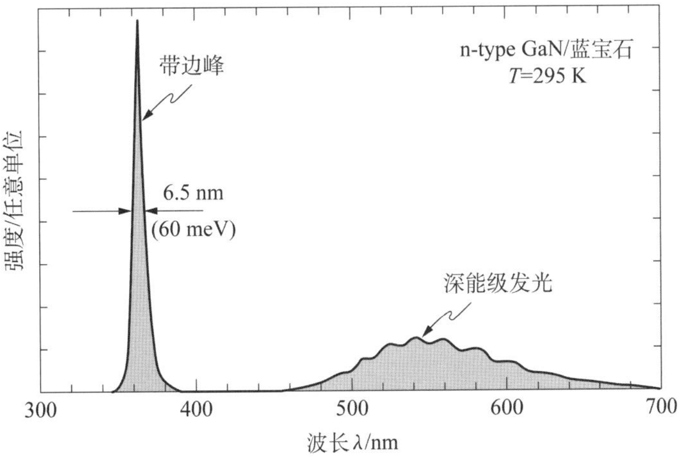

图 4.3.31　典型的 n 型或非故意掺杂氮化镓光致荧光图谱

对应的跃迁往往被认为是与 Ga 空位有关的深能级发光峰，或与位错、缺陷等相关。具体的机制没有统一认识。黄色发光带是普遍的，从氮化镓颜色也可以判断出来：氮化镓理论上是完全透明的，然而，通常生长出的氮化镓薄膜偏黄，质量越差，薄膜颜色越黄。

前面说过，氮化镓材料位错密度很高，在低电流注入下，对发光性质不会产生大的影响。但对于高电流注入密度或用于制备激光器，往往具有影响，因此，围绕提高氮化镓薄膜质量、降低位错密度，研究工作者进行过多方面的尝试，通常有侧向外延生长、悬挂外延生长、图形蓝宝石衬底技术等。

氮化镓侧向外延（lateral overgrowth）是一种较常用的降低位错密度技术，所使用的衬底称为侧向外延衬底。其过程是：先在已经获得的 GaN 平面材料上淀积掩膜材料（通常为 SiO_2），并刻出特定的图形窗口，一般窗口的宽度为微米量级；然后，在这种具有窗口的衬底上进行 GaN 的二次外延。由于表面能量选择的缘故，GaN 只有在窗口部分能够外延生长，而在 SiO_2 上方难以提供成核层，高温下几乎不能生长。当生长到一定阶段，窗口的 GaN 超过 SiO_2 层的厚度时，生长会同时向竖直和横向两个方向进行，并且，横向往往更快，直到横向生长达到一定程度后，完全覆盖 SiO_2，并且彼此拼接，薄膜开始统一沿着基片 c 轴方向生长。在 SiO_2 的覆盖层上方，GaN 的位错密度往往很低，而在窗口的上方，位错往往会拐弯，不再沿着垂直方向贯穿，因而位错密度也会有所降低。但在 SiO_2 上方拼接处，往往会产生新的位错。侧向外延生长阶段如图 4.3.32所示。这种生长因为符合“准自由”的生长条件，具有很高的晶体质量。实验表明，使用侧向外延技术生长的 GaN，外延层位错可降至 $10^6\ cm^{-2}$，比通常生长在平面蓝宝石衬底上的 GaN 薄膜位错密度小 3 个数量级。日本日亚公司早期的蓝光激光二极管即采用此技术，极大地改善了性能，连续工作时间超过 10 000 h。

另外一种降低位错密度的办法是悬挂外延（pendeo epitaxy），也是一种非常引人注目的技术。这种技术与侧向外延技术类似，采用的是刻蚀已经生长的平面 GaN 外延薄膜，直到基片，形成微米量级的凹槽，并在未刻蚀的部分覆盖氧化硅或氮化硅层，如图 4.3.33(c)所示。之后继续外延生长，薄膜容易在未刻蚀的部分同时竖直生长和侧向生长，直到拼接，如图 4.3.33(d)和(e)所示；继续生长并溢出，开始垂直生长，等生长漫过氧化硅或氮化硅覆盖层，又继续横向生长，直到拼接并覆盖氧化硅或氮化硅，最后完全开始垂直生长。悬挂侧向外延生长也是一种“准自由”生长，具有两次侧向外延生长，同样可以降低位错密度。

近年来，还有一种降低位错密度的衬底技术广受欢迎，即图形蓝宝石衬底技术。此技术原本只是用于提高 LED 的取光效率，但发现，图形蓝宝石衬底技术同样可以在一定程度上提高外延材料的质量。其原理是在平面蓝宝石衬底上制备一定的图形阵列，使得在材料外延生长时，形成类似悬挂外延的效果，因而具有一定的侧向生长自由度，可以降低衬底的弹性应力，降低位错密度，提高材料质量。图形蓝宝石衬底技术在后面还将提及。

制备得良好的单层氮化镓薄膜，可以利用部分 In 原子或 Al 原子取代 Ga 原子，获得 InGaN 或 AlGaN 合金材料。InGaN 或 AlGaN 材料通常是在制备 GaN 薄膜后，以 GaN 薄膜为支撑层而开始外延的。然而，由于合金材料变得多元，并且 In 原子或 Al 原子与 Ga 原子的大小有差异，使得与 GaN 晶格常数有差异。据此，可以利用 X 射线衍射探测出 InGaN

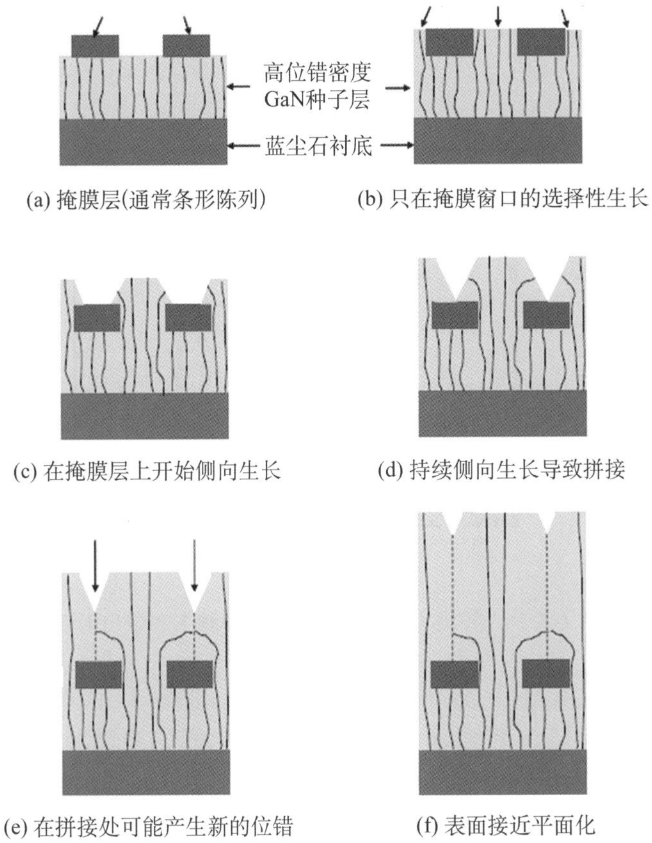

图 4.3.32　**侧向外延技术示意图**

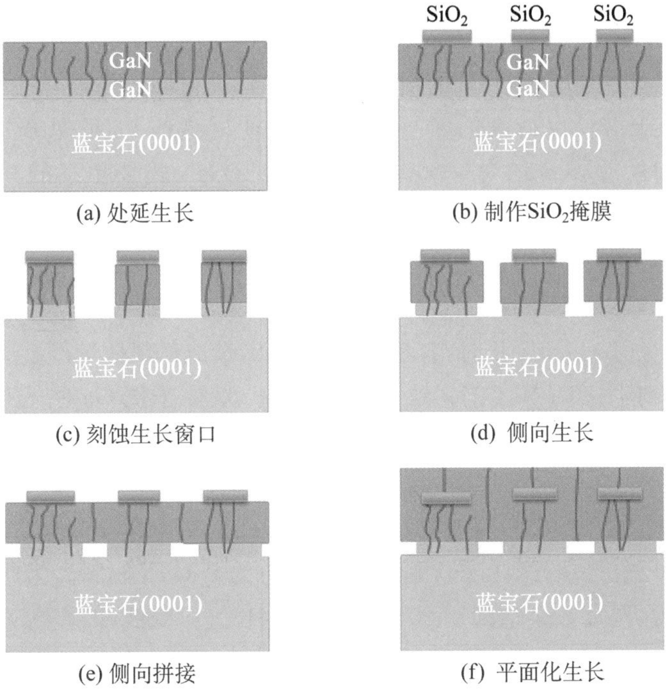

图 4.3.33　**悬挂侧向外延技术示意图**

峰位。典型的生长在 GaN 薄膜上的具有不同 InN 组分的 InGaN 薄膜 X 射线衍射谱如图 4.3.34所示。

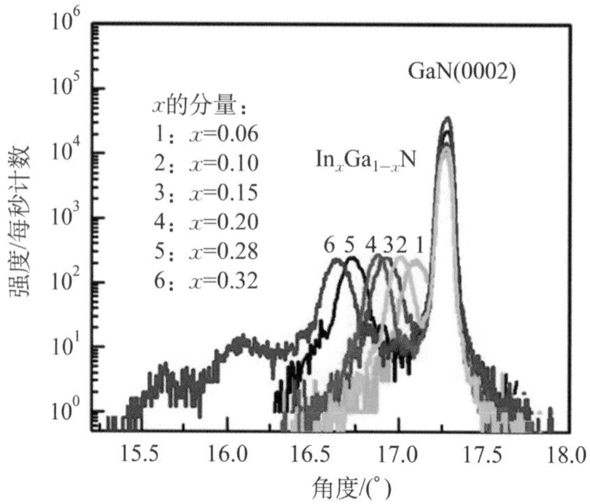

图 4.3.34　不同 InN 组分的 InGaN 薄膜 X 射线衍射谱

从图 4.3.34 中可以看出，InGaN 的峰位紧挨着 GaN 的峰位，并且随着 InN 组分的提高，与 GaN 峰位分开越明显。反之，也可以根据 InGaN 峰位，计算出 InGaN 的晶格常数，并根据维加德定律近似计算出合金的组分，估算出 InGaN 中 InN 的组分，并根据(4.2.10)式，估算出 InGaN 带隙，从而估算出发光峰位。对于 AlGaN 材料，同样如此。

值得注意的是，在 InGaN 中，InN 组分并不完全由 In 源与 Ga 源的摩尔比决定，而是更依赖于生长温度。由于 In 的分凝系数高，在较高温度下，In 原子容易析出凝聚在薄膜表面，因而降低了 InGaN 中 InN 的组分。当温度超过 900℃时，几乎不能够获得 InGaN。因此，在 In/Ga 的原子比固定的情况下，InN 的组分随温度降低而提高。另外，需要注意的是对于Ⅲ族氮化物生长，由于需要保持高的氮平衡压，普遍使用高的Ⅴ/Ⅲ源摩尔比。例如，生长 GaN，通常保持 NH_3/TMGa 约为2 000。然而，生长 InGaN 需要更高的Ⅴ/Ⅲ摩尔比，因为生长温度降低，导致 NH_3 分解率降低，因而，需要通入大量的 NH_3，才能保证所需的氮平衡压。对于纯 InN 生长，所使用的Ⅴ/Ⅲ源摩尔比超过10 000。此外，在生长 InGaN 或 InN 时，所使用的生长气体氛围是 N_2，不再使用通常生长 GaN 或 AlGaN 所使用的 H_2 作为载气。这是因为 H_2 在 InGaN 生长时，容易腐蚀 InGaN，造成材料质量严重退化。

生长 AlGaN 与生长 GaN 工艺大致相似，但由于 Al 原子比 Ga 原子小，AlGaN 的晶格常数比 GaN 的小，因而，在 GaN 支撑层上生长 AlGaN 薄膜，AlGaN 因受到张应变作用容易断裂，故需要在 GaN 与 AlGaN 层插入超晶格或其他层，以缓冲张应变。另外，Al 原子相对于 Ga 具有更大的黏滞系数、更小的扩散长度，AlGaN 或 AlN 难以形成二维生长模式；三甲基铝与 NH_3 寄生反应严重，这样难以得到高 Al 组分的 AlGaN 材料。为此，生长 AlGaN 或 AlN 往往需要高温，温度甚至达到1 500℃，并且使生长气压变低，以提高 Al 原子的迁移率，从而形成光滑表面。在此温度下，NH_3 容易分解，因此，往往不需要额外加大Ⅴ/Ⅲ源的摩尔比。

为更明显起见，我们用表列出典型的Ⅲ族氮化物的生长条件，如表 4.3.2所示。

表 4.3.2 典型的Ⅲ族氮化物生长条件

材料	Ⅴ/Ⅲ摩尔比	温度/(℃)	压强/Torr	生长气体氛围
GaN	1 000～3 000	1 000～1 100	100～200	N_2
InGaN	3 000～8 000	720～850	200～400	H_2
InN	～10 000	550～600	～600	H_2
AlGaN	800～2 000	1 100～1 300	50～200	N_2
AlN	500～2 000	1 200～1 500	～50	N_2

InGaN 或 AlGaN 薄膜的表面通常不如 GaN 光滑，并且，随着厚度增加，弹性应变能加大，导致能量释放，会产生新的位错，因而 InGaN 或 AlGaN 薄膜通常不能太厚。

在获得良好的 InGaN 或 AlGaN 材料的基础上，即可以根据合金的组分调节带隙、调节发光波段，进行发光器件的制备。

(2) GaN 基 LED 多层结构外延

GaN 基 LED 器件结构的发展从 Pankove 等人研制出的 MIS 结构的 GaN 蓝光 LED，到 1989 年天野浩等人研制的同质 pn 结结构，到中村修二采用的双异质结结构发展到单量子阱结构，最后确定为多量子阱结构，并将继续发展。

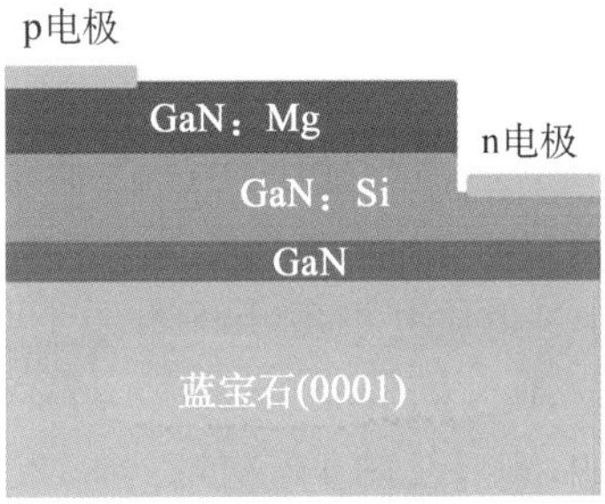

图 4.3.35 **GaN 基 pn 结结构 LED 示意图**

我们先看看最简单的 pn 结结构 GaN LED，该结构由天野浩等人首先研制成功，他们报道了 LED 电致发光呈现紫外和蓝光发光峰，然而并没有报道输出功率和效率。其后，在 1991 年，中村修二发展了 pn 结结构 LED，报道了外量子效率达到0.18%。到 1992 年，赤崎勇等人进一步完善了 pn 结结构 GaN 基 LED，报道了室温时输出功率达到 1.5 mW，量子效率达到1.5%。下面我们看看中村修二报道的 GaN 基 pn 结结构 LED，如图 4.3.35所示。

该 pn 结结构 LED 采用的是低温下生长 GaN 作为缓冲层，其后生长 4 μm 厚 Si 掺杂 GaN 层，并在其上生长0.8μm 厚 Mg 掺杂氮化镓，利用低能电子束照射激活 p 型层，实现电注入发光，观察到 430 nm 的蓝光发光。此蓝光发光，与受主能级 Mg 有关。在 4 mA 注入电流下，量子效率达到0.18%，是商用 SiC 蓝光 LED(0.02%)的 9 倍。在 20 mA 的注入电流下，LED 正向电压为 4 V，输出功率是 42 μW；而在同等条件下，SiC LED 的输出功率是 7 μW，证明了 GaN 基蓝光 LED 的发展潜力。

在 1993 年，中村修二首次制备了 InGaN/GaN 双异质结高亮度蓝光 LED，结构是 p-GaN/n-InGaN/n-GaN。在 20 mA 注入电流下，其正向压降是 10 V，发光波长为 440 nm，输出功率是 125 μW，外量子效率为0.22%，几乎是 pn 型同质结 LED 的 3 倍。

其后，中村修二制备了 InGaN/AlGaN 型双异质结紫光 LED，其结构是 p－GaN/p－AlGaN/n－InGaN/n－GaN，有源层是 n 型 Si 掺杂 $In_{0.06}Ga_{0.94}N$。LED 发光波长是380 nm，在 20 mA 的注入电流下，正向压降是 3.6 V，输出功率是 1 mW，外量子效率达到1.5%。

同年，中村修二等人制备了紫光 InGaN/GaN 双异质结构 LED，其结构是 p－GaN/ n－InGaN/n－GaN，有源层是 n 型 Si 掺杂 InGaN，厚度为 10 nm。LED 发光波长在 411～420 nm 之间，在 20 mA 的注入电流下，正向压降是 12 V，输出功率是 90 μW，外量子效率达到0.15%。

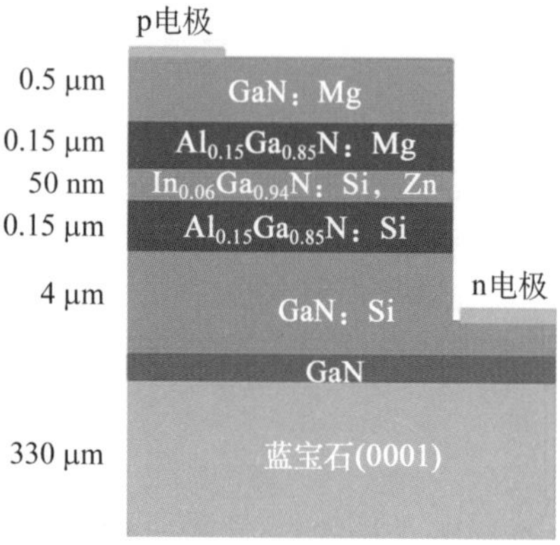

图 4.3.36 **InGaN/AlGaN 双异质结构 LED 示意图**

1994 年，中村修二等人首次报道了发光强度超过 1 cd 的高亮度蓝光 LED。采用的是 InGaN/AlGaN 双异质结结构，其结构如图 4.3.36所示。

在图 4.3.36中，有源层是 Si 和 Zn 共掺杂的 InGaN 层，厚度是 50 nm，利用共掺杂，形成施主-受主对束缚激子复合发光，大大增强了光效。普通的 LED 在 20 mA的注入电流下，正向压降是 3.6 V，输出功率是 1.5 mW，外量子效率达到 2.7%。最佳的 LED 在 20 mA的注入电流下，正向压降是 3.6 V，输出功率是 3 mW，外量子效率达到 5.4%。在 15°圆锥视角内，发光强度达到 2.5 cd，远超过 1 cd，可以用于户外显示。

此外，通过提高图 4.3.36中有源层 InGaN 的 InN 组分，可以增大发光波长，如 $In_{0.06}Ga_{0.94}N$:Si, Zn 变为 $In_{0.23}Ga_{0.77}N$:Si, Zn，双异质结 LED 在 20 mA 的注入电流下，正向压降是 3.5 V，发光波长为 500 nm，输出功率是 1.2 mW，外量子效率达到 2.4%。然而，需要指出的是，由于早期对 InN 的研究不多，InN 性质不明确，普遍认为 InN 的带隙是1.9～2eV，而到 2002 年，已经确定，InN 的带隙在 0.6～0.7 eV。因而，早期标称的 InGaN 中 InN 组分值往往并不准确。例如，刚提及的 $In_{0.23}Ga_{0.77}N$，其中 InN 的实际组分值可能远小于 0.23。这点需要读者加以辨别。

1995 年，中村修二等人进一步优化 LED 器件结构，发展到单量子阱。这种结构减小有源层的厚度，与覆盖层构成量子势阱。这种结构有利于载流子的限制效应，同时有利于提高 InGaN 有源层中 InN 的组分。其原因是，随着 InGaN 中 InN 组分的提高，与 GaN 夹层的弹性应变加大，使得生长较厚的 InGaN 变得困难，容易引起弹性应变释放，产生缺陷，对发光性质有害，而量子阱结构可以克服这些问题。另外，考虑到量子斯塔克效应，有源层的厚度也不能太厚，否则，容易造成注入的电子和空穴空间波函数分开距离拉大，降低复合效率。通过引入 InGaN/GaN 单量子阱结构，中村修二等人成功制备得到绿光 LED，在 20 mA 的注入电流下，发光波长为 525 nm，输出功率达 1 mW，外量子效率为2.1%；当发光波长在 590 nm时，在 20 mA 的注入电流下，输出功率达0.5 mW，外量子效率为1.2%。同时，中村修二利用量子阱结构制备了蓝光和紫光 LED，通过优化，在发光波长为 405 nm 时，在20 mA 的注入电流下，输出功率达5.6 mW，外量子效率为9.2%；在发光波长为 450 nm 时，在 20 mA的注入电流下，输出功率达4.8 mW，外量子效率为8.7%。中村修二等人在短短几年对各种结构的 LED 进行探讨，表 4.3.3对这些成果进行了简单总结。

表 4.3.3　中村修二等人研制的不同类型 LED 的性质

结构	有源层	发光波长/nm	输出功率/μW(20 mA)	正向压降/V(20 mA)	电流量子效率/%(20 mA)
p-GaN/n-GaN pn 结	p 型 GaN	430	42	4	0.18 (I_f = 4 mA)
p-GaN/n-InGaN/n-GaN 双异质结	InGaN:Si	440	200～400	10	0.22
p-GaN/p-AlGaN/n-InGaN/n-GaN 双异质结	InGaN:Si	380	～600	3.6	1.5
p-GaN/n-InGaN/n-GaN 双异质结	InGaN:Si	411～420	90	12	0.15
p-GaN/p-AlGaN/InGaN:Si, Zn/n-AlGaN 双异质结	InGaN:Si, Zn	450/447	1 500/3 000	3.6/3.6	2.7/5.4
p-GaN/p-AlGaN/InGaN:Si, Zn/n-AlGaN 双异质结	$In_{0.23}Ga_{0.77}N$:Si, Zn	500	1 000	3.5	2.1
p-GaN/p-AlGaN/InGaN/n-AlGaN/n-GaN 单量子阱	$In_{0.23}Ga_{0.77}N$	450	4 000	～3.1	7.3.
p-GaN/p-AlGaN/InGaN/n-AlGaN/n-GaN 单量子阱	$In_{0.43}Ga_{0.57}N$	525	1 000	～3.1	2.1
p-GaN/p-AlGaN/InGaN/n-AlGaN/n-GaN 单量子阱	InGaN	590	500	～3.1	1.2
p-GaN/p-AlGaN/InGaN/n-GaN 单量子阱	$In_{0.09}Ga_{0.91}N$	405	5 600	～3.2	9.2
p-GaN/p-AlGaN/InGaN/n-GaN 单量子阱	$In_{0.2}Ga_{0.8}N$	450	4 800	～3.1	8.7
p-GaN/p-AlGaN/InGaN/n-GaN 单量子阱	$In_{0.45}Ga_{0.55}N$	520	3 000	～3.1	6.3

注：在上表中，InGaN 中 InN 的组分未更新，有一定误差。

中村修二等人将 GaN 基 LED 推向前所未有的成功，然而，基于单量子阱结构的 LED 效率还不是太高，经过进一步发展，现今 GaN 基 LED 已经发展到标准多量子阱阶段，外量子效率也远超过 60%，使 GaN 基 LED 在半导体照明领域取得空前的成功。下面介绍标准多量子阱 LED 的结构、性能和制备。

典型的蓝光(约 460 nm)多量子阱 LED 器件结构包括 4 μm 的 GaN 支撑层，其后在上面

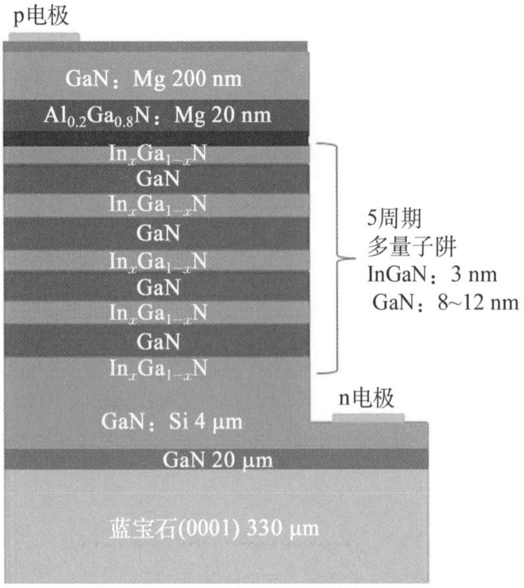

图 4.3.37　典型 GaN 基蓝光多量子阱 LED 器件的结构示意图

覆盖5周期多量子阱，在最上一个量子阱与电子阻挡层间，可以插入一定厚度的隔离层，再后是 AlGaN 电子阻挡层，之后覆盖 p 型GaN，且为获得良好的欧姆接触，通常制备一层重掺杂 p 型 GaN。最后，对外延薄膜进行刻蚀，并蒸镀电极，获得如图 4.3.37所示的器件结构。

在利用金属有机物化学气相沉积时，Al、Ga、In 和 N 源分别是三甲基铝、三甲基镓、三甲基铟和氨气。Si 和 Mg 源分别是硅烷和二茂镁。n 型掺杂剂的浓度约为 $1\times10^{19}\ cm^{-3}$，p 型掺杂剂的浓度约为 $5\times10^{18}\ cm^{-3}$，然而，由于 Mg 电离率不高，实际空穴浓度约为 $2\times10^{17}\ cm^{-3}$。

典型的利用金属有机物化学气相沉积技术外延蓝光多量子阱 LED 如下：

① 首先选定外延基片。到目前为止，还没有商用化的大块 GaN 单晶，不能提供同质外延衬底。异质外延基片对 GaN 薄膜质量有着决定性的影响。基片的选择首先需要考虑与 GaN 的晶格失配度，然后考虑热稳定性、价格等。目前，GaN 材料外延生长最广泛使用的商用衬底是蓝宝石、六角碳化硅，也有少部分技术利用 Si 衬底材料。蓝宝石衬底耐腐蚀、耐热性好，而且价格便宜，因而有利于商用化。此衬底的缺点是与 GaN 晶格失配大，因而长期以来不能获得质量良好的异质外延 GaN 薄膜。自从缓冲层技术出现后才得到改善。蓝宝石上外延 GaN 的外延关系为 GaN 的 m 面与蓝宝石 a 面平行，即 $[10\bar{1}0]_{GaN}//[1\bar{2}10]_{sapphire}$。经过计算，晶格失配达到13.9%。蓝宝石基片的另一个缺点是导热性也不好，与 GaN 的热失配大，导致在高温制备的材料在温度低到室温后，容易引起材料裂痕。碳化硅衬底较适合作为 GaN 的衬底材料，导热性好，晶格失配小，为3.5%，因而制备的 GaN 蓝光 LED 的量子效率最高。但是，碳化硅的缺点是价格昂贵，阻碍了此材料的普及。单晶硅作为 GaN 的衬底材料具有以下特点：衬底材料质量高、成本低、易获得大尺寸、导电性能优良、与传统硅器件工艺兼容性好。然而，与蓝宝石和 SiC 相比，在硅上外延 GaN 的难点在于硅与氮化镓之间存在更大的热失配和晶格失配，导致硅上 GaN 很容易出现龟裂现象，很难获得高质量的可达器件加工厚度的薄膜。尽管现在硅衬底 GaN 材料取得重大突破，并且制备的发光器件效率大大提高，然而，随着蓝宝石基片的尺寸加大和价格降低，硅基 GaN 成本优势并不是很明显。其他一些不常见的衬底，如 ZnO、$LiAlO_2$ 等与 GaN 的晶格失配更小，很有潜力，但稳定性和机械强度不够，还不成熟。常见的 GaN 异质外延衬底材料的物理性质如表 4.3.4所示。综合考虑到诸多因素，目前，最常见的 GaN 衬底材料仍然是蓝宝石。用于 GaN 外延的蓝宝石一般以(0001)晶面为主，并且具有一定的偏离角，通常为 1°～2°，其原因是为了制造晶面台阶，以便更好吸附气相中的原子，如图 4.3.38所示。

表 4.3.4　常见 GaN 异质外延衬底材料的物理性质

晶体	结构	晶格常数/nm	熔点/(℃)	热导率/W·$(m\cdot K)^{-1}$	热膨胀系数/(10^{-6} K^{-1})	失配率/%	晶面
Al_2O_3	六角	$a=0.4759$ $c=1.2991$	2 030	40	7.53 8.5	13.9	(0001)
6H－SiC	六角	$a=0.308$ $c=1.512$	2 700	400	4.46 4.16	3.5	(0001)
Si	四方	$a=0.543$	1 420	138	3.59	>17	(111)
ZnO	六角	$a=0.3249$ $c=0.5213$	1975	～17	2.9 4.75	2.2	(0001)
$LiAlO_2$	四方	$a=0.517$ $c=0.6261$	1 700		15 7.1	0.3 或 1.7	(100)
$MgAl_2O_4$	四方	$a=0.808$	2 130		7.45	9	(111)
$LiGaO_2$	四方	$a=0.5406$ $c=0.5013$	1 600		6.01 7.1	0.2	(100)
GaN	六角	$a=0.3189$ $c=0.5185$	1 700	～170	5.59 3.17	0	(0001)

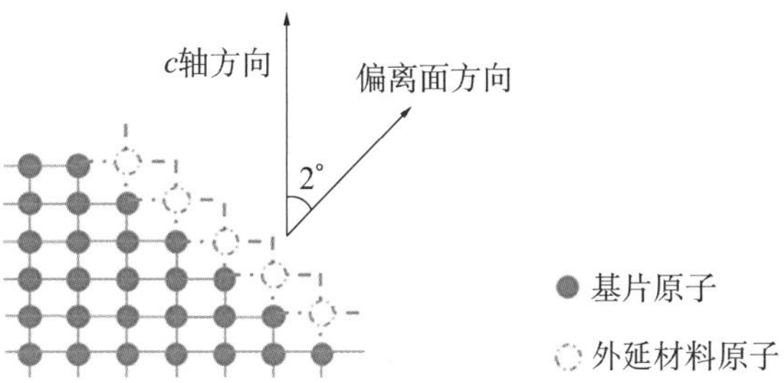

图 4.3.38　偏离(0001)晶面的外延面吸附原子示意图

② 烘烤清洗、氮化基片。蓝宝石基片表面一般吸附氧、水蒸气和金属颗粒并不严重，因而无需酸清洗等，可直接放入反应腔体，随反应腔体石墨基座升温到 1 100℃左右，通入氢气烘烤，除去表面杂质、氧原子等；烘烤后并开始通入氨气，对基片表面进行氮化腐蚀，经过一段时候后开始降温。

③ 在开始降温时，保持氢气和氨气通入，并打开三甲基镓源，用氢气做载气，输运三甲基镓，在排空管道流通。等温度降低到缓冲层生长温度(通常在 550℃左右)，开始切换排空路的三甲基镓进入反应腔体，淀积缓冲层，时间一般为 100 s 左右，使得厚度约为 20 nm。

④ 重新切换三甲基镓进入排空，但保持氨气和氢气通入。开始升温到 GaN 的生长温度，约为1 050℃，切换三甲基镓进入反应腔体。开始生长非故意掺杂 GaN，并打开用氢稀释的硅烷(一般 10 ppm)，通入排空管道。在一定时间获得一定厚度时，切换硅烷进入反应腔体，开始生长 Si 掺杂 GaN，达到 4 μm 左右，n 型 GaN 生长完毕。切换硅烷源和三甲基源，并关闭硅烷。

⑤ 开始降温，并把氢气切换为氮气作为载气通入腔体。打开三甲基铟源，设定流量、源温度等，通入排空管道。将温度降低到 InGaN 的生长温度，如 730℃，稳定后开始切换三甲基镓和三甲基铟生长第一个 InGaN 量子阱，通常厚度为 3 nm。完毕后，切换三甲基镓和三甲基铟到排空管道。

⑥ 开始升温到 GaN 垒层的生长温度。也可以不升温，直接生长 GaN 垒层，其优点是可以保持 InGaN 中 InN 组分不流失；其缺点是温度过低，GaN 垒层质量不佳。由此，可以选择升温，到 850℃左右。开始切换三甲基镓进入腔体，生长垒层厚度 8～12 nm。完毕，切换三甲基镓排空。

⑦ 继续降温，循环生长总共 5 周期 InGaN/GaN 量子阱，完毕，切换三甲基铟排空。升温到一定温度，生长一薄层 GaN 隔离层。关闭三甲基铟，切换氢气作为载气，并打开三甲基铝和二茂镁源，进入排空管道。

⑧ 升温到 AlGaN 生长温度，并稳定。一般 AlGaN 需要高温生长，然而，由于已经制备 InGaN 量子阱，为防止量子阱中 In 分凝流失，温度不能太高。因此，p 型 AlGaN 生长温度不能太高，可设定在 970℃。等温度稳定，切换三甲基镓、三甲基铝和二茂镁源进入腔体，制备厚度约为 20 nm 的 p 型 AlGaN 电子阻挡层。

⑨ 切换三甲基镓、三甲基铝和二茂镁进入排空管道。关闭三甲基铝源，继续降温至 930℃左右，较低温度生长 Mg 掺杂 GaN，其原因如上所述。当温度稳定在设置温度时，切换三甲基镓和二茂镁源进入腔体，制备得到约 180 nm 厚的 Mg 掺杂 GaN。

⑩ 加大二茂镁的流量，制备得到约 20 nm 的 Mg 重掺杂型 GaN。

⑪ 切换三甲基镓源、二茂镁源和氨气到排空管道，降低温度到约 700℃。关闭三甲基镓源、二茂镁源和氨气，切换氮气进入腔体。

⑫ 温度稳定在设置温度。原位退火约 10 min，激活 Mg 掺杂。

⑬ 继续降温，直到可以取出外延片。

这个完整外延过程所涉及的温度随时间变化的曲线如图 4.3.39 所示。由各个阶段生长的进程和典型的工艺参数绘制成的表格如表 4.3.5 所示。需要说明的是，对不同设备、不同时间地点、不同操作人员及不同次序，往往工艺参数需要进行调整，因而，表 4.3.5 中的参数只是大概数值，不能作为实际外延生长指导。

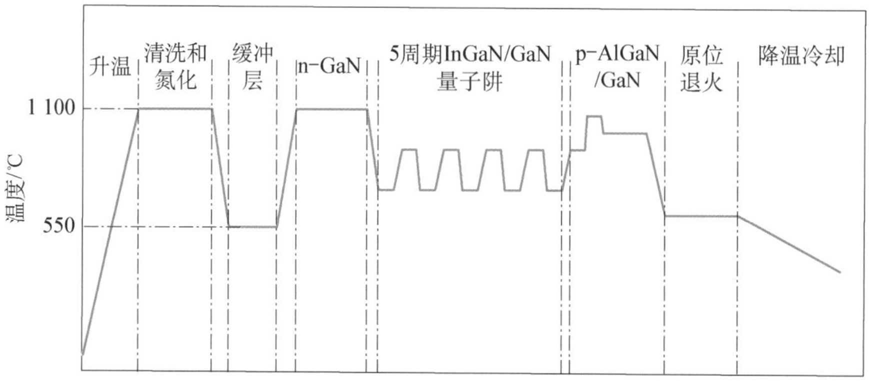

图 4.3.39 典型的 InGaN/GaN 量子阱 LED 外延温度随时间变化的曲线

表 4.3.5 典型的 InGaN/GaN 多量子阱生长进程和参数

步骤	源	源流量/(μmol·min^{-1})	温度/(℃)	压强/Torr	载气	时间/min
升温			室温～1 100	100	氢气	～20
氢气烘烤			1 100～1 100	100	氢气	～20
氮化	氨气	178 000	1 100～1 100	100	氢气	～2
降温	氨气	178 000	1 100～550	100	氢气	～6
缓冲层生长	氨气 三甲基镓	178 000 38	550～550	100	氢气	～2
升温	氨气	178 000	550～1 050	100	氢气	～5
GaN 生长	氨气 三甲基镓	178 000 38	1 050～1 050	100	氢气	～20
n 型 GaN 生长	氨气 三甲基镓 硅烷(氢气中 10 ppm 浓度)	178 000 38 2×10^{-4}	1 050～1 050	100	氢气	～40
降温	氨气	178 000	1 050～730	200	氮气	～10
InGaN 量子阱	氨气 三甲基镓 三甲基铟	178 000 8.9 20	730～730	200	氮气	～5
升温	氨气	178 000	730～850	200	氮气	～1
GaN 垒层	氨气 三甲基镓	178 000 8.9	850～850	200	氮气	～2
降温	氨气	178 000	850～730	200	氮气	～2
循环,生长 5 周期量子阱						
升温	氨气	178 000	730～850	200	氮气	～1
GaN 隔离层	氨气 三甲基镓	178 000 8.9	850～850	200	氮气	～0.5
升温	氨气	178 000	850～970	100	氢气	～2
AlGaN 阻挡层	氨气 三甲基镓 三甲基铝	178 000 8.9 2	970～970	100	氢气	～1
降温	氨气	178 000	970～930	100	氢气	～2
p 型 GaN	氨气 三甲基镓 二茂镁	178 000 17 1	930～930	100	氢气	～10

续表

步骤	源	源流量/(μmol·min⁻¹)	温度/(℃)	压强/Torr	载气	时间/min
p型重掺杂	氨气 三甲基镓 二茂镁	178 000 17 5	930～930	100	氢气	～1
降温	氨气	178 000	930～700	100	氮气	～6
原位退火			700～700	100	氮气	～10
降温				100	氮气	～15

注：上表中的具体工艺参数需根据具体情况调整。

InGaN/GaN 量子阱 LED 外延过程步骤较多，尽管有自动化程序控制，然而，还是比较容易出现错误。为实时监控外延阶段，避免盲目式生长，MOCVD 往往配置有反射式激光干涉仪。典型的 InGaN/GaN 量子阱 LED 外延过程反射式激光干涉图谱如图 4.3.40所示，分为不同的生长阶段。从高温清洗开始，由于氢气清洗刻蚀和氨气分解氮化，蓝宝石表面会变得粗糙，反射强度开始略微下降。当温度降低到 550℃开始生长 GaN 缓冲层时，表面开始变得光滑，反射强度迅速上升到一定值。当生长完毕，温度上升，缓冲层开始重新结晶。在起始阶段，部分颗粒合并，表面变得更光滑，反射强度上升。但随着温度继续升高，部分颗粒开始分解，表面又开始变得粗糙，反射强度迅速下降。在到达1 050℃生长温度时，通入镓源，开始高温 GaN 生长，如图谱中一个略微突起所示。在高温生长起始阶段，GaN 是三维岛状生长模式，位错密度很高，此时表面粗糙，因而反射强度下降得很快，直到岛状开始拼接，从三维生长模式渐渐过渡到二维台阶流生长，薄膜表面开始变得光滑平整。此时，反射强度上升，出现震荡干涉峰，薄膜生长很快，在某个阶段，通入硅烷，开始生长 n 型 GaN。Si 掺杂剂基本上不会对 GaN 表面造成粗化，因而干涉激光图谱继续震荡，直到 GaN 生长完毕。此时，温度降低，

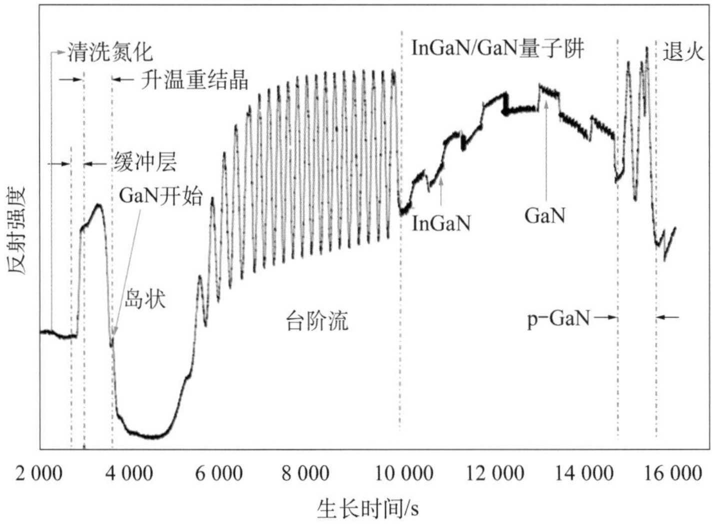

图 4.3.40　典型 InGaN/GaN 量子阱 LED 外延过程反射式激光干涉图谱

开始第一个 InGaN 量子阱生长，由于是在较低温度下，并且 InGaN 生长，表面较粗糙，反射强度下降。生长完毕第一个量子阱，开始升温生长 GaN 垒层，由于温度略高及 GaN 相对容易生长，此时表面略微平整，反射强度上升。如此，开始 5 周期 InGaN/GaN 量子阱生长，反射强度交替升降。生长完毕，温度升高，开始 p 型 AlGaN 和 p 型 GaN 生长，起始段略微粗糙，但很快开始变得平整，出现干涉震荡图谱，直到生长完毕。此时，开始温度降低，进行原位退火，样品表面会有一些粗糙化，反射强度下降。由反射激光干涉图谱实时分析监控外延生长的各个阶段及薄膜质量，对于工艺参数调整具有很大指导意义，可用于反复循环优化，以便获得高质量外延薄膜。

理想的 InGaN/GaN 量子阱 LED 都是赝晶(pseudomorphic)生长的，即 InGaN/GaN 量子阱中的原子完全是按照下面的 GaN 支撑层(template)上的原子格点排列，InGaN 的 c 面晶格常数与下面的 GaN 相同，尽管自由 InGaN 的 c 面晶格常数比 GaN 的大，如图 4.3.41所示。其中，图(a)表示自由 InGaN 和 GaN 的晶格；(b)表示赝晶生长；而(c)表示非赝晶(coherent)生长。在赝晶生长模式下，InGaN 量子阱和 GaN 势垒都是按照 GaN 的晶格生长，保持 c 面的晶格常数一致，不会产生位错，因而对发光有利。然而，由于 InGaN 受到 GaN 的支撑层的面内压缩作用，使得 InGaN 容易在 c 方向膨胀，大于自由生长下的晶格常数，因而，维加德定律不能适用。实际生长情况往往也会遇到如图 4.3.41(c)所示的非赝晶生长，InGaN 不受到 GaN 的晶格影响，而是部分弛豫或完全弛豫，c 面的晶格常数不同，这样，产生位错，形成非辐射性复合中心，对发光有害。因而，应尽量避免这种模式。如果 InGaN 层厚度过厚，InGaN 层积累的弹性应变容易释放，形成位错，赝晶生长也容易过渡到非赝晶生长，这就是为什么 InGaN 量子阱厚度不能太厚的一个原因。

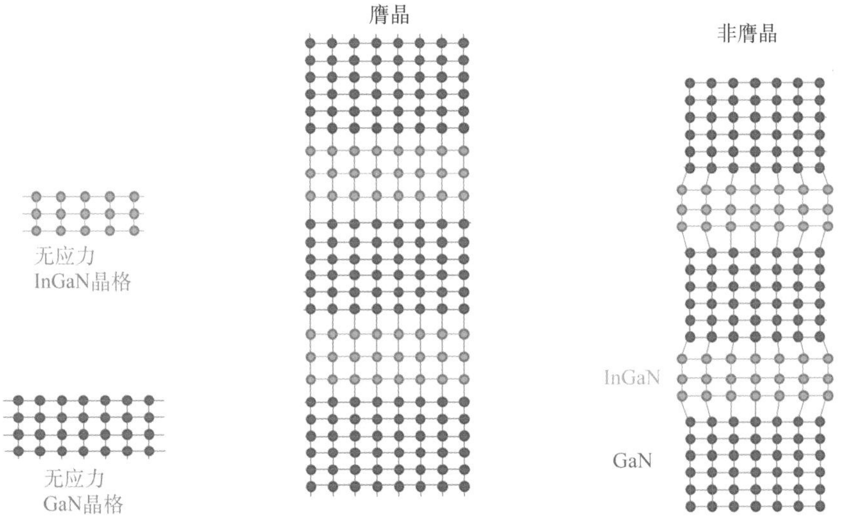

(a) InGaN 和 GaN 晶格　　(b) InGaN/GaN 量子阱　　(c) 失败 InGaN/GaN 量子阱

图 4.3.41　InGaN/GaN 量子阱生长模式示意图

InGaN/GaN 量子阱除了要求赝晶生长，还要求垒层和阱层之间的界面陡峭、成分突变、界面均匀平整等，这些微观结构可以直接用电子显微镜来观察分析。然而，电子显微镜操作复杂，对样品具有破坏作用，因而非破坏性的分析手段显得很重要。高分辨 X 射线衍射仪在结构分析方面具有优势，常用于对 InGaN/GaN 量子阱微结构的分析。除了前面提到的最常用的对单层 GaN 样品进行摇摆峰宽表征，还经常对 InGaN/GaN 量子阱进行三轴扫描。典型的 6 个 InGaN/GaN 多量子阱 LED 的（0002）面高分辨三轴衍射 $\omega/2\theta$ 扫描图谱如图 4.3.42所示。图谱与各层的晶面间距 d 和层厚 t 有关，清楚地展示了每一层的衍射峰。可以从图谱中正、负卫星峰的峰间距、强度比、峰位、峰宽等，模拟分析出 InGaN/GaN 量子阱中 InN 的组分、势阱和势垒的厚度比等非常有用的信息。图 4.3.42中位于17.28°尖锐的衍射峰是 GaN 的（0002）峰，在（0002）左侧的肩膀，是量子阱的零级卫星峰 SL_0，非常明显。在 SL_0峰两侧有数组可以清楚分辨的等间距的卫星峰，分别是正、负卫星峰，是 InGaN/GaN 界面质量很好的标志。GaN 峰位尖锐，所有的卫星峰都较窄，并且卫星峰间具有精细结构，是结晶完整性和多层结构之间界面锐利的标志。从卫星峰间的精细结构也可以确定出量子阱的个数。用 M 表示量子阱的个数，那么质量完好的量子阱三轴衍射 $\omega/2\theta$ 扫描图谱中两个相邻卫星峰之间的干涉条纹有（$M-2$）个极大值和（$M-1$）个极小值，这是由于多量子阱总厚度的厚度干涉条纹引起的。对照图 4.3.42，从卫星峰 SL_0和 SL_{-1}之间可以分辨出 4 个极大值和 5 个极小值，说明多量子阱的周期为 6。然而，单从如图 4.3.42 所示的对称面的三轴 X 射线衍射图中不能获得独立的势阱层 InGaN 的厚度和垒层 GaN 厚度，以及晶格的应变情况、赝晶生长还是非赝晶生长等，往往需要对非对称面进行表征。

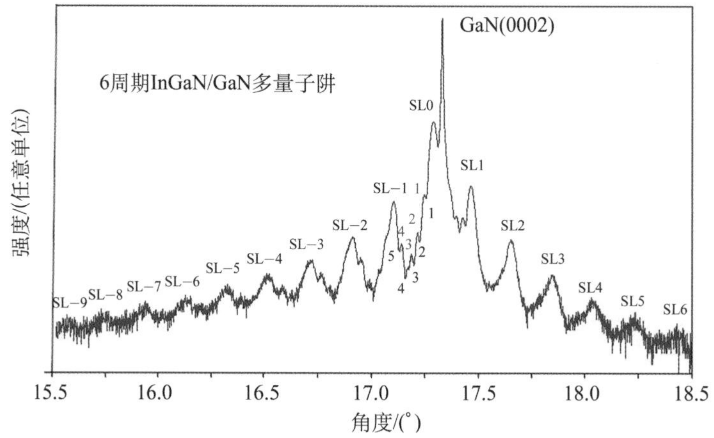

图 4.3.42 **典型的 6 周期 InGaN/GaN 多量子阱 LED 的（0002）面高分辨三轴衍射 $\omega/2\theta$ 扫描图谱**

对氮化物，往往对非对称面（10TS）进行倒易空间扫描，获得系列面等强度线。典型的赝晶生长多量子阱（10TS）非对称面的倒易空间图如图 4.3.43（a）所示。图中，“rlu”表示相对光单位（relalive light unit，rlu）。图中最强等高线中心对应于 GaN 的（10TS）面，次强峰对应于 0 级 InGaN 量子阱，在量子阱上下侧，可以观察到系列正、负级系列卫星峰。从此图中可以看出，GaN 峰和 InGaN 量子阱峰的连接线与 Q_z轴平行，即对应于同一个 Q_x 值，表明 InGaN/GaN 多量子阱系统的面内晶格常数和 GaN 支撑层是相同的，量子阱生长模式是赝晶生长，没有引入新的位错，系统处于完全应变状态。这样的量子阱 LED 往往具有更高效率。如果系统是处于弛豫状态，周期结构处于非赝晶生长模式，那么层间所对应的面内晶格常数不同，在（10TS）非对称面的倒易空间图谱中，各峰值所对应的 Q_x 值不同，如图 4.3.43（b）所示，对应的是一种非赝晶生长 AlGaN/GaN 超晶格，AlGaN 的（10TS）所对应的 Q_x 值

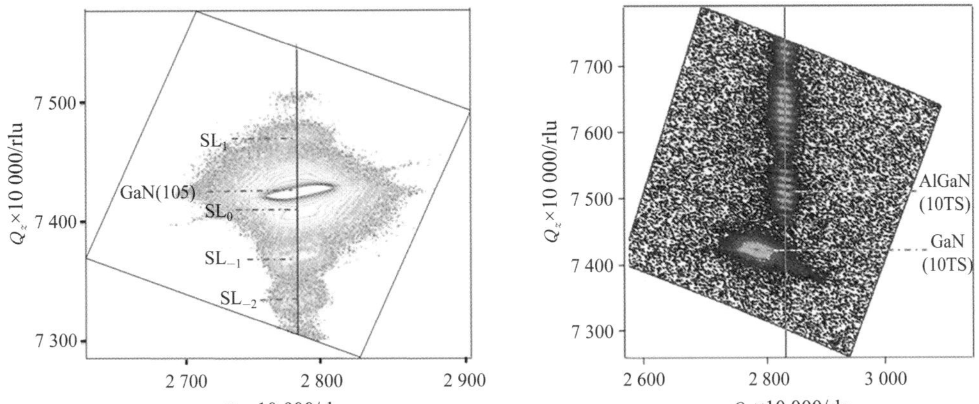

(a) 赝晶量子阱结构　　(b) 非赝晶超晶格结构

图 4.3.43　典型的 6 周期 InGaN/GaN 多量子阱 LED 的(0002)面高分辨三轴衍射 $\omega/2\theta$ 扫描图谱

与 GaN 的不同,系统处于弛豫状态,引入了新的位错。

在倒易空间坐标中,任意一点的坐标(q_x, q_z)都与实空间中晶格常数(a, c)对应。在六角对称晶体结构情况下,它们的关系是

$$a = (8\pi/3) \cdot (h^2 + k^2)/q_x, \tag{4.3.21}$$

$$c = 2\pi l/q_z。 \tag{4.3.22}$$

由此,可以根据倒易空间坐标计算得知应变晶格的晶格常数。由此,利用高分辨 X 射线衍射,可以对量子阱结构进行很好的表征。反过来,可以利用表征所得的数据来指导量子阱的外延生长。

制备获得的 InGaN/GaN 多量子阱 LED,需要利用刻蚀工艺制备器件结构,并蒸镀电极,获得欧姆接触,以便电注入发光。典型的蓝光多量子阱 LED 的电致发光图谱如图 4.3.44所示。在 20 mA 的注入电流下,可以观察到 460 nm 附近强烈的蓝光发光峰,其峰

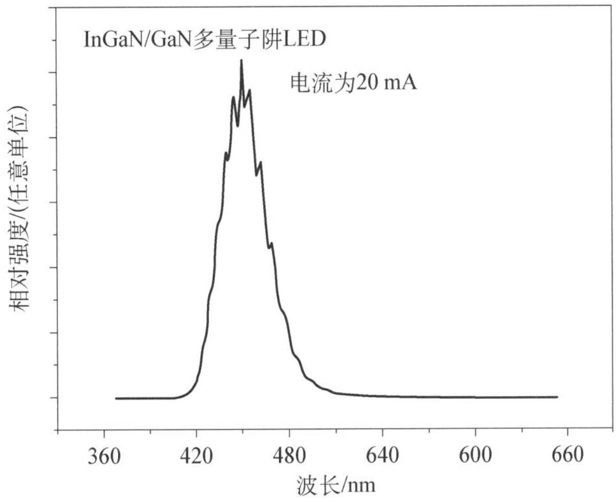

图 4.3.44　典型的蓝光多量子阱 LED 的电致发光图谱

位主要由InGaN量子阱中InN组分决定。并且，随着注入电流的加大，往往具有蓝移效应，效率也往往会降低。此外，我们在图谱中还可以看到齿状干涉条纹，这是由于GaN表面光滑，产生振荡干涉。在实际应用的LED中，往往观察不到这个干涉条纹，这是由于实际应用的LED往往需要提高光的出取效率，需对GaN表面进行粗糙化处理。

4.3.2 LED器件设计

LED多层外延薄膜制备后，为获得性能优越的发光芯片，往往还需要制作电流扩展层与钝化保护层及电极等，并且需要精心设计出光结构，以便形成应用产品。不同的LED需要制备的芯片结构往往并不相同，如红光AlGaInP体系的LED芯片结构往往比较简单，而GaN基LED芯片往往比较复杂。涉及的工艺及设备往往包括：等离子清洗、热蒸镀透明电流扩散层、电子束蒸发电极(e-beam evaporation)，光刻工艺，等离子体增强化学气相沉积制备钝化层及干法刻蚀。下面首先看看红光LED芯片的制作工艺。

4.3.2.1 AlGaInP系LED芯片设计

AlGaInP系红光LED电极结构往往包括单面电极、双面垂直电极和双面透明电极结构等，由此形成平面结构芯片和垂直结构芯片，其结构如图4.3.45所示。

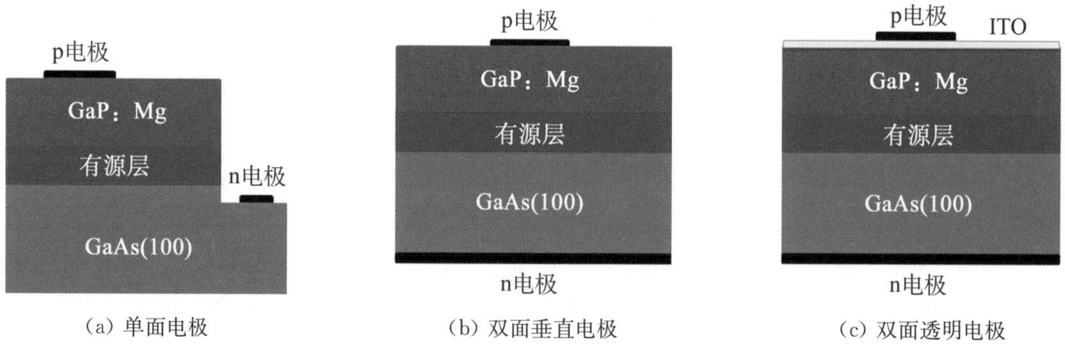

图4.3.45 AlGaInP系红光LED的电极结构示意图

单面电极平面芯片如图4.3.45(a)所示，p电极和n电极都在上平面上，有利于实现芯片集成和倒封装结构，对散热设计具有一定的灵活性。然而，由于工艺复杂、发光芯片损耗等，在红光发光二极管中应用不多。垂直结构芯片包括图4.3.45(b)和(c)所示，其中图(c)所示为在p型GaP上面再制备铟锡氧化物(Indium Tin Oxide，ITO)透明电极。然而，实际上p型GaP往往对红橙光具有透明性，并且导电良好，可以作为光取出窗口和电流扩展层，因而，往往并不需要制备ITO层。由此，对于AlGaInP系LED芯片器件，往往采用图4.3.45(b)所示的垂直电极结构芯片。

其制作过程大约包括如下：

① 外延片及光刻模板清洗。

② 沉积SiO_2保护层。这一层是可选择的，目的是与光刻胶一起共同保护台面刻蚀过程中的顶层GaP台面。

③ 光刻台面。

④ 腐蚀台面，分隔形成独立 LED 芯片，并为切割和封装准备。

⑤ 光刻形成 p 电极窗口。

⑥ 制作 p 电极。

⑦ 制作备 n 电极。n 电极可以直接制备在背面，无需光刻形成 n 电极窗口。

⑧ 退火工艺，形成欧姆接触。

⑨ 光刻，制备 p 电极保护层。

⑩ 利用等离子体增强化学气相沉积制备 SiO_2 或 SiN 钝化层，以保护发光器件。

利用上述工艺，可以形成器件阵列。其后，经减薄裂片、切割，形成 LED 颗粒，工艺如图 4.3.46所示。制备得到的器件经切割，即可以得到 LED 颗粒，进行封装测试。

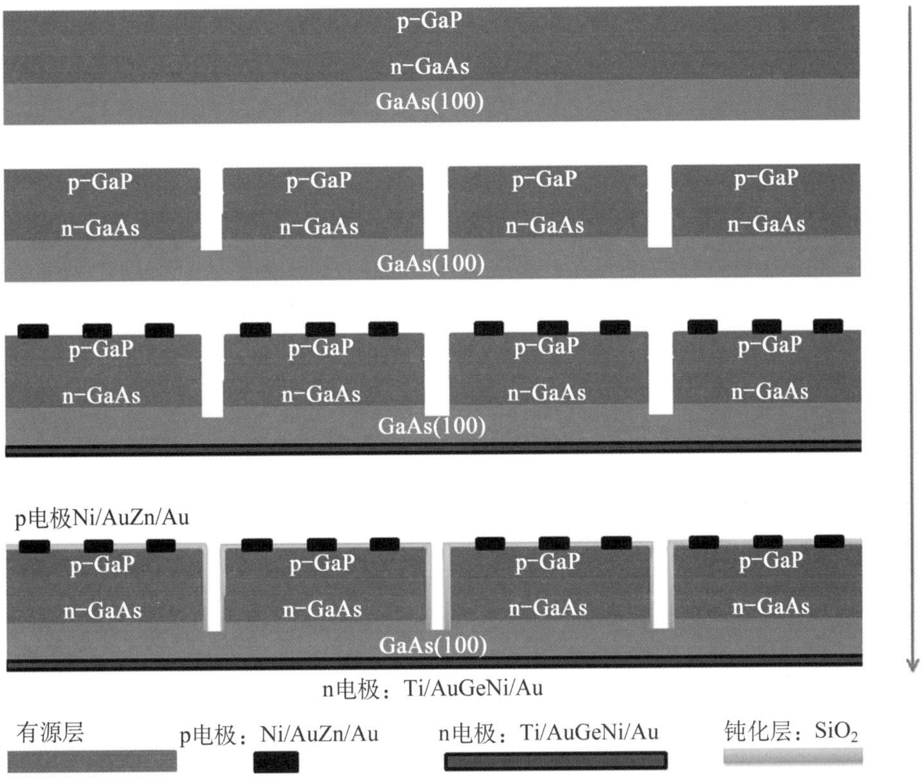

图 4.3.46　**AlGaInP 红光 LED 器件的工艺示意图**

AlGaInP 系材料可以用干法刻蚀，也可以用湿法刻蚀。干法刻蚀具有方向性好、易于控制等优点，但干法刻蚀成本高，容易对材料造成损伤；而湿法刻蚀成本低、规模大、具有选择性刻蚀的优点，虽然具有各向同性刻蚀的缺点，但现在 AlGaInP 系 LED 器件的制作往往选用湿法刻蚀。对于不同的材料，需要不同的溶液，以达到层层刻蚀的目的。对于 AlGaInP 系材料，不同的层对应不同的刻蚀溶液如表 4.3.6所示。为加快刻蚀速率，往往还需要添加催化剂和加热等，具体的刻蚀工艺需要仔细摸索。

表 4.3.6　不同的刻蚀材料和刻蚀溶液

刻蚀材料	刻蚀溶液	刻蚀材料	刻蚀溶液
SiO_2	HF：NH_4F：H_2O	AlGaAs	HCl：H_2O_2：H_2O
GaP	HCl：H_3PO_4：H_2O	GaAs	NH_4OH：H_2O_2：H_2O
AlGaInP	HCl：H_2O_2：H_2O	AlAs	HCl：H_2O_2：H_2O

4.3.2.2　GaN 系 LED 芯片设计

1. 芯片结构

GaN 系 LED 的器件结构往往也包括单面平面电极结构芯片和双面垂直电极结构芯片，结构示意与图 4.3.45所示相似，具体的结构与工艺、衬底、用途等有关。然而，由于 GaN 系 LED 主要以蓝宝石为衬底，而蓝宝石是绝缘体，在当前蓝宝石衬底激光剥离技术尚未大规模应用的情况下，GaN 系 LED 主要还是以单面平面电极结构为主。对于 GaN 系 LED，平面和垂直电极结构 LED 各有以下优缺点。

(1) 平面电极结构 LED(lateral structure LED)

蓝宝石由于高绝缘性，必须使用平面电极结构，上表面的 p 型层和量子阱被刻蚀，直到露出 n 型层，然后分别在 p 型层和 n 型层上蒸镀电极。平面电极结构 LED 的缺点在于必须部分刻蚀掉外延薄膜，造成浪费，并且电极刻蚀工艺复杂。通过电极的电流扩散需要平面展开，容易造成电流密度不均匀，导致拥堵，光效降低；并且，在正面出光时，电极容易挡光。另外，蓝宝石导热性比较差，正面出光 LED 需减薄蓝宝石，增加了工艺复杂性。但平面电极结构 LED 可以选用倒封装背面出光，可以部分克服这一问题。后面将进一步提及。

平面电极结构 LED 由于不涉及激光剥离技术，技术难度比较低，而且有利于在金属基片上集成封装。

(2) 垂直电极结构 LED(vertical structure LED)

垂直结构上下电极的方向与薄膜的表面垂直，下电极可以直接焊接在基板导电线路上，而上电极通过焊线引出。垂直电极结构 LED 可以用于 SiC 衬底 LED、Si 衬底 LED 及激光剥离蓝宝石衬底的 LED。相比平面电极结构，垂直结构 LED 的电极挡光少，上电极设计自由；不需要刻蚀芯片露出 n 电极，因而不会造成芯片浪费；不需要昂贵而复杂的干法刻蚀工艺，降低成本。此外，电流扩散自上而下，扩散较均匀，造成的电流拥挤现象不严重，发光更均匀，效率更高。

然而，无论是什么电极结构，都需要较为复杂的芯片制造技术。下面，我们先简述不同结构的芯片器件制作流程。

2. 芯片器件制作

1994 年，中村修二第一个做出高亮度蓝光 LED 采用的是前述蓝宝石衬底平面电极结构。此结构虽工艺步骤多，但技术成熟。由于此结构是原始版本，可以借以说明氮化物蓝光 LED 芯片器件的基本制造工艺。

(1) 平面电极结构 LED 芯片

① 制作外延片，即 MOCVD 生长量子阱 LED 结构。

② 制作透明的电流扩展层。早期的电流扩展层大都采用 5 nm 左右的 Ni/Au 层，可以透过 70%以上的光，太厚将变得不透明。现在，开始采用 ITO 透明电极作电流扩展层。ITO 可以利用热蒸镀法蒸镀，也可以利用溅射，但大多采用蒸镀法。此工艺步骤如图 4.3.47所示，其中的 ITO 为数百纳米。

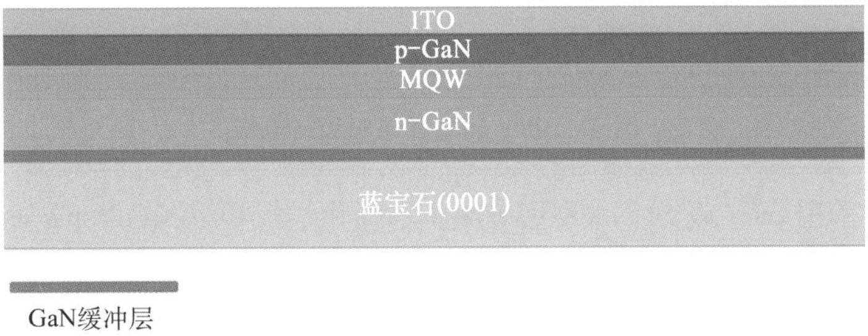

图 4.3.47 覆盖透明电流扩展层的 LED 芯片

③ 对上述工艺所获基片进行台面刻蚀，此工艺需要利用光刻工艺。首先，利用旋涂工艺制作光刻胶，也可以淀积 SiO_2 再旋涂光刻胶，进一步增强阻挡效果；其后，经过曝光显影工艺利用光刻工艺复制光刻版图形到基片；最后，利用干法刻蚀工艺刻蚀 ITO、SiO_2 及量子阱，直到露出 n 型 GaN，制作台面，如图 4.3.48 所示。GaN 基材料坚硬、化学性质稳定，很难利用湿法刻蚀工艺，只有在高温 KOH、H_3PO_4 等中才能被腐蚀。因而，一般利用干法刻蚀工艺。常用的工艺设备是感应耦合等离子体(inductive coupled plasma, ICP)，其优点是刻蚀速率快、方向性好。常用的气体包括 Cl_2、SF_6、BCl_3、Br_2、CH_4、$SiCl_4$ 或其中的混合气体，所用的载气通常为 Ar、H_2 和 N_2 等。然而，应该注意到，等离子体往往对芯片具有破坏作用。因而，在刻蚀过程中，需要谨防等离子体对有源层的轰击破坏。

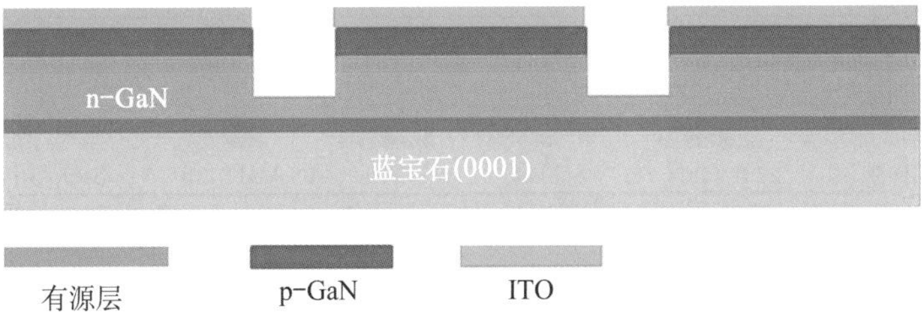

图 4.3.48 制作 LED 的刻蚀台面

在制备获得台面后，需要制备接触电极。电极制作工艺是利用电子束蒸发工艺制备，其优点是薄膜厚度控制较好。在蒸镀电极前，同样需要利用多次光刻工艺制备阻挡层和 n 电极及 p 电极的蒸镀窗口。在蒸镀完毕，往往需要快速热退火，形成欧姆接触。对于 n 电极材料，往往制备比较简单，可以形成较好的欧姆接触，较多采用 Ti/Al 层，为增加焊接性，还可以再蒸镀 Ti/Au 层，厚度为 10/100/10/100 nm。对于制备 p 电极欧姆接触，往往比较复杂，后文将详细说明。此工艺步骤如图 4.3.49所示。

④ LED 器件的表面往往容易形成非饱和键，吸附污染物、水分和其他气体等，形成表面态，影响器件的效率和寿命。为此，在器件上往往需要制作一层钝化层，以保护器件。GaN 基

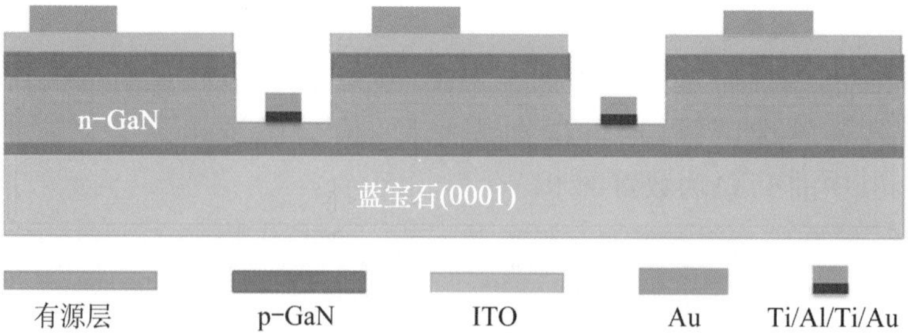

图 4.3.49　制备 p 电极和 n 电极

LED 钝化层大多采用 SiO_2 或 Si_xN_y，利用等离子增强化学气相沉积(plasma emhanced chemical vapor deposition, PECVD)来制备，其优点是可以在低温下反应，制备 SiO_2 或 Si_xN_y，以免在高温下 InGaN/GaN 量子阱受到破坏。利用 PECVD 制作 Si_3N_4 的反应方程为

$$SiH_4 + NH_3 \sim Si_3N_4 + H_2; \tag{4.3.23}$$

或采用 $SiCl_4$ 做 Si 源，则

$$SiCl_4 + NH_3 \sim Si_3N_4 + HCl。 \tag{4.3.24}$$

其厚度大约为 200 nm，如图 4.3.50所示。

⑤ 在制备获得钝化层后，往往要覆盖电极。需要利用光刻工艺制作刻蚀窗口，利用干法刻蚀去除覆盖 p 电极和 n 电极的钝化层，露出电极，如图 4.3.51所示。

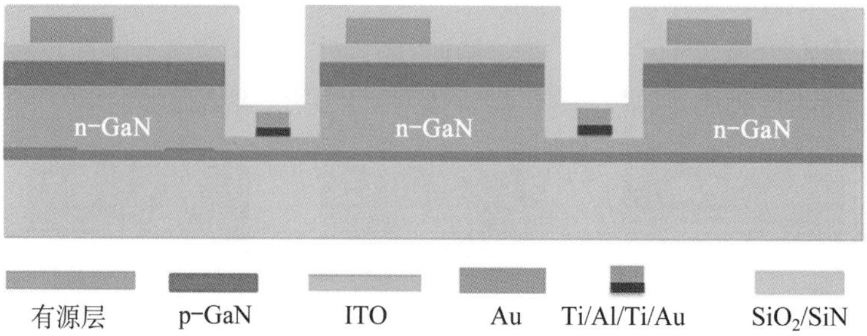

图 4.3.50　PECVD 制备钝化层

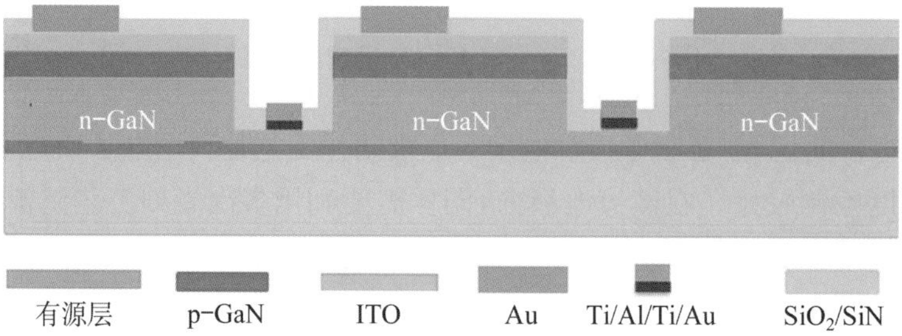

图 4.3.51　利用刻蚀获得 p 和 n 引出电极

⑥ 在制备获得单元 LED 后，需要对 LED 基片进行减薄、化学抛光并制备背反射层，并切割裂片。

一般，蓝宝石的厚度是 300～500 μm，需要减薄到 80～110 μm，以减少热阻。其后进行抛光处理，并在芯片背面制作金属薄膜反射面，反射光从正面射出，以提高光的取出效率。然后，利用机械切割或激光切割划片，并裂片，如图 4.3.52所示。

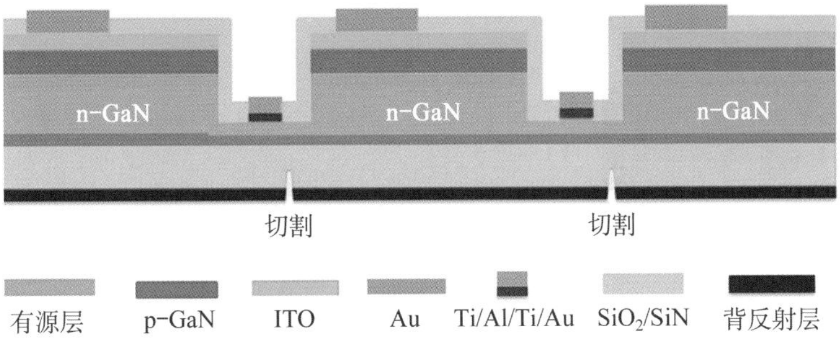

图 4.3.52　LED 减薄、抛光、背电极及切割裂片示意图

⑦ 裂片分选，得到单颗粒 LED 芯片器件，如图 4.3.53所示。

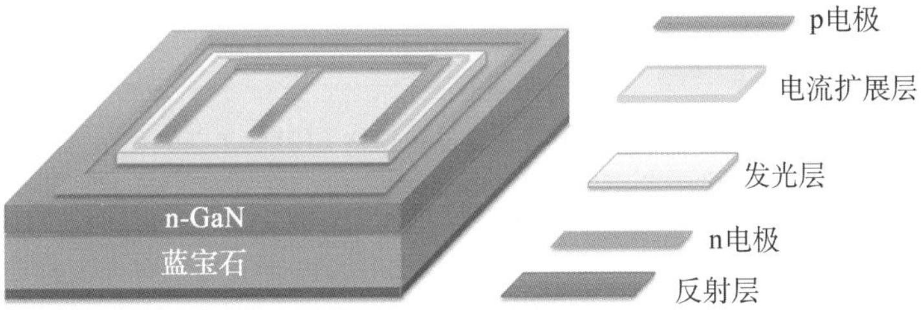

图 4.3.53　LED 芯片器件示意图

平面电极结构 LED 工艺成熟，但要涉及多个光刻和制备薄膜工艺，需要保证每个工艺的成品率，否则，容易造成失效。平面电极结构在正装工艺封装出光时，光从 p 电极引出，如前所述，容易导致电极挡光。为此，平面电极结构 LED 还可以用于倒装芯片工艺，只需芯片结构略微改动。

(2) 垂直电极结构 LED 芯片

前面说过，垂直电极结构 LED 可用于 SiC 衬底 LED、Si 衬底 LED 和激光剥离蓝宝石衬底的 LED。其中，激光剥离蓝宝石衬底 LED 工艺较为复杂，下面以此为例来说明：

1) 制造工艺流程

① 首先在蓝宝石上生长多量子阱 LED 外延片。

② 在 LED 的顶层 p 型层制作反射层和绑定金属层，一般是金属薄膜。

③ 利用金属化 Si 片或金属合金片做散热片，绑定在 LED 的顶层。

④ 利用激光照射 LED 外延层，调节激光的能量和波长，使得 LED 外延薄膜的 GaN 层与蓝宝石层界面吸收激光能量，化学键断裂。

⑤ 利用化学溶液腐蚀，使蓝宝石基片与 LED 外延膜彻底脱离，露出 n 型顶层。

⑥ 制备 n 型层电极，并切割裂片，获得 LED 芯片颗粒。

使用蓝宝石激光剥离技术的垂直电极结构 LED 的制造工艺流程如图 4.3.54所示。其

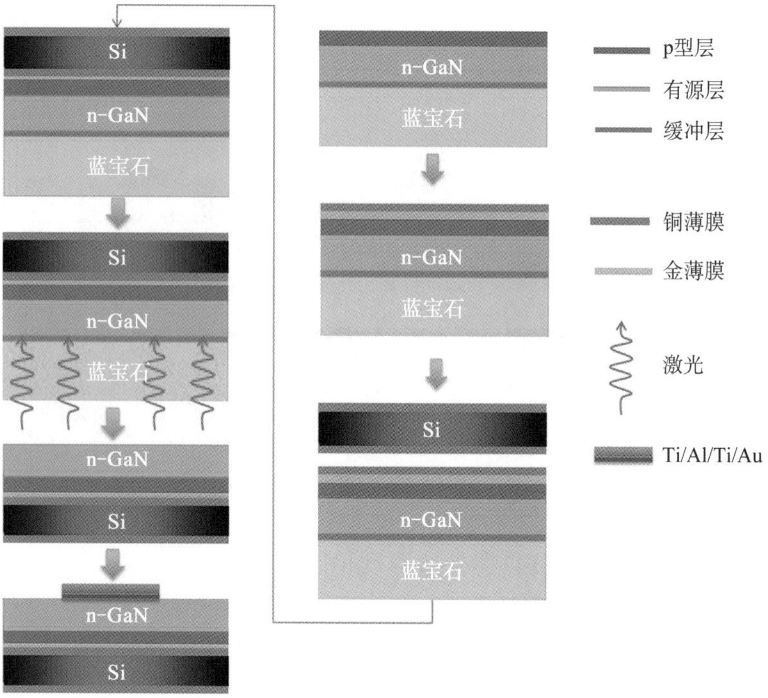

图 4.3.54　**激光剥离蓝宝石垂直电极结构 LED 的工艺流程示意图**

中，关键技术在于 Cu 合金衬底与反射层金属的键合，以及激光剥离蓝宝石衬底。

（2）垂直电极结构的优点

① 芯片的发光面积大，不存在刻蚀芯片损失；

② n－GaN 在上方，其掺杂浓度高，电阻率较小，n 电极设计自由，可以不必制作电流扩展层，取光窗口的设计自由；

③ 电流垂直芯片平面扩散，电流密度更均匀，可以施加更大的注入电流，发光均匀；

④ 金属衬底或 Si 衬底的导热性能佳，且串联电阻小，使 LED 偏压小；

⑤ 蓝宝石衬底可循环使用，降低衬底成本。

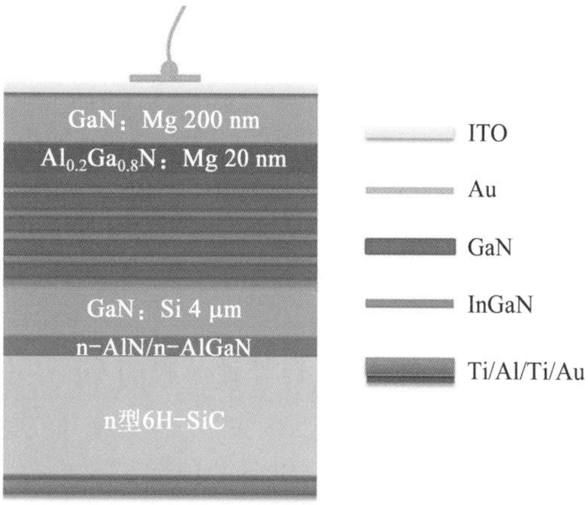

图 4.3.55　**SiC 衬底垂直电极结构 LED 示意图**

（3）存在的主要问题

激光剥离蓝宝石垂直 LED 结构还不成熟，未成为主流，主要表现在：

① 芯片比较脆弱；

② 成本较高，激光剥离工艺复杂，不是成熟技术。

对于 SiC 衬底和 Si 衬底外延的 LED，可以直接制备垂直电极结构 LED。然而，用 SiC 衬底和 Si 衬底制备 GaN 材料，缓冲层往往是 AlN 或 AlGaN，是高电阻材料。因此，需要解决 AlN 或 AlGaN 的导电性问题，往往需要对缓冲层进行掺杂，并且注意缓冲层的厚度。SiC 衬底垂直电极结构的 LED 如图 4.3.55所示。另外，Si 衬底由于带隙较窄，往往会吸收 LED 发出的光，因而大大降低光效，需要制备分布式布拉格反射器或利用激光剥离工艺剥离 Si 衬底，转移到合金衬底或带有反射层的 Si 衬底上，如图 4.3.56所示。

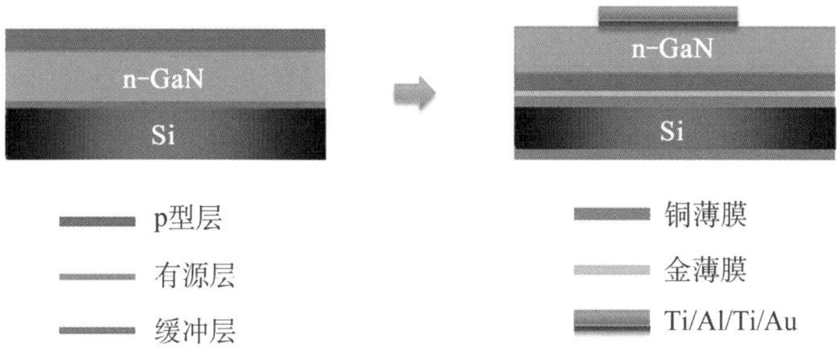

图 4.3.56　Si 衬底垂直电极结构 LED 示意图

4.3.2.3　LED 电极设计

1. 欧姆接触

在半导体材料上制备金属电极往往具有一定的困难，包括粘附性和电气连接。解决粘附性的难题可以通过清洗半导体表面、增加原子吸附力等真空薄膜技术解决。而对于电气连接，由于半导体材料与金属材料功函数的差别，往往容易在金属和半导体的界面形成势垒，即肖特基势垒，形成类似 pn 结的电流整流效应，导致电流注入困难。为此，需要通过多种手段消除肖特基势垒，使最小化金属和半导体之间的接触电阻，形成所谓欧姆接触。肖特基接触和欧姆接触电流-电压特性曲线如图 4.3.57 所示。

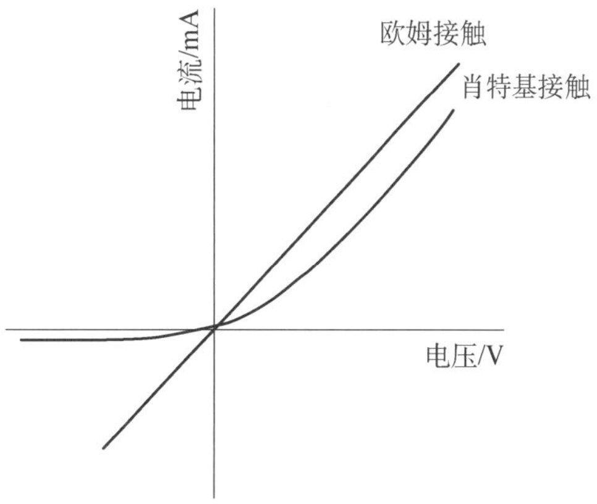

图 4.3.57　肖特基接触和欧姆接触电流-电压特性曲线示意图

对于 LED，欧姆接触电阻小，使得 pn 结施加的电压降尽量在 pn 结区，而不是在接触面，这样不会使温度升高、器件退化。然而，欧姆接触并不容易实现，尤其是对于 p 型半导体材料。对于低浓度掺杂半导体，电子的输运主要通过热电子发射机制。接触电阻主要由金属和半导体的功函数差决定，功函数差越小，电子越容易迁移；然而，在实际中，由于半导体材料高表面态存在，即使金属和半导体材料功函数接近，也往往和两者功函数相差很大情况一样，容易形成势垒，即为肖特基接触。因而，靠选取合适的金属材料制备欧姆接触电极不容易。幸运的是，对于重掺杂半导体，电子的输运除了通过热电子发射外，电子的隧穿机制也能起重要作用。载流子浓度越高，隧穿机制越明显。因而，为形成金属与半导体的欧姆接触，需要综合考虑金属与半导体的功函数差和重掺杂。对于Ⅲ-Ⅴ族半导体材料，n 型层较容易形成欧姆接触，而对于 p 型材料，往往难以找到功函数匹配的金属材料。因而，除了寻找功函数接近的金属，往往更多的是利用重掺杂形成电子的隧道效应来形成欧姆接触。

考虑到上述形成欧姆接触的因素和其他因素，p 型电极层通常由以下几层构成：

① 黏附层。一些半导体材料与金属合金的黏附性并不是太好，通常需要预先淀积 Ti、Cr 等金属，以增加黏附性。对于常见的 Si 半导体，通常以 Cr 层增加黏附性。对于Ⅲ-Ⅴ族材料，考虑到功函数和黏附性，对 n 型层一般先淀积 Ti；对 p 型层，预先淀积 Ni。

② 掺杂元素层。该层含有掺杂元素，对欧姆接触的形成起重要作用。例如，对于 p 型 GaP 可以选择 AuZn 合金，部分 Zn 溶入 GaP 晶格，形成 p 型掺杂剂；对于 p 型 GaN，Ni 还可以溶入半导体，与 O 结合，吸附 O，形成 p 型 NiO。

③ 功函数层。该层主要是考虑到功函数的匹配。对于Ⅲ-Ⅴ族材料，n 型层往往用 Al，p 型层往往选择 Pt 或 Au 等。

④ 覆盖焊接层。该层主要是为了保证芯片在焊接封装中的引线键合质量，要求黏附力强、硬度合适、焊接性好、不易氧化等。这一层通常是一定厚度的 Au，以保证柔软性和焊接性能。

(1) AlGaInP 系 LED 电极

对于 AlGaInP 系 LED，n 型电极可选择 Ti/AuGe/Au 多层材料，厚度为几百纳米；对于 p 型电极，通常选择 Ni/AuZn/Au 材料组合。在实际制备过程中，往往需要经过一定的退火工艺，使得金属与半导体接触更加紧密，部分原子在界面扩散，金属与半导体的接触从肖特基接触转变为欧姆接触，这往往通过测试电流-电压曲线可以看出来。即电流-电压特性曲线从图 4.3.57中的肖特基接触型变为欧姆接触型，消除肖特基接触整流效应。另一方面，由于退火，Ti/AuGe/Au 多层往往互溶，界面模糊，不存在层状结构。

总之，对于 AlGaInP 系 LED，由于 p 层和 n 层载流子浓度都较高，制备欧姆接触较易解决。

(2) GaN 系 LED 电极

对于 GaN 系蓝光和绿光 LED，n 型层为 Si 掺杂的 GaN，从功函数来考虑可以选择功函数（Φ_m）比 n 型 GaN 低的金属，制备 n 电极。例如，Ti($\Phi_m = 4.33$ eV)，Al($\Phi_m = 4.28$ eV)，Ta($\Phi_m = 4.25$ eV) 和 V($\Phi_m = 4.3$ eV) 等，较容易获得欧姆接触。另外，n 型 GaN 掺杂浓度较高，并且 Si 是浅施主掺杂，因而载流子浓度可以很高；另一个因素是电子的迁移率大，可接近 1 000 $\mathrm{cm^2 \cdot (s \cdot V)^{-1}}$，因而电导率较大，较容易形成电子隧穿效应。通常的电极材料是 Ti/Al/Ti/Au 多层材料，其中厚度约为 5/100/5/100 nm。其他报道的材料有 Ta/Ti/Ni/Au、V/Al/V/Au、V/Ti/Au，以及 V/Al/V/Ag 等，比接触电阻为 $10^{-5} \sim 10^{-8}\,\Omega \cdot \mathrm{cm^2}$，足够器件正常工作。

然而，对于 p 型层，需要考虑很多制备欧姆接触的因素。首先，很难找到功函数比 p 型 GaN 高的材料。对于 p 型 GaN，其禁带宽度为3.4 eV，而电子的亲合能为4.1 eV，由此，功函数为

$$\Phi_s = X + [E_c - (E_F)]。 \tag{4.3.25}$$

式中，Φ_s 是半导体功函数；X 是电子亲合能；E_c 和 E_F 分别是半导体的价带能级和费米能级。

由于是p型半导体材料，费米能级接近价带顶，因而$1.7\ \mathrm{eV} < E_c - E_F < 3.4\ \mathrm{eV}$，$\Phi_s$在$5.8 \sim 7.5\ \mathrm{eV}$之间，很难找到如此高功函数的材料与p型GaN匹配。其次，由于p型层中的掺杂剂Mg属于深能级受主，电离率很低，而且空穴载流子迁移率很低，最多只能达到$20\ \mathrm{cm^2 \cdot (s \cdot V)^{-1}}$，使得p型层电阻率大，最小仍然大于$1\ \Omega \cdot \mathrm{cm}$。因此，电子隧穿效应并不是很强。诸多因素使得p型电极往往接触电阻较大、正向电压提高、产生附加热源、影响寿命等，LED的性能退化。为此，需要仔细优化工艺参数。

对于p型电极，可应用的器件要求比接触电阻小于$10^{-4}\ \Omega \cdot \mathrm{cm^2}$。当前，最普遍的p型电极材料是Ni/Au双层电极，还可以是Ni/Au/Pt/Au。其中，Ni为5～10 nm，Au为100 nm。利用电子束蒸镀制备Ni/Au层p型电极，往往需要退火工艺，形成欧姆接触。实验证明，在氧气或空气中退火，可以比在N_2或真空中退火得到更小的比接触电阻。其原因有多种解释，一般认为在退火中，O原子可以促进Ga原子外扩散，这样可以在p型GaN表面产生Ga空位，而Ga空位是一种受主杂质，这样可以使得费米面往GaN价带偏移，使得接触电阻变小。有报道说，在空气或氧气氛围中在约500℃温度下对Ni/Au层退火，可以获得比接触电阻为$10^{-4} \sim 10^{-6}\ \Omega \cdot \mathrm{cm^2}$。也有认为是形成一层p型NiO，这层NiO连接p型GaN和Au金属、Ni-Ga-O以及表面的空位，使得接触电阻变低。另外，还可能形成Ga_4Ni_3、Ga_3Ni_2、AuGa、$GaAu_2$以及$AuGa_2$等，都会导致Ga空位产生，形成p型杂质，降低比接触电阻。

金属电极除了Ni/Au，往往还具有其他类似的电极材料，包括与Ni相关的Ni/Au-Zn、Ni/Pd/Au、Ni/Cu和Ni-Co/Au等。这些材料与p型GaN(约为$4 \times 10^{17}\ \mathrm{cm^{-3}}$)接触在$N_2$氛围中，在500～600℃的温度退火下获得$1.0 \times 10^{-4} \sim 3.6 \times 10^{-3}\ \Omega \cdot \mathrm{cm^2}$的比电阻。此外，其他的金属电极有Pd/Ni、Pd/Ru、Pd/Re、Pd/Ni/Au、Pt/Ni/Au、Pt/Ru、Pt/Re/Au、Pt/Pd/Au和Rh/Ni等，这些材料与p型GaN($4 \times 10^{17}\ \mathrm{cm^{-3}}$)接触，在$N_2$氛围中，在350～600℃的温度退火下获得$10^{-3} \sim 10^{-6}\ \Omega \cdot \mathrm{cm^{-2}}$的比电阻。其原因与上述类似，即表面化学反应产生新相。例如，Pd、Pt和Rh与Ga形成的化合物，引起Ga空位，形成空穴，降低接触电阻。典型的Pt在p型GaN上的电极材料在退火前和退火后，比接触电阻是$10^{-2} \sim 10^{-5}\ \Omega \cdot \mathrm{cm^2}$，利用霍尔(Hall)效应测量空穴载流子浓度在退火前后分别是$1.8 \times 10^{17}\ \mathrm{cm^{-3}}$和$1.0 \times 10^{18}\ \mathrm{cm^{-3}}$，表明在样品表面形成$Pt/p^+$-GaN/p-GaN结构，而未退火的是Pt/p-GaN结构，并且有效p^+-GaN的厚度达128 nm。

虽然金属与p型GaN欧姆接触的制备较为成功，然而，接触电阻仍然偏大。为获得更小的欧姆接触电阻，还可以采用其他方法。例如，在p型GaN覆盖层上再外延p-AlGaN/p-GaN超晶格层，利用压电极化和自发极化效应在薄层界面产生高于$10^{18}\ \mathrm{cm^{-3}}$的二维空穴气，增加电子的隧穿效应，降低接触电阻。早期的报道表明，Ni/Au与p-AlGaN/p-GaN超晶格层接触，在400～500℃的退火条件下，获得约$9 \times 10^{-4}\ \Omega \cdot \mathrm{cm^2}$的比接触电阻。此外，也有用赝晶生长的p-InGaN覆盖在p-GaN覆盖层上，同样由于应变，在薄膜界面产生二维空穴气。p-$In_xGa_{1-x}N$/p-GaN随In组分的不同，产生空穴载流子的密度不同，对x分别是0.14、0.19和0.23，空穴浓度分别是$7 \times 10^{18}\ \mathrm{cm^{-3}}$、$8 \times 10^{18}\ \mathrm{cm^{-3}}$和$2 \times 10^{18}\ \mathrm{cm^{-3}}$，获得的最小比接触电阻为$6.3 \times 10^{-6}\ \Omega \cdot \mathrm{cm^2}$，远小于$10^{-4}\ \Omega \cdot \mathrm{cm^2}$的标准。更多的降低p型电极接触电阻的方法可以查阅相关文献。

除了采用金属电极作为欧姆接触层，往往还可以采用透明非金属电极。然而，透明非金属电极除了作为欧姆接触层外，还往往具有电流扩展层的功能。

2. 电流扩展层

电流扩展层的主要功能是使得电流扩散均匀，使得发光均匀。

普通 LED 外延薄膜，最顶层是 p 型覆盖层，其厚度较薄。其中，AlGaInP 系为 500 nm 左右，而 GaN 系为 200 nm 左右，并且电阻率也较大。例如，对于 GaN 系 LED，顶层 p 型 GaN 材料的电阻率大于 1 Ω · cm，在如此大电阻的薄膜材料中，电流不容易横向扩散，而是直接纵向注入有源层，这样，发光将主要在电极的下方有源层，光被电极阻挡。而未覆盖电极的有源层，光可以取出，然而，电流密度小，发光变弱，导致总发光强度变弱。为解决这样的问题，可以引入电流扩展层，使得电流在电极的下方侧向扩散加强，注入有源层的电流更加均匀，发光均匀，如图 4.3.58所示。电流扩展层除了具有扩散电流的作用，还要求光可以透过，成为出光窗口，因而往往采用透明材料，即为透明电极，有时也称窗口层。

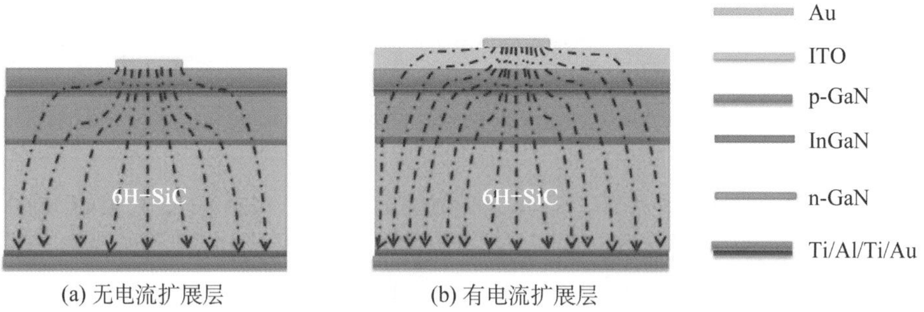

图 4.3.58　无电流扩展层和有电流扩展层的电流密度示意图

（1）AlGaInP 系 LED 电流扩展层

在 LED 发明早期，即出现透明电极。1969 年，Nuese 等人展示在 GaAsP 材料 LED 制作电流扩展层，以提高光输出功率，即在欧姆接触电极和 LED 的顶层覆盖层间制备电流扩展层。材料为三元 GaAsP 或 GaP，要求为低电阻、有足够厚度和透明性，以减少对有源层的光的吸收。Nuese 等人利用高 GaP 组分的 $GaAs_{1-x}P_x$ 作为 GaAsP 材料 LED 的出光窗口，取 $0.45<x<1.0$，大于 GaAsP 材料 LED 的有源层的 x 最大值 0.45。即带隙宽度大于有源层带隙，以减少对有源层光子的吸收。现在，绝大部分顶层取光的 LED 采用电流扩展层，包括 AlGaAs LEDs、GaP LEDs、AlGaInP LEDs，以及 GaN LEDs。

对于 AlGaInP 材料的 LEDs，电流扩展层可采用 p 型 GaP 或 p 型 AlGaAs。GaP 的带隙比 LED 的有源层宽，因而，对于红光、黄光及部分绿光均透明。此外，GaP 是一种非直接带隙半导体材料，相对于直接带隙半导体材料，吸收系数更小。因而，即使制备较厚的 GaP，透明性仍然很好。然而，采用 GaP 不利的是与 AlGaInP 外延材料晶格常数不匹配，在制备厚膜 GaP 时，可能会在界面引入位错，并且会穿透过覆盖层，到达有源层，使得光效降低。解决的一个办法是在 LED 上覆盖层和 GaP 出光窗口间，引入成分渐变层，使得弹性应变慢慢缓变，或通过优化条件，使得位错只维持在界面，而不扩散到有源层，这样不会影响光效。另外的解决方法是，利用 AlGaAs 代替 GaP 作为电流扩展层。$Al_xGa_{1-x}As$ 与 AlGaInP LED

外延层及 GaAs 衬底皆为晶格匹配，因而不会引入位错。AlAs 的带隙为2.16 eV，并且当 $x>0.45$ 时，$Al_xGa_{1-x}As$ 变成非直接带隙半导体，材料的吸收系数大为减小。然而，AlGaAs 层的吸收还是比 GaP 大。其原因是，AlGaAs 为三元合金，Al 和 Ga 阳离子的涨落会导致能带的局域变化，使得部分带隙小于光子对应的能量，造成吸收。另外，利用 MOCVD 技术外延高 Al 组分的 AlGaAs 不容易，其原因是 Al 源容易与其他源预反应，造成设备腔体污染。因此，利用 AlGaAs 作为 AlGaInP 材料 LED 透明电极的不多。AlGaAs 还有一个不利的是，它容易与空气中的水汽氧化和水解，造成失效。但即使如此，还是有部分商用 AlGaInP LED 利用 AlGaAs 作为出光窗口，但前提是能良好地隔绝水汽。

电流扩展层对输出光提高效果随厚度的不同而不同。GaP 电流扩展层对光输出提高作用如图 4.3.59所示，图中还显示了 LED 器件顶面俯视图，中间黑圈表示接触电极的大小和位置。图中的 3 条曲线分别对应于不同厚度的 GaP 电流扩展层，表示不同位置的归一化发光强度。对于 3 个 LED，其中心位置发光均很弱，这是因为位置对应于电极正下方，发光被阻挡。对于 2 μm 厚的 GaP 电流扩展层 LED，在电极的边沿发光强度最大，随着远离电极边沿，发光强度迅速变小，到 LED 边沿，发光几乎为 0，表示电流扩展效果不佳。对于 15 μm 厚的 GaP 电流扩展层 LED，在电极的边沿发光强度也是最大。然而，随着远离电极边沿，发光强度缓慢变小，直到 LED 边沿，仍然具有一定的发光强度，表示电流横向扩展效果较好。对于 5 μm 厚的 GaP 电流扩展层 LED，电流扩展效果介于两者之间。经过测试，具有 15 μm 厚 GaP 电流扩展层的 LED，其外量子效率是具有 2 μm厚 GaP 电流扩展层的 LED 的 8 倍。原因是随着厚度增厚，电流扩展层的电阻减小，电流扩展效果更佳。

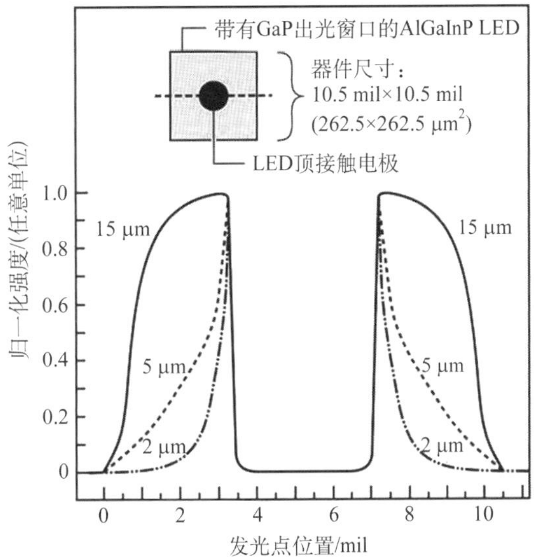

图 4.3.59 具有不同厚度 GaP 电流扩展层的 AlGaInP LED 发光轮廓示意图

然而，电流扩展层也不是越厚对输出光提高作用就越好，而具有一个厚度最佳值，太厚的电流扩展层同样不利。首先，太厚的电流扩展层使得电流扩展到 LED 边沿，导致表面复合加大；其次，厚度越厚，对光的吸收增强；再次，随着厚度增厚，垂直向电流扩散路径变长，造成电阻加大，使得 LED 正向电压加大；最后，厚电流扩展层需要生长时间变长，造成有源层和覆盖层原子扩散，使得器件退化。

电流扩展层在很多 LED 中非常重要，尤其是对于低电导率材料 LED。GaN 系 LED 中 p 型 GaN 材料导电性不佳，因而，尤其要注重电流扩展层的设计。电流扩展层的厚度可以根据电流扩散长度计算。

(2) 电流扩散长度

早在 1980 年，Thompson 就报道了在线性条形接触电极下，小电流注入时电流扩散长

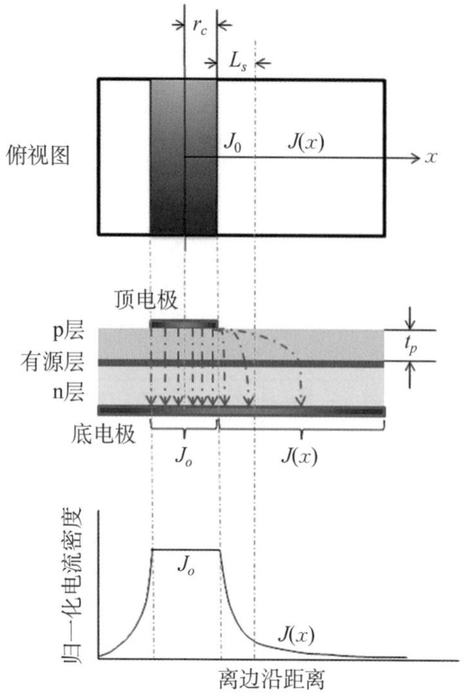

图 4.3.60　条形电极 LED 电流扩散示意图

度的计算理论。条形电极电流扩散如图 4.3.60 所示，结构与双面电极垂直结构 LED 相似。图中，假定条形电极电阻为零，即电极正下方电流密度与电极边沿密度均为常数 J_0，有源层和 n 层的电阻忽略，离条形电极中心水平距离 x 处的电流密度的大小可以近似计算得出，即

$$J(x)=\frac{2J_0}{[(x-x_c)/L_s+\sqrt{2}]^2}\quad(x>x_c)。\tag{4.3.26}$$

式中，L_s 为电流扩散长度，表示电流密度为边沿电流密度大小 $1/e$ 时距离边沿的横向距离，可以用公式给出，即

$$L_s=\sqrt{\frac{t_p n_{\text{ideal}} k_B T}{\rho J_0 e}}。\tag{4.3.27}$$

式中，t_p 是 p 型层厚度；n_{ideal} 是二极管理想因子；k_B 是玻尔兹曼常数；T 是温度；ρ 是扩展层电阻率；e 是电子电量。在此，扩展层是 p 型层。

从(4.3.26)式可以看出，离开接触电极边沿，电流密度迅速下降，在电流扩散长度位置，电流密度下降到约为边沿电流密度的 $1/e$，LED 的发光强度也下降为接触电极边沿的 $1/e$ 倍左右。并且，随着进一步离开电极位置，电流密度下降得更小。从 LED 的应用来看，应尽量使得扩散长度加大。从(4.3.27)式可以看出，欲增大扩散长度，需尽量增大 p 型层的厚度，

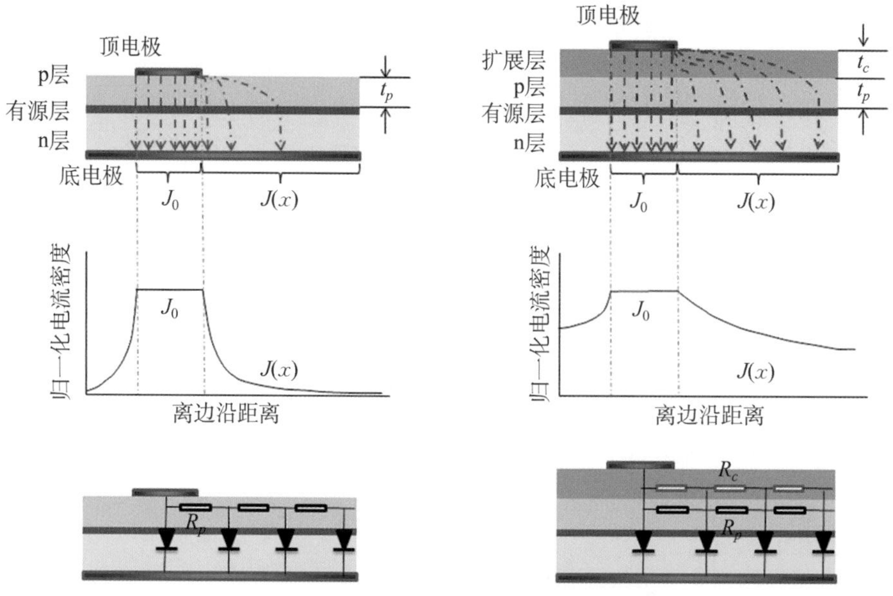

图 4.3.61　二极管电流扩散电路等效示意图

并且减小 p 型层的电阻率。然而，实际上，LED p 型层的厚度不可能太厚，并且电阻率也很难减小，尤其是对于 GaN 系 LED，电流扩散长度变得很小。为提高电流扩散长度，必须引入电阻率更小的电流扩展层。二极管电流扩散电路等效示意如图 4.3.61所示。图中，R_p 表示 LED 的 p 型层单元电阻，R_c 表示电流扩散层单元电阻。电流横向扩散路径从无数个 R_p 与二极管串联单元变为无数个 R_p 并联 R_c 后与二极管串联单元。(4.3.27)式也可以改写为

$$L_s=\sqrt{\frac{tn_{\text{ideal}}k_{\text{B}}T}{\rho_{\text{eff}}J_0e}}。\tag{4.3.28}$$

式中，t 为电流扩展层的厚度与 p 型层厚度之和；ρ_{eff} 为电流扩展层与 p 型层并联后的有效电阻率，即

$$\frac{t}{\rho_{\text{eff}}}=\frac{t_p}{\rho_p}+\frac{t_c}{\rho_c}。\tag{4.3.29}$$

式中，t_p 和 t_c 分别为 p 型层和电流扩展层的厚度；ρ_p 和 ρ_c 分别是 p 型层和扩展层的电阻率。以普通 GaN 基 LED 为例，GaN 基 LED 的 p 型层厚度为 200 nm，电阻率约为 1 Ω · cm，制备300 nm厚的 ITO 电流扩展层，电阻率约为 10^{-4} Ω · cm。那么，制备电流扩展层后，电流扩散长度约为未制备电流扩散层的 100 倍，出光窗口大幅度扩大。

上述二极管电流扩展模型是经过简化用于垂直结构的，而实际的 LED 结构既有垂直结构，也有平面水平结构。尤其是蓝宝石 GaN 基 LED 多为单面水平结构，而且 n 型层的电阻率虽然比 p 型层低，并不能忽略。典型的 GaN 基平面电极结构 LED 的电流扩展等效电路如图 4.3.62 所示。图中，R_p 和 R_n 分别为 p 型层和 n 型层的电阻单元，J_0是边沿电流密度，$J(x)$是离边沿 x 距离的电流密度。

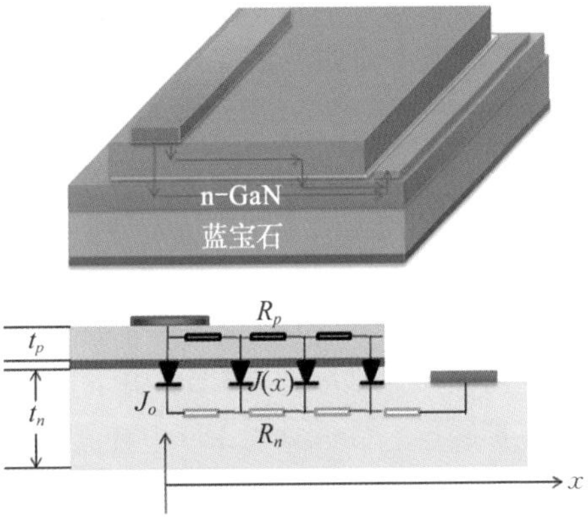

图 4.3.62 平面电极结构 LED 的电流扩散等效电路示意图

Joyce 等人和 Rattier 等人对电路进行了研究，并用指数式对电流密度给出解析解，表示式为

$$J(x)=J_0\exp(-x/L_s)。\tag{4.3.30}$$

式中，L_s为扩散长度，可以表示为

$$L_s=\sqrt{\frac{2V_a}{J_0[(\rho_p/t_p)+(\rho_n/t_n)]}}。\tag{4.3.31}$$

式中，V_a 是激活电压，其幅度为几倍的 kT/e 值，即 50～75 mV 之间。对于通常的 GaN 基 LED，p 层电阻率远大于 n 层电阻率，且 p 层的厚度也远小于 n 层的厚度，造成电流局域在 p 层金属接触层，L_s也简化为

$$L_s=\sqrt{\frac{2t_pV_a}{J_0\rho_p}},\tag{4.3.32}$$

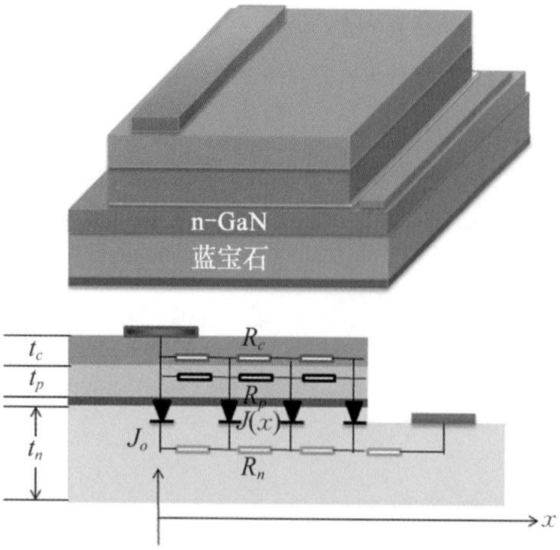

图 4.3.63　具有电流扩展层的平面电极结构 LED 的电流扩散等效电路示意图

形式上与(4.3.27)式一致。此外，电路扩散长度还与初始电流密度有关，初始电流密度越大，扩散长度越小。因此，在大电流注入下，LED 发光更加不均匀，造成效率下降。同样，为增大电流扩散长度，还需要制备电流扩展层，如图 4.3.63所示。

电流扩展层使得平面电极结构 LED 的顶层电流侧向扩散，使得电流不再拥挤在 p 电极接触层下，此时，电流扩散长度可以表示为

$$L_s = \sqrt{\frac{2V_a}{J_0[(\rho_{\text{eff}}/t)+(\rho_n/t_n)]}}。\tag{4.3.33}$$

式中，t 为 p 型层和电流扩展层厚度之和；ρ_{eff}同样是电流扩展层和 p 覆盖层的并联有效电阻率，大小可按(4.3.29)式计算。对于 GaN 基 LED，p 型层电阻率约为 1 Ω·cm，典型的电流扩展层 ITO 的电阻率约为 10^{-4} Ω·cm，L_s可近似为

$$L_s = \sqrt{\frac{2V_a}{J_0[(\rho_c/t_c)+(\rho_n/t_n)]}}。\tag{4.3.34}$$

同样，L_s大幅度提高。

(3) GaN 基 LED 电流扩展层材料

前面说过，GaN 基 LED 由于顶层覆盖层是 p 型 GaN，空穴载流子浓度低，更需要制备电流扩展层。GaN 基 LED 电流扩展层主要有透明纳米金属薄膜和 ITO 以及其他材料。

① 金属透明电极。是指 5～10 nm 厚度的金属薄膜构成的电流扩展层，LED 结构如图 4.3.64所示。金属薄膜在低于一定的厚度时，对于光具有一定的透明作用。金属薄膜透明电极最早是由日本日亚公司制备，由 Ni/Au 双层薄膜构成，厚度不大于 10 nm，覆盖在 GaN 基 LED 的 p 型层，作为电流扩展层，其后在 Ni/Au 薄层再制备 100 nm 左右的 Au 薄膜，作为引出电极。此透明电极具有一定的电流扩展效应，使得发光更加均匀。然而，对光的透明性不佳，光透过率为 75%左右，若继续加厚 Ni/Au 层，则光透过性会迅速降低。因此，厚度必须小于 10 nm。然而，由于厚度很薄，薄膜的电阻率比体材料增加巨大，使得 Ni/Au 层的电阻率远大于 10^{-6} Ω·cm。根据(4.3.34)式，近似估算出电流的扩散长度仍然不够

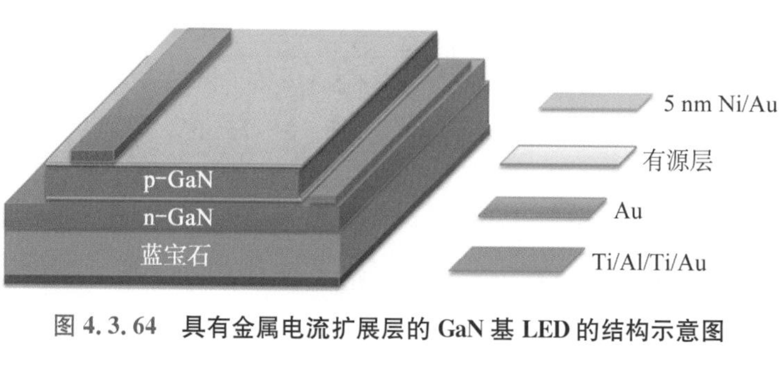

图 4.3.64　具有金属电流扩展层的 GaN 基 LED 的结构示意图

长，使得在大电流注入下，发光不均匀，效率下降，因而，要求减小电极间的间距，使得发光窗口减小。因此，用 Ni/Au 等金属薄膜透明电极作为电流扩展层效果不佳。据此，发展出 ITO 电极。其他的金属薄膜透明电极，有采用 Cr、Au、Ti、Pt、Pd、Ta 等两种以上金属制作的。

② ITO 透明电极。通常，利用热蒸发或电子束蒸发 ITO 覆盖 GaN 基 LED 的 p 型顶层，厚度为 200～500 nm，可以作为电流扩展层。ITO 在 In_2O_3 ∶ SnO_2 的比例为 95% ∶ 5% 时，具有最大的可见光透过率和最小的电阻率。ITO 在蓝光波段透过率超过 90%，最低电阻率普遍在 5×10^{-4} Ω·cm，最好的可达 5×10^{-5} Ω·cm，已经接近金属的电阻率。

然而，ITO 作为电极与 p 型 GaN 接触，不容易获得良好的欧姆接触，即使经过退火，比接触电阻仍然很大，约为 10^{-1} Ω·cm^2，远大于 10^{-4}Ω·cm^2，使 LED 正向电压变大，无法作为器件使用。因此，必须解决 ITO 与 p 型 GaN 的接触。其中的一个办法是在 ITO 和 p 型 GaN 之间插入中间层，如插入 p 型 $In_{0.1}Ga_{0.9}N$、Ni、Ni/Au、Zn－Ni 及纳米 Ag 等。对于 p－GaN(3.2×10^{17} cm^{-3})，在沉积 ITO 前，先外延一层赝晶生长的 5 nm 厚 p 型 $In_{0.1}Ga_{0.9}N$，其后再沉积 ITO，在退火前后，可以获得比接触电阻分别是 1.2×10^{-3} Ω·cm^2 和3.2×10^{-5} Ω·cm^2，形成良好的欧姆接触。其原因是 InGaN 的带隙比 GaN 变窄，ITO 接触 p－$In_{0.1}Ga_{0.9}N$ 形成的肖特基势垒比 ITO 接触 p－GaN 形成的肖特基势垒低大约 0.4 eV，这使得隧穿效应增强。另外，p 型 InGaN 和 GaN 表面由于极化电场效应，形成二维空穴气，使得 p 型 InGaN 薄层空穴载流子浓度提高，也使得隧穿效应增强。对于在 ITO 和 p－GaN 之间制备 Ni、Ni/Au、Zn－Ni 层，其目的是为了形成 p 型 NiO 层，促使 Ga 扩散，形成 Ga 空位或 Ga_2Ni_3 化合物等，使得界面的空穴浓度提高，增加界面电子的隧穿效应，形成欧姆接触。已经有报道：Ni/ITO(10 nm/250 nm)接触，产生的比接触电阻为 8.6×10^{-4} Ω·cm^2，在450～550 nm 波段，光透过率达到 80%；Ni/Au/ITO(2 nm/3 nm/60 nm)同样产生欧姆接触，比接触电阻为 8.6×10^{-4}Ω·cm^2，并且在 470 nm 波段，光的透过率约达到 90%；ZnNi 固溶体与 ITO(5 nm/380 nm)接触，产生欧姆接触，比接触电阻约为 1.27×10^{-4} Ω·cm^2，在 460 nm 波段，光透过率约达到 90%等。此外，还可以在 ITO 和 p 型 GaN 之间制备 1 nm 厚的 Ag，即 Ag/ITO(1 nm/200 nm)接触，退火后在界面形成纳米 Ag 颗粒和空位，形成欧姆接触，产生的比接触电阻为 4×10^{-4} Ω·cm^2 。而且，光的透过率大幅度提高，在 460 nm 波段，透过率达到 96%。

③ 其他材料。ITO 材料含有大量的 In_2O_3，而 In 属于稀有元素，现在开始寻找替代的材料。Sb 掺杂的 SnO_2(ATO)功函数很大，达到 7.74 eV，与 p 型 GaN 功函数匹配，已经开始用于制备 LED 的透明电极，以提高透光性和导电性。ATO 往往用脉冲激光沉积制备，并且在沉积前，往往先沉积 3 nm 厚的 Ag 或 2.5 nm 厚的 Cu 掺杂 In_2O_3(CIO)。Ag/ATO 的比接触电阻为 8.7×10^{-5} Ω·cm^2，在 400 nm 波段，光透过率达到 99%；而 CIO/ATO 的比接触电阻为 2.1×10^{-3} Ω·cm^2，在 400 nm 波段，光透过率达 81%。Ni(5 nm)和 NiO(5 nm)薄膜与 Al 掺杂 ZnO(AZO)可形成双层膜，用于与 p 型 GaN 接触，制备电极。Ni/AZO 和 NiO/AZO用于紫外 LED(约为 390 nm)，输出的光功率相比于 Ni/Au 透明电极紫外 LED 的输出功率分别提高 38.2%和 60.6%。3%重量比的 In_2O_3 掺杂的 ZnO(IZO)可以通过电子束蒸发到 p 型 GaN，制备透明电极，其比接触电阻为 3.4×10^{-4} Ω·cm^2，在 400～600 nm 波段，光透过

率为84%～92%。其他的透明电极还有原子比为5%的 Ga_2O_3 掺杂 In_2O_3，与p型GaN形成欧姆接触，退火后比接触电阻为 $8.1\times10^{-5}\ \Omega\cdot cm^2$，在470 nm波段，光透过率为85.7%。

3. 电流阻挡层

我们已经知道，当LED工作时，金属接触层正面下的有源区电流密度最高，发光最强，然而，光容易被电极遮挡而难以取出，LED光效降低，造成能源浪费。为解决此问题，可以在金属接触层正下方引入电流阻挡层，使得金属接触层正下方的电流扩散路径被阻挡，电流很难扩散到接触层正下方的有源区，发光微弱，不会造成由于电极阻挡而浪费能源。电流阻挡层与电流扩展层的效果一致，都是为了提高发光均匀性和光效。

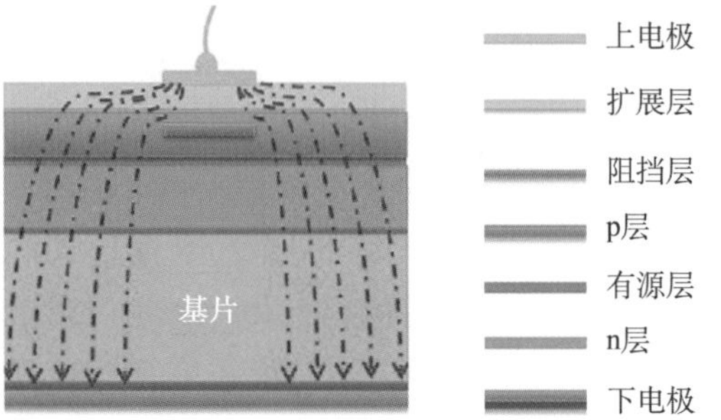

图4.3.65　具有电流阻挡层的LED的结构示意图

典型的电流阻挡层LED如图4.3.65所示，通常在LED出光层电极的正下方填埋一层高阻层，以阻碍电流通过。图中所示是在顶电极的正下方，如果是光从LED背面出光，也可以在LED的底电极的正上方填埋一层高电阻层，以阻碍电流通过。对于图4.3.65所示的结构，电流阻挡层通常是n型层，如果是AlGaInP系LED，即为n型 $Al_{0.5}In_{0.5}P$，则其尺寸与金属电极差不多。但由于是n型，与阻挡层下的p型覆盖层形成np结，电流难以通过。

电流阻挡层可以直接利用材料外延的方法制备，其工艺是：在外延p型覆盖层完毕前，在p型覆盖层上外延一层较薄的n型层；之后，取出基片，利用刻蚀工艺刻蚀多余的n型层，只剩下需要的n型阻挡层；再后，继续外延p型覆盖层，并制备电流扩展层；最后，在n型阻挡层的上面制备金属接触电极。

在p型覆盖层的二次外延前往往要清洗，并且需仔细优化工艺，但这将导致成本上升。因而，有电流阻挡层的LED只适合一些高端应用产品。此外，也有利用离子注入的方法，使得某些区域的p型覆盖层反型变成n型层，以获得电流阻挡层。

4. 电极图形

在前面计算电流扩散长度时都有一个假设：金属接触层（通常是Au）任何一点的电位相同，即忽略金属层本身的电阻。因此，金属层边缘的任何一点的电流密度相同。然而，实际上却往往并不如此，以Au层为例，如图4.3.66所示，焊点 A 的电位和Au电极末端 B 的电位

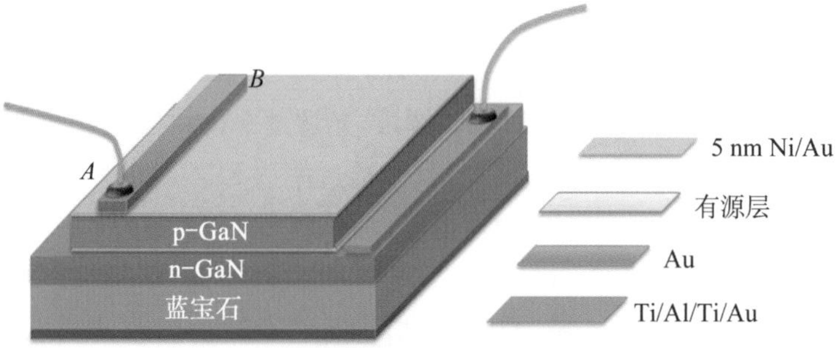

图4.3.66　单焊点条形金属接触层GaN基LED的结构示意图

往往不一。设金属接触层宽为 50 μm、长为 1 mm、厚度为 100 nm,可以估算出从焊点 A 到 B 金属接触层末端的电阻达 5Ω,即点 B 和点 A 之间具有电压梯度,导致点 B 和点 A 的电流密度有变化,即电流在金属接触薄膜层具有电流扩散长度。增大金属接触层的厚度和宽度可以提高电流扩散长度,然而,这容易导致贵金属的浪费和芯片发光窗口的面积减小。电流扩散长度同样可以根据等效电路模型给出解析解。

通过上段分析可以明白,LED 的芯片尺寸具有一定的限制,不能任意增大单颗 LED 的尺寸来增大 LED 的功率。其原因是:考虑到电流在金属接触层的电流扩散长度,为保证芯片发光的均匀性,必须将金属接触层的长度控制在电流扩散长度之内,而芯片的尺寸大约与金属接触层尺寸相当,即单颗 LED 的芯片不能太大。到目前为止,市场上最大尺寸的芯片为 45 mil×45 mil, 即大约 1.1 mm×1.1 mm。

为进一步提高大功率芯片的电流均匀性,可以通过设计金属接触层的图形,以提高电流扩散的均匀性,或制备多个焊点使得电流叠加,以提高电流扩散的均匀性。例如,在图 4.3.66所示中,可在点 A 和点 B 制备两个焊点,以提高电流的均匀性。

早期的 LED 由于电流扩散的非均匀性,多为小功率正方形芯片,采用日本日亚化学公司出产的 LED 对角设计,易在晶体边缘产生电流密度低的区域。随着 LED 的发展,电流扩展层的性能提高,LED 发光均匀性提高,单颗 LED 的尺寸和功率变得越来越大,并且电极设计也越来越合理。例如,美国普瑞公司的 45 mil 水平结构的芯片电极,如图 4.3.67所示,目的是尽量将电极分散到芯片的各个表面部分,使电流分散较均匀;焊点是在金属接触电极的中点,而不是端点,以避免电流扩散不佳。其他常见的芯片电极图形设计还有多种,如 p 电极和 n 电极交叉设计、垂直芯片的米字型电极图形设计等,可以查阅相关的文献资料。

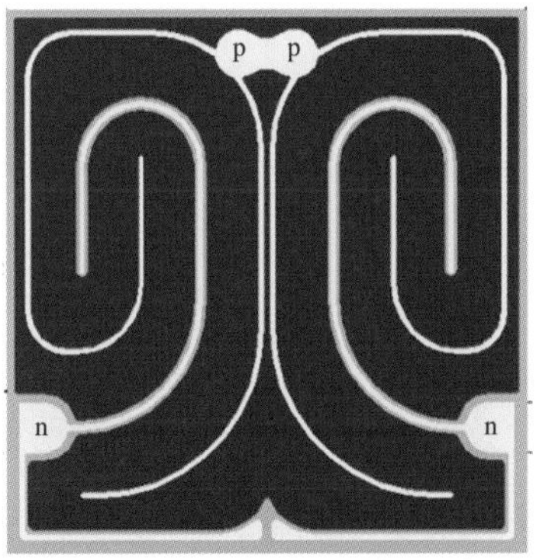

图 4.3.67 美国普瑞公司 45 mil LED 的水平电极设计

4.3.3 LED 的光引出

4.3.3.1 LED 的光损耗

LED 是固体器件,材料有缺陷,并且器件结构具有若干界面。因而,光在器件内部就有可能被反射吸收,部分没有被吸收的光从固体芯片逸出,到达空气中。这就涉及光从固体到气体介质的传播,折射率会发生巨大改变,光的传播方向也会发生改变。因此,有源层发出的光并不能全部到达空气中,有若干因素影响 LED 的光引出效率,包括材料内部的吸收、电极吸收、界面的反射等。

1. 材料内部的吸收

光在介质中传播,沿着传播路径,会受到材料的吸收作用而发生衰减,如图 4.3.68 所示。

根据比尔-朗伯(Beer-Lambert)定律,可见光在介质中的传输可以表示为

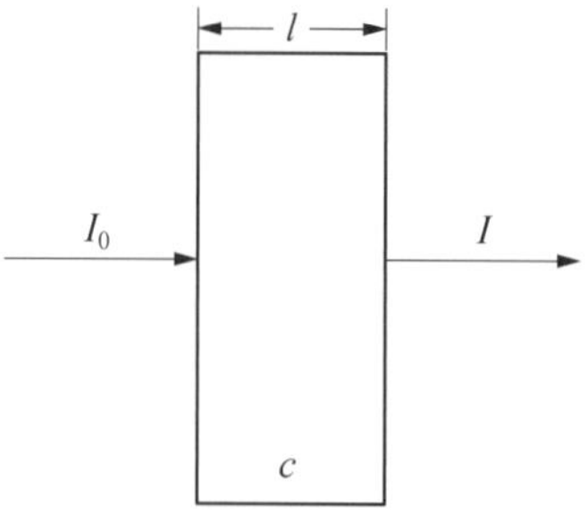

$$\ln \frac{I}{I_0} = -\varepsilon l c$$

或者

$$\frac{I}{I_0} = e^{-\varepsilon l c}$$

图 4.3.68 光在介质中的传播

$$I = I_0 \cdot e^{-\varepsilon \cdot l \cdot c}。 \quad (4.3.35)$$

式中，I_0 为入射的单色光强度；I 为透过光的强度；l 为光程；c 为吸光物质的浓度；ε 为吸光物质的摩尔吸光系数。由于光线在芯片中的光程非常短，因此，除非外延层缺陷太多，吸收是很少的，可以忽略（但多次反射后必须考虑）。电极遮挡导致的光吸收，会损失一部分能量，可以采用 ITO 透明电极，并使金属接触层的宽度变窄，减少金属接触层的面积小于 5%，或制作电流阻挡层，以降低电极对光的吸收。此外，正面出光 LED 芯片底部反射膜也存在一定的吸收，解决方法是抛光 LED 背面，制作镜面反射层。

2. 菲涅尔（Fresnel）反射

光从折射率为 n_1 的介质进入折射率为 n_2 的介质，即使是垂直入射，部分光也会在界面反射而造成损耗，这叫做菲涅尔损耗，如图 4.3.69所示。

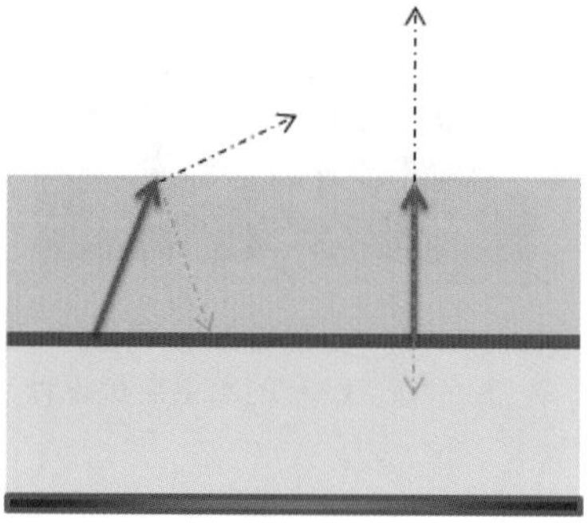

图 4.3.69 菲涅尔损耗示意图

对于 LED，假设外部介质的折射率为 n_e，芯片半导体材料的折射率为 n_s，则在入射角为 0°时，表面的反射率 R 为

$$R = \left(\frac{n_e - n_s}{n_e + n_s}\right)^2。 \quad (4.3.36)$$

这是在垂直正入射的情况下的数据，如果是偏入射，则具有一定的入射角，反射率更大。光经过界面，一部分反射，一部分被介质吸收，还有部分透过。如果半导体芯片很薄，且忽略介质吸收，则透过率 T 为

$$T = 1 - R = \frac{4n_e n_s}{(n_e + n_s)^2}。 \quad (4.3.37)$$

对玻璃与空气的界面，玻璃与空气的折射率分别为 1.5 与 1.0，可以计算得出：$R = 4\%$，$T = 96\%$。但是，在实际环境中，由于光线入射方向并非全部为 0°，根据估算，一般认为玻璃的表面反射率约为 5%。对于半导体材料，由于半导体材料的折射系数普遍比空气大很多，因此菲涅尔反射更加严重，如 GaP 材料的折射系数约为 3.5，而空气为 1。根据计算，不同体系材料的 LED 发出的光线入射到空气中的透射率如表 4.3.7 所示。

表 4.3.7 不同材料的 LED 发出的光线入射到空气中的透射率

材料	折射率	反射率/%	透射率/%
AlGaAs	3.3～3.5	29.7	70.3
AlGaInP	3.3～3.5	29.7	70.3
AlInGaN	2.4～2.6	18.4	83.6

部分经菲涅尔反射回芯片内部的光线经过背面界面的透射和反射，又重新反复反射和透射，最终逃逸出芯片。然而，这必须保证芯片对光吸收很少；否则，光容易被芯片吸收。

3. 全反射

当光在两种介质界面传播时，往往具有反射和折射现象，如图 4.3.70所示。光的折射遵从折射定律，即

$$n_1 \sin\theta_1 = n_2 \sin\theta_2 \text{。} \tag{4.3.38}$$

式中，θ_1 和 θ_2 分别是入射角和折射角。可以看出，当光线从折射率大的介质（n_1）进入折射率小的介质（n_2），由于 n_1 大于 n_2，折射角大于入射角；当 θ_1 大于某值时，θ_2 大于等于 90°，进入了临界状态，此时折射光线消失，入射光全部反射回折射率为 n_1 的介质中，该现象称为全反射。对应于折射角 θ_2 等于 90°的入射角叫做临界角。可以根据公式容易求得临界角度值为

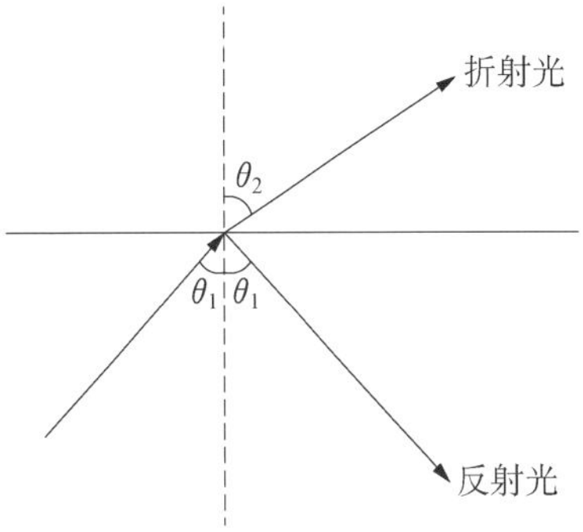

图 4.3.70 光在两种介质界面传播的反射与折射

$$\theta_1 = \arcsin\left(\frac{n_2}{n_1}\right) \text{。} \tag{4.3.39}$$

在入射角大于等于该角度时出现全反射，即光完全无法以大于临界角的入射角从光密介质传播到光疏介质，只有入射角小于临界角，才能传播。

各种材料体系 LED 及其相应的全反射临界角如表 4.3.8 所示。

表 4.3.8 不同的发光材料光进入空气的临界角

材料	折射率	全反射角/(°)
AlGaAs	3.3～3.5	17.1
AlGaInP	3.3～3.5	17.1
AlInGaN	2.4～2.6	23.6

从表 4.3.8 可以看出，红光和蓝绿光 LED 材料体系光进入空气的临界角都很小。即材料发出的光，只有入射角小于全反射角内的光才能透出芯片，发射到空气中，大部分光都被限制在芯片材料内，从而降低光的取出效率。为提高光的取出效率，人们研究了很多降低全反射角的方法。

假定 LED 材料在发光点的出射光是垂直于发光层的朗伯分布，即 $I = I_0 \cos\theta$。其中，

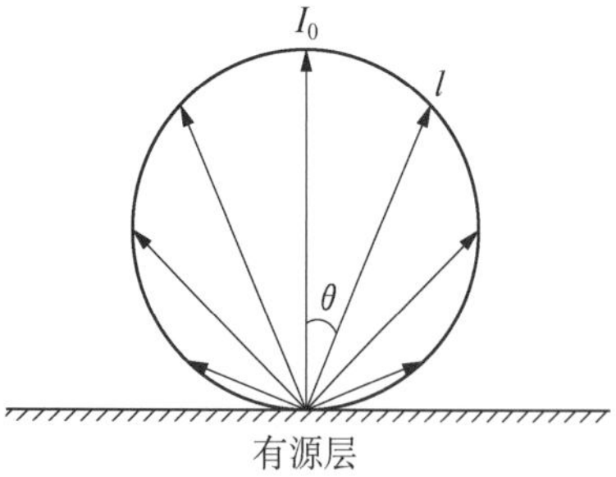

图 4.3.71 朗伯光型分布示意图

I 为角度 θ 方向光强，I_0 为垂直入射的光强，则其光分布如图 4.3.71所示。

可以算出，角度落在全反射角 θ_1 内的部分光线占全部光线的比例，即为因全反射造成的透过率 T_i，即

$$T_i = 1 - \sqrt{1 - \left(\frac{n_2}{n_1}\right)^2}。 \qquad (4.3.40)$$

对于 GaN 材料 LED，考虑到菲涅尔反射和背出射光线被吸收，透过率 T_i 仅为 4%，即绝大部分有源层发出的光被浪费而不能传播到空气中。对于 AlGaInP 系 LED，光的取出效率更低。为此，需研究设计提高光的取出效率的方法。

4.3.3.2 提高 LED 的提取效率

前面说过，外量子效率即为光的提出效率与内量子效率的乘积。当前，提高 LED 的内量子效率很困难，要提高外量子效率在很大程度上依赖光的提取效率。光的提取效率主要与器件结构、表面结构和芯片材料的设计等相关，包括多方面的尝试。

1. 球面封装结构

LED 芯片材料的折射率与空气的折射率相差很大，因而，全反射临界角就很小。如果在芯片和空气中间加入一个折射率介于两者之间的中间层，并对中间介质层制备独特结构，则芯片到中间介质层之间的全反射临界角就会增加，且中间介质层到空气的提取效率也会增加。例如，在芯片和空气之间加一层折射率为1.5的树脂，树脂和空气的接触面可以做成半球形，则首先增加光从芯片到树脂的临界角，并使光线从树脂到空气的界面不至于发生全反射。典型的 LED 封装结构如图 4.3.72所示。可以看出，封装后光出射圆锥角 θ_2 大于封装前的 θ_1。

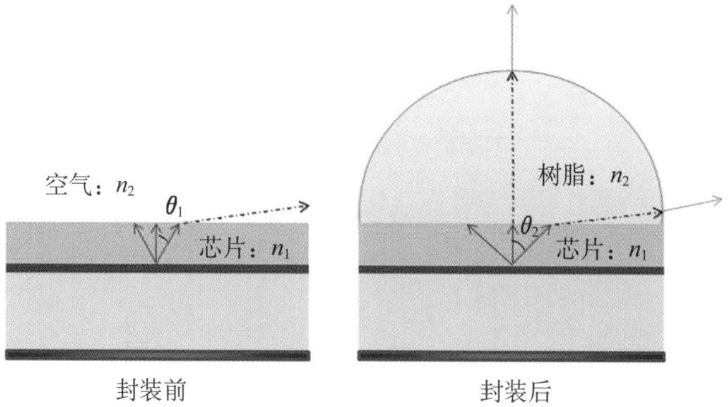

图 4.3.72 LED 逸出角锥在封装前后的变化示意图

对于 GaN 基 LED，材料包括 GaN、InGaN、AlGaN，材料的平均折射率设为2.5(GaN：2.4，InN：2.6)，空气折射率为1.0。在加入环氧树脂之前，GaN 和空气之间界面的全反射临界角为

$$\theta_1 = \arcsin\left(\frac{n_2}{n_1}\right) = \arcsin\left(\frac{1}{2.5}\right) = 23.6。 \tag{4.3.41}$$

在芯片和空气之间加上半球形、折射率为1.5的环氧树脂以后，树脂和空气之间的界面不存在全反射，GaN 和树脂之间界面的全反射临界角为

$$\theta_2 = \arcsin\left(\frac{n_2}{n_1}\right) = \arcsin\left(\frac{1.5}{2.5}\right) = 36.9。 \tag{4.3.42}$$

通过计算可知：通过增加中间层可以加大全反射临界角。如果假设 LED 发光中心发出的光是朗伯光型分布，则根据(4.3.40)式计算，在封装前，光的提取效率为 4%；而在封装后，光的提取效率为 10%。如果再考虑到树脂和空气之间的菲涅尔反射，对于 $n_2 = 1.50$ 的典型值，这一项为0.96，则光的提取效率为9.6%，那意味着出射光的效率增加到2.4倍。

2. 分布式布拉格反射层

LED 芯片发出的光是向上下两个表面出射的，而封装好的 LED 是"单向"发光，因此有必要将向下入射的光反射或直接出射。对于正面出光 LED，往往可以采用分布式布拉格反射层来反射背出光到正面出光，以提高光的提取效率。布拉格反射器是由高折射率和低折射率相间的层构成，其实是一种一维的光子晶体，其要求是：a. 便于外延；b. 与薄膜材料的晶格系数匹配；c. 容易导电。在 AlGaInP 系 LED 中，通常都应用分布式布拉格反射层(distributed Bragg reflector，DBR)来提高提取效率，如图 4.3.73 所示。在 AlGaInP 系 LED 中，布拉格反射层材料构成通常为 Si 掺杂的 n 型 AlGaInP/AlInP 或 AlGaAs/GaAs，一般在 20 周期左右，每层的厚度通常为 1/4 波长。如果 AlGaInP 系 LED 采用透明衬底 GaP，可以不用布拉格反射层。

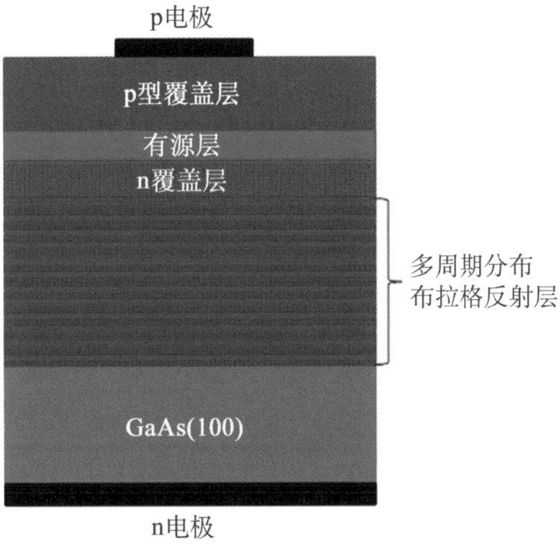

图 4.3.73 带有 DBR 结构的 LED 示意图

布拉格反射层应用于 LED 最早是由加藤(Kato)等人引入，应用于 AlGaAs/GaAs 材料 LED，由 25 对 AlAs/GaAs 或 AlGaAs/GaAs 构成。布拉格反射层的原理是每两层不同折射率材料界面间产生菲涅尔反射，由于具有多个界面，因而，经多次菲涅尔反射产生很大的反射率。并且，由于特定的布拉格层厚度，使得各反射产生增强相干效应。对于通常的入射角，要求折射率高低相间的材料厚度均具有整数倍 1/4 波长，即材料厚度满足

$$t_{l,h} = m\lambda_{l,h}/4 = m\lambda_0/4n_{l,h}。 \tag{4.3.43}$$

式中，$t_{l,h}$表示层厚；λ 是波长；λ_0 为真空波长；$n_{l,h}$是表示折射率，下标 l 和 h 分别表示低折射率和高折射率层；m 是奇数。但通常 m 取 1，也可以是 3、5、7 等，然而，数字越大，布拉格反射层的阻带(stop band)带宽越窄。用上式计算的布拉格反射层厚度是针对正面光线垂直入射的情况，对光线斜入射，同样适用。不过，需将光线波矢分解为垂直布拉格层分量和平行

分量，再用波矢垂直分量来计算。

布拉格反射层由于可以制备多层，因而，反射率可以达到接近 100%。典型的布拉格反射层反射率随波长的变化如图 4.3.74所示，对应的布拉格反射层分别为 4 周期 1/4 波长Si/SiO_2，2 周期 3/4 波长 Si/SiO_2 和 10 周期 1/4 波长 AlAs/GaAs 材料。位于中心的高反射率带为布拉格反射层的阻带，中心波长成为布拉格波长 λ_0。布拉格反射层的特点包括：a. 布拉格反射层厚度对应 1/4 波长奇数倍，奇数越大，阻带越窄；b. 布拉格反射层高折射率和低折射率的折射系数相差越大，反射率越大；c. 高折射率和低折射率的折射系数相差越大，阻带越宽。

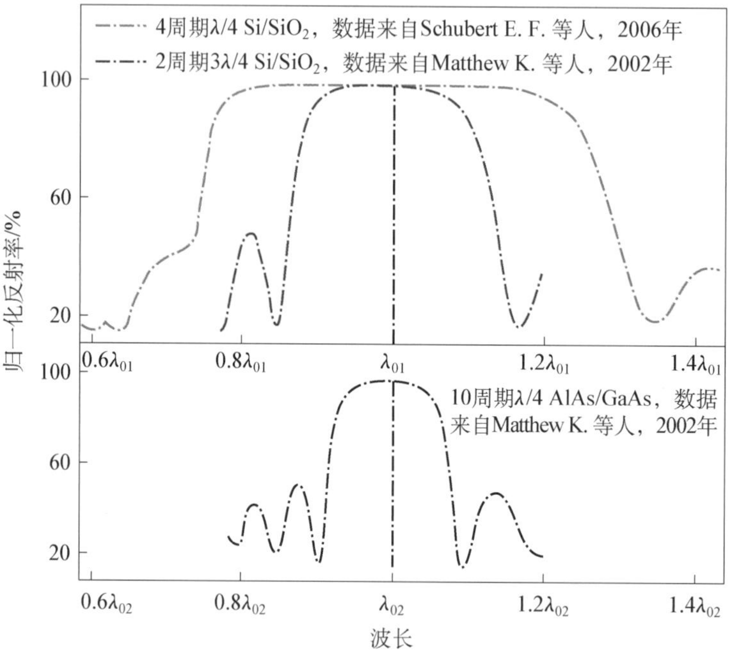

图 4.3.74 典型材料的 DBR 反射率随波长的变化

布拉格反射层的性质可以通过数值模拟计算得到，图 4.3.74 所示中的反射率图谱也是通过计算得到的，我们在此简要给出结果。假设布拉格反射层由 m 对折射率分别为 n_1 和 n_2 的双层无吸收损耗的材料组成，厚度分别是 1/4 波长，即 $L_l = \lambda_{\text{Bragg}}/(4n_l)$ 和 $L_h = \lambda_{\text{Bragg}}/(4n_h)$，周期长度为 $L_l + L_h$。单个界面的反射率可由菲涅尔反射给出，即

$$R = \left[\frac{n_h - n_l}{n_h + n_l}\right]^2。\tag{4.3.44}$$

多层布拉格反射层通过多个界面反射和增强相干，提高反射系数，可表示为

$$R_{\text{DBR}} = \left[\frac{1-(n_l/n_h)^{2m}}{1+(n_l/n_h)^{2m}}\right]^2。\tag{4.3.45}$$

阻带带宽与高低折射率材料的折射率之差有关，可表示为

$$\Delta\lambda_{\text{stop band}} = \frac{2\lambda_{\text{Bragg}}\Delta n}{n_{\text{eff}}}。\tag{4.3.46}$$

式中，Δn 是高低折射率之差，即 $\Delta n = n_h - n_l$； n_{eff} 是有效折射率，即

$$n_{\mathrm{eff}} = 2\left(\frac{1}{n_l}+\frac{1}{n_h}\right)^{-1}。\tag{4.3.47}$$

对于使用 DBR 层的 LED，DBR 的阻带宽度应该比 LED 的半峰宽度宽，这样可尽可能反射更多光子。

上面讨论的是光线垂直入射到 DBR 的情况，而在实际 LED 应用中，有源层的光是各向同性的。因而，在计算 DBR 反射时，应该考虑到各个方向的光入射，并对反射求和积分。

在实际 LED 应用中，大部分使用普通 DBR，然而，还不能完全肯定普通 DBR 对于 LED 的光的提取效率是否最有效。具有比 1/4 波长更厚或更窄的 DBR 层同样可以应用于 LED。这种可变厚度的 DBR 具有更低的反射率，然而，有更宽的阻带，这对于宽光谱 LED 更为合适。另外，在上述讨论中，并未考虑 DBR 层的光吸收性能，实际的 DBR 层往往对光并不完全透明。比如 Si/SiO_2 层 DBR，其中的 Si 对于波长小于1.1 μm的光并不具有透明性，会产生带间吸收。然而却发现，对于这些类型的 DBR，更少层数即可产生很大的反射率。例如，4 周期 Si/SiO_2层 DBR 的中心反射波长为 1.2 μm，对于 1 μm 波长的光有接近 100%的反射率，尽管单层 Si 对于 1 μm 波长的光不具有透明性，其原因是 Si 和 SiO_2 具有很大的折射率差。

在 AlGaInP/GaAs 材料系 LED 中，与 GaAs 晶格匹配良好的、透明性和吸收性混杂层 DBR 结构经常使用，用于提高取光效率。大部分透明和吸收混杂层 DBR 的一个显著特点是折射系数相差大，因而，阻带宽；而全透明 DBR 虽然没有光损失，但由于折射系数相差小，因而需要很多层来获得高反射率。在实际应用中，透明层也往往在 DBR 的顶层，而吸收层往往在底层，这样透明层更靠近有源层，以减小吸收层的吸收。

尽管 DBR 在具有吸收性衬底的 LED 中得到广泛使用，然而，并不是最佳选择，DBR 也有一定的缺点，即 DBR 对垂直入射的光线具有很大的反射率。然而，随着入射角度偏移垂直方向，反射率迅速降低。典型的 DBR 反射率随光线的入射角度变化的关系如图 4.3.75所示。

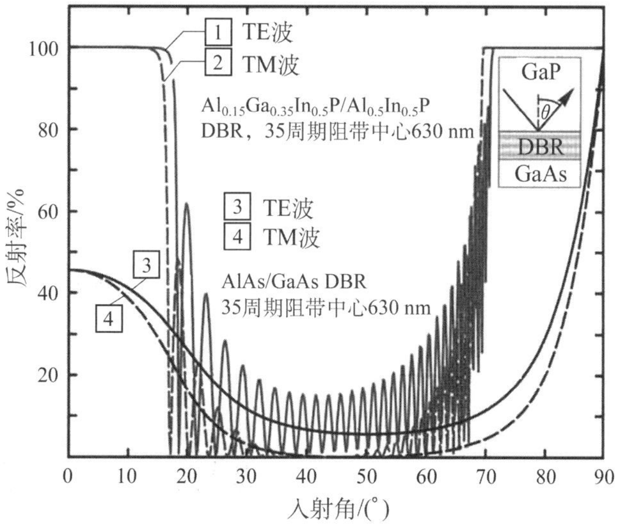

图 4.3.75　典型的 DBR 反射率随波长变化的关系（参考文献[51]，Gessman T, et al.）

从图 4.3.75 中可以看出，在入射角小于 20°时，反射率很大；其后随着角度增加，反射率迅速下降接近 0，直到入射角大于 70°，反射率又重新回到接近 100%。可见，在 20°～70°的广大范围，DBR 几乎无效，导致普通 DBR LED 光的取出效率并不是很高。

为提高 DBR 的效率，有研究人员采用复合 DBR 层，不同的 DBR 对应不同的布拉格反射中心，因此，可以展宽 DBR 的反射角度范围。此外，非周期性的 DBR 层具有更宽的角度反射范围，应用于 LED，可以提高反射效果。另外，提高周期性 DBR 层的高低折射率层的折射率差有利于提高反射波长的范围，同样也可以提高角度反射范围。有研究人员制备 $AlGaAs/Al_xO_y$ DBR 层，因为 AlGaAs 和 Al_xO_y 具有很大的折射率差，有利于提高反射效果。但 Al_xO_y 并非导电，因而，需要制备穿孔引出电流流通路径。

早期的 DBR 由于层间突变导致势垒，往往形成高阻层，造成 LED 正向电压加大。然而，随着技术发展，可以利用成分渐变层来克服这些障碍，这已经成为 DBR LED 中常用的技术。

尽管 DBR 层不是 LED 中的最佳反射层，然而，由于它可以外延，容易制备，在 AlGaInP 系 LED 中得到大量的应用。为进一步提高 DBR 的反射角度范围，可以制备金属与电介质形成的 DBR 层，由于折射率相差巨大，扩大 DBR 的反射角范围，几乎可以覆盖 0°～90°的范围，形成全角反射层，即所谓的分布式布拉格全角反射镜(distributed Bragg omnidirectional reflectors, DB-ODRs)，提高总的反射率。然而，由于制备工艺复杂，在普通 LED 应用中并不多。

3. 金属膜反射技术

无论什么材料体系的 LED，出光窗口往往具有一定的方向，或正面出光，或背面出光，或正背面加侧出光。不出光的面就需要反射光，并且要求吸收光尽量小。除了上述 DBR 或 DB-ODR 层外，还往往利用金属反射膜。对于 AlGaInP 系 LED，该工艺与图 4.3.54所示的激光剥离蓝宝石垂直电极结构 LED 的工艺流程类似，往往在芯片的 p 型层表面制备 AuBe 薄膜，作为 p 型接触电极和金属反射层，Au 作为焊层，Be 还作为受主掺杂剂，在退火时溶入芯片，形成受主，以降低欧姆接触电阻；其后，在一定的温度与压力下与制备金属镀层的 Si 熔接在一起，目的是提高散热性能(Si 的导热性比 GaAs 更佳)；再次，去除具有吸收光性能的 GaAs 衬底；最后，在芯片的 n 型层表面蒸镀电极。LED 的光从 n 型层取出，从发光层照射到 p 型层表面的金属反射层，其光线被反射至出光窗口，使器件的光效提高。其结构如图 4.3.76所示。

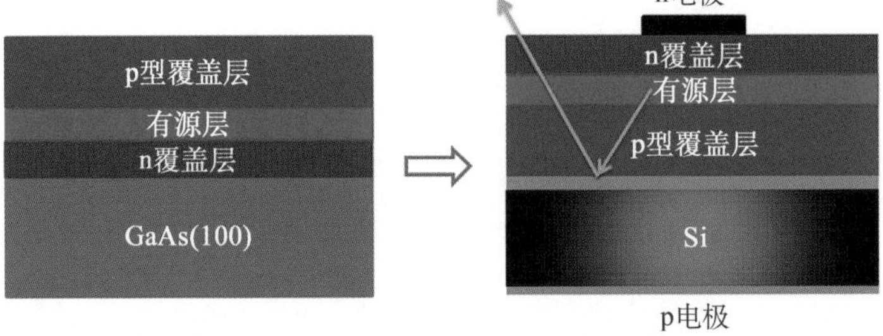

图 4.3.76　金属膜反射反射式 AlGaInP LED 示意图

对于 GaN 基蓝光 LED，由于采用蓝宝石透明基片，工艺显得简单，只需要在蓝宝石衬底下面蒸镀一层金属 Ag 反射层，反射光即可从上表面反射出去，从而提高光的方向性，如图 4.3.77 所示。但如果 GaN 基 LED 采用 Si 衬底技术外延，同样需要剥离 Si 基片后制备金属反射层，或采用 DBR 反射层等。

金属反射层相对于 DBR 来说，往往制作更简单，并且反射角度和反射波长的范围更大。然而，不同的金属与不同的材料的界面反射率还是有所不同的。当金属与其他介质产生界面，光在界面反射，可以按照菲涅尔反射来计算，即

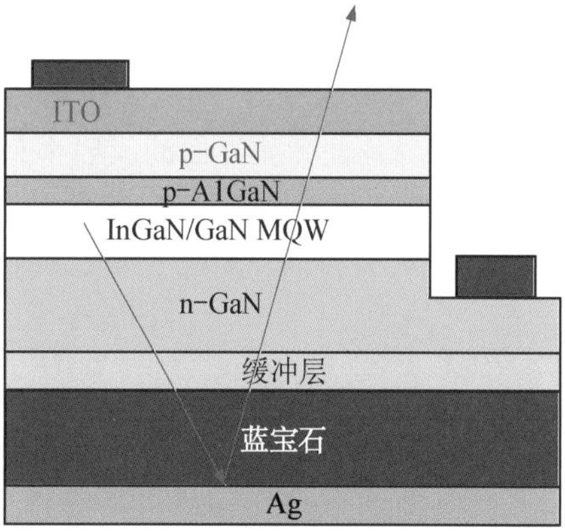

图 4.3.77　带有背金属反射层的 GaN 基 LED 的结构示意图

$$R=\frac{|N_1-N_2|^2}{|N_1+N_2|^2}。\tag{4.3.48}$$

式中，N_1 和 N_2 分别是金属与其他介质材料的复变折射率。根据能量守恒定律，透射系数可表示为

$$T=1-R。\tag{4.3.49}$$

金属对于光来说通常是损耗性介质，因而，对于较厚的金属薄膜，$T\approx 0$。利用(4.3.48)式，可以计算出金属和介质之间的反射率。设金属的复变折射率为 $N_1=n_1+ik_1$，介质通常只有实部，$N_2=n_2$，则可得到

$$R=\frac{(n_1-n_2)^2+k_1^2}{(n_1+n_2)^2+k_1^2}。\tag{4.3.50}$$

对于理想金属，电导率很高，即 $\sigma\to\infty$，则 $k\to\infty$，那么理想金属的反射率 $R\approx 1$。然而，实际的金属电导率是有限值，复变折射率的虚部也是有限值，因而，反射率小于 1，光在金属与介质界面也有损耗。

在常见金属和半导体介质中，不同波长的光的折射率的实部和虚部如表 4.3.9所示。

表 4.3.9　不同波长的光的折射率的实部和虚部

材料	GaP	GaP	Si	Al	Al	Ag	Ag	Au	Au
波长/μm	0.5	1	1	0.5	1	0.5	1	0.5	1
实部 n	3.5	3.1	3.6	0.77	1.35	0.05	0.04	0.86	0.26
虚部 k	0	0	0	6.08	10.7	3.1	7.1	1.9	6.82

根据(4.3.50)式和表 4.3.9中的数据，可以计算出常见的金属和介质界面的反射率，如表 4.3.10所示。可以看出，空气和金属界面的折射率通常大于半导体和金属界面的折射率，这是因为空气和金属界面的折射率差更大。

另外，通过表 4.3.10可以看出，反射率通常小于 1。因而，光在界面都有一定的损耗，即

$T=1-R$，通常为几个百分点，甚至几十个百分点。单次镜面反射损耗较小，但如果光在半导体介质中多次反射，则镜面损耗将变得非常可观。通过对比 Ag、Au 和 Al 还可以发现，光在 Ag 与其他介质界面的反射率最大，这也是通常 Ag 作为镜面反射层的原因。但值得注意的是，计算得到的反射率，通常是假定金属较厚的情况，一般指大于 50 nm。如果金属很薄，则光的透过性将变大；如果金属厚为 5～10 nm，则光的透过性将通常大于 50%。这也是前面所提到过的，5～10 nm 厚的 Ni/Au 薄膜可以用作透明电极的缘故。

表 4.3.10 常见的金属和介质界面的反射率

材料	反射率	材料	反射率	材料	反射率
Ag/air(0.5 μm)	0.982	Al/air(0.5 μm)	0.923	Au/air(0.5 μm)	0.514
Ag/air(1.0 μm)	0.997	Al/air(1.0 μm)	0.955	Au/air(1.0 μm)	0.979
Ag/GaP(0.5 μm)	0.969	Al/GaP(0.5 μm)	0.805	Au/GaP(0.5 μm)	0.470
Ag/GaP(1.0 μm)	0.992	Al/GaP(1.0 μm)	0.876	Au/GaP(1.0 μm)	0.945
Ag/Si(1.0 μm)	0.991	Al/Si(1.0 μm)	0.861	Au/Si(1.0 μm)	0.939

4. 透明衬底技术

AlGaInP LED 通常是在 GaAs 衬底上外延生长 AlGaInP 多量子阱有源层和 GaP 窗口层制备而成。用 GaAs 做衬底不利的是其带隙较窄，对应的能量小于 AlGaInP 多量子阱有源层发光的光子能量。因此，有一半的有源层发出的光会射入 GaAs 衬底，且被悉数吸收，这成为器件提取效率不高的主要原因。在 Si 衬底上制备 GaN 基 LED 也将遇到这样的问题。前面已经指出，可以利用衬底剥离，然后制备金属反射层或在衬底与有源层之间插入 DBR 层的方法部分解决这个问题，另外的一个解决方案就是采用透明衬底技术。

透明衬底技术通常用在 AlGaInP 系 LED 中，GaN 系 LED 由于大部分是利用蓝宝石或碳化硅，对可见光透明，因而无需采用额外透明衬底技术。在 AlGaInP 系 LED 中，将 GaAs 衬底剥离，换成透明的 GaP 衬底，使光从下底面出射，所以被称为透明衬底 LED (transparent substrate，TS-LED)法，如图 4.3.78所示。其基本工艺包括：a. 在 GaAs 衬底上利用 MOCVD 外延量子阱 LED 基本结构；b. 利用 HVPE 制备厚膜 GaP 层，作为出光窗口；c. 利用湿法腐蚀工艺使得吸收性衬底 GaAs 与 LED 外延结构剥离，此时，GaP 厚膜作为

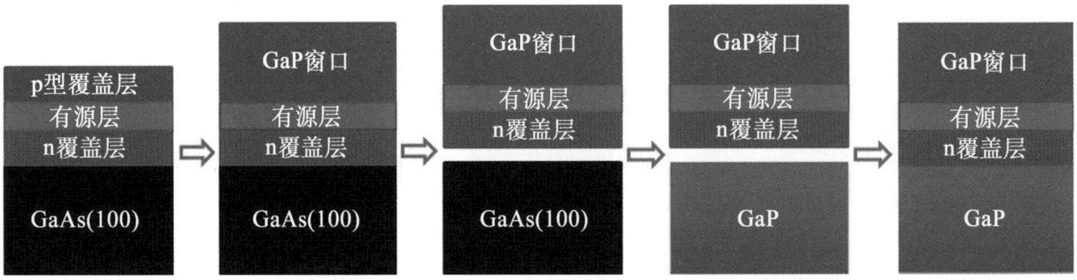

图 4.3.78 透明衬底 AlGaInP LED 制备示意图

临时支撑层；d. 利用升温和压力，使 GaP 基片与 LED 外延薄膜绑定；e. 获得透明衬底 AlGaInP LED。理论上讲，这种方法可以将光的出射率提高一倍。

透明衬底 AlGaInP 可以提高光的取出效率的原因是增加了光的溢出窗口。对于薄层吸收性 GaAs 衬底，由于全反射作用，光的逃逸窗口仅仅限制在小于临界角的顶层光锥之内，如图 4.3.79(a)所示，光圆锥锥角为两倍临界角，即34.2°，向下方入射的光除极少部分被反射，绝大部分被吸收性衬底吸收；而侧入射光，由于薄膜很薄，光锥角度非常小，几乎可以忽略。对于吸收性厚膜 LED，如图 4.3.79(b)所示，在 LED 外延层上再用 HVPE 生长一层厚的 GaP 窗口，可以看出，顶层光锥角度不变，但可以大大增加侧出光光锥角度。然而，由于有源层非常靠近底部吸收性衬底，每个侧出光光锥内只有一半的光可以侧面出射，另一半则被衬底吸收，因而，前、后、左、右 4 个侧出光光锥等效于 2 个光锥，理论上光效应该为薄膜 LED 的 3 倍。继续用透明衬底取代吸收性衬底，如图 4.3.79(c)所示，除顶层光锥外，向下发射的底层光锥内的光线可以透过衬底而不被吸收；另外，侧出光 4 个光锥内所有的光均可以取出。透明衬底 LED 出光光锥可以增大到 6 个，因而，理论上透明衬底 LED 的光效应该等于厚膜 LED 的 2 倍。

此外，无论是厚膜吸收衬底 LED，还是厚膜透明衬底 LED，在制备 GaP 厚膜时，均需要对厚度进行设计。通过图 4.3.79可以看出，随着 GaP 厚度加厚，侧出光光锥角度逐渐增大，因而，光取出效率也往往增大。然而，当厚度增大到一定值时，侧出光光锥的角度增大到临界角，即为最大值，再增加 GaP 的厚度，并不能增加光锥角，因此，提取效率并不会明显提高。实验数据表明，通常 GaP 厚度达到 50 μm 左右，即到达临界值，再增加 GaP 厚度，会造成材料浪费。

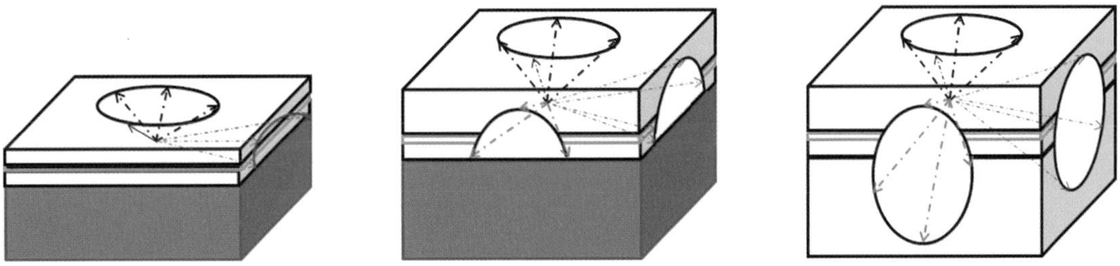

(a) 吸收性衬底　　(b) 厚膜吸收衬底　　(c) 厚膜透明衬底

图 4.3.79　AlGaInP LED 光逃逸窗口示意图

对于 GaN 基 LED，以透明蓝宝石衬底技术的倒装结构 LED 为主，光从蓝宝石面取出，倒装结构 LED 和薄膜倒装结构 LED 如图 4.3.80所示。对于图 4.3.80(a)，从光取出的优点来说，取光路径是光先穿过蓝宝石与氮化镓界面，之后再进入空气或封装用的硅胶，并且蓝宝石一般利用电化学进行粗糙化处理，光很容易透过，因而主要的反射损失是在蓝宝石与氮化镓表面的菲涅尔反射和全反射。蓝宝石的折射率为1.76，与氮化镓材料的平均折射率2.5相差不大，利用(4.3.36)式和(4.3.39)式可以计算得到，菲涅尔反射率 $R=0.03$，临界角 $\theta_c=45°$，因而大部分光可以穿过界面，相比通用的正封装，光的提取效率大幅度增加。通过倒装结构 LED，光的取出效率可以达到 60%。

为进一步提高光取出效率，还可以把蓝宝石基片 LED 外延薄膜绑定在散热基板。其

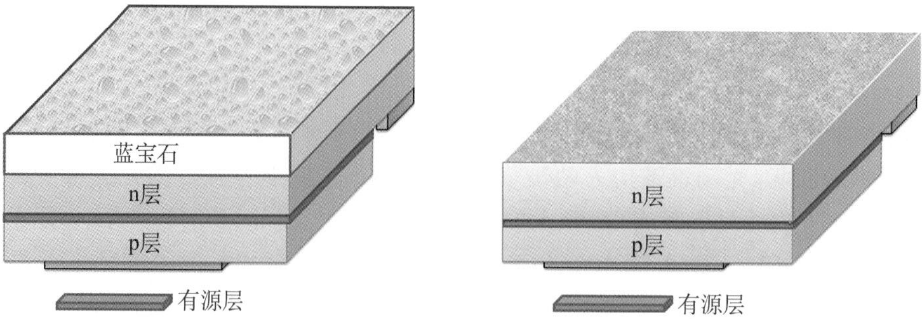

(a) 倒装 LED　　(b) 薄膜倒装 LED

图 4.3.80　倒装结构 LED 和薄膜倒装结构 LED 示意图

后，利用前文提到过的激光剥离技术，将蓝宝石剥离，制备出垂直结构薄膜 LED。垂直结构薄膜 LED 光的取出效率可达 75%，外量子效率达到 44%($\lambda = 365$ nm)。与普通倒装结构 LED 一样，薄膜 LED 也可以采用倒装结构，以减小金属接触层对光的阻挡，如图 4.3.80(b)所示。此结构 n 型接触层和 p 型接触层均在同一侧，可减少光的阻挡，并对 n 型 GaN 薄膜进行粗糙化处理，形成薄膜倒装结构 LED (thin film flip chip, TFFC)。此结构可以进一步提高光的取出效率，使其达到 80%。对于 425 nm 蓝光 LED，在 350 mA 的注入电流下，外量子效率可达 56%，峰值外量子效率达到 62%。对于 520 nm 绿光 LED，在 350 mA 的注入电流下，外量子效率可达 29%，峰值外量子效率达到 36%。如果用光度学表示，峰值效率可达到 162 $\mathrm{lm \cdot W^{-1}}$；在 350 mA 的注入电流下，效率可达 87 $\mathrm{lm \cdot W^{-1}}$。

5. *表面粗化技术*(surface-textured LED)

前文说过，由于有全反射效应，大部分有源层的光不能从半导体芯片中逸出，虽然经多次反射可以辅助逸出，但所经过的光程可能太长，增大被吸收的概率。解决方法是在保持光子短光程的前提下将光传播方向随机化。具体做法可以采用表面粗化工艺或通过光刻在表面制造随机分布的圆柱等结构。

方法例如，为了抑制 GaN 与空气折射率相差过大而造成的全反射光较多的问题，可以采用p－GaN表面粗化的方法。即将 p 型 GaN 表面按一定的规律制成微结构，可以使部分全反射光线以散射光的形式出射，从而提高出光率，如图 4.3.81所示。早在 2003 年，美国康奈尔大学 Chul Huh 等人报道在 GaN 基 LED 的 p 型顶层制作 5 nm 厚的 Pt 膜，利用快速热退火，使薄膜形成纳米金属 Pt 球，形成球形掩膜，其后利用湿法腐蚀 LED 的 p 型层，形成粗化表面，降低有源层光子的全反射，提高光子抽取效率，效率比未粗化表面 LED 提高 62%。对于垂直结构 LED，利用表面粗化技术可以显著提高 LED 的光提取效率。如上节提到的，在 LED 的上表面直接将其粗化。但用该方法对有源层及透明电极会造成一定的损伤，制作也较为困难，故很多时候都采用直接刻蚀成型。加州大学的研究人员提出用自然光刻法，即先用旋转镀膜的方法将直径为 300 nm 的聚苯乙烯球镀在 LED 的表面，这些小球遮挡一部分表面，然后用等离子腐蚀的方法将未遮蔽的表面腐蚀到深度为 170 nm 左右，形成粗糙的 LED 表面。德国物理技术研究所的研究人员用 430 nm 的聚苯乙烯球进行了进一步实验，效果也很好。

通过上面阐述可以明白，为提高 LED 光的取出效率，一个重要的特点是除了减小全反

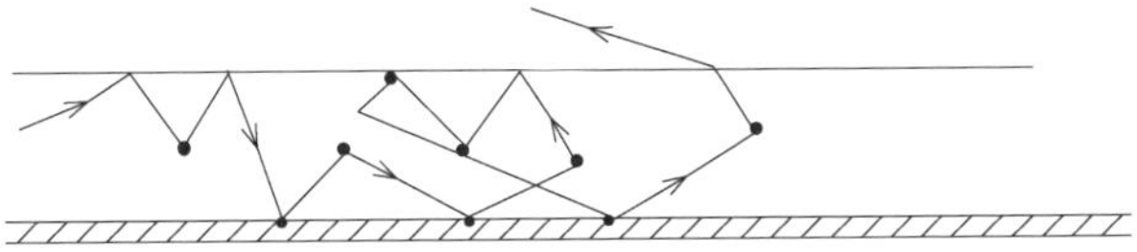

(a) 表面为平面

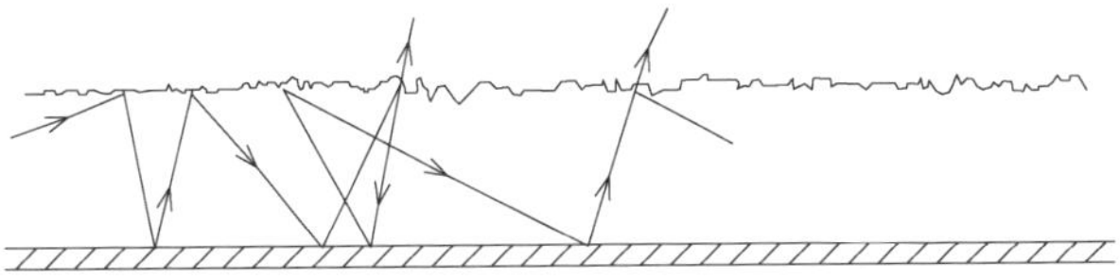

(b) 粗化的表面

图 4.3.81　表面粗化前后光线的传播路径对比

射外，另一个就是尽量减少电极对光的阻挡。为此，在 LED 技术中还经常采用前述电流阻挡层和透明电极作为电流扩散层，以提高发光均匀性并减少光的损失。关于电流阻挡层和电流扩展层，我们在前面已经说明，在此就不赘述。

6. 芯片整形(shaping)技术

一般的 LED 都是立方体的结构，正如我们前面所述，芯片发出光的很大一部分由于全反射而无法直接射出。解决此问题，除了采用前述各种方法来提高光的提取效率，还可以通过对芯片的形状进行加工，部分解决此类问题。

(1) 球形和圆柱芯片

早在 20 世纪 60～70 年代，LED 刚发明时，其内量子效率很低，光的提取效率也很低，为提高 LED 效率，需要提高内量子效率和光抽取效率。然而，内量子效率涉及材料体系，并不容易提高，因此，提高光的提取效率就显得很重要。为此，提出理想的 LED 应该是球形。在球形 LED 中，LED 发光在球中心，球面为出光窗口，从球心到任何点，光始终是垂直入射，不具有全反射效应。然而，这种结构并没有实际应用价值，因为现今的半导体技术始终是基于平面衬底技术，完全的球形是无法做到的。

球形 LED 的一种改进是将衬底做成半球面，LED 发出的光透过半球面射出，这样在芯片和空气的界面也就很少出现全反射。另一种改进是将衬底做成抛物反射形，并镀金以用作反射层。芯片置于焦点处，芯片发出的光经抛物面反射变成平行光垂直射出衬底。还有提议，在平面芯片上制作锥体，从芯片发出的光可以被引入到锥体，每次经反射，入射角都增大，经多次反射，入射角将大于临界角，光可以由此逸出芯片。早期提议的球形芯片和锥体芯片如图 4.3.82所示。

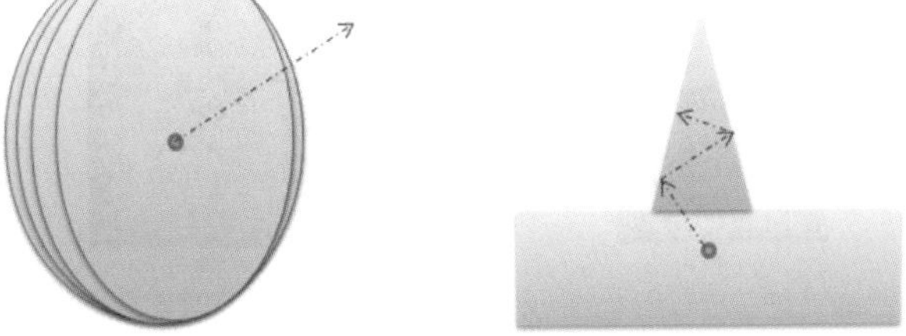

图 4.3.82　球体芯片 LED 和锥体芯片 LED 示意图

上述方法的优点是能获得高的光取出效率，但衬底切割和抛光的成本很高，成为其产业化中致命的缺点。因此，现在所有商用芯片皆采取立方体结构，如图 4.3.83(a)所示。这种芯片有 6 个光逃逸光锥，如前面提到的，除了上、下光锥，还有前、后、左、右光锥。由于是立方结构，前、后、左、右侧面发射的光也容易受到全反射，光不容易取出。因此，可以发展圆柱形 LED 结构，如图 4.3.83(b)所示。芯片在立方基片上刻蚀成圆柱体，光从有源层发射，侧出光均垂直入射到界面，不容易发生全反射，因而，效率提高。

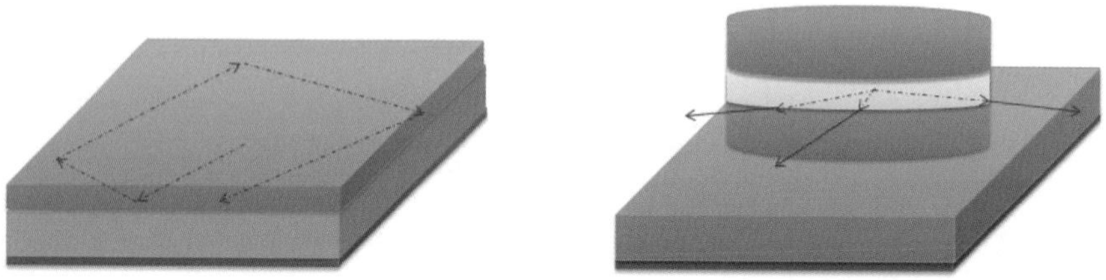

(a) 立方体芯片　　(b) 圆柱体芯片

图 4.3.83　立方体芯片和圆柱体芯片示意图

然而，上面提及的几种芯片形状由于并非是芯片的自然解理，加工困难，并未形成商业 LED 结构，直到后来发展出倒金字塔结构的芯片。

(2) 芯片整形结构 LED

用于商业的芯片可以裁剪成形，包括命名为“Aton”的正台形 InGaN/SiC LED、命名为“Nota”的倒台形 InGaN/SiC LED、截头倒金字塔形 AlGaInP/GaP LED、填埋式倒金字塔微反射镜(buried prismatic structure) AlGaInP/GaP LED 等，下面逐一介绍。

正台形和倒台形 InGaN/SiC LED 的实物和示意图分别如图 4.3.84(a)和(b)所示。由于台形的斜面引入，使得射入 SiC 基片的光线可以被反射，最后逃逸到空气。正台形和倒台

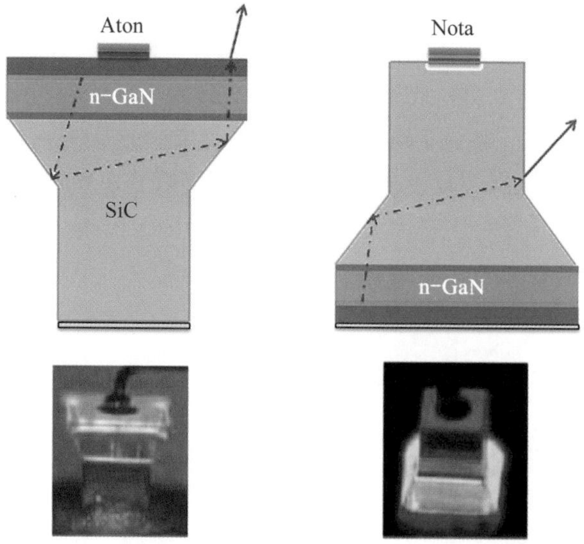

(a) 正台形　　(b) 倒台形

图 4.3.84　正台形和倒台形 InGaN/SiC LED 的实物和示意图

形的 InGaN/SiC 光的取出效率分别可达到 52%和 60%，相比于普通立方体型芯片结构，其效率大概提高为 2 倍，这在早期是很高的效率。然而，其效率仍低于前面所说的薄膜 LED。

对于 AlGaInP LED，可以先通过剥离和绑定的方法制备透明衬底，其后对衬底进行加工，制备特殊形状。Krames 等人利用特殊的切片刀具，将 AlGaInP 红光 LED 台面制成平头倒金字塔形状的结构，键合到透明基片上，实现了 50%以上的外量子效率。如图 4.3.85所示，LED 晶片被切去 4 个方向的下角，斜面与垂直方向的夹角为 35°，呈倒金字塔形。LED 的这种几何外形可以使内部反射的光从侧壁的内表面再次传播到上表面，而以小于临界角的角度出射，同时使那些传播到上表面大于临界角的光重新从侧面出射。这两种过程能同时减小光在内部传播的路程。这种芯片也称为倒斜截棱锥形芯片（truncated inverted pyramid, TIP）。采用了 TIP 形状的芯片比矩形芯片取光效率高了很多，外量子效率随发光波长增大而增大。在 650 nm 段，在 100 mA 的小电流注入下，面积为0.25 mm^2 的 LED 的外量子效率超过 55%。如果是利用脉冲电流，外量子效率超过60.9%。换算成流明效率，在 610 nm 效率最高，达到 102 $lm \cdot W^{-1}$。

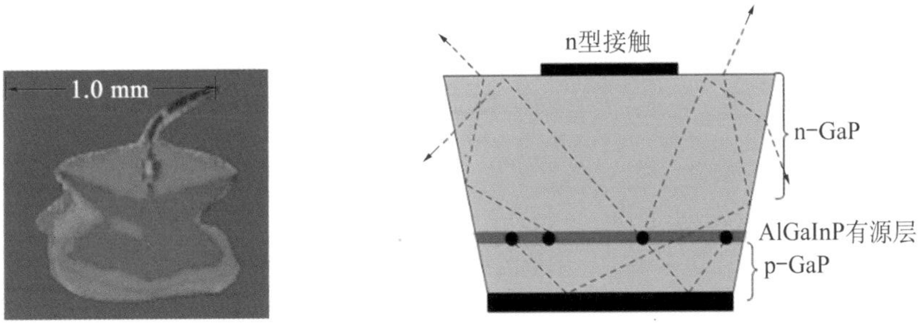

(a) 实物　　(b) 光路示意图

图 4.3.85　倒金字塔形 LED

另外，在 2004 年，欧司朗公司宣布，AlGaInP 系红光 LED 的效率达到 108 $lm \cdot W^{-1}$，对应于发光波长 614 nm；当发光波长为 627 nm 时，在 1A 的注入电流下，效率为 96 $lm \cdot W^{-1}$。到 2011 年，该公司又宣布红色 LED 的全新光效纪录：光电转换效率高达 61%。实验室报道的1 mm^2 芯片的发光波长为 609 nm，工作电流为40 mA时，实测光效达到 201 $lm \cdot W^{-1}$，而在 350 mA 的典型工作电流下光效可达 168 $lm \cdot W^{-1}$，意味着光取出效率远高于 61%。该 LED 器件结构如图 4.3.86所示。制备过程如下：a. 将AlGaInP LED 外延膜顶层刻蚀，透过量子阱，形成圆锥；b. 填埋电介质层，并在 p 型顶层刻蚀窗口；c. 蒸镀金属厚膜；d. 通过绑定键合到散热基板上；e. 把外延薄膜 GaAs 基片剥离，露出 n 型薄膜；f. 刻蚀 n 型薄膜，制作表面结构（图中未画出），使其粗糙化；g. 制备 p 和 n 接触电极。从图中可以看出，量子阱发出的光，可经过填埋

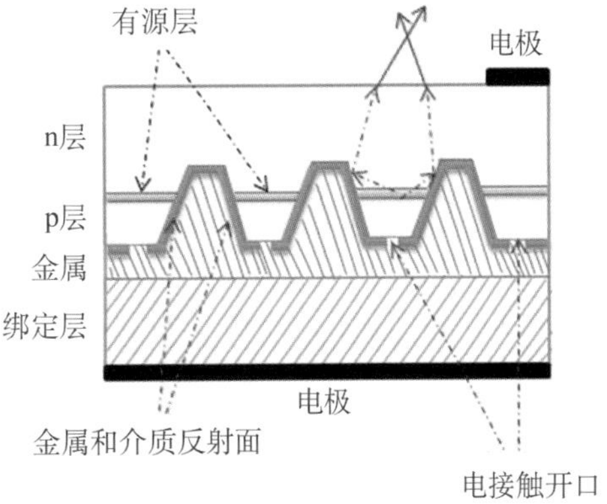

图 4.3.86　填埋式倒金字塔微反射镜 LED 的结构示意图

微反射镜反射，从 n 型层透出。该 LED 的芯片结构兼具薄膜 LED 技术、反射层技术、表面粗糙化技术于一体，因而，大大提高了光的提取效率。

（3）图形化蓝宝石衬底

图形化蓝宝石衬底（patterned sapphire substrates，PSS）是最近发展起来在 LED 研究和应用领域较为热点的技术。图形衬底技术制备 LED 往往具有两个方面的优点：其一，提高外延薄膜材料的质量，提高内量子效率。图形衬底对蓝宝石衬底进行加工，在其上外延薄膜，往往具有类似横向外延技术的效果，减少了位错密度。正是由于晶体质量提高，多量子阱会增加辐射性复合的几率，从而通过提高内量子效率来增加光效。其二，图形化的衬底由于在衬底刻制了特殊的图案，量子阱发出光传播到图形的表面往往会改变方向，使原本在临界角外发不出去的光重新折回，有可能折回到临界角内，从而增加了光的提取效率，增加外量子效率，提高了光效。PSS 衬底提高光的出射率如图 4.3.87所示。

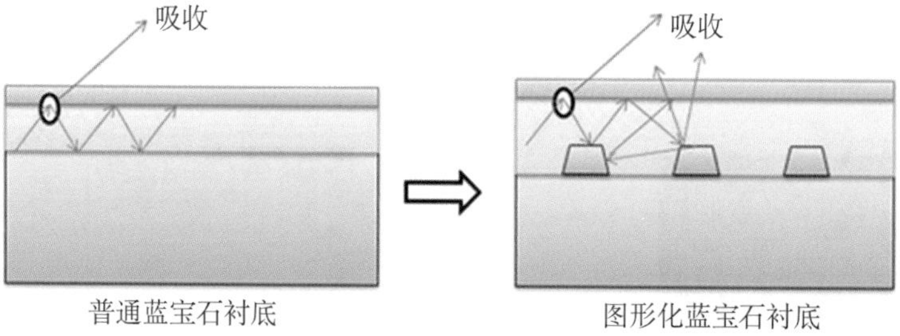

图 4.3.87　图形蓝宝石衬底提高光的出射率

不同的图形对于光效的提高往往并不相同。当前，效果最好的一般是馒头锥形图形蓝宝石衬底，该衬底是通过在平面蓝宝石上制备 SiO_2 掩模，其后通过刻蚀制备。

7. 光子晶体

光子晶体实际上就是一种将不同介电常数的介质在空间中按一定周期排列而形成的人造周期结构，该排列周期为光波长量级。光子晶体中介质折射率的周期变化对光子的影响与半导体材料中周期性势场对电子的影响类似。对于半导体材料，由于周期势场的作用，电子会形成能带结构，带与带之间有带隙，电子的能量无法落在带隙能量间。在光子晶体中，由于介电常数在空间的周期性变化，也存在类似于半导体晶体那样的周期性势场。当介电常数的变化幅度较大且变化周期与光的波长尺寸相似时，介质的布拉格散射也会产生带隙，即光子带隙。频率落在禁带中的光是被禁止传播的。如果光子晶体只在一个方向上具有周期结构，光子禁带只可能出现在这个方向上，即前面所述的布拉格反射层即为一种一维光子晶体。如果存在三维的周期结构，就有可能出现全方位的光子禁带，落在禁带中的光在任何方向都被禁止传播。据此，光子晶体可分为一维光子晶体、二维光子晶体和三维光子晶体。

光子晶体尺度为光波长量级，无法用普通光刻制造，尤其是三维光子晶体，很难制造。

光子晶体除了前面所述的布拉格反射层，还有二维光子晶体应用，可以提高 LED 的光取出效率。在发光二极管的发光中心放一块光子晶体，使发光波长与光子带隙的频率重合，自发辐射由于受到光子晶体散射，只能沿特定的通道传播，这将大大减少能量损失。如果人为地破坏光子晶体的周期性结构，在光子晶体中加入杂质，则在光子禁带中会出现品质因子非常高的杂质态，这种杂质态具有很大的态密度，这样便可以实现自发辐射的增强，利用光子晶体可以控制原子的自发辐射的特性，制作宽频带、低损耗的光反射镜，从而可以制作高效率的发光二极管。具体到 GaN 基 LED，光子晶体提高提取效率的一个重要原因是在 LED 的出光面内制作二维结构光子晶体，其周期大约为光波长，折射率相间(通常是空气和 GaN 或 ITO 等)。LED 的出射光在面内横向出光方向受到周期结构的散射，使得大角度横向出光受到制约，光场在垂直面向增强。即出射光方面为垂直向增强，光垂直发射逸出芯片的几率增大，从而增强了光子晶体结构的 LED 的光的取出效率。对于 GaN 基材料，光子晶体材料有在 GaN 材料打孔的周期性空气洞与 GaN 形成的光子晶体；也有刻蚀 GaN 材料，形成周期性的 GaN 柱，和空气形成光子晶体结构等。

2003 年，松下电器产业根据光子晶体原理开发成功了效率为 30%的 GaN 蓝色发光二极管芯片，并声称通过改进芯片，预计将能够提取出 60%左右的光。光子晶体 LED 如图 4.3.88所示。该产品通过在 LED 芯片表面大量设置基于 p 型 GaN 的直径为1.5 μm、高约为0.5 μm的圆柱状凸部(折射率为2.5)，形成凸部和凹部的空气层(折射率为 1)沿水平方向排列的光子晶体。照射到光子晶体中的光线因其周期性折射率分布而使光线发生衍射，使得垂直方向光场分布大大加强，光的取出效率增加，方向性也大大增强。但是，从现在的产业化来看，如何将光子晶体结构应用在 LED 芯片仍然是一个难题。首先，光子晶体的位置对于光的抽取效率影响较大，现阶段研究和制作的光子晶体一般是在 LED 芯片的表面。表面光子晶体与 LED 发光层的有源层具有一定的距离，耦合作用效果不是很明显，而在 LED 的芯片内部制作光子晶体则比较困难。其次，光子晶体的尺寸和排列一般在亚微米级别，很难制备大面积的光子晶体结构。纳米压印技术可以获得大面积的图形，但是成本太高。另外，电子束、全息曝光技术可以得到完美的光子晶体结构，但是曝光速度太慢，无法制备大面积的光子晶体，且价格不菲。如何获得大面积的规则排列的光子晶体结构，将是未来研究的重要方向。

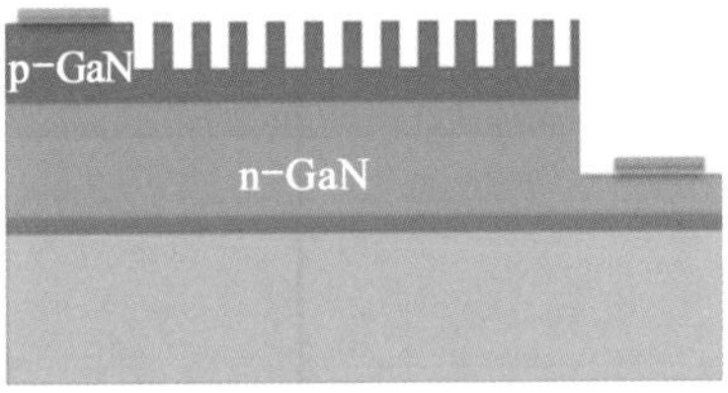

图 4.3.88　圆柱状光子晶体 LED 示意图

8. 表面等离激元

表面等离激元(surface plasmon, SP)是外界光场与金属中自由电子相互作用的电磁模。具体在 LED 应用中，可以在 LED 发光表面制作纳米金属颗粒，纳米金属颗粒中的自由电子可以与 LED 芯片中的光子相互作用，光子容易被集体振荡的电子俘获，从而提高 LED 光的取出效率。表面等离激元已经在 GaN 基 LED 中应用，并提高提取效率，但表面物理机理复杂，还处在研究阶段。

9. 光取出技术发展

LED 光引出是长期困扰业界的一个难题，涉及复杂的工艺，现往往利用上述多种手段综合提高光的取出效率。例如在 GaN 基蓝光 LED 中，往往同时利用图形蓝宝石衬底技术、电流扩展技术、表面粗化技术、金属薄膜反射技术等，使得在蓝光 LED 中光的取出效率可以超过 80%，极大提高 LED 的外量子效率。而对于 AlGaInP 红光 LED，通过前面提及的薄膜技术、微反射层、表面粗化等，也能极大提高光的取出效率，远超过 61%。对于 AlGaInP 红光 LED 和 GaN 蓝绿光 LED，光的取出效率随年代发展总结如图 4.3.89 所示。从此图可以看到，无论是红光 LED，还是蓝光 LED，光的取出效率大为增加，并且完全有可能接近 100%。今后的任务应更多地是集中在降低成本、提高工艺重复性等方面。

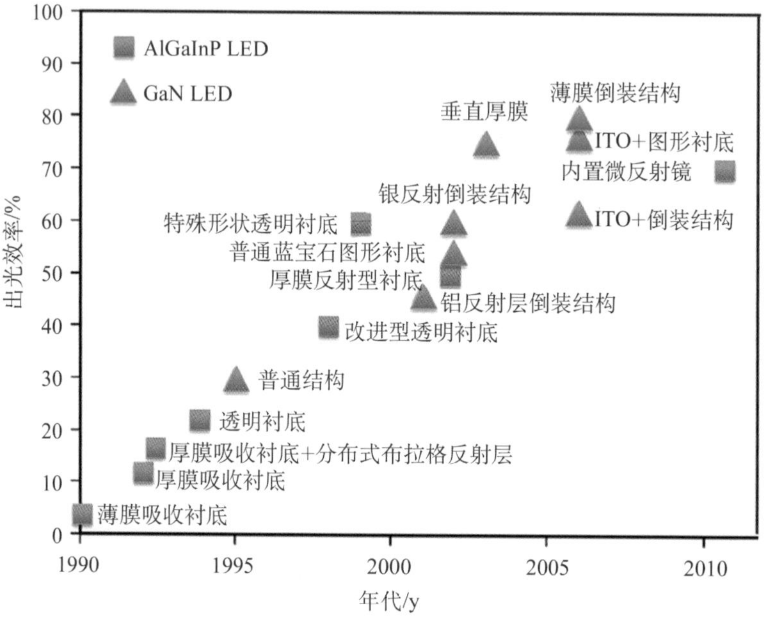

图 4.3.89　AlGaInP 红光 LED 和 GaN 蓝绿光 LED 光的提取效率随年代发展的示意图

4.4　白光 LED 技术及 LED 展望

4.4.1　白光 LED 制备

氮化镓基蓝光 LED 的外量子效率目前已经达到 70%左右，基于蓝光 LED 而制备的白光 LED 成为当前室内照明、室外照明、汽车照明等固态照明领域的主力军。白光源主要由两种方法获取：一种是通过波长转换材料得到不同发光波长的光谱，另外一种则是通过组成不同发光波长的 LED 而获得。

在普通照明应用中，一个性能良好的白光 LED 应当具有高效率、高输出光功率、良好的显色能力、高可靠性、制备成本低和保护环境的特性。实际应用时，对白光 LED 的特性要求会有所不同。博物馆、家庭和办公室等室内照明要求光源具备比较好的显色能力，而室外的街道照明对显色能力的要求则不是很高。

本节主要介绍使用不同发光波长的 LED 芯片、波长转换材料、量子点材料制备白光 LED 的方法，并介绍制备白光 LED 的一些前沿技术。

4.4.1.1 使用 LED 芯片制备白光 LED

白光可以由 2 种、3 种、4 种，或者更多种不同发光波长的光源组成。光源的光效和显色能力是制备白光光源需要权衡的两种特性。由 2 种发光波长的光源组成的白光光源具有最高的光效，但是显色指数最差；由 3 种发光波长的光源组成的白光光源具有比较好的显色指数 (CRI > 80)，流明效率可超过 300 $lm \cdot W^{-1}$；由 4 种发光波长的光源组成的白光光源的显色指数大于 90，但效率相对较低。

常用产生白光的方法是使用两种发光波长的光源，光源可以具有比较窄的半高宽。通过调整两种互补发光波长的光源的功率，可以做出比较好的白光光源。相应的两种互补光源的发光波长和光功率比如表 4.4.1所示。其中白光光源的标准为 CIE 光源 D_{65} 和 CIE 1964标准观察者，色坐标为 $x_{D65} = 0.3138$ 和 $y_{D65} = 0.3310$。

表 4.4.1 用于产生白光的互补光源的发光波长(λ_1 和 λ_2)和光功率($P(\lambda_1)$和 $P(\lambda_2)$)

互补光源的发光波长		功率比	互补光源的发光波长		功率比
λ_1/nm	λ_2/nm	$P(\lambda_2)/P(\lambda_1)$	λ_1/nm	λ_2/nm	$P(\lambda_2)/P(\lambda_1)$
380	560.9	0.000 642	460	565.9	1.53
390	560.9	0.009 55	470	570.4	1.09
400	561.1	0.078 5	475	575.5	0.812
410	561.3	0.356	480	584.6	0.562
420	561.7	0.891	482	591.1	0.482
430	562.2	1.42	484	602.1	0.440
440	562.9	1.79	485	611.3	0.457
450	564.0	1.79	486	629.6	0.668

组成白光光源的两种 LED 芯片的发光波长对光效的影响如图 4.4.1所示，图中同时显示了两种互补单色光波长的对应关系。单色发光峰的半高宽对组成的白光光源的效率有一定影响，图 4.4.1显示了半高宽为 $2k_BT$、$5k_BT$ 和 $10k_BT$ 时的影响，其中 k_B 为玻尔兹曼常数，T 为室温。在室温 300 K 的情况下，$k_BT = 25.9$ meV。假设两种发光峰的光谱呈现高斯(Gauss)分布，则光谱功率密度可以表示为

$$P(\lambda) = P_1 \frac{1}{\sigma_1\sqrt{2\pi}} e^{-\frac{1}{2}\left(\frac{\lambda-\lambda_1}{\sigma_1}\right)^2} + P_2 \frac{1}{\sigma_2\sqrt{2\pi}} e^{-\frac{1}{2}\left(\frac{\lambda-\lambda_2}{\sigma_2}\right)^2}。 \tag{4.4.1}$$

式中，P_1 和 P_2 为两种发光峰的光功率；λ_1 和 λ_2 为两个发光光谱的峰值波长。高斯标准差 σ 和光谱的半高宽 $\Delta\lambda$ 有关，可以表示为

$$\sigma = \Delta\lambda/[2\sqrt{2\ln 2}] = \Delta\lambda/2.355。 \tag{4.4.2}$$

使用表 4.4.1中的 λ_1 和 λ_2 的数据可以进行近似计算，表中数据为严格单色光源，也就是 $\Delta\lambda$

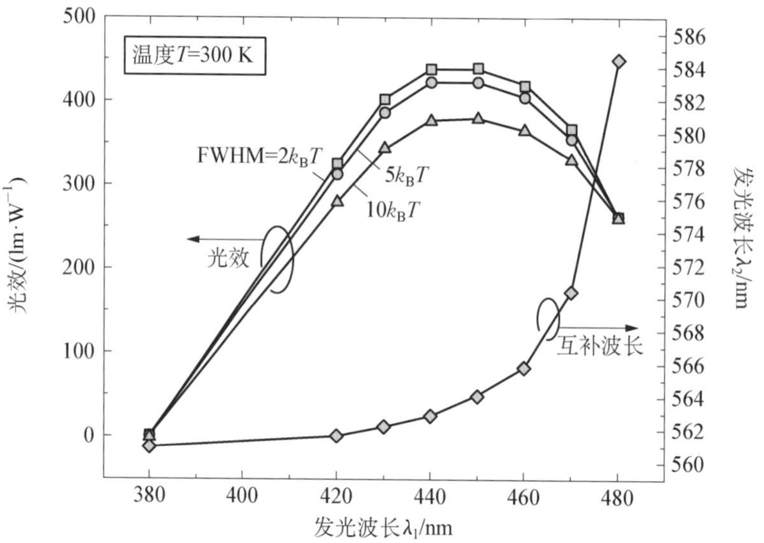

图 4.4.1　由两种单色光源组成的白光光源的光效、发光峰半高宽对光效的影响，以及两种单色光源的互补波长

为 0。计算结果如图 4.4.1所示，如果光谱的半高宽为 $2k_BT$，光效的峰值波长 $\lambda_1 = 445$ nm，则最高流明效率可达 440 lm・W^{-1}。

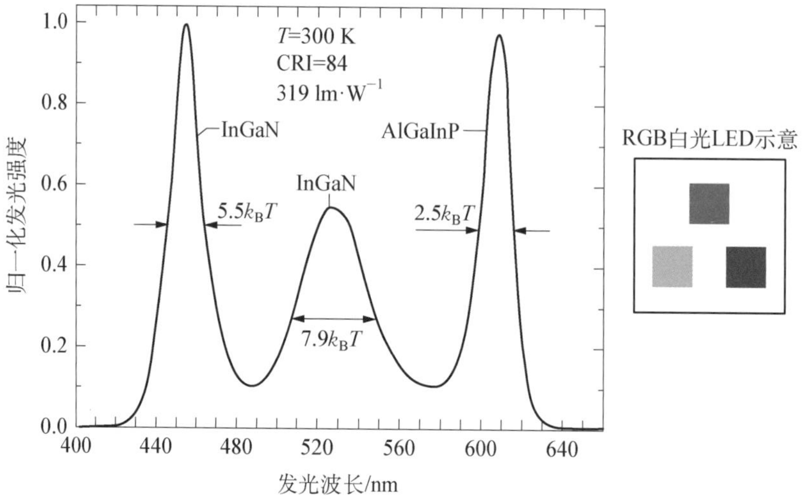

图 4.4.2　由 3 种单色光源组成的白光 LED 的光谱

由两种互补颜色的 LED 组成的白光 LED 的显色能力比较低，不能满足博物馆等一些场合的要求，因而需要制备由 3 种或者多于 3 种发光波长的 LED 组成的白光 LED。图 4.4.2显示了由 455 nm、525 nm 和 605 nm 3 种发光波长的 LED 组成的白光 LED 的光谱，其中蓝光 455 nm 和绿光 525 nm LED 使用 InGaN 材料，红光 605 nm LED 使用 AlGaInP 材料，白光 LED 的光效为 319 lm・W^{-1}，显色指数 CRI 为 84。蓝绿红光 LED 的半高宽分别为$5.5\ k_BT$、$7.9\ k_BT$和$2.5\ k_BT$。使用公式

$$\Delta\lambda = \frac{\lambda^2}{hc}\Delta E = \frac{(\lambda/\mathrm{nm}^2)}{1\,239.8}(\Delta E/\mathrm{eV}) \tag{4.4.3}$$

得到蓝光、绿光和红光 LED 的半高宽分别为23.2 nm、44.3 nm和18.6 nm。其中，绿光的半高宽比较大，这和量子阱区域的势能波动关系很大，势能波动由量子阱铟组分和量子阱厚度的不均匀性引起。

目前，有很多种通过 3 种发光颜色的 LED 芯片来制备白光 LED 的方法。实验证明，使用波长为 455 nm、530 nm 和 605 nm 的 3 种发光波长的 LED 芯片为优化选择，可以达到显色指数 85、光效 320 $\mathrm{lm \cdot W^{-1}}$。

LED 工作结温和外界环境温度会影响 LED 的发光功率、峰值波长和光谱半高宽。LED 光功率 P 随温度变化的趋势可以由以下公式给出，即

$$P = P\,|_{300\mathrm{K}} \exp\frac{T - 300\ \mathrm{K}}{T_1}。 \tag{4.4.4}$$

式中，T_1 为特征温度。白光 LED 光源若由多个不同发光波长的 LED 组成，则温度的变化对白光 LED 的性质有很大影响，表 4.4.2显示了实验测得的温度对蓝、绿、红光 LED 的发光峰值波长、半高宽和特征温度的影响。

表 4.4.2　实验测得的温度对蓝光、绿光、红光 LED 的发光峰值波长、半高宽和特征温度的影响

参数	蓝光 LED	绿光 LED	红光 LED
$\mathrm{d}\lambda_{峰值}/\mathrm{d}T$	0.038 9 nm·(℃$^{-1}$)	0.030 8 nm·(℃$^{-1}$)	0.156 nm·(℃$^{-1}$)
$\mathrm{d}\Delta\lambda/\mathrm{d}T$	0.046 6 nm·(℃$^{-1}$)	0.062 5 nm·(℃$^{-1}$)	0.181 nm·(℃$^{-1}$)
T_1	493 K	379 K	209 K

随着外界环境温度变化的白光 LED 光源的光谱变化如图 4.4.3所示，此处忽略了 LED 本身结温的影响。当外界温度从 20℃变化到 80℃时，蓝、绿、红光 LED 的光谱都有比较大的变化，同时色温从6 500 K变化到了7 200 K。可以发现，白光 LED 光源的性质随着外界环境温度有很大的变化，红光 LED 受温度的影响最大，这和表 4.4.2中测试到的系数一致。

值得提出的是，随着 LED 工作时间的增加，LED 芯片本身会老化，会影响 3 种波长 LED 的发光强度的相对比值，而比较高的温度会导致 LED 芯片更快的老化。因此，通过测试反馈来调整控制 3 种 LED 发光波长的功率，是解决这个问题的一种有效方法。

4.4.1.2　使用波长转换材料制备白光 LED

白光 LED 还可以通过波长转换技术实现，即用 LED 芯片发出的光激发一种或者多种荧光粉，以获得波长更长的光子，并与穿过芯片的光子混合，形成白光。比如，可以使用蓝光 LED 激发荧光粉产生黄光，与透过荧光粉的蓝光混合获得白光，或使用紫外 LED 激发 3 种发光波长的荧光粉并混合获得白光。与多芯片白光 LED 一样，流明效率和显色能力是白光 LED 两个重要的光源评价指标。随着转换波长数量的增加，白光光源的显色指数有所增加。图 4.4.4所示为由蓝光 LED 芯片与黄色荧光粉组合制备白光 LED 芯片的结构示意，由

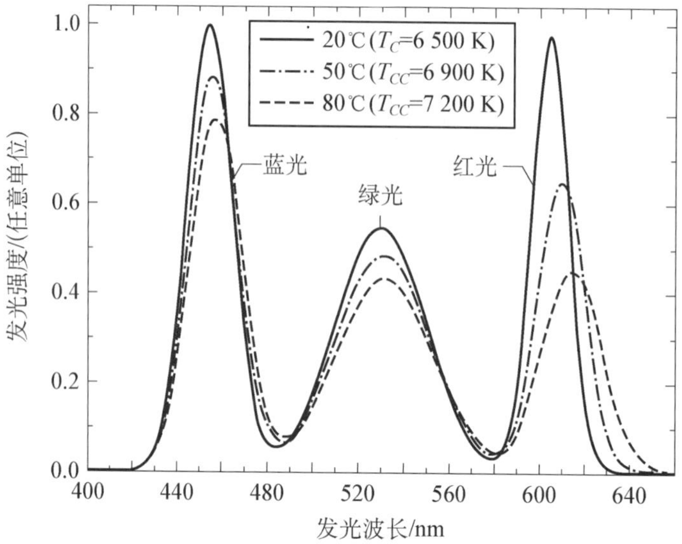

图 4.4.3 随着外界环境温度变化引起的 LED 的发光峰值波长、半高宽、光功率和色温的变化

YAG(yttrium aluminum garnet,钇铝石榴石)荧光粉包裹 LED 芯片,或荧光粉分散在树脂填充物中包裹 LED 芯片;工作时,LED 芯片发出的蓝光与荧光粉被蓝光激发产生的黄光混合成为白光。日亚公司的第一代白光 LED 由发光波长为 460 nm 的蓝光 LED 芯片与峰值波长为 565 nm 的黄色荧光粉组合而成。本节将介绍波长转换材料的转换原理、常用的波长转换材料及其在白光 LED 中的应用。

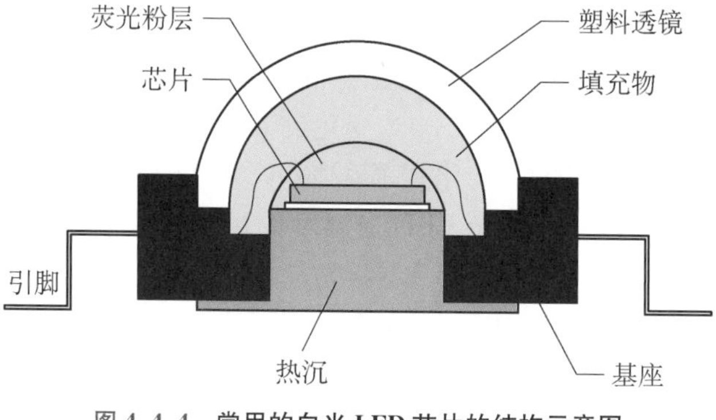

图 4.4.4 常用的白光 LED 芯片的结构示意图

1. 波长转换原理

发光材料需要把短波长的光转换为长波长的光,相应的转换效率由两个因素决定:一是转换材料的外量子效率;二是由于波长转换而产生的能量损失。外量子效率 η_{ext} 与 LED 的 η_{ext} 类似,由如下公式表示,即

$$\eta_{ext}=\frac{\text{每秒由转换材料发射到自由空间的光子数}}{\text{每秒由转换材料吸收的光子数}}。\tag{4.4.5}$$

外量子效率 η_{ext} 与波长转换材料的内量子效率 η_{int} 和光提取效率 $\eta_{extraction}$ 的关系见(4.1.3)式,其中的内量子效率由材料的特性决定;光提取效率和光转换材料的空间分布有关,薄层材料比聚集成团的材料具有更高的效率。

波长转换的内部能量损失也称为斯托克斯频移(stokes shift)。将一个短波长 λ_1 的光子转换为长波长 λ_2 的光子时,能量损失 ΔE 为

$$\Delta E = \frac{hc}{\lambda_1} - \frac{hc}{\lambda_2}, \tag{4.4.6}$$

波长转换效率 $\eta_{conversion}$ 为

$$\eta_{conversion} = \frac{\lambda_1}{\lambda_2}。 \tag{4.4.7}$$

由波长转换造成的能量损失是无法避免的。比如,常用的白光 LED 由蓝光 LED 激发荧光粉发出黄光制备,从蓝光到黄光波长的转换存在不可避免的能量损失。相对于由多种发光波长的 LED 芯片组成的白光 LED(如蓝、绿、红 LED),由荧光粉转换材料制备的白光 LED 效率会有所下降。从紫外 LED 到红光 LED 的波长转换具有很大的能量损失,如从 405 nm 的紫外 LED 到 625 nm 的红光 LED 的波长转换,能量损失达 35%。

以上叙述了制作白光 LED 的多种方法,那么哪一种方法才是最优的制作白光 LED 的方法呢?要评价白光 LED 的质量,需要从两个方面来评价:一是光效,取决于 LED 芯片的效率、波长转换效率和光提取效率;二是显色指数,在一般情况下,由两种发光波长组成的白光 LED 的显色能力不如由两种以上发光波长组成的白光 LED。对于信号显示应用,光效很重要,而显色指数不太重要;对于照明应用,尤其对于博物馆照明等一些场合,光效和显色指数都比较重要。

2. 波长转换材料

多数的白光 LED 使用一个发光波长较短的 LED(如蓝光)和一种波长转换材料(如荧光粉)。蓝光 LED 的部分光强会被荧光粉吸收,并发出长波长的黄光,未被吸收的蓝光和荧光粉发出的黄光混合后为白光 LED。

常用的波长转换材料包括荧光粉、半导体材料、量子点和有机转换材料等。转换材料的重要特性包括光吸收波长、光发射波长和量子效率。良好的转换材料具有接近 100%的内量子效率,但是由于波长转换的能量损失,功率转换效率一定低于 100%。一般,转换材料的功率转换效率为

$$\eta = \eta_{ext}(\lambda_1 / \lambda_2)。 \tag{4.4.8}$$

式中,相关符号定义见(4.4.6)式和(4.4.7)式。

荧光粉是目前最重要的白光 LED 波长转换材料,下面将详细介绍这种材料。荧光粉是一种很稳定的材料,并且具有接近 100%的量子效率。商用荧光粉材料的吸收和发射光谱如图 4.4.5所示,这种荧光粉材料由 254 nm 汞蒸气灯激发,荧光粉的发光光谱具有很大的半高宽,适合做白光转换材料。用于白光 LED 的常用荧光粉为铈掺杂的 YAG 荧光粉,荧光粉量子效率超过 75%。

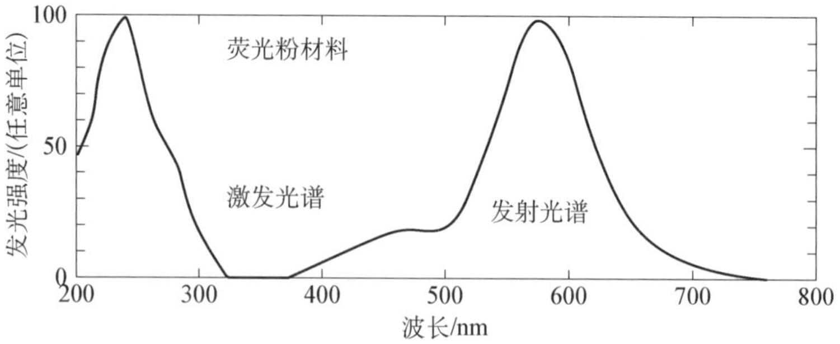

图 4.4.5 商用荧光粉材料(型号4350)的吸收和发射光谱

荧光粉用光学活性元素掺杂无机基质材料制备而成。常用基质材料为石榴石材料，分子式为 $A_3B_5O_{12}$，A 和 B 为化学元素材料，O 为氧。其中，YAG 材料 $Y_3Al_5O_{12}$ 为石榴石材料中尤其常用的一种材料，用 YAG 作为基质材料的荧光粉称为 YAG 荧光粉。光学活性掺杂剂为稀土元素、稀土氧化物或者稀土化合物，稀土发光材料包括 YAG 荧光粉中铈(Ce)、YAG 激光器中的钕(Nd)和光学放大器中的铒(Er)等。

YAG 荧光粉的光学特性可以通过掺杂 Gd 和 Ga 元素来改变，掺杂后的材料 $(Y_{1-x}Gd_x)_3(Al_{1-y}Ga_y)_5O_{12}$ 的转换光谱如图 4.4.6所示。可以看出，因 Gd 的添加导致发光波长向长波长偏移(红移)，因 Ga 的添加导致发光波长向短波长偏移(蓝移)。

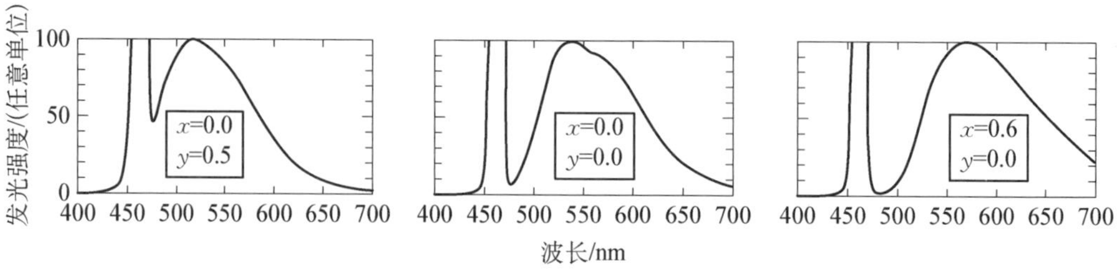

图 4.4.6 Ce 掺杂的 YAG 荧光粉中掺杂 Gd 和 Ga 后发光光谱的变化

荧光粉：$(Y_{1-x}Gd_x)_3(Al_{1-y}Gd_y)_5O_{12}$：Ce，激光波长：460 nm

YAG 荧光粉的色坐标如图 4.4.7所示，阴影部分为可以用蓝光 LED 和 YAG 荧光粉混合而制备的光源的光谱色坐标区域，色温曲线显示这类白光光源可以达到的色温。

3. 基于荧光粉的白光 LED 制备

白光要达到比较高的显色指数，尤其是红光的显色，需要用蓝光 460 nm 的 LED 激发荧光粉，以获得更强的红色 655 nm 波长的光，然而这类波长转换具有比较大的损失，是以流明效率的损失为代价的。

另外，需要考虑的是白光光源空间的均匀性，在光源的每个方向上发光光谱的色坐标应该一致。通过调整荧光粉在空间的分布，使每个发射方向上 LED 光经过荧光粉材料的距离一样。根据制备技术的不同，荧光粉的分布分为近距离分布和远距离分布。对于近距离荧光粉分布，荧光粉距离 LED 芯片很近，如图 4.4.8(a)和(b)所示。对于图 4.4.8(c)中的远距离荧光粉分布，荧光粉与 LED 芯片在空间上有一定距离。

图 4.4.8(a)所示为近距离荧光粉分布，是将荧光粉材料混入封装材料中，加入反射杯，由于重力作用导致大的荧光粉颗粒容易分布到靠下(即靠近 LED 芯片)的区域。图 4.4.8(b)所示的均匀荧光粉分布提供了区域很小的发光面积和比较高的发光亮度，但是荧光粉发出的光可能会被 LED 芯片的电极等区域吸收，这类点光源封装有利于白光 LED 在成像光学方面的应用，如汽车车灯。图 4.4.8(c)所示的远距离封装使 LED 芯片和荧光粉具有一定距离 d，而且距离 d 大于 LED 芯片本身的大小 a，荧光粉发出的光不太容易被芯片的电极等区域吸收，有利于提高荧光粉的效率，实验结果证明荧光效率可以提升 27%。

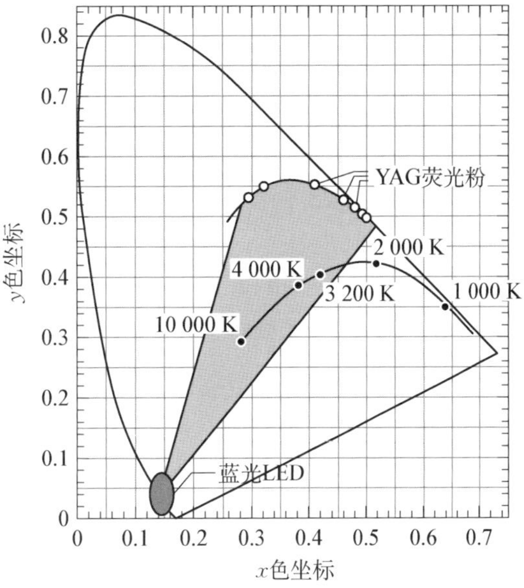

图 4.4.7 YAG 荧光粉的色坐标图

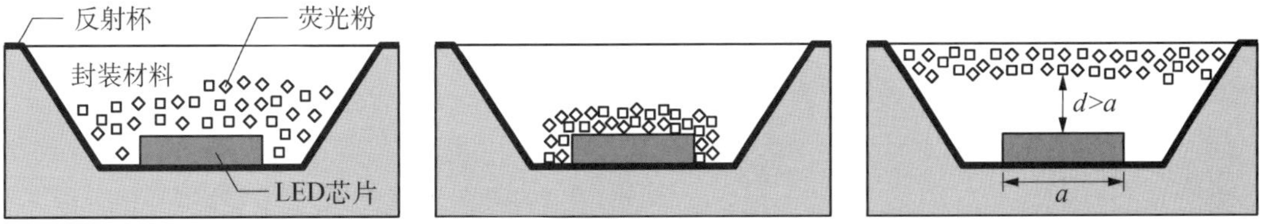

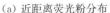

(a) 近距离荧光粉分布　(b) 近距离均匀荧光粉分布　(c) 远距离荧光粉分布

图 4.4.8 白光 LED 的不同距离的荧光粉分布

紫外 LED 也可以用于白光 LED 的制备，其所有光都用来激发荧光材料。前面说过，用波长小于 400 nm 的紫外 LED 激发荧光粉材料产生蓝光、绿光和红光，波长转换会造成比较大的能量损失，这是用紫外 LED 制备白光 LED 的最大缺点。另外，紫外 LED 芯片的光效不够高，在生长、工艺和封装方面都需要进一步提升。从显色指数方面来看，使用紫外 LED 激发荧光粉产生三基色光，制备的白光 LED 的显色指数高达 97。

4. 基于量子点的白光 LED 制备

量子点作为一种性能优越的发光材料，和 LED 固态照明的结合是一个新兴的研究热点。量子点可以实施光致发光，由光激发，任何波长小于量子点发射波长的光源都能被激发。量子点白光 LED 即是以 LED 芯片作为激发光源，量子点作为荧光转换材料，由混合光得到白光。现阶段比较成熟的应用主要是光致发光。

(1) 量子点简介

1980 年，量子点被首次发现。量子点(quantum dots, QDs)，也称为纳米量子点或半导体量子点，是准零维的纳米材料，由少量原子构成。所谓准零维，是指材料在 3 个维度上的尺寸都在 10 nm 或 20 nm 以下。由于量子点的尺寸通常略小于或接者近激子玻尔半径，因此电子的运动在 3 个维度上都受到限制，由此量子点具有和分子、原子相似的分立的不连续能级结构，因而量子点也被称为“人造原子”。

利用物理方法和化学方法均可制备不同的量子点，但是用物理方法（分子束外延、刻蚀等）制得的量子点容易引入杂质，密度也不容易控制。现在，大多数使用化学-溶胶法制备量子点。溶胶法主要是利用前驱体在适宜的反应条件下进行晶体生长来制备得到量子点。根据反应过程中选用的前驱体种类以及溶剂选用的不同，主要可分为有机相法和水相法两种。

通常，量子点由Ⅲ-Ⅴ族和Ⅱ-Ⅵ族元素组成，近年来已成为纳米科技领域的研究热点之一。当量子点在受到外来能量激发后，具有不同带隙宽度的量子点将发出不同波长的荧光，也就是各种颜色的光。

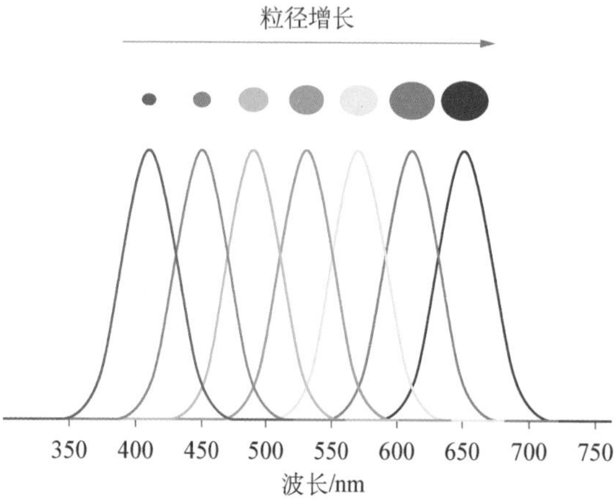

图 4.4.9　不同尺寸的量子点具有不同的荧光发射波长

量子点具有以下光学特性：

① 当量子点的粒径减小时，内部动能不断增加，对应的能带宽度也会变大，量子点的吸收光谱和发射光谱出现蓝移；反之，当量子点的粒径尺寸增大时，其吸收光谱和发射光谱也产生红移。如图 4.4.9 所示，通过调控量子点的尺寸，就可以调节其能带宽度和光学性质，可调谐的范围覆盖整个可见光区域。

② 量子点有宽的吸收谱。只要激发光的能量高于量子点本身的能带能量，就可以得到不同颜色且半高宽较窄的荧光，所以量子点激发光谱是连续的。量子点的这个特点可以实现单一激发光源在同一时间内激发不同种类量子点。当量子点作为生物荧光标记时，可以在同一时间内实现检测多种样品。此外，单一光源激发多种量子点材料也为若干量子点荧光粉实现白光 LED 等带来了可能。

③ 量子点还有大的斯托克斯位移。所谓斯托克斯位移，就是荧光光谱相对于吸收谱的红移。传统的有机染料的斯托克斯位移非常小，浓度变大时会产生严重的自吸收现象。相反，量子点具有较大的斯托克斯位移，能有效避免激发光谱与发射光谱重叠，不易自猝灭。

近年来，量子点在生物荧光标记和光电领域展现出巨大的发展前景。量子点作为一种新型的发光材料，又适逢今天固态照明飞速发展，它和发光二极管的结合已经是一个新的研究热点。

量子点荧光粉具有如下优点：合成方法简单、发射波长连续可控、光效高，因此量子点为固态照明的发展提供了新的可能。通过调节量子点的大小尺寸、浓度、种类和数目等，就可以使 CIE 色度坐标、色温和显色指数在某一范围内任意调节。最为重要的是，同种类的量子点通过调节尺寸、掺杂浓度等可以产生不同发射波长的荧光，能够解决三基色混合白光时传统三基色荧光粉性能不一致的问题。

图 4.4.10(a)所示是蓝光 LED 加传统黄色荧光粉的白光光谱图，其缺少红光部分，所输出的白光色温较高，显色指数也不佳。而图 4.4.10(b)所示是使用了红、绿、蓝三色量

子点荧光粉混合成白光的光谱，与传统白光 LED 相比，其红光部分的输出能有效改善显色指数。

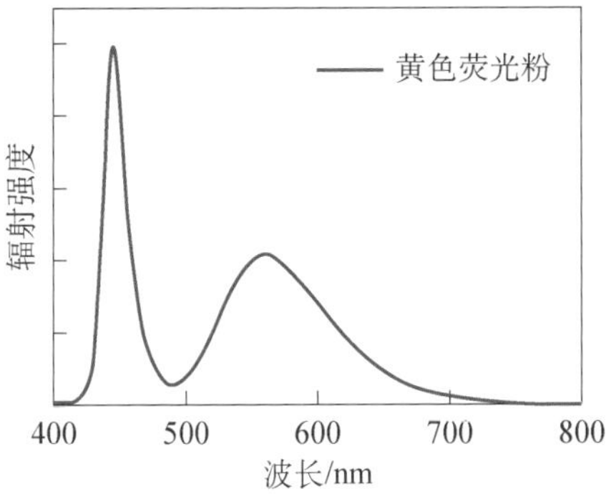

(a) 蓝光 LED+传统黄色荧光粉

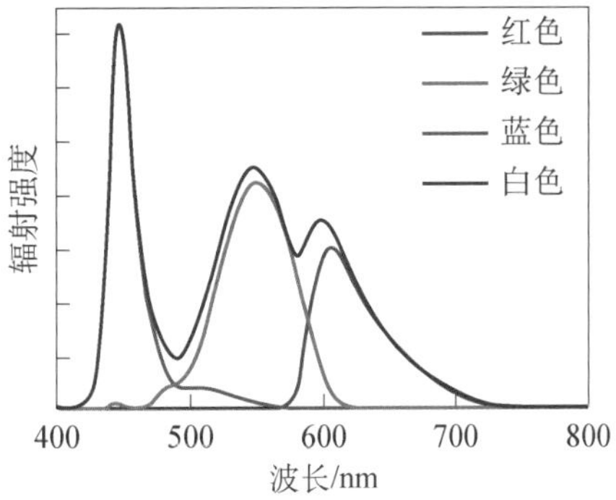

(b) 蓝光 LED+红绿蓝三色量子点混合白光

图 4.4.10　添加荧光粉的蓝光 LED 的白光光谱

(2) 量子点白光 LED 研究进展

如今，已经有许多基于量子点光致发光(photoluminescence, PL)模式的白光 LED 的报道。

在传统荧光粉的基础上运用量子点改善显色性是一种新的研究方向。韩国的朴(Park)等人报道了一种采用 YAG: Ce^{3+} 黄色荧光粉和 InP 红色量子点双荧光转换层的 LED 器件。该器件所采用的 LED 芯片的发光波长在 450 nm，工作电流为 60 mA。蓝光 LED 芯片被放置在一个如图 4.4.11(a)所示的支架内，黄色荧光粉和聚合物树脂的混合物首先被涂敷在蓝色 LED 芯片上，经过热处理等工序形成第一层荧光粉层。接着，量子点和聚合物树脂的混合物形成第二层荧光转换层。朴等人改变了 InP 量子点的含量，得到了具有不同发射光谱的 LED 器件(见图 4.4.11(b))。表 4.4.3所示是在使用不同含量红色量子点情况下器件的光学参数，可以看到，在只使用黄色荧光粉的情况下，虽然光效较高，但显色指数过低，其色温偏冷。随着引入红色量子点的增加，器件的显色指数进一步提升，色温也逐渐变低。由此

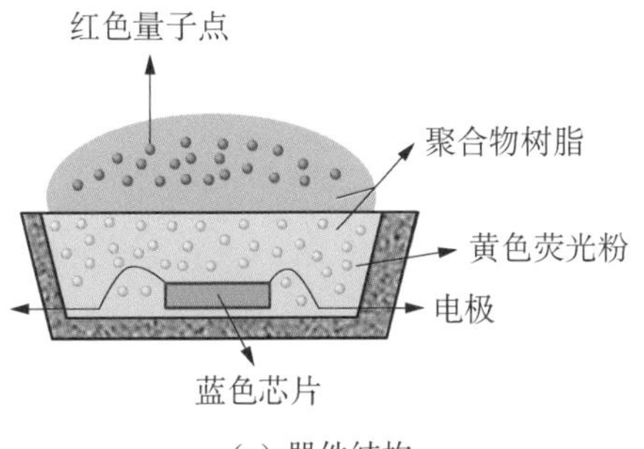

(a) 器件结构

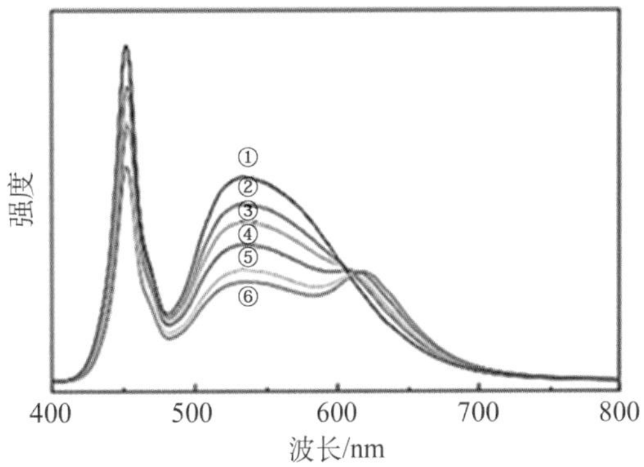

(b) 不同量子点含量下的器件光谱图

图 4.4.11　朴等人报道的 LED 器件

可见，运用量子点，可以轻松调控器件的光学参数，以适应不同的应用场合。

表 4.4.3　不同量子点含量下器件的色坐标、显色指数、色温和光效

光谱	量子点浓度	色左标 *x*	色坐标 *y*	显色指数	色温/K	光效/（$lm \cdot W^{-1}$）
①	纯黄色荧光粉	0.302	0.372	67.5	6 711	181.0
②	黄色荧光粉＋2.5 mL量子点	0.313	0.370	73.4	6 260	163.2
③	黄色荧光粉＋5.0 mL量子点	0.315	0.358	78.1	6 210	149.8
④	黄色荧光粉＋7.5 mL量子点	0.325	0.356	85.0	5 800	133.7
⑤	黄色荧光粉＋10.0 mL量子点	0.327	0.331	92.8	5 772	113.8
⑥	黄色荧光粉＋12.5 mL量子点	0.339	0.339	94.5	5 194	104.5

同样，朴等人也将红色量子点（CdSe/ZnS）和传统荧光粉（Ca_2BO_3Cl：Eu^{2+}）结合，制备新型白光 LED 器件。他们还制造了一种黄色荧光粉＋红色荧光粉的 LED 器件，并与量子点模式 LED 进行对比（见图 4.4.12和图 4.4.13）。在单独使用黄色荧光粉时，文献报道的

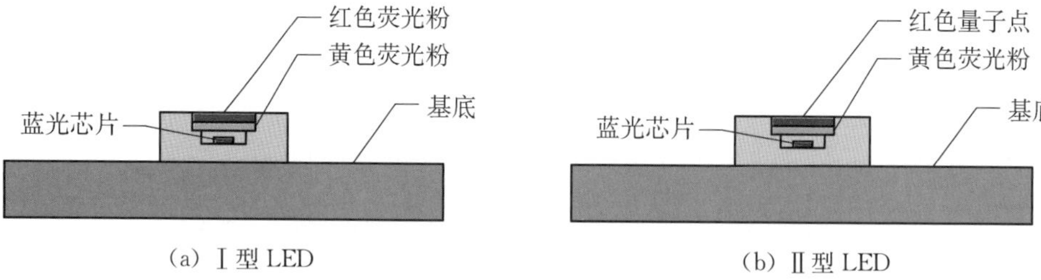

图 4.4.12　朴等报道的白光 LED 器件

Ⅰ型：蓝光芯片＋黄色荧光粉＋红色荧光粉；Ⅱ型：蓝光芯片＋黄色荧光粉＋红色量子点

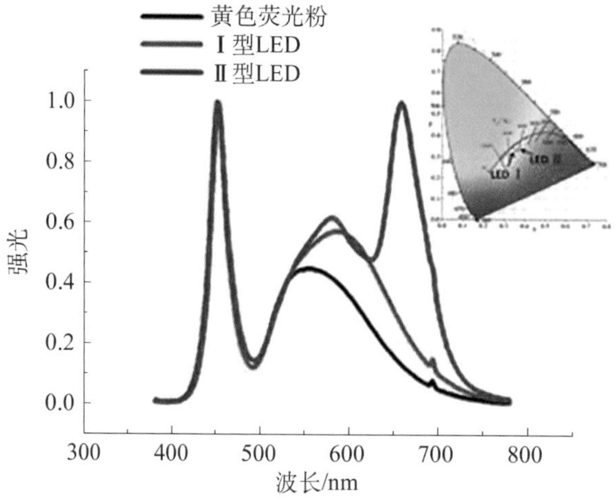

图 4.4.13　朴等报道的 3 种白光 LED 器件的光谱图

显色指数为77;双荧光粉模式器件的显色指数为81;而黄色荧光粉+红色量子点模式的白光LED器件(0.355 5,0.331 9)的显色指数为90。其中,R9、R10、R11和R12分别为88.4、82.8、80和66.5。

与此同时,更多的科研工作者正在研究只基于量子点发光材料的白光LED器件。有人报道了3种基于CdSe/ZnS的量子点远程发光层的LED器件,如图4.4.14所示。这3种不同结构的LED器件分别是全填满式封装、圆球形封装、圆球-间隙封装。根据实验,圆球形封装具有较高的转换效率,在800 mA的驱动电流下能达到70%。

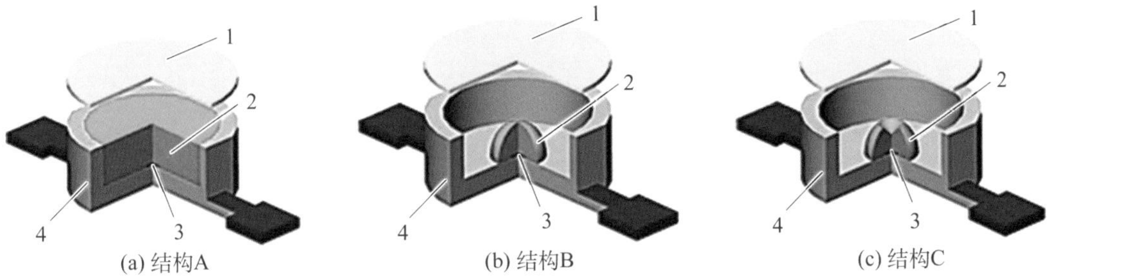

图4.4.14　3种文献报道的量子点白光LED器件的结构

1:量子点发光层;2:树脂;3:LED芯片;4:引线框

运用量子点发光材料组装白光LED器件的一般方法,如图4.4.15所示,这是由谢等人总结

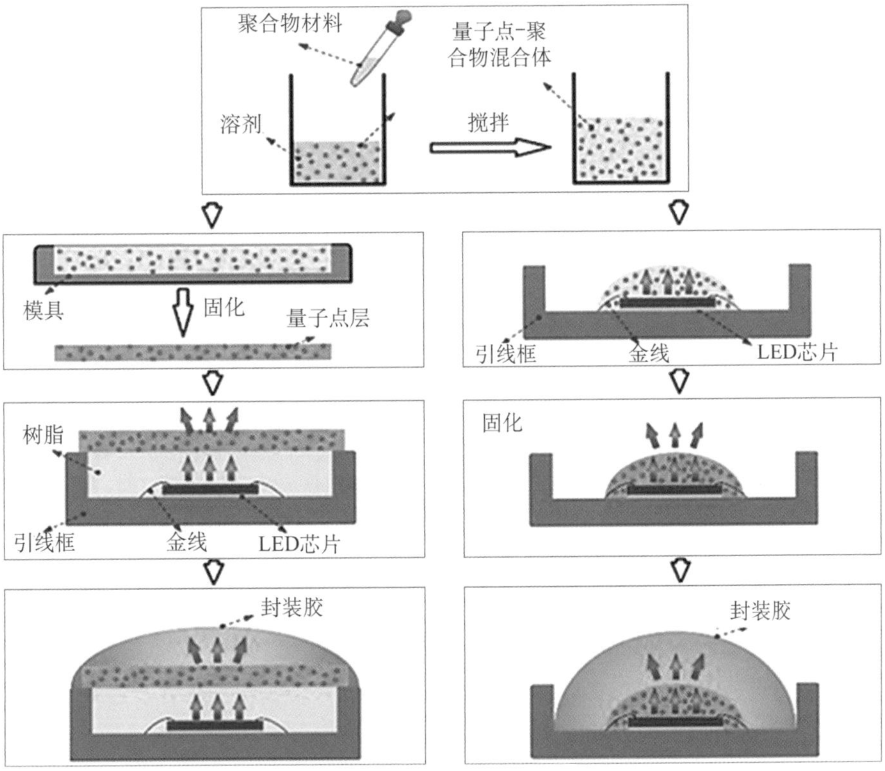

图4.4.15　基于量子点的白光LED的典型组装过程

的，组装步骤(自图上方往下)，主要分为量子点与聚合物的混合、量子点-聚合物混合体的固化、量子点-聚合物与 LED 芯片的结合、封装。

近年来，随着量子点合成技术的成熟，基于量子点荧光粉的白光 LED 器件被广泛报道，表 4.4.4整理了一些文献中所报道的基于量子点荧光转换材料的白光 LED 器件的参数。可见，运用了量子点荧光粉的白光 LED 器件普遍都具有较好的显色指数，并且易于调谐。

表 4.4.4　一些文献中所报道的基于量子点荧光转换材料的白光 LED 器件的参数

量子点种类	显色指数	色坐标	色温/K	文献
CdSe/ZnS/CdS	91	0.33，0.34	—	[81]
CuInGaS/ZnS	78	0.305，0.320	5 351	[122]
CuInS/ZnS+绿色荧光粉	90	0.316 3，0.298 8	6 552	[162]
Mn-doped CuInS	86	—	4 000～6 000	[163]
CuInGaS/ZnS+InP/ZnS	94	0.337，0.356	5 322	[164]
Cu：ZnInS/ZnS	94	0.327 1，0.327 2	5 760	[165]
CuInS/ZnS	74～95	—	4 500～6 500	[174]
CuInS/ZnS	70～72	0.332 0～0.320 7，0.299 7～0.286 7	5 497～6 375	[175]
Mn-doped ZnCuInS		0.332，0.321	5 680	[176]
ZnAgInS+ZnCuInS	97	—	3 500	[177]
Mn and Cu doped ZnInS	95	0.34，0.36	5 092	[178]
Cu：InP/ZnS/InP/ZnS	91	0.33，0.33	5 000～5 300	[179]
InP/GaP/ZnS+红色荧光粉	85	0.321 6，0.321 6	6 065	[207]

以上这些研究都是将量子点作为一种荧光转换材料，但在封装和应用的过程中，还需面对一些挑战，仍需进行进一步的研究，包括：

① 量子点和高聚物之间的相容性问题。量子点是通过溶液法制得，一般溶解在一些有机溶剂中，要作为一种荧光材料应用于白光 LED，量子点就必须和一些高聚物结合。然而，量子点表面的有机配体与传统的用来封装 LED 的硅胶和环氧树脂并不兼容。此外，量子点在这些高聚物中容易产生团聚。

② 和 LED 芯片的结合。量子点荧光粉和 LED 芯片的结合也是一个重要的议题，特别是量子点的用量关系到最终整个器件的光学性能。此外，当量子点和 LED 芯片相结合时，需要考量其热学性能。

③ 量子点 LED(quantum dot LED，QLED)的可靠性和寿命。为了延长量子点 LED 的可靠性和寿命，量子点发光材料必须远离氧气和潮湿的环境。此外，由于过高的温度会使量子点发光淬灭，所以必须要很好地控制器件发出的热量。

量子点作为一种新兴的发光材料，是近年来研究的热点。量子点的合成方法简单、发射波长连续可控、光效高，因此量子点为优质固态照明的发展提供了新的可能。图 4.4.16所示为量子点 LED 效果图。现阶段，在量子点 LED 领域，应用较多、效率最好的是 Cd 族量子点，但是 Cd 的毒性制约了其发展。下一阶段，需要制备更多不含 Cd 的量子点，进一步提高量子点的荧光产率，并且在器件制造工艺上寻求更大的突破。

(a) 白炽灯　　(b) LED　　(c) LED+量子点

图 4.4.16　量子点 LED 效果示意图

5. 基于无机半导体材料的波长转换

半导体波长转换材料的光谱通常具有比较窄的半高宽(约为 $2kT$)，比荧光粉材料和有机物转换材料的光谱的半高宽都要窄，并且光转换的内量子效率接近 100%。图 4.4.17 显示了不同的半导体材料的禁带宽度，相应的发光波长由材料的禁带宽度决定。通过三元或者四元合金，可以获得在整个可见光波段的发光波长。

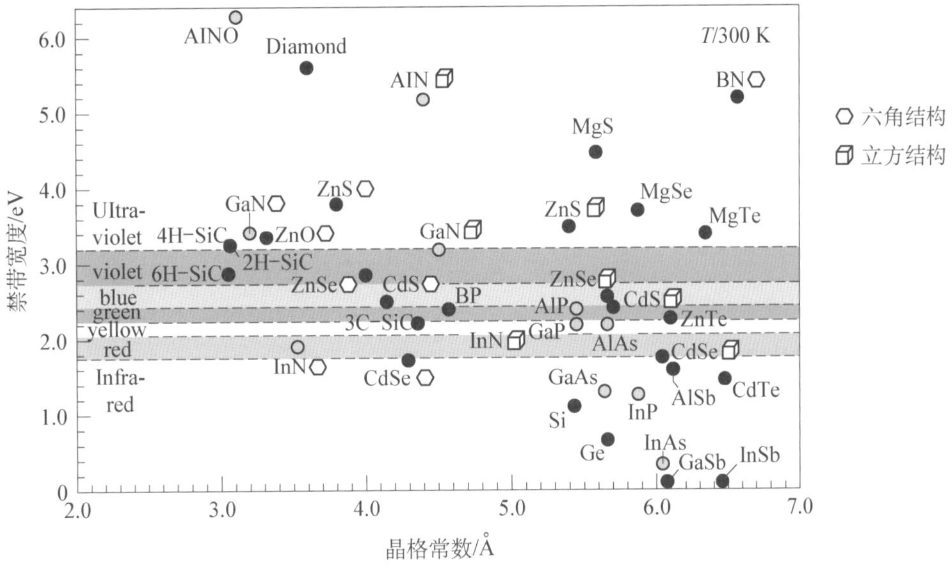

图 4.4.17　室温下常用半导体材料的禁带宽度和晶格常数

另外，相对于荧光粉和有机物转换材料，半导体材料的光弛豫时间比较短。也就是说，光电调制速度比较快，是比较适合用于高速光通信的波长转换材料。由氮化镓基蓝光 LED

和荧光粉组成的白光 LED 的光电调制带宽受到荧光粉调制带宽的限制，光电调制带宽为几兆赫兹；对比来说，可以由氮化镓蓝光 LED 激发 ZnSe 基或者 GaAs 基转换材料，调制带宽达到几十兆赫兹到 100 MHz 以上。蓝光 LED 的光谱和转换材料的光谱结合起来可以形成白光 LED，可用于高效率照明和高速可见光通信。

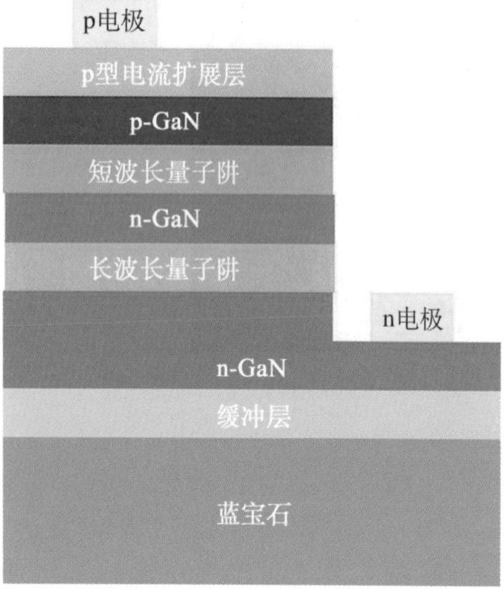

图 4.4.18　单芯片白光 LED 示意图

4.4.1.3　新型白光 LED 的制备技术

前面提到，用不同发光波长的 LED 混合起来可以制备出白光 LED。另外，也可以在 LED 区域生长两种不同发光波长的量子阱，以实现单芯片白光 LED，如图 4.4.18所示。LED 包含两种不同的发光峰值波长的量子阱，根据前面所说的白光 LED 的需求，设计并生长出发光波长互补的两种量子阱结构，实现白光 LED。但是，这类白光 LED 存在一些问题：两种发光波长的光强对比随着注入电流的大小有变化，只能在某固定电流下得到白光；生长两种不同的量子阱需要优化生长条件，实际生长出的 LED 外延片的质量难以保证，很难使两种量子阱都具有比较高的光效；短波长量子阱发出的光会部分被长波长量子阱吸收，然后发出长波长的光，存在能量损失。

在外延片生长阶段得到高效率单芯片白光 LED 有一定困难，但在生长出高效率的 LED 外延片后，可以通过工艺加工的方法得到高效率白光 LED。如图 4.4.19(a)所示，用导电键合层键合 AlGaInP LED 外延层和 InGaN LED 在一起，然后制备 LED 芯片，最后 LED 芯片的开启电压为两种 LED 开启电压的总和，这类单芯片白光 LED 具有比较高的光效。在图 4.4.19(b)所示中，垂直方向上堆叠 3 种发光波长的 LED 芯片，上方堆叠的 LED 芯片设计为倒梯形结构，留出空间便于引线键合，和传统的平面内放置 3 种发光波长的 LED 芯片的方法相比，这种近似单芯片的白光 LED 在不同的发光角度都可以发出良好的白光。

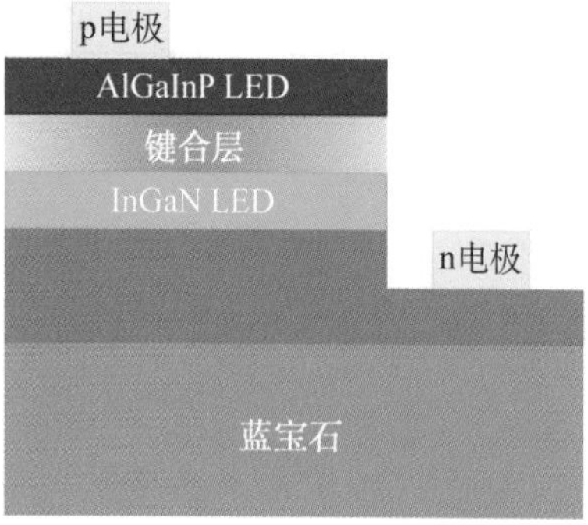

(a) 键合两种 LED 外延层法

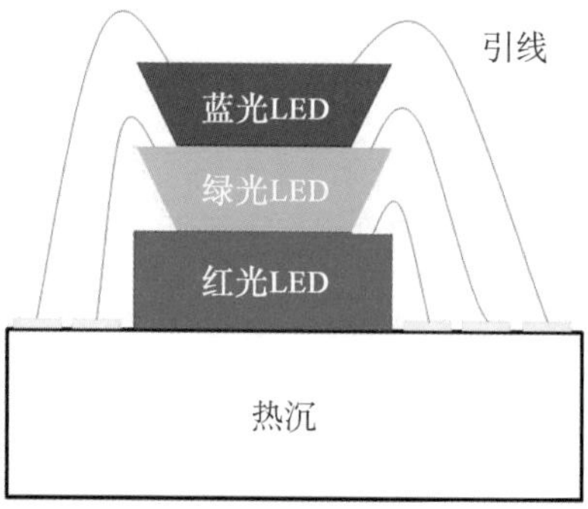

(b) 引线键合垂直封装法

图 4.4.19　用两种方法得到白光 LED 的新型技术

4.4.2 LED 技术展望

LED 在普通照明领域已经广泛应用到生活中的方方面面，但目前还存在高电流密度下光效较低的问题，需要提高 LED 的效率，进一步降低 LED 的成本。本节将介绍 LED 的效率下降(efficiency droop)问题、机制和解决办法；介绍使用同质氮化镓衬底制备非极性和半极性 LED 来提高 LED 效率；介绍使用大尺寸硅衬底生长 LED 来降低 LED 制备成本。最后，对近年来一些新型 LED 的制备做了展望，主要介绍紫外 LED 和柔性无机 LED。

4.4.2.1 LED 效率下降问题

在实际的 LED 应用中，LED 需要在高电流或者高电流密度下工作，以达到高亮度，满足照明、显示等应用需求。然而，对于氮化镓基 LED，LED 的效率往往在比较低的电流密度下达到峰值(几个 $A \cdot cm^{-2}$)，然后迅速下降，这个效率下降问题成为当前制约 LED 广泛应用的关键问题。此外，还有一种效率下降称为热效率下降，将在后面讨论。

国际上对效率下降问题进行了广泛的研究，提出了几种重要的机制来解决效率下降问题，主要有俄歇复合(Auger recombination)、电子泄漏(electron leakage)、载流子去局域化效应(carrier delocalization)。针对这些机制，已经提出了减轻效率下降问题的多种技术方案。下面将概述 GaN 基 LED 的效率下降问题、相应的机制，以及解决方案。

1. 影响 LED 光效的电流组成部分

前面讲过，LED 的光效可以由(4.1.31)式表示。内量子效率和光提取效率的变化都有可能造成效率下降问题。随着电流密度的增加，内量子效率随电流密度的下降是引起效率下降的关键问题；另外，p 电极或者 n 电极下方的电流拥挤现象也会越来越严重，如果表面的电极能阻挡光从量子阱中的提取，则会导致提取效率的下降。关于内量子效率前面已经给出了定义。另外，还可定义为在量子阱中参与辐射复合的电流部分 I_{rad} 与总电流 I 的比值，即

$$\eta_{\mathrm{int}} = \frac{I_{\mathrm{rad}}}{I} = \frac{I_{\mathrm{rad}}}{I_{\mathrm{rad}} + I_{\mathrm{lost}}}。 \tag{4.4.9}$$

式中，I_{lost} 为没有参加辐射复合的电流部分。图 4.4.20 所示可用于解释 LED 效率下降现象，流经 LED 的总电流可以分为量子阱中的辐射复合电流 I_{rad} 和没有参加辐射复合的电流 I_{lost}。当 I_{lost} 变得比 I_{rad} 大的时候，效率下降开始。量子阱中非辐射复合电流包括因缺陷引起的肖克莱-里德-霍尔(Schockley-Read-Hall, SRH)复合电流 I_{SRH} 和俄歇复合电流 I_{Auger}，在量子阱外的非辐射复合电流为电子泄漏电流 I_{leakage}。因而，总电流 I 可以表示为

$$I = I_{\mathrm{rad}} + I_{\mathrm{SRH}} + I_{\mathrm{Auger}} + I_{\mathrm{leakage}}。 \tag{4.4.10}$$

量子阱中的载流子复合可以用一个简化的 ABC 模型表示为

$$I_{QW} = I_{\mathrm{SRH}} + I_{\mathrm{rad}} + I_{\mathrm{Auger}} = qV_{\mathrm{active}}(An + Bn^2 + Cn^3)。 \tag{4.4.11}$$

式中，q 为电子电量；V_{active} 为有源层的有效复合体积；n 为量子阱中的载流子浓度；A、B 和 C 分别为 SRH 复合、辐射复合和俄歇复合系数。

通过结合以上公式，内量子效率 η_{int} 可以表示为

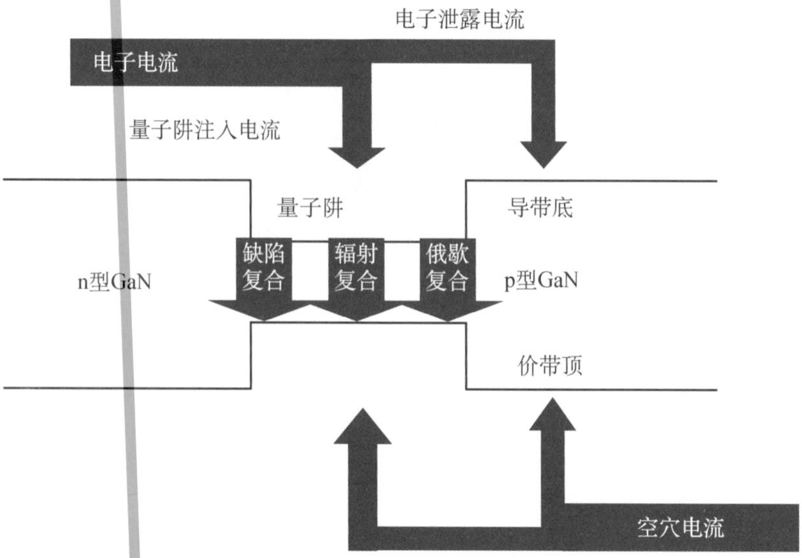

图 4.4.20　通过 LED 的电流组成部分示意图

$$\eta_{\rm int}=\frac{qV_{\rm active}Bn^2}{I_{QW}+aI_{QW}^m}=\frac{\eta_{\rm inj}\cdot Bn^2}{An+Bn^2+Cn^3}。\tag{4.4.12}$$

式中，注入效率 $\eta_{\rm inj}$ 代表用于量子阱中复合的载流子部分，即

$$\eta_{\rm inj}=\frac{I_{QW}}{I}=\frac{I_{QW}}{I_{QW}+aI_{QW}^m}。\tag{4.4.13}$$

值得注意的是，本小节定义的内量子效率与前面章节定义的内置子效率略有不同，为电子注入量子阱效率与电子空穴在置子阱辐射性复合效率乘积。然而，在非大电流注入条件下，电子注入效率往往接近 100%，因而，与前面章节差别不大。在了解了 LED 效率下降的基本模型后，下面进一步分析缺陷复合、辐射复合、俄歇复合和电子泄漏几种机制。

2. 缺陷辅助的载流子复合

基本的缺陷辅助的非辐射复合模型为 SRH 模型。在比较低的电流密度下，其他高阶非辐射复合（如俄歇复合）相对比较弱，可以忽略俄歇复合和电子泄漏，则 $\eta_{\rm int}$ 可以表示为

$$\eta_{\rm int}=\frac{Bn^2}{An+Bn^2}。\tag{4.4.14}$$

在这种情况下，SRH 复合可以影响效率曲线的峰值电流密度，但不会导致效率下降。随着缺陷密度或位错密度的增加，LED 的整体效率随之降低。值得指出的是，一些研究组仍然争辩 LED 的效率和位错密度没有必然关系，认为载流子被局域化在一些无缺陷的区域，缺陷不参与复合。

另外一种缺陷辅助的载流子复合模型为载流子去局域化效应，载流子复合寿命会随着电流密度的增加而减少，从而引起效率下降现象。这项机制是基于 InGaN 量子阱区域的势能波动，势能波动可以由 In 组分的分布不均匀或者是量子阱的厚度不均匀引起。以 In 组分不均匀分布的情况举例，富铟区域的禁带宽度比较窄，可以局域化载流子。在低电流密度

下，注入载流子被局限在富铟区域，不被缺陷俘获；在比较高的电流密度下，富铟区域被载流子填满，将会有载流子溢出到低 In 组分区域，并参与缺陷复合。黑德(Hader)等提出了相应的模型，如图 4.4.21 所示。假设载流子复合在特定载流子密度 N_0 开始，那么，当 $N < N_0$ 时，缺陷辅助复合电流密度 $J_{\text{defect}} = 0$；当 $N > N_0$ 时，有

$$J_{\text{defect}} = \frac{qn_w}{\tau_{\text{defect}}} \cdot \frac{(N - N_0)^2}{2N_0}。 \tag{4.4.15}$$

式中，n_w 为量子阱的数量；N 为载流子密度；τ_{defect} 为载流子复合寿命。根据这个模型得到的 τ_{defect} 约为 3.6 ns，远低于典型的 SRH 载流子复合寿命 36 ns，这种类型的缺陷辅助载流子复合可以引起效率下降。

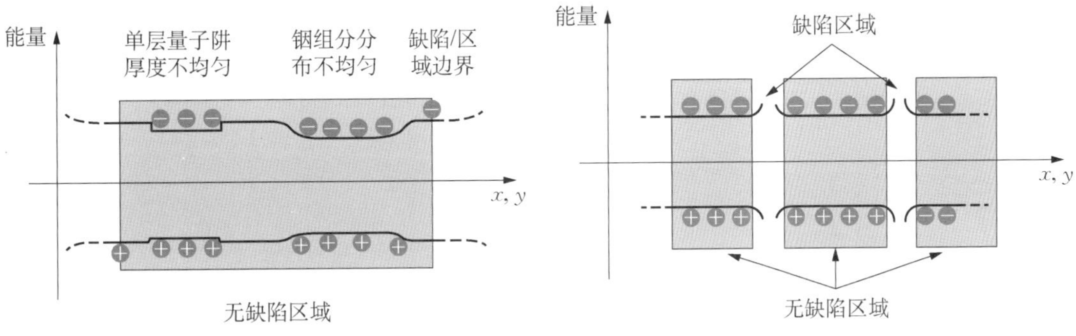

(a) 量子阱厚度不均匀、In 组分不均匀
(b) 有缺陷态

图 4.4.21　缺陷辅助的载流子复合模型

3. 辐射复合

辐射复合电流所占比例的提高可以减轻效率下降，是改善效率下降问题的重要因素。研究发现，在低电流密度下，辐射复合和载流子浓度的平方(n^2)成正比；在高电流密度下，辐射复合速率逐渐和载流子浓度呈线性关系，其主要因素是相空间填充效应。如图 4.4.22 所示，对于一个发光峰值波长为 430 nm 的 GaN 基 LED，实验测得的辐射复合系数 B 随 n 的增加而减少。使用经验公式 $B = B_0/(1 + n/N^*)$ 来拟合 B 随 n 的变化，得到 $B_0 = 7 \times 10^{-11}\ \text{cm}^3 \cdot \text{s}^{-1}$，$N^* = 5 \times 10^{18}\ \text{cm}^{-3}$。式中，$B_0$ 为载流子注入浓度很低时的辐射复合系数，N^* 为相空间填充因子。辐射复合系数随电流密度或者载流子注入浓度的增加而减少，这种现象不会直接导致效率下降，但是减少了辐射复合速率，间接降低了效率下降的壁垒。

4. 俄歇复合

俄歇复合我们前面提到过，作为一种非辐射性复合，是指电子与空穴复合的能量转移到另外一个电子或者一个空穴，造成该电子或者空穴跃迁的复合过程。随着半导体禁带宽度的增加，俄歇复合的概率大幅度降低，因而在一段时间中，研究人员认为俄歇复合的系数在宽禁带半导体材料中是可以被忽略的，并认为氮化镓材料的俄歇复合系数应为 $10^{-34}\ \text{cm}^6 \cdot \text{s}^{-1}$(禁带宽度为 3.4 eV)。但是，近期的实验和理论结果确认了氮化镓材料的俄歇复合系数远大于 $10^{-34}\ \text{cm}^6 \cdot \text{s}^{-1}$，俄歇复合是导致效率下降的关键因素。

在测试俄歇复合系数的过程中，常用的假设是忽略电子泄漏的机制，近期有文献报道高效率 LED 芯片效率下降的主要机理为俄歇复合。由此，内量子效率 η_{int} 可以表达为

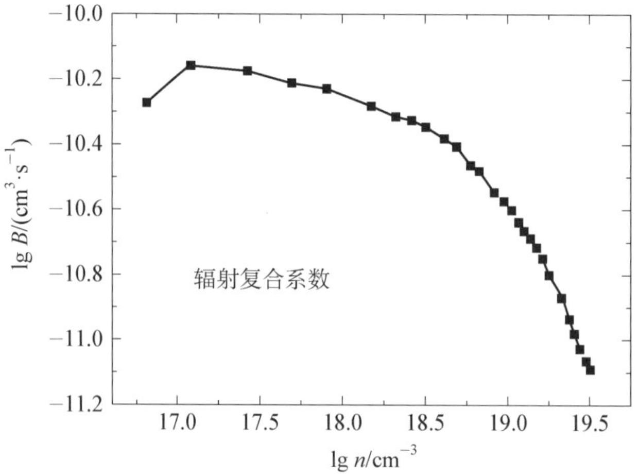

图 4.4.22　实验测得的辐射复合系数 *B* 随载流子浓度 *n* 的变化趋势

$$\eta_{\text{int}} = \frac{Bn^2}{An + Bn^2 + Cn^3}。\tag{4.4.16}$$

由此公式可以看出，随着载流子注入浓度 n 的增加，在高电流密度/载流子浓度下，SRH 缺陷复合(An)所占电流的比例较小，俄歇复合(Cn^3)起主导作用。在多数研究中，由此公式拟合实验数据，得出俄歇复合系数。

在 2007 年，研究人员首次用光致发光方法测试了 $In_xGa_{1-x}N$(x 约为 9% ~ 15%) 的俄歇复合系数，范围在 $1.4\times10^{-30} \sim 2.0\times10^{-30}\ cm^6\cdot s^{-1}$，测试的样品为氮化镓衬底上生长的 InGaN 量子阱。接下来，国际上很多研究组纷纷开始使用不同的方法来测试俄歇复合系数，使用的材料包括蓝宝石衬底、硅衬底和氮化镓衬底生长的 LED 量子阱结构、薄膜 LED 和纳米线 LED 结构，LED 的发光波长从紫光到绿光，测出的俄歇复合系数范围为从 $10^{-34} \sim 10^{-29}\ cm^6\cdot s^{-1}$。这么大的俄歇复合系数波动范围来源于测试和数据拟合过程中的一些假设，以下介绍几种影响比较大的因素：

① 量子阱的有效复合体积。实验和理论计算证明，对于多量子阱结构的 LED，主要由靠近 p-GaN 的第一个量子阱发光，但也有研究组发现其他量子阱也会参与发光；对于同一个量子阱内部，由于量子限制斯塔克效应，电子和空穴空间上的分离导致波函数部分交叠；量子阱内部存在势能波动，载流子在平面内的分布不均匀；电流拥堵也会导致平面内载流子分布的不均匀。以上每一种因素都会导致量子阱有效复合体积具有很大的不确定性。同时，在不同的注入电流密度和载流子浓度下，有效复合体积也会发生变化。有效复合体积直接导致计算过程中载流子浓度 n 的变化，由于俄歇复合和 n^3 成正比，n 的变化对拟合的俄歇复合系数的计算具有很大的影响。

② 内量子效率 η_{int} 的测量方法。常用的是变温光致发光法，假设在低温下缺陷辅助的非辐射复合完全被压制 ($\eta_{\text{int}} = 1$)，并且低温下和室温下的光提取效率相同，则 η_{int} 可以由室温和低温下外量子效率的比值得到。但是，这种方法忽略了 η_{int}、缺陷复合、辐射复合、俄歇复合等会随着不同的光注入，载流子浓度有很大的变化，也忽略了光致发光和电致发光

(electro luminescence, EL)注入的载流子在量子阱中分布的不均匀性。通过测试或者计算获得光提取效率 $\eta_{extraction}$，可以由外量子效率 η_{ext} 直接计算出内量子效率，然而精确的 $\eta_{extraction}$ 计算只对简单的 LED 结构有效，实际使用的 LED 结构比较复杂，$\eta_{extraction}$ 和表面结构、衬底图形和侧壁形貌等都有很大的关系。另外一种常用的方法是使用 ABC 模型来拟合内量子效率和电流密度的关系曲线，但 ABC 模型本身是比较简化的模型，拟合时具有比较大的误差。

③ 载流子浓度 n 的计算方法。使用 LED 输出光功率和 Bn^2 成正比的关系，假设 B 为常数，以得到 n；通过时间分辨 PL 光谱来测试 n；通过测试电注入下的微分载流子的寿命来计算 n，一般情况下假设电子泄漏不存在。载流子浓度的计算和量子阱有效复合体积息息相关，是拟合测试数据的关键点。

④ 相空间填充效应。辐射复合和俄歇复合系数随着电流密度或者载流子注入浓度的增加而减少，一些文献假设这两个系数是恒定的。

同时，理论计算的氮化镓材料的俄歇复合系数为 $10^{-34}\sim10^{-30}\ cm^6\cdot s^{-1}$。相应文献中报道的理论和实验数据总结于表 4.4.5 中，其中，最后 4 组数据为理论计算值。

表 4.4.5　文献中报道的实验和理论上得到的缺陷 SRH 复合、辐射复合和俄歇复合系数

波长 λ/nm, InN/%	A/s^{-1}	$B/(cm^3\cdot s^{-1})$	$C/(cm^6\cdot s^{-1})$
InN(9%～15%)	$2.4\sim11.3\times10^7$	$1.1\sim3.0\times10^{-11}$	$1.4\sim2.0\times10^{-30}$
λ(407 nm)	1×10^7	2×10^{-11}	1.5×10^{-30}
λ(430 nm)	2×10^7	7×10^{-11}	1×10^{-29}
λ(415 nm)	$(4.2\pm0.4)\times10^7$	$(3\pm1)\times10^{-12}$	$(4.5\pm0.9)\times10^{-31}$
λ(～500 nm)	$5.5\times10^7\sim4.6\times10^8$		$4.1\times10^{-33}\sim6.1\times10^{-32}$
λ(～550 nm)			$\sim10^{-34}$
λ(428～457 nm)	$\sim10^7$	$1\sim2\times10^{-11}$	$3\sim4\times10^{-31}$
λ(450～520 nm)	$0.8\sim3.2\times10^8$	$0.4\sim15\times10^{-12}$	$3\sim10\times10^{-30}$
λ(440～531 nm)	$\sim10^7$	$3\times10^{-12}\sim2\times10^{-11}$	$3\sim6\times10^{-31}$
InN(37%)		3.5×10^{-12}	3.5×10^{-34}
InN(9%～15%)			$1.4\sim2.0\times10^{-30}$
InN(12%～29%)			$1\sim3\times10^{-31}$
λ(445～472 nm)			$10^{-31}\sim10^{-30}$

为了确认俄歇复合的存在，中村修二研究组从 GaN 基 LED 中直接测试出俄歇电子，发现俄歇电子和非辐射复合电流成正比关系，并且进一步在实验上验证了所测的俄歇电子来源不是表面强电场或者自由载流子吸光导致的高能量电子，确认了俄歇复合的存在。以上

研究证明，俄歇复合是导致 GaN 基 LED 效率下降的重要因素。

5. 电子泄漏

对于 GaN 基 LED，电注入的电子会不经过在量子阱中的复合过程而泄漏，因而 LED 的 p - GaN 和量子阱之间一般有一层 AlGaN 电子阻挡层(electron blocking layer，EBL)来减弱电子泄漏现象。电子泄漏来源于弱空穴注入、失效的 EBL、量子阱不完全俘获电子和电子从量子阱泄漏。首先，虽然 EBL 层的目的是把电子限制在量子阱区域，但是 AlGaN/GaN 在价带的带阶不利于空穴输运。第二，EBL 一般不能够完全屏蔽电子泄漏。第三，量子阱中的电子和空穴可能穿越量子阱或者被量子阱反射，而只有量子阱中的载流子对辐射复合有用。图 4.4.23(a)显示了一个大小为 1×1 mm^2 的 GaN 基 LED 在 350 mA 的注入电流下的能带结构，其中自发极化和压电极化会强烈影响能带结构，导致三角势垒的形成。在图 4.4.23(b)中，电子被 EBL 界面的正面电荷吸引，导致无法完全在量子阱有源区中限制电子。在图 4.4.23(c)中，进入量子阱中的电子面临着由 GaN 势垒和 InGaN 三角势垒形成的三角势垒。

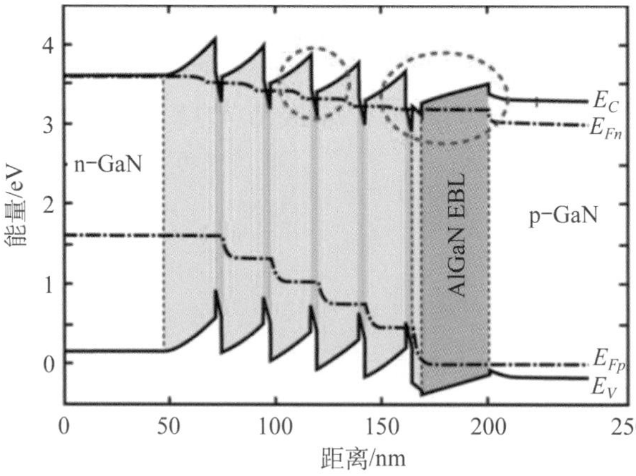

(a) 计算的 InGaN LED 的能带结构示意图

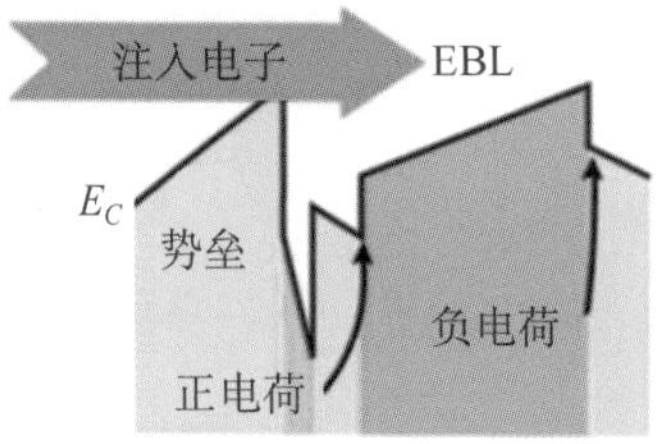

(b) 电流阻挡层

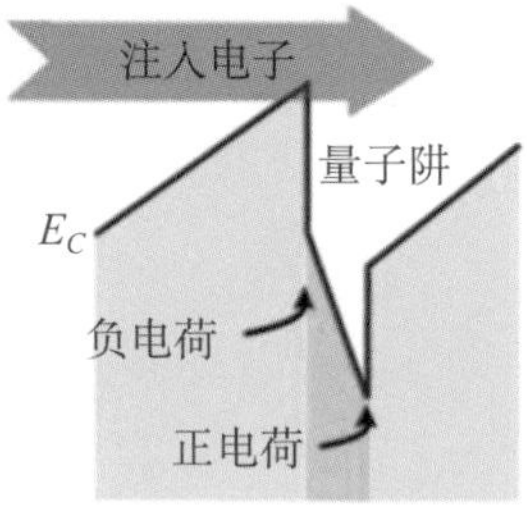

(c) 一个量子阱区域的放大图

图 4.4.23 电子在 InGaN/GaN 量子阱中的能态示意图

在实验中，也直接观测到电子泄漏的存在：在 EBL 和主量子阱之间插入另外一种发光波长的量子阱，来自于这个量子阱的发光意味着电子从主量子阱泄漏到这个量子阱复合产生光子。实验中发现了这个插入的量子阱的发光和效率下降存在相关性，证明了电子泄漏是效率下降的因素。另外一种实验测试了光致发光下 LED 偏置电压的变化，测得了电子泄漏的比例，发现电子泄漏是效率下降的重要因素，但不是唯一的因素。

4.4.2.2 热效率下降、绿光效率低和量子限制斯塔克效应

1. 热效率下降

前面提到的 GaN 基 LED 的效率随注入电流的增加而下降，为电流引起的效率下降（*J* Droop）。同时，LED 的效率随着温度的增加也有所下降，为温度引起的效率下降（*T* Droop）。图 4.4.24 显示了发光波长为 460 nm、大小为 $1\times1\ mm^2$ 的 LED 的外量子效率从 300 K 到450 K 降低了 30%，热效率下降的幅度也比较大。对于一些高温环境中的 LED 的应用，热效率下降是需要考虑的重要因素。缺陷辅助的 SRH 复合随着温度的增加而增加，在低电流密度下对 LED 效率起到关键作用。在高电流密度下，有文献报道，随温度增加，电子泄漏也增加；一些研究发现，俄歇复合随着温度增加也有所增加。

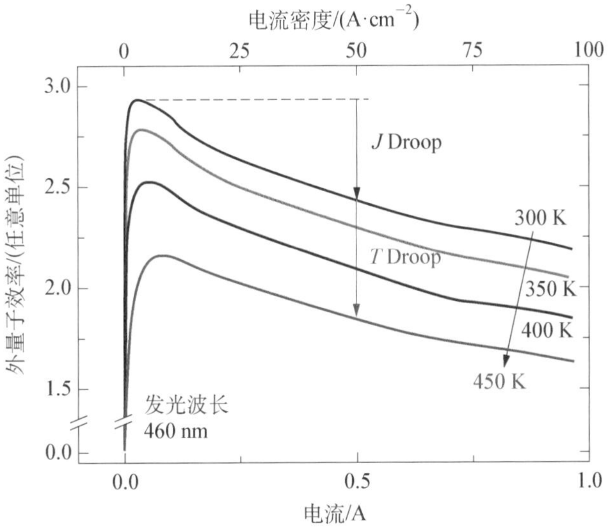

图 4.4.24　在不同的外界温度下，460 nm 的 LED 的外量子效率与电流和电流密度的关系

2. 绿光效率低(green gap)

InGaN LED 在紫光和蓝光区域具有高外量子效率，但是在绿光区域，InGaN 的 In 组分较高，外量子效率比较低；AlGaInP LED 在红光区域有比较高的外量子效率，但是在绿光区域变为间接禁带半导体，外量子效率也较低，此类现象即 LED 在绿光波段效率下降称为"green gap"。在固态照明应用中，需要有高效率的绿光芯片来实现高显色指数和高效率，因而解决绿光效率低的问题成为研究热点。

InGaN 为最有希望的解决这一问题的半导体材料，但是目前仍然存在极化效应和应力的不利影响。在[0001]晶向上，InGaN/GaN 量子阱中存在压电极化和自发极化效应，由于绿光 LED 的 In 组分比较高，导致有很强的内建电场，即量子限制斯塔克效应，导致电子和空穴波函数的空间分离，降低了辐射复合效率。在非极性和半极性 GaN 基 LED 的量子阱中，大大削弱了量子限制斯塔克效应，有可能解决这个问题，下一节将介绍非极性和半极性 LED。由 InGaN 量子阱和 GaN 势垒的晶格失配产生的应力会引起上述的压电极化效应。

另外，应力也会影响到高 In 组分 InGaN 材料的生长，高 In 组分 InGaN 需要在较低温下生长，这样才能提高热稳定性；InGaN/GaN 异质结应力也限制了高 In 组分材料的生长，于是产生了大量的缺陷，影响了 LED 的光效。

3. 量子限制斯塔克效应

在前面讨论过程中多次谈到量子限制斯塔克效应的影响，量子限制斯塔克效应是导致效率下降的关键因素之一。此效应会降低辐射复合效率，加剧俄歇复合和电子泄漏，因此有必要详细介绍量子限制斯塔克效应的计算。

薄膜晶格失配的计算公式为

$$\varepsilon = (a_0 - a)/a。\tag{4.4.17}$$

式中，a 和 a_0 分别为下层和上层外延层的晶格常数。

三元 InGaN、AlGaN 与四元 AlInGaN 的自发极化可以表示为

$$P_{SP}(\mathrm{In}_x\mathrm{Ga}_{1-x}\mathrm{N}) = x \cdot P_{SP}(\mathrm{InN}) + (1-x) \cdot P_{SP}(\mathrm{GaN}) - B(\mathrm{InGaN}) \cdot x \cdot (1-x),\tag{4.4.18}$$

$$P_{SP}(\mathrm{Al}_x\mathrm{Ga}_{1-x}\mathrm{N}) = x \cdot P_{SP}(\mathrm{AlN}) + (1-x) \cdot P_{SP}(\mathrm{GaN}) - B(\mathrm{AlGaN}) \cdot x \cdot (1-x),\tag{4.4.19}$$

$$\begin{aligned} P_{SP}(\mathrm{Al}_x\mathrm{Ga}_{1-x-y}\mathrm{In}_y\mathrm{N}) = {} & x \cdot P_{SP}(\mathrm{AlN}) + y \cdot P_{SP}(\mathrm{InN}) + (1-x-y) \cdot P_{SP}(\mathrm{GaN}) - \\ & B(\mathrm{AlGaN}) \cdot x \cdot (1-x-y) - B(\mathrm{InGaN}) \cdot y \cdot \\ & (1-x-y) - B(\mathrm{AlInN}) \cdot x \cdot y。\end{aligned}\tag{4.4.20}$$

式中，自发极化的单位为 $\mathrm{C \cdot m^{-2}}$；$P_{SP}(\mathrm{InN})$、$P_{SP}(\mathrm{GaN})$、$P_{SP}(\mathrm{AlN})$ 分别为 InN、GaN 和 AlN 的自发极化参数；$B(\mathrm{InN})$、$B(\mathrm{AlGaN})$、$B(\mathrm{AlInN})$ 分别为 InGaN、AlGaN 和 AlInN 的自发极化弯曲系数。表 4.4.6 所示为 GaN 基材料的自发极化的参数与弯曲系数。

表 4.4.6 GaN 基材料的自发极化的参数与弯曲系数

材料	InN	GaN	AlN
自发极化参数/($\mathrm{C \cdot m^{-2}}$)	−0.042	−0.034	−0.090
材料	InGaN	AlGaN	AlInN
弯曲系数/($\mathrm{C \cdot m^{-2}}$)	−0.037	−0.021	−0.070

压电极化计算根据维加德定律表示为

$$P_{PZ}(\mathrm{In}_x\mathrm{Ga}_{1-x}\mathrm{N}) = x \cdot P_{PZ}(\mathrm{InN}) + (1-x) \cdot P_{PZ}(\mathrm{GaN}),\tag{4.4.21}$$

$$P_{PZ}(\mathrm{Al}_x\mathrm{Ga}_{1-x}\mathrm{N}) = x \cdot P_{PZ}(\mathrm{AlN}) + (1-x) \cdot P_{PZ}(\mathrm{GaN}),\tag{4.4.22}$$

$$\begin{aligned} P_{PZ}(\mathrm{Al}_x\mathrm{Ga}_{1-x-y}\mathrm{In}_y\mathrm{N}) = {} & x \cdot P_{SP}(\mathrm{AlN}) + y \cdot P_{PZ}(\mathrm{InN}) + \\ & (1-x-y) \cdot P_{PZ}(\mathrm{GaN})。\end{aligned}\tag{4.4.23}$$

式中，

$$P_{PZ}(\mathrm{AlN}) = -1.808 \cdot \varepsilon + 5.624 \cdot \varepsilon^2,\ \varepsilon < 0, \tag{4.4.24}$$

$$P_{PZ}(\mathrm{AlN}) = -1.808 \cdot \varepsilon - 7.888 \cdot \varepsilon^2,\ \varepsilon > 0, \tag{4.4.25}$$

$$P_{PZ}(\mathrm{GaN}) = -0.918 \cdot \varepsilon + 9.541 \cdot \varepsilon^2, \tag{4.4.26}$$

$$P_{PZ}(\mathrm{InN}) = -1.373 \cdot \varepsilon + 7.559 \cdot \varepsilon^2。 \tag{4.4.27}$$

式中，ε 为外延材料与 GaN 之间的形变，P_{PZ}为压电极化。

总极化场为自发极化与压电极化的综合。异质界面的极化电荷密度 σ 为上下层外延层极化电场之差，并除以电子电量 q，即

$$\sigma = (P_{下层材料} - P_{上层材料})/q。 \tag{4.4.28}$$

由于受到界面带电缺陷等因素的影响，实际上极化电场的屏蔽程度从 20%到 80%都有报道。得到了界面电荷，使用 MATLAB 软件或者商业化的软件(如 Crosslight)就可以方便地计算 LED 在不同注入电流下的能带特性、电学和光学性质，图 4.4.23 所示为计算的能带结构示例。

4. *减弱效率下降的方法*

减弱效率下降的方法主要包括降低量子阱中的载流子浓度、加强量子阱对电子的限制能力和提高空穴注入能力。

在同样的注入电流密度下，要降低量子阱中的载流子浓度，方法有增加量子阱厚度、增加量子阱数量、改善电流扩展等。研究发现，一个 9 nm 厚的量子阱双异质结 LED 比 2.5 nm 厚的量子阱具有更少的效率下降。但并不是量子阱越厚越好，优化的量子阱厚度值和生长的材料质量有很大关系。对于高 In 组分 LED，较厚的量子阱具有较差的材料质量，会导致 LED 的效率较低。因此，增加量子阱数量是另外一种方法，研究报道，具有 9 个量子阱的 LED 比具有 6 个量子阱的 LED 具有更弱的效率下降。另外，良好的电流扩展效应降低了 LED 平面内局部载流子浓度，也有助于减少效率下降。

加强量子阱对电子的限制有助于减少电子泄漏，可减少效率下降。商用 LED 多数使用 AlGaN 电子阻挡层，另外，新型的 $In_{0.18}Al_{0.82}N$ 或者 $In_{0.18}Al_{0.82}N/GaN$ 超晶格电子阻挡层可以进一步减弱效率下降问题。传统的量子阱势垒为 GaN 材料，可使用一些新型的势垒，比如 AlInGaN、$In_{0.1}Ga_{0.9}N/GaN/In_{0.1}Ga_{0.9}N$ 多层结构、In 组分浓度从 0.05 变化到 0 的阶梯状 InGaN 结构等，通过减少量子阱区域的极化电荷来减少电子泄漏。另外，也可以用极性或者半极性 LED 结构来减少电子泄漏。

提高量子阱空穴注入的方法包括使用 p 型掺杂的量子阱势垒、在量子阱和电子阻挡层之间添加一层 $In_{0.05}Ga_{0.95}N$ 空穴储蓄层。

4.4.2.3 同质衬底 LED

生长在蓝宝石衬底上的 GaN 基 LED 的技术已经商业化并成熟，大尺寸硅衬底 LED 技术也已经推向市场，但是材料和器件的性能仍然受到衬底晶格失配和热失配的影响，导致外延材料的高位错密度。另外，蓝宝石衬底的导热性能差，不利于大功率 LED 器件的制备，通过激光剥离蓝宝石来转移 LED 到高热导率硅或者铜衬底可以缓解这一问题，但增加了工艺成本，同时工艺步骤的增加减少了器件的良率。这就促使研究人员开发同质外延技术，使用同质 GaN 衬底生长的 LED 外延层和衬底之间无晶格失配和热失配，可有效地降低器件的

缺陷密度。GaN 衬底本身可以导电，可通过沉积上下电极来制备垂直结构 LED。因此，研发高质量 GaN 衬底材料和器件同质外延生长技术成为一项研究热点。

1. GaN 同质衬底技术

GaN 的共价键为 9.12 eV·($atom^{-1}$)，在 2 500 ℃熔点的分解压约为 4.5 GPa，在低于此分解压的情况下，GaN 在熔化前就已经分解，必须通过提高压强来高温合成 GaN，因而传统的生长 Si 和 GaAs 单晶的平衡方法就不适合 GaN 体材料的生长。传统的 MOCVD 和 MBE 生长 GaN 的速率很低，不适合生长体材料，目前常用的方法为氢化物气相外延法。氢化物气相外延法技术具有材料生长速度快和设备简单的优点，逐步成为生长 GaN 体材料和衬底材料的有效办法，国内外一些公司，包括日亚、Cree、三星、NEC、纳维科技等公司都大力投入研发 GaN 衬底材料的生长方法，GaN 体材料的生长速率可达 800 $\mu m \cdot h^{-1}$，位错密度可降至 $10^5\ cm^{-2}$，但是 GaN 衬底价格为每片几千美元，如果要将其广泛地推向市场，相应的技术尚需要进一步提升。

目前，使用氢化物气相外延法技术制备 GaN 衬底仍然存在一些问题。在材料生长过程中，Ⅴ族源 NH_3 分解率低，生成的 N 原子容易结合成为稳定的 N_2 分子，因而需要比较高的生长温度来形成 GaN。另外，Al 和 Mg 容易与热石英壁反应，难以用氢化物气相外延法方法生长出含 Al 或者 Mg 的氮化物，这些问题可以通过晶体生长技术的改进来解决，包括设计反应腔、控制反应腔温度分布和选择合适的反应源等。要实现用氢化物气相外延法技术生长出高质量 GaN 同质衬底，主要的问题是 GaN 与衬底材料蓝宝石的晶格失配和热膨胀系数失配的问题，热膨胀系数失配达到 34%，当外延薄膜厚度达到几十微米时，由于应力作用，薄膜会发生开裂，要获得大尺寸的自支撑 GaN 衬底，就需要解决应力问题，这个问题的关键在于提高 GaN 晶体的质量和实现 GaN 与衬底分离的技术。

第一，提高 GaN 晶体的质量，控制应力，降低位错密度，减少外延片开裂和翘曲。常用的方法是侧向外延技术和插入层技术，用来控制外延片的内应力。侧向外延如前所述，可以将位错密度从 $10^9\ cm^{-2}$降低到 $10^6\ cm^{-2}$。在薄膜生长过程中，生长 AlN 等高温插入层可以提高 GaN 的质量，调节薄膜内部的应力状态。

第二，GaN 外延层和衬底的分离可使用激光剥离技术、牺牲层技术或者自分离技术。在激光剥离技术中，界面处的 GaN 吸收激光能量分解为 N_2（气体）和 Ga（金属），从而实现 GaN 和蓝宝石的分离，分解过程为

$$2GaN \longrightarrow 2Ga(\text{金属}) + N_2(\text{气体})。 \tag{4.4.29}$$

牺牲层技术是指先在衬底上沉积一层薄金属层，比如 Al、Cu、Au 等，然后用 MOCVD 或者 HVPE 在金属层沉积 GaN 层，用化学腐蚀的方法溶解掉金属牺牲层，即可去除原始衬底，形成自支撑 GaN 外延层，然后进一步用 HVPE 法在其上生长体材料 GaN 层。自分离技术是指使用插入层（如 TiN）或者侧向外延技术，在 GaN 和蓝宝石界面处形成缝隙，在降温过程中由于应力的作用，GaN 和蓝宝石在界面处分离。

同质衬底可以解决异质外延造成的不利影响，但是 GaN 材料的压电极化和自发极化效应仍然存在，是导致 LED 效率下降的主要因素之一。因此，基于非极性/半极性 GaN 衬底的同质外延生长技术也引起了广泛关注，制备 GaN 非极性衬底材料是非极性/半极性 LED

的关键技术。c 面 GaN 同质衬底技术的发展使非极性/半极性 GaN 衬底材料成为可能，首先用 HVPE 法生长出 c 面 GaN 体材料，然后在需要的晶面进行切割，以获得非极性/半极性衬底材料。因此，由切割方法得到的材料的大小取决于 HVPE 方法生长的材料的厚度，目前已经可以获得厚度约 10 mm 的材料。但是这样的衬底材料比较小，只用于实验室研发，仍不足以应用于商业化生产 LED 器件。

2. 非极性/半极性 LED

前面讲过，GaN 基蓝光 LED 具有比较高的效率，但在绿光区域，效率相对较低，这和 InGaN 量子阱的材料质量和量子阱结构都有很大的关系。InGaN 合金呈现亚稳态分解(spinodal decomposition)，下层的 GaN 层导致 InGaN 层的赝晶生长，从而致使高 In 组分 InGaN 生长比较困难，也会产生晶格失配导致的位错和缺陷。这个问题和生长过程的热动力学有很大关系，不同的生长结晶面对生长高 In 组分的 InGaN 有一定影响。实验发现，在 $(1\bar{1}22)$结晶面更容易生长高 In 组分的 InGaN，故非极性/半极性 LED 有望解决绿光效率低的问题。

在非极性的晶面上生长量子阱，一个重要的优点是可以消除或减弱量子限制斯塔克效应。非极性面 LED 和极性面 LED 量子阱中的能带结构如图 4.4.25所示，其中图(a)已在前面章节提及，为对比效果，再次在此图中出现。图(a)中内建电场导致能带倾斜，使量子阱中电子和空穴的波函数在空间上分离；而图(b)中无极化电场的量子阱中的能带不会发生倾

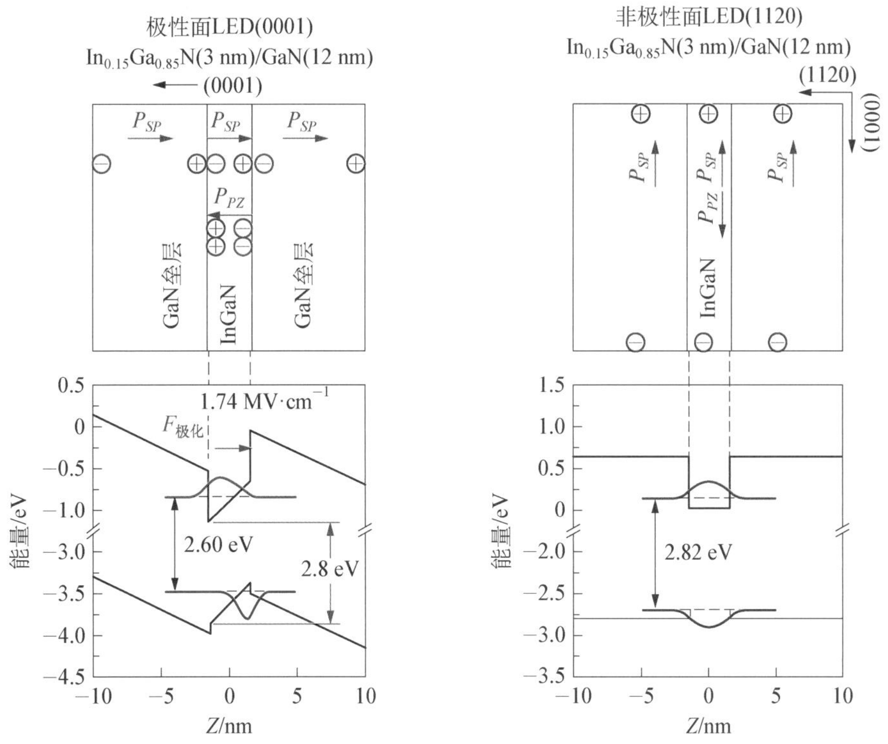

(a) 极性面 LED　　(b) 非极性面 LED

图 4.4.25　极性面 LED 和非极性面 LED 的极化电场和能带结构

斜，电子和空穴在空间上的重叠率很高，提高了 LED 的光效。量子限制斯塔克效应一旦不存在，就可以使用比较厚的量子阱来提高 LED 的效率。计算结果表明，除了非极性面外，一些半极性面也会有类似的效果。图 4.4.26 显示了计算出的 InGaN/GaN 量子阱的极化电荷密度和生长晶面的关系，横轴表示的倾斜角为生长晶面和 c 面的夹角。可以看到，在 45°和 60°之间的晶面具有比较大的优势，$(10\bar{1}1)$和$(11\bar{2}2)$两个晶面在这个范围内。

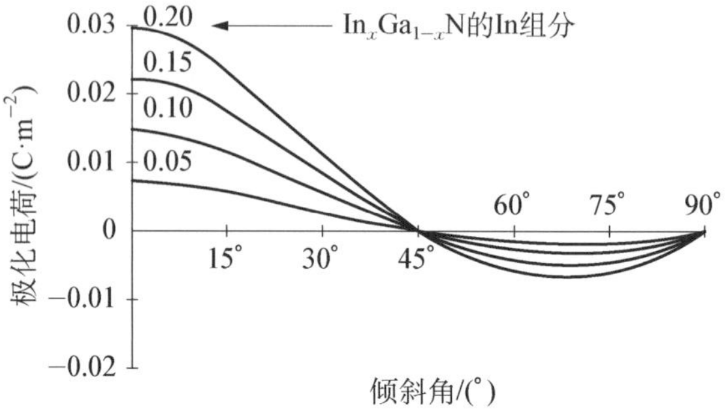

图 4.4.26　计算得出的 InGaN/GaN 量子阱的极化电荷密度和生长晶面的关系

另外，相对于 c 面 LED，非极性/半极性面生长的 LED 还具有光学极化方面的优势。

在提出非极性和半极性 LED 器件概念的时候，具有相应晶向的 GaN 同质衬底还不存在，初期的非极性器件使用的衬底为生长在异质衬底的非极性 GaN 模板（GaN template）。早期，r 面蓝宝石和 a 面 SiC 衬底用来生长 a 面 GaN 薄膜材料。由于晶格失配，m 面 GaN 不能在蓝宝石上生长，m 面 SiC 和(100)γ-$LiAlO_2$ 可以生长 m 面 GaN 薄膜。但是，m 面 SiC 很贵，γ-$LiAlO_2$ 在生长 GaN 材料的过程中化学性质不稳定。于是，研究人员尝试着在 m 面 GaN/ $LiAlO_2$ 模板上生长出了非极性 LED。在蓝宝石或者 GaN/Sapphire 模板上生长半极性 LED 也得到了一些研究。随着在 2006 年 GaN 体材料衬底开始商业化，在同质 GaN 衬底上生长非极性和半极性 LED 得到迅速发展，并且能够在绿光长波长范围达到高效率，中村修二研究组在这方面做出了突出贡献。图 4.4.27 所示总结了在不同的衬底晶面方向上生长出的 GaN 非极性和半极性 GaN 薄膜材料的研究。

非极性/半极性 LED 可以部分解决量子限制斯塔克效应带来的问题，包括前面多次提及的电子和空穴波函数分离，降低辐射性复合速率；电子和空穴集中在三角势阱，增加了量子阱中局域载流子的浓度，导致了高电流密度下的俄歇复合和电子泄漏增加等。另外，非极性/半极性 LED 量子限制斯塔克效应的减少使 LED 的发光波长随着电流的增加具有更小的波长偏移。中村修二研究组在$(20\overline{21})$GaN 晶面生长出 3 nm 厚的多量子阱结构和 12 nm 的单量子阱结构的 LED，多量子阱结构 LED 的外量子效率从注入电流密度 35 A · cm^{-2}下的 52.6%降低到 200 A · cm^{-2}下的 45.3%，单量子阱结构的 LED 也有类似的效果。

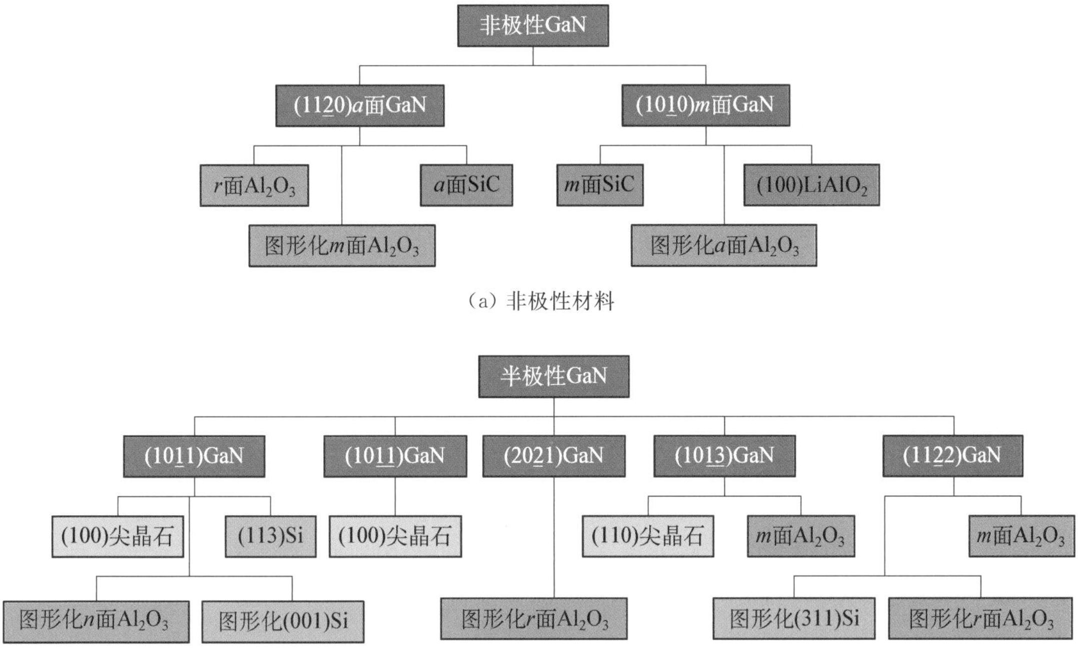

(a) 非极性材料

(b) 半极性材料

图 4.4.27　在不同的衬底晶面方向上生长出的氮化镓的晶向总结

4.4.2.4　Si 衬底 LED

GaN 基 LED 的最常用衬底是蓝宝石衬底，SiC 和 Si 也是常见的衬底材料。蓝宝石衬底和 GaN 之间存在比较大的晶格失配，限制了 LED 的效率和寿命。相对而言，SiC 衬底和 GaN 具有比较接近的晶格常数，可以生长质量更好的 GaN 晶体，但是，蓝宝石和 SiC 衬底的价格都相对比较贵，并且衬底的尺寸比较小，直径一般为 2 in 或者 4 in。相对来说，使用 Si 衬底生长 GaN 基 LED 的最大优势在于 Si 衬底的尺寸大，常用尺寸为 6 in 或者 8 in，并且 Si 衬底的价格相对比较便宜。表 4.4.7 显示了用 AIXTRON 2800G4 HT 反应腔室生长不同尺寸的 Si 衬底 LED 的可用面积，反应腔室可以在每次生长过程制备 42 片 2 in 外延片、11 片4 in 外延片和 6 片 6 in 外延片。使用 6 in Si 衬底外延片可以使每次生长 LED 的外延面积提高 44%，使得外延片生长的成本大幅度降低。另外，在 LED 芯片工艺制备过程中，单次工艺流程能够操作面积更大的外延片，并有可能使用现有集成电路的工艺线，进一步降低 LED 芯片的制备成本。由此可见，Si 衬底 LED 是一种具有很大前景的 LED 制备方法。

表 4.4.7　用 AIXTRON 2800G4 HT 反应腔室生长不同尺寸的 Si 衬底 LED 的可用面积

可用面积	42×2 in 直径	11×4 in 直径	6×6 in 直径
不排除边缘区域的面积/mm^2	82 500	86 400	106 000
排除边缘区域后的面积/mm^2	69 800	79 600	100 500
产出面积增加百分比/%	—	14	44

Si衬底LED的制备也具有一些挑战。MOCVD是生长Si衬底LED的常用技术。Si(111)面是生长GaN基LED的常用晶面，也有生长在Si(100)、Si(110)和Si(113)面的相关报道。目前，商业化的Si基LED主要生长在Si(111)面，下面讲述在Si(111)面生长GaN外延层的一些关键问题。

首先，在外延片初始生长阶段，Si表面有一层非常稳定的氧化表面层，需要在外延生长前移除，移除氧化物后表面的粗糙度也需要有良好的控制，以便后续的GaN基晶体材料外延生长。移除氧化物层的方法有腔外化学腐蚀和腔内H_2环境下原位退火。化学腐蚀的方法比较成熟，可以使用H_2SO_4：H_2O_2溶液来氧化表面，然后进一步用HF去掉加厚的表面氧化层。另外一种方法是在MOCVD腔室的H_2环境中原位加热氧化物材料，使氧化物层达到不稳定状态并离开Si衬底，这就避免了腔外化学腐蚀方法有可能产生的水渍和金属离子等污染。

第二，在外延片生长过程中，Ga和Si反应生成Ga-Si合金，导致很强的快速刻蚀过程，称为回熔刻蚀(melt-back etching)，这是在Si衬底上生长GaN的一个常见问题。当Ga和Si衬底反应后，导致缺陷的产生和后续生长的GaN的晶体质量下降，因而需要克服这个问题。由于回熔刻蚀问题只在高温生长的时候出现，可以通过控制表面成核过程、在低温下生长GaN材料来解决这个问题。

但是，直接在Si衬底上生长GaN外延层会导致比较差的晶体质量，并会引起外延层薄膜破裂，因而有必要生长缓冲层作为插入层，来阻挡GaN和Si材料之间的反应，同时也保证后续生长高质量GaN材料。这些缓冲层材料有HfN、BP、ZrB_2、ScN、Al_2O_3和SiC。除了BP之外，这些材料多数不能够用MOCVD生长，需要在腔外生长材料，这些技术可以在一定程度上解决上述问题，但相应技术尚需发展。

AlN材料是另外一种可以作为GaN生长在Si衬底上的缓冲材料，AlN可以在MOCVD反应腔内生长，生长也相对容易。AlN成核层的质量和生长温度、三甲基铝的预流量、Ⅴ/Ⅲ比和薄膜厚度相关，其中三甲基铝的预流量用来阻止SiN_x的生成，但是也不能完全抑制SiN_x薄膜的生成。在高温下生长AlN的过程中，SiN_x会快速生成，低温生长AlN则会抑制AlN/Si界面层的相互扩散和SiN_x的生成，进而形成突变的界面晶体结构。AlN/Si界面对AlN材料的质量影响很大，良好的AlN质量对提高后续晶体质量、应力控制、裂痕密度降低等都有很大的帮助，因而处理好AlN/Si的界面是生长过程中的关键问题。

第三，由于Si和GaN(AlN)的热膨胀系数相差115%(60%)，在降低生长晶体的温度后，生长在Si衬底上的GaN薄膜受到很大的张应力，有可能引起外延片破裂。用破裂的外延片制备出来的LED芯片会出现发光不均匀、漏电流大和寿命短的现象。另外，上述张应力也会导致外延片翘曲，增加后续制备LED芯片的工艺难度，尤其在外延片的尺寸变大的时候，翘曲产生的影响更大。

在Si衬底的高温AlN缓冲层上生长的GaN薄膜的临界破裂厚度仅为250 nm，而一般LED的厚度在几个微米，因而这样的厚度不足以生长高质量的LED。这个临界厚度和AlN缓冲层的质量有关系，O、Si和Mg杂质也会增加外延片的张应力。另外，位错能够在生长的过程中释放张应力，对外延层应力的变化起到关键作用。解决外延层破裂的方法有使用图形化衬底、用低温AlN补偿张应力、使用AlGaN中间层、使用AlGaN/GaN多层结构作为中间层等。

图形化衬底是一种常用的控制应力的方法，图形的大小比外延片平均破裂间距要小。在硅衬底上用 Si_3N_4 或者 SiO_2 形成条状图形，然后在衬底上刻蚀出比较深的沟道，图形的深度和形状对应力控制和消除裂痕很关键。

用 AlGaN 作为中间层是一种有效的应力补偿方法。相对于图形化衬底的方法，应力补偿法不需要额外的复杂工艺步骤，并且降低了 LED 制备的成本。如图 4.4.28(a)所示，AlGaN 和 AlN 之间存在晶格失配，生长在 AlN 成核层上的 AlGaN 内有压应力存在，导致外延片凸起；在图 4.4.28(b)中，外延片从生长的高温降低到室温，AlGaN 和 Si 衬底之间不同的热膨胀系数导致张应力的产生，进而导致外延片发生凹形形变。在两种形变平衡后，可以制备出无破裂的硅衬底 LED 外延片。其中，AlGaN 缓冲层中的 Al 组分的阶梯性或者连续性的变化可以有效地引入压应力，AlGaN 中的应力受 AlN 层质量的影响也很大。应力补偿有效解决了外延层破裂的问题，但是量子阱是在凸型外延片状态下生长出来的，外延片的温度分布不均匀，而 In 组分对温度的敏感性很高，因而不利于生长出 In 组分均匀的外延片结构。

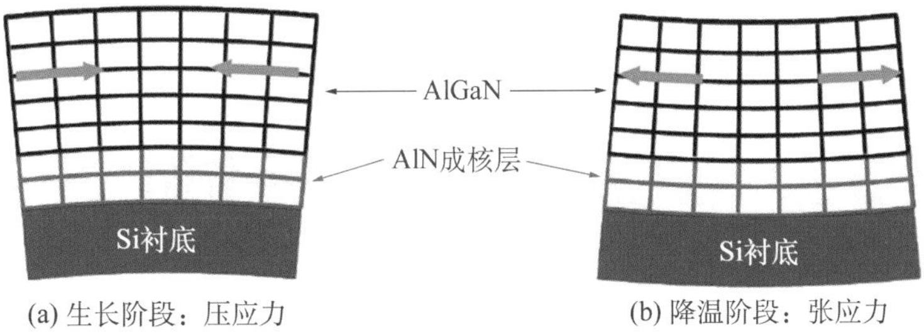

图 4.4.28 由于 AlGaN 和 AlN 晶格失配产生的压应力和由于 AlGaN 和 Si 衬底热失配而产生的张应力示意图

第四，Si 和 GaN 具有 17%的晶格失配，导致高位错密度的产生。高位错密度不利于提高 LED 的效率，因而有必要降低位错密度。在 Si(111)晶向上侧向外延生长 GaN 是一种有效的减少位错密度的方法，与蓝宝石衬底上侧向外延生长技术类似，常用的方法是在 GaN 外延层中插入 SiN_x 中间层，SiN_x 掩膜层中间有很多任意大小的纳米级空洞，可以成为纳米侧向外延的掩膜。如图 4.4.29所示，在 GaN 薄膜上沉积 SiN_x 图形化掩膜层，继续生长的 GaN 薄膜导致掩膜层下方位错弯曲到窗口，增加了位错湮灭的几率；掩膜层也可以阻止掩膜下方的位错延伸到掩膜上方的 GaN 区域，这大大有利于位错密度的降低。

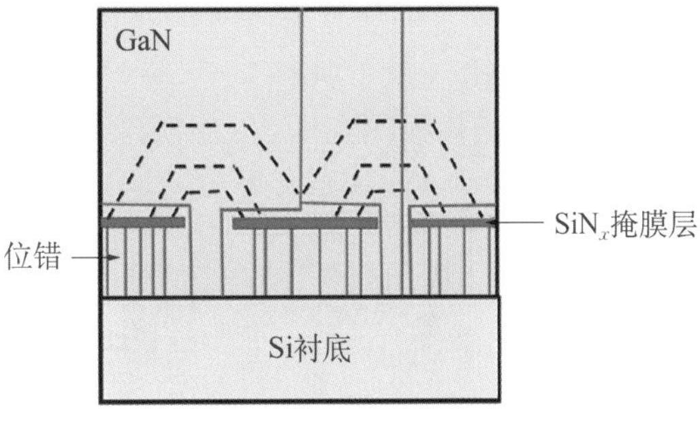

图 4.4.29 在 Si 衬底上用侧向外延方法降低 GaN 薄膜层的位错密度的示意图

第五，在大尺寸 Si 衬底上制备 LED 也存在一定的挑战。首先，在同样的曲率半径下，外延片的翘曲度随着尺寸的增加而增加。15 m 的曲率半径、2 in 的外延片的翘曲度为 21 μm，6 in 的外延片的翘曲度为 188 μm，严重影响后续的光刻等工艺加工程序。另外，为了增加外延片的力学稳定性，外延片的 Si 衬底厚度随着外延片尺寸的增加而增加，这就需要进一步调整外延片结构来平衡应力问题。

在生长外延片后，需采用芯片工艺加工来制备出 LED 芯片，硅基 LED 外延片的制备优势就是可以使用现有硅工艺线的设备来做大规模生产。Si 料是一种吸光材料，在芯片制备过程中需要去掉原始 Si 衬底，因而常用的是垂直结构芯片制备方法。首先，制备 p 型欧姆接触和 p 型反射镜/电极；然后，把外延片键合到另外的硅衬底上，并移除掉原始的 Si 衬底；最后，制备 n 型电极，并粗化芯片表面来提高提取效率。

Si 衬底 GaN 基 LED 在近几年得到了迅速的发展，已经在国内外晶能光电、Osram 和 Plessey 等公司产业化。随着未来技术的发展，Si 衬底 LED 器件技术有可能与 Si 衬底 GaN 电子器件、Si 器件等技术结合，具有巨大的发展前景。

4.4.2.5 紫外 LED

紫外 LED(ultraviolet LED, UV-LED)的发光波长一般为 400 nm 或者小于 400 nm，可以分为发光波长约在 300～400 nm 的近紫外 LED 和发光波长约在 200～300 nm 的深紫外 LED。紫外 LED 具有广泛的应用，包括照明和显示的荧光灯光源、替代现有的紫外灯、高分辨显微镜和曝光机的光源、树脂等材料的固化剂、纸币真伪鉴定光源、消毒灭菌光源、DNA 生物芯片和环境监控的激发光源。由于紫外 LED 的应用前景，近 10 年来得到了巨大的发展，光效和功率都有了很大提升，外量子效率在 365 nm 达到 30%，在 385 nm 达到 50%，在 405 nm 达到 60%。和现有的紫外灯相比，紫外 LED 具有不含汞、效率高、寿命长、光强稳定和散热易于控制的优势。本节将简述紫外 LED 制备过程中的生长和工艺的关键问题。

基于 InGaN 量子阱制备的 LED 的最短发光波长对应 3.4 eV 的 GaN 材料的禁带宽度，AlN 材料具有 6.2 eV 的禁带宽度。因此，短波长的紫外 LED 需要使用 AlInGaN 材料来制备量子阱结构。要制备紫外 LED，首先要在蓝宝石衬底上生长 GaN 缓冲层、n-GaN、AlInGaN/AlGaN 量子阱和 p-GaN 材料；然后制备电流扩展层、p 型和 n 型电极。紫外 LED 的常见结构如图 4.4.30(a)所示，图 4.4.30(b)和(c)也给出了改善量子阱和 n-GaN

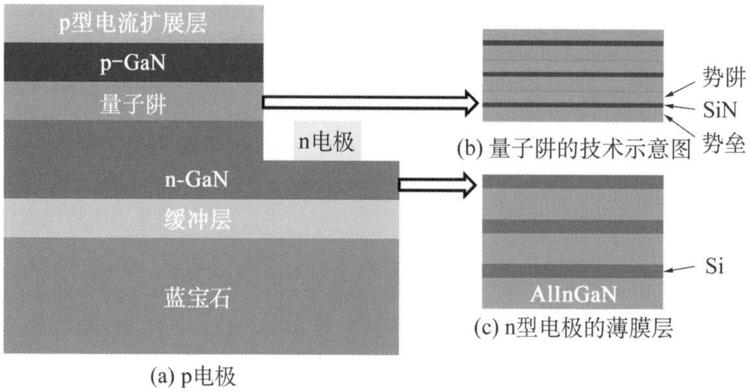

图 4.4.30 紫外 LED 的典型结构示意图

性能的新型结构，用来提高紫外 LED 的效率。目前，紫外 LED 的效率随着波长的降低而减少，这种现象和紫外 LED 的一些特性有紧密关系，包括位错密度高、In 组分影响弱和光提取效率低的问题。

第一，量子阱区域的高位错密度导致效率的降低。可见光 LED 的 InGaN/GaN 量子阱有比较高的位错密度；相对来说，紫外 LED 的量子阱区域使用 AlInGaN 材料，具有更高的位错密度。为了减少晶体缺陷，可以交替沉积 Si 和 AlInGaN 薄膜作为 n 型电极的薄膜层，使用 SiN、GaNP 缓冲层、图形化蓝宝石衬底等方法来降低位错密度。图 4.4.30(b)给出了 Si/AlInGaN 薄膜层的示意图。

第二，量子阱区域 In 组分分布不均匀性的影响减弱。InGaN LED 的 In 组分不均匀性导致量子阱区域的势能波动，从而电子和空穴在无缺陷的局域化区域复合，仍然具有高效率；相对来说，为了达到紫外 LED 的短发光波长，降低量子阱的 In 组分，那么也相应降低 In 组分波动的影响，电子和空穴容易和位错产生非辐射复合。相应的解决办法为沉积 SiN 单层晶体材料来部分覆盖表面，形成纳米孔状结构。当沉积 AlInGaN 薄膜时，Al 原子不容易被输运到 SiN 表面，但 Ga 和 In 原子容易被输运到 SiN 表面，导致了纳米级别的组分不均匀性，从而产生了 In 组分丰富的区域，如图 4.4.30(c)和图 4.4.31 所示。

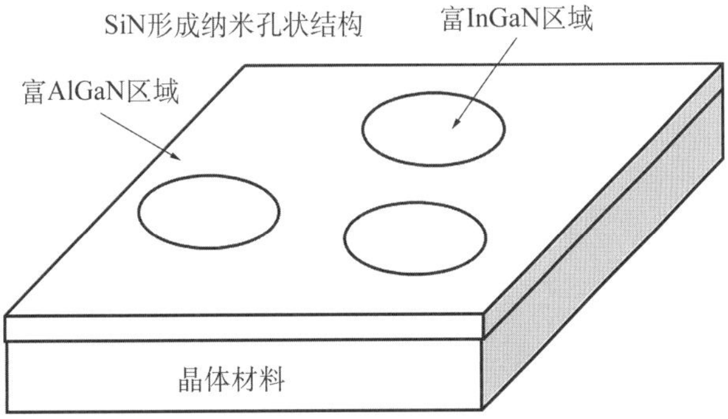

图 4.4.31　通过生长 SiN 材料来实现不均匀的 In 组分分布

第三，量子阱中的紫外光提取效率由于被 GaN 薄膜层吸收而降低。由于 GaN 的禁带宽度为 3.4 eV，对于一个发光波长在 365 nm 的紫外 LED，小于 370 nm 的紫外光会被蓝宝石上生长的 GaN 缓冲层吸收，导致光提取效率大幅度降低。相应的解决办法是使用 AlGaN 作为缓冲层材料，但这将会增加 Al 组分而降低晶体质量。同时，Mg 的深空穴能级增加了制备 p-AlGaN 薄膜层的难度。另外，可以使用前面所述的倒装 LED 芯片、垂直结构 LED 芯片、芯片表面粗化技术和图形化衬底技术来提高光提取效率。

4.4.2.6　柔性无机 LED

相对于有机 LED(OLED)，无机 GaN/GaAs 基 LED 具有高载流子迁移率、高辐射复合速率和长寿命的优点。但是，常用的蓝宝石衬底、Si 衬底、SiC 衬底、同质 GaN/GaAs 衬底等不具有柔性，限制了无机 LED 在柔性显示、生物医学等方向的应用。近年来，研究人员研发出了柔性 GaN/GaAs 基 LED，结合了无机 LED 的高效率和柔性衬底的柔软特性，扩展了无机 LED 在柔性器件领域的应用。

这种新型的柔性无机 LED 具有无机 LED 的高效率、高载流子迁移率和良好的可靠性（相对于柔性有机 LED），并且具有柔性衬底的可弯曲性。在 2009 年，罗杰斯（Rogers）研究组在 *Science* 杂志上报道了柔性无机 GaAs 基红光 LED 的制备以及其在柔性显示方面的应用。接着在 2011 年和 2012 年，在 *PNAS* 和 *Small* 杂志上报道了柔性 GaN 基 LED 的制备，并且将这些 LED 应用于柔性显示、柔性固态照明和生物医学等。国际上其他一些研究组也开始发展柔性 GaN 基 LED 的制备技术，苹果公司在 2014 年收购的 LuxVue 公司在微米 LED 芯片转移技术方面已申请多项专利，其中包括转移 LED 芯片至柔性衬底的技术。总之，柔性无机 LED 的制备技术在近几年得到了初步的发展，美国 Rogers 研究组还在柔性 LED 器件方面作出了开创性的贡献，国际上其他研究组也在跟进这方面的研究。柔性无机 LED 制备技术的关键技术包括原始衬底的移除技术和芯片转移技术，下面详细介绍这些技术。

根据原始外延片生长衬底的不同，LED 衬底的移除工艺会有所不同。对于 Si 衬底的 GaN 基 LED，深刻蚀 GaN 外延层形成台面，并刻蚀掉一部分 Si 衬底，通过 KOH 侧向腐蚀 Si 衬底，可以完全移除 Si 衬底。对于蓝宝石衬底的 GaN 基 LED，用 KrF 或者 YAG 激光器从蓝宝石背面入射 GaN/Sapphire 界面，可以使界面处的 GaN 分解，移除蓝宝石衬底。通过一些特殊的生长技术，在 GaN 外延层和蓝宝石衬底之间使用金属或者 SiO_2 插入层，然后用湿法腐蚀的方法也可以去除原始蓝宝石衬底。通过将 LED 外延层生长在石墨烯衬底上，可以很方便地机械剥离掉石墨烯衬底，其中使用 ZnO 纳米墙作为外延层和石墨烯衬底的中间插入层。对于 GaAs 基 LED，使用 $Al_{0.96}Ga_{0.04}As$ 插入层，用 HF 溶液湿法腐蚀，可以移除掉原始的 GaAs 衬底。

芯片转移技术是柔性无机 LED 制备技术的关键，要将 LED 芯片从刚性原始衬底转移到柔性衬底上，要逐个或者不同批次地转移 LED 芯片，需要在去除原始衬底后，仍然能把 LED 芯片临时固定在衬底上。如图 4.4.32 所示，芯片转移前，使用光刻胶作为锚（anchor），湿法腐蚀掉 LED 芯片原始衬底后，LED 芯片仍然可以被临时固定在原始衬底上。对于砷化镓基 LED，用 HF 溶液湿法腐蚀 $Al_{0.96}Ga_{0.04}As$插入层，由于光刻胶不被 HF 溶液溶解，可以作为锚将 LED 芯片临时固定在 GaAs 衬底上。对于 Si 衬底 GaN 基 LED，在使用 KOH 碱性溶液做湿法腐蚀侧向 Si 衬底的过程中，光刻胶会被 KOH 溶液破坏，因而可以部分腐蚀掉 Si 衬底，留下 Si 衬底的一个角落作为锚来临时固定 LED。

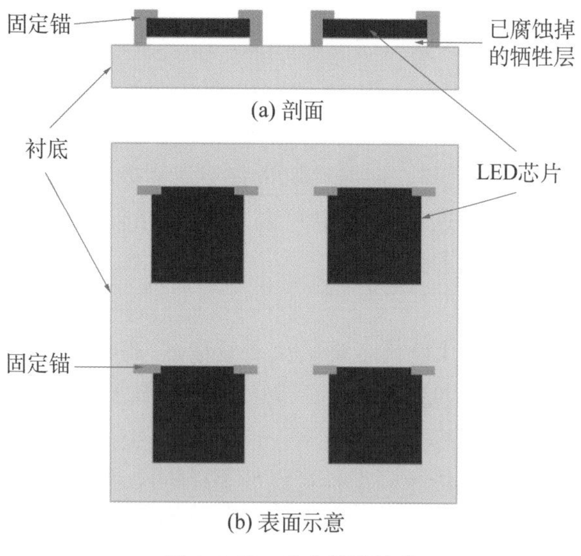

图 4.4.32　芯片转移技术

接下来是转移 LED 芯片的过程，转移打印（transfer printing）是一种有效转移微米级半导体器件的方法，下面介绍由 Rogers 研究组研发的一种方法。如图 4.4.33(a)所示，用聚二甲基硅氧烷

(polydimethylsiloxane,PDMS)做印章(stamp)来吸附(pick up)器件,器件和衬底之间的吸附力为图 4.4.32 中锚的力量,PDMS 和器件之间的吸附力和移动速度成正比,当 PDMS 移动速度足够快时,就可以吸附起器件,破坏锚。在图 4.4.33(b)中,将器件转移打印(print)到柔性衬底上。当 PDMS 拿起的速度比较慢时,PDMS 和器件之间的吸附力小于器件和柔性衬底之间的吸附力,器件被打印到柔性衬底上。值得指出的是,可以同时在 PDMS 上制作多个转移印章,增加每次转移打印的芯片的数量。另外,LuxVue 公司也发展了用静电吸盘来转移微米级器件阵列的技术,并被苹果公司在 2014 年收购,以发展新一代自发光无机微米 LED 显示技术。

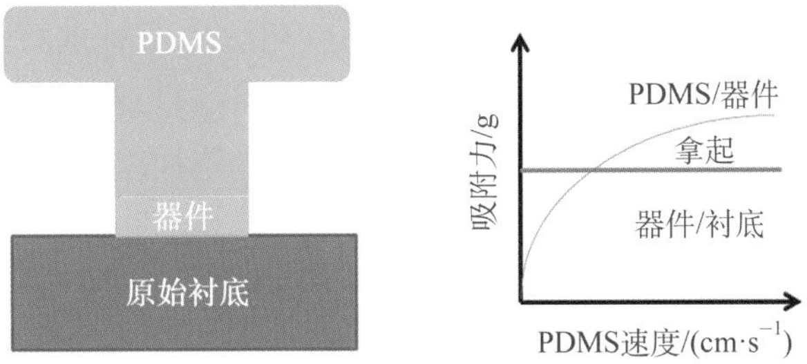

(a) 用 PDMS 从原始衬底上拿起器件

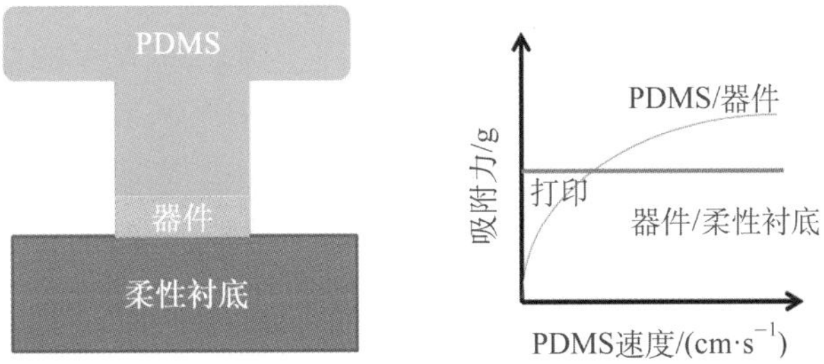

(b) 用 PDMS 将器件打印到柔性衬底上

图 4.4.33 转移打印示意图

在应用过程中,柔性无机 GaN 或者 GaAs 基 LED 会在弯曲状态下工作,弯曲产生的应力会影响到 LED 器件的发光波长,如果曲率半径过小,还有可能破坏柔性 LED。因此,有必要研究弯曲状态下柔性 LED 的应力及其对器件的影响。图 4.4.34 所示为一个 3 层薄膜结构的柔性器件,在一定的曲率半径 R 下,可以使用组合梁模型计算出力学中性面。力学中性面与最顶层表面的距离为

$$h_{\text{neutral}} = \sum_{i=1}^{N} \overline{E}_i h_i \left(\sum_{j=1}^{i} h_j - \frac{h_i}{2} \right) \Big/ \sum_{i=1}^{N} \overline{E}_i h_i \text{。} \tag{4.4.30}$$

式中,N 是器件总层数,包括 LED 芯片的厚度和封装层的厚度;h_i 是从上到下第 i 层的厚度;$\overline{E}_i = E_i/(1-v_i^2)$ 由第 i 层的杨氏(Young)模量 E_i 和泊松(Poisson)常数 v_i 来决定。在图 4.4.34 中,弯曲造成的器件面应力沿 x 轴方向,在 y 和 z 方向的应力假定为 0,也就是 $\sigma_{yy} = \sigma_{zz} = 0$。柔性无机 LED 的应变为

$$\varepsilon_{xx} = \gamma/R, \tag{4.4.31}$$

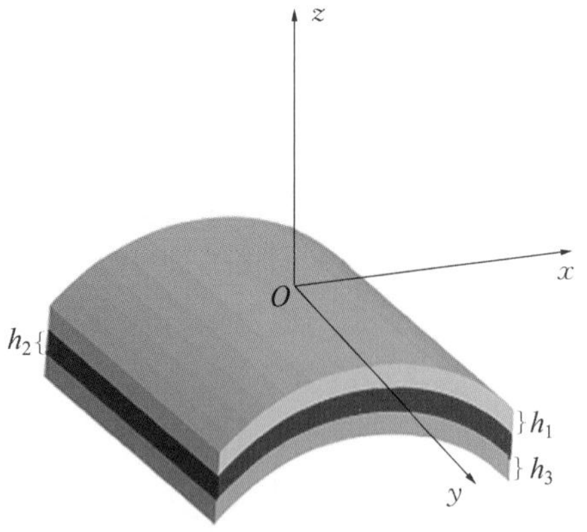

图 4.4.34　3 层薄膜在弯曲状态下示意图

$$\varepsilon_{yy}=\varepsilon_{zz}=-v\varepsilon_{xx}。\quad(4.4.32)$$

式中，R 为曲率半径；γ 为中性面离 LED 的量子阱的距离。对于 GaN 基柔性 LED，由于弯曲造成的 LED 的量子阱应变，进而导致 InGaN/GaN 量子阱的压电极化场 P_{ez} 变化，计算公式为

$$P_{ez}=e_{31}\varepsilon_{xx}+e_{32}\varepsilon_{yy}+e_{33}\varepsilon_{zz}。\quad(4.4.33)$$

式中，e_{31}，e_{32} 和 e_{33} 是压电极化常数，并且 $e_{31}=e_{32}$。

前面说过，GaN 基 LED 量子阱本身存在自发极化和压电极化，在无弯曲状态下 ($R=\infty$)，InGaN 量子阱的电荷密度可以由自发极化和压电极化计算出来。在一定的曲率半径下，在计算中加入由弯曲造成的附加压电极化电荷，可以计算柔性 LED 的特性。由于异质结界面的带电缺陷等会部分屏蔽极化电场，实际实验中测试的极化电场比理论结果要小。理论计算发现，随着曲率半径的减小，柔性无机 LED 的发光峰值波长会发生蓝移。假定极化电荷屏蔽因子为 20%，则计算结果和实验结果有良好的吻合。

随着柔性 LED 制备技术的进一步发展，柔性无机 LED 的应用也在逐步开展，并可以与其他柔性电子器件相结合，制作出复杂的柔性电子器件系统。国际上已经报道了柔性无机 LED 在微显示、柔性固态照明器件、可见光通信和生物医学方面的应用。由于柔性无机 LED 的可弯曲性能，它可以和任意形状的生物器官进行结合，所以它在生物医学方面的应用尤其引人注目。比如，在光遗传学方向的应用。光遗传学是指通过光来刺激神经的研究，比如 Kravitz 研究组在 *Nature* 上报道了用 473 nm 激光耦合光纤的方法激活脑细胞，但是激光有可能损害细胞组织，而且这种方法不适合大面积的多阵列激活。相对而言，LED 则没有这种缺点，发光不会损伤细胞，而且可以通过阵列型 LED 来激活。Grossman 研究组报道了用 64 μm×64 μm 的二维 LED 阵列刺激神经细胞的研究。Rogers 研究组在 2013 年的 *Science* 杂志上发表了用柔性 GaN 基微米 LED 刺激大鼠神经的文章，实验设计出了 50 μm×50 μm 尺寸的柔性针状微米 LED 和集成的无线控制系统，用来进行光遗传学的研究。这些研究将对人类健康起到巨大的积极作用，正是由于这些应用的价值，柔性无机 LED 制作技术也将更有必要性，也会更加多样化。

此处柔性无机 LED 多次提到微米 LED，柔性微显示需要用到微米 LED 阵列，光遗传学需要微米 LED 局域化的发光，微米 LED 是柔性无机 LED 的重要组成部分，有必要简要介绍无机微米 LED。微米 LED 的尺寸一般在 1～100 μm 之间，比用于普通照明的 LED(典型面积为 1 mm^2)的尺寸小，具有高效率、散热效果好、载流子寿命短、高光电调制带宽、输出光功率密度高和局域化发光的优势。因此，微米 LED 在微显示、可见光通信、光遗传学等领域都有广泛应用。2014 年，苹果公司收购 LuxVue 公司，引起了国际上对新型微显示技术的关注；2016 年，索尼推出用红、绿、蓝三基色微米 LED 阵列组成的 LED 显示屏，加快了对自发光微米 LED 显示技术的布局。同时，微米 LED 具备高光电调制带宽，能够达到 1 GHz；2014 年，英国思克莱德大学和爱丁堡大学合作，使用正交频分复用(orthogonal frequency division multiplexing，OFDM)的调制方法，单颗蓝光微米 LED 达到 3Gb・s^{-1} 的通信速度，并在 2016 年将速度进一步提升到 5 Gb · s^{-1}，在可见光通信领域也引起了国际上的关注。在 2015 年，Rogers 研究组在 *Cell* 发表了将柔性针状微米 LED 阵列应用于光遗传学的报道，国际上其他一些研究组也在进行这方面的研究。

4.4.2.7 量子点发光 LED

前面已经提及过，量子点作为一种性能优越的发光材料，可以作为一种荧光材料进行波长转换，与蓝光 LED 结合制备得到白光 LED。其实，量子点还可以电致发光模式(electroluminescence, EL)。量子点电致发光模式由电驱动，直接产生光，和有机发光二极管一样，需要电荷传输层，将这种模式的应用称为量子点发光二极管(quantum dot light-emitting diode, QD-LED)。

量子点的电致发光运用和有机发光二极管的工作原理类似，如图 4.4.35 所示，其结构为多层三明治结构。量子点薄层作为发光层，并由电子传输层、空穴传输层和阴阳电极构成。在外界电压的驱动下，电子和空穴由阴、阳两极注入；注入的电子和空穴分别从电子传输层和空穴传输层向发光层迁移；电子和空穴直接注入量子点发光层的导带和价带，形成激子，随后复合发射出光子。若器件中存在发光物质，如发光聚合物、有机小分子或无机半导体，能量传递也可以激发量子点，使其产生激子。

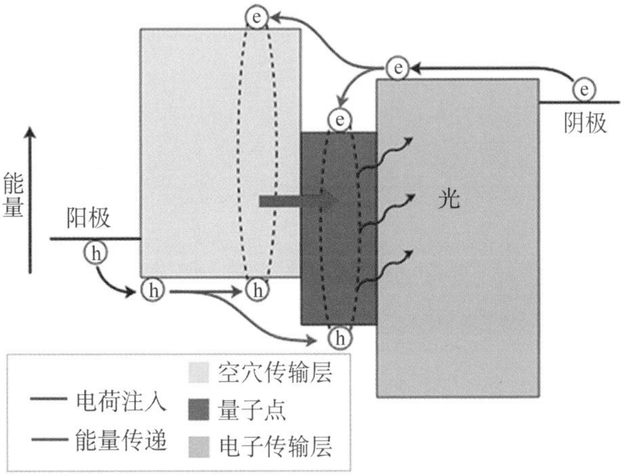

图 4.4.35 量子点电致发光的原理示意图

如今，以量子点作为发光层的电致发光器件主要为单色光器件。一些量子点具有较好的单色性，由此制备而成的量子点 LED 能在显示领域发挥极大的作用，和传统的 LED 背光源液晶显示器相比，其色域范围能有效扩大，对颜色的还原能力也更强。随着科学研究的进步，量子点 LED 的技术也将越来越成熟，单色光的器件可以通过 RGB 混光的方式实现白光输出。另一种思路是运用一种白光量子点作为电致发光器件的发光层，这种白光量子点具有覆盖蓝光到红光的连续谱，一般是通过运用多个发光中心元素共掺杂的方式实现。

有机电致发光技术的日渐成熟会愈发催生量子点在 LED 白光输出上的应用；而量子点合成技术的发展也助力于此。

4.5 LED 封装技术

LED 封装是将 LED 发光芯片安放于引线框架内，进行机械固定和电气连接，并在出光面以透光材料进行密封的过程。LED 封装的主要目的是为了保护发光芯片免受机械震动、热、潮湿、灰尘及其他的外部因素损伤，为外部电路连接提供标准统一的电气接口。与传统电子元件封装不同，LED 属于典型的电致发光器件，因此，LED 封装时还应考虑其光学特性能否满足应用需求。

LED 封装方法、材料和封装设备的选取主要是由 LED 芯片结构、封装器件结构、封装工艺等因素决定。

LED 产业经过 50 多年的发展，其封装结构经历了直插式 LED(Lamp LED)、金属引脚塑料包覆式 LED(PLCC LED)、平面线路式 LED(printed circuit board LEd, PCB LED)等发展历程。直插式 LED 的额定工作电流一般为 8～150 mA，金属引脚塑料包覆式 LED 的额定工作电流一般为 20～350 mA，平面线路式 LED 的额定电流范围较广，涵盖 8～1 000 mA，甚至更大。通常情况下，额定工作电流小于等于 20 mA 的 LED 器件称为小功率器件，工作电流 20 mA$<I_F<$350 mA 的 LED 器件称为中功率器件，工作电流大于等于 350 mA 的 LED 器件称为大功率器件。几种常见的 LED 封装器件的分类如图 4.5.1 所示。

(a) 直插式

(b) 金属引脚塑料包覆式

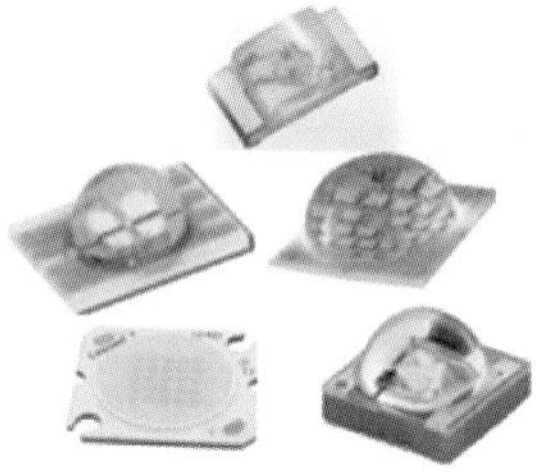

(c) 平面线路式

图 4.5.1　几种常见的 LED 封装器件

器件封装是 LED 光源产品生产制造过程中非常重要的环节，其质量高低在一定程度上决定了终端应用的性能和寿命，LED 封装的主要作用可以概括为：

① 提供一定的机械强度，保护芯片和电气连接线路免受外部冲击力的损害；

② 提供外部的电气连接管脚；

③ 提供散热路径；

④ 收集芯片出光，并输出特定特性的光形；

⑤ 提供环境保护，使芯片阻隔环境中的湿气、腐蚀性气体，免受静电及其他有害物质的侵害。

4.5.1 LED 封装材料

LED 封装材料主要包括：发光芯片（产业界也称作“管芯”）、引线框架（产业界也称作

“支架”)、固晶材料、键合线、封装胶、荧光材料(主要用于白光 LED)等。

4.5.1.1 发光芯片(管芯)

芯片是 LED 封装中最核心的元件,其他封装材料均围绕它进行选型和适配。LED 芯片按结构可以分为水平结构芯片、垂直结构芯片、倒装芯片等不同类型。其中,水平结构芯片的正负极均位于芯片顶部,垂直结构芯片的正负极分别位于其底部和顶部,倒装芯片的正负极则都在芯片底部,如图 4.5.2 所示。

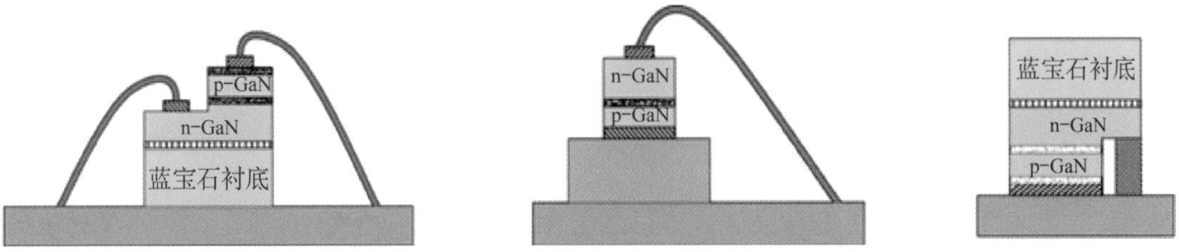

(a) 水平结构　(b) 垂直结构　(c) 倒装结构

图 4.5.2 LED 芯片结构示意图

4.5.1.2 引线框架

LED 引线框架的主要功能是承载 LED 芯片,进行结构保护,并为芯片提供电气连接,反射芯片发出的光线,以及为芯片提供良好的热传导通道。根据 LED 封装的发展历程,引线框架可分为直插式引线框架、金属引脚塑料包覆式引线框架、平面线路式引线框架。

1. 直插式引线框架

直插式金属引线框架一般为铜或铁经冲压后镀银或浸锡制成,有双引脚与多引脚之分。对于双引脚引线框架,在其中一个引脚的头部通过冲床冲出一个反光杯用于安放芯片,另一引脚仅用于引线键合、电气连接。“食人鱼支架”是最典型的多引脚直插式金属引线框架,与双引脚结构类似,也设有一个安放芯片的碗杯和相应的电极引出管脚。由于采用四引脚设计,其散热效果较双引脚支架有大幅提升。直插式引线框架的典型结构如图 4.5.3 所示。

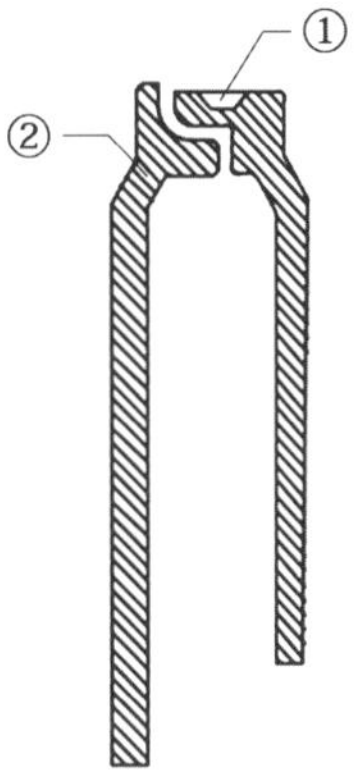

图 4.5.3 直插式引线框架结构示意图

① 射杯;② 金属引脚

2. 金属引脚塑料包覆式引线框架

金属引脚塑料包覆式引线框架又称为带引线的塑料芯片载体(plastic leaded chip carrier, PLCC),引脚从封装体侧面引出,是目前应用最广(市场占有率最高)的引线框架结构。早期的 PLCC 引线框架多为铜箔包覆 PPA(聚对苯二甲酰对苯二胺)塑料结构,如图 4.5.4(a)所示。引线框架制造厂商根据客户需求将铜箔冲切成特定形状,经注塑工艺包裹一定体积的 PPA 并形成反射杯且暴露出用于安放芯片的金属区域,最后将侧面露出的铜箔引脚折弯至底部,常见引脚数量有 2、4、6。由于金属铜与 PPA 塑料的热膨胀系数差异较大且结合力弱,这种引线框架往往气密性不好,温度循环实验中观察到由于应力失配而导致的微小裂纹。另外,铜箔引脚侧面折弯的方案也使得芯片产生的热量需要经过较长的传导距离才能到达器件底部,因此这种结构的散热性能严重不足。所以早期的 PLCC 引线框架一般只用在要求不高的中小功率场合（小于 0.5 W）。

为了提高 PLCC 引线框架的适用范围，工程师开发出了全新的铜箔 PCT（聚对苯二甲酸 1,4-环己烷二甲酯）垂直包覆结构与 EMC（epoxy molding compound，环氧树脂模塑料）铜箔垂直包覆结构，如图 4.5.4（b）所示。PCT 是一种典型的高温工程塑料，可以改性用于 LED 引线框架。在 PCT 改性中一般都添加陶瓷纤（含纤 20%左右），从而大大提高了引线框架的抗紫外能力，且具有较低的吸水率、较小的成型收缩率，以及良好的尺寸稳定性；EMC 以环氧树脂为基体材料，配合高性能酚醛树脂作为固化剂，并加入 Si 微粉填料以及其他助剂，是一种广泛应用的半导体器件封装材料。EMC 材料耐热性好、稳定性强，调整 Si 微粉比例可获得与金属铜接近的膨胀系数。PCT 材料与 EMC 材料均具有良好的抗黄变能力。另外，新引线框架的铜箔线路制备可采用先进的精密半蚀刻技术，该方法加工的铜箔线路可避免由机械冲切而形成的塌角、光亮、断裂带，断面均匀，与 PCT 或 EMC 材料的结合力强，配合特殊防水设计可大大提高引线框架的气密性能。最后，凭借着铜材高效的导热效果，这类引线框架可快速将发光芯片产生的热量传导至器件底部并扩散，大大改善了最终封装器件的散热性能，可承受的最大功率达到 3 W。

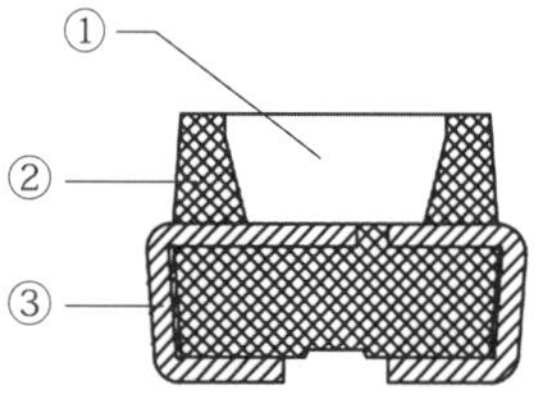

(a) 早期的结构

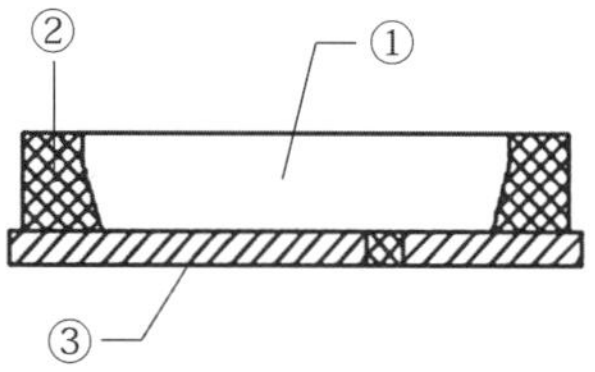

(b) 全新的结构

图 4.5.4　几种典型的 PLCC 引线框架结构示意图

① 反射杯；② 塑料；③ 金属引脚

3. 平面线路式引线框架

平面线路式引线框架又称为印刷线路板引线框架（print circuit board leadframe，简称 PCB 支架），采用成熟的印刷线路板工艺在平面绝缘基板上成形特定图形线路，以绝缘材料为载体、图形线路为电气通道，是 LED 封装中最具市场潜力的引线框架结构。常见的绝缘载体基板包括 BT 树脂（主要以 bismaleimide 和 triazine 聚合而成的树脂）线路板、玻纤板（如 FR-4）、陶瓷板（如氧化铝、氮化铝等）、金属芯线路板（metal core print circuit board, MCPCB）。

以 BT 树脂为原料所构成的基板具有高 Tg（255～330℃）、高耐热性（160～230℃）、高抗湿性、低介电常数及低散失因素等优点，常用于片式 LED 平面引线框架制造。BT 板本体绝缘、表面覆铜，利用化学刻蚀在上下两面形成特定线路，经过孔或侧面电镀金属层使得上下线路导通。上表面线路按使用功能分为芯片安放区与金线键合区（倒装芯片专用引线框架无金线键合区），下表面线路一般设有多个用于电流注入的电极，如图 4.5.5 所示。由于导热率低，这种引线框架仅用于小功率 LED 器件封装，驱动电流小于 8 mA。随着 LED 器件驱动功率日益增大，传统 BT 料引线框架已不能满足，封装设计人员尝试通过改变结构提高这类引线框架的承载功率，开发出内嵌金属热沉 PCB 板大功率 LED 引线框架，如图 4.5.6 所示。内嵌热沉 PCB 板引线框架巧妙地利用了 PCB 板的高绝缘特性与金属铜材的高导热特性，将实体铜材植入芯片安放区下方，并贯穿整个PCB板连接底部线路。PCB板表面线路用于电气连接，实体铜材用于热量导出，基于这种特性，设计人员将这种引线框架称为热电分离式引线框架。

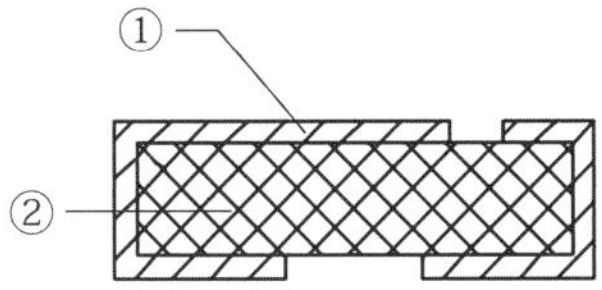

图4.5.5　CHIP基板结构示意图

① 印刷线路；② 绝缘基板

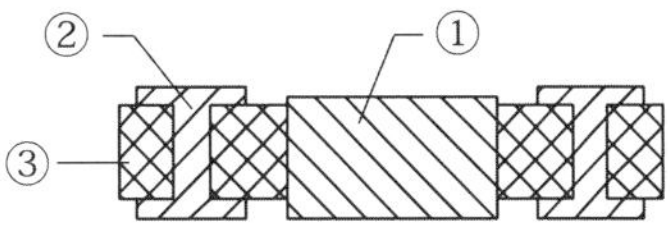

图4.5.6　一种用于大功率的热电分离式引线框架结构示意图

① 金属热沉；② 印刷线路；③ 绝缘基板

陶瓷基板（平面线路）引线框架主要面向高端应用，常见的陶瓷基材有氧化铝陶瓷（Al_2O_3）与氮化铝陶瓷（AlN）。前者导热率较低，约为15～25 W·(m·K)$^{-1}$；后者导热率较高，聚晶体物料为70～210 W·(m·K)$^{-1}$，而单晶体更是高达275 W·(m·K)$^{-1}$。按制造过程中烧结温度的不同，还可进一步将陶瓷基材分为低温共烧陶瓷（low temperature co-fired ceramic，LTCC）与高温共烧陶瓷（high temperature co-fired ceramic，HTCC）。与PCB板引线框架类似，陶瓷基板引线框架一般也具有双面线路，并通过导电通孔相连。陶瓷基板引线框架制备工艺主要有直接镀铜法（direct plated ceramic，DPC）、直接烧结法（direct bonded copper，DBC）与丝网印刷法。直接镀铜法制作陶瓷基板引线框架主要步骤如下：a. 前处理去除陶瓷基板表面油污；b. 利用真空镀膜技术在陶瓷基板上溅镀金属薄膜层（种子层）；c. 借助黄光微影将金属薄膜制成特定线路；d. 以电镀或化学镀的方式将线路进行加厚。与直接镀铜法不同，直接烧结法是将具有一定厚度的铜箔加热至软化或半熔化状态后，直接键合到陶瓷基板表面上，冷却后利用化学刻蚀形成线路。用直接烧结法制成的超薄复合基板具有优良的电绝缘性能、高导热特性、优异的软钎焊性和高的附着强度，并可像PCB板一样能刻蚀出各种图形，具有很大的载流能力。丝网印刷法则是将具有电路图形的网版与陶瓷基板贴合，利用刮刀的往复运动使导电浆料（银浆或铜浆）按照网版图形分布，最后经烘烤形成平面引线框架线路。采用不同方法制成的平面线路引线框架特性如表4.5.1所示。

表4.5.1　几种典型陶瓷基板引线框架性能对比

不同方法	线路精度	线路复杂程度	承载电流	内应力	焊接性能	可靠性	制作成本
DPC法	高	高	一般	低	高	高	高
DBC法	较高	一般	高	高	高	高	高
丝网印刷法	一般	低	低	低	高	低	低

金属芯绝缘板（平面线路）引线框架是针对多芯片集成式LED封装（chip on board，COB）而开发的高散热性能引线框架，一般尺寸较大。早期的金属芯平面线路引线框架实际上仅仅是普通金属芯线路板的特殊应用，采用三层结构，即位于底部的金属层、中间绝缘层

以及顶部线路层，如图 4.5.7 所示。发光芯片安放在表面层，虽然该引线框架主体结构采用了金属材料，但是由于中间绝缘层材料多为高分子材料混合物（导热率小于等于 2 W·(m·K)$^{-1}$），芯片产生的热量被极大地限制在线路一侧，为 COB 集成封装带来了十分严峻的散热挑战。在随后的发展中，为了适应大功率 COB 的市场需求，发展了一种通过机械加工的方式去除 MCPCB 引线框架芯片安装区部分线路及其下方绝缘材料的工艺，使发光芯片可直接安放在金属铝材上，大大改善了这类引线框架的散热性能。而在实际应用中，随着 LED 光源通电时间增长，应用厂商发现 MCPCB 引线框架绝缘层除了散热性能较差之外，绝缘层的绝缘性能也是一个重大的隐患，在浪涌试验中，绝缘层存在瞬间高压而被局部击穿的可能。在此背景下，压合式金属芯平面引线框架开始受到大家重视，与 MCPCB 平面线路引线框架结构十分类似，该框架仅中间的绝缘层由原来的高分子材料薄膜替换为环氧玻纤布薄板，并通过高分子粘贴片与底部金属层相连，耐击穿电压大于 20 kV，如图 4.5.8 所示。改进后的金属芯平面线路引线框架具有十分优异的散热性能及电气性能，逐渐成为集成式封装的标准化引线框架。

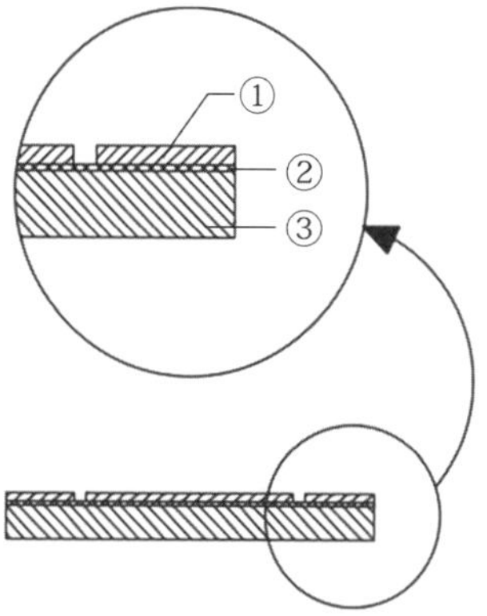

图 4.5.7　普通金属芯平面线路引线框架结构示意图

① 印刷线路；② 绝缘层；③ 金属基板

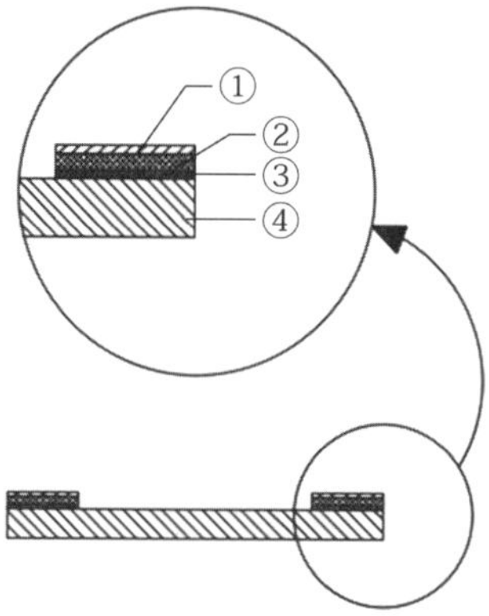

图 4.5.8　一种改进型金属芯平面线路引线框架结构示意图

① 印刷线路；② 环氧玻纤板；③ 高分子黏贴片；④ 金属基板

4.5.1.3　固晶材料

固晶胶的作用是把管芯固定于引线框架上。判定固晶胶好坏的主要标准：剪切强度、导热系数、黏结力、膨胀系数和烘烤条件。一般来说，剪切强度和黏结力要大，导热系数要高，这 3 个标准分别决定了 LED 芯片的拉力、推力和寿命。膨胀系数要与支架材料匹配，两者的膨胀系数差值小，可以减少热应力，提高 LED 器件的稳定性。在保证固晶胶性能的前提下，固化温度低、时间短有利于提升生产效率、降低成本。

LED 封装用的固晶胶可以分为导电银胶和绝缘胶两大类。导电银胶是由金属银微粒、黏合剂、溶剂及助剂组成的一种机械混合物，同时具有黏结性和导电性。因此，采用银胶固晶的目的在于除固定芯片以外，还起到电路连接的作用，即与芯片下方的金属支架形成导电回路。一般来说，银微粒含量的增加有利于增加银胶的导电性，但过高的银含量会使银胶同时具备较大电阻值,并降低银微粒被连接树脂所裹挟的几率,降低其固化成膜后的黏结性。因此,从实际应用来说,银微粒的质量比重一般在 65%~85%之间比较合适。此外,银微粒的大小及形状也对银浆的导电性有较大影响,一般较小的颗粒尺寸及片状的形状(见图 4.5.9)有利于增加银微粒之间的接触面积,提高固化成膜后的导电性能。银微粒在银胶中主要是起到导电的作用,通常需要将其分散在黏合剂中,使银胶具备一定的黏性以及成膜能力。因此,黏合剂对于银胶中的微粒与微粒之间、微粒与固晶基材之间的结合稳定性起到关键作用。合成树脂在一定温度下固化成形后具有较高的稳定性,一般被选用作黏合剂,如环氧树脂、酚醛树脂等。溶剂主要起到溶解黏合剂(使银微粒充分分散在黏合剂中)、调整导电银浆的黏度及其稳定性、改善基材表面润湿状态的作用。另外,溶剂的沸点还影响到导电银浆的稳定性和操作持久性,甚至对固化温度及速率起到关键的作用。助剂指分散剂、防氧剂、流平剂及稳定剂等,用于改善固化条件,如可改善导电银胶的稳定性及成膜质量等,但通常会降低其导电性能,可根据固晶要求适量加入。

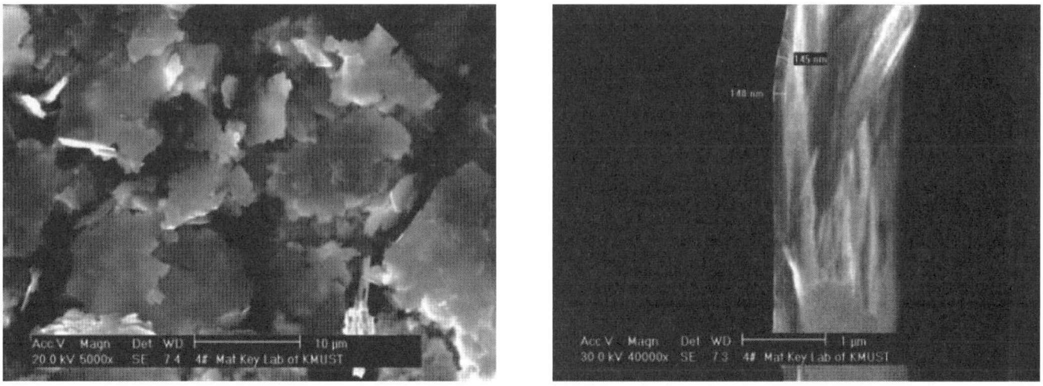

(a) 片径　　　　(b) 片厚

图 4.5.9　基于卧式球磨机制备得到的片状银粉电子扫描显像图的形貌

绝缘胶根据其组分的不同,又可以分为环氧树脂型绝缘胶、硅胶型绝缘胶、硅树脂型绝缘胶,不同材质的绝缘胶各有优劣势。环氧树脂型绝缘胶因其含有大量的羟基、醚键、氨基等极性基团,具有高黏结性、绝缘性、耐腐蚀性以及低收缩性等优异的性能,但一般其散热性能不佳、应力大、抗紫外线能力不佳。而硅胶型绝缘胶因其内含有呈螺旋状的杂链分子结构,具有较好的热稳定性、低表面能、低表面张力及柔顺性,所以其散热性能较佳、吸湿性低、内应力低、耐紫外光性强,但其黏结性能一般,推力也较一般。而硅树脂型绝缘胶由于加入了硅树脂成分,结合了环氧与硅胶的优势,其黏结性能优于硅胶,散热能力介于环氧树脂和硅胶之间。

导电银胶与绝缘胶相比吸光严重、封装成品光通量低,一般小功率 LED 器件封装采用导电银胶作为固晶胶。尽管银胶和绝缘胶一样也有导热性(主要是银颗粒导热),但是银颗粒也会产生导热阻隔现象,这也就是一般银胶的导热系数比绝缘胶高,但实际的导热效果并不好的一个原因。一般来说,银胶不适用于大功率 LED 封装,对正装芯片的大功率 LED 固晶,采用具有高导热性能的绝缘胶较为合适。

为进一步增加封装器件的散热能力,可采用共晶制程取代固晶胶制程。共晶制程又可分为直接共晶和助焊剂共晶，如图 4.5.10 所示。该制程无需使用上述固晶胶，但对材料、设计及表面粗糙度的要求较高；基板本身也要具备较高的表面平滑度以及良好的传热性。在共晶时，一般要求基板预设有银层或金层，同时要求金-锡或锡等合金预附于芯片底部焊接区域，以作为焊接面过渡。当基板被加热至一定的共晶温度时，基板上的银或金元素会渗透于金-锡合金层，合金层成分的改变会提高熔点，实现了共晶层的固化，并使芯片焊接于基板上，较大地提升芯片到基板的导热能力，提升芯片的寿命。

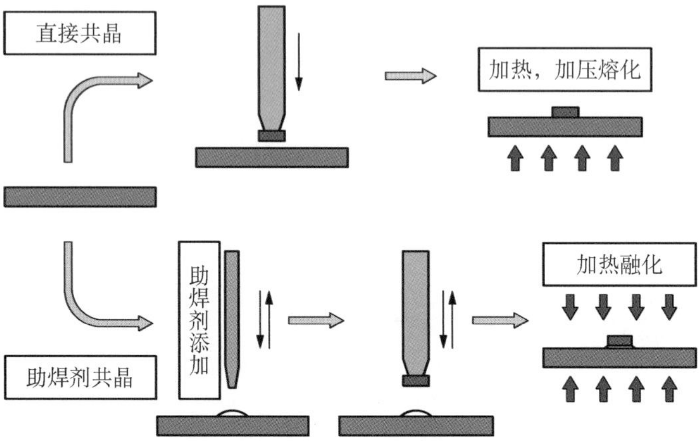

图 4.5.10　LED 芯片共晶焊接流程示意图

4.5.1.4　键合线

在 LED 封装中，需要通过引线键合工艺实现芯片与外部支架的电器连接，即利用热能、压力和超声能量的共同作用，使键合线与芯片电极和外部支架的焊盘金属发生原子间扩散进而完成键合。键合过程中，要求在芯片上的焊点有 3/4 在其电极区域以内，同时要避免接触到 n 型与 p 型层的分界线；在支架上的焊点则要避免超出键合区域。此外，合理地设计键合温度、键合时间、超声功率及键合压力，可有助于提高焊点的质量。一般，要求球形焊点处具有均匀的变形，并保持与丝同心，同时要避免根部损伤及缩小；要求楔形焊点处也应避免有较明显的裂纹。在键合后要检查焊接质量，要求无芯片损伤，无金属熔渣、断丝，键合线无短路、塌丝及勾丝等现象。引线轮廓也会对键合可靠性有较大影响，可以通过在拉弧过程中改变键合工具的运动轨迹、引线长度、转角、转角长度和运动速度来控制。合理地设计拉弧参数（见图 4.5.11）可以减少引线轮廓高度，减少蠕动，提高键合可靠性。

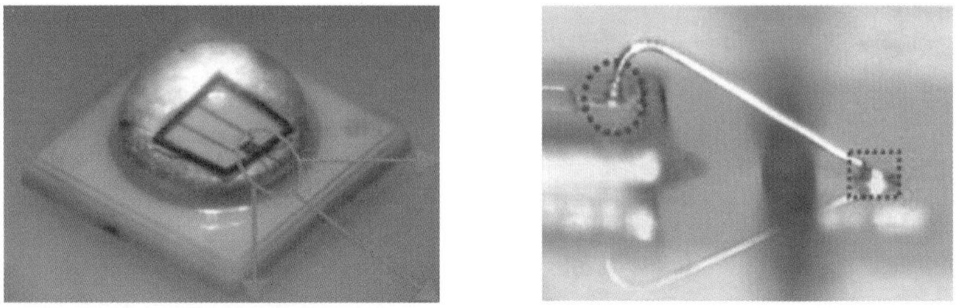

(a) LED 轴视图　　(b) 正打焊线模式 LEDs 金线侧视图

图 4.5.11

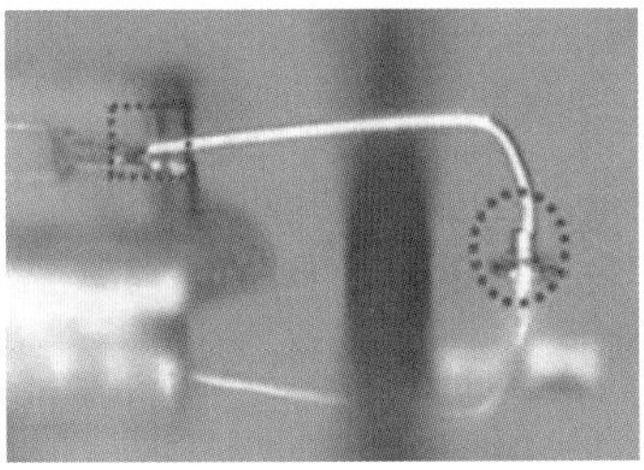

(c) 反打焊线模式 LEDs 金线侧视图

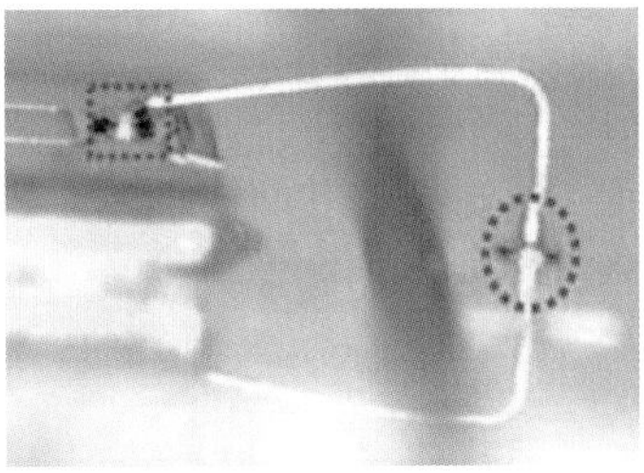

(d) BSOB 反打焊线模式 LEDs 金线侧视图

图 4.5.11 不同焊线模式 LED

键合线在引线键合工艺中起到关键的作用，要求具有良好的机械性能及导电性能。太软的键合线，常会出现拱丝下垂、球形不稳定、颈部收缩、断裂等问题；而太硬的键合线，则容易出现损伤芯片、颈部断裂、合金形成困难、弧线控制困难等问题。为满足要求，一般采用金线、银线、铜线、铝合金线作为键合线，这些线各具有不同的特点。比如，键合金线的 Au 的含量为 99.99%以上，其中包含了 Ag/Cu/Si/Ca/Mg 等微量元素，具有抗氧化、电导率大、耐腐蚀、韧性好等优点，但价格昂贵；键合银线则是高纯银材料加入微量元素，具有价格便宜(是同等线径的金丝的 20%左右)、导电性好、散热性好、反光性好(亮度与使用金线的比较可提高 10%左右)等优点，特别是与镀银支架焊接时可焊性比较好，但是容易氧化且延展性差；键合铜线具有良好的力学性能、优异的电学性能(电导率比金高出近 40%，比铝高出近 2 倍)、出色的热学性能(显著优于金和铝)、性能稳定等优点，但铜线键合工艺难以控制且较易被氧化，一般适用于要求键合丝更细、封装密度更高而成本更低的场合；键合铝线较为便宜，直径较大、电流容量大，但易氧化(导致球焊时难以成球形)、拉伸强度和耐热性差、表面清洁度差、性能不稳定，特别是伸长率波动大，容易在键合处产生疲劳断裂，此外，还有焊点大、需要的焊点尺寸大等问题。由于金线抗氧化能力较强，且具备较好的机械性能及导电性能，目前 LED 封装仍主要采用金线键合，同时也在寻求更好的低成本替代方案。

4.5.1.5 封装胶

在 LED 封装中，通常采用填充、灌封或模压等方式将封装胶灌入 LED 支架内，并在常温或加热条件下实现封装胶的固化，以完成 LED 器件的封装。一般来说，封装胶应具有高透光率、高耐候性以及高耐紫外辐射性，同时，应具备良好的机械强度及较小的热膨胀系数。封装胶对 LED 器件的保护作用十分重要，主要是提高器件对外来冲击、振动的抵抗力，提高内部元件、线路间的绝缘性，避免内部元件、线路的直接暴露，改善器件防水防潮性能。用于 LED 的封装胶有两类，分别是环氧树脂及有机硅。

早期的 LED 器件仅用于信号指示与显示，主要的封装胶采用双酚 A 型环氧树脂。这种封装胶具有透光率高、折射率大、力学性能好、耐腐蚀、电性能优异、成本较低、固化时不产生小分子物质、收缩率低、贮存稳定性好、可室温固化、操作简便等优点，广泛应用于 Lamp LED 和小功率 Top-View LED 封装中。但它固化后交联密度高、内应力大、脆性大、耐冲击性差，所以主要用于可靠性要求较低的场合。

有机硅封装材料按其折射率可分为低折射率(1.41)和高折射率(1.51～1.53)两类，低折射率有机硅主要为甲基型高分子材料，高折射率有机硅则主要为苯基型高分子材料。有机硅聚合物以 Si—O 键为主链，硅原子上连接有机基团；Si—O 键键能较高，使其具有比较好的耐高温或辐射性能；且 Si—O 键键角较大，能使材料的分子链柔软。因此，有机硅材料在耐热性、抗黄变等方面有优异的性能。此外，有机硅材料易改性，可以在侧链上引入具有提高折射率的功能基团，如硫、苯、酚和环氧基等，提高封装材料的折射率。甲基有机硅硬化后的特点是高透明，与 PPA 等塑料支架黏结力强。而苯基有机硅硬化后，除了高透明及黏结力强外，它还具有比甲基有机硅更高的硬度以及普遍更高的折射率。但一般在耐老化及耐冷热冲击方面，甲基劣于苯基有机硅。

上述的两类封装胶材料一般可直接用于 LED 封装，为使用方便，还可在环氧树脂材料的基础上加入硬化剂、促进剂、抗燃剂、耦合剂、脱模剂、填充料、颜料、润滑剂等成分，从而将封装胶制作成胶饼使用。使用在环氧胶饼中的环氧树脂种类有双酚 A 系（Bisphenol－A）、酚醛环氧树脂（Novolac Epoxy）、环状脂肪族环氧树脂（Cyclicaliphatic Epoxy）、环氧化的丁二烯等。可选用单一树脂，也可以两种以上的树脂混合使用。这种环氧树脂在低温下形成固态，先将其研磨成粉末状，然后再将上述其他组分与环氧粉末搅拌均匀，再在模压机下施加一定压力形成环氧胶饼，常用于 Chip 型 LED 的封装。

4.5.1.6 荧光材料

荧光材料具有荧光特性，激子吸收入射光能量后跃迁到高能级态，随后回到最低能级的激发态，最后从激发态回到基态并发射出更低能量的光子。在白光 LED 封装中，一般利用这种荧光特性把部分 LED 的发射光转换为其他波长的光线，通过 LED 发射光和转换光的混合实现白光。常见的封装路线是用蓝光芯片激发黄光 YAG：Ce 荧光粉。该方案使用单一种类的荧光粉，且 YAG：Ce 粉工艺成熟，故在封装成本上具有较大优势。然而，使用这种荧光粉制成的器件面临不少问题，如显色指数较低、难以获得较低的色温，以及在不同驱动电流下的色一致性较差。

另一种封装路线是，使用（近）紫外 LED 激发单相的白光荧光粉或分别激发红光、绿光及蓝光的荧光粉。对于前者而言，氧化物基的荧光材料通过 Ce^{3+} 及 Eu^{2+} 可有效地吸收近紫外光并发射出涵盖蓝绿波段的光线。为了进一步把能量分散在整个可见光段，通常会在单相白光荧光粉中进行掺杂，常见的有 Eu^{2+}－Mn^{2+} 及 Ce^{2+}－Mn^{2+} 掺杂白光荧光粉。$Ba_3MgSi_2O_8$：Eu^{2+}、Mn^{2+} 及 $Ba_2Ca(BO_3)_2$：Ce^{3+}，Mn^{2+} 分别是上述两种掺杂类型的典型单相白光荧光粉。对于后者而言，$Ca_5(PO_4)_3Cl$：Eu^{2+}、$BaMgAl_{14}O_{23}$：Eu^{2+}/Mn^{2+}，以及 $BaMgAl_{10}O_{17}$：Eu^{2+}/Mn^{2+} 常用作蓝光或绿光荧光粉，氮化物荧光粉则常用作红光荧光粉。该方案使用具有 3 个发射光波段的荧光粉，制成的器件具有更高的色域、显色指数，以及不同驱动电流下的色一致性。然而，这种荧光粉的调配较为复杂，尤其是氮化物荧光粉对蓝绿光的吸收较为严重，严重降低了器件的光效，并且（近）紫外 LED 与蓝光 LED 相比在成本及光效方面并不具备优势，故该路线在器件成本及性能方面并不占优。

目前，比较主流的白光封装路线是用蓝光芯片激发红光及绿光荧光粉，如图 4.5.12 所示。该方案与上述方案的不同之处在于把（近）紫外芯片替换成蓝光芯片，并免去蓝光荧光粉的使用。这样，一方面可以减少荧光粉的种类，减少荧光粉组合调控的难度；另一方面避免了紫外光在蓝光荧光粉中的荧光损耗，可以提高蓝光部分的提取效率。采用该方案制成的器件同样具有更高的色域、显色指数以及不同驱动电流下的色一致性，并且具备更高的光效及相对更低的制造成本。

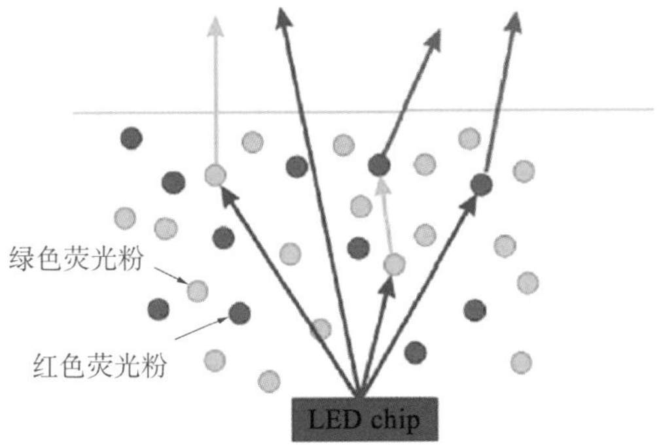

图4.5.12 蓝光芯片激发红光及绿光荧光粉实现白光

除了发射波长以外，荧光材料的热稳定性与粒径分布也会影响到封装器件的最终性能。荧光材料存在高温猝灭现象，这主要是指在温度较高时，荧光材料中的激子容易通过热振动到达激发态曲线远离中心的位置，然后在回到基态时没有发出复合辐射光线而降低器件的光效。另一方面，荧光材料对光线存在散射作用，一般会增加光线的背向散射概率并降低器件的光效。目前，也有人通过采用微纳米尺度的荧光粉来减少器件内部的散射能量损失，以进一步提升器件光效，如图 4.5.13 所示。

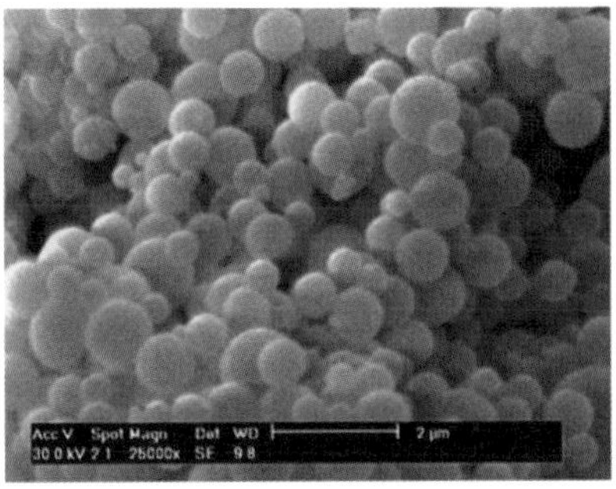

(a) 电子扫描显像图

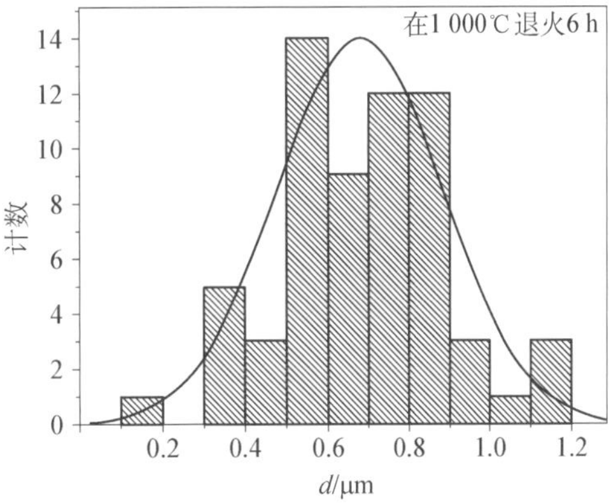

(b) 粒径分布示意图

图 4.5.13 基于喷雾热分解法合成的微纳米级 YAG: Ce 荧光粉

4.5.2 常见 LED 器件

最早商业化的 LED 封装器件诞生于 20 世纪 60 年代，外形类似微型氖灯泡，如图 4.5.14 所示。该 LED 器件不仅亮度低，且应用困难，十分不便于安装。此后，随着 LED 封装器件商业化程度提高以及市场需求的增加，LED 器件封装得到了长足的进展，形成了直插式 LED、片式 LED、顶部发光 LED 等多种封装形式。

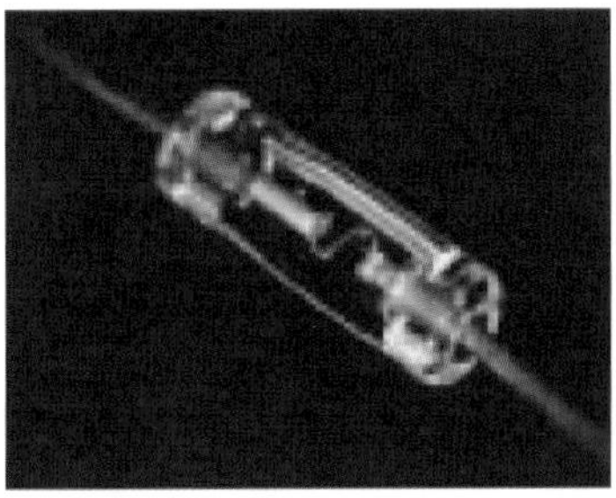

图 4.5.14 世界上最早的 LED 器件

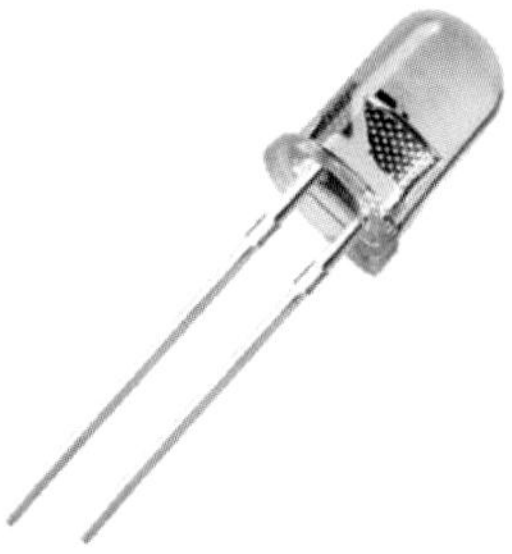

图 4.5.15　Lamp LED 器件

4.5.2.1　Lamp LED

Lamp LED 的基本结构由引线框架、发光芯片、键合线、荧光涂层（白光封装）、塑封透镜组成，如图 4.5.15 所示。发光芯片置于引线框架反射杯内，芯片电极通过键合线与对应的引脚导通，芯片发出的光线经反射杯收集后由顶部出射；若封装对象为白光产品，则需在反射杯中覆盖荧光粉材料；顶部的塑封透镜按照光线设计成特定形状，并根据需要参入染色剂或散射剂，且以此控制 LED 封装发出的光谱成分及光强分布。在一般情况下，采用较小曲率的封装透镜可使光集中到封装体的轴线方向，光束角小；反之，则光束发散，视角增大。除此之外，塑封透镜还扮演着提高 LED 芯片光效的作用。这主要是因为发光芯片材料的折射率较大，芯片内部产生的光极易在芯片/空气界面发生全反射。选用折射率较高的树脂材料覆盖芯片表面，能极大提高光线出射到外界的概率。Lamp LED 一般驱动电流较低，一般在 20 mA 左右，广泛用于电子设备信号指示，以及户外显示屏显示。

4.5.2.2　片式 LED(Chip LED)

由于 Lamp LED 组装需要手工直插，因此其效率低、精度差。另一方面，随着自动化表面贴装设备的普及，电子产品需要一种与其他电子元件组装方式兼容且高效的 LED 器件，这就是片式 LED，如图 4.5.16 所示。片式 LED 一般采用平面线路式引线框架，基体材料为 BT 线路板，双面覆铜并通过侧面镀铜工艺形成电极。发光芯片安放在顶部线路固晶区，由键合金线提供电气连接，器件整体呈扁平状，故称为“片式”。世界上第一盏商品化的片式 LED 是由日本西铁城电子(Citizen Electronics)公司在 1983 年推出的，并凭借着极高的易用性和紧凑的尺寸受到电子设备制造商的青睐。由于片式 LED 多采用高分子材料的板材作为引线框架，散热是其最大的弊端。因此，片式 LED 的驱动功率一般较小，主要用作仪器、仪表指示，以及键盘照明和户内显示屏等。

图 4.5.16　片式 LED 外观示意图

4.5.2.3　顶部发光 LED(Top-View LED)

20 世纪末，德国 LED 器件生产商 Osram 在综合了片式 LED 易组装以及金属引脚散热快的优势后，开发出早期顶部发光 LED 器件，如图 4.5.17(a)所示。该器件采用金属引脚塑料包覆式引线框架(PLCC)，由于引线框架制造中预留了用于封装的反射杯，因此顶部发光 LED 器件不需要额外的模条（但 Lamp LED 必须）或模具（但片式 LED 必须），仅需要将定量的环氧或硅胶材料滴涂于反射杯中即可，封装过程简单、效率高。基于上述优点 PLCC 顶部发光器件很快得到了广泛应用。早期顶部发光的 LED 采用的 PLCC 引线框架多采用引脚侧弯式结构，驱动功率一般小于等于 0.2 W，主要应用在显示以及小功率照明灯具上。随着垂直包覆引线框架，尤其是 EMC 直包覆引线框架的出现（见图 4.5.17(b)），顶部发光 LED 的功率已全面覆盖分立式器件的所有功率范畴，最大可达 10 W。除了 PLCC 引线框架结构的顶部发光器件，在某些高可靠特殊应用领域，还出现了陶瓷引线框架以及金属引线框架的顶部发光 LED。

(a) 侧弯引脚结构

(b) 垂直包覆结构

图 4.5.17　典型的 Top LED 器件

4.5.2.4　透镜 LED(Lens LED)

透镜 LED 作为指向性照明终端(路灯、射灯、洗墙灯等)的理想光源，是常见 LED 器件的重要组成部分，具有功率大、亮度高、可靠性强等特点。透镜 LED 器件的驱动功率通常在 1 W 以上，最早的透镜 LED 是 LumiLEDs 公司在 1998 年推出的 Luxeon 系列，如图 4.5.18 所示。该器件采用热电分离的 PLCC 引线框架，LED 芯片安放在实体金属热沉上，电极通过键合金线连接在两侧的独立引脚上，芯片上方扣装经过特殊光学设计的树脂透镜并填充硅胶。Luxeon 透镜 LED 器件在制造上十分简单，无需模具便能实现特定形状透镜的封装。因此自该器件面世以来，便不断被其他器件生产厂商模仿，称作“仿流明”结构。但 Luxeon 透镜 LED 在结构上并没有考虑终端产品紧凑化的趋势，在 LED 器件小型化的大潮中逐渐被后来的陶瓷平面线路引线框架取代，其中典型的代表为 Cree 公司在 2006 年推出的通用型 XLamp 7090 大功率器件，如图 4.5.19 所示。该器件由陶瓷引线框架、预成型好的圆形金属反射杯通过环氧材料与基板黏结，芯片置于反射杯中，反射表面扣装玻璃透镜，透镜与芯片间隙用硅胶填充。器件底部采用三电极设计，位于两端的为正负极，中间的电极为独立导热通道。2010 年前，一体塑封工艺的出现使得透镜 LED 得到了进一步的发展，紧凑程度进一步提高，诞生了 3535(3.5 mm × 3.5 mm)、3030(3.0 mm × 3.0 mm)、2525(2.5 mm × 2.5 mm) 等新型产品。

图 4.5.18　Luxeon 透镜 LED 器件

图 4.5.19　XLamp 7090 大功率器件

4.5.2.5　集成式 LED 器件(COB LED)

随着 LED 应用的普及，业界发现基于分立式 LED 器件组装而成的 LED 光源存在如下不足之处：a. LED 器件存在点光源问题，无法提供像荧光灯、白炽灯那样的均匀发光效果。这种点光源的照明效果除了会造成眩光外，当人们在光源下作业时还会出现重影的现象，严重影响照明效果。b. LED 灯具通常采用如下技术路线制造：LED 光源分立器件→金属芯线路板（MCPCB）LED光源模块→LED灯具。这种技术路线不仅耗费工时，增加额外物耗，同时，因多次组装引入多级热界面层，模块热阻较大。实际应用中，可将“LED光源分立器件→金属芯线路板（MCPCB）LED光源模块”合并，将LED芯片直接封装成光源模块，采用“LED光源模块→LED灯具”的组装技术路线。这种光源模块称为集成式LED封装或COB封装。集成式LED封装常见形态如图4.5.20所示，由引线框架、阵列芯片、键合线与封装胶体组成，芯片阵列可根据驱动电源的特性设计成多样化的串并联形式。

图 4.5.20　COB 器件

4.5.2.6　其他类型的LED器件

在实际应用中，为了适应某些应用领域的特殊需求，业界还开发出适合小尺寸背光装配要求的侧发光LED（side view LED）、模拟白炽灯照明效果的灯丝LED(fibre LED)、应用于深紫外LED产品的全无机封装，如图4.5.21所示。

(a) 侧发光LED器件　　(b) 灯丝LED器件　　(c) 深紫外LED器件

图 4.5.21　其他几种典型器件的结构示意图

4.5.3　LED散热

早期的LED由于功率小，其产生的热量可随封装引线框架或封装材料散发至空气中，无需特别考虑其散热问题。而随着LED技术的不断发展，尤其是在大功率LED广泛应用的今天，LED已从以前的毫瓦级上升至瓦级甚至100瓦级，其产生的热量已成为严重影响LED性能及寿命的最主要因素之一，LED热控问题也成为LED封装到应用需要重点优先考虑的关键问题。

这个问题首先是由LED自身半导体的特性决定的。从材料的稳定性考虑，与传统光源相比，LED芯片及其封装材料的耐热性能较差。以白炽灯为例，在正常工作状态下，其灯丝可忍受超过2 000℃的高温。而一般的LED结点温度则不能超过120℃，即便是LumiLEDs、Nichia、Cree等推出的最新器件中，其最高结点温度仍不能超过150℃。此外，LED体积比较小，在同样的功率下，具有较高的热流密度，如Cree DA1000大功率芯片，芯片面积仅为1mm×1mm，芯片在最大驱动电流下（1 000 mA），压降约为3.5 V，扣除光功率后热功率为2.5 W，对应的热流密度高达250 W·cm^{-2}。如此集中的热流密度若处理不当，将严重影响LED的性能、缩短光源寿命，导致灾变性的后果。

只有高效地将LED结区产生的热量迅速地传导至外部散热装置上，降低封装体内部的温度体积，才能够保证LED光源系统高效可靠地运行。因此，寻求一种导热效率更高的材料显得尤为重要。

热管是一种具有极高导热系数的相变传热元件，其热传导的构思最早由 Gaugler 于 1942 年提出，直到 60 年代初才正式发明。热管传热技术的原理在某些方面和热虹吸器类似。图 4.5.22 所示是典型的热虹吸器结构示意，少量的水被置于真空密封的管道内部，且管道垂直放置。当管道下端被加热时，置于管内的水将沸腾蒸发，并在温度较低的顶端冷凝后在重力作用下回流。由于水的蒸发潜热很高，因此蒸发的过程中能带走大量的热量，缩小管道两端的温差，进而使得该密封管道整体表现出十分出色的热传导特性。热虹吸器的最大局限在于管道内部工质(水)的回流需要倚靠重力，因此管道的热源位置只能位于管道的最低点。热管和热虹吸器的本质区别在于热管的管道内表面加入了毛细吸液芯，如图 4.5.22(b)所示，这种结构能够在失去重力、水平放置，甚至逆重力条件下为管内工质回流提供毛细力。后来热管的概念被进一步扩展，借助其他手段帮助冷凝工质回到热源处的高效导热元件都可以称为热管。

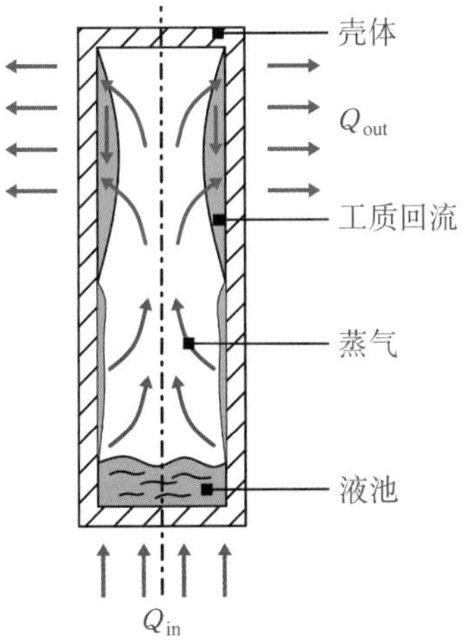

(a) 热虹吸管工作原理示意图

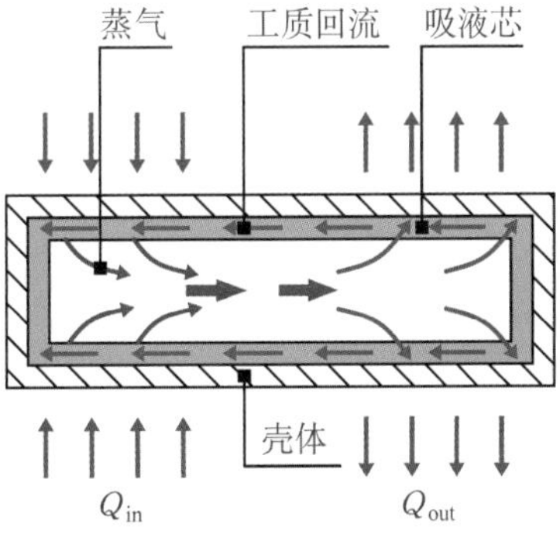

(b) 热管工作原理示意图

图 4.5.22 热虹吸器结构示意图

运用热管传热技术具有如下优势：a. 超高的导热效率，可迅速将热量从热源处传导至冷却端。b. 传导热流密度大，有利于解决电子散热单位面积内的大功率热源问题。c. 具有优异的等温特性，可平缓热源处温度差异，即使在热源处具有多个功率不同的发热器件，也不会造成局部过热的现象。d. 可将热源和散热系统分离，能为电子设备热设计提供灵活的设计空间。

鉴于热管的以上优点，近年来随着 LED 技术的发展，为了解决伴随着 LED 封装功率密度不断提高而引入的散热问题，热管技术逐渐被用于 LED 封装及其光源模块的散热设计，如图 4.5.23 所示。

4.5.4 LED 封装的发展

半导体外延芯片技术、化工材料技术以及金属高精密蚀刻技术的发展，近几年有力地推动了 LED 封装技术的发展。首先，金属高精密蚀刻技术的产业化应用，加上 PCT、EMC 材

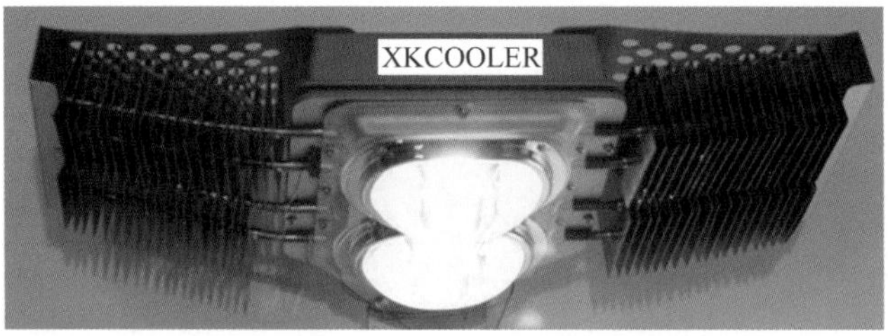

图 4.5.23　LED 光源热管散热模组

料的改性应用，推动 Top LED 支架向更加小型化、薄形化方向发展，同时可以承载更大的工作电流，器件的额定功率从 0.7 W 直到 2 W、3 W，相对以往的大功率器件，制造成本极大地降低，生产效率极大地提高，器件在应用时完全符合表面组装技术（surface mount technology，SMT）制造工艺要求，应用极其便利。因此，近几年这种功率型 Top LED 器件在通用照明、背光照明领域的应用比例越来越高，颠覆了业界原先认为大功率 LED 器件结构将主导通用照明领域的共识。随着研究的深入，以 PCT、EMC 材料为基础的 Top 支架和器件形态将不断推出新品种，以满足照明领域的需求。其次，倒装芯片（flip chip）技术的发展和高精度管芯安放机的产业化，以及陶瓷精密电子线路制造技术的发展，使得 CSP（chip scale package）封装技术在近几年开始量产。按国际电子工业联接协会（Institute of Printed Circuits，IPC）标准 J－STD－012 对 CSP 封装的定义，封装器件的面积不大于芯片面积的 20％。目前，制造 CSP 器件的结构一般是采用将覆晶芯片阵列式地排列在薄形陶瓷基板上，然后进行共晶，再将共晶后的陶瓷板放进真空注胶成型机进行模压成型，接着进行器件的切割分离，再接着就是 CSP 器件的测试分选、包装。由于 CSP 封装技术的制造工艺相对传统功率 LED 制造极大简化，生产效率极大提升，每颗器件消耗材料极大降低，具有极高的性价比，未来 CSP 器件的应用将越来越广。第三，UV LED 封装技术将是未来几年封装行业关注的重点。现有的 LED 封装结构、材料和工艺技术基本都是围绕蓝光芯片激发荧光粉制造白光技术而发展起来的，目前成熟的技术并不支持紫外器件封装。支架材料和硅胶、透镜材料如何满足短波长，如 220 nm、280 nm 等短波长的高透光率、耐黄化、高折射率、高稳定性等指标，将是未来几年业界研发的重点，这些材料技术的发展将支撑 UV LED 封装技术的发展。第四，从目前 LED 工艺来看，虽然单机的自动化程度不低，但整线的自动化基本没有，在封装的关键工艺环节还严重依赖人工的责任心和技术熟练程度。因此，围绕如何实现整线自动化以及与之相适应的 LED 器件支架材料、结构，甚至是器件的结构，将是未来先进企业要布局和谋划的重要方向。

4.6　LED 的驱动技术

LED 继在标识牌、信号灯、景观照明，以及中、小尺寸屏幕的便携产品背光应用中获得大量采用后，随着它发光性能的进一步提升及成本的优化，近年来已迈入通用照明领域，如建筑照明、街道照明、住宅内照明等应用，可谓方兴未艾。正因为 LED 的应用范围非常广泛，其应用的功率等级、可以采用的驱动电源种类及电源拓扑结构等也各不相同。而且由于其是特性敏感的半导体器件，又具有负温度特性，因而在应用过程中需要使其工作在稳定状态，从而产生了驱动的概念。LED 器件对驱动电源的要求近乎苛刻，它不像普通的白炽灯泡可以直接连接 220 V 的交流市电。LED 需要低电压直流驱动，需要设计相应的变换电路；不同用途的 LED，要配备不同的电源适配器。在国际市场上，客户对 LED 驱动电源的效率转换、有效功率、恒流精度、电源寿命、电磁兼容的要求都非常高，设计一款好的电源必须要综合考虑这些因素，因为电源在整个灯具中的作用就好像人的心脏一样重要。

4.6.1 LED 伏-安特性曲线

光源的伏-安特性是为其设计驱动的重要依据，LED 是利用化合物材料制成 pn 结的光电器件，具备 pn 结型器件的一般特性。首先，LED 工作电压一般为 2～3.6 V；其次，LED 的工作电流会随着供电电压的变化及环境温度的变化而产生较大的波动。所以，LED 一般要求工作在恒流驱动状态。再者，LED 具有单向导通的特性。

4.6.1.1 pn 结的伏-安特性

LED 的伏-安($I-V$)特性如图 4.6.1 所示。

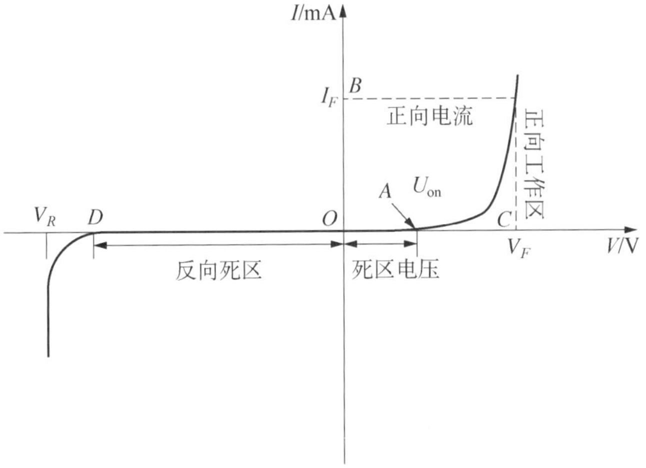

图 4.6.1 LED 的伏-安特性曲线

① LED 的伏-安特性是流过芯片 pn 结的电流随施加到 pn 结两端上电压变化的特性，它是衡量 pn 结性能的主要参数，是 pn 结制作水平优劣的重要标志。

② LED 具有单向导电性和非线性特性。

如图 4.6.1 所示，LED 较为重要的电学参数是：开启电压 U_{on}，即图中点 A 处；正向电流 I_F，即图中点 B 处；正向电压 V_F，即图中点 C 处；反向电压 V_R，即图中点 D 处。

开启电压指的是电压在开启点以前几乎没有电流，电压一超过开启点，很快就显出欧姆导通特性，电流随电压增加迅速增大，开始发光。开启点电压因半导体材料的不同而异，如 GaAs 是 1.0 V，GaAsP 和 GaAlAs 大致是 1.5 V，GaP(红色)是 1.8 V，GaP(绿色)是 2.0 V，GaN 为 2.5 V。AlGaInP LED 的 $I-V$ 曲线如图 4.6.2所示，InGaN LED 的 $I-V$ 曲线如图 4.6.3 所示。

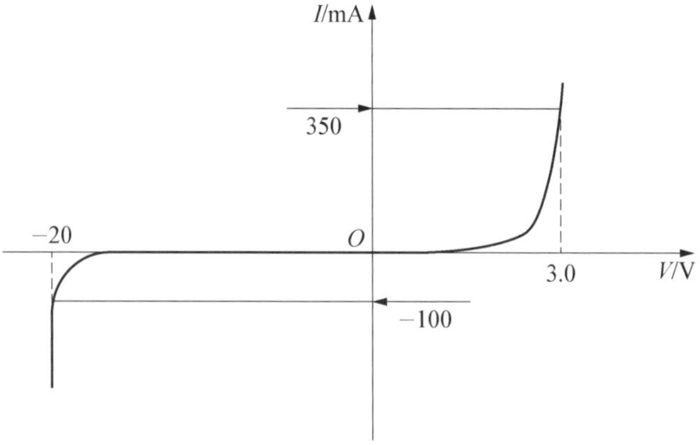

图 4.6.2　AlGaInP LED 的 I－V 特性曲线

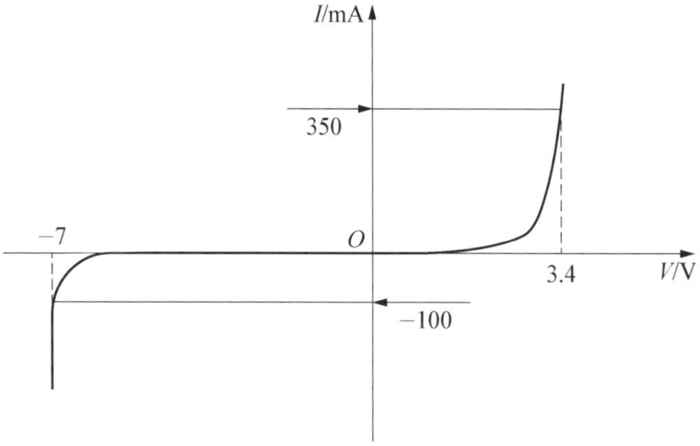

图 4.6.3　InGaN LED 的 I－V 特性曲线

正向工作电流 I_F 是指发光二级管正常发光时的正向电流值。在实际使用中，应根据需要选择 I_F在 0.6 · $I_{F_{max}}$ 以下。

反向漏电流 I_R是当加反向电压时，外加电场与内建势垒电场方向相同，便阻止了多数载流子的扩散运动，所以只有很小的反向电流流过管子。但是，当反向电压加大到一定程度时，pn 结在内外电场的作用下，将晶格中的电子强拉出来，参与导电，因而此时反向电流突然增大，出现反向击穿现象。正向的发光管反向漏电流 $I_R < 10\ \mu A$，反向漏电流 I_R 在 $V = -5$ V 时，GaP 为 0、GaN 为 10 μA。反向电流越小，说明 LED 的单向导电性能越好。

最大反向电压 $V_{R_{max}}$ 是所允许加的最大反向电压。超过此值，LED 可能被击穿损坏。反向击穿电压也因材料而异，一般在－2 V 以上即可。

正向工作电压 V_F是参数表中给出的工作电压，是在给定的正向电流下得到的。小功率彩色 LED 一般是在 $I_F = 20$ mA 时测得的，正向工作电压 V_F 为 1.5～2.8 V；功率级 LED 一般是在 $I_F = 350$ mA 时测得的，正向工作电压 V_F为 2～4 V。在外界温度升高时，两者的 V_F 都将下降。

4.6.1.2　响应时间

LED 响应时间是指通过正向电流时，开始发光和熄灭所延迟的时间，标志 LED 的反应

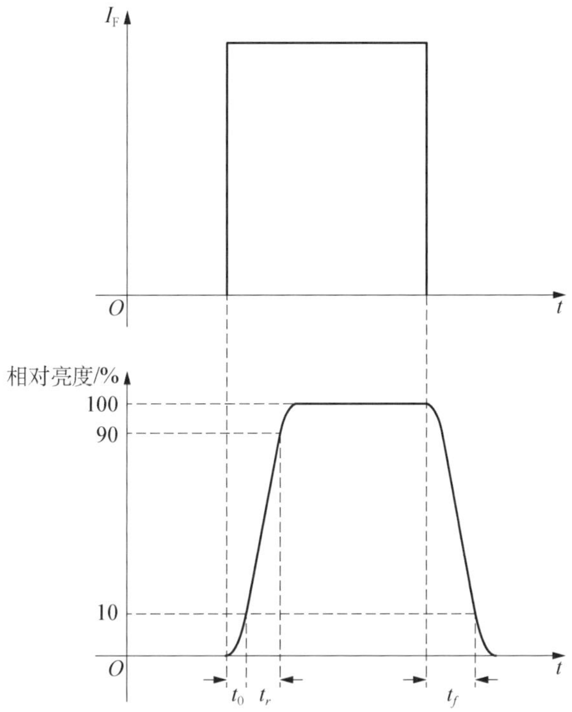

图 4.6.4 LED 响应时间

速度。响应时间主要取决于载流子的寿命、器件的结电容及电路上的阻抗，如图 4.6.4 所示。LED 的点亮时间，即上升时间 t_r，是指接通电源使发光亮度达到正常的 10%开始，一直到发光亮度达到正常的 90%所经历的时间。LED 熄灭时间，即下降时间 t_f，是指正常发光减弱至原来的 10%所经历的时间。不同材料制得的 LED 的响应时间各不相同，如 GaAs、GaAsP、GaAlAs 的响应时间均小于 10^{-9} s，因此它们可用在 10～100 MHz 的高频系统中。

4.6.1.3 允许功耗

如果流过 LED 的电流为 I_F、管压降为 V_F，那么 LED 的实际功率消耗 P 为

$$P = V_F \times I_F。\tag{4.6.1}$$

LED 工作时，外加偏压、偏流，一部分促使载流子复合发出光，另一部分变成热，使结温升高。若结温大于外部环境温度时，内部热量借助管座向外传热，逸散热量。为保证 LED 安全工作，应该保证实际功率在最大允许功耗范围内。

4.6.2 直流 LED 及其驱动电路

4.6.2.1 LED 的发光特性

LED 具有类似于二极管的非线性 $I-V$ 特性，只能在器件上加正向直流电压时才能点亮，一般称通过 LED 的电流为正向电流 I_F，其上的压降则称为正向电压 V_F。图 4.6.5 所示为 LED 内部电压与电流的 $I-V$ 特性曲线，在正向电压 V_F超出内部阈值电压前，几乎没有正向电流流过。此后，如果 V_F进一步升高，则 I_F迅速增大。图 4.6.5 中的 $I-V$ 特性曲线表

明，当前 LED 的最高 I_F 可达 1 A，而 V_F 通常为 2～4 V。LED 在正向导通后，其正向电压的微小变化将引起 LED 电流的较大变化。同时，LED 的发光亮度与流过它的电流直接相关，而电池很难提供稳定的驱动电压，也就很难保证恒定的驱动电流，从而得不到稳定的发光亮度。因此，为达到较高的亮度均一性和稳定性，必须设计专门的驱动电路，驱动电路的好坏直接影响到 LED 的性能和发光效果。

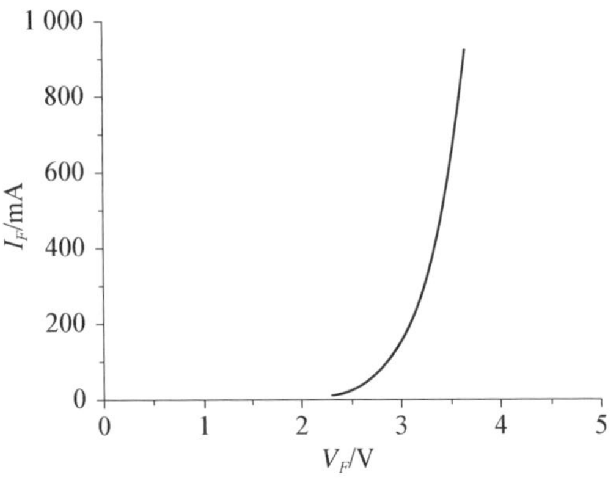

(a) LED 的 $I-V$ 特性曲线

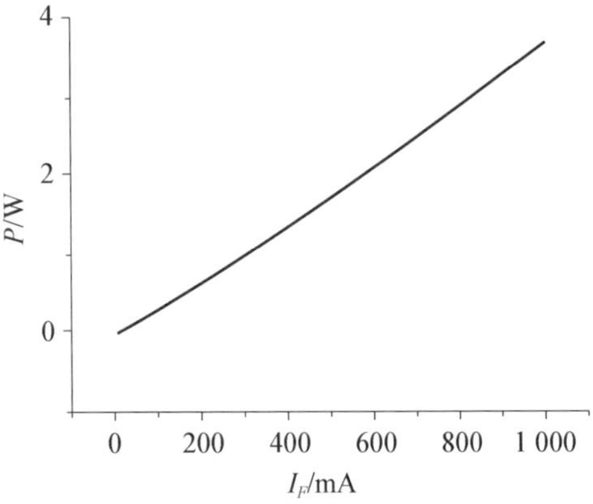

(b) LED 的 $P-I$ 特性曲线（理想状态）

图 4.6.5　LED 的两种特性曲线

另外，由于 LED 独特的电学、光学特性，当使用 LED 作为照明光源时，其驱动电路完全不同于传统光源，需要特别考虑。比如，驱动电路要能在输入电压和环境温度等因素发生变化的情况下，有效控制 LED 电流的大小；否则，LED 的发光亮度将随输入电压和温度等因素的变化而变化。若其电流失控，长期工作在大电流下将影响 LED 的可靠性和寿命，并有可能失效。因此，为保证 LED 间的色彩匹配得到最佳控制、亮度要求及安全工作，LED 驱动的设计至关重要，没有好的驱动电路和芯片的匹配，LED 在照明领域的节能和长寿命等优势无法体现。

4.6.2.2　LED 驱动电路的特点

根据 LED 的发光特性，可以总结出 LED 驱动电路的特点如下：

① LED 是单向导电器件，因此就要用直流电流或单向脉冲电流给 LED 供电。

② LED 是一个具有 pn 结结构的半导体器件，具有势垒电势，这就形成了导通门限电压，加在 LED 上的电压值超过这个门限电压时 LED 才会充分导通。LED 的门限电压一般在 2.5 V 以上，正常工作时的管压降为 3～4 V。

③ LED 的 $I-V$ 特性是非线性的，流过 LED 的电流在数值上等于供电电源的电动势减去 LED 的势垒电势后再除以回路的总电阻（电源内阻、引线电阻和 LED 体电阻之和）。因此，加在 LED 两端的电压与流过 LED 的电流为非线性关系。

④ LED 的 pn 结的温度系数为负，温度升高时 LED 的势垒电势降低。由于这个特点，LED 不能直接用电压源供电，必须采用限流措施。否则，随着 LED 工作时温度的升高，电流会越来越大，以至损坏 LED。

⑤ 流过 LED 的电流和 LED 的光通量的比值也是非线性的。LED 的光通量随着流过 LED 的电流增加而增加，但不是线性的，即随电流的增加光通量的增量越小。因此，应该使

LED在一个光效比较高的电流值下工作。

4.6.2.3 LED常用驱动方法

LED是由电流驱动的器件，其亮度与正向电流呈比例关系。因此，驱动LED的主要目标是产生正向电流通过器件，这可采用恒压源或恒流源来实现。有两种常用的驱动方法可以控制LED的正向电流。

第一种方法是根据LED的 $I-V$ 特性曲线来确定产生预期正向电流所需要向LED施加的电压。其实现方法是采用安装限流电阻器的恒压电源，其电路示意如4.6.6所示。这种方法存在两个缺点：第一，由于温度和工艺的原因，难以保证每个LED的正向压降 V_F 绝对相同，因此，尽管可以保证 V_{in} 的稳定和 R_B 的一致性，但 V_F 的微小变化仍会带来较大的 I_{LED} 变化。比如，如果额定正向电压为3 V，则图4.6.5(a)中LED的电流为200 mA。若温度或工艺改变让正向电压变为3.5 V(仍然在正常的范围内)，则正向电流将上升至600 mA。换言之，正向电压只要小幅改变，正向电流就会出现大幅度变动。第二，镇流电阻的压降和功耗使系统效率降低。这两个缺点是许多应用无法接受的。

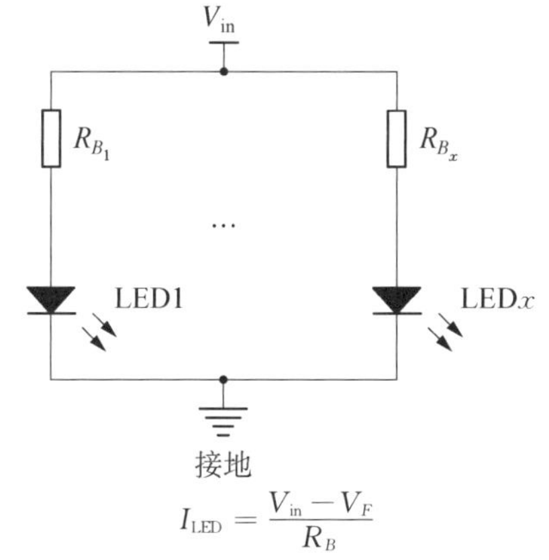

图4.6.6 带限流电阻的恒压源驱动电路

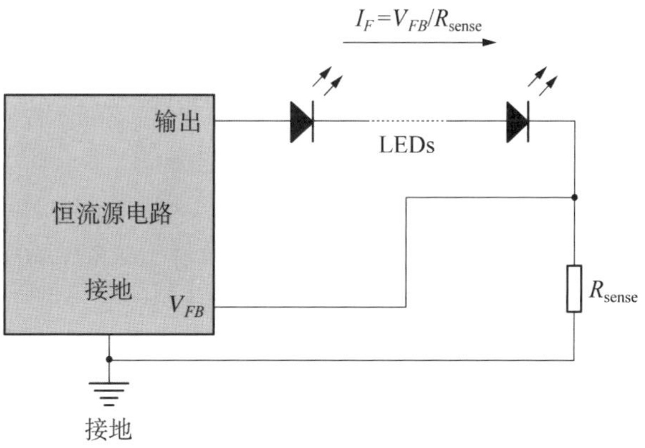

图4.6.7 驱动LED的恒流源

第二种方法也是首选的LED驱动方法，就是利用恒流源来驱动LED。恒流源驱动可消除因温度和工艺等因素引起的正向电压变化所导致的电流变化，因此可产生恒定的LED亮度。产生恒流电源需要调整通过电流检测电阻上的电压，而不是调整输出电压，如图4.6.7所示。参考电压 V_{FB} 和电流检测电阻 R_{sense} 的值决定了LED电流的大小。在驱动多个LED时，只需要把它们串联就可以在每只LED上实现恒定电流，驱动并联LED需要在每串LED中放置一个镇流电阻。

LED的驱动设计必须充分考虑系统的需求。一方面，使用LED的系统大多采用交流市电电源(交流电压为220 V，频率为50 Hz)供电；特殊应用采用电池供电，如手机中的3.6 V锂离子电池、汽车中的12 V蓄电池等，它们提供的电压不适合直接驱动LED。另一方面，从前面的论述中可以看出，LED应该工作在稳定的电流下。因此，现代LED驱动电路从原理上来说应具备两个基本要素：一是直流变换，二是恒流。LED驱动电路的一般原理如图4.6.8所示，分为市电供电和电池供电两种模型。

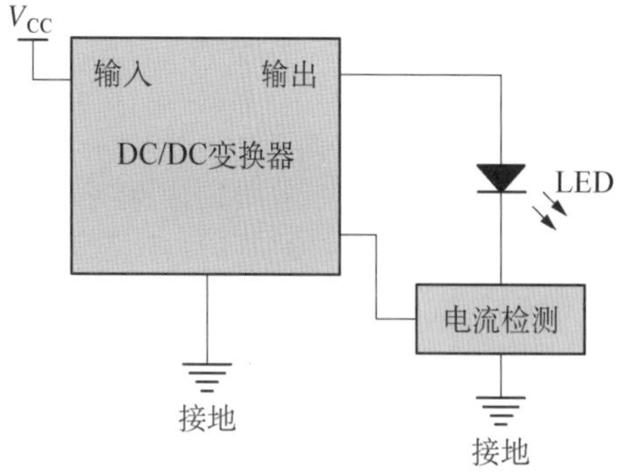

图 4.6.8　LED 驱动电路的一般原理

从图 4.6.8 可以看到：电池供电驱动电路主要由 DC/DC 变换器、电流检测电路组成。其中，DC/DC 变换器将电池电压变换成适合驱动 LED 的直流电压；电流检测电路检测输出电流，通过反馈环路控制 DC/DC 变换器输出电压，将 LED 电流稳定在一个预设值。交流供电驱动电路一般包含电源转换器、恒流驱动器两部分组成，电源转换器将交流转换为直流，恒流驱动器将电流稳定在一个预设值。

4.6.2.4　常用的 DC/DC 恒流驱动原理

在采用 DC/DC 电源的 LED 照明应用中，LED 常用的恒流驱动方式有电阻限流、线性调节器以及开关调节器 3 种。下面分别介绍。

1. 电阻限流 LED 驱动电路原理

如图 4.6.9 所示，电阻限流驱动电路是最简单的驱动方式，限流方式按下式进行，即

$$R=\frac{V_{in}-yV_F-V_D}{xI_F}。\tag{4.6.2}$$

式中，V_{in}为电路的输入电压；I_F为 LED 的正向电流；V_F为 LED 在正向电流 I_F时的压降；V_D为防反二极管的压降(可选)；y 为每串 LED 的数目；x 为并联 LED 的串数。

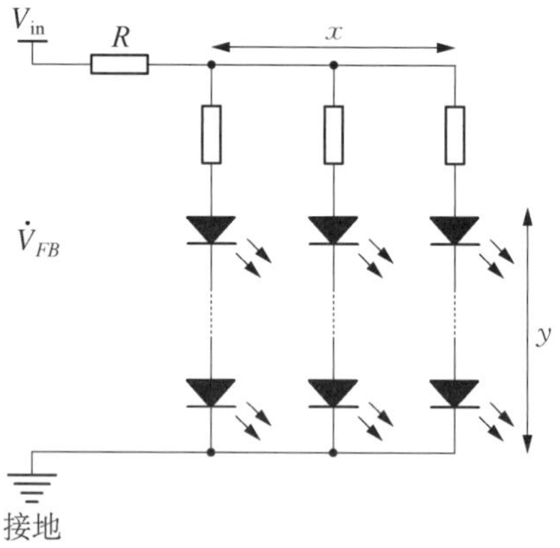

图 4.6.9　电阻限流驱动电路

由图 4.6.9 和(4.6.2)式可知，电阻限流电路虽然简单，但在输入电压波动时，通过 LED 的电流也会随其变化，因此使调节性能变差。另外，由于电阻 R 的接入，损失的功率为 xRI_F，因此效率较低。

2. 线性恒流型 LED 驱动电路原理

线性恒流型 LED 驱动是一种降压驱动，其基本原理如图 4.6.10 所示。该电路由串联调整管 PE、采样电阻 R_{sense}、带隙基准电路和误差放大器 EA 组成。采样电压加在误差放大器 EA 的同相输入端，与加在反相输入端的基准电压 V_{REF}相比较，两者的差值经误差放大器 EA 放大后，控制串联调整管的栅极电压，从而稳定输出电流。线性恒流型 LED 驱动的优点是结构简单，电磁干扰小、低噪声特性、对负载和电源的变化响应迅速、较小的尺寸及成本低廉。缺点主要如下：第一，驱动电压必须小于电源电压，因此在锂电池供电系统中的应用受到限制；第二，调整管串联在输入、输出之间，效率相对较低。

线性恒流调节器的核心是利用工作在线性区的功率三极管或金属-氧化物半导体效应晶体管(metal-oxide-semiconductor field-effect transistor，MOSFET)作为一个动态电阻来控制负载。线性恒流调节器有并联型和串联型两种。

图 4.6.11(a)所示为并联型线性调节器，又称为分流调节器，它采用功率管与 LED 并联

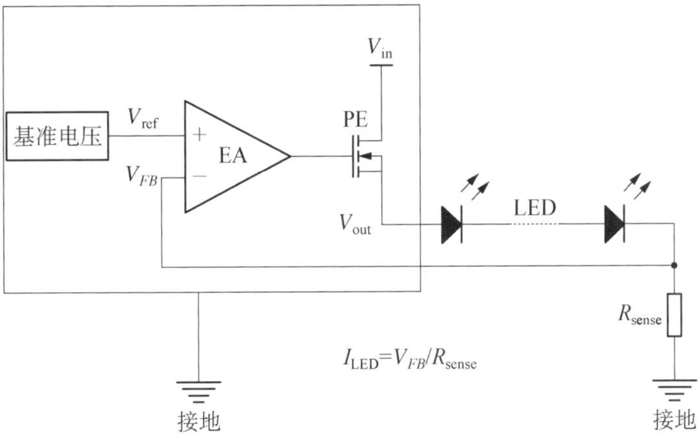

图 4.6.10　线性恒流型 LED 驱动电路的原理

的形式，可以分流负载的一部分电流。分流调节器也同样需要串联一个限流电阻 R_{sense}，与电阻限流电路相似。当输入电压增大时，流过负载 LED 上的电流增加，反馈电压增大使得功率管 Q 的动态电阻减小，流过 Q 的电流将会增大，这样就增大了限流电阻 R_{sense} 上的压降，从而使得 LED 上的电流和电压保持恒定。

由于分流调节器需要串联一个电阻，因此其效率不高，并且在输入电压变化范围比较宽的情况下很难做到保持电流恒定。

图 4.6.11(b)所示为串联型调节器，当输入电压增大时，使功率管的调节动态电阻增大，以保持 LED 上的电压(电流)恒定。由于功率三极管或 MOSFET 管都有一个饱和导通电压，因此输入的最小电压必须大于该饱和电压与负载电压之和，电路才能正常工作，使得整个电路的电压调节范围受限。这种控制方式与并联型线性调节器相比，由于少了串联的线性电阻，使得系统的效率较高。

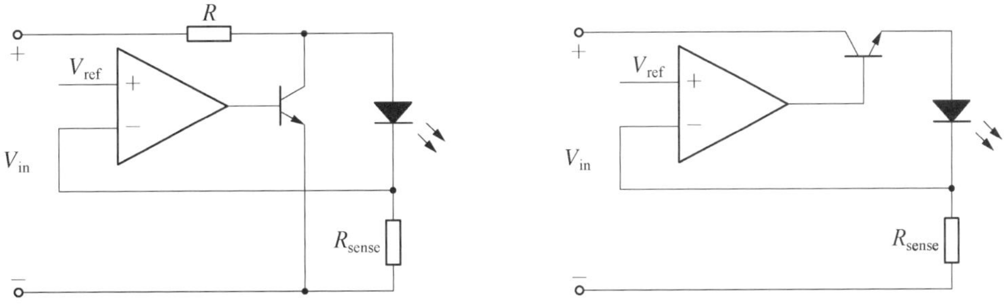

(a) 并联型线性调节器　　(b) 串联型线性调节器

图 4.6.11　线性调节器电路示意图

驱动 LED 的最佳方案是使用恒流源。实现恒流源的简单电路是用一个 MOSFET 与 LED 串联，对 LED 的电流进行检测并将其与基准电压相比较，比较信号反馈到运算放大器，进而控制 MOSFET 的栅极。这种电路如同一个理想的电流源，可以在正向电压、电源电压变化时保持固定的电流。目前，一些线性驱动芯片，如 MAX16806，其内部集成了 MOSFET 和高精度电压基准，能够在不同的照明装置之间保持一致的亮度。

线性驱动器相对于开关模式驱动器的优点是电路结构简单、易于实现，因为没有高频开关，所以也不需要考虑电磁干扰（electro magnetic interference，EMI）问题。线性驱动器的外围元件少，可有效降低系统的整体成本。例如，MAX16806 所要求的输入电压只需比 LED 总压降高出 1 V，利用外部检流电阻测量 LED 的电流，从而保证在输入电压和 LED 正向电压变化时，MAX16806 能够输出恒定的电流。

线性驱动器的功耗等于 LED 的电流乘以内部（或外部）无源器件的压降。当 LED 的电流或输入电源电压增大时，功耗也会增大，从而限制了线性驱动器的应用。为了减少照明装置的功耗，使用 MAX16806 对输入电压进行监测，如果输入电压超过预先设定值，它将减小驱动电流以降低功耗。该项功能可以在某些应用中避免使用开关电源，如汽车顶灯或日间行车灯等，这些应用通常会在出现不正常的高电源电压时导致灯光熄灭。

3. 开关型 LED 驱动电路原理

线性恒流驱动技术不但受输入电压范围的限制，而且效率低。在用于低功率的普通 LED 驱动时，由于电流只有几毫安，因此损耗不明显。而当作用电流有几百毫安甚至更高时，功率的损耗就成为比较严重的问题。

开关电源作为能量变换中效率最高的一种方式，效率可以达到 90％以上。其明显的缺点是输出纹波电压大、瞬时恢复时间较长，会产生电磁干扰。

大多数的 LED 驱动电路都属于下列拓扑类型：降压型、升压型、降压-升压型、SEPIC（single ended primary inductor converter）拓扑和反激式拓扑，如表 4.6.1 所列。

表 4.6.1　LED 驱动电源的拓扑类型

拓扑结构	输入电压（V_{in}）总大于输出电压（V_{out}）	输入电压（V_{in}）总小于输出电压（V_{out}）	输入电压（V_{in}）大小或者小于输出电压（V_{out}）	隔离模式
降压拓扑	√			
升压拓扑		√		
降压-升压拓扑			√	
SEPIC 拓扑		√	√	
反激式拓扑	√	√	√	√

从结构上看，开关电源作为 LED 驱动电源，其优点是有 BOOST（升压型 DC/DC）、BUCK（降压型 DC/DC）和 BUCK－BOOST（升压-降压型 DC/DC）等形式，都可以用于 LED 的驱动电路的设计。为了满足 LED 的恒流驱动、打破传统的反馈输出电压的形式，采用检测输出电流进行反馈控制，并且可以实现降压、升压和降压-升压的功能。另外，价格偏高和外围器件复杂是开关电源型驱动相对其他类型 LED 驱动的缺点。

在驱动 LED 时，常用的 3 种开关型基本电路拓扑为降压拓扑结构、升压拓扑结构以及降压-升压拓扑结构。采用何种拓扑结构取决于输入电压和输出电压的关系。

开关型 LED 驱动是利用开关电源原理进行 DC/DC 直流变换的，其原理如图4.6.12所示。L_1 和 C_{out} 为储能元件，MOSFET 和整流二极管 D_1 为开关元件，MOSFET 不断开启和关闭，使输入电压 V_{in} 升高至输出电压 V_{out}，从而驱动 LED，升压比由开关管的占空比决定。

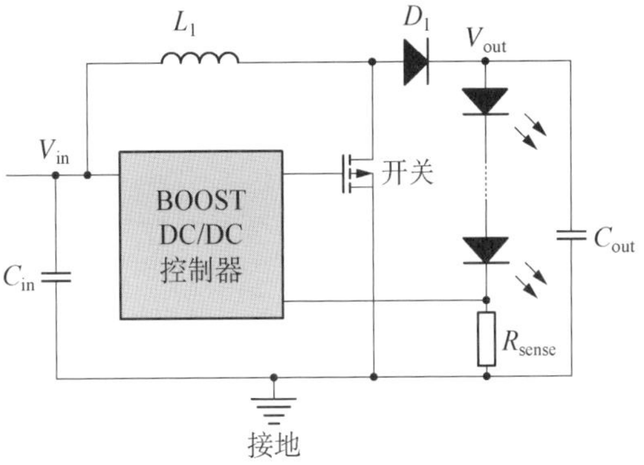

图 4.6.12　开关型 LED 驱动电路原理示意图

BOOST DC/DC 控制器能根据 R_{sense} 反馈的电压自动调整开关的占空比，从而调节输出电压的高低，使 LED 的电流稳定在预设值。

图 4.6.13(a)所示为采用 BUCK 变换器 1 的 LED 驱动电路，与传统的 BUCK 变换器不同，开关管 S 移到电感 L 的后面，使得 S 源极接地，从而方便了 S 的驱动，LED 与 L 串联，而续流二极管 D 与该串联电路反并联。该驱动电路不但简单，而且不需要滤波电容，降低了成本。但是，BUCK 变换器 1 是降压变换器，不适用于输入电压低或者多个 LED 串联的场合。降压稳压器 BUCK 变换器 2 如图 4.6.13(b)所示。在此电路中，MOSFET 直接接地进行驱动，从而大大降低了对驱动电路的要求。该电路可选择通过监测场效应晶体管(field effect transistor, FET)的电流或与 LED 串联的电流感应电阻来感应 LED 电流。后者需要一个电平移位电路来获得电源接地的信息，这会使简单的设计复杂化。

图 4.6.13(c)所示为 BOOST 变换器的 LED 驱动电路，通过电感储能将输出电压泵至比输入电压更高的期望值，实现在低输入电压下对 LED 的驱动，其结构与传统的 BOOST 变换器结构基本相似，只采用 LED 负载的反馈电流信号，以确保恒流输出。其缺点是由于输出电容通常取得较小，LED 上的电流会出现断续。可通过调节电流峰值和占空比来控制 LED 的平均电流，从而实现在低输入电压的条件下对 LED 实现恒流驱动。

图 4.6.13(d)所示为采用 BUCK - BOOST 变换器的 LED 驱动电路。与 BUCK 电路相似，该电路 S 的源极可以直接接地，从而方便 S 的驱动。该降压-升压方法的一个缺陷是电流相当高。例如，当输入和输出电压相同时，电感和电源开关的电流则为输出电流的 2 倍，这会对效率和功耗产生负面影响。

在许多情况下，图 4.6.13(e)中的“降压或升压型”拓扑将缓和这些问题。在该电路中，降压功率级之后是一个升压。如果输入电压高于输出电压，则在升压级刚好通电时，降压级会进行电压调节。如果输入电压低于输出电压，则升压级会进行调节而降压级则通电。通常，要为升压和降压操作预留一些重叠，这样，从一个模型转到另一模型时就不存在静带。

当输入和输出电压几乎相等时(该电路的好处是开关和电感器电流也近乎等同于输出电流)，电感纹波电流也趋向于变小。即使该电路中有 4 个电源开关，通常效率也会得到显著提高，这一点在电池应用中至关重要。

图 4.6.14 所示为 SEPIC 拓扑和 FLYBACK(反激式)拓扑，此类拓扑要求较少的 FET，但需要更多的无源组件，其好处是简单的接地参考 FET 驱动器和控制电路。此外，可将双电感组合到单一的耦合电感中，从而节省空间和成本。但是，像降压-升压拓扑一样，它具有比“降压或升压”和脉动输出电流更高的开关电流，这就要求电容器可通过更大的等效直流电流。

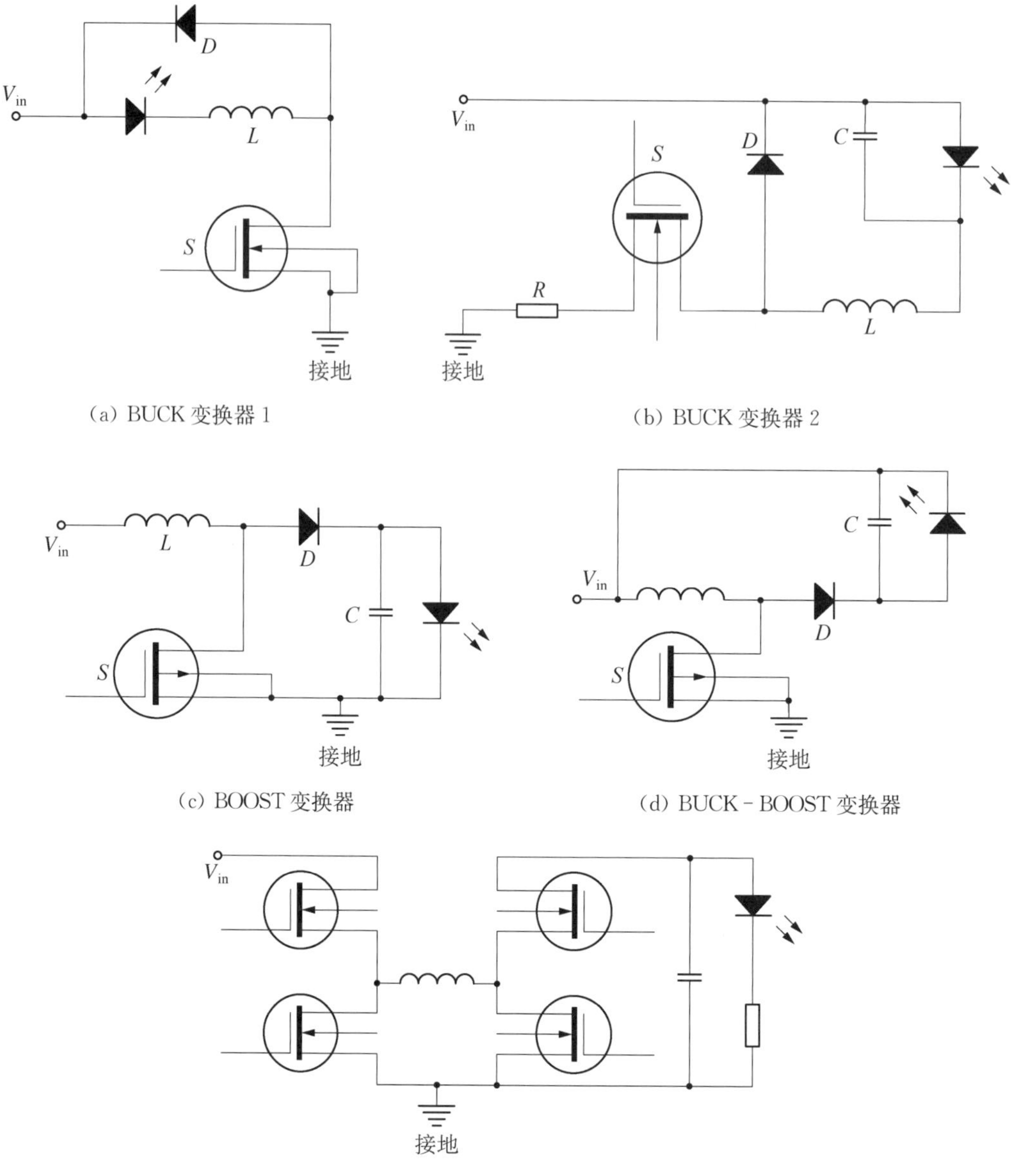

（a）BUCK 变换器 1　（b）BUCK 变换器 2

（c）BOOST 变换器　（d）BUCK－BOOST 变换器

（e）BUCK 或 BOOST 变换器

图 4.6.13　不同类型开关电源的原理图示意一

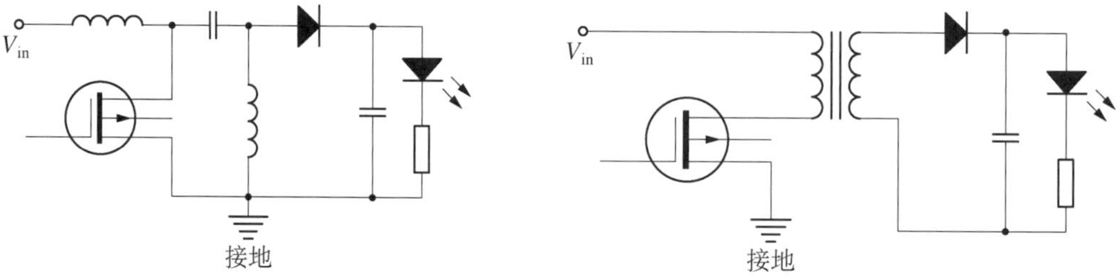

（a）SEPIC　（b）FLYBACK

图 4.6.14　不同类型开关电源的原理示意二

出于安全考虑，可能规定在离线电压和输出电压之间使用隔离。在此应用中，最具性价比的解决方案是反激式转换器(见图 4.6.14(b))。它要求所有隔离拓扑的组件数最少。变压器匝比可设计为降压、升压或降压-升压输出电压，这样就提供了极大的设计灵活性。但其缺点是电源变压器通常为定制组件。此外，在 FET 以及输入和输出电容器中存在很高的组件应力。在稳定照明应用中，可通过使用一个"慢速"反馈控制环路(可调节与输入电压同相的 LED 电流)来实现功率因数校正(power factor correction, PFC)功能。通过调节所需的平均 LED 电流以及与输入电压同相的输入电流，即可获得较高的功率因数。

对上述 BOOST、BUCK 和 BUCK - BOOST 3 种电路，在所有工作条件下最低输入电压都大于 LED 串最大电压时采用降压结构，如采用 DC 24 V 驱动 6 只串联的 LED；与之相反，在所有工作条件下最大输入电压都小于最低输出电压时采用升压结构，如采用 DC 12 V 驱动 6 只串联的 LED；而在输入电压与输出电压范围有交叠时，可采用降压-升压或 SEPIC 结构，如采用 DC 12 V 或 AC 12 V 驱动 4 只串联的 LED，但这种结构的成本及能效最不理想。

开关稳压器的能效高，并能提供极佳的亮度控制。线性稳压器的结构比较简单，易于设计，提供稳流及过流保护，具有外部电流设定点，且没有电磁兼容性(electromagnetic compatibility, EMC)问题。电阻型驱动器利用电阻这样的简单分立器件，限制 LED 串电流，是一种经济的 LED 驱动方案，同样易于设计，而且没有 EMC 问题。

4. 电荷泵型 LED 驱动原理

电荷泵型(charge pump)LED 驱动是一种直流升压驱动方式，如图 4.6.15 所示。通过电荷飘入直流电压 V_{in} 按固定升压比升压至 V_{out}，用来驱动 LED。LED 电流通过检测电阻 R_{sense} 取样后反馈给模式选择电路，根据输出电流的大小自动调节电荷泵工作在 1X、1.5X或 2X 等模式下，使 LED 电流稳定在一个范围内，从而在不同负载下均能达到较高的转换效率。

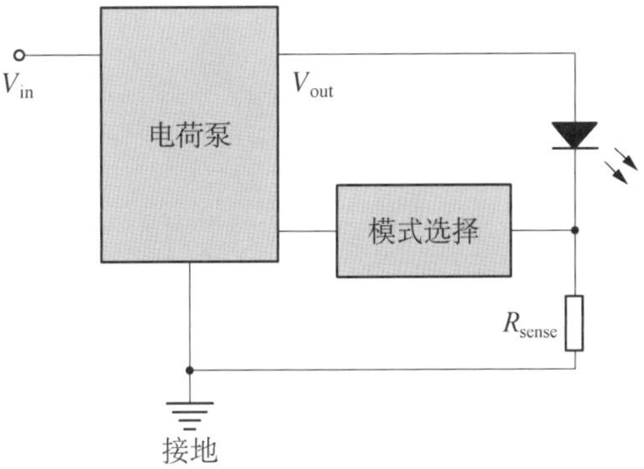

图 4.6.15 电荷泵型 LED 驱动原理示意图

电荷泵通过开关电容阵列、振荡器、逻辑电路和比较器实现升压，其优点是采用电容储能，不需要电感，只需要外接电容，开关工作频率高(约为 1 MHz)，可使用小型陶瓷电容(1 μF)等。电荷泵解决方案的主要缺点有两个：第一，升压比只能取几个固定值，因此调节电流能力有限；第二，绝大多数电荷泵 IC 的电压转换比率最多只能达到输入电压的 2 倍，这表示输出电压不可能高于输入电压的 2 倍。因此，若想在锂电池供电的系统中利用电荷泵驱动一个以上的 LED，就必须采用并联驱动的方式，这时必须使用镇流电阻来防止电流分配不均，但这些电阻会缩短电池的寿命。

如在电流大于 500 mA 的大电流应用中，应采用开关稳压器，因为线性驱动器限于自身结构的原因，无法提供这样大的电流；在电流低于 200 mA 的低电流应用中，通常采用线性稳压器及电阻型驱动器；在 200～500 mA 的中等电流应用中，既可以采用线性稳压器，也可以采用开关稳压器。

4.6.2.5 LED 恒流驱动芯片的常用控制模式

微功率电源芯片有以下几种控制模式：

① 脉冲频率调制(pulse frequency modulation，PFM)是通过调节脉冲频率(即开关管的工作频率)的方法实现稳压输出的技术。它的脉冲宽度固定而内部振荡频率是变化的，所以滤波较脉冲宽度调制模式困难。但是 PFM 受限于输出功率，只能提供较小的电流。因而，在输出功率要求低、静态功耗较低的场合可采用 PFM 模式控制。

② 脉冲宽度调制(pulse width modulation，PWM)的原理就是在输入电压、内部参数及外接负载变化的情况下，控制电路通过被控制信号与基准信号的差值进行闭环反馈，调节集成电路内部开关器件的导通脉冲宽度，使得输出电压或电流等被控制信号稳定。PWM 的开关频率一般为恒定值，所以比较容易滤波。但是，PWM 由于误差放大器的影响，回路增益及响应速度受到限制，尤其是回路增益低，很难用于 LED 恒流驱动。尽管目前很多产品都应用这种模式，但普遍存在恒流问题。因而，在要求输出功率较大而输出噪声较低的场合可采用 PWM 模式控制。

③ 电荷泵解决方案是利用分立电容将电源从输入端送至输出端，整个过程不需要使用任何电感。电荷泵的主要缺点是只能提供有限的电压输出范围(输出一般不超过 2 倍输入电压)，其原因是当多级电荷泵级联时，其效率下降很明显。用电荷泵驱动一个以上的白光 LED 时，必须采用并联驱动的方式，因而只适用于输入输出电压相差不大的情况。

④ 数字脉冲宽度调制(digital PWM)通过对独立数字控制环路和相位的数字化管理，实现对 DC/DC 负载点电源转换进行监测、控制与管理，以提供稳定的电源，减少因传统供电模组的电压波幅造成的系统不稳定。而且，digital PWM 并不需要采用传统较高量的液态电容用作储能及滤波。digital PWM 数字控制技术能够使得 MOSFET 管运行在更高的频率下，有效地缓解了电容所受到的压力。digital PWM 适用于大电流密度，其响应速度很快，但回路增益仍受到限制，目前成本相对较高。因此，仍需进一步研究其在 LED 恒流驱动上的应用。

⑤ 强制的脉冲宽度调制(force PWM，FPWM)是一种以恒流输出为基础的控制方式。它的工作原理是：无论输出负载如何变化，总是以一种固定频率工作，高侧 FET 在一个时钟周期打开，使电流流过电感，电感电流上升会产生通过感抗的电压降，这个压降通过电流感应放大器放大，来自电流感应放大器的电压被加到 PWM 比较器输入端，和误差放大器的控制端作比较，一旦电流感应信号达到这个控制电压，PWM 比较器就会重新启动关闭高侧 FET 开关的逻辑驱动电路，低侧的 FET 会在延迟一段时间后打开。在轻负载下工作时，为了维持固定频率，电感电流必须按照反方向流过低侧的 FET。目前，FPWM 技术驱动芯片有 MAXIM 和 National Semiconductor 的芯片。例如，PFM、PWM 是采用恒压驱动方式控制 LED，而 FPWM 和 PFM/PWM 是采用恒流驱动方式控制技术，实践证明比较适合 LED 的驱动。

4.6.2.6 常用的 AC/DC 驱动结构

目前，LED 在应用中大多利用交流市电电源供电。由于 LED 要求在直流低电压下工作，如果采用市电电源供电，则需要通过适当的电路拓扑将其转换为符合 LED 工作要求的直流电源。LED 驱动器的主要功能就是在一定的工作条件范围下限制流过 LED 的电流，而无论输入及输出电压如何变化。LED 驱动器基本的工作电路如图 4.6.16 所示。其中，所谓的“隔离”表示交流线路电压与 LED(即输入与输出)之间没有物理上的电气连接，最常用的是采用变压器来电气隔离；而“非隔离”是指在负载端和输入端有直接连接，即没有采用高频变压器来电气隔离，触摸负载有触电的危险。

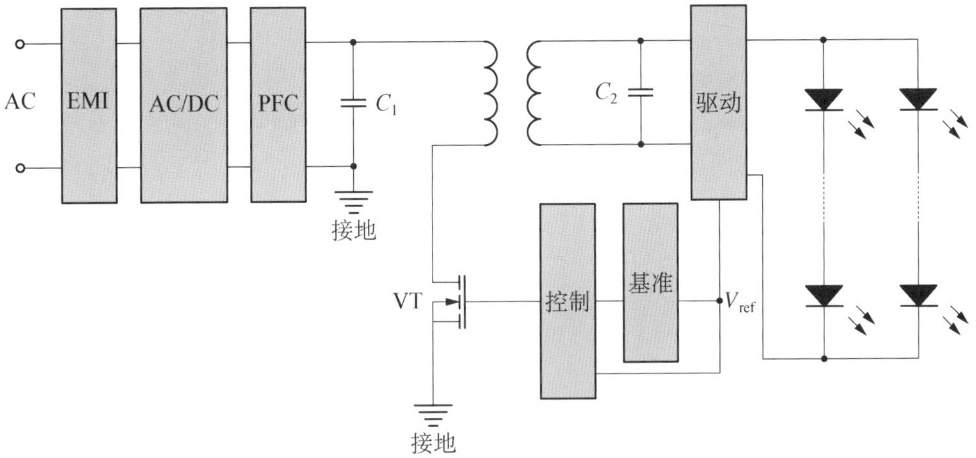

图 4.6.16　AC/DC 驱动结构框示意图

1. AC/DC 驱动器的基本结构

LED 驱动器的基本工作电路如图 4.6.17 所示，在 LED 照明设计中，AC/DC 电源转换与恒流驱动这两部分电路可以采用以下两种不同方式配置：

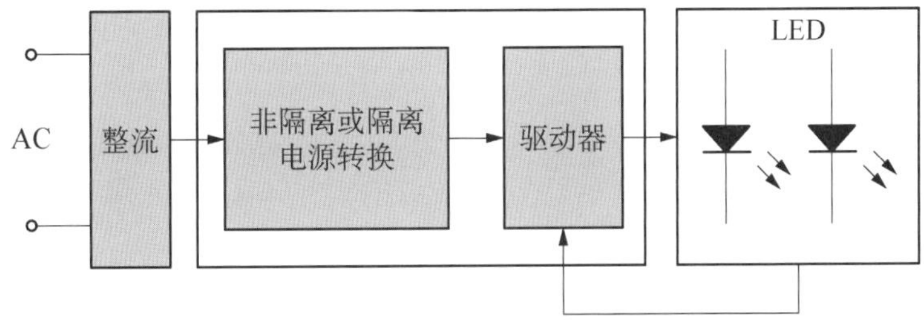

图 4.6.17　LED 驱动器的基本工作电路示意图

① 整体式(integral)配置，即两者融合在一起，均位于照明灯具内。这种配置的优势包括优化能效及简化安装等；

② 分布式(distributed)配置，即两者单独存在。这种配置有简化安全考虑，并增加灵活性。

2. 非隔离 AC/DC LED 驱动器

非隔离 LED 驱动器有两种设计方法：一种是采用高耐压电容降压，另一种是采用高压芯片直接和市电连接。

电容降压简易电源的基本电路如图 4.6.18 所示。C_1 为降压电容器，同时具有限流作

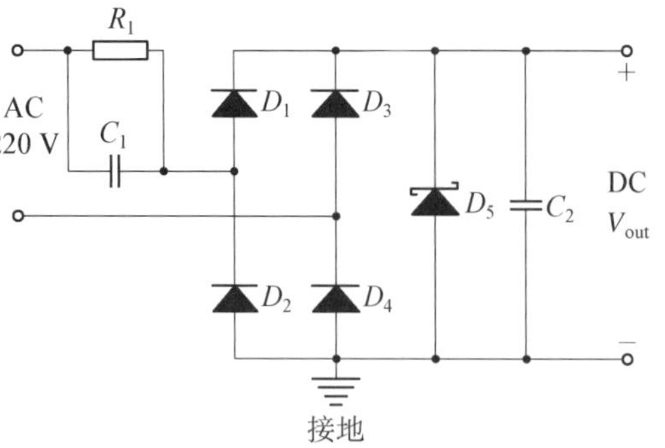

图 4.6.18　非隔离 AC/DC 转换电路示意图

用，D_3 是稳压二极管，R_1 为关断电源后 C_1 的电荷泄放电阻。

通过 C_1 的电流 I_{C_1} 为

$$I_{C_1}=\frac{V_{AC}}{2\pi f_{AC}C_1}。\tag{4.6.3}$$

在交流电压为 220 V、50 Hz 条件下，有

$$I_{C_1}=69C_1。\tag{4.6.4}$$

电容降压 LED 驱动电路的优点是体积小、成本低；缺点是带负载能力有限，效率不高，输出电压随电网波动而变化，而使 LED 亮度不稳定，所以只能应用于对 LED 亮度及精度要求不高的场合。

高压 LED 驱动芯片降压是整个驱动电路直接和市电电路相联系，以 HV9910 为例。HV9910 是一款 PWM 高效率 LED 驱动 IC，它允许电压从 DC 8 V 一直到 DC 450 V 而对 LED 有效控制。通过一个可升至 300 kHz 的频率来控制外部的 MOSFET，该频率可用一个电阻调整。LED 串受到恒定电流的控制而不是电压，如此可提供持续稳定的光输出并提高可靠度。输出电流的调整范围可从毫安培级到安培级。HV9910 使用了一种高压隔离连接工艺，可经受高达 450 V 的浪涌输入电压的冲击。对一个 LED 串的输出电流能被编程，并被设定在 0 与其最大值之间的任何值，且由输入到 HV 的线性调光器的外部控制电压所控制。另外，HV9910 也提供一个低频的 PWM 调光功能，能接受一个外部达几千赫兹的控制信号在 0～100%的占空比下进行调光。高压芯片恒流电路的特点是电路简单、所需元器件少，但恒流精度不高，一旦失控，会烧毁 LED 灯串。

3. 市电隔离 AC/DC LED 驱动器

市电隔离 AC/DC LED 驱动器有两种结构：一种是变压器降压 LED 驱动电路，另一种是采用 PWM 控制方式开关电源。

变压器降压 LED 驱动电路的结构是由降压变压器、全波整流、电容滤波和 LED 驱动电路构成。变压器降压 LED 驱动电路的特点是采用工频变压器，转换效率低。另外，限流电阻上的消耗功率较大，电源效率很低。

PWM 控制方式开关电源主要由 4 个部分组成，即输入整流滤波、输出整流滤波、PWM 控制单元和开关能量转换。PWM 控制方式开关电源的特点是效率高，一般可达 80%～90%。而且输出电压和电流稳定，可加入各种保护，属于可靠性电源，是比较理想的 LED 电源。

4. 隔离型 LED 驱动电源的拓扑结构

在采用 AC/DC 电源的 LED 照明应用中，电源转换的构建模块包括二极管、开关、电感、电容、电阻等分立元件，用于执行各自功能；而脉宽调制稳压器用于控制电源转换。电路中通常加入了变压器的隔离型 AC/DC 电源转换，包含反激、正激及半桥等拓扑结构。图 4.6.19(a)所示是反激型开关电源拓扑，图 4.6.19(b)所示是正激型开关电源拓扑，图 4.6.19(c)所示是 LLC 半桥谐振型开关电源拓扑结构。其中，反激拓扑结构是功率小于 30 W 的中低功

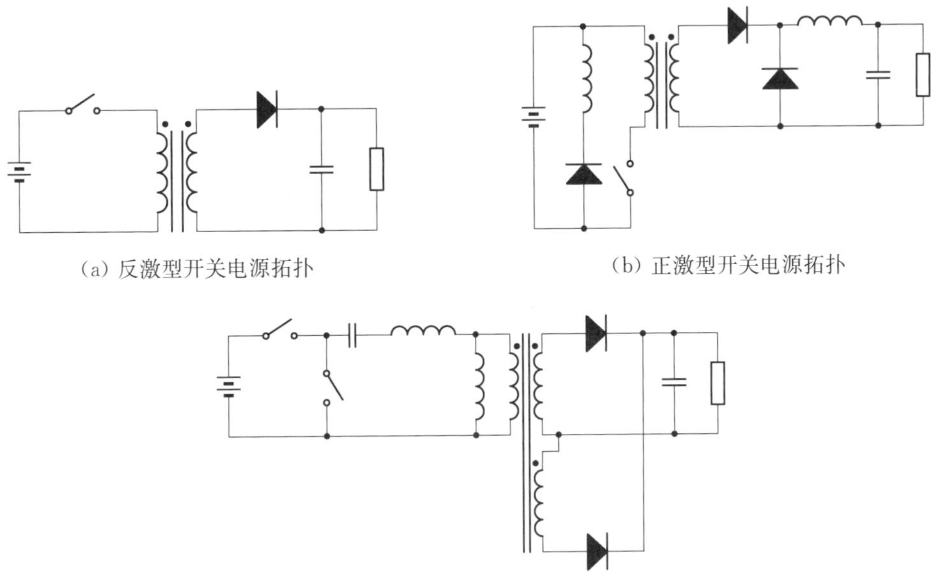

(a) 反激型开关电源拓扑　　(b) 正激型开关电源拓扑

(c) LLC 半桥谐振型开关电源拓扑

图 4.6.19　隔离型 LED 驱动电源的拓扑结构示意图

率应用的标准选择，而半桥结构则最适于提供更高能效/功率密度。就隔离结构中的变压器而言，其尺寸的大小与开关频率有关，且多数隔离型 LED 驱动器基本上都采用“电子”变压器。

4.6.2.7　LED 照明电路的拓扑选择

不管 LED 照明系统的输出功率有多大，LED 驱动器电路的选择都将在很大程度上取决于输入电压的范围、LED 串本身的累积电压降，以及足以驱动 LED 所需的电流。这导致了多种不同的可行 LED 驱动器的拓扑结构，如降压型、升压型、降压-升压型和 SEPIC 型，每种拓扑结构都有其优点和缺点。其中，标准降压型转换器是最简单和最容易实现的方案，升压型和降压-升压型转换器次之，而 SEPIC 型转换器则最难实现。这是因为它采用了复杂的磁性设计原理，而且需要设计者拥有高超的开关模式电源设计专长。

总而言之，终端产品的应用决定 LED 的拓扑结构，然后根据 LED 的拓扑结构和输入电源再合理选择 BUCK、BOOST、SEPIC 或 BUCK - BOOST 结构。

1. 小于 25 W 的 LED 照明电路的拓扑选择

一般来说，小于 25 W 的 LED 照明系统不要求进行功率校正，因此可以采取简单的拓扑架构，如 PSR(primary-side reguleted，初级端调节)反激拓扑或 BUCK 拓扑，这一功率范围主要针对小型设计，强调设计的简单性。小于 25 W 的 LED 灯具主要应用于室内照明，主要采用低成本的反激型拓扑结构。安森美半导体的 NCP 1015和 NCP 1027单片变换集成电路集成了内置高压 MOSFET 和 PWM 的控制器，可以有效地减小 PCB 的面积和灯具的体积，提供最大 25 W 的功率输出(AC 230 V 输入)。

2. 25～100 W 的 LED 照明电路的拓扑选择

25～100 W 的 LED 照明应用要求进行功率校正，因此一般采用单级 PFC、准谐振(quasi-resonant，QR)PWM 或反激式拓扑。从效率角度来看，LLC 和 QR 性能更好；而

PSR 方案无需次级反馈，设计简单，尺寸也比其他方案小，适合于单级 PFC。

25～100 W 功率范围的典型的 LED 照明应用是街道（小区道路）照明和像停车场这样的公共场所照明。功率转换效率、PFC 功能的高性价比实现以及高颜色品质是目前最重要的 3 大技术挑战。例如，在商业照明和街道照明方案中，更长的使用寿命和由此产生的更低维护成本正帮助克服较高初始成本的进入障碍。25～100 W 的 LED 照明应用有功率因数的要求，因此需要增加功率因数校正电路。这种电路可以采用传统的两段式结构，即有源非连续模式功率因数校正电路加 DC/DC PWM 变换电路，如安森美的功率因数校正控制器 NCP 1607。NCP 1607的外围电路非常简单，并可以提供很好的性能。对于高效率、低成本和小体积的 LED 方案而言，值得推荐的是单端的 PFC 电路，它可以同时实现功率因数和隔离的低压直流输出，并具有显著的成本优势，必将成为中等功率 LED 照明的主流方案。安森美半导体的 NCP 1652为实现单级的 PFC 电路提供了最优的控制方案。

3. 大于 100 W 的 LED 照明电路的拓扑选择

100 W 以上的 LED 照明应用适合采用 LLC、QRPWM、反激式拓扑设计，一般采用效率更高的 LLC 拓扑和双级 PFC。100 W 以上的应用包括主要道路和高速公路照明（这里需要高达 20 klm 或以上的光通量以及 250 W 的电源输入）和专业应用，如舞台光照明和建筑泛光灯照明。在高功率应用中，使用 LED 的一个关键驱动力是其可靠性和由低功耗带来的低拥有成本。例如，其系统效率可与金属卤化物灯和低压钠灯相比，初始成本可能在短期内继续是该市场进入的低门槛。

对于大于 100 W 的 LED 应用，可以采用传统的有源非连续模式功率因数校正电路和半桥谐振 DC/DC 转换电路。例如，采用一种新型的集成控制器，它集成了有源非连续模式功率因数控制器和具有高压驱动的半桥谐振控制器。该半桥谐振控制器工作在固定的开关频率和具有固定的占空比，并且该电路不需要输出侧的反馈控制回路。这使得半桥谐振 DC/DC 变换电路工作在效率最高的 ZVS（zero voltage switch，零电压开关）和 ZCS（zero current switch，零电流开关）状态。而且，直流输出电压将随功率因数校正电路的输出而变化。

4.6.3 高压 LED 及其驱动电路

2010 年 10 月，台湾晶元光电公司发布了蓝色“1 W, 50 V, 20 mA”芯片和世界上最亮的红色“0.7 W, 35 V, 20 mA”芯片的产业化。这两款高压芯片的发布，标志着 LED 照明应用进入了市电直接驱动的时代。根据晶元光电公司给出的资料，一盏5.4 W的 LED 照明灯只要用 4 只“1 W, 50 V, 20 mA”的蓝色芯片加上 2 只“0.7 W, 35 V, 20 mA”的红色芯片封装串联在一起（不用 YAG 荧光粉转换），就可以制造出一盏5.4 W、色温为 3 000 K的暖白光 LED 灯，用市电 220 V 直接整流驱动，其显色指数可达 90，光效可达 105 $lm \cdot W^{-1}$。市电直接驱动方式可以很容易实现，因为可以简化电路，降低 LED 灯具整体成本。同时，还可以提高可靠性。这组芯片的发布对于 LED 封装应用的广大企业是一个好消息。

采用铝基板作为高压芯片的固定、散热，是高压芯片封装的首选。红、蓝高压芯片在铝基板的布置有“二蓝夹一红”、“二红置中心”、“二红外置内四蓝”几种，究竟采用哪种布置可以使红、蓝混光均匀，从而达到最好效果，需实践后才知道。用这两款高压芯片设计照明芯片很方便，可以以5.4 W为一组，增加并联组数以增加功率；用来制作天花板顶棚灯或路灯，要 20 组5.4 W的并联组合，即可做成一盏 110 W、3 000 K的暖白光路灯，其驱动电压采用市电220 V直接整流供给；而一盏天花板顶棚灯只要 3～4 组5.4 W的组合即可。除了上述典型应用外，高压芯片也可以自由搭配，形成不同色温的光，以满足不同使用需求。例如，用 5 片“50 V，1 W，20 mA”的蓝色芯片，加上 1 片“35 V，0.7 W，20 mA”的红色芯片封装在一起；或者用 4 片“50 V，1 W，20 mA”的蓝色芯片，加上 1 片“35 V，0.7 W，20 mA”的红色芯片封装在一起等，就可以得到较高色温的光。

当高压芯片应用于路灯时，就显得更加灵活。由于芯片数量多，红、蓝芯片的布置也可多样化，可将蓝色芯片和红色芯片各自分成若干组，串联后再并联，实行并联独立供电，便于调节到所需要的色温。随着市场的需求，晶元光电公司或其他芯片公司还会推出更多不同电压规格的高压芯片，甚至推出直接用于市电 220 V 的单色芯片，使 LED 照明灯具的设计简便化，并带来全新的变革。

市电直接驱动可有下述两种驱动方式：

① 交流驱动，就是市电 220 V 直接提供给 LED 灯使用。要使 LED 灯工作在交流状态下，必须将 2 片高压 LED 芯片的正负极互为反向连接，形成一片交流高压 LED 芯片，将数片交流高压 LED 芯片串联到合适的工作电压，再配上限流电阻，就可用市电直接驱动了。

② 直流驱动，就是将市电 220 V 整流，变成 100 Hz 的脉动直流，就可以直接提供给 LED 灯使用，并可以不加滤波电解电容。这是因为 LED 芯片的 pn 结是面接触，本身是有结电容的，它的电容量根据芯片的大小而不同，一般在几十到几百法拉，所以 LED 本身就有滤波作用。LED 光的波动大于 24 Hz，人眼就感觉不出来了，这是人眼的视觉效应所决定的。

4.6.4 AC LED 及其驱动电路

以高效节能、绿色环保、长寿命为特点的新兴 LED 照明技术如今正在加速发展，应用中的新技术、新方案也不断涌现。LED 照明设计可结合光源特性，如光源指向性、冷光源及色彩变化等，必将成为照明市场主流。近年来，随着 LED 在材料选取、晶粒制程、封装架构设计技术等方面研究的不断进步，一种新的交流发光二极管(AC LED)技术应运而生，通过一种新的思路，推动了 LED 照明技术的实用化。

4.6.4.1 AC LED 产生背景

传统的 LED 是典型的低压直流器件，我们日常照明使用的电源是高压交流(AC 100～220 V)，无法直接使用，必须经过变压器或开关电源降压，然后将交流(AC)变换成直流(DC)，再变换成直流恒流源，才能供 LED 光源使用。

因此，在 LED 灯具里，必然要有一定的空间来安置这个变换器，这就不利于照明灯具的设计和小型化。而且系统经过变换环节，能量必然有一定量的损耗，DC LED 在交流、直流之间转换时约有 15%～30%的电力损耗，系统效率很难做到 90%以上。如果能用交流(AC)直接驱动 LED 光源发光，系统应用方案将大大简化，系统效率将很轻松地达到 90%以上。变换装置的存在是传统 LED 照明产品成本较高的重要因素，也成为制约 LED 光源产品寿命的瓶颈，无法体现 LED 长寿命的特点。

4.6.4.2 AC LED 的原理和特点

1. AC LED 的结构组成

AC LED 是相对于传统的 DC LED 来说的，无需经过 AC/DC 转换，可直接插电于 220 V(或 110 V)交流电使用的 LED 照明技术。AC LED 光源的技术关键是 LED 晶粒在封装时的特殊排列组合技术，同时利用 LED pn 结的二极管特性兼作整流，通过半导体制作工艺将多个晶粒集成在一个单芯片上，即高功率单晶粒(single power chip)LED 技术，并采用交错的矩阵式排列工艺组成桥式电路，使 AC 电流可双向导通，实现发光。晶粒的排列如图 4.6.20所示，其中，图(a)所示为 AC LED 晶粒采用交错的矩阵式排列示意，图(b)所示为实际 AC LED 晶粒排列照片。当 AC LED 晶粒在接上交流电后通电发光，因此只需要 2 根引线导入交流源即能发光工作。

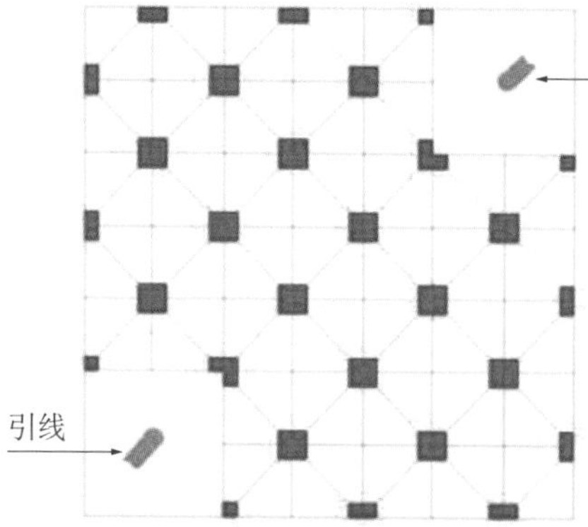

(a) 交错的矩阵式排列

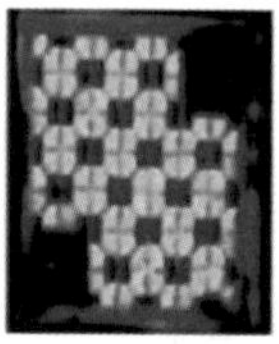

(b) 实际晶粒排列

图 4.6.20 AC LED 晶粒封装示意图

2. AC LED 的工作原理及特点

AC LED 光源的工作原理如图 4.6.21所示，由 LED 微晶粒采用交错的矩阵式排列工艺组成 5 个桥臂，组成类似一个整流桥；整流桥的两端分别连接交流源，另两端连接一组 LED 晶粒。在交流的正半周沿逆时针方向实线流动，3 个桥臂的 LED 晶粒发光；负半周沿顺时针方向实线流动，又有 3 个桥臂的 LED 晶粒发光；4 个桥臂上的 LED 晶粒轮番发光，相对桥臂上的 LED 晶粒同时发光；中间桥臂的 LED 晶粒因共用而一直在发光。

在 50 Hz(60 Hz)的交流中，桥臂的 LED 晶粒会以每秒 50(60)次的频率轮替发光点亮。整流桥取得的直流是脉动直流，LED 的发光也是闪动的，LED 有断电余辉续光的特性，余辉可保持几十微秒，而人眼对流动光点记忆是有惰性的，所以感觉不到光的闪动。AC LED 只有一半时间在工作，所以发热得以减少 40%～20%，其使用寿命较 DC LED 长。

AC LED 体积小，可应用于工业及民用小型指示灯；其高压、低电流导通的优点克服了使用 DC LED 时，因线路高损耗造成需依赖电源供应器接续的问题；而且双向导通，蓝、绿光

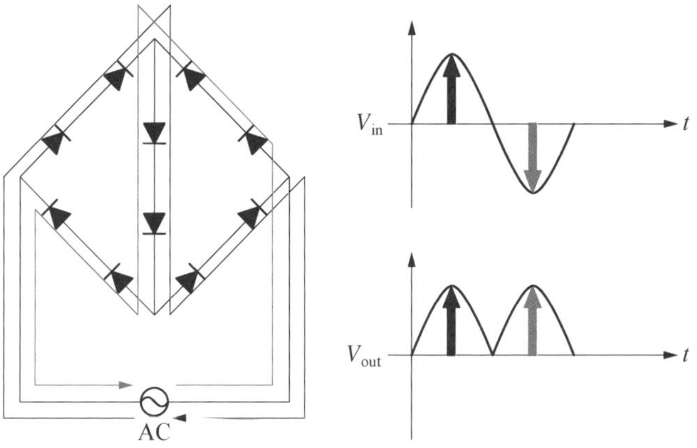

图 4.6.21 **AC LED 光源的工作原理**

LED 无静电击穿(electro-static discharge, ESD)问题;使用微晶粒技术大幅度提高光效;由于功率因数提高与低电流控制,对于一般照明产业及液晶显示器(liquid crystal display, LCD)背光面板产业,更是一项实用化新技术。

3. AC LED 的发展及典型结构

AC LED 技术发展迅速,当前主要有以下几种技术路线:第一种是用低电压交流电直接驱动发光的 AC LED 技术;第二种是通过改造 LED 衬底,采用 MOCVD 生长技术基础的氮化镓衬底,可以增进照明和传感器的应用,并降低成本和提高生产效率;第三种是通过改造芯片结构,使 LED 适应用市电电压交流直接驱动,能有效解决现有 LED 因无法直接在交流电源下使用而造成产品应用成本较高的缺点。

针对 AC LED 散热量大的问题,目前提出了液体沉浸热管理解决方案(liquid immersion thermal management solution, LITMS),将 AC LED 采用玻璃封装,无需使用电源转换器,使得灯泡寿命不受限于转换器;使用环保安全的配方液体,取代原来的金属散热片,采用前向液冷 360°散热方式,也使 AC LED 的光线更加柔和,减小刺眼感。其外形如图 4.6.22所示。

图 4.6.22 **液冷 AC LED 灯泡**

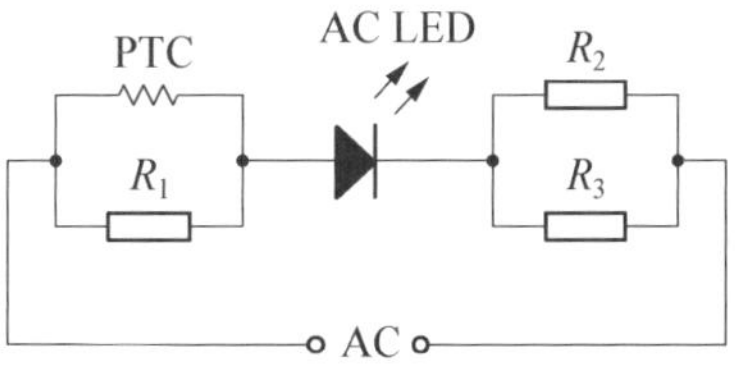

图 4.6.23 **AC LED 的典型应用电原理示意图**

AC LED 不仅可以用在各种场合的照明,还可以用于液晶显示屏的背光照明。其在照明上的一个典型应用的原理如图 4.6.23所示。在 AC LED 两端分别串入正温度系数热敏电阻 PTC 和限流电阻 R_1、R_2、R_3,接上 110 V 或 220 V 交流电即可进入照明工作。相对传统的 DC LED，无需降压整流装置，大大简化了实际应用，提高了效率和可靠性。

AC LED 刚刚起步，现阶段仍有两个缺点：一是光效没有 DC LED 高；二是 AC LED 有触电的风险。因为 AC LED 直接连接高压电网，如果采用金属鳍片散热，容易发生触电危险，需要研究新的间接散热方案，如充液 LED 固态照明灯具等。

目前，AC LED 在发光亮度、功率等方面还不够理想，但 AC LED 的应用简便、无需变压转换器和恒流源，且其低成本、高效率已显现强大的生命力。AC LED 的技术在飞跃发展，可以设想，在不久的将来，低成本的产品将大量面世，为我们这个世界提供更绿色、更环保的照明。

4.6.5 交直流 LED 性能的比较分析

现就 AC LED 与 DC LED 做比较分析（见表 4.6.2）：

① 驱动方式：AC LED 工作无需使用恒流源，无需外围电路就能实现市电供电，即插即亮；DC LED 驱动方式为：220 V 输入→恒流源装置转换→24 V 驱动器（此过程将会损失 20%的能耗）→LED 点亮。对比可见，AC LED 驱动方式更为简单方便，且电能利用率高。

② 消耗能量：AC LED 比 DC LED 节约了 20%以上的能耗，在节能方面得到更高的提升。

③ 功率因数：因 AC LED 直接以交流驱动，减少了驱动转换过程的能量耗费，故功率因数可达 95%以上，电源能量得到充分利用。

④ 恒流源：AC LED 无恒流源，无后续的保养费和维护费，而 DC LED 需配置恒流源，恒流源使用寿命一般在 1～1.5 y 左右即需更换，因此在 DC LED 的生命周期里需要更换多次恒流源。

⑤ 节能环保：AC LED 在节能环保方面不但继承了传统 LED 的优势（无汞），还杜绝了交流电的电磁污染，同时降低了因转换而产生的能耗。

表4.6.2 交直流 LED 性能的比较分析

技术参数	AC LED 光源	DC LED 光源
优势色温	5 000 K（±500 K）	6 000 K
驱动方式	220 V 市电供电	使用 AC/DC 电源
光效	低	高
散热配件技术要求	高	低
功率因数	≥95%	90%
电源效率	88%	60%
光衰	1 y，≤2%	1 y，≥5%
眩光指数	无	不舒适

续表

技术参数	AC LED 光源	DC LED 光源
节能环保	无电磁污染	有
使用寿命	≥50 000～80 000 h	≥30 000～50 000 h
相对应用优势	背光照明，道路照明	特殊照明，通用照明

综上所述，AC LED 从技术参数、工作性能各方面都有显著优势，在降低能耗使用成本同时，AC LED 比 DC LED 更环保、更节能、更符合"绿色照明，低碳生活"的国家发展要求。

4.7 LED 光源的特性和设计

4.7.1 LED 光源的特性

LED 是利用化合物材料制成 pn 结的光电器件。它具备 pn 结结型器件的电学 $I-V$ 特性和 $C-V$ 特性，以及光学的光谱响应特性、发光光强指向特性、时间特性及热磁等特性。

4.7.1.1 LED 的电学特性

1. $I-V$ 特性

如 4.6.1.1 所述，$I-V$ 特性是表征 LED 芯片 pn 结制备性能的主要参数。LED 的 $I-V$ 特性具有非线性、整流性质：单向导电性，即外加正偏压表现低接触电阻；反之，为高接触电阻。

$I-V$ 特性曲线如图 4.7.1所示。

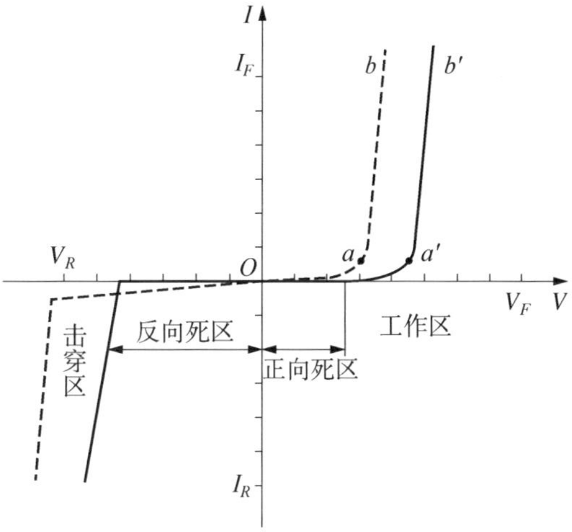

图 4.7.1 LED 的 $I-V$ 特性曲线

① 正向死区：（图中 Oa 或 Oa' 段）点 a 对应的电压 V_a 为开启电压，当外加电压 $V_F<V_a$ 时，pn 结处的外加电场还不能克服因载流子扩散而形成的势垒电场，此时，电阻 R 很大，LED 不发光。不同材料制备得到的 LED 所对应的开启电压不同。

② 正向工作区：（图中 ab 或 $a'b'$ 段）当外加电压 $V_F>V_a$ 时，电流 I_F 随外加电压 V_F 的增加呈指数上升，即

$$I_F = I_S(e^{qV_F/kT} - 1)。 \tag{4.7.1}$$

式中，I_S 为反向饱和电流。

③ 反向死区：当 $V_F < 0$ 时，pn 结被施加反向偏压。此时 LED 不发光（即不工作），但有反向电流，这个反向电流通常很小，一般为几微安培。

④ 反向击穿区：当反向偏压一直增加，使 $V_F < V_R$ 时，反向漏电流 I_R 突然增加而出现击穿现象。其中，V_R 称为反向击穿电压，V_R 电压对应的 I_R 为击穿电流。与开启电压类似，不同材料的 LED 芯片所对应的反向击穿电压 V_R 也不相同。

2. $C-V$ 特性

LED 电容一般指包括 pn 结结电容与内引线分布电容的总和，其中 pn 结结电容居于支配地位。鉴于 LED 芯片有多种规格，如 10 mil×10 mil（1 mil = 25.4 μm）、20 mil×20 mil、30 mil×30 mil、40 mil×40 mil，等等，故 pn 结面积大小不一，使得在零偏压下结电容 C_0 的大小不同。LED 电容直接影响由其所构成的电路的频率响应，当用 LED 作为显示屏的发光单元时，对各个 LED 的电容差异必须规定一个范围，以便统一开关时间。$C-V$ 特性呈二次函数关系（见图 4.7.2），由 1 MHz 交流信号用 $C-V$ 特性测试仪测得。

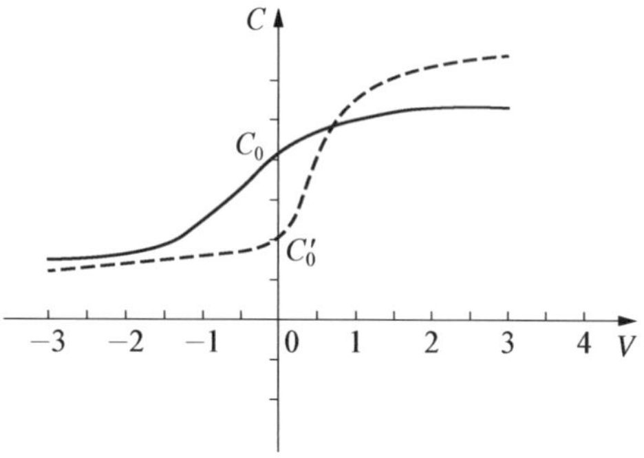

图 4.7.2　LED 的 $C-V$ 特性曲线

3. 最大允许功耗 P_{max}

最大允许功耗 P_{max} 是指允许施加在 LED 两端的正向直流电压与电流之积的最大值。超过此值，LED 发热量过大而导致过热损坏。当流过 LED 的电流为 I_F、压降为 U_F，则功率消耗为 $P = U_F \times I_F$。LED 工作时，外加偏压、电流会促使载流子复合发出光，还有一部分则变为热，使结温升高。若结温为 T_j、外部环境温度为 T_a，则当 $T_j > T_a$ 时，内部热量借助管座向外传热，散逸热量（功耗）可表示为

$$P = K_T(T_j - T_a)。\qquad (4.7.2)$$

例如，Cree 公司 XM－L2 LED 的最大允许功耗为 10 W。

4. 响应时间

LED 的响应时间是指通一正向电流时，开始发光和熄灭所延迟的时间，标志 LED 的反应速度。而 LCD 的响应速度是指 LCD 各像素点对输入信号的反应速度，即像素由亮转暗或者由暗转亮所需的时间。LCD 的响应时间对 LCD 来说是非常重要的参数。当响应时间多于 40 ms 时，容易出现拖尾现象。

① 从实用角度来看，响应时间就是 LED 点亮与熄灭所延迟的时间，即图 4.7.3 中的 t_r、t_f。图中 t_0 值很小，可忽略。

② 响应时间主要取决于载流子的寿命、器件的结电容及电路阻抗。

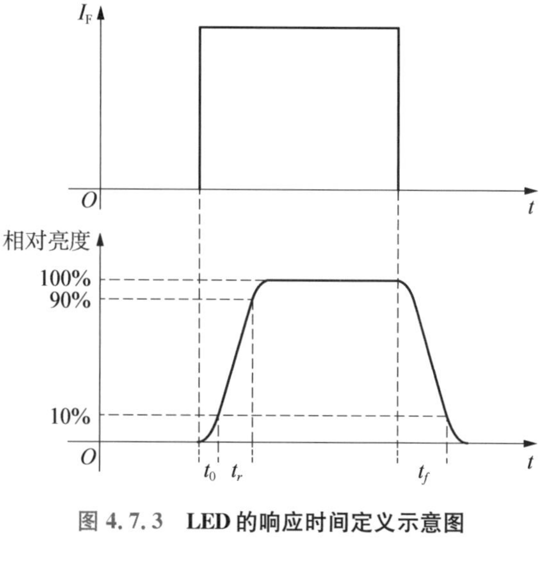

图 4.7.3　LED 的响应时间定义示意图

4.7.1.2 LED 的光学特性

辐射度学和光度学是照明光学的基础，两者基本相同，都是用来描述测量光能量的一些度量单位。辐射度学是研究任何波长的电磁辐射测量的科学。但是人的眼睛只能感知 0.4～0.7 μm这个波段范围的光，而且人眼的标准对于光的测量也是不容忽视的，所以由辐射度学衍生出光度学。光度学研究的是对可见光波长的能量的测量，它是对可见光本身的客观度量，并且反映了人眼对光波的响应程度。

绝大部分的光源都是用来照明的，而照明效果的好坏主要通过人的视觉来进行评判。所以就需要基于人眼视觉，也就是针对可见光提出一些描述光源光学特性的参量，常见的主要有光源的光通量、发光强度、光照度、亮度、显色指数等。下面将结合 LED 的光源特性，分别介绍这几个参量。

1. 发光法向光强及其角分布 I_θ

① 发光强度(法向光强)是表征发光器件发光强弱的重要性能。LED 大量的应用要求是圆柱、圆球封装，由于凸透镜的作用，故都具有很强的指向性：位于法向方向的光强最大，其与水平面的夹角为 90°。当偏离正法向不同角度 θ 时，光强也随之变化。

② 发光强度的角分布 I_θ 是描述 LED 发光在空间各个方向上光强分布的参数，如图 4.7.4所示，它主要取决于封装的工艺(包括支架、模粒头、环氧树脂中添加散射剂与否)。a. 为获得高指向性的角分布，可采用以下措施：ⅰ. LED 管芯位置离模粒头远一些；ⅱ. 使用圆锥状(子弹头)的模粒头；ⅲ. 封装的环氧树脂中勿加散射剂。采取上述措施可大大提高 LED 的指向性。b. 当前圆形 LED 封装几种常用的散射角为 5°、10°、30°、45°。

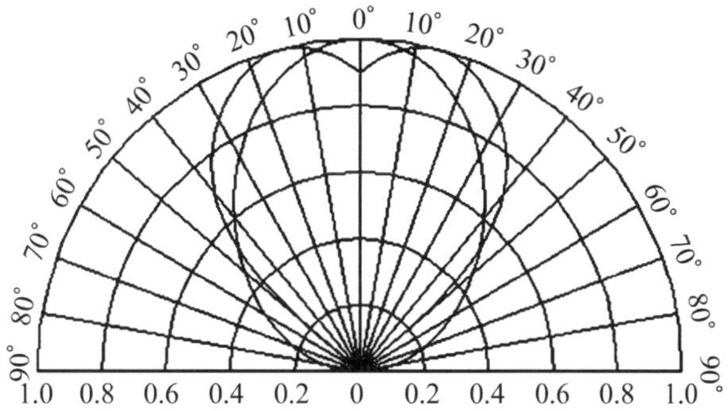

图 4.7.4 发光强度的角分布

2. 发光峰值波长及其光谱分布

① LED 发光强度或光功率输出随着波长变化而不同，可绘成一条分布曲线——光谱分布曲线。当此曲线确定之后，器件的有关主波长、纯度等相关色度学参数亦随之确定。

LED 的光谱分布与制备所用的化合物半导体种类、性质及 pn 结结构(外延层厚度、掺杂杂质)等有关，而与器件的几何形状、封装方式无关。

图 4.7.5绘出由几种不同化合物半导体及掺杂制得的 LED 的光谱响应曲线。

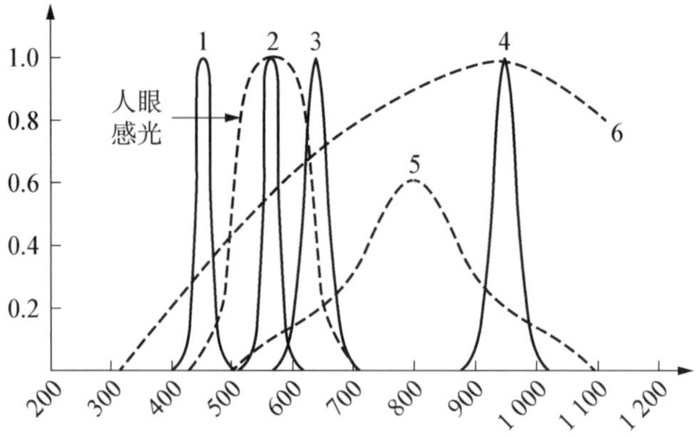

图 4.7.5　LED 的光谱分布曲线

1. 蓝光 InGaN/GaN，发光谱峰 $\lambda_p = 460 \sim 465$ nm；2. 绿光 GaP：N，发光谱峰 $\lambda_p = 550$ nm；3. 红光 GaP：Zn－O，发光谱峰 $\lambda_p = 680 \sim 700$ nm；4. 红外 GaAs，发光谱峰 $\lambda_p = 910$ nm；5. Si 光敏光电管（Si 光电二极管）；6. 标准钨丝灯

由图 4.7.5 可见，无论是什么材料制成的 LED，都有一个相对光强度最强处（光输出最大）与之相对应，有一个波长，此波长叫峰值波长，用 λ_p 表示。而且，只有单色光才有 λ_p 波长。

② 谱线宽度。在 LED 谱线的峰值两侧 $\pm\Delta\lambda$ 处，存在两个光强等于峰值（最大光强度）一半的点，此两点分别对应 $\lambda_p-\Delta\lambda$、$\lambda_p+\Delta\lambda$，之间的宽度叫谱线宽度，也称半功率宽度或半高宽度。半高宽度反映谱线的宽窄，即 LED 单色性的参数，通常 LED 的半高宽小于 40 nm。

③ 主波长。有的 LED 发光不是单一色，即不仅有一个峰值波长，甚至有多个峰值，并非单色光。因此，为描述 LED 色度特性而引入主波长。主波长就是人眼所能观察到的、由 LED 发出的主要单色光的波长。单色性越好，则 λ_p 也就是主波长。

例如，GaP 材料可发出多个峰值波长，而主波长只有一个，随着 LED 长期工作，结温升高，而主波长偏向长波。

3. 光通量

光通量是表征 LED 总光输出的辐射能量，指光源在单位时间内发出的光的能量。它标志器件的性能优劣，是光源的固有属性，与光功率等价。对于一个灯具来说，最简单的解释就是发出光的多少。光源的光通量大，则发出的光线就多。光通量与芯片材料、封装工艺水平，以及外加恒流源大小有关。通常用符号 Φ 表示，单位为流明（lm），也可以用人眼对于视觉明暗程度的感受来表征。视见函数表示人眼对于不同波长的可见光的平均敏感程度，光波长与人眼对于不同波长的光的感光灵敏度之间的关系可用图 4.7.6来

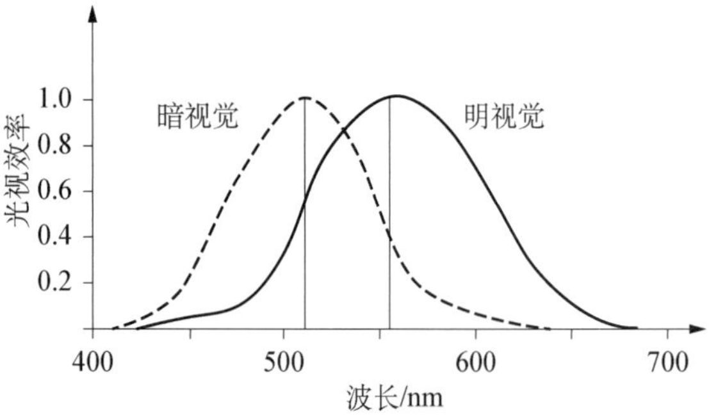

图 4.7.6　人眼视觉函数示意图

表示。

光通量与辐射通量(辐射功率)之间有一定的联系,可以用下式表示为

$$\Phi = K_m \int_{380}^{780} V(\lambda)\Phi_e(\lambda)\mathrm{d}\lambda。\tag{4.7.3}$$

式中,Φ 为光通量;K_m 为光谱光视效能的最大值即最大流明效率,明视觉条件下的值为 683 lm · W^{-1};$\Phi_e(\lambda)$为辐射通量,单位为 W;$V(\lambda)$为视见函数。

4. 发光强度

一般情况下,光源在不同方向上发射出的光的能量是不同的,如图 4.7.7所示。在给定方向上,光源单位立体角内发出的光通量就称为光源在该方向的发光强度,简称光强。通常用符号 I 表示,单位为坎德拉(cd)。发光强度是针对点光源来说的,也适用于发光体的大小远小于照射距离的场合。可以说,发光强度就是描述了光源到底有多“亮”,因为它是光功率与会聚能力的一个共同的描述。发光强度越大,光源看起来就越亮,同时在相同条件下被该光源照射后的物体也就越亮。

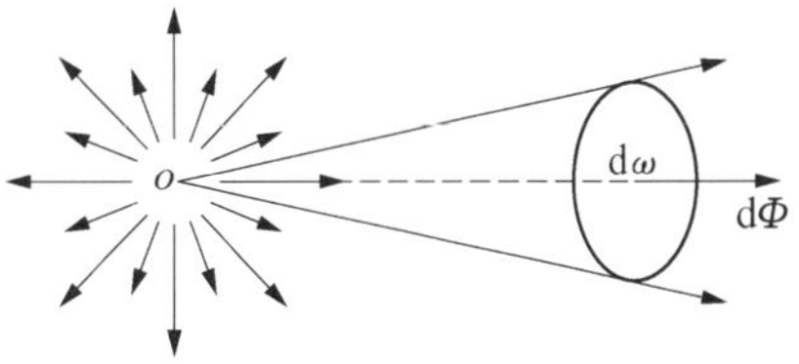

图 4.7.7 发光强度定义示意图

发光强度与光通量有一定的关系。如果在某一方向上一个元立体角 dω 内辐射的光通量为 dΦ,则

$$I = \frac{\mathrm{d}\Phi}{\mathrm{d}\omega}。\tag{4.7.4}$$

当点光源是各向同性,也就是说,其在各个方向上辐射的光通量是相等的时候,发光强度 I 为一常数,则该点光源的发光强度为

$$I = \frac{\Phi}{\omega}。\tag{4.7.5}$$

5. 光照度

照度是最常用的评价灯具照明效果的指标,一个表面上 1 m^2 面积上入射的光通量即为光照度。通常用符号 E 表示,单位是勒克斯(lx)或 lm · m^{-2}。

当受照面受到的照射为非均匀时,则在该受照面上的某点的光照度可以表示为

$$E = \frac{\mathrm{d}\Phi}{\mathrm{d}S}。\tag{4.7.6}$$

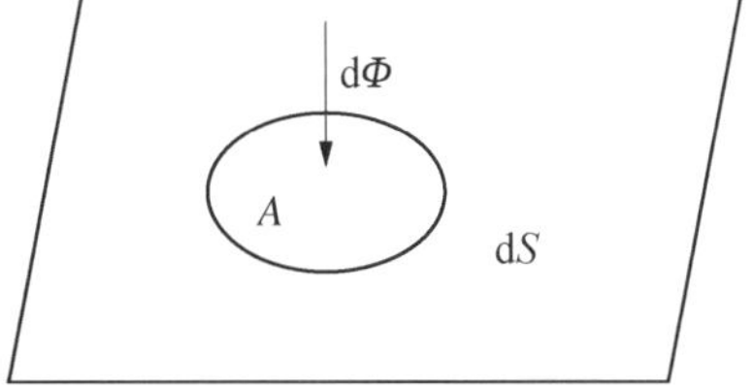

图 4.7.8 光照度示意图

式中,dS 表示受照面上的某一面积元;dΦ 表示照射到该面积元上的光通量,如图 4.7.8所示。当被照平面受到的照射为均匀时,那么此时受照面的光照度为一常量,其表达式为

$$E=\frac{\Phi}{S}。\tag{4.7.7}$$

光照度越大，被照射到的表面看起来就越亮。但是照度过大就会刺激眼睛，损害健康。所以，合理的照度值才能有利于人们的生活和工作。在受照面上，良好的光照度均匀性可以保护人的视力、有效降低视觉疲劳。

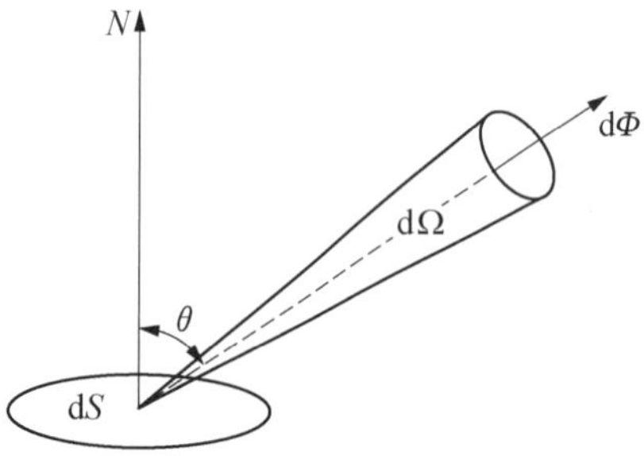

图 4.7.9 发光亮度示意图

6. 光亮度

光亮度表示为发光表面在垂直于某发光方向的单位面积内的发光强度值，通常用符号 L 来表示，单位为坎德拉/平方米（$cd\cdot m^{-2}$）。可以图示和公式来更好地理解光亮度，如图 4.7.9所示。设 dS 是光源表面的一个面积元，N 是该面积元的法线，与 N 夹角为 θ 的方向上单位立体角 $d\Omega$ 内的光通量为 $d\Phi$，则该方向上的光亮度为

$$L=\frac{d\Phi}{\cos\theta dSd\Omega}。\tag{4.7.8}$$

光亮度和光照度之间有一定的关系，可用下式来表示为

$$L=rE。\tag{4.7.9}$$

式中，r 表示反射系数。不同的物体表面对不同的光的反射系数不同，也就是说，照射到不同的物体上的光反射到人眼中的光量的能力不同。通过得到一个物体表面的反射系数和照度值，就可以得出光亮度。

7. 光效

如 4.1.4 所述，LED 效率有内部效率（pn 结附近由电能转化为光能的效率）与外部效率（辐射到外部的效率）。前者主要与 LED 芯片本身的特性有关，如组件材料的能带、缺陷、杂质、组件的垒晶组成及结构等，只是用来分析和评价芯片的电光转换效率。LED 的光效通常指外部效率，为内部量子效率及组件光取出效率的乘积。一般，光源的光通量与该光源的电功率 P 的比值称为光效，用 η 表示，单位为 $lm\cdot W^{-1}$。光效用来表示照明产品将电能转化成光能的能力，则光效 η 可表示为

$$\eta=\frac{\Phi}{P}=\frac{K_m\int_{380}^{780}\Phi_\lambda V(\lambda)d\lambda}{P}。\tag{4.7.10}$$

LED 的光效高是指在同样外加电流下辐射可见光的能量较大，故也叫可见光光效。LED 的流明效率 η 是其发射光通量 Φ 与外加耗电功率 P 的比值，即 $\eta=\Phi/P$，是用来评价 LED 将电能转换并输出为光能的能力大小的参数。

照明灯具的光效越高，当亮度相同时，说明该灯具的节能性越好；当功率相同时，说明该灯具的照明性能越好。通常，普通白炽灯的光效为 12 $lm\cdot W^{-1}$，螺旋节能灯的光效为 60 $lm\cdot W^{-1}$，而白光 LED 的光效值已经能够达到 150 $lm\cdot W^{-1}$。LED 的光效值大，因此有

着得天独厚的优势。

品质优良的LED要求向外辐射的光能量大，向外发出的光尽可能多，即外部效率要高。事实上，LED向外发光仅是内部发光的一部分，总的光效应为

$$\eta = \eta_i \eta_c \eta_e。\tag{4.7.11}$$

式中，η_i为p、n结区少子注入效率；η_c为在势垒区少子与多子复合的效率；η_e为外部提取效率(光取出效率)。由于LED材料的折射率很高，$n \approx 3.6$。当芯片发出的光在晶体材料与空气界面时(无环氧封装)，若垂直入射，被空气反射，则反射率为

$$(n-1)^2/(n+1)^2 = 0.32。\tag{4.7.12}$$

即反射出的光占32%，鉴于晶体本身对光有相当一部分的吸收，因此大大降低了外部出光效率。

为了进一步提高外部提取效率η_e，可采取以下措施：a. 用折射率较高的透明材料覆盖在芯片表面；b. 把芯片晶体表面加工成半球形；c. 用禁带宽度E_g大的化合物半导体作衬底，以减少晶体内的光吸收。

8. 寿命老化

LED发光亮度随着工作时间长会出现光强或光亮度衰减的现象，即光衰。一般以初始光通量为100%，当LED产品的光通维持率下降到初始值的70%或50%时，就认为LED失效，对应的光通维持寿命记为L_{70}或L_{50}。器件老化程度与外加恒流源的大小有关，可描述为

$$B_t = B_0 e^{-t/\tau}。\tag{4.7.13}$$

式中，B_t为时间t后的亮度，B_0为初始亮度。

通常把亮度降到$B_t = 1/2B_0$所经历的时间t称为LED的寿命。测定t要花很长时间，通常以加速试验来推算求得LED的寿命，如图4.7.10所示。以下是几种常见的加速寿命模型。

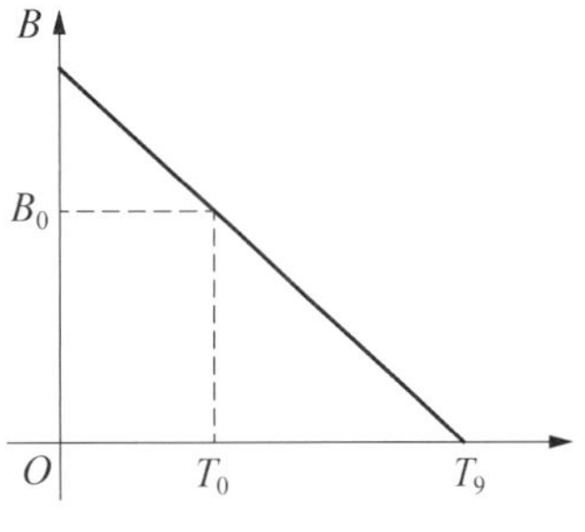

图4.7.10　LED的寿命定义示意图

(1) 阿伦纽斯模型

温度是加速寿命实验中最普遍的加速应力之一，随着温度的升高，材料内部粒子的活动加剧，从而加速了产品的老化过程而提前失效。1880年，阿伦纽斯(Arrhenius)在研究温度对酸催化蔗糖水解转化反应的基础上，提出了化学反应速率常数随温度变化关系的经验公式，即

$$K = A\exp\left(-\frac{Ea}{k_B T}\right)。\tag{4.7.14}$$

在LED的老化过程中，一般用$\delta N/\delta t$表示光通量的衰减速度，N是光通量的衰减量，t为衰减时间。由于A为初始光通量，Ea的含义是半导体的失效激活能E，k_B为玻尔兹曼常数，T代表绝对温度s。这样，上式可以表示为

$$\frac{\delta N}{\delta t}=A\exp\left(-\frac{E}{k_{\mathrm{B}}s}\right)。\tag{4.7.15}$$

（2）逆幂律模型

逆幂律模型主要应用以电应力加速试验为主的加速寿命实验，模型如下：

$$\tau=\frac{A}{S^{D}}。\tag{4.7.16}$$

式中，A、D 为常数；τ 为特征寿命；S 为加速应力（电流、电压）。

（3）广义的艾琳（Eyring）模型

广义的艾琳模型是一种包含两种应力的求解函数，方程为

$$\tau=\left(\frac{A}{S_1}\right)\exp\left(\frac{B}{k_{\mathrm{B}}S_1}\right)\exp\left(CS_2+\frac{DS_2}{kS_1}\right)。\tag{4.7.17}$$

式中，A、B、C、D 为常数；S_1、S_2 为外加的两种应力；k_{B} 为玻尔兹曼常数。

4.7.1.3 LED 的热特性

1. 结温对 LED 性能的影响

目前广泛使用的 LED 芯片，其光效只能达到 20％～30％，输入功率中的大部分能量都被转化为热能。此外，LED 为热敏感半导体器件，若产生的热量集中在芯片上不能及时散出，致使结温过高，则会严重降低其光效及使用寿命，尤其是在 LED 阵列光源中，热源的叠加效应将使得这种劣化影响更加显著。

当 LED 芯片温度升高时，电子与空穴的浓度将随之增加，禁带宽度和电子迁移率随之减小。LED 芯片材料内存在的缺陷加速增殖，形成大量的非辐射复合中心，严重降低 LED 的光效，且透明环氧树脂会变性、发黄，透光性能降低，加速造成 LED 光衰。还有一个是荧光粉的光衰，荧光粉在高温下的衰减十分严重。各种品牌的 LED 的光衰是不同的，通常 LED 的厂家能够给出一套标准的光衰曲线。例如，美国 Cree 公司的光衰曲线如图 4.7.11 所示，可见，LED 的光衰减量随着结温的增加而增大。

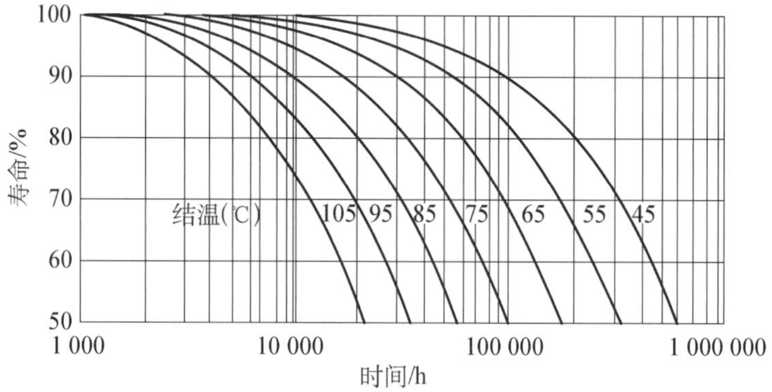

图 4.7.11 Cree 公司的 LED 的光衰曲线

图 4.7.12所示是恒定电流下各颜色光的相对输出与结温的关系，横坐标为结温，纵坐

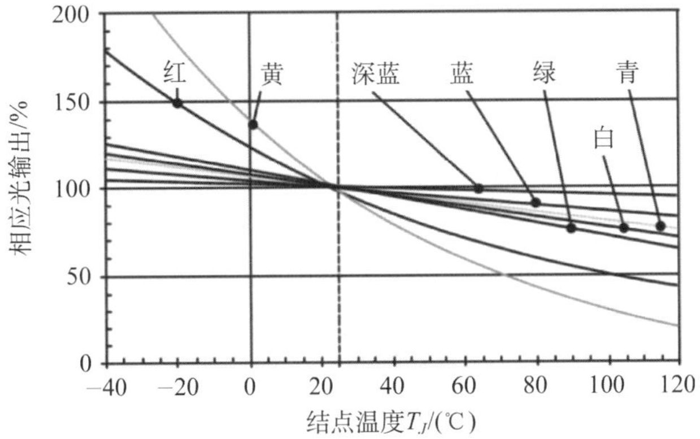

图 4.7.12　恒定电流下各颜色光的相对输出与结温的关系

标为设定一定光通量为100%后的光通量输出百分比。可见,不同颜色的光输出量都随结温的升高而减小,这种变化可以用公式表示为

$$F_V(V_2) = F_V(T_1)\mathrm{e}^{-k(T_2-T_1)}。\tag{4.7.18}$$

式中,$F_V(T_1)$与$F_V(V_2)$分别表示结温为T_1和T_2时的光通量输出;k为温度系数,其值与发光材料有关。对于目前使用蓝光激发的白光LED来说,当结温升高时,不仅蓝光的光效下降,而且荧光粉的激发波峰会发生偏移,导致白光的出光率下降。

一般情况下,光通量随结温的增加而减小的效应是可逆的。也就是说,当温度恢复到初始温度时,光输出通量会有一个恢复性的增长。这是因为材料的一些相关参数会随温度发生变化,从而导致LED器件参数的变化,影响LED的光输出。当温度恢复至初态时,LED器件参数的变化也随之消失,LED光输出也会恢复至初态值。对此,LED的光通量值有"冷流明"和"热流明"之分,分别表示LED结点在室温和某一温度下LED的光输出。

目前,使用最多的GaN基白光LED的温度系数大多在$2.0\times10^{-3}\sim4.0\times10^{-3}$((℃)$^{-1}$或$K^{-1}$)之间,有的甚至达到了$5.0\times10^{-3}$((℃)$^{-1}$或$K^{-1}$)。对$k$值偏大的LED,更要注意控制结温。

当LED结温升高时,材料的禁带宽度将减小,导致器件发光波长变长,颜色发生红移,这一关系可以表示为

$$\lambda_d(T_2) = \lambda_d(T_1) + \Delta T k_d。\tag{4.7.19}$$

式中,$\lambda_d(T_2)$和$\lambda_d(T_1)$分别是结温在T_2和T_1时的主波长;k_d为波长随温度变化的系数,单位为nm·K^{-1}或nm·(℃)$^{-1}$,与材料特性有关。

同样,结温的升高也会导致LED正向电压的减少,其变化关系为

$$V_F(T_2) = V_F(T_1) + \Delta T k。\tag{4.7.20}$$

式中,$V_F(T_2)$和$V_F(T_1)$分别为结温在T_2和T_1时的LED正向压降;k为电压温度系数,单位为V·K^{-1}或V·(℃)$^{-1}$。

2. 散热技术简介

为了提高 LED 的散热能力，保证 LED 的结温在正常工作范围内。目前，通常使用的散热技术包括风冷散热技术、热管散热技术、热电制冷散热技术等。

（1）风冷散热技术

风冷由于其价格低廉、可靠及技术成熟等优点，成为低功率器件最常用的冷却方法。风冷主要靠空气对流耗散热量，分为自然冷却与强制冷却两种方式。

自然冷却是指以空气自然对流以及辐射作用进行散热，属于被动散热，其散热性能较低。影响散热器散热性能的主要因素包括：散热器材料的导热系数、散热器表面的对流换热系数，以及散热器结构。强迫冷却主要应用风扇增强对流，使得气流可以在散热器翅片之间更快速地流动，从而强化传热，散热性能较好。通过先进风扇和优化散热器结构的方法，强制风冷的冷却能力达 $50\ W \cdot cm^{-2}$。强迫冷却虽然散热效率较高，但风扇的使用将带来噪音和灰尘等不利因素，而且风扇的寿命和可靠性也相对降低，维护成本较高。因此，强迫冷却广泛应用在需要散热的电力电子设备系统中，也是高成本大功率器件采用的主要冷却形式。

（2）热管散热技术

如 4.5.3 所述，热管散热技术是利用封闭在真空管内的工作物质来实现传热的散热元件。它的工作原理是：热管两端存在温差时，蒸发段的液体迅速汽化而吸收热量，蒸气携带热量快速流向冷凝段，蒸气在冷凝段液化释放出热量，并通过毛细作用流回蒸发段，如此循环往复不断将热量从蒸发段传递至冷凝段，如图 4.7.13所示。热管具有极高的传热效率，当量导热系数极高，且具有极好的等温性，还具有散热效果好、无噪声、使用寿命长的特点。

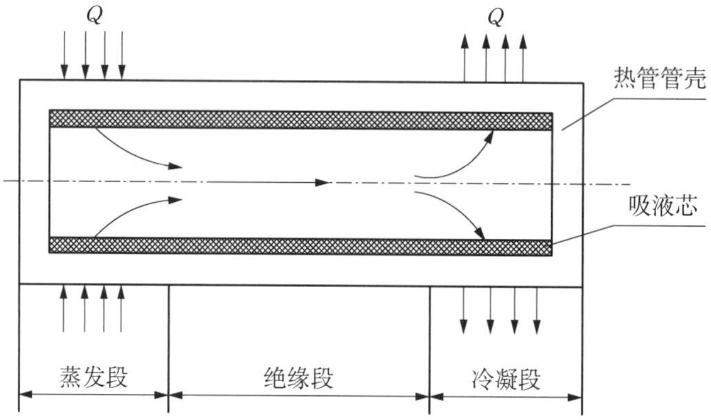

图 4.7.13　热管工作示意图

（3）热电制冷散热技术

热电制冷散热是利用半导体制冷器件的散热技术，具有无机械运动、制冷迅速、无污染、无噪声等优点，并且易于 LED 集成应用。半导体制冷器件是利用帕尔贴（Peltier）效应为理论基础，其结构主要是由导体连通两种不同材料的半导体而组成成对出现的热电偶，如图 4.7.14所示。当外加直流电驱动时，由于电荷在不同材料中处于不同的能级，当它从高能级向低能级运动时，就会释放出多余的热量；反之，就要从外界吸收热量（即表现为制冷）。

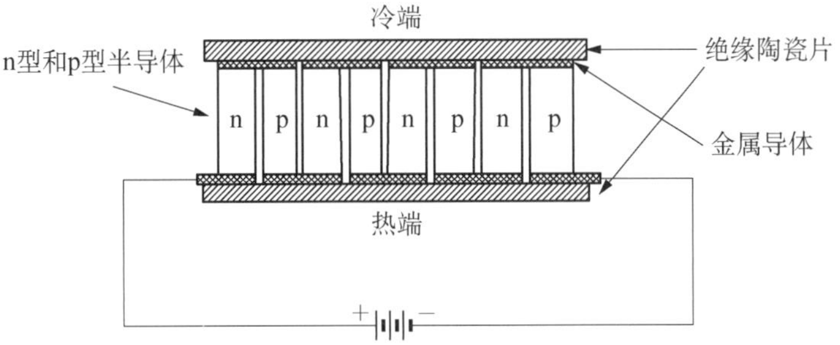

图 4.7.14　半导体制冷原理示意图

4.7.1.4　LED 的电磁特性

电磁兼容(electromagnetic compatibility)是指各种电气或电子设备在电磁环境复杂的共同空间中,以规定的安全系数满足设计要求的正常工作能力,也称电磁兼容性。它要求电子系统或设备之间在电磁环境中相互兼顾,且电子系统或设备在自然界电磁环境中能按照设计要求正常工作。

电磁干扰源可分为自然的和人为的两种。自然干扰源主要包括大气中发生的各种现象,如雷电、风雪、暴雨等产生的噪声,以及来自太阳和外层空间的宇宙噪声,如太阳噪声、星际噪声、银河噪声等。人为干扰源有多种多样,包括各种信号发射机、振荡器、电动机、开关、继电器、氖灯、荧光灯等。

电磁干扰传播途径一般也分为两种,即传导耦合方式和辐射耦合方式。任何电磁干扰的发生都必然包含电磁干扰源、耦合途经、敏感设备 3 个要素。通常认为,电磁干扰传输有两种方式:一种是传导传输方式;另一种是辐射传输方式。沿着导体传播的干扰称为传导干扰,其传播方式有电耦合、磁耦合和电磁耦合。通过空间以电磁波形式传播的电磁干扰称为辐射干扰,其传播方式有近区场感应耦合和远区场辐射耦合。此外,传导干扰与辐射干扰还可能同时存在,从而形成复合干扰。

1. 传导耦合

传导传输必须在干扰源和敏感器之间有完整的电路连接,干扰信号沿着这个连接电路传递到敏感器,发生干扰现象。这个传输电路可包括导线、设备的导电构件、供电电源、公共阻抗、接地平板、电阻、电感、电容和互感元件等。

2. 辐射耦合

辐射传输是通过介质以电磁波的形式传播,干扰能量按电磁场的规律向周围空间发射。常见的辐射耦合有 3 种:a. 甲天线发射的电磁波被乙天线意外接受,称为天线对天线耦合;b. 空间电磁场经导线感应而耦合,称为场对线的耦合;c. 两根平行导线之间的高频信号感应,称为线对线的感应耦合。

在实际工程中,两个设备之间发生干扰通常包含许多种途径的耦合。正因为多种途径的耦合同时存在,反复交叉耦合,共同产生干扰,才使电磁干扰变得难以控制。

当各个电子电气设备在同一空间中同时工作时,总会在它周围产生一定强度的电磁场,这些电磁场通过一定的途径(辐射、传导)将能量耦合给其他设备,使其他设备不能正常工作；同时，这些设备也会从其他电子设备产生的电磁场中吸收能量，导致自身无法正常工作。事实上，这种相互影响不仅存在于设备与设备之间，同时也存在于系统级、部件级、元件级等各个层次的电路结构中，甚至还存在于集成电路内部。如果一个设备或系统在制造之前就能对其电磁兼容性进行预测，改进其不合理的设计，远比将设备制造出来之后发现问题再加以改进要经济得多。因此，一个复杂设备、系统的研制必须进行电磁兼容性的预测与改进设计。

LED灯具的电磁兼容标准主要有由国际无线电干扰特别委员会（International Special Committee on Radio Interference，CISPR）制定的CISPR 15：2009（Ed 7.2）《电气照明和类似设备的无线电骚扰特性的限制和测量方法》和由TC34制定的IEC 61547：2009（Ed 2.0）《一般照明用设备的电磁兼容抗扰度要求》。在电气照明和类似设备的无线电骚扰限值方面，各国基本采用了CISPR 15标准，只是采用的版本有所差异。例如，我国现行的GB 17743—2007是采用CISPR 15：2005＋A1：2007（未包括A2）；欧盟的EN 55015：2006＋A1：2007＋A2：2009则采用了最新的CISPR 15标准。

4.7.2 LED光源的设计

4.7.2.1 LED光学仿真设计理论及仿真软件

较早时期的大功率LED灯具只是模仿传统照明灯具的结构形式，通常以替代型灯具为主，结构较为简单。以LED路灯为例，一般直接选用常规的高压钠灯的路灯外壳和结构件，只是将光源部分替代成出光角度较大的功率型LED阵列，并采用兼有反光器和散热器功能的金属结构进行简单的二次光学设计。由于该设计没有专门遵循LED的出光特点和道路照明标准，因此每一盏LED路灯的光输出角度有限，而在路面上形成了一个个圆形的光斑，且圆形光斑之间缺乏必要的平滑叠加与过渡效果，存在明显的暗区，俗称斑马效应。此外，在道路的垂直方向上，散落在道路两边而没有被利用的光较多，无法满足道路照明对路灯光输出特性的要求。未有效实施二次光学设计的LED路灯与传统高压钠灯路灯的照明效果对比如图4.7.15所示。

（a）传统高压钠灯路灯

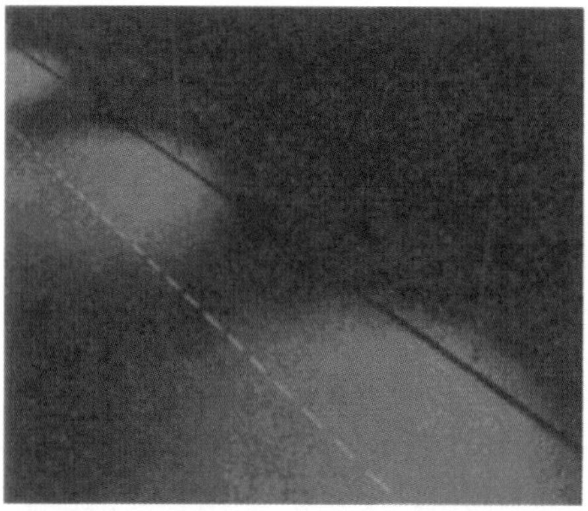

（b）未有效实施二次光学设计的LED路灯

图4.7.15　路灯照明效果的对比

因此，光学仿真设计成为非常有必要的手段。光学系统中有很多表面，光线从光源发射出来进入光学系统，必将经过这些表面使得光线的方向发生变化，并最终到达目标平面，这个过程叫做光线追迹。

光线追迹实质上就是按照一定的光学规律改变光路方向。其基本过程为：光线从光源表面发出，沿着特定的方向行进，直至到达两种介质的交界处，光线会按照光学规律改变其方向，然后按照新的方向继续行进，直至遇到另一个两种介质的交界处，光线仍然会像前面描述的那样改变光的方向，依此类推，直到光线最后到达接收面。

光线追迹方法有两种，即序列光线追迹和非序列光线追迹。序列光线追迹具有一定的顺序性。也就是说，光线从发光体发射出来之后，按照顺序依次到达系统的每一个表面，光线按照光学定律改变方向，一直到接收面停止。所以如果想要获知采用序列光线追迹方法的光学系统的特性，不需要对所有的光线进行研究，而只需要取部分具有代表性的光线即可。序列光线追迹具有计算速度快的特性，主要为成像光学系统所应用。

非序列光线追迹具有无序性。也就是说，光线出射的位置和方向均不确定，光线在传播过程中到达两介质表面的顺序也不确定。这和实际光线的传播有很高的一致性。

LED 光源初始光线的位置和方向都是不确定的，所以应该对 LED 光源使用非序列光线追迹，以使得对所设计的光学系统的性能分析更加全面且贴合实际情况。

因为非序列光线追迹的光线具有不确定性，所以在进行光线追迹分析的时候，光源需要按照一定的配光发出大量的随机光线，并且要用到蒙特卡罗(Monte Carlo)方法来对这些随机光线的出射位置、方向，以及在光线传播过程中和各个表面接触发生的反射、折射、透射、散射和吸收进行模拟。但是，使用此方法模拟也会产生误差，这个误差与追迹光线数目的平方根成反比。故所追迹的光线数目越大，误差就会越小。虽然计算机有很快的处理速度，但是当光线数目过大时，仍然会使得仿真时间加长，造成仿真效率降低。所以，所追迹的光线的数目要有合适的度，不能过多，亦不能太少，要根据实际情况来确定。

蒙特卡罗方法又称为随机抽样法、统计试验法或随机模拟法，是一种用计算机模拟随机现象，通过仿真试验，得到实验数据，再进行分析推断，求得某些现象的规律或某些问题的解的方法。蒙特卡罗方法的基本思想是，为了求解数学、物理、工程技术或生产管理等方面的问题，首先建立一个与求解有关的概率模型或随机过程，使它的参数等于所求问题的解，然后通过对模型或过程的观察或抽样试验来计算所求参数的统计特征，最后给出所求解的近似值。

概率统计是蒙特卡罗方法的理论基础，其手段是随机抽样或随机变量抽样。对于那些难以进行的或条件不满足的试验而言，这是一种极好的替代方法。蒙特卡罗方法能够比较逼真地描述事物的特点及物理实验过程，解决一些数值方法难以解决的问题，很少受几何条件限制，收敛速度与问题的维数无关。

现代化科技在发展，蒙特卡罗方法受到重视，它被广泛应用在多个领域，像交通业、医学、农业等。在光学的研发过程中，LED 的一次配光和二次配光问题的解决就用到了蒙特卡罗方法，在光学系统中通过追迹大量的光线来确定受照面的照度分布。

蒙特卡罗方法基本思想包括以下几个方面：

① 建立模型。建立模型，使得该模型的解能够满足其数学期望或概率分布。

② 完善模型。将模型与实际比较，不断完善模型。

③ 仿真。对模型中的随机变量进行抽样仿真，注意要取足够多的样本数，然后对不同的情况进行分类统计。

④ 分析比较。分析比较仿真结果，求解出统计估计值以及方差，总结求解方法。

对于一个设计好的光学系统，为了确定其合理性，并不断完善、优化系统，需要使用一款实用可靠的光学仿真软件来模拟其真实效果。

TracePro 软件是由 Lambda Research 公司研制开发，是第一套以 ACIS solid modeling kernel 为基础的仿真软件。它的使用界面简单、可操作性强、上手比较快、信息转化能力强，故广受光学研发人员的青睐。它支持实体建模，亦支持将其他 3D 建模软件建好的模型导入并使用。由于这种真实的立体模型可以为光学的仿真及分析提供良好的条件，因此软件的光学分析能力自然也就强大。目前，国际上很多照明工程领域都广泛使用该软件。

例如，设计一套吸顶灯的照明光学系统，人们希望仿真软件中的光源所发出的光能够和实际光源的光强分布吻合，并且通过仿真所得到的照度分布等结果能够和实际情况最大程度地接近，通过综合考虑，采用 TracePro 光学仿真软件，利用蒙特卡罗方法进行非序列式光线追迹。通过仿真可以得到系统中任何指定表面的光分布情况，在和实际需求比对之后，修改模型参数，最终输出满足需求的模型。

4.7.2.2 LED 照明光学系统的设计步骤

LED 照明系统的光学设计流程图如图 4.7.16所示，主要包括明确设计需求、设计模型、系统仿真、分析模拟结果、校正模型、输出模型 6 大部分。

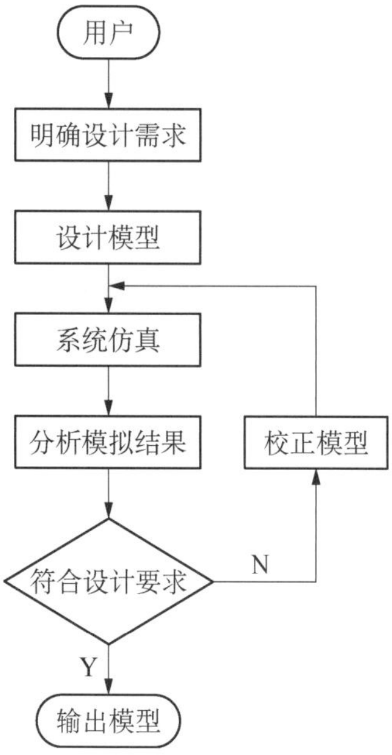

图 4.7.16 光学设计流程示意图

在进行光学系统的设计之前，首先要明确设计的需求。即需要明确系统要实现的光分布，需要达到多大的照度值，照度均匀性是多少，提取效率多大，光学系统的结构如何，每部分结构采用的材料，选用的光源的类型，等等。

第二步是进行光学模型的设计。根据所确定的需求，可以确定系统是属于二维的、旋转对称的，还是三维的，进而就能使用相应的设计方法来解决问题。在进行模型设计的时候，主要考虑的是需要多少颗 LED 器件以及 LED 器件的阵列排布方式，明确仿真设计过程中影响结果的主要因素，并且根据具体设计需求建立仿真模型。即灯罩的形状，确定接收面的位置、大小，等等。LED 器件的数量决定着系统的输出总光通量，理论上讲，LED 器件的数量越多，总光通量越大。但是，器件数量过多会使灯具总成本上升，所以要在保证灯具输出总光通量的前提下合理确定器件数量。另外，LED 阵列排布决定着照度分布情况，所以要综合考虑这些因素，设计出一个符合需求的光学模型。

第三步是系统仿真。设计好模型之后，要进行光线追迹来进行光学仿真，在接收面上得到照度分布图。

第四步是模拟结果的分析。根据接收面上得到的辐照度分布图和光强分布图可以得到接收面的平均照度值、最小和最大照度值、接收到的光通量等，进而能够分析照度均匀度、提取效率。

第五步是校正模型。通过分析仿真结果和修改参数来完善模型，继续仿真，直至得到符合第一步设定的需求结果为止。

第六步是对所有的设计可能给予考虑，从中选择最佳设计输出满足需求的模型。至此，仿真结束。

4.7.2.3 LED 光源建模

1. LED 器件选择

以吸顶灯设计为例，目前市面上的 LED 器件主要分为带透镜 LED、裸晶 LED 和贴片 LED 等，其中能够用于室内照明的 LED 器件型号主要有：2835、3014、3030、3258、5050、5730等，表 4.7.1所列为几种不同型号芯片的参数对比。

由表 4.7.1可知，3030型和5730型芯片的功率均为0.5 W，适合在功率大的灯具上使用。3030型和5730型的封装尺寸分别为 3.0 mm × 3.0 mm × 0.5 mm 和5.6 mm × 3.0 mm × 0.9 mm，虽然两者的功率相同，但3030型的尺寸较小，综合性价比更高，因此选用欧司朗公司生产的 DURIS S5 系列 3030 LED 器件。

表 4.7.1　几种不同型号器件的参数对比

LED 型号	封装尺寸 $L\times W\times T$	正向电压/V			色温范围/K	显色指数 (R_a)	全视角/(°)	工作电流/mA	功率/W
		min	tpy	max					
2 835	2.8×3.5×0.8	2.8	3.2	3.6	2 700～6 500	80	120	60	0.2
3 014	3.0×1.4×0.8	2.8	3.2	3.6	2 700～6 500	80	120	30	0.1
3 030	3.0×3.0×0.5	2.8	3.0	3.2	2 700～6 500	80	120	150	0.5
3 258	3.5×2.8×1.2	2.8	3.2	3.6	2 700～6 500	80	120	20	0.06
5 050	5.0×5.0×1.6	2.8	3.2	3.6	2 700～6 500	80	120	60	0.2
5 730	5.6×3.0×0.9	2.8	3.0	3.6	2 700～6 500	80	120	150	0.5

2. LED 光源建模

为了更准确地评估光学系统的设计效果，在仿真时需要建立准确的实际光源模型。传统的光源建模方法为对光源进行一次光学设计，通过光源的具体尺寸和封装结构来建立光源模型。但是，由于 LED 光源的封装结构和内部参数十分难以获取，给设计造成了很大的困难。Tracepro 软件中自带的 Surface Source Property Generator 插件可以通过采集光源厂家给出的相对光谱功率分布图和配光曲线上的信息，在不需要了解光源内部结构的情况下，可获得完整的光源信息，达到与实际光源一致的照明效果，避免了一次封装的复杂设计过程和可能导致的误差，为实际光源模型的建立提供了极大的便利。

欧司朗公司生产的 DURIS S5 系列3030型器件的实物示意、光谱能量分布和配光曲线如图 4.7.17、图 4.7.18和图 4.7.19所示。

图 4.7.17　欧司朗 DURIS S5 3030型器件实物示意图

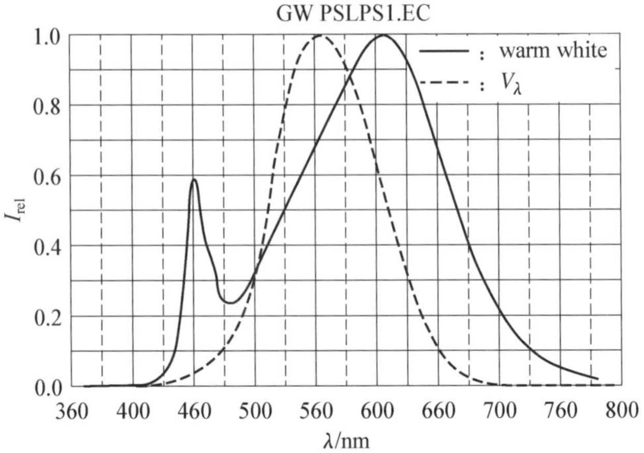

图 4.7.18　欧司朗 DURIS S5 3030型器件光谱能量分布

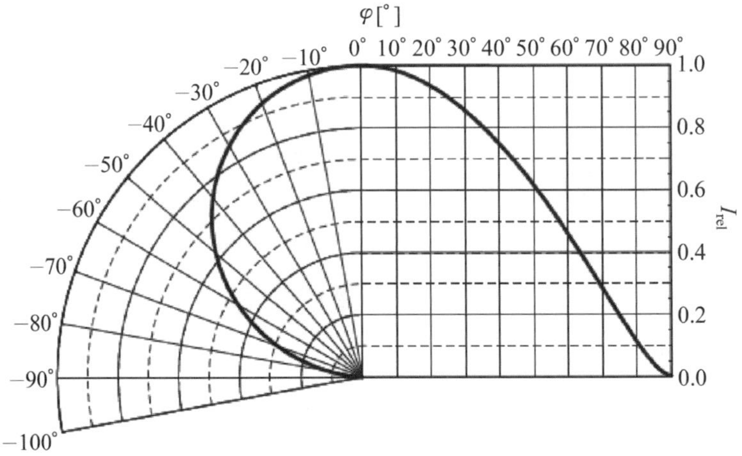

图 4.7.19　欧司朗 DURIS S5 3030型器件配光曲线

如图 4.7.20和图 4.7.21所示，可对欧司朗3030型器件的光谱分布图和配光曲线图上的点进行采集。由图 4.7.22可知，3030型器件的波长为0.547 μm；由图 4.7.21可知，其发光角度为 120°；得到的光束空间分布如图 4.7.22所示，可见其为旋转对称分布。

设置完毕后，修改光源的特性名称，并将 Emission（发射形式）改为光通量，设置光通量大小，输出表面光源的属性到 TracePro 中，之后就可以在 TracePro 中对发光面进行表面光源属性的设置了。将此表面属性应用到 3030 型器件的发光表面上，设置 10 000 条光线进行追迹，经过仿真得到的配光曲线如图 4.7.23 所示。由图 4.7.23 可知，光强值在中心 0°的位置最大，1/2 最大光强值所对应的极角为 60°，所以本器件的发光角度为 120°。可见，仿真结果和器件资料的一致，此验证了单颗光源模型的准确性。

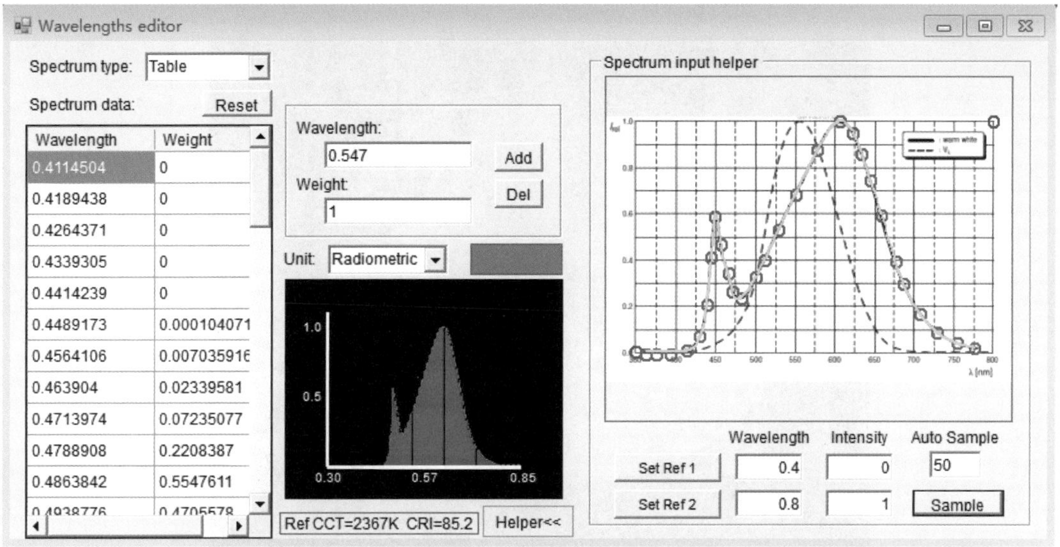

图 4.7.20　波长采集窗口

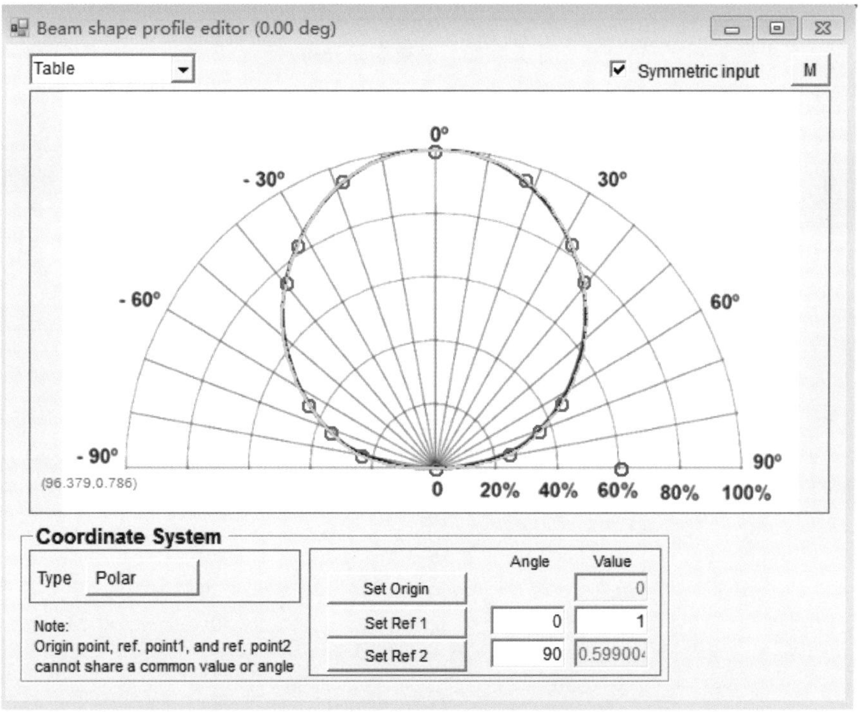

图 4.7.21　配光曲线采集窗口

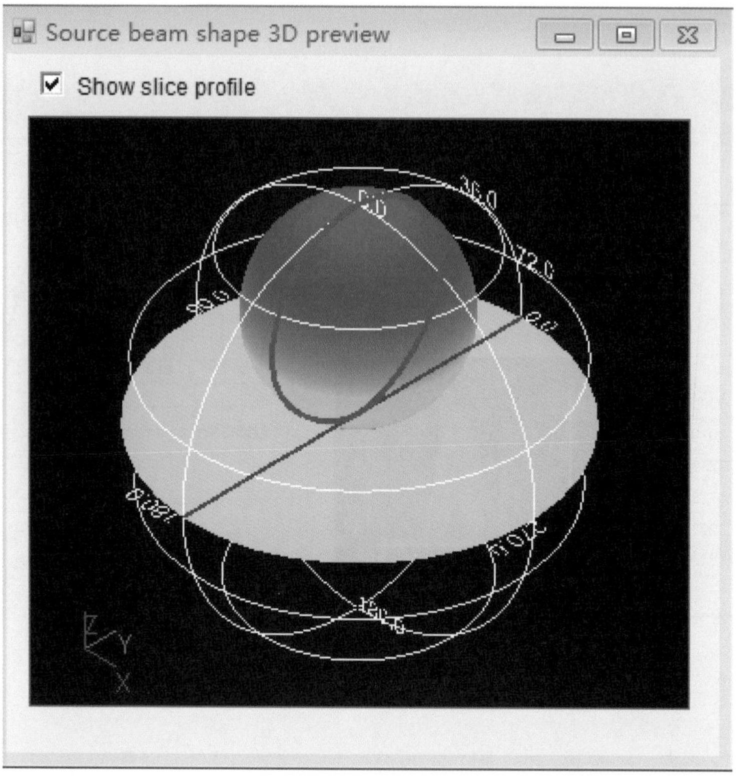

图 4.7.22　光束空间分布

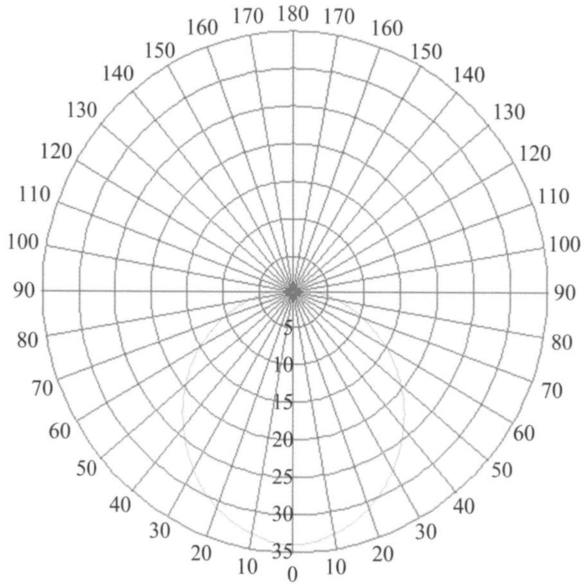

图 4.7.23　单颗 3030 型器件仿真极坐标配光曲线

4.7.2.4 LED 阵列排布设计

1. 单个 LED 照度分析

设定接收面到光源的距离为 2 000 mm，接收面大小为 5 000 mm×4 000 mm。对单个 LED 器件光线追迹后得到的接收面的照度分布如图 4.7.24 所示。

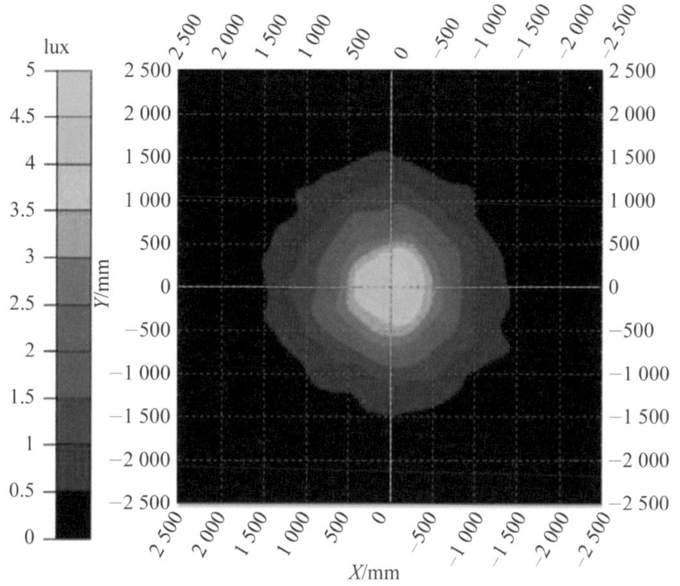

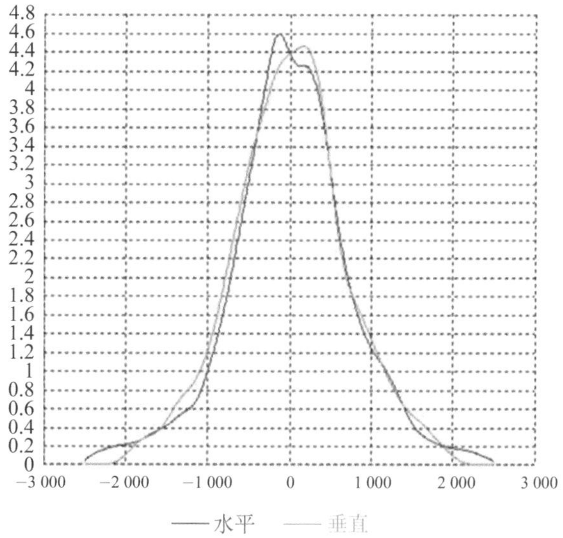

图 4.7.24 单颗 LED 的照度分布示意图

由图 4.7.24 可知，单颗 LED 芯片的照度最大值为 5 lx，为了达到对室内照明的标准要求，需要利用多颗 LED 芯片以阵列的形式来实现。

2. 斯派罗(Sparrow)法则

斯派罗法则从最初的研究光源照明最大限度平坦化，到后来应用于照度均匀度分析，都发挥着重要作用。光源的能量分布呈现高斯分布，两个光源之间的距离较小的时候会出现高斯分布叠加现象，逐步增大其距离，当大于一个最大的距离值时，中心会出现波谷，这个最大距离值称为斯派罗极值 σ_L。为了求出 σ_L，需要同时满足下式的条件，即

$$\begin{cases} \dfrac{\mathrm{d}}{\mathrm{d}x}[f(x)+f(x+\sigma_L)]=0, \\ \dfrac{\mathrm{d}^2}{\mathrm{d}x^2}[f(x)+f(x+\sigma_L)]=0。 \end{cases} \tag{4.7.21}$$

上式中第一个函数是一次微分，表示函数的斜率；第二个函数是二次微分，表示函数斜率的变化。图 4.7.25 所示是斯派罗法则示意，当两个光源的高斯分布函数相加时，在函数顶部会出现一段平坦的区域；当两函数峰值之间的距离刚好是 σ_L 时，曲线的顶端最平坦；两函数峰值之间的距离大于 σ_L 时，中心会出现一个最低值，也就是会出现不均匀分布的现象。所以，如果想要得到最大平坦化的均匀分布，需要使得两个函数之间的距离等于 σ_L。

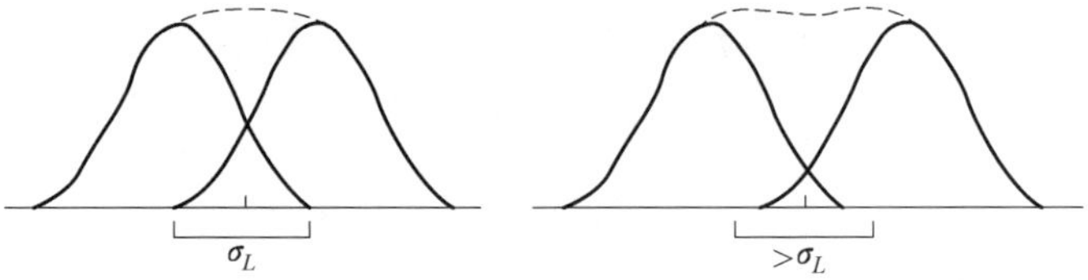

图 4.7.25　斯派罗法则示意图

在理想情况下，单颗 LED 器件可以认为是朗伯型光源，它的发光角的余弦值决定着其光强分布。实际情况中，LED 并不是一个完美的朗伯型光源，但是在光源距离照度面较远的情况下，可将 LED 近似为点光源。所以 LED 的照度分布可以用下式表示

$$E(r,\ \theta)=E_0(r)\cos^m\theta。 \tag{4.7.22}$$

式中，θ 表示 LED 的发光角度；表示 LED 的发光角度为 0°的时候，在距离光源距离为 r 的位置的照度分布；m 表示发光特性系数，可由下式计算：

$$m=\frac{-\ln 2}{\ln(\cos\theta_{1/2})}。 \tag{4.7.23}$$

利用已推出的公式可以得到，当 LED 的光照射到垂直于光轴方向的受照面上时，该平面上所形成的光强分布为

$$E(r,\ \theta)=\frac{I(\theta)}{r^2}=\frac{I_0\cos^m\theta}{r^2}。 \tag{4.7.24}$$

式中，I_0 是 LED 法线上的光强；r 是 LED 与受照面之间的距离。

将上式用直角坐标系表示，假设 LED 光源在 xy 平面上，坐标为$(x_0,\ y_0)$，z 轴用来表示 LED 光源与被照射平面之间的距离。那么，坐标系中的一点 $P(x,\ y,\ z)$处的照度值可以用下式表示为

$$E(x,\ y,\ z)=\frac{z^m I}{[(x-x_0)^2+(y-y_0)^2+z^2]^{(m+2)/2}}。 \tag{4.7.25}$$

在 LED 阵列中，两个 LED 组合是最简单的阵列排布。LED 光源具有非相干的特性，所以在接收面上某一点的照度值为每个 LED 光源的叠加。假设两个 LED 之间的距离为 d，则接收面上某一点的照度值可用下式表示为

$$E(x,\ y,\ z)=z^{m}I_{0}\left\{\left[\left(x-\frac{d^{2}}{2}\right)+y^{2}+z^{2}\right]^{\frac{m+2}{2}}+\left[\left(x+\frac{d}{2}\right)^{2}+y^{2}+z^{2}\right]^{\frac{m+2}{2}}\right\}。\tag{4.7.26}$$

式中，I_0 表示点光源的发光强度；z 表示光源到接收面的垂直距离。

根据斯派罗法则对(4.7.26)式进行两次求导，并且在点(0，0)处令 $\mathrm{d}^2E/\mathrm{d}x^2=0$，得到最大平坦条件为

$$d_{\max}=z\sqrt{\frac{4}{m+3}}。\tag{4.7.27}$$

此式表示产生最大平坦化时，两颗 LED 器件之间距离的最大值，超过这个值，将会出现照度不均匀的情况。

4.7.2.5 散热设计与分析方法

目前，可采用的散热设计与分析方法主要有：实验测量法、等效热路计算法和软件数值模拟法，三者构成了散热设计与分析研究的完整体系。

1. 实验测量法

目前，能够实现 LED 灯具多点温度同时测量的方法主要有：多路热电偶法和红外热成像法。其中，多路热电偶法进行逐点测量的结果准确性较高，但限于热电偶模块的通道数有限，单台多路温度记录仪(见图 4.7.26)最多仅能测得 16～64 个特征点的温度值；红外热成像法虽然可测得物体的整体温度分布，但仅限于物体裸露表面的温度，且需要设定合适的表面发射率。也可将两种方法结合起来，即采用红外热成像法测量 LED 灯具的整体温度分布，同时通过热电偶法测量特征点的温度值，并对红外热像仪(见图 4.7.27)进行温度校准。对于完成封装后的 LED，由于透镜的阻隔，使用红外热像仪并不能直接量取芯片的结温，只能得到散热体表面的温度数据，而且散热器底座表面只有很少部分裸露，散热器翅片也由于相互遮盖而不能得到可靠的温度值。因此，通常提取铝基电路板上表面的温度则较为准确。

图 4.7.26 多路温度记录仪

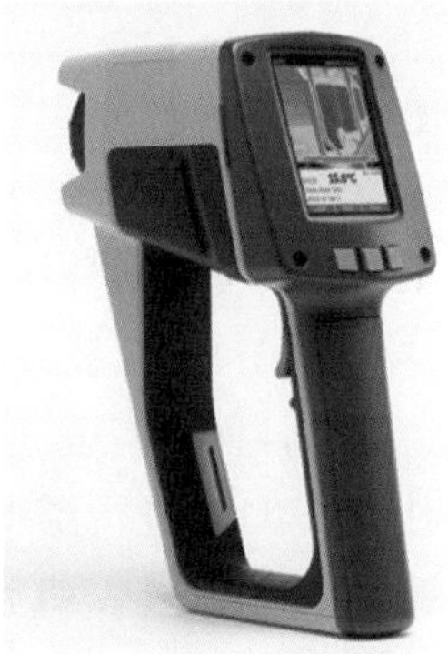

图 4.7.27 红外热像仪

2. 等效热路计算法

等效热路计算法是根据热电模拟关系，将热量传递类比成电能流动，热学的温度差、热阻与热功率可分别等效成电压差、电阻和电流，而且电学中的串、并联规律同样适用于此。此外，基于热路的计算公式均为理论推导式，对于相类似的模型具有普遍的适用性，且公式形式均为可用手工计算或编程计算而能快速得到结果的线性方程，对需要优化的目标函数具有贡献的影响因素清晰可见。但该方法往往要求对计算对象进行抽象和简化，才能得出关键结构面和芯片的平均温度值。因此，其建立模型的正确性还须通过精度较高的实验测量法来加以验证。

通过等效热路计算法可得到各结构体的分热阻及平均温度分布，其总体的计算结构遵循的流程如图 4.7.28 所示。

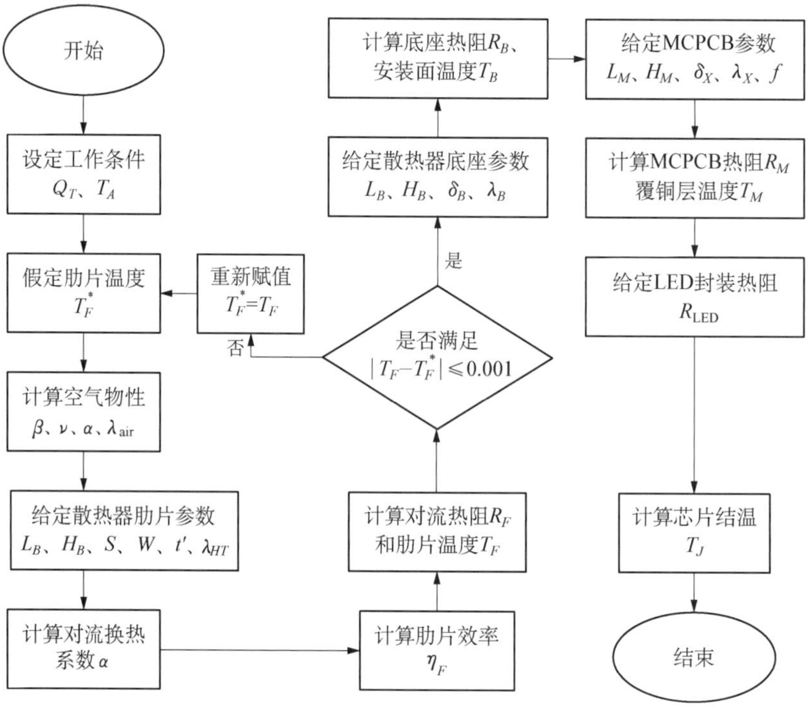

图 4.7.28　等效热路计算法流程示意图

3. 软件数值模拟法

随着计算机技术和数值计算方法的发展，以有限元为计算核心的软件数值模拟法被有效地应用于 LED 散热设计与分析的研究中。该方法对复杂三维模型的适用性较好，且能显示温度分布的场域细节，一次较好的模拟过程就好像在计算机上完成了一次物理实验，其设计与分析的精度较高，且周期短、成本较低。利用 ANSYS、COMSOL 和 ICEPAK 等热仿真软件，均能够对 LED 灯具进行温度场的设计与分析。

温度场设计与分析的过程如下。

（1）建立实体模型

在软件中，分别建立大功率 LED 器件、铝基电路板和铝型材散热器等关键散热构件的实体模型,如图 4.7.29 所示。ANSYS 和 COMSOL 软件的核心算法是有限单元法(finite element method, FEM),通常不计算流体流动部分,由于其模型具有较好的对称性,为了减少网格数量从而节省计算机资源,可建立总模型的四分之一来进行计算;而 ICPAK 软件的核心算法为有限容积法(finite volume method, FVM),参与计算的流体部分并非严格意义的对称,因此需建立整体的实体模型。

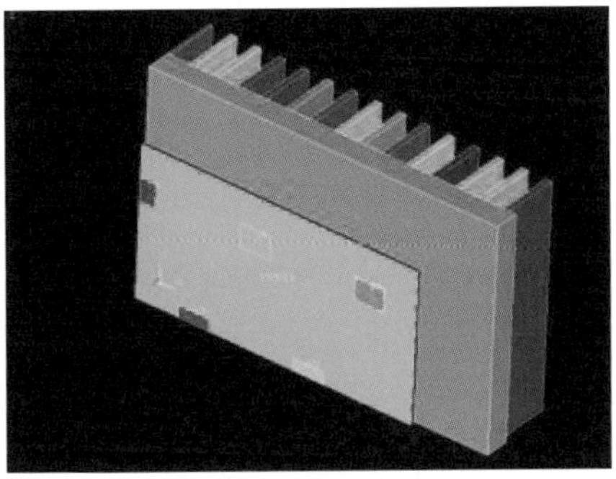

(a) 用 ANSYS 软件建立实体模型

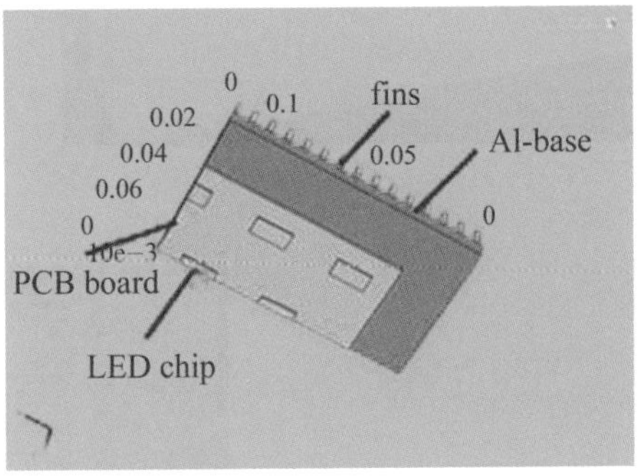

(b) 用 COMSOL 软件建立实体模型

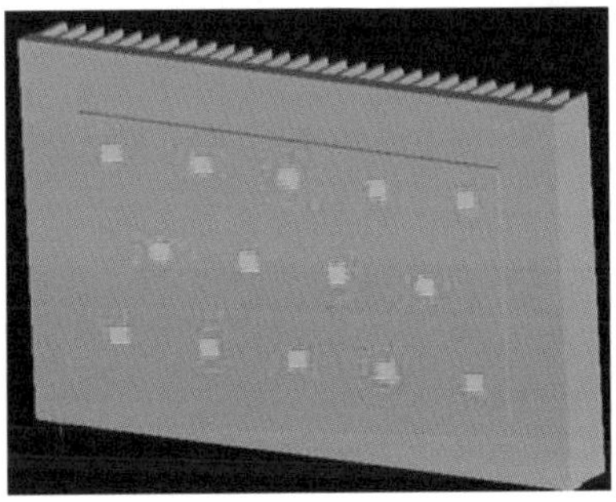

(c) 用 ICEPAK 软件建立实体模型

图 4.7.29　用 3 种商用软件分别建立的实体模型

(2) 设定计算参数

① 计算单颗 LED 器件的散热量,在 ANSYS 和 COMSOL 软件中设定为均匀体热源,在 ICEPAK 软件中设定为面热源。

② 针对第三类边界条件的自然对流换热系数 α,在 ANSYS 和 COMSOL 软件中设定为实验测量值;而在 ICEPAK 软件中不需要设置该参数,但必须打开重力项,设置计算域的 6 个界面为 Opening,并保证流体计算域足够大。

其他参数的设置与等效热路计算法相同。

(3) 划分网格

3 种软件的网格划分效果如图 4.7.30 所示,其网格划分精度较高,且质量良好。

(4) 温度场求解与后处理

用 ICEPAK 软件在计算温度场的同时还计算流体场,其仿真的自然对流边界情况与真

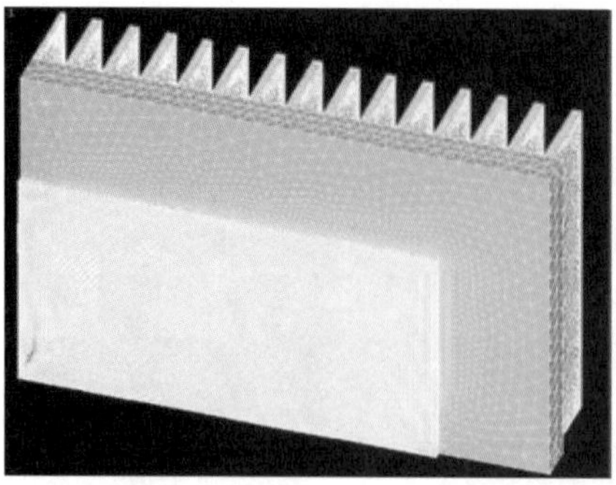

(a) 用 ANSYS 软件划分的网格

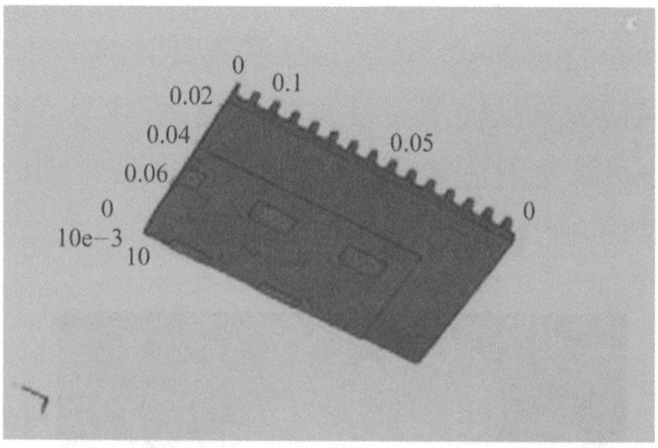

(b) 用 COMSOL 软件划分的网格

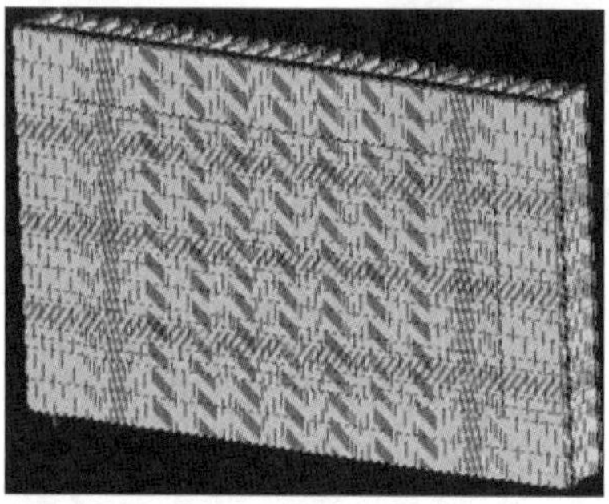

(c) 用 ICEPAK 软件划分的网格

图 4.7.30　在 3 种商用软件中分别划分的网格

实的测试环境最为接近，因此其仿真结果的相对误差也最小。另外，两种软件在边界条件的处理上忽略了部分结构表面参与对流换热的贡献，会使其仿真结果误差略微偏大。但在工程应用上，其误差在可允许的范围内，且温度分布的规律性仍然有效。

4.7.2.6　电磁兼容设计要求

在进行电磁兼容设计时要求：a. 明确系统的电磁兼容指标。电磁兼容设计包括本系统能保持正常工作的电磁干扰环境和本系统干扰其他系统的允许指标。b. 在了解本系统干扰源、被干扰对象、干扰途径的基础上，通过理论分析将这些指标逐级分配到各分系统、子系统、电路和元件、器件上。c. 根据实际情况，采取相应措施抑制干扰源，消除干扰途径，提高电路的抗干扰能力。d. 通过实验来验证是否达到了原定的指标要求，如未达到，则进一步采取措施，循环多次，直至达到原定指标为止。

一般情况下，LED 集成光源会长期工作于正向导通电压模式下，虽然其驱动电源是由若干电力电子器件构成的恒压源或恒流源电路，电力电子器件的导通和关断会产生一定的电磁干扰，但量值一般都比较小。因此，LED 集成光源本身不会产生很大的电磁干扰。但是，LED 集成光源工作时可能会遇到电网电压、电流幅值或相位波动、波形畸变，以及频率变化等现象，且电网中其他电力电子设备也会导致电网电能质量下降。上述诸多因素都会对驱动电源造成恶劣影响，从而间接导致 LED 集成光源的损坏，尤其是针对室内普通照明，应深入研究一体化灯具对室内其他电器或设备的影响。与此同时，由于 LED 集成光源用于路灯照明时一般放置于户外环境，且为了达到不同的照明要求，LED 芯片会有不同的串并联拓扑结构和分布形式，这样会导致 LED 集成光源受到外部电磁干扰的可能性大大增加，尤其是在雷雨天气时，LED 集成光源受到雷电危害的概率较大。因此，对 LED 集成光源一体化灯具进行电磁兼容性能的优化设计以提高其可靠性，是 LED 集成光源设计的一个重要方面。

在实际工作中，可通过建立等效电路模型，参照电磁兼容的国家标准，对电路中存在的传导电磁干扰强度进行预测和评估。针对开关电源传导干扰超过国家标准的部分，应设计开关电源输入和输出滤波电路，以抑制传导干扰对电网和输出负载设备的影响。

1. 传导电磁干扰

无源器件主要是指开关电源电路中的电阻、电容、电感、变压器等元器件，它们在实际的工作中并不是理想的器件，器件存在的寄生参数对其本身的频率特性会产生较大影响。其各个高频电路模型如下。

(1) 电阻、电感和电容

其等效高频电路模型如图 4.7.31 所示。其中，ESL 是串联等效电感，ESR 是串联等效电阻，C 是寄生电容。

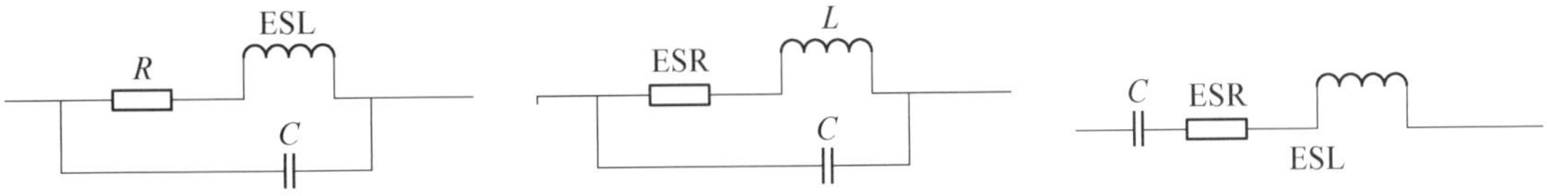

(a) 电阻高频等效电路模型　(b) 电感高频等效电路模型　(c) 电容高频等效电路模型

图 4.7.31　电阻、电感和电容的高频等效电路模型

(2) 变压器

反激式开关电源变压器等效电路模型由漏感、分布电容、绕线电阻、励磁电感和理想变压器构成。采用 Cadence Magnetic Parts Editor 计算上述参数，等效电路模型如图 4.7.32 所示。此模型包含励磁电感 L_p、初级绕组寄生电容 C_1、初级漏感 L_1、初级损耗电阻 R_1、次级绕组寄生电容 C_2、次级漏感 L_2、次级损耗电阻 R_2、磁芯损耗电阻 R_c、初级与次级间耦合电容 C_{i_1} 和 C_{i_2}、理想变压器 T。

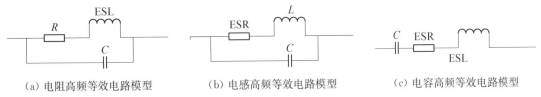

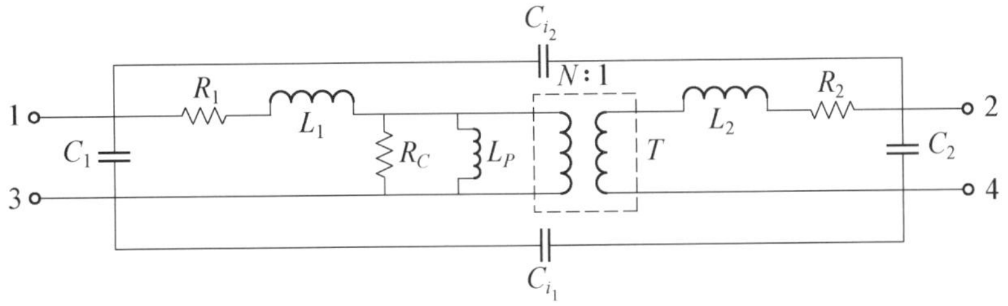

图 4.7.32　变压器高频等效电路模型

(3) 功率开关管模型

开关电源一般选用金属氧化物半导体场效应晶体管（MOSFET）作为功率开关管。MOSFET 在开关过程中，存在较高的电压变化率 dV_{ds}/dt 和电流变化率 dI_{ds}/dt，进而会造

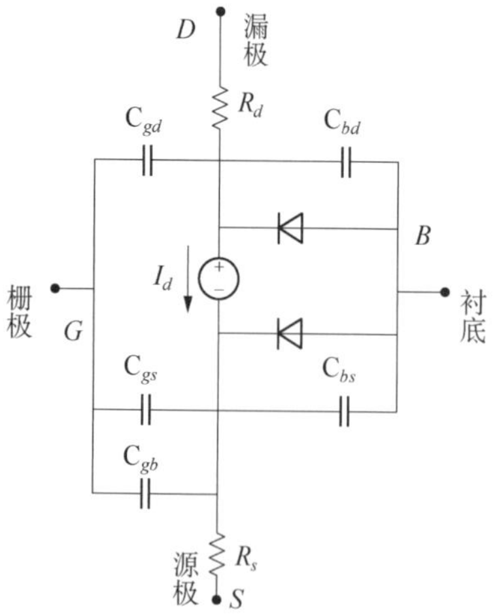

图 4.7.33　功率 MOSFET 高频等效电路模型

成脉冲信号畸变，引起振荡和过电压，其等效电路图如图 4.7.33所示。

（4）功率二极管模型

在开关电源中，功率二极管和功率 MOSFET 共同完成电路的开关动作，二极管在开关过程中也会产生和功率 MOSFET 相似的瞬态特性，同样会影响开关电源的传导干扰。

2. 干扰源（MOSFET 与功率二极管）

快速通断的功率半导体器件是开关电源传导电磁干扰的干扰源，若漏极电压波形受电路中寄生参数影响发生变化，则此波形中包含的高频干扰会沿着电路以传导形式传播。通过对高频干扰的频率和能量分布、漏极信号的频谱进行分析，并对该点的电压波形图进行快速傅里叶变换（fast Fourier transformation, FFT）可知，因 MOSFET 的快速通断引起的电压电流瞬变是开关电源传导电磁干扰的重要来源。其中，以开关频率作为基波的各次谐波（20 次谐波以下）为开关电源传导干扰的典型频率。

二极管为较强的传导干扰源，在 10 MHz 以下频段传导电磁干扰超过标准限值，100 kHz 开关频率及其各次谐波为主要的干扰频点。

3. 传播路径

传导干扰的传播路径包括电路中输入、输出、功率变换等各个关键节点。输入端的传导干扰频谱会经过输入线缆传导给市电电网，对输电电网本身和接入同一电网的用电设备或系统形成传导电磁干扰。在功率变换电路的输出，即高频变压器的输出中，由于受变压器寄生参数和快速变化的电压和电流的影响，在 MOSFET 开关管这一主要干扰源的作用下，高频变压器将输入回路的传导干扰通过寄生电容和电感传递给输出回路，与此同时还会引发新的干扰。12 MHz 频率下的超标（64 dBuV）干扰会经连接线缆传递给后端设备。因此，需要在输出端增加滤波电路，以抑制此频段的电磁干扰。

根据关键节点的电压频谱可确定各节点传导干扰的大小及类型，由此构建开关电源传导电磁干扰路径图，如图 4.7.34 所示。其中，功率开关管 M_1 和功率二极管 D_1 为主要的传

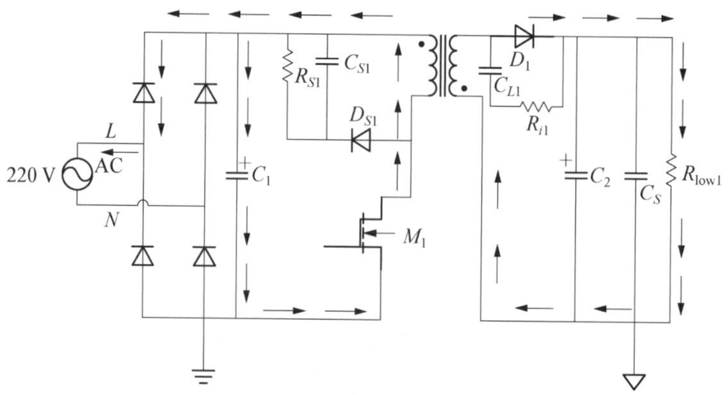

图 4.7.34　传导干扰传导路径

导干扰源。

4.8 LED的应用

可见光LED的商用始于20世纪60年代，第一批LED作为各类电气和电子设备的彩色指示为人们所认识。80年代以后，随着LED在高亮度化和多色化等方面取得重大进展，其应用领域也在不断扩展。LED从较低光通量的指示灯到显示屏，再从室外显示屏到中等光通量的信号灯和特殊照明的白光光源，最后发展到高光通量的通用照明光源。这里，我们从LED在视觉方面的功能照明、装饰照明及作为信号的应用，到LED在非视觉照明的农业照明、健康照明和光通信技术的应用分别进行讨论。

4.8.1 视觉照明

1. LED在功能照明中的应用

功能照明是指利用LED发出可见光的特性，满足人眼通过视觉通道完成视觉作业的需求，包括视觉的可见性、舒适性，或视觉信号提醒等。随着LED光参数的不断提升和发展，LED在功能照明中得到越来越广泛的应用。

(1) 道路照明

传统的户外照明产品以高压钠灯、高压汞灯为主，存在能耗大、寿命短、维护成本高等缺点，道路照明是户外照明的重要分支，国家每年用于道路照明的电费以及维修费用都十分可观。白光LED普及后，2010年前后，受益于各类示范性应用的拉动，道路照明成为LED照明产品最早进入，并形成规模化应用的功能照明细分领域。随着LED照明产品的不断成熟，道路照明已经成为目前我国LED照明市场渗透率较高的细分市场之一。

LED光源与传统路灯使用光源的参数比较如表4.8.1所示。

表4.8.1 LED光源与传统路灯使用光源的参数比较

类型/测试项目	白炽灯	荧光灯	高压汞灯	高压钠灯	LED
光效/(lm・W^{-1})	16	70	50	100	100
显色指数	95	75	45	23	70
使用寿命/h	1 000	8 000	6 000	20 000	>30 000
发热量	高	较低	高	极高	极低
安全性	一般	一般	差	差	高
可靠性	差	差	一般	一般	高
驱动电路	简单	中	复杂	复杂	中
环保性	一般	汞污染	汞污染	汞污染	好

由表4.8.1可以得出，LED作为道路照明具有以下潜在的优势：

① 高效节能：在相同的照明效果下，1 度电可以支持普通 60 W 白炽路灯工作 17 h、普通 10 W 节能灯工作 100 h、6 W 的 LED 节能灯工作 160 h。

② 使用寿命长：LED 路灯采用半导体器件发光，器件的半衰期可达 100 000 h。同时，LED 灯具具有抗震、抗摔的特点，使用寿命明显高于传统灯具。

③ 舒适健康：高压钠灯用作道路照明时，光线中含有紫外线与红外线，长时间暴露在这样的光环境中，会对人体产生伤害。LED 路灯产品的出射光线不含紫外、红外波段，而且，合理的驱动设计可减少频闪，符合健康照明要求。

④ 二次配光：LED 光源本身体积小，可进行二次光学设计的空间大，可以实现任意形状的光斑分布。道路照明系统不同于普通泛光照明，其目标区域呈矩形分布，根据国家道路照明设计标准要求，要满足在路面上的平均照度以及照度均匀度，实际道路照明中的大部分场所需要的也是一个类似于矩形的照明光斑。

⑤ 为了满足亮度均匀度的要求，对道路照明配光会有进一步的要求，而 LED 也适应于要求特定环境比之后的特殊光型的设计。

（2）汽车照明

LED 在汽车照明领域的主要应用包括功能照明与信号指示，功能照明包括车外的远近光灯以及车内的阅读照明，特别是远光灯、近光灯的照明效果与汽车在夜间的行车安全息息相关。1986 年，Nissan 300ZX 型车上的高位刹车灯（CHMSL）运用了 72 个 ϕ5 mm 的 LED，打开了 LED 在汽车照明上的应用，标志着 LED 开始进入汽车工业。随着 LED 技术的不断发展与成熟，使用 LED 光源最难实现的远近光功能也终于被攻克，从而出现了全 LED 组合前照灯。

第一辆正式装配 LED 前照灯的车型是 2007 年的雷克萨斯的 LS600h/LS600hL 车型（见图 4.8.1），这是全球首款量产的商业化产品。这款车灯来自日本的车辆照明系统供应商 KOITO（小系），不过，这套大灯并不是 100% 的全 LED 组合前照灯，只是近光灯和辅助照明使用了白光 LED。全球首款商业化的全 LED 组合前照灯，是 2008 年末推出的奥迪 R8

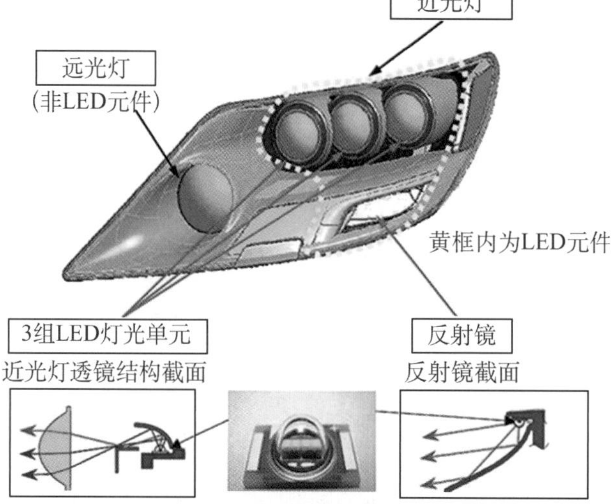

图 4.8.1　雷克萨斯 LS600 所装配的 LED 前照灯

(见图 4.8.2),它的远近光、转向、日间行车灯等功能全部使用 LED 元件,由玛涅蒂玛瑞利(Magneti Marelli)旗下的 Automotive Lighting 公司设计开发。随后,奥迪在 A8、A7、A6 系列车型上都配置了全 LED 组合前照灯,成为其品牌的一大特征。宝马、奔驰等豪华品牌也不甘落后,相继推出了具有各自特色的全 LED 组合前照灯(见图 4.8.3)。

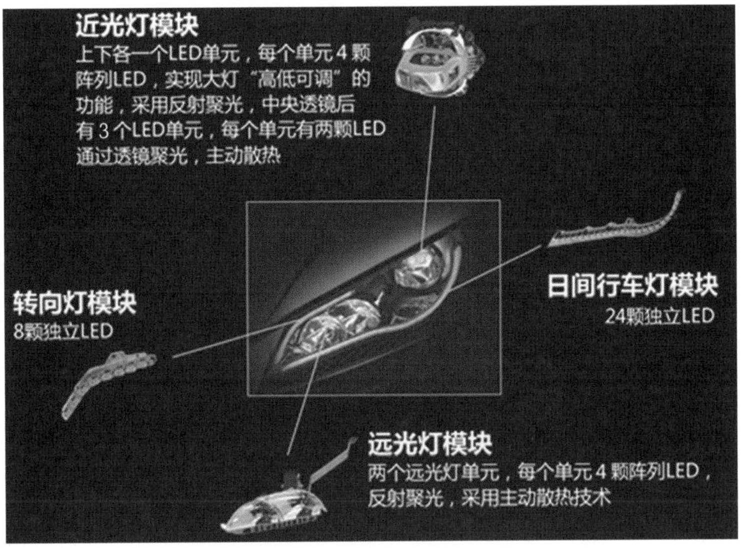

图 4.8.2　奥迪 R8 所装配的全 LED 组合前照灯

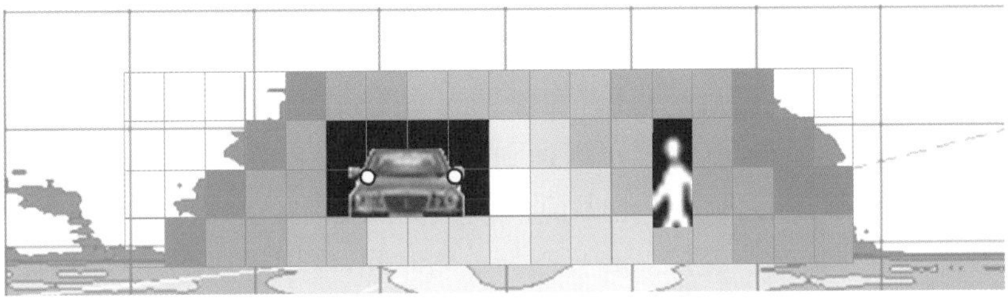

图 4.8.3　奔驰推出的无眩光智能前照灯系统

随着 LED 进一步和传感器、图像处理及智能控制等多种技术的深度融合,各大厂家近年来又陆续推出自适应远光系统和矩阵式前照灯系统,汽车照明技术进入互联智能时代,有了更多的发展空间。

(3) 办公照明

办公照明从以前的仅仅满足工作所需的照度,到后来关注节能、与建筑风格融合。可以看到,办公照明的发展趋势是健康、舒适化、可控制、节能以及美观。LED 以节能、寿命长、可控制、体积小等特点,越来越被广泛应用于办公场所中。

在倡导绿色照明的背景下,LED 的节能优势得到了有利发挥,LED 寿命长的特点也减少了灯具的替换、后期维护的成本支出。配合优质的控制电源,LED 灯具可以实现无频闪,消除由于传统灯具的频闪问题造成的眼部疲劳等问题。在美观方面,由于 LED 体积小,使得灯具的造型有了更多的可能性,它可以依据建筑、装饰等风格,设计与之融为一体的外观,使办公场所更为美观、一体化。

办公场所的照明除了灯具，智能控制也是重要的部分，可控制的LED为办公照明系统的智能化提供技术支撑。智能调光一方面可以实现按需照明，结合日光变化，在有人活动的范围内提供充分的光线，这样可以进一步达到节能的效果，更加有效地节约电力资源。另一方面，智能调光系统可以依据人的生理节律的需求，实现人性化的动态照明。上午时，提供偏高色温和高照度的照明，使人们更清醒、精力更集中地投入到工作中；午休时，将色温调整为暖白光，同时降低照度，让人们感到放松，通过短暂的休息可以使人们疲倦的身体得到恢复；下午时，人们通常会感到困倦，调高办公室照明的色温和照度，使人们重新回到兴奋的工作状态，提高工作效率；下班时，临近黄昏，为了让人们更好地进入放松的状态，可以适当降低色温与照度。

可以看到，LED可以实现舒适的、智能化的、与建筑风格相融合的、人性化的办公照明，这是与原来传统光源相比所突出的优势。

（4）家居照明

LED的特点在家居照明中也得到了充分的体现。LED的小体积、窄带光谱和可控制的特点，使得它易于实现多样化的需求。

客厅是人们生活的主要活动空间之一。客厅照明不仅要满足视觉功能上的不同需求，还要满足烘托环境与氛围的视觉体验，采用不同造型、色彩和材质的灯饰可以达到这个目的。客厅还有一个重要的要求是照明环境可控制。客厅是一个多功能的空间，如会客、看电影、聚会等，可控制的LED可以实现简单、易操作的照明模式的选择与控制。同时，客厅照明还可以根据不同时节进行设置。比如在冬季时，可用偏暖色温的灯光营造出温暖与热烈的环境。

卧室是人们休息和睡觉的主要区域。大量研究发现，低色温和低照度的照明环境让人感到放松。对卧室照明进行智能控制不仅能保证人们夜间有良好的睡眠，还可以让人在白天达到更好的精神状态。在清晨起床前，智能调光系统可以使得灯光模拟黎明时分的环境进行由暗到亮、由暖到白的变化，这样可以达到唤醒的作用。

LED在家居照明中还有许多其他方面的应用。例如，自动感应生物开启和关闭的灯具，可用于门厅和起夜灯；远程遥控灯光亮起与关闭时间，应用于客厅等空间，营造欢迎回家的温馨气氛；对多个灯具组合进行分组控制，轻松便捷地切换所需要的模式等。

2. LED在装饰照明中的应用

（1）城市夜景照明

夜景照明泛指除体育场、工地和室外安全照明外的室外活动空间或景观的装饰性照明。

现代城市基本组成元素包含了光与色，夜景照明也成为城市的亮点以及对外展示的名片。现在，城市大都突出显示建筑、河湖、道桥、广场等4大元素，主要以街道照明为轴线，以标志性建筑物景观为节点，以广场照明为点缀，以商业广告灯光为烘托，形成规模宏大、点线结合、动静适宜的城市夜景照明。随着城市夜生活的不断丰富，夜景照明逐渐成为城市建设的重要组成部分。

以前，景观照明的光源使用白炽灯、荧光灯、金属卤化物灯、高压钠灯，这些灯能耗大、不能自如实现各种调光控制功能。LED灯在现代装饰照明中拥有很多优势，主要包括以下几个方面：节能、寿命长、安全系数高、体积小、环保、色彩多样、易控制。进入LED照明灯具时代后，依托LED灯所具有的优势，通过调光、调色、调色温和光流动等技术手段，根据人体生理和心理的不同需求,通过工业设计等现代设计方法和手段,可以获得集照明、装饰和艺术于一体的不同效果的环境情景模式照明。夜景照明常用的控制方式有手动控制方式、自动控制方式和智能控制方式。

LED照明具有较强的装饰效果,能够增强建筑、室内、景观的美学效果。通过重点照明,能够增强主体景观的造型、色彩、材质等美学表现力。辅助照明即在重点照明的基础上,对空间局部进行照明和渲染。轮廓照明是指对建筑或景观的外部形体或轮廓进行强调和修饰。重点照明、辅助照明、轮廓照明是环境照明设计的重要内容,通过3种照明形式的相互补充,增强了环境的空间氛围和情感。

夜景照明还可以体现在景观照明上。在绿地景观灯与植物的配置中,悬挂造型灯的饰景照明、缠绕或覆盖灯串的轮廓照明,以及运用泛光灯的泛光照明,是景观灯与植物配置结合应用的最广泛的形式;灯光颜色以黄、绿、红、蓝紫色系为主;而暖色光的"梅花瓣"点状灯、暖白色投光灯实现的"横纵交错"、独具风格的庭院灯、草坪灯等LED灯具的相互配合,既达到了节能的效果,又突出了景观的夜景氛围。

常见的夜景照明灯具及其应用范围如表4.8.2所示。

表4.8.2　夜景照明常用的灯具及其应用范围

灯具类型	应用场合
荧光灯	内透照明、装饰照明、路桥、园林、广告、广场等
LED投光灯	泛光照明、路桥、树木、广告、广场、草坪、水景、山石等
LED地埋灯	泛光照明、步道、树木、广场、草坪、山石等
LED灯带	内透照明、装饰照明、彩灯、路桥、园林、广告、广场等
LED光纤灯	装饰照明、彩灯、园林、水景、广场等
LED草坪灯	小路、园林、广场等
LED庭院灯	路桥、园林、广场、庭院等
太阳能灯	彩灯、路桥、园林、庭院、广场等

(2) 建筑装饰照明

随着建筑设计水平的不断提升,LED灯广泛应用于现代建筑设计中,并以自身固有的特点作为新型光源和新型照明技术的代表,在建筑化照明中所发挥的作用越来越重要,与建筑化照明十分契合。但目前存在的问题有:光源利用率较低,影响灯光效果;产品维护率高;设计缺乏文化和艺术性;光污染严重。

泛光照明又称为立面照明,是使用日益广泛的一种建筑物外部装饰照明方式。它是在离建筑物一定距离的位置装设投光灯作为立面照明的光源,将光线射向建筑物的外墙。

建筑立面的彩色泛光照明在城市夜景中具有以下作用:a.对建筑物有塑造作用,使建筑物产生立体感;b.表现出建筑物的外貌,充分显示建筑形成和色彩的美观性;c.创造出美丽的室外光环境和色彩环境;d.创造出高雅的城市夜景,不像霓虹灯光那样强烈、火炽,反映出城市的夜晚文化。

在泛光照明中，被照体的亮度大小、颜色变化等视觉效果不但与电光源的功率和光色有关，而且还与物体色（即光谱反射比）等有关。所以在进行照明设计时，应选择光源色和物体色相匹配的光源，这样才有可能使泛光照明效果较好，而且达到照明节能的目的。

建筑照明的质量关键技术有 4 个：照度均匀性、眩光控制策略、光源显色性、灯具调色性。比较典型的有，2008 年奥运主场馆“鸟巢”“水立方”LED 装饰照明创造了“灯光神话”。近年来，出现了 LED 发光装饰玻璃、LED 墙幕等装饰照明产品，LED 灯也应用在冰雪艺术上。同时，国外也在发展把装饰 LED 灯当做建筑材料来使用。比如，出现了网格像、视频墙技术。

在建筑室内、室外装饰照明中近年来还发展出情调照明的概念。情调照明一般包含 4 个方面：节能环保、健康、智能化、人性化。情调照明还体现在高级演奏厅中，这里的灯光效果非常突出，因为它不仅要满足照度要求，还要烘托一种气氛。在各种舞台表演的场合下，照明的艺术就由光色得到淋漓尽致的展现。因为这样的场合并不是要求灯具提供多大的照明能力，需要的是由灯光折射出的信息，不同的光束角、色调、方向的组合就是一种艺术的载体。

室内 LED 情调照明的应用方式，通过 LED 照明材料高节能、多变幻、寿命长、利环保、高新尖等特点，将光、色彩和人的情绪以及所处环境高度统一起来。以场景、灯光和人的情绪的彼此呼应，来营造出一种可以满足人的精神需求的光环境。这样，利用光照和色彩，来创造一种精神意境，使人的心理需求得到满足，精神得到释放和升华。

2010 年是装饰照明行业转型的开端年，白炽灯已经基本退出市场。我国一直都在鼓励发展节能减排、低碳行业，LED 灯饰的特点正好符合国家的倡导。同时，国家和行业已经对装饰照明用集成式 LED 灯进行标准化。装饰照明的应用对象较广泛，包括政府项目、房地产公司和家庭。消费群体按消费量排列，依次为政府单位、房地产商及娱乐、饮食、酒店、大型商场机构。

以 LED 作为光源，将其特有的可调光特性与物联网技术、电子技术、传感技术及通信技术相结合，使装饰照明脱离单一开关控制的管理系统，逐步迈进智能化、网络化的发展方向。在满足照明系统功能丰富化、控制灵活化、管理维护方便科学化的同时，真正做到按需照明、实现最大化的节能。LED 灯使得装饰照明更加节能、更为有效、更加灿烂、更为动人，将是未来照明产业发展的必然趋势。

3. LED 的视觉信号功能

LED 属于固态半导体器件，除了光效、体积等方面的优点，其出光颜色还具有多样性，这些综合优势使得 LED 在中等光通量信号灯、显示领域得到广泛应用。

(1) 交通信号显示

道路交通信号灯用于加强道路交通管理，以减少交通事故的发生、提高道路使用效率、改善交通状况，由道路交通信号控制装置控制，统筹协调整个城市的交通，指导车辆和行人安全、有序地通行。LED 道路交通信号灯包括机动车信号灯、非机动车信号灯、左转非机动车信号灯、人行横道信号灯、车道信号灯、方向指示信号灯、闪光警告信号灯、道口信号灯、掉头信号灯。其中，机动车信号灯、闪光警告灯、道口信号灯的光信号无图案，非机动车信号灯、左转非机动车信号灯、人行横道信号灯、车道信号灯、方向指示信号灯、掉头信号灯为相关指示图案。

图 4.8.4 所示是替代传统信号灯的两种典型 LED 交通信号灯的剖面图，左边的交通灯采用上百个 ϕ 5 mm 高亮度 LED 组成点阵结构，右边的交通灯则采用技术更为领先的大功率 LED，只需要十几个就可以达到亮度要求。

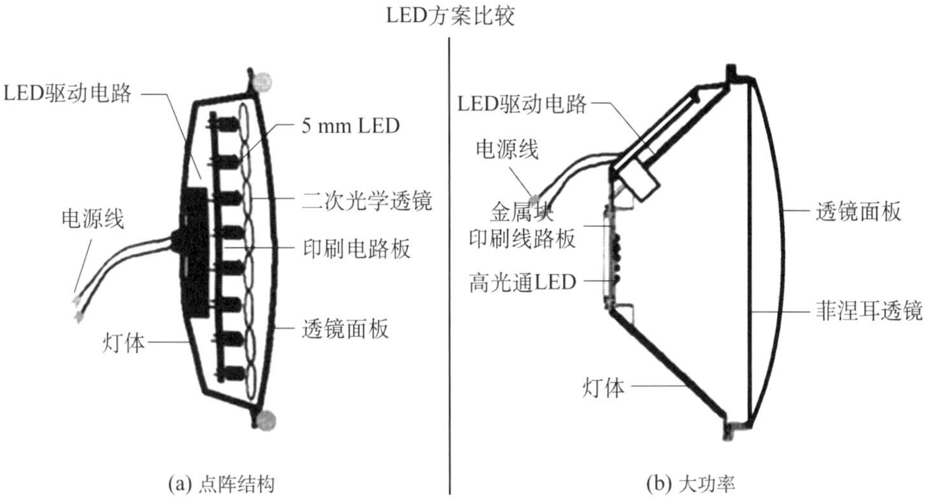

图 4.8.4　两种典型 LED 交通信号灯的剖面示意图

LED 单色光源在交通信号灯中应用十分广泛，除了其本身具有的节能环保、可靠性强、使用寿命长等特点，在交通信号显示领域还具有信号颜色稳定的优势。单色 LED 光源光谱很窄，出射光颜色满足信号显示需求，LED 信号灯采用红、黄、绿 3 种颜色。在无图案信号灯中，选择合适功率的 LED 光源以同心圆阵列排布，配合元件光学，可以实现高均匀度出光面，无明显亮点与暗点；在有图案指示的信号灯中，可以通过 LED 勾勒图案轮廓。在国家标准《GB14887—2011—道路交通信号灯》中，对光源颜色的色度、灯具发光强度提出规范。

LED 交通信号灯还与太阳能供电系统配合，形成太阳能 LED 交通信号灯，如图 4.8.5 所示，整个系统包括光伏极板、充放电控制器、蓄电池、LED 交通灯及控制系统。

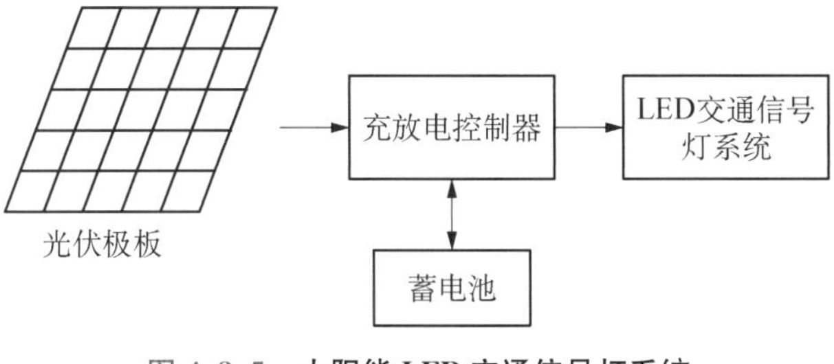

图 4.8.5　太阳能 LED 交通信号灯系统

(2) 汽车信号灯

汽车灯具主要包括照明和信号显示两大类，其中信号显示主要用于传达车辆行驶状态的信息。汽车的信号灯具种类有很多，包括转向灯、示宽灯、尾灯、刹车灯和报警灯。目前，

LED 高位刹车灯的应用已经非常普遍，LED 后组合灯（刹车灯、示宽灯）、转向灯也已经在许多车型中应用。LED 的使用也促进了光导在尾灯中的应用，并提升了汽车信号灯的造型设计。

LED 刹车灯能有效提高行车的安全性，LED 的响应时间为 60 ns，白炽灯为 160 ms，当行驶过程中遇到紧急状况时，能提前 5～6 m 刹车，减少车祸的发生。在尾灯应用中，基于 LED 光源的使用，光导技术的应用使得尾灯具有更加多变的造型。LED 在汽车信号灯的应用中，不管是自由的 LED 点阵分布，还是与光导的配合使用，设计师都可以实现更加多变的造型和风格，突出品牌个性。

(3) 背光照明

2004 年，Sony 公司推出第一款 LED 背光的液晶电视，显示器画面的色域提高到 105% NTSC(national television system committee)，克服了传统背光源画面色彩饱和度的困难。LED 背光显示发展至今，已被广泛应用在手机、电脑、电视等电子产品的显示背光中，与传统的冷阴极荧光灯（CCFL）相比，以 LED 作为背光源的显示器在画质效果、外观薄厚、使用寿命等方面更有优势。

LED 背光源根据光源颜色可分为白光 LED 背光源和 RGB - LED 背光源，都可以达到比较宽的色域。其中，白光 LED 具有较高的画面对比度，成本相对较低，RGB - LED 则具有更宽的色域表现。

LED 的背光根据 LED 光源位置分为直下式与侧入式两种类型。

在直下式 LED 背光模组中，LED 以点阵排列形式位于液晶板底部，光源光线直接通过上方的光学透镜、反射片、扩散板、增亮膜等光学元件射出，其原理是利用光学透镜、扩散板等元件，在背光模组腔内实现光线的均匀混合。光学透镜可以对 LED 光源进行二次光学设计，增大出射光线的光束角；光线经过扩散板（diffuser tape）时，因其折射率不同，光线发生不同程度的折射、散射，得到充分的混合扩散从而变得更加柔和；增亮膜可以将光线进一步集中到背光模组的正面，从而提高亮度。直下式背光模组的优点是亮度高、色域宽、结构简单，可以实现各个区域亮度的动态调控。但由于直下式背光在较大程度上依赖空间来混光，因此增加了直下式背光模组的厚度和重量。在一些案例中，设计者通过增加 LED 阵列密度的方式求到高均匀度，但此方法增加了 LED 的数量和功耗。因此在有限的混光距离下，实现高均匀度的出光效果是 LED 直下式光源需要解决的难题。

在侧入式 LED 背光模组中，LED 光源位于导光板侧边的 PCB 板上，在导光板的上方加装光学膜片组合，利用导光板的网点设计破坏光的干涉，使线光源成为面光源，再通过扩散膜、棱镜膜等光学元件均匀射出。其中，LED 光源的选择和导光板网点的设计对整个模组的性能起重要作用，决定整个液晶模组的亮度和显示画面的表现力；扩散板同样起到混合光线的作用；棱镜膜可将光线汇聚到一起，再通过一定角度射出。侧入式 LED 背光模组的优点是不需要太大的混光距离，腔体设计轻薄，外形更加美观，但是模组成本较高、结构复杂、实现难度较大。

(4) LED 显示

20 世纪 80 年代，就有单色和多色的显示屏问世，以文字屏和动画屏为主，90 年代初，随着计算机技术和集成电路技术的发展，LED 显示屏的视频技术得以实现，InGaN 蓝色和绿色高亮度 LED 研制成功并投产,大大拓展了室外屏的使用。目前,LED 显示屏在体育馆、广场、会场,甚至在街道、商场都已经广泛应用。此外,LED 大屏幕在证券行情、银行汇率屏、高速公路信息屏等都有大规模的应用。

随着 LED 显示屏制造技术的提高,传统 LED 显示屏的分辨率得到了大幅提升,小间距 LED 显示正在成为应用热点。

4.8.2 非视觉照明

4.8.2.1 LED 在农业照明中的应用

俗话说,"万物生长靠太阳",光照是地球上生物赖以生存与繁衍的基础。在自然界中,太阳的光照随地理纬度、季节和天气状况的不同而变化,光照强度和光照时间不足的现象时有发生。因此,在现代农业生产系统(如温室、大棚等)中,人工补光已经成为高效生产的重要手段。在密闭式人工光生产系统,如植物工厂、组培车间、育苗工厂,以及集约化畜禽舍、微藻繁育车间等,都离不开人工照明光源的协助。人工光源在现代农业发展过程中正发挥着越来越重要的作用。

长期以来,在农业照明领域使用的人工光源主要有高压钠灯、荧光灯、金属卤化物灯、白炽灯等,这些光源的突出缺点是能耗大、运行成本高。因此,开发出高效率、低能耗的节能光源一直是农业领域人工光照明应用的重要课题。近年来,LED 技术发展速度很快,与传统人工光源相比,LED 节能效果显著,而且还可进行光量、光质(能自由选择红外、红光、橙光、黄光、绿光、蓝光灯单色光,并能按照需求任意调整光色/比例组合等)、光周期的任意调整,以满足动植物生产的各种生理需求,环保、寿命长、冷光源(近距离照明不会灼伤叶片),实现高效化生产。因此,LED 被认为是 21 世纪农业领域最有前途的人工光源,具有良好的发展前景。

随着研究范围的扩大,LED 技术发展至今,已应用在植物照明、畜禽养殖照明、食用菌组培/生产、微藻繁殖、害虫诱捕、诱鱼等众多农业领域。

1. LED 在植物/食用菌生长/设施园艺的应用及现状

到目前为止,LED 已成功用于多种植物及食用菌的栽培试验,包括生菜、莴苣、胡椒、黄瓜、小麦、菠菜、虎头兰、草莓、马铃薯、花生、番茄、白鹤芋、水稻、朝天椒、拟南芥、藻类、铁皮石斛、金针菇、蟹味菇、平菇、杏鲍菇、吊竹梅、玫瑰花等。

(1) 植物

绿色植物的叶绿素主要含有叶绿素 a 和叶绿素 b,它们吸收光的能力极强。恰伊勒(Zscheile)和科马尔(Comar)采用分光光度计法分别在特定条件下测定了叶绿素 a 和 b 的吸收光谱,如图 4.8.6 所示。

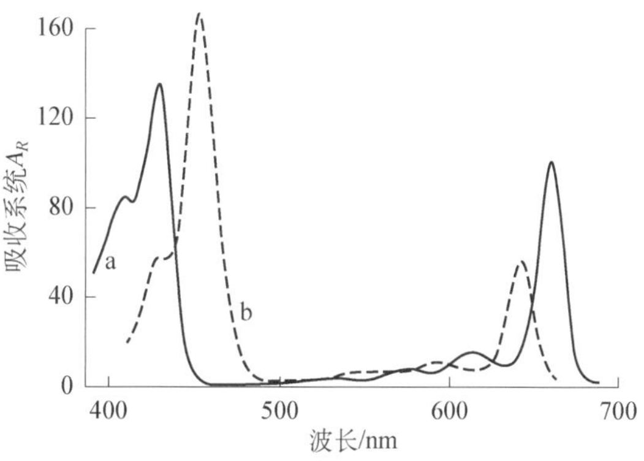

图 4.8.6 叶绿素 a、b 的吸收光谱特性

植物对一定特征的光质有需求。研究表明,植物光合作用所吸收的可见光(380～760 nm)光能约占其生理辐射光能的 60%～65%,波长 610～720 nm 的红橙光(约占生

理辐射的55%左右）、波长400～510 nm的蓝紫光（约占生理辐射的8%左右）是植物吸收峰值的主要区域。

不同波长的光的作用体现在植物的生长发育、种子萌芽、叶绿素合成及形态形成过程中也各不一样，如表4.8.3所示。

表4.8.3 光谱与植物光合作用对照表

光谱范围/nm	植物的生理影响
280～315	对生理过程与形态的影响极小
315～400	叶绿素吸收少，影响周期效应，阻止茎伸长
400～520	叶绿素与类胡萝卜素吸收比例最大，对光合作用影响最大，蓝色波长有利于植物长叶
520～610	色素的吸收率不高
610～720	叶绿素吸收率高，对光合作用与光周期效应有显著影响，红色则有利于开花及结果
720～1 000	吸收率低，刺激细胞延长，影响种子发芽与开花
>1 000	转换成为热量

明确各光谱与植物光合作用的对应关系后，只要选择合适的LED光谱，并进行合理的组合就能够达到植物照明应用的目的。另外，还能利用芯片对LED光谱进行任意组合的控制。通过LED调控，可以调控植物的开花和随后的生长，真正为植物生长做到量体裁衣。

(2) 食用菌

食用菌对生长环境具有需求特性，其环境要素包括大气环境（光照、温度、湿度、风速、CO_2和O_2的浓度）和栽培基质环境（组成、C/N、水分、酸碱度和矿质元素含量等）。其中，光照与温度是关键环境因素。

在食用菌生长发育阶段需要有光照条件，不过要避免强光照射和直接照射。另外，食用菌在菌丝体生长期间可无需光照，但在子实体生长阶段为光照敏感期，必须进行光照，食用菌才能生长发育。食用菌生长在营养生长阶段向生殖生长阶段转换时需光照，在后续生殖生长阶段也需要光照。如图4.8.7所示，在食用菌生长发育和营养品质形成过程中，根据食用菌种类，需要不同光质、光强和光周期等因素的光环境。

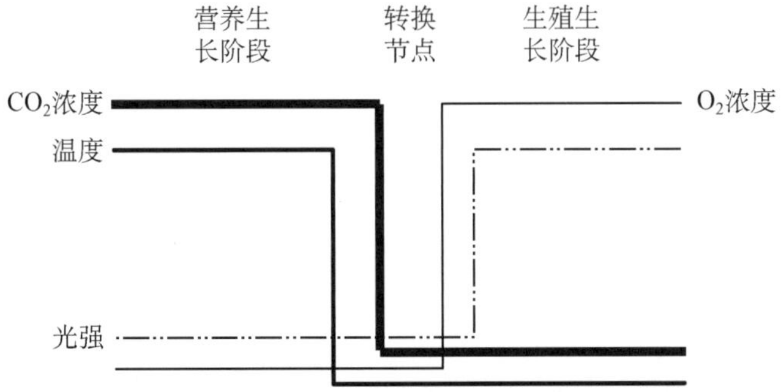

图4.8.7 食用菌营养生长阶段与生殖生长阶段转换环境因子的变化

(3) 设施园艺

根据设施园艺环境控制技术发展的历程，光照是继温度、湿度、CO_2 浓度、气流等环境因子之后，园艺设施中最后一个实现智能控制的环境因素，其主要原因是传统电光源作为执行机构均无法实时调控其光强和光质成分。LED 在设施园艺中的应用是农业照明近 20 年发展过程中的最大进步，具有里程碑式的意义。

(4) 国内外发展现状

随着 LED 技术的发展，荷兰、美国、日本、韩国、我国台湾地区等纷纷将 LED 农业照明应用作为重要的发展方向，国内外的众多厂商也纷纷进军农业照明领域。

荷兰是目前植物工厂发展最好的国家，最新发展的园艺作物永续节能温室生产技术与应用，结合了 LED 等人工光源的光照技术、光质、光通量，以及远程自动监控系统等，有效提升了生产质量。其国内的照明行业龙头企业飞利浦(Philips)照明在 2008 年就已经开始研发农业照明 LED 技术，调整并优化"定制化的光配方"，并和绿色意识农场(green sense farms, GSF)合作建立了针对特定作物使用 LED 生长光源的室内农场，同时也是全球最大的室内农场之一。

美国农业部资助普杜大学(Purdue)488 万美元用于一项为期 4 年的研究项目，以评估并提高 LED 在温室中的应用。

日本在 LED 农业领域起步较早，日本政府于 2009 年提出"六次产业化"，其核心是应用 LED、太能发电等技术，建造"植物工厂"。

我国台湾地区工研院于 2011 年 7 月牵头成立"台湾植物工厂产业发展协会"，晶电、亿光、鸿海等业界巨头联合开发 LED 植物工厂。

我国于 2006 年设计并建造了国内第一套密闭式 LED 人工光植物工厂，进行了蔬菜栽培。2013 年 4 月，国家"十二五""智能化植物工厂生产技术研究"项目启动，涉及植物工厂 LED 节能光源、立体无土栽培、光温耦合节能环境控制、营养液调控、基于网络的智能管理，以及人工光植物工厂、自然光植物工厂集成示范等方面。

尽管各国做了很多研究工作，但由于农业照明涉及面的复杂性，使得目前 LED 用于农业照明总体上仍处于不断试验摸索阶段，有很多理论问题与实践问题尚未解决。这些主要体现在：a. 农业照明的多学科性；b. 农业照明的复杂性；c. 农业照明的实验难度；d. 农业照明的光选择性与光谱加权性；e. 评价指标的多样性。

2. LED 在畜牧业/渔业的应用及现状

(1) 畜牧业

禽类的视觉系统相当发达，对外界光环境十分敏感，与人类等哺乳动物相比，禽类感知外界环境光刺激的敏感程度更高。人工照明是畜禽养殖业环境控制的重要手段之一。目前，养殖业领域使用的人工光源难以实现针对畜禽的生理需求进行光质调控，制约着畜禽生产效率的提高。近年来，研究人员通过适当的 LED 光照调节，显著促进了畜禽生长，并提高其免疫力，提升畜禽养殖的生产潜力。这表明，LED 在养殖业中的应用是可行的，具有很好的应用前景。

已有研究表明，光照强度、光波长等光信息通过鸡眼球内的光受体、视网膜的神经节细胞传递至视觉中枢或者下丘脑内的相关光受体而被感知。这些光信息被转化为生物信号，进而影响与刺激下丘脑释放激素来调节鸡的生长发育、生殖功能和行为活动。光环境是影响鸡只生产能力表现的重要因素之一。因此，现代化养鸡场普遍采用人工光源来提高鸡只生产性能，并根据鸡场环境、设备以及光源的技术特点制定光照管理程序。

LED技术也有被应用在害虫防治方面。人类利用昆虫的趋光性进行害虫防治，在现代农业生产中日益显示出其优越性。有学者对昆虫的单色光行为反应、复眼反射光、复眼的结构，以及生理、电生理、田间行为学等方面进行了研究。目前，对趋光性比较成熟的假说有3个：光定向行为假说、生物天线假说、光干扰假说。不同昆虫的敏感波谱范围和趋光反应并不一致，而LED因为可以提供各种单色光或组合光，被视为最有前景的无公害灭虫技术之一。

（2）渔业

我国是世界水产养殖第一大国。目前，工厂化水产养殖主要有石斑鱼、鲷类、鲑鳟鱼、鲆鲽类、鲈鱼、鲕鱼、黑鲳条纹鲈、河豚、美国红鱼等几十个品种。水产养殖对高技术支撑的工业化养殖模式的需求日益增加，因为光照是大部分鱼类代谢系统的主导因子，故需要人工光环境（3个重要因子是光色、光强和光周期）的科学分布。

鱼类眼睛有两种特殊视觉功能的感觉细胞：圆锥细胞感觉强光环境，圆柱细胞感觉弱光环境。通常，鱼类对光的反应有3种：正向趋光性、负趋光性、对光线无反应。不同种类的鱼对光的敏感性不同，影响诱捕鱼的另一原因是鱼类喜爱栖息集群的照度。当诱捕灯的照度适宜时，会引起鱼类的正向趋光反应；当照度不适宜时，即产生不良感光区，使鱼类的趋光性减弱，甚至会离开这个光照区域。

光诱捕鱼源于日本，最早采用松明、树根等制成火炬来诱集鱿鱼，以后逐步采用乙炔灯、液化气灯和打气煤油灯，再到使用白炽灯。现在绝大多数光诱渔船都使用金属卤化物灯作为集鱼灯电光源。随着LED技术的发展，新一代冷光源LED集鱼灯具有高效节能、无污染、光控好等优点，在20世纪90年代就被世界很多国家作为新型集鱼灯使用推广。日本也投入大量资金进行LED集鱼灯的研究开发，并取得了一定的成功，目前正推广应用到棒受网和围网渔业中。在国内，许多学者和厂家也开始研究LED集鱼灯。

3. LED在农业照明中的发展趋势

目前，LED农业照明应用已逐渐成为研究热点，从长远来看，LED有逐步取代传统照明光源的趋势。并且，LED光源将在植物产品组培/生产、食用菌组培/子实体生长、畜禽养殖、害虫防治、渔业等众多领域得到广泛应用。未来需要加大LED农业照明应用基础和产品研发的力度；加快农业LED光源标准的构建；扶持农业LED光源生产企业的发展；开展LED光源规模性示范；制定农用LED的资金补贴政策。

全球LED应用植物照明的产值从2013年起，开始呈现高速成长，初步统计2014年达1亿美元，2017年预计可达5亿美元。随着全球LED应用农业照明渗透率的提升，中国市场也慢慢兴起，未来市场前景广阔。

食用菌具有营养和保健药用的作用，据报道，我国的平菇、香菇、双孢菇、毛木耳、黑木耳、金针菇、姬菇、草菇、鸡腿菇、银耳、滑菇、茶树菇等菇类品种产量均位居前列。因此，食用菌光生物特性需要进一步加强研究。

到目前为止，昆虫趋光现象仍缺少统一服众的解释，但昆虫的趋光性绝非普遍意义的趋光性，有待做更深入的研究，以便更好地服务于农业生产实践。而LED应用于渔业仍需大力发展和推广。

人工光源作为现代农业的重要组成部分，在集约化种植、养殖以及其他领域中发挥着越来越重要的作用，不仅能够为农业生物的生长提供合理的光环境条件，减少农药、激素等化学品的使用，确保食品安全，而且还是低能耗的绿色光源，具有广阔的应用前景。

4.8.2.2 LED 在健康照明中的应用

LED 不仅在一般照明中得到了广泛应用，在某些特殊用途的照明领域也得到很好的应用。许多照明的非视觉生物效应研究揭示了光对生物系统的影响，包括生理节律、瞳孔张开大小、精神的警觉程度，等等。这些都与我们的健康息息相关。

照明的非视觉生物效应可用于治疗人体生理节律失调引起的各类症状。LED 因其热辐射低、不产生紫外线、体积小等特点，成为光疗的新选择。

① 季节性情感障碍(seasonal affective disorder, SAD)。SAD 是一种抑郁症，其症状主要表现为情绪抑郁、没有精神、浑身乏力等，有些人还会出现烦燥、焦虑、失眠、情绪大起大落的症状，严重影响了患者的身心健康。克里普克(Kripke)等人在 1993 年发现光照能缓解 SAD 患者的抑郁症状，陆续研究也证实了这一效果，并发现治疗的效果还与光照的强度有关。体积小、易于控制的 LED 光源，作为光疗工具，可以调整发光强度、设计合理的照射幅度，并依据患者的个体差异设置针对性强的光照条件，实现优化的光疗效果。

② 睡眠障碍。目前，社会上越来越多的人作息时间不规律。另外，还有跨时区的长途飞行、从事夜班工作的职业人，长期或间歇性的作息不规律会影响人正常的生物节律，导致神经衰弱和睡眠障碍等疾病。研究表明，参与睡眠的生理结构和机制相当复杂，人体生物钟受下丘脑视交叉上核控制。光的非视觉生物效应由自主感光神经节细胞(ipRGC)接受光信号后传递下丘脑视交叉上核，与控制人体某些激素分泌的松果体相连。受光生物效应影响的激素包括褪黑素和皮质醇。褪黑素是睡眠激素，其分泌增加会使人感到疲倦、嗜睡；反之，则会使人感到精神、兴奋。皮质醇正好相反，它是压力激素，为人体提供能量，使人注意力集中，增强免疫力。皮质醇与褪黑激素的交替作用控制人体的工作和睡眠周期，白天的时候皮质醇分泌旺盛，使人精力充沛投入一天的工作和学习，到了夜晚，褪黑素分泌增加，使人体得到良好的休息。研究发现，短波长的光的非视觉生物效应最为显著。利用光这一效应，可以调节短波长 LED，有效地实现睡眠障碍的改善效果。

在医疗领域方面，LED 也得到更为广泛的应用。例如，在医学临床手术中使用的无影灯，LED 光源在发光过程中不产生红外光谱，避免了长时间使用时产热高等问题，可以营造安全、稳定的手术环境。另外，LED 体积小、可塑性高，在灯具光学设计中可以更灵活控制，更好地实现无影的效果。这些特点在内窥镜照明等其他医用灯具中也得到了很好的发挥。

LED 可以实现不同波长的单色光，这些不同波长的单色光到达皮肤组织的不同位置，可进行不同组织的治疗。作为新型的光源，LED 正逐步应用于皮肤医学中。

① 光子嫩肤。可见光到近红外的 LED 光可以到达真皮的网状层，经过光热和光化学作用，可以刺激弹力纤维和胶原纤维的重新排列与再生，实现减轻皱纹、增加皮肤弹性的效果。

② 促进伤口的愈合。可见光到近红外的各种波段的 LED 光都可以促进外伤后上皮细胞的生长，促进伤口的愈合。另外，还可以辅助愈合治疗糖尿病患者下肢的慢性溃疡。

③ 减轻炎症。蓝光 LED 可以高效地阻止皮肤细菌的生成，促进皮肤细胞的新陈代谢，实现快速抑制炎症的功效。在治疗皮肤光老化时，在使用脉冲染料激光之前提前照射特定波长的 LED 光源，可以减轻因治疗引起的皮肤红斑、疼痛等不适反应。

④ 疤痕的预防。特定波长的 LED 可以明显地改善患者疤痕的疼痛、瘙痒等不适感，使瘢痕变平，同时具有无创的优点。

LED 在口腔医学中也得到了很好的应用。例如，低温冷光的 LED 光源可以对部分变色牙进行美白；688 nm 波长的 LED 照射口腔癌病变患者，可以缓解口腔疼痛和促进治愈口腔溃疡；635 nm 波长的 LED 光可以减轻牙龈的炎症反应。

4.8.2.3　LED 与信息技术的融合应用

1. Li－Fi

可见光无线通信技术（light fidelity，简称 Li－Fi），其系统结构见图 4.8.8，是一种基于可见光波段进行数据传输的全新无线传输技术，最初由德国物理学家哈拉尔德·哈斯(Harald Hass)提出。该技术通过在 LED 灯中植入一个微小的芯片，将信号调制到 LED 光源上，使得灯泡形成类似于 AP（Wi－Fi 热点）的设备，各终端可以通过 LED 灯接入网络，利用可见光作为载体进行数据传输。与 Wi－Fi 技术相比，Li－Fi 拥有发射功率高、无电磁干扰、节约能源等优势。

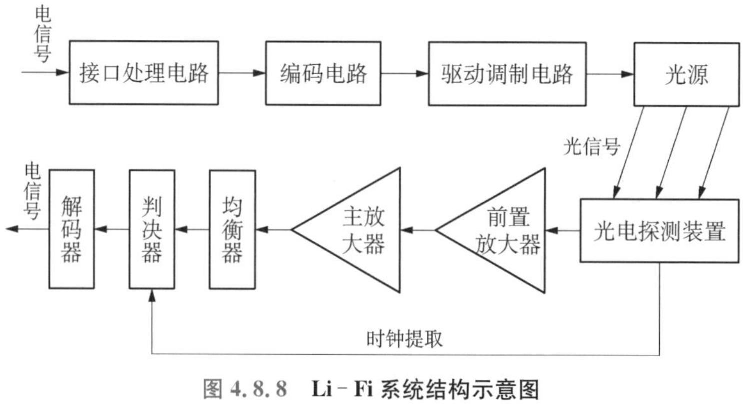

图 4.8.8　Li－Fi 系统结构示意图

(1) Li－Fi 技术原理

光本质上也是一种电磁波，因此利用光进行网络通信的原理本质上与无线电波类似。该技术的核心为装配了信号处理单元的 LED 灯，以 LED 灯亮代表 1，灭代表 0，通过 LED 灯亮灭的快速切换就可以传递二进制信号；LED 灯的变化过程可以被光电检测器接收到，光电检测器将接收到的光信号转换为电信号并交给信号处理单元进行解码，就可以实现信息的传送。由于 LED 本身具有响应速度快的特点，其每秒闪烁的次数可以达数百万次，因此数据的传输速率很高。2013 年 10 月，复旦大学信息科学与工程学院通过将网络信号接入一盏 1 W 的 LED 灯珠，实现了 3.7 $G \cdot s^{-1}$ 的单向传输速率。同时，由于 LED 灯的闪烁频率远超过人眼可以察觉的范围，因此数据传输过程并不会对人的日常生活造成影响。

(2) Li－Fi 的优势

Li－Fi 技术将通信技术与照明技术进行结合，无需额外的网络设备，只要有用于通信的照明设备，就可以实现高速的无线数据通信。在通信过程中，Li－Fi 是利用可见光波段进行通信，该波段的电磁波不会对人体造成危害。而且，相对于 Wi－Fi 通信所使用的无线电波，其具有更大的频谱宽度。同时，由于 Li－Fi 不使用无线电波段进行传输，因此在对无线电敏感的场合，如飞机上、手术室中也可以放心使用。例如，飞机客舱内乘客可利用头顶上的 LED 阅读灯来上网。

（3）Li－Fi 的局限性

由于可见光无法穿过不透明的物体，因此一旦灯光被遮挡，网络信号也会中断。另一方面，在双向通信过程中，由于手机、电脑灯终端本身并非照明设备，因此 Li－Fi 面临着如何将信息从终端发回至 LED 灯的问题。同时，当环境光比较强的时候，会对 Li－Fi 通信产生影响，妨碍正常的数据传输。

2. LED 在定位中的应用

LED 定位系统是基于可见光通信的新兴室内定位技术，通过在 LED 灯中植入控制芯片，将照明与定位两种功能结合在一起，无需额外的设备就可以实现对终端的定位，具有绿色环保、不受电磁干扰等特点，近年来成为定位技术的研究热点。

（1）定位原理

在室内可见光定位系统中，在室内特定位置固定 LED 阵列，通过编码，LED 阵列可以发射带有位置信息的光信号。然后，通过在移动目标上配置光探测器，可以接收 LED 阵列发出的光信号，移动终端将接收到的信号进行解码、解调等信号处理，获取原始信号信息，再通过一定的定位算法来获得移动终端的位置。

（2）定位方法

LED 定位系统的定位方法主要包括以下 5 种：

① LED－ID 定位方法。在 LED－ID 定位方法中，系统为每一盏 LED 提供一个固定的 LED，LED 中的控制芯片将自身的 ID 进行编码，然后向外发送光信号。移动终端上的接收器接收光信号并分析 LED 的编码信息，识别 LED－ID。然后，查询数据库中对应的三维坐标信息，通过映射的方式来确定终端的位置。

② 基于到达时间差（time difference of arrival，TDOA）定位方法。如图 4.8.9 所示，在空间中布置多盏 LED 灯，LED 灯可以通过光发送信息，在每次信息发送中，LED 灯将时间戳添加在信息中，终端接收到信号后，可以获取发送信息的时间戳内容。与此同时，记录接收信息的时间戳，计算发送时间与接收时间的差值。通过乘以信号传播速度来获取终端到各 LED 灯的距离，利用交汇原理计算出终端的位置。

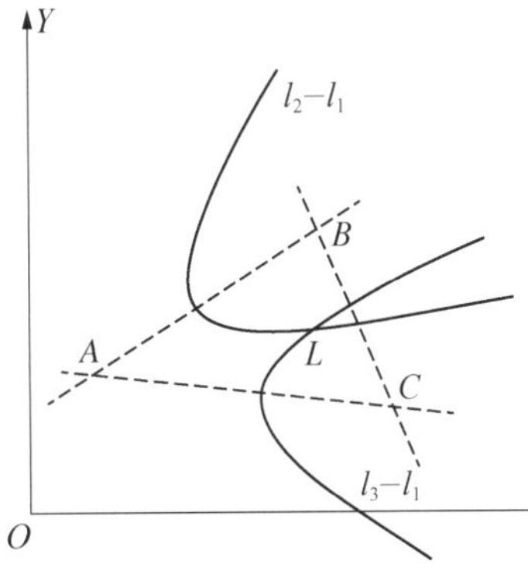

图 4.8.9 TDOA 定位原理模型

③ 光强模型定位方法。在空间中布置朗伯体 LED 灯，在终端上可以检测接收到的光强，利用光强与距离的定量关系计算出 LED 灯与终端之间的距离。由于其采用指纹匹配的算法，即可

得出终端的大致区域。

④ 信号到达角(angle of arrival，AOA)定位方法。如图 4.8.10 所示，在空间中布置多个 LED 发射端，终端接收发射端发射的阵列信号并并获得发射信号的方向信息。利用多个 LED 发射端提供的角度值作为方位线，从而计算出定位终端与 LED 发射端之间的角度，这些方位线的交点为待测终端的估计位置。

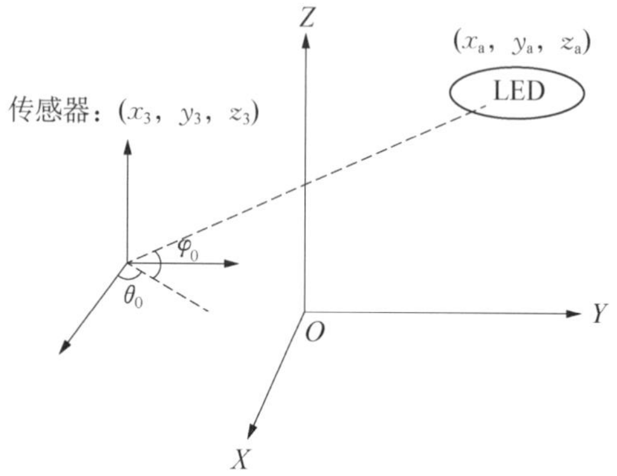

图 4.8.10 AOA 定位原理模型

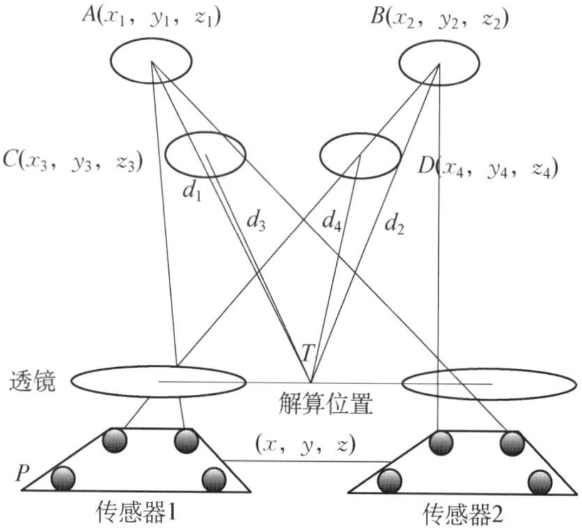

图 4.8.11 基于图像传感器的多灯定位系统示意图

⑤ 图像传感器定位方法。如图 4.8.11 所示，利用 LED 灯及图像传感器之间的几何关系，建立数学模型，对终端位置进行求解。目前，国内外普遍采用在一个终端上使用两个相同分辨率的图像传感器进行定位。

3. LED 与智慧信息系统

智慧城市信息系统是城市信息化的高级形态，在智慧城市的建设中，包含了物联网、云计算、移动互联等新兴技术。在智慧信息系统建设中，通过在城市各个角落分布视频、图像、红外、温度、压力、微波等传感器，获取相关信息，传回到控制平台，形成一张巨大的城市感知网。控制平台分析采集到的信息，对城市中的各终端进行控制和信息发布，从而实现整个城市信息的融合。

在智能 LED 照明技术中，通过在路灯上布置各种传感器实现图像、温湿度、风速、风向等信息的采集，将照明灯具与传感器结合起来，形成智慧城市信息节点。这样解决了智慧城市信息系统建设中传感器架设的数量繁多和安装连接不便等问题，构建起庞大的传感网络。通过在路灯上提供 Wi－Fi 热点可以实现节点互联，配合智慧调光、按需照明来优化路灯的照明功能。还可以在灯杆上设置 LED 显示屏来实现信息发布，在灯杆底部可配备充电桩来为车辆提供充电服务，实现灯杆的有效利用。

参考文献

[1] Zscheile F P, Comar C L. *Influence of Preparative Procedure on the Purity of Chlorophyll*

Components as Shown by Absorption Spectra [J]. *Botanical Gazette*, 1941, 102: 463 - 481.

[2] Gaugler R S. *Heat transfer device* [P]. U. S.: US2350348, 1944.

[3] Grover G, Cotter T, Erickson G. *Structures of Very High Thermal Conductance* [J]. *Journal of Applied Physics*, 1964, 35(6): 1990 - 1991.

[4] Cotter T. *Theory of Heat Pipes* [R]. DTIC Document. 1965.

[5] Joyce W B, Wemple S H. *Steady-State Junction-Current Distributions in Thin Resistive Films on Semiconductor Junctions (Solutions of* $\nabla^2 v = \pm e^v$ *)* [J], *J. Appl. Phys.*, 1970, 41(9), 3818 - 3830.

[6] Likeness B K. *Stray Light Simulation with Advanced Monte Carlo Techniques* [C]. *Proc. SPIE.* 1977: 80 - 88.

[7] Groves W O, Herzog A H, Craford M G. *Process for the Preparation of Electroluminescent III - V Materials Containing Isoelectronic Impurities*, *US Patent Re.* 1978a, 29, 648.

[8] Groves W O, Herzog A H, Craford M G. *GaAsP Electroluminescent Device Doped with Isoelectronic Impurities*, *US Patent Re.* 1978b, 29, 845.

[9] Thompson G H B. *Physics of Semiconductor Laser Devices* [M], John Wiley and Sons, New York, 1980.

[10] Wyszecki G, Stiles W S. *Color Science — Concepts and Methods*, *Quantitative Data and Formulae* 2nd edition [M]. New York: John Wiley and Sons, 1982.

[11] Verghese G C, Elbuluk M E, Kassakian J G. *A General Approach to Sampled-Data Modeling for Power Electronic Circuits* [J]. *IEEE Transactions on Power Electronics*, 1986, PE - 1(2): 76 - 89.

[12] Amano H, Kito M, Hiramatsu K, Akasaki I. *P-Type Conduction in Mg-doped GaN Treated with Low-Energy Electron Beam Irradiation* [J], *Jpn. J. Appl. Phys.*, 1989, 28(12), L2112 - L2114.

[13] Fotiadis D, Boekholt M, Jensen K, Richter W. *Flow and Heat-Transfer in CVD Reactors-Comparison of Raman Temperature-measurements and Finite-Element Model Predictions* [J], *J. Cryst. Growth*, 1990, 100(3), 577 - 599.

[14] Fletcher R M, Kuo C P, Osentowski T D, Huang K H, Craford M G, Robbins V M. *The Growth and Properties of High Performance AlGaInP Emitters Using a Lattice Mismatched Gap Windows layer* [J], *Journal of Electronic Materials*, 1991, 20(12), 1125 - 1130.

[15] Kato T, Susawa H, Hirotani M, Saka T, Ohashi Y, Shichi E, Shibata S. *GaAs/GaAlAs Surface Emitting IR LED with Bragg Reflector Grown by MOCVD* [J], *J. Cryst. Growth*, 1991, 107(1 - 4), 832 - 835.

[16] Marie-Pierre F, Eric R, Christine V. *Uniform Frontal Illumination of Planar Surfaces: Where to Place the Lamps* [J], *Optical Engineering*. 1993, 32: 1261 - 1271.

[17] Coldren L A, Corzine S W. *Diode Lasers and Photonics Integrated Circuits* [M], John Wiley and Sons, New York, 1995.

[18] Prins A D, Sly J L, Meney A T, Dunstan D J, O'Reilly E P, Adams A R, Valster A. *High-Pressure Determination of AlGaInP Band-Structure* [J], *J. Phys. Chem. Solids*, 1995, 56(3 - 4), 349 - 352.

[19] Grieshaber W, Schubert E F, Goepfert I D, Karlicek R F, Jr. Schurman M J, Tran C. *Competition between Band Gap and Yellow Luminescence in GaN and Its Relevance for Optoelectronic Devices* [J], *J. Appl. Phys.*, 1996, 80(8), 4615 - 4625.

[20] Nakamura S, Fasol G. *The Blue Laser Diode* [M]. Berlin: Springer, 1997.

[21] Michael J, Hayford, Stuart R. David. *Characterization of Illumination Systems Using Light Tools* [C]. *Proc. SPIE.* 1997: 209 - 220.

[22] Chen C H, Stockman S A, Peanasky M J, Kuo C P. "OMVPE Growth of AlGaInP for High Efficiency

Visible Light-emitting Diodes" in *High Brightness Light Emitting Diodes* edited by G. B. Stringfellow and M. G. Craford, *Semiconductors and Semimetals* 48[M], Academic Press, San Diego, 1997.

[23] Hiramatsu K, Detchprohm T, Amano H, Akasaki I. *Effects of Buffer Layers in Heteroepitaxy of GaN, in: Advances in the Understanding of Crystal Growth Mechanisms* [M], Amsterdam, 1997.

[24] Arnold Lungershausen, Stephen. K. Eckhardf, John. M. Holcomb. *Light Engine Design: the Software Dilemma* [C]. *Projection Displays* IV. 1998: 51 - 61.

[25] Pearton S J, Zolper J C, Shul R J, Ren F. *GaN: Processing, Defects, and Devices*[J], *J. Appl. Phys.*, 1999,86(1),1 - 78.

[26] ChongY L, Meng CW, Wei L. *The Influence of Window Layers on the Performance of 650 nm AlGaInP/GaInP Multi-Quantum-Well Light-Emitting Diodes* [J], *Journal of Crystal Growth*, 1999, 200(3 - 4),382 - 390.

[27] Krames M R, Ochiai-Holcomb M, Höfler G E, Carter-Coman C, Chen E I, Tan I H, Grillot P, Gardner N F, Chui H C, Huang J W, Stockman S A, Kish F A, Craford M G, Tan T S, Kocot C P, Hueschen M, Posselt J, Loh B, Sasser G, Collins D. *High-Power Truncated-Inverted-Pyramid* $(Al_xGa_{1-x})_{0.5}In_{0.5}P/GaP$ *Light-Emitting Diodes Exhibiting* >50 % *External Quantum Efficiency* [J], *Appl. Phys. Lett.*, 1999,75(16),2365 - 2368.

[28] Siozade L, Leymarie J, Disseix P, Vasson A, Mihailovic M, Grandjean N, Leroux M, Massies J. *Modelling of Thermally Detected Optical Absorption and Luminescence of (In, Ga) N/GaN Heterostructures* [J], *Solid State Commun.*, 2000,115(11),575 - 579.

[29] Nakamura S, PeartonS, Fasol G. *The Blue Laser Diode the Complete Story* [M], Springer, 2000.

[30] Jang J S, Seong T Y. *Electronic Transport Mechanisms of Nonalloyed Pt Ohmic Contacts to p-GaN* [J], *Appl. Phys. Lett.*, 2000,76(19),2743 - 2745.

[31] Li Y L, Schubert E F, Graff J W, Osinsky A, Schaff W F. *Low Resistance Ohmic Contacts to p-type GaN* [J], *Appl. Phys. Lett.*, 2000,76(19),2728 - 2730.

[32] Osram-Sylvania Corporation. Data Sheet on Type 4350 Phosphor, 2000.

[33] 周太明,李玉泉,徐谋和.*汽车近光灯配光的国际协调*[J].中国照明电器,2000(5): 1—5.

[34] 屠其非,周伟.*LED 用于汽车信号灯的展望* [C]."世纪之光"学术研讨会论文集专辑. 2000: 1008—5521.

[35] Kumakura K, Makimoto T, and Kobayashi N. *Low-Resistance Nonalloyed Ohmic Contact to P-type GaN Using Strained InGaN Contact Layer* [J], *Appl. Phys. Lett.*, 2001,79(16),2588 - 2590.

[36] Osram Opto Semiconductors Corporation, Regensburg, Germany. *Osram Opto Enhances Brightness of Blue InGaN-LEDs*, Press Release, January 2001.

[37] Song Jae Lee. *Analysis of Light-emitting Diodes by Monte Carlo Photon Simulation* [J]. *Applied Optics*. 2001,40(9): 1427 - 1437.

[38] Ohtsuki H, Nahanishi K, Mori A, et al. *TFT-LCD with More Than 100% 100%-NTSC Color Reproduction Using LED-backlighting and Well Taned TFT-LC Panel* [J]. IDW, 2000. 2: 497 - 500.

[39] Bergh Arpad,Craford George, Duggal Anil, et al. *The Promise and Challenge of SolidState Lighting* [J]. *Physics Today*, 2001,54(12): 42 - 47.

[40] Naranjo F B, Sanchez-Garcia M A, Calle F, Calleja E, JenichenB, PloogK H. *Strong Localization in InGaN Layers with High InContent Grown by Molecular-Beam Epitaxy*[J], *Appl. Phys. Lett.* 2002,80,231 - 233.

[41] Wu J, Walukiewicz W, Yu K M, Ager III J W, Haller E E, Lu H, Schaff-W. *Small Band Gap Bowing in* $In_{1-x}Ga_xN$ $In_{1-x}Ga_xN$ *Alloys* [J], *J. Appl. Phys. Lett.*, 2002,80(25),4741 - 4743.

[42] Hori M, Kano K, Yamaguchi T, Saito Y, Araki T, Nanishi Y, Teraguchi N, Suzuki A. *Optical*

Properties of $In_xGa_{1-x}N$ with Entire Alloy Composition on InN Buffer Layer Grown by RF-MBE [J], *Phys. Stat. Sol.* (b), 2002,234(3),750－754.

[43] Yun F, Reshchikov M A, He L, King T, Morkoç H, Novak S W, Wei L. *Energy Band Bowing Parameter in $Al_xGa_{1-x}N$ Alloys* [J], *J. Appl. Phys.*, 2002,92(8),4837－4839.

[44] 李述体. Ⅲ－Ⅴ族氮化物及其高亮度蓝光LED外延片的MOCVD生长和性质研究[D],南昌大学,2002年.

[45] Rattier M, Bensity H, Stanley R P, Carlin J F, Houdre R, Oesterle U, Smith C J M, Weisbuch C, Krauss T F. *Toward Ultra-Efficient Aluminum Oxide Microcavity Light-Emitting Diodes: Guided Mode Extraction by Photonic Crystals* [J], *IEEE J. Selected Topics in Quant. Electron.*, 2002,8(2),238－247.

[46] Emsley M K, Dosunmu O, Unlu M S. *Silicon Substrates With Buried Distributed Bragg Reflectors for Resonant Cavity-Enhanced Optoelectronics* [J], *IEEE Journal of Selected Topics in Quantum Electronics*, 2002,8(4),948－955.

[47] Streubel K, Linder N, Wirth R, Jaeger A. *High Brightness AlGaInP Light-Emitting Diodes* [J], *IEEE J. Sel. Top. Quantum Electron.*, 2002,8(2),321－332.

[48] 李合生. *现代植物生理学* [M]. 北京：高等教育出版社,2002.

[49] Wu J, Walukievicz W, Yu K M, Ager III J, Li S X, Haller E E, Lu H, and Schaff W J. *Universal Bandgap Bowing in Group-III Nitride Alloys* [J], *Solid State Commun.*, 2003,127(6),411－414.

[50] 彭东青,李晖,谢树森. *组织光学中的Monte Carlo方法* [J]. *光电子激光*,2003,14(1):107—110.

[51] Gessmann T, Schubert E F. *High-Efficiency AlGaInP Light-Emitting Diodes for Solid-State Lighting Applications* [J], *J. Appl. Phys.*, 2004,95(5),2203－2216.

[52] Morita D, Yamamoto M, Akaish K, Matoba K, Yasutomo K, Kasai Y, Sano M, Nagahama S, Mukai T. *Watt-Class High-Output-Power 365 nm Ultraviolet Light-Emitting Diodes* [J], *Jpn. J. Appl. Phys.*, 2004,43(3A),5945－5950.

[53] Huh C, Lee K S, Kang E J, Park S J. *Improved Light-Output and Electrical Performance of InGaN-Based Light-Emitting Diode by Microroughening of the P-GaN Surface* [J], *J. Appl. Phys.*, 2003,93(11),9383－9385.

[54] Arik M., Becker C A, Weaver S E, et al. *Thermal Management of LEDs: Package to System* [A]. Optical Science and Technology, 2004. SPIE's 48th Annual Meeting [C]. *International Society for Optics and Photonics*, 2004,5187: 64－75.

[55] 洪震. *LED显示屏主要参数与人眼视觉特性的关系* [J]. 现代显示,2004,(2):48—49.

[56] 潘瑞炽. *植物生理学* [M]. 北京：高等教育出版社,2004.

[57] Rozenboim I, Biran I, Chaiseha Y, et al. *Effect of a Green and Blue Monochromatic Light Combination of Broiler Growth and Development* [J]. *Poultry. Science*, 2004,83: 842－845.

[58] 靖湘峰,雷朝亮. *昆虫趋光性及其机理的研究进展* [J]. *昆虫知识*,2004(03):198—203.

[59] Chhajed S, Xi Y, Li Y L, Gessmann T, Schubert E F. *Influence of Junction Temperature on Chromaticity and Color-rendering Properties of Trichromatic White-light Sources Based on Light-emitting Diodes* [J]. *Journal of Applied Physics*, 2005,97(5): 054506.

[60] Kim J K, Luo H, Schubert E F, Cho J, Sone C, and Park Y. *Strongly Enhanced Phosphor Efficiency in GaInN White Light-emitting Diodes Using Remote Phosphor Configuration and Diffuse Reflector Cup* [J]. *Japanese Journal of Applied Physics*, 2005,44(21): L649－L651.

[61] Schubert F E. *Lighting-emitting Diodes Second Edition* [M], Cambridge University Press, 2006.

[62] Oliver R A, Kappers M J, Sumner J, Datta R, Humphreys C J. *Highlighting Threading Dislocations in MOVPE-Grown GaN Using an In Situ Treatment with SiH_4 and NH_3* [J]. *Journal of Crystal*

Growth，2006，289(2)，506－514.

[63] Jang J S，Sohn S J，Kim D，Seong T Y. *Formation of Lowresistance Transparent Ni/Au Ohmic Contacts to a Polarization Fieldinduced P-InGaN/GaNSuperlattice* [J]，*Semicond. Sci. Technol.*，2006，21(5)，L37－L39.

[64] Schubert E F. *Light Emitting Diodes (second edition)*[M]. Cambridge University Press，2006.

[65] Romanov A E，Baker T J，Nakamura S，Speck J S. *Strain-induced Polarization in Wurtzite III-nitride Semipolar Layers* [J]. *Journal of Applied Physics*，2006，100(2)：023522.

[66] 刘长宏，高健，陈新，等. *引线键合工艺参数对封装质量的影响因素分析* [J]. 半导体技术，2006，31(11)：828—832.

[67] 丁德强，柯熙政. *可见光通信及其关键技术研究* [J]. 半导体光电，2006，27(02)：114—117.

[68] Krames M R，Shchekin O B，Regina M M，Mueller G O，Zhou L，Harbers G，Craford M G. *Status and Future of High-Power Light-Emitting Diodes for Solid-State Lighting* [J]，*Journal of Display Technology*，2007，3(2)，160－175.

[69] L. Man či ć. Del Rosario，Z. V. Marinković Stanojević，et al. *Phase evolution in Ce-doped Yttrium-aluminum-based Particles Derived from Aerosol* [J]. *Journal of the European Ceramic Society*，2007，27(13－15)：4329－4332.

[70] Leung W Y. *High-power LED Driver with Power-efficient LED-current-sensing Technique* [J]. *Light Emitting Diodes*，2007.

[71] 丁毅，顾培夫. *实现均匀照明的自由曲面反射器* [J]. 光学学报，2007，27(3)：540—542.

[72] Wolfgang Pohlmann，Thomas Vieregge，Martin Rode. *High Performance LED Lamps for the Automobile：Needs and Opportunities* [C]. *Manufacturing LEDs for Lighting and Displays*，*Proceedings of SPIE*，2007，6797.

[73] CIE 国际照明技术委员会. *室外工作区照明指南* [M]. 原子能出版社，2007.

[74] 黄成. *泛光照明中光源光色与节能研究* [D]. 2007，天津大学.

[75] 大谷义彦，夏晨. *LED 照明现状与未来展望* [J]. 中国照明电器，2007(6)：20—24.

[76] 曹静，陈耀星，王子旭，等. *单色光对肉鸡生长发育的影响* [J]. 中国农业科学，2007(10)：2350—2354.

[77] Sato H，Chung R，Hirasawa H，Fellows N，HisashiM，Feng W，Makoto S，Kenji F，James S S，Steven P D，Nakamura S. *Optical Properties of Yellow Light-Emitting Diodes Grown on Semipolar* $(11\bar{2}2)$ *Bulk GaN Substrates* [J]，*Appl. Phys. Lett.*，2008，92(22)，221110(1－3).

[78] Syrkin A，Ivantsov V，Kovalenkov O，Usikov A，Dmitriev V，Liliental-Weber Z，Reed M L，Readinger E D，Shen H，Wraback M. *First All-HVPE Grown InGaN/InGaN MQW LED Structures for 460－510 nm* [J]. *Phys. Stat. Sol.* (c)，2008，5(6)，2244－2246.

[79] 刘斌. *Ⅲ族氮化物半导体能带和极化调控及光电子器件研究*[D]，南京大学，2008 年.

[80] 李弋. *Ⅲ族氮化物薄膜生长及高分辨 X 射线衍射分析*[D]，南京大学，2008 年.

[81] Shen C Y. *CdSe/ZnS/CdS Core/Shell Quantum Dots for White LEDs* [J]. *Photonics，Devices，and Systems IV*，2008，7138(2E)：1－6.

[82] Hu Y，Jovanovic M M. *LED Driver With Self-Adaptive Drive Voltage* [J]. *IEEE Transactions on Power Electronics*，2008，23(6)：3116－3125.

[83] 燕坤善，牛萍娟，付贤松. *一种 LED 汽车头灯驱动电路* [J]. 天津工业大学学报. 2008，27(6)：51—53.

[84] 曹静，乇子旭，陈耀星. *单色光对鸡视网膜节细胞密度和大小的影响* [J]. 解剖学报，2008，39(1)：18—22.

[85] 谢电，陈耀星，王子旭，等. *蓝光对肉鸡免疫应激的缓解作用* [J]. 中国兽医学报，2008，28(3)：325—332.

[86] 曲溪，等. *LED 灯在植物补光领域的效用探究* [J]. 灯与照明，2008，32(2)：41—45.

[87] Morrow R C. *LED lighting in horticulture* [J]. *Hortscience*, 2008,43(7): 1947-1950.
[88] 姚其,居家奇,程雯婷,林燕丹. *不同光源的人体视觉及非视觉生物效应的探讨* [J]. *照明工程学报*, 2008,19(2): 14—19.
[89] 朱小清. *LED 光源在道路交通中的应用研究* [D]. 重庆大学,2009.
[90] 吴康. *新型智能照明与半导体情景照明系统是节能有效的选择* [J]. *电源世界*,2009(11): 61—64.
[91] 陈增伟,肖辉. *第四代光源—LED 在城市景观照明中的应用浅析* [C]. 中国照明论坛—城市照明节能规划、设计与和谐发展科技研讨会. 2009. 北京: 187—194.
[92] 深圳雷曼光电科技有限公司. *LED 半导体照明光源在情景照明中的应用* [J]. *现代显示*,2009(5): 57—61.
[93] 徐江善,吴玲. *北京奥运的灯光神话* [J]. *记者观察*(上半月),2009(05): 14—16.
[94] 张邦维. *高楼照明和装饰用 LED 灯* [J]. *中外建筑*,2009(03): 149—153.
[95] 陈合强,王宏胜,朱晓东. *从 AA~+肉种鸡光照管理要点* [J]. *中国家禽*,2009(2): 38—39.
[96] 刘宏展,吕晓旭,王发强,等. *白光 LED 照明的可见光通信的现状及发展* [J]. *光通信技术*,2009,33(07): 53—56.
[97] 居家奇,陈大华,林燕丹. *照明的非视觉生物效应及其实践意义* [J]. *照明工程学报*,2009,20(1): 25—28.
[98] 杨育农,刘煜,王斌,等. *LED封装用高分子材料的研究进展* [J]. *合成材料老化与应用*,2010,39(3): 29—32.
[99] 张保坦,李茹,陈修宁,等. *LED封装材料的研究进展* [J]. *化工新型材料*,2010,38(s1): 23—27.
[100] Ye S, Xiao F, Pan Y X, et al. *Phosphors in Phosphor-converted white Light-emitting Diodes: Recent Advances in Materials, Techniques and Properties* [J]. *Materials Science & Engineering R Reports*, 2010,71(1): 1-34.
[101] 庞莎莎. *利用太阳能的智能在交通信号控制系统的研究与设计* [D]. 延边大学,2010.
[102] 刘宗源. *大功率 LED 封装设计与制造的关键问题研究* [D]. 华中科技大学,2010.
[103] 陈立志,王德强,邢巍巍. *浅谈 LED 在农业领域的推广与应用* [J]. *农机使用与维修*,2010(4): 24—25.
[104] 黄富春,李晓龙,李文琳,等. *低温固化银浆导电性能的研究* [J]. *贵金属*,2011,32(2): 52—57.
[105] 郭常青,闫常峰,方朝君,等. *大功率 LED 散热技术和热界面材料研究进展* [J]. *半导体光电*,2011,32(6): 749—755.
[106] Cree, Inc.. Xlamp xt-e white LEDs [EB/OL]. http://www.cree.com. 2011.
[107] Cree, Inc.. Da1000 LED Chips [EB/OL]. http://www.cree.com. 2011.
[108] 金沈阳. *汽车转向灯升压驱动电路的设计* [J]. 文体用品与科技: 学术版,2011,(9): 189—190.
[109] 由一. *LED 照明设计的基础知识* [J]. 电源技术应用,2011,(1): 77—78.
[110] 鲁峰. *重点面向汽车应用的 HB LED 驱动器 MAX 16836* [J]. *电子世界*,2011,(1): 9—11.
[111] 陈天殷. *汽车 LED 照明驱动电路的设计* [J]. *汽车电器*,2011,(12): 13—15.
[112] 谭文兵,苏华. *LED 照明系统设计方案* [J]. *科技情报开发与经济*,2011,(24): 212—215.
[113] 黄瑜等. *LED 在民用飞机仪表板泛光照明中的应用* [J]. *照明工程学报*,2011,22(2): 50—53.
[114] 林立冬. *某体育场泛光照明设计及施工* [J]. *建筑电气*,2011,30(2): 44—46.
[115] 王香娟,虞世鸣,杨洁翔. *LED 家居室内照明光色设计* [J]. *照明工程学报*,2011,22(5): 111—114,125.
[116] 公安部交通管理科学研究所. *GB14887—2011 道路交通信号灯* [S]//公安部道路交通管理标准化技术委员会,中国国家标准化管理委员会. 2011.
[117] 杨其长. *LED 在农业领域的应用现状与发展战略* [J]. *中国科技财富*,2011(1): 102—107.
[118] 杨其长等. *LED 光源在现代农业的应用原理与技术进展* [J]. *中国农业科技导报*,2011. 13(5):

37—43.

[119] Shirasaki Y, Supran G J, Bawendi M G, et al. *Emergence of Colloidal Quantum-dot Light-emitting Technologies* [J]. *Nature Photonics*, 2012,7(1): 13 - 23.

[120] Anc M J, Pickett N L, Gresty N C, et al. *Progress in Non-Cd Quantum Dot Development for Lighting Applications* [J]. *ECS Journal of Solid State Science and Technology*, 2012, 2(2): R3071 -R3082.

[121] Song W-S, Kim J-H, Lee J-H, et al. *Synthesis of Color-tunable Cu-In-Ga-S Solid Solution Quantum Dots with High Quantum Yields for Application to White Light-emitting Diodes* [J]. *Journal of Materials Chemistry*, 2012,22(41): 21901 - 21908.

[122] Meyaard D S, Shan Q, Cho J, Schubert E F, Han S H, Kim M H, Sone C, Oh S J, Kim J K. *Temperature Dependent Efficiency Droop in GaInN Light-emitting Diodes with Different Current Densities* [J]. *Applied Physics Letters*, 2012,100(8): 081106.

[123] Liu Z Y, Li C, Yu B H, et al. *Effects of YAG: Ce Phosphor Particle Size on Luminous Flux and Angular Color, Uniformity of Phosphor-Converted White LEDs* [J]. *Journal of Display Technology*, 2012,8(6): 329 - 335.

[124] Philips Lumileds Lighting Company. Luxeon 3535 LED [EB/OL]. http://www. philipslumileds. com. 2013.

[125] Nichia Corporation. Nvsw119b LEDs [EB/OL]. http://www. nichia. co. jp. 2013.

[126] 颜重光.*LED 照明技术的新发展* [J].*电子元器件应用*,2012,(10): 17—20.

[127] Arias M, Lamar D G, Linera F F, et al. *Design of a Soft-Switching Asymmetrical Half-Bridge Converter as Second Stage of an LED Driver for Street Lighting Application* [J]. *IEEE Transactions on Power Electronics*, 2012,27(3): 1608 - 1621.

[128] Cao F, Li D, He X, et al. *Effects of Flicker on Vision in LED Light Source Dimming Control Process*[C]// Iet International Conference on Communication Technology and Application. IET, 2012: 930 - 933.

[129] 任红光.*LED 的应用及驱动方法研究* [J].*科技风*,2012,(14): 103—103.

[130] 潘志奇.*开关电源的原理和发展趋势* [J].*中国科技纵横*,2012,(12): 91—91.

[131] 桂劲征,苗静,丁柏秀,等.*LED 显示屏视角检测评估技术* [J].*现代显示*,2012,23(9): 121—125.

[132] Jung Y S, Kim M G. *Time-Delay Effects on DC Characteristics of Peak Current Controlled Power LED Drivers* [J]. *Journal of Power Electronics*, 2012,12(5): 715 - 722.

[133] 孙连根,张建新,牛萍娟.*大功率 LED 灯具散热技术研究及发展* [J].*天津工业大学学报*,2012,31(S1): 52—54.

[134] 金美玲.*LED 在现代装饰照明中的应用及发展趋势* [J].*现代装饰（理论）*,2012(09): 141—143.

[135] 于雪梅,梁良.*LED 灯在建筑照明设计中的特点及优势* [J].*城市建设理论研究（电子版）*,2012(21).

[136] 吴艳丽.*家用 LED 照明的情调设计研究* [J].*科技视界*,2012(29): 79—80.

[137] 付玉鑫.*浅谈 LED 景观装饰照明* [J].*中国科技财富*,2012(8): 127.

[138] Martynov Y, Konijn H, Pfeffer N, et al. *High - efficiency Slim LED Backlight System with Mixing Light Guide* [C]. *SID Symposium Digest of Technical Papers*, 2012: 1259.

[139] 刘文科,杨其长,魏灵玲.*LED 光源及其设施园艺应用* [M].北京: 中国农业科学技术出版社,2012.

[140] 刘颖等.*LED 植物补光照明系统对拟南芥萌发率的效用探究* [C]. 2012 四直辖市照明科技论坛. 2012. 上海.

[141] 龚雅萍.*LED 诱捕灯的设计与应用研究* [J].*浙江海洋学院学报: 自然科学版*,2012. 31(4): 371—373.

[142] 杨春宇,梁树英,张青文.*调节人体生理节律的光照治疗* [J].*照明工程学报*,2012,23(5): 4—7.

[143] Ju J, Chen D, Lin Y. *Effects of Correlated Color Temperature on Spatial Brightness Perception* [J]. *Color Research & Application*, 2012(37): 450 - 454.

[144] Cho J, Schubert E F, Kim J K. *Efficiency Droop in Light-emitting Diodes: Challenges and Countermeasures* [J]. *Laser & Photonics Reviews*, 2013,7(3): 408 - 421.

[145] Verzellesi G, Saguatti D, Meneghini M, Bertazzi F, Goano M, Meneghesso G, Zanoni E. *Efficiency Droop in InGaN/GaN Blue Light-emitting Diodes: Physical Mechanisms and Remedies* [J]. *Journal of Applied Physics*, 2013,114(7): 071101.

[146] Zhu D, Wallis D J, Humphreys C J. *Prospects of III-nitride Optoelectronics Grown on Si* [J]. *Reports on Progress in Physics*, 2013,76(10): 106501.

[147] 王亚兰.*LED 驱动电源特性及发展趋势* [J].*科教导刊: 电子版*,2013(36): 138—138.

[148] 安觅,刘伊莎,夏晨阳.*基于 MP4021 的 LED 照明驱动电源设计* [J].*电力电子技术*,2013,47(12): 33—35.

[149] Zhang F, Ni J, Yu Y. *High Power Factor AC-DC LED Driver With Film Capacitors* [J]. *IEEE Transactions on Power Electronics*, 2013,28(10): 4831 - 4840.

[150] He J, Leung W Y, Man T Y, et al. *Design and Verification of a High Performance LED Driver with an Efficient Current Sensing Architecture*[J]. *Circuits & Systems*, 2013,04(5): 393 - 400.

[151] 王红玉.*使用LED 光源时的注意事项* [J].*农村电工*,2013,(2): 44—44.

[152] Bi J, Zou N, Gao Y, et al. *Research on Characteristics of High-voltage LED and AC LED* [J]. *Bandaoti Guangdian/Semiconductor Optoelectronics*, 2013,34(6): 975 - 978.

[153] 张建新,牛萍娟,李红月,孙连根.*基于等效热路法的 LED 阵列散热性能研究* [J].*发光学报*,2013,34(4): 516—522.

[154] 陈飞.*LED 汽车前照灯光源封装及灯具配光研究* [D].华中科技大学,2013.

[155] 荀晓乐.*LED 墙幕装点空间* [J].全国商情,2013(05): 58.

[156] 夏宇昊.*高光效单侧入光 LED 背光模组的研究及关键技术* [D].中国海洋大学,2013.

[157] 刘文科,杨其长.*食用菌光生物学及 LED 应用进展* [J].*科技导报*,2013. 31(18): 73—79.

[158] 田燕.*LED 光源在皮肤医学中的应用* [J].*照明工程学报*,2013,24: 19—21.

[159] 董孟迪,孙耀杰,邱婧婧,林燕丹.*健康照明产品的设计方法* [J].*照明工程学报*,2013,(S1): 7—13.

[160] 崔雪亮,张伟星.*新型 LED 集鱼灯节能效果实船验证及推广* [J].*浙江海洋学院学报(自然科学版)*,2013. 32(2): 169—172.

[161] Chuang P H, Lin C C, Liu R S. *Emission-tunable $CuInS_2$/ZnS Quantum Dots: Structure, Qptical Properties, and Application in White Light-emitting Diodes with High Color Rendering Index* [J]. *ACS Applied Materials & Interfaces*, 2014,6(17): 15379 - 15387.

[162] Huang B, Dai Q, Zhuo N, et al. *Bicolor Mn-doped $CuInS_2$/ZnS Core/Shell Nanocrystals for WhiteLight-emitting Diode with High Color Rendering Index* [J]. *Journal of Applied Physics*, 2014,116(9): 094303 - 1 - 5.

[163] Kim J H, Yang H. *White Lighting Device from Composite Films Embedded with Hydrophilic Cu(In, Ga)S_2/ZnS and Hydrophobic InP/ZnS Quantum Dots* [J]. *Nanotechnology*, 2014,25(22): 225601 - 225607.

[164] Yuan X, Hua J, Zeng R, et al. *Efficient White Light Emitting Diodes Based on Cu-doped ZnInS/ZnS Core/Shell Quantum Dots* [J]. *Nanotechnology*, 2014,25(43): 435202 - 435209.

[165] Muramoto Y, Kimura M, Nouda S. *Development and Future of Ultraviolet Light-emitting Diodes: UV-LED will Replace the UV Lamp* [J]. *Semiconductor Science and Technology*, 2014, 29(8): 084004.

[166] 江磊,刘木清.*LED 驱动及控制研究新进展* [J].*照明工程学报*,2014,(2): 1—9.

[167] Lin H, Wang B, Xu J, et al. *Phosphor-in-glass for High-powered Remote-type White AC-LED* [J]. *Acs Applied Materials & Interfaces*, 2014,6(23): 21264 - 9.

[168] 凌宏清,何花.*LED 在建筑化照明设计中的应用* [J].*江西建材*,2014(6): 39—40.

[169] 许银帆,黄星星,李荣玲,等.*基于 LED 可见光通信的室内定位技术研究* [J].*中国照明电器*,2014(4): 11—15.

[170] Kurin S, Antipov A, Barash I, Roenkov A, Usikov A, Helava H, Makarov Y, Solomonov A, TarasovS, Evseenkov A, Lamkin I. *Efficiency of UVA LEDs Grown by HVPE in Relation with the Active Region Thickness* [J], *Phys. Stat. Sol.* (*c*), 2015,12(4 - 5),369 - 371.

[171] Vasudevan D, Gaddam R R, Trinchi A, et al. *Core-shell Quantum Dots: Properties and Applications* [J]. *Journal of Alloys and Compounds*, 2015,636: 395 - 404.

[172] Yin L, Bai Y, Zhou J, et al. *The Thermal Stability Performances of the Color Rendering Index of White Light Emitting Diodes with the Red Quantum Dots Encapsulation* [J]. *Optical Materials*, 2015,42: 187 - 192.

[173] Jo D-Y, Yang H. *Spectral Broadening of Cu-In-Zn-S Quantum Dot Color Converters for High Color Rendering White Lighting Device* [J]. *Journal of Luminescence*, 2015,166: 227 - 232.

[174] Park S H, Hong A, Kim J H, et al. *Highly Bright Yellow-green-emitting $CuInS_2$ Colloidal Quantum Dots with Core/Shell/Shell Architecture for White Light-emitting Diodes* [J]. *ACS Applied Materials & Interfaces*, 2015,7(12): 6764 - 6771.

[175] Peng L, Li D, Zhang Z, et al. *Large-scale Synthesis of Single-source, Thermally Stable, and Dual-emissive Mn-doped Zn-Cu-In-S Nanocrystals for Bright White Light-emitting Diodes* [J]. *Nano Research*, 2015,8(10): 3316 - 3331.

[176] Yoon H C, Oh J H, Ko M, et al. *Synthesis and Characterization of Green Zn-Ag-In-S and Red Zn-Cu-In-S Quantum Dots for Ultrahigh Color Quality of Down-converted White LEDs* [J]. *ACS Applied Materials & Interfaces*, 2015,7(13): 7342 - 7350.

[177] Yuan X, Ma R, Zhang W, et al. *Dual Emissive Manganese and Copper Co-doped Zn-In-S Quantum Dots as a Single Color-converter for High Color Rendering White-light-emitting Diodes* [J]. *ACS Applied Materials & Interfaces*, 2015,7(16): 8659 - 8666.

[178] Zhang Z, Liu D, Li D, et al. *Dual Emissive Cu: InP/ZnS/InP/ZnS Nanocrystals: Single-source "Greener" Emitters with Flexibly Tunable Emission from Visible to Near-infrared and Their Application in White Light-emitting Diodes* [J]. *Chemistry of Materials*, 2015,27(4): 1405 - 1411.

[179] Yoon J, Lee S M, Kang D, Meitl M A, Bower C A, Rogers J. *Heterogeneously Integrated Optoelectronic Devices Enabled by Micro-transfer Printing* [J]. *Advanced Optical Materials*, 2015, 3(10): 1313 - 1335.

[180] Jeong J W, McCall J G, Shin G, Zhang Y, Al-Hasani R, Kim M, Li S, Sim J Y, Jang K, Shi Y, Hong D Y, Liu Y, Schmitz G P, Xia L, He Z, Gamble P, Ray W Z, Huang Y, Bruchas M R, and Rogers J A. *Wireless Optofluidic Systems for Programmable in Vivo Pharmacology and Optogenetics* [J]. *Cell*, 2015,162(3): 662 - 674.

[181] Chen G, Liu X, Li Z, et al. *Failure-mechanism Analysis for Vertical High-power LEDs Under External Pressure* [J]. *Microelectronics Reliability*, 2015,55(12): 2671 - 2677.

[182] 李冰.*功率型 LED 封装用有机硅材料的研究进展* [J].应用化工,2015,44(8): 1536—1540.

[183] Liu Z, Lee H. *Design of High-performance Integrated Dimmable LED Driver for High-brightness Solid-state Lighting Applications* [J]. *Analog Integrated Circuits and Signal Processing*, 2015,82(3): 519 - 532.

[184] Heo S, Oh J, Kim M, et al. *An Integrated Sliding-Mode Sensorless Driver with Pre-driver and*

Current Sensing Circuit for Accurate Speed Control of PMSM [J]. *Etri Journal*, 2015,37(6), 1154-1164.

[185] Gabel V, Maire M, Reichert C F, Chellappa S L, Schmidt C, Hommes V, Cajochen C, Viola A U. *Dawn Simulation Light Impacts on Different Cognitive Domains under Sleep Restriction* [J]. *Behavioural Brain Research*, 2015,281: 258-266.

[186] Jun Zhu, Wei Hou, Xiaodong Zhang, Guofan Jin. *Design of a Low F-number Freeform Off-axis Three-mirror System with Rectangular Field-of-view* [J]. *Journal of Optics*. 2015(1): 015605 (839).

[187] 奉树成,郭卫珍,张亚利.*上海城市绿地中景观灯配置对植物的影响* [J].*浙江农业学报*,2015. 27(1): 57—63.

[188] 任卫东.*夜景照明设计要点的探究* [J].*科技与创新*,2015(6): 33—34.

[189] 帅武.*浅谈 LED 洗墙灯在景观照明中的应用及设计* [J].*光源与照明*,2015(1): 46—48.

[190] 王素环.*LED 在民用飞机驾驶舱泛光照明中的应用* [J].*照明工程学报*,2015(06): 14—18.

[191] 翟楠.*LED 智能照明控制系统的设计与实现* [D]. 2015,陕西科技大学.

[192] 傅洪钢.*泛光照明中光源光色与节能探讨* [J].*建筑工程技术与设计*,2015(35): 1967—1967.

[193] 李铃.*LED 灯具在室内照明装饰中的应用* [J].*建材与装饰*,2015(45): 188—189.

[194] 魏李华.*现代建筑照明设计关键问题研究* [J].*建筑建材装饰*,2015(17): 88—89.

[195] 郑培,吴永强.*装饰照明用 LED 灯的规格分类研究* [J].*中国照明电器*,2015(10): 44—49.

[196] 刘木清,朱雪菘.*关于农业照明问题的几点思考* [J].*中国照明电器*,2015(8): 1—4.

[197] 魏广等.*蛋鸡舍应用 LED 灯和节能灯对比实验* [J].*今日畜牧兽医*,2015(5): 45—46.

[198] 申爱敏,等.*蛋鸡舍不同光源光照效果及经济效益对比分析* [J].*中国家禽*,2015. 37(7): 65—66.

[199] 王语琪,巩应奎,史政法,等.*基于可见光通信的几种室内定位方法* [C]//中国卫星导航学术年会, 2015: 1—6.

[200] 赵嘉琦,迟楠.*室内 LED 可见光定位若干关键技术的比较研究* [J].*灯与照明*,2015(1): 34—41.

[201] 罗茶根,洪芸芸,张志海.*LED 智慧路灯在智慧城市中的应用* [J].*中国交通信息化*,2015(12): 135—137.

[202] Toyoda Gosei Corporation, Japan, LED Product Catalog, 2016.

[203] Park K, Deressa G, Kim D, et al. *Stability Test of White LED with Bilayer Structure of Red InP Quantum Dots and Yellow YAG: Ce^{3+} Phosphor* [J]. *Journal of Nanoscience and Nanotechnology*, 2016,16(2): 1612-1615.

[204] Lei X, Zheng H, Guo X, et al. *Optical Performance Enhancement of Quantum Dot-based Light-Emitting Diodes through an Optimized Remote Structure* [J]. *IEEE Transactions on Electron Devices*, 2016,63(2): 691-697.

[205] Xie B, Hu R, Luo X. *Quantum Dots-converted Light-emitting Diodes Packaging for Lighting and Display: Status and Perspectives* [J]. *Journal of Electronic Packaging*, 2016,138(2): 020801-1-13.

[206] Park J P, Kim T H, Kim S-W. *Highly Stable Cd Free Quantum Dot/Polymer Composites and Their WLED Application* [J]. *Dyes and Pigments*, 2016,127: 142-147.

[207] Pengfei Tian. *Novel Micro-pixelated III-nitride Light Emitting Diodes: Fabrication, Efficiency Studies and Applications* [M]. *PhD thesis*. *University of Strathclyde*, 2014.

[208] Ying S P, Shen J Y. *Concentric Ring Phosphor Geometry on the Luminous Efficiency of White-light-emitting Diodes with Excellent Color Rendering Property* [J]. *Optics Letters*, 2016,41(9): 1989-1992.

[209] Li H, Gao Y M, Zhang J H, et al. *Luminescence Properties of Alternating Current Light-emitting Diodes (AC LEDs) Through Operating Circuit and Electrical Characteristics* [J]. *Optik-*

International Journal for Light and Electron Optics, 2016,127(2)：806－810.

［210］ Hwu K I, Shieh J J. *Dimmable AC LED Driver Based on Series Drive*［J］. *Journal of Display Technology*, 2016,12(10)：1－5.

［211］ R. John Koshel. 葛鹏，赵茗，刘祥彪，译. *照明工程：非成像光学设计*［M］. 武汉：华中科技大学出版社. 2016.

［212］ Bernhard. Morys. *Multi-Beam LED Lighting in the New Mercedes-Benz E-Class*［C］. *IFAL* 2016, Shanghai：OP40.

［213］ 朱雪菘，刘木清. *LED 补充照明系统用于促进铁皮石斛生长的初步研究*［J］. *照明工程学报*，2016. 27(2)：118—123.

［214］ 张丽凤. *LED 灯开启鸡舍节电照明新时代*［J］. *北方牧业*，2016(1)：4.

［215］ 郑炳松. *LED 光源在生物医学中的应用分析*［J］. *照明工程学报*，2016，27(3)：131—137.

［216］ http://www. osram. com，datasheet for《truegreen》LEDs.

［217］ http://www. compoundsemiconductor. net/article/83551-led-makers-reveal-performance-records-and-high-power-products. html.

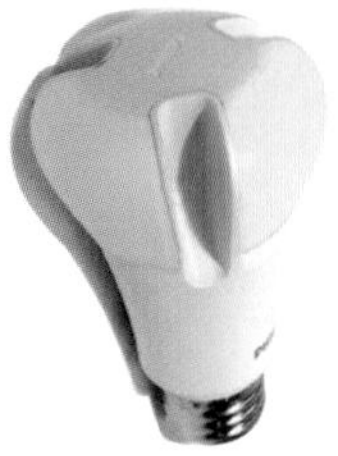

第五章 有机电致发光器件

5.1 OLED的发展简史

有机电致发光器件(organic light-emitting device, OLED)是指利用有机材料在电场或电流激励作用下发光的光电器件。OLED具备的特点包括主动发光、高对比度、广视角、响应速度快、发光均匀、高色域、无眩光、易于实现柔性显示、制备工艺简单等,被视为理想的下一代显示和照明技术。

有机这一概念在农业食品中使用广泛,多指无污染的天然食品,但在化学和材料界,对有机的定义则有着不同的标准。有机最早被认为是只能由生物活体提供的物质,是无法由无机物合成的。但随着1828年德国化学家沃勒(F. Wöhler)成功实现人工合成尿素,先前对有机的定义就变得不再适用。之后,人们又发现可以利用石油合成各种人造有机物。因此,有机的概念也随之扩展为包含非生物体的以碳元素为骨架的化合物。

有机材料的分类起源于1920年德国科学家、诺贝尔化学奖得主施陶丁格(H. Staudinger)提出的高分子长链结构,这使有机材料可以根据其分子质量和结构复杂性,被清晰地区分为小分子(small molecule)系列材料和聚合物(polymer)系列材料(见图5.1.1)。小分子材料的相对分子质量一般小于1 000,而聚合物则在10 000以上。当然,也有相对分子质量介于两者之间的有机材料,如树状物(dendrimer)和齐聚物(oligomer)。

有机材料最早被认为是绝缘体,不具备导电特性,但这一固有观念在1977年被打破。艾伦·黑格(A. J. Heeger)、艾伦·马克迪尔米德(A. G. Macdiarmid)以及白川英树(H. Shirakawa)等人发现,共轭聚合物(conjugated polymer)在保留高分子良好的机械加工性的同时,可以具备

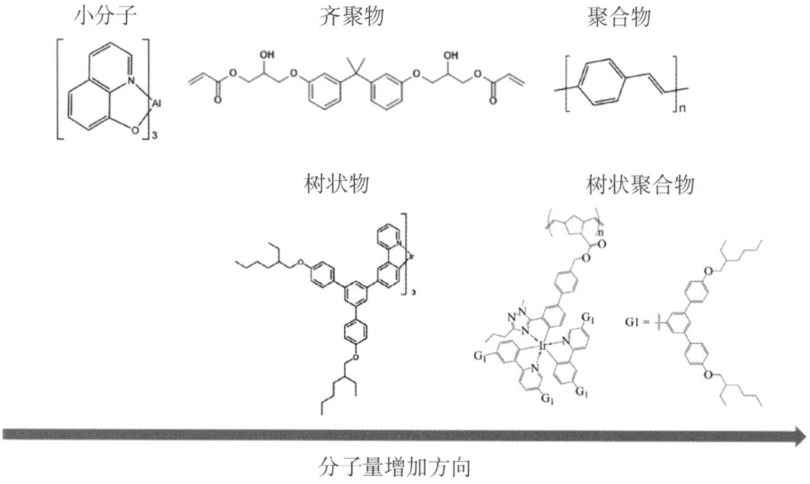

图 5.1.1　有机材料按分子量分类

金属和半导体的光学及电学特性。他们利用碘化学掺杂成功合成了高导电性的聚乙炔薄膜，引发了导电聚合物的研究热潮，使得之后如聚吡咯、聚苯胺、聚噻吩、聚对苯、聚对苯撑乙烯等更多的导电共轭聚合物进入人们的视野，黑格等 3 人也因此获得了 2000 年的诺贝尔化学奖。

有机电致发光现象始于 20 世纪 60 年代。1963 年，波普（Pope）和维斯科（Visco）等人发现有机材料单晶蒽可以在电场下发出蓝光，但由于单晶蒽厚度达 20 μm，因此需要的驱动电压高达 400 V。到了 1982 年，文森特（Vincett）等人制备出了厚度仅为 0.6 μm 的单晶蒽，成功将驱动电压降至 30 V 内，但偏高的驱动电压和过低的器件效率并不具备产业化的潜力。1987 年是对于有机电致发光具有里程碑意义的一年，如图 5.1.2 所示。在这一年，柯达公司（Eastern Kodak）的邓青云（C. W. Tang）和范斯莱克（S. A. VanSlyke）采用具有电子传输特性和高荧光产率的小分子材料 8-羟基喹啉铝（Alq_3）作为发光层，并搭配具有空穴传输特性的芳香族二胺（diamine）作为空穴传输层，有效提升了空穴和电子的注入能力和复合几率，提高了器件的发光亮度（$>1\,000$ cd · m^{-2}）。同时，为了降低驱动电压，邓等人采用了真空镀膜技术，制备的有机薄膜每层厚度不到 100 nm，成功将驱动电压降低到 10 V 以内，而且两

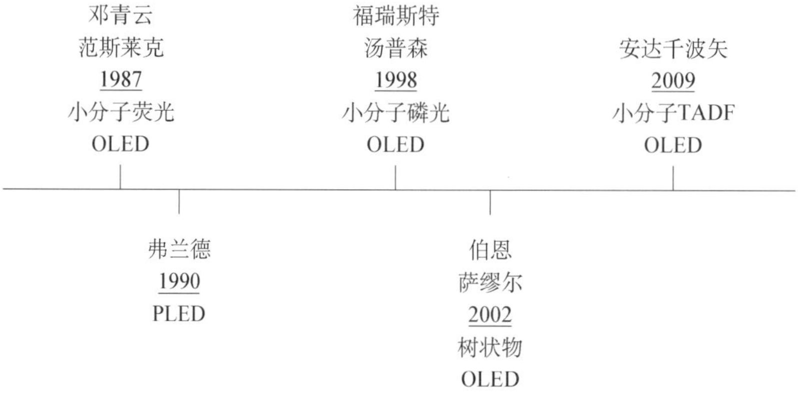

图 5.1.2　OLED 的发展里程碑

层膜的结构也有效抑制了因膜厚变薄而产生的针孔结构，实现了均匀致密的高质量有机薄膜。这一工作中提出的超薄层和多层结构将有机电致发光带入了一个新的高度，标志着其进入孕育产业化的新阶段，邓等人开发出的 OLED 也被称为第一代小分子 OLED。

聚合物 OLED（或称 PLED）的突破发生于 1990 年。剑桥大学理查德·弗兰德（R. Friend）研究团队采用聚对苯撑乙烯（poly(p-phenylene vinylene)，PPV），实现了低电压下高分子器件的电致发光。该类聚合物薄膜的制备并未使用真空镀膜技术，而是采用了旋转涂膜法。这一方法降低了器件制备对真空设备的依赖，具有简化工艺、降低成本的潜力，激起了人们对溶液法制备 OLED 这一技术路线的浓厚兴趣。弗兰德等人成立了专注于 PLED 研发的 Cambridge Display Technology（CDT）公司，该公司后被日本 Sumimoto Chemical 公司收购。

OLED 的第二次突破来自于激子利用率的提升。传统的有机材料只能将部分激子（25%）转化为光子，剩余激子（75%）由于受到自旋选律（spin selection rule）作用，只能以热量的形式而非光的形式释放能量，因此激子利用率始终存在着 25%的理论极限，这一类型的发光材料也被称为荧光（fluorescence）材料。1998 年，普林斯顿大学的斯蒂夫·福瑞斯特（S. R. Forrest）和南加州大学的马克·汤普森（M. E. Thompson）的研究团队利用铱配合物（iridium complex）打破了这一极限，通过重金属离子诱发轨道自旋耦合，成功将原本只能以热量形式释放能量的跃迁通道改变成以光形式释放的通道，开启了激子利用率逼近 100%的时代。福瑞斯特和汤普森研究团队开发的 OLED 也被称为第二代小分子 OLED，以铱配合物为代表的重金属配合物发光材料也被称为磷光（phosphorescence）材料。

磷光材料不局限于小分子，基于金属配合物合成的树状物以及树状聚合物（polydendrimer）也都能发磷光。2002 年，当时还在牛津大学的保罗·伯恩（P. Burn）①与英国圣安德鲁斯大学的埃弗尔·萨缪尔（I. D. W. Samuel）等人共同开发出基于铱配合物的磷光树状物 OLED，其发光层使用了旋涂工艺而非真空蒸镀。树状物能够有效减少在发光过程中分子间的相互作用，保护发光中心，保持器件的高激子利用率。树状聚合物则是在共轭聚合物骨架的每个单元上嫁接树状物分子，一方面利用聚合物骨架调控材料的整体电荷输运性能，另一方面提高材料黏度，使其适用于支持大面积 OLED 制备的喷墨打印薄膜工艺。

除了磷光材料以外，另一种提高激子利用率的方法是使用稀土类金属配合物材料，如铕（Eu）、铽（Tb）、铥（Tm）的配合物。稀土类金属配合物的发光原理与磷光材料不同，中心位置的稀土离子吸收从配体传递来的能量后发出特征光谱，其光谱特征峰往往只有数个纳米，可以实现纯单色光，适用于广色域显示技术，而大部分有机发光材料的光谱发射峰宽度则达到 50～100 nm。

磷光材料也有自身的问题，其中最主要的问题是使用铱（Ir）、铂（Pt）等重金属成本较高，无法有效降低 OLED 的制作成本。2009 年，九州大学安达千波矢（C. Adachi）研究团队提出热激活延迟荧光（thermally activated delayed fluorescence，TADF）技术，将材料中不能

① 伯恩目前就职于澳大利亚昆士兰大学（University of Queensland）。

以磷光形式释放出的能量通过反向系间窜越以荧光的形式释放出来。安达千波矢等人使用的是纯有机 TADF 材料，能够在不需要任何重金属材料的情况下实现所有能量以光形式输出，可有效降低 OLED 的制备成本，具有广阔的应用前景。德国 Cynora 公司所采用的技术路线略有不同，它们利用低成本铜合成金属-有机物 TADF 材料，在实现 TADF 特性的同时，不会因铜的引入而提升器件的制备成本。TADF 技术能够合成高效的蓝光材料，基于 TADF 材料的 OLED 被视为第三代小分子 OLED。

真空镀膜和旋涂技术能够轻松胜任高质量的小尺寸 OLED，但是在大尺寸 OLED 的加工上，两种工艺对材料消耗量大的弊端被放大。1998 年，赫布纳（Hebner）等人将聚乙烯基咔唑（polyvinylcarbazol, PVK）和香豆素（coumarin）配成墨水，利用佳能商用打印机，实现了喷墨打印法制备 OLED。相对于旋涂工艺，喷墨打印工艺制备的 OLED 可获得更高的像素分辨率。2003 年，梅霍尔茨（K. Meerholz）等人采用交联法成功实现了基于溶液加工的多层结构 OLED，有效提高了基于溶液加工 OLED 的器件效率。丝网印刷、滚筒印刷等印刷工艺则将 OLED 印刷推向高速、大面积的连续生产。这些工艺适用于规模化量产，也是印刷 OLED 产业的必经之路。

放眼产业界，如今 OLED 在显示领域已有大幅发展，以 Samsung 和 LG 等公司为代表生产的多款手机、平板电脑以及电视机都基于 OLED 技术，并实现了曲面显示。在照明领域，以 Osram、Philips、GE 等公司为代表生产的 OLED 照明面板，虽然目前只占有很小的照明市场份额，但其各项性能指标越来越接近无机 LED，成本也在逐年下降，具有巨大的市场潜力和广阔的应用前景。从事相关材料、器件结构和工艺研发的其他代表性公司包括美国的 Dow Chemical、Universal Display、DuPont，欧洲的 Siemens、BASF、Merck，日本的 Sumitomo Chemical、Mitsubishi Chemical、Pioneer、TDK、Sony，以及国内的和辉光电、天马、京东方、维信诺、南京第壹有机光电、翌光科技、TCL、西安宝莱特光电等。

5.2 有机材料的电子结构与发光原理

有机发光材料是 OLED 的核心。本节从有机材料的电子结构出发，介绍其能级结构和分布，阐述不同类型有机材料的发光原理，以及在发光过程中分子间发生的相互作用。

5.2.1 有机材料的电子结构

有机材料与无机材料不同。有机材料分子内部的原子通过共价键结合，因此原子间的作用力强，而分子间的结合力则以范德华力（van de Waals force）为主，相互间作用非常弱。这一特性也赋予了有机材料柔性较好、熔点较低、光电性质易调，但同时也带来了载流子（电子和空穴）迁移率低等特点。而无机材料不存在独立分子，晶格中原子以金属键、离子键或共价键的强作用力致密堆积排列，具有高熔点、高导电性①等特性。

了解有机材料的原子轨道是掌握有机材料电子结构和电子过程的第一步。根据海森堡不确定性原理（Heisenberg's uncertainty principle），原子核外电子的精确位置和精确动能无

① 以共价键结合的无机材料在本征情况下电导率往往不高，但可以通过掺杂实现大幅提升。

法同时测得，因此往往使用电子云来表示给定区域内找到电子的几率。电子云受原子主量子数、角量子数和磁量子数的影响，会在空间形成不同的形状和伸展方向。以有机材料最具代表性的C原子为例，其外层有6个电子，因此主量子数可以选择1和2。在主量子数为1的情况下，角量子数只能为0，该原子轨道称为1s轨道。而当主量子数为2时，角量子数可以取0和1，对应的原子轨道分别称为2s轨道和2p轨道。在2p轨道中，磁量子数可以取0和±1，因此2p轨道也分为$2p_x$轨道、$2p_y$轨道和$2p_z$轨道。s轨道呈球对称形，p轨道呈扁“8”字形。根据泡利不相容原理(Pauli exclusion principle)，碳原子1s和2s轨道均由两个成对电子填满，再根据洪特定则(Hund's rule)，剩下的两个电子会分别占据3个2p轨道中的2个，原子轨道可最终写为$1s^2 2s^2 2p^2$，如图5.2.1所示。

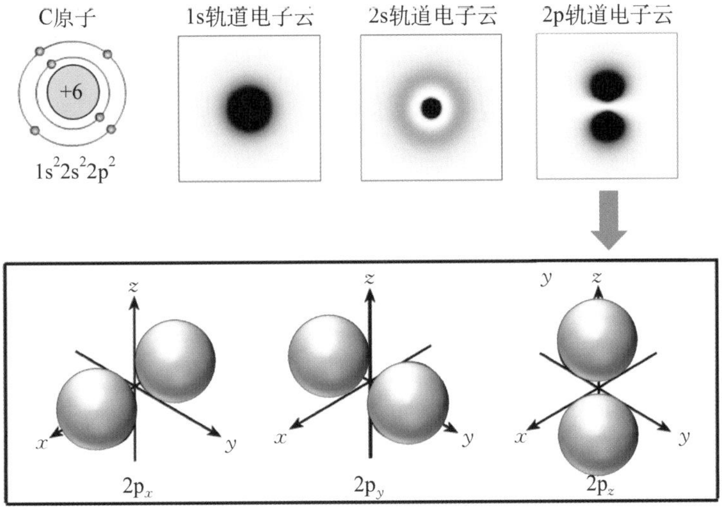

图5.2.1　C原子轨道和电子云

对于有机材料来说，分子轨道比原子轨道更重要。根据分子轨道理论，分子轨道可以用原子轨道的线性组合来表示。在碳原子相互接近形成分子的过程中，会产生新的杂化轨道。轨道杂化时，2s轨道上的一个电子会被激发到空置的2p轨道上，从而形成2s、$2p_x$、$2p_y$和$2p_z$轨道上各有一个未成对电子的情形。此时，2s轨道如果与其中一个2p轨道形成两个简并轨道，那么简并轨道在空间内呈对称的直线分布，夹角成180°，未参加杂化的剩余的两个2p轨道则相互垂直且分别与sp杂化轨道垂直，这种情况称为sp杂化。而当2s轨道与两个2p轨道发生轨道杂化时，会形成空间对称的夹角成120°的3个简并能级，未参与杂化的2p轨道则与杂化轨道空间平面垂直，这种情况称为sp^2杂化。当2s轨道同时与3个2p轨道发生杂化时，产生的简并能级为空间对称的四面体分布，轨道夹角109.5°，这种情况称为sp^3杂化。

如图5.2.2所示，当两个sp杂化的C原子相互接近形成分子时，头对头相接触的sp杂化轨道会形成一个σ键，而肩并肩相接触的两对2p轨道会形成两个π键，从而形成C≡C三键结构。在图5.2.2中，图(c)～(e)中的蓝色为杂化轨道，红色为剩余2p轨道，C≡C成键后一对含阴影和非阴影的红色电子区即为一个π键，π键电子云中间位置密度小、两侧密度大。对应地，两个 sp^2 杂化的 C 原子之间能够形成一个 σ 键和一个 π 键，也就是 C═C 双键结构；而两个 sp^3 杂化的 C 原子之间只能形成一个 σ 键，即 C—C 单键结构。从形成的电子云上看，σ 键中间部位的电子云密度最大，而 π 键中间部位的电子云密度很小。因此，σ 键的强度远大于 π 键，化学性质相对稳定，也被称为饱和键。π 键由于 C 原子并未达到最大原子结合数，也被称为不饱和键，易于发生化学反应。例如，聚合反应就是通过打开单体材料 C═C 双键或 C≡C 三键中的一个 π 键形成聚合物的过程。

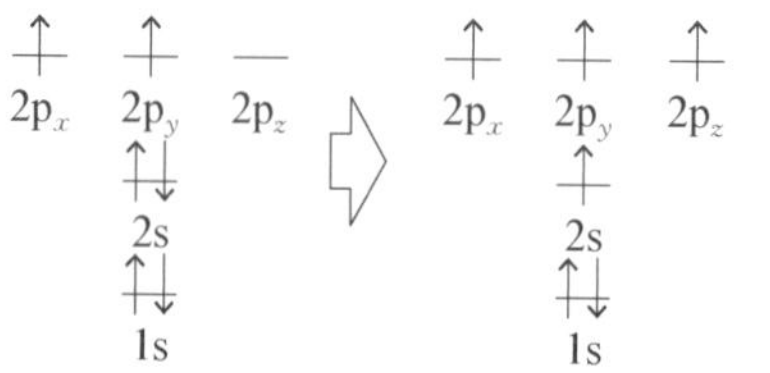

（a）2s 轨道上的一个电子会被激发到空置的 2p 轨道上

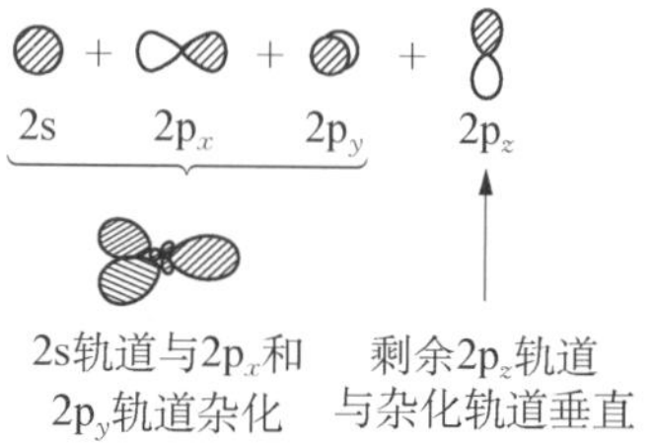

（b）2s 轨道与 $2p_x$ 和 $2p_y$ 轨道杂化，剩余 $2p_z$ 轨道与杂化轨道垂直（阴影部分的电子云与非阴影部分的电子云相位相反）

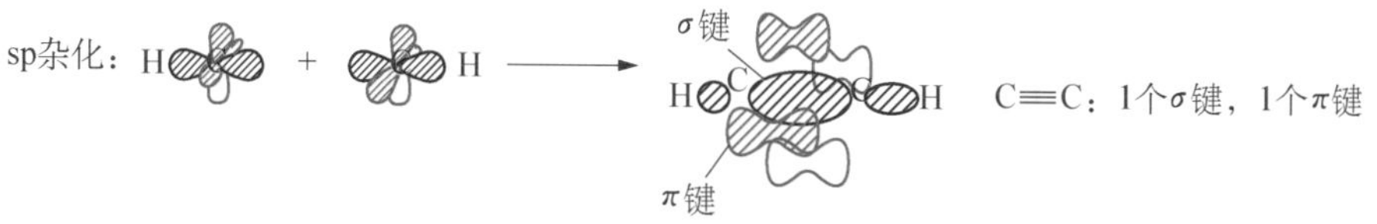

（c）两个 sp 杂化的 C 原子之间形成一个 σ 键和两个 π 键

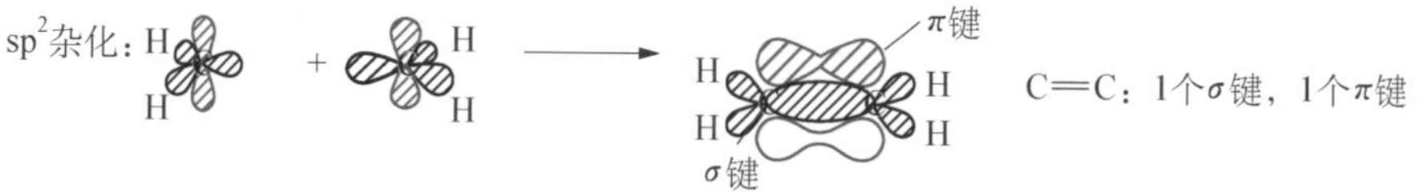

（d）两个 sp^2 杂化的 C 原子之间形成一个 σ 键和一个 π 键

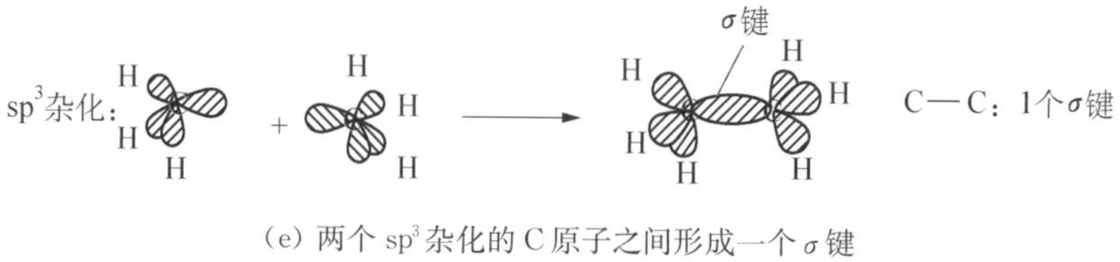

（e）两个 sp^3 杂化的 C 原子之间形成一个 σ 键

图 5.2.2　碳原子轨道杂化示意图

根据碳原子成键时的电子云相位，分子轨道的形成可以分为同相（in-phase）和反相（out-of-phase）两种情况。同相情况下形成的分子轨道能量低于原先的原子轨道，称为成键轨道。而反相情况下形成的分子轨道能量则高于原先的原子轨道，称为反键轨道。成键轨道和反键轨道是成对出现的，两个原子轨道相结合时就会产生一个成键轨道和一个反键轨道。σ 键轨道和 π 键轨道都是成键轨道，而其对应的反键轨道为 σ^* 键轨道和 π^* 键轨道。在形成 σ 键和 σ^* 键轨道后，根据能量最低原理，两个 sp^2 杂化轨道上的未成对电子将会在 σ 键轨道成对，而 σ^* 键轨道成为空轨道。同样地，在形成 π 键和 π^* 键轨道后，2p 轨道上的未成对电子将会在 π 键轨道成对，π^* 键轨道成为空轨道。由于 σ 键比 π 键稳定，因此 σ 键的分子轨道能量比 π 键的要低，σ^* 键的分子轨道能量比 π^* 键的要高。由于成键轨道均被成对电子填满，反键轨道都是空轨道，π 键轨道被称为最高占据分子轨道（highest occupied molecular orbital, HOMO），π^* 键轨道被称为最低未占据分子轨道（lowest unoccupied molecular orbital, LUMO），如图 5.2.3 所示。一旦分子受到光激发，最容易发生的光学跃迁为 π—π^* 跃迁。也就是说，电子从 HOMO 能级向 LUMO 能级的跃迁。当有多个原子组成分子时，可能存在多个 π 键轨道，此时能级最高的 π 键轨道即为 HOMO 能级，能级最低的 π^* 键轨道即为 LUMO 能级。从能带理论来看，HOMO 能级和 LUMO 能级与无机半导体的价带

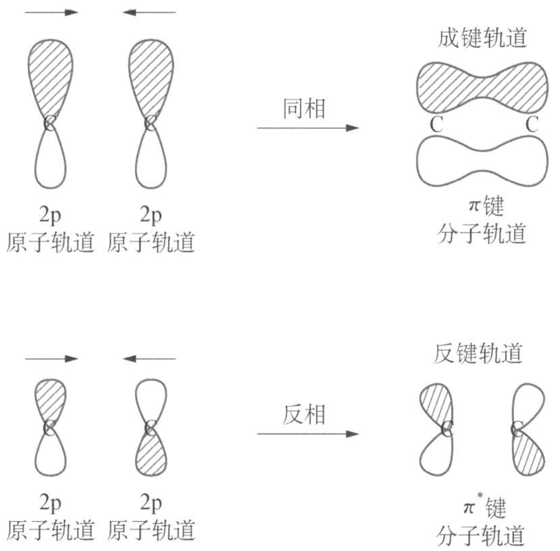

(a) 成键轨道与反键轨道的形成

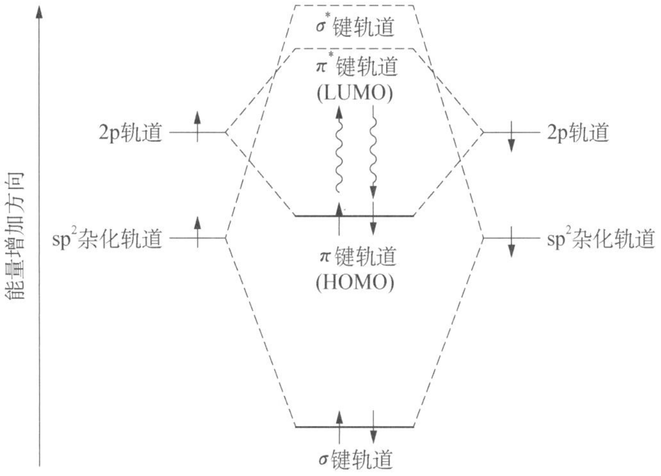

(b) sp^2 杂化分子轨道 σ 键和 σ^* 键轨道以及 π 键（HOMO）和 π^* 键（LUMO）轨道的形成

图 5.2.3　分子轨道中的成键轨道与反键轨道

(valence band)顶端和导带(conduction band)底端相对应。在没有能带弯曲的情况下，HOMO能级的大小与电子解离能(ionisation potential)相等，LUMO能级的大小与电子亲和能(electron affinity)相等。

π键轨道对有机分子的导电性和光电特性有重要的影响。以共轭聚合物为例，一方面，占据π键轨道的电子能够在共轭结构内自由移动，这种离域化的电子使材料具有导电性。当然，有机材料整体的导电性还取决于分子的堆叠方式，规则的分子堆叠，如单晶结构，容易形成较强的分子间π—π耦合，有利于载流子的输运，能获得较高的迁移率。另一方面，π—π^*跃迁是有机材料最主要的发光机制，聚合物的共轭长度(conjugation length)能够调制HOMO－LUMO间的能级差，从而表现出在近紫外、可见光、近红外等不同波长区域的吸收和发射光谱。因此，有机发光材料往往也被称为有机半导体。

为了进一步理解共轭长度对聚合物吸收和发光波长的调制作用，我们可以将共轭结构看作一维的电子势阱。势阱宽度即为共轭长度，也就是电子可以自由移动的距离。对于薛定谔方程(Schrödinger equation)

$$-\frac{\hbar^2}{2m}\frac{\mathrm{d}^2\psi(x)}{\mathrm{d}x^2}+V(x)\psi(x)=E\psi(x), \tag{5.2.1}$$

其特征解的表达式为

$$E_n=\frac{h^2n^2}{8ma^2}。 \tag{5.2.2}$$

式中，a为势阱宽度；E_n为n能级的能级特征解；h为普朗克(Planck)常量；m为电子质量；n为能级位置。而相邻两个能级特征解间的能级差可以表达为

$$E_g=E_{n+1}-E_n=\frac{(2n+1)h^2}{8ma^2}。 \tag{5.2.3}$$

由此可见，能级特征解的大小与势阱宽度成反比，当共轭长度变长、势阱宽度增加时，各能级特征解的数值变小，各能级彼此靠得更近，之间的能级差缩小，而与吸收和发光紧密相关的HOMO－LUMO能级差也随之缩小，如图5.2.4所示。

实际上，共轭长度无法无限增加，不然聚合物就能表现出金属特性了。当共轭结构比较长时，分子会倾向于发生折叠和扭转，如图5.2.5所示。此时，聚合物的共轭长度只考虑两个折叠或扭转点间的共轭结构，其数值往往是一个分布，这会导致材料的分子轨道能级有一定的展宽。由于分子间作用力太弱，有机材料通常不能形成能带，能级一般以分立形式出现，这一点与无机材料不同。

另一个具有代表性的π键有机材料是苯环(benzene ring，C_6H_6)。苯环是典型的环形共轭结构，环形π键轨道位于苯环平面的上下两侧，6个占据π键轨道的电子能够在整个环上自由移动。当多个苯环相互融合形成稠环芳香烃的多并苯结构时，其有效共轭长度得到增加，HOMO－LUMO间的能级差变小，可以实现对其吸收和发射光谱的调制(见图5.2.6)。例如，萘(naphthalene，$C_{10}H_8$)、蒽(anthracene，$C_{14}H_{10}$)、并四苯(tetracene，$C_{18}H_{12}$)、并五

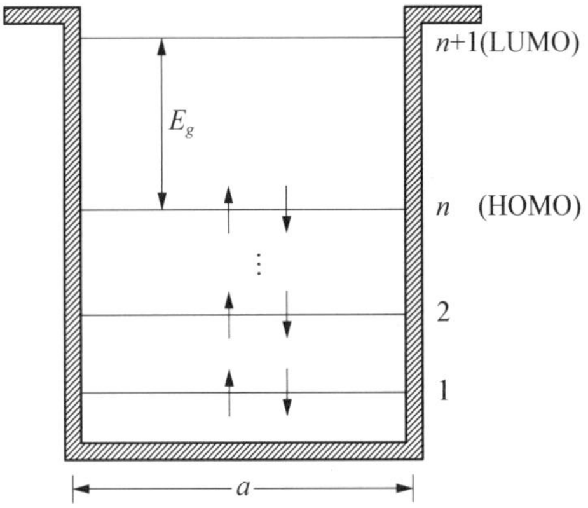

图 5.2.4 一维电子势阱示意图

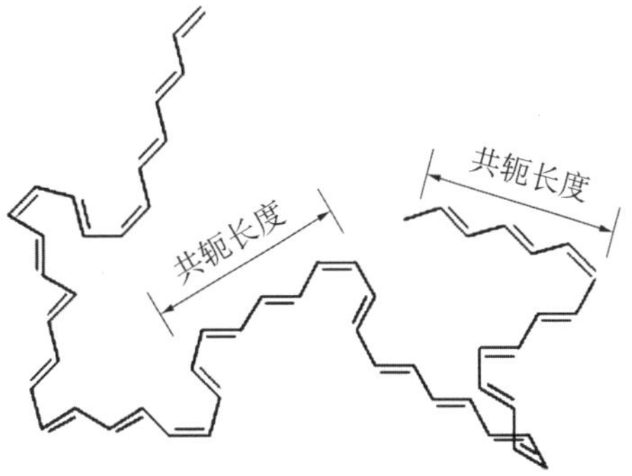

图 5.2.5 聚合物的共轭长度

苯(pentacene，$C_{22}H_{14}$)这 4 种材料，随着其有效共轭长度的增加，吸收峰位从 315 nm 逐步红移到 580 nm。

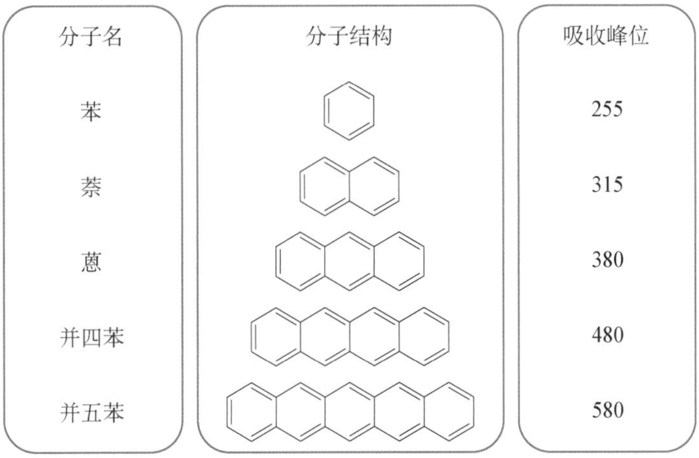

分子名
分子结构
吸收峰位
苯
255
萘
315
蒽
380
并四苯
480
并五苯
580

图 5.2.6 稠环芳香烃的分子结构与吸收峰位

5.2.2 有机材料的发光原理

有机发光材料是 OLED 的核心，阴极注入的电子和阳极注入的空穴在其发光区复合发光。观察有机发光材料在光致发光(photoluminescence)情况下的吸收光谱和发射光谱将有助于我们理解有机材料的发光机制(见图 5.2.7)。

有机材料分子在非激发条件下，电子最高填充能级是 HOMO、最低空置能级是 LUMO，分子处于基态(ground state)。在光致发光情况下，基态上的电子吸收适当能量的光子，而后跃迁到 LUMO 能级上，并在 HOMO 能级上留下一个空穴。跃迁到 LUMO 能级上的电子会与 HOMO 能级上留下的空穴产生库仑(Coulomb)相互作用，使得所形成的电子-空穴对相对稳定，体系能量会比 HOMO - LUMO 能级差略小，这样的电子-空穴对被称为

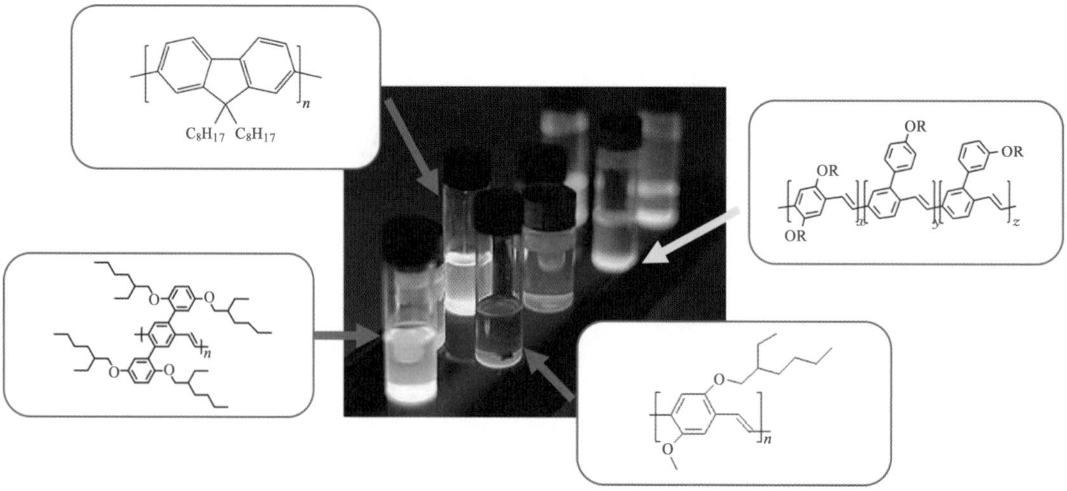

图 5.2.7　紫外光照射下的有机半导体溶液，发光波长由有机材料分子的大小和结构决定

激子(exciton)。激子在一定时间之后将通过光或者热的形式将能量释放出来，受激的电子也会回到基态。

如图 5.2.8 所示，有机发光材料中有两种激子类型。一种是在一个分子内形成的激子，称为弗伦克尔(Frenkel)激子，另一种是在两个分子之间形成的激子，称为电荷转移(charge transfer, CT)激子。这两种激子与无机材料中的激子有很大区别。由于有机材料的介电常数比较小，电子和空穴的库仑相互作用比较强，这使得弗伦克尔激子的激子半径很小，约为 1 nm，因此激子结合能很大，约为 0.1～1 eV。相比之下，无机材料的介电常数远高于有机材料，因此无机材料激子(称为万尼尔(Wannier)激子)的激子半径比弗伦克尔激子要大一个数量级(约为 10 nm)，激子结合能则小两个数量级(约为 10 meV)。CT 激子的激子半径虽

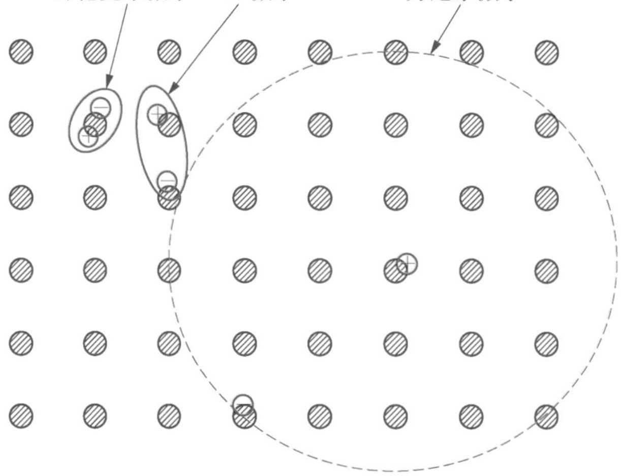

图 5.2.8　有机材料中形成的弗伦克尔激子、CT 激子与无机材料中形成的万尼尔激子的比较

然比弗伦克尔激子略大，但还远达不到万尼尔激子的水平。

根据电子自旋方向的不同，激子可以分为单重态(singlet)和三重态(triplet)。激发态可以用 ${}^{2s+1}L_j$ 来表达，其中 s 为总自旋量子数，L 为总角动量量子数，j 为总量子数。当基态电子与激发态电子的自旋矢量反向平行时，两个电子 1/2 的自旋相消，总自旋 s 为 0，$2s+1=1$，这样的激发态称为单重态。当基态电子与激发态电子的自旋矢量处于无法相互抵消的另外 3 种情况下(见图 5.2.9)，总自旋 s 则为 1，$2s+1=3$，因此这样的激发态称为三重态。单重态和三重态共包含了 4 种激发态，其运动状态可用以下的电子波函数 Φ 来描述：

$$\Phi_{\text{singlet}} \propto (\Phi_1(x_1)\Phi_2(x_2)+\Phi_2(x_1)\Phi_1(x_2))(s_1(\uparrow)s_2(\downarrow)-s_2(\uparrow)s_1(\downarrow)), \tag{5.2.4}$$

$$\Phi_{\text{triplet}+1} \propto (\Phi_1(x_1)\Phi_2(x_2)-\Phi_2(x_1)\Phi_1(x_2))(s_1(\uparrow)s_2(\uparrow)), \tag{5.2.5}$$

$$\Phi_{\text{triplet}0} \propto (\Phi_1(x_1)\Phi_2(x_2)-\Phi_2(x_1)\Phi_1(x_2))(s_1(\uparrow)s_2(\downarrow)+s_2(\uparrow)s_1(\downarrow)), \tag{5.2.6}$$

$$\Phi_{\text{triplet}-1} \propto (\Phi_1(x_1)\Phi_2(x_2)-\Phi_2(x_1)\Phi_1(x_2))(s_1(\downarrow)s_2(\downarrow))。 \tag{5.2.7}$$

式中，Φ 是轨道波函数；s 是自旋波函数；↑和↓表示自旋态；x 表示电子 1 或 2 的位置。

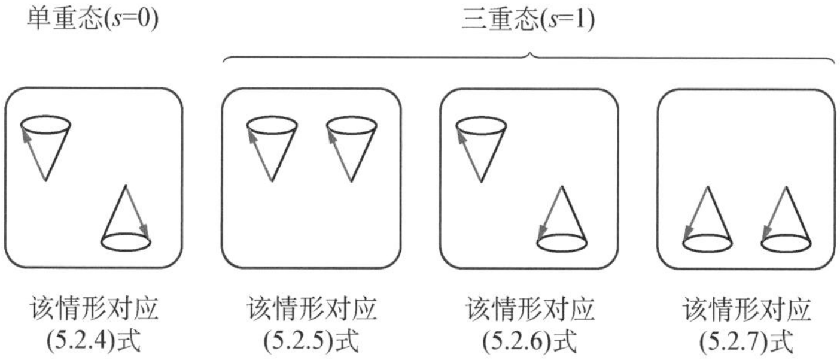

图 5.2.9　单重态和三重态(红色尖头为电子自旋方向)

由于电子是费米子(fermion)，在交换时电子波函数必须是反对称的。这里，对称意味着波函数公式中的电子 1 和 2 互换后，新波函数与原波函数相同；反对称则意味着变换后新波函数比原波函数多出一个负号。由此可见，单重态的自旋波函数是反对称的，其轨道波函数是对称的；三重态的自旋波函数是对称的，其轨道波函数是反对称的。三重态反对称的轨道波函数意味着其轨道能量低于单重态，因此三重态能级低于对应的单重态能级。

根据自旋选律，单重态回到基态是自旋允许的，因此能量可以以光的形式释放出来。而三重态回到基态是自旋禁阻的，所以能量无法以光的形式释放出来。在电致发光的情况下，形成 4 种激发态的几率应该是相等的，因此仅有单重态参与发光的情况下，只有 25%的激发态能够用来产生光子，这样的发光材料称为荧光材料。

当然，三重态也并非不能利用。一种利用方法是 1998 年普林斯顿大学的福瑞斯特和南加州大学的汤普森的研究团队提出的通过重金属离子诱发轨道自旋耦合来松动自旋选律，使得三重态回到基态的过程从自旋禁阻变成部分自旋允许。这类材料与一般的有机发光材料不同，它具有如图 5.2.10 所示的化学结构，中心金属离子 M 被周围的有机配体包围，因此被称为有机金属配合物（organometallic complexes），典型材料如铱配合物。由于重金属离子的引入，有机金属配合物中的电子除了能在配体上形成 $\pi—\pi^*$ 电子结构外，还能往返于中心金属离子 d 轨道和配体的 π^* 轨道（$d—\pi^*$ 电子结构），形成金属配体电子转移（metal-ligand charge transfer, MLCT）态。形成的 MLCT 态也分为单重态^{1}MLCT 和三重态^{3}MLCT。由于^{1}MLCT和^{3}MLCT 之间以及^{1}MLCT 和配体 $\pi—\pi^*$ 电子结构的三重态之间，能量相近、空间位置相邻，轨道之间容易发生轨道自旋耦合；通过单重态和三重态的部分耦合，使三重态电子表现出部分单重态特性，从而将三重态回到基态的过程从自旋禁阻变成部分自旋允许，实现三重态的磷光发光。轨道自旋耦合又可以分为两种类型，一种是拉塞尔-桑德斯（Russell-Saunders）耦合（也称为 LS 耦合），总角动量由总自旋量子数和总轨道量子数确定；另一种是 jj 耦合，总角动量由各独立角动量决定。这两种类型的耦合同时参与了有机金属配合物中的轨道自旋耦合。

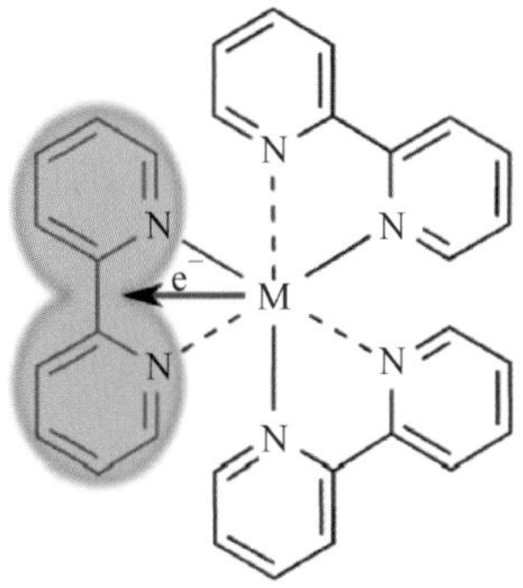

(a) 一个电子从中心金属离子 d 轨道向配体 π^* 轨道移动，形成 MLCT 态

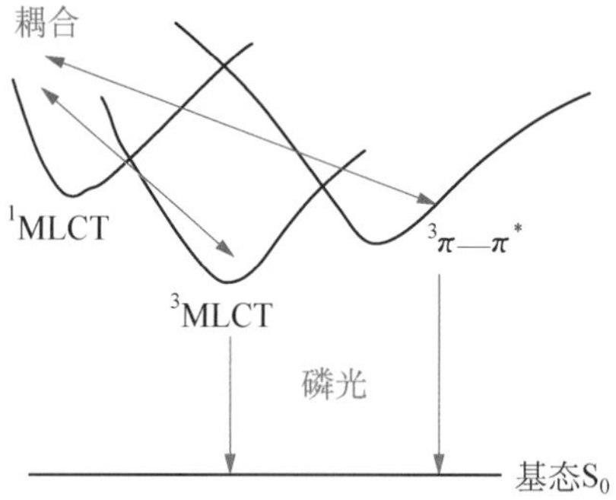

(b) ^{1}MLCT 和^{3}MLCT 之间，以及^{1}MLCT 和配体 $\pi—\pi^*$ 电子结构的三重态之间的轨道自旋耦合，实现三重态的磷光发射

图 5.2.10　有机金属配合物典型结构及其轨道自旋耦合

同样地，稀土金属配合物（lanthanide complex），如 Eu、Tb、Tm 的配合物等（见图 5.2.11），由于受到稀土金属离子的作用，也具有很强的轨道自旋耦合效应，能够松动自旋选律。但与以 Ir 和 Pt 为代表的有机金属配合物的不同之处在于，稀土金属配合物的最低激发态一般都是以稀土金属离子为中心的 f－f 跃迁或 f－d 跃迁，因此配体上的单重态和三重态激子都会将能量转移给稀土金属离子态。根据宇称选律（Laporte selection rule），稀土金属离子态的 f－f 跃迁是宇称禁阻的，f－d 跃迁是宇称允许的。但配体结构的不对称性和配合物的不对称振动，会造成稀土金属离子 4f 组态和相反宇称的组态发生混合，松动宇称选律，使得原先禁阻的 f－f 跃迁变得允许。参与跃迁的 4f 组态并非最外层电子轨道，因此它被最外层的 5s 和 5p 电子所屏蔽，这使得 f－f 和 f－d 跃迁不易受到配体等外界环境的干扰。稀土金属配合物发出的光谱往往非常窄，只有数个纳米，是典型的原子光谱。原先的跃迁禁阻造成了相应能级上激子的长时间停留，因此激子寿命可长达毫秒量级。

另一种利用三重态的方法是 2009 年九州大学安达千波矢研究团队提出的 TADF 技术。由于三重态能级总比对应的单重态能级要低，例如，单重态第一激发态 S_1 的能级高于

三重态第一激发态 T_1 的能级，因此在 S_1 能级上的激子有一定几率会跑到 T_1 能级上，这一过程被称为系间窜越(intersystem crossing, ISC)。在没有重金属离子引入轨道自旋耦合的情况下，三重态回到基态的过程是自旋禁阻的，这意味着三重态上的激子在该能级上会停留很长时间，因此有很长的寿命。倘若此时将 S_1 和 T_1 间的能级差不断减小，在热运动的作用下，三重态上的激子回到单重态能级上的几率将会逐步变大，这一激子从三重态回到单重态的过程称为反向系间窜越(reverse intersystem crossing, RISC)。TADF 就是利用这样的原理，通过材料分子结构设计，使得单重态和对应的三重态之间的能级差 ΔE_{st} 尽可能小，实现高效的反向系间窜越，从而让三重态上的激子回到单重态能级上发出荧光，如图 5.2.12 所示。

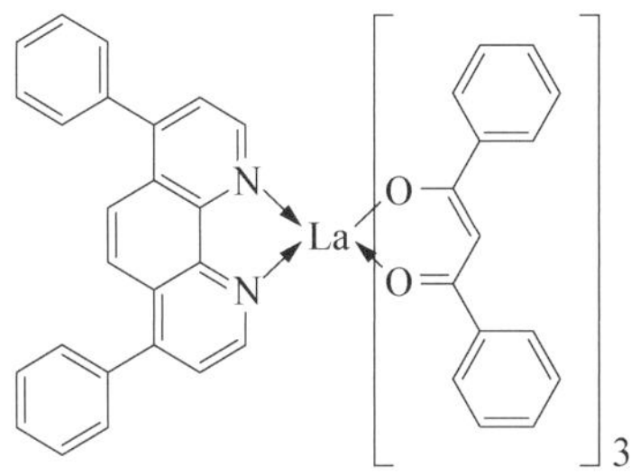

图 5.2.11 镧系稀土配合物的一典型结构

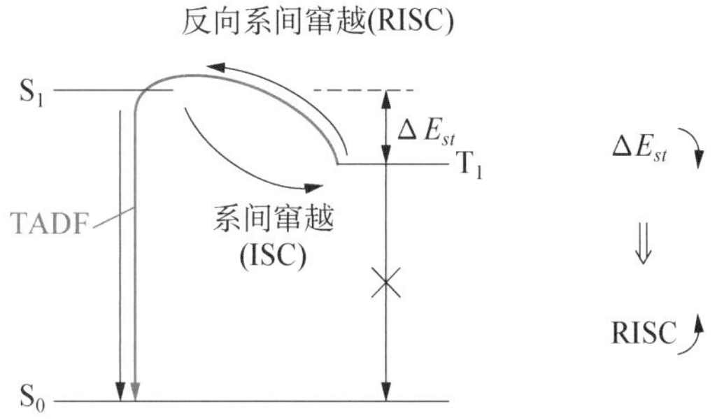

图 5.2.12 TADF 原理示意图

那么如何缩小 S_1 和 T_1 间的能级差 ΔE_{st}？我们可以从单重态和三重态的轨道波函数((5.2.4)～(5.2.7)式)入手。单重态的轨道波函数可以看作是 $A+B$ 的形式($A=\Phi_1(x_1)\Phi_2(x_2)$, $B=\Phi_2(x_1)\Phi_1(x_2)$)，三重态的轨道波函数可以看作是 A－B 的形式。当 HOMO 能级上的电子云分布和 LUMO 能级上的电子云分布的重叠区域很少时，$\Phi_2(x_1)$ 和 $\Phi_1(x_2)$ 的值均非常小，此时的 B 项接近于 0，这意味着单重态和三重态的轨道波函数十分相近，因此两者的能级差缩减到很小。但是，HOMO 能级上的电子云和 LUMO 能级上的电子云不能完全没有重叠区域，重叠区域保证了激发态的辐射跃迁通道，如果没有重叠区域则材料不能发光。基于以上要求，热激活延迟荧光往往采用 D-A 结构。其中，D 为给电子基团，也称施主(donor)；A 为吸电子基团，也称受主(acceptor)。根据需要，D-A 结构中有时会插入空间位阻基团。利用 D-A 结构，HOMO 能级上的绝大部分电子云会分布在给电子基团上，而 LUMO 能级上的绝大部分电子云会分布在吸电子基团上，两者之间有非常小的重叠部分，如图 5.2.13 所示。

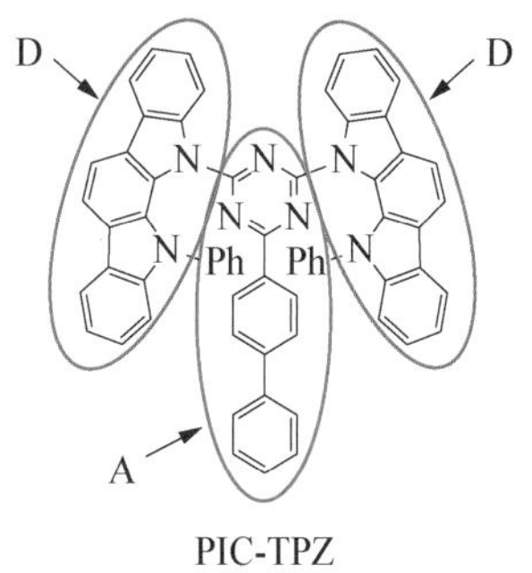

图 5.2.13 典型的 TADF 材料(PIC-TRZ)的 HOMO-LUMO 电子云分布

从分子式来看，磷光材料和普通的荧光材料比较容易区分，但延迟荧光材料与普通荧光材料的区分却比较难，因此需要表征手段的介入。确认热激活延迟荧光的表征手段主要有 3 种，如图 5.2.14 所示。第一种手段是利用瞬态光致发光技

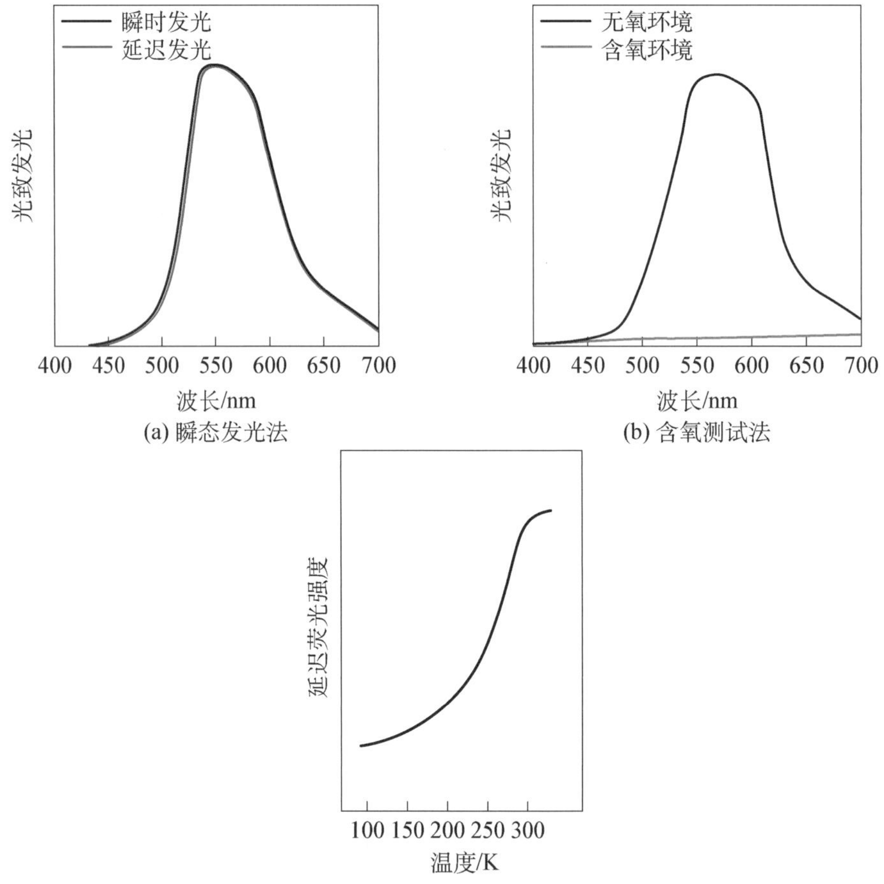

(a) 瞬态发光法　(b) 含氧测试法　(c) 温度调控法

图 5.2.14　TADF 的 3 种甄别方法

术比较材料的发射光谱成分。瞬态光致发光技术能够测量不同时间节点时的发射光谱成分，比如荧光寿命一般在纳秒量级，磷光一般在微秒量级，这样可以利用不同的时间节点来测量荧光和磷光的发射光谱成分。当然，由于荧光和磷光的能级不同，它们的发射光谱成分也不相同。延迟荧光由于经历了反向系间窜越，寿命高于荧光。当延迟发光（delayed emission）的光谱成分与瞬时发光（prompt emission）的光谱成分相同时，则说明延迟发光也是从单重态辐射跃迁所得的，这印证了热激活延迟荧光的典型特性。第二种手段是利用氧气对三重态的猝灭（quenching）作用。发光材料溶液在无氧环境下能够有延迟发光，而在含氧环境下延迟发光消失的现象也是对热激活延迟荧光的佐证。在这个过程中，氧气会和三重态激子发生淬灭，消耗三重态激子，使其无法通过反向系间窜越回到单重态上。第三种手段是利用温度对反向系间窜越效率的调控作用。由于反向系间窜越是利用热运动获得从三重态回归单重态的能量，因此当温度升高时，反向系间窜越表现得更活跃，延迟荧光强度增加；而当温度降低时，该过程受到抑制，延迟荧光强度变弱。在温度降到某个数值时，可以观察到反向系间窜越被彻底关闭。

通过利用磷光材料和热激活延迟荧光材料，可以充分利用原先对发光没有贡献的三重态激子，实现 100％的激子利用率。但是激子利用率 100％并不代表激子转化为光子的效率也是 100％，这是两个不同的概念。激子转化为光子的效率被称为光致荧光量子产率(photo luminescence quantum yield，PLQY)。在激子释放能量的过程中，有两种相互竞争的机制，称为辐射跃迁(radiative decay)和非辐射跃迁(non-radiative decay)。在辐射跃迁过程中，激子复合产生光子，激子能量以光子的形式释放出来。非辐射跃迁过程不伴随光子的产生，激子能量以分子振动和热能的形式释放出来，对发光没有贡献。辐射跃迁时所用的时间称为辐射跃迁寿命，用 τ_R 表示，非辐射跃迁寿命则用 τ_{NR} 表示。激发态的总体跃迁可以写为

$$\frac{\mathrm{d}N}{\mathrm{d}t}=-\frac{N}{\tau_R}-\frac{N}{\tau_{NR}}。\tag{5.2.8}$$

式中，N 为激发态总体密度，它随一个特征时间常数 τ 指数衰减，即

$$N=N_0\,\mathrm{e}^{-t/\tau}。\tag{5.2.9}$$

结合(5.2.8)式和(5.2.9)式，特征时间常数与辐射跃迁寿命和非辐射跃迁寿命存在着如下描述的关系：

$$\frac{1}{\tau}=\frac{1}{\tau_R}+\frac{1}{\tau_{NR}}。\tag{5.2.10}$$

式中，跃迁寿命的倒数可以写为跃迁几率 k，因此(5.2.10)式也可表达为

$$k=k_R+k_{NR}。\tag{5.2.11}$$

式中，k_R 为辐射跃迁几率；k_{NR} 为非辐射跃迁几率。PLQY 则表达为辐射跃迁几率与总体跃迁几率的比值，即

$$\mathrm{PLQY}=\frac{k_R}{k}=\frac{k_R}{k_R+k_{NR}}。\tag{5.2.12}$$

因此，当辐射跃迁占主导时，辐射跃迁几率高，PLQY 高，激子转化为光子的效率也就相应高。

抑制非辐射跃迁是提高 PLQY 的核心手段。非辐射跃迁主要有以下几种机制：一是激子能量通过分子振动以热能的形式释放出来，二是普通荧光材料单重态激子通过系间窜越形成了三重态激子。因此，当分子结构具有一定刚性，如具有刚性平面结构时，以及利用磷光材料和热激活延迟荧光材料充分利用三重态激子时，非辐射跃迁渠道能得到抑制。前面两个都是分子内的非辐射跃迁渠道，而分子与分子间也存在着非辐射跃迁渠道。比如，材料在溶液中的 PLQY 往往比薄膜形态的 PLQY 要高。这一效应是由聚合效应(aggregation effect)造成的浓度淬灭(concentration quenching)和激子湮灭(exciton annihilation)，究其根本是激子与激子的相互作用，这方面内容将在下一小节具体介绍。由于激子相互作用在大部分情况下会造成 PLQY 的降低，因此如何保护好激子、保护好发光中心基团，是分子设计中的重要考量。其中一个重要方法是使用保护性基团在空间中包裹发光中心基团，加大相邻分子发光中心基团的间距，减少分子间的激子湮灭以及材料的荧光淬灭。树状物以及树状聚合物是

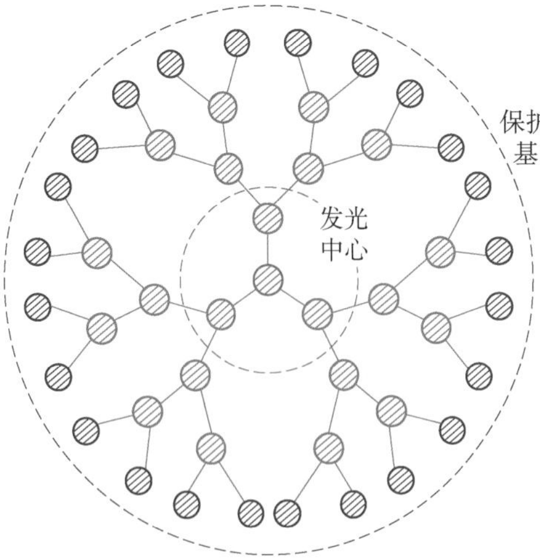

图 5.2.15 树状物发光中心和保护性基团

使用这种方法提高 PLQY 的典型材料，如图 5.2.15 所示。

但是，聚合效应对于发光来说也不一定都是坏事情。2001 年，香港科技大学的唐本忠教授课题组发现了一种与浓度淬灭效应完全相反的发光现象。他们发现一种噻咯(silole)衍生物在稀溶液中基本不发光，因为分子中的 5 个苯环通过扭转(twisting)释放了大量的激子能量，使得 PLQY 极低。但是，在其分子在浓溶液中或者制成固态薄膜后，分子间形成的有序堆叠极大地阻碍了分子内的扭转，非辐射跃迁得到了有效抑制，激子更多地通过辐射跃迁回到基态，大幅提升了 PLQY。自此之后，更多具有类似性质的发光材料被发现和合成，这种发光现象则被称为聚集诱导发光(aggregation-induced emission，AIE)，如图 5.2.16 所示。

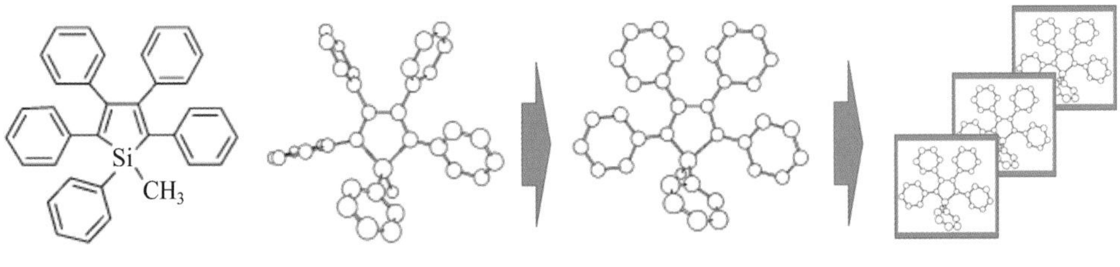

图 5.2.16 聚集诱导发光

除了激子利用率和 PLQY 外，有机发光材料的另一个重要指标则是其发射光谱成分，而有机材料的发光往往会形成宽光谱，而且光谱成分往往还受溶剂极性的影响(也称溶致变色，solvatochromism)。形成宽光谱的一个原因是由于谱线展宽。有机发光材料的谱线展宽包括由谱线自然展宽引起的均匀展宽(homogeneous broadening)，以及由生色团(chromophore)堆叠的局域随机性造成的非均匀展宽(inhomogeneous broadening)，展宽后的谱线轮廓往往呈高斯型。形成宽光谱的另一个更重要的原因，则来自于有机发光材料各激发态能级形成的电子振动态(vibronic state)。如图 5.2.17 所示，每个激发态由类莫尔斯势阱(Morse-like potential well)组成，势阱中的每个能级对应着不同的振动态($\nu=0,\ 1,\ 2,\ \cdots,\ n$)。以基态 S_0 和单重态第一激发态 S_1 组成的系统为例，由于有机分子在激发态 S_1 时的键长和分子构型都会产生变化(如键长增加、分子扭转)，因此其所对应的核间距(nuclear coordinate)相比于 S_0 状态下有所增加。根据玻恩-奥本海默近似(Born-Oppenheimer approximation)，电子受激跃迁所花费的时间远小于原子核的运动，因此可以认为电子受激跃迁发生在静止原子核构成的势场中，在图 5.2.17 中表现为 $S_0 \rightarrow S_1$ 垂直向上的直线。电子受激后到底到达 S_1 哪个振动态则由弗兰克-康登原理(Franck-Condon principle)确定。弗兰克-康登原理指出，电子

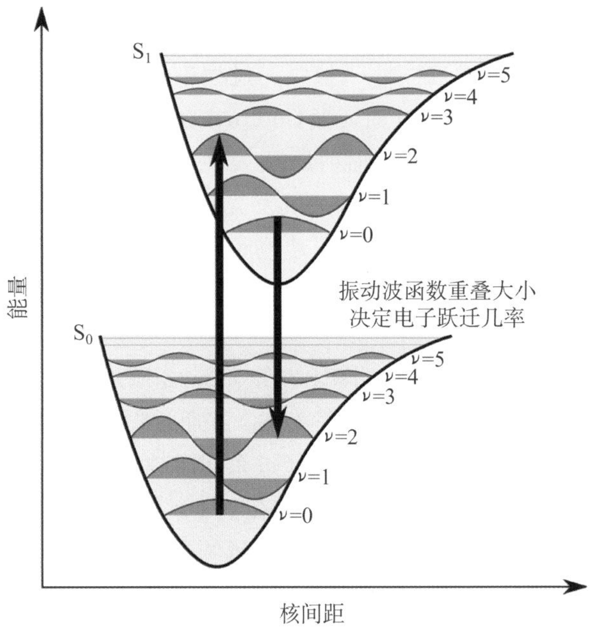

(a) 弗兰克-康登原理

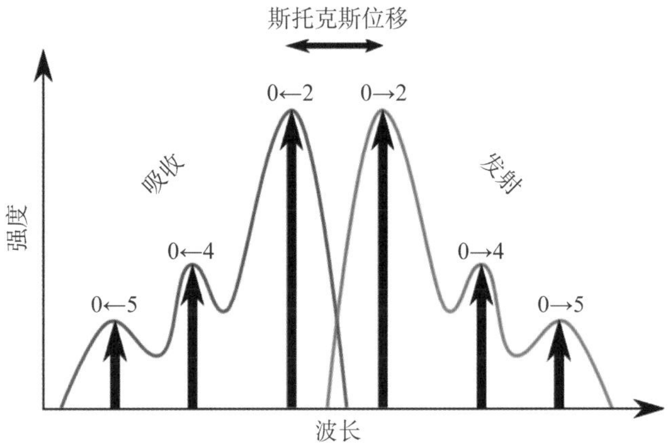

(b) 斯托克斯位移

图 5.2.17　弗兰克-康登原理与斯托克斯位移

跃迁发生的几率由基态和激发态的振动波函数重叠的大小决定。当两者的重叠度高时，对应的电子跃迁几率就高；反之，则低。因此，光谱中的最强峰来自于 S_0 和 S_1 上振动波函数产生最大重叠的两个振动态。这一原理不仅适用于吸收光谱，也适用于发射光谱。由于核间距不同，当电子从 $\nu=0$ 的 S_0 激发，与之产生振动波函数最大重叠的 S_1 往往 $\nu\neq 0$。例如，在图 5.2.17 中，S_0 的 $\nu=0$ 振动态与 S_1 的 $\nu=2$ 振动态的振动波函数重叠最大。S_0 的 $\nu=0$ 振动态也可以向 S_1 的其他振动态跃迁，只不过跃迁几率会变小，对应的光谱峰值低。激子可以在很短的时间(皮秒量级或更短) 内从 S_1 的 $\nu=2$ 振动态回到 S_1 的 $\nu=0$ 振动态，这一过程称为振动弛豫(vibrational relaxation)。由于荧光寿命一般是纳秒量级，因此激子在辐射跃迁之前就已经完成了振动弛豫，使得辐射跃迁是从 $\nu=0$ 的 S_1 态往 S_0 的各个振动态进行跃迁。在弗兰克-康登原理的作用下，$S_1 \rightarrow S_0$ 发射光谱的谱线轮廓与 $S_0 \rightarrow S_1$ 吸收光谱的谱线轮廓互为镜像对称。当然，有机材料在实际光致发光过程中参与的激发态远不止 S_1。例如，电子可以激发到 S_n 态形成激子，再通过内转换（internal conversion）回到 S_1 态，整个过程只耗费皮秒量级或更短的时间，因此能在辐射跃迁发生前完成，这一机制也称为卡莎规则（Kasha's rule）。再加上系间窜越和磷光，有机发光材料的吸收和发射光谱因此变得非常复杂。在整个光致发光过程中，内转换和振动弛豫造成了激子的能量损失，使得发射光谱最强峰位与吸收光谱最强峰位之间存在一定的位移，该位移被称为斯托克斯位移（Stokes shift）。

至此，有机材料的发光过程已十分明朗，如图 5.2.18 所示。S_n 态上的激子由光致激发形成，之后通过内转换回到最低的电子激发态 S_1，并通过振动弛豫回到 S_1 最低的振动态。接下来，激子可以辐射跃迁发出荧光，也可以经过系间窜越到达 T_1 发出磷光或以热能损失。从时间尺度上看，吸收光子的过程所需的时间约在 0.1 fs 的量级，内转换和振动弛豫所需时间在飞秒到皮秒的量级，荧光在纳秒量级，系间窜越约在微秒量级，而磷光约在微秒至毫秒的量级。图 5.2.18 所示被称为雅布隆斯基图（Jablonski diagram），对理解有机材料发光过程有着重要的作用。

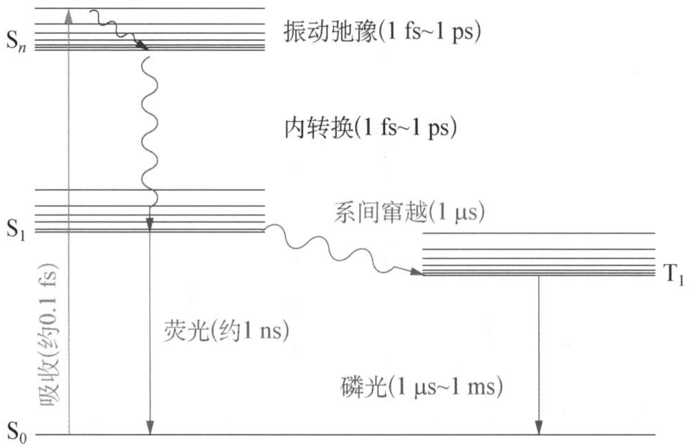

图 5.2.18　雅布隆斯基图

部分有机发光材料还可以通过二聚体发光。根据参与分子的同异，二聚体可分为激基二聚物（excimer）和激基缔合物（exciplex）。激基二聚物中的单个分子在激发态时，会与另一个相同分子结构的基态分子组成二聚体结构；而激基缔合物则是激发态分子与异质基态分子组成的二聚体结构。单体分子形成二聚体过程中会产生达维多夫能级分裂（Davydov splitting），造成了二聚体发射光谱的红移。此外，相比于单体分子，二聚体的激子寿命长、光谱宽，且没有振动精细结构。

5.2.3　激子的相互作用与能量转移

有机发光材料中形成的激子在空间中的位置并不是固定的，它会做无规则运动，称为激子扩散。激子的扩散长度 L 与扩散系数 D 和激子寿命 τ 有关（$L=\sqrt{D\tau}$），扩散系数也反映了激子的扩散能力。一般来说，有机发光材料激子的扩散长度在 10～20 nm，而 OLED 发光层的整个厚度也就数十纳米，因此有必要考虑由于激子间的相互作用带来的影响。

在上一小节里提到激子间的相互作用往往会导致有机发光材料 PLQY 的降低，这里通过激子动力学过程来分析其原因。激子间的相互作用可以分为以下 4 类：单重态与单重态激子相互作用、三重态与重三态激子相互作用、单重态与三重态激子相互作用以及单重态激子裂变（singlet fission）。

（1）单重态与单重态激子相互作用

$$S_1+S_1\longrightarrow S_1^*+S_0\longrightarrow S_1+S_0+\text{声子}。\tag{5.2.13}$$

两个单重态激子相互作用时，其中一个激子会把能量转移给另一个激子，并将其激发到更高的电子振动态 S_1^*（S_1^* 为处于高振动态的 S_1）上，自己则回到基态。在内转换和振动弛豫的作用下，被激发到更高的电子振动态上的激子会回到 S_1 的最低振动态上，因此该激子从另一个激子获得的能量是通过声子（phonon），也就是热振动的形式释放出来。从结果来看，单重态与单重态激子相互作用损失了一个激子，降低了 PLQY。

（2）三重态与重三态激子相互作用

$$T_1+T_1\longrightarrow T_1^*+S_0\longrightarrow T_1+S_0+\text{声子},\tag{5.2.14}$$

$$T_1+T_1\longrightarrow S_1^*+S_0\longrightarrow S_1+S_0+\text{声子}。\tag{5.2.15}$$

与单重态和单重态激子相互作用类似，三重态与重三态激子相互作用也能产生处于高电子振动态的三重态激子 T_1^*（见(5.2.14)式），该激子通过内转换和振动弛豫过程也会回到 T_1 的最低振动态上，并伴随声子的产生，另一个激子则回到 S_0。对于荧光材料来说，对发光有贡献的激子并没有损失，但是对于磷光材料来说，损失了一个三重态激子意味着 PLQY 的降低。

三重态与重三态激子相互作用也能形成处于高电子振动态的单重态激子 S_1^*（见(5.2.15)式），该激子通过内转换和振动弛豫过程也会回到 S_1 的最低振动态上。对于荧光材料来说，通过该相互作用额外获得了一个对发光有贡献的单重态激子，对 PLQY 有提高。对于磷光材料来说，由于单重态和三重态激子对发光都有贡献，因此用两个三重态激子换回一个单重态激子仍意味着 PLQY 的降低。

（3）单重态与三重态激子相互作用

$$S_1+T_1\longrightarrow T_1^*(\text{或 }T_2)+S_0\longrightarrow T_1+S_0+\text{声子}。\tag{5.2.16}$$

单重态与三重态激子相互作用时，三重态激子从单重态激子获得能量，跃迁到更高的电子振动态 T_1^* 或 T_2 上，随后通过内转换和振动弛豫过程回到 T_1。该相互作用损失了一个单重态激子，因此对于荧光材料和磷光材料的 PLQY 都是不利的。

（4）单重态激子裂变

$$S_1+S_0\longrightarrow T_1+T_1。\tag{5.2.17}$$

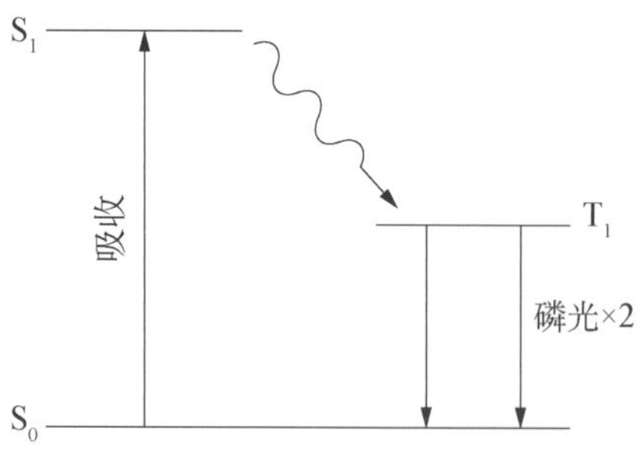

图 5.2.19　激子裂变过程

当 S_1 态与 T_1 态的能级差比较大时，S_1 激子与基态分子的碰撞会产生两个 T_1 激子，如图 5.2.19 所示。这一过程被称为激子裂变，类似于(5.2.15)式的逆过程。对于荧光材料来说，该过程损失了一个单重态激子，降低了 PLQY。对于磷光材料情况则相反，额外多出的一个激子有助于提高 PLQY。

S_1 态和 S_0 态的相互作用也可能形成激基二聚物或激基缔合物。当两者通过(5.2.18)式和(5.2.19)式释放出光子后，会解离单体基态分子。

$$S_1 + S_0 \longrightarrow 激基二聚物 \longrightarrow S_0 + S_0 + 激基二聚物光子, \quad (5.2.18)$$

$$S_1 + S_0' \longrightarrow 激基缔合物 \longrightarrow S_0 + S_0' + 激基缔合物光子。 \quad (5.2.19)$$

激子除了与其他激子发生相互作用外，还能与 OLED 中的载流子、缺陷陷阱、光子以及声子发生相互作用。激子与载流子的相互作用为激子提供了非辐射跃迁渠道，会导致激子湮灭。与缺陷陷阱的相互作用则会俘获激子，影响激子在 OLED 中的空间分布。激子与光子的相互作用可能导致光致电离，而激子与声子的相互作用会影响激子能带宽度和跃迁强度分布。

除了激子相互作用外，激子的另一个重要特性是实现在分子间的能量输运。激子在同质分子间的输运称为能量迁移，在异质分子间的输运称为能量转移。有机发光材料最具代表性的能量转移包括福斯特共振能量转移（Förster resonance energy transfer, FRET）和戴克斯特能量转移(Dexter energy transfer, DET)。FRET 是激发态施主分子和基态受主分子间通过非辐射偶极耦合实现的能量转移。当施主分子的荧光光谱与受主分子的吸收光谱有互相重叠的部分时，激发态施主分子可以将辐射跃迁产生的能量直接转移给基态受主分子，而不放出光子。基态受主分子在吸收能量后跃迁到激发态，激发态施主分子则回到基态。整个过程如图 5.2.20 所示，施主分子荧光光谱与受主分子吸收光谱重叠区域越大，FRET 的效率就越高。FRET 效率还受施主激发态寿命、受主振子强度(oscillator strength)，以及施主、受主间距的影响。FRET 对施主、受主间距非常敏感，其效率反比于间距的 6 次方，因此其作用距离一般在 10 nm 以内。

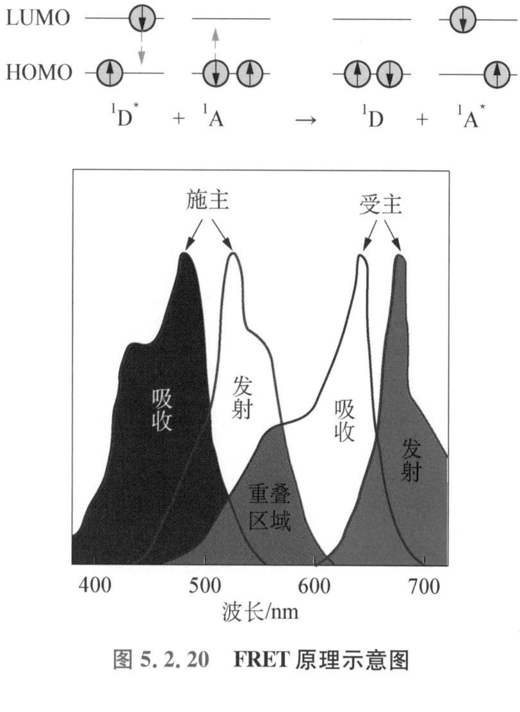

图 5.2.20　FRET 原理示意图

DET 是激发态施主分子发射光谱和基态受主分子吸收光谱发生一定重叠时产生的另一种能量转移机制。该能量转移不是靠偶极耦合实现的，而是通过载流子的直接交换传递能量。在该机制作用下，激发态施主分子的一个 LUMO 电子转移到基态受主分子的 LUMO 中，而同时基态受主分子的一个 HOMO 电子转移到激发态施主分子的 HOMO 中，此时，原先处于激发态的施主分子回到基态，而原先处于基态的受主分子跃迁到激发态，整个过程如图 5.2.21 所示。DET 要求激发态施主分子与相邻基态受主分子的轨道电子云相互重叠，以保证两者之间的电子交换，因此相比于 FRET，DET 的作用距离非常短，一般只有 1 nm 左右。DET 是共振能量转移的一个扩展，它不仅适用于单重态激子，也适用于三重态激子。其能量转移效率也受作用施主、受主间距的影响，会随间距增加呈指数衰减。

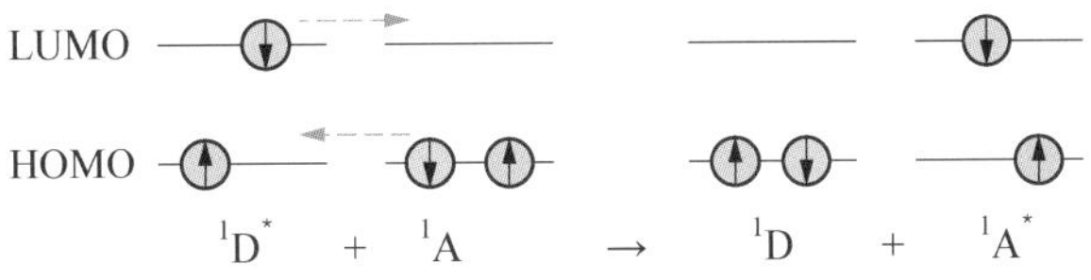

(a) 单重态—单重态 DET

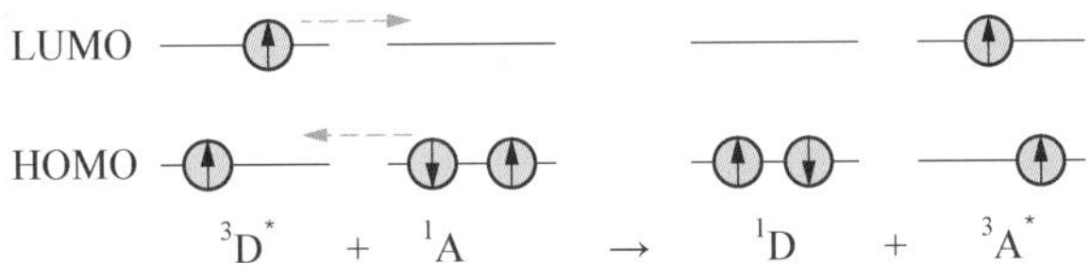

(b) 三重态—单重态 DET

图 5.2.21　DET 原理示意图

5.3　OLED 的器件物理

有机材料的电致发光除了与有机发光材料息息相关外，还与载流子的注入和输运、器件的结构和界面紧密相联。本节将讨论载流子从电极注入到在形成激子之前的整个物理过程与影响因素，以及器件的光取出问题。

5.3.1　载流子注入与输运

OLED 中的载流子分为电子和空穴，电子从阴极注入有机材料，空穴从阳极注入有机材料，而电子和空穴的注入效率则与电极和有机材料间接触界面的能带结构有关。由于有机半导体中的 HOMO 和 LUMO 能级与无机半导体中的价带(valence band)和导带(conduction band)有一定的相似性，因此最开始讨论有机材料的界面物理时采用的是无机半导体中广泛采用的莫特肖特基(Mott-Schottky，MS)模型，该模型的核心概念是不同材料接触后整个系统的费米能级保持一致。以金属和有机材料的接触为例，两者接触前的情况可以用图 5.3.1(a)来表示。其中，Φ_m 为金属的功函数，E_F 为费米能级，E_g 为 HOMO 和 LUMO 能级差，VL 为真空能级，i 和 χ 分别为离化能(ionisation energy)和电子亲和能(electron affinity)。当两者接触时，根据 MS 模型，两种材料界面处的真空能级需对齐，而且体材料费米能级需对齐，由此导致界面处的能带弯曲，如图 5.3.1(b)所示。其中，Φ_B 和

Φ_B^n 为空穴注入和电子注入的能级势垒；Φ_{bi} 为内建电势，其大小由两种材料的费米能级差决定。

对于有机半导体来说，MS 模型是一个粗糙的模型，并不完全正确。与无机半导体不同，有机半导体中基本上没有自由电荷，因此界面处的电荷转移只发生在原子层的尺度，从而形成界面偶极层。由于界面偶极层的作用，金属和有机物界面的真空能级并不对齐，而是存在一个能级差 Δ。Δ 会造成电子和空穴注入势垒的改变，如图 5.3.1(c)所示，空穴注入势垒减小了 Δ，电子注入势垒增加了 Δ，而 Φ_{bi} 也增加了 Δ。界面偶极层的偶极矩方向受两者材料接触前费米能级的大小决定。相比之下，当金属的费米能级深时（指费米能级离真空能级远），偶极矩从有机材料指向金属；而当金属当费米能级浅时（指费米能级离真空能级近），偶极矩从金属指向有机材料。由于界面偶极层改变了载流子的注入势垒，因此它对载流子的注入效率有着举足轻重的影响。

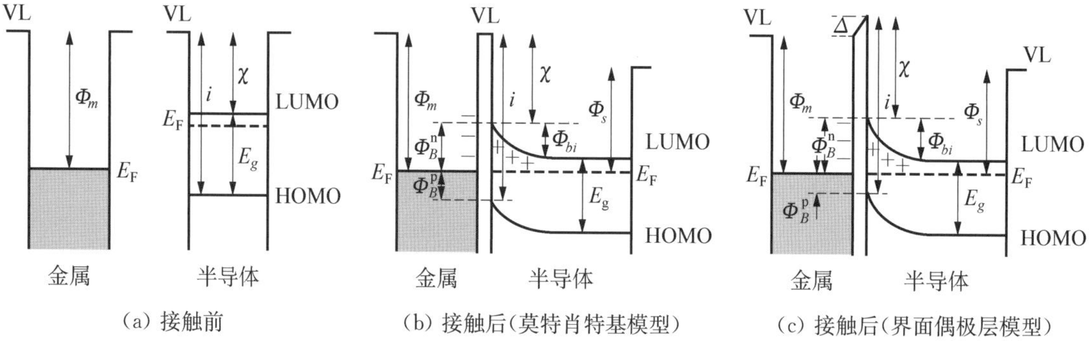

图 5.3.1 金属/有机半导体接触后的能带模型

金属和半导体间的接触可以分为两类：欧姆接触（Ohmic contact）和肖特基接触（Schottky contact）。当形成欧姆接触时，接触面上的电压电流曲线呈现对称的线性特征，载流子从一种材料进入另一种材料时不需要克服势垒。当形成肖特基接触时，接触面上的电压电流曲线呈现整流特性，载流子从金属注入半导体中需要克服肖特基势垒。对于金属和有机半导体界面的肖特基势垒，其大小由两者的费米能级、有机材料的 HOMO 和 LUMO 能级，以及界面偶极层决定。对于 OLED 的注入电极来说，理想的金属和有机材料接触界面应该形成欧姆接触，这有利于载流子的注入，降低 OLED 的启动电压。

欧姆接触与肖特基接触所得到的电流特征曲线是不同的。在肖特基接触时，载流子注入受到限制，此时的电流称为注入限制电流（injection limited current）。根据克服势垒方式的不同，又可以细分为热电子注入限制电流和隧穿注入限制电流两种。对于需要克服 Φ_B 势垒的热电子而言，在不考虑电场影响下，其注入能力随势垒的增大呈指数衰减，电流密度 j 由理查森（Richardson）公式给出，即

$$j = A^* T^2 \exp\left(-\frac{\Phi_B}{k_B T}\right)。\tag{5.3.1}$$

式中，A^* 为有效理查森常数，大小为 $4\pi e m^* k_B^2/h^3$；e 为单位电荷量；m^* 为有效载流子质量，k_B 为玻尔兹曼常数；h 为普朗克常数；T 为温度。当着眼于整个 OLED 的电流时，则还需要

考虑两个电极之间的外加电压所形成的电场，此时的电流密度由肖克利(Shockley)公式给出，即

$$j = A^* T^2 \exp\left(-\frac{\Phi_B}{k_B T}\right)\exp\left[\left(\frac{eU}{nk_B T}\right)-1\right]。 \tag{5.3.2}$$

式中，U 为外加电压，n 为理想因子，对于理想肖特基接触，$n=1$。隧穿注入是利用载流子直接穿过电极与半导体间势垒实现的注入，势垒宽度越窄，其注入效率越高。势垒宽度随势垒高度的增大而变宽，随外加电场的增大而变窄，因此隧穿效应在外加电场增强的情况下会愈发明显，所以隧穿注入也被称为场发射注入，其电流密度由福勒-诺德海姆(Fowler-Nordheim)公式给出，即

$$j = \frac{A^*}{\Phi_B}\left(\frac{qF}{\alpha k}\right)^2 \exp\left(-\frac{2\alpha \Phi_B^{3/2}}{3qF}\right)。 \tag{5.3.3}$$

式中，α 的大小为 $4\pi(2m^*)^{1/2}/h$。通过(5.3.2)式和(5.3.3)式可以分辨不同类型的注入限制电流。

与肖特基接触不同，欧姆接触时电流不受注入限制，而是受空间电荷的制约。有机半导体中无序的分子堆叠与杂质的存在都会引入大量的载流子陷阱能级。这些陷阱所俘获的载流子在半导体内部形成了大量的空间电荷，限制电流的通过。因此，此时的电流称为空间电荷限制电流(space charge limited current)。在只考虑载流子陷阱能级形成空间电荷的情况下，其电流密度由莫特-格尼(Mott-Gurney)公式给出，即

$$j = \frac{9\varepsilon\mu V_a^2}{8L^3}。 \tag{5.3.4}$$

式中，ε 为介电常数；μ 为载流子迁移率。在实际情况中，被束缚在陷阱能级上(包括杂质和缺陷)的载流子无法参与导电，造成载流子损失，因此 OLED 中的电流会远小于该公式的计算值。

电极材料除了在界面上要有匹配的能级形成欧姆接触外，还需要具有高电导率、稳定的化学性质，以及在出光方向具有高透光性。高功函数的金属(如铝、铜、银、金等)、透明导电氧化物、导电聚合物等都是可以用于 OLED 的阳极材料，其中氧化铟锡(indium tin oxide, ITO)使用最为广泛。ITO 的功函数约为 4.7 eV，接近有机材料 5.0～5.5 eV 左右的 HOMO 能级，化学稳定性好，在可见光范围内有很高的透光率(>90%)，电导率高，方块电阻约为 10～20 $\Omega \cdot sq^{-1}$。在实际 OLED 制备过程中，会对 ITO 进行表面修饰处理。对 ITO 的第一步处理是氧等离子体灰化(oxygen plasma ashing)。通过将氧气通入真空环境下的射频能量场中电离，形成氧等离子体，氧等离子体能够提高 ITO 表面的氧原子含量，从而提高 ITO 的功函数，处理后的 ITO 功函数可达到 5.0 eV 左右。这个过程同时能够清洗掉 ITO 表面附着的有机物杂质，并能提高 ITO 表面的亲水性，有助于后续成膜步骤。当然，氧等离子体灰化并非唯一的方式，另一种常用的处理方式是紫外臭氧处理，其核心原理与氧等离子体灰化相同。对 ITO 的第二步处理是在 ITO 表面形成空穴注入层。常用的空穴注入层包括聚乙撑二氧噻吩-聚苯乙烯磺酸盐(poly(3,4-ethylenedioxythiophene)：poly(styrenesulfonate),

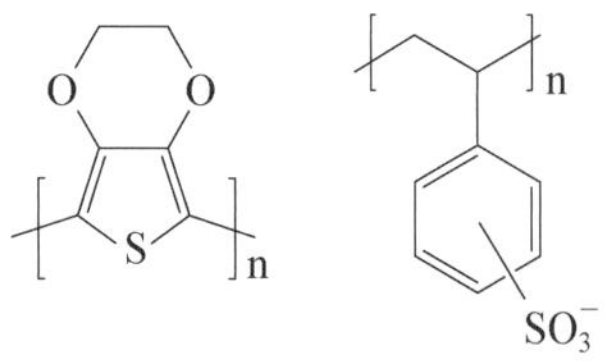

图 5.3.2　PEDOT：PSS 分子结构

PEDOT：PSS)，如图 5.3.2 所示。PEDOT：PSS 的功函数在 5.2 eV，介于 ITO 功函数和有机材料 HOMO 能级之间，能够将原本比较大的注入势垒分解为两个小势垒，从而提高空穴的注入效率。由于 PEDOT：PSS 是采用溶液法成膜的，它能够将 ITO 表面平整化，减少由 ITO 表面突起造成的器件短路，提高器件稳定性，降低驱动电压。为了进一步提高器件对水氧的抗侵蚀能力，也会选用另一种常用的空穴注入层氧化钼(MoO_x)来替代 PEDOT：PSS。ITO 作为 OLED 的阳极也存在一些问题，尤其是针对柔性 OLED 器件。一方面，ITO 往往是通过磁控溅射或化学气相沉积成膜的，成膜过程中需要高温退火，与低温柔性衬底工艺不兼容。另一方面，ITO 在卷曲过程中由于其不具备可拉伸特性，因此容易开裂，使 OLED 失效。所以，目前更多的使用金属纳米线、金属网格、石墨烯、导电聚合物，以及金属/导电聚合物的混合物等材料用作柔性 OLED 的阳极材料。

当 OLED 使用透明的 ITO 作为阳极后，往往使用能够反光的、具有低功函数的金属材料作为阴极，以提高光取出和电子注入效率。碱金属，如锂(Li)、镁(Mg)、钙(Ca)等，具有较低的低功函数，但是化学性质活泼，稳定性差。早期的方法是引入惰性金属，如铝(Al)、银(Ag)等，与碱金属形成合金电极(如银镁合金)或形成双层复合电极(钙+铝)，在保证其低功函数特性低的基础上，增加其化学稳定性。另一种主流的解决办法是对铝阴极进行修饰处理。修饰方法之一是使用氟化锂(lithium fluoride，LiF)，利用 LiF 和 Al 之间形成的界面偶极层，减少电子经由 Al 阴极进入有机材料 LUMO 能级的注入势垒，如图 5.3.3 所示。另一种修饰方法是使用碳酸铯(Cs_2CO_3)，通过利用成膜过程中在有机材料表面发生的裂解，形成碱金属氧化物 Cs_2O，以增强电子注入能力。另外，Al 阴极被氧化后会在表面形成致密的氧化铝薄膜，能够有效地防止 Al 内部被进一步氧化。

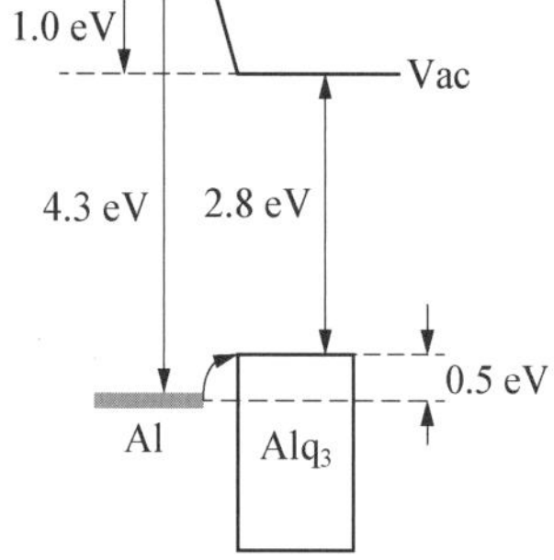

(a) 未加入 LiF 时的界面能级图

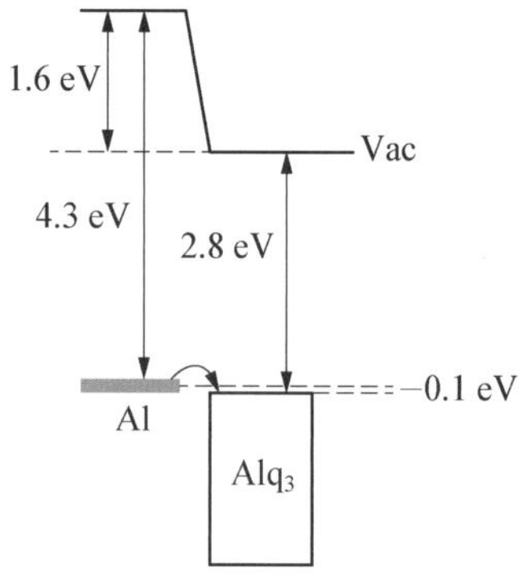

(b) 加入 LiF 形成偶极层后的界面能级图

图 5.3.3　LiF 对阴极注入势垒的调制

载流子从电极注入后，需要通过输运进入载流子复合区(recombination zone)才有可能形成激子。无机半导体多为单晶和多晶，其原子通过共价键结合，相互作用大，处于高能级的波函数能够充分交叠形成导带和价带，如图 5.3.4(a)所示。电子在导带和价带上能够自由运动，不会被束缚在某个或某些原子周围，具有很高的离域性，造就了载流子在无机半导体中的高迁移率。在这种输运方式下，晶格振动会造成载流子的散射，不利于载流子迁移率的提高。有意思的是，在以非晶为主的有机半导体中，晶格振动却对载流子迁移率有贡献。与无机半导体不同，有机半导体分子虽然能够形成让电子自由移动的 π 键轨道，但是分子间的范德华作用力远弱于共价键作用力，造成各分子的能级相对独立，无法形成连续的能带结构，这使得有机半导体分子的 HOMO 和 LUMO 能级具有定域性(见图 5.3.4(b))。因为这种定域性，电子进入相邻的分子能级时需要克服一定的势垒，而晶格振动有利于电子克服能级势垒，有助于载流子输运。在外加电场作用下，电子会更多地从势能高的分子进入势能低的分子，形成定向电流。这一输运方式称为跃进(hopping)，是非晶有机半导体材料中载流子特有的输运方式。一般来说，在实际情况中，非晶有机半导体材料的载流子的迁移率都非常低，比无机半导体低多个数量级。

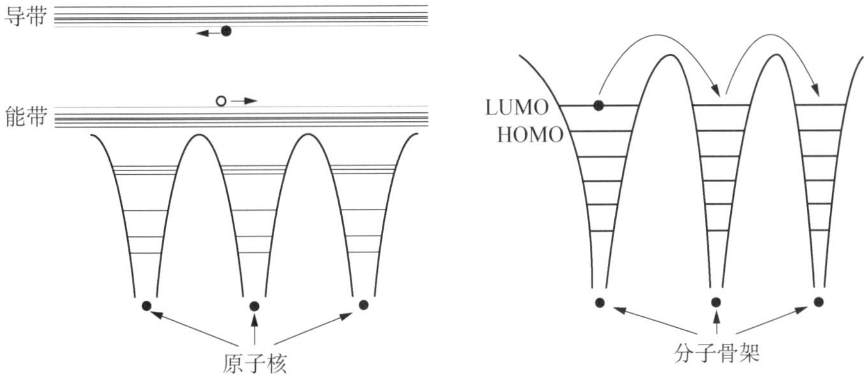

(a) 无机材料　　(b) 有机材料

图 5.3.4　无机和有机材料的载流子输运模式

提高有机半导体材料的载流子迁移率有两种主要方法，一是提高有机分子堆叠结构的有序性，二是对有机分子进行掺杂。不同于无机半导体的替位掺杂，有机分子的掺杂更多的是一个氧化还原转移电荷的过程。如图 5.3.5 所示，在有机材料 HOMO 能级附近引入强氧化性电子受主材料的空置能级 LUMO_A，会使得 HOMO 上的电子通过热激发转移到 LUMO_A上并在 HOMO 能级上产生相应的空穴，这些空穴形成了 HOMO 能级上通过掺杂引入的 p 型载流子。同样地，在有机材料 LUMO 能级附件引入强还原性电子施主材料的空置能级 HOMO_D，会使得 HOMO_D上的电子通过热激发转移到 LUMO 上，从而形成 LUMO 能级上通过掺杂引入的 n 型载流子。

有机半导体中的载流子迁移率并不是一个定值，它对温度和外加电场有很强的依赖性，其相互关系通常可由普尔-弗兰克(Poole-Frenkel)公式表达，即

$$\mu = \mu_0 \exp\left(-\frac{A}{k_\text{B} T}\right) \exp(B\sqrt{E})。\tag{5.3.5}$$

式中，μ 为载流子迁移率；A、B、μ_0 为相关因子；E 为外加电场；k_B为波尔兹曼常数；T 为温度。由此可见，温度的升高和外加电场的增强都会提高载流子迁移率。

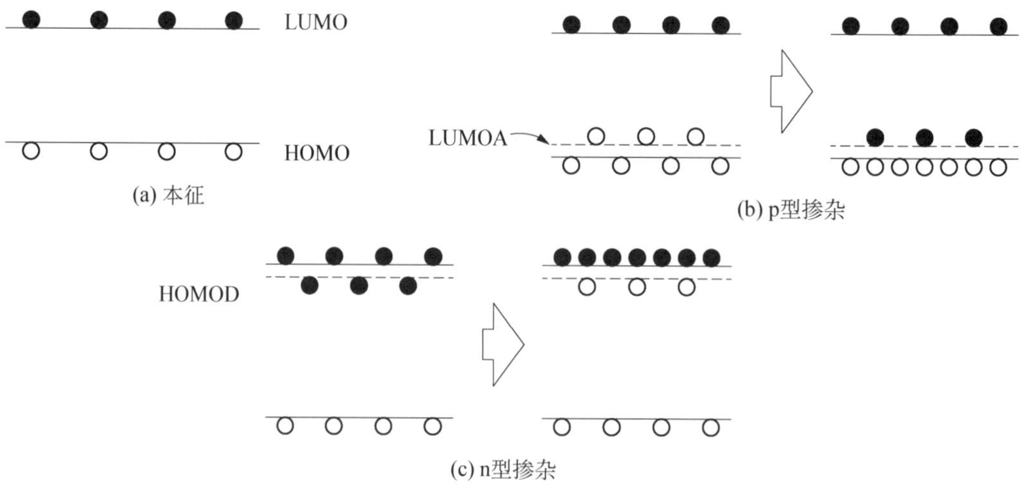

图 5.3.5 有机半导体材料的掺杂

5.3.2 OLED 的器件结构

最早的 OLED 器件使用的是单层结构，发光层介于阳极和阴极之间，电子和空穴直接通过电极注入在发光层复合形成激子。采用这种结构的 OLED 对载流子注入能力和发光层载流子迁移率的要求都很高。一旦空穴和电子的注入效率以及它们在发光层中的迁移率产生具大差异，则会引起载流子浓度的不平衡，激子复合区会向注入效率低、迁移率小的载流子所对应的注入电极方向移动。如果靠近的电极是金属电极，则会造成复合区激子在电极上的淬灭，造成激子损失。与此同时，因载流子浓度不平衡产生的过剩载流子不但对发光没有贡献，还会与已经产生的激子相互作用，为激子提供非辐射跃迁渠道。正是因为这些原因，单层器件的光电转换效率往往非常低。

为了解决这一问题，实现高载流子注入效率和载流子浓度平衡，会在 OLED 中引入各种功能层，包括空穴/电子注入层、空穴/电子传输层，以及空穴/电子阻挡层。在 5.3.1 节中所提到的电极表面修饰层，如 PEDOT：PSS 以及 LiF 等，就分别是空穴注入层（hole injection layer，HIL）和电子注入层（electron injection layer，EIL）。它们能够实现电极功函数与有机材料 HOMO 或 LUMO 能级的匹配，提高载流子的注入效率。在载流子有效注入后，需要保证发光层和阳极之间有良好的空穴传输性能，和阴极有很好的电子传输性能。因此，往往在发光层和空穴注入层间加入空穴传输层（hole transport layer，HTL），在发光层和电子注入层间加入电子传输层（electron transport layer，ETL）。除了有良好的空穴/电子输运性能外，空穴/电子传输层还需要在能级上减少载流子进入发光层的能级势垒。当发光层很薄或者载流子迁移率不平衡时，空穴会穿过发光层进入电子传输层，或者电子进入空穴传输层，在这种情况下，电子和空穴并没能在发光层复合形成激子。这时，往往在空穴传输层和发光层间插入电子阻挡层（electron blocking layer，EBL），在电子传输层和发光层间插入空穴阻挡层（hole blocking layer，HBL）。电子阻挡层具有较浅的 LUMO 能级，能够有效阻挡发光层中电子向阳极方向的输运，将其束缚在发光层内，如图 5.3.6 所示。同样地，空穴阻挡层具有较深的 HOMO 能级，能够阻挡空穴进入电子传输层。通过采用空穴/电子阻挡层，空穴和电子被有效地束缚在发光层内，提高了载流子复合几率。有些空穴/电子传输层，由于其能级满足阻挡条件，也可同时扮演阻挡层。常见的空穴传输层有材料 N,N′-双(3-甲基苯基)-N,N′-二苯基-1,1′-联苯-4,4′-二胺（N,N′-diphenyl-N,N′-bis(3-methylphenyl)-1,1′-diphenyl-4,4′-diamine, TPD, $C_{38}H_{32}N_2$）、1,1-双[4-[N,N-二对甲苯氨基]苯基]环己烷(1,1-bis[(di-4-tolylamino)phenyl]cyclohexane, TAPC, $C_{46}H_{46}N_2$）、N,N′-二苯基-N,N′-(1-萘基)-1,1′-联苯-4,4′-二胺(N,N′-bis-(1-naphthyl)-N,N′-diphenyl-1,1′-biphenyl-4,4′-diamine, NPB, $C_{44}H_{32}N_2$)，以及聚(9-乙烯基咔唑)(Poly(9-vinylcarbazole), PVK,$(C_{14}H_{11}N)_n$)等，如图 5.3.7 所示。常见的电子传输层有 1,3,5-三(1-苯基-1H-苯并咪唑-2-基)苯(1,3,5-Tris(N-phenylbenzimidazol-2-yl)benzene, TPBI, $C_{45}H_{30}N_6$)、2,9-二甲基-4,7-二苯基-1,10-菲咯啉(2,9-Dimethyl-4,7-diphenyl-1,

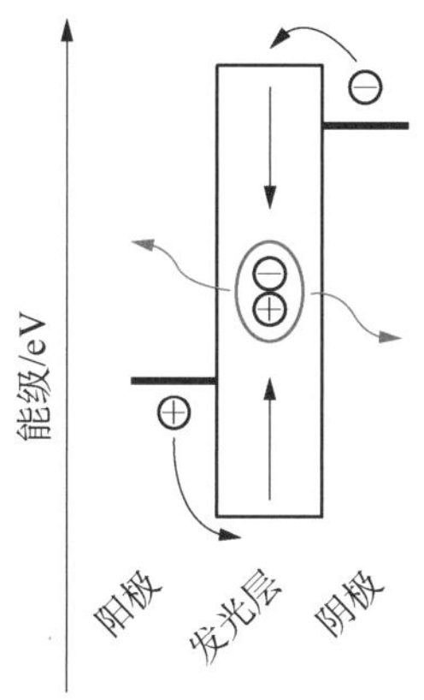

(a) 单层器件结构

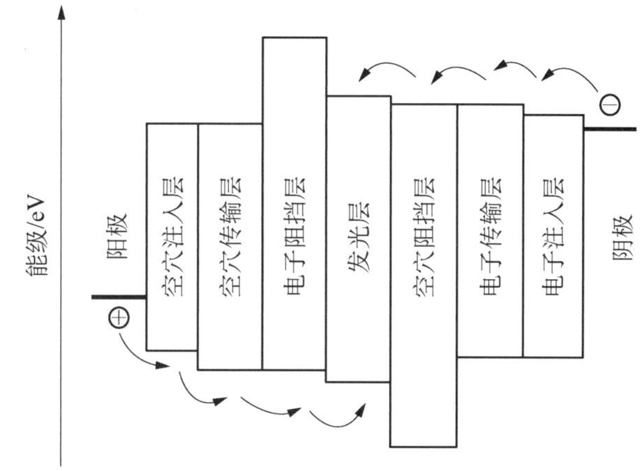

(b) 多层器件结构

图 5.3.6 OLED 的典型器件结构

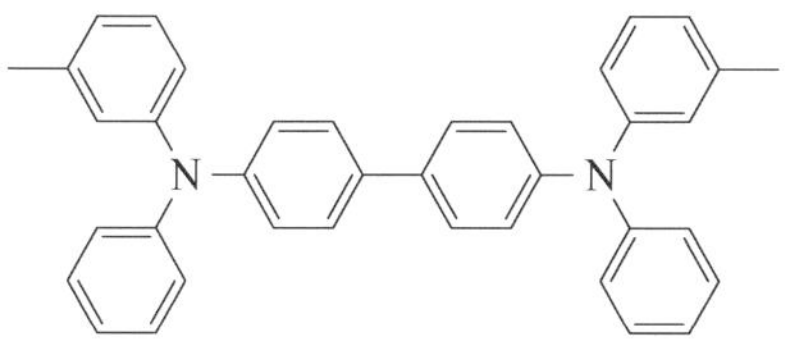

(a) TPD

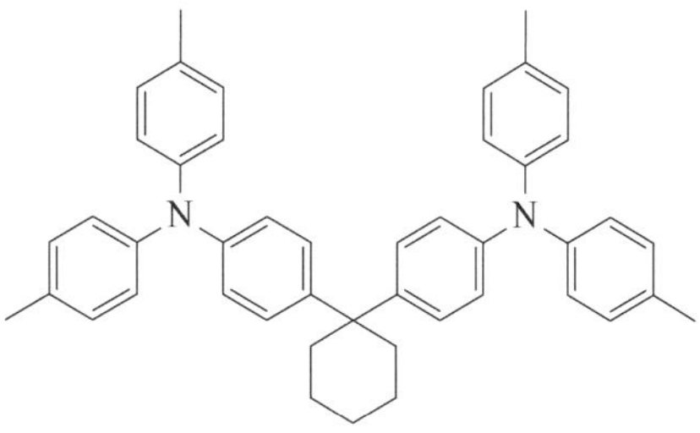

(b) TAPC

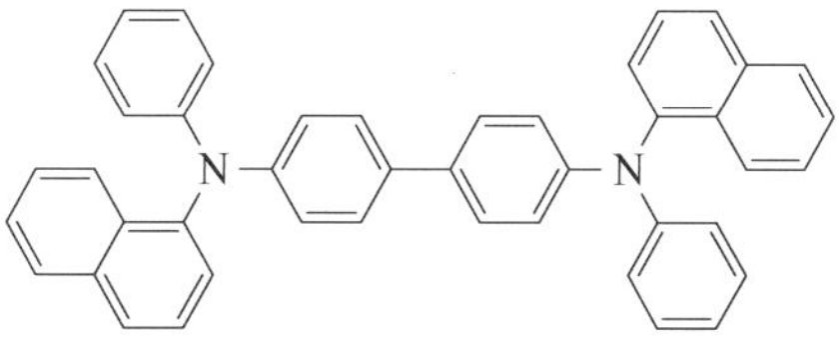

(c) NPB

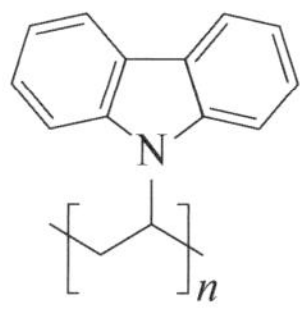

(d) PVK

图 5.3.7 常见的空穴传输层材料

10 - phenanthroline，BCP，$C_{26}H_{20}N_2$）、4,7 -二苯基- 1,10 -菲罗啉（4,7 - diphenyl - 1,10 - phenanthroline，BPhen，$C_{24}H_{16}N_2$）、2 -（4 -联苯基）- 5 -（4 -叔丁基苯基苯基）- 1,3,4 -恶二唑（2 -（4 - biphenyl）- 5 -（4 - tert-butylphenyl）- 1，3，4 - oxadiazole，PBD，$C_{24}H_{22}N_2O$）、4，6 -双（3,5 -二（3 -吡啶）基苯基）- 2 -甲基嘧啶（bis - 4，6 -（3，5 - di - 3 - pyridylphenyl）- 2 - methylpyrimi-dine，B3PYMPM，$C_{37}H_{26}N_6$）、1，3，5 -三［（3 -吡啶基）- 3 -苯基］苯（1，3，5 - tri（m - pyrid - 3 - yl - phenyl）-benzene，TmPyPB，$C_{39}H_{27}N_3$）、3 -（联苯- 4 -基）- 5 -（4 -叔丁基苯基）- 4 -苯基- 4H - 1，2，4 -三唑（3 -（4 - biphenyl）- 4 - phenyl - 5 -（4 - tert-butylphenyl）- 1,2,4 - triazole，TAZ，$C_{30}H_{27}N_3$），以及 2，2′-（1，3 -苯基）二［5 -（4 -叔丁基苯基）- 1，3，4 -恶二唑］（2，2′-（1，3 - phenylene）bis［5 -（4 - tert-butylphenyl）- 1，3，4 - oxadiazole］，OXD - 7，$C_{30}H_{30}N_4O_2$），如图 5. 3. 8 所示。

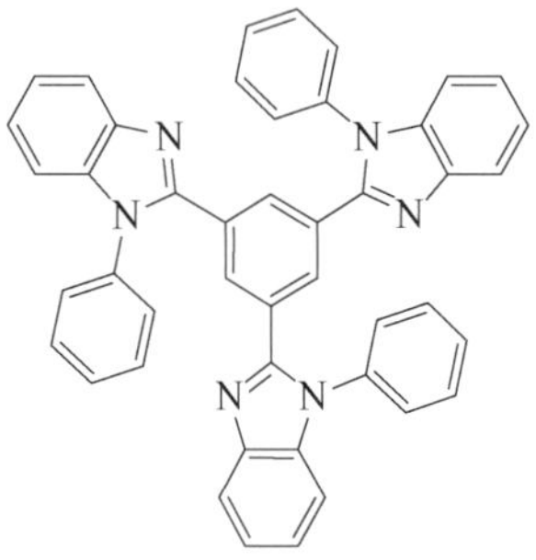

（a）TPBI

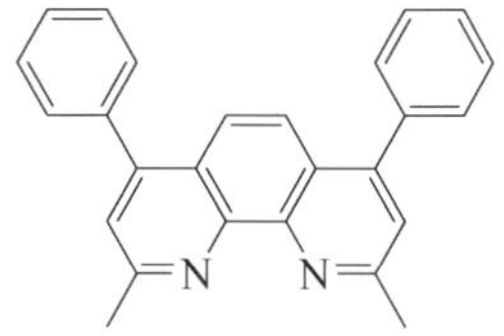

（b）BCP

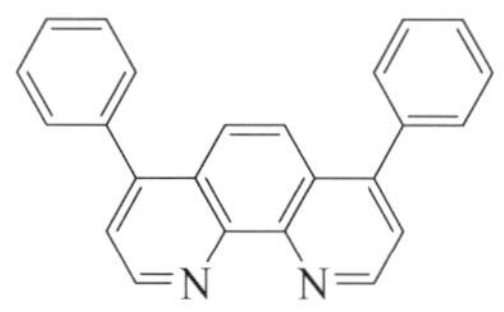

（c）BPhen

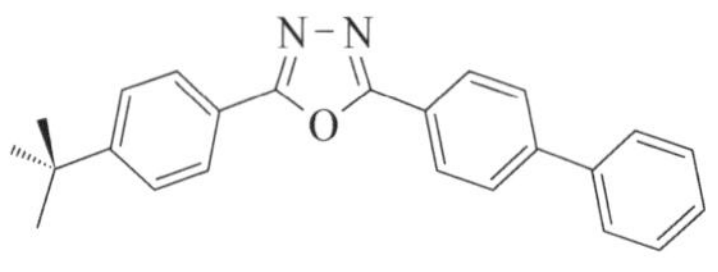

（d）PBD

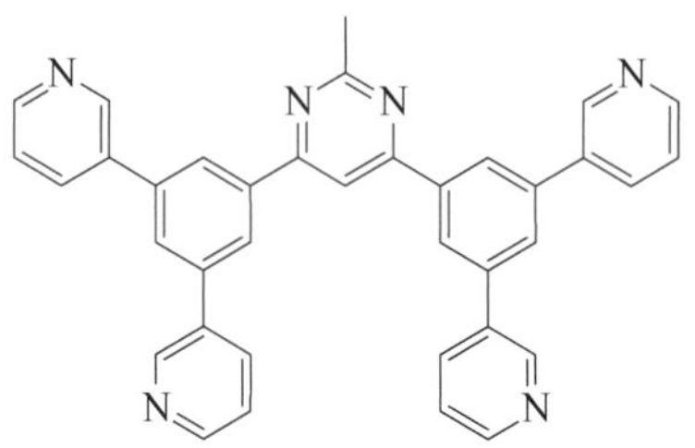

（e）B3PYMPM

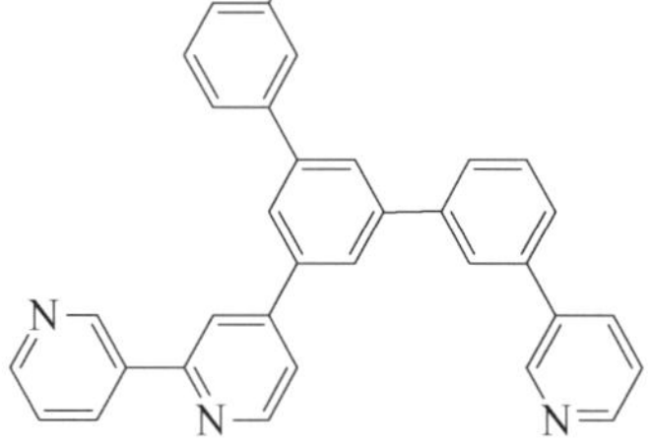

（f）TmPyPB

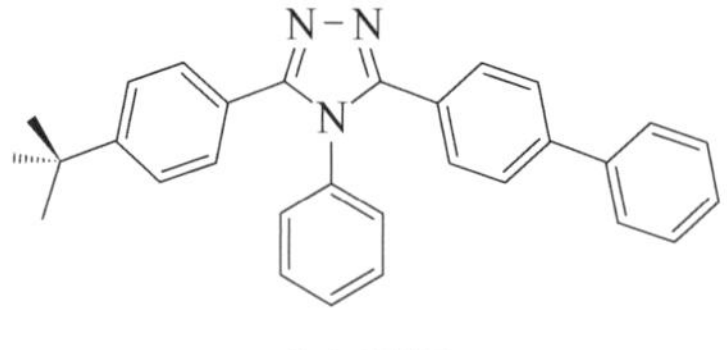

（g）TAZ

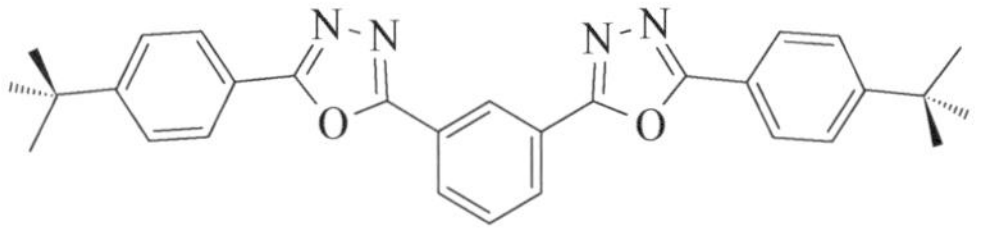

（h）OXD - 7

图 5. 3. 8　常见的电子传输层材料

此外，为了提高载流子迁移率，降低工作电压，还可以使用另一种器件结构，称为 p-i-n OLED 结构，如图 5.3.9 所示，其中 p 型和 n 型掺杂层作为器件的载流子传输层。由于掺杂材料，如 Li^+、Cs^+、F_4-$TCNQ^-$ 等，容易与夹在中间的发光层中产生的激子相互作用，降低光效。因此，通常会使用中间层（inter layer, IL）阻隔发光层与 p 型或 n 型掺杂层的直接接触。同时，为了更好地将载流子束缚在发光层中，需要 IL-E 具有空穴阻挡能力，IL-H 具有电子阻挡能力。由于掺杂的作用，p-i-n OLED 的工作电压通常只有传统结构 OLED 的一半。对于这种器件结构，目前的工作更多地关注于提高掺杂材料的稳定性，以克服不易量产的缺点。

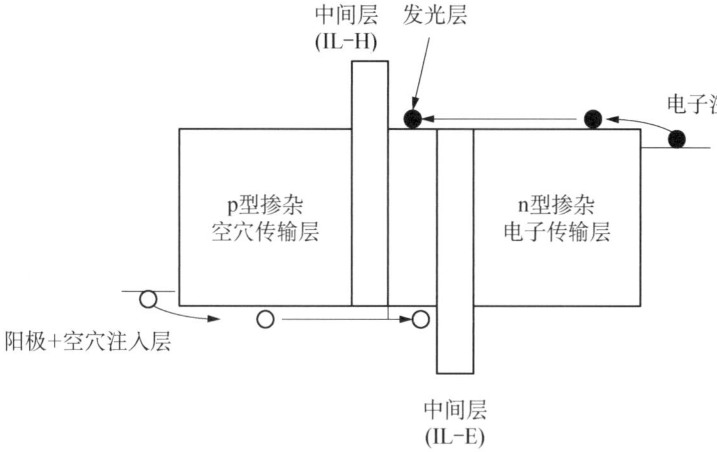

图 5.3.9　p-i-n OLED 结构示意图

综上所述，为了实现高载流子复合率，可以采用平衡载流子浓度、提高载流子注入效率、降低各层间载流子能级势垒的方法。此外，高质量薄膜的制备减少了载流子俘获陷阱，也有利于提高载流子复合率。载流子复合率反映了注入的载流子形成激子的几率，激子利用率反映了三重态激子是否得到利用，PLQY 反映了激子通过辐射跃迁渠道产生光子的几率。将这 3 个过程串在一起，则可以反映注入载流子经过光电转换过程形成光子的效率，我们把这个效率定义为内量子效率（internal quantum efficiency, IQE），其大小则为载流子复合率、激子利用率和 PLQY 的乘积，即

$$\mathrm{IQE} = \Phi_{\mathrm{capture}} \times \Phi_{\mathrm{spin}} \times \Phi_{\mathrm{radiative}}。 \tag{5.3.6}$$

式中，Φ_{capture} 为载流子复合率；Φ_{spin} 为激子利用率；$\Phi_{\mathrm{radiative}}$ 为 PLQY。内量子效率是 OLED 性能表征的重要参数之一。

如图 5.3.10 所示，根据出光方向的不同，OLED 也可分为底发射（bottom-emitting）器件和顶发射（top-emitting）器件。底发射器件内产生的光会经过衬底出射，其底电极采用透明电极（如 ITO），而顶发射器件则相反，顶电极采用金属电极（如 Ag），器件内产生的光不经过衬底，而是直接从顶电极出射，因此顶电极往往采用超薄半透明金属电极。从阳极和阴极与衬底的相对位置来看，当阳极与衬底紧贴时，器件称为正置 OLED；当阴极与衬底紧贴时，器件称为倒置（inverted）OLED。倒置 OLED 多用于显示，最大的优势在于能够生长在硅基

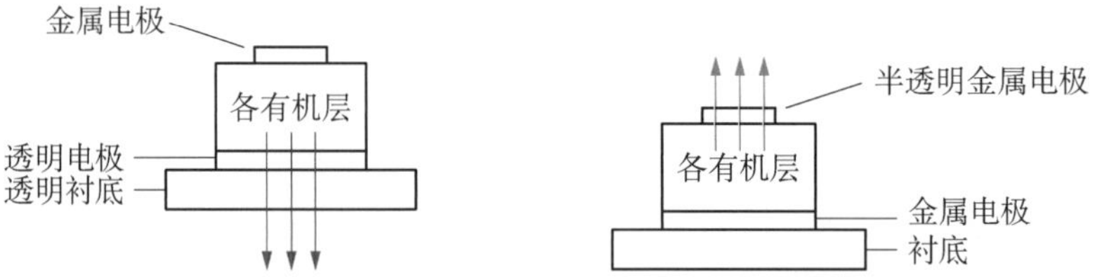

(a) 底发射 OLED　　(b) 顶发射 OLED

(c) 正置 OLED　　(d) 倒置 OLED

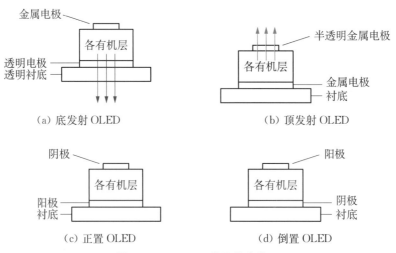

图 5.3.10　OLED 的几种分类

半导体器件上，可与目前技术成熟的 n 沟道非晶硅薄膜晶体管集成。

此外，由于能够直接发出白光的有机发光材料比较少，加上希望能够对色温进行控制，因此白光 OLED 多采用串联式(tandem)结构。串联式 OLED 从原理上看，是利用多个不同颜色的多层 OLED 单元串联形成复合白光。由于层数增加，串联式 OLED 比普通 OLED 有更大的厚度，驱动电压也因此更高。但由于有多个发光层，在相同亮度的情况下，串联式 OLED 比普通 OLED 有更低的驱动电流。因此，串联式 OLED 的电流效率高，而且低驱动电流能够大幅延长 OLED 的器件寿命。串联式 OLED 中各颜色单元通过透光的互连层(interconnecting layer)连接，各颜色单元相对独立，在材料选择和性能优化上有很大的灵活性。比较常见的串联式白光 OLED 使用两个颜色单元，其中一个使用蓝光材料，另一个使用红光材料加绿光材料，如图 5.3.11 所示。

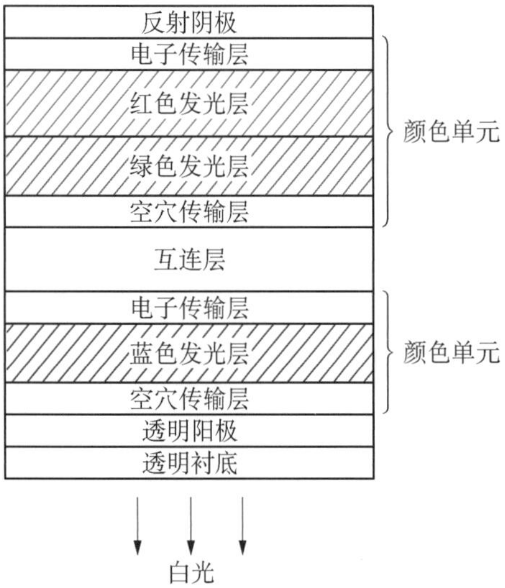

图 5.3.11　串联式白光 OLED 的结构示意图

5.3.3　OLED 的光取出

到目前为止，我们讨论的是载流子注入复合形成激子从而产生光子的过程。接下来，产生的这些光子中有一部分能够从器件中出射，进入自由空间，真正对 OLED 发光作出贡献，而剩下的光子则被困在器件内，无法逃逸。当然，这不是 OLED 独有的问题，无机 LED 也存在着同样的问题。

产生这一问题的原因来自于 OLED 各层材料与自由空间折射率的失配。这里，我们以考虑 OLED 玻璃衬底中的光子进入空气的效率为例。根据斯涅尔定律(Snell's law)，如

图 5.3.12所示，玻璃中的入射角 θ_1 与空气中的出射角 θ_2 由 $n_1\sin(\theta_1)=n_2\sin(\theta_2)$ 相关联，其中，n_1 为玻璃的折射率；n_2 为空气的折射率。由于 $n_1>n_2(n_1=1.5,\ n_2=1)$，因此 θ_2 大于 θ_1。当 θ_1 达到或超过临界角(critical angle, θ_C)时，玻璃/空气界面产生全反射(total internal reflection)。也就是说，处于玻璃中的光子只能在玻璃中传播，无法进入空气，因此只有入射角小于临界角的光才能出射。

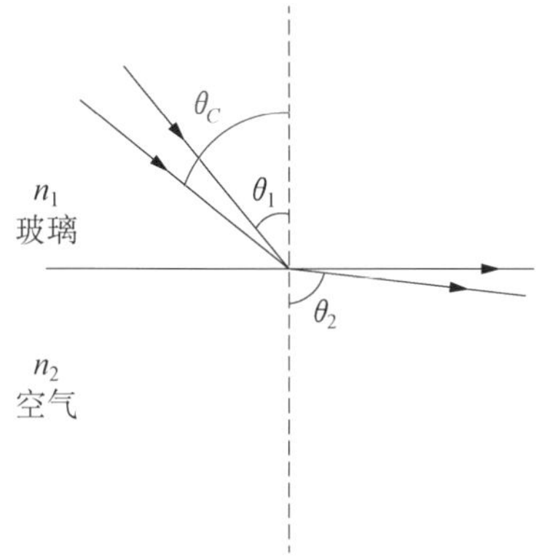

(a) 斯涅尔定律

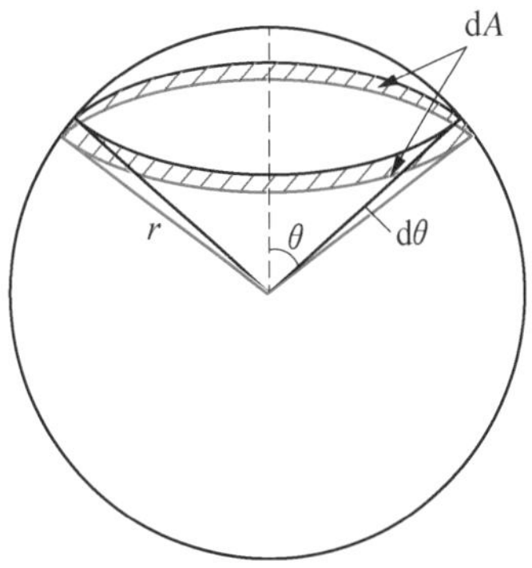

(b) 球面积分

图 5.3.12　光取出效率计算示意图

接下来我们将问题从二维拓展到三维，以一个折射率为 n 的各项同性(isotropic)点光源为例，即发光强度在各个方向上均一致。以临界角 θ_C 为顶角的圆锥体将具有不同入射角的光区分为两大类，可出射的光与不可出射的光。其中，圆锥体开口所对应的球面面积代表了可出射的光，剩余的球面面积代表了不可出射的光。通过积分对应球面面积可以计算出出射光子数占光子产生总数的比例，我们将这个比例称为光取出效率 Φ_{escape}。整个公式的推导过程为

$$dA=2\pi r^2\sin\theta d\theta, \tag{5.3.7}$$

$$A_C=2\pi r^2\int_{\theta=0}^{\theta=\theta_C}\sin\theta d\theta=2\pi r^2[-\cos\theta]_0^{\theta_C}=2\pi r^2(1-\cos\theta_C)=2\pi r^2\left[1-\left(1-\frac{1}{n^2}\right)^{1/2}\right], \tag{5.3.8}$$

$$\Phi_{\text{escape}}=\frac{A_C}{A}=\frac{1}{2}\left[1-\left(1-\frac{1}{n^2}\right)^{1/2}\right]。 \tag{5.3.9}$$

式中，A_C为以临界角 θ_C为顶角的圆锥体开口所对应的球面面积；A 为球面总表面积；r 为球体半径；θ 为入射角。当 n 较大时，(5.3.9)式可以由泰勒(Taylor)公式展开并省去高阶项，从而简化为

$$\Phi_{\text{escape}}=\frac{1}{2}\left[1-\left(1-\frac{1}{n^2}\right)^{1/2}\right]\cong\frac{1}{4n^2}。 \tag{5.3.10}$$

如果认为 OLED 中金属电极的反射率为 100%，那么另一侧透明电极处的光取出效率 Φ_{escape} 能提高一倍。假设 $n=1.5$，那么光取出效率 Φ_{escape}约为 22%。

对应于内量子效率，OLED 另一个性能表征的重要参数称为外量子效率(external quantum efficiency, EQE)。外量子效率与内量子效率和光取出效率相关，其大小为内量子

效率与光取出效率的乘积，可表示为

$$\mathrm{EQE}=\mathrm{IQE}\times\Phi_{\mathrm{escape}}=\Phi_{\mathrm{capture}}\times\Phi_{\mathrm{spin}}\times\Phi_{\mathrm{radiative}}\times\Phi_{\mathrm{escape}}。\quad(5.3.11)$$

这也意味着外量子效率的大小由载流子复合率、激子利用率、PLQY 和光取出效率共同决定。因此，要获得高外量子效率的 OLED，需要对这 4 个方面同时进行优化。对于载流子复合率、激子利用率和 PLQY 的优化已在上文的几个小节内作了介绍，这里我们来讨论光取出效率的优化。

对于底发射 OLED，由于 ITO 的折射率略大于有机材料，ITO 和金属电极可以形成一个非常微弱的法布里-珀罗(Fabry-Pérot)共振腔。这个共振腔对 OLED 的空间发光强度分布基本没有影响，OLED 的空间发光强度分布遵守朗伯余弦定律，即光强随观察方向与面源法线之间的夹角变化遵守余弦规律，这类 OLED 也被认为是朗伯发光体。而对于顶发射 OLED，超薄半透明金属电极的反射率高于 ITO，因此器件会产生较明显的微腔效应，一定波长范围内的光强会得到提升，其发光空间分布也会偏离朗伯体分布。但是，这种微腔效应对光取出效率的提高并不明显。

要真正将困在 OLED 中的光子耦合(out-coupling)出来，首先要弄清这些被困的光子都以哪些光学模态(optical mode)存在于 OLED 中。以底发射器件的光学分析为例，OLED 的结构可以粗略地分为 3 层，毫米厚度的玻璃衬底、数百纳米厚度的 ITO-有机材料，以及数百纳米厚度的金属。玻璃衬底的折射率约为 1.5，厚度远大于可见光波长尺度，因此根据几何光学，入射角大于临界角的光都将被束缚在玻璃衬底内。我们将由于受到玻璃和空气界面全反射而受困于衬底内的光学模态称为衬底模(substrate mode)，而出射到空气中的光学模态称为辐射模(radiation mode)。之前我们假设有机分子发光是各向同性的，但实际情况要稍微复杂一些。从经典物理的角度来看，发光分子上的激子可以看作是经典的振荡电偶极子(classical oscillating dipole)，其辐射电磁场可以被描述为具有不同波矢量(wavevector)的平面波(plane wave)的合集。电偶极子产生的辐射电磁场并非各向同性，而以电偶极矩为轴向外扩散。而且，电偶极矩的方向对发光分子的堆叠方式有很大的依赖性。当分子堆叠有很强的取向性时，对应于该方向的电偶极子在很大程度上决定了辐射电磁场的空间分布，如图 5.3.13 所示，图中黑色虚线为其辐射电磁场在观察屏幕的空间分布，带有偏振特性。

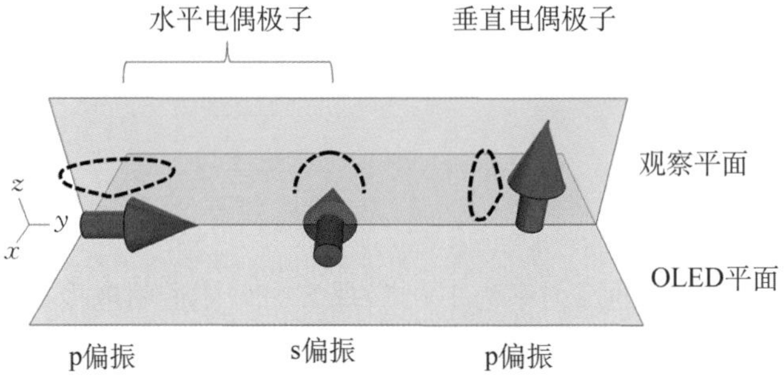

图 5.3.13　具有不同电偶极矩方向(红色箭头)的电偶极子

另一方面，由于 ITO 的折射率约为 2，有机材料的折射率大致介于 1.5～2，因此 ITO-有机材料层的折射率高于玻璃。当它夹在低折射率的玻璃和高反射率的金属之间，可以形成波导结构，当其达到一定厚度时，能支持一个或多个波导模(waveguide mode)。根据偏振的不同，波导模可以分为横电模(transverse electric mode，也称 TE 模)和横磁模(transverse magnetic mode，也称 TM 模)。TE 模的电场强度矢量垂直于入射面，具有 s 偏振；TM 模的电场强度矢量平行于入射面，具有 p 偏振，两个偏振方向互相正交。波导结构支持的横模数量与膜厚和折射率以及入射光波长都相关，横电模可以有 TE_0、TE_1、TE_2 等，横磁模可以有 TM_0、TM_1、TM_2 等。除了 TE 模和 TM 模外，当波导内入射光的角度接近临界角时可以形成另一个波导模式，称为波导泄漏模(leaky waveguide mode)。该模产生于 ITO-有机材料层，泄漏进入玻璃衬底，其传播方向与两者界面几乎平行，同时也具有偏振性，如图 5.3.14 所示。

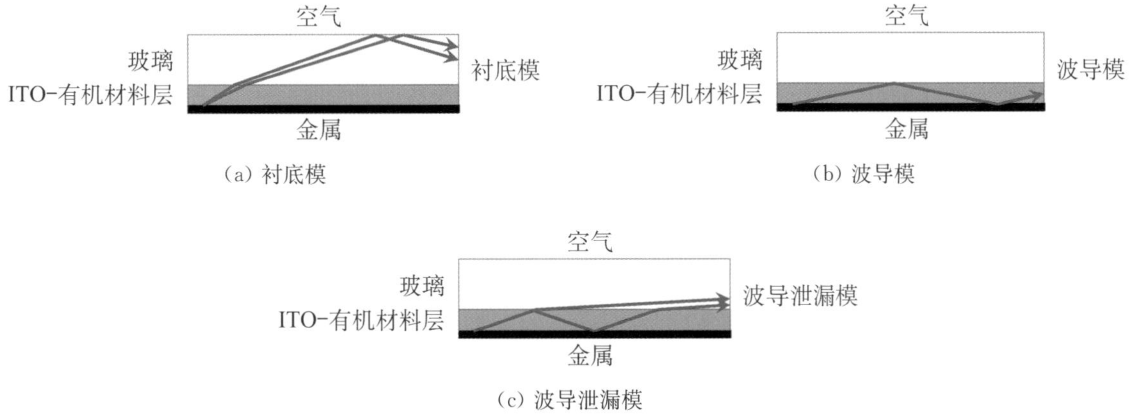

图 5.3.14　OLED 中可以存在的不同光学模态

衬底模和波导模涉及的都是远场光学(far-field optics)，而 OLED 中还存在着涉及近场光学(near-field optics)的光学模态。如图 5.3.15 所示，在远场情况下，波矢量平行于某一平面的分量始终小于其自身大小，垂直于该平面的分量则为实数，因此电磁波可以无衰减地在垂直于该平面的方向传播到远场；在近场情况下，波矢量的平行分量大于波矢量自身时，其在垂直方向的分量是虚数，根据波动方程，其在垂直于平面方向传播时呈指数衰减，具有近场特性。有意思的是，像这样的平行分量具有很大的动能，能够与金属表面的自由电子产生共谐振荡，形成一种新的光学模态，称为表面等离激元(surface plasma polariton, SPP)。表面等离激元只能沿着介电材料和金属的界面传播，并能够增强金属表面很小范围内的电磁场，但由于金属的欧姆效应，表面等离激元最终会以热能的形式耗散，其传播尺度一般在纳米到微米量级。对于 OLED 来说，表面等离激元存在于有机材料和金属电极之间，受激子与金属电极的相对距离影响，距离越近，表面等离激元效应越强。此外，表面等离激元还可以与波导模互相耦合，形成波导-等离激元杂化模(hybrid waveguide-plasmon polariton)。

在 OLED 中用到的金属电极，如铝、银、金等，都具有很高的消光系数(extinction coefficient)，因此金属除了能产生表面等离激元外，还有很强的光吸收作用，其中包括对衬底模和波导模的吸收。以铝电极为例，根据菲涅尔公式(Fresnel equations)，其随入射角变化的反射率变

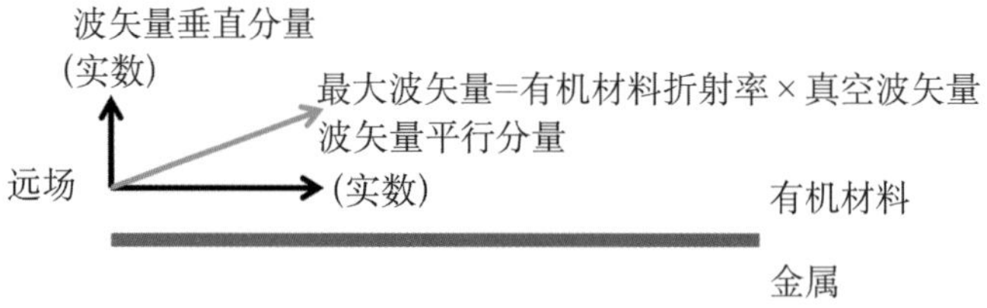

(a) 远场光学

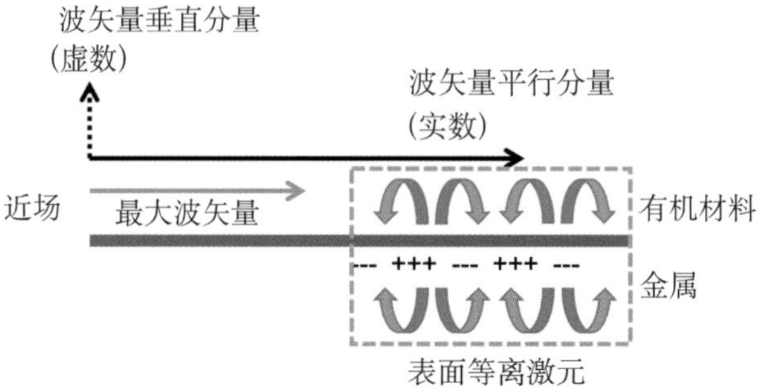

(b) 近场光学

图 5.3.15　OLED 有机材料与金属界面处的远场光学和近场光学

化如图 5.3.16 所示。由此图可见，不论入射角的大小，铝的反射率始终低于 100%，而且在 p 偏振方向，大角度入射光在铝表面的反射率很低。除了金属电极外，ITO 和有机材料在某些特定波长范围内的消光系数也不能忽略，也会对衬底模和波导模等造成一定的吸收。

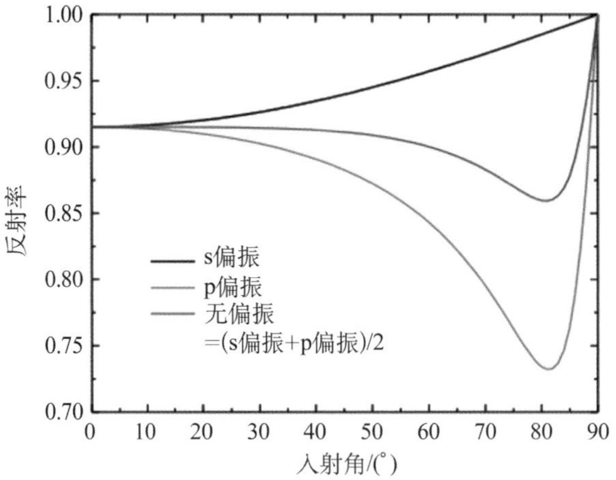

图 5.3.16　铝表面反射率随入射角的变化(波长为 600 nm)

由此可见，由激子所产生的光子可以有 5 种不同的发展：形成辐射模、衬底模、波导模、表面等离激元，或者被吸收。而 OLED 中各模态典型的能量分布则如图 5.3.17(b)所示。当然，各模态真实的能量分布比例和吸收比例是受多方面因素影响的，包括发光分子的堆叠方式、器件结构、器件每层的膜厚与折射率、激子复合区的位置等。比如，顶发射器件由于光不经过衬底，因此不存在衬底模。图 5.3.18 则展示了器件膜厚对不同模态和吸收比例的调制。

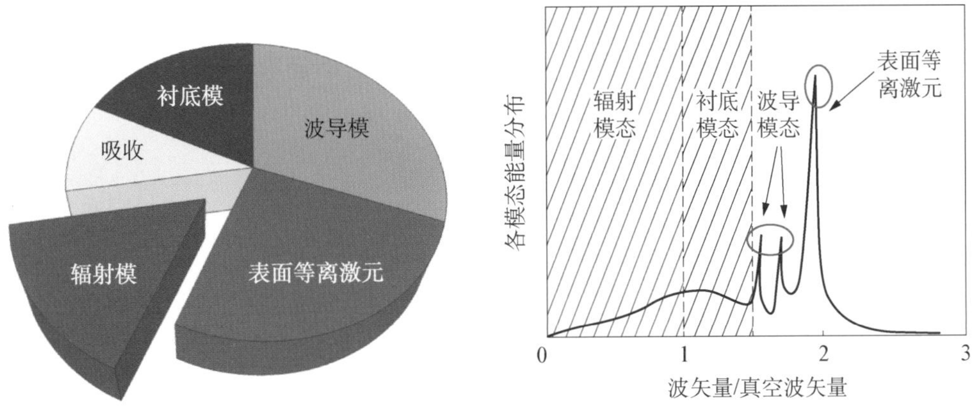

(a) 饼图　　(b) 能量分布图

图 5.3.17　OLED 中各光学模态的典型比例饼图和典型能量分布图

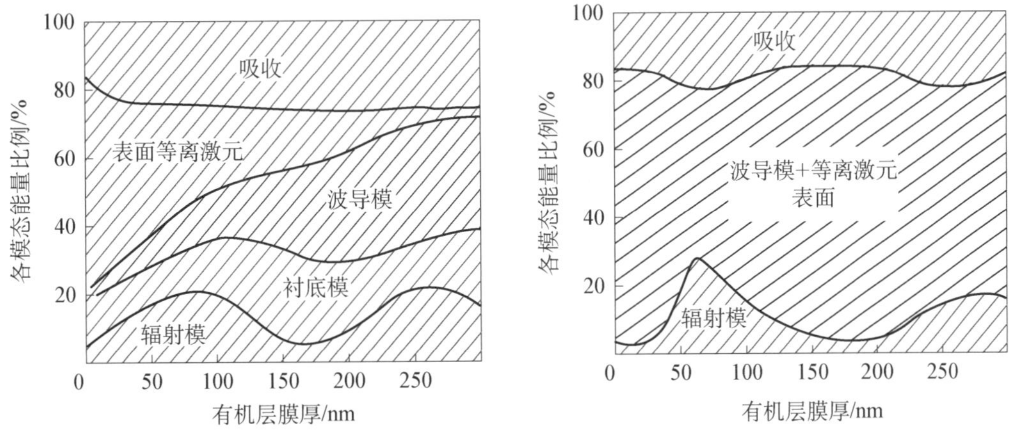

(a) 底发射 OLED　　(b) 顶发射 OLED

图 5.3.18　器件膜厚对各光学模态的调制

清楚了光都以何种形式束缚在 OLED 中，接下来我们将介绍各模态耦合出光的方法和结构，将这些被浪费的光都利用起来。首先对于衬底模而言，最开始对衬底模的耦合出光采用了半球型透镜，通过使用折射率匹配胶将半球型透镜平面的一侧与 OLED 的衬底相贴合，原本束缚在器件内的衬底模能够进入自由空间，从而提高光取出效率，进而提升外量子效率。这种方法虽然简便有效，但是由于半球型透镜与 OLED 在尺寸上是成比例的，对于大面积 OLED 来说，透镜尺寸占据了大量的体积，使 OLED 失去了超薄固体光源这一特性。而且，大尺寸的透镜意味着 OLED 无法弯曲，使其失去柔性特性。因此，大尺寸的透镜被不断小型化，并开发出了微透镜阵列(microlens arrays, MLA)技术，解决了之前存在的问题，MLA 也是目前 OLED 光取出最重要、最常见的手段。MLA 中每个微透镜的形状也可以有不同的设计，如仿生蛾眼(biomimetic moth's eye)，由于其所特有的亚波长纳米结构设计，能够有效抑制衬底和空气界面的菲涅尔反射，使得宽光谱、大入射角的入射光都能够以高透光率进入空气。除了在衬底和空气界面使用有序性非常高的 MLA 外，还可以使用具有无序性的表面粗糙化(roughening)技术以及准无序性的自凹痕(self-buckling)技术，如

图 5.3.19 所示。但无论采用哪种技术，其核心思想都是打破衬底和空气界面的全反射效应。此外，使用高折射率衬底能够抑制波导模，从而使更多的能量进入衬底模，并通过 MLA 等技术手段耦合出光。

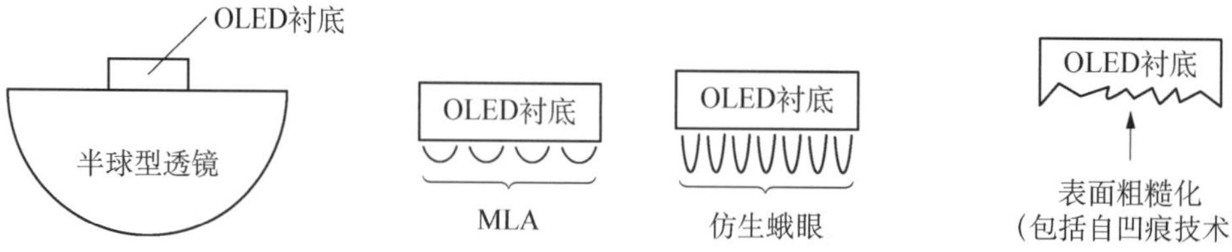

（a）半球型透镜　（b）MLA　（c）仿生蛾眼　（d）表面粗糙化（包括自凹痕技术）

图 5.3.19　OLED 衬底模的耦合出光方法

对于波导模的耦合出光，其核心思想则是要打破波导结构中芯层（core）与包层（cladding）间的全反射。比如，在 ITO-有机材料与玻璃衬底的界面或者与金属电极的界面加光栅结构，将波导模耦合到空气中。当器件每层材料的厚度和折射率确定时，通过求解亥姆霍兹方程（Helmholtz equation）可以计算出波导模的本征值（eigenmode）、有效折射率（effective refractive index），以及其电磁场在器件中的分布。本征值可以确定 OLED 中可支持的波导模个数；有效折射率提供了波导模的传播常数，可以确定所需光栅的周期。而光栅界面处的电磁场相对强度以及界面处两材料的折射率差则会影响光栅的衍射效率。在一维光栅作用下，某一波长波导模的耦合出光可以表达为

$$\lambda_0 = \frac{n_{\text{eff}} \pm \sin\theta}{m}\Lambda。 \tag{5.3.12}$$

式中，λ_0 为波长；θ 为耦合出光角度；n_{eff} 为有效折射率；Λ 为光栅周期；m 为衍射级数。在二维光栅作用下，情形会略微复杂，如下式所示：

$$n_{\text{eff}}^2 = \left(\pm \sin\theta\cos\varphi + m\frac{\lambda}{\Lambda_x}\right)^2 + \left(\pm \sin\theta\sin\varphi + p\frac{\lambda}{\Lambda_y}\right)^2。 \tag{5.3.13}$$

式中，θ 为耦合出光的俯仰角（elevation angle）；φ 为方位角（azimuthal angle）；m 和 p 为衍射级数；Λ_x 和 Λ_y 分别为光栅在 x 和 y 方向的周期。由（5.3.12）式和（5.3.13）式可见，波导模耦合出光的方向与有效折射率和波长相关，而有效折射率也对波长有依赖性，因此对于不同的波长，其耦合出光的方向也会有所不同，容易形成色散现象。若要实现不同可视角下光谱成分的一致性，往往还需要通过在其他层或界面引入无规则散射来消除色散。

表面等离激元的耦合出光与波导模类似，不同之处在于将（5.3.12）式和（5.3.13）式中的 n_{eff} 替换成了 $\sqrt{\frac{\varepsilon_d\varepsilon_m}{\varepsilon_d+\varepsilon_m}}$，其中 ε_d 和 ε_m 分别为介电材料和金属的介电常数。在图 5.3.20 所示中，ITO-有机材料与金属电极的界面的光栅结构除了可以用于波导模的耦合出光外，也可以实现表面等离激元的耦合出光。由于 $\sqrt{\frac{\varepsilon_d\varepsilon_m}{\varepsilon_d+\varepsilon_m}}$ 的值始终大于 n_{eff}，因此同一波长下这两种光学模态耦合出光的方向是不同的。

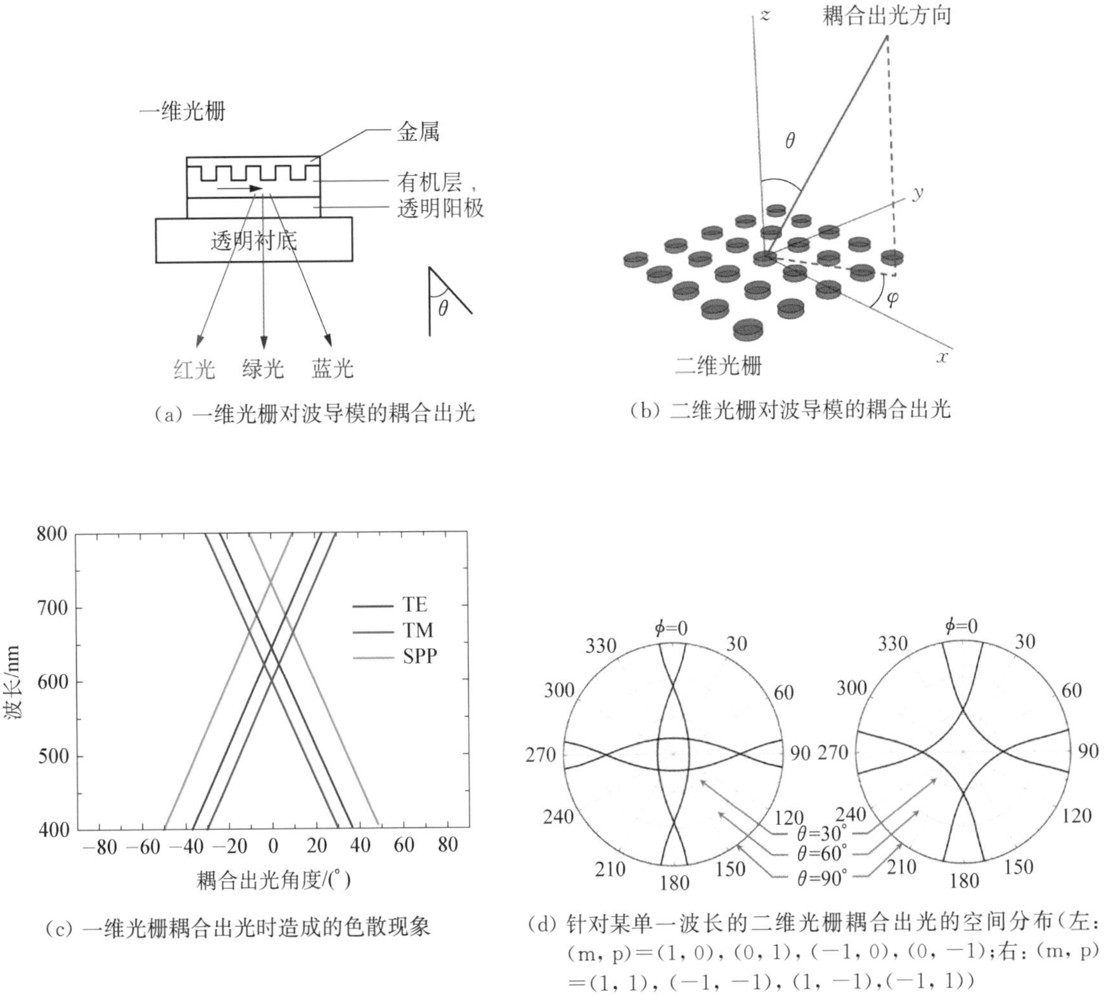

图 5.3.20　光栅对光学模态的耦合效果

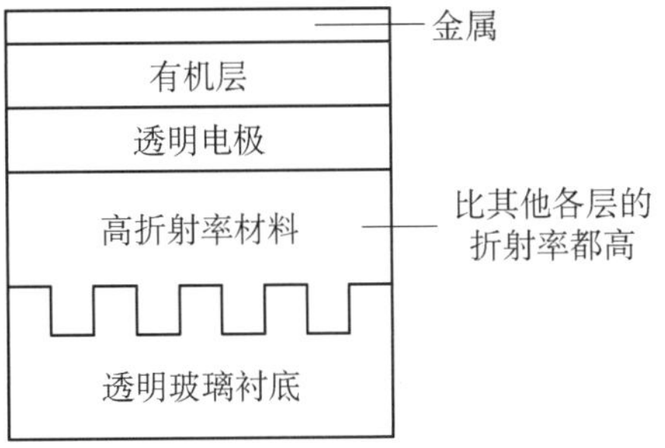

图 5.3.21　可同时对衬底模和波导模耦合出光的 OLED 典型结构

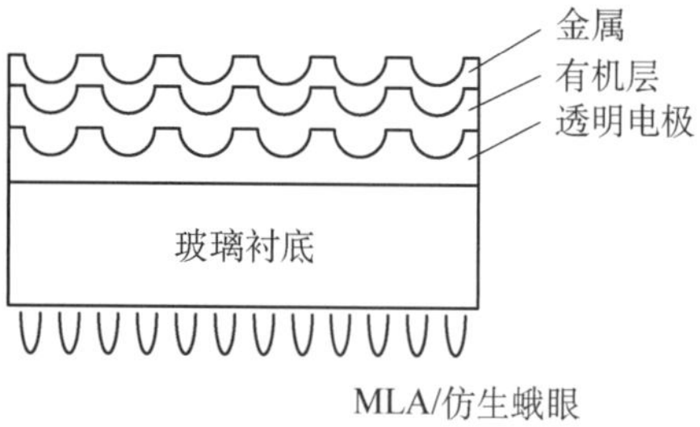

图 5.3.22　能够将器件中所有光学模态耦合到自由空间的 OLED 典型结构

ITO-有机材料与金属电极间的光栅结构可以同时对波导模和表面等离激元进行耦合出光。而图 5.3.21 所示中的高折射率材料通过将波导模集中在高折射率材料中，从而利用其与衬底间的光栅结构同时对衬底模和波导模进行耦合出光。这种设计的优点在于器件电学性能并没有受到光栅结构的影响，电学性能和光学性能相对独立，可以分别进行优化。若想进一步把所有被束缚在 OLED 中的光学模态都耦合到自由空间，则需要使用如图 5.3.22所示的结构。在这类 OLED 器件结构中，所有的层界面都引入了光栅结构，这有利于获得更高的光取出效率。但这类器件对制备工艺的要求较高，采用的对薄膜表面有平整化作用的溶液处理法往往会减小界面处的光栅深度，容易使器件形成局部短路。因此，这类器件多采用蒸镀的方法制备，旨在将光栅结构对器件电学性能的影响降到最低，但在很多时候还是需要在器件的电学性能和光学性能间作出平衡。

5.4　OLED 的器件制备

OLED 的制备对工艺、设备和环境都有特定的要求，不同的制备条件也会对器件性能造成影响。本节以 ITO/PEDOT：PSS/有机材料(一层或多层)/LiF/Al 的器件结构为例，介绍 OLED 制备的几种不同方法和主要过程。

5.4.1　基片处理

制备 OLED 最常用的基片是带有透明 ITO 层的玻璃衬底。这种用于 OLED 电极的 ITO 的方块电阻率往往为 9～15 $\Omega \cdot sq^{-1}$，厚度在 100～150 nm。如图 5.4.1 所示，第一步，如果购买到的 ITO 玻璃并没有形成满足要求的电极图案，则需要进行 ITO 的图案化处理；如果购买到的 ITO 玻璃已经具有满足要求的电极图案，则可以直接进入清洗环节。最常用的 ITO 玻璃图案化处理方法是将 ITO 需要保留的地方用胶带保护起来，而将 ITO 需要刻蚀掉的地方暴露在外，接着将 ITO 玻璃浸润在 37%的盐酸中 20～30 min。与盐酸有直接接触的 ITO 会与盐酸发生化学反应，比如在 ITO 中占主体的 In_2O_3 会与盐酸反应形成可溶的 $InCl_3$，即

$$In_2O_3 + 6HCl = 2InCl_3 + 3H_2O。$$

往盐酸中加锌粉可以大大提高 ITO 与盐酸的反应速率，将原先的反应时间压缩到只需要数秒钟。具体化学反应过程为

$$In_2O_3 + 6HCl = 2InCl_3 + 3H_2O,$$
$$Zn + 2HCl = ZnCl_2 + H_2\uparrow,$$
$$In_2O_3 + 3H_2 = 2In + 3H_2O,$$

$$2In + 6HCl \xlongequal{\quad} 2InCl_3 + 3H_2\uparrow。$$

当然，胶带只适用于 ITO 图案化尺寸在毫米到厘米量级的情况。对于图案化尺寸小于毫米量级的情况，则需要使用光刻的方法来实现小尺寸下精确的图案化。盐酸刻蚀后的 ITO 玻璃需要用异丙醇(isopropanol，IPA，C_3H_8O)浸润或冲洗，将表面残留的盐酸洗净，接着再用氮气气枪吹干。

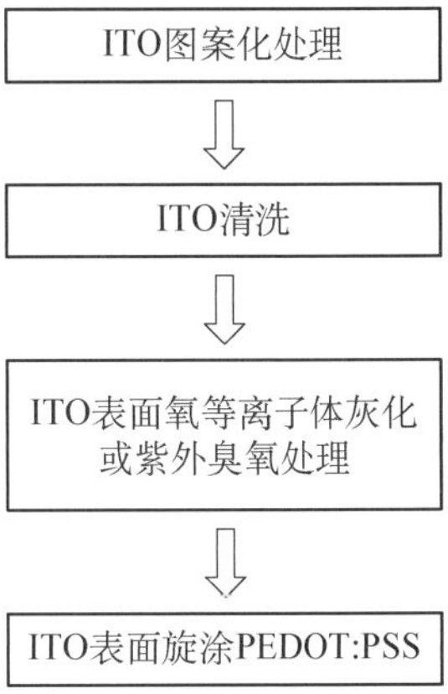

图 5.4.1　器件主要制备工艺流程

下一步，是将 ITO 玻璃表面的胶带移除，并将 ITO 玻璃置于丙酮(acetone，CHCOCH)中进行超声清洗，然后再将其置于异丙醇中继续超声清洗。丙酮和异丙醇的清洗能够去除 ITO 玻璃表面的灰尘和油脂，清洗时间一般各取 15 min。洗净的 ITO 玻璃用氮气气枪吹干，然后将其置于氧等离子体灰化机或紫外臭氧机中进行表面处理。常用的氧等离子体处理条件是射频功率为 100 W，处理时间为 2～5 min。该表面处理可以有效清洁 ITO 表面的有机残留物，增加其表面功函数，并提高其表面的亲水性，有利于空穴的注入。

接下来的步骤是，在 ITO 表面旋涂一层空穴注入层 PEDOT：PSS。ITO 表面提高的亲水性有利于 PEDOT：PSS 在表面形成高质量薄膜，形成 PEDOT：PSS 的厚度与选用溶液的浓度和旋涂条件相关。以贺利氏(Heraeus)公司的 CLEVIOS P VP AI 4083 型 PEDOT：PSS 为例，在未稀释的条件下以 4 000 $r \cdot min^{-1}$(rpm)的速度旋涂 1 min，能够形成 40 nm 的膜厚。PEDOT：PSS 在旋涂后需要进行退火处理，将薄膜中的剩余水分挥发到空气中。常用的处理条件是在 120℃的温度下烘烤 10 min。

在完成 PEDOT：PSS 薄膜制备后，有机层薄膜的制备可以选择采用两种不同的技术路线。一种技术路线是将样品和有机材料置于真空腔内，进行真空镀膜；另一种方法是将有机材料配成溶液，在样品上溶液成膜。

5.4.2　真空镀膜法

真空镀膜法需要在高真空蒸镀系统内完成，如图 5.4.2 所示。高真空蒸镀系统一般包含多个部件，包括真空腔体、真空泵、真空阀、法兰、石英观察窗、蒸镀电源、膜厚仪(石英晶振片)、真空计(热偶规、电离规)、电机等。高真空蒸镀系统的真空度对有机材料成膜的影响非常大。当真空度比较高时，真空腔体内的气体分子很少，不会对在热蒸镀作用下飞向样品的有机材料分子造成散射。而当真空度比较低时，受到真空腔体内气体分子的散射，一方面会造成有机材料分子在样品表面成膜的不均匀性，形成缺陷或针孔；另一方面会将腔体内气体分子作为杂质，引入有机薄膜。一般来说，真空镀膜法需要的真空度要达到甚至高于 10^{-4} Pa，而要实现这一真空度，则至少需要机械泵加分子泵的两级真空泵。

机械泵是两级真空泵中的前级泵。机械泵中的电机通过皮带带动泵轴旋转，将真空腔体内的气体吸入泵内后排出到真空腔外，可以用来提供 10^{-1} Pa 甚至 10^{-2} Pa 的低真空度。低真空度范围内的气压测量可以使用热偶规(热偶真空计)，它利用气体分子的导热性，通过

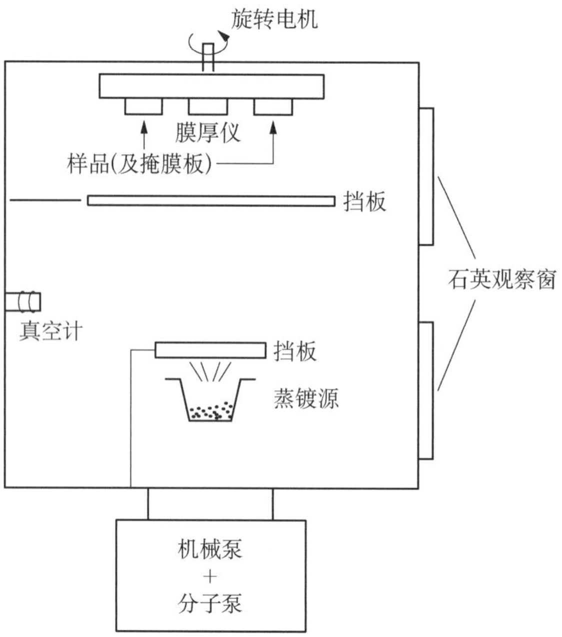

图 5.4.2　高真空蒸镀系统

热偶电阻丝上的感应热电势的变化来测量真空度。当达到低真空度后，可以开启两级真空泵中的次级泵，也就是分子泵来实现高真空度。分子泵利用高速叶轮使气体产生定向流动，并将其压缩后排出真空腔外。分子泵转速一般为 30 000～60 000 rpm，抽气速率每秒数百到上千升，这样的真空度可以达到 10^{-5}～10^{-7} Pa。高真空度范围内的气压需要使用电离规进行测量，它通过电离气体分子收集离子电流的方法来测量真空度。在整个抽真空和蒸镀过程中，需要热偶规和电离规持续在线监测腔体内的真空度。

使用高真空蒸镀系统制备有机薄膜的第一步是，将有机蒸镀材料和目标样品置于真空腔体内。有机蒸镀材料置于真空腔体下方的蒸发舟内，固定蒸发舟的两个电极柱与蒸镀电源相连，蒸镀电源可以提供上百安培的大电流来加热蒸发舟，因此蒸镀有机材料的蒸发舟常采用耐高温的氮化硼、氧化铝或者石英坩埚。蒸发舟正上方一般会配有挡板。挡板处于关闭位置时，可以阻挡蒸发的有机材料分子飞向目标样品。因此，通过控制挡板的开关可以控制蒸镀的膜厚。真空镀膜法对有机蒸镀材料的纯度也有要求，通常需要达到 99.9%以上。目标样品则置于真空腔体的上方，并倒扣在掩膜板上。掩膜板一般可以放置多个样品，每个样品位上一般都有预定图案，预定图案决定了有机蒸镀材料在目标样品上的覆盖面积。一般来说，掩膜板的下方也会配备有挡板，以实现蒸镀时的膜厚控制。有机蒸镀材料和目标样品间的距离一般控制在 30～50 cm。太近不仅有可能使目标样品暴露在强烈的热辐射下，还会造成样品不同位置或不同样品间膜厚的不均匀；太远虽然能够提升膜厚的均匀性，但是材料的消耗会更多，而且过大的真空腔体不利于高真空度的实现。

第二步，则是通过蒸镀电源给蒸发舟加载电流来蒸镀有机材料。加载电流的增长必须缓慢，以保证有机材料和蒸发舟有足够的时间传递温度，实现整体预热。在此过程中，打开蒸发舟上方的挡板，而保持掩膜板下方的挡板关闭，便可以通过石英晶振片监测蒸镀何时开始,以及不同电流下蒸镀速率的变化。蒸镀速率随电流的变化是非常敏感的,一般有机材料的蒸镀速率控制在 0.1 Å·s^{-1}左右。除了采用电流控制外,也可采用温度控制的蒸镀。温控蒸镀通过热电偶(或热电阻)温度计的温度反馈来控制蒸发舟的温度,可标定有机蒸镀材料的玻璃化温度。当蒸速满足条件时,打开掩膜板下方的挡板,并开启连接掩膜板的旋转电机,此时有机蒸镀材料分子在目标样品上成膜。旋转电机使目标样品围绕掩膜板中心轴旋转,能够使蒸镀的膜厚更均匀。当蒸镀膜厚达到目标值时,关闭两块挡板,将蒸发电源的电流归零,让有机蒸镀材料冷却。

蒸镀的膜厚往往受到多方面的影响,包括蒸镀材料和目标样品间的相对位置、蒸镀材料飞离蒸发舟坩埚的发散角、掩膜板电机的旋转速度。因此,在初次蒸镀某种新材料时,需要对其进行工具因子(tooling factor)标定。工具因子与之前所提到的各因素相关,能够将石英晶振片测得的膜厚与实际真实的膜厚关联起来。工具因子的标定可以通过制备 3~4 组不同膜厚的样品,比较其石英晶振片测得的膜厚与用台阶仪或椭偏仪测得的实际膜厚,利用线性拟合来计算工具因子。

对于由多种材料共同形成的有机薄膜,如施主-受主结构的掺杂型发光层,则需要使用双源或多源共蒸技术,即使用蒸镀电源同时独立控制两个或多个蒸发舟的加热。例如,发光层采用 CBP: $Ir(ppy)_3$(7wt%)(CBP=4,4′- Dicarbazolyl - 1,1′- biphenyl,4,4′-双(N -咔唑)- 1,1′-联苯;$Ir(ppy)_3$ = Tris[2 - phenylpyridinato - C^2, N] iridium(III),三[2 -苯基吡啶- C^2,N]铱(III))的经典小分子磷光 OLED 就使用了双源共蒸技术。

在一层或多层有机材料蒸镀完毕后,将继续蒸镀电子注入层和金属阴极,如 LiF/Al。与蒸镀有机材料相似,电极的蒸镀也有预热、蒸镀、冷却的过程,也涉及蒸速和膜厚的控制。对于 LiF/Al 而言,LiF 的蒸速小于 0.1 nm·min^{-1},膜厚约为 0.7 nm;Al 的蒸速为 0.1~0.5 nm·s^{-1},膜厚大于 100 nm。金属和有机材料的蒸镀可以在同一个真空腔体内完成,也可以在有机材料蒸镀完成后将目标样品连同掩膜板在不破坏真空的条件下转移到另一个真空腔体,实现有机材料和金属在不同真空腔体内的蒸镀。有机材料和金属分开蒸镀的好处在于避免了两者在腔体内的交叉污染,有利于保证器件的性能。掩膜板图案也决定了金属阴极的覆盖面积,当金属阴极与之前图案化的 ITO 阳极有重叠区域时,能够形成完整的 OLED 器件结构,每一个重叠区域也被称为 OLED 像素点(pixel),如图 5.4.3 所示。一般来说,在实验室中制备的像素点面积从数个平方毫米到数个平方厘米,每块衬底上形成 2~8 个像素点。

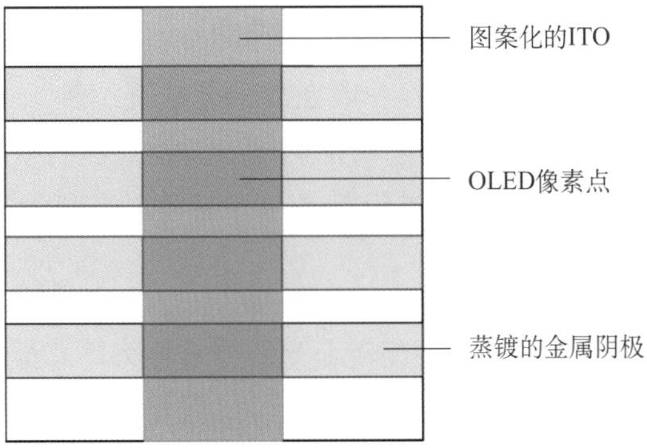

图 5.4.3 **OLED 像素点(阳极和阴极有重叠的部分)**

5.4.3 溶液成膜法

蒸镀成膜法对高真空蒸镀系统有很高的要求,需要很高的真空度,还需要采用多真空腔体进行蒸镀，因此整套设备的成本和运营维护费用都很高。再加上蒸镀成膜法对材料的消耗非常大，所以不利于降低 OLED 的制备成本。而溶液成膜法，则被认为是低成本制备 OLED 最具前景的技术路线。溶液成膜法里也细分成多种不同的工艺，包括旋涂（spin-coating）、喷墨打印（inkjet printing）、滚筒打印（roll-to-roll printing）等。

旋涂是最早采用的溶液成膜工艺，如图 5.4.4 所示。第一步是将高纯度的有机材料粉末与有机溶剂混合，配成一定浓度的溶液。溶剂的选择有很多，包括甲苯（toluene，C_7H_8）、氯苯（chlorobenzene，C_7H_7Cl）、氯仿（chloroform，$CHCl_3$）、二氯甲烷（dichloromethane，CH_2Cl_2）、四氢呋喃（tetrahydrofuran，C_4H_8O）等。有机溶剂具有不同的极性，对不同的有机材料的溶液度也不相同。配好的溶液一般会储存在深棕色的玻璃瓶中，以避免暴露于日光中的紫外光成分下。为了让有机材料粉末在溶剂中能更快地溶解，可以在玻璃瓶中加入磁转子进行搅拌或者适当给溶液加温。此外，对于某些材料，对溶液的加温可以改变不同构象的比例，如聚(9,9－二－n－十二烷基芴基－2,7－二基)（Poly(9,9－di－n－dodecylfluorenyl－2,7－diyl)，PFO）中的 α 相和 β 相。

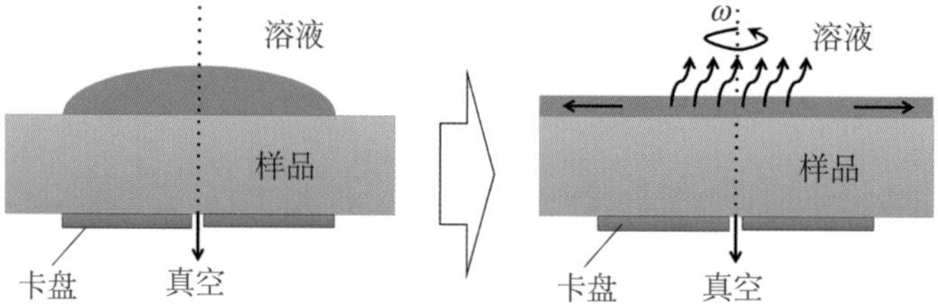

图 5.4.4　旋涂工艺

第二步是用移液枪将配制好的一小部分溶液均匀滴在置于真空吸附卡盘（chuck）上方的样品上，接着开启高速电机让卡盘上的样品绕自己的中心轴以每秒数千转的速度自转。在这一过程中，溶液会受到离心力左右向外扩散，铺满整个样品，多余的溶液则被高速甩出。另一方面，溶液在样品表面扩散的过程中，其溶剂也在蒸发，最终只留下有机材料形成固态薄膜，典型的膜厚一般在数十至数百纳米。旋涂得到的膜厚与薄膜质量受多方面因素的影响，包括卡盘转速、旋涂时间、溶液浓度、衬底表面张力、溶剂蒸发速率等。(5.4.1)式是一个经验公式，表明了膜厚 d 与卡盘转速 ω 和溶液浓度 ρ 的相对关系，即

$$d \propto \rho\omega^{1/2}。\tag{5.4.1}$$

先滴溶液再旋转卡盘的方式称为静态配料。另一种与之操作顺序略有不同的方法称为动态配料。动态配料是在卡盘先作低速旋转的情况下滴下溶液，然后再让卡盘作高速旋转。动态配料比静态配料有更高的材料覆盖率，能够节省材料。此外，为了进一步节省材料，可以在旋涂仪或匀胶机内侧包裹铝箔，回收在旋涂过程中被甩出样品外的溶液。旋涂工艺十分便捷、对设备要求低，但也存在着自身问题。一方面，旋涂只适用于实验室中小面积制膜，不适用于大面积制膜；另一方面，旋涂无法实现图案化，无法制备全彩显示，这些都制约了旋涂在 OLED 产业界的进一步发展。

喷墨打印是溶液成膜的另一种方法，如图 5.4.5 所示。与旋涂相比，喷墨打印并非在整

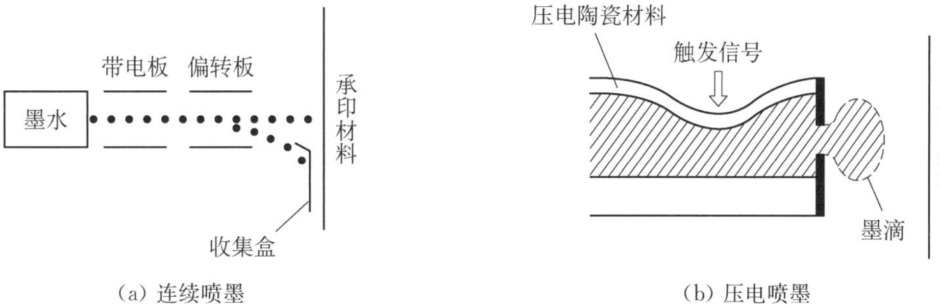

图 5.4.5 **喷墨打印示意图**

个样品上成膜，而是只在需要的区域成膜。因此，不仅可以大幅节省材料，而且更重要的是能将有机薄膜图案化，实现全彩打印。按其发展来看，喷墨打印可以分为两大类。早期的喷墨打印使用的是连续喷墨，打印机结构中的带电板和偏转板能够控制墨盒中墨滴的飞行轨迹。比如，在需要打印的地方让墨滴呈直线飞出喷嘴，落到承印材料上；而在不需要打印的地方让墨滴的飞行轨迹发生偏转，进入收集盒中，被墨盒回收。随着技术进一步发展，又开发出按需喷墨。按需喷墨只在需要的时刻将墨滴从打印机喷嘴里喷出，不需要对墨滴进行回收。按需喷墨的常用方法包括利用热气泡、静电或者声波将墨滴从喷嘴里喷出，而目前最主流的手段是使用压电陶瓷（piezoelectric ceramics）材料控制墨滴的喷射，典型的产品如富士公司的 Dimatix DMP 系列压电喷墨打印机。

分辨率和成膜质量是喷墨打印最重要的两个关键指标。从墨滴生成的环节来看，这两个指标与墨滴的大小、均匀度和黏度相关，也受到墨滴拖尾和卫星点的影响。其中，高质量墨水的研制是核心，其溶解性、黏度和表面张力等物理特性对其成膜质量起决定性作用。另一方面，由于墨滴拖尾会严重限制分辨率，需要进行针对性优化。最常用的优化方法有两个，一是通过缩减喷嘴直径，以减小喷射墨滴的尺寸；二是优化驱动喷墨的电脉冲波形，增强墨滴与腔体内墨水的分离效果。而从墨滴飞行的环节来看，两个关键指标则受墨滴溶剂挥发速率和偏移程度的影响。由于尺寸效应，墨滴溶剂的挥发速度非常快，这会影响成膜的均匀度，因此可以选择高沸点溶剂来延长墨滴的干燥时间。此外，还可以通过调节油墨温度、承印材料加热温度、油墨挥发过程中物理性质变化等因素进行优化。最后，从墨滴到达承印材料表面的环节来看，墨滴与承印表面相互作用而发生的干燥行为和自发运动对两个关键指标也有很大影响。由于受到墨滴与承印材料表面接触角的作用，墨滴边缘容易被钉在原地无法移动，这使得墨滴边缘的挥发速度高于墨滴中央，导致溶质在干燥过程中由中间向边缘移动，形成咖啡环效应（coffee-ring effect），这样得到的薄膜厚膜均匀度非常糟糕。为了缓解或避免咖啡环效应，可以采用不同沸点和表面张力的溶剂配置混合溶剂，以增加墨滴与承印表面的接触角或减少墨滴的流动性。

喷墨打印是非接触式打印的代表，而接触式打印的代表则是滚筒打印。滚筒打印最大的特点是与卷对卷（roll-to-roll）工艺兼容，能够实现 OLED 溶液成膜的工业化量产。滚筒打印还能细分为网版打印（screen printing）、凹版打印（gravure printing）和凸版打印（relief printing）等，如图 5.4.6 所示。网版打印利用刮刀（squeegee blade）将油墨均匀涂在已有感光乳剂(emulsion)图案的网布上，并在没有乳剂覆盖的网布上形成油墨图案。网版打印的分辨率由网布的线宽决定，一般可达 50 μm。网版打印对设备的要求比较低，对油墨和承印材料的适应性强，形成的油墨膜层厚实且自发性运动少，但其分辨率和生产速度都受到限制。凹版打印和凸版打印可以提供更高的分辨率和更快的生产速度。凹版打印是将凹坑中所含的油墨直接压印到承印材料上，每一处油墨膜层的厚薄和大小都由凹坑的深浅和大小决定，印版表面则是非印刷区，表面携带的油墨会在接触承印材料前被刮墨刀刮掉。与凹版打印相反，凸版打印则是在凸起处着墨，再将油墨转印到承印材料上。凹版打印和凸版打印易实现高速生产，但印版滚筒的制版成本较高。此外，喷墨打印和滚筒打印也涉及印前和印后处理，包括印前的表面能处理、涂层处理，以及印后的烘干/退火、紫外固化等。涉足该领的公司有杜邦、Plextronics、Novaled、CDT、BASF、Merck、Epson、HP 等。

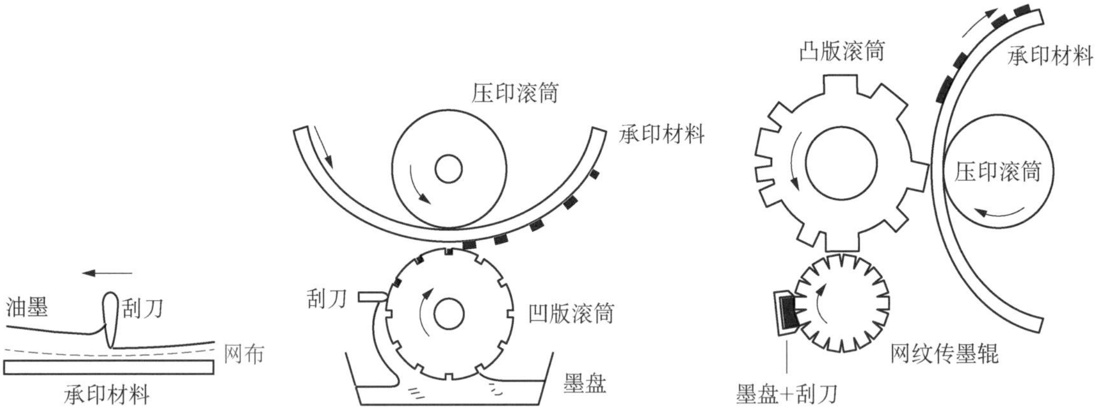

(a) 网版打印　　(b) 凹版打印　　(c) 凸版打印

图 5.4.6　滚筒打印

如之前介绍的，高性能的 OLED 器件往往采用多层结构，这对于真空镀膜法来说，后一层的镀膜过程不会对先前已经形成的薄膜有影响，层与层之间的界定也非常清楚。而对于溶液成膜法，后一层在成膜过程中的溶剂有可能溶解前一层薄膜，使得两层薄膜有一定程度的无序混合，成膜质量也会非常差，对 OLED 器件性能是致命性的伤害。正是因为这个原因，早期用溶液成膜法制备 OLED 时往往是在旋涂完发光层后，将样品转移到高真空镀膜系统中，再蒸镀电子传输层、电子注入层、阴极等剩余结构，但这并不能从根本上解决问题。为了能够让两层有机材料在溶液成膜时互不影响，开发出两条技术路线，一种称为正交溶液(orthogonal solvents)法，另一种称为交联(cross-linking)固化法。正交溶液法是将相邻层的两种有机材料分别溶于水溶性溶剂和油溶性溶剂中，能溶于水性溶剂的有机材料很难溶于油性溶剂；反之，亦然。因此在溶液成膜时，能够保证相邻两层间的相互影响非常小，成膜效果好。但正交溶液法对材料的要求非常高，相邻两层有机材料必须分别具有溶于水性和油性溶剂的性质，这一点不容易满足。交联固化法采用了与正交溶液法不同的思路，它将前一层材料进行交联固化处理，使得前一层材料能够抵抗后一层材料成膜时溶剂对它的溶解，从而保证成膜质量。实现交联固化的方法有好几种，按照处理手段分，可以分为热交联固化、紫外交联固化和等离子体交联固化等方法。值得一提的是，无论是用真空镀膜法还是用溶液成膜法制备 OLED,对周围环境的要求都非常高,空气中的灰尘和水氧含量都会影响制得器件的性能。因此,对灰尘与温湿度控制的超静间(clean room),以及充满惰性气体不含水氧的手套箱(glove box)都是 OLED 制备过程中的必备品。

5.4.4 微纳光学结构制备

OLED 中微纳光学结构的制备涉及两大步骤,一是光栅母版(master grating)的制备,二是光栅图案的转移。一种常用的光栅母版制备方法称为双光束干涉全息法(two-beam interference holography),其光路设计如图 5.4.7 所示。这种方法是利用分光棱镜让紫外激光形成存在一定相位差的两个光路,当通过两个光路的激光共同照射在样品(一般为硅或石英)表面时,受到激光的相干性作用,会在样品表面形成干涉条纹。样品表面涂有紫外光刻胶,在曝光和冲洗后,光刻胶上形成的光栅图案具有与干涉条纹一致的结构。光栅图案的周期 Λ 由激光波长 λ 及其入射角 θ 决定,关系式为

$$\Lambda = \frac{\lambda}{2\sin\theta}。 \tag{5.4.2}$$

例如,对于一维光栅,当入射波长为 325 nm、入射角度为 $\pm 27°$ 时,得到的光栅周期为350 nm。双光束干涉全息法得到的光栅面积则由激光的光斑面积决定,通过使用光束扩展器(beam expander)可以形成大面积、准直性和均匀性都很高的激光光斑。因此,用此方法制备大面积光栅图案相对容易,对设备的要求也相对不高。但此方法也有其局限性,最大的短板在于光栅图案受到干涉条纹的作用只能形成正弦(余弦)结构,不能形成任意结构,限制了其应用。

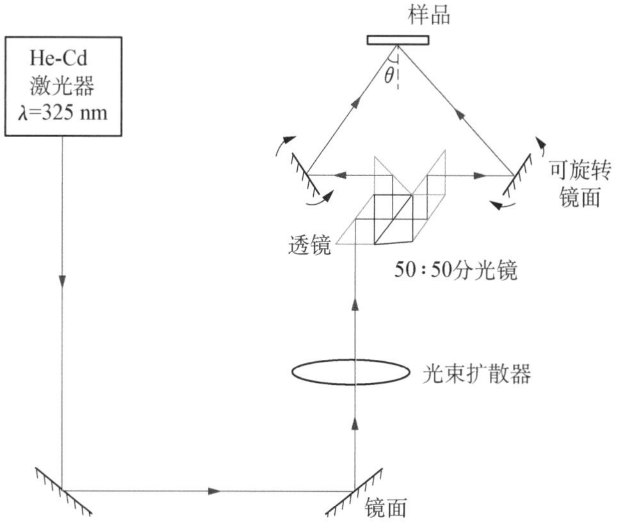

图 5.4.7 双光束干涉全息法光路设计

在得到具有光栅图案的光刻胶后,需要进行反应离子束刻蚀(reactive ion etching, RIE),将此图案写入样品内,形成最终的光栅母版。反应离子束刻蚀是在高真空腔体利用射频放电,使流入腔体的反应气体形成等离子体,等离子体中的正离子在直流偏压的作用下

会轰击置于阴极的样品，对样品进行各向异性刻蚀（anisotropic etching），在此情况下，垂直方向的刻蚀速率远大于水平方向的刻蚀速率。在刻蚀过程中，根据不同样品材料会选择不同的反应气体，常用的反应气体包括三氟甲烷（trifluoromethane，CHF_3）、六氟化硫（Sulphur hexafluoride，SF_6）以及氧气。而整个的刻蚀速率，则受到腔体气压、气体流速、射频功率等多方面因素的影响。一般来说，1∶1 的三氟甲烷和六氟化硫在 20 W 的射频功率下可以对硅片进行 100 $nm \cdot min^{-1}$ 的刻蚀，而三氟甲烷在 40 W 的功率下可以对石英进行 10 $nm \cdot min^{-1}$ 的刻蚀。

要制备自定义图案（非正弦/余弦）的光栅母版则需要用到另一种方法，称为电子束刻蚀（E-beam lithography）。由于电子的德布罗意波长（de Broglie wavelength）远小于双光束干涉全息法中用到的光子波长（10 kV 加速电场的电子波长为 12 pm，紫外光子波长为300 nm，相差 4 个数量级），因此，电子束刻蚀能够提供极高的分辨率，适用于制作精细化程度非常高的纳米图案。在实际操作过程中，电子束刻蚀的分辨率还受电子散射的影响，但电子束光斑直径一般仍能保持在 20 nm 以下。虽然整个电子束刻蚀过程很耗时，设备价格也很昂贵，但其在图案结构上的自由度和分辨率上的优越性使其成为微纳光学加工中最重要的方法。

电子束刻蚀的第一步是利用计算机辅助设计软件进行光栅母版的图案设计，生成电子束刻蚀系统可以读取（GDSII 格式）的文件。在完成光栅图案设计后，先在样品表面旋涂电子束光刻胶并进行烘烤，然后将样品放入电子束刻蚀系统，并将电子束聚焦在光刻胶材料表面。根据光栅图案的设计，系统会对光刻胶进行逐行扫描（raster-scanned）曝光，冲洗后就能在光刻胶上形成光栅图案。随后，使用再反应离子束刻蚀技术，将该图案进一步写入样品内，如图 5.4.8 所示。一般来说，电子束刻蚀能够扫描的面积大小是有限的，它受到聚焦电子束的倾角限制。要实现大面积的光栅母版制作，需要在扫描完一片区域后对样品进行精确平移，使电子束继续扫描紧邻的下一片区域，以实现图案与图案间的精确对接。而对于因为没有精确对接而引入的误差，我们将其称为拼接误差（stitching error）。

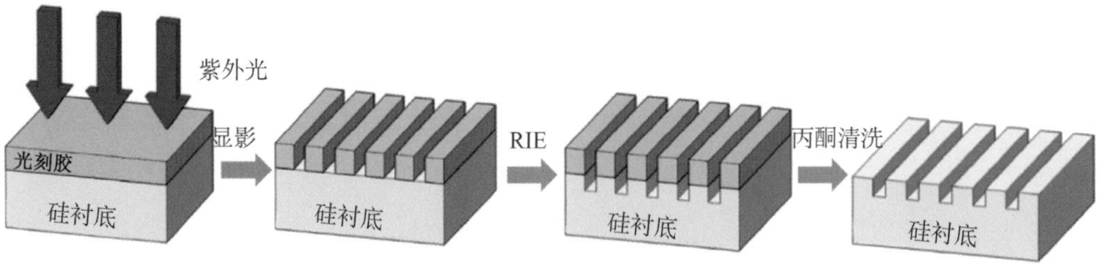

图 5.4.8　光栅图案写入样品流程

上面介绍了制备光栅母版的两种方法，包括双光束干涉全息法配合反应离子束刻蚀，以及电子束刻蚀配合反应离子束刻蚀。但是光栅母版一般不能直接用在 OLED 中，而是需要通过接下来我们介绍的纳米压印（nanoimprint lithography，NIL）技术，将光栅母版中的图案转移到 OLED 中。纳米压印最大的优势是能够将光栅母版上的结构“复制-粘贴”到目标材料上，使光栅母版得到循环利用，从而平摊了光栅母版昂贵的制作价格，大幅降低了微纳光学结构的制备成本，并通过简单步骤实现大面积微纳光学结构的批量化生产。

纳米压印有 3 种主要方法：热压印（hot-embossing）、紫外压印（UV - NIL）以及溶剂辅助压印(solvent-assisted NIL)。热压印利用高压高温将图案从光栅母版转移到衬底上,一般采用的衬底是玻璃化温度较低的聚合物。如图 5.4.9 所示,在压印过程中,与光栅母版直接接触的聚合物先被加热到玻璃化温度以上,产生一定的流动性。在此温度下,受到高压力的作用,聚合物发生形变并填充光栅母版中的空腔。此过程结束后,聚合物被冷却到玻璃化温度以下,聚合物上的光栅图案固化,能够提供足够的机械强度。之后,便可将聚合物从光栅母版上剥离。如果将光栅母版上的图案定义为正性图案,那么聚合物上得到的图案是负性图案。热压印工艺简单、成本低廉,往往被用于制备 OLED 柔性衬底表面的 MLA 结构。

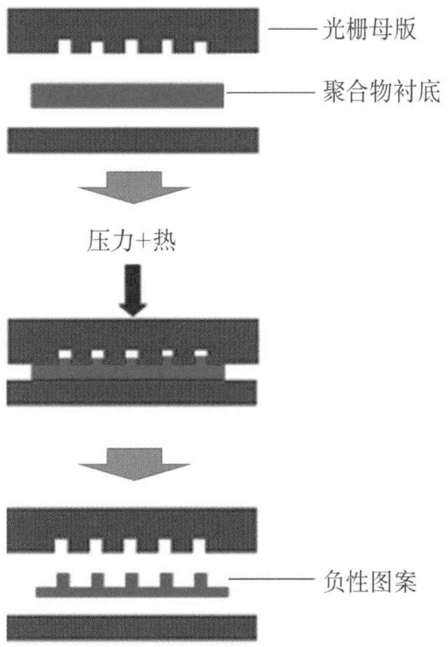

图 5.4.9　热压印流程示意图

与热压印的固化原理不同,紫外压印是利用紫外光照射室温下的印章(stamp)材料和 UV - NIL 光刻胶来实现固化的,不需要高温处理。如图 5.4.10 所示,紫外压印需要在压印前先在光栅母版表面覆盖一层单层厚度的防粘层(anti - sticking layer)。该防粘层具有疏水性,在之后光栅母版与印章材料的分离过程中能有效避免印章材料残留在光栅母版表面。光栅母版处理完成后,则进入制备印章环节。在此环节中,先在印章衬底(一般为玻璃)表面旋涂黏附层(adhesion layer)以增加印章材料与衬底间的黏附力,随后在光栅母版上滴印章材料液滴,并将涂有黏附层的印章衬底倒扣在液滴上。通过随后的紫外曝光、剥离、烘焙以及加防粘层等处理,能够形成具有负性图案的印章。接下来,在高压力作用下,印章与涂有黏附层的 UV - NIL 光刻胶直接接触并相互挤压,使 UV - NIL 光刻胶填充印章中的空腔。在对其进行紫外曝光固化和剥离后,在 UV - NIL 光刻胶表面能够形成正

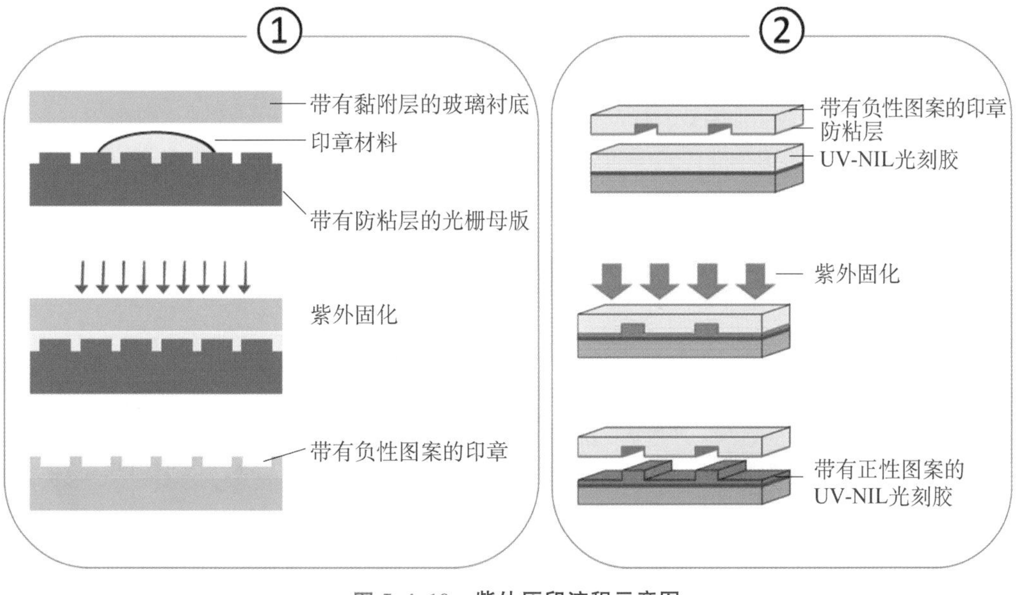

图 5.4.10　紫外压印流程示意图

性图案。紫外压印一般都采用上文介绍的两次压印法，即形成“正-负-正”图案的过程。两次压印法中的印章可以反复使用，光栅母版也不需要与 UV–NIL 光刻胶直接接触并压印，使得光栅母版不用承担由于压印过程中受力不均而被压碎的风险，有效地保护了光栅母版。紫外压印一般用于衬底的图案化，可以用于衬底模、波导模的耦合出光。

溶剂辅助压印一般也采用两次压印法，先制备印章，然后利用溶剂软化有机薄膜，使其在受到压力与印章接触时填充印章中的空腔。在溶剂完全挥发后，将印章剥离，在有机薄膜上就形成了正性的光栅母版图案。根据溶剂对有机材料的溶解性，溶剂辅助压印发展出 3 种技术。当溶剂对有机材料的溶解性很高时，可让有机材料吸收挥发出的溶剂分子，使有机材料软化，这种方法称为蒸气辅助纳米压印(vapour-assisted NIL)，如图 5.4.11 所示。当溶剂的溶解能力稍弱时，可用棉签将少量溶剂涂在印章表面，然后再与有机薄膜接触并进行压印。在压印的过程中，夹在印章和有机薄膜中间的溶剂能够有效地软化有机薄膜，这种方法称为溶剂辅助微铸型(solvent-assisted micro-molding, SAMIM)，如图 5.4.12 所示。而

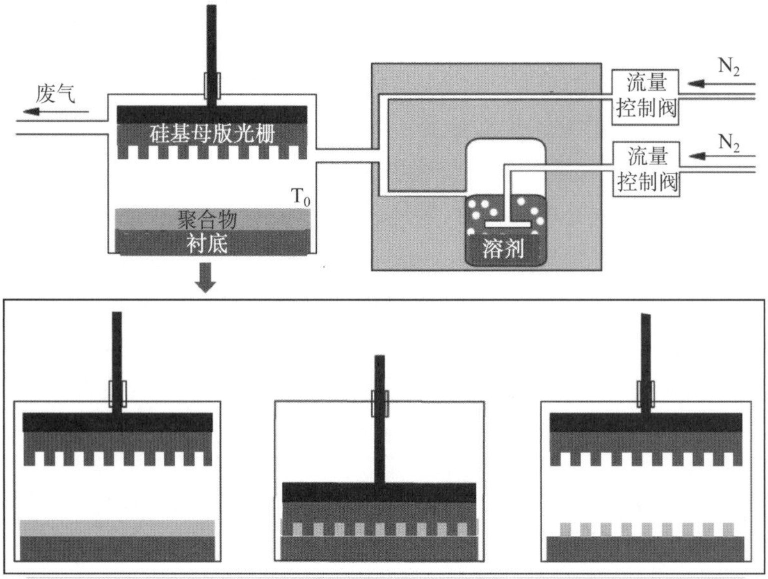

图 5.4.11　蒸气辅助纳米压印流程示意图

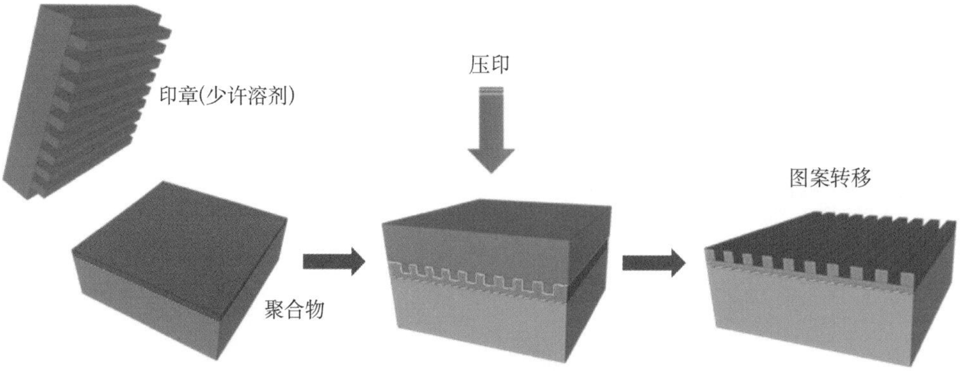

图 5.4.12　溶剂辅助微铸型流程示意图

当溶剂的溶解能力非常弱时，可将一定量的溶剂滴在有机薄膜表面，在接下来的压印过程中，有机薄膜受到溶剂的作用而软化，这种方法称为溶剂浸没纳米压印(solvent immersion NIL)，如图 5.4.13 所示。溶剂辅助压印的最大特点在于可以直接压印有机材料，在有机材料表面直接形成图案。因此，可以用于波导模以及表面等离激元的耦合出光。

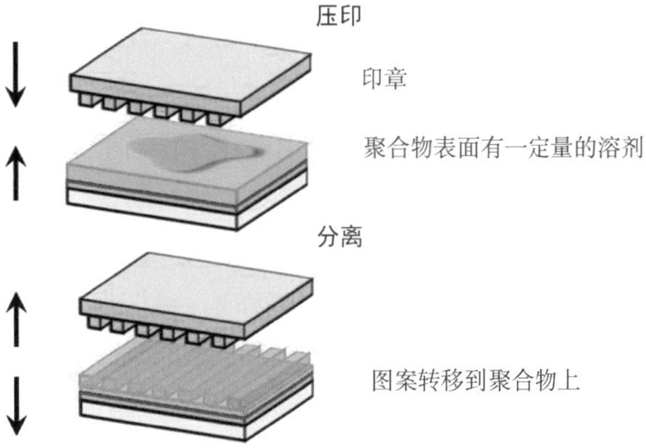

图 5.4.13　溶剂浸没纳米压印流程示意图

除了上文介绍的周期性微纳光学结构的制备外，OLED 还可以采用非周期性的微纳光学结构来提高光提取效率，如 5.3.3 小节中介绍的自凹痕技术。自凹痕技术是利用两种相连材料热膨胀系数间的差别来形成无序的凹痕表面。两种材料的热膨胀系数需要有很大区别，常用的选择有聚二甲基硅氧烷(Polydimethylsiloxane, PDMS)与 Al(及 Al_2O_3)的搭配，如图 5.4.14 所示。其工艺步骤如下：先在衬底上旋涂 PDMS 材料并烘烤固化，接下来在保持 PDMS 烘烤的状态下在其表面蒸镀约 10～20 nm 的 Al，在此过程中 PDMS 会与 Al 吸附原子发生化学反应在界面形成一层 Al_2O_3。蒸镀完成后，温度冷却至室温。由于在 PDMS 和 Al 之间有巨大的热膨胀系数差异，会在表面形成凹痕结构。蒸镀铝的厚度直接影响到凹痕结构的大小，获得的凹痕在宏观上表现出无序性，但在微观上存在一定的准周期性分布。例如，蒸镀 15 nm 的 Al 获得的凹痕，其峰值周期在 560 nm 左右，深度约为 90 nm，可见光透光率在 80%附近，能有效提高 OLED 的光提取效率。

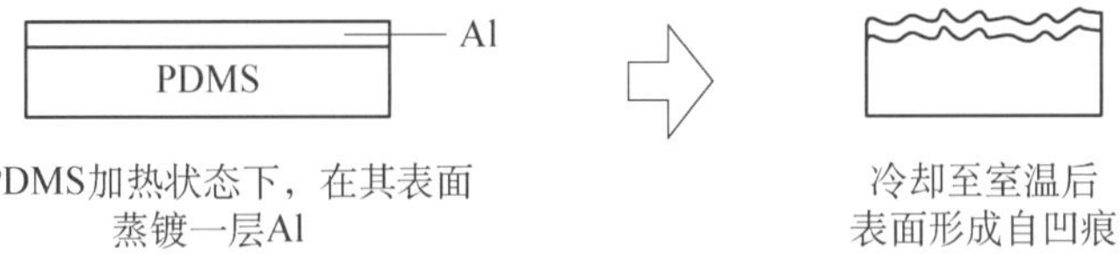

图 5.4.14　自凹痕流程示意图

5.4.5　器件封装

器件寿命是 OLED 产业化的重要考量指标，一般定义为器件亮度从初始亮度降至某一百分比所用的时间，如 t_{95} 为亮度降至初始值 95%所用的时间、t_{80} 为亮度降至初始值 80%所用的时间。器件在长时间高亮度的使用条件下，有可能出现黑点(dark spots)，黑点的出现减少了 OLED 的发光区域，使得整体亮度下降，如图 5.4.15 所示。黑点的产生有很多种因素，但其核心都是围绕着焦耳热(Joule heat)、水汽、氧气这几个方面。过多的焦耳热会影响到有机薄膜的热稳定性，使有

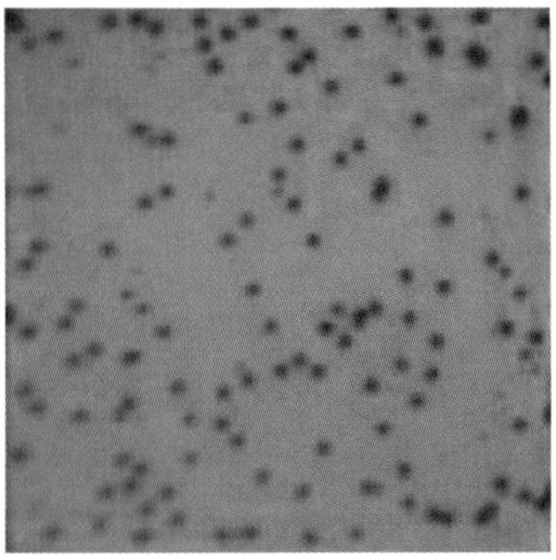

图 5.4.15　OLED 黑点图片

机层之间的界面发生混合，或使有机层与电极间的结合发生脱裂，从而导致这些区域电流的下降或者消失，形成黑点。引起焦耳热的原因包括电极表面不平整引起的尖端放电以及载流子注入时过高的能级势垒。水汽和氧气会与有机材料或者金属电极发生不利于 OLED 发光的化学反应。对于氧化反应而言，发光层氧化后形成的羰基化合物能有效淬灭激子，降低发光亮度，在氧气直接淬灭三重态激子的基础上，再添一淬灭途径。阴极上用到的低功函数碱金属和碱土金属元素也会被氧化而失去原有效果，载流子传输层被氧化后也会导致其传输能力的下降。同样地，碱金属和碱土金属元素以及载流子传输层因受到水汽侵蚀也会发生水解反应，造成性能下降。造成水氧渗透进入 OLED 的原因包括表面微小灰尘颗粒的污染、金属蒸镀中形成的针孔(pinhole)结构等。对于水汽、氧气参与的化学反应，其反应速率是受 OLED 工作电流大小影响的，电流越大，反应速率越快，黑点产生越早。这也是为什么同为有机器件，OLED 对水氧阻隔的要求会高于有机光伏器件和有机晶体管。一般来说，为了实现10 kh的商用器件寿命，OLED 的水汽渗透率(water vapour transmission rate, WVTR)小于 $5\times10^{-6}\text{g}\cdot\text{m}^{-2}\cdot\text{d}^{-1}$、氧气渗透率(oxygen transmission rate, OTR)小于$1\times10^{-3}\text{cm}^3\cdot\text{m}^{-2}\cdot\text{d}^{-1}$。而有机光伏器件和有机晶体管则水汽渗透率只需分别小于 $1\times10^{-5}\sim1\times10^{-4}\text{g}\cdot\text{m}^{-2}\cdot\text{d}^{-1}$和 $1\times10^{-3}\sim1\times10^{-2}\text{g}\cdot\text{m}^{-2}\cdot\text{d}^{-1}$。由此可见，若能够有效阻隔水汽和氧气，黑点的产生就能被抑制，OLED 寿命就能得到大幅延长，而这些是可以通过器件封装实现的。

玻璃封装是 OLED 发展早期被广泛使用的传统封装工艺，其主要利用了玻璃对水、氧优良的阻隔性能。玻璃封装制备简单，整个器件的结构如图 5.4.16(a)所示。玻璃衬底与玻璃盖板通过紫外固化环氧树脂相连，形成一密闭腔体。封装过程需要在充满惰性气体的手套箱中完成，因此密闭腔体内几乎不含水汽和氧气。OLED 的各功能层被封装在衬底和盖板之间，腔体内的干燥剂用于吸收渗入的水汽和氧气。玻璃封装也存在着自身问题，一方面，环氧树脂对水氧阻隔的能力不够，封装质量不高；另一方面，玻璃封装不适用于柔性和大面积 OLED，因此玻璃封装更多地被实验室使用而非商用。

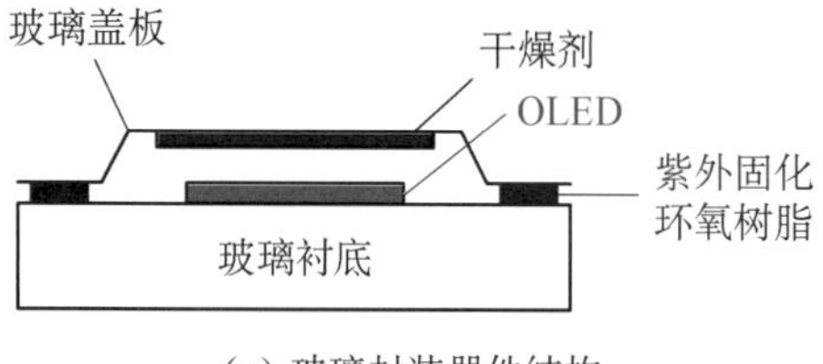

(a) 玻璃封装器件结构

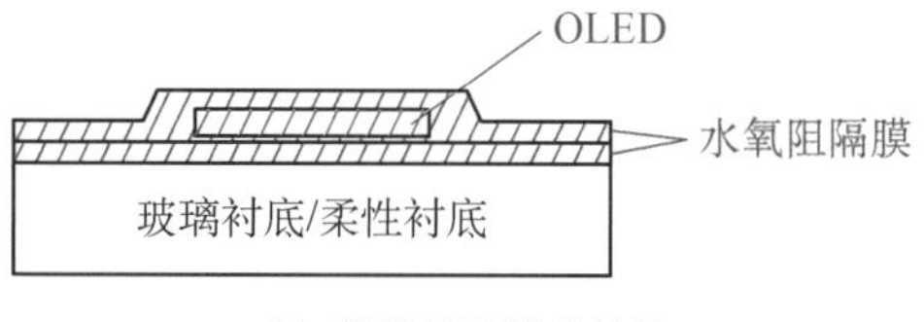

(b) 薄膜封装器件结构

图 5.4.16　玻璃封装和薄膜封装

目前，主流的商用 OLED 封装是薄膜封装工艺，如图 5.4.16(b)所示。该工艺先在衬底表面沉积水氧阻隔膜，再制备包括阳极和阴极在内的整个 OLED 器件功能层，随后在顶电极表面再加一层水氧阻隔膜，从而使整个器件都处于水氧阻隔膜的保护中。薄膜封装不仅适用于刚性衬底，与玻璃封装相比减少了器件厚度，更重要的是适用于柔性器件的封装，且具有一定的抗揉挠性能(即维持阻隔性能时能承受的最大机械形变)。薄膜可分为单层膜封装和多层膜封装。从性能上看，无机材料最适合用作水氧阻隔膜，但在成膜过程中的缺陷，如隧道或针孔，为水氧渗透提供了通道。常用的单层无机水氧阻隔膜采用 Si－O－N和 Al－O－N 体系的材料，如 SiO_x、SiN_x、Al_2O_3 等。但是单层水氧阻隔膜还无法达到商用 OLED 器件对水氧渗透率的要求，而多层水氧阻隔膜提供了解决这一问题的途径。多层水氧阻隔膜可以是全无机薄膜，如 Al_2O_3/ZrO_2 的分层结构和 SiO_2/Al_2O_3 的双层结构都能体现出比单层阻隔膜更好的水氧阻隔性能。但是，更主流的多层水氧阻隔膜采用的是有机-无机多层膜结构，如图 5.4.17 所示。一方面，在无机层上生长无机层，缺陷容易从一层复制进入另一层，有机层的引入中断了无机层的缺陷复制，形成多层结构中的缺陷错位，使水氧渗透距离大幅增加，渗透速率显著降低。另一方面，由于有机层的引入，此结构能够具备更高的抗揉挠性能，利于柔性器件封装。典型的有机-无机多层水氧阻隔膜包括 SiN_x/聚对二甲苯(Parylene)、氧化铝/紫外光聚合有机物等。有机-无机单元结构一般用 4～5对，阻隔性能可以提高 3～4 个数量级。若对数过多，非但性能不会有明显改进，且成本会持续增加。

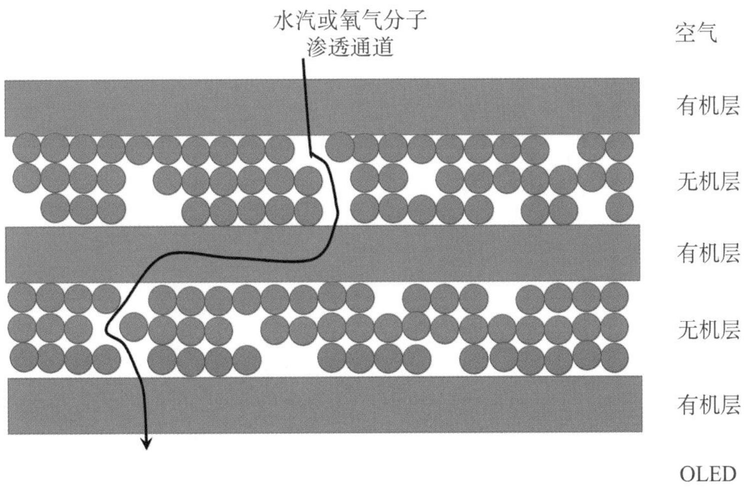

图 5.4.17　有机-无机多层水氧阻隔膜

等离子体增强化学气相沉积(plasma enhanced chemical vapour deposition, PECVD)是高质量薄膜工业规模生长的常用手段，能够形成致密薄膜，薄膜生长速度快。如图 5.4.18 所示，PECVD 采用电感耦合放电或者微波放电，形成高电子密度的电感耦合型等离子体(inductively coupled plasma)或微波电子回旋共振等离子体(electron cyclotron resonance plasma)。高电子密度等离子体能有效裂解薄膜前驱体分子，裂解成分具有很强的化学活性，能够发生化学反应并在样品表面沉积成膜。前驱体通常采用低沸点的有机硅，如六甲基二硅醚(hexamethyl disiloxane, HMDSO, $C_6H_{18}SiO_2$)或四乙基原硅酸盐(tetraethyl orthosilicate, TEOS,)等，并通过控制气体氛围来实现无机层或有机层

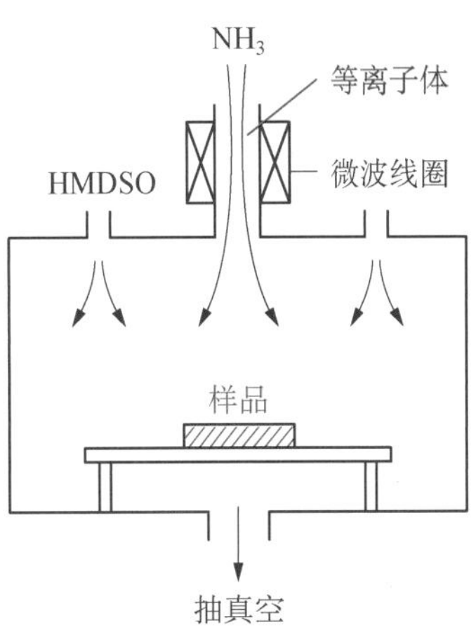

图 5.4.18　PECVD 结构示意图

的生长。例如，HMDSO 在 N_2 或 NH_3 气氛下能够形成 SiN_x 或 SiO_xN_y 无机阻隔层，而在 Ar/He 气氛下能够形成有机硅交联层。此外，为了减小等离子体对 OLED 内有机层的轰击，会预先在样品表面沉积 300 nm 左右的 Parylene 作为保护层，该层还能够改善封装层与电极之间的应力作用。PECVD 是一种低温处理技术，与柔性器件加工工艺兼容。

另一种能够提供原子级致密薄膜的技术称为原子层沉积（atomic layer deposition，ALD）。与 PECVD 不同，ALD 中的前驱体和反应气体交替到达样品表面，并利用饱和吸附生长薄膜。以沉积 AlO_x 为例（见图 5.4.19），先向真空腔体内通入一个水汽脉冲，样品表面在真空下可以吸附多个水分子层，第一层水分子与样品通过共价键相连。随后继续抽真空，将样品表面和腔体内自由的水分子排除，这样，样品上只留有单层厚的水分子。接下来，通入三甲基铝（trimethylaluminium，TMA，C_3H_9Al）脉冲，经过与水汽脉冲同样的步骤，使其与水分子表面形成 Al－O 共价键。再经过排气步骤，去除多余的 TMA，获得第二个单层，经过如此往复，最终形成致密的 AlO_x 薄膜。前驱体的反应活性与温度相关，一般来说，高温能促进薄膜的生长，也有利于残留气体的完全去除。目前，ALD 的沉积速度仍比 PECVD 慢，但其成膜质量非常高，因此也是很值得期待的薄膜封装技术。

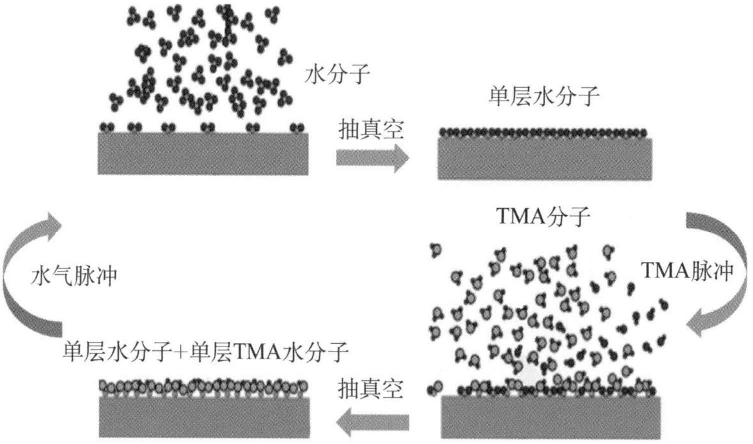

图 5.4.19　ALD 流程示意图

5.5　OLED 的重要参数及表征方法

衡量 OLED 性能的好坏，需要有公认的统一标准。这节主要介绍 OLED 材料和器件的重要参数，以及其相应的表征方法和设备。

5.5.1　OLED 材料表征

材料是 OLED 的核心，一般在制备 OLED 前，会对材料进行表征，从而为器件设计提供参考。在这里，我们从有机材料的光学性能、电学性能以及薄膜形貌 3 个方面来介绍 OLED 材料的表征方法。

从光学性能来看，PLQY 是有机发光材料最重要的参数之一，其表征方法有两种。其中一种方法称为格林汉姆方法(Greenham's method),原理如图 5.5.1 所示。在不加样品和滤光片的情况下,用光电二极管先记录单色入射激发光源的功率 X_{exc},随后添加滤光片再测试样品在积分球内受单色入射光源激发后产生的光致发光。滤光片只允许样品发光光谱波段的光子通过,入射光光子不能通过,而漫反射挡板(diffusely reflecting baffle)则是用来避免光线的直接照射。由于入射光直接激发样品时,一般不能被样品完全吸收,透过的入射光还有机会经积分球内壁反射再次激发样品,而样品再次激发时的发光会导致 PLQY 被高估,因此在测量直接激发情况下的发光功率 X_{sample} 外,还必须测量再次激发情况下的发光功率 X_{sphere}。下式给出了未校准(non-calibrated)的 PLQY 值,记为

$$x=\frac{X_{sample}-(R+T)X_{sphere}}{(1-R-T)X_{exc}}。\tag{5.5.1}$$

式中,R 和 T 分别为样品在入射光波长下的透光率和反光率。未校准的 PLQY 与 PLQY 真实值之间相差一个修正因子 y,即

$$y=\frac{\int S_{sphere}(\lambda)L(\lambda)G(\lambda)F(\lambda)d\lambda}{S_{sphere}(\lambda_{ex})G(\lambda_{ex})\int L(\lambda)d\lambda}。\tag{5.5.2}$$

y 值受到多个参数影响,包括积分球以及光电二极管的光谱响应 S_{sphere} 和 $G(\lambda)$、滤光片的透射光谱 $F(\lambda)$ 以及样品的发光光谱轮廓 $L(\lambda)$。λ_{ex} 为单色入射激发光源的波长,λ 为样品的发光波长。

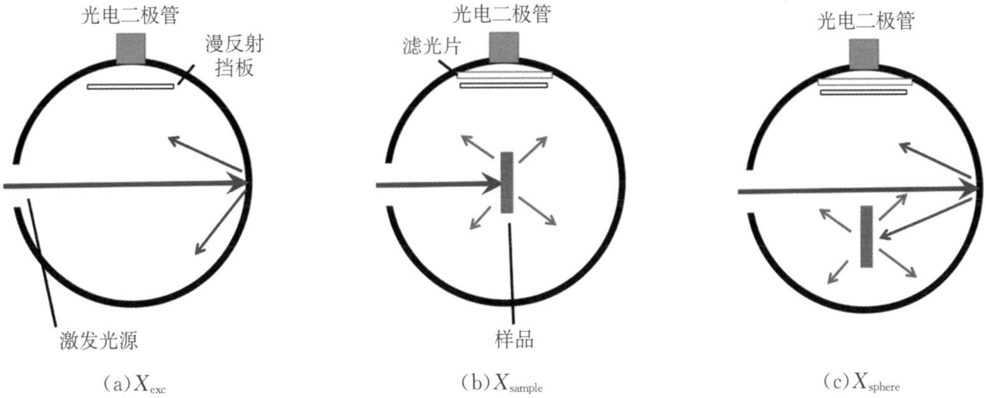

图 5.5.1　测量 PLQY 的格林汉姆方法

另一种 PLQY 的表征方法称为铃木方法(Suzuki's method)。铃木方法所用的整体测试结构与格林汉姆方法类似,不同之处在于铃木方法使用电荷耦合元件(charge-coupled device, CCD)接收器,具有波长分辨率,因此不需要滤光片。铃木方法的测试流程也更为简化,只需分别测试含样品和不含样品情况下的激发和发射光谱,如图 5.5.2 所示。PLQY 的值由下式给出,即

$$\mathrm{PLQY}=\frac{PN(\mathrm{Em})}{PN(\mathrm{Abs})}=\frac{\int\frac{\lambda}{hc}\left[I_{em}^{sample}(\lambda)-I_{em}^{reference}(\lambda)\right]d\lambda}{\int\frac{\lambda}{hc}\left[I_{ex}^{reference}(\lambda)-I_{ex}^{sample}(\lambda)\right]d\lambda}。\tag{5.5.3}$$

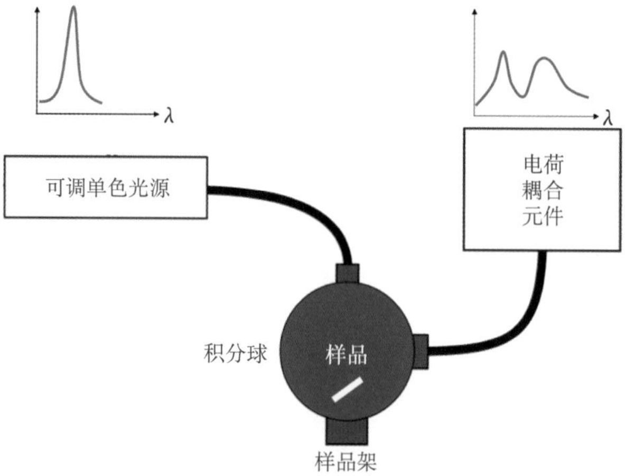

图 5.5.2　测量 PLQY 的铃木方法

式中，PN(Abs)和 PN(Em)分别是样品吸收和发射的光子数；h 是普朗克常量；c 是真空光速；I_{ex}^{sample} 和 $I_{ex}^{reference}$ 是在有样品和没有样品情况下测得的激发光源强度；I_{em}^{sample} 和 $I_{em}^{reference}$ 是在有样品和没有样品情况下测得的光致发光强度。铃木方法并不考虑散射光，它假定积分球的表面都是完美反射，因此该方法对积分球的要求非常高。需要指出的是，PLQY 并不局限于薄膜，也适用于粉末和液体。

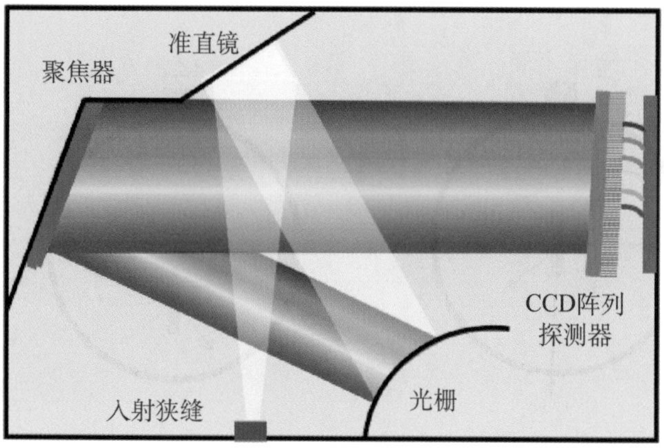

图 5.5.3　测试有机材料发射光谱的 CCD 结构示意图

有机材料的发光和吸收是其另一个重要的光学特性，可分别用 CCD（见图 5.5.3）和紫外-可见光分光光度计来测量（见图 5.5.4）。有机材料发射光谱的测量可以利用衍射光栅，让不同波长的光落在 CCD 的不同位置上，从而将 CCD 像素点与波长信息相关联，提供纳米级别或更高的波长分辨率，而综合每个像素点所记录的强度信息则可获得整个样品的发光光谱轮廓。为了获得更高的信噪比，还可以让 CCD 在低温下工作。

有机薄膜的透光率 T 和吸光率 A 可以通过紫外-可见光分光光度计测量，两者之间的转化关系为

$$A = -\lg T。\tag{5.5.4}$$

测量时，分光光度计的入射光被分为两个光路（见图 5.5.4），其中一个光路放置样品（有机薄膜加上透明衬底），另一个光路放置空衬底。用紫外和可见光波段的光扫描，有机薄膜会吸收某一波段的入射光，吸收的程度由膜厚决定。通过光电倍增管（photon multiplier tube，PMT）测量两个光路的光强差，可以获得样品在整个波段的透光率/吸收率。

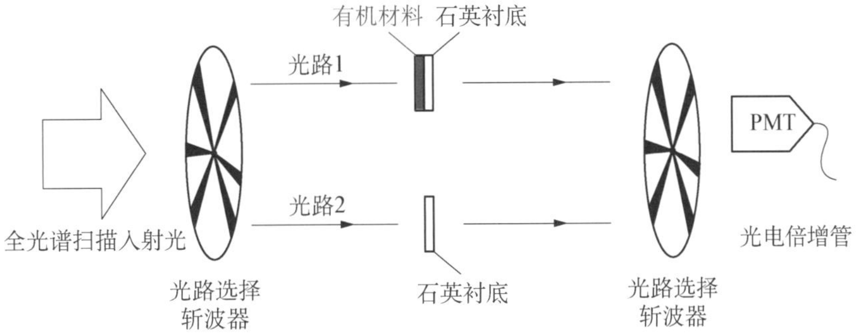

图 5.5.4 紫外-可见光分光光度计结构示意图

除了发光和吸收特性外，有机薄膜的折射率和消光系数对器件设计也极为重要。器件中各层材料的折射率和消光系数最终决定了 OLED 中各光学模态的比例，结合激子的朝向和分布，即可计算出器件的光取出效率。有机薄膜的折射率和消光系数可以通过椭偏仪(ellipsometry)测得，如图 5.5.5 所示。在测试过程中，线偏振入射白光经待测样品表面反射，带有旋转偏振分析仪的光电二极管测量该反射光，获得反射光振幅和相位信息。比较反射光和入射光的振幅与相位信息，可以获得两个正交偏振方向的菲涅尔反射系数。基于该方法，当测得一系列不同入射角和波长的反射光信息时，可通过列文伯格-马夸尔特(Levenberg-Marquardt)算法进行逐点拟合，获得有机材料的复折射率 $\tilde{n}$，即

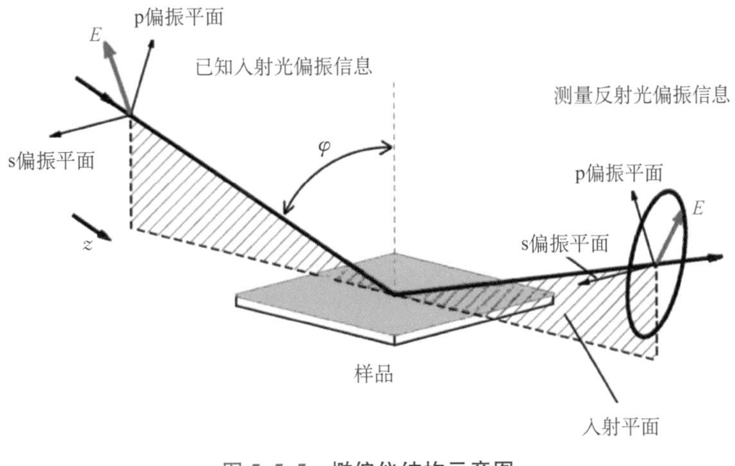

图 5.5.5 椭偏仪结构示意图

$$\tilde{n} = n \pm \mathrm{i}\kappa。 \tag{5.5.5}$$

式中，n 为折射率；κ 为消光系数。椭偏仪不仅可以测量具有光学各相同性的有机材料，还可以测量因分子堆叠方式而产生光学各相异性的有机材料。此外，在已知材料复折射率的情况下，该技术还可用来测量薄膜厚度，提供比常规方法台阶仪更高的极限分辨率(台阶仪的膜厚测试极限在 20 nm 左右，低于 20 nm 膜厚的材料则用椭偏仪测量)。

发光材料激子的跃迁寿命也是有机材料重要的光学特性之一，一般可以通过时间相关

单光子计数法(time-correlated single photon counting，TCSPC)来测量。TCSPC 利用高频弱光脉冲激发样品，记录样品发射的第一个光子到达 PMT 所耗费的时间，并通过脉冲甄别技术和数字计数技术将该时间信息进行存储，如图 5.5.6 所示。由于某一时间间隔内检测到的光子数正比于发光强度，通过多次脉冲激发，可以获得样品发光强度随时间变化的整条曲线，该曲线也被称为瞬态荧光光谱。瞬态荧光光谱曲线形状往往呈指数衰减。因此，曲线上荧光强度降到最大值 1/e 所耗费的时间定义为跃迁寿命，而通过对瞬态荧光光谱进行指数拟合即可获得发光材料激子的跃迁寿命。在已知材料的 PLQY 情况下，还能根据(5.2.10)式和(5.2.12)式进一步计算出材料的辐射跃迁寿命和非辐射跃迁寿命。TCSPC 的时间分辨率一般可以达到数百皮秒，有些甚至能达到数十皮秒的极限分辨率。该技术是研究 OLED 中激子动力学的重要手段，如有机材料 TADF 特性的表征就需要用到该技术。若需要获得更高的时间分辨率，则要采用另一种时间分辨光谱技术——条纹相机(streak camera)。

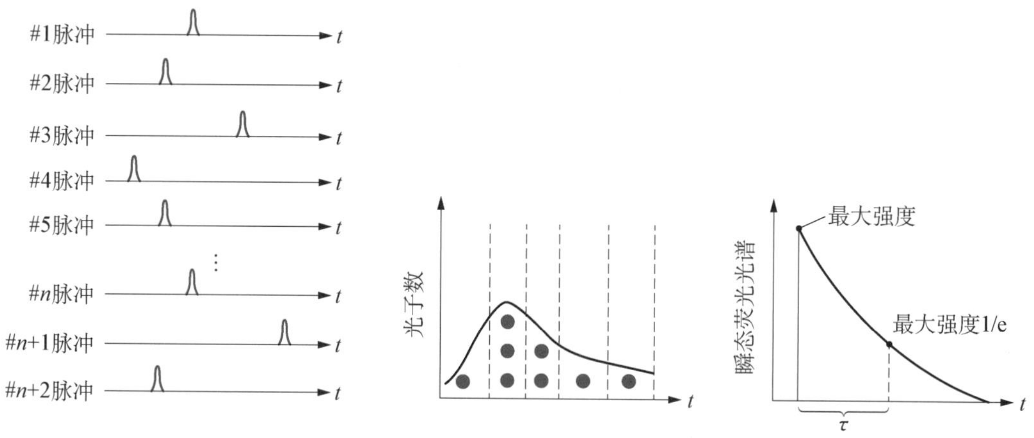

图 5.5.6 TCSPC 原理示意图

时间分辨率检测的限制来源于光电探测器的时间响应，条纹相机采用了一个十分有创意的方法规避了此问题，如图 5.5.7 所示。光子进入条纹相机并经过一系列棱镜后，撞击在光电阴极(photocathode)上，产生电子。这一过程将进入条纹相机的光子流转换为与传播方向相同的电子流，各光子间的相对时间差也被电子流复制。因此，只要能检测出各电子间的相对时间差便能获得其瞬态荧光光谱。电子经过加速电场后进入同步扫描电场，同步扫描电场能够形成高速变化的电场，因此不同时间点的电子在其作用下发生的偏转程度是不同的，从而可以通过测量电子的位置信息来获得电子的时间信息。电子在发生偏转后，被微通道板探测器(microchannel plate detector)接收并进行倍增，倍增的电子流信号接着被荧光屏接收后，转化为可被 CCD 读取的光信号。利用此原理，条纹相机提供的分辨率可达到 2 ps。需要指出的是，TCSPC 和条纹相机都是针对有机发光材料的，而对于不发光材料的激子动力学研究，可以使用飞秒泵浦探测(femtosecond pump-probe)技术来测量吸收率(透光率)随时间的变化，如 $\Delta T/T$，其中 T 为透光率。

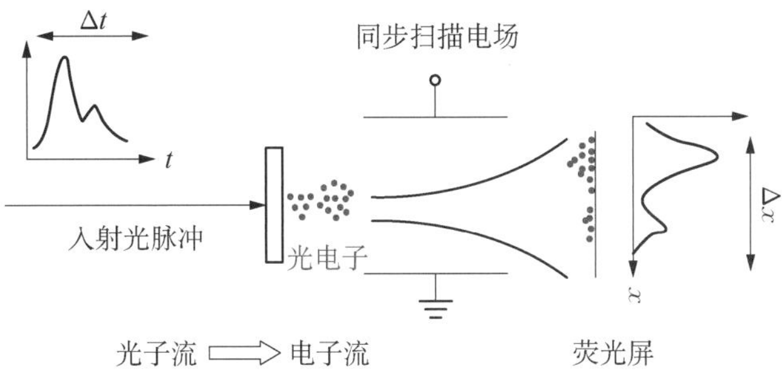

图 5.5.7　条纹相机原理示意图

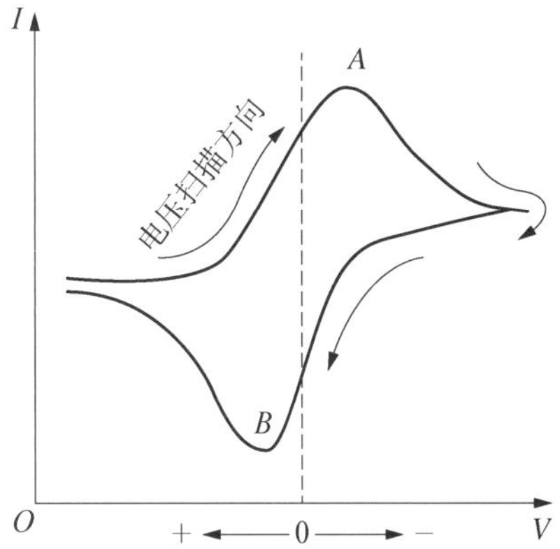

图 5.5.8　循环伏安法典型的电流-电压曲线

接下来，我们来关注有机材料的电学性能，其中第一个重要参数是有机材料的能级。有机材料的能级标定通常采用循环伏安法(cyclic voltammetry)。循环伏安法可采用三电极体系，即一个工作电极(working electrode)、一个对电极(counter electrode)和一个参比电极(reference electrode)。将 3 个电极插入样品池中，池中配有高浓度电解液，而有机材料则预先沉积在工作电极表面。在工作电极上加循环扫描电压，工作电极上会产生交替的还原和氧化反应，其典型的电流-电压曲线如图 5.5.8 所示。图中，A 为还原峰、B 为氧化峰，整个系统可用参比物二茂铁(ferrocene，$C_{10}H_{10}Fe$)进行修正。通过氧化峰的起始电位值 E_{ox}、二茂铁相比于参比电极的电势 E_{ferro} 以及二茂铁的真空能级 $\Phi(=4.8\ eV)$，可以计算出有机材料的 HOMO 能级，如下式所示为

$$E_{HOMO}=E_{ox}-E_{ferro}+4.8。\tag{5.5.6}$$

而 LUMO 能级的计算则可将(5.5.6)式中氧化峰的起始电位值 E_{ox} 替换为还原峰的起始电位值 E_{red}，如下式所示为

$$E_{LUMO}=E_{red}-E_{ferro}+4.8。\tag{5.5.7}$$

对于不可逆的氧化还原过程，其电流-电压曲线不对称，存在只能获得 E_{ox} 或 E_{red} 的情况。此时，可利用紫外-分光光度计测得的吸收边界来确定 HOMO 和 LUMO 间的能级差 E_g，从而利用 HOMO 和 E_g 来计算 LUMO 或者用 LUMO 和 E_g 来计算 HOMO。由于循环伏安法在计算过程中做了很多的近似，因此存在一定的误差。而且，循环伏安法针对的是液态有机材料，当它们形成薄膜时，能级会产生小幅变化，而这种小幅变化对于器件设计来说却有可能带来极大的电学性质变化。例如，注入能级势垒 0.1 eV 的变化就意味着注入电流改变 55 倍。目前，针对该问题的解决方案是通过测量仅空穴(hole-only)或仅电子(electron-only)器件的电流密度-电压($J-V$)曲线和阻抗谱(impedance spectroscopy)，将其代入肖特基接触的电流密度-电压公式中进行拟合，从而获得相应的注入能级势垒。

除了表征有机材料的能级，对于 OLED 设计还需要知晓电极的表面功函数。金属表面功函数的标定使用开尔文探针(Kelvin probe)法，其原理如图 5.5.9 所示。开尔文探针

的费米能级为 E_{probe}，表面功函数为 Φ_{probe}；金属样品具有一个不同的费米能级 E_{sample}，表面功函数为 Φ_{sample}。开尔文探针和金属样品之间的电接触会使两者的费米能级相等，从而造成探针和样品表面产生电荷积累。当探针在样品表面垂直方向振动时，会产生交流电流信号，锁相放大器(lock-in amplifier)可以在其振动频率测量该电流大小。当在回路中引入一个受控可变的补偿电压(backing potential)V_b时，若 $eV_b = \Phi_{probe} - \Phi_{sample}$，则样品表面不会产生电荷积累，交流电流大小为零。因此，可以通过 V_b的调制来获得金属的表面功函数。

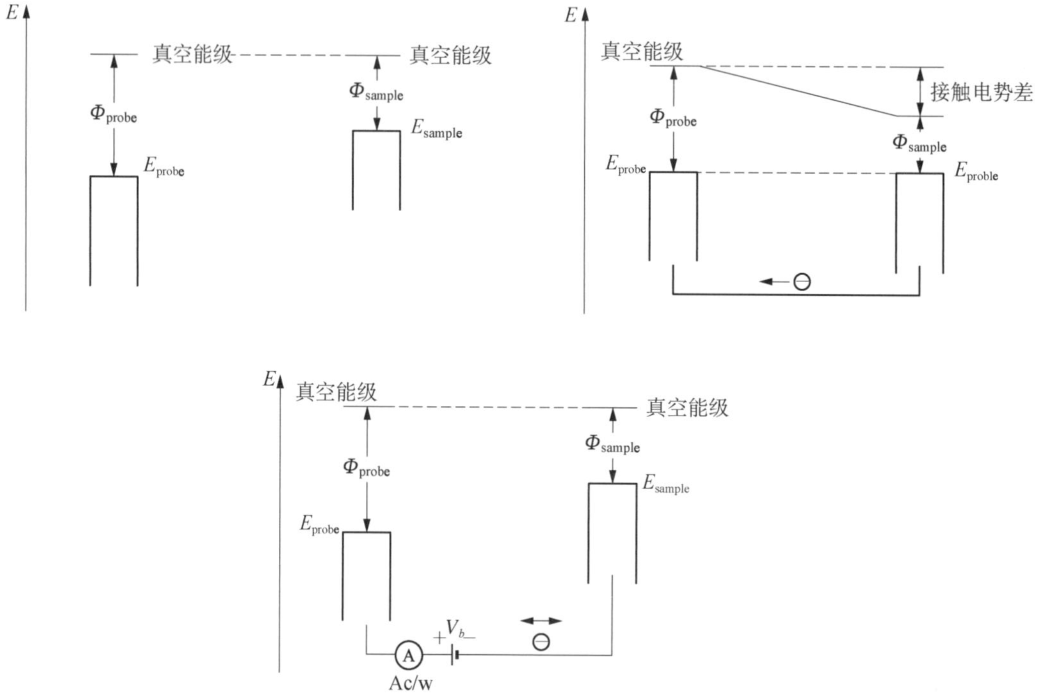

图 5.5.9　开尔文探针原理示意图

载流子迁移率则是有机材料电学性能的另一个重要方面，最主流的测量方法是飞行时间(time-of-flight, TOF)法。图 5.5.10 所示是 TOF 的原理图，待测有机薄膜被夹在两个电极之间，其中一个电极须为透明电极，一般选取 ITO。在光脉冲的激发下，ITO 层会产生光生载流子，当将 ITO 这一侧用作阳极时，空穴会在电场作用下向阴极运动，其穿过整个待测薄膜到达阴极所耗费的时间记为 τ_h。同样，当将 ITO 用作阴极时，电子到达阳极所耗费的时间记为 τ_e。由于需要保证光生载流子产生区域的厚度小于载流子运动的距离，因此待测材料的膜厚一般都是微米量级的。这意味着，需要使用滴铸(drop-casting)法来成膜。由于成膜方式会影响到分子堆叠方式，进而影响到载流子迁移率，因此用这种方法测得的迁移率不一定能真实反映用其他方法，如旋涂工艺，制得的有机薄膜迁移率。一种解决该问题的改进方法是引入电荷产生层(charge generation layer)。电荷产生层可极大地约束载流子产生区域的厚度，使得待测有机薄膜的厚度减小一个数量级，从而可用旋涂工艺制备待测有机薄膜。

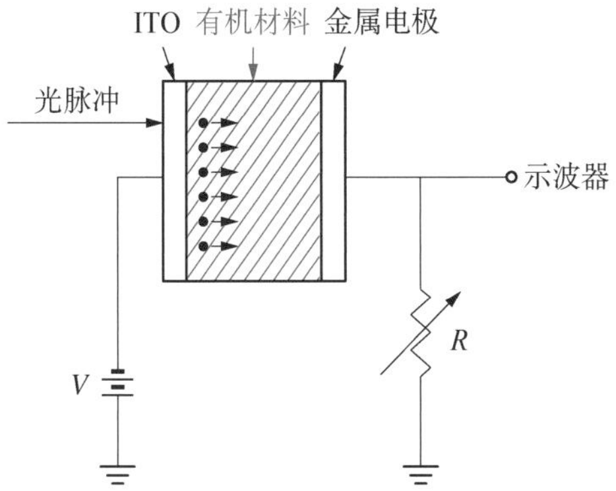

(a) 不含电荷产生层

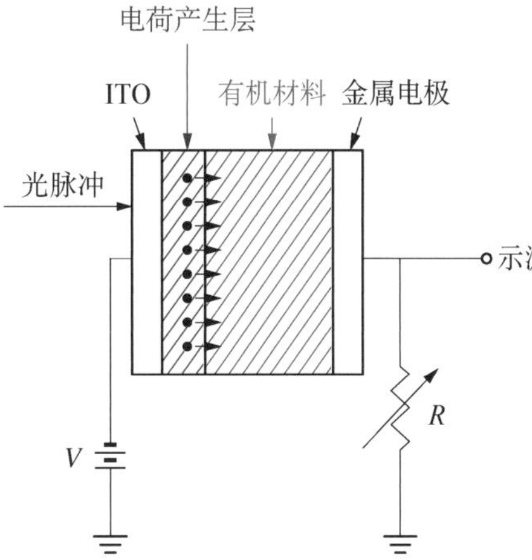

(b) 含电荷产生层

图 5.5.10　TOF 原理示意图

载流子在有机薄膜内部的传输有两种形式：非色散传输(non-dispersive transport)和色散传输(dispersive transport)，如图 5.5.11 所示。非色散传输意味着载流子包(charge carrier packet)不随其运动而散开，它遵循一维扩散定律，载流子空间密度满足高斯分布(Gaussian distribution)。在其电流-时间曲线中，能观察到一个平台，该平台对应载流子在极短时间内所达到的动态平衡。当载流子穿过整个薄膜到达对面电极时，会造成电流急剧下降，在电流-时间曲线中形成一个转折点，该转折点所对应的时间即为 τ_h(或 τ_e)。而当待测有机薄膜无序度高时，则会发生色散传输。色散传输则意味着载流子包随其运动会散开，这使得在电流-时间曲线中很难观测到电流转折点。在这种情况下，需要将电流-时间曲线

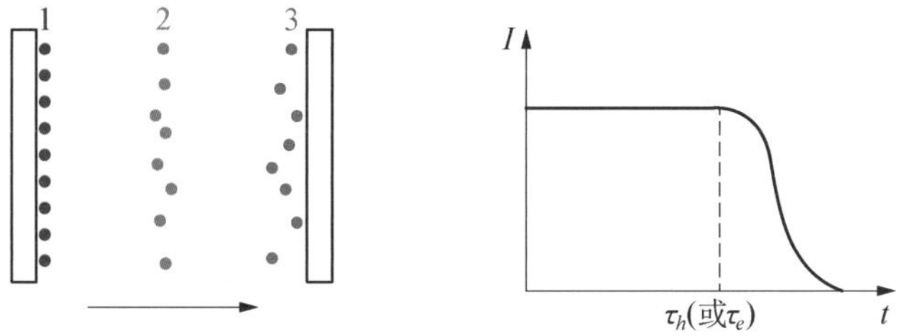

(a) 非色散传输

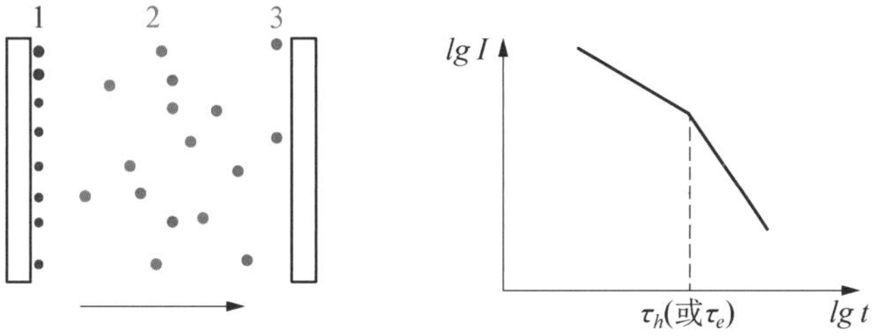

(b) 色散传输

图 5.5.11　有机薄膜内载流子传输的两种方式

做成对数（即 $\lg I-\lg t$），才能观测到转折点。在已知 τ_h（或 τ_e）后，可以通过下面两式计算得到载流子迁移率，即

$$\mu_h=\frac{d}{t_hE},\tag{5.5.8}$$

$$\mu_e=\frac{d}{t_eE}。\tag{5.5.9}$$

式中，d 为待测有机材料膜厚，E 为电场。由于载流子迁移率随电场大小变化，因此实验上需要测量不同电场情况下的载流子迁移率。除了飞行时间法外，测量有机薄膜载流子迁移率的其他方法还包括线性增压载流子瞬态法（carrier extraction by linearly increasing voltage，CELIV）、场效应晶体管方法（field-effect transistor，FET）等。

有机材料的薄膜形貌影响着材料和器件的电学性能与光学性能，也是 OLED 材料表征的重要一环。首先，薄膜形貌由分子堆叠方式决定，而分子堆叠方式可采用掠入射大角 X 射线散射（grazing incidence wide angle x-ray scattering，GIWAXS）方法进行表征。如图 5.5.12 所示，GIWAXS 是将 X 射线掠入射到有机薄膜样品上，然后利用一个紧靠样品的二维探测器收集所有经薄膜漫散射的 X 射线。图 5.5.13 展示了分子堆叠方式与 GIWAXS 结果的关联。如果分子堆叠是层状结构且与所成晶畴（crystal domain）的取向严格一致时，能观察到清晰的布拉格峰。其中，布拉格峰的间距反映了晶面间距，晶畴取向则决定了布拉格峰的取向。当晶畴取向有一定分布后，布拉格峰会发生展宽。随着晶畴取向进一步无序化，布拉格峰会不断展宽，最终形成德拜-谢乐环（Debye-Scherrer rings）。因此，通过 GIWAXS 结果可以获得有机薄膜晶面间距以及晶畴取向的信息。

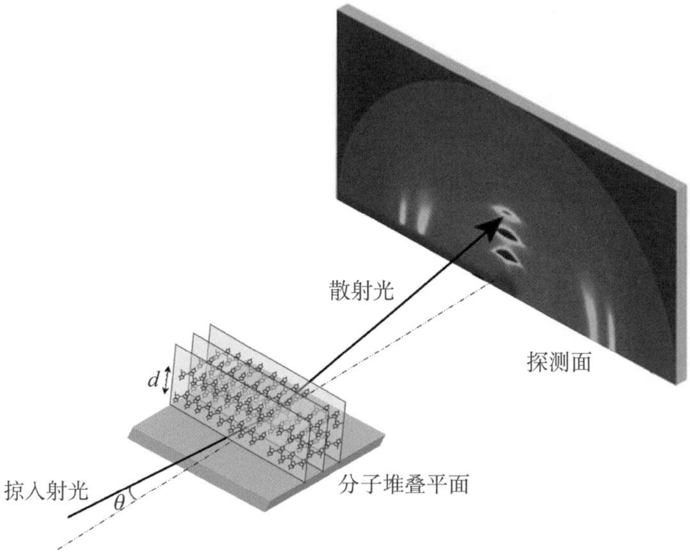

图 5.5.12　GIWAXS 原理示意图

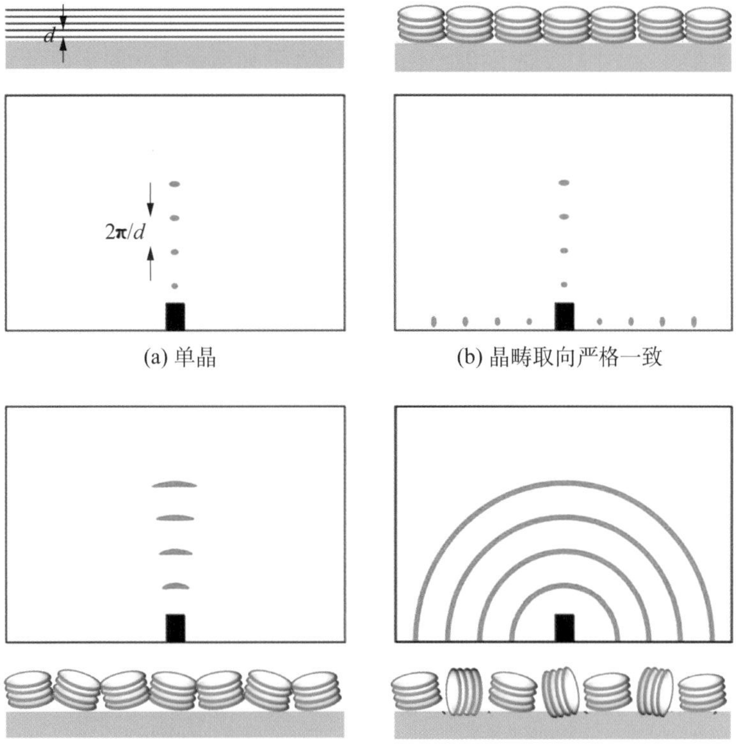

图 5.5.13　**分子堆叠方式与 GIWAXS 结果的关联**

除此之外，另一个需要关注的薄膜形貌是表面形貌。表面形貌反映了待测薄膜的表面粗糙度，可用原子力显微镜（atomic force microscopy，AFM）进行表征，如图 5.5.14 所示。AFM 是具有高分辨率（纳米级别）的扫描探针显微镜，其核心部件为带有锋利探针尖的硅或氮化硅微悬臂（cantilever）。当探针尖与样品间距离很近时，受到两者相互作用力的影响，微悬臂会发生微小的弹性形变。形变程度可由经微悬臂背面反射的入射激光的空间位置偏移来判定。该形变对间距有很强的依赖性，在扫描薄膜的过程中，需要使用反馈电路使微悬臂的形变量保持恒定。这样，探针尖就会沿薄膜表面的起伏上下移动，而其运动轨迹反映了薄膜的表面形貌。AFM 有两种主要的工作模式：一是接触模式（contact mode），即探针尖与样品表面始终保持稍微接触，这种方法对待测样品的硬度有要求；二是轻敲模式（tapping mode），即微悬臂在其共振频率附近作受迫振动，针尖不断轻击样品表面，产生间歇性的接触，这种方法对样品有很好的保护，适用于较软的材料。除了表面粗糙度外，微纳光学结构也可利用 AFM 进行表征，测量其三维结构。此外，扫描电子显微镜

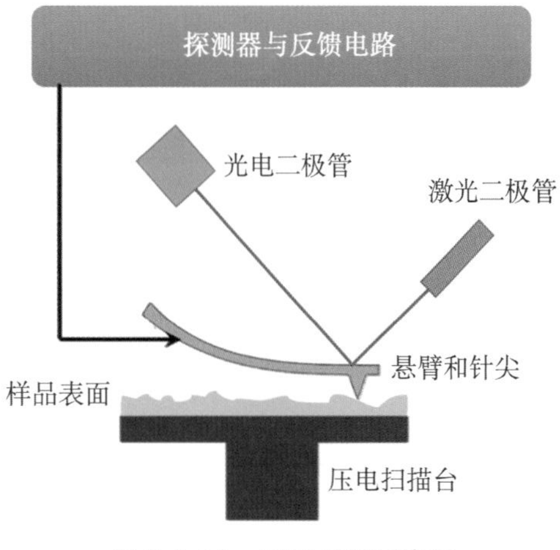

图 5.5.14　**AFM 原理示意图**

(scanning electron microscopy, SEM)也是微纳光学结构常用的表征手段，它是利用高能聚焦电子束扫描薄膜样品，并利用表面轰击出的二次电子来显示样品的表面形貌。

5.5.2 OLED 的器件表征

OLED 器件表征主要包括了器件效率、光度色度、水氧渗透等几个方面，其中最引人关注的是器件效率的表征，尤其是器件的 EQE 值。OLED 器件效率的表征可以通过采集 OLED 的电流密度-电压-亮度曲线（$J-V-L$ curve）来进行计算，测试装置如图 5.5.15 所示。OLED 电极与数字源表相连，数字源表为 OLED 加载一个扫描电压，并记录相应的电流。亮度则可通过亮度计直接测量，或使用光电二极管、放大电路、万用表的组合间接测量。在间接测量时，需要考虑光电二极管的特性曲线。图 5.5.16给出了间接测量法计算 EQE 的步骤，其中 OLED 的注入电子数N_e^{in}和产出光子数N_p^{out}是与 OLED 相关的，而光电二极管的采集光子数N_p^{in}及其产生的电子数N_e^{out}则是与光电二极管相关的。这些参数间的相互关系为

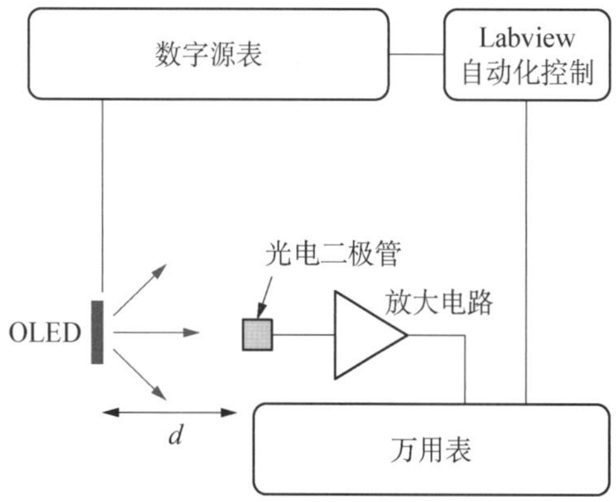

图 5.5.15 OLED 的效率测试装置

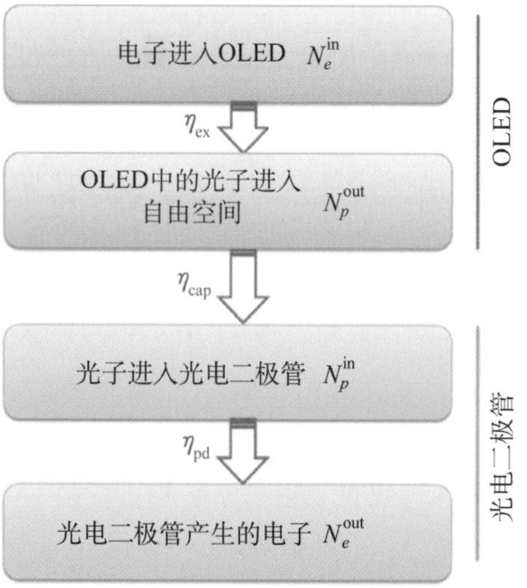

图 5.5.16 OLED 计算流程示意图

$$N_e^{\text{out}} = N_p^{\text{in}} \times \eta_{\text{pd}} = N_p^{\text{out}} \times \eta_{\text{cap}} \times \eta_{\text{pd}} = N_e^{\text{in}} \times \eta_{\text{ex}} \times \eta_{\text{cap}} \times \eta_{\text{pd}}。\tag{5.5.10}$$

式中，η_{ex}即为 EQE；η_{cap}为光电二极管采集到的光子比例；η_{pd}为转化为光电二极管电信号的光子比例。因此，EQE 可表达为

$$\eta_{\text{ex}} = \frac{N_p^{\text{out}}}{N_e^{\text{in}}} = \frac{1}{\eta_{\text{cap}}\eta_{\text{pd}}}\frac{N_e^{\text{out}}}{N_e^{\text{in}}} = \frac{1}{\eta_{\text{cap}}\eta_{\text{pd}}}\frac{I_{\text{pd}}}{I_{\text{oled}}}。\tag{5.5.11}$$

式中，I_{pd}和 I_{oled}分别为光电二极管和 OLED 中的电流。由此可见，想要计算 OLED 的 EQE，则需要先计算 η_{cap}和 η_{pd}。

η_{cap}的计算与 OLED 的空间出光分布，以及光电二极管与 OLED 的距离相关。光电二极管和 OLED 之间需要对齐且要留有足够的距离，以使得 OLED 可以在数据分析中被作为点光源来计算。但是该距离也不宜太远，否则无法保证信噪比。一般来说，当 OLED 工作面积

非常小时可以近似认为待测 OLED 为点光源。OLED 的出光空间分布可采用角度计和 CCD 的组合，或者直接使用全空间分布光度计。前者同时提供空间分辨率和波长分辨率，耗时较长；后者仅提供空间分辨率，但耗时很短。由于不带微纳光学结构的 OLED 一般都具有近似朗伯体的空间出光分布，因此 η_{cap} 的计算可极大地简化为

$$\eta_{cap}=\frac{2\pi\int_0^{\alpha}\cos\theta\sin\theta\mathrm{d}\theta}{2\pi\int_0^{\pi/2}\cos\theta\sin\theta\mathrm{d}\theta}=\sin^2\alpha=\frac{r^2}{r^2+d^2}。\tag{5.5.12}$$

式中，θ 为观测角；α 为最大观测角；r 为光电二极管工作区域的半径；d 为 OLED 到光电二极管的距离。对于非朗伯体 OLED，为了避免测试 OLED 空间分布的步骤，也可以将 OLED 置于积分球中进行测试。这样一来，可以认为所有的光都被光电二极管收集到，即 η_{cap} 为 100%，而且该方法适用于大面积 OLED 的效率测试。

η_{pd} 的计算则与 OLED 的电致发光光谱轮廓，以及光电二极管的响应曲线相关。OLED 的电致发光光谱轮廓可用 CCD 表征，而光电二极管的响应曲线可用标准光源标定。在单位时间内，N_p^{in} 和 N_e^{out} 表达为

$$N_p^{in}=\frac{B\int_0^{\infty}\lambda\beta(\lambda)\mathrm{d}\lambda}{hc},\tag{5.5.13}$$

$$N_e^{out}=\frac{DB\int_0^{\infty}\delta(\lambda)\beta(\lambda)\mathrm{d}\lambda}{e}。\tag{5.5.14}$$

式中，$\beta(\lambda)$ 和 $\delta(\lambda)$ 分别是经过归一化的 OLED 电致发光光谱轮廓和光电二极管响应曲线；D 为光电二极管的峰值单色响应(peak monochromatic responsivity)，单位为 $\mathrm{A\cdot W^{-1}}$；B 为 OLED 归一化光谱的峰值功率；h 为普朗克常量；c 为真空光速；e 为电荷量。因此，η_{pd} 的值可表达为

$$\eta_{pd}=\frac{N_e^{out}}{N_p^{in}}=\frac{hcD}{e}\frac{\int_0^{\infty}\delta(\lambda)\beta(\lambda)\mathrm{d}\lambda}{\int_0^{\infty}\lambda\beta(\lambda)\mathrm{d}\lambda}。\tag{5.5.15}$$

由于光电二极管的放大电路输出的是电压信号，因此光电流 $I_{pd}=V_{pd}/R_{ref}$，V_{pd} 为光电二极管输出电压，R_{ref} 为放大电路中的参考电阻值。将此与(5.5.12)式和(5.5.15)式中的 η_{cap} 和 η_{pd} 一同代入(5.5.11)式中，可以得到 EQE 的最终表达式：

$$\eta_{ex}=\frac{r^2+d^2}{r^2}\left[\frac{e\int_0^{\infty}\lambda\beta(\lambda)\mathrm{d}\lambda}{hcD\int_0^{\infty}\delta(\lambda)\beta(\lambda)\mathrm{d}\lambda}\right]\frac{V_{pd}}{R_{ref}I_{oled}}。\tag{5.5.16}$$

间接测量法无法直接获得亮度，需要通过光电二极管的数据进行推导计算。亮度的计

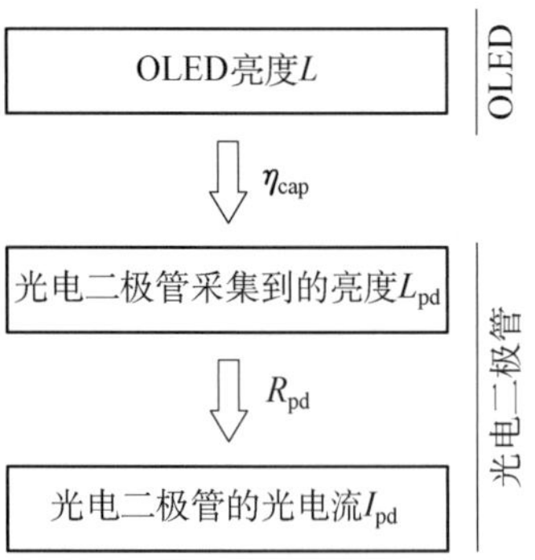

图 5.5.17　间接测量法中 OLED 亮度的计算步骤

算步骤如图 5.5.17 所示,其中,L 是 OLED 的亮度,L_{pd}是光电二极管采集到的亮度,I_{pd}是光电二极管的光电流。I_{pd}可由下式给出:

$$I_{pd} = DB\int_0^{\infty}\delta(\lambda)\beta(\lambda)\mathrm{d}\lambda。\tag{5.5.17}$$

L 和 L_{pd}相差一个系数 η_{cap};R_{pd}则是光子亮度转化为光电二极管电流的比例系数,该系数不仅与光电二极管的响应曲线相关,还与明视觉光谱光视效率函数(photopic luminosity function)相关。L_{pd}可用下式表达:

$$L_{pd} = \frac{K_m B}{\Omega A}\int_0^{\infty} y(\lambda)\beta(\lambda)\mathrm{d}\lambda = \frac{K_m B}{\pi A}\int_0^{\infty} y(\lambda)\beta(\lambda)\mathrm{d}\lambda。\tag{5.5.18}$$

式中,$y(\lambda)$为归一化的明视觉光谱光视效率函数;K_m为该函数 555 nm 处的峰值响应,大小取 683 $\mathrm{lm \cdot W^{-1}}$;Ω 是立体角,由于 OLED 的出光是正向 180°,此处 Ω 大小为 π;A 为 OLED 的发光面积。

由(5.5.17)式和(5.5.18)式可得:

$$R_{pd} = \frac{I_{pd}}{L_{pd}} = \frac{\pi A D}{K_m}\frac{\int_0^{\infty}\delta(\lambda)\beta(\lambda)\mathrm{d}\lambda}{\int_0^{\infty} y(\lambda)\beta(\lambda)\mathrm{d}\lambda}。\tag{5.5.19}$$

因此,根据(5.5.12)式和(5.5.19)式,OLED 的亮度 L 可表达为

$$L = \frac{I_{pd}}{\eta_{cap}R_{pd}} = \frac{r^2+d^2}{r^2}\frac{K_m}{\pi A D}\frac{\int_0^{\infty} y(\lambda)\beta(\lambda)\mathrm{d}\lambda}{\int_0^{\infty}\delta(\lambda)\beta(\lambda)d\lambda}\frac{V_{pd}}{R_{ref}}。\tag{5.5.20}$$

除了 EQE 外,还有两个比较常见的、与明视觉光谱光视效率函数相关的效率:一个称为功率效率(power efficacy),单位为 $\mathrm{lm \cdot W^{-1}}$,表示每消耗 1 W 电能够产生的光通量;另一个称为电流功率(current efficiency),单位为 $\mathrm{cd \cdot A^{-1}}$,表示每消耗 1 A 电流能够产生的光强,j 为电流密度。表示式为

$$功率效率 = \frac{\pi L}{jV},\tag{5.5.21}$$

$$电流效率 = \frac{L}{j}。\tag{5.5.22}$$

值得注意的是,由于这两个器件效率是与明视觉光谱光视效率函数相关的,因此绿光 OLED 往往比红光和蓝光 OLED 具有更高的功率效率和电流效率。

通过上述对器件效率的分析不难发现,器件效率是随亮度变化的。以 EQE 为例,图 5.5.18 所示是一张典型的 EQE 随亮度变化的曲线。在亮度较低的情况下,往往能得到很高的

EQE，但随着亮度的增加，EQE不断下降。该特性称为效率滚降（efficiency roll-off），这是由于在高亮度情况下，OLED内的载流子和激子数量大幅增加，激子和激子，以及激子和载流子间的相互作用愈发频繁，由于它们之间的大部分相互作用都对原本可进行辐射跃迁的激子造成损失，因此器件效率不断下滑。由此可见，器件效率是与其亮度相关的。因此，在谈到器件效率时必须注明该效率所对应的亮度，同亮度下的效率比较才有意义。如何减小效率滚降效应，使OLED在高亮度下保持高器件效率是非常重要的研究方向。

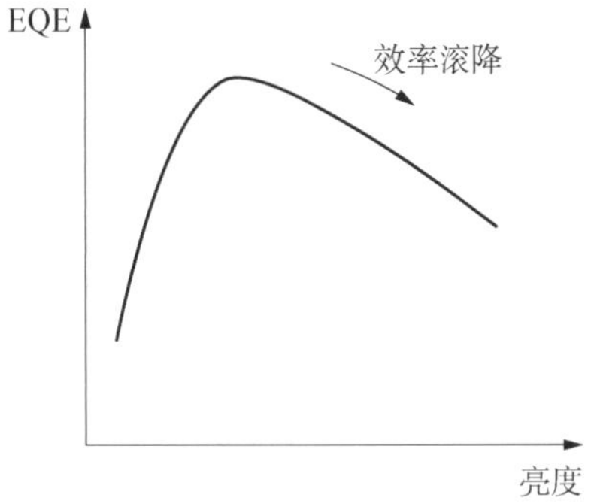

图 5.5.18　**典型的EQE随亮度变化的曲线**

除了亮度以外，OLED的色度也是其重要参数之一。通过分析OLED电致发光光谱，可以获得OLED的色度坐标（CIE coordinates）。对于照明用白光OLED，还需要标定其色温（colour temperature）和显色指数（colour rendering index），而对于显示用OLED，其RGB三色OLED能够形成的色域（gamut）大小也是重要参数，该参数反映了OLED显示屏的呈色范围。

前面提到，IQE和EQE之间只相差一个光取出效率，因此在得知器件EQE效率后，在某些情况下也可以通过计算光取出效率，来获得器件的IQE。光取出效率受诸多因素影响，以不含微纳光学结构的平板型OLED为例，其光取出效率取决于分子堆叠引起的激子朝向偏好、微腔结构引入的珀塞尔因子（Purcell factor）、载流子复合区的位置及轮廓等参数。在已知OLED每层材料膜厚和复折射率的情况下，通过测试OLED的空间出光分布，可以利用转移矩阵（transfer matrix）方法对上述参数进行拟合，从而计算出器件的光取出效率。对于带有复杂结构的OLED来说（如带有微纳光学结构的OLED），则需要使用采用严格耦合波分析法（rigorous coupled wave analysis, RCWA）、时域有限差分法（finite-difference time-domain, FDTD）或者有限元法（finite element method, FEM）等方法，并基于适合的边界条件来求解亥姆霍兹方程。

OLED寿命也是OLED产业化中需要表征的重要参数。OLED寿命测试一般在恒定电流情况下，通过监测OLED亮度下降到目标值所耗时间，即可得到其寿命值。在通常情况下，为了加快测试速度，通常将OLED置于高温或高亮度的工作模式下，器件的亮度衰减往往遵循下式：

$$L(t)/L_0 = \exp[-(t/\tau)^{\beta}]。\tag{5.5.23}$$

式中，$L(t)$和L_0分别是时刻t的器件亮度和初始亮度；τ与β为OLED材料和器件的相关参数，可以通过实验数据进行拟合。由此式可以计算出器件亮度衰减到任何目标值的寿命。初始亮度与器件寿命也紧密相关，一般来说，初始亮度越大，器件寿命则越短，通常情况下两者间的关系符合下式：

$$\tau = \frac{C}{(L_0)^n}。\tag{5.5.24}$$

式中，C和n可以通过L_0和t的实验数据进行拟合，从而可以计算出任何初始亮度情况下的器件寿命。由于OLED寿命在很大程度上取决于封装工艺，因此也经常会表征封装薄膜的

水氧阻隔性能。该性能的表征通常使用钙反应测试法，反应原理为

$$2Ca + O_2 = 2CaO,$$

$$Ca + 2H_2O = Ca(OH)_2 + H_2。$$

5.6 OLED的显示与照明

本节内容着眼于OLED的应用，包括目前应用最为广泛的显示领域，以及被寄予厚望的照明领域。

5.6.1 OLED显示技术

目前，市面上主流的显示技术采用了液晶显示（liquid crystal display, LCD）模块，如图5.6.1(a)所示。LCD将背光源转化为亮度均匀的面光源，然后通过液晶材料和一对偏振片来实现像素点的开关，并通过滤光片来控制像素点的颜色。其中，背光源可使用冷阴极荧光管（cold-cathode fluorescent tube）或LED。液晶材料的取向可通过电场调制，可以与出光偏振片共同控制像素点的显示亮度。

与LCD模块相比，OLED显示是主动发光，不需要背光源及配套的液晶"开关"。因此，OLED显示模块需要的组件要少得多（见图5.6.1(b)），这使得OLED显示屏能够做得很薄，重量也更轻。除此之外，OLED显示还具有视角广、色彩饱和度高、对比度高、响应速度快等优势。以响应速度为例，由于液晶翻转的响应时间是毫秒级的，OLED显示模块的响应速率能比LCD显示模块要高很多，能够支持60 Hz以上的刷新率。因此，目前虚拟现实

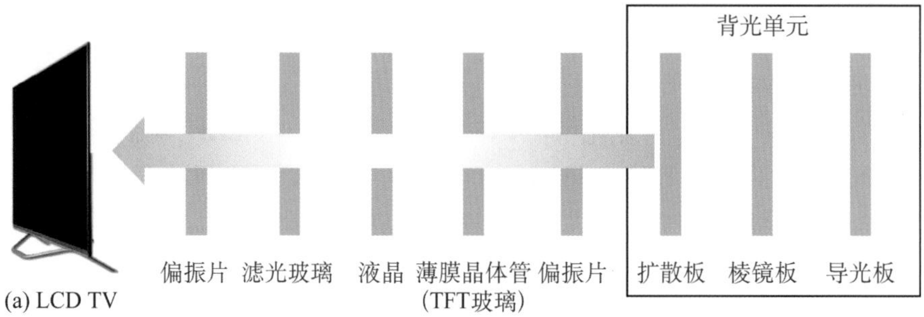

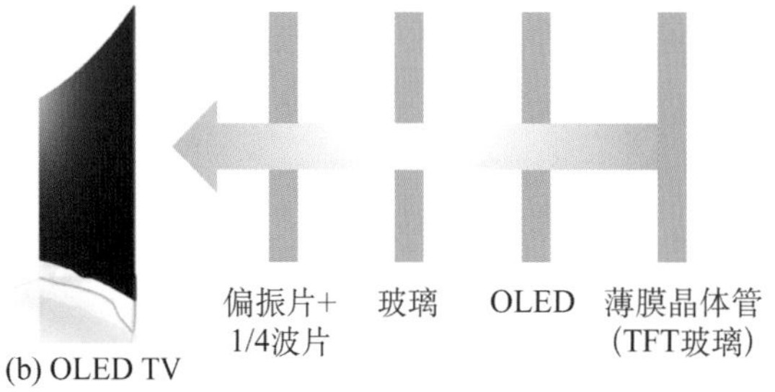

图5.6.1　显示器结构示意图

(virtual reality)中使用的显示屏大多采用 OLED 屏幕,以减少用户体验时的眩晕感。

驱动方式是 OLED 显示的重要一环,常用的驱动方式有两种,无源矩阵驱动方式(passive-matrix OLED, PMOLED)及有源矩阵驱动方式(active-matrix OLED, AMOLED)。图 5.6.2 所示是 PMOLED 的电路,PMOLED 中置于水平方向的扫描线(scan line)用于逐行扫描,而置于垂直方向的数据线(data line)则将外部电压信号传给每一行中需要工作的 OLED 像素点。当扫描线移到下一行时,上一行工作的 OLED 像素点就被断开。由于每一行的 OLED 像素点只在扫描线接通时工作,该像素点在整个显示模块完成一次扫描后的亮度会被该显示模块所含的扫描线数目所平均,即

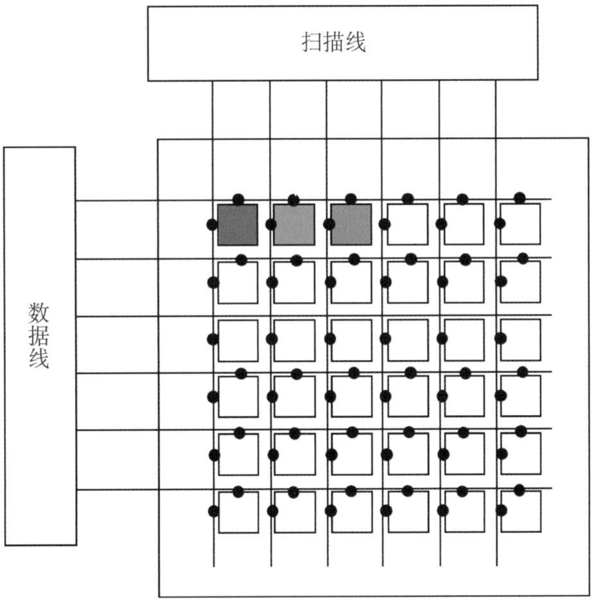

图 5.6.2　**PMOLED 电路示意图**

$$平均亮度 = 瞬时亮度 / 扫描线数目。$$

如果扫描线数目非常多,就需要像素点在工作时提供高亮度,此时的器件效率和寿命都会大打折扣。因此,该技术只能用于小面积 OLED 显示,并不适合大面积的 OLED 显示。

限制 PMOLED 的根源在于 OLED 像素点在扫描时无法被持续点亮,AMOLED 技术正是为解决此问题提出的解决方案。图 5.6.3 所示是 AMOLED 的电路,在 AMOLED 中加入一个储存电容(storage capacitor)和两个薄膜晶体管(thin-film transistor, TFT)。其中,一个 TFT 用作 OLED 像素点的开关,另一个用作像素点的驱动。此外,还增加了与这些元件配套的电容线(capacitor line)和电源线(power supply line)。当开启扫描线后,数据线能将外

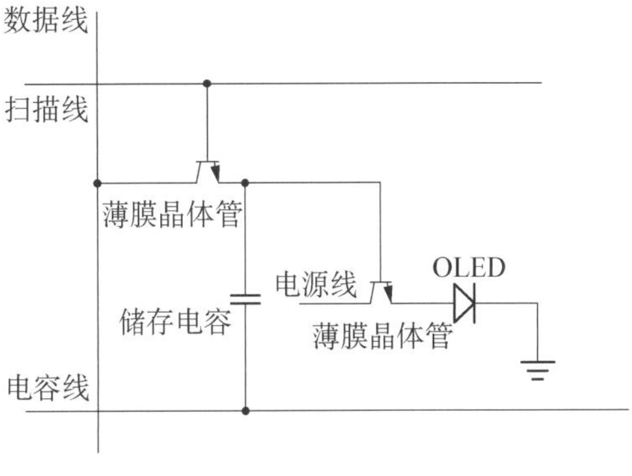

图 5.6.3　**AMOLED 电路示意图**

部电压信号经开关 TFT 同时传给驱动 TFT 并储存在储存电容中，此电压信号控制驱动 TFT 为 OLED 像素点提供的驱动电流大小，从而决定了像素点的亮度。当扫描线移到下一行后，虽然开关 TFT 不再工作，但储存电容中的电压仍能使驱动 TFT 处于导通状态，在模块的一个扫描周期内维持固定电流。这意味着 AMOLED 中的像素点不需要瞬时高亮度显示，可以实现大面积的 OLED 显示。

TFT 是大规模集成电路中广泛使用的元件，工艺成熟。目前，在 AMOLED 中采用两种主要的 TFT 制程方式，一种称为非晶硅(amorphous silicon, a-Si)制程；另一种称为低温多晶硅(low temperature poly-silicon, LTPS)制程。前者制程简单、成本有竞争力，但 a-Si 的载流子迁移率偏低，能够提供的驱动电流小；而后者制程相对复杂，但能够与驱动 TFT 电路制程相整合，且其较高的载流子迁移率可以提供更高的驱动电流，目前最大的问题还在于高成本。

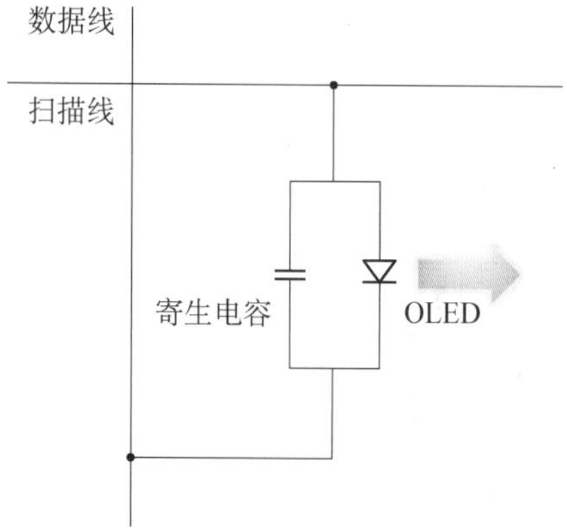

图 5.6.4 OLED 等效电路示意图

OLED 驱动中的另一个重要问题是模块的寄生电容(parasitic capacitance)。OLED 的等效电路如图 5.6.4 所示，即电流源和二极管与寄生电容的并联，寄生电容的大小一般在皮法(pF)量级。由于寄生电容的存在，使得 OLED 在达到阈值电压前，所有的电流都被寄生电容所消耗，因此 OLED 并不会发光。当寄生电容很大时，会需要很长的充电时间，造成显示模块亮度难以控制。如果在像素点工作前先通过预充电方法将寄生电容都充满，则此时再用数据线加载信号时，OLED 的亮度能够得到更精准的控制。

接下来，再来了解 OLED 显示模块的灰阶(grayscale)和全彩化技术。前面提到数据线中的电压信号可以控制 OLED 像素点亮度，而像素点的亮度层次可以实现多等级的灰阶，从而使得显示层次越丰富、细节越清晰。如果数据线可以处理 8 位灰阶，那么对应的灰阶可以从 0 取到 255，共计 (2^8 =)256 个。实现灰阶控制的方法主要有 3 种：一是对数据线进行逻辑编程，将表征灰阶的二进制数与数据线相连，通过控制二进制数的大小来调节像素点中的工作电流，实现灰阶显示；二是将像素点分割为能够独立控制的子像素点，当不同数量的子像素点工作时，显示出的灰阶就会不同，但这种方法增加了工艺复杂度和加工成本，而且还变相降低了显示分辨率，这些都是该方法存在的局限性；三是使用时间来调制灰阶，通过调制每个像素点点亮的时间来控制每个像素点的灰阶程度，这种方法的优点在于采用了数字驱动，不需要改变像素点的工作电流值，适用性更强。

OLED 显示的全彩化技术可分为 4 种，RGB 并置法、白光过滤法、颜色转换法、微腔共振法，如图 5.6.5 所示。RGB 并置法是将红、绿、蓝 3 个 OLED 并置于基板上形成 OLED 三原色像素点，并置的方法是采用高精度对位系统移动掩膜板，实现三原色像素点的分布蒸镀。白光过滤法利用滤光片对白光 OLED 的光谱成分进行调制，实现不同颜色的像素点。这种方法实现相对容易，但由于滤光片会滤掉大约 2/3 的光，因此整个显示模块的效率会大受影响。颜色转换法利用颜色转换材料对蓝光 OLED 的吸收，实现不同颜色的发光。这种

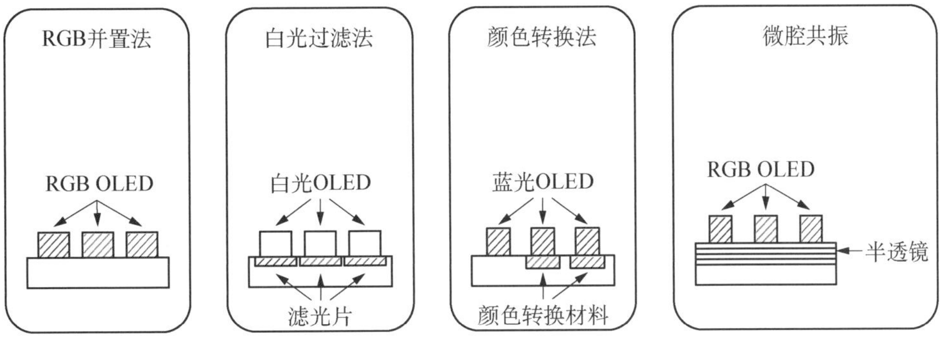

图 5.6.5 OLED 全彩化技术

方法操作起来同样非常容易，但蓝光 OLED 的器件效率、颜色转换材料的转换效率及其光取出效率等都大幅制约了整个显示模块的效率。微腔共振法是 RGB 并置法的改进，通过利用微腔共振效应实现三原色像素点光谱成分的窄化，令三原色像素点颜色纯度更高。此外，微腔共振法在一定程度上提高了 OLED 的光取出效率，有利于提高器件效率；其不足之处在于加工工艺相对复杂。

5.6.2 OLED 白光照明

OLED 白光照明与显示有共通之处，但也有不同。最主要的区别在于显示中希望三原色像素点颜色纯度高，即发射光谱越窄越理想，从而对色域中颜色的显示越精确；而对于白光照明，则希望发射光谱尽可能宽，能够均匀覆盖可见光光谱范围，从而获得高显色指数。如图 5.6.6 所示，OLED 的白光照明可以通过 4 种主要手段来实现：a. 直接使用白光材料制备白光 OLED；b. 在发光层掺杂多种发光材料，利用 FRET 机制呈现混合白色；c. 使用有机颜色转换(colour converter)材料吸收蓝光 OLED 发出的部分蓝光并发射黄光，从而形成混合白光；d. 使用多重发光层白光器件实现混合白光。直接使用白光材料制备的 OLED 结构简单，但是对白光材料的设计和合成要求非常高，需要在其光谱、PLQY、能级、载流子迁移率、溶解度、成膜品质等多方面进行平衡和优化。对发光层进行多重掺杂的方法较为简单，但是该方法对掺杂的精度和均匀度要求都非常高，当发光层薄膜内各掺杂材料产生相分离(phase separation)时，会造成光谱成分大幅变化，并对包括器件效率在内的各种特性造成巨大影响。使用有机颜色转换材料是最便捷的方法，但是这种方法需要材料有很高的颜色转换效率和稳定性。此外，蓝光 OLED 的效率和稳定性也使该方法存在隐忧。多重发光层实现白光的方法是通过采用两层具有互补色的发光层或者 RGB 3 层发光层得到混合白光，其白光光谱成分、色温等特性可以借由器件中各材料的厚度和能级势垒来调节，但随着工作电压的变化，载流子复合区域容易产生偏移，从而改变 OLED 的光谱成分。

基于多重发光层的理念，发展出串联式白光 OLED。与显示采用的 RGB 并置法不同，该方法将两个或多个不同颜色的 OLED 单元纵向堆起串联而成(见图 5.3.11)。使用该方法，对每个 OLED 单元可进行独立优化，这对白光光谱成分有更灵活的控制，而且在相同亮度的情况下串联式 OLED 比普通 OLED 有更低的驱动电流，有利于延长 OLED 的器件寿命。由于串联式白光 OLED 的层数较多，在 OLED 单元内采用 p－i－n 结构来减小工作电压会更为理想。比较常见的串联式白光 OLED 使用两个颜色单元，一个使用蓝光材料，另一

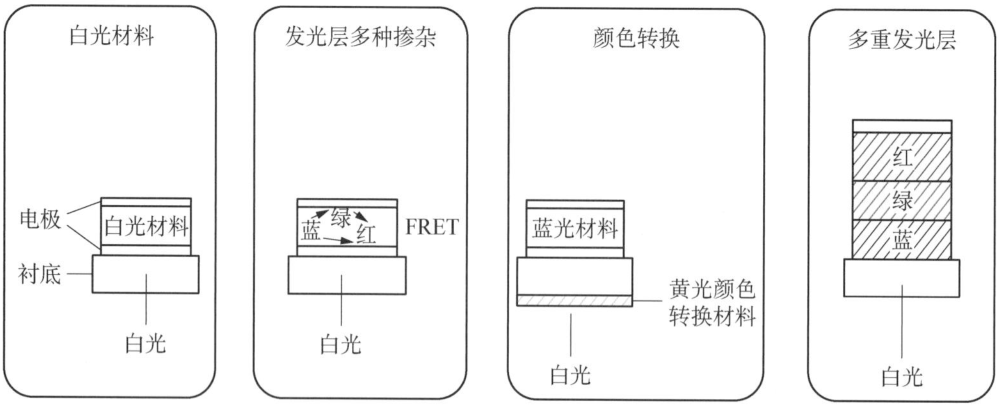

图 5.6.6　4 种实现白光 OLED 的手段

个使用红光材料加绿光材料。相较于红光和绿光的磷光材料，蓝光磷光材料的寿命偏短，发光层材料老化寿命的不一致会造成器件发射光谱的变化。为了能够稳定发射光谱，目前，在商用串联式白光 OLED 中，还是使用寿命较长的蓝色荧光材料而非磷光材料。蓝光单元一直是白光 OLED 的研究重点，一方面新型蓝光材料经过不断的设计和合成，材料寿命稳步提高；另一方面，如使用等离激元耦合大幅提高长寿命绿色磷光材料中蓝光成分的发光强度等众多新思路也在不断涌现。此外，白光 OLED 在进行光取出优化时需要考虑光谱成分随出射角度的变化。在使用光取出微纳结构时，应避免周期性结构带来的色散效应，使用准无序（quasi-random）的光学微纳结构能够更好地保证光谱成分在不同方向的一致性。

近年来，在固态照明光源领域提出了"超越照明"（beyond illumination）的概念，如农业照明、医用照明、智慧照明等，固态光源的应用已经不再仅仅局限于照明。OLED 也越来越多地涉足"超越照明"的相关领域，形成了不少新颖的应用方向，其中包括 OLED 传感、OLED 光动力治疗、OLED 可见光通信等。因此，在关注提升 OLED 性能的同时，如何利用其自身特点找到新的应用场景、开拓新的应用市场，也是值得探索的方向。

参考文献

[1] Condon E. *A Theory of Intensity Distribution in Band Systems* [J]. *Physical Review*, 1926,28(6): 1182 - 1201.

[2] Franck J, Dymond E G. *Elementary Processes of Photochemical Reactions* [J]. *Transactions of the Faraday Society*, 1926,21: 536 - 542.

[3] Condon E U. *Nuclear Motions Associated with Electron Transitions in Diatomic Molecules* [J]. *Physical Review*, 1928,32(6): 858 - 872.

[4] Förster T. *Intermolecular Energy Migration and Fluorescence* [J]. *Annalen der Physik (Leipzig)*, 1948,2: 55 - 75.

[5] Dexter D L. *A Theory of Sensitized Luminescence in Solids* [J]. *Journal of Chemical Physics*, 1953, 21(5): 836 - 850.

[6] King K A, Spellane P J, Watts R J. *Excited-State Properties of a Triply Ortho-Metalated Iridium*

(III) *Complex* [J]. *Journal of the American Chemical Society*, 1985,107(5): 1431 - 1432.

[7] Binnig G, Quate C F, Gerber C. *Atomic Force Microscope* [J]. *Physical Review Letters*, 1986,56(9): 930 - 933.

[8] Tang C W, Vanslyke S A. *Organic Electroluminescent Diodes* [J]. *Applied Physics Letters*, 1987,51(12): 913 - 915.

[9] Scriven L E. *Physics and Applications of Dip Coating and Spin Coating* [J]. *MRS Proceedings*, 1988,121: 717 - 729.

[10] Burroughes J H, Bradley D D C, Brown A R, et al. *Light-Emitting-Diodes Based on Conjugated Polymers* [J]. *Nature*, 1990,347(6293): 539 - 541.

[11] Kido J, Hongawa K, Okuyama K, et al. *Bright Blue Electroluminescence from Poly (N-Vinylcarbazole)* [J]. *Applied Physics Letters*, 1993,63(19): 2627 - 2629.

[12] Greenham N C, Samuel I D W, Hayes G R, et al. *Measurement of Absolute Photoluminescence Quantum Efficiencies in Conjugated Polymers* [J]. *Chemical Physics Letters*, 1995,241(1 - 2): 89 - 96.

[13] Kido J, Kimura M, Nagai K. *Multilayer White Light-Emitting Organic Electroluminescent Device* [J]. *Science*, 1995,267(5202): 1332 - 1334.

[14] Kim E, Xia Y N, Zhao X M, et al. *Solvent-Assisted Microcontact Molding: A Convenient Method for Fabricating Three-Dimensional Structures on Surfaces of Polymers* [J]. *Advanced Materials*, 1997,9(8): 651 - 654.

[15] Hall D B, Underhill P, Torkelson J M. *Spin Coating of Thin and Ultrathin Polymer Films* [J]. *Polymer Engineering and Science*, 1998,38(12): 2039 - 2045.

[16] Kim J S, Granstrom M, Friend R H, et al. *Indium-Tin Oxide Treatments for Single- and Double-Layer Polymeric Light-Emitting Diodes: The Relation between the Anode Physical, Chemical, and Morphological Properties and the Device Performance* [J]. *Journal of Applied Physics*, 1998,84(12): 6859 - 6870.

[17] Sato Y, Ichinosawa S, Kanai H. *Operation Characteristics and Degradation of Organic Electroluminescent Devices* [J]. *Ieee Journal of Selected Topics in Quantum Electronics*, 1998,4(1): 40 - 48.

[18] Baldo M A, O'brien D F, You Y, et al. *Highly Efficient Phosphorescent Emission from Organic Electroluminescent Devices* [J]. *Nature*, 1998,395(6698): 151 - 154.

[19] Friend R H, Gymer R W, Holmes A B, et al. *Electroluminescence in Conjugated Polymers* [J]. *Nature*, 1999,397(6715): 121 - 128.

[20] Brown T M, Kim J S, Friend R H, et al. *Built-in Field Electroabsorption Spectroscopy of Polymer Light-Emitting Diodes Incorporating a Doped Poly(3,4 - Ethylene Dioxythiophene) Hole Injection Layer* [J]. *Applied Physics Letters*, 1999,75(12): 1679 - 1681.

[21] Cappella B, Dietler G. *Force-Distance Curves by Atomic Force Microscopy* [J]. *Surface Science Reports*, 1999,34(1 - 3): 1 - 104.

[22] Halim M, Pillow J N G, Samuel I D W, et al. *Conjugated Dendrimers for Light-Emitting Diodes: Effect of Generation* [J]. *Advanced Materials*, 1999,11(5): 371 - 374.

[23] Adachi C, Baldo M A, Forrest S R. *Electroluminescence Mechanisms in Organic Light Emitting Devices Employing a Europium Chelate Doped in a Wide Energy Gap Bipolar Conducting Host* [J]. *Journal of Applied Physics*, 2000,87(11): 8049 - 8055.

[24] Lupton J M, Matterson B J, Samuel I D W, et al. *Bragg Scattering from Periodically Microstructured Light Emitting Diodes* [J]. *Applied Physics Letters*, 2000,77(21): 3340 - 3342.

[25] Clayden J, Greeves N, Warren S, et al. *Organic Chemistry* [M]. Oxford: Oxford University Press, 2001.

[26] Luo J, Xie Z, Lam J W Y, et al. *Aggregation-Induced Emission of 1 - Methyl - 1, 2, 3, 4, 5 -*

Pentaphenylsilole [J]. *Chemical Communications*, 2001(18): 1740 - 1741.

[27] Kim Y S, Suh K Y, Lee H H. *Fabrication of Three-Dimensional Microstructures by Soft Molding* [J]. *Applied Physics Letters*, 2001,79(14): 2285 - 2287.

[28] Matterson B J, Lupton J M, Safonov A F, et al. *Increased Efficiency and Controlled Light Output from a Microstructured Light-Emitting Diode* [J]. *Advanced Materials*, 2001,13(2): 123 - 127.

[29] Turnbull G A, Andrew P, Jory M J, et al. *Relationship between Photonic Band Structure and Emission Characteristics of a Polymer Distributed Feedback Laser* [J]. *Physical Review B*, 2001, 6412(12): 125122.

[30] Hobson P A, Wedge S, Wasey J a E, et al. *Surface Plasmon Mediated Emission from Organic Light-Emitting Diodes* [J]. *Advanced Materials*, 2002,14(19): 1393 - 1396.

[31] Lawrence J R, Andrew P, Barnes W L, et al. *Optical Properties of a Light-Emitting Polymer Directly Patterned by Soft Lithography* [J]. Applied Physics Letters, 2002,81(11): 1955 - 1957.

[32] Lo S C, Male N a H, Markham J P J, et al. *Green Phosphorescent Dendrimer for Light-Emitting Diodes* [J]. *Advanced Materials*, 2002,14(13 - 14): 975 - 979.

[33] Lu M H, Sturm J C. *Optimization of External Coupling and Light Emission in Organic Light-Emitting Devices: Modeling and Experiment* [J]. *Journal of Applied Physics*, 2002,91(2): 595 - 604.

[34] Maiti P, Nam P H, Okamoto M, et al. *Influence of Crystallization on Intercalation, Morphology, and Mechanical Properties of Polypropylene/Clay Nanocomposites* [J]. *Macromolecules*, 2002,35(6): 2042 - 2049.

[35] Barnes W L, Dereux A, Ebbesen T W. *Surface Plasmon Subwavelength Optics* [J]. *Nature*, 2003, 424(6950): 824 - 830.

[36] Forrest S R, Bradley D D C, Thompson M E. *Measuring the Efficiency of Organic Light-Emitting Devices* [J]. *Advanced Materials*, 2003,15(13): 1043 - 1048.

[37] Lawrence J R, Turnbull G A, Samuel I D W. *Polymer Laser Fabricated by a Simple Micromolding Process* [J]. *Applied Physics Letters*, 2003,82(23): 4023 - 4025.

[38] Turnbull G A, Andrew P, Barnes W L, et al. *Photonic Mode Dispersion of a Two-Dimensional Distributed Feedback Polymer Laser* [J]. *Physical Review B*, 2003,67(16): 165107.

[39] Andrew P, Barnes W L. *Energy Transfer across a Metal Film Mediated by Surface Plasmon Polaritons* [J]. *Science*, 2004,306(5698): 1002 - 1005.

[40] Barnes W L. *Light-Emitting Devices-Turning the Tables on Surface Plasmons* [J]. *Nature Materials*, 2004,3(9): 588 - 589.

[41] Gong X, Lim S H, Ostrowski J C, et al. *Phosphorescence from Iridium Complexes Doped into Polymer Blends* [J]. *Journal of Applied Physics*, 2004,95(3): 948 - 953.

[42] Yan H, Scott B J, Huang Q L, et al. *Enhanced Polymer Light-Emitting Diode Performance Using a Crosslinked-Network Electron-Blocking Interlayer* [J]. *Advanced Materials*, 2004,16(21): 1948 - 1953.

[43] Ziebarth J M, Saafir A K, Fan S, et al. *Extracting Light from Polymer Light-Emitting Diodes Using Stamped Bragg Gratings* [J]. *Advanced Functional Materials*, 2004,14(5): 451 - 456.

[44] Feng J, Okamoto T, Kawata S. *Highly Directional Emission Via Coupled Surface-Plasmon Tunneling from Electroluminescence in Organic Light-Emitting Devices* [J]. *Applied Physics Letters*, 2005,87(24): 241109.

[45] Brütting W. *Physics of Organic Semiconductors* [M]. Weinheim: Wiley-VCH, 2005.

[46] 黄春辉，李富友，黄维.*有机电致发光材料与器件导论* [M]. 上海：复旦大学出版社，2005.

[47] Müllen K, ScherfU. *Organic Light Emitting Devices* [M]. Weinheim: Wiley-VCH, 2006.
[48] Kanno H, Holmes R J, Sun Y, et al. *White Stacked Electrophosphorescent Organic Light-Emitting Devices Employing Moo3 as a Charge-Generation Layer* [J]. *Advanced Materials*, 2006,18(3): 339-342.
[49] Sun Y R, Giebink N C, Kanno H, et al. *Management of Singlet and Triplet Excitons for Efficient White Organic Light-Emitting Devices* [J]. *Nature*, 2006,440(7086): 908-912.
[50] Yates C J, Samuel I D W, Burn P L, et al. *Surface Plasmon-Polariton Mediated Emission from Phosphorescent Dendrimer Light-Emitting Diodes* [J]. *Applied Physics Letters*, 2006,88(16): 161105.
[51] Borek C, Hanson K, Djurovich P I, et al. *Highly Efficient, near-Infrared Electrophosphorescence from a Pt-Metalloporphyrin Complex* [J]. *Angewandte Chemie-International Edition*, 2007,46(7): 1109-1112.
[52] Voicu N E, Ludwigs S, Crossland E J W, et al. *Solvent-Vapor-Assisted Imprint Lithography* [J]. *Advanced Materials*, 2007,19(5): 757-761.
[53] Guo L J. *Nanoimprint Lithography: Methods and Material Requirements* [J]. *Advanced Materials*, 2007,19(4): 495-513.
[54] Ishihara K, Fujita M, Matsubara I, et al. *Organic Light-Emitting Diodes with Photonic Crystals on Glass Substrate Fabricated by Nanoimprint Lithography* [J]. *Applied Physics Letters*, 2007,90(11): 111114.
[55] Niu Y H, Liu M S, Ka J W, et al. *Crosslinkable Hole-Transport Layer on Conducting Polymer for High-Efficiency White Polymer Light-Emitting Diodes* [J]. *Advanced Materials*, 2007,19(2): 300-304.
[56] Rehmann N, Ulbricht C, Kohnen A, et al. *Advanced Device Architecture for Highly Efficient Organic Light-Emitting Diodes with an Orange-Emitting Crosslinkable Iridium(III) Complex* [J]. *Advanced Materials*, 2008,20(1): 129-133.
[57] Endo A, Ogasawara M, Takahashi A, et al. *Thermally Activated Delayed Fluorescence from Sn^{4+}-Porphyrin Complexes and Their Application to Organic Light Emitting Diodes—a Novel Mechanism for Electroluminescence* [J]. *Advanced Materials*, 2009,21(47): 4802-4806.
[58] Li J Y, Liu D. *Dendrimers for Organic Light-Emitting Diodes* [J]. *Journal of Materials Chemistry*, 2009,19(41): 7584-7591.
[59] Binnemans K. *Lanthanide-Based Luminescent Hybrid Materials* [J]. *Chemical Reviews*, 2009,109(9): 4283-4374.
[60] Reineke S, Lindner F, Schwartz G, et al. *White Organic Light-Emitting Diodes with Fluorescent Tube Efficiency* [J]. *Nature*, 2009,459(7244): 234-238.
[61] Suzuki K, Kobayashi A, Kaneko S, et al. *Reevaluation of Absolute Luminescence Quantum Yields of Standard Solutions Using a Spectrometer with an Integrating Sphere and a Back-Thinned CCD Detector* [J]. *Physical Chemistry Chemical Physics*, 2009,11(42): 9850-9860.
[62] Lai W Y, Levell J W, Jackson A C, et al. *A Phosphorescent Poly(Dendrimer) Containing Iridium(III) Complexes: Synthesis and Light-Emitting Properties* [J]. *Macromolecules*, 2010,43(17): 6986-6994.
[63] Eliseeva S V, Bunzli J C G. *Lanthanide Luminescence for Functional Materials and Bio-Sciences* [J]. Chemical Society Reviews, 2010,39(1): 189-227.
[64] Katkova M A, Bochkarev M N. *New Trends in Design of Electroluminescent Rare Earth Metallo-Complexes for OLEDs* [J]. *Dalton Transactions*, 2010,39(29): 6599-6612.
[65] Koo W H, Jeong S M, Araoka F, et al. *Light Extraction from Organic Light-Emitting Diodes*

Enhanced by Spontaneously Formed Buckles [J]. *Nature Photonics*, 2010,4(4): 222 - 226.

[66] 黄维，密保秀，高志强. *有机电子学* [M]. 北京：科学出版社，2011.

[67] Hashimoto M, Igawa S, Yashima M, et al. *Highly Efficient Green Organic Light-Emitting Diodes Containing Luminescent Three-Coordinate Copper (I) Complexes* [J]. *Journal of the American Chemical Society*, 2011,133(27): 10348 - 10351.

[68] Hauss J, Bocksrocker T, Riedel B, et al. *On the Interplay of Waveguide Modes and Leaky Modes in Corrugated OLEDs* [J]. *Optics Express*, 2011,19(14): A851 - A858.

[69] Liu R, Cai Y, Park J-M, et al. *Organic Light-Emitting Diode Sensing Platform: Challenges and Solutions* [J]. *Advanced Functional Materials*, 2011,21(24): 4744 - 4753.

[70] Park S Y, Kim S H, Cho I, et al. *Highly Efficient Deep-Blue Emitting Organic Light Emitting Diode Based on the Multifunctional Fluorescent Molecule Comprising Covalently Bonded Carbazole and Anthracene Moieties* [J]. *Journal of Materials Chemistry*, 2011,21(25): 9139 - 9148.

[71] Sasabe H, Tanaka D, Yokoyama D, et al. *Influence of Substituted Pyridine Rings on Physical Properties and Electron Mobilities of 2 - Methylpyrimidine Skeleton-Based Electron Transporters* [J]. *Advanced Functional Materials*, 2011,21(2): 336 - 342.

[72] Wang Z B, Helander M G, Qiu J, et al. *Unlocking the Full Potential of Organic Light-Emitting Diodes on Flexible Plastic* [J]. *Nature Photonics*, 2011,5(12): 753 - 757.

[73] Zhou J, Ai N, Wang L, et al. *Roughening the White OLED Substrate's Surface through Sandblasting to Improve the External Quantum Efficiency* [J]. *Organic Electronics*, 2011,12(4): 648 - 653.

[74] J. W. Levell, S. Zhang, W. -Y. Lai, et al. *High Power Efficiency Phosphorescent Poly (Dendrimer) OLEDs* [J]. *Optics Express*, 2012,20(S2): A213 - A218.

[75] Bocksrocker T, Maier-Flaig F, Eschenbaum C, et al. *Efficient Waveguide Mode Extraction in White Organic Light Emitting Diodes Using ITO-Anodes with Integrated Mgf2-Columns* [J]. *Optics Express*, 2012,20(6): 6170 - 6174.

[76] Cai M, Ye Z, Xiao T, et al. *Extremely Efficient Indium-Tin-Oxide-Free Green Phosphorescent Organic Light-Emitting Diodes* [J]. *Advanced Materials*, 2012,24(31): 4337 - 4342.

[77] Han T H, Lee Y, Choi M R, et al. *Extremely Efficient Flexible Organic Light-Emitting Diodes with Modified Graphene Anode* [J]. *Nature Photonics*, 2012,6(2): 105 - 110.

[78] Jin Y, Feng J, Zhang X L, et al. *Solving Efficiency-Stability Tradeoff in Top-Emitting Organic Light-Emitting Devices by Employing Periodically Corrugated Metallic Cathode* [J]. *Advanced Materials*, 2012,24(9): 1187 - 1191.

[79] Koo W H, Youn W, Zhu P F, et al. *Light Extraction of Organic Light Emitting Diodes by Defective Hexagonal-Close-Packed Array* [J]. *Advanced Functional Materials*, 2012,22(16): 3454 - 3459.

[80] Reboud V, Khokhar A Z, Sepulveda B, et al. *Enhanced Light Extraction in ITO-Free OLEDs Using Double-Sided Printed Electrodes* [J]. *Nanoscale*, 2012,4(11): 3495 - 3500.

[81] Thomschke M, Reineke S, Lussem B, et al. *Highly Efficient White Top-Emitting Organic Light-Emitting Diodes Comprising Laminated Microlens Films* [J]. *Nano Letters*, 2012,12(1): 424 - 428.

[82] Bocksrocker T, Hoffmann J, Eschenbaum C, et al. *Micro-Spherically Textured Organic Light Emitting Diodes: A Simple Way Towards Highly Increased Light Extraction* [J]. *Organic Electronics*, 2013,14(1): 396 - 401.

[83] Chang Y L, Song Y, Wang Z B, et al. *Highly Efficient Warm White Organic Light-Emitting Diodes by Triplet Exciton Conversion* [J]. *Advanced Functional Materials*, 2013,23(6): 705 - 712.

[84] Choi C S, Kim D-Y, Lee S-M, et al. *Blur-Free Outcoupling Enhancement in Transparent Organic Light Emitting Diodes: a Nanostructure Extracting Surface Plasmon Modes* [J]. *Advanced Optical*

Materials, 2013,1(10): 687 - 691.

[85] Coskun S, Ates E S, Unalan H E. *Optimization of Silver Nanowire Networks for Polymer Light Emitting Diode Electrodes* [J]. *Nanotechnology*, 2013,24(12): 125 - 202.

[86] Fleetham T, Ecton J, Wang Z X, et al. *Single-Doped White Organic Light-Emitting Device with an External Quantum Efficiency over 20%* [J]. *Advanced Materials*, 2013,25(18): 2573 - 2576.

[87] Gaynor W, Hofmann S, Christoforo M G, et al. *Color in the Corners: ITO-Free White OLEDs with Angular Color Stability* [J]. *Advanced Materials*, 2013,25(29): 4006 - 4013.

[88] Koo W H, Zhe Y, So F. *Direct Fabrication of Organic Light-Emitting Diodes on Buckled Substrates for Light Extraction* [J]. *Advanced Optical Materials*, 2013,1(5): 404 - 408.

[89] Lai S-L, Tong W-Y, Kui S C F, et al. *High Efficiency White Organic Light-Emitting Devices Incorporating Yellow Phosphorescent Platinum (II) Complex and Composite Blue Host* [J]. *Advanced Functional Materials*, 2013,23(41): 5168 - 5176.

[90] Li J Y, Zhang T, Liang Y J, et al. *Solution-Processible Carbazole Dendrimers as Host Materials for Highly Efficient Phosphorescent Organic Light-Emitting Diodes* [J]. *Advanced Functional Materials*, 2013,23(5): 619 - 628.

[91] Liang J, Li L, Niu X, et al. *Elastomeric Polymer Light-Emitting Devices and Displays* [J]. *Nat Photon*, 2013,7(10): 817 - 824.

[92] Nakanotani H, Masui K, Nishide J, et al. *Promising Operational Stability of High-Efficiency Organic Light-Emitting Diodes Based on Thermally Activated Delayed Fluorescence* [J]. *Sci. Rep.*, 2013,3: 2127.

[93] Schwab T, Schubert S, Hofmann S, et al. *Highly Efficient Color Stable Inverted White Top-Emitting OLEDs with Ultra-Thin Wetting Layer Top Electrodes* [J]. *Advanced Optical Materials*, 2013,1(10): 707 - 713.

[94] Zhao Y B, Chen J S, Ma D G. *Ultrathin Nondoped Emissive Layers for Efficient and Simple Monochrome and White Organic Light-Emitting Diodes* [J]. *ACS Applied Materials & Interfaces*, 2013,5(3): 965 - 971.

[95] Han B, Huang Y, Li R, et al. *Bio-Inspired Networks for Optoelectronic Applications* [J]. *Nature Communications*, 2014,5: 5674.

[96] Zhou L, Ou Q-D, Chen J-D, et al. *Light Manipulation for Organic Optoelectronics Using Bio-Inspired Moth's Eye Nanostructures* [J]. *Sci. Rep.*, 2014,4: 4040.

[97] Whitworth G L, Zhang S, Stevenson J R Y, et al. *Solvent Immersion Nanoimprint Lithography of Fluorescent Conjugated Polymers* [J]. *Applied Physics Letters*, 2015,107(16): 163301.

[98] Chen N, Kovacik P, Howden R M, et al. *Low Substrate Temperature Encapsulation for Flexible Electrodes and Organic Photovoltaics* [J]. *Advanced Energy Materials*, 2015,5(6): 1401442.

[99] Cho Y J, Yook K S, Lee J Y. *Cool and Warm Hybrid White Organic Light - Emitting Diode with Blue Delayed Fluorescent Emitter Both as Blue Emitter and Triplet Host* [J]. *Sci. Rep.*, 2015,5: 7859.

[100] Park M-H, Kim J-Y, Han T-H, et al. *Flexible Lamination Encapsulation* [J]. *Advanced Materials*, 2015,27(29): 4308 - 4314.

[101] Zhang D, Duan L, Zhang Y, et al. *Highly Efficient Hybrid Warm White Organic Light-Emitting Diodes Using a Blue Thermally Activated Delayed Fluorescence Emitter: Exploiting the External Heavy-Atom Effect* [J]. *Light Sci Appl*, 2015,4: e232.

[102] Li X-L, Xie G, Liu M, et al. *High-Efficiency WOLEDs with High Color-Rendering Index Based on a Chromaticity-Adjustable Yellow Thermally Activated Delayed Fluorescence Emitter* [J].

Advanced Materials, 2016,28(23): 4614 - 4619.

[103] Mo H-W, Tsuchiya Y, Geng Y, et al. *Color Tuning of Avobenzone Boron Difluoride as an Emitter to Achieve Full-Color Emission* [J]. *Advanced Functional Materials*, 2016,26(37): 6703 - 6710.

[104] Guo J, Li X, Nie H, et al. *Achieving High-Performance Nondoped OLEDs with Extremely Small Efficiency Roll-Off by Combining Aggregation-Induced Emission and Thermally Activated Delayed Fluorescence* [J]. *Advanced Functional Materials*, 2017,27(13): 1606458.

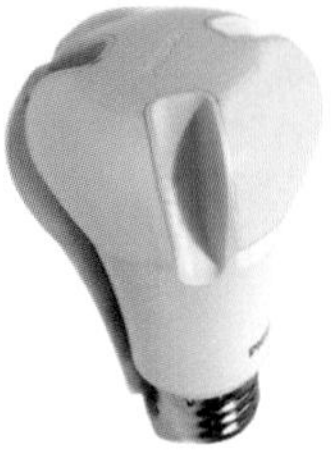

第六章 光度学基础

6.1 光度学基本原理与定律

本节介绍光度学中的几个重要原理与定律，它们在光度测试领域应用非常广泛。

6.1.1 距离平方反比定律

在点光源的垂直照射下，被照射物体表面的照度 E 与光源的发光强度 I 成正比，与光源至被照射物体的表面距离 d 的平方成反比，即

$$E = \frac{I}{d^2}。 \tag{6.1.1}$$

称为距离平方反比定律，如图 6.1.1 所示。

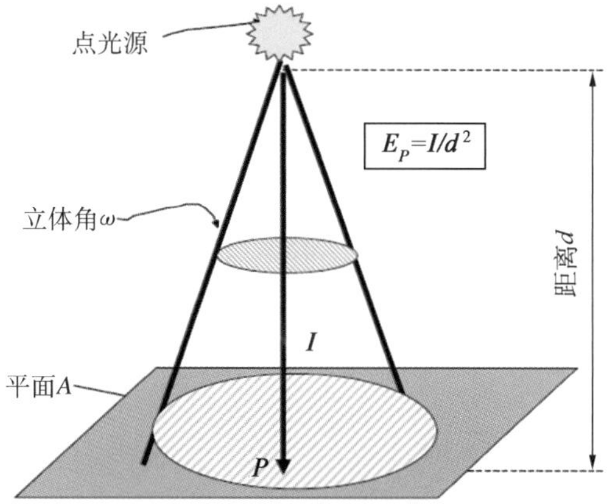

图 6.1.1 点光源照射示意图

如果点光源不是垂直照明，则(6.1.1)式应改写为

$$E = \frac{I}{d^2}\cos\theta, \tag{6.1.2}$$

式中，θ 为光入射方向与被照物表面法线方向的夹角。

当然，现实中并不存在理想的点光源，对于实际光源上式会存在一定偏差。一般认为，当距离 d 大于光源最大尺寸的 10 倍时，偏差可以忽略。

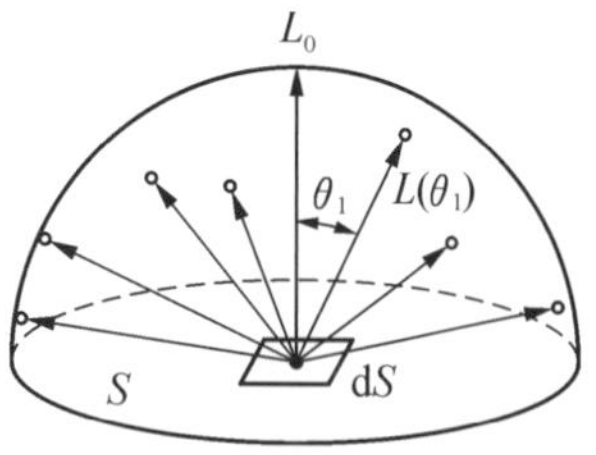

图6.1.2　面光源上各个方向的亮度分布

6.1.2　朗伯余弦定律

对于一般的面光源，其亮度是随着方向角 θ 的不同而变化的。如果某一面光源，它在各个方向上的亮度都相同，则这样的面光源就称为朗伯体。

如图6.1.2所示的面光源，某面积元 dS 向各个方向发射一定的亮度，由亮度的定义可知，dS 在某一方向上所发出的光强与其方向角的余弦成正比，即

$$\mathrm{d}I(\theta) = L(\theta)\mathrm{d}S\cos\theta。 \tag{6.1.3}$$

如果 dS 向 2π 空间内所有方向上发射的亮度均相同，则有

$$\mathrm{d}I(\theta) = \mathrm{d}I_0\cos\theta, \tag{6.1.4}$$

其中 $\mathrm{d}I_0 = L_0\mathrm{d}S$ 是 dS 在法线方向上的发光强度。如果发光面上所有点都符合(6.1.4)式，则上式可写成

$$I(\theta) = I_0\cos\theta。 \tag{6.1.5}$$

该式即为朗伯余弦定律，如图 6.1.3 所示。

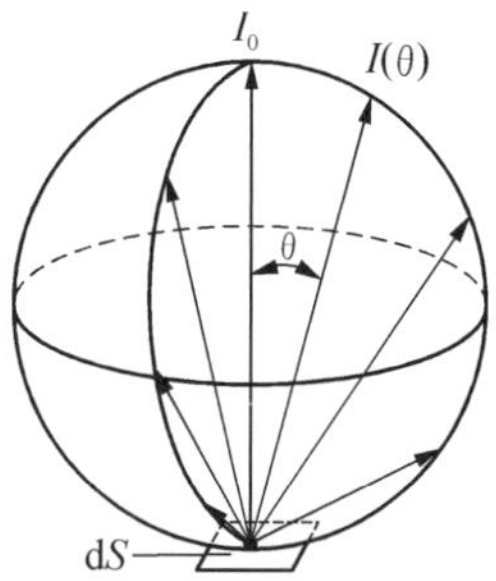

图6.1.3　朗伯余弦定律示意图

朗伯体是一种理想的假设，实际上并不存在完全符合朗伯余弦定律的物体，最接近朗伯体的是开有小孔的空腔，有些辐射源或漫反射体、漫透射体，如白炽灯的表面、白墙、白纸、毛玻璃等，也只能在一定的立体角范围内接近于朗伯体。

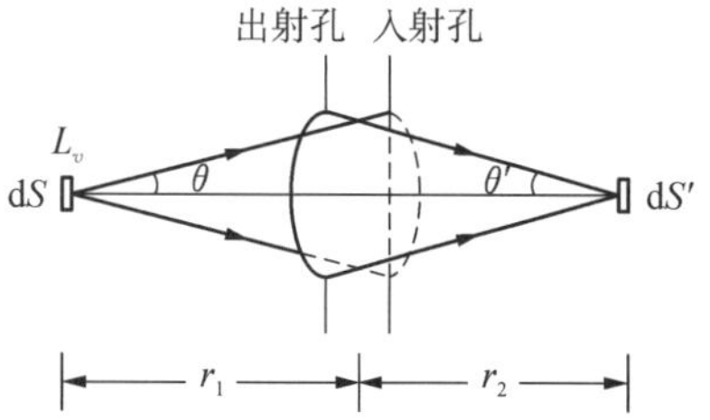

图6.1.4　透镜所成像的照度

6.1.3　阿贝定律

在成像光学系统中，像的亮度不可能大于物的亮度，这一关系称为阿贝(Ernest Abbe)定律。如图6.1.4所示，将光亮度为 L_v 的朗伯发光体 dS 经透镜成像为 dS'，dS 面和 dS'面都与光轴垂直。在 θ 方向的光强为 $L_v\mathrm{d}S\cos\theta$，立体角元 dΩ 为

$$\mathrm{d}\Omega = 2\pi(r\sin\theta)\times(r\mathrm{d}\theta)/r^2 = 2\pi\sin\theta\mathrm{d}\theta。 \tag{6.1.6}$$

在 dΩ 中包含的光通量 F_v 为

$$\begin{aligned}\mathrm{d}F_v &= (L_v\mathrm{d}S\cos\theta)(2\pi\sin\theta\mathrm{d}\theta) \\ &= 2\pi L_v\mathrm{d}S\sin\theta\cos\theta\mathrm{d}\theta,\end{aligned} \tag{6.1.7}$$

故入射的光通量为

$$F_v=\int_0^\theta \mathrm{d}F_v=\int_0^\theta 2\pi L_v \mathrm{d}S\sin\theta\cos\theta \mathrm{d}\theta \\ =\pi L_v \sin^2\theta \mathrm{d}S。\tag{6.1.8}$$

像面 $\mathrm{d}S'$ 上的照度 E_v 为

$$E_v=\frac{F_v\tau_t}{\mathrm{d}S'}=\tau_t\pi L_v\sin^2\theta\frac{\mathrm{d}S}{\mathrm{d}S'}=\tau_t\pi L_v\sin^2\theta\frac{1}{\beta^2}。\tag{6.1.9}$$

式中，τ_t 是光学系统的透过率；$\beta=\sqrt{\frac{\mathrm{d}S'}{\mathrm{d}S}}$ 是像的放大倍数。对理想的光学系统，有 $\beta=\frac{\sin\theta}{\sin\theta'}$，故

$$E_v=\tau_t\pi L_v\sin^2\theta'。\tag{6.1.10}$$

可以将像 $\mathrm{d}S'$ 看成是一个亮度为 L'_v 的新光源。类似于(6.1.8)式，可得 $\mathrm{d}S'$ 向 $2\theta'$ 角内所发的光通量为

$$F'_v=\pi L'_v\sin^2\theta'\mathrm{d}S'。\tag{6.1.11}$$

很显然

$$F'_v=E_v\mathrm{d}S'=\tau_t\pi L_v\sin^2\theta'\mathrm{d}S'。\tag{6.1.12}$$

从以上两式可得

$$L'_v=\tau_t L_v。\tag{6.1.13}$$

上式表明一个重要性质，即像的亮度 L'_v 只是光源的亮度 L_v 和光学系统透过率 τ_t 的乘积，而与光学系统的构造、焦点的距离以及光源和光学系统之间的距离等无关，且由于透过率 $\tau_t<1$，因此像的亮度不可能大于物的亮度。

另外，当角 θ 较小时，$\sin\theta=\frac{d}{2}/r_1$；而由透镜成像规律，有 $\frac{\mathrm{d}S}{\mathrm{d}S'}=\frac{r_1^2}{r_2^2}$。因而，由(6.1.9)式可得

$$E_v=\tau_t\pi L_v\frac{d^2}{4r_1^2}\times\frac{r_1^2}{r_2^2}=\frac{\tau_t L_v S_l}{r_2^2}。\tag{6.1.14}$$

式中，d 为透镜的直径；$S_l=\frac{1}{4}\pi d^2$ 是透镜的面积。(6.1.14) 式又可改写为

$$L_v=\frac{E_v r_2^2}{\tau_t S_l}。\tag{6.1.15}$$

显然，通过测定在像面上的照度 E_v，就可求出光源的亮度，这就是最典型的亮度测量原理。

6.1.4 叠加原理

实际的照明场景往往比较复杂，一是计算区域很大，如街道、广场、大厅、教室等；二是往往使用多个光源一起照明，因而不能直接采用上述定律公式进行照明计算。例如，要求计算一个或多个光源在给定平面的不同点上所产生的照度，如图6.1.5所示。其中，S_1 为光源，发光强

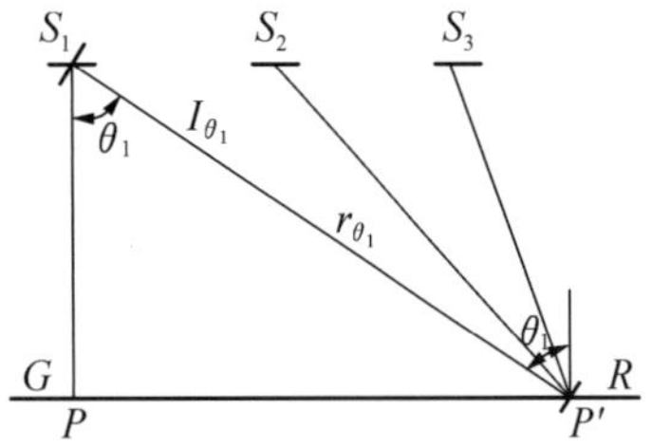

图6.1.5　照度的叠加计算

度为 I，其对平面 GR 上任一点 P' 所产生的照度，按距离平方反比定律应为

$$E = \frac{I_{\theta_1}\cos\theta_1}{r_{\theta_1}^2}。 \tag{6.1.16}$$

式中，θ_1 为入射角；I_{θ_1} 为 S_1 在 θ_1 方向上的光强；r_{θ_1} 为 S_1 至 P' 的距离。由图 6.1.5 可知，$r_{\theta_1} = r/\cos\theta_1$，$r$ 为 S_1 至平面的垂直距离，因此有

$$E = \frac{I_{\theta_1}\cos^3\theta_1}{r^2} = \frac{I_{\theta_1} r}{r_{\theta_1}^3}。 \tag{6.1.17}$$

如果有多个光源 S_1，S_2，S_3，…同时对该平面上给定点的照度都有贡献，则所有光源对该点产生的总照度为各个光源单独作用时所产生的照度的叠加，即

$$E_{总} = \sum_{i=1}^{i=n} I_{\theta_i}\cos^3\theta_i / r^2。 \tag{6.1.18}$$

这就是照度的叠加原理，有时也称为组合定律。

6.2　照度测试

测量照度的仪器称为照度计，按所用的光电探测器，照度计分为光电池式和光电管式。现在照度计中最常用的光电探测器是硅光电池。

在精度要求方面，用于照明效果评估的照度计一般不低于一级，分辨力要求能达到 0.1 lx及以下，相对示值误差小于等于±4%，$V(\lambda)$ 匹配误差绝对值小于等于 6%，余弦修正误差绝对值小于等于 4%，换挡误差小于等于±1%，非线性误差小于等于±1%。

6.2.1　余弦修正

在实际测量照度时，光线可能以不同角度射向照度计。当光斜向入射时，照度计的读数应该等于光线垂直入射时的读数与入射角余弦的乘积。但由于大角入射时，光电池表面的镜面反射作用会使一部分光被反射掉，因此照度计的显示值比实际值小。也就是说，当入射角较大时，照度读数偏离余弦定律。为此，要在照度计的光接收器前加余弦角度补偿器。这种补偿器是由乳白玻璃或塑料制成的，其形状有平面和曲面两种。图6.2.1显示了修正的效果。

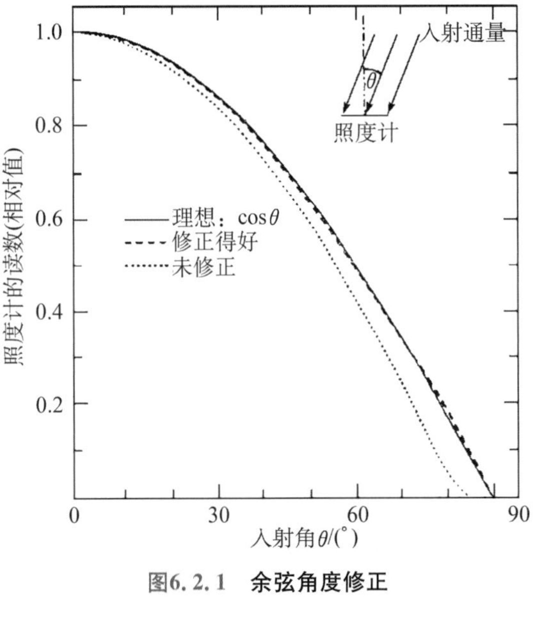

图6.2.1　余弦角度修正

6.2.2 光谱失配修正

光电探测器的相对光谱灵敏度与人眼不同,为了得到准确的光度值,我们必须采用滤光片的方法对其进行光谱修正,以使其光谱响应与人眼的光谱视见函数 $V(\lambda)$ 一致,如图 6.2.2所示。

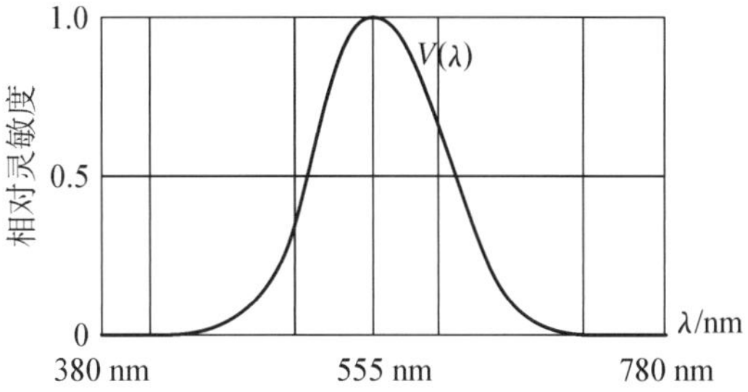

图6.2.2 人眼的标准光谱视见函数

但在实际情况下,光电探测器的光谱灵敏度 $S(\lambda)$ 不可能完美匹配 $V(\lambda)$ 函数。所以在测量不同光谱的光源时,为了得到更精确的结果,如果待测光的光谱功率分布和光电探测器的光谱灵敏度已知,可以对照度读数进行光谱失配修正。下面介绍修正的方法。

假定标准光源的相对光谱功率分布是 $P_S(\lambda)$、待测光源的分布是 $P_X(\lambda)$,它们所产生的光照度分别为

$$E_S = C_1\int_{380}^{780} P_S(\lambda)V(\lambda)\mathrm{d}\lambda, \tag{6.2.1}$$

$$E_X = C_1\int_{380}^{780} P_X(\lambda)V(\lambda)\mathrm{d}\lambda。 \tag{6.2.2}$$

式中,C_1是常数。因此

$$\frac{E_X}{E_S} = \frac{\int_{380}^{780} P_X(\lambda)V(\lambda)\mathrm{d}\lambda}{\int_{380}^{780} P_S(\lambda)V(\lambda)\mathrm{d}\lambda}。 \tag{6.2.3}$$

两光源作用于光电池时,产生的光电流分别为

$$i_S = C_2\int_0^{\infty} P_S(\lambda)S(\lambda)\mathrm{d}\lambda, \tag{6.2.4}$$

$$i_X = C_2\int_0^{\infty} P_X(\lambda)S(\lambda)\mathrm{d}\lambda。 \tag{6.2.5}$$

式中,C_2是常数。因此

$$\frac{i_X}{i_S} = \frac{\int_0^{\infty} P_X(\lambda)S(\lambda)\mathrm{d}\lambda}{\int_0^{\infty} P_S(\lambda)S(\lambda)\mathrm{d}\lambda}。 \tag{6.2.6}$$

从(6.2.3)式和(6.2.6)式可得:

$$\frac{E_X}{E_S} = \frac{i_X\int_{380}^{780} P_X(\lambda)V(\lambda)\mathrm{d}\lambda}{i_S\int_{380}^{780} P_S(\lambda)V(\lambda)\mathrm{d}\lambda}\cdot\frac{\int_0^{\infty} P_S(\lambda)S(\lambda)\mathrm{d}\lambda}{\int_0^{\infty} P_X(\lambda)S(\lambda)\mathrm{d}\lambda} = C'\,\frac{i_X}{i_S}, \tag{6.2.7}$$

或

$$E_X = C' \frac{i_X}{i_S} E_S, \tag{6.2.8}$$

式中

$$C' = \frac{\int_{380}^{780} P_X(\lambda) V(\lambda) \mathrm{d}\lambda}{\int_{380}^{780} P_S(\lambda) V(\lambda) \mathrm{d}\lambda} \cdot \frac{\int_{0}^{\infty} P_S(\lambda) S(\lambda) \mathrm{d}\lambda}{\int_{0}^{\infty} P_X(\lambda) S(\lambda) \mathrm{d}\lambda}。 \tag{6.2.9}$$

在(6.2.8)式中，$\frac{i_X}{i_S}E_S$ 代表在待测光源照射下照度计的读数，这个读数乘上修正系数 C' 就是准确的光照度值。

由(6.2.9)式可见，在下述两种情况下，$C' = 1$，这时不需要对读数进行修正：

① $P_S(\lambda) = P_X(\lambda)$，即待测光源和标准光源的相对光谱功率分布相同；

② $S(\lambda) = V(\lambda)$，即接收器的光谱灵敏度已用合适的方法修正得与 $V(\lambda)$ 完全相同。

6.2.3 照度计原理

照度计的原理示意如图6.2.3所示，C 为余弦校正器，F 为 $V(\lambda)$ 滤光片，D 为光电探测器。通过 C 和 F 到达 D 的光辐射，产生光电信号。此光电信号先经过 I/V 变换，然后经过运算放大器 A 放大，最后在显示器上显示出相应的光照度。

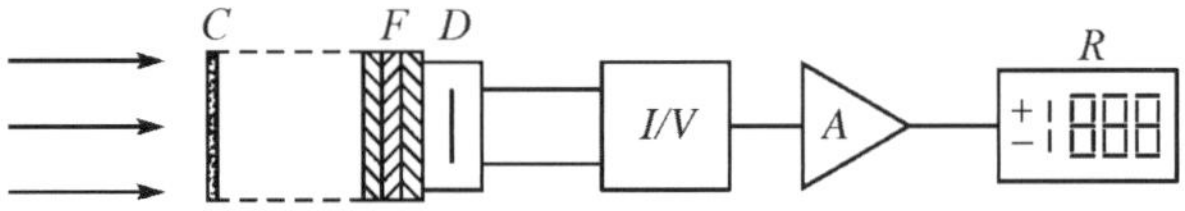

图 6.2.3　照度计原理示意图

光电池受极强光线照射(如照度大于 10 000 lx)会很快损坏，通常在使用时，直接照度应不超过 1 000 lx。为了测量较高的照度，在光电池前应带有几块已知其减光倍率的中性减光片。另外，光电池在使用一段时间后，其积分灵敏度会有所降低，其他特性也会有不同程度的变化，因此，照度计在使用一定时间后应重新进行校准，以保证测量的精度。校准可在光具座上借助于光强标准灯进行。

6.3 光强测试

光强的测试方法分为目视光度法和物理光度法两类。

6.3.1 目视光度法

人眼在感受光刺激时，不能定量地判断其强度。但是，在评定两个光刺激的强度是否相等时，则相当准确。根据这一特性制成的目视光度计可以测量光强度。最常用的目视光度计是陆末-布洛洪(Lummer-Brodhum)光度计，它又有等亮度型和对比型之分，如图6.3.1所示。光度计 B、标准光源 S、待测光源 X 和防止杂散光用的黑色挡屏 D 等都安装在光具座 A

上(见图6.3.2)。测量时,标准光源 S 和待测光源 X 的光分别照射到光度计的白色漫射屏上,然后分别由 M_1 和 M_2 反射进入陆末立方体 $A-B$,形成如图6.3.3所示的视场。

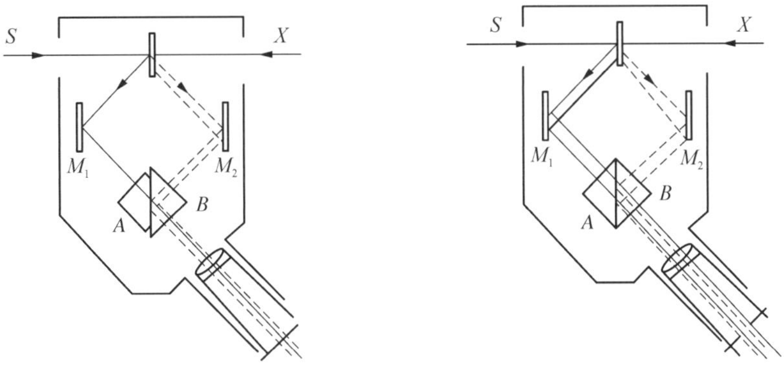

(a) 等亮度型　　(b) 对比型

图6.3.1　陆末-布洛洪光度计

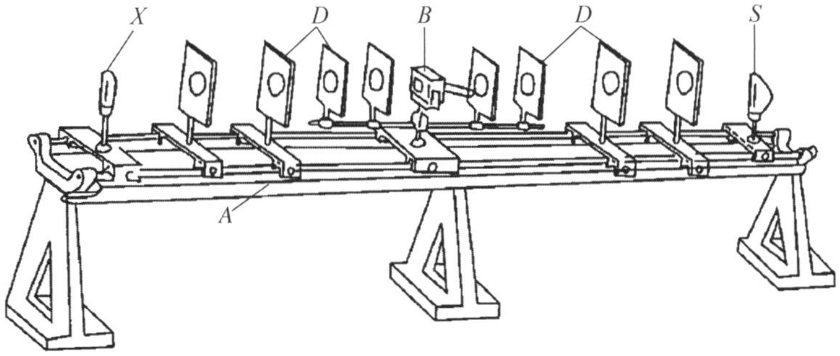

图 6.3.2　测量光强度的装置

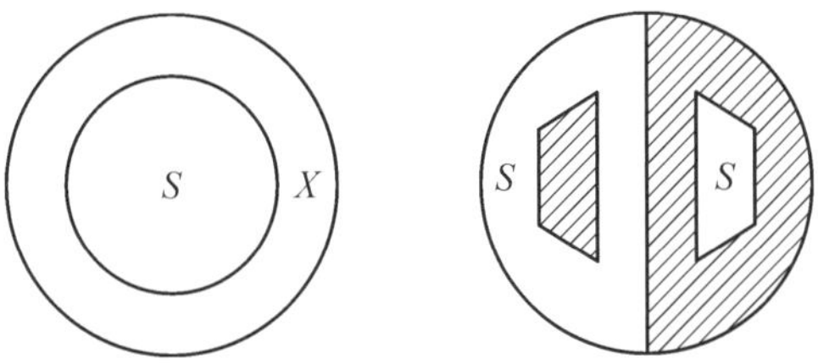

(a) 等亮度型　　(b) 对比型

图6.3.3　陆末-布洛洪光度计中的视场

在采用等亮度型光度计时,调节 S、X 和 B 在光具座上的位置,使得 S 形成的小圆和 X 形成的圆环亮度相等,则两者之间的分界线便消失。这样,便测得待测灯 X 的光强 I_X 为

$$I_X = I_S \frac{d_X^2}{d_S^2}。\tag{6.3.1}$$

式中,I_S是标准灯的光强;d_S和 d_X分别是 S 和 X 与光度计漫射屏的距离。注意,为保证距离平方反比定律成立,d_S和 d_X必须是标准灯和待测灯发光体的最大尺寸的 5 倍以上,这时误

差小于1%。

对比型光度计的视场比较复杂，在两个半圆上又分别有两个梯形，梯形部分比较暗。白色部分是 S 的作用，阴影区是由 X 造成的。当调到平衡时，不仅视场中两半圆之间的界线消失，而且两梯形和相应背景之间的对比度也相等。这与等亮度型仅以边界线消失为标准来判断平衡位置相比，可提高测量精度。

6.3.2 物理光度法

如果不用目视光度计，也可用照度计来进行测量。在图6.3.2所示的光具座上，用照度计来代替目视光度计。调节标准灯 S 和待测灯 X 与照度计的距离 d_S 和 d_X，使它们先后在照度计上产生的照度相同，这时，(6.3.1)式也成立。通常，采用物理光度学的方法进行光强的测量。

6.3.3 光强分布测试方法

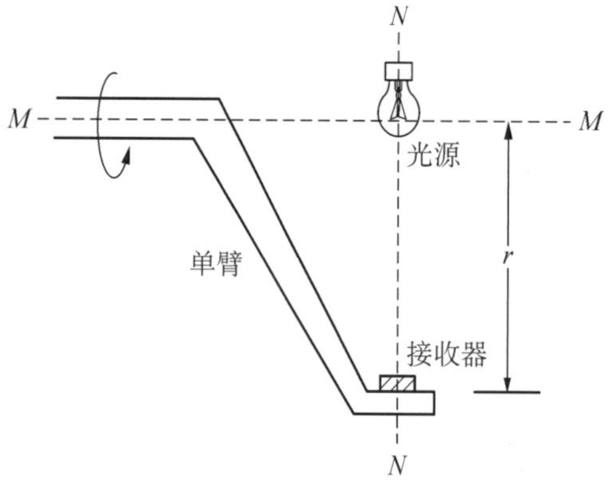

图6.3.4 分布光度计原理示意图

对于各向同性的光源，在各个方向测出的光强度是相同的。但大部分光源都是各向异性的，它们在各个方向的光强度相差很多。光强度按方向的分布情况可采用分布光度计进行测定，分布光度计的原理如图6.3.4所示。光源位于转轴 NN 和 MM 的交点，NN 为光源的自转轴，MM 为带接收器的臂绕光源旋转的转轴。对于 NN 的某一确定位置，绕 MM 轴转动接收器，测出每一 MM 位置上的光强值，就可得到在通过光源轴 NN 的与纸面垂直的平面内的光强分布曲线（配光曲线）。再将光源自转，在每一 NN 位置上，重复上述测量，就可得到光源的光强分布曲面。

在测量大功率或尺寸较大的光源时，要求增大接收器到光源的距离。为使仪器结构紧凑和便于制造，常在分布光度计中应用反射镜，以增加测量距离。在图6.3.5中，分别绘出采用1～3块反射镜的分布光度计的示意。

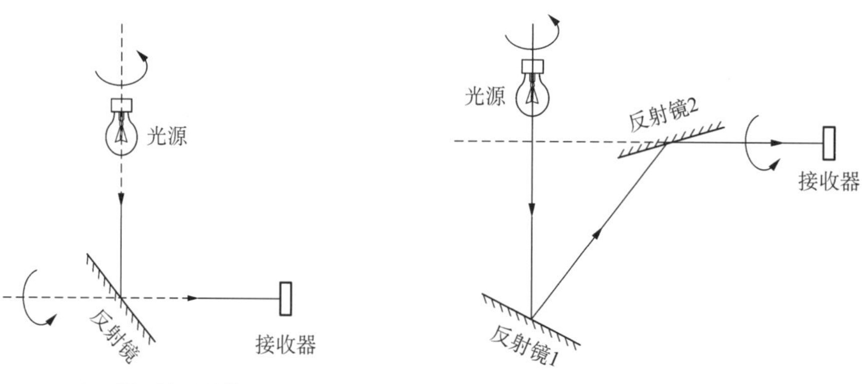

(a) 用1块反射镜　　(b) 用2块反射镜

图6.3.5

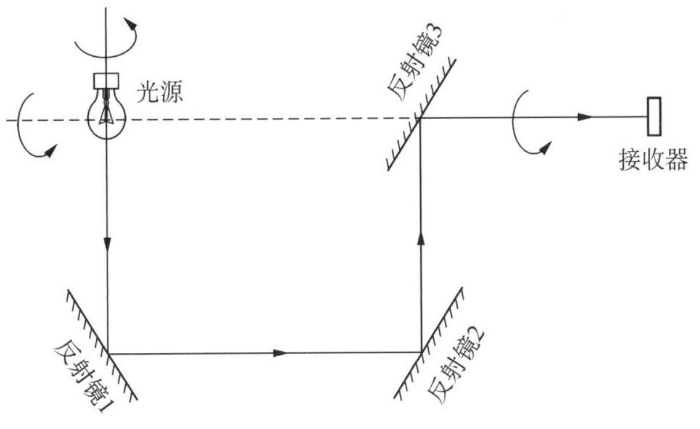

(c) 用 3 块反射镜

图 6.3.5 使用不同块数的反射镜的分布光度计示意图

6.4 亮度测试

6.4.1 典型亮度计结构

在6.1.3中已经介绍过典型的亮度测量原理，目前常用的亮度计有两种，一种为描点式亮度计，其典型光学结构如图 6.4.1 所示。

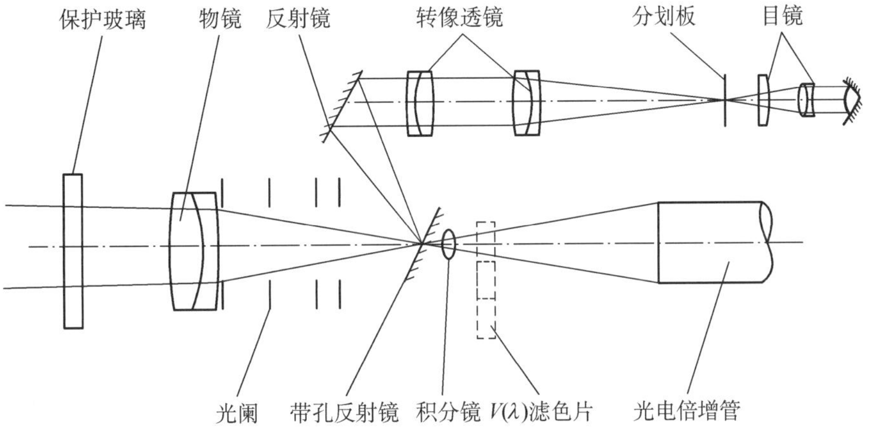

图 6.4.1 典型描点式亮度计的光学结构

被测物体所发出的光经物镜后成像于带孔反射镜上，其中一部分光通过小孔到达光电探测器（光电倍增管或光电二极管等）上，另一部分光经反射镜反射到取景系统（包括转像透镜、分划板和目镜），使得人眼能通过取景系统观察到被测物体的位置及成像情况。可以微调物镜的位置使得成像清晰。光电探测器的输出信号经放大处理后由数字显示器显示读数，在光电探测器前面需放置 $V(\lambda)$ 滤色片，使得光电探测器的测量结果与人眼目测结果一致。有的亮度计中也配置了特定的滤色片，可以用来测定物体的颜色，这种亮度计称为彩色亮度计。

目前，另外一种成像式亮度计的应用越来越广泛，它与上述描点式亮度计的区别即在于采用成像式的光电探测器，如光电耦合器件(charge-coupled device，CCD)或互补金属氧化物半导体器件(complementary metal oxide semiconductor，CMOS)替代只有一个光敏像素的光电倍增管或光电二极管，从而可以实现多点亮度的快速同步测量。典型的成像式亮度计的光学结构如图 6.4.2 所示。

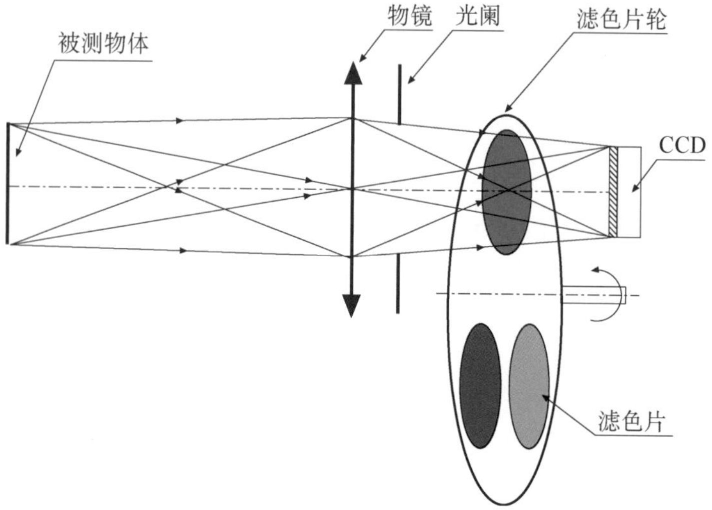

图 6.4.2　典型成像式亮度计的光学结构

6.4.2　亮度计校准

通常采用标准光强灯和标准白板的组合实现亮度标准，以进行亮度计的校准，如图 6.4.3所示。

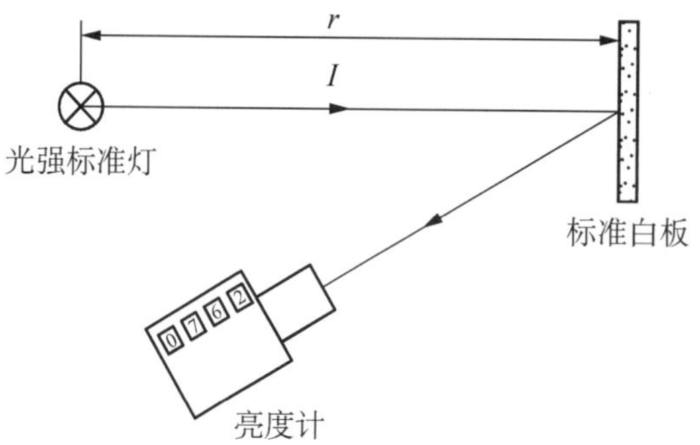

图 6.4.3　亮度计的校准方法

标准光强灯的光强 I 和标准白板的反射比 ρ 精确已知，标准白板在该方向上近似朗伯体，则其亮度可通过下式得到：

$$L = \rho \frac{I}{\pi r^2}。 \tag{6.4.1}$$

改变灯与白板之间的距离 r，可得到不同大小的亮度标准值，从而可以进行亮度计的校准。

6.5 光通量测试

6.5.1 积分球测试方法

6.5.1.1 积分球原理

积分球又称为光通球或球形光度计，它是一个中空的完整球壳，内壁涂白色漫反射层，且球内壁各点漫射均匀。图6.5.1所示就是这样的一个积分球，球心为 O，半径为 r，壁的漫反射率为 ρ_r，S 为光源，可放在球内任意位置，其光通量为 F_v。

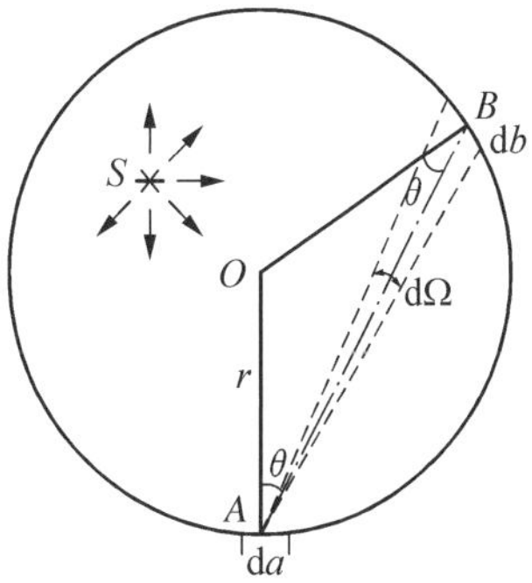

图 6.5.1 积分球原理示意图

光源 S 在球壁上任意一点 B 上产生的光照度是由下列许多部分叠加而成的：从 S 直接照到点 B 所产生的光照度，从 S 射到球面其他部分再漫反射到点 B 而产生的二次光照度，从球面一次漫反射的光线再经球面的第二次漫反射到点 B 而产生的三次光照度……

令 S 在球内任意一点 A 产生的光照度为 E_a，如果将点 A 当成一个次级发光体，则点 A 产生的光出射度 $M_v = \rho_r E_a$。由于球内壁是理想漫射层，因此可得点 A 附近的光亮度：

$$L_v = \frac{M_v}{\pi} = \frac{1}{\pi}\rho_r E_a。 \tag{6.5.1}$$

在点 A 附近的微小面积 $\mathrm{d}a$ 上发出的一次漫射光在点 B 产生的二次光照度为

$$\mathrm{d}E_2 = \frac{\mathrm{d}^2 F_v}{\mathrm{d}b}。$$

因为

$$\mathrm{d}^2 F_v = L_v \mathrm{d}a \times \cos\theta \times \mathrm{d}\Omega = L_v \mathrm{d}a \times \cos\theta \times \mathrm{d}b \times \cos\theta / \overline{AB}^2,$$

所以

$$\mathrm{d}E_2 = L_v \mathrm{d}a \cos^2\theta / \overline{AB}^2。 \tag{6.5.2}$$

又 $2r\cos\theta = \overline{AB}$，所以

$$\mathrm{d}E_2 = L_v \mathrm{d}a / 4r^2。 \tag{6.5.3}$$

将(6.5.1)式代入上式，得

$$\mathrm{d}E_2 = \rho_r E_a \mathrm{d}a / 4\pi r^2。 \tag{6.5.4}$$

整个球面的一次漫射光在点 B 产生的二次光照度为

$$E_2 = \int \mathrm{d}E_2 = \frac{\rho_r}{4\pi r^2}\int E_a \mathrm{d}a。 \tag{6.5.5}$$

而$\int E_a \mathrm{d}a$即为光源S发出的全部光通量F_v，因此

$$E_2 = \frac{\rho_r F_v}{4\pi r^2}。\tag{6.5.6}$$

同理，可求出在球壁上的任意小面积$\mathrm{d}a$上的二次漫射光在点B产生的三次光照度为

$$\mathrm{d}E_3 = \rho_r E_2 \mathrm{d}a/4\pi r^2。\tag{6.5.7}$$

整个球面的二次漫反射光在点B产生的三次光照度为

$$E_3 = \int \mathrm{d}E_3 = \frac{\rho_r E_2}{4\pi r^2}\int \mathrm{d}a = \rho_r E_2。\tag{6.5.8}$$

依此类推，可得四次光照度为

$$E_4 = \rho_r E_3 = \rho_r^2 E_2,\tag{6.5.9}$$

以及以后任意次的光照度。因此，在球面上任意一点B的光照度为

$$\begin{aligned} E_v &= E_1 + E_2 + E_3 + E_4 + \cdots = E_1 + E_2(1 + \rho_r + \rho_r^2 + \cdots) \\ &= E_1 + \frac{E_2}{1-\rho_r}。\end{aligned}\tag{6.5.10}$$

将(6.5.6)式代入，可得

$$E_v = E_1 + \frac{F_v}{4\pi r^2}\frac{\rho_r}{1-\rho_r}。\tag{6.5.11}$$

式中，E_1为光源S直接照在点B上产生的光照度，E_1的大小不仅与点B的位置有关，也与灯在球内的位置有关。如果在光源S和点B间放一挡屏，挡去直接射向点B的光，则$E_1 = 0$，因而在点B的光照度为

$$E_v = \frac{F_v}{4\pi r^2}\frac{\rho_r}{1-\rho_r}。\tag{6.5.12}$$

式中，r和ρ_r都是常数，因此在球壁上任何位置的光照度(挡去直接光照后)与灯的光通量成正比。这样，通过测量球壁窗口上的光照度E_v，就可求出灯的光通量F_v。

6.5.1.2　积分球的结构

积分球的结构如图6.5.2所示，球的直径通常为1～2 m，也有3 m以上的，主要决定于待测灯的尺寸和功率。为了能经常方便地装拆各种灯，可以在球壁上开一扇门，或将积分球做成可以打开的两个半球。

灯S通常放在球中心，挡屏介于灯和窗口之间。由图6.5.3可见，加了挡屏后，灯发出的光线不能直接到达球壁的AB区，但同时在球壁CD区的漫射光线也不能直接射到窗口，因此挡屏在球内的位置应该使AB和CD的面积为最小。理论和实验证明，当挡屏离灯的距

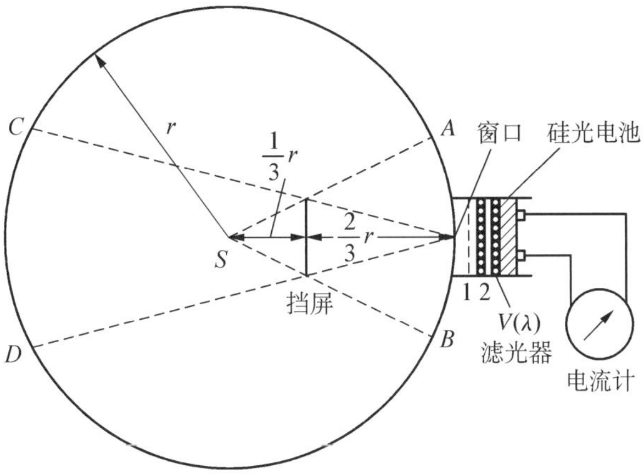

图 6.5.2　积分球结构示意图

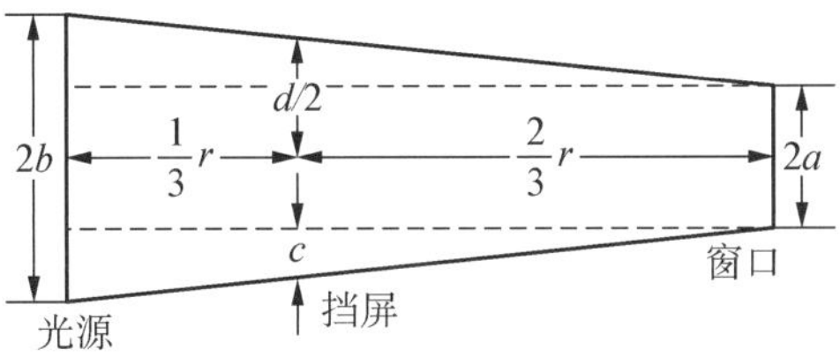

图 6.5.3　挡屏的大小

离等于$\frac{r}{3}$时，AB 和 CD 的面积为最小。

挡屏的尺寸应该由光源的最大尺寸决定，只要能挡去灯直接射到窗口的光线就可以了。如果灯的最大尺寸为 $2b$，窗口的直径为 $2a$，挡屏的直径为 d，则从图6.5.3可知

$$\frac{c}{b-a}=\frac{2}{3}r/r,\text{即 } c=\frac{2}{3}(b-a)。$$

因此，挡屏的直径可用公式计算为

$$d=2a+2c=\frac{4}{3}b+\frac{2}{3}a。\tag{6.5.13}$$

由此式可见，灯的尺寸不能过大，否则挡屏的尺寸将相应增加，使图6.5.2中的 AB 和 CD 的面积增大，同时灯本身对光线的吸收也增加，这些都会影响测量结果。通常，要求灯的最大尺寸不超过球体直径的$\frac{1}{10}\sim\frac{1}{6}$。对于尺寸较大的灯，应选用直径较大的光通球。

在积分球的窗口上，应放一块无色双面磨光的毛玻璃或毛面乳白玻璃，它的位置正好在球面上。在图6.5.2中，毛玻璃窗口后面是可变光阑 1 和中性减光片组 2，它们都是用来调节进入硅(硒)光电池的光通量的。在光电池前还有 $V(\lambda)$滤光器，以使光度头的光谱响应度 $S(\lambda)_{\mathrm{rel}}$与 $V(\lambda)$尽可能匹配。

$S(\lambda)_{\rm rel}$与$V(\lambda)$匹配的好坏可用误差函数 f_1'来加以表征，即

$$f_1' = \frac{\int_0^{\infty} |S^*(\lambda)_{\rm rel} - V(\lambda)| \, d\lambda}{\int_0^{\infty} V(\lambda) d\lambda} \times 100\% \tag{6.5.14}$$
$$= 0.935\,84 \int_0^{\infty} |S^*(\lambda)_{\rm rel} - V(\lambda)| \, d\lambda \% 。$$

式中，常数的量纲为 $\rm nm^{-1}$，$S^*(\lambda)_{\rm rel}$为归一化的相对光谱响应度，表示为

$$S^*(\lambda)_{\rm rel} = \frac{\int_0^{\infty} S(\lambda)_A V(\lambda) d\lambda}{\int_0^{\infty} S(\lambda)_A S(\lambda)_{\rm rel} d\lambda} \times S(\lambda)_{\rm rel} 。 \tag{6.5.15}$$

式中，$S(\lambda)_A$ 用于定标的照明体 A（色温为2 856 K）的光谱分布；$S(\lambda)_{\rm rel}$是光度头的（以用于定标的照明体为参照时的）相对光谱响应度。

对于高质量的光度头，其 f_1'的值为1.5%左右，甚至可达 1%；一般质量好的光度头，f_1'应该小于 3%；而质量差的光度头，f_1'可能超过 6%。

积分球内壁的白色漫反射层的质量对测量精度影响很大。白色涂料的漫反射率ρ_r最好与波长无关，涂料的漫反射性质要求接近理想漫射面，而且涂上球壁后不易剥落，化学稳定性好，使用日久不易泛黄。一般，使用硫酸钡或氧化镁作为积分球的漫反射涂料。前者比较接近中性，牢固耐久、不易泛黄，但价格较贵，喷涂前须经研磨；后者的漫反射率高，接近中性，价格便宜，但较易被污染和变质。

6.5.1.3　替代法与同时法

在积分球理论中，曾假定球内壁是均匀的理想漫射面，但这实际上很难做到，而且球内还有接线架、灯头和挡屏等杂物，这些都使实际的积分球与理想的积分球有差异。因此，要想通过测量窗口的照度E_v，用(6.5.12)式计算光源的光通量是不现实的。实际中，是利用待测光源和标准光源相比较来进行测量的。通常采用的方法有两种：一种称为替代法，另一种称为同时法。

替代法就是将标准光源和待测光源依次放入积分球内同一位置，测出相应的照度后进行计算，得到待测光源的光通量。例如，设标准光源的光通量和相应照度为F_S和E_S，则待测光源的光通量和相应照度分别为F_X和E_X，由(6.5.12)式可得

$$F_X = \frac{E_X}{E_S} F_S 。 \tag{6.5.16}$$

如果光电池工作在线性范围内，则光电池产生的光电流i_S和i_X分别与E_S和E_X成正比，因此上式可写为

$$F_X = \frac{i_X}{i_S} F_S 。 \tag{6.5.17}$$

既然标准灯的光通量F_S为已知，i_S和i_X可由电流计读出，因此待测灯的光通量F_X可由(6.5.17)式求出。

同时法是将标准光源和待测光源同时放入积分球内，在它们和窗口之间各放一个挡屏，并在两灯之间加一个挡屏。测量时，先开标准灯测出E_S，然后关掉标准灯再开待测灯，测出E_X。同样由(6.5.16)式或(6.5.17)式计算出待测光源的光通量F_X。一般多以替代法进行光通量测量。

6.5.2 分布光度计测试方法

另一种光通量的测试方法是采用分布光度计。我们知道，只要测得了光源光强的空间分布$I_v(\phi,\ \theta)$，就可求出灯的光通量F_v，即

$$F_v=\int_0^{2\pi}\mathrm{d}\phi\int_0^{\pi}I_v(\phi,\ \theta)\sin\theta\mathrm{d}\theta。\qquad(6.5.18)$$

下面针对不同光强空间分布形式的光源，分别讨论光通量的计算方法。

1. 轴对称光源

对于轴对称光源，上式变成

$$F_v=2\pi\int_0^{\pi}I_v(\theta)\sin\theta\mathrm{d}\theta。\qquad(6.5.19)$$

在用分布光度计测出$I_v(\theta)$后，可以求出光通量F_v。为简化测量和计算，下面对(6.5.19)式作一些变化。

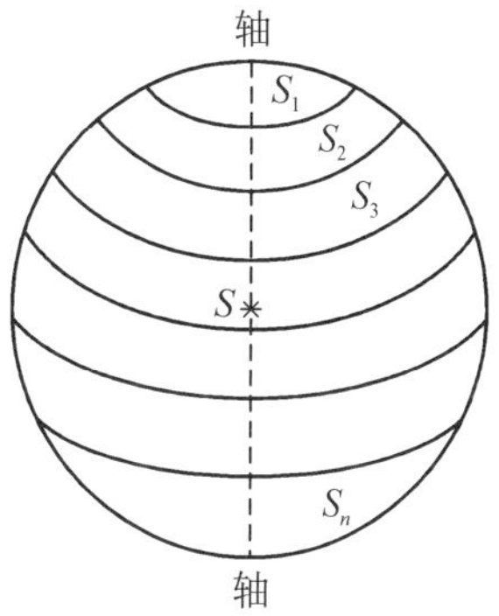

图 6.5.4 球带的分割

设想光源被一个闭合球面所包围，如图6.5.4所示。光源位于球心，其轴就是光源的对称轴，球的半径就是分布光度计的有效半径。将设想的闭合球面分成许多球带，各球带的面积分别为S_1，S_2，S_3，…，S_n，各个球带对应的光强分别为I_1，I_2，I_3，…，I_n。这时，将(6.5.19)式的积分可以改写为求和形式，即

$$F_v=\sum_{i=1}^{n}\frac{I_iS_i}{r^2},\qquad(6.5.20)$$

$$S_i=\int_{\theta_{i-1}}^{\theta_i}2\pi r^2\sin\theta\mathrm{d}\theta。\qquad(6.5.21)$$

在上式中，θ_i表示第i个球带的边界角(见图6.5.5)。

由(6.5.21)式可以求得球冠S_1和其他球带S_2，S_3，…，S_n的面积，分别为

$$S_1=2\pi r^2(1-\cos\theta_1),$$
$$S_2=2\pi r^2(\cos\theta_1-\cos\theta_2),$$
……
$$S_n=2\pi r^2(\cos\theta_{n-1}-\cos\theta_n)。$$

因此(6.5.20)式变为

$$F_v = \sum_{i=1}^{n} 2\pi I_i(\cos\theta_{i-1} - \cos\theta_i)。\tag{6.5.22}$$

球带有两种分割方法：等角度法和等立体角法，前者又称为球带系数法。下面分别加以叙述。

（1）等角度法

将球面按相等的 θ 角间隔进行分割，如每隔 10°分割一球带，这时光源的光通量F_v为

$$F_v = 2\pi[I_1(\cos 0° - \cos 10°) + I_2(\cos 10° - \cos 20°) + \cdots + I_{18}(\cos 170° - \cos 180°)]。\tag{6.5.23}$$

式中，I_1，I_2，I_3，…是在 5°，15°，25°，…方向上的光强，近似地认为它们分别是 0°～10°，10°～20°，20°～30°，…间的平均光强；也可将 $\dfrac{I(0°)+I(10°)}{2}$，$\dfrac{I(10°)+I(20°)}{2}$，$\dfrac{I(20°)+I(30°)}{2}$，…近似地看成 0°～10°，10°～20°，20°～30°，…间的平均光强I_1，I_2，I_3，…，其中 $I(0°)$，$I(10°)$，$I(20°)$，…分别是在 0°，10°，20°，…方向上的光强。

在(6.5.22)式中，除光强外，其余都是与光源无关的常数，其中，$2\pi(\cos\theta_{i-1} - \cos\theta_i)$ 称为球带系数。在表6.5.1 中给出了按 5° 分度和 10° 分度的球带系数值。只要将它们乘以相应的光强值，然后累加，就可求得光源的光通量F_v。

表 6.5.1　球带系数值

5°分度	球带系数	5°分度	球带系数	10°分度	球带系数
0°～5° 175°～180°	0.023 9	45°～50° 130°～135°	0.404 1	0°～10° 170°～180°	0.095 5
5°～10° 170°～175°	0.071 5	50°～55° 125°～130°	0.434 9	10°～20° 160°～170°	0.283 5
10°～15° 165°～170°	0.118 6	55°～60° 120°～125°	0.462 3	20°～30° 150°～160°	0.462 9
15°～20° 160°～165°	0.164 8	60°～65° 115°～120°	0.486 2	30°～40° 140°～150°	0.628 2
20°～25° 155°～160°	0.209 8	65°～70° 110°～115°	0.506 4	40°～50° 130°～140°	0.774 4
25°～30° 150°～155°	0.253 1	70°～75° 105°～110°	0.522 8	50°～60° 120°～130°	0.897 2
30°～35° 145°～150°	0.294 5	75°～80° 100°～105°	0.535 1	60°～70° 110°～120°	0.992 6
35°～40° 140°～145°	0.333 7	80°～85° 95°～100°	0.543 4	70°～80° 100°～110°	1.057 9
40°～45° 135°～140°	0.370 3	85°～90° 90°～95°	0.547 6	80°～90° 90°～100°	1.091 1

(2) 等立体角法

在等角度法中,角度间隔相同,但各球带的面积不同,如图6.5.5所示,在 80°～90°间的球带面积最大,0°～10°间的球冠面积最小。用等角度法计算光通量时,每次都要乘球带系数,计算较繁复。另一种分割方法是等立体角法,就是将球面这样分割: 使每个球带的面积保持不变,亦即每个球带对应的立体角相等,球带的数目可以任意取,如将整个闭合球面分割为 n 等分,则每一球带对应的立体角为$\frac{4\pi}{n}$。

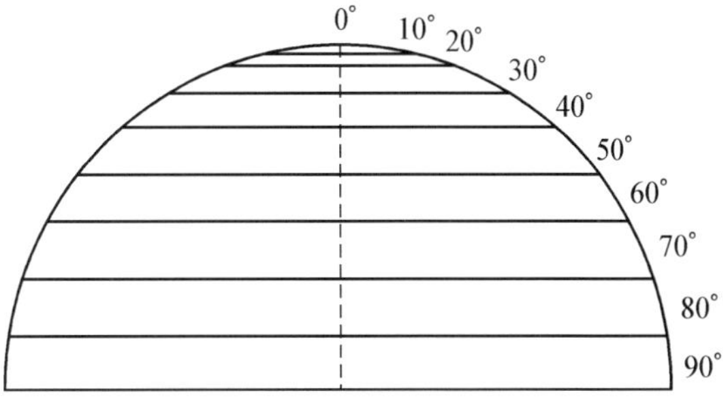

图 6.5.5　等角度法分割的球带

设I_i为第i个球带方向上的平均光强,则通过第i个球带的光通量为$\frac{4\pi}{n}I_i$,因此光源的总光通量为

$$F_v = \frac{4\pi}{n}\sum_{i=1}^{n} I_i。\qquad (6.5.24)$$

只要测出每个球带方向上的平均光强,就能十分方便地由上式计算得到光源的光通量。

下面说明一下,如何确定划分这些球带的边界角。前已说过,由(6.5.21)式可以得到第i个球带的边界角θ_i和θ_{i-1}与面积S_i的关系为

$$S_i = 2\pi r^2(\cos\theta_{i-1} - \cos\theta_i) = \frac{4\pi r^2}{n}。$$

因此

$$\cos\theta_{i-1} - \cos\theta_i = \frac{2}{n}。\qquad (6.5.25)$$

由 $\theta_0 = 0$, $\cos\theta_0 = 1$,得

$$\cos\theta_1 = 1 - \frac{2}{n},$$

$$\cos\theta_2 = \cos\theta_1 - \frac{2}{n} = 1 - 2\times\frac{2}{n},$$

……

$$\cos\theta_i = 1 - \frac{2i}{n}。$$

决定了球带的数目 n 以后,便可由上式求出θ_1, θ_2, θ_3, …, θ_n的数值。例如, $n = 30$,则

$$\cos\theta_1 = 1 - \frac{1}{15},\ \theta_1 = 21.0°,$$

$$\cos\theta_2 = 1 - \frac{2}{15},\ \theta_2 = 29.9°,$$

……

$$\cos\theta_{29} = 1 - \frac{29}{15},\ \theta_{29} = 158.9°,$$

$$\cos\theta_{30} = 1 - \frac{30}{15},\ \theta_{30} = 180°。$$

将每个球带再分成面积相等的两等分，以便在这个等分线方向上测量光强，此光强值可近似地作为在整个球带方向的平均光强。各球带等分线方向的角度依次用 ϕ_1，ϕ_2，ϕ_3，…，ϕ_i 表示，这些角度可用同样的方法求出，即

$$\cos\phi_1 = \cos\theta_0 - \frac{1}{n} = 1 - \frac{1}{n},$$

$$\cos\phi_2 = \cos\theta_1 - \frac{1}{n} = 1 - \frac{2}{n} - \frac{1}{n} = 1 - \frac{3}{n},$$

……

$$\cos\phi_i = \cos\phi_{i-1} - \frac{1}{n} = 1 - \frac{2(i-1)}{n} - \frac{1}{n} = 1 - \frac{2i-1}{n}。$$

若 $n = 30$，则

$$\phi_1 = 14.8°,$$

$$\phi_2 = 25.8°,$$

……

$$\phi_{30} = 165.2°。$$

ϕ_1，ϕ_2，…，ϕ_{30} 即为测量光强度的方向角。

表6.5.2列出 $n = 30$ 时，等立体角的边界角 θ_i 和测量光强度的方向角 ϕ_i。对于任何的 n 值，都可计算出 θ_i 和 ϕ_i。n 值越大，测量结果就越准确，但测量时间越长。

表6.5.2　30 等分球面的立体角边界角和测量光强度的方向角

i	ϕ_i	$\theta_{i-1} \sim \theta_i$	i	ϕ_i	$\theta_{i-1} \sim \theta_i$
1	14.8°	0°～21.0°	9	64.3°	62.2°～66.4°
2	25.8°	21.0°～29.9°	10	68.5°	66.4°～70.5°
3	33.6°	29.9°～36.9°	11	72.5°	70.5°～74.5°
4	39.9°	36.9°～42.8°	12	76.5°	74.5°～78.5°
5	45.6°	42.8°～48.2°	13	80.4°	78.5°～82.3°
6	50.7°	48.2°～53.1°	14	84.3°	82.3°～86.2°
7	55.5°	53.1°～57.8°	15	88.1°	86.2°～90.0°
8	60.0°	57.8°～62.2°	16	91.9°	90.0°～93.8°

续表

i	ϕ_i	$\theta_{i-1}\sim\theta_i$	i	ϕ_i	$\theta_{i-1}\sim\theta_i$
17	95.7°	93.8°～97.7°	24	124.5°	122.2°～126.9°
18	99.6°	97.7°～101.5°	25	129.3°	126.9°～131.8°
19	103.5°	101.5°～105.5°	26	134.4°	131.8°～137.2°
20	107.5°	105.5°～109.5°	27	140.1°	137.2°～143.1°
21	111.5	109.5°～113.6°	28	146.4°	143.1°～150.1°
22	115.7°	113.6°～117.8°	29	154.2°	150.1°～158.9°
23	120.0°	117.8°～122.2°	30	165.2°	158.9°～180.0°

2. 非轴对称光源

当光源是非轴对称时，除绕 MM 轴（见图 6.3.4）转动光接收器外，还应将光源绕垂直轴 NN 转动，测定光强的空间分布 $I_v(\phi,\ \theta)$，然后按下列公式计算：

$$F_v = 2\pi\int_0^{\pi}\bar{I}_v(\theta)\sin\theta\mathrm{d}\theta。\tag{6.5.26}$$

式中，$\bar{I}_v(\theta)$ 为

$$\bar{I}_v(\theta) = \frac{1}{2\pi}\int_0^{2\pi}I_v(\phi,\ \theta)\mathrm{d}\phi。\tag{6.5.27}$$

一般来说，测量时 ϕ 和 θ 的取样间隔若为 10°，则可以得到很精细的计算结果。

6.6 光谱测试

光谱测试即测量光源的光谱功率分布，其典型测试设备有扫描式和多通道式的光谱仪。

6.6.1 光源光谱功率分布的测试

各种光源的辐射特性不同，它们的辐射能（或辐射功率）按波长分布的情况也不一样，图 6.6.1所示为几种典型光谱功率分布的形状。

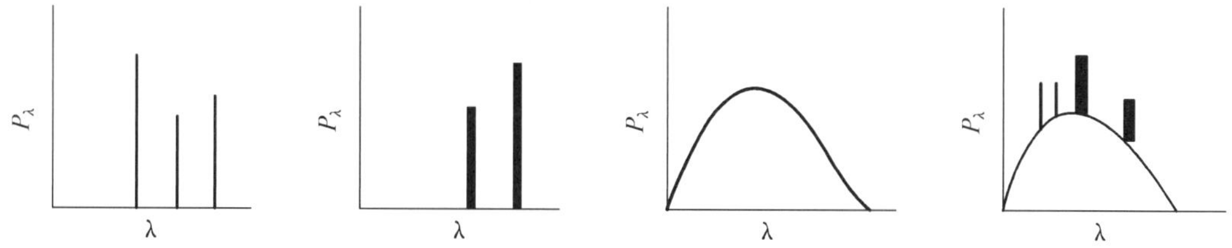

(a) 几根单独的谱线　(b) 几条孤立的谱带　(c) 连续光谱　(d) 前 3 种情况的组合

图 6.6.1　典型光谱功率分布形状

如果是测光源光谱功率分布的绝对值，对于不同的几何定义，如光谱辐射照度、光谱辐

射强度、光谱辐射亮度或光谱辐射通量，分别有不同的测试系统和方法。但对于同样的光源，相同条件下上述光谱物理量的相对分布形状都是一样的，因此如果只是测其相对分布，则测得上述任意一个光谱物理量，进行归一化处理即可。以光源的光谱辐射亮度为例，可采用如图6.6.2所示的装置来测定。标准光源S与待测光源X的位置与单色仪的光轴对称，它们的辐射面积分别由光阑A_1、A_2所限制，它们与轴线都相距 d。反射镜转到M_1位置时测量标准光源，转到M_2位置时测量待测光源。这样的安排使两个光源对单色仪入射缝所张的立体角 Ω 相等。

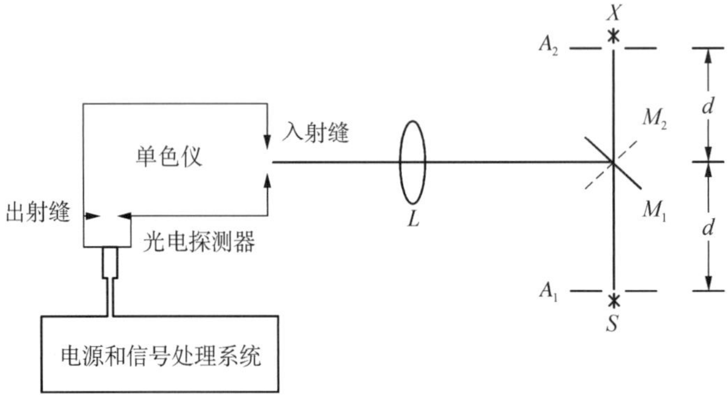

图 6.6.2　测量光源光谱辐射亮度的装置

先将反射镜转到M_1位置测量标准光源，最常用的标准光源是钨带灯。当缝宽不变时，对于各个波长，光电探测器的光电流（或电位差）为

$$i_S(\lambda) = A_1\Omega L_{\lambda S}(\lambda)\tau_t(\lambda)S(\lambda)\Delta\lambda。\tag{6.6.1}$$

式中，$L_{\lambda S}(\lambda)$为标准光源的光谱辐射亮度；$\tau_t(\lambda)$为光学系统的透过率；$S(\lambda)$为光电探测器的光谱灵敏度；$\Delta\lambda$ 是波长为λ 时单色仪出射光的波长范围，也即单色仪的带宽。

对于待测光源，分3种情况讨论。

1. 待测光源发射的是连续光谱

这时，各个波长的光电流为

$$i_X(\lambda) = A_2\Omega L_{\lambda X}(\lambda)\tau_t(\lambda)S(\lambda)\Delta\lambda。\tag{6.6.2}$$

式中，$L_{\lambda X}(\lambda)$是待测光源的光谱辐射亮度。将(6.6.2)式和(6.6.1)式相比，得

$$L_{\lambda X}(\lambda) = \frac{A_1}{A_2}\frac{i_X(\lambda)}{i_S(\lambda)}L_{\lambda S}(\lambda)\ 。\tag{6.6.3}$$

式中，A_1、A_2可以测量；$i_X(\lambda)$和$i_S(\lambda)$可由电表读出；标准光源的光谱辐射亮度$L_{\lambda S}(\lambda)$是已知的。由此可以算出待测光源的光谱辐射亮度$L_{\lambda X}(\lambda)$的绝对值。

2. 待测光源发射的是线光谱

这时，应取光谱线的辐射亮度为$L'_X(\lambda)$，则(6.6.2)式变成

$$i_X(\lambda) = A_2\Omega L'_X(\lambda)\tau_t(\lambda)S(\lambda)。\tag{6.6.4}$$

式中，$L'_X(\lambda)$是待测光源中波长为λ 的光谱线的辐射亮度。同样，将(6.6.4)式和(6.6.1)式

相比，得

$$L'_X(\lambda) = \frac{A_1}{A_2} \frac{i_X(\lambda)}{i_S(\lambda)} L_{\lambda S}(\lambda) \Delta\lambda。 \quad (6.6.5)$$

3. 待测光源发射的是在连续光谱的背景上叠加一些线光谱

对各个波长依次测量光电流，在测到线光谱时，光电流有明显的峰值，因此可以把连续光谱的光电流读数和线光谱的光电流读数分开，然后分别按(6.6.3)式和(6.6.5)式计算，最后再合在一起得到光源的绝对光谱功率分布。

如果只需要光源光谱功率的相对分布情况，则对光阑A_1、A_2的位置和尺寸的要求可以放宽，甚至可以不用光阑。另外，也不必知道标准光源的绝对光谱功率分布，只要知道其相对分布即可。

6.6.2 扫描式光谱仪

图 6.6.2 所示中透镜 L 左边部分即为一台光谱仪，根据其中单色仪结构及光电探测器类型的不同，目前主要分扫描式光谱仪和多通道光谱仪两类。扫描式光谱仪的典型结构如图 6.6.3 所示，光源发射的光通过聚焦透镜入射进入射狭缝，通过反射镜反射至准直反射镜。准直后的复色光经光栅分光为单色光，相同波长的单色光经成像反射镜聚焦于安装在出射狭缝后的光电探测器上，从而实现光电测试。该探测器一般为光电倍增管(photomultiplier tube，PMT)或硅光电池。虚线框内的部分实现了将复色光分解为单色光的功能，因而被称为单色仪。对于这种光谱仪，为了实现将不同波长的单色光依次从出射狭缝出射至光电探测器，需要用电机转动光栅，从而实现波长在一定范围内的扫描，所以称这种光谱仪为扫描式光谱仪。

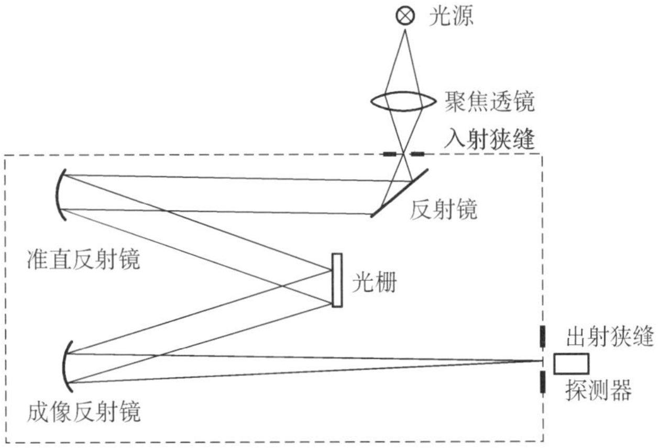

图 6.6.3 扫描式(光栅)光谱仪结构示意图

6.6.3 多通道光谱仪

采用光电耦合器件、自扫描光电二极管阵列(self-scan photodiode array，SSPA)等阵列器件作为光电检测器件的光谱仪称为多通道光谱仪。由于这些新型光电检测器件的运用，使光谱仪的性能产生了很大改进，尤其是其测量速度，由于不再需要进行机械扫描，采用硅光电二极管阵列的仪器可达 μs 级别。

目前的多通道光谱仪也分为两种：平面光栅光谱仪和凹面光栅光谱仪。平面光栅光谱仪的典型系统结构如图 6.6.4 所示，光源发出的光经光纤（也可通过其他方式）导入至入射狭缝，通过准直透镜准直后由平面光栅进行分光，而后由成像透镜聚焦于一像面上，在像面处安装的 CCD 可对该光谱图像进行一次性探测，从而大大提升测试速度。CCD 在驱动电路的控制下，依次将各像素上的探测信号输出至采样/保持电路，并进行模数转换，最终输入至计算机。

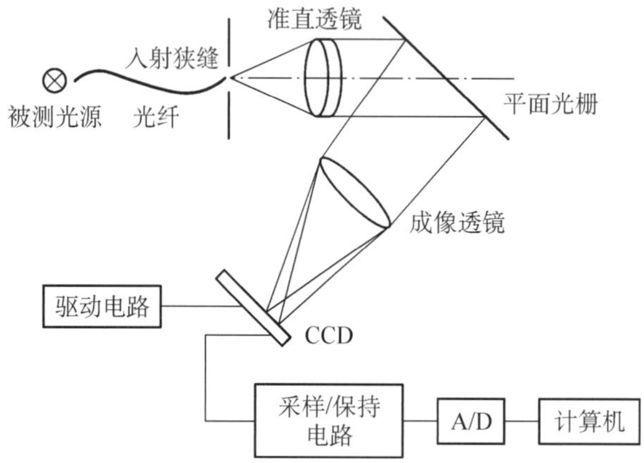

图 6.6.4　平面光栅光谱仪光路结构示意图

凹面光栅光谱仪的典型系统结构如图 6.6.5 所示，光纤导入到入射狭缝的光无需进行准直，直接由凹面光栅进行分光并成像在 CCD 光敏面上，从而简化了光路结构。

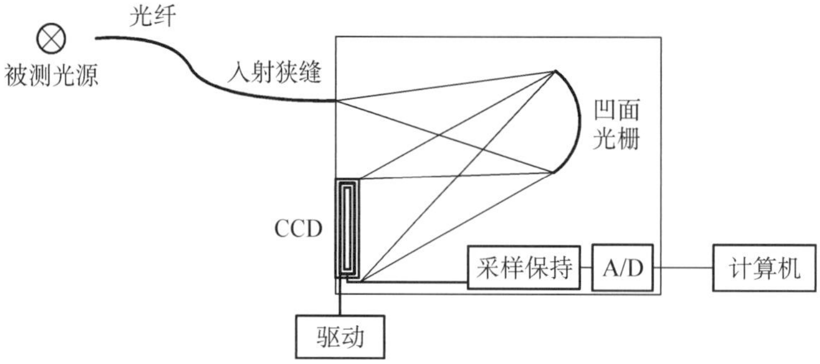

图 6.6.5　凹面光栅光谱仪光路结构示意图

6.7　LED 光度特性测试

6.7.1　光强、光通量及光谱测试

我们已经知道，光强是描写光源光度特性的最重要的参量。对于一般光源而言，光强的

测量都是在远场的条件下进行的。这时，光源和探测器之间的距离比光源发光面的尺寸大得多，且探测器的直径远比测量距离小。然而，在进行 LED 测量时，由于光强通常较弱，距离仅几个厘米，探测器接收面的尺寸也不是很小（比如，直径为 8 mm）。这样测得的将是光强的平均值，而且这一平均值与测量的几何条件有关。由于各个实验室测量的条件不同，因而在所得的结果之间没有可比性。

因此，为了能在精确定义的实验条件下描述 LED 的光强特性，CIE 认为有必要引入一个新的量："LED 平均光强"（averaged LED intensity），并且对测量它的几何条件作出规定（见图6.7.1）。对市场上许多不同型号的 LED，这样测得的平均光强能提供一个有意义的、可重复的参数，可以用来对各种 LED 进行比较。

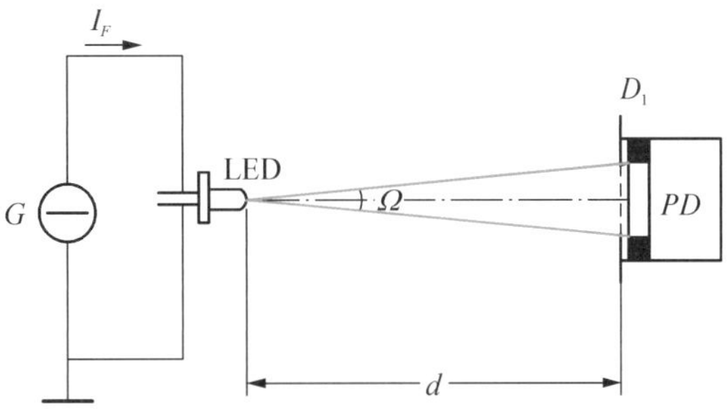

图 6.7.1　测量 LED 平均光强的标准条件

CIE 出版物 No. 127 -2007对 LED 平均光强规定了两种标准的测量条件 A 和 B，如表6.7.1所示。条件 A 规定 LED 的前顶面和光探测器的接收面之间的距离 d 为 316 mm，条件 B 规定两者的距离 d 为 100 mm，且使 LED 的机械轴垂直通过探测器接收面的中心。在两种情况下，光探测器的接收面的面积均为 100 mm^2，相应的接收面的直径 D_1 为11.3 mm。这样，在 A、B 两种条件下接收面对 LED 所张的立体角 Ω 分别为0.001 sr和0.01 sr，相应的平面角则为 2°和6.5°。应该注意，由于这里 LED 不能当成点光源来处理，因此在两种条件下测得的平均光强的结果可能有很大的差异，它们当然不能代表最大光强。当光束很窄时，最大光强要比平均光强大很多。

表6.7.1　CIE 测定 LED 平均光强的条件 A 和 B

	测量距离/mm	探测器面积/mm^2，直径/mm	立体角/sr	平面角/(°)
条件 A	316	100，11.3	0.001	2
条件 B	100	100，11.3	0.01	6.5

随着 LED 技术的发展，其功率及光强值也越来越高。对大功率 LED 而言，其光强测量也可在远场的条件下进行，此时所测得的光强值须与上述 LED 平均光强相区别。

与其他光源一样，发光强度的空间分布也是 LED 十分重要的特性。LED 光强的空间分布可以用分布光度计来进行测定。关于分布光度计，在前面已经作过介绍。但在一般实验室中用的分布光度计通常都比较大，光程约为 10 m；相应地，其价格比较昂贵。这么大的分布光度计对于 LED 的测量而言，既不需要，也不合适。测量 LED 应采用精密的小型分布光度计，其高度和转动的直径都可不超过 1 m。这么小的分布光度计甚至可以装在不漏光的黑箱子里，以保证测量时不受外界光的干扰。

在测定了 LED 光强的空间分布以后，可以按照前面已经介绍过的球带系数法，求得 LED 的光通量。当然，LED 的光通量也可以采用微型的积分球来进行测定。

需要注意的是，上述方法都是采用$V(\lambda)$修正的光度探测器进行光强或光通量测量。实际探测器的光谱灵敏度$S(\lambda)$与$V(\lambda)$总会存在些许偏差，且一般在红光和蓝光两端区域的相对偏差较大，如图6.7.2所示，因而对于单色LED，尤其是蓝光和红光LED，测量误差可能会很大。

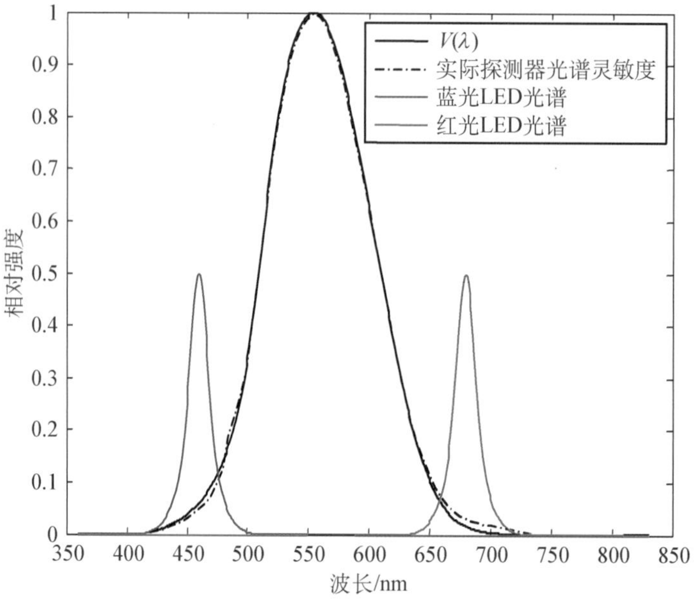

图6.7.2　蓝光和红色LED的光谱、$V(\lambda)$和实际探测器的光谱灵敏度曲线

目前，克服上述困难的办法有两种：一种是不用标准光源A来对测量仪器进行定标，而改用与待测的LED有相同光谱分布的标准LED光源。但这需要制作很多种标准的LED光源，以适应各种波长LED的测量。LED的发光情况还与温度关系很大，图6.7.3所示为一个绿色的LED在不同温度时的发光光谱。不难看出，当温度变化时，不仅LED的强度发生变化，而且其颜色也发生变化。因此，标准LED必须在恒温的条件下工作。

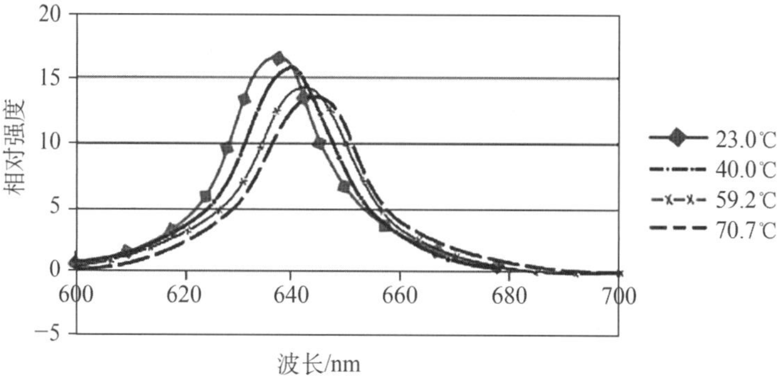

图6.7.3　不同温度时绿色LED的光谱变化

另一种方法是不采用光度探测器，而改用光谱仪测量。如测得 LED 的绝对光谱辐射强度或光谱辐射通量，再用 $V(\lambda)$ 函数进行权重积分，即可得到光强或光通量值，这样就没有上述 $V(\lambda)$ 失配造成的测量误差问题。此时，LED 的光谱分布也可同时测得。用多通道光谱仪可以进行 LED 光谱的快速测量，但是由于 LED 光谱的特殊性，这样测得的光谱精度不够高。要想精确测定 LED 的发光光谱，必须采用高分辨率的光谱仪，如采用双光栅单色仪的光谱仪。

6.7.2 热阻测试

由于 LED 的发光特性与其结点温度密切相关，因此 LED 的热特性测试也非常重要。而 LED 热特性参数中最重要的是热阻 $R_{\mathrm{th},\,J-R}$，其定义是 pn 结点到参考点的温差与输入热功率的比值：

$$R_{\mathrm{th},\,J-R}=\frac{T_J-T_R}{P_H}=\frac{T_J-T_R}{P-\Phi_e}。\tag{6.7.1}$$

式中，T_J 和 T_R 分别为 LED 结点和参考点的温度；P_H 为输入的热功率，等于总的输入功率 $P=IV_f$ 与光辐射通量 Φ_e 之差。知道了热阻，当输入不同热功率时，结温可由测得的参考点温度和热阻进行确定：

$$T_J=T_R+R_{\mathrm{th},\,J-R}(P-\Phi_e)。\tag{6.7.2}$$

此即运用热阻模型进行半导体热特性分析之原理。

LED 的结温无法直接测得，只能通过间接参数进行测量。实际测试结果表明，LED 的正向电压和结温存在线性递减关系，如图 6.7.4 所示。

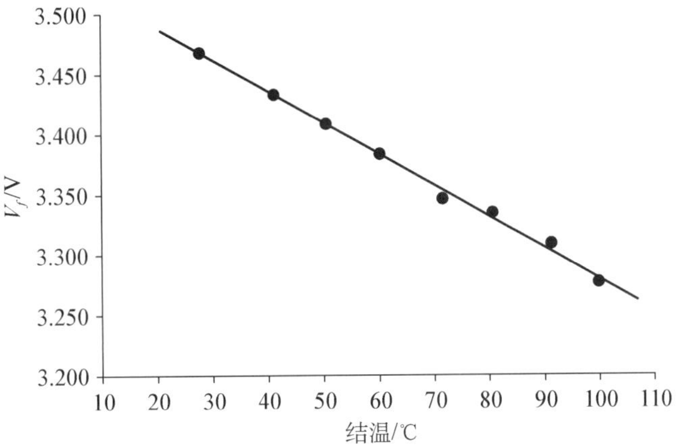

图 6.7.4 **LED 的正向电压和结温之间的关系**

从半导体物理理论可对 LED 这种特性进行理论证明：二极管电流电压关系为

$$\begin{cases} I=I_S e^{\frac{qV_J}{mkT_J}}, \\ I_S=I_{S0}T_J^n e^{-\frac{E_{g0}}{mkT_J}}, \end{cases}\tag{6.7.3}$$

式中，E_{g0} 为禁带宽度；I_{S0} 和 n 为常数。结点上的正向电压 V_J 为

$$V_J = \frac{mkT_J}{q}(\ln(I) - \ln(I_S)), \tag{6.7.4}$$

$$V_J = \frac{mkT_J}{q}(\ln(I) - \ln(I_{S_0}) - n\ln(T_J)) + \frac{E_{g_0}}{q}。 \tag{6.7.5}$$

V_J对结温的导数，也即 V_J 的温度敏感系数 K_{VT} 为

$$\frac{dV_J}{dT_J} = \frac{mk}{q}(\ln(I) - \ln(I_{S0}) - n\ln(T_J)) - \frac{mnk}{q} = \frac{V_J - \frac{E_{g0}}{q} - mn\frac{kT_J}{q}}{T_J}。 \tag{6.7.6}$$

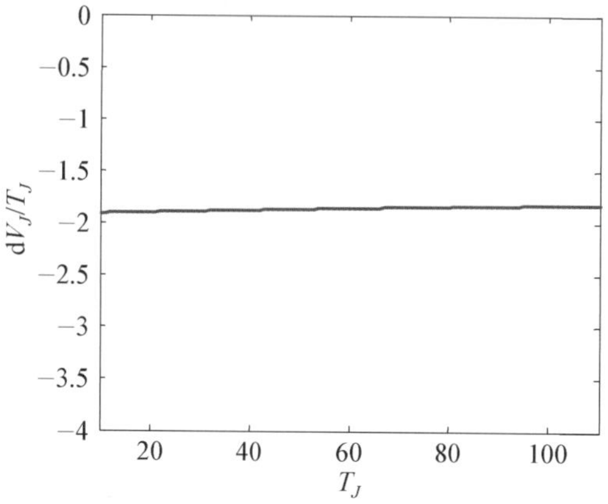

图 6.7.5　K_{VT}随 T_J 的变化关系

当 $T_J = 300$ K 时，$V_J = 2.8$ V，材料 GaInN 的禁带宽度 $E_{g0} = 2.9$ eV，理想因子 $m = 6$，$n = 3$，$k = 1.38 \times 10^{-23}$，$q = 1.6 \times 10^{-19}$，$mn\frac{k}{q} = 1.55$，求得 $K_{VT} = \frac{dV_J}{dT_J} \approx -2\ \text{mV} \cdot \text{K}^{-1}$。

当 $T_J = -20 \sim 80$℃ 时，K_{VT} 随 T_J 的变化关系如图 6.7.5 所示。图 6.7.5 表明，T_J在一定范围内 K_{VT}系数近似恒定，即正向电压与结温之间存在良好的线性关系。由这种线性关系可进行 LED 结温的测量：

$$T_J = T_{J_0} + \frac{(V'_f - V_{f_0})}{K_{VT}}。 \tag{6.7.7}$$

式中，T_{J0}为参考结温，通常采用环境温度；V_{f0}为参考结温下的正向电压；V'_f为当前结温下的正向电压。这样，就可以凭借测量正向电压的方式间接测得结温。测量第一步需要进行 K_{VT}系数的校准，在实际情况下，对于不同材料的 LED 以及不同的电流，K_{VT}都不一样，需要分别校准。

测试 LED 结温采用如图 6.7.6 所示的步骤：先用一个小电流 I_L脉冲测试正向电压，由于产生的热量可以忽略，认为参考结温即为环境温度；再用规定的大电流 I_H 进行稳流加温，等到达到热平衡后，马上再用小电流 I_L脉冲测试加热后的正向电压，求得稳态结温和热阻为

$$\begin{cases} T_J = T_{J_0} + \dfrac{(V'_f - V_{f_0})}{K_{VT}}, \\ R_{\text{th}, J-B} = \dfrac{T_J - T_B}{I_H V_H - \phi_e}。 \end{cases} \tag{6.7.8}$$

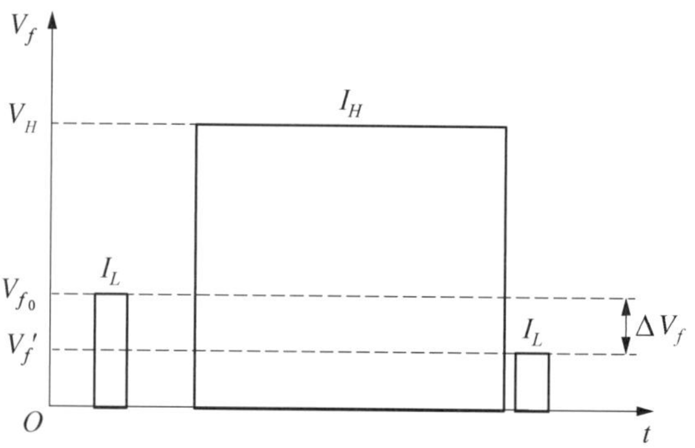

图 6.7.6　测试 LED 结温采用的步骤

测试系统的结构如图 6.7.7 所示。LED 安装在一个大热沉上，用导热硅脂使得其与大热沉传热通道良好。热沉提供了一个散热平台及参考等热面，上面安装有温度传感器，用以测量参考点温度，LED 及热沉都安装在一个温度控制箱里，由温度控制箱来完成对环境温度的调节。数控电流源及电压表等则放置在温度控制箱外，通过四端法与 LED 电连接。

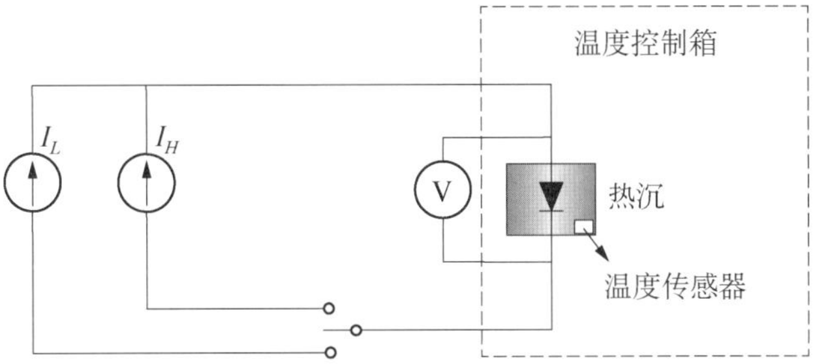

图 6.7.7　热阻测试系统的结构原理示意图

电压温度系数 K_{VT} 的确定方法为：将温度控制箱温度分别控制在 T_1 和 T_2，并使 LED 达到足够热平衡(仍可采用间隔测试正向电压判断偏差的方法)后，认为 $T_{J_1} = T_1$，$T_{J_2} = T_2$，分别用小电流 I_L 脉冲测量 LED 正向电压 V_{f_1} 和 V_{f_2}，并按下式计算电压温度系数：

$$K_{VT} = \frac{V_{f_1} - V_{f_2}}{T_{J_1} - T_{J_2}}。\qquad (6.7.9)$$

小电流 I_L 的选取方法为：应足够大到正向电压测试不受到器件表面漏电流的影响，但又不致其在脉冲时间内产生过多的温升，应该选取在 $I-V$ 特性曲线的拐点处，如图 6.7.8 所示(一般 $I_L \leqslant 10$ mA)。

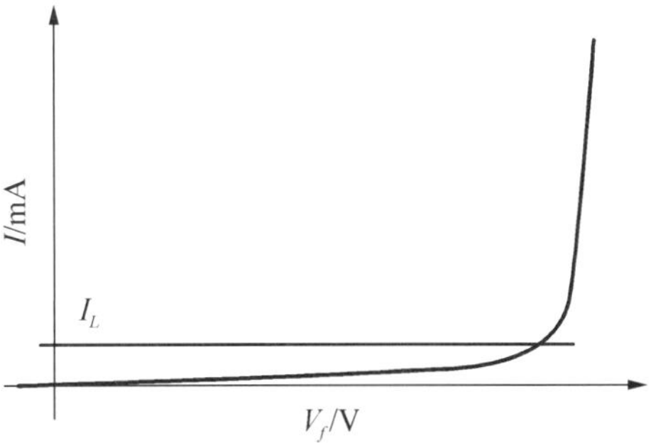

图 6.7.8　*I*－*V* 特性曲线

6.7.3　寿命测试

LED 光源的优点之一就是使用寿命长。和其他照明技术不同，LED 在使用过程中一般不是突然失效，而是随着时间的推移，光输出逐渐衰减。在某一时间点，LED 发出的光衰减至某一水平后就不再被认为达到了足够的应用要求。对于照明设计而言，理解 LED 光源何时达到“使用寿命”非常重要。

北美照明工程学会(Illuminating Engineering Society of North America，IESNA)制定的标准 TM－21－11 规定了 LED 流明维持寿命的预测方法，而另一份标准 LM－80－08 则规定了其中光电参数的具体测试条件和方法。

流明维持寿命是指 LED 光源的光输出相对于初始光输出衰减达到某一给定百分比时所经过的工作时间，这个值被定义为 L_p，p 即百分比值。比如，L_{70} 的含义是 LED 光输出下降至初始光输出的 70%所经过的时间。LED 光源达到其额定流明维持寿命取决于很多变量，包括工作温度、驱动电流、产品结构与材料。因此，LED 产品的流明维持寿命不仅会因为制造商的不同而不同，并且在同一生产厂家内，也会因为其封装型式的不同而不同。

下面介绍 TM－21－11 中所规定的 LED 长期流明维持寿命的预测方法。

1. 测试数据及样品规模

应根据 LM－80－08 规定的测试方法测试 LED 的光电参数，来推算 LED 光源的流明维持寿命。LM－80－08 测试报告中获得的所有针对某一特定产品的壳温、驱动电流等数据，都应该用于流明维持寿命的推算。推荐的样品规模最小为 20 颗，并在流明维持寿命计算中，对于寿命测试持续时间，可以采用 6 的乘法因子。样品规模允许小于 20 颗，但是任何样品规模的改变，都将导致不确定度和乘法因子的改变。对于样品规模为 10～19 颗的情况，用于流明维持寿命推荐的乘法因子为5.5倍测试时间。对于样品规模小于 10 颗的情况，不允许使用本方法进行寿命预测。

2. 光通量数据采集

在初始的1 000 h后开始测量，最好增加测量点，即测量时间间隔小于1 000 h（包括1 000 h）。超过6 000 h的附加测量可以提高流明维持寿命的推算准确性。

3. 流明维持寿命推算

TM－21－11 推荐采用的流明维持寿命推算方法是对采集到的数据进行曲线拟合，以推算出流明衰减到可接受的最小值的时间（比如初始光通量的 70%）。这个时间就是流明维持寿命。用同样的曲线拟合方法，也可以推算到未来某个时间点时的光通量输出值（比如25 000 h、35 000 h）。

按照 LM－80－08 方法进行测试的每一组被测样品，对于不同的工作条件（比如驱动电流）和环境数据（比如壳温），都应分别单独采用该方法进行曲线拟合。寿命推算具体流程如下：

（1）规一化

将每颗被测样品采集的所有数据都用 0 h 的数据进行归一化。

（2）平均

将相同测试条件的同组所有样品的规一化测试数据进行平均。

（3）用于曲线拟合的数据

如果测试持续时间 D 为6 000～10 000 h，则用于曲线拟合的数据，应该是最后5 000 h的数据；1 000 h以前的数据，不应用于曲线拟合。

如果测试持续时间大于10 000 h，在总测量持续时间的 50%点以后的数据都应用于曲线拟合。换句话说，在 $D/2$ 到 D 之间的数据都应用于曲线拟合。例如，如果测试持续时间是13 000 h，使用的数据应该是6 500～13 000 h之间的测试数据。如果没有 $D/2$ 点的测量数据，则前一个稍早时间点的数据应该包含在拟合数据内。例如，当 D 为13 000 h时，每1 000 h采集一次数据，则使用6 000～13 000 h之间的数据。

（4）曲线拟合

推荐采用指数最小二乘法进行曲线拟合：

$$\Phi(t) = B\exp(-at)。 \tag{6.7.10}$$

式中，$\Phi(t)$为在时间 t 时的光通量输出归一化平均值；B 为由最小二乘曲线拟合得到的初始预测常数；a 为用最小二乘曲线拟合得到的衰减常数。

可用下面的公式推算出流明维持寿命：

$$L_{70}=\frac{\ln\left(\frac{B}{0.7}\right)}{a},\tag{6.7.11}$$

或者

$$L_{50}=\frac{\ln\left(\frac{B}{0.5}\right)}{a}。\tag{6.7.12}$$

对于任何数值的流明维持率 p，采用下面的通用公式：

$$L_{p}=\frac{\ln\left(100\times\frac{B}{p}\right)}{a}。\tag{6.7.13}$$

式中，L_p 为以小时为单位的流明维持寿命。当 $a>0$ 时，指数拟合曲线会衰减至零，L_p 是正值；当 $a<0$ 时，指数拟合曲线会随着时间的增加而升高，L_p 是负值。当 L_p 值落在光通测试过程中的某一时间点，则最终测试结果通过最接近该值的两个测试点之间的线性内插给出。

（5）结果的调整

对于样品规模为 20 或更多的情况，预测光通量值的时间范围不应超过测试数据的总寿命试验时间的 6 倍。对于样品规模为 10～19 颗的情况，预测光通量的时间范围不应超过测试数据的总寿命试验时间的5.5倍。

当计算所得的流明维持寿命（比如 L_{70}）是正值，并小于或等于 6 倍（对于样品规模为 10～19 颗的情况，该值为5.5）的总寿命试验持续时间时，计算所得的流明维持寿命就是最终测试结果。当计算出的流明维持寿命是正值且大于 6（或5.5）倍的寿命持续试验时间时，则最终测试结果应限制在 6（或5.5）倍的总寿命试验时间。当计算出的流明维持寿命为负值时，则最终给出的流明维持寿命时间应该为 6（或5.5）倍的总寿命持续试验时间。

4. 温度数据插值

当被测样品的实际现场壳温 T_{S_i} 与 LM－80－08 规定的测试温度（55℃，85℃或生产厂家指定的第三个温度）不同时，应该采用下面的方法来预测对应于该现场壳温下的、相同工作条件（如驱动电流）下的流明维持寿命。

（1）选择测试壳温

用于流明维持寿命现场壳温插值的测试壳温，应包含离现场壳温最近的较低值 T_{S_1} 和较高值 T_{S_2}。

（2）将所有温度值的单位转换为 K

$$T_S[\mathrm{K}]=T_S[℃]+273.15。\tag{6.7.14}$$

只有单位为 K 的值才能被用于下列计算公式。

（3）用阿伦尼乌斯（Arrhenius）方程计算插值流明维持寿命

下面的阿伦尼乌斯方程用于计算现场光衰常数 a_i：

$$a_i = A\exp\left(\frac{-E_a}{k_B T_{S_i}}\right)。\tag{6.7.15}$$

式中，A 为常数；E_a 为激活能（单位为电子伏 eV）；T_{S_i} 为现场绝对壳温（K）；k_B 为玻尔兹曼常数（8.617×10^{-5} eV · K^{-1}）。

为了找到一个在 T_{S_1} 与 T_{S_2} 之间的现场壳温 T_{S_i} 所对应的衰减率常数 a_i，首先需要执行下面的计算步骤：

步骤 1：由在壳温 T_{S_1} 和 T_{S_2} 下分别测得的光衰数据，按照前面曲线拟合的方法，求得 a_1 和 a_2，然后据(6.7.15)式进行如下计算：

$$\frac{E_a}{k_B} = \frac{\ln a_1 - \ln a_2}{\dfrac{1}{T_{S_2}} - \dfrac{1}{T_{S_1}}}。\tag{6.7.16}$$

步骤 2：将此结果连同 T_{S_1} 代入(6.7.15)式可计算得 A 为

$$A = a_1\exp\left(\frac{E_a}{k_B T_{S_1}}\right)。\tag{6.7.17}$$

在上述步骤中，也可以用 a_2 和 T_{S_2} 代替 a_1 和 T_{S_1}。最后再根据(6.7.15)式计算得 a_i。

步骤 3：计算 B_0：

$$B_0 = \sqrt{B_1 B_2}。\tag{6.7.18}$$

式中，B_1 为对 T_{S_1} 下所测数据进行曲线拟合得到的初始预测常数；B_2 为 T_{S_2} 所对应的初始预测常数。

步骤 4：利用上述结果 B_0，根据下式，计算 T_{S_i} 所对应的流明维持寿命：

$$L_p = \frac{\ln\left(100 \times \dfrac{B_0}{p}\right)}{a_i}。\tag{6.7.19}$$

步骤 5：计算现场光通量输出，即在 T_{S_i} 条件下的 $\Phi_i(t)$：

$$\Phi_i(t) = B_0\exp(-a_i t)。\tag{6.7.20}$$

(4) 阿伦尼乌斯(Arrhenius)方程的适用性

需要注意的是，只有当光衰常数 a_1 和 a_2 都为正时，阿伦尼乌斯方程才适用。当 a_1 或 a_2 为负值时（例如，光通量随时间增加而增加），上述方法不适用。

(5) 温度限制

高于 LM－80－08 规定的测试温度，不能推算其对应的 L_p 值。例如，假设 LM－80－08 试验条件的最高温度为 85℃，则不能推算对应于 100℃的 L_p 值。

如果实际运行温度低于 LM－80－08 中采用的最低测试温度，则最终给出的 L_p 值应采用 LM－80－08 中的最低温度对应的 L_p 值。例如，如果 LM－80－08 中的最低测试温度为 55℃，则 45℃所对应的 L_p 值应该采用 55℃对应的 L_p 值。

参考文献

[1] 吴继宗,叶关荣.*光辐射测量* [M].北京:机械工业出版社,1992.
[2] EIA/JESD51 - 1 - 1995. *Integrated Circuits Thermal Measurement Method - Electrical Test Method (Single Semiconductor Device)* [S]. Arlington: Electronic Industries Alliance, 1995.
[3] 周太明,宋贤杰,刘虹,姚梦明,陆燕,李福生,汪建平.*高效照明系统设计指南* [M].上海:复旦大学出版社,2004.
[4] CIE 127 - 2007. *Measurement of LEDs* [R]. Vienna: CIE CB, 2007.
[5] IES LM - 80 - 08. *Approved Method for Measuring Lumen Maintenance of LED Light Sources* [S]. New York: IESNA, 2008.
[6] 郝允祥,陈遐举,张保洲.*光度学* [M].北京:中国计量出版社,2010.
[7] IES TM - 21 - 11. *Projecting Long Term Lumen Maintenance of LED Light Sources* [S]. New York: IESNA, 2011.
[8] 周太明等.*照明设计——从传统光源到 LED* [M].上海:复旦大学出版社,2015.

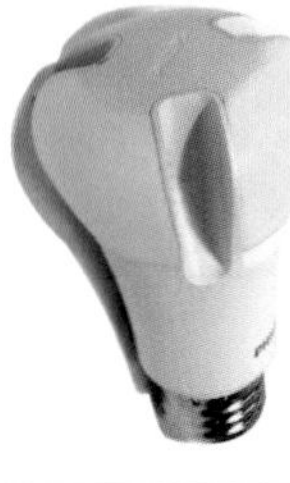

第七章 色度学基础

7.1 CIE 标准色度学系统

7.1.1 CIE RGB 系统

1. 基色量和三刺激值

一般来说，光源所发的光都是由许多颜色的光按一定比例混合组成的。与用分光仪器将白光色散成多种单色光相反，人们也试图用几种单色光相混合以得到所需要的颜色光，并获得了成功。在混色试验中发现，所有颜色的光都可由某 3 种单色光按一定的比例混合而成，但这 3 种单色光中的任何一种都不能由其余两种混合产生。这 3 种单色光称为三原色。三原色可有很多选择方法。1931 年 CIE 规定，RGB 系统的三原色为

$$
\begin{aligned}
&\text{红光(R)：}\lambda_R = 700.0\ \text{nm；}\\
&\text{绿光(G)：}\lambda_G = 546.1\ \text{nm；}\\
&\text{蓝光(B)：}\lambda_B = 435.8\ \text{nm。}
\end{aligned}
$$

700.0 nm 是可见光的红端，后两者是汞的亮线。在 RGB 系统中，等能量白光是由三原色的光通量F_R、F_G、F_B按如下比例混合而成，即

$$F_R : F_G : F_B = 1 : 4.5907 : 0.0601。\tag{7.1.1}$$

如果将

$$\begin{cases}(R) = 1\ \text{lm},\\ (G) = 4.5907\ \text{lm},\\ (B) = 0.0601\ \text{lm}\end{cases}\tag{7.1.2}$$

相加混色，可得白光(E)=5.650 8 lm。一般，将(7.1.2)式中的(R)、(G)、(B)选作 3 个原

色的单位量,简称基色量。

规定了基色量后,就可将混色试验的结果用数学式表达为

$$F = R(\mathrm{R}) + G(\mathrm{G}) + B(\mathrm{B})。\tag{7.1.3}$$

式中,F 代表某种颜色的光通量;R、G、B 分别表示各需要多少个(R)、(G)、(B)的单位才能配出这种颜色。R、G、B 称为三刺激值,它们既决定了光的颜色,又决定了它的光通量。计算颜色光的光通量时,要将 R、G、B 和(R)、(G)、(B)的值都代入(7.1.3)式,即光通量 $|F|$ 为

$$|F| = 1R + 4.5907G + 0.0601B。\tag{7.1.4}$$

2. 色度坐标

如果只需要颜色光的色度,而不需要光通量,则只要知道 R、G、B 的相对值就可以了。令

$$\begin{cases} r = R/(R+G+B), \\ g = G/(R+G+B), \\ b = B/(R+G+B), \end{cases}\tag{7.1.5}$$

这 3 个新的量只表示颜色光的色度,称为色度坐标(或色坐标)。由(7.1.5)式可见

$$r + g + b = 1,\tag{7.1.6}$$

即只要知道色度坐标中的两个值,就可以算出第三个值。本来,颜色光要用三维空间才能表示,如图 7.1.1 所示。但引入色度坐标后,根据(7.1.6)式的关系,就可以用图 7.1.2 所示的平面图来表示颜色光的色度。在 r-g 色度图中,舌形曲线表示单色光的轨迹,3 个基色量的色坐标是(R):(1, 0),(G):(0, 1),(B):(0, 0)。等能量白光 E 的色坐标是 $r_E = g_E = b_E = 1/3$。

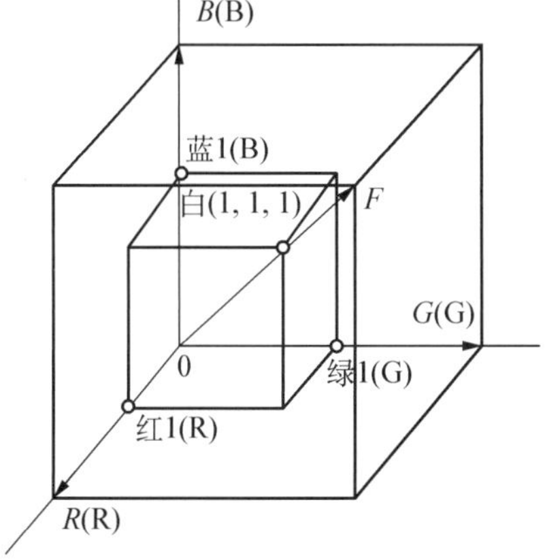

图 7.1.1　彩色光的空间表示法

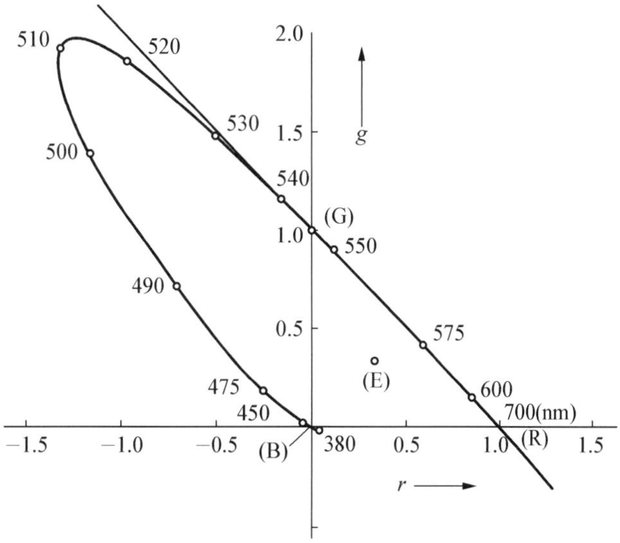

图 7.1.2　r-g 色度图

3. 配色函数

如果色刺激 Q 在可见光的每一波长上的单色刺激Q_λ都是由单位辐射功率（$P_\lambda = E_\lambda =$ 常数）所产生，则这一刺激称为等能刺激，以Q_E 表示。等能刺激的光谱功率分布$\{E_\lambda d\lambda\}$在整个可见光区是均匀的，如图 7. 1. 3 所示。对于等能刺激Q_E 的单色成分$Q_{E\lambda}$，有

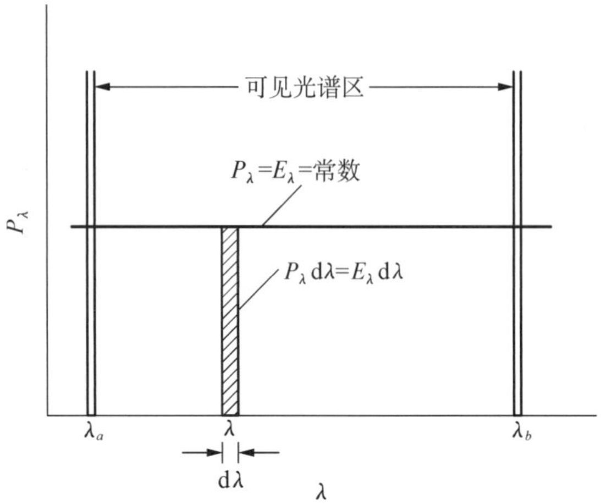

图 7. 1. 3　等能白光的光谱功率分布曲线

$$Q_{E\lambda} = \bar{r}(\lambda)(R) + \bar{g}(\lambda)(G) + \bar{b}(\lambda)(B)。 \tag{7.1.7}$$

式中，$\bar{r}(\lambda)$、$\bar{g}(\lambda)$ 和$\bar{b}(\lambda)$ 是匹配单位功率波长为λ的光谱色所需要的基色量数值，称为E_λ 的光谱三刺激值（spectral tristimulus values），又称为配色函数(color matching functions)。

图 7. 1. 4 所示是 1931 CIE RGB 系统标准色度观察者的光谱三刺激值曲线，表 7. 1. 1 给出它们的值。这是典型的正常颜色观察者在 2°视场中进行配色试验的结果，适用于1°～4°视

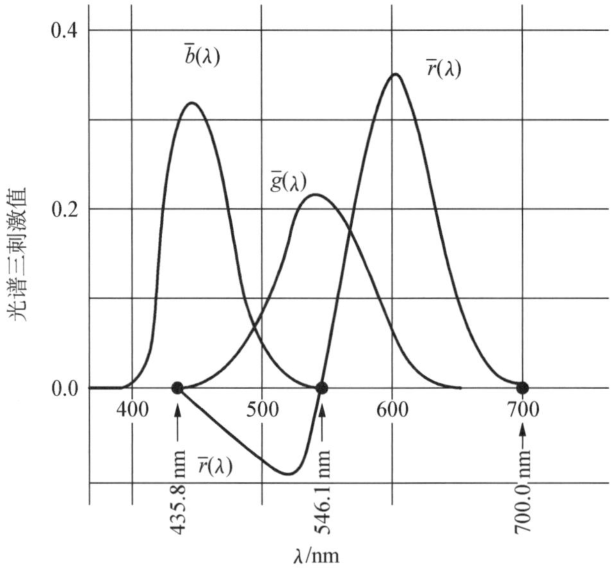

图 7. 1. 4　1931 CIE RGB 系统的光谱三刺激值

场的颜色测量。

将(7.1.5)式用于等能光谱三刺激值 $\bar{r}(\lambda)$、$\bar{g}(\lambda)$、$\bar{b}(\lambda)$，有

$$\begin{cases} r(\lambda)=\bar{r}(\lambda)/[\bar{r}(\lambda)+\bar{g}(\lambda)+\bar{b}(\lambda)], \\ g(\lambda)=\bar{g}(\lambda)/[\bar{r}(\lambda)+\bar{g}(\lambda)+\bar{b}(\lambda)], \\ b(\lambda)=\bar{b}(\lambda)/[\bar{r}(\lambda)+\bar{g}(\lambda)+\bar{b}(\lambda)]。 \end{cases} \tag{7.1.8}$$

它将等能量单色光的色度坐标 $r(\lambda)$、$g(\lambda)$、$b(\lambda)$和配色函数$\bar{r}(\lambda)$、$\bar{g}(\lambda)$、$\bar{b}(\lambda)$联系起来。

表 7.1.1　1931 CIE RGB 系统标准色度观察者的光谱三刺激值

λ/nm	$\bar{r}(\lambda)$	$\bar{g}(\lambda)$	$\bar{b}(\lambda)$	λ/nm	$\bar{r}(\lambda)$	$\bar{g}(\lambda)$	$\bar{b}(\lambda)$
380	0.000 03	−0.000 01	0.001 17	510	−0.089 01	0.128 60	0.026 93
385	0.000 05	−0.000 02	0.001 89	515	−0.093 56	0.152 62	0.018 42
390	0.000 10	−0.000 04	0.003 59	520	−0.092 54	0.174 68	0.012 21
395	0.000 17	−0.000 07	0.006 47	525	−0.084 73	0.191 13	0.008 30
400	0.000 30	−0.000 14	0.012 14	530	−0.071 01	0.203 17	0.005 49
405	0.000 47	−0.000 22	0.019 69	535	−0.053 16	0.210 83	0.003 20
410	0.000 84	−0.000 41	0.037 07	540	−0.031 52	0.214 66	0.001 46
415	0.001 39	−0.000 70	0.066 37	545	−0.006 13	0.214 87	0.000 23
420	0.002 11	−0.001 10	0.115 41	550	0.022 79	0.211 78	−0.000 58
425	0.002 66	−0.001 43	0.185 75	555	0.055 14	0.205 88	−0.001 05
430	0.002 18	−0.001 19	0.247 69	560	0.090 60	0.197 02	−0.001 30
435	0.000 36	−0.000 21	0.290 12	565	0.128 40	0.185 22	−0.001 38
440	−0.002 61	0.001 49	0.312 28	570	0.167 68	0.170 87	−0.001 35
445	−0.006 73	0.003 79	0.318 60	575	0.207 15	0.154 29	−0.001 23
450	−0.012 13	0.006 78	0.316 70	580	0.245 26	0.136 10	−0.001 08
455	−0.018 47	0.010 46	0.311 66	585	0.279 89	0.116 86	−0.000 93
460	−0.026 08	0.014 85	0.298 21	590	0.309 28	0.097 54	−0.000 79
465	−0.033 24	0.019 77	0.272 95	595	0.331 84	0.079 09	−0.000 63
470	−0.039 33	0.025 38	0.229 91	600	0.344 29	0.062 46	−0.000 49
475	−0.044 71	0.031 83	0.185 92	605	0.347 56	0.047 76	−0.000 38
480	−0.049 39	0.039 14	0.144 94	610	0.339 71	0.035 57	−0.000 30
485	−0.053 64	0.047 13	0.109 68	615	0.322 65	0.025 83	−0.000 22
490	−0.058 14	0.058 89	0.082 57	620	0.297 08	0.018 28	−0.000 15
495	−0.064 14	0.069 48	0.062 46	625	0.263 48	0.012 53	−0.000 11
500	−0.071 73	0.085 36	0.047 76	630	0.226 77	0.008 33	−0.000 08
505	−0.081 20	0.105 93	0.036 88	635	0.192 33	0.005 37	−0.000 05

续表

λ/nm	$\bar{r}(\lambda)$	$\bar{g}(\lambda)$	$\bar{b}(\lambda)$	λ/nm	$\bar{r}(\lambda)$	$\bar{g}(\lambda)$	$\bar{b}(\lambda)$
640	0.159 68	0.003 34	−0.000 03	715	0.001 48	0.000 00	0.000 00
645	0.129 05	0.001 99	−0.000 02	720	0.001 05	0.000 00	0.000 00
650	0.101 67	0.001 16	−0.000 01	725	0.000 74	0.000 00	0.000 00
655	0.078 57	0.000 66	−0.000 01	730	0.000 52	0.000 00	0.000 00
660	0.059 32	0.000 37	0.000 00	735	0.000 36	0.000 00	0.000 00
665	0.043 66	0.000 21	0.000 00	740	0.000 25	0.000 00	0.000 00
670	0.031 49	0.000 11	0.000 00	745	0.000 17	0.000 00	0.000 00
675	0.022 94	0.000 06	0.000 00	750	0.000 12	0.000 00	0.000 00
680	0.016 87	0.000 03	0.000 00	755	0.000 08	0.000 00	0.000 00
685	0.011 87	0.000 01	0.000 00	760	0.000 06	0.000 00	0.000 00
690	0.008 19	0.000 00	0.000 00	765	0.000 04	0.000 00	0.000 00
695	0.005 72	0.000 00	0.000 00	770	0.000 03	0.000 00	0.000 00
700	0.004 10	0.000 00	0.000 00	775	0.000 01	0.000 00	0.000 00
705	0.002 91	0.000 00	0.000 00	780	0.000 000	0.000 00	0.000 00
710	0.002 10	0.000 00	0.000 00				

在由此确定的 $r-g$ 色度图中，单色光的轨迹称为光谱轨迹。连接光谱轨迹两端点的直线称为紫线，它表示光谱两端点的混合色的色坐标轨迹。

4. 三刺激值的计算

光谱功率分布为 $\{P_\lambda \mathrm{d}\lambda\}$ 的复合颜色刺激 Q 是由许多辐射功率为 P_λ 的单色刺激 Q_λ 组成的。前述的 $Q_{E\lambda}$ 是单位功率的色刺激，所以有关系为

$$Q_\lambda \mathrm{d}\lambda \equiv (P_\lambda \mathrm{d}\lambda) Q_{E\lambda}。\tag{7.1.9}$$

另外，在(7.1.7)式的两边同时乘以 $P_\lambda \mathrm{d}\lambda$，有

$$(P_\lambda \mathrm{d}\lambda) Q_{E\lambda} = (P_\lambda \mathrm{d}\lambda)\,\bar{r}(\lambda)(\mathrm{R}) + (P_\lambda \mathrm{d}\lambda)\,\bar{g}(\lambda)(\mathrm{G}) + (P_\lambda \mathrm{d}\lambda)\,\bar{b}(\lambda)(\mathrm{B})。\tag{7.1.10}$$

将上述两式合并，有

$$Q_\lambda \mathrm{d}\lambda = P_\lambda\,\bar{r}(\lambda)\mathrm{d}\lambda(\mathrm{R}) + P_\lambda\,\bar{g}(\lambda)\mathrm{d}\lambda(\mathrm{G}) + P_\lambda\,\bar{b}(\lambda)\mathrm{d}\lambda(\mathrm{B})。\tag{7.1.11}$$

如果 P_λ 在可见光区是一个连续函数，则将上式积分得

$$Q = \int_{380}^{780} Q_\lambda \mathrm{d}\lambda = R(\mathrm{R}) + G(\mathrm{G}) + B(\mathrm{B}),$$

其中

$$\begin{cases} R = \int_{380}^{780} P_\lambda \bar{r}(\lambda)\mathrm{d}\lambda, \\ G = \int_{380}^{780} P_\lambda \bar{g}(\lambda)\mathrm{d}\lambda, \\ B = \int_{380}^{780} P_\lambda \bar{b}(\lambda)\mathrm{d}\lambda。 \end{cases} \tag{7.1.12}$$

一般情况下，采用累加求和的形式，即

$$Q = \sum_{380}^{780} Q_\lambda \Delta\lambda = R(\mathrm{R}) + G(\mathrm{G}) + B(\mathrm{B}),$$

其中

$$\begin{cases} R = \sum_{380}^{780} P_\lambda \bar{r}(\lambda)\Delta\lambda, \\ G = \sum_{380}^{780} P_\lambda \bar{g}(\lambda)\Delta\lambda, \\ B = \sum_{380}^{780} P_\lambda \bar{b}(\lambda)\Delta\lambda。 \end{cases} \tag{7.1.13}$$

对于等能量白光，有 $P_\lambda = 1$，$R = G = B$。所以，显然有

$$\sum_{380}^{780} \bar{r}(\lambda) = \sum_{380}^{780} \bar{g}(\lambda) = \sum_{380}^{780} \bar{b}(\lambda)。 \tag{7.1.14}$$

7.1.2 CIE XYZ 系统

采用 RGB 系统时发现，在某些情况下，光谱三刺激值中的$\bar{r}(\lambda)$要取负值，这就给计算带来很大的不便。所以，在 1931 年，CIE 又规定了一个新的色度学系统——1931 CIE XYZ 系统。

1. 1931 CIE XYZ 系统三原色的确定

为了避免光谱三刺激值和色度坐标出现负值，现在采用 3 个假想的原色(X)、(Y)和(Z)。(X)代表红原色，(Y)代表绿原色，(Z)代表蓝原色，它们在 $r-g$ 色度图中的位置如图 7.1.5所示。很显然，为了保证在这个新系统中光谱轨迹上以及光谱轨迹内的色度坐标都成为正值，由(X)、(Y)、(Z)所形成的三角形必须包含整个光谱轨迹。至于这个三角形的 3 条边究竟应该如何走向，还要考虑到其他一些因素。

在 $r-g$ 色度图上，540～700 nm 段的光谱轨迹基本上是一条直线，将该线段上的两种颜色混合可以得到这两种颜色之间的各种光谱色。新的(X)(Y)(Z)三角形的边(X)(Y)应与这段重合。这样，在将这段光谱轨迹上的颜色混合时，只涉及(X)和(Y)原色的变化，与(Z)原色无关，使计算方便。另外，三角形的边(Y)(Z)应尽可能与光谱轨迹上的 503 nm 这一点靠近。边(X)(Y)和边(Y)(Z)这样的选择可以使(X)(Y)(Z)三角形内虚设的颜色范围(图中用阴影区表示)尽可能减少。

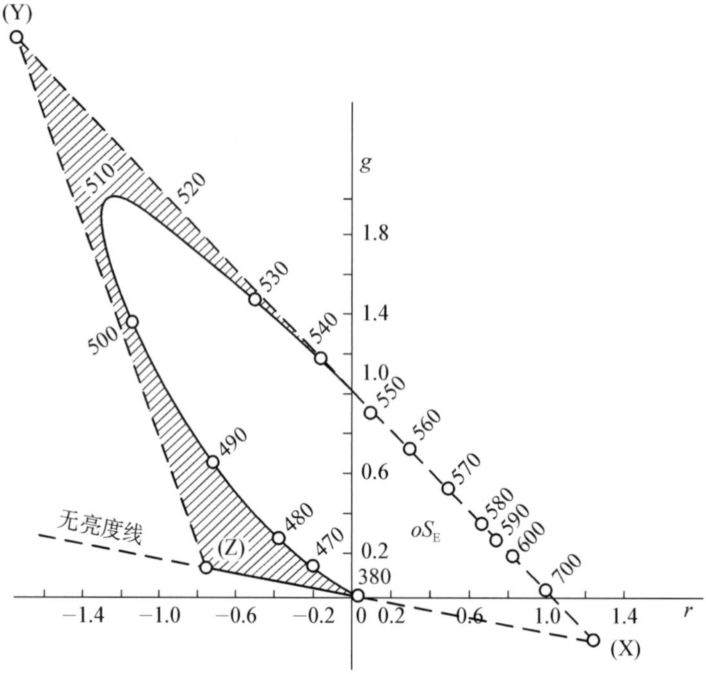

图 7.1.5　**(X)、(Y)、(Z)在 $r-g$ 色色度图中的位置**

在新的 XYZ 系统中，我们规定 Y 的值正好代表光通量，从而使光通量的计算大为简便。这一规定也就意味着(X)和(Z)的亮度为零，(X)(Z)称为无亮度线。无亮度线上的各点只代表色度，而没有亮度。在 RGB 系统中，三原色的相对亮度比例是 1∶4.590 7∶0.060 1，某一颜色 C 的亮度 Y_c 的方程就是

$$Y_c = r + 4.5907g + 0.0601b。$$

对处在无亮度线(X)(Y)上的颜色，则有

$$r + 4.5907g + 0.0601b = 0。\tag{7.1.15}$$

以 $r+g+b=1$ 关系代入，最后得线段 $\overline{(X)(Z)}$ 应满足的方程为

$$0.9399r + 4.5306g + 0.0601 = 0。\tag{7.1.16}$$

选取 700 nm 和 540 nm 这两点作为 $\overline{(X)(Y)}$ 上的两点，可求出这条直线方程为

$$r + 0.99g - 1 = 0。\tag{7.1.17}$$

另取一条与光谱轨迹相切于点 503 nm 的直线，该直线的方程为

$$1.45r + 0.55g + 1 = 0。\tag{7.1.18}$$

由以上 3 条直线相交，就得到(X)、(Y)、(Z)这 3 点。联立上述 3 个方程求解，就得到这 3 点在 RGB 系统中的色坐标为

$$(X)：r_x = 1.2750，g_x = -0.2778，b_x = 0.0028，$$

$$(Y): r_y = -1.7392,\ g_y = 2.7671,\ b_y = -0.0279,$$

$$(Z): r_z = -0.7431,\ g_z = 0.1409,\ b_z = 1.6022。$$

2. RGB 系统和 XYZ 系统间的变换关系

从上面的讨论可知，假想的三原色(X)、(Y)、(Z)可以用原来的三原色(R)、(G)、(B)表示出来，则

$$\begin{cases}(X) = [1.2750(R) - 0.2778(G) + 0.0028(B)]K_x, \\ (Y) = [-1.7392(R) + 2.7671(G) - 0.0279(B)]K_y, \\ (Z) = [-0.7431(R) + 0.1409(G) + 1.6022(B)]K_z。\end{cases} \tag{7.1.19}$$

式中

$$\begin{cases}K_x = R_x + G_x + B_x, \\ K_y = R_y + G_y + B_y, \\ K_z = R_z + G_z + B_z\end{cases} \tag{7.1.20}$$

分别表示(X)、(Y)、(Z)在 RGB 系统中三刺激值的和。(7.1.19)式也可以用矩阵的形式表示为

$$\begin{aligned}\begin{pmatrix}(X)\\(Y)\\(Z)\end{pmatrix} &= \begin{pmatrix}1.2750K_x & -0.2778K_x & 0.0028K_x \\ -1.7392K_y & 2.7671K_y & -0.0279K_y \\ -0.7431K_z & 0.1409K_z & 1.6022K_z\end{pmatrix}\begin{pmatrix}(R)\\(G)\\(B)\end{pmatrix} \\ &= \boldsymbol{A}'\begin{pmatrix}(R)\\(G)\\(B)\end{pmatrix},\end{aligned} \tag{7.1.21}$$

其中，$\boldsymbol{A}'$是矩阵

$$\boldsymbol{A} = \begin{pmatrix}1.2750K_x & -1.7392K_y & -0.7431K_z \\ -0.2778K_x & 2.7671K_y & 0.1409K_z \\ 0.0028K_x & -0.0279K_y & 1.6022K_z\end{pmatrix}$$

的转置矩阵。

同一颜色 Q 在 RGB 和 XYZ 两个系统中，分别由以下两式表示：

$$Q = R(R) + G(G) + B(B) = (R\ G\ B)\begin{pmatrix}(R)\\(G)\\(B)\end{pmatrix}, \tag{7.1.22}$$

$$Q = X(X) + Y(Y) + Z(Z) = (X\ Y\ Z)\begin{pmatrix}(X)\\(Y)\\(Z)\end{pmatrix}。 \tag{7.1.23}$$

将(7.1.21)式代入(7.1.23)式，得

$$Q=(X\ Y\ Z)\boldsymbol{A}'\begin{pmatrix}(\mathrm{R})\\(\mathrm{G})\\(\mathrm{B})\end{pmatrix}。$$

将它与(7.1.22)式相对照，显然有

$$(R\ G\ B)=(X\ Y\ Z)\boldsymbol{A}'。\tag{7.1.24}$$

将之转置，得

$$\begin{pmatrix}R\\G\\B\end{pmatrix}=(\boldsymbol{A}')'\begin{pmatrix}X\\Y\\X\end{pmatrix}=\boldsymbol{A}\begin{pmatrix}X\\Y\\Z\end{pmatrix}。\tag{7.1.25}$$

我们假设

$$\begin{pmatrix}X\\Y\\Z\end{pmatrix}=\boldsymbol{M}\begin{pmatrix}R\\G\\B\end{pmatrix},\tag{7.1.26}$$

代入(7.1.25)式，得

$$\begin{pmatrix}R\\G\\B\end{pmatrix}=\boldsymbol{AM}\begin{pmatrix}R\\G\\B\end{pmatrix}。$$

即

$$\boldsymbol{AM}=I$$

为单位矩阵，亦即

$$\boldsymbol{M}=\boldsymbol{A}^{-1}=\frac{\boldsymbol{A}^{*}}{|\boldsymbol{A}|}=\begin{pmatrix}0.908\,7K_x^{-1} & 0.574\,9K_x^{-1} & 0.370\,9K_x^{-1}\\0.091\,2K_y^{-1} & 0.418\,8K_y^{-1} & 0.005\,5K_y^{-1}\\0 & 0.006\,3K_z^{-1} & 0.623\,6K_z^{-1}\end{pmatrix}$$

为 $\boldsymbol{A}$ 的逆阵。$\boldsymbol{A}^{*}$ 称为 $\boldsymbol{A}$ 的伴随矩阵。

将(7.1.26)式应用于等能量刺激的单色成分这一特殊情况，也就是应用于光谱三刺激值时，有

$$\begin{pmatrix}\bar{x}(\lambda)\\\bar{y}(\lambda)\\\bar{z}(\lambda)\end{pmatrix}=\boldsymbol{M}\begin{pmatrix}\bar{r}(\lambda)\\\bar{g}(\lambda)\\\bar{b}(\lambda)\end{pmatrix},$$

即

$$\begin{cases}\bar{x}(\lambda)=[0.908\,7\,\bar{r}(\lambda)+0.574\,9\,\bar{g}(\lambda)+0.370\,9\,\bar{b}(\lambda)]K_x^{-1},\\\bar{y}(\lambda)=[0.091\,2\,\bar{r}(\lambda)+0.418\,8\,\bar{g}(\lambda)+0.005\,5\,\bar{b}(\lambda)]K_y^{-1},\\\bar{z}(\lambda)=[0.006\,3\,\bar{g}(\lambda)+0.623\,6\,\bar{b}(\lambda)]K_z^{-1}。\end{cases}\tag{7.1.27}$$

对于等能量白光,由(7.1.14)式,有

$$\sum_{380}^{780} \bar{r}(\lambda) = \sum_{380}^{780} \bar{g}(\lambda) = \sum_{380}^{780} \bar{b}(\lambda)。$$

同样

$$\sum_{380}^{780} \bar{x}(\lambda) = \sum_{380}^{780} \bar{y}(\lambda) = \sum_{380}^{780} \bar{z}(\lambda)。\tag{7.1.28}$$

又由于我们已规定 Y 代表光通量,故 $\bar{y}(\lambda) = V(\lambda)$。由(7.1.27)式以及 $\sum_{380}^{780} \bar{r}(\lambda)$ 和 $\sum_{380}^{780} V(\lambda)$ 的值,便可求出

$$K_x^{-1} = 3.046\,86,\ K_y^{-1} = 10.961\,61,\ K_z^{-1} = 8.970\,81。$$

进而得到转换矩阵为

$$\boldsymbol{M} = \begin{pmatrix} 2.768\,9 & 1.751\,7 & 1.130\,2 \\ 1.000\,0 & 4.590\,7 & 0.060\,1 \\ 0 & 0.056\,5 & 5.594\,3 \end{pmatrix}。$$

最后,得到 XYZ 系统的三刺激值和 RGB 系统的三刺激值之间的关系为

$$\begin{cases} X = 2.768\,9R + 1.751\,7G + 1.130\,2B, \\ Y = 1.000\,0R + 4.590\,7G + 0.060\,1B, \\ Z = 0.000\,0R + 0.056\,5G + 5.594\,3B。 \end{cases}\tag{7.1.29}$$

3. x-y 色度图

在 XYZ 系统中也可引进色度坐标,令

$$\begin{cases} x = X/(X+Y+Z), \\ y = Y/(X+Y+Z), \\ z = Z/(X+Y+Z), \end{cases}\tag{7.1.30}$$

显然

$$x + y + z = 1。\tag{7.1.31}$$

因此,在 XYZ 系统中,也只要用 x, y 两个量就可以表示色度。图 7.1.6 所示就是一个典型的 x-y 色度图。

将(7.1.29)式代入(7.1.30)式,经过化简,就可得到 XYZ 系统中的色度坐标 x 和 y 与 RGB 系统中的色度坐标 r 和 g 之间的关系,即

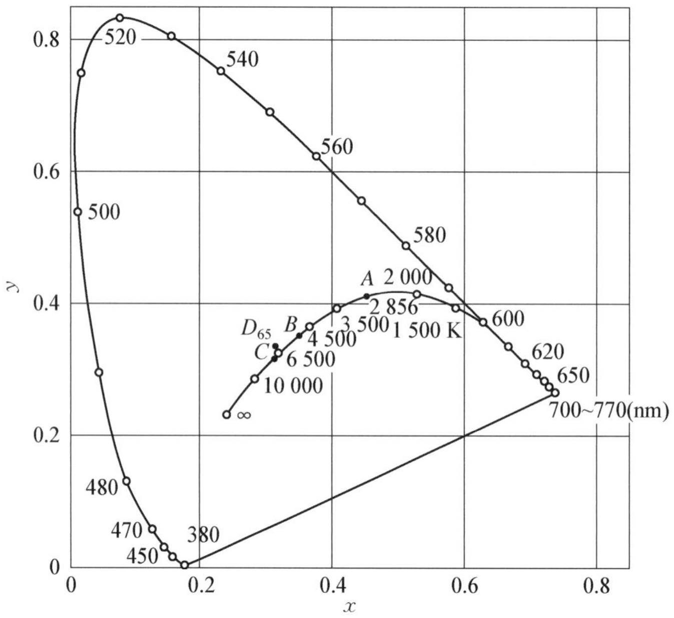

图 7.1.6　**CIE 1931 色度图**

$$
\begin{cases}
x = \dfrac{1.1302 + 1.6387r + 0.6215g}{0.7846 - 3.0157r - 0.3857g}, \\
y = \dfrac{0.0601 + 0.9399r + 4.5306g}{0.7846 - 3.0157r - 0.3857g}。
\end{cases}
\tag{7.1.32}
$$

因此，知道了某一颜色光在 $r-g$ 色度图中的坐标值，便可由(7.1.32)式求得它在 $x-y$ 色度图中的坐标值。各单色光的 $x(\lambda)$、$y(\lambda)$和 $z(\lambda)$的值列于表 7.1.2 中，图 7.1.6 中的舌形曲线就表示 380～780 nm 之间单色光的轨迹。连接舌形曲线两端的直线——紫线，代表红色和蓝色混合的标准紫色。在曲线所包围的面积内，包括了一切物理上能实现的颜色。其中，有一条弯曲的线，它代表各种温度下黑体辐射的 x、y 值的轨迹。

表 7.1.2　**1931 CIE－XYZ 系统中单色光的色度坐标**

λ/nm	$x(\lambda)$	$y(\lambda)$	$z(\lambda)$	λ/nm	$x(\lambda)$	$y(\lambda)$	$z(\lambda)$
380	0.174 1	0.005 0	0.820 9	415	0.172 1	0.004 8	0.823 1
385	0.174 0	0.005 0	0.821 0	420	0.171 4	0.005 1	0.823 5
390	0.173 8	0.004 9	0.821 3	425	0.170 3	0.005 8	0.823 9
395	0.173 6	0.004 9	0.821 5	430	0.168 9	0.006 9	0.824 2
400	0.173 3	0.004 8	0.821 9	435	0.166 9	0.008 6	0.824 5
405	0.173 0	0.004 8	0.822 2	440	0.164 4	0.010 9	0.824 7
410	0.172 6	0.004 8	0.822 6	445	0.161 1	0.013 8	0.825 1

续表

λ/nm	$x(\lambda)$	$y(\lambda)$	$z(\lambda)$	λ/nm	$x(\lambda)$	$y(\lambda)$	$z(\lambda)$
450	0.156 6	0.011 7	0.825 7	595	0.602 9	0.396 5	0.000 6
455	0.151 0	0.022 7	0.826 3	600	0.627 0	0.372 5	0.000 5
460	0.144 0	0.029 7	0.826 3	605	0.648 2	0.351 4	0.000 4
465	0.135 5	0.039 9	0.824 6	610	0.665 8	0.334 0	0.000 2
470	0.124 1	0.057 8	0.818 1	615	0.680 1	0.319 7	0.000 2
475	0.109 6	0.086 8	0.803 6	620	0.691 5	0.308 3	0.000 2
480	0.091 3	0.132 7	0.776 0	625	0.700 1	0.299 3	0.000 1
485	0.068 7	0.200 7	0.730 6	630	0.707 9	0.292 0	0.000 1
490	0.045 4	0.295 0	0.659 6	635	0.714 0	0.285 9	0.000 1
495	0.023 5	0.412 7	0.563 8	640	0.719 0	0.280 9	0.000 1
500	0.008 2	0.538 4	0.453 4	645	0.723 0	0.277 0	0.000 0
505	0.003 9	0.654 8	0.341 3	650	0.726 0	0.274 0	0.000 0
510	0.013 9	0.750 2	0.235 9	655	0.728 3	0.271 7	0.000 0
515	0.038 9	0.812 0	0.149 1	660	0.730 0	0.270 0	0.000 0
520	0.074 3	0.833 8	0.091 9	665	0.731 1	0.268 9	0.000 0
525	0.114 2	0.826 2	0.059 6	670	0.732 0	0.268 0	0.000 0
530	0.154 7	0.805 9	0.039 4	675	0.732 7	0.267 3	0.000 0
535	0.192 9	0.781 6	0.025 5	680	0.733 4	0.266 6	0.000 0
540	0.229 6	0.754 3	0.016 1	685	0.734 0	0.266 0	0.000 0
545	0.265 8	0.724 3	0.009 9	690	0.734 4	0.265 6	0.000 0
550	0.301 6	0.692 3	0.006 1	695	0.734 6	0.265 4	0.000 0
555	0.337 3	0.658 9	0.003 8	700	0.734 7	0.265 3	0.000 0
560	0.373 1	0.624 5	0.002 4	705	0.734 7	0.265 3	0.000 0
565	0.408 7	0.589 6	0.001 7	710	0.734 7	0.265 3	0.000 0
570	0.444 1	0.554 7	0.001 2	715	0.734 7	0.265 3	0.000 0
575	0.478 8	0.520 2	0.001 0	720	0.734 7	0.265 3	0.000 0
580	0.512 5	0.486 6	0.000 9	725	0.734 7	0.265 3	0.000 0
585	0.544 9	0.454 4	0.000 8	730	0.734 7	0.265 3	0.000 0
590	0.575 2	0.424 2	0.000 6	735	0.734 7	0.2653	0.000 0

续表

λ/nm	$x(\lambda)$	$y(\lambda)$	$z(\lambda)$	λ/nm	$x(\lambda)$	$y(\lambda)$	$z(\lambda)$
740	0.734 7	0.265 3	0.000 0	765	0.734 7	0.265 3	0.000 0
745	0.734 7	0.265 3	0.000 0	770	0.734 7	0.265 3	0.000 0
750	0.734 7	0.265 3	0.000 0	775	0.734 7	0.265 3	0.000 0
755	0.734 7	0.265 3	0.000 0	780	0.734 7	0.265 3	0.000 0
760	0.734 7	0.265 3	0.000 0				

x-y 色度图准确地表示了颜色视觉的基本规律，以及颜色混合的一般规律。如图 7.1.7 所示，这种色度图也可以叫做混色图，在等能量白光点 E 周围的中心区域是白光。将等能量白光和一种适当的光谱色混合，可配得所需要的任何颜色的光。例如，要想获得如图 7.1.7 中点 C 所表示的颜色，就可将点 E 和点 C 连接起来，并将 $\overline{EC}$ 延长，和单色光的舌形曲线相交于点 S。点 $S(x_\lambda, y_\lambda)$ 代表波长为 λ 的单色光，将它和白光 E 按照一定的比例混合起来，就可得到点 C 表示的颜色。改变两者的混合比例，可以得到 $\overline{ES}$ 线上各点代表的颜色。在 $\overline{ES}$ 线上，各点色调近似相同。比如说，点 S 是绿光，则 $\overline{ES}$ 线上的各点就是深浅不同的绿色。点 S 的波长叫做颜色 C 的主波长。显然，主波长不同，颜色的色调也不同。在 $\overline{ES}$ 线上，点 S 的颜色最深，是深绿色，以后颜色就逐渐变淡，成淡绿色，到了点 E 就成了白色。可以用颜色纯度 p_e（一般以百分数表示）来衡量颜色的深浅，数学式表示为

$$p_e = \frac{\overline{EC}}{\overline{ES}} = \frac{x - x_E}{x_\lambda - x_E} = \frac{y - y_E}{y_\lambda - y_E}。 \tag{7.1.33}$$

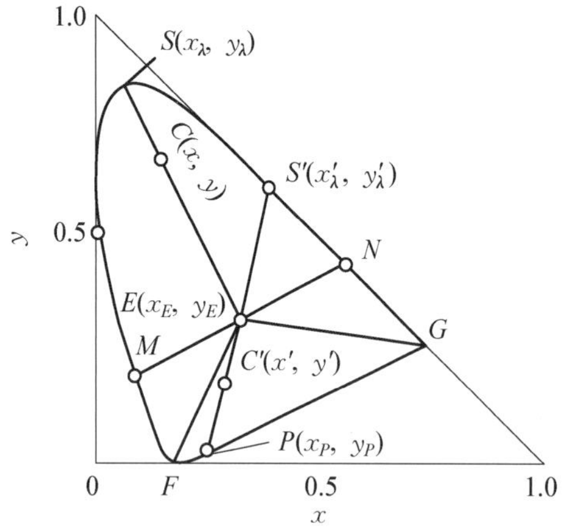

图 7.1.7　混合光的表示

式中，(x, y)、(x_λ, y_λ) 和 (x_E, y_E) 分别代表点 C、点 S 和点 E 的色坐标。

但是，对图 7.1.7 中位于 $\triangle EFG$ 内的点 C'，就不可能按照上述方法求出其主波长，这时可将 E 和 C' 相连，并将 $\overline{EC'}$ 反方向延长与舌形曲线相交于点 S'。将点 S' 的光和点 C' 的光按照一定的比例混合，就可以得到白光(E)。也就是说，点 C' 的光和点 S' 的光是互补的。因此，把 S' 代表的单色光波长 λ' 称为 C' 的补色主波长。在求 C' 的补色颜色纯度时，可以将 $\overline{EC'}$ 延长与“紫线” $\overline{FG}$ 相交于点 P，则有

$$p'_c = \frac{\overline{EC'}}{\overline{EP}} = \frac{x' - x_E}{x_P - x_E} = \frac{y' - y_E}{y_P - y_E}。 \tag{7.1.34}$$

式中，(x', y')和(x_P, y_P)分别是点C'和点P的色坐标。另外，在图7.1.7中，M和N也是互补的。在表7.1.3中给出一系列互补光谱色的波长。

色坐标图可以按照颜色分成若干区域(见图7.1.8)，在每个区域内可认为颜色基本上相同，它们对应着一个平均的主波长(或补色主波长)。在表7.1.4中，列出了这些区域的颜色名称、代号和对应的平均主波长(或补色主波长)。

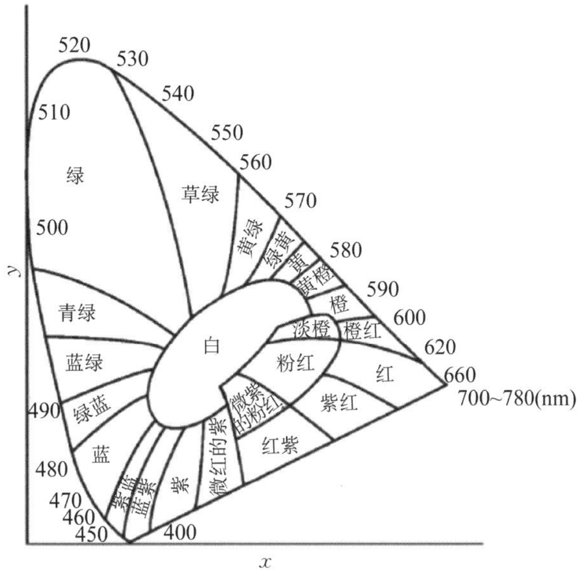

图7.1.8 $x-y$色度图的颜色分区

表7.1.3 互补光谱色的波长

波长/nm	互补波长/nm	波长/nm	互补波长/nm	波长/nm	互补波长/nm
380	567.0	474	575.1	487	593.0
400	567.1	475	575.7	488	596.5
420	567.3	476	576.4	489	600.9
430	567.5	477	577.2	490	607.0
440	568.0	478	578.0	491	616.8
450	568.9	479	579.0	492	640.2
455	469.6	480	580.0	568	439.3
460	570.4	481	581.2	569	450.7
465	571.5	482	582.6	570	457.9
470	573.1	483	584.1	571	463.1
471	573.6	484	585.8	572	466.8
472	574.0	485	587.8	573	469.7
473	574.5	486	590.2	574	471.9

续表

波长/nm	互补波长/nm	波长/nm	互补波长/nm	波长/nm	互补波长/nm
575	473.8	589	485.5	615	490.9
576	475.4	590	485.9	620	491.2
577	476.7	591	486.3	625	491.5
578	478.0	592	486.7	630	491.7
579	479.0	593	487.0	640	492.0
580	480.0	594	487.3	650	492.2
581	480.8	595	487.6	660	492.3
582	481.6	596	487.9	670	492.3
583	482.3	597	488.1	680	492.4
584	482.9	598	488.4	690	492.4
585	483.5	599	488.6	700	492.4
586	484.1	600	488.8	780	492.4
587	484.6	605	489.7		
588	485.1	610	490.4		

表 7.1.4　*x*－*y* 色度图的颜色分区、代号及主波长

颜色名称	颜色代号	平均主波长/nm	颜色名称	颜色代号	平均主波长/nm
红	R	493(补)	蓝　绿	BG	490
橙　红	rO	606	绿　蓝	gB	485
橙	O	592	蓝	B	476
黄　橙	yO	583	紫　蓝	pB	454
黄	Y	578	蓝　紫	bP	566(补)
绿　黄	gY	573	紫	P	560(补)
黄　绿	YG	565	微红的紫	rP	545(补)
草　绿	yG	545	红紫	RP	506(补)
绿	G	508	紫红	pR	496(补)
青　绿	bG	495			

在色度图中，不仅可以表示单色光和白光的混合，也可以表示任意两种颜色光的混合。混合光的色点 C 也在两种颜色光的色点 C_1 和 C_2 的连线上（见图 7.1.9）。C 的色坐标值可按下列方式确定，分别由

$$F_1 = X_1(\mathrm{X}) + Y_1(\mathrm{Y}) + Z_1(\mathrm{Z})$$

和

$$F_2 = X_2(\mathrm{X}) + Y_2(\mathrm{Y}) + Z_2(\mathrm{Z})$$

表示的两束光的色坐标分别为

$$\begin{cases} x_1 = \dfrac{X_1}{X_1 + Y_1 + Z_1} = \dfrac{X_1}{l_1}, \\ y_1 = \dfrac{Y_1}{X_1 + Y_1 + Z_1} = \dfrac{Y_1}{l_1}, \\ z_1 = \dfrac{Z_1}{X_1 + Y_1 + Z_1} = \dfrac{Z_1}{l_1}; \end{cases} \tag{7.1.35}$$

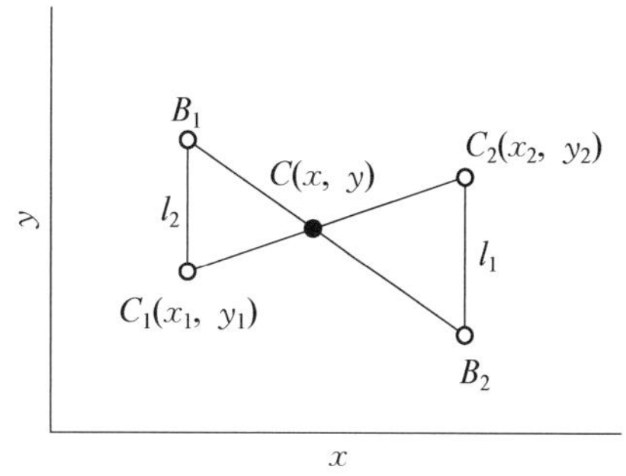

图 7.1.9　用作图法求混合光的色坐标

$$\begin{cases} x_2 = \dfrac{X_2}{X_2 + Y_2 + Z_2} = \dfrac{X_2}{l_2}, \\ y_2 = \dfrac{Y_2}{X_2 + Y_2 + Z_2} = \dfrac{Y_2}{l_2}, \\ z_2 = \dfrac{Z_2}{X_2 + Y_2 + Z_2} = \dfrac{Z_2}{l_2}。 \end{cases} \tag{7.1.36}$$

两式中的 l_1 和 l_2 分别为

$$\begin{cases} l_1 = X_1 + Y_1 + Z_1, \\ l_2 = X_2 + Y_2 + Z_2。 \end{cases} \tag{7.1.37}$$

F_1 和 F_2 混合后的光，则为

$$\begin{aligned} F &= X(\mathrm{X}) + Y(\mathrm{Y}) + Z(\mathrm{Z}) \\ &= (X_1 + X_2)(\mathrm{X}) + (Y_1 + Y_2)(\mathrm{Y}) + (Z_1 + Z_2)(\mathrm{Z})。 \end{aligned}$$

令 l 代表混合光 F 的三刺激值的和，则

$$\begin{aligned} l &= X + Y + Z = (X_1 + X_2) + (Y_1 + Y_2) + (Z_1 + Z_2) \\ &= (l_1 x_1 + l_2 x_2) + (l_1 y_1 + l_2 y_2) + (l_1 z_1 + l_2 z_2) \\ &= l_1(x_1 + y_1 + z_1) + l_2(x_2 + y_2 + z_2) \\ &= l_1 + l_2。 \end{aligned} \tag{7.1.38}$$

因此，混合光的色坐标为

$$\begin{cases} x = \dfrac{X}{l} = \dfrac{l_1 x_1 + l_2 x_2}{l_1 + l_2}, \\ y = \dfrac{Y}{l} = \dfrac{l_1 y_1 + l_2 y_2}{l_1 + l_2}, \\ z = \dfrac{Z}{l} = \dfrac{l_1 z_1 + l_2 z_2}{l_1 + l_2}。 \end{cases} \tag{7.1.39}$$

从图 7.1.9 中还可看出，混合光的色点离开两种颜色光的色点 C_1 和 C_2 的距离分别为

$$\begin{cases} \overline{C_1 C} = \sqrt{(x - x_1)^2 + (y - y_1)^2}, \\ \overline{CC_2} = \sqrt{(x_2 - x)^2 + (y_2 - y)^2}。 \end{cases} \tag{7.1.40}$$

将(7.1.39)式中的 x、y 的表示式代入上式，可得

$$\frac{\overline{C_1C}}{\overline{CC_2}} = \frac{l_2}{l_1}, \tag{7.1.41}$$

即点 C 的位置相当于 C_1 和 C_2 两点的“重心”。根据(7.1.41)式，如果已知两种颜色光的色坐标(x_1, y_1)、(x_2, y_2)以及相应的三刺激值总和 l_1 和 l_2 后，就可以很方便地用作图法在色度图上求出混合光的色坐标。这时可自 C_1 和 C_2 作两个平行线段$\overline{C_1B_1}$ 和$\overline{C_2B_2}$，并取$\overline{C_1B_1} = l_2$，$\overline{C_2B_2} = l_1$，如图 7.1.9 所示。然后，将 B_1 和 B_2 相连，$\overline{B_1B_2}$ 与$\overline{C_1C_2}$ 的交点 C 就是所要求的混合光的色点。

下面举一例来说明上述两种颜色光的混合方法，两样品色光的色坐标和亮度如表 7.1.5 所示。

表 7.1.5　样品色光的色坐标和亮度

样品色光	色度坐标		亮度/(cd·m^{-2})
	x	y	
颜色 C_1	0.200	0.600	18
颜色 C_2	0.300	0.100	8

根据关系

$$\frac{Y}{y} = X + Y + Z,$$

可求得

$$l_1 = X_1 + Y_1 + Z_1 = \frac{Y_1}{y_1} = \frac{18}{0.600} = 30,$$

$$l_2 = X_2 + Y_2 + Z_2 = \frac{Y_2}{y_2} = \frac{8}{0.100} = 80。$$

按此比例，取 $\overline{C_1B_1} = 43.2\ \text{mm}$，$\overline{C_2B_2} = 16.2\ \text{mm}$，作图，得交点 C 的坐标为

$$x = 0.270,\ y = 0.240,$$

则混合光的亮度为

$$Y = Y_1 + Y_2 = 26(\text{cd}\cdot\text{m}^{-2})。$$

4. 配色函数

在得到从 RGB 系统向 XYZ 系统的变换矩阵后，便可由(7.1.27)式从 RGB 系统的配色函数$\overline{r}(\lambda)$、$\overline{g}(\lambda)$、$\overline{b}(\lambda)$求得 XYZ 系统的配色函数$\overline{x}(\lambda)$、$\overline{y}(\lambda)$、$\overline{z}(\lambda)$。这一套函数称为 CIE 1931 标准色度观察者光谱三刺激值或 CIE 1931 标准色度观察者配色函数，简称 CIE 1931 标准色度观察者。图 7.1.10 和表 7.1.6 给出了这一套函数的分布情况和数值。

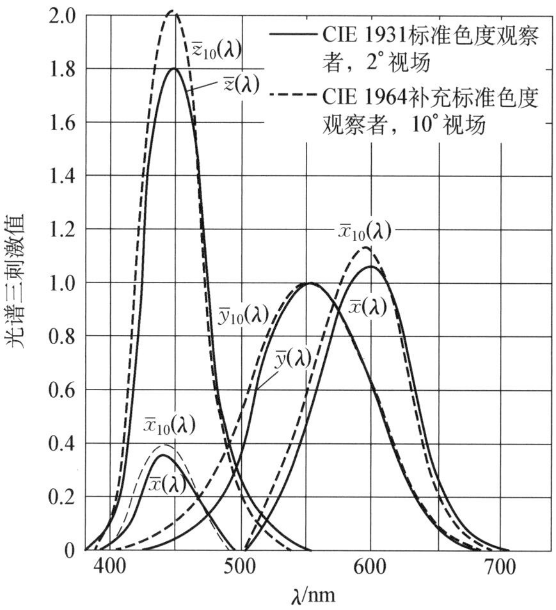

图 7.1.10 **CIE XYZ 系统的配色函数**

表 7.1.6 CIE 1931 标准色度观察者光谱三刺激值(2°视场)

λ/nm	$\bar{x}(\lambda)$	$\bar{y}(\lambda)$	$\bar{z}(\lambda)$	λ/nm	$\bar{x}(\lambda)$	$\bar{y}(\lambda)$	$\bar{z}(\lambda)$
380	0.001 4	0.000 0	0.006 5	455	0.318 7	0.048 0	1.744 1
385	0.002 2	0.000 1	0.010 5	460	0.290 8	0.060 0	1.669 2
390	0.004 2	0.000 1	0.020 1	465	0.251 1	0.073 9	1.528 1
395	0.007 6	0.000 2	0.036 2	470	0.195 4	0.091 0	1.287 6
400	0.014 3	0.000 4	0.067 9	475	0.142 1	0.112 6	1.041 9
405	0.023 2	0.000 6	0.110 2	480	0.095 6	0.139 0	0.813 0
410	0.043 5	0.001 2	0.207 4	485	0.058 0	0.169 3	0.616 2
415	0.077 6	0.002 2	0.371 3	490	0.032 0	0.208 0	0.465 2
420	0.134 4	0.004 0	0.645 6	495	0.014 7	0.258 6	0.353 3
425	0.214 8	0.007 3	1.039 1	500	0.004 9	0.323 0	0.272 0
430	0.283 9	0.011 6	1.385 6	505	0.002 4	0.407 3	0.212 3
435	0.328 5	0.016 8	1.623 0	510	0.009 3	0.503 0	0.158 2
440	0.348 3	0.023 0	1.747 1	515	0.029 1	0.608 2	0.111 7
445	0.348 1	0.029 8	1.782 6	520	0.063 3	0.710 0	0.078 2
450	0.336 2	0.038 0	1.772 1	525	0.109 6	0.793 2	0.057 3

续表

λ/nm	$\bar{x}(\lambda)$	$\bar{y}(\lambda)$	$\bar{z}(\lambda)$	λ/nm	$\bar{x}(\lambda)$	$\bar{y}(\lambda)$	$\bar{z}(\lambda)$
530	0.165 5	0.862 0	0.042 2	660	0.164 9	0.061 0	0.000 0
535	0.225 7	0.914 9	0.029 8	665	0.121 2	0.044 6	0.000 0
540	0.290 4	0.954 0	0.020 3	670	0.087 4	0.032 0	0.000 0
545	0.359 7	0.980 3	0.013 4	675	0.063 6	0.023 2	0.000 0
550	0.433 4	0.995 0	0.008 7	680	0.045 8	0.017 0	0.000 0
555	0.512 1	1.000 0	0.005 7	685	0.032 9	0.011 9	0.000 0
560	0.594 5	0.995 0	0.003 9	690	0.022 7	0.008 2	0.000 0
565	0.678 4	0.978 6	0.002 7	695	0.015 8	0.005 7	0.000 0
570	0.762 1	0.952 0	0.002 1	700	0.011 4	0.004 1	0.000 0
575	0.842 5	0.915 4	0.001 8	705	0.008 1	0.002 9	0.000 0
580	0.916 3	0.870 0	0.001 7	710	0.005 8	0.002 1	0.000 0
585	0.978 6	0.816 3	0.001 4	715	0.004 1	0.001 5	0.000 0
590	1.026 3	0.757 0	0.001 1	720	0.002 9	0.001 0	0.000 0
595	1.056 7	0.694 9	0.001 0	725	0.002 0	0.000 7	0.000 0
600	1.062 2	0.631 0	0.000 8	730	0.001 4	0.000 5	0.000 0
605	1.045 6	0.566 8	0.000 6	735	0.001 0	0.000 4	0.000 0
610	1.002 6	0.503 0	0.000 3	740	0.000 7	0.000 2	0.000 0
615	0.938 4	0.441 2	0.000 2	745	0.000 5	0.000 2	0.000 0
620	0.854 4	0.381 0	0.000 2	750	0.000 3	0.000 1	0.000 0
625	0.751 4	0.321 0	0.000 1	755	0.000 2	0.000 1	0.000 0
630	0.642 4	0.265 0	0.000 0	760	0.000 2	0.000 1	0.000 0
635	0.541 9	0.217 0	0.000 0	765	0.000 1	0.000 0	0.000 0
640	0.447 9	0.175 0	0.000 0	770	0.000 1	0.000 0	0.000 0
645	0.360 8	0.138 2	0.000 0	775	0.000 1	0.000 0	0.000 0
650	0.283 5	0.107 0	0.000 0	780	0.000 0	0.000 0	0.000 0
655	0.218 7	0.081 6	0.000 0	总和	21.371 4	21.371 1	21.371 5

$\overline{x}(\lambda)$、$\overline{y}(\lambda)$、$\overline{z}(\lambda)$曲线分别代表匹配各波长等能量光谱刺激所需要的虚设的红、绿、蓝三原色的基色量。理论上，要想得到某一波长的光谱颜色，可从图或表上查出相应波长的$\overline{x}(\lambda)$、$\overline{y}(\lambda)$、$\overline{z}(\lambda)$的值，然后将按这些值定量的红、绿、蓝三原色的基色量数相加混合即可。

在图 7.1.10 中，$\overline{x}(\lambda)$、$\overline{y}(\lambda)$和$\overline{z}(\lambda)$各曲线下所包括的面积分别可用 X、Y、Z 代表。如同(7.1.28)式所表示的那样，这些面积都是相等的。对波长间隔为 5 nm 的情况，有

$$\sum_{380}^{780}\overline{x}(\lambda)=\sum_{380}^{780}\overline{y}(\lambda)=\sum_{380}^{780}\overline{z}(\lambda)=21.371。$$

这个数值是一个相对数，并没有绝对意义，它只是表明一个等能光谱的白光(E)是由相等数量的 X、Y、Z 组成的。

应注意，$\overline{y}(\lambda)$曲线有特殊的意义。由于确定光谱三刺激值时，$\overline{y}(\lambda)$被调整到恰好与视觉光谱光效率函数 $V(\lambda)$相同，因此用$\overline{y}(\lambda)$曲线可以计算颜色的亮度特性。

CIE 1931 标准色度观察者对应于 2°视场的中央视觉观察条件，可适用的视场范围为 1°～ 4°。在大于 4°的视场观察条件下，由于中央窝周围黄色素等的影响，颜色视觉发生一定的变化。因此，为了适合 10°大视场的色度测量，CIE 在 1964 年又规定了一组 CIE 1964 补充标准色度观察者光谱三刺激值(或配色函数)，简称 CIE 1964 补充标准色度观察者。为区别起见，在 1964 补充标准色度观察者配色函数的符号下加脚标“10”。在图 7.1.10 中也绘出了$\overline{x}_{10}(\lambda)$、$\overline{y}_{10}(\lambda)$和$\overline{z}_{10}$曲线，它们的值则由表 7.1.7 给出。

对比图 7.1.10 中的 CIE 1964 10°视场和 CIE 1931 2°视场的配色函数发现，两者有明显的不同。由于中央窝外部对短波光谱有更高的感受，故$\overline{y}_{10}(\lambda)$曲线在 400～500 nm 区域高于 2°视场的$\overline{y}(\lambda)$。再对照 CIE 1931 色度图和 CIE 1964 补充色度学系统色度图(见图 7.1.11)，从表面上看，两者的光谱轨迹在形状上很相似，但仔细比较就会发现，相同波长的光谱色在各自光谱轨迹上的位置有相当大的差异。

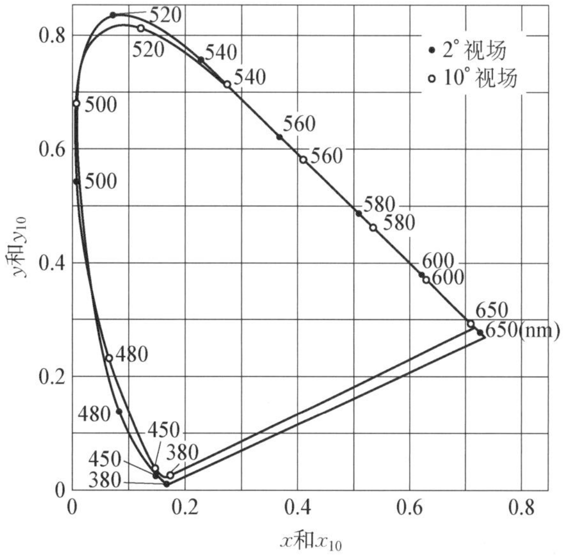

图 7.1.11 CIE 1964(x_{10}，y_{10})色度图(∘)和 CIE 1931 (x，y)色度图(•)

由于 2°视场和 10°视场的配色函数值不同，因此两个光谱不同而在 1931 年色度图上具有相同色度坐标的颜色，在转换到 1964 年色度图上时，就具有不同的色度坐标；反之亦然。在 CIE 1931 2°视场和 CIE 1964 10°视场两张色度图上唯一重合的色度点是等能白点，这时

$$x_E = y_E = x_{10E} = y_{10E} = 1/3。$$

最后要说明的是，CIE 1931 标准色度学系统中的运算公式在 CIE 1964 补充标准色度学系统中仍可采用，只是这时的有关量必须加上脚标“10”。

表 7.1.7　CIE 1964 补充标准色度观察者光谱三刺激值(10°视场)

λ/nm	$\bar{x}_{10}(\lambda)$	$\bar{y}_{10}(\lambda)$	$\bar{z}_{10}(\lambda)$	λ/nm	$\bar{x}_{10}(\lambda)$	$\bar{y}_{10}(\lambda)$	$\bar{z}_{10}(\lambda)$
380	0. 000 2	0. 000 0	0. 000 7	490	0. 016 2	0. 339 1	0. 415 3
385	0. 000 7	0. 000 1	0. 002 9	495	0. 005 1	0. 395 4	0. 302 4
390	0. 002 4	0. 000 3	0. 010 5	500	0. 003 8	0. 460 8	0. 218 5
395	0. 007 2	0. 000 8	0. 032 3	505	0. 015 4	0. 531 4	0. 159 2
400	0. 019 1	0. 002 0	0. 086 0	510	0. 037 5	0. 606 7	0. 112 0
405	0. 043 4	0. 004 5	0. 197 1	515	0. 071 4	0. 685 7	0. 082 2
410	0. 084 7	0. 008 8	0. 389 4	520	0. 117 7	0. 761 8	0. 060 7
415	0. 140 6	0. 014 5	0. 656 8	525	0. 173 0	0. 823 3	0. 043 1
420	0. 204 5	0. 021 4	0. 972 5	530	0. 236 5	0. 875 2	0. 030 5
425	0. 264 7	0. 029 5	1. 282 5	535	0. 304 2	0. 923 8	0. 020 6
430	0. 314 7	0. 038 7	1. 553 5	540	0. 376 8	0. 962 0	0. 013 7
435	0. 357 7	0. 049 6	1. 798 5	545	0. 451 6	0. 982 2	0. 007 9
440	0. 383 7	0. 062 1	1. 967 3	550	0. 529 8	0. 991 8	0. 004 0
445	0. 386 7	0. 074 7	2. 027 3	555	0. 616 1	0. 999 1	0. 001 1
450	0. 370 7	0. 089 5	1. 994 8	560	0. 705 2	0. 997 3	0. 000 0
455	0. 343 0	0. 106 3	1. 900 7	565	0. 793 8	0. 982 4	0. 000 0
460	0. 302 3	0. 128 2	1. 745 4	570	0. 878 7	0. 955 6	0. 000 0
465	0. 254 1	0. 152 8	1. 554 9	575	0. 951 2	0. 915 2	0. 000 0
470	0. 195 6	0. 185 2	1. 317 6	580	1. 014 2	0. 868 9	0. 000 0
475	0. 132 3	0. 219 9	1. 030 2	585	1. 074 3	0. 825 6	0. 000 0
480	0. 080 5	0. 253 6	0. 772 1	590	1. 118 5	0. 777 4	0. 000 0
485	0. 041 1	0. 297 7	0. 570 1	595	1. 134 3	0. 720 4	0. 000 0

续表

λ/nm	$\bar{x}_{10}(\lambda)$	$\bar{y}_{10}(\lambda)$	$\bar{z}_{10}(\lambda)$	λ/nm	$\bar{x}_{10}(\lambda)$	$\bar{y}_{10}(\lambda)$	$\bar{z}_{10}(\lambda)$
600	1.124 0	0.658 3	0.000 0	695	0.013 8	0.005 4	0.000 0
605	1.089 1	0.593 9	0.000 0	700	0.009 6	0.003 7	0.000 0
610	1.030 5	0.528 0	0.000 0	705	0.006 6	0.002 6	0.000 0
615	0.950 7	0.461 8	0.000 0	710	0.004 6	0.001 8	0.000 0
620	0.856 3	0.398 1	0.000 0	715	0.003 1	0.001 2	0.000 0
625	0.754 9	0.339 6	0.000 0	720	0.002 2	0.000 8	0.000 0
630	0.647 5	0.283 5	0.000 0	725	0.001 5	0.000 6	0.000 0
635	0.535 1	0.228 3	0.000 0	730	0.001 0	0.000 4	0.000 0
640	0.431 6	0.179 8	0.000 0	735	0.000 7	0.000 3	0.000 0
645	0.343 7	0.140 2	0.000 0	740	0.000 5	0.000 2	0.000 0
650	0.268 3	0.107 6	0.000 0	745	0.000 4	0.000 1	0.000 0
655	0.204 3	0.081 2	0.000 0	750	0.000 3	0.000 1	0.000 0
660	0.152 6	0.060 3	0.000 0	755	0.000 2	0.000 1	0.000 0
665	0.112 2	0.044 1	0.000 0	760	0.000 1	0.000 0	0.000 0
670	0.081 3	0.031 8	0.000 0	765	0.000 1	0.000 0	0.000 0
675	0.057 9	0.022 6	0.000 0	770	0.000 1	0.000 0	0.000 0
680	0.040 9	0.015 9	0.000 0	775	0.000 0	0.000 0	0.000 0
685	0.028 6	0.011 1	0.000 0	780	0.000 0	0.000 0	0.000 0
690	0.019 9	0.007 7	0.000 0	总和	23.329 4	23.332 4	23.334 3

7.1.3 CIE 均匀颜色空间

1. CIE 1960 均匀色度标尺图

在 $x-y$ 色度图上，每一点都代表一种确定的颜色，这一颜色与它附近的一些点所代表的颜色应该说是不同的。然而常常有这样的情况，即人眼不能够区别某一点和它周围的一些点之间的颜色差异，而认为它们的颜色是相同的。只有当两个颜色点间有足够的距离时，我们才能感觉到它们的颜色差别。我们将人眼感觉不出颜色变化的最大范围称为颜色的宽容量，或称为恰可察觉差(just noticeable difference, j. n. d.)

麦克亚当(MacAdam)在 $x-y$ 色度图上选择了 25 个代表色点，研究确定它们的恰可察觉差。实验结果是 25 个大小和取向各异的椭圆，如图 7.1.12 所示。每一个椭圆代表了一种颜色的宽容量，椭圆上的点与其中心点的距离都为 1 个标准配色偏差(standard deviation of color matching, SDCM)。注意，图中各椭圆是将实验结果放大 10 倍绘制的。

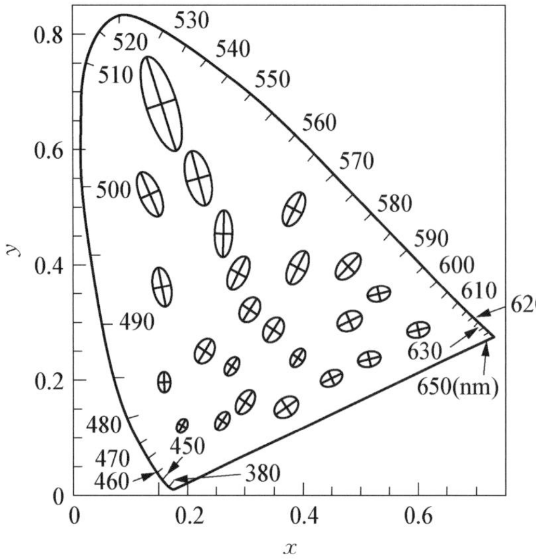

图 7.1.12　麦克亚当的颜色椭圆

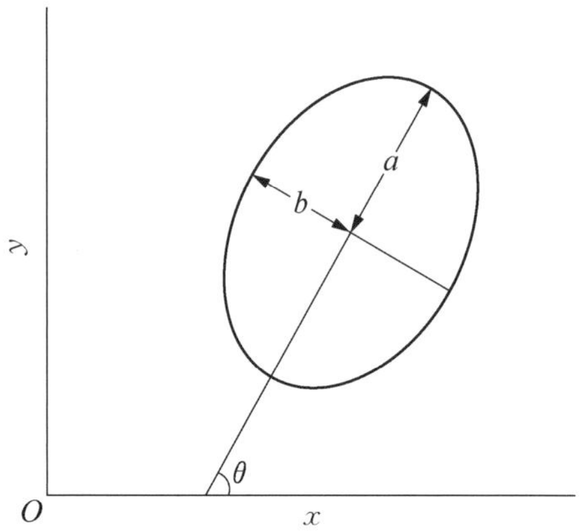

图 7.1.13　表征椭圆的参量 a, b 和 θ

这些椭圆虽然大小、取向不同,但都可以用方程表示为

$$g_{11}\mathrm{d}x^2 + 2g_{12}\mathrm{d}x\mathrm{d}y + g_{22}\mathrm{d}y^2 = 1。\tag{7.1.42}$$

式中,$\mathrm{d}x$ 是椭圆中心和椭圆上任一点的 x 坐标值的差;$\mathrm{d}y$ 是相应两点的 y 坐标值的差;g_{11}、g_{12} 和 g_{22} 是每一个椭圆的常数,它们可以由椭圆的长半轴 a、短半轴 b 和长轴与 x 轴之间的夹角 θ(见图 7.1.13)按下列公式求出,即

$$\begin{cases} g_{11} = \cos^2\theta/a^2 + \sin^2\theta/b^2, \\ g_{12} = \sin\theta\cos\theta\left(\dfrac{1}{a^2} - \dfrac{1}{b^2}\right), \\ g_{22} = \sin^2\theta/a^2 + \cos^2\theta/b^2。\end{cases}\tag{7.1.43}$$

在现代荧光灯生产中,对光色的要求很严格,标准规定灯的色坐标$(x,\ y)$不得偏离额定值$(x_0,\ y_0)$5 个 SDCM 以上。由刚才的讨论可知,所生产的灯的色度点$(x,\ y)$应落在椭圆

$$g_{11}(x-x_0)^2 + 2g_{12}(x-x_0)(y-y_0) + g_{22}(y-y_0)^2 = 5^2 = 25\tag{7.1.44}$$

之内。

我们仍回到对颜色宽容量的讨论。还有些人对颜色宽容量也进行了一些试验,其结果与麦克亚当的基本相同,即在 $x-y$ 色度图的不同位置上,颜色的宽容量不同,在蓝色部分的宽容量最小,而绿色部分最大。这就是说,在 $x-y$ 色度图上不同部分的相等距离并不能代表视觉上相等的色度差,当用该图来测量色度差或表示色度差时,这是一个很严重的缺陷。因此,CIE 1931 色度图不是一个理想的色度图。为了克服它的缺点,必须建立一种新的 $u-v$ 色度图,使在该图上表示每种颜色的宽容量的轨迹接近圆形,且大小相近。

(7.1.32)式表示了从 $r-g$ 色度图映射变换成 $x-y$ 色度图时的关系。同样,从 $x-y$ 色

度图映射变换到均匀色度标尺图 $u-v$ 时，也有类似的关系，为

$$\begin{cases} u = \dfrac{C_{11}x + C_{12}y + C_{13}}{C_{31}x + C_{32}y + C_{33}}, \\ v = \dfrac{C_{21}x + C_{22}y + C_{23}}{C_{31}x + C_{32}y + C_{33}}。\end{cases} \tag{7.1.45}$$

只要确定 C_{11}，C_{12}，…，C_{33} 这 9 个系数，就可完成上述的转换。不少人为此做了很多工作，贾德(Judd)、亨特(Hunter)、麦克亚当(MacAdam)等都成功地建立了自己的均匀色度图。就均匀性而言，麦克亚当的色度图与其他人的色度图是差不多的。但麦氏的转换系数是简单的整数($C_{11}=4.0$，$C_{22}=6.0$，$C_{12}=C_{13}=C_{21}=C_{23}=0$，$C_{31}=-2.0$，$C_{32}=12.0$，$C_{33}=3.0$)，应用起来十分方便。因而，1960 年 CIE 根据麦克亚当的工作，制定了 CIE 1960 均匀色度标尺图，该图简称为 CIE 1960 UCS 图。

将麦克亚当的转换系数代入(7.1.45)式，得均匀色度图的色坐标 u、v 与 x、y 的关系为

$$\begin{cases} u = \dfrac{4x}{-2x + 12y + 3}, \\ v = \dfrac{6y}{-2x + 12y + 3}。\end{cases} \tag{7.1.46}$$

再运用(7.1.30)式的关系得

$$\begin{cases} u = \dfrac{4X}{X + 15Y + 3Z}, \\ v = \dfrac{6Y}{X + 15Y + 3Z}。\end{cases} \tag{7.1.47}$$

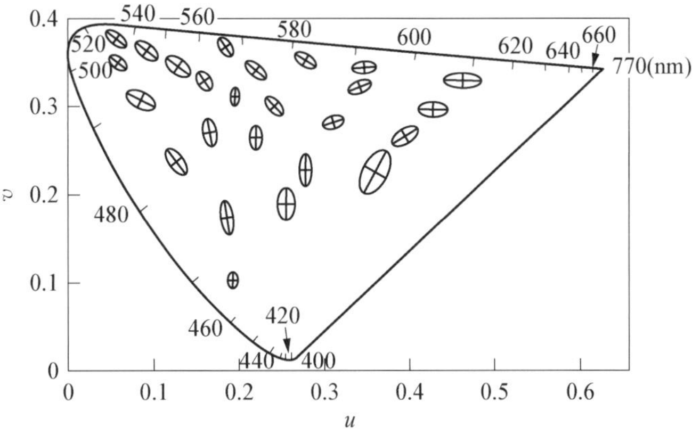

图 7.1.14 在 CIE 1960 UCS 图上的麦克亚当椭圆

图 7.1.14 所示就是根据上述关系绘制成的 CIE 1960 UCS 图。在 $u-v$ 图中的光谱轨迹的形状虽然变了，但连接光谱轨迹两端的“紫线”仍为直线。当观察视场大于 4°时，上两式中要用 x_{10}、y_{10} 或 X_{10}、Y_{10}、Z_{10} 代入计算，所得到的量也要加脚标“10”，变成 u_{10}、v_{10}。

由(7.1.45)式中的 9 个系数可以定出 XYZ 系统和 UVW 系统之间的转换矩阵，从而可得到 CIE 1960 UCS 图标准色度观察者光谱三刺激值 $\bar{u}(\lambda)$、$\bar{v}(\lambda)$、$\bar{w}(\lambda)$ 为

$$\begin{cases}\overline{u}(\lambda)=\dfrac{2}{3}\,\overline{x}(\lambda),\\ \overline{v}(\lambda)=\overline{y}(\lambda),\\ \overline{w}(\lambda)=\dfrac{1}{2}[-\overline{x}(\lambda)+3\,\overline{y}(\lambda)+\overline{z}(\lambda)]。\end{cases}\tag{7.1.48}$$

上式导出的$\overline{u}(\lambda)$、$\overline{v}(\lambda)$和$\overline{w}(\lambda)$可由图 7.1.15 表示。对于大视场的情况，在(7.1.48)式中必须以$\overline{x}_{10}(\lambda)$、$\overline{y}_{10}(\lambda)$、$\overline{z}_{10}(\lambda)$代替$\overline{x}(\lambda)$、$\overline{y}(\lambda)$、$\overline{z}(\lambda)$。

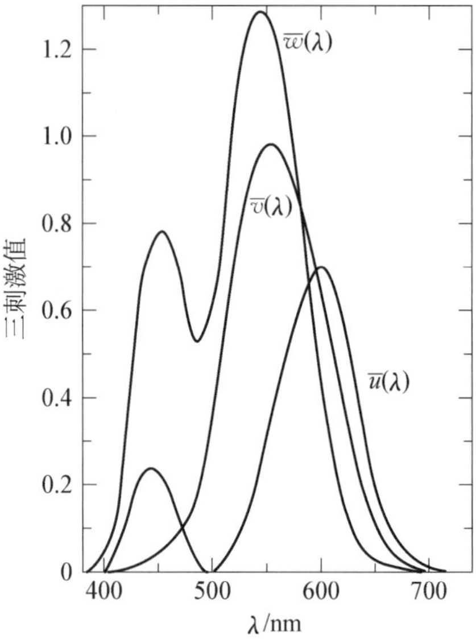

图 7.1.15　CIE 1960 UCS 图标准色度观察者光谱三刺激值

将图 7.1.12 中的 25 个麦克亚当椭圆改画到 CIE 1960 UCS 图上，如图 7.1.14 所示。尽管这 25 个颜色范围还不是大小相同的圆形，但比原来的情况要好得多了。因为除非将$x-y$色度图变换到一个三维的有凸有凹的曲面，即进行所谓的曲线变换，否则是不可能使色度图的各部分完全均匀一致的。所以，从 $x-y$ 平面变换到 $u-v$ 平面，已是在平面上所能做到的最均匀的转换之一。人在视觉上差别相等的不同颜色，在 CIE 1960 UCS 图中大致上也是等距的。对于工业中大多数的颜色检验工作来说，CIE 1960 UCS 图已足够。

2. CIE 1964 均匀颜色空间

CIE 1960 UCS 图基本上避免了 $x-y$ 色度图的不均匀性，显示了它的优越性。但我们应该注意到，该图没有明度坐标，也就是在图上是等明度的。而在实际应用中，许多颜色问题都涉及物体的亮度因数 Y。因此，有必要将 UCS 图扩充成包括亮度因数在内的三维均匀空间。

首先要做的是建立均匀明度标尺。明度是人眼对物体的明亮感觉，可以从感觉上将从黑到白的明度标尺均匀等距地划分成许多等级，比如说从 0 到 10 共 11 个等级。等级值就对应明度值，其数值越大明度越高，10 为理想白色，0 为理想黑色。明度的变化对应于亮度因数 Y 的变化，但两者并不是线性关系。所谓亮度因数就是指在规定的照明条件下，在给定方向上的物体亮度与同样条件下完全反射漫射体的亮度之比。对于明度和亮度因数之间的函数关系，不同的研究者给出过一些不同的形式。1964 年，CIE 采纳了维斯泽基(Wyszecki)于 1963 年提议的立方根公式，即

$$W^*=25Y^{1/3}-17,\ 1\leqslant Y\leqslant 100。\tag{7.1.49}$$

式中，以W^*表示明度指数。该式不仅简便，而且准确。

将上述均匀明度标尺和 CIE 1960 UCS 图结合起来，并在明度尺和色度尺之间加以适当的权重因子，就构成 CIE 1964 均匀颜色空间。该空间用$U^*V^*W^*$坐标系统来表示，色度指数U^*、V^*可由公式确定为

$$\begin{cases}U^*=13W^*(u-u_0),\\ V^*=13W^*(v-v_0)。\end{cases}\tag{7.1.50}$$

式中，u、v 是颜色样品的色度坐标，由(7.1.47)式表示；常数 u_0、v_0 是非彩色的坐标，在 U^*-V^* 图上是坐标的原点。u_0、v_0 的值可由标准照明体(如 D_{65} 或 A)的三刺激值 X_0、Y_0、Z_0 用(7.1.47)式求出。

对于视场为 1°～4°的情况，应根据 CIE 1931 标准色度观察者光谱三刺激值来计算 U^*，V^*、W^*。而对于大于 4°视场的情况，则应采用 CIE 1964 补充标准色度观察者光谱三刺激值来计算。

由(7.1.50)式可以看出，U^*，V^* 的计算是基于 CIE 1960 UCS 图的 u、v 色度坐标，同时又把明度指数包括进去。因此，这里的色度指数不仅与色度值有关，而且正比于明度指数。在 U^* - V^* 图上，$U^{*2}+V^{*2}=$ 常数是以 (u_0, v_0) 为圆心的一系列圆，相应于恒定色饱和度的轨迹。在(7.1.50) 式中之所以出现系数 13 是由于在人眼的感觉上，明度差 $\Delta W^*=1$ 相应于色度差 $[(\Delta U^*)^2+(\Delta V^*)^2]^{1/2}=13$。

对 CIE 1964 均匀颜色空间中的两个颜色 $U_1^*V_1^*W_1^*$ 和 $U_2^*V_2^*W_2^*$，人眼在颜色感觉上的差异 ΔE 可由下式计算为

$$\begin{aligned}\Delta E &= [(\Delta U^*)^2+(\Delta V^*)^2+(\Delta W^*)^2]^{1/2} \\ &= [(U_2^*-U_1^*)^2+(V_2^*-V_1^*)^2+(W_2^*-W_1^*)^2]^{1/2}。\end{aligned} \tag{7.1.51}$$

不难看出，ΔE 实际上就是这两个相应色点在三维空间 $U^*V^*W^*$ 中的距离。这里 ΔE 采用 NBS(National Bureau of Standards，U. S. A.，美国国家标准局)色差单位，1 个 NBS 色差单位约等于最优实验条件下人眼恰可察觉差的 5 倍。在色度图的中心区，1 个 NBS 色差单位相当于 x 或 y 色坐标值 0.001 5～0.002 5 的变化。

3. CIE 1976 均匀颜色空间

为进一步统一评价色差的方法，CIE 又推荐了两个颜色空间及有关的色差公式。这两个颜色空间就是 CIE 1976($L^*u^*v^*$)空间和 CIE 1976($L^*a^*b^*$)空间。

(1) CIE 1976($L^*u^*v^*$)空间

在明度指数公式(7.1.49)式中，没有包括完全反射漫射体白物体色刺激的亮度因数 Y_0。CIE 根据维斯泽基的建议，又将该式修改成

$$\begin{cases} L^* = 25\left(\dfrac{100Y}{Y_0}\right)^{1/3}-16, \\ \quad\;\, = 116\left(\dfrac{Y}{Y_0}\right)^{1/3}-16，当\ Y/Y_0>0.008\,856； \\ L^* = 903.29\,\dfrac{Y}{Y_0}，当\ Y/Y_0\leqslant 0.008\,856。\end{cases} \tag{7.1.52}$$

式中，L^* 表示米制明度，因为 $Y_0=100$，所以并不影响计算；常数由 17 改成 16，以使 $Y=100$ 时，$L^*=100$。而在(7.1.49) 式中，当 $Y=102.57$ 时，W^* 才等于 100。

CIE 1976($L^*u^*v^*$)的米制色度，则由下式给定为

$$\begin{cases} u^* = 13L^*(u'-u'_0), \\ v^* = 13L^*(v'-v'_0)。\end{cases} \tag{7.1.53}$$

而

$$\begin{cases} u' = \dfrac{4X}{X+15Y+3Z}, \\ v' = \dfrac{9Y}{X+15Y+3Z}。\end{cases} \tag{7.1.54}$$

u_0'、v_0'的意义与(7.1.50)式中的u_0、v_0相同，也可由标准照明体(C或D_{65}或A)的X_0、Y_0、Z_0由公式(7.1.54)求出。但是，这里约定$Y_0=100$。

在该空间中，色度差按下式计算为

$$\Delta E_{\mathrm{CIE}}(L^*u^*v^*)=[(\Delta L^*)^2+(\Delta u^*)^2+(\Delta v^*)^2]^{1/2}。 \tag{7.1.55}$$

比较 CIE 1976($L^*u^*v^*$)和 CIE 1964($U^*V^*W^*$)两个空间发现，除明度指数公式有两点变化外，最重要的变化是改变了u-v色度图中的v坐标。对照(7.1.47)式和(7.1.54)式可见，$v'=1.5v$。图 7.1.16 所示是 CIE 1976 UCS 图，它明显不同于 CIE 1960 UCS 图。

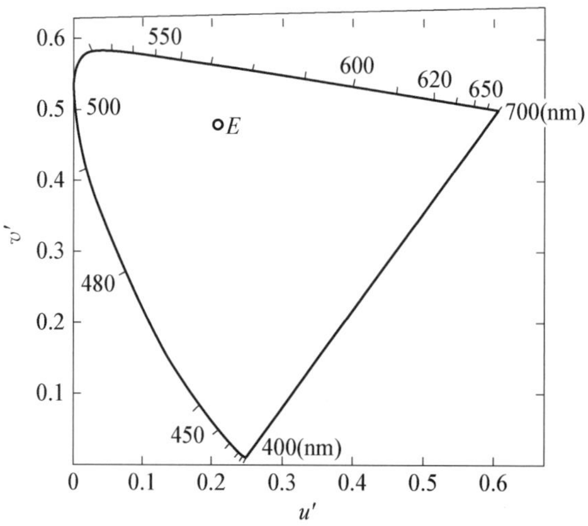

图 7.1.16　CIE 1976 UCS 图

(2) CIE 1976($L^*a^*b^*$)空间

该空间的米制明度L^*仍由(7.1.52)式表示，而米制色度a^*、b^*的表示式则为

$$\begin{cases} a^* = 500\left[\left(\dfrac{X}{X_0}\right)^{1/3}-\left(\dfrac{Y}{Y_0}\right)^{1/3}\right] \\ b^* - 200\left[\left(\dfrac{Y}{Y_0}\right)^{1/3}-\left(\dfrac{Z}{Z_0}\right)^{1/3}\right] \end{cases} 当\dfrac{X}{X_0},\ \dfrac{Y}{Y_0},\ \dfrac{Z}{Z_0}>0.008\,856;$$

$$\begin{cases} a^* = 3\,893.5\left(\dfrac{X}{X_0}-\dfrac{Y}{Y_0}\right) \\ b^* = 1\,557.4\left(\dfrac{Y}{Y_0}-\dfrac{Z}{Z_0}\right) \end{cases} 当\dfrac{X}{X_0},\ \dfrac{Y}{Y_0},\ \dfrac{Z}{Z_0}\leqslant 0.008\,856。 \tag{7.1.56}$$

式中，X_0、Y_0、Z_0的计算与 CIE 1976($L^*u^*v^*$)空间相同。在这一空间中，色度差公式为

$$\Delta E_{CIE}(L^* a^* b^*) = [(\Delta L^*)^2 + (\Delta a^*)^2 + (\Delta b^*)^2]^{1/2}。\quad (7.1.57)$$

对自发光体，如电视屏等，宜采用$L^* u^* v^*$系统；而对于物体色，则多采用$L^* a^* b^*$系统。

应该说明的是，u^*-v^*图是$x-y$图的映射变换，$x-y$图上的直线在u^*-v^*图上仍为直线。而a^*-b^*图是$x-y$图的曲线变换，关系比较复杂。米制色度a^*、b^*和u^*、v^*都与x、y有关系，但它们之间不存在简单的关系。

7.2 色度学标准及基本测试方法

为了正确测定色度，除了要有前述的标准色度观察者之外，还需要一些标准。这就是本节要介绍的标准照明体和标准光源、反射率因数标准，以及标准照明、观测条件。

7.2.1 标准照明体和标准光源

在日常生活中，人们通常在不同时相的日光下，或在人造光源下观察颜色。不同时相的日光和人造光源有不同的光谱功率分布，因此在它们的照明下物体的表面可能呈现出略为不同的颜色。根据实际需要，CIE 推荐了几种标准照明体和相应的标准光源（见表 7.2.1），大家就在这几种约定的标准照明体（或光源）下来标定物体的颜色。

表 7.2.1 CIE 标准照明体 D_{65}、A、B 和 C 光源等的相对光谱功率分布

λ/nm	D_{65}	A	B	C	λ/nm	D_{65}	A	B	C
300	0.03	0.93			365	49.4	6.95	12.40	17.20
305	1.7	1.13			370	52.1	7.82	15.20	21.40
310	3.3	1.36			375	51.0	8.77	18.80	27.50
315	11.8	1.62			380	50.0	9.80	22.40	33.00
320	20.2	1.93	0.02	0.01	385	52.3	10.90	26.85	39.92
325	28.6	2.27	0.26	0.20	390	54.6	12.09	31.30	47.40
330	37.1	2.66	0.50	0.40	395	68.7	13.35	36.18	55.17
335	38.5	3.10	1.45	1.55	400	82.8	14.71	41.30	63.30
340	39.9	3.59	2.40	2.70	405	87.1	16.15	46.62	71.81
345	42.4	4.14	4.00	4.85	410	91.5	17.68	52.10	80.60
350	44.9	4.74	5.60	7.00	415	92.5	19.29	57.70	89.53
355	45.8	5.41	7.60	9.95	420	93.4	20.99	63.20	98.10
360	46.6	6.14	9.60	12.90	425	90.1	22.79	68.37	105.80

续表

λ/nm	D_{65}	*A*	*B*	*C*	λ/nm	D_{65}	*A*	*B*	*C*
430	86.7	24.67	73.10	112.40	570	96.3	107.18	102.60	102.30
435	95.8	26.64	77.31	117.75	575	96.1	110.80	101.90	100.15
440	104.9	28.70	80.80	121.50	580	95.8	114.44	101.00	97.80
445	110.9	30.85	83.44	123.45	585	92.2	118.08	100.07	95.43
450	117.0	33.09	85.40	124.00	590	88.7	121.73	99.20	93.20
455	117.4	35.41	86.88	123.60	595	89.3	125.39	98.44	91.22
460	117.8	37.81	88.30	123.10	600	90.0	129.04	98.00	89.70
465	116.3	40.30	90.08	123.30	605	89.8	132.70	98.08	88.83
470	114.9	42.87	92.00	123.80	610	89.6	136.35	98.50	88.40
475	115.4	45.25	93.75	124.69	615	88.6	139.99	99.06	88.19
480	115.9	48.24	95.20	123.90	620	87.7	143.62	99.70	88.10
485	112.4	51.04	96.23	122.32	625	85.5	147.24	100.36	88.06
490	108.8	53.91	96.50	120.10	630	83.3	150.84	101.00	88.00
495	109.1	56.85	95.71	116.90	635	83.5	154.42	101.56	87.86
500	109.4	59.86	94.20	112.10	640	83.7	157.98	102.20	87.80
505	108.6	62.93	92.37	106.98	645	81.9	161.52	103.05	87.99
510	107.8	66.06	90.70	102.30	650	80.0	165.03	103.90	88.20
515	106.3	69.25	89.65	98.81	655	80.1	168.51	104.59	88.20
520	104.8	72.50	89.50	96.90	660	80.2	171.96	105.00	87.90
525	106.2	75.79	90.43	96.78	665	81.2	175.38	105.08	87.22
530	107.7	79.13	92.20	98.00	670	82.3	178.77	104.90	86.30
535	106.0	82.52	94.46	99.94	675	80.3	182.12	104.55	85.30
540	104.4	85.95	96.90	102.10	680	78.3	185.43	103.90	84.00
545	104.2	89.41	99.16	103.95	685	74.0	188.70	102.84	82.21
550	104.0	92.91	101.00	105.20	690	69.7	191.93	101.60	80.20
555	102.0	96.44	102.20	105.67	695	70.7	195.12	100.38	78.24
560	100.0	100.00	102.80	105.30	700	71.6	198.26	99.10	76.30
565	98.2	103.58	102.92	104.11	705	73.0	201.36	97.70	74.36

续表

λ/nm	D_{65}	A	B	C	λ/nm	D_{65}	A	B	C
710	74.3	204.41	96.20	72.40	775	65.1	239.37		
715	68.0	207.41	94.60	70.40	780	63.4	241.68		
720	61.6	210.36	92.90	68.30	785	63.8	243.92		
725	65.7	213.27	91.10	66.30	790	64.3	246.12		
730	69.9	216.12	89.40	64.40	795	61.9	248.25		
735	72.5	218.92	88.00	62.80	800	59.5	250.33		
740	75.1	221.67	86.90	61.50	805	55.7	252.35		
745	69.3	224.35	85.90	60.20	810	52.0	254.31		
750	63.6	227.00	85.20	59.20	815	54.7	256.22		
755	55.0	229.59	84.80	58.50	820	57.4	258.07		
760	46.4	232.12	84.70	58.10	825	58.9	259.86		
765	56.6	234.59	84.90	58.00	830	60.3	261.60		
770	66.8	237.01	85.40	58.20					

		D_{65}	A	B	C
色度坐标	x	0.312 7	0.447 6	0.348 4	0.310 1
	y	0.329 0	0.407 4	0.351 6	0.316 2
	u	0.197 8	0.256 0	0.213 7	0.200 9
	v	0.312 2	0.349 5	0.323 4	0.307 3
	x_{10}	0.313 8	0.451 2	0.349 8	0.310 4
	y_{10}	0.331 0	0.405 9	0.352 7	0.319 1
	u_{10}	0.197 9	0.259 0	0.214 2	0.200 0
	v_{10}	0.313 0	0.349 5	0.323 9	0.308 4

所谓光源，就是能发光的物理辐射体。而“照明体”则不同，它们只代表一些特定的光谱功率分布。这些分布可能由某些光源通过适当的方法而得到，也可能在目前还不能由真实光源准确地体现出来。

1. 标准照明体 A 和标准光源 A

根据 1968 年国际实用温标，标准照明体 A 代表绝对温度 $T=2\,856\,\mathrm{K}$ 的黑体辐射。由以前的讨论可知，该辐射的相对光谱功率分布可由下式表示：

$$M_{\lambda B}(\lambda,\ T)=C_1\lambda^{-5}[\exp(C_2/\lambda T)-1]^{-1},$$
$$C_1=3.741\,832\times10^{-16}(\mathrm{W}\cdot\mathrm{m}^2),$$
$$C_2=1.438\,786\times10^{-2}(\mathrm{m}\cdot\mathrm{K})。$$

1931年时，标准照明体 A 被规定为 $T=2\,848\ \text{K}$。当时是采用1927年国际实用温标，$C_2=1.435\,0\times10^{-2}(\text{m}\cdot\text{K})$。

在两种情况下，C_2 值不同。为了保证标准照明体 A 的相对光谱分布不变，就要求 T 作相应变化，以使 C_2/T 不变。即现在的 T 满足条件

$$\frac{1.435\,0}{1.438\,8}=\frac{2\,848}{T},$$

由此可得 $T=2\,856\ \text{K}$。

标准照明体 A 可以由标准光源 A 来实现，该光源是色温为 2 856 K 的充气钨丝灯。如果采用石英泡壳或带石英窗的灯，则该光源的紫外辐射更符合标准照明体 A 的要求。

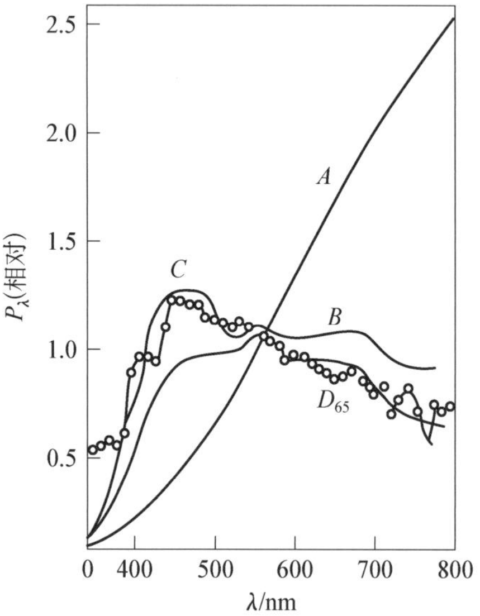

图 7.2.1　**CIE 标准照明体的相对光谱功率分布**

2. 标准照明体 D_{65} 和相应的模拟光源

标准照明体 D_{65} 代表相关色温为 6 504 K 的自然日光。在色度学中 D_{65} 和 A 是被推荐作为最普遍应用的标准照明体。表 7.2.1 和图 7.2.1 分别给出这两种标准照明体的光谱功率分布数据和形状。

常用3种人造光源来模拟 D_{65}：带滤光器的高压氙灯、白炽灯和荧光灯。带滤光器的高压氙灯能提供最好的模拟，带滤光器的白炽灯在紫外区的模拟不太理想，带滤光器的荧光灯的模拟效果较差。

3. 其他标准照明体和标准光源

标准照明体 B 代表相关色温为 4 874 K 的直射阳光，标准照明体 C 代表相关色温为 6 774 K 的平均日光，它们的光谱能量分布也已在表 7.2.1 和图 7.2.1中给出。标准照明体 D 则代表标准照明体 D_{65} 以外的色温在 4 000～100 000 K 的其他日光时相。

光源 A 加一组戴维斯-吉伯逊(Davis - Gibson)液体滤光器，就能产生相关色温为 4 874 K 的辐射，即成为光源 B。光源 A 加另一组戴维斯-吉伯逊液体滤光器，则能产生相关色温为 6 774 K 的辐射，成为光源 C。所用液体滤光器的配方由表 7.2.2 给出。要形成光源 B 时采用 B_1 和 B_2 的结合，形成光源 C 时则采用 C_1 和 C_2 的结合。其中，每个液层厚 1 cm，双层的液槽是由无色光学玻璃制成。

表 7.2.2　**将标准光源 A 转换成标准光源 B，C 的戴维斯－吉伯逊滤光器的溶液成分**

液槽 1	B_1	C_1
硫酸铜($CuSO_4\cdot5H_2O$)	2.452 g	3.412 g
甘露糖醇[$C_6H_8\cdot(OH)_6$]	2.452 g	3.412 g
吡啶(C_5H_5N)	30.0 mL	30.0 mL
加蒸馏水	1 000 mL	1 000 mL

续表

液槽 2	B_2	C_2
硫酸钴铵[$COSO_4(NH_4)_2SO_4 \cdot 6H_2O$]	21.71 g	30.580 g
硫酸铜($CuSO_4 \cdot 5H_2O$)	16.11 g	22.520 g
硫酸(比重 1.835)	10.0 mL	10.0 mL
加蒸馏水	1 000 mL	1 000 mL

由于标准照明体 B、C 不能正确代表相应时相的日光,标准光源 B、C 缺少紫光和紫外辐射,使用也极不方便,因此它们在色度学中的作用在逐渐减小。

4. 计算标准照明体 D 的方法

CIE 规定的标准照明体 D 也称为典型日光或重组日光。标准照明体 D 的相关色温 T_C 和色度坐标之间的关系,在 T_C 小于 7 000 K 且大于 4 000 K 时为

$$x_D = -4.6070\frac{10^9}{T_C^3} + 2.9678\frac{10^6}{T_C^2} + 0.09911\frac{10^3}{T_C} + 0.244063; \tag{7.2.1}$$

在 T_C 大于 7 000 K 且小于 25 000 K 时为

$$x_D = -2.0064\frac{10^9}{T_C^3} + 1.9018\frac{10^6}{T_C^2} + 0.24748\frac{10^3}{T_C} + 0.237040。 \tag{7.2.2}$$

而描写标准照明体 D 的色度坐标轨迹的方程是

$$y_D = -3.000x_D^2 + 2.870x_D - 0.275。 \tag{7.2.3}$$

式中,x_D 的有效范围是 0.250～0.380。在 $x-y$ 色度图中,该方程代表的是在黑体轨迹上方的一条曲线(见图 7.2.2)。

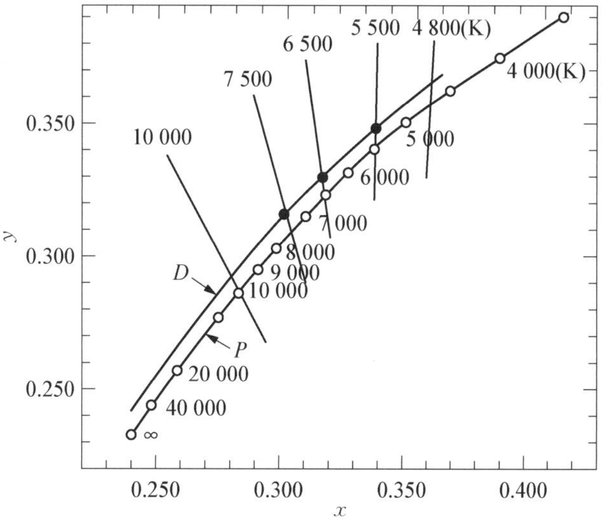

图 7.2.2 CIE 典型日光轨迹与黑体轨迹

任意色温的典型日光 D 的相对光谱功率分布可由下式计算：

$$P_D(\lambda)=P_0(\lambda)+M_1P_1(\lambda)+M_2P_2(\lambda)。\tag{7.2.4}$$

式中，$P_0(\lambda)$为平均光谱功率分布；$P_1(\lambda)$和$P_2(\lambda)$分别为第一特征矢量和第二特征矢量。它们的值由表 7.2.3 给出。乘数M_1和M_2的值可由下列公式求出：

$$\begin{cases} M_1=\dfrac{-1.3515-1.7703x_D+5.9114y_D}{0.0241+0.2562x_D-0.7341y_D}, \\ M_2=\dfrac{0.0300-31.4424x_D+30.0717y_D}{0.0241+0.2562x_D-0.7341y_D}。\end{cases}\tag{7.2.5}$$

不同相关色温的 CIE 典型日光(标准照明体 D)的色度坐标x_D、y_D，以及乘数M_1和M_2的值列于表 7.2.4 中。

表 7.2.3　日光成分的平均值$P_0(\lambda)$及第一特征矢量$P_1(\lambda)$和第二特征矢量$P_2(\lambda)$

λ/nm	$P_0(\lambda)$	$P_1(\lambda)$	$P_2(\lambda)$	λ/nm	$P_0(\lambda)$	$P_1(\lambda)$	$P_2(\lambda)$
300	0.04	0.02	0.0	500	113.1	16.2	−1.5
310	6.0	4.5	2.0	510	110.8	13.2	−1.3
320	29.6	22.4	4.0	520	106.5	8.6	−1.2
330	55.3	42.0	8.5	530	108.8	6.1	−1.0
340	57.3	40.6	7.8	540	105.3	4.2	−0.5
350	61.8	41.6	6.7	550	104.4	1.9	−0.3
360	61.5	38.0	5.3	560	100.0	0.0	0.0
370	68.8	42.4	6.1	570	96.0	−1.6	0.2
380	63.4	38.5	3.0	580	95.1	−3.5	0.5
390	65.8	35.0	1.2	590	89.1	−3.5	2.1
400	94.8	43.4	−1.1	600	90.5	−5.8	3.2
410	104.8	46.3	−0.5	610	90.3	−7.2	4.1
420	105.9	43.9	−0.7	620	88.4	−8.6	4.7
430	96.8	37.1	−1.2	630	84.0	−9.5	5.1
440	113.9	36.7	−2.6	640	85.1	−10.9	6.7
450	125.6	35.9	−2.9	650	81.9	−10.7	7.3
460	125.5	32.6	−2.8	660	82.6	−12.0	8.6
470	121.3	27.9	−2.6	670	84.9	−14.0	9.8
480	121.3	24.3	−2.6	680	81.3	−13.6	10.2
490	113.5	20.1	−1.8	690	71.9	−12.0	8.3

续表

λ/nm	$P_0(\lambda)$	$P_1(\lambda)$	$P_2(\lambda)$	λ/nm	$P_0(\lambda)$	$P_1(\lambda)$	$P_2(\lambda)$
700	74.3	−13.3	9.6	770	68.6	−11.2	7.4
710	76.4	−12.9	8.5	780	65.0	−10.4	6.8
720	63.3	−10.6	7.0	790	66.0	−10.6	7.0
730	71.7	−11.6	7.6	800	61.0	−9.7	6.4
740	77.0	−12.2	8.0	810	53.3	−8.3	5.5
750	65.2	−10.2	6.7	820	58.9	−9.3	6.1
760	47.7	−7.8	5.2	830	61.9	−9.8	6.5

表 7.2.4　不同相关色温的 CIE 典型日光的色度坐标及乘数 M_1，M_2

T_C/K	x_D	y_D	u_D	v_D	M_1	M_2
4 000	0.382 3	0.383 8	0.223 6	0.336 6	−1.505	2.827
4 100	0.377 9	0.381 2	0.221 7	0.335 4	−1.464	2.460
4 200	0.373 7	0.378 6	0.220 0	0.334 3	−1.422	2.127
4 300	0.369 7	0.376 0	0.218 3	0.333 1	−1.378	1.825
4 400	0.365 8	0.373 4	0.216 8	0.332 0	−1.333	1.550
4 500	0.362 1	0.370 9	0.215 3	0.330 8	−1.286	1.302
4 600	0.358 5	0.363 4	0.213 9	0.329 7	−1.238	1.076
4 700	0.355 1	0.365 9	0.212 6	0.328 6	−1.190	0.871
4 800	0.351 9	0.363 4	0.211 4	0.327 5	−1.140	0.686
4 900	0.348 7	0.361 0	0.210 2	0.326 5	1.090	0.518
5 000	0.345 7	0.358 7	0.209 1	0.325 4	−1.040	0.367
5 100	0.342 9	0.356 4	0.208 1	0.324 4	−0.989	0.230
5 200	0.340 1	0.354 1	0.207 1	0.323 4	−0.939	0.106
5 300	0.337 5	0.351 9	0.206 2	0.322 5	−0.888	−0.005
5 400	0.334 9	0.349 7	0.205 3	0.321 5	−0.873	−0.105
5 500	0.332 5	0.347 6	0.204 4	0.320 6	−0.786	−0.195
5 503	0.332 4	0.347 5	0.204 4	0.320 5	−0.785	−0.198
5 600	0.330 2	0.345 5	0.203 6	0.319 6	−0.736	−0.276

续表

T_C/K	x_D	y_D	u_D	v_D	M_1	M_2
5 700	0. 327 9	0. 343 5	0. 202 8	0. 318 7	−0. 685	0. 348
5 800	0. 325 8	0. 341 6	0. 202 1	0. 317 9	−0. 635	−0. 412
5 900	0. 323 7	0. 339 7	0. 201 4	0. 317 0	−0. 586	−0. 469
6 000	0. 321 7	0. 337 8	0. 200 7	0. 316 2	−0. 536	−0. 519
6 100	0. 319 8	0. 336 0	0. 200 1	0. 315 4	−0. 487	−0. 563
6 200	0. 317 9	0. 334 2	0. 199 5	0. 314 6	−0. 439	−0. 602
6 300	0. 316 1	0. 332 5	0. 198 9	0. 313 8	−0. 391	−0. 635
6 400	0. 314 4	0. 330 8	0. 198 3	0. 313 0	−0. 343	−0. 664
6 500	0. 312 8	0. 329 2	0. 197 8	0. 312 3	−0. 296	−0. 688
6 504	0. 312 7	0. 329 1	0. 197 8	0. 312 3	−0. 295	−0. 689
6 600	0. 311 2	0. 327 6	0. 197 3	0. 311 6	−0. 250	−0. 709
6 700	0. 309 7	0. 326 0	0. 196 8	0. 310 9	−0. 204	−0. 726
6 800	0. 308 2	0. 334 5	0. 196 3	0. 310 2	−0. 159	−0. 739
6 900	0. 306 7	0. 323 1	0. 195 9	0. 309 5	−0. 114	−0. 749
7 000	0. 308 4	0. 321 6	0. 195 5	0. 308 8	−0. 070	−0. 757
7 100	0. 304 0	0. 320 2	0. 195 0	0. 308 2	−0. 026	−0. 726
7 200	0. 302 7	0. 318 9	0. 194 6	0. 307 6	0. 017	−0. 765
7 300	0. 301 5	0. 317 6	0. 194 3	0. 306 9	0. 060	−0. 765
7 400	0. 300 3	0. 316 3	0. 193 9	0. 306 3	0. 102	−0. 763
7 500	0. 299 1	0. 315 0	0. 193 5	0. 305 7	0. 144	−0. 760
7 504	0. 299 0	0. 315 0	0. 193 5	0. 305 7	0. 145	−0. 760
7 600	0. 298 0	0. 313 8	0. 193 2	0. 305 2	0. 184	−0. 755
7 700	0. 296 9	0. 312 6	0. 192 8	0. 304 6	0. 225	−0. 748
7 800	0. 295 8	0. 311 5	0. 192 5	0. 304 1	0. 264	−0. 740
7 900	0. 294 8	0. 310 3	0. 192 2	0. 303 5	0. 303	−0. 730
8 000	0. 293 8	0. 309 2	0. 191 9	0. 303 0	0. 342	−0. 720
8 100	0. 292 8	0. 308 1	0. 191 6	0. 302 5	0. 380	−0. 708
8 200	0. 291 9	0. 307 1	0. 191 3	0. 302 0	0. 417	−0. 695

续表

T_C/K	x_D	y_D	u_D	v_D	M_1	M_2
8 300	0.291 0	0.306 1	0.191 1	0.301 5	0.454	−0.682
8 400	0.290 1	0.305 1	0.190 8	0.303 1	0.490	−0.667
8 500	0.289 2	0.304 1	0.190 6	0.300 6	0.526	−0.652
9 000	0.285 3	0.299 6	0.189 4	0.298 4	0.697	−0.566
9 500	0.281 8	0.295 6	0.188 4	0.296 4	0.856	−0.471
10 000	0.278 8	0.292 0	0.187 6	0.294 6	1.003	−0.369
10 500	0.276 1	0.288 7	0.186 8	0.293 0	1.139	−0.265
11 000	0.273 7	0.285 8	0.185 1	0.291 5	1.266	−0.160
12 000	0.269 7	0.280 3	0.185 0	0.289 0	1.495	0.045
13 000	0.266 4	0.276 7	0.184 1	0.286 8	1.693	0.239
14 000	0.263 7	0.273 2	0.183 4	0.285 0	1.868	0.419
15 000	0.261 4	0.270 2	0.182 8	0.283 5	2.021	0.586
17 000	0.257 8	0.265 5	0.181 8	0.280 9	2.278	0.878
20 000	0.253 9	0.260 3	0.180 9	0.278 1	2.571	1.231
25 000	0.249 9	0.254 8	0.179 8	0.275 1	2.907	1.655

7.2.2 反射率因数标准

为测量反射率因数，CIE 推荐以完全反射漫射体作为参照标准。完全反射漫射体在所有方向均匀无损失地反射所有的入射辐射通量，其反射率为 1。

如图 7.2.3 所示，$\varphi_{0\lambda}\mathrm{d}\lambda$ 为入射辐射通量，$\varphi_{\lambda}^{(\Omega)}\mathrm{d}\lambda$ 为在立体角 Ω 中的反射通量，那么

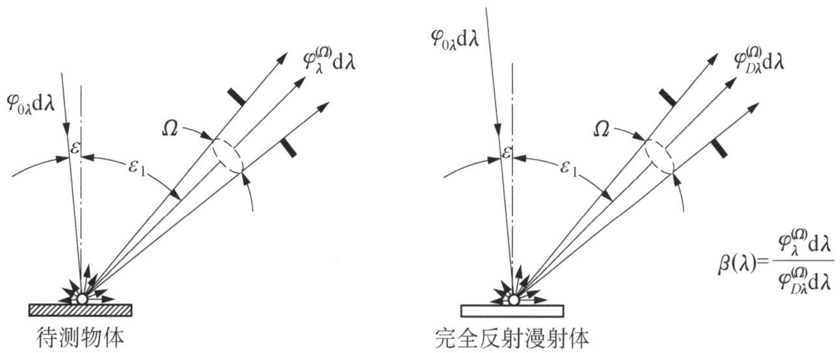

图 7.2.3　测量物体光谱反射率因数 $\beta(\lambda)$ 的示意图

$$\beta(\lambda)=\frac{\varphi_{\lambda}^{(\Omega)}\,\mathrm{d}\lambda}{\varphi_{D\lambda}^{(\Omega)}\,\mathrm{d}\lambda} \tag{7.2.6}$$

称为光谱反射率因数。当 Ω 接近零时，测得的光谱反射率因数叫做光谱辐亮度因数；如果 Ω 接近 2π（在上半球），测得的光谱反射率因数就叫做光谱反射率 $\rho(\lambda)$，即

$$\rho(\lambda)=\frac{\varphi_{\lambda}^{(\Omega=2\pi)}\,\mathrm{d}\lambda}{\varphi_{D\lambda}^{(\Omega=2\pi)}\,\mathrm{d}\lambda}=\frac{\varphi_{\lambda}^{(\Omega=2\pi)}\,\mathrm{d}\lambda}{\varphi_{0\lambda}\,\mathrm{d}\lambda}。 \tag{7.2.7}$$

对于完全反射漫射体，按照其定义，显然有 $\rho(\lambda)=1$ 。

烟熏或喷涂氧化镁的光谱反射率高，漫射性能好，是重要的标准白色面。表 7.2.5 给出 NBS 的优质氧化镁标准白板的绝对光谱反射率。但是，烟熏或喷涂的氧化镁耐久性差，绝对光谱反射率不稳定。为了使测色工作标准稳定可靠，常将由氧化镁测得的绝对光谱反射率传递给乳白玻璃、陶瓷白板或压粉硫酸钡等。这些材料经久耐用、量值稳定，是实用的工作标准。

表 7.2.5　优质氧化镁标准白板的光谱反射率 $\rho(\lambda)$

λ/nm	ρ(λ)	λ/nm	ρ(λ)	λ/nm	ρ(λ)
380	0.987	465	0.992	550	0.992
385	0.988	470	0.992	555	0.992
390	0.988	475	0.992	560	0.992
395	0.988	480	0.992	565	0.992
400	0.989	485	0.992	570	0.992
405	0.990	490	0.993	575	0.992
410	0.990	495	0.993	580	0.991
415	0.990	500	0.993	585	0.991
420	0.991	505	0.993	590	0.991
425	0.992	510	0.993	595	0.991
430	0.992	515	0.992	600	0.991
435	0.992	520	0.992	605	0.990
440	0.992	525	0.992	610	0.990
445	0.992	530	0.992	615	0.990
450	0.992	535	0.992	620	0.990
455	0.992	540	0.992	625	0.990
460	0.992	545	0.992	630	0.990

续表

λ/nm	ρ(λ)	λ/nm	ρ(λ)	λ/nm	ρ(λ)
635	0.990	685	0.989	735	0.987
640	0.990	690	0.989	740	0.987
645	0.990	695	0.988	745	0.987
650	0.990	700	0.988	750	0.987
655	0.990	705	0.988	755	0.987
660	0.990	710	0.987	760	0.987
665	0.990	715	0.987	765	0.987
670	0.990	720	0.987	770	0.987
675	0.990	725	0.987	775	0.987
680	0.989	730	0.987	780	0.987

7.2.3 标准照明条件和观测条件

绝大多数的待测物体并非是完全反射漫射体。在入射辐射通量$\varphi_{0\lambda}\,d\lambda$确定时，待测物体的光谱反射率因数$\beta(\lambda)$在很大程度上取决于入射角$\alpha_1$、出射角$\alpha_2$和立体角$\Omega$。既然照明和观测条件对$\beta(\lambda)$的测量结果和精度有影响，为统一测试方法和提高精度，就必须规定标准的照明和观测条件。下面简要介绍一下 CIE 于 1971 年推荐的 4 种测色用的标准照明和观测条件（见图 7.2.4）。

1. 0/45

0 表示近乎垂直的入射照明。实际上，照明光束的光轴与样品表面法线之间有一定的角度，但该角不超过 10°，在与样品表面法线成 45°±5°的方向观测，照明光束的任一光线与其光轴之间的夹角不超过 5°。对观测光束也有同样的限制。

2. 45/0

样品可以被一束或多束光照明。照明光束的轴线与样品表面法线成 45°±5°，观测方向与样品表面法线之间的夹角不超过 10°，照明光束和观测光束的任一光线与相应光束轴线之间的夹角均不超过 5°。

3. 0/d

与第一种情况一样，照明光束的光轴和样品表面法线之间的夹角不超过 10°，照明光束的任一光线与其轴的夹角不超过 5°。d 表示漫反射，这里意为反射通量是借助于积分球来收聚。积分球可大可小，但其开孔的总面积不能超过总的内反射面积的 10%。一般，测色标准型积分球的直径为 200 mm。在图 7.2.4 中，积分球上的光泽吸收井是用来减少样品表面镜面反射的影响。

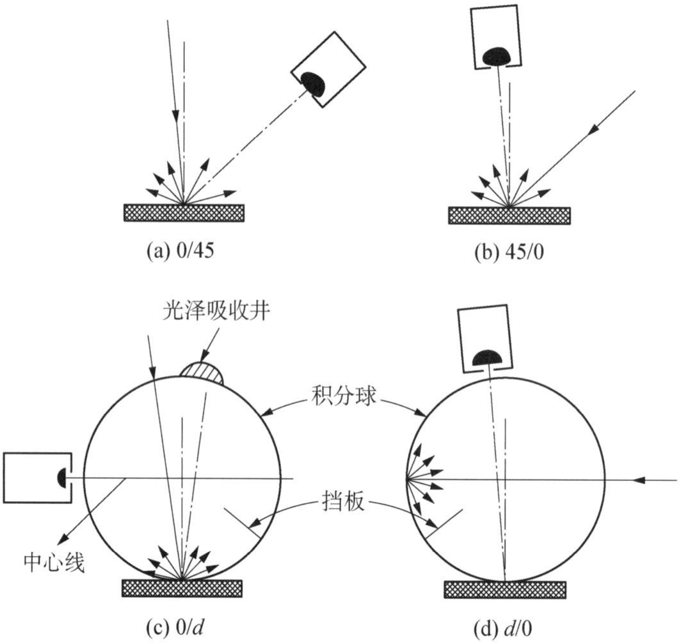

图 7.2.4　测量光谱反射率因数的标准照明和观测条件

4. $d/0$

通过积分球漫射照明样品。积分球可任意大小，但窗口总面积不超过球内反射总面积的 1/10。观测光束的轴线与样品表面法线的夹角不超过 10°，观测光束的任一光线与其轴之间的夹角不超过 5°。

根据 CIE 规定，在 0/45、45/0 和 d /0 这 3 种照明和观测条件下测得的光谱反射率因数也可以叫做光谱辐亮度因数，分别记为 $\beta_{0/45}$，$\beta_{45/0}$ 和 $\beta_{d/0}$。只有在 $0/d$ 条件下测得的光谱反射率因数才叫做光谱反射率 $\rho(\lambda)$。

7.3　色品坐标测试

7.3.1　光电积分法

在用 CIE 标准色度学系统计算色度坐标时，必须首先知道光源的光谱功率分布，这需要一些比较精密而复杂的仪器设备，而且测量和计算也比较繁复。为了简化测量和计算方法，现已设计和生产出多种色度计，能直接从仪表上读出三刺激值或色度坐标。现将其设计原理简介于下。

光电色度计一般由照明光源、滤光器和光电接收器组成，如图 7.3.1 所示。最常用的光源是标准照明体 D_{65} 或 A 光源。在光源照明下，待测物体形成的颜色刺激分别通过 3 个滤光器作用于光电接收器（光电管或光电池）上，这是最一般的情况。如果要测量光源的色度，则让光源的光直接通过滤光器作用于光电接收器。

3 个滤光器和光电接收器组成 3 个光谱响应不同的接收单元。如果它们的光谱灵敏度

分别满足条件

$$\begin{cases} S_x(\lambda) = K_x \bar{x}(\lambda), \\ S_y(\lambda) = K_y \bar{y}(\lambda), \\ S_z(\lambda) = K_z \bar{z}(\lambda)。 \end{cases} \tag{7.3.1}$$

式中，K_x、K_y 和 K_z 都是与波长无关的常数。那么，光谱分布为 P_λ 的颜色刺激在 3 个单元的外电路中产生的光电流分别为

$$\begin{cases} i_x = K_x \int P_\lambda \bar{x}(\lambda) \mathrm{d}\lambda, \\ i_y = K_y \int P_\lambda \bar{y}(\lambda) \mathrm{d}\lambda, \\ i_z = K_z \int P_\lambda \bar{z}(\lambda) \mathrm{d}\lambda。 \end{cases} \tag{7.3.2}$$

将上式与三刺激值联系，有

$$\begin{cases} X = \dfrac{K_m}{K_x} i_x = C_x i_x, \\ Y = \dfrac{K_m}{K_y} i_y = C_y i_y, \\ Z = \dfrac{K_m}{K_z} i_z = C_z i_z。 \end{cases} \tag{7.3.3}$$

式中，C_x、C_y 和 C_z 是新引进的与波长无关的常数。从此式不难看出，在定出 C_x、C_y 和 C_z 这些常数之后，只要测出光电流 i_x，i_y 和 i_z 就可求得三刺激值 X、Y 和 Z。也就是说，在仪器经过适当定标之后，便可从表头直接读出 X、Y 和 Z 的值，或者 x 和 y 的值。

为使(7.3.1)式规定的条件得到满足，即为了使滤光器与光电接收器的组合具有和光谱三刺激值相一致的光谱灵敏度曲线，重要的是选择适当的滤光器。因为所要求的灵敏度曲线的形状比较特别，很难用一块滤色片来实现，所以必须要用几块不同光谱透射比的滤色片组合起来，使它们总的光谱透射比等于所要求的滤光器的光谱透射比。常用的组合方式有 3 种，如图 7.3.2 所示：第一种方式为图(a)所示的串联形式，将几块不同材料、不同厚度的滤色片沿着光线照射的方向叠加在一起；第二种方式为图(b)所示的并联形式，由几块不同材料、不同面积和厚度的滤色片沿垂直于光线照射方向并排组成；第三种方式为图(c)所示的形式，它是上两种方式的混合。只要滤光器选择得当，仪器的响应曲线就可以做得与光谱三刺激值曲线非常接近，图 7.3.3 所示便是一例。

看了图 7.3.3 后，不禁会产生一个问题：$\bar{x}(\lambda)$的曲线有两个峰值，用一个滤光器一般不能做到这一点，那么这究竟是怎样实现的呢？事实上，$\bar{x}(\lambda)$在短波区的一段曲线在形状上与$\bar{z}(\lambda)$曲线相近，因此测量这一部分时可与$\bar{z}(\lambda)$合用一个滤光器。这样，(7.3.3)式就变成

$$\begin{cases} X = C_{x1} i_z + C_{x2} i_x, \\ Y = C_y i_y, \\ Z = C_z i_z, \end{cases} \tag{7.3.4}$$

式中，C_{x1}、C_{x2}、C_y 和 C_z 等常数可用已知三刺激值的光源来定标。

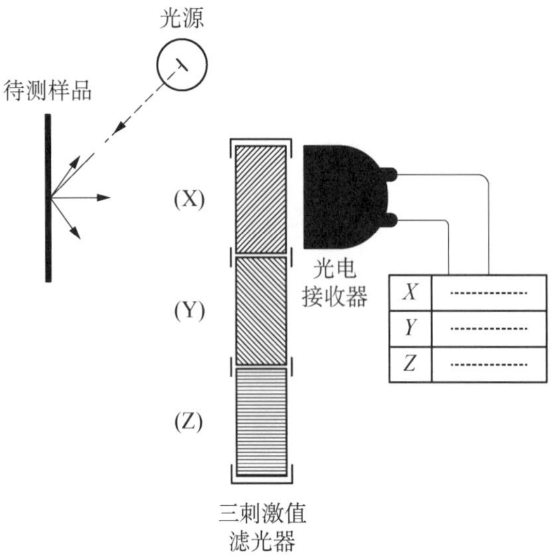

图 7.3.1　光电色度计的示意图

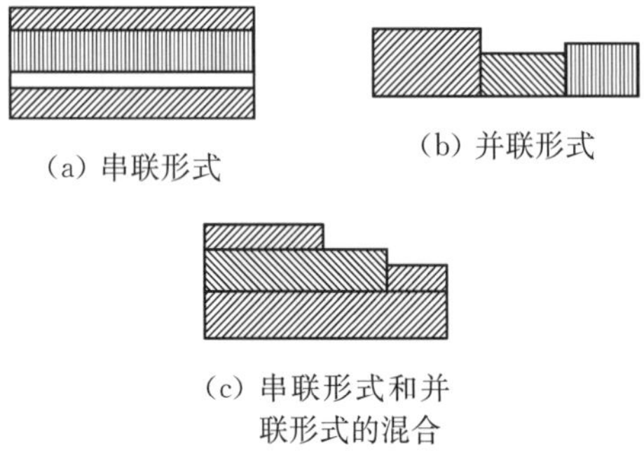

图 7.3.2　滤色片的几种组合方式

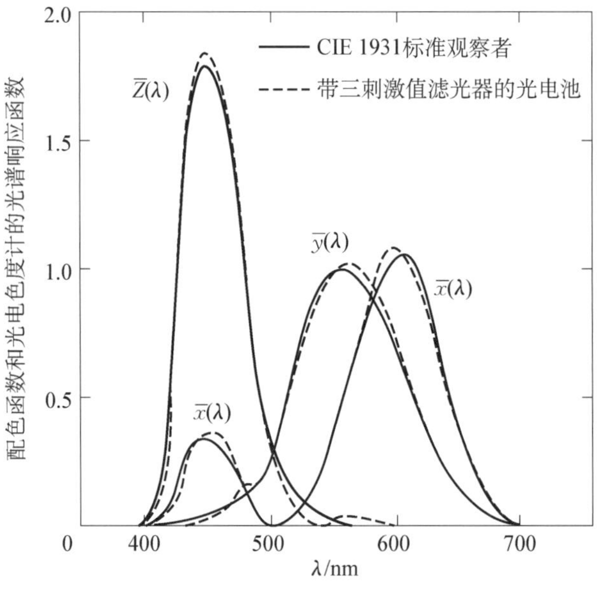

图 7.3.3　光电色度计的光谱响应曲线(虚线)与 CIE 标准配色函数(实线)

7.3.2　分光光度法

分光光度法不采用上述三刺激光电积分探测器直接进行颜色测试，而是采用光谱仪先测得光源发射(光源色)或物体反射(物体色)光的光谱功率分布 P_λ，从而根据 CIE 标准色度学系统间接计算得到色品坐标等色度参数：

$$\begin{cases} X = k\int_{380}^{780} P_{\lambda}\,\bar{x}(\lambda)\mathrm{d}\lambda, \\ Y = k\int_{380}^{780} P_{\lambda}\,\bar{y}(\lambda)\mathrm{d}\lambda, \\ Z = k\int_{380}^{780} P_{\lambda}\,\bar{z}(\lambda)\mathrm{d}\lambda。 \end{cases}$$

k 将 Y 归一化为 100。色品坐标为

$$\begin{cases} x = \dfrac{X}{X+Y+Z}, \\ y = \dfrac{X}{X+Y+Z}。 \end{cases}$$

测量光源色的系统结构如图 7.3.4 所示；测量物体色的系统结构如图 7.3.5 所示（反射样品，$d/0$ 测试条件）。

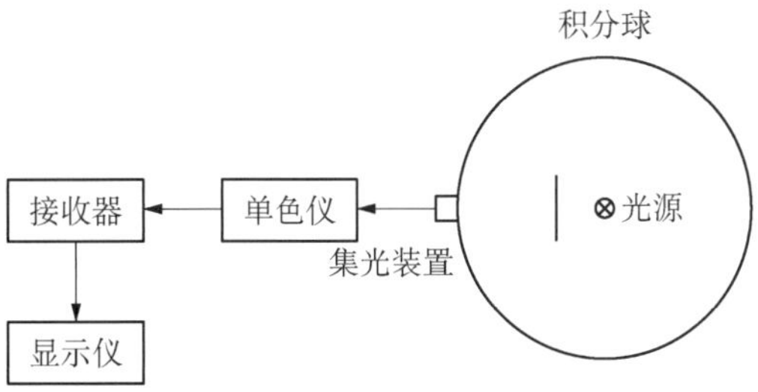

图 7.3.4　分光法光源色测量系统结构示意图

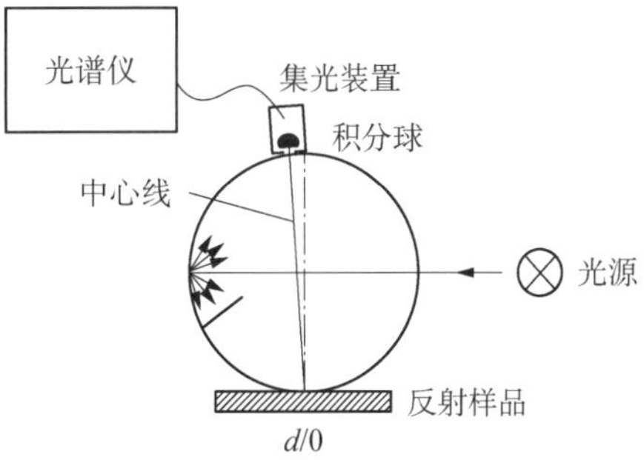

图 7.3.5　分光法物体色测量系统结构示意图

分光光度法尽管所需测试系统相对复杂，但其颜色测量精度一般比光电积分法更高，而且除了色品坐标，一般的色度物理量都可通过光谱计算得到。

7.4　色温测试

色温是描述光源特性的一个重要指标。由于气体放电光源一般都带有一些线光谱，很难与黑体的光谱功率分布相似，因此气体放电光源一般只有相关色温（有时也简称色温）。下面介绍几种计算和测定色温的方法。

7.4.1　普朗克曲线直接计算法

前面说过，在 x－y 色坐标图的舌形曲线包围的面积内，有一条表示黑体辐射轨迹的曲线。对某一光源发出的光，如果经过测量和计算得到的 x、y 值正好与轨迹上某一点的 x、y 值相符，那么与该点相应的黑体温度就是该光源的色温。但大多数光源（尤其是气体放电光源）发出的光，其 x、y 值不在这条轨迹上，而是离轨迹有一定距离。这时就要根据相关色温的定义，比较光源的色度点和相邻的一些黑体点之间的“色距离”。因为 x－y 色度图中的直

线距离不与“色距离”成比例，所以这时最好用 $u-v$ 色度图（见图 7.4.1）。在此图中，黑体轨迹的许多点上画了许多与轨迹相交并与其垂直的直线段。垂直线上各点与垂直线和黑体轨迹的交点之间的色距离是最小的，因此垂直线上各点的“相关色温”就是交点处的黑体温度。垂直线上各点的相关色温都是相等的，因此称为等色温线。在 $x-y$ 色度图上，也可以根据相关色温的概念绘出等色温线。表 7.4.1 列出一些温度的黑体的 x、y、u、v 值，以及等色温线的斜率。不论什么光源，在测定了光源的光谱功率分布后，就可以计算出三刺激值 X、Y、Z（或者直接用光电色度计测量 X、Y、Z），从而计算光源的色坐标 x、y 和 u、v，再从图 7.4.1查出光源的（相关）色温。

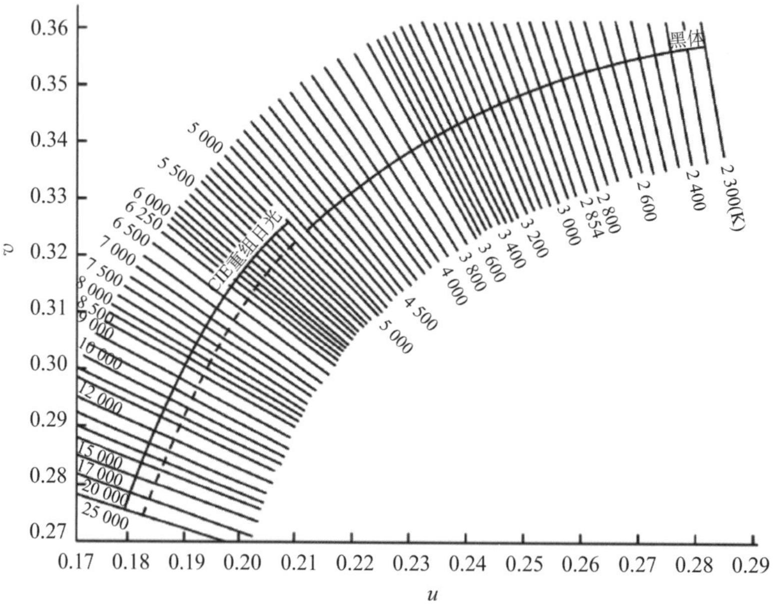

图 7.4.1　$u-v$ 色度图中的黑体轨迹和等色温线

表 7.4.1　等色温线的斜率 t

序号	麦勒德数 M_i/μrd	色温度 T_C/K	CIE 1960 UCS 图的色度坐标		斜率	CIE 1931 色度图的色度坐标		斜率
			u_T	v_T	$t(u, v)$	x_T	y_T	$t(x, y)$
1	0	∞	0.186 06	0.263 52	−0.243 41	0.239 87	0.234 04	−0.687 05
2	10	10 000	0.180 66	0.265 89	−0.254 79	0.242 58	0.238 02	−0.727 97
3	20	50 000	0.181 33	0.268 46	−0.268 76	0.245 60	0.242 40	−0.779 26
4	30	33 333	0.182 08	0.271 19	−0.285 39	0.248 90	0.247 14	−0.842 48
5	40	25 000	0.182 93	0.274 07	−0.304 70	0.252 51	0.252 22	−0.919 76
6	50	20 000	0.183 88	0.277 09	−0.326 75	0.256 45	0.257 63	−1.014 03
7	60	16 667	0.184 94	0.280 21	−0.351 56	0.260 70	0.263 33	−1.128 91

续表

序号	麦勒德数 M_i/μrd	色温度 T_C/K	CIE 1960 UCS 图的色度坐标		斜率	CIE 1931 色度图的色度坐标		斜率
			u_T	v_T	$t(u, v)$	x_T	y_T	$t(x, y)$
8	70	14 286	0.186 11	0.283 42	−0.379 15	0.265 26	0.269 30	−1.269 59
9	80	12 500	0.187 40	0.286 68	−0.409 55	0.270 11	0.275 47	−1.443 13
10	90	11 111	0.188 80	0.289 97	−0.442 78	0.275 24	0.281 82	−1.659 81
11	100	10 000	0.190 32	0.293 26	−0.478 88	0.280 63	0.288 28	−1.935 07
12	125	8 000	0.194 62	0.301 41	−0.582 04	0.295 18	0.304 77	−3.084 25
13	150	6 667	0.199 62	0.309 21	−0.704 71	0.311 01	0.321 16	−6.183 36
14	175	5 714	0.205 25	0.316 47	−0.849 01	0.327 75	0.336 90	−39.348 88
15	200	5 000	0.211 42	0.323 12	−1.018 2	0.345 10	0.351 62	11.178 83
16	225	4 444	0.218 07	0.329 09	−1.216 8	0.362 76	0.364 96	5.343 98
17	250	4 000	0.225 11	0.334 39	−1.451 2	0.380 45	0.376 76	3.687 30
18	275	3 636	0.232 47	0.339 04	−1.729 8	0.397 92	0.386 90	2.903 09
19	300	3 333	0.240 10	0.343 08	−2.063 7	0.415 02	0.395 35	2.444 55
20	325	3 077	0.247 02	0.346 55	−2.468 1	0.431 56	0.402 16	2.143 00
21	350	2 857	0.255 91	0.349 51	−2.964 1	0.474 64	0.407 42	1.928 63
22	375	2 677	0.264 00	0.352 00	−3.581 4	0.462 62	0.411 21	1.768 11
23	400	2 500	0.272 18	0.354 07	−4.363 3	0.477 01	0.413 68	1.642 91
24	425	2 353	0.280 39	0.355 77	−5.376 2	0.490 59	0.414 98	1.542 40
25	450	2 222	0.288 63	0.357 14	−6.726 2	0.503 38	0.415 25	1.459 62
26	475	2 105	0.296 85	0.358 23	−8.595 5	0.515 41	0.414 65	1.390 21
27	500	2 000	0.305 05	0.359 07	−11.324	0.526 69	0.413 31	1.331 01
28	525	1 905	0.313 20	0.359 68	−15.628	0.537 23	0.411 31	1.279 89
29	550	1 818	0.321 29	0.360 11	−23.325	0.547 12	0.408 82	1.235 22
30	575	1 739	0.329 31	0.360 38	−40.770	0.556 40	0.405 93	1.195 79
31	600	1 667	0.337 24	0.360 51	−116.45	0.565 08	0.402 71	1.160 74

7.4.2 罗伯逊法

凯莱(Kelly)按视觉恰可分辨的颜色差别,将 $u-v$ 色度图上的黑体轨迹划分为许多视觉分辨的单位,叫做麦勒德(Mired 或 μrd)。麦勒德数 M 与(相关)色温的关系为

$$M=\frac{1}{\text{色温}}\times 10^{6}\ \mu\text{rd}。\tag{7.4.1}$$

从图 7.4.2 可以看出,在 CIE 1960 UCS 图上,黑体轨迹上的各麦勒德点是等距的。表 7.4.1的数值基本上也是按等麦勒德数来排列的。然而,应该注意到,1 个 μrd 在不同色温时代表的色温度数是不同的。例如,它在 2 000 K 时代表 4 K,而在 10 000 K 时代表 100 K。

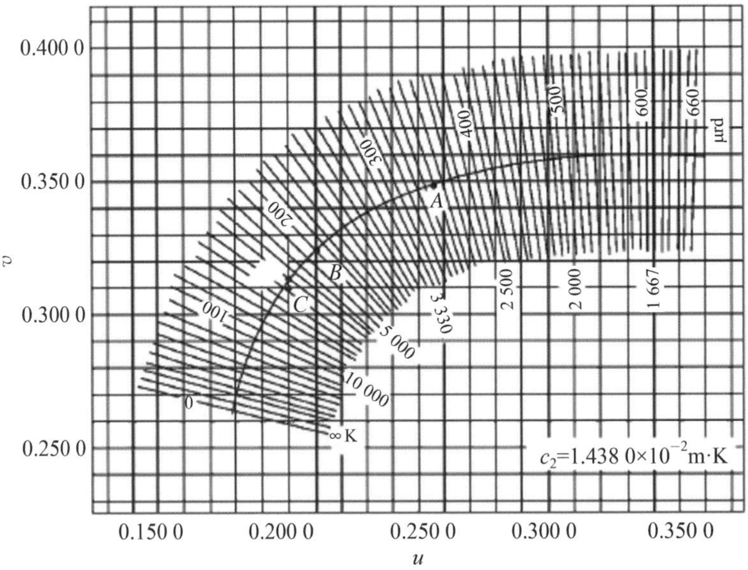

图 7.4.2 在 $u-v$ 色度图上按 10μrd 间隔分布的等色温线

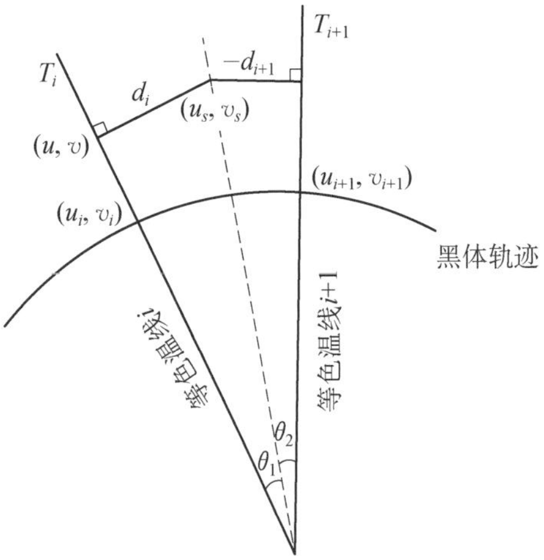

图 7.4.3 罗伯逊法示意图

罗伯逊(Robertson)法如图 7.4.3 所示,图中表示光源的色度坐标点(u_s, v_s)位于图 7.4.2 以 μrd 为单位的相邻两条等温线 M_i 和 M_{i+1} 之间,它们相应于色温度 T_i 和 T_{i+1}。经过推导,图 7.4.3 中的线段 d_i 可以表示为

$$d_i=\frac{(v_s-v_i)-t_i(u_s-u_i)}{(1+t_i^2)^{1/2}}。\tag{7.4.2}$$

式中,t_i 为色温度为 T_i 的等色温线的斜率;(u_i, v_i)是温度为 T_i 的黑体的色度坐标点。很显然,如果比值 d_i/d_{i+1} 为负时,则色点(u_s, v_s)必定位于等色温线 i 和等色温线 $i+1$ 之间。这时,就可以用内插法来确定光源的(相关)色温。

假定在 T_i 和 T_{i+1} 之间的黑体轨迹可以看成是一段圆弧，其圆心就是两等色温线的交点；同时，假定色温的倒数是沿该圆弧距离的线性函数，即

$$\frac{1}{T_C}=\frac{1}{T_i}+\frac{\theta_1}{\theta_1+\theta_2}\left(\frac{1}{T_{i+1}}-\frac{1}{T_i}\right), \tag{7.4.3}$$

则由于角度 θ_1 和 θ_2 很小，因此有近似关系 $\theta_1/\theta_2\approx\sin\theta_1/\sin\theta_2$。而 $\frac{\sin\theta_1}{\sin\theta_2}=d_i/(-d_{i+1})$，最后有

$$\frac{1}{T_C}=\frac{1}{T_i}+\frac{d_i}{d_i-d_{i+1}}\left(\frac{1}{T_{i+1}}-\frac{1}{T_i}\right),$$

或

$$T_C=\left[\frac{1}{T_i}+\frac{d_i}{d_i-d_{i+1}}\left(\frac{1}{T_{i+1}}-\frac{1}{T_i}\right)\right]^{-1}。 \tag{7.4.4}$$

以 $M_i=10^6/T_i$ 代入上式，得

$$T_C=10^6\Big/\left[M_i+\frac{(M_{i+1}-M_i)d_i}{d_i-d_{i+1}}\right]。 \tag{7.4.5}$$

显然，由光源的色坐标(u_s, v_s)可以计算出 d_i 和 d_{i+1}，再由(7.4.4)式或(7.4.5)式求出相关色温。有了诸如表 7.4.1 那样的数据表，再借助于计算机就能方便地计算色温。

7.4.3 双色法

对于钨丝灯一类光谱功率分布和黑体辐射接近的热辐射光源可以用简单的“双色法”来测量色温。双色法不需要测量整个光谱功率分布，而只要测量两个波长的相对光谱功率。这种方法在色温的测量中是经常使用的，色温计的基本工作原理就是双色法。

双色法是通过与已知色温 T_s 的标准灯进行比较，从而求得待测灯的色温 T_C。对色温为 T_s 的标准灯(钨丝灯、钨带灯或溴钨灯一类的白炽灯)，其光谱辐射功率可表示为

$$P_s(\lambda)\propto\lambda^{-5}\exp(-C_2/\lambda T_s)。 \tag{7.4.6}$$

依次用分光仪器测定该标准灯在两特定波长(如 650 nm 的红光 λ_r 和 470 nm 的蓝光 λ_b)处的辐射，它们在光电接收器的外电路中产生的光电流分别为

$$i_s(\lambda_r)=K\lambda_r^{-5}\exp(-C_2/\lambda_r T_s)\tau(\lambda_r)S(\lambda_r)\Delta\lambda(\lambda_r), \tag{7.4.7}$$

$$i_s(\lambda_b)=K\lambda_b^{-5}\exp(-C_2/\lambda_b T_s)\tau(\lambda_b)S(\lambda_b)\Delta\lambda(\lambda_b)。 \tag{7.4.8}$$

式中，K 是比例常数；$\tau(\lambda)$是仪器的光谱透过率；$S(\lambda)$是光电接收器的光谱灵敏度；$\Delta\lambda(\lambda)$是分光仪器在 λ 处的出射光的波长范围。

然后，将待测灯放在同一分光仪器前，用同样的光电接收器测量它所发出的两个波长(λ_r 和 λ_b)所产生的光电流 $i_c(\lambda_r)$，$i_c(\lambda_b)$。根据同样的道理，可得

$$i_c(\lambda_r)=K'\lambda_r^{-5}\exp(-C_2/\lambda_r T_C)\tau(\lambda_r)S(\lambda_r)\Delta\lambda(\lambda_r), \tag{7.4.9}$$

$$i_c(\lambda_b) = K'\lambda_b^{-5}\exp(-C_2/\lambda_b T_C)\tau(\lambda_b)S(\lambda_b)\Delta\lambda(\lambda_b)。\qquad(7.4.10)$$

在上两式中，K′也是一个比例常数。将(7.4.7)～(7.4.10)式合并，可得

$$\frac{i_c(\lambda_b)}{i_c(\lambda_r)} \times \frac{i_s(\lambda_r)}{i_s(\lambda_b)} = e^{C_2\left(\frac{1}{\lambda_b}-\frac{1}{\lambda_r}\right)\left(\frac{1}{T_s}-\frac{1}{T_C}\right)}。\qquad(7.4.11)$$

将上式取自然对数，整理后得

$$\frac{1}{T_C} = \frac{1}{T_s} - \frac{\ln\left[\frac{i_c(\lambda_b)}{i_c(\lambda_r)} \times \frac{i_s(\lambda_r)}{i_s(\lambda_b)}\right]}{C_2\left(\frac{1}{\lambda_b}-\frac{1}{\lambda_r}\right)}。\qquad(7.4.12)$$

式中，C_2 为已知常数；标准灯的色温 T_s 也已知；λ_b 和 λ_r 是所取的已知波长。所以，我们只要测得相应的 4 个光电流 $i_c(\lambda_b)$、$i_c(\lambda_r)$、$i_s(\lambda_b)$、$i_s(\lambda_r)$，就可以算出待测灯的色温 T_C。

如果不用标准光源，可用波长为 650 nm 的光谱辐射功率 $P(650)$ 为基准，而用其他波长对它的比值 $\beta(\lambda) = P(\lambda)/P(650)$ 来表示待测灯的光谱功率分布。各种温度的黑体的 $\beta(\lambda)$ 随波长而变的情况如图 7.4.4所示。为了更好地反映整个可见光区的情况，在可见光范围内取 3 个波长区域，分别以 450 nm（蓝）、550 nm（绿）和 650 nm（红）为代表。蓝/红比值和绿/红比值分别以 $\beta(450)$ 和 $\beta(550)$ 表示。图 7.4.5 绘出 $\beta(450)$、$\beta(550)$ 和色温 T_C 的关系，可见它们随色温的升高而增大。因此，只要测出光源的这些比值，便可知道光源的色温。

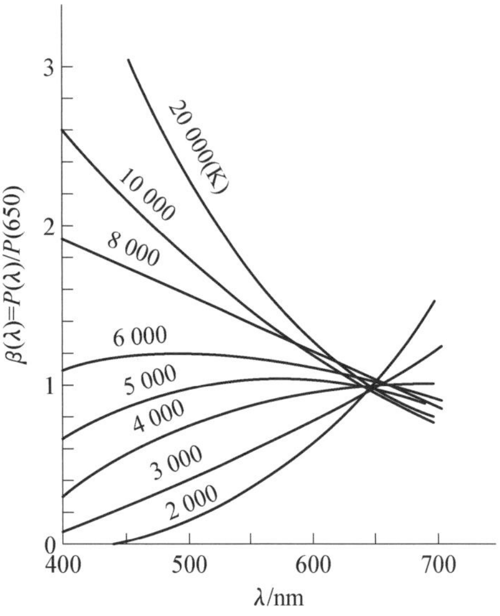

图 7.4.4　各种色温时 β(λ) 与波长的关系

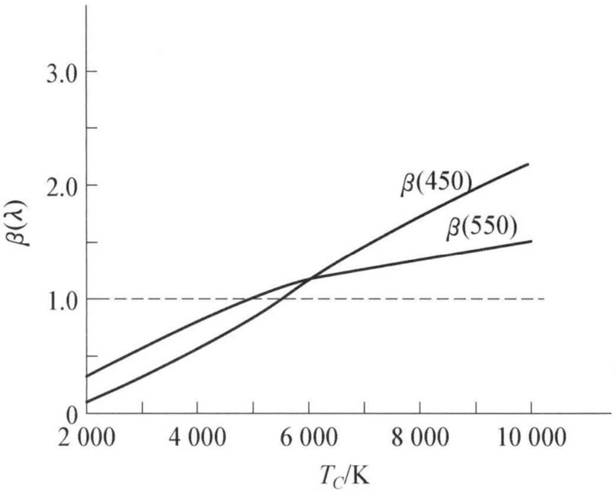

图 7.4.5　β(λ) 与色温的关系

要测量蓝光对红光的比值，可用图 7.4.6 所示的装置。该装置用了两块光电池（或一块光电池的两个部分），前面分别加蓝色和红色的滤色片，构成蓝光和红光的接收单元。由于该装置是分别测量两个光电流的，比较繁复，故现在已采用新型的电路。这种新型电路能直接记录两个光电流的比值，从表头上直接读出色温，这种装置就称为色温计，图 7.4.7 所示的线路就是其中一例。

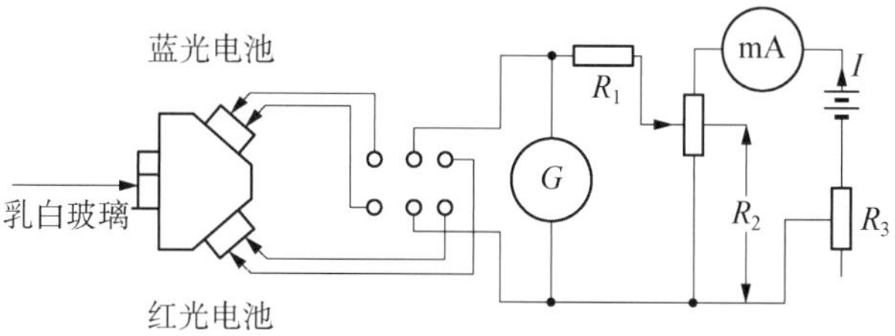

图 7.4.6　测量红/蓝比的装置

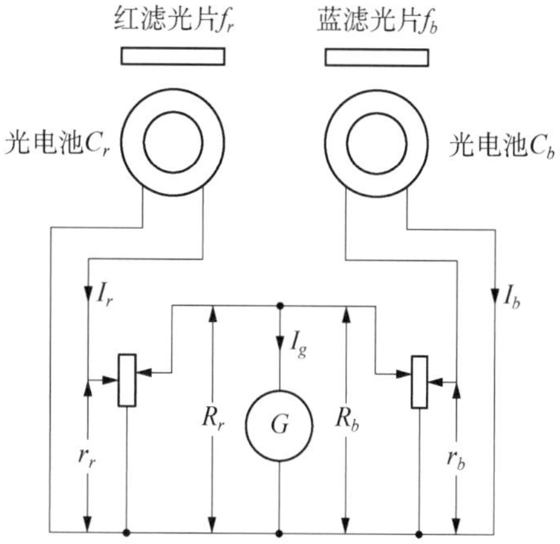

图 7.4.7　色温计的线路

一般的色温计只能测量蓝光对红光的比例(常称为红/蓝比),并由此确定色温。较好的"三色"色温计可分别测量蓝光对红光的比值以及绿光对红光的比值,由这两个比值所确定的色温应该相同。但是,如果光源的光谱功率分布和黑体辐射相差较大(如有强烈线光谱的气体放电光源),那么这两个比值所确定的色温可能相差很多,而且两个色温差值可能有显著的误差。所以,要准确测定气体放电光源的色温,最好从色度图来求色温。但色温计由于使用方便、读数快,因此其仍有广泛的用途。

7.5　显色指数测试

如果用不同光谱功率分布的光源去照明物体,一般来说,产生的颜色感觉是不一样的。光源的这种决定被照物体颜色感觉的性质称为显色性(或称传色性或演色性),它是照明光源的重要特征之一。不同光谱功率分布的光源可以有相同的色表;但是,有相同色表的光源,它们的显色性可能完全不同。只有将色表和显色性两者结合起来,才能全面地反映光源的颜色特性。

评价光源显色性的方法可分为两类:一是光谱带法,另一是试验色法。前者将待测光源的可见光部分的光谱功率分布分割成 8～10 个波带,并逐一与显色性好的基准光源相比较,由此来判断显色性的好坏;后者规定适当数目的物体色作为试验色,从待测光源和基准光源分别照明时产生的色度差别,定量地测出待测光源的显色性。CIE 在 1948 年曾推荐过光谱带法,至 1955 年才成立了显色专业委员会。该委员会以各国的研究为基础,规定试验色法为评价光源显色性的基本方法,并于 1965 年正式颁布。CIE 于 1974 年又对其作了修订。在对该方法进行介绍之前,先对试验色、人眼的色适应现象、基准光源等加以说明。

7.5.1　孟塞尔颜色样品

颜色除可像之前所说的那样,用色度坐标和明度值表示以外,还可用其他一些表色系统表示,其中最常用的是孟塞尔(Munsell)所创立的孟塞尔颜色系统。该系统用一个三维的颜色立体模型（见图 7.5.1），将颜色的 3 个基本特性——色调、明度、饱和度全部表示出来。在模型的中央是一根表示明度的轴线，它代表无彩色白黑系列中性色，白色在顶部，黑色在底部。将亮度因数等于 102 的理想白色的明度 V 定为 10，而把亮度因数等于 0 的理想黑色的明度 V 定为 0。这样，孟塞尔明度值 V 共分成由 0～10 共 11 个在感觉上等距的等级。与 CIE 1964 均匀颜色空间的明度指数 W^* 相对照，两者之间近似有关系为

$$V = W^*/10。\tag{7.5.1}$$

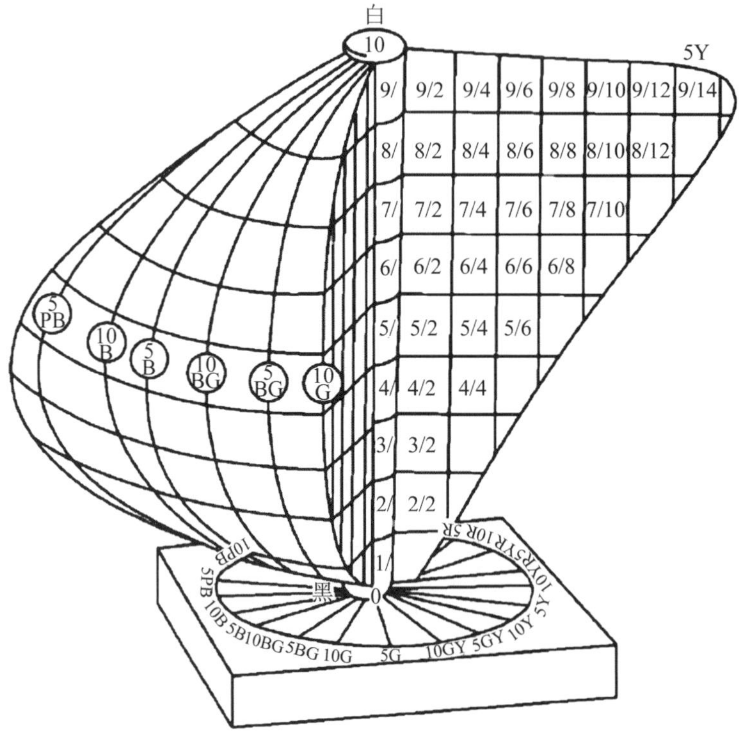

图 7.5.1　孟塞尔颜色立体示意图

图 7.5.2 所示是孟塞尔颜色立体的水平剖面图，每一个水平剖面对应于一个明度值，水平剖面上的各个方向代表不同的色调。图中，画出了 5 种主要的色调：红（R）、黄（Y）、绿（G）、蓝（B）和紫（P），还画出了 5 种中间色调：黄红（YR）、绿黄（GY）、蓝绿（BG）、紫蓝（PB）和红紫（RP）。每一色调又分成从 1～10 的 10 个等级，并规定主要色调和中间色调的等级值都为 5。样品色沿径向的变化则代表饱和度的变化，在孟塞尔系统中称为孟塞尔彩度，它表示具有相同明度值的颜色偏离中性灰色的程度。彩度也可分成许多视觉上相等的等级，在圆心彩度为 0，离圆心越远彩度越大。应注意，各种颜色的最大彩度是不一样的，这从图 7.5.1中可以清楚地看出。

任何颜色都可以用色调、明度和彩度加以标定。标定的方法是先写出色调 H，然后写明度值 V，在斜线后再写彩度 C，则

$$H\,V/C = 色调\ 明度\,/\,彩度。$$

$H\ V/C$ 就是颜色的标号。例如，标号为 5Y8/12 的颜色，其色调为黄(Y)，明度值为 8，彩度为 12，这是一种比较明亮、具有较高饱和度的黄色。

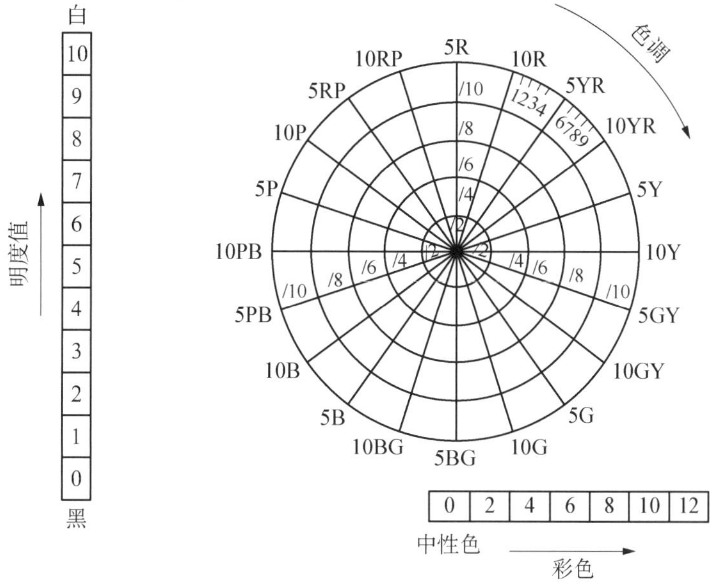

图 7.5.2　孟塞尔颜色立体的水平剖面

在光源显色性测定中，规定采用 14 块孟塞尔颜色样品作为试验色。它们的标号以及所代表的颜色由表 7.5.1 表示。在表 7.5.2 和表 7.5.3 中，则分别给出 1～8 号试验色和 9～14 号试验色的光谱辐亮度因数。在这些试验色中，前 8 种包括了孟塞尔颜色系统中各种有代表性的色调，它们具有中等彩度和相同的中等明度，用于一般显色指数的计算；而后面的 6 种试验色是彩度较高的红、黄、绿、蓝，以及欧美人的肤色和树叶绿色，被用于特殊显色指数的计算。

表 7.5.1　作为试验色用的孟塞尔颜色样品

号数	孟塞尔标号	日光下的颜色	号数	孟塞尔标号	日光下的颜色
1	7.5R 6/4	淡灰红色	8	10P 6/8	淡红紫色
2	5Y 6/4	暗灰黄色	9	4.5R 4/13	饱和红色
3	5GY 6/8	饱和黄绿色	10	5Y 8/10	饱和黄色
4	2.5G 6/6	中等黄绿色	11	4.5G 5/8	饱和绿色
5	10BG 6/4	淡蓝绿色	12	3PB 3/11	饱和蓝色
6	5PB 6/8	淡蓝色	13	5YR 8/4	淡黄粉色(肤色)
7	2.5P 6/8	淡紫蓝色	14	5GY 4/4	中等绿色(树叶)

表 7.5.2　CIE 计算光源显色指数用的 1～8 号试验色的光谱辐亮度因数

λ/nm	1	2	3	4	5	6	7	8
380	0.219	0.070	0.065	0.074	0.295	0.151	0.378	0.104
385	0.239	0.079	0.068	0.083	0.306	0.203	0.459	0.129
390	0.252	0.089	0.070	0.093	0.310	0.265	0.524	0.170
395	0.256	0.101	0.072	0.105	0.312	0.339	0.546	0.240
400	0.256	0.111	0.073	0.116	0.313	0.410	0.551	0.319
405	0.254	0.116	0.073	0.121	0.315	0.464	0.555	0.416
410	0.252	0.118	0.074	0.124	0.319	0.492	0.559	0.462
415	0.248	0.120	0.074	0.126	0.322	0.508	0.560	0.482
420	0.244	0.121	0.074	0.128	0.326	0.517	0.561	0.490
425	0.240	0.122	0.073	0.131	0.330	0.524	0.558	0.488
430	0.237	0.122	0.073	0.135	0.334	0.531	0.556	0.482
435	0.232	0.122	0.073	0.139	0.339	0.538	0.551	0.473
440	0.230	0.123	0.073	0.144	0.346	0.544	0.544	0.462
445	0.226	0.124	0.073	0.151	0.352	0.551	0.535	0.450
450	0.225	0.127	0.074	0.161	0.360	0.556	0.522	0.439
455	0.222	0.128	0.075	0.172	0.369	0.556	0.506	0.426
460	0.220	0.131	0.077	0.186	0.381	0.554	0.488	0.413
465	0.218	0.134	0.080	0.205	0.394	0.549	0.469	0.397
470	0.216	0.138	0.085	0.229	0.403	0.541	0.448	0.382
475	0.214	0.143	0.094	0.254	0.410	0.531	0.429	0.366
480	0.214	0.150	0.109	0.281	0.415	0.519	0.408	0.352
485	0.214	0.159	0.126	0.308	0.418	0.504	0.385	0.337
490	0.216	0.174	0.148	0.332	0.419	0.488	0.363	0.325
495	0.218	0.190	0.172	0.352	0.417	0.469	0.341	0.310
500	0.223	0.207	0.198	0.370	0.413	0.450	0.324	0.299
505	0.225	0.225	0.221	0.383	0.409	0.431	0.311	0.289
510	0.226	0.242	0.241	0.390	0.403	0.414	0.301	0.283
515	0.226	0.253	0.260	0.394	0.396	0.395	0.291	0.276

续表

λ/nm	1	2	3	4	5	6	7	8
520	0.225	0.260	0.278	0.395	0.389	0.377	0.283	0.270
525	0.225	0.264	0.302	0.392	0.381	0.358	0.273	0.262
530	0.227	0.267	0.339	0.385	0.372	0.341	0.265	0.256
535	0.230	0.260	0.370	0.377	0.363	0.325	0.260	0.251
540	0.236	0.272	0.392	0.367	0.353	0.309	0.257	0.250
545	0.245	0.276	0.399	0.354	0.342	0.293	0.257	0.251
550	0.253	0.282	0.400	0.341	0.331	0.279	0.259	0.254
555	0.262	0.289	0.393	0.327	0.320	0.265	0.260	0.258
560	0.272	0.299	0.380	0.312	0.308	0.253	0.260	0.264
565	0.283	0.309	0.365	0.296	0.296	0.241	0.258	0.269
570	0.298	0.322	0.349	0.280	0.284	0.234	0.256	0.272
575	0.318	0.329	0.332	0.263	0.271	0.227	0.254	0.274
580	0.341	0.335	0.315	0.247	0.260	0.225	0.254	0.278
585	0.367	0.339	0.299	0.229	0.247	0.222	0.259	0.284
590	0.390	0.341	0.285	0.214	0.232	0.221	0.270	0.295
595	0.409	0.341	0.272	0.198	0.220	0.220	0.284	0.316
600	0.424	0.342	0.264	0.185	0.210	0.220	0.302	0.348
605	0.435	0.342	0.257	0.175	0.200	0.220	0.324	0.384
610	0.442	0.342	0.252	0.169	0.194	0.220	0.344	0.434
615	0.448	0.341	0.247	0.164	0.189	0.220	0.362	0.482
620	0.450	0.341	0.241	0.160	0.185	0.223	0.377	0.528
625	0.451	0.339	0.235	0.156	0.183	0.227	0.389	0.568
630	0.451	0.339	0.229	0.154	0.180	0.233	0.400	0.604
635	0.451	0.338	0.224	0.152	0.177	0.239	0.410	0.629
640	0.451	0.338	0.220	0.151	0.176	0.244	0.420	0.648
645	0.451	0.337	0.217	0.149	0.175	0.251	0.429	0.663
650	0.450	0.336	0.216	0.148	0.175	0.258	0.438	0.676
655	0.450	0.336	0.216	0.148	0.175	0.263	0.445	0.685

续表

λ/nm	1	2	3	4	5	6	7	8
660	0.451	0.334	0.219	0.148	0.175	0.268	0.452	0.693
665	0.451	0.332	0.224	0.149	0.177	0.273	0.457	0.700
670	0.453	0.332	0.230	0.151	0.180	0.278	0.462	0.705
675	0.454	0.331	0.238	0.154	0.183	0.281	0.466	0.709
680	0.455	0.331	0.251	0.158	0.186	0.283	0.468	0.712
685	0.457	0.330	0.269	0.162	0.189	0.286	0.470	0.715
690	0.458	0.329	0.288	0.165	0.192	0.291	0.473	0.717
695	0.460	0.328	0.312	0.168	0.195	0.296	0.477	0.719
700	0.462	0.328	0.340	0.170	0.199	0.302	0.483	0.721
705	0.463	0.327	0.366	0.171	0.200	0.313	0.489	0.720
710	0.464	0.326	0.390	0.170	0.199	0.325	0.496	0.719
715	0.465	0.325	0.412	0.168	0.198	0.338	0.503	0.722
720	0.466	0.324	0.431	0.166	0.196	0.351	0.511	0.725
725	0.466	0.324	0.447	0.164	0.195	0.364	0.518	0.727
730	0.466	0.324	0.460	0.164	0.195	0.376	0.525	0.729
405	0.254	0.116	0.073	0.121	0.315	0.464	0.555	0.416
436	0.232	0.122	0.073	0.140	0.341	0.539	0.550	0.471
546	0.247	0.277	0.400	0.352	0.340	0.290	0.257	0.251
578	0.332	0.333	0.321	0.254	0.264	0.226	0.254	0.276
589	0.385	0.340	0.287	0.217	0.234	0.221	0.267	0.292

表 7.5.3　CIE 计算光源显色指数用的 9～14 号试验色的光谱辐亮度因数

λ/nm	9	10	11	12	13	14
380	0.066	0.050	0.111	0.120	0.104	0.036
385	0.062	0.054	0.121	0.103	0.127	0.036
390	0.058	0.059	0.127	0.090	0.161	0.037
395	0.055	0.063	0.129	0.082	0.211	0.038
400	0.052	0.066	0.127	0.076	0.264	0.039

续表

λ/nm	9	10	11	12	13	14
405	0.052	0.067	0.121	0.068	0.313	0.039
410	0.051	0.068	0.116	0.064	0.341	0.040
415	0.050	0.069	0.112	0.065	0.352	0.041
420	0.050	0.069	0.108	0.075	0.359	0.042
425	0.049	0.070	0.105	0.093	0.361	0.042
430	0.048	0.072	0.104	0.123	0.364	0.043
435	0.047	0.073	0.104	0.160	0.365	0.044
440	0.046	0.076	0.105	0.207	0.367	0.044
445	0.044	0.078	0.106	0.256	0.369	0.045
450	0.042	0.083	0.110	0.300	0.372	0.045
455	0.041	0.088	0.115	0.331	0.374	0.046
460	0.038	0.095	0.123	0.346	0.376	0.047
465	0.035	0.103	0.134	0.347	0.379	0.048
470	0.033	0.113	0.148	0.341	0.384	0.050
475	0.031	0.125	0.167	0.328	0.389	0.052
480	0.030	0.142	0.192	0.307	0.397	0.055
485	0.029	0.162	0.219	0.282	0.405	0.057
490	0.028	0.189	0.252	0.257	0.416	0.062
495	0.028	0.219	0.291	0.230	0.429	0.067
500	0.028	0.262	0.325	0.204	0.443	0.075
505	0.029	0.305	0.347	0.178	0.454	0.083
510	0.030	0.365	0.356	0.154	0.461	0.092
515	0.030	0.416	0.353	0.129	0.466	0.100
520	0.031	0.465	0.346	0.109	0.469	0.108
525	0.031	0.509	0.333	0.090	0.471	0.121
530	0.032	0.546	0.314	0.075	0.474	0.133
535	0.032	0.581	0.294	0.062	0.476	0.142
540	0.033	0.610	0.271	0.051	0.483	0.150

续表

λ/nm	9	10	11	12	13	14
545	0.034	0.634	0.248	0.041	0.490	0.154
550	0.035	0.653	0.227	0.035	0.506	0.155
555	0.037	0.666	0.206	0.029	0.526	0.152
560	0.041	0.678	0.188	0.025	0.553	0.147
565	0.044	0.687	0.170	0.022	0.582	0.140
570	0.048	0.693	0.153	0.019	0.618	0.133
575	0.052	0.698	0.138	0.017	0.651	0.125
580	0.060	0.701	0.125	0.017	0.680	0.118
585	0.076	0.704	0.114	0.017	0.701	0.112
590	0.102	0.705	0.106	0.016	0.717	0.106
595	0.136	0.705	0.100	0.016	0.729	0.101
600	0.190	0.706	0.096	0.016	0.736	0.098
605	0.256	0.707	0.092	0.016	0.742	0.095
610	0.336	0.707	0.090	0.016	0.745	0.093
615	0.418	0.707	0.087	0.016	0.747	0.090
620	0.505	0.708	0.085	0.016	0.748	0.089
625	0.581	0.708	0.082	0.016	0.748	0.087
630	0.641	0.710	0.080	0.018	0.748	0.086
635	0.682	0.711	0.079	0.018	0.748	0.085
640	0.717	0.712	0.078	0.018	0.748	0.084
645	0.740	0.714	0.078	0.018	0.748	0.084
650	0.798	0.716	0.078	0.019	0.748	0.084
655	0.770	0.718	0.078	0.020	0.748	0.084
660	0.781	0.720	0.081	0.023	0.747	0.085
665	0.790	0.722	0.083	0.024	0.747	0.087
670	0.797	0.725	0.088	0.026	0.747	0.092
675	0.803	0.729	0.093	0.030	0.747	0.096
680	0.809	0.731	0.102	0.035	0.747	0.102

续表

λ/nm	9	10	11	12	13	14
685	0.814	0.735	0.112	0.043	0.747	0.110
690	0.819	0.739	0.125	0.056	0.747	0.123
695	0.824	0.742	0.141	0.074	0.746	0.137
700	0.828	0.746	0.161	0.097	0.746	0.152
705	0.830	0.748	0.182	0.128	0.746	0.169
710	0.831	0.749	0.203	0.166	0.745	0.188
715	0.833	0.751	0.223	0.210	0.744	0.207
720	0.835	0.753	0.242	0.257	0.743	0.226
725	0.836	0.754	0.257	0.306	0.744	0.243
730	0.836	0.755	0.270	0.354	0.745	0.260
405	0.052	0.067	0.121	0.068	0.313	0.039
436	0.047	0.074	0.104	0.169	0.366	0.044
546	0.034	0.638	0.244	0.040	0.493	0.155
578	0.056	0.700	0.130	0.017	0.668	0.122
589	0.096	0.704	0.107	0.016	0.714	0.107

7.5.2 参照照明体

被照明物体的颜色感觉，除与光源的光谱功率分布及物体的光谱反射率因数有关外，还与人眼的适应状态有关，我们看图 7.5.3 所示的例子。图(a)所示是日光照明时的情况，这时人眼处于日光适应状态，对红、绿、蓝三色的灵敏程度相差不大，淡蓝色的纸在人眼中产生的感觉就是淡蓝色的；图(b)所示是钨丝灯照明时的情况，这时由于灯光中缺少蓝色成分而红色成分较多，因此淡蓝色纸的反射光中绿光偏多，如果人眼还是处于日光适应状态，那么这张淡蓝色的纸在人眼看来就变成绿色的了。然而，在钨丝灯照明下，这张淡蓝色的纸在人眼中看来依然是淡蓝色的。这是为什么呢？原来，在钨丝灯的照明下，人眼的适应状态已发生了变化，对蓝光的灵敏度增加，而对红光的灵敏度降低，因此尽管纸的反射光谱发生了变化，但人眼的感觉却没有变。这种现象称为色觉恒常现象，但并不是在所有情况下都能发生这一现象的。一般来说，这种现象发生在光源的光谱功率分布曲线和被照物体的光谱反射率分布曲线都是平滑的时候，这时光源的光谱功率分布改变的结果和人眼适应状态变化的结果可以相互抵消。

由于人眼的色适应效应，因此对光谱功率分布与黑体辐射相近的光源，无论色温高或低，其显色性均无多大差别，都是非常好的。因此，在评价任意光源的显色性时，就取与其色

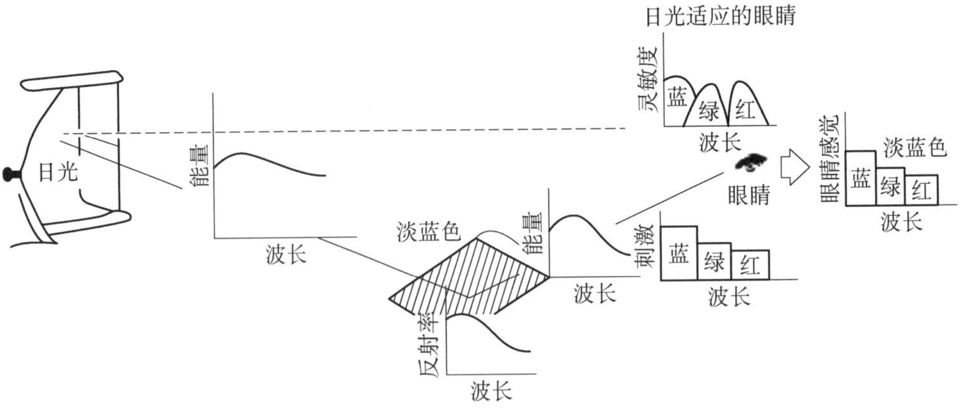

(a) 日光照明时

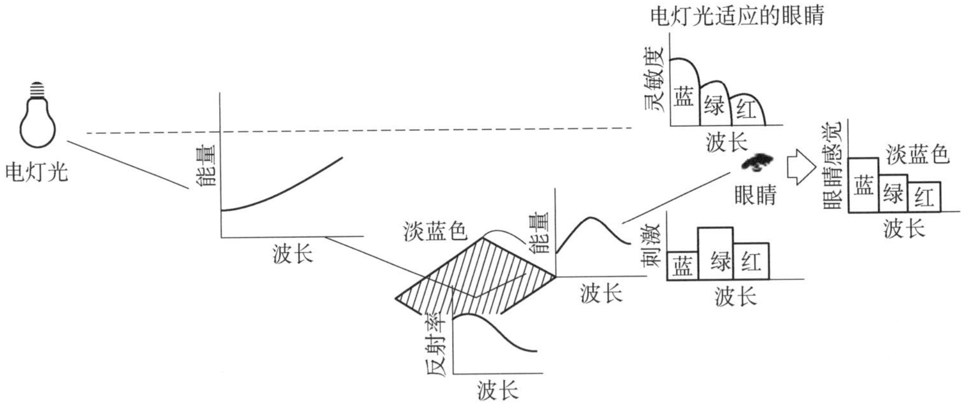

(b) 钨丝灯照明时

图 7.5.3　色适应现象的图例

温接近的黑体或典型日光作为参照(基准)光源(照明体)。对待测光源的(相关)色温低于 5 000 K 时,用黑体作为参照光源;对(相关)色温在 5 000 K 以上的光源,则用标准照明体 D 作为基准。

参照光源与待测光源的色度差 ΔC 可按下式计算:

$$\Delta C = [(u-u_0)^2+(v-v_0)^2]^{1/2}。\tag{7.5.2}$$

式中,(u, v)和(u_0, v_0)分别是待测光源和参照光源的色度坐标。在选取参照光源时,应使 $\Delta C \leqslant 5.4\times10^{-3}$,这一色度差在黑体轨迹上大约相当于 15 μrd。若待测光源和参照光源之间的色度差大于此值,则显色指数计算的准确性就会降低。

7.5.3　CIE 显色指数计算方法

1. 待测光源下颜色样品色度坐标的计算

在测得待测光源的相对光谱功率分布 P_λ 以后,求出光源的 X、Y、Z,再进一步求出光源的 x、y 和 u、v 色度坐标。然后根据表 7.5.2 和表 7.5.3 的数据,算出在待测光源照明下各颜色样品的 x_i、y_i 和 u_i、v_i 色度坐标以及亮度因数 Y_i。色度坐标要算到小数点后第四位。

根据待测光源的 u、v(或 x、y)色度坐标值，确定光源的相关色温，选定合宜的参照照明体。由于待测光源和参照照明体的色度不完全相同，故使视觉处于不同的颜色适应状态之下。为了处理两种照明下的颜色适应，必须将待测光源的色度坐标 u、v 调整为参照照明体下的色度坐标 u_r，v_r，即 $u'=u_r$，$v'=v_r$。这时，在待测光源照明下各颜色样品 i 的色度坐标 u_i，v_i 也要作相应的调整，成为 u'_i，v'_i。其中，右上角标"$'$"表示调整后的参量。这种色度坐标的调整称为适应性色位移。按照冯·克拉斯(Von Kries)简单线性变换理论，用以下系数关系式进行转换：

$$\begin{cases} u'_i=\dfrac{10.872+0.404\dfrac{C_r}{C}C_i-4\dfrac{d_r}{d}d_i}{16.518+1.481\dfrac{C_r}{C}C_i-\dfrac{d_r}{d}d_i}, \\ v'_i=\dfrac{5.520}{16.518+1.481\dfrac{C_r}{C}C_i-\dfrac{d_r}{d}d_i}。\end{cases} \tag{7.5.3}$$

式中，待测光源的 C、d，参照照明体的 C_r、d_r 以及待测光源下各颜色样品的 C_i、d_i 均由下式计算：

$$\begin{cases} C=\dfrac{1}{v}(4-u-10v), \\ d=\dfrac{1}{v}(1.708v+0.404-1.481u)。\end{cases} \tag{7.5.4}$$

计算时，u 和 v 的下角标与 C 和 d 的相同。参照照明体的 C_r、d_r 也可与 u_r、v_r 一起由表 7.5.4查得。

表 7.5.4　参照照明体的 CIE1960UCS 图 u，v 色度坐标及适应性色位移修正系数 C_r，d_r

参照照明体色温/K	麦勒德数/μrd	u_r	v_r	C_r	d_r
2 300	435	0.283 6	0.356 3	0.429 2	1.663 0
2 350	426	0.280 6	0.355 8	0.453 7	1.675 6
2 400	417	0.277 7	0.355 2	0.478 4	1.687 7
2 450	408	0.274 9	0.354 7	0.503 4	1.699 4
2 500	400	0.272 2	0.354 1	0.528 6	1.710 6
2 550	392	0.269 6	0.353 5	0.554 0	0.721 3
2 600	385	0.267 1	0.352 8	0.579 5	1.731 7
2 650	377	0.264 8	0.352 2	0.605 2	1.741 7
2 700	370	0.262 5	0.351 6	0.631 0	1.751 4
2 750	364	0.260 3	0.350 9	0.656 9	1.760 7

续表

参照照明体色温/K	麦勒德数/μrd	u_r	v_r	C_r	d_r
2 800	357	0.258 2	0.350 3	0.682 8	1.769 6
2 850	351	0.256 2	0.349 6	0.708 8	1.778 3
2 900	345	0.254 2	0.348 9	0.734 9	1.786 7
2 950	339	0.252 4	0.348 3	0.760 9	1.794 8
3 000	333	0.250 6	0.347 6	0.787 0	1.820 7
3 050	328	0.248 8	0.346 9	0.813 0	1.810 3
3 100	323	0.247 2	0.346 2	0.839 0	1.817 6
3 150	317	0.245 5	0.345 6	0.864 9	1.824 8
3 200	313	0.244 0	0.344 9	0.890 8	1.831 7
3 250	308	0.242 5	0.344 2	0.916 6	1.838 4
3 300	303	0.241 0	0.343 5	0.942 3	1.844 9
3 350	299	0.239 6	0.342 9	0.967 9	1.851 2
3 400	294	0.238 3	0.342 2	0.993 4	1.857 4
3 450	290	0.237 0	0.341 5	1.018 8	1.863 3
3 500	286	0.235 7	0.340 8	1.044 1	1.869 1
3 550	282	0.234 5	0.340 2	1.069 3	1.814 7
3 600	278	0.233 3	0.399 5	1.094 3	1.880 2
3 700	270	0.231 1	0.338 2	1.143 9	1.890 7
3 800	263	0.228 9	0.336 9	1.193 0	1.900 7
3 900	256	0.277 0	0.335 6	1.241 3	1.910 2
4 000	250	0.225 1	0.334 4	1.289 0	1.919 2
4 100	244	0.223 4	0.332 2	1.336 0	1.927 7
4 200	238	0.221 7	0.331 9	1.382 2	1.935 9
4 300	233	0.220 2	0.330 8	1.427 8	1.943 7
4 400	227	0.218 7	0.329 6	1.427 5	1.951 1
4 500	222	0.217 3	0.328 5	1.516 6	1.958 1
4 600	217	0.216 0	0.327 3	1.559 8	1.964 9
4 700	213	0.214 8	0.326 2	1.602 3	1.971 4

续表

参照照明体色温/K	麦勒德数/μrd	u_r	v_r	C_r	d_r
4 800	208	0.213 6	0.325 2	1.644 0	1.977 6
4 900	204	0.212 5	0.324 1	1.685 0	1.983 6
5 000	200	0.209 2	0.325 4	1.649 7	1.997 5
5 100	196	0.208 1	0.324 4	1.690 3	2.003 3
5 200	192	0.207 1	0.323 4	1.729 5	2.008 7
5 300	189	0.206 2	0.322 4	1.768 1	2.014 0
5 400	185	0.205 3	0.321 4	1.805 9	2.019 0
5 500	182	0.204 4	0.320 5	1.843 1	2.023 9
5 600	179	0.203 6	0.319 6	1.879 6	2.028 5
5 700	175	0.202 9	0.318 7	1.915 5	2.033 0
5 800	172	0.202 2	0.317 8	1.950 6	2.037 3
5 900	170	0.202 1	0.316 9	1.985 1	2.041 5
6 000	167	0.200 8	0.316 1	2.0 190	2.045 5
6 100	164	0.200 1	0.315 3	2.052 2	2.049 4
6 250	160	0.199 2	0.314 1	2.100 7	2.054 9
6 500	154	0.197 8	0.312 2	2.178 5	2.063 6
6 750	148	0.196 6	0.310 4	2.252 5	2.071 5
7 000	143	0.195 5	0.308 7	2.322 8	2.078 9
7 250	138	0.194 5	0.307 1	2.389 8	2.085 7
7 500	133	0.193 5	0.305 7	2.453 6	2.092 0
7 750	129	0.192 7	0.304 2	2.514 1	2.097 9
8 000	125	0.191 9	0.302 9	2.571 7	2.103 4
8 250	121	0.191 2	0.301 6	2.626 5	2.108 5
8 500	118	0.190 6	0.300 5	2.678 7	2.113 3
9 000	111	0.189 4	0.298 3	2.775 8	2.122 0
9 500	105	0.188 4	0.296 3	2.864 2	2.129 7
10 000	100	0.187 6	0.294 5	2.944 9	2.136 5
10 500	95	0.186 8	0.292 9	3.018 7	2.142 7

续表

参照照明体色温/K	麦德勒数/μrd	u_r	v_r	C_r	d_r
11 000	91	0.186 2	0.291 4	3.086 3	2.148 3
12 000	83	0.185 0	0.288 9	3.206 9	2.157 9
13 000	77	0.184 1	0.286 7	3.308 0	2.165 8
14 000	71	0.183 4	0.284 9	3.395 9	2.172 6
15 000	67	0.182 8	0.283 3	3.472 2	2.178 3
17 000	59	0.181 9	0.280 8	3.597 8	2.187 6
20 000	50	0.180 9	0.2 780	3.738 1	2.197 8
25 000	40	0.179 8	0.274 9	3.894 6	2.208 8

2. 色差 ΔE_i的计算

首先采用下式将有关数据转换为 CIE 1964 颜色空间坐标，即

$$\begin{cases} W_i^{*\prime} = 25Y_i^{1/3} - 17, \\ U_i^{*\prime} = 13W_i^{*\prime}(u_i' - u') = 13W_i^{*\prime}(u_i' - u_r), \\ V_i^{*\prime} = 13W_i^{*\prime}(v_i' - v') = 13W_i^{*\prime}(v_i' - v_r)。\end{cases} \tag{7.5.5}$$

如前所述，$u' = u_r$，$v' = v_r$。在参照照明体下，各色样的 CIE 1964 颜色空间坐标 W_{ri}^*，U_{ri}^* 和 V_{ri}^* 可由有关数据表（国家标准 GB5702－85 的表 6）查得。这样，便可由(7.1.51)式计算出同一颜色样品 i 分别用待测光源和参照照明体照明时的色差为

$$\Delta E_i = [(U_{ri}^* - U_i^{*\prime})^2 + (V_{ri}^* - V_i^{*\prime})^2 + (W_{ri}^* - W_i^{*\prime})^2]^{1/2}。 \tag{7.5.6}$$

3. 计算显色指数

显色指数用 R 表示。对某一色样 i 的显色指数 R_i称为特殊显色指数，它由下式求得：

$$R_i = 100 - 4.6\Delta E_i。 \tag{7.5.7}$$

一般显色指数 R_a（或 CRI）是由 8 个特殊显色指数（i =1, 2, …, 8，表 7.5.2 中的试验色）取算术平均求得

$$R_a = \frac{1}{8}\sum_{i=1}^{8} R_i。 \tag{7.5.8}$$

在(7.5.7)式中，数值 4.6 是规定参照照明体的显色指数为 100、标准荧光灯的显色指数为 50 时的调整系数。

如前所述，ΔE_i的单位为 NBS 色差单位。由(7.5.7)式可得，R_i的 1 分相当于 0.22 NBS 色差单位，即 R_i的 5 分约等于 1 个 NBS 色差单位。因此，当一个光源的某一 R_i为 90 时，说明与参照照明体相比，在该光源下该物体的颜色改变了大约 2 个 NBS 色差单位。反过来

说，相对于参照照明体而言，若光源使某一颜色 i 改变了 10 个 NBS 色差单位，则该光源的显色指数 R_i 约为 50。

例 7.5.1 已知某一白炽灯的相对光谱功率分布，数据如表 7.5.5 所示，求其一般显色指数 R_a。

表 7.5.5 某白炽灯的光谱功率分布数据

λ/nm	P_λ	λ/nm	P_λ	λ/nm	P_λ
400	7.20	510	38.6	620	94.5
410	8.70	520	42.8	630	99.2
420	11.0	530	48.3	640	107
430	13.0	540	52.0	650	110
440	16.0	550	57.8	660	120
450	17.9	560	61.8	670	120
460	20.8	570	66.8	680	120
470	24.0	580	72.3	690	130
480	27.3	590	79.4	700	130
490	30.9	600	84.1		
500	34.6	610	88.4		

解 计算步骤如下：

① 算出待测光源的色度坐标 $u = 0.2629$，$v = 0.3517$，色温 $T_C = 2700$ K。

② 选择 2 700 K 黑体作为参照照明体。由有关数据表查得 $u_r = 0.2625$，$v_r = 0.3516$，$C_r = 0.6300$，$d_r = 1.7514$，以及 U_{ri}^*、V_{ri}^*、W_{ri}^*。

③ 计算待测光源下颜色样品 $i=1\sim8$ 的色度坐标 u_i、v_i 和亮度因数 Y_i。

④ 由(7.5.4)式求出 $C = 0.6258$，$d = 1.7496$ 以及 C_i、d_i，再由(7.5.3)式算出经色适应调整后在待测光源下的颜色样品的色坐标 u_i'和 v_i'。

⑤ 用(7.5.5)式计算待测光源下颜色样品的 $U_i^{*\prime}$、$V_i^{*\prime}$、$W_i^{*\prime}$。

⑥ 由色差公式(7.5.6)式求出在待测光源和参照照明体下各颜色样品的色差 ΔE_i。

⑦ 由(7.5.7)式求出各颜色样品的特殊显色指数 R_i。

⑧ 利用(7.5.8)式求出平均显色指数 $R_a = 99$。

以上整个计算过程和中间结果被归纳在表 7.5.6 中。

在本例中，由于待测光源是白炽灯，所选的参照照明体与灯有十分相近的色度，因此色适应修正的影响不大。如果不进行修正，所得的一般显色指数 R_a 也是 99。但是对于气体放电灯，由于参照照明体和待测光源的色度相差较大，因而必须考虑色适应修正，否则结果会有较大偏差。对某一暖白色荧光灯计算的结果表明，考虑与不考虑色适应修正所得的 R_a 值相差为 2，相对误差达 4%。

表 7.5.6　白炽灯的一般显色指数的计算

待测光源　$T_C = 2\,700\ \text{K}$，$u = 0.262\,9$，$v = 0.351\,7$，$C = 0.625\,8$，$d = 1.749\,6$

参照照明体　$T_C = 2\,700\ \text{K}$，$u_r = 0.262\,5$，$v_r = 0.351\,6$，$C_r = 0.630\,0$，$d_r = 1.751\,4$

CIE颜色样品	参照照明体下的明度指数与色度指数			待测光源下的色度坐标		色适应的修正系数		考虑色适应效应后在待测光源下的色度坐标	
	U_{ri}^*	V_{ri}^*	W_{ri}^*	u_i	v_i	C_i	d_i	u_i'	v_i'
1	39.61	1.83	63.19	0.311 0	0.353 8	0.426 8	1.548 0	0.310 6	0.353 7
2	16.75	7.39	61.26	0.283 9	0.360 9	0.296 8	1.662 4	0.283 5	0.360 9
3	−15.24	12.85	61.04	0.243 4	0.367 6	0.219 3	1.826 4	0.242 9	0.367 6
4	−41.84	6.97	57.74	0.207 3	0.360 9	0.509 0	1.976 7	0.206 8	0.360 8
5	−36.36	−2.18	58.81	0.215 1	0.348 8	0.851 2	1.952 9	0.214 7	0.348 7
6	−23.07	−11.87	58.00	0.232 2	0.336 0	1.213 7	1.886 9	0.231 8	0.335 8
7	17.86	−10.52	60.59	0.285 4	0.338 4	0.977 0	1.652 8	0.285 0	0.338 2
8	46.95	−7.31	64.14	0.319 0	0.342 9	0.734 9	1.508 4	0.318 6	0.342 8

CIE颜色样品	考虑色适应效应后待测光源下的明度指数和色度指数			色差 ΔE_i	R_i	
	$U_i^{*\prime}$	$V_i^{*\prime}$	$W_i^{*\prime}$			
1	39.51	1.73	63.19	0.141 4	99.35	$R_a = 99$
2	16.73	7.41	61.28	0.034 6	99.84	
3	−15.55	12.69	61.02	0.349 4	98.39	
4	−41.80	6.90	57.72	0.083 1	99.62	
5	−36.49	−2.21	58.73	0.155 6	99.28	
6	−23.15	−11.91	58.00	0.089 4	99.59	
7	17.72	−10.55	60.59	0.143 2	99.34	
8	46.78	−7.34	64.15	0.172 9	99.20	

7.5.4　CQS 系统

上述显色指数评价都基于 CIE 一般显色指数 CRI 系统，它是基于在 CIE 1964 W* U* V* 颜色空间中对色差长度的比较，并不包含位移方向的信息。因此，即使在两个具有相同 R_a 值的光源下观察颜色，其视觉效果也可能相差很大。在很多情况下，人们不仅需要知道光源对物体颜色复现能力的高低，还希望知道在该光源照明下物体颜色位移的方向，以及物体色表 3 个基本属性——色相、彩度和明度的变化量及方向。为了解决 CRI 的问题，科学家及研究机构又相继提出了一些改进方法，下面对其中较有代表性的光色品质量值（color quality scale，CQS 系统）、IES TM－30 系统（双指标 R_f/R_g）和 CRI 2012 系统予以简要介绍。

为了解决 CRI 系统存在的问题，尤其是为了克服在评价白光 LED 的显色性时遇到的困难，美国国家标准与技术研究院(National Institute of Standards and Technology, NIST)的大野吉(Yoshi Ohno)和温迪·戴维斯(Wendy Davis)合作开发了 CQS 系统。他们在保留 CRI 计算框架的基础上做了几个非常重要的改进。首先，他们采用了饱和度高的 15 种试验色(见图 7.5.4)替代原来计算 R_a 用的 8 种试验色。这些试验色具有最高的饱和度，且均匀分布在整个色相环。

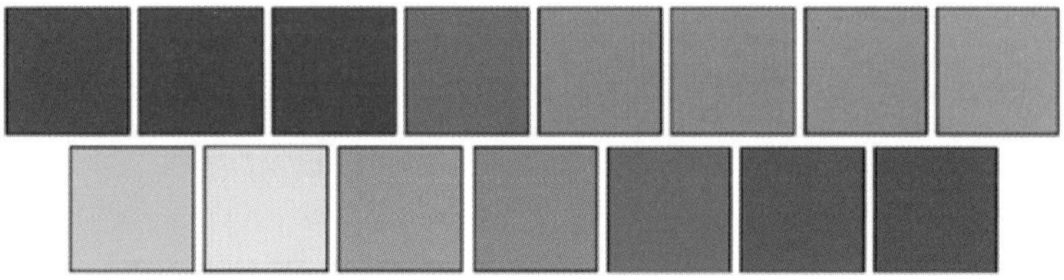

图 7.5.4 在 D65 照明下 CQS 系统所用的 15 种试验色

其次，在 CRI 系统中，计算色差采用的 CIE 1964 $W^*U^*V^*$ 颜色空间是不均匀的，在红色区域特别不均匀。所以 CQS 决定采用 CIE 推荐的 CIE 1976 $L^*a^*b^*$ (CIELAB)和 CIE 1976 $L^*u^*v^*$ (CIELUV)来进行计算。CQS 所采用的 15 个试验色和 CRI 所采用的 8 个试验色在 CIELAB 色度图中的对比如图 7.5.5 所示。

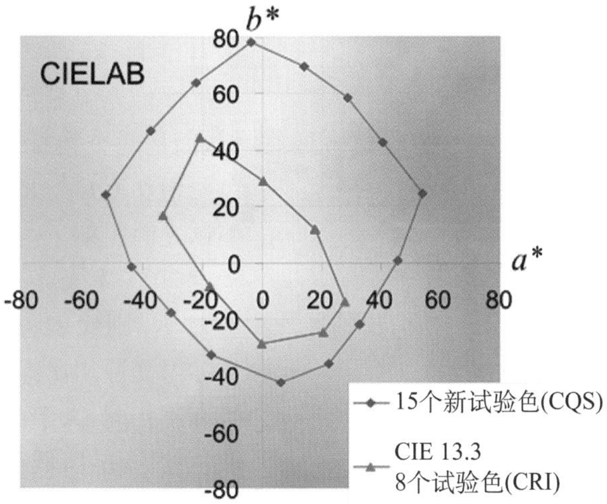

图 7.5.5 CQS 的 15 个试验色和 CRI 的 8 个试验色

再则，CQS 计算平均色差时不是简单地取算术平均值，而是取其均方根，这有利于避免算术平均值较高而有某一两个值特别低的情形；并通过新的颜色变换方法除去了产生负值的可能。另外，CQS 还引入了一个乘法因子，用于 CCT 值极端低的光源的评价。

对于采用 R、G、B 混色得到的白光 LED 光源，与采用 CRI 系统相比，CQS 系统的评价结果和人们的视觉感受更加一致。而对于经荧光粉转换得到的白光 LED 光源(PC - LED)和传统光源，CQS 与 CRI 的结果基本上保持一致(见图 7.5.6)，这也是设计 CQS 系统时的一个出发点。

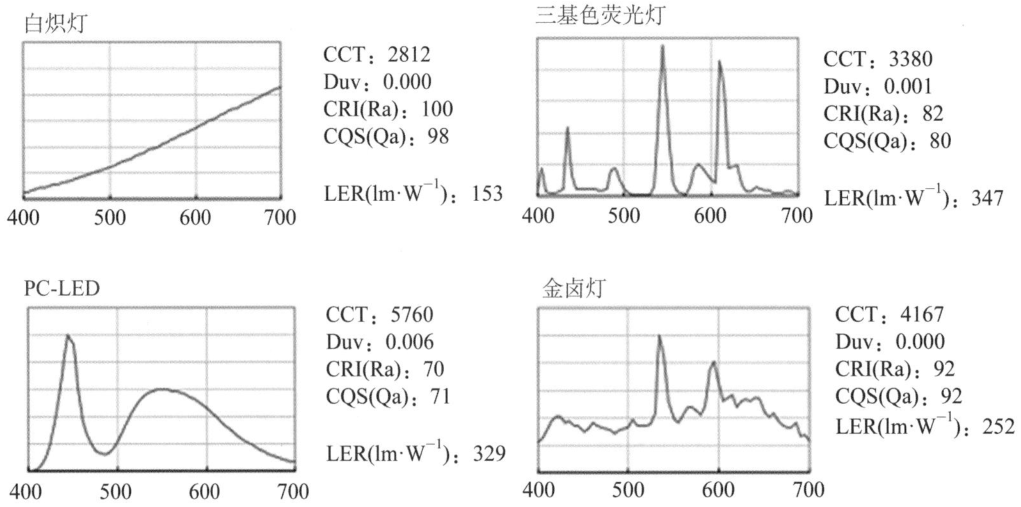

图 7.5.6　对于荧光粉转换的白光 LED 和传统光源，Q_a 的值与 R_a 的值基本保持一致

7.5.5　IES TM－30 系统

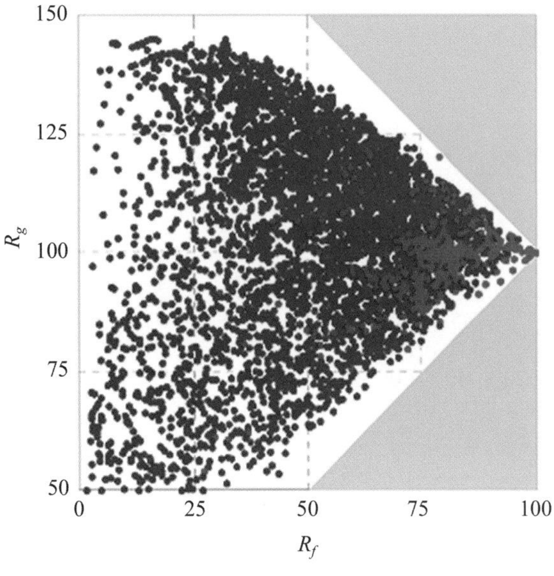

图 7.5.7　色彩逼真度 R_f 和色彩饱和度 R_g(蓝点是基于虚拟的光谱，红点来自真实的光谱数据)

相比于现有的 CIE 显色指数 CRI，由北美照明工程学会制定的 IES TM－30 评价方法有以下几个重大的变革：

1. 双指标

评价光源显色不再仅仅使用一个指标，而是两个指标——色彩逼真度 R_f 和色彩饱和度 R_g。R_f 用于表征各标准色在测试光源照射下与参考光源相比的相似程度(100 代表完全相同；0 代表差别很大)。R_g 则代表各标准色在测试光源下与参考光源相比饱和度的改变(100 代表饱和度相同，大于 100 表示光源可以提高颜色的饱和度，低于 100 则代表颜色的饱和度在测试光源下较低)，如图 7.5.7 所示。

2. 参考光源

由于 CRI 所使用的参考光源(即低于 5 000 K 时，使用黑体辐射；高于 5 000 K 时，使用自然光模型)存在 5 000 K 的突变问题，新的体系在 4 500～5 500 K 的范围内使用了黑体辐射与自然光模型混合的光谱作为参考光源。另外，R_f 和 Rg 都采用了与待测光源色温相同的参考光源，由此克服了全色域指数(gamut area index，GAI)的一个重要弊端。

3. 标准试验色

与 CRI 仅有 8 个标准色相比，新的体系采用 99 个标准色。这 99 个标准色不再是孟塞尔色卡，而是从 105 000 个物体的颜色中仔细选取的。它们代表了生活中能看到的常见各种颜色(从饱和到不饱和、从亮到暗)，并且这 99 个标准色对于各波长的敏感度基本相同。

色彩逼真度 R_f 和显色指数 R_a 在较为连续光谱(如荧光粉转换的白光 LED)的评价上差异较小，但对于一些窄光谱和不连续光谱，则有较显著的差别。例如，部分光谱的 $R_a \approx 85$，而 R_f 只在 70～75 左右，这主要对应于窄光谱三基色荧光灯和一些利用窄光谱混色的 LED，如图 7.5.8 所示。另外，对于大多数的窄光谱三基色荧光灯，其 R_f 值都要低于 R_a 值，主要是由于这些光源对其光谱进行了针对显色指数 R_a 的优化。

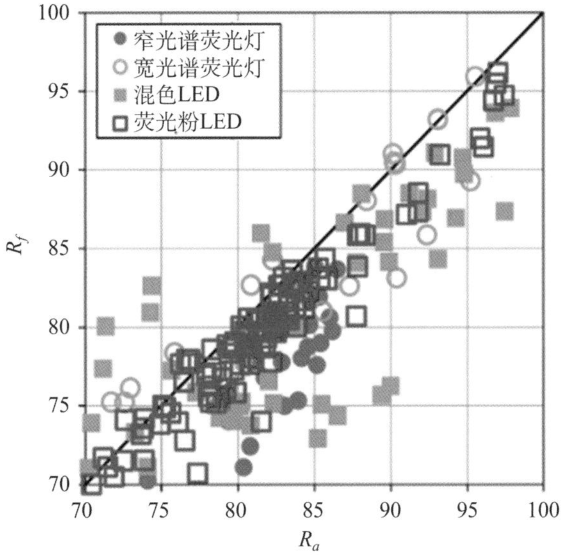

图 7.5.8　色彩逼真度 R_f 和显色指数 R_a 的对比

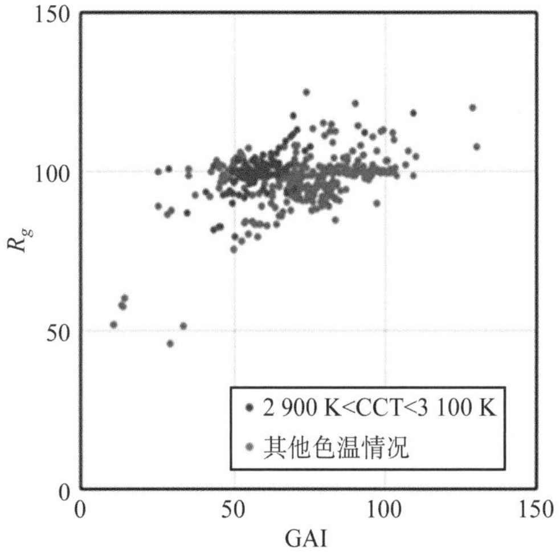

图 7.5.9　色彩饱和度 Rg 和全色域指数 GAI 的对比

在图 7.5.9 中，对比了 401 种光谱的色彩饱和度 R_g 和全色域指数 GAI。可以发现，R_g 值与GAI 值有较大的离散性，这主要是由于 GAI 的计算对 CCT 比较敏感。而且，同一个 R_f 值可能会对应于大量不同的 GAI 值，这可能与计算 R_f 和 GAI 时所采用的色度空间有关，计算 GAI 采用的是CIE LUV颜色空间，而计算 R_f 采用了颜色空间更为均匀的 CIE CAM02模型。

7.5.6　CRI 2012 系统

考虑到现行显色指数存在的诸多缺陷，国际照明委员会成立了专门的技术委员会 TC 1 - 90来研究和解决现行显色指数存在的问题，并旨在为工业界提出能够合理评价白光光源显色性的单一指标。在前期大量研究工作的前提下，凯文・斯梅(Kevin Smet)等人在现行显色指数计算方法的基础上，对其进行改进，并最终提出了 CRI 2012 这一指标。该指标的计算流程与现行显色指数相似，但在许多方面作了改进，使其对于光源显色性的评价更为合理。CRI 2012 的计算流程如图 7.5.10 所示，具体为：

① 测试得到测试光源的光谱功率分布(spectral power distribution, SPD)，由光谱功率

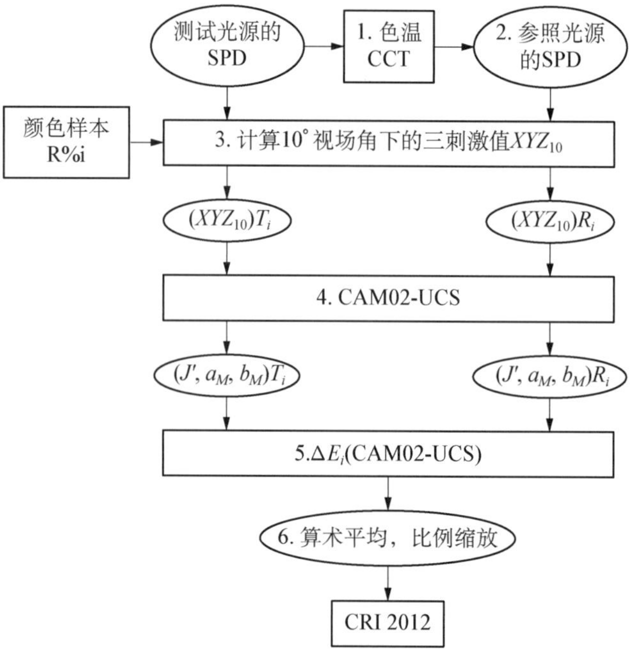

图 7.5.10　**CRI 2012 指标计算流程示意图**

分布计算可得测试光源的色温。根据色温值，可以得到对应的参照光源的光谱功率分布。

② 分别计算 10°视场角下测试光源和参照光源照射下颜色样本的三刺激值$(XYZ_{10})T_i$和$(XYZ_{10})R_i$。

③ 在 CAM02－UCS 均匀颜色空间中，由$(XYZ_{10})T_i$和$(XYZ_{10})R_i$值分别计算出测试光源和参照光源下的色坐标$(J', a_M, b_M)T_i$和$(J', a_M, b_M)R_i$。

④ 由色坐标值可求得不同色块的色差值 ΔE_i，经过数学计算后可得 CRI 2012 指数。

从整体来看，CRI 2012 指标的计算流程似乎与现行显色指数差别不大。但仔细观察，我们会发现两者之间存在诸多不同之处。首先，使用的颜色样本不同，现行显色指数最初使用的颜色样本是 8 种颜色样本，后来增加了 4 种饱和色、高加索人肤色、叶绿色和亚洲人肤色，共 15 种色块。不论是一般显色指数还是特殊显色指数所使用的颜色样本都是一致的。但是，在 CRI 2012 指标计算中使用了两套颜色样本，HL 17 颜色样本适用于一般显色指数的计算，而 Real 210 颜色样本则适用于特殊显色指数的计算。其次，均匀颜色空间由 CIE 1964 $U^* V^* W^*$ 颜色空间替换成了 CAM02－UCS 均匀颜色空间。相应地，色适应变换公式也发生了改变。最后，是数学计算方法的改进，对用算术平均求解一般显色指数的方法作了改进。

参考文献

[1] Keitz H A E. *Light Calculations and Measurements* [M]. London: Macmillan and Co. Ltd., 1971.
[2] 荆其诚，焦书兰，喻柏林，胡维生. *色度学*[M]. 北京：科学出版社，1979.

[3] Wyszecki G, Stiles W S. *Color Science: Concepts and Methods, Quantitative Data and Formulae* [M]. New York: John Wiley & Sons, Inc., 1982.

[4] 吴继宗,叶关荣. *光辐射测量* [M]. 北京: 机械工业出版社,1992.

[5] Davis W, Ohno Y. *Color Quality Scale* [J]. *Optical Engineering*, 2010,49(3): 033602.

[6] Smet K A G, Schanda J, Whitehead L, Luo R M. *CRI 2012: A Proposal for Updating the CIE Colour Rendering Index* [J]. *Lighting Research and Technology*, 2013,45(6): 689－709.

[7] IES TM－30－15. *Method for Evaluating Light Source Color Rendition* [S]. New York: IESNA, 2015.

图书在版编目(CIP)数据

光源原理与设计/郭睿倩主编;复旦大学电光源研究所(光源与照明工程系),国家半导体照明工程研发及产业联盟编著. —3版. —上海:复旦大学出版社,2017.12
ISBN 978-7-309-13239-7

Ⅰ. 光…　Ⅱ. ①郭…②复…③国…　Ⅲ. 电气照明-光源-基本知识　Ⅳ. TM923.01

中国版本图书馆CIP数据核字(2017)第219568号

光源原理与设计(第三版)
郭睿倩　主编
复旦大学电光源研究所(光源与照明工程系)
国家半导体照明工程研发及产业联盟　编著
责任编辑/范仁梅

复旦大学出版社有限公司出版发行
上海市国权路579号　邮编:200433
网址:fupnet@fudanpress.com　http://www.fudanpress.com
门市零售:86-21-65642857　团体订购:86-21-65118853
外埠邮购:86-21-65109143　出版部电话:86-21-65642845
上海丽佳制版印刷有限公司

开本787×1092　1/16　印张33.5　字数754千
2017年12月第3版第1次印刷

ISBN 978-7-309-13239-7/T·610
定价:158.00元